全国优秀教材二等奖
“十二五”普通高等教育本科国家级规划教材
普通高等教育“十一五”国家级规划教材
普通高等教育农业农村部“十三五”规划教材
全国高等农林院校教材经典系列
全国高等农林院校教材名家系列
全国高等农业院校优秀教材

土壤学

第四版

徐建明 主编

中国农业出版社
北 京

第四版编写人员

主　编　徐建明

编　者（按姓氏汉语拼音排序）

何　艳（浙江大学）

黄巧云（华中农业大学）

李保国（中国农业大学）

李　航（西南大学）

刘杏梅（浙江大学）

卢升高（浙江大学）

马　斌（浙江大学）

汪海珍（浙江大学）

汪景宽（沈阳农业大学）

徐建明（浙江大学）

章明奎（浙江大学）

邹建文（南京农业大学）

第一版编写人员

主　编　朱祖祥（浙江农业大学）
副主编　林成谷（山西农学院）
　　　　段孟联（北京农业大学）
编　者（按姓氏笔画排序）
　　　　亓毓吉（山西农学院）
　　　　叶和才（北京农业大学）
　　　　朱祖祥（浙江农业大学）
　　　　华　孟（北京农业大学）
　　　　刘树基（华南农学院）
　　　　李学垣（华中农学院）
　　　　吴珊眉（南京农学院）
　　　　何万云（东北农学院）
　　　　林成谷（山西农学院）
　　　　段孟联（北京农业大学）
　　　　俞震豫（浙江农业大学）
　　　　黄瑞采（南京农学院）
　　　　尉庆丰（西北农学院）
　　　　童永忠（浙江农业大学）

第二版编审人员

主　编　黄昌勇（浙江大学）
编　委　李保国（中国农业大学）
　　　　潘根兴（南京农业大学）
　　　　徐建明（浙江大学）
　　　　黄巧云（华中农业大学）
参　编　吕国安（华中农业大学）
　　　　陈声明（浙江大学）
　　　　俞劲炎（浙江大学）
　　　　章明奎（浙江大学）
　　　　吕　军（浙江大学）
　　　　谢正苗（浙江大学）
主　审　李学垣（华中农业大学）
　　　　须湘成（沈阳农业大学）

第三版编写人员

主　编　黄昌勇　徐建明

编　者（按姓氏汉语拼音排序）

何　艳（浙江大学）

黄昌勇（浙江大学）

黄巧云（华中农业大学）

李保国（中国农业大学）

刘杏梅（浙江大学）

卢升高（浙江大学）

吕国安（华中农业大学）

潘根兴（南京农业大学）

吴建军（浙江大学）

谢正苗（杭州电子科技大学）

徐建明（浙江大学）

姚槐应（浙江大学）

章明奎（浙江大学）

第四版前言

本教材是黄昌勇和徐建明主编的《土壤学》（第三版，2010）的修订版，被列入“十二五”普通高等教育本科国家级规划教材、普通高等教育农业农村部“十三五”规划教材。

近10年来，全球粮食安全、生态退化、环境污染、能源短缺、气候变化、人体健康等问题日益凸显，土壤资源利用和保护受到了前所未有的关注和重视。国际上，2013年6月联合国粮食及农业组织（FAO）大会通过决议，将每年12月5日作为世界土壤日（World Soil Day），并将2015年确定为国际土壤年（International Year of Soils 2015）。随后，该决议在2013年12月20日召开的联合国大会上得到正式认可。2014年12月5日，首个“世界土壤日”诞生。2015国际土壤年提出了“健康土壤带来健康生活”（healthy soils for a healthy life）的口号，推动和提高了人们对土壤在粮食安全和生态系统功能方面重要作用的认识。同年联合国粮食及农业组织成员在第三十九届联合国粮食及农业组织大会上一致批准了修订的《世界土壤宪章》。2015年12月国际土壤联合会（IUSS）宣布“2015—2024年为国际土壤十年（International Decade of Soils 2015—2024）”。在我国，2005年4月—2013年12月开展了首次全国土壤污染状况调查，并于2014年4月公布《全国土壤污染调查公报》。该公报显示全国土壤总的点位超标率为16.1%。2016年5月国务院颁布了《土壤污染防治行动计划》，这是为了切实加强土壤污染防治，逐步改善土壤环境质量而制定的规划。2018年8月，第十三届全国人民代表大会常务委员会全票通过了《土壤污染防治法》，该法律自2019年1月1日起施行，这是我国首次制定专门的法律来规范土壤污染防治。与此同时，国内外土壤微生物领域的研究新进展大大推进了对土壤生态系统中的物质循环和能量流动的理解，土壤模型模拟理论和技术的发展为土壤复杂系统物理过程、化学过程和生物过程的定量化及其耦合成为可能，土壤绿色可持续发展观为土壤资源合理利用以及土壤生产力提升和保育指明了努力的方向。

本次修订正是在上述国内外对土壤可持续发展的迫切需求和背景下进行的。

本次修订过程中，很好地体现了“传承与发展”的理念，考虑到第三版内容覆盖面广、基础性强、体系结构紧凑严密等特点，基本保持了前版的篇章结构和体系。在指导思想上，我们力争反映近年来土壤学发展出现的新概念、新原理和新标准，例如地球关键带、生物质炭、化感物质、蓝水和绿水、活性有机碳、水肥一体化、结合残留态有机污染物、微塑料、生物污染物、抗性基因、新兴污染物等新概念；植物残体分解的 r 型微生物和 K 型微生物、土壤碳库的转化和形成、土壤胶体表面离子的外圈吸附和内圈吸附、氨氧化古菌、硝酸盐异化还原成铵作用、土壤厌氧铵氧化、重金属超积累植物修复等新原理；《土壤环境质量　农用地和建设用地土壤污染风险管控标准（试行）》等新标准。在内容上，对各章都有不同程度的补充，例如增加了黏土矿物垂直分布规律、黑炭特性、土壤生物生态关系网络、土壤团聚体中氧气的空间分布、土壤团聚体破坏机制、土壤优先流、矿物表面交换性致酸离子的积累、土壤缓冲性、土壤中重要矿物的沉淀溶解平衡、精准施肥、秸秆综合利用技术、农业固体废物、微生物对污染物毒性的影响、土壤环境质量多因子评价分析、农用地风险管控分类管理、土壤酸化和连作障碍的生态恢复等。

本教材由绪论、上篇土壤的物质组成（第一章至第四章）、中篇土壤性质与过程（第五章至第十章）、下篇土壤利用与管理（第十一章至第十六章）构成。其中，绪论、第二章和第十二章由浙江大学徐建明编写，第一章由浙江大学汪海珍编写，第三章由浙江大学马斌编写，第四章和第六章由浙江大学卢升高编写，第五章、第十五章和第十六章由浙江大学章明奎编写，第七章由中国农业大学李保国编写，第八章由华中农业大学黄巧云编写，第九章由西南大学李航编写，第十章由浙江大学何艳编写，第十一章由沈阳农业大学汪景宽编写，第十三章由浙江大学刘杏梅编写，第十四章由南京农业大学邹建文编写。全稿最后由徐建明教授进行统稿、补充、修改和定稿。

由于编者水平有限，教材难免会有疏漏、错误和不妥之处，敬请广大读者批评指正。

编　者

2019 年 8 月于杭州

第二版前言

本书是全国高等农业院校“九五”规划的普通高等教育国家级重点立项教材，并要求在朱祖祥教授主编的国家级优秀教材《土壤学》基础上重新编写。对编者来说，要在这样一个高标准和高起点上编写本书，所面临的困难可想而知。因此，在本书的编写过程中，编者对新编教材的“继承与创新”给予了充分的注意。一方面竭尽全力保持前版《土壤学》的内容覆盖面宽、基础性强、体系结构紧凑严密等特色；另一方面推陈出新，广泛采集近十多年来土壤学发展的新成果、新概念、新技术充实本书，力求编写出一本能较好地反映国内外土壤科学发展现状、适应我国高教改革需要、整体水平较高的新教材。

随着社会、经济的发展和自然资源的日益短缺，土壤学作为应用基础学科正经历着重大的转变。首先，土壤的服务对象正在日益扩大，已从单纯或者说主要着重于农业生产的土壤学，到同时为环境生态建设、资源合理利用、农业持续发展等领域服务。第二，土壤学概念、理论出现了重大突破，已从传统土壤学中重点或仅研究土壤学自身发生和发育过程中的物质流动、能量转化规律，到同时着眼研究地球表层系统中土壤与其他各圈层之间的关系，研究土壤全球变化，土-水-气-生物界面的环境过程和机制。第三，土壤学研究方法及手段不断创新，在研究方法上，土壤学与自然生态、植物营养、环境保护等学科的综合交叉，已成为土壤学参与解决社会、经济发展重大问题的必然趋势；在研究手段上，信息技术、生物工程技术以及现代化测试技术，在土壤学研究中的应用越来越广泛，推动土壤学的发展。土壤学发生的这些重大转变，为本书编写提供了新的素材，丰富了本书的内容。

基于保特色、求创新的编写思路，全书由绪论和三篇构成。依次为：绪论；第一篇土壤物质组成和性质，包括第一至第六章；第二篇土壤环境过程，包括第七至第十章；第三篇土壤管理和保护，包括第十一至第十四章的组合结构排列，前后呼应，对各章进行了较系统的讨论。其中，绪论，第九章和第十章由浙江大学黄昌勇教授编写；第五章和第六章由中国农业大学李保国教授编写；第二章由浙江大学徐建明教授编写；第八章由华中农业大学黄巧云教授编写；

第十四章由南京农业大学潘根兴教授编写。另外，第一章由华中农业大学吕国安副教授编写，第三章由浙江大学陈声明教授编写，第四章由浙江大学俞劲炎教授编写，第七章和第十一章由浙江大学章明奎副教授编写，第十二章由浙江大学吕军教授编写，第十三章由浙江大学谢正苗教授编写。最后，由主编黄昌勇教授统稿。在统稿过程中，主编对某些章节有较大的修正及内容方面的充实。

本书由华中农业大学李学垣教授、沈阳农业大学须湘成教授主审。两位主审对本书提出了许多宝贵的修改意见和建议，为本书把好质量关。本书的出版是与中国农业出版社贺志清同志的热情支持分不开的，她在本书的编辑加工上花费了大量的心血，借此机会，向他们致以衷心和诚挚的谢意。

由于编者水平有限，错误疏漏之处在所难免，希望使用本教材的师生与读者给以批评、指正。

编　者

1999年12月

第三版前言

本教材是朱祖祥主编《土壤学》(1983，第一版)和黄昌勇主编《土壤学》(2000，第二版)的修订版(第三版)，并列入普通高等教育“十一五”国家级规划教材。

从本教材的第一版(20世纪80年代)以来，尤其从本书第二版至今的10年中，国际上土壤科学发展呈现以下主要特点：一是土壤科学理论创新和土壤新技术应用取得了快速的发展。诸如土壤生态系统概念、土壤质量概念、土壤圈层理论和土壤信息技术(3S技术)、土壤生物技术、现代物质成分与结构分析测试技术等在土壤学中的应用得到了实质性的进展，大大丰富和完善了现代土壤科学的理论和方法，使土壤科学真正融入了地球系统科学，如同其他自然基础科学一样，成为国际科学联合会的成员。二是土壤学与生态学、环境学、生物学、地球化学、农学等交叉学科的渗透和融合十分活跃。土壤学与多学科的交叉大大深化了对土壤作为一个多功能自然体的认识。在近30年中，出现了多版本土壤生态学、环境土壤学、健康土壤学等专著。土壤学已不再只为传统农业服务，而在可持续农业生产、生态环境建设、城乡发展、人类健康等方面发挥越来越大的作用。土壤学不仅是农业院校的教材，在综合性大学相关专业中也已被列为重要核心课程。三是全球存在土壤资源短缺和土壤质量退化等重大问题。随着世界人口的增长和经济社会的发展，人们对土壤利用的需求剧增，大大提高了全社会对土壤资源社会、经济价值的认识和公众保护土壤资源的意识。土壤学服务于社会经济发展和生态环境保护已成了土壤学家的使命和职责。这种社会意识的形成与提升是土壤科学发展的推动力。

本次修订过程中，作者坚持继承和创新的理念，在竭尽全力保持前两版的内容覆盖面宽、基础性强、体系结构紧凑严密等特色的同时，又推陈出新，力求将近10年来土壤学发展的新成果、新概念、新技术囊括其中，并在各章后面列出了思考题。这次修订中的比例占第二版总字数的1/4～1/3，如同教材的绪论有较多的更新一样，几乎各章都有不同程度的充实和完善。其中，第十章土壤元素的生物地球化学循环，第十一章土壤肥力与养分管理，第十二章土壤污染与修复，第十三章土壤质量与农产品安全，第十四章土壤退化与生态恢复，第十六章土壤资源类型及合理利用，均是第一次以新标题出现在本版中。

全书由绪论和上、中、下三篇构成。依次为：绪论；上篇土壤的物质组成，包括第一至第四章；中篇土壤性质与过程，包括第五至第十章；下篇土壤利用与管理，包括第十一至第十六章。其中，绪论、第九章和第十一章由浙江大学黄昌勇教授编写；第一章由华中农业大学吕国安教授和浙江大学徐建明教授编写；第二章由浙江大学徐建明教授编写；第三章由浙江大学姚槐应副教授和黄昌勇教授编写；第四章和第六章由浙江大学卢升高教授编写；第五章、第十五章和第十六章由浙江大学章明奎教授编写；第七章由中国农业大学李保国教授编写；第八章由华中农业大学黄巧云教授编写；第十章由浙江大学何艳副教授和徐建明教授编写；第十二章由杭州电子科技大学谢正苗教授编写；第十三章由浙江大学刘杏梅副教授和徐建明教授编写；第十四章由南京农业大学潘根兴教授和浙江大学吴建军教授编写。全稿最后由徐建明教授和黄昌勇教授进行统稿、补充和修正。

本教材可作为大学本科教育的土壤学基础教材，有较宽的适用范围，除适用于农业资源利用与环境专业外，环境、生态、地理、林学、土地和农学类各专业选用本书时，可根据各专业的教学计划，选择各自需要的教学重点。由于编者水平有限，错误、疏漏之处在所难免，敬请使用本教材的师生、同行与其他读者提出宝贵意见，以便本书再版时补充、修正和完善。

编　者

2010年5月于杭州

目录

中篇　土壤性质与过程

下篇　土壤利用与管理

绪 论

第一节 土壤是地球的皮肤

土壤是地壳表面岩石风化体及其再搬运沉积体在地球表面环境作用下形成的疏松物质。在地球陆地上，从炎热的赤道到严寒的极地，从湿润的沿海到干旱的内陆腹地，土壤像“皮肤”一样覆盖在整个地球陆地表面，维持着地球上各种生命的生息繁衍，支撑着地球的生命活力，使地球成为人类赖以生存的星球。

一、土壤在地球表层系统中的重要性及作用

（一）土壤是地球表层系统的重要组成部分

地球表层系统指的是地球表层上始大气对流层上界，下至海底深处和岩石上部，由大气圈、水圈、生物圈、土壤圈和岩石圈组成的一个由非生物和生物过程叠加的物质体系。各圈层可以看作地球表层系统的子系统，对各子系统而言，各自占据一定的独立空间，具有特有的物质组成、理化性质和结构功能。它们既是相对独立的，又不是完全孤立的，是一个相互联系、相互作用的有机整体，一个巨大的开放体系。

在地球表层系统中，土壤是覆盖在地球陆地表面的一个薄薄的独立圈层（图 0-1）。这是因为：①土壤是岩石圈、大气圈、水圈和生物圈相互作用的产物，是由岩石、气候、生物、地形等地球表面自然环境因子经过一定时间的共同作用形成的；②与气候、生物等自然环境要素一样，土壤是地球表面随时空变化的景观连续统一体的一部分，具有水平地带性和垂直地带性分布规律；③土壤处于陆地表面特殊空间位置，独特的疏松多孔结构将其他 4 个圈层连接在一起，各圈层通过它进行频繁的物质交换和能量循环；④土壤是人类赖以生存的物质基础，是地球陆地上动物、植物、微生物乃至一切生命体与非生命体的载体。

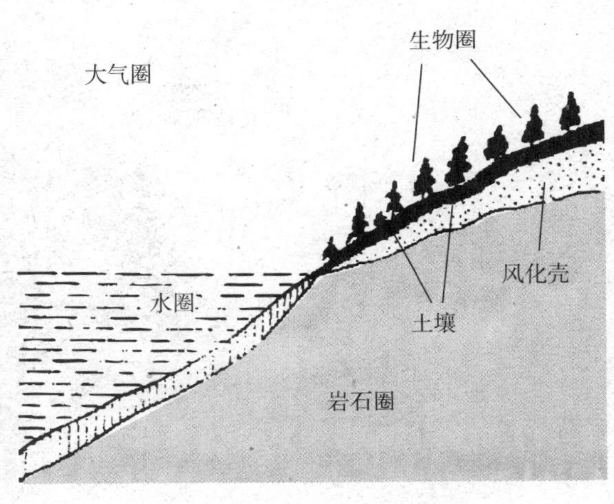

图 0-1 土壤的分布

土壤圈层的概念最早是 1938 年瑞典学者马迪生（S. Martson）提出的。然后，柯夫达（B. A. Ковда 1973）和阿诺德（R. W. Anod，1990）对其定义、结构和功能及其在地球系统中的作用做了全面阐述。从 20 世纪 80 年代以来，我国对土壤圈物质循环开展了较深入研究，中国科学院南京土壤研究所建立中国科学院土壤圈物质循环开放实验

室（现为土壤与农业可持续发展国家重点实验室），于 1991 年主编出版 *Pedosphere* 英文杂志，深化了对土壤圈的认识，指出“土壤圈的概念旨在从地球表层系统及其圈层的理念出发，研究土壤的结构、成因和演化规律，以达到了解土壤圈的内在功能及地球表层系统中的地位、土壤圈的物质循环与土壤全球变化及其对人类环境的影响”（赵其国，1996）。土壤圈概念的提出大大拓宽了现代土壤学的研究思路，使土壤学真正融入地球系统科学中。

土壤圈层概念也体现在地球关键带（earth critical zone）中。地球关键带是美国国家研究理事会于 2001 年率先提出的。它是地球表面具有渗透性、自地下水层最低端到植被树冠最顶端的近地表层（图 0-2），是支撑生命系统的岩石、土壤、水、空气和生物之间交互作用的基础，集物理过程、化学过程、生物过程及地质过程于一体。其中，作为地球“皮肤”的土壤是最关键的要素，因为它是整个地球关键带中陆地生态系统的中心枢纽。美国科学基金会于 2005 年启动了“地球关键带观测计划”，欧洲联盟委员会同期也资助开展了相关的欧洲流域土壤转化研究项目。我国最早于 2009 年 10 月，在杭州召开了“地球关键带界面反应：分子水平环境土壤科学国际学术会议”，此后召开了多个地球关键带的国内外学术研讨会。直到 2015 年 4 月，国家自然科学基金委员会与英国自然环境研究理事会共同征集和资助了“地球关键带中水和土壤的生态服务功能维持机制研究”中英重大国际合作研究计划，极大地推动了我国地球关键带领域的纵深研究和发展，并使学界内外进一步认识到土壤圈在地球表层陆地生态系统中的核心作用。

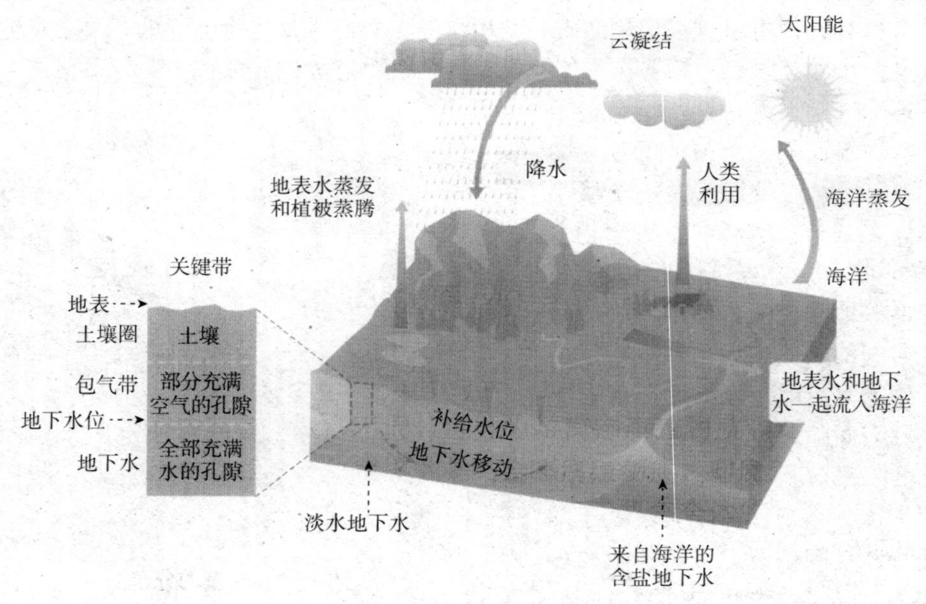

图 0-2　地球关键带

（二）土壤在地球表层系统中的作用

如前所述，土壤是处于地球表层特殊空间位置、具有疏松多孔结构的独特圈层。特殊的空间位置使它成为沟通其他 4 个圈层的连接界面。独特的疏松结构使它与其他 4 个圈层发生一系列物理过程、化学过程和生物过程，成为各圈层间物质和能量交换，非生命与生命相互作用的中心环节。土壤在地球表层系统中的作用主要来自土壤与其他圈层界面的相互作用（图0-3）。

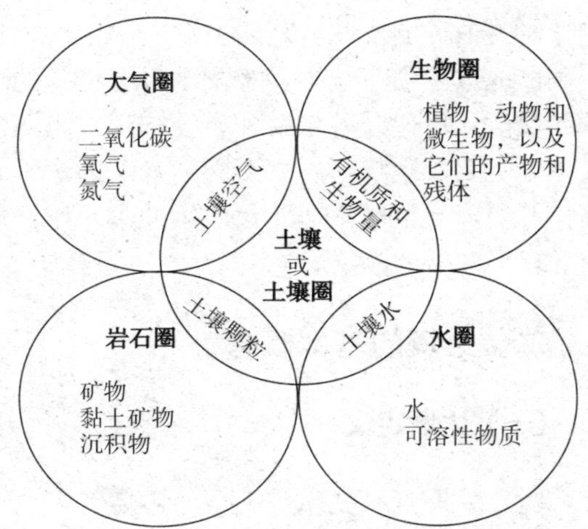

图0-3　土壤与岩石圈、水圈、大气圈、生物圈的相互作用

1. 土壤与大气圈　大气圈包括地球表面高达几十千米的范围，含碳、氢、氧、氮及多种微量气体成分，其中氮气和氧气几乎占大气总量的99%。土壤与大气圈在近地球表面进行着频繁的水、热、气的交换。土壤这个疏松多孔的生命系统，不仅能接纳大气降水及沉降物质，通过生物固氮将主要源于大气的氮气固定在土壤中以满足生物生命活动的需要，而且能向大气释放二氧化碳（CO_2）和包括甲烷（CH_4）、氧化亚氮（N_2O）和其他氮氧化物（NO_x）等的痕量气体。大气中大约有70%的甲烷和90%的氧化亚氮来自土壤，它们参与碳、氮等元素的全球循环，被认为是导致全球变暖的温室效应气体的重要来源。土壤作为这些气体的库，弄清它们的源和汇的关系，最大限度地减少土壤排放量，是人类共同关心的全球环境变化问题。

2. 土壤与水圈　水圈以海洋水为主，海洋覆盖着地球表面的70%，约占水圈总水量的97%。虽然地球水资源丰富，但淡水资源相对贫乏，除江河、湖泊外，土壤是保持淡水的最大储库。大气降水或灌溉水进入土壤，通过土壤吸持、入渗和再分配过程，以土壤饱和水流和非饱和水流参与地球水循环，并成为陆地水循环中最复杂的重要环节之一。土壤水不仅是陆生植物赖以生存的基础，而且是土壤中包括营养元素在内的所有物质运移的主要介质。植物从土壤中获取水分，也从土壤水中吸取营养元素。事实上，土壤水处于土壤-植物-大气连续体（SPAC）中，所以土壤储水量、动态变化及多孔性等物理化学性质必然影响自然界的水平衡。

3. 土壤与生物圈　地球表层包括动物、植物、微生物在内的全部生物群落构成了生物圈。生物在地球上分布的范围很广，即使在高达地表以上几十千米的高空，或低至地面以下几千米的深海也都能找到处于休眠状态的生物，例如细菌、真菌的孢子等。但绝大部分生物个体都集中分布在土壤圈及其表层。土壤不仅是动植物乃至人类赖以生存的基地，也是微生物最适合的栖息场所。植物扎根于土壤，从土壤中吸收养分和水分，在太阳能的作用下通过光合作用合成有机物质，为人类、动物提供食品和生活必需品。土壤微生物有一个庞大的单体数量和最复杂的生物多样性，每千克土壤含有数千亿个微生物细胞，包含大量不同的微生物物种。它们分解废物、降解有机污染物和调节养分有效性，是碳、氮、硫、磷等地表元素生物地球化学循环的主要驱动力。

4. 土壤与岩石圈　土壤是岩石经过风化作用和土壤形成过程形成的，土壤固相骨架的矿物组成占土壤质量的95%以上。除氮、氧、氢元素外，植物必需的养分元素几乎都由土壤矿物分解释放而来，土壤矿物是植物养分的主要来源。从地球圈层位置看，土壤位于岩石圈与生物圈之间，属于风化壳的一部分。虽然土壤厚度一般只有1～2 m，但它作为地球的皮肤，对岩石起着一定的保护作用，以减少其遭受各种外营力的破坏。

在地球表面系统中，土壤圈具有特殊的地位和功能，它对各圈层的能量流动、物质循环及信息传递起着维持和调控作用。土壤圈中各种土壤类型、特征和性质都是过去和现在大气圈、生物圈、岩石圈和水圈的记录和反映，它的任何变化都会影响各圈层的演化和发展，乃至对全球变化产生冲击作用。所以土壤圈被视为地球表层系统中最活跃、最富有生命力的圈层。

二、土壤的基本概念

（一）土壤定义

什么是土壤？虽然每个人对土壤都不陌生，但回答这个问题，不同学科的科学家常有不同的认识。生态学家从生物地球化学角度出发，认为土壤是地球表层系统中，生物多样性最丰富，生物地球化学的能量交换、物质循环（转化）最活跃的生命层。环境科学家认为，土壤是重要的环境因素，是环境污染物的缓冲带和过滤器。工程专家则把土壤看作承受高强度压力的基地或作为工程材料的来源。农业科学工作者和广大农民把土壤看作植物生长的介质，他们更关心影响植物生长的土壤条件、土壤供肥与保肥、土壤培肥与可持续性等。

由于不同科学家对土壤的概念存在着种种不同认识，要想给土壤一个严格的定义是困难的。不同的土壤学家对土壤定义的叙述也不完全一致，应用较广泛的经典定义是“土壤是地球陆地表面能生长绿色植物的疏松表层”。这个定义是建立在俄国土壤发生学派创始人道库恰耶夫（В. В. Докучаев）提出的土壤形成因素学说及著名学者威廉斯（В. Р. Вильямс）的统一形成学说基础上的。该定义总结与概括了土壤的位置处于地球陆地表面，最主要功能是生长绿色植物，物理状态是由矿物质、有机质、水和空气组成的具有疏松多孔结构的介质。

自20世纪80年代末以来，随着现代土壤学在全球环境保护、可持续农业及城市发展方面发挥越来越重要的作用，土壤学研究在广度和深度上已有显著的进展。美国土壤学界首先提出了土壤质量的概念，即土壤在生态界面内维持植物生产力、保障环境质量、促进动物与人类健康行为的能力（Doran 和 Parkin，1994），或在自然或干扰生态系统中，土壤具有动植物持续性，保持和提高水、空气质量以及支撑人类健康生活的能力（美国土壤学会，1995）。这表明人们对土壤概念内涵的认识是不断深化和发展的。

（二）土壤是独立的多功能历史自然体

虽然不同学科从各自的学术视野对土壤定义做了不同的表述，但有一个共同的内涵，就是土壤是一个独立的多功能历史自然体。所谓独立的历史自然体，是指在成土母质、气候、生物、地形和时间综合作用下形成的，并随各土壤形成因素的改变而变化。它不仅具有自身的发生发育的历史，而且是在形态、组成、结构和功能上可以剖析的物质实体。地球表面土壤之所以存在着性质的差异，就是因为在不同时间、空间位置上土壤形成因素的变异。例如土壤厚度可以从几厘米到几米的差异，这取决于风化强度和土壤形成时间的长短，取决于沉积、侵蚀过程的强度，也与自然景观的演化过程有密切的关系。

所谓多功能的历史自然体，是指土壤作为人类赖以生存的最珍贵的自然资源。它不仅直接为人类提供粮食、纤维、林产品等，而且在环境净化保护、生态健康等方面具有不可替代的作用。事实上，土壤概念的发展与人类在开发利用土壤中深化对土壤功能的认识是密不可分的。不同学科提出不同的土壤定义，其实质是不同学科视野对土壤功能的认识。同时，加深对土壤功能的认识，有利于揭示在土壤形成过程中人为活动的特殊影响。自被人类利用后，土壤演化受到自然因素和人为因素的双重作用，而且在很多情况下，人为因素起决定性作用。

（三）单个土体与聚合土体及土壤剖面

从自然景观的角度看，土壤是随时空变化的景观连续统一体的组成部分。因此对土壤独立历史自然体的理解需要从单个土体和聚合土体的剖析入手。

单个土体（pedon）指的是能代表土壤个体的体积最小的三维土壤实体。它足以包含各土层和它们性质的微小变化，其面积一般为 1～10 m^2。而在空间上相邻、物质组成和性状相近的若干单个土体的组合构成聚合土体（polypedon）。聚合土体在分类上相当于基层分类中的一个土系，也可看作一个具体的景观单位，通常被作为土壤调查的采样、观察、制图的单元或对象。

土壤科学研究中，剖析某个具体单个土体总是从挖土坑、观察和鉴别土壤剖面（soil profile）开始的，因为单个土体的垂直面相当于土壤剖面，但不包括非土壤的母质。所以土壤剖面是指由若干土壤形成过程形成的土层组成从地表面至母质的垂直面。道库恰耶夫（B. B. Докучаев）把土壤剖面划分为 3 个基本层，淋溶层（A 层）位于地表最上端，腐殖质在这层积聚；淋溶层之下是淀积层（B 层），其特征是黏粒在这层淀积，故称为淀积层或过渡层；B 层之下是母质层（C 层），该层不同于未风化体或深度风化物，由不同程度风化物构成，通常是 A 层和 B 层发育的母质（图 0－4）。后来有研究者把土层划分得更细，但总的说来未脱离 A 层、B 层和 C 层 3 层。每种土壤由其特征性发生层组合，从而形成了各种土壤剖面。

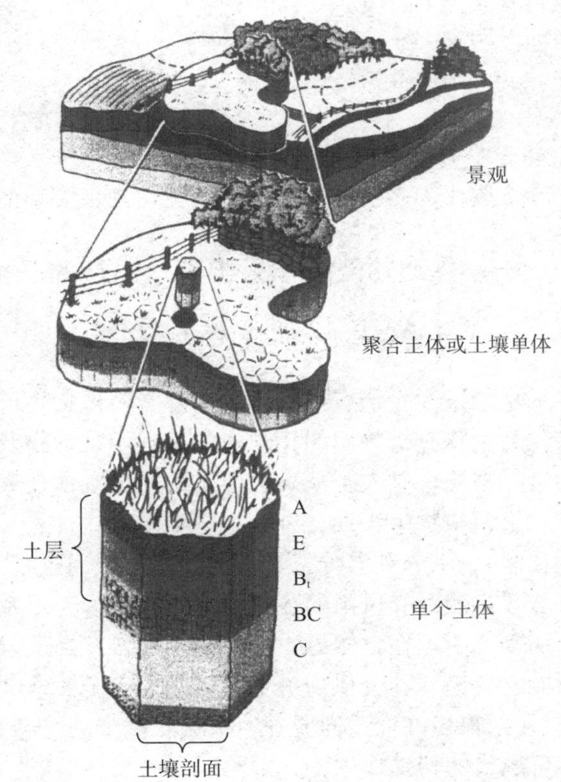

图 0－4　单个土体、聚合土体和土壤剖面

（四）土壤的物质系统

土壤自然体是一个包含固、液、气三相的多组分的开放的物质系统。之所以将土壤

的物质组成称为土壤的物质系统，是因为由矿物质、有机质和土壤生物构成的固相，由土壤水（又称土壤溶液）构成的液相和由土壤空气构成的气相是按一定比例组成的相互联系、相互制约的统一整体。矿物质部分构成了土壤骨架，一般占土壤总质量（干物质量）的95%以上，土壤水和空气竞争矿物颗粒之间的土壤孔隙，即土壤水分的多少直接影响土壤的通气性。对一个适宜植物生长和微生物繁殖的土壤而言，其总体积中固相矿物质和有机质大约占一半，另一半是土壤孔隙，而土壤孔隙分别被水和空气以各占20%～30%的比例所占据。在这种较理想三相比例土壤中，虽然有机质一般只占土壤质量的5%以下，但它对土壤性质的影响是不可低估的（图0-5）。

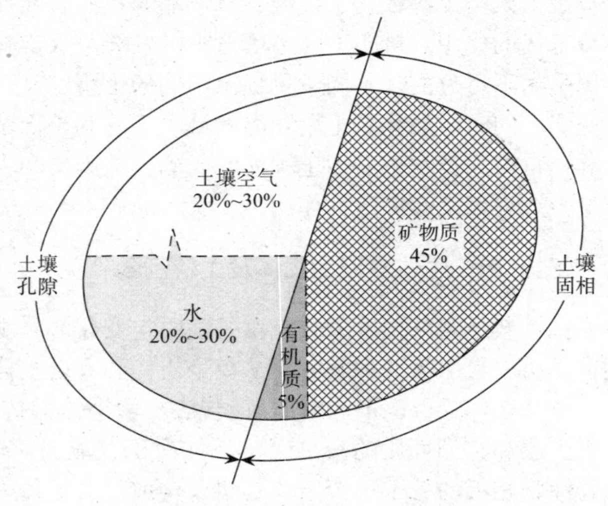

图0-5　土壤三相的体积比

第二节　土壤的主要功能

土壤作为多功能的历史自然体，其主要功能包括以下几个方面。

一、生产功能——人类农业生产的基地

（一）土壤是植物生产的介质

从能量和生物有机物质的来源看，植物生产是指由绿色植物通过光合作用把太阳能转化为生物有机物质的化学能的过程，是动物及人类维持生命活动所需能量和营养物质的唯一来源，是人类从事农业生产的最基本任务。

绿色植物生长发育有5个基本要素：日光（光能）、热量（热能）、空气（氧气及二氧化碳）、水分和养分。其中养分和水分通过根系从土壤中吸取。植物之所以能立足于自然界，能经受风雨的袭击不倒伏，是因为根系伸展在土壤中获得土壤的机械支撑。这一切都说明，在自然界，植物的生长繁育必须以土壤为基地。一个良好的土壤应该使植物能吃得饱（养分供应充分）、喝得足（水分供应充分）、住得好（空气流通、温度适宜）、站得稳（根系伸展开、机械支撑牢固）。归纳起来，土壤在植物生长繁育中有下列不可取代的特殊作用。

1. 营养库的作用　植物需要的营养元素除二氧化碳（CO_2）主要来自空气外，氮、磷、钾及中量营养元素、微量营养元素和水分则主要来自土壤。表0-1是全球氮磷营养库的储备和分布，无论从数量上还是分配上，土壤营养库都十分重要。土壤是陆地生物所必需的营养物质的重要来源。

表 0-1　全球氮磷营养储备和分布

环境营养储备		氮（N）储备（t）	磷（P）储备（t）
大气		3.8×10^{15}	—
陆地	生物	1.229×10^{12}	2×10^{9}
	土壤	8.99×10^{11}	1.6×10^{11}
水域	生物	9.7×10^{8}	1.38×10^{8}
	沉积物	4×10^{15}	1.0×10^{12}
	水体	2×10^{13}	1.2×10^{11}
地壳		1.4×10^{16}	3×10^{12}

2. 养分转化和循环作用　土壤中存在一系列物理作用、化学作用和生物作用。在营养元素的转化中，既包括无机物的有机化，又包含有机物的矿质化。既有营养元素的释放和散失，又有元素的结合、固定和归还。在地球表层系统中通过土壤营养元素的复杂转化过程，实现营养元素与生物之间的循环与周转，保持生物生命周期生息与繁衍。

3. 雨水涵养作用　土壤是地球陆地表面具有生物活性和多孔结构的介质，具有很强的吸水和持水能力。据统计，地球上的淡水总储量约为 3.9×10^{7} km^3，其中被冰雪封存和埋藏在地壳深层的水有 3.49×10^{7} km^3。可供人类生活和生产的循环淡水总储量只有 4.1×10^{6} km^3，仅占淡水总储量的 10.5%。在 4.1×10^{6} km^3 的循环淡水中，除循环地下水（占 95.1%）和湖泊水（占 2.95%）超过土壤水（占 1.59%）外，江河水（占 0.03%）和大气水（占 0.34%）的储量明显小于土壤水储量。土壤的雨水涵养功能与土壤的总孔隙度、有机质含量等土壤理化性质和植被覆盖度有密切的关系。植物枝叶、根系穿插和腐殖质层形成，对雨水的地表径流具有截留和阻滞作用，能大大提高雨水涵养、防止土壤流失的能力。

4. 生物的支撑作用　土壤不仅是陆地植物的基础营养库，而且还是绿色植物在土壤中生根发芽和根系在土壤中伸展和穿插的机械支撑，保证绿色植物地上部能稳定地站立于大自然之中。在土壤中还拥有种类繁多和数量巨大的生物群，地下微生物和动物在这里生活和繁育。

5. 稳定和缓冲环境变化的作用　土壤处于大气圈、水圈、岩石圈及生物圈的交界面，是地球表面各种物理过程、化学过程、生物过程的反应界面，是物质与能量交换、迁移过程等最复杂、最频繁的地带。这种特殊的空间位置，使得土壤具有抵抗外界温度、湿度、酸碱性、氧化还原性变化的缓冲能力。进入土壤的污染物能通过土壤生物进行代谢、降解、转化、清除或降低毒性，土壤起着过滤器和净化器的作用，为地上生长的植物和地下生长的微生物、动物的生存繁衍提供一个相对稳定的环境。

狭义的农业生产包括植物生产（种植业）和动物生产（养殖业）两部分（两个生产车间）。从能量和有机物质来源看，植物生产是由绿色植物通过光合作用，把太阳辐射能转变为有机物质化学能的过程，是动物及人类维持其生命活动所需能量和某些营养物质的唯一来源。动物生产则是对植物生产产品的进一步加工，在更大程度上满足人类的需求。因此人们把植物生产称为初级生产（也称为一级生产、基础生产），而把动物生产称为次级生产。从食物链的关系看，次级生产中又可再分为若干级，例如二级、三级等。每后一级的生产都以其前一级生产的有机物质作为其食料，整个动物界就是通过食物链的繁育、衍生而来的。由此可见，土壤不仅是植物生产的基地，也是动物生产的基地。如果没有植物生产，就不可能有动物生产和整个农业生产。

（二）植物生产、动物生产和土壤利用管理三者的关系

既然农业生产以土壤为基地，那么要发展农业生产，就必须十分重视土壤资源的开发、利用、改良和保护，要在全面规划农、林、牧用地的基础上，把土壤资源的利用、改良与保护结合起来。通过合理的耕作制度、科学施肥、有效灌溉和一系列培肥土壤的管理措施，在保证土壤质量不下降、土壤生态环境不受破坏的前提下保证农业生产的持续、稳定发展。通过用地养地相结合的措施，把植物生产、动物生产和土壤管理3个环节紧密结合起来，把植物生产的有机收获物用作动物生产所需的饲料，将植物残体和动物生产废物，通过微生物的利用、转化及循环培肥土壤，提高土壤肥力。

二、生态功能——陆地生态系统的基础

（一）土壤生态系统

生态系统包含着一个广泛的概念。任何生物群体与其环境组成的统一体都形成不同类型的生态系统。自然界的生态系统大小不一，多种多样，小可到一个庭院、一个池塘、一块草地，大可到森林、湖泊、海洋，乃至包罗地球上一切生态系统的生物圈。陆地生态系统就是包罗整个地球陆地表层的大系统。

在陆地生态系统中，土壤作为最活跃的生命层，是生物与环境间进行物质和能量交换的场所。在土壤生态系统组成中，绿色植物是其主要生产者（producer），它通过光合作用，把太阳能转化为有机物质形态的储藏潜能。同时又从环境中吸收养分、水分和二氧化碳，合成并转化为有机物质形态的储存物质。消费者（consumer）主要是草食动物和肉食动物，例如土壤原生动物、蚯蚓、昆虫类和脊椎动物的啮齿类动物（草原地区的鼢鼠、黄鼠、兔子，农田中的田鼠等）。它们以现有的有机物质作食料，经过机械破碎和生物转化，除小部分的物质和能量在破碎和转化中被消耗外，大部分物质和能量则存在于土壤动物躯体中。分解者（decomposer）主要指生活在土壤中的微生物和低等动物，微生物有细菌、真菌、藻类等，低等动物有鞭毛虫、纤毛虫等。它们以绿色植物与动物的残留有机体为食料从中吸取养分和能量，并将它们分解为无机化合物或改造成土壤腐殖质。

土壤生态系统的大小同样取决于研究目标及范围，如果只考虑某个土壤层或土壤剖面内物质和能量的输入、输出以及内部的转化过程，则生态系统可以划定在单个土壤层或土壤剖面。如果要研究养分循环和农业管理对植物营养的作用，则可以将植物群落——农田土壤系统划定为一个生态系统。也可以划定更大的范围，例如区域、国家甚至全球，来研究土壤生态系统的变化。

（二）土壤在陆地生态系统中的作用

在任何一个陆地生态系统中，无论是庭院、农田、草地、森林、流域还是区域生态系统，土壤都有重要的功能（图0－6）。从图0－6中可见，土壤作为高等植物生长

的介质、作为养分和有机质循环系统、作为水供给和净化系统、作为土壤生物的栖息地、作为工程地基等方面均起着不可替代的作用。其功能可以简单地概括为以下几个方面。

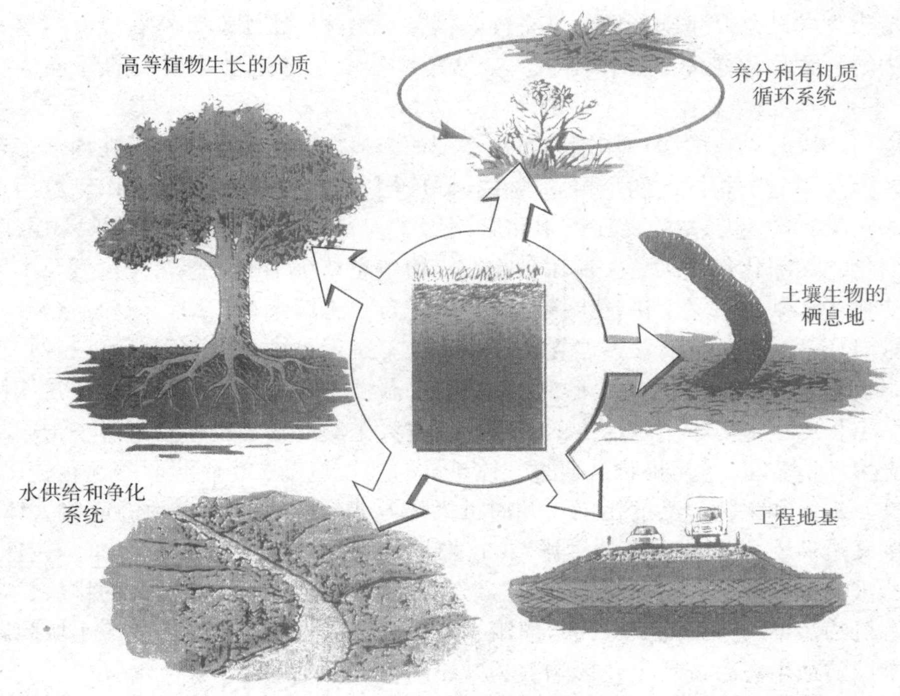

图 0－6　土壤的生态功能

① 稳定陆地生态平衡：土壤为植物根系生长提供了支撑，并为植物提供必需的营养元素。通过绿色植物生产，物质与能量迁移转化、输入输出，必然引起陆地生态系统结构、功能的变化，促进系统的稳定发展。

② 维持生物活性和多样性：土壤是众多生物的栖息地，土壤性质直接决定着植物、微生物、动物的生长繁殖。一旦土壤性质改变，就会引起生物种群数量、类型变化及生物群落迁移等。

③ 更新废物的再循环利用：动植物残体、城市和工业废物、大气沉降物等通过土壤生物的分解，释放养分被生物再次吸收利用，这对维持地球生命是不可缺少的。

④ 缓解、消除有害物质：有机物质、无机物质、生物污染物能通过土壤的过滤、吸附、固定、降解作用，降低其环境风险。

⑤ 调控水分循环系统：土壤水作为土壤-植物-大气连续体的核心成分和地表物质的运移载体，在调节全球气候变化和溶质流动中起关键作用。

⑥ 用作地面建筑基地和工程建筑材料。

三、环境功能——环境的缓冲净化体系

空气、水和土壤是人类及一切生命赖以生存的 3 大环境要素。在 3 大环境要素中，全球有 50%～90%的污染物最终滞留在土壤中，土壤是地球上污染物最大的“汇”。然

而，土壤污染问题远远不如水污染、空气污染那样直观，而是不容易被察觉，难以得到广泛的关注和重视。这是因为污染物通过各种不同途径输入土壤后，在土壤中进行着一系列物理的、化学的和生物的迁移转化过程。其中有些污染物通过淋洗、渗滤、挥发等离开土体，有些则经过吸附、沉淀等作用被土壤矿物质钝化、锁定使其活性降低，有些则被土壤生物尤其是微生物降解使其毒性降低甚至消除。土壤对环境污染物的这种生态抗衡、消解能力称为缓冲净化作用。从全球角度看，土壤是全球最大的环境缓冲净化系统。

土壤对环境污染物的缓冲作用和净化作用两个概念都常被使用，是在内涵上存在一定联系，但又不完全相同的两个概念。在实际应用中，缓冲作用侧重于由土壤组成和性质导致的污染物的量变关系及其机制和影响因子，特别是土壤溶液中污染物浓度（活度）的变化。而净化作用则更关注污染物在土壤生态系统中的迁移转化过程及土壤环境容量的变化。从某种意义上讲，土壤净化作用包含了土壤缓冲作用。

土壤对环境污染物具有缓冲净化作用，这绝不是说土壤污染的问题可以被轻视。恰恰相反，正是土壤的这种特性使土壤污染具有隐蔽性、潜伏性、不可逆性、长期性等特点，在一定程度上掩盖了土壤污染的严重性。输入土壤的污染物一旦超过了土壤的承受能力（土壤环境容量），污染物就通过气体扩散、溶质流动、生物吸收等途径输出土体，加剧大气、水体和生物产品的污染，并通过人体呼吸、饮用水和食物链危害人体健康。所以土壤又是环境污染最重要的“源”。它像埋藏着的化学定时炸弹一样，一旦引爆，便产生严重的毒害效应。诸如温室气体（二氧化碳、甲烷、氧化亚氮）的排放、重金属污染、有机物污染、生物污染、污水灌溉、固体废物的排放、土壤酸化等土壤问题已成为威胁全球陆地生态系统稳定及影响人类健康的重要环境问题。

四、工程功能——工程地基与建筑材料

高楼大厦平地起，土壤的功能首先表现在：土壤是公路、铁路、机场、桥梁、隧道、水坝等一切建筑物的地基。地基的首要功能是作为坚实稳固的基础。事实上，不同地质条件下形成的土壤，其性质（例如土壤的坚实度、抗压强度、黏滞性、可塑性、涨缩性、稳定性等）可能是极不相同的。因此在工程建筑选点、设计前，对土壤地基的稳固性做评价是必不可少的。另一方面，土壤又是工程建筑的原始材料，90%以上的建筑材料是由土壤提供的。此外，土壤还是陶瓷工业的基本原材料，陶瓷制品总是由特定的土壤加工而成的。

五、社会功能——人类社会生存和发展的最珍贵的自然资源

（一）土壤与人的关系

资源是自然界能为人类利用的物质和能量的基础，是可供人类利用并有应用前景和价值的物质。土壤资源的传统定义是，具有农、林、牧业生产力的各种类型土壤的总称。在人类生存的基础生活中，人类消耗的80%以上的热量、75%以上的蛋白质和大部分纤维素都直接来自土壤。随着全球人口的增长和社会对土壤需求的增加，土壤资源在全球环境保护、工农业可持续发展、城市建设方面发挥着越来越重要的作用。地球是人类的唯一家园，如果没有这薄薄的表层土壤，地球就会与其他星球一样，毫无生命痕

迹。所以土壤资源不仅具有自然属性，而且具有经济属性和社会属性。土壤是人类社会经济发展的物质基础，是维持人类生存的必要条件。

此外，人类发展史中留下了许许多多极其珍贵的文物，例如出土的书画、纺织品、陶瓷器、金属器皿等珍贵艺术品。这些文化遗产能够在历史长河中完整地保存下来，得益于埋藏的土壤环境，土壤温度、含水量、通气性、结构等是影响文物保存的重要因素。许多文物古迹一旦脱离原来的土壤环境，其色泽、图案、表面、质地等都可能遭受损坏甚至消失，所以土壤还具有保护文物的功能。

（二）土壤资源的特性

1. 土壤资源数量的有限性 土壤资源与光、热、水、气资源一样被称为可再生资源。但从土壤的数量来看又是不可再生的。在地球表面形成 1 cm 厚的土壤，需要 300 年或更长的时间，所以它不是取之不尽、用之不竭的资源。受海陆分布、地形地势、气候、水分配和人口增加、工业化扩展的影响，我国耕地土壤资源短缺，后备耕地土壤资源不足，人均耕地持续下降的形势还将进一步发展（表 0-2）。土壤资源数量的有限性已成为制约经济、社会发展的重要问题，有限的土壤资源供应能力与人类对土壤（地）总需求之间的矛盾日趋尖锐。

表 0-2 中国土壤资源的总量、人均占有量及其与世界和部分国家比较

土地类型	中国各类土地总占有量（%）	人均占有量（hm^2）					中国人均占有量与世界人均占有量比率（%）
		世界	中国	美国	巴西	印度	
陆地总面积	7.1	2.77	0.91	3.92	6.28	0.43	32.9
耕地与园地面积	6.8	0.31	0.10	0.80	0.56	0.22	32.3
永久草地面积	9.0	0.66	0.27	1.01	1.22	0.02	40.9
森林和林地面积	3.2	0.84	0.13	1.11	4.15	0.09	15.5

2. 土壤资源质量的可变性 土壤质量是一个内涵丰富的广义概念，包括土壤肥力质量、环境质量、健康质量等。对于同一土壤，土壤肥力、土壤环境和土壤健康是相互联系、相互包容的。土壤质量本质上是土壤肥力的深化与拓展。一般而言，土壤肥力质量高，它的环境质量和健康质量也高。反之，肥力质量低的土壤，其环境质量和健康质量亦低。所以土壤学一直认为，土壤质量的特征是肥力。土壤肥力是在各种土壤形成因素综合作用下，经过漫长的土壤形成过程逐渐发育形成的。在这个过程中，植物、动物和微生物不断地繁衍与死亡，土壤腐殖质不断地合成和分解，土壤养分及其他元素随水的运转可积累或被淋洗。这一系列物质与能量转化都处于周而复始的动态平衡，土壤肥力就在土壤物质的循环和平衡中不断发育和提高。尤其从人类开发利用土壤资源进行生产活动以来，人们通过开垦荒地、平整土地、耕作施肥、灌溉排水、轮作复种等人为改良途径，不仅大大提高了土壤的农林牧生产能力，同时培肥土壤，使它向更高的耕作熟化方向演化。所以只要合理利用土壤，用养结合，不断投入和补偿，就有可能保持土壤的可持续利用。从这个意义讲，土壤资源与水、大气和生物资源一样，是可以被看作再生资源的。

在破坏性自然营力下，或人类违背自然规律，破坏生态环境，滥用土壤，高强度、无休止地向土壤索取，土壤肥力将逐渐下降和破坏，这就是土壤质量的退化。从全球范围看，存在着植被萎缩、物种减少、土壤侵蚀、肥力丧失、耕地过载等现象。在我国，由于人口的压力，不合理开发利用造成的土壤资源的荒漠化、土壤流失、土壤污染等问题十分突出。从这个意义上讲，土壤资源不仅仅数量是有限的，其质量同样具有“有限性”。

3. 土壤资源空间分异及相对固定性　土壤是各种土壤形成因素综合作用的产物。由于土壤形成因素（例如气候、生物）在地球表面表现出一定的分布规律，使各种组合不同的自然景观影响下的土壤在地面空间分布表现其相应的规律性。在地表空间位置上，不同生物气候带分布着不同类型的土壤，而同一生物气候带其土壤类型有相对固定性。土壤空间分异可以按大、中、小 3 种不同尺度区分。大尺度分异规律主要决定于水热条件，而水热条件与经度、纬度和大地构造、地貌类型密切相关，所以土壤空间分异具有水平（经度、纬度）和垂直地带性分布规律。例如热带雨林带分布着砖红壤，亚热带常绿阔叶林带分布着红壤和黄壤，温带落叶阔叶林带分布着棕壤，干旱草原带分布着黑钙土和栗钙土，荒漠草原带分布着棕土和钙土，亚寒带针叶林带分布着灰化土，苔原带分布着冰沼土等。随着生物气候地带的规律性更替，土壤资源分布有着与生物气候带相适应的规律性更替。中尺度的分异主要受地形、母质、水文地质条件等区域性土壤形成因素的综合影响。例如地形影响水热条件再分配，阴坡和阳坡处于不同空间位置，就可能分布着不同类型土壤。母质类型的差异也会形成中尺度的土壤分布规律。此外，人类的耕作活动结果，例如我国黄土高原长期使用土粪形成的塿土、干旱半干旱区长期灌溉发育的淤土、各地长期水耕发育的水稻土，也可以形成中尺度的土壤地域分异。小尺度的土壤分异现象是指微地形或成土母质微小差异基础上形成的微域性分布规律。

土壤资源空间分布上所具有的这种特定的地带地域分布规律，使人们可按土壤资源类型的相似性将地表土壤划分为若干土壤区域，并按照划分出的单位来探讨土壤组合特征及其发生分布规律性，因地制宜地合理配置农林牧业，充分利用土壤资源，发挥土壤生产潜力，进行土壤资源区划和土壤质量评价。

第三节　土壤学学科体系、研究内容与方法

一、土壤学学科分支及研究内容

土壤学在自然科学中成为一门独立的学科是从 19 世纪中叶开始的，至今约 170 年的历史。与其他自然科学一样，20 世纪以来土壤学得到了快速发展。学科分支代表一个学科的研究领域和发展水平。1924 年正式成立国际土壤学会后，土壤学从下设的土壤分类和制图、土壤肥力、土壤物理、土壤化学等传统基础分支学科起步，至今已发展成内涵非常丰富的完整学科体系。2019 年，国际土壤联合会的学术机构包括 4 个部（D1～D4）、22 个专业委员会（学科分支）和 16 个工作组。D1. 土壤时空演变部，下设土壤形态与微形态、土壤地理、土壤发生、土壤分类、计量土壤学、古土壤 6 个专业委员会，以及寒冻土、数字土壤制图、数字土壤形态测量、全球土壤图、土壤近地传感、土壤信息标准、土壤监测、通用土壤分类、世界土壤资源参比基础 9 个工作组。

D2. 土壤性质与过程部，下设土壤物理、土壤化学、土壤生物、土壤矿物、土壤化学-物理-生物界面反应 5 个专业委员会，以及关键带系统、土壤模拟联盟 2 个工作组。D3. 土壤利用与管理部，下设土壤评价与土地规划、水土保持、土壤肥力与植物营养、土壤工程与技术、土壤退化调控与修复、盐渍土壤 6 个专业委员会，以及酸性硫酸盐土、森林土、水稻土、城市-工业-交通-采矿-军事区域土壤 4 个工作组。D4. 土壤在社会和环境持续发展中的地位部，下设土壤与环境、土壤和食品安全与人类健康、土壤及土地利用变化、土壤教育与公众意识、土壤学历史与哲学及社会学 5 个专业委员会，以及理解土壤的文化模式 1 个工作组。

国际土壤联合会的 22 个专业委员会（学科分支）和 16 个工作组反映了土壤学科的具体研究领域及内容。土壤学的内涵如此丰富，对任何一种版本的《土壤学》而言，要包罗其全部内容是不可能的。读者需要更深入了解，可在学习土壤学基本原理的基础上，阅读有关分支学科专著。下面就国内与本《土壤学》教材关系密切的几个分支学科研究内容作简要介绍。

（一）土壤地理学

土壤地理学是研究土壤发生、演变、分类、分布规律及其与地理环境之间关系的土壤学分支学科，是土壤学与自然地理学融合发展的边缘交叉科学。土壤地理学的研究内容十分广泛，主要内容包括以下 4 个方面。

1. 土壤发生和分类　土壤发生学是土壤地理学的核心，其重点是研究土壤形成与自然土壤形成因子和人为活动的复杂关系，研究地球表层系统多样性土壤的形成特点和机制，并在此基础上，根据土壤的发生发育过程、土壤诊断学属性进行土壤分类。

2. 土壤分布规律　土壤是一个时间上处于动态，空间上具有垂直方向分异性和水平方向分异性的三维连续体，研究清楚土壤和土被结构的空间分布规律，可以为因地制宜地合理利用和保护土壤资源，搞好农业区划及生产布局和改善生态环境提供科学依据。

3. 土壤调查制图和土壤质量评价　其主要研究内容是应用现代新技术（例如遥感技术、地理信息系统、全球定位技术等），建立土壤数据库和土壤信息系统；研究土壤质量评价标准、指标体系和退化土壤的恢复重建技术与措施。

4. 土壤退化及防治修复　主要研究土壤侵蚀、土壤沙化、土壤肥力退化、土壤酸化和碱化、土壤污染等退化机制及时空分异规律，以及土壤退化评价指标体系和防治修复、土壤工程技术等。

（二）土壤物理学

土壤物理学是研究土壤中物理现象和过程的土壤学分支学科，主要研究土壤物理性质和水、气、热运动及调控的原理，其研究内容包括土壤水分、土壤质地、土壤结构、土壤力学性质、土壤溶质迁移及土壤-植物-大气连续体（SPAC）中的水分运行和能量转移等，它的研究领域见图 0-7。

（三）土壤化学

土壤化学是研究土壤化学组成、性质及土壤化学反应过程的分支学科，重点研究土

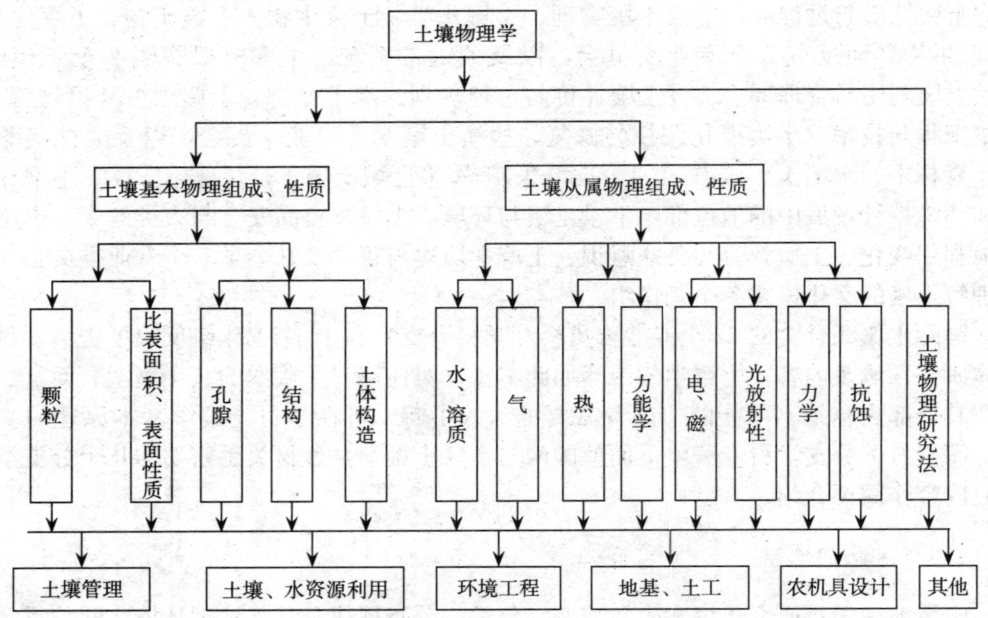

图 0-7　土壤物理学体系和主要研究内容

壤胶体的组成、性质及土壤固液界面发生的系列化学反应，为开展土壤培肥、土壤管理、土壤环境保护提供理论依据，它的研究领域见图 0-8。

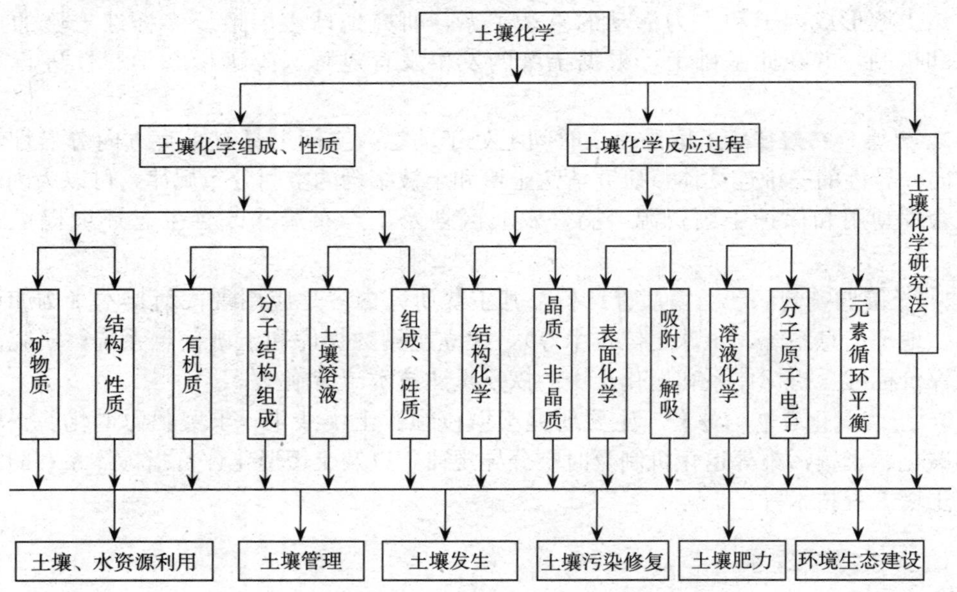

图 0-8　土壤化学体系和主要研究内容

（四）土壤生物学

土壤生物学是研究土壤中生物区系及其多样性和功能与活性的分支学科。其主要内容包括：①土壤微生物和动物的生态、种类、数量、形态、类型及分布规律和生理代谢等；②土壤碳、氮、磷、硫的生物转化及生物地球化学循环；③土壤微生物与地上高等植物相互关系及其根际效应，包括根际微生物、根际分泌物、菌根等；④土壤微生物与养分循环及环境净化的关系和作用等。

（五）土壤肥力与植物营养

土壤肥力与植物营养是研究土壤为植物正常生长提供并协调营养物质和环境条件能力的分支学科。其主要内容包括：①土壤肥力的形成与影响因素，包括自然肥力和人为肥力；②植物营养特征；③土壤培肥理论和技术。

（六）水土保持

水土保持学是研究土壤流失的原因和过程以及运用综合性技术措施防治土壤流失、保障农业生产和改善生态环境的分支学科。其主要内容包括：①土壤流失形式、分布与危害；②土壤流失规律与水土保持原理；③水土保持区划、规划、效益估算与评价；④水土保持动态监测及信息系统管理等。

（七）土壤污染与修复

土壤污染与修复是研究土壤污染的形成、过程、危害及修复原理与防治手段的分支学科。其主要内容包括：①土壤污染形成因素与危害；②土壤污染监测与评价；③土壤污染行为与过程；④土壤污染修复原理与技术手段等。

（八）土壤和食品安全与人类健康

土壤和食品安全与人类健康是综合评估和改善土壤质量，保障土壤生态安全和资源可持续利用，运用规范的生产技术、方式及标准，生产对人或动物健康不产生危害或潜在危害的农业食品的分支学科。其主要内容包括：①土壤质量指标与评价体系；②土壤-作物系统污染物迁移、转化与积累；③食品安全与动物、人体健康风险；④土壤质量提升与农业生产管理等。

二、土壤学与相邻学科的关系

近代土壤学的发展史告诉我们，土壤学作为一门独立的自然科学，最早是在化学与植物矿质营养的基础上建立起来的，其后随着土壤形成因素学说的创立，将土壤作为地球表面的实体，即一个独立的历史自然体，进而发展为连续体，即随时空不断变化的三维连续体。可以认为，土壤学从开始创建，就涉及地学、生物学、生态学、化学、物理学等多学科领域，是一门与多学科互相渗透、交叉的综合性很强的学科。

1. 土壤学与地质学、水文学、生物学、气象学有着密切的关系　这是由土壤在地理环境中的位置和功能所决定的。土壤作为地球表层系统的重要组成部分，它的形成、发育与地质、水文、生物和近地表大气息息相关。

2. 土壤学与农学有着不可分割的关系　因为土壤是绿色植物生长的介质，农学中的栽培学、耕作学、肥料学、灌溉排水等，都以土壤学为基础的，土壤学是农业基础学科的重要部分。

3. 土壤学与环境科学、生态学联系密切　因为环境的核心是地球表层系统中的圈层，而土壤是地球上多种生命繁衍、生息的场所。从环境科学的角度看，土壤不仅是一种资源，而且是人类生存环境的重要组成要素。土壤除具有肥力、能生产绿色植物外，还具有对环境污染物质的缓冲、代谢和净化等作用。土壤的这些性能在稳定和保护人类生存环境和生态安全中起着极其重要的作用。所以土壤学与环境科学的交叉结合就形成了一门新的土壤学分支学科——环境土壤学。

现代土壤学，无论是自身的学科基础理论的创新，还是解决实际应用问题，其复杂性日益增加，应用范围在不断扩大。在基础土壤的研究方面，必须与地学、生物学、数学、化学、物理学等基础学科结合，发展土壤物理、土壤化学、土壤地理、土壤生物学等基础分支学科。在应用土壤研究方面，现代土壤科学在可持续农业生产、环境保护、区域治理、全球变化等方面正发挥越来越重要的作用，这就需要土壤学与农学、环境学、生态学、气象学、区域自然地理以及社会经济学等多学科之间的交叉和融合。

三、土壤学的研究方法

基于土壤学的本身学科性质及研究领域的拓展，土壤学研究方法具有以下特点。

（一）宏观研究和微观研究

自然科学发展到现在，有的向宏观方面发展，有的则向更微观方面发展。在宏观方面，土壤作为地球表层系统中一个独立的历史自然体，研究土壤全球变化则站在土壤圈的高度上。而研究区域土壤则要研究一个区域的自然地理，区域的地形、水分、气候、地质特征，对土壤形成过程有着相应的影响。研究某个单一土体时，则要研究土壤剖面，土壤剖面包括若干土层，每个土层又是由不同粒径颗粒组成的团聚体构成的，团聚体决定了土壤的通气性、持水性和排水状况。以上这些都是肉眼看得见的宏观研究。在微观方面，任何一种土壤颗粒都由原生矿物和次生矿物及有机质以复杂的方式结合而成的，并包含数量庞大种类繁多的微生物。而矿物质和有机质都是由原子、分子、离子构成的。土壤中所有的化学反应，几乎都发生于土壤微细颗粒与溶液之间的界面或与之相邻的溶液中，这些只能用现代新技术、新仪器去探索。

对不同尺度的研究对象，划分为若干研究层次，采用不同的技术，把宏观和微观研究结合起来（图0-9）。

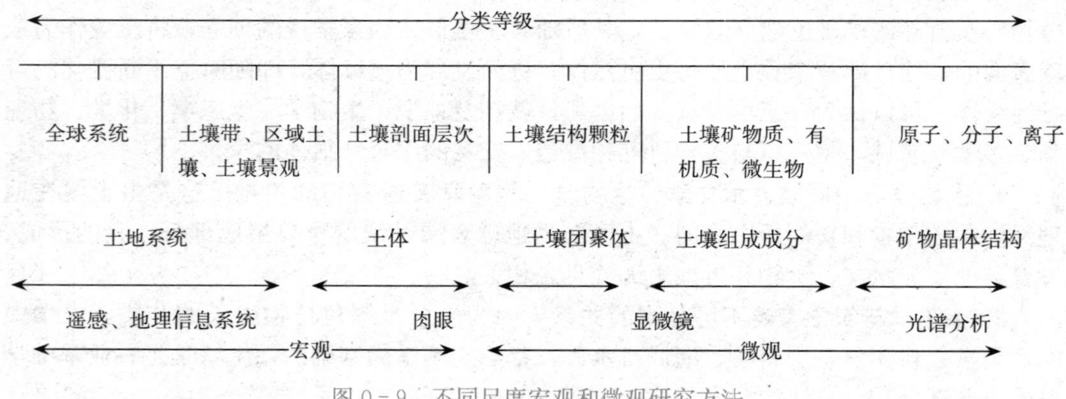

图0-9　不同尺度宏观和微观研究方法

（二）综合交叉研究

土壤学在研究方法上还必须综合交叉。因为人类社会对土壤的需求增加，土壤学面临的矛盾是一些直接关系到社会发展的重大问题。农业可持续发展、粮食安全、环境保护、区域治理、全球变化等都直接与土壤学有密切的联系。例如研究农业的可持续性，首先必须考虑土壤肥力的可持续性，因而就需要土壤学（包括土壤物理、土壤化学、土壤生物、土壤矿物、土壤分类、土壤制图等）与农业科学、环境科学、生态学、社会经济学进行综合交叉、相互渗透。多学科的合作是今后土壤学研究创新的一个趋势。

（三）野外调查与实验室研究结合

自然土壤具有时空变化的特点，是一个时间上处于动态、空间上具有异向性的三维连续体。因而土壤学有实验科学和野外调查的双重特点。野外调查包括传统的调查制图、应用遥感技术（即用航空像片、卫星影像等）进行土壤解释判读转绘出土壤分布图、定位半定位田间试验观察等。实验室研究有室内的理化定量分析、实验室模拟研究等，以及把野外、实验室和模型研究结果应用到自然土壤中去，这是富有极重要意义的。

（四）新技术的应用

从土壤学各分支学科应用的研究技术看，土壤学的研究手段也有较大的更新。遥感技术（RS）、数字化技术、地理信息系统（GIS）、网络技术已较成功地被应用于建立土壤信息技术、土壤数据库等。一些现代生物技术和方法已被土壤微生物等相关分支学科所采用并正在更深度开发。而一些理化分析的新仪器、新设备（例如各种光谱仪、质谱仪、电子显微镜等现代仪器），已普遍地在土壤实验室中应用。

第四节　土壤学科发展的概况

一、近代土壤学科的发展及主要观点

人类自开始农耕以来就开始接触和认识土壤。现有的考古资料初步确认，大约18 000年以前，人类就开始种植农作物。在古希腊和古罗马时代，人们对土壤的认识只是一些纯朴而简单的经验总结。我国夏代《尚书·禹贡篇》，距今已有4 100多年，其中所概述的九州土壤的地理分布、地力等级、流域特征等，是世界上最早有关土壤的专门论著。然而，土壤学作为一门独立学科形成、发展较晚，直到18世纪以后才逐步产生形成几个比较有影响的代表学派。

（一）农业化学土壤学派

从17世纪以来，随着西方工业化和科学技术的进步，物理、化学等基础学科的发展对土壤学发展产生了巨大的影响。在西欧出现了农业化学土壤学观点，创始人是著名德国化学家李比希（J. V. Liebig，1803—1873）。他在1840年出版了名为《化学在农业和植物生理上的应用》专著，提出大田产量随施入土壤的矿质养分数量的多少而相应地变化。土壤是植物养分的储藏库，植物靠吸收土壤和肥料中的矿质养分而得到滋养。植物长期吸收消耗土壤中的矿质养分，会使土壤库的矿质养分储藏量越来越少，为了弥补土壤库储量减少，可以通过施用化学肥料和轮作等方式如数归还土壤，以保持土壤肥力永续不衰。这个观点把土壤看作提供植物生长所必需的水

分、养分和起物理支撑作用的介质，被称为土壤养分库概念。土壤学界把李比希的这个学说称为矿质营养学说。

农业化学土壤学观点开辟了用化学理论和方法来研究土壤并解决农业生产问题的新领域，并进一步发展了土壤分析化学、土壤化学和农业化学等分支学科，大大促进了土壤学科的发展，并对植物生理学以及整个生物科学和农业科学产生了极为重要的影响。同时，矿质营养学说还迅速推动了化肥工业的发展，在化肥工业发展史上具有划时代的重要意义。直至今日，该学说仍被作为化肥工业和化肥应用的最重要的理论依据。

但是由于时代的局限性，农业化学土壤学观点也有许多不足之处。该观点过分地应用纯化学理论来看待复杂的土壤肥力问题，简单、机械地把土壤作为植物的“养分库”。因为土壤除含矿物质外，还有有机质、微生物和土居动物等活性物质，正是这些活性物质对提高土壤肥力起着积极作用，例如固氮微生物对土壤氮素供应就有举足轻重的作用。植物本身也不只是单向地从土壤中吸收、消耗矿质养分，植物与土壤间的复杂的能量交换和物质转化关系也为土壤提供有机物料。所以今天来看，农业化学土壤学观点难免有一定局限性和片面性。但是需要强调，农业化学土壤学观点在土壤科学发展史中曾占有主导地位，在推动整个农业科学的发展中也具有重要贡献。

（二）地质土壤学派

农业化学土壤学观点侧重研究土壤供应植物养分的能力，把土壤看作发生化学反应和生物化学反应的介质，却很少了解土壤是地理景观的一部分，因而提出某些片面结论在所难免。农业化学土壤学观点的弱点暴露后，到 19 世纪下半叶，德国地质学家法鲁（F. A. Fellow）、李希霍芬（F. V. Richthofen）、拉曼（E. Ramann）等用地质学观点来研究土壤，形成了地质土壤学观点。他们把土壤形成过程看作岩石的风化过程，认为土壤是岩石经过风化而形成的地表疏松层，即土壤是岩石风化的产物。土壤类型决定于岩石的风化类型，土壤是变化、破碎中的岩石。

地质土壤学观点揭示了风化作用在土壤形成过程中的重要性，但只强调土壤与岩石、母质之间相互联系的一方面，却混淆了土壤与岩石、母质的本质区别方面，把风化过程当作土壤形成过程，把风化产物看作土壤。按照这个观点，必然得出风化进程中的矿物质不可避免地受到淋溶作用而逐渐减少的片面结论。但地质土壤学观点在土壤学发展史上同样起了积极作用，开辟了从矿物学研究土壤新领域，加深了对土壤的基本骨架——矿物质的研究。

（三）土壤发生学派

19 世纪 70—80 年代，俄罗斯学者道库恰耶夫（В. В. Докучаев，1846—1902）创立了土壤发生学观点。该观点认为，土壤形成过程是由岩石风化过程和成土过程所推动的。道库恰耶夫在 1883 年出版的著名的《俄罗斯黑钙土》一书中，认为土壤有它自己的发生和发育历史，是独立的历史自然体。影响土壤发生和发育的因素可概括为母质、气候、生物、地形及陆地年龄 5 个，提出了 5 大土壤形成因素学说。还提出地球上土壤的分布具有地带性规律，创立土壤地带性学说。同时他对土壤分类提出了创造性的见解，拟订了土壤调查和编制土壤图的方法。

道库恰耶夫的土壤发生学理论，从俄罗斯传至西欧，再由西欧传到美国，对国际土壤学的发展产生深刻的影响。他的继承者威廉斯（B. P. Вильямс）在其学说基础上，创立土壤的统一形成学说，指出土壤是以生物为主导的各种土壤形成因素长期、综合作用的产物。物质的地质大循环和生物小循环矛盾的统一是土壤形成的实质。土壤本质特点是具有肥力，因而提出了土壤结构性和肥沃性概念，制定了草田轮作制，这种观点被称为土壤生物发生学派。

道库恰耶夫的土壤发生学理论对美国的土壤学科发展也产生过很深刻的影响。美国土壤学科的奠基者马伯特（C. F. Marbut）于 1927 年提出的第一个土壤分类系统体现了发生学的基本学术观点。继马伯特后，凯洛格（C. E. Kellogg）提出的根据土壤的自然发生特性来拟定土壤制图单元的学术观点，在土壤地理方面具有广泛的利用价值。直到 20 世纪 40 年代，汉斯·詹尼（Hans Jenny）出版了《土壤形成因素》一书，试图用函数定量对土壤和环境因素之间的联系进行相关分析，提出的土壤形成与 5 种成土因素的函数关系为：$s=f(cl, o, r, p, t)$，式中 s 表示土壤，cl、o、r、p、t 分别表示气候、生物、地形、母质和时间土壤形成因素，都是独立变量，任何一个地区，其中某 1 个或 2 个因子可能变化很大，而其他因子可能变化很小，从这个意义上说，可以定量地对土壤与环境之间的发生学联系进行多因素相关分析。之后他进一步将土壤形成因素公式扩大和提升到生态系统基础上，1983 年他在《土壤资源、起源与性状》专著中，把土壤形成因素看作状态因子，构建了状态因子函数式。

（四）土壤学发展的新观点

从 20 世纪以来，土壤学科获得了快速的发展，特别在社会、经济、生态、环境对土壤学科的推动下，土壤学创新研究出现了一些新观点，其中影响最大的观点有以下 3 个。

1. 土壤圈概念 土壤圈是地球表层系统中处于 4 大圈（大气、水、生物、岩石）交界面上最富有生命活力的土壤连续体或覆盖层（图 0-1 和图 0-3）。这个概念大大拓展了土壤学的研究领域。过去土壤学侧重于研究土壤本身三相（固相、液相和气相）的组成与性质，而土壤圈概念则从圈层角度来研究全球土壤结构、形成因素和演化规律，从以土体内的能量交换和物质流动为主的研究，扩展到探索土壤与生物圈、大气圈、水圈、岩石圈之间的物质能量循环，研究土壤系统内部及其界面上产生的各种过程及其机制，从而使土壤学能真正介入地球系统科学、参与全球变化和生态环境建设。

2. 土壤生态系统概念 道库恰耶夫的土壤发生学，实际上已包含生态系统的内涵。但直到 20 世纪 60 年代土壤生态系统的概念才被确立。土壤生态系统是以土壤为研究核心的生态系统，可分为研究土壤生物的生态系统和研究土壤性状与环境关系的土壤生态系统两类，其结构和功能前文已介绍。土壤生态系统随陆地生态系统的发展而演变，土壤生态系统的变化又影响陆地生态系统，甚至海洋湖泊生态系统的演变和发展。全面认识土壤生态系统的重要性，才能全面认识土壤各因素之间的关系。只有把土壤作为一个生态系统来研究，才能弄清其结构与功能的内在联系及发生发育演变的趋势，为土壤资源的合理利用和质量提升提供依据。

3. 地球关键带概念 地球关键带概念是 21 世纪初提出的。地球关键带在横向上覆盖不同的生态系统类型，在纵向上包含自上边界植物冠层、向下穿越到土壤层、非饱和包气带、饱和含水层以及下边界的地下水层（图 0-2）。土壤作为地球关键带的核心要素，是控制关键带物质、能量和信息流动与转化的重要节点。因此对地球关键带的认知进一步揭示了土壤在地球陆地生态系统中的多重功能和重要作用，有助于解决一系列生态问题、环境问题和社会问题。

二、应用土壤学和基础土壤学的发展

（一）应用土壤学的发展

土壤学研究历来就分为应用研究和基础研究，但从土壤学发展路径看，应用土壤学研究一直处于主流地位。近代土壤学发展从 19 世纪中叶李比希的农业化学派，到 20 世纪初威廉斯提出统一形成学说并制定了草田轮作制，都为传统的农业土壤学发展奠定了基础。在 20 世纪的百年中，农业土壤学从土壤的生产功能出发，重点研究土壤物质组成、性质与植物生长的关系，通过土壤耕作、施肥来提高土壤肥力和土壤的植物生产能力，为保证向社会提供粮食、纤维、饲料和燃料，解决和缓解全球饥饿贫穷等做出了不可磨灭的贡献。

20 世纪 50—60 年代后，城市化和工业化给应用土壤学研究提供了新的发展机遇，使人们更深入地认识到土壤不仅仅为植物生长提供水分和养分，具有生产功能，而且还能够同化和代谢进入土壤的污染物，具有净化环境的功能。从此，土壤环境污染防治与土壤生态保护成为土壤学的研究热点，开拓了环境土壤学新的应用研究领域，使土壤学进入了一个新的发展阶段。

从粮食保障到食品安全是社会发展的必然趋势。随着人类对生活品质包括生态安全、食品品质等方面要求的提高，20 世纪 90 年代美国学者首先提出了土壤质量和土壤健康两个概念（实际上，土壤质量和土壤健康这两个概念的含义近乎相同）。然后，出版了多种健康土壤学方面的著作，提出土壤质量或土壤健康不仅仅包括土壤的生产和环境功能，还包括食品安全及动物和人类的健康。其概念超越了土壤肥力和土壤环境质量，从整个地表生态系统稳定性和可持续性上研究土壤的食物生产、空气清洁、污水净化、养分循环、多样性保护等综合功能。尽管健康土壤学研究开始不久，但土壤健康是生态稳定性及健康食品的前提条件，必将具有广阔的发展空间。

从传统农业土壤学到环境土壤学，再到健康土壤学是应用土壤学发展进程的 3 个阶段，它们之间联系与区别如图 0-10 所示。

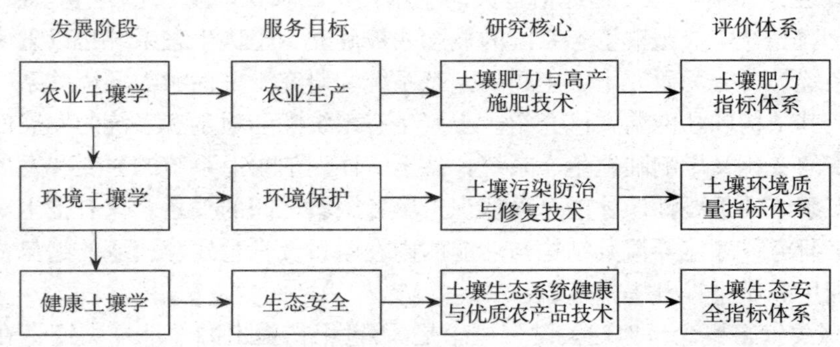

图 0-10　应用土壤学发展进程及其相互关系

从图 0-10 可见：①应用土壤学 3 个发展阶段反映了其发展是一个渐进过程，但它们的服务目标、研究核心和评价体系有着本质的区别。服务目标由单一的主要为农业生产服务，发展为环境保护和生态安全多目标服务。研究核心则由土壤肥力拓展到防治土壤污染、维持土壤生态健康。评价体系则由以土壤理化性质为主的肥力指标，发展到包括土壤肥力、环境质量和土壤生态安全在内的综合指标。②应用土壤学的多目标服务，决定了现代土壤管理必须在环境保护、可持续农业、食品安全、经济效益等种种矛盾中做出抉择，应该顺应自然规律，既要最大限度地增加土壤的长期生产效率，又要最大限度地减少土壤环境破坏，不同于传统农业时代那样只关注作物产量这个特定目的而无视对环境和生态系统的影响。③应用土壤学的发展进程反映了社会对土壤科学需求的变化，这种转变与人类社会的进步，即从基本生活品需求到安全需求再到健康需求的走向是同步的。所以社会需求是土壤学科发展的原动力。土壤学科应将造福社会作为发展方向，解决社会与公众迫切需要解决的问题。

（二）基础土壤学的发展

基础土壤学研究与应用土壤学研究是两个相互依存、相辅相成的领域。由于土壤资源与人类生存密切相关，应用土壤学在解决粮食生产、灌溉管理、水质污染或公众安全等关键问题上做出了历史性贡献。然而随着土壤在全球变化、环境保护、食品安全、可持续农业、城市发展等领域发挥越来越重要的作用，社会对土壤新的、多样化需求也日益增加。土壤学科所面临的问题在不断变化，要解决发展中出现的这些复杂问题远非应用土壤学本身所能解决的，需要更广泛的土壤学基础理论和研究方法，为应用土壤学以及其他应用性学科提供知识支撑。

基础土壤学的研究核心是要探索并回答“什么是土壤”这个既原始又复杂的问题。其主要的内涵是，土壤的本质、土壤的时空演变（土壤发生、分类和演化等）、土壤的环境过程（物理过程、化学过程、生物过程等）；探索在一定空间和时间范围内，土壤三维连续的相互作用系统中物质和能量的动态变化规律。并且不仅仅在于发现土壤特性之间的某些联系规律，而且要更深入地揭示为什么会存在这些联系；不仅仅发现土壤在空间和时间上的变异类型，而且在于探索和判断产生变异的基本机制。实际上，土壤学科已发展成应用综合手段研究地球风化表面及其生物群的生物特性、化学特性和物理特性，探索更完整的地球环境和行为的重要学科之一。

土壤是由多组分和多界面、生命活体和非生物体组成的复合体，具有高度的非线性和可变特征，是地球陆地最复杂的动态系统之一。因此要真正揭示土壤的本质，就必须涉及地学、物理学、化学、生物学、生态学等多学科领域，要有开阔的科学视野，应用现代新技术从宏观（区域、全球尺度）和微观（分子、原子尺度）角度开展系统和深入的研究。

三、我国土壤学的发展概况

我国农业历史悠久，劳动人民在长期的生产实践中，对土壤的知识有丰富的积累。世界上土壤分类和肥力的评价，最早记载的是我国夏代《尚书·禹贡篇》，书中根据土壤性质将土壤分为壤、黄壤、白壤、赤植垆、白坟、黑坟、坟垆、涂泥和清黎等 9 类，并依其肥力高低，划分为三等九级。约在公元前 3 世纪的《周礼》中，阐述了“万物自生焉则曰土”，分析了土壤与植物的关系，又说明了“土”的本身意义。许慎《说文解字》指出“土者，是地之吐生物者也。”将“土”字解构，其中的“二”，像地之上，地之中；“｜”，物出形也。具体说明了“土”字的形象、来源和意义。至于“壤”，《周礼》指出：“以人所耕而树艺焉则曰壤”，即“土”通过人们的改良利用和精耕细作而成为“壤”。这种把“土”和“壤”字联系起来的观点，是最早对土壤概念的一种朴素的解释。此后，《管子·地贡篇》《吕氏春秋·任地篇》《白虎通》《氾胜之书》《齐民要术》《民桑辑要》《农政全书》《王祯农书》等著作中，对土壤知识有更广泛的论述。

但我国近代土壤科学研究起步较晚，20世纪20年代开始，一些留学归国人员陆续到大学从事土壤教学和研究工作。1930年才开始在中央地质调查所设立土壤研究室。此后在某些高等学校相继建立土壤研究所（室）并设置土壤专业，培养土壤专业技术人才。1930—1949年，我国土壤科学受欧美土壤学派影响较大，结合土壤调查和肥料试验，对土壤分类系统和土壤性质方面开展了研究，出版了土壤专报和土壤季刊，编译《中国土壤概要》等专著，1941年拟定了我国最早的土壤分类系统。1950年后，我国土壤科学研究紧紧围绕国家的经济建设，结合农、林、牧规划和发展，广泛开展土壤资源综合考察、农业区划、流域治理、低产田改良、水土保持及改土培肥。于1958年、1978年先后开展两次全国性土壤普查，对摸清我国的土壤资源，特别是对耕地土壤做了较详细的调查，编写了各地区以至全国的土壤志，绘制了土壤图。进入21世纪以来，为应对我国经济社会快速发展和城镇化进程不断加速而产生的土壤污染问题，环境保护部和国土资源部于2005年开展了首次全国土壤污染状况调查，耗时8年，于2014年4月17日正式发布了《全国土壤污染状况调查公报》，公报显示全国土壤环境状况总体不容乐观，部分地区土壤污染较重，耕地土壤环境质量堪忧，工矿业废弃地土壤环境问题突出。全国土壤总的污染点位超标率为16.1%，耕地、林地、草地和未利用地的土壤点位超标率分别为19.4%、10.0%、10.4%和11.4%。2016年5月28日，国务院印发了《土壤污染防治行动计划》。在上述基础上，生态环境部（原为环境保护部）于2017年7月正式启动了全国土壤污染状况详查工作，该项工作正在紧锣密鼓地进行中，通过本次详查将查明农用地土壤污染的面积及其分布。

与此同时，在基础土壤学研究方面，我国已形成了一支拥有10多个学科分支的专业队伍，其中一些研究工作在国际同类研究中很有特色和创新，例如营养元素的再循环、土壤电化学性质、人为土壤分类、水稻土肥力、土壤污染修复、区域土壤调控等，在国际上占有一席之地，影响力较大。20世纪70年代后，我国还出版了一些颇有影响的专著，例如《中国土壤》(1978)、《水稻土电化学》(1984)、《农业百科全书·土壤卷》(1996) 和《农业百科全书·农化卷》(1994)、《中国土壤分类系统》(1995)、《中国土壤质量》(2008) 等。但我国土壤学研究起步较晚，且受多种因素的限制，总体来看，在解决国民经济建设的重大问题和学科理论的创新发展上，与发达国家比较仍有差距。当今的土壤学除研究土壤自身性质和形成规律外，必须考虑经济、社会可持续发展对土壤的需要。2015年9月25日，在联合国可持续发展峰会上，193个联合国成员国正式通过了17个可持续发展目标（Sustainable Development Goals），旨在从2015年到2030年间以综合方式彻底解决社会、经济和环境3个维度的发展问题，转向可持续发展道路。其中与土壤学相关的需要解决的全球性关键问题包括食物、养分、淡水、能源、气候变化、生物多样性、废物循环等。我国的土壤科学工作者，面对全球挑战性难题，为解决 14 亿人口的吃饭问题，无疑已做出了卓越的贡献。但我们要清醒地认识到，我们面对的不仅是人多地少的这样一个无法改变的国情，更艰难的是要在这最有限的土壤资源上高速发展经济，既要最大限度地提高土壤生产力，又要保护环境不受污染、生态不受破坏、食品安全不受冲击、人体健康不受危害，满足人民日益增长的美好生活需要。这些难题的解决，必将大大推动我国土壤科学的发展。

复习思考题

1. 怎样理解土壤是地球的皮肤?

2. 为什么说土壤是覆盖地球陆地表面的一个独立圈层? 土壤圈在地球陆地表层系统中有何重要作用?

3. 什么是土壤? 为什么说人们对土壤概念内涵的认识是不断深化的?

4. 土壤有哪些重要功能? 怎样理解土壤是一个独立的多功能历史自然体?

5. 土壤在植物生长繁育中有何特殊作用? 为什么说土壤是农业可持续发展的基础?

6. 土壤的生态功能主要表现在哪些方面? 为什么说土壤是陆地生态系统的基础?

7. 土壤学科有哪些主要分支? 它们包括哪些主要研究内容?

8. 举例说明土壤学与其他交叉学科的关系。怎样理解土壤学是一门综合交叉学科?

9. 简述近代土壤学发展的主要学术观点，试述近年来土壤学发展的特点。

10. 名词解释

地球表层系统　土壤圈　地球关键带　土壤质量　土壤健康　独立的历史自然体　土壤剖面　聚合土体　单个土体　土壤生态系统　土壤资源

上　篇
土壤的物质组成

CHAPTER 1

第一章

土 壤 矿 物 质

土壤矿物质（soil mineral）是土壤的主要组成物质，构成了土壤的骨骼，一般占土壤固相部分质量的95%～98%。固相的其余部分为有机质、土壤微生物体，所占比例小，占固相质量的5%以下。土壤矿物质的组成、结构和性质，对土壤物理性质（结构性、水分性质、通气性、热学性质、力学性质和耕性）、化学性质（吸附性能、表面活性、酸碱性、氧化还原电位、缓冲作用等）以及生物与生物化学性质（土壤微生物、生物多样性、酶活性等）均有深刻的影响。由坚硬的岩石矿物演化成具有生物活性和疏松多孔的土壤，要经过极其复杂的风化、土壤形成过程。因此土壤矿物质组成也是鉴定土壤类型、识别土壤形成过程的基础。

第一节　土壤矿物质的化学组成和矿物组成

矿物是地壳中的元素在各种地质作用下形成的具有一定化学组成、理化性质和内在结构的自然产物，是组成岩石的基本单位。矿物的种类很多，目前已经发现3 000多种。从学习土壤学角度讲，我们着重关注的是成土矿物，以及某些作为肥料和土壤改良剂来源的矿物。

一、土壤矿物质的主要元素组成

土壤矿物质主要由岩石中的矿物变化而来。为此，讨论土壤矿物质的化学组成，必须知道地壳的化学组成。土壤矿物质的元素组成很复杂，元素周期表中的全部元素几乎都能从土壤中发现，但主要的有20多种，包括氧、硅、铝、铁、钙、镁、钛、钾、钠、磷、硫以及锰、锌、铜、钼等微量元素。表1-1列出了地壳和土壤的平均化学组成，从表1-1可见：①氧（O）和硅（Si）是地壳中含量最多的两种元素，分别占了47.0%和29.0%，二者合计占地壳质量的76.0%；铁和铝次之，氧、硅、铝和铁合起来占地壳质量的88.7%。也就是说，地壳中其余90多种元素合在一起，只占地壳质量的11.3%。所以在组成地壳的化合物中，绝大多数是含氧化合物，其中以硅酸盐最多。②在地壳中，植物生长必需的营养元素含量很低，例如磷、硫的含量均不到0.1%，氮的含量只有0.01%，而且分布很不平衡。由此可见，地壳所含的营养元素远远不能满足植物和微生物营养的需要。③土壤矿物质的化学组成，继承了地壳化学组成的特点，但是有的化学元素是在土壤形成过程中增加了（例如氧、硅、碳、氮等），有的显著下降了（例如钙、镁、钾、钠）。这反映了土壤形成过程中元素的分散、富集特性和生物积聚作用。

表 1-1　地壳和土壤的平均化学组成（%，质量分数）

（引自维诺格拉多夫，1950，1962）

元素	地壳中	土壤中	元素	地壳中	土壤中
O	47.0	49.0	Mn	0.100	0.085
Si	29.0	33.0	P	0.093	0.08
Al	8.05	7.13	S	0.090	0.085
Fe	4.65	3.80	C	0.023	2.000
Ca	2.96	1.37	N	0.010	0.100
Na	2.50	1.67	Cu	0.010	0.002
K	2.50	1.36	Zn	0.005	0.005
Mg	1.37	0.60	Co	0.003 0	0.000 8
Ti	0.45	0.40	B	0.003 0	0.001 0
H	(0.15)	?	Mo	0.003 0	0.000 3

注：克拉克等（1924）、费尔斯曼（1939）和泰勒（1964）估计的地壳化学元素组成与此表稍有不同，但总的趋势是一致的。

二、土壤的矿物组成

土壤矿物按其来源，可分为原生矿物和次生矿物。原生矿物是直接来源于地球内部岩浆的结晶或有关的变质作用，而次生矿物是由原生矿物在风化过程或土壤形成过程中，于地表环境里形成的。土壤矿物按矿物的结晶状态可分为晶态和非晶态（图 1-1）。

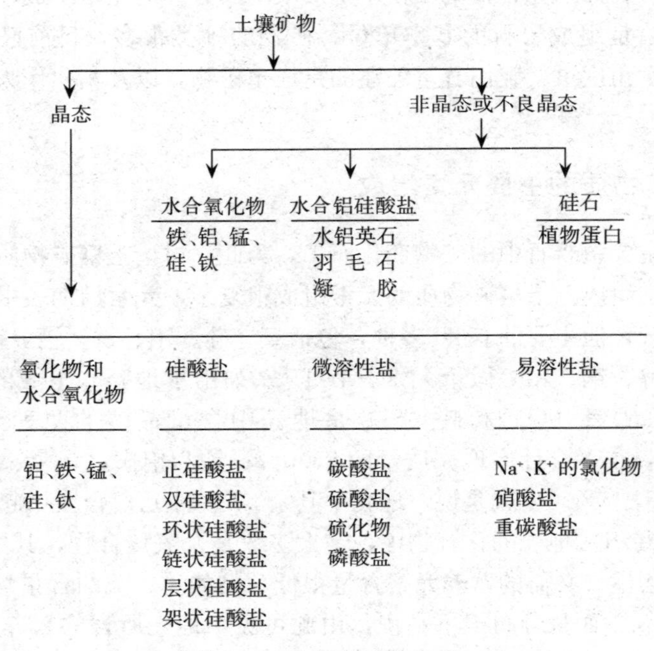

图 1-1　土壤的矿物组成

（一）土壤原生矿物

土壤原生矿物（soil primary mineral）是指那些经过不同程度的物理风化，未改变化学组成和结晶结构的原始成岩矿物。它们主要分布在土壤的砂粒和粉粒中。表1-2中列出了土壤中主要的原生矿物组成。由表1-2可得出下述结论。

表1-2　土壤中主要的原生矿物组成

原生矿物	分子式	稳定性	常量元素	微量元素
橄榄石	$(Mg,Fe)_2SiO_4$	易风化	Mg、Fe、Si	Ni、Co、Mn、Li、Zn、Cu、Mo
角闪石	$Ca_2Na(Mg,Fe)_2(Al,Fe^{3+})(Si,Al)_4O_{11}(OH)_2$	↑	Mg、Fe、Ca、Al、Si、Na	Ni、Co、Mn、Li、Se、V、Zn、Cu、Ga
辉　石	$Ca(Mg,Fe,Al)(Si,Al)_2O_6$		Ca、Mg、Fe、Al、Si	Ni、Co、Mn、Li、Se、V、Pb、Cu、Ga
黑云母	$K(Mg,Fe)(Al,Si_3O_{10})(OH)_2$		K、Mg、Fe、Al、Si	Rb、Ba、Ni、Co、Se、Li、Mn、V、Zn、Cu
斜长石	$CaAl_2Si_2O_8$		Ca、Al、Si	Sr、Cu、Ga、Mo
钠长石	$NaAlSi_3O_8$		Na、Al、Si	Cu、Ga
石榴子石	$A_3B_2(SiO_4)_3$	较稳定	Cu、Mg、Fe、Al、Si	Mn、Cr、Ga
正长石	$KAlSi_3O_8$		K、Al、Si	Ra、Ba、Sr、Cu、Ga
白云母	$KAl_2(AlSi_3O_{10})(OH)_2$		K、Al、Si	F、Rb、Sr、Cy、Ga
钛铁矿	Fe_2TiO_3		Fe、Ti	Co、Ni、Cr、V
磁铁矿	Fe_3O_4		Fe	Zn、Co、Ni、Cr、V
电气石	$NaR_3Al_6(Si_6O_8)(BO_3)_3(OH,F)_4$		Cu、Mg、Fe、Al、Si	Li、Ga
锆英石	$ZrSiO_4$	↓	Si	Zn、Hg
石　英	SiO_2	极稳定	Si	

注：①石榴子石分子式中，A主要为Mg^{2+}、Mn^{2+}、Ca^{2+}等二价阳离子，B为Al^{3+}、Cr^{3+}、Ti^{3+}等三价阳离子；②电气石分子式中，R为Mg^{2+}、Fe^{2+}、Li^{+}、Al^{3+}等金属阳离子。

1. 土壤原生矿物以硅酸盐和铝硅酸盐占绝对优势　常见的有石英（quartz）、长石（feldspar）、云母（mica）、辉石（augite）、角闪石（hornblende）和橄榄石（olivine）以及其他硅酸盐类和非硅酸盐类。

2. 土壤原生矿物的类型和数量在很大程度上受矿物稳定性的影响　石英是极稳定的矿物，具有很强的抗风化能力，因而其在土壤的粗颗粒中含量高。长石类矿物占地壳质量的50%～60%，同时亦具有一定的抗风化稳定性，所以土壤粗颗粒中的含量也较高。

3. 土壤原生矿物是植物养分的重要来源　原生矿物中含有丰富的钙（Ca）、镁（Mg）、钾（K）、钠（Na）、磷（P）、硫（S）等常量元素和多种微量元素，经过风化作用释放供植物和微生物吸收利用。在地质学课程中，对土壤原生矿物已作了较详细的介绍，这里不再讨论。

（二）土壤次生矿物

土壤次生矿物（soil secondary mineral）是原生矿物经化学风化作用或生物风化作用分解转化而成的新生矿物，其化学组成和结构都发生了改变。它们主要存在于土壤黏粒组分中，故也称为次生黏粒矿物或黏粒矿物、黏土矿物。土壤次生矿物以结晶层状硅酸盐黏土矿物为主，例如高岭石（kaolinite）、蒙脱石（montmorillonite）、伊利石（illite）、绿泥石（chlorite）等；还含相当数量的晶态和非晶态的硅、铁、铝的氧化物和水合氧化物，例如针铁矿（goethite）、赤铁矿（hematite）、三水铝石（gibbsite）等。尤其在热带土壤中，氧化物及水合氧化物的含量相当高。此外，在某些土壤中还含碳酸盐、硫酸盐和黄铁矿等。在强烈风化的土壤中，针铁矿（FeOOH）、赤铁矿（Fe_2O_3）、三水铝石［$Al(OH)_3$］等次生矿物在土壤中很稳定，其次是硅酸盐黏土矿物。石膏、石灰等次生矿物在土壤中易发生变化。

（三）土壤原生矿物和土壤次生矿物与土壤年龄的关系

原生矿物的组成和比例说明了成土母质的特征，很少能反映土壤形成过程特点，但次生黏土矿物的类型和特征可综合反映土壤的风化和土壤形成条件。土壤中原生矿物丰富，说明土壤年轻；随着土壤年龄增长，原生矿物含量和种类逐渐减少，次生矿物增加。

第二节　黏土矿物

一、层状硅酸盐黏土矿物

层状硅酸盐（phyllosilicate）黏土矿物，从外部形态上看，是一些极微细的结晶颗粒；从内部构造上看，是由两种基本结构单位构成的，并都含有结晶水，只是化学成分和水合程度不同而已。层状硅酸盐黏土矿物的性质与其化学组成和结晶构造关系十分密切。

（一）层状硅酸盐黏土矿物的构造特征

1. 层状硅酸盐黏土矿物的基本结构单位　构成层状硅酸盐黏土矿物晶格的基本结构单位是硅氧四面体和铝氧八面体。

（1）硅氧四面体　硅氧四面体（简称四面体）的基本结构由 1 个硅离子（Si^{4+}）和 4 个氧离子（O^{2-}）构成。其排列方式是以 3 个氧离子构成三角形为底，硅离子位于底部 3 个氧离子之上的中心处，第四个氧则位于硅离子的顶部，恰恰把硅离子盖在氧离子的下面。像这样的构造单位，如果连接相邻的 3 个氧离子的中心，可构成假想的 4 个三角形的面，硅离子位于这 4 个面的中心，所以这种结构单位称为硅氧四面体，如图 1-2 所示。若用构造图表示，则成图 1-3 的形式。

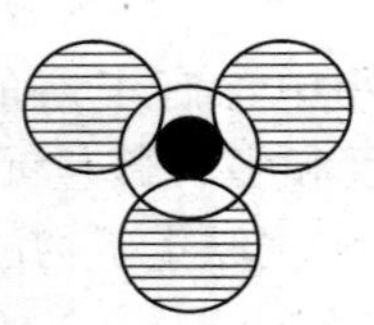

图 1-2　硅氧四面体

▨代表底层氧离子　●代表硅离子　○代表顶层氧离子

-1

-1　-1　-1

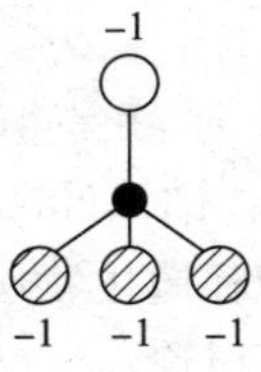

图 1-3　硅氧四面体的构造

▨代表底层氧离子　●代表硅离子　○代表顶层氧离子

（2）铝氧八面体　铝氧八面体（简称八面体）的基本结构由 1 个铝离子（Al^{3+}）和 6 个氧离子（O^{2-}）（或氢氧离子）构成。6 个氧离子（或氢氧离子）排列成两层，每层都由 3 个氧离子（或氢氧离子）排成三角形，但上层氧离子（或氢氧离子）的位置与下层氧离子（或氢氧离子）交错排列，铝离子位于两层氧离子（或氢氧离子）的中心孔穴内。像这样的构造单位，如果连接相邻的 3 个氧离子（或氢氧离子）的中心，可构成假想的 8 个三角形的面，铝离子位于这 8 个面的中心，所以这种单位称为铝氧八面体，如图 1-4 所示。若用构造图表示，则成图 1-5 的形式。

图 1-4 铝氧八面体

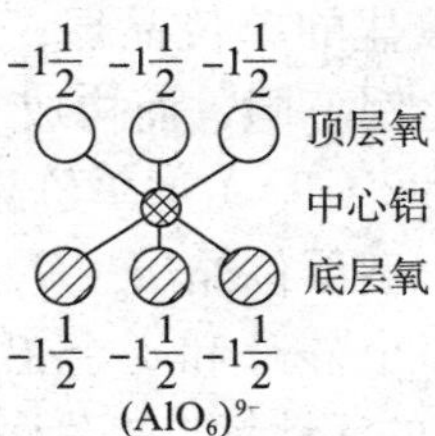

图 1-5 铝氧八面体的构造

▨代表底层氧离子 ⊗代表铝离子 ○代表顶层氧离子　　▨代表底层氧离子 ⊗代表铝离子 ○代表顶层氧离子

2. 层状硅酸盐黏土矿物的单位晶片 从化学上来看，硅氧四面体为 $(SiO_4)^{4-}$，铝氧八面体为 $(AlO_6)^{9-}$，它们都不是化合物，在它们形成硅酸盐黏土矿物之前，硅氧四面体和铝氧八面体分别各自聚合。聚合的结果，在水平方向上硅氧四面体通过共用底层氧的方式在平面两维方向上无限延伸，排列成近似六边形蜂窝状的四面体片（tetrahedral sheet）（简称硅片或硅氧片），如图 1-6 和图 1-7 所示。硅片的顶层氧仍然带负电荷。硅片可用 $n(Si_4O_{10})^{4-}$ 表示。铝氧八面体在水平方向上相邻八面体通过共用两个氧离子的方式，在平面两维方向上无限延伸，排列成八面体片（octahedral sheet）（简称铝片或水铝片），如图 1-8 和图 1-9 所示。铝片两层氧都有剩余的负电荷。铝片可用 $n(Al_4O_{12})^{12-}$ 表示。

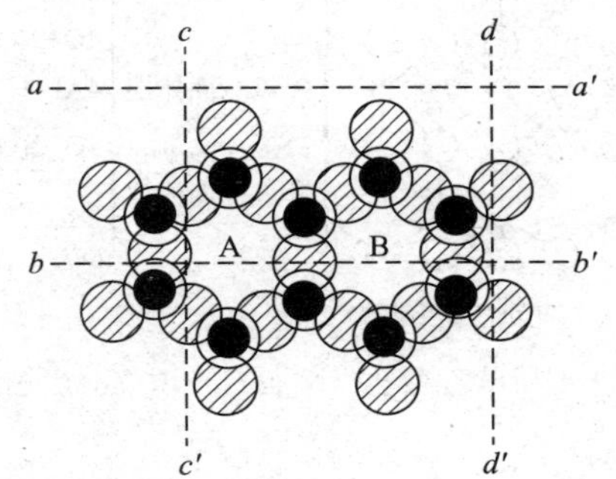

图 1-6 硅氧四面体在平面图上相互连接成硅片
（A、B 均为由 6 个阳离子构成的晶穴）

▨代表第一层氧离子 ○代表第二层氧离子 ●代表中心硅离子

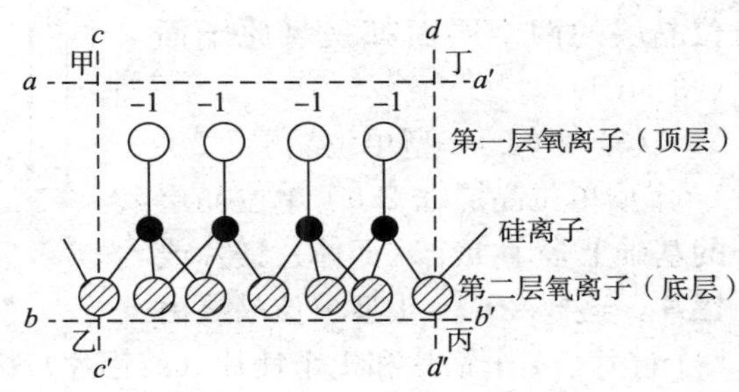

图 1-7 硅片（硅氧片）

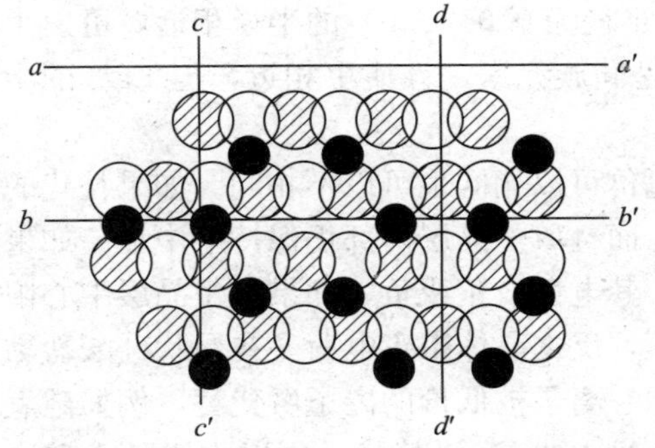

图 1-8 铝氧八面体在平面上相互连接铝片

▨代表底层氧离子（或氢氧离子） ●代表中心铝离子
○代表顶层氧离子（或氢氧离子）

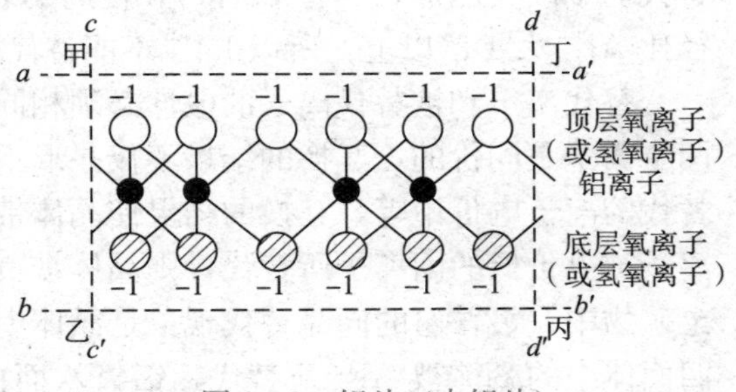

图 1-9 铝片（水铝片）

3. 层状硅酸盐黏土矿物的单位晶层　由于硅片和铝片都带有负电荷，不稳定，必须通过重叠化合才能形成稳定的化合物。硅片和铝片以不同的方式在 c 轴方向上堆叠，形成层状硅酸盐的单位晶层。两种晶片的配合比例不同，而构成 1∶1 型、2∶1 型和2∶1∶1 型单位晶层。

(1) 1∶1 型单位晶层　1∶1 型单位晶层由 1 个硅片和 1 个铝片构成。硅片顶端的活性氧与铝片底层的活性氧通过共用的方式形成单位晶层。这样 1∶1 型层状硅酸盐的单位晶层有两个不同的层面，一个是由具有六角形空穴的氧原子层面，一个是由氢氧构成的层面（图 1－10）。

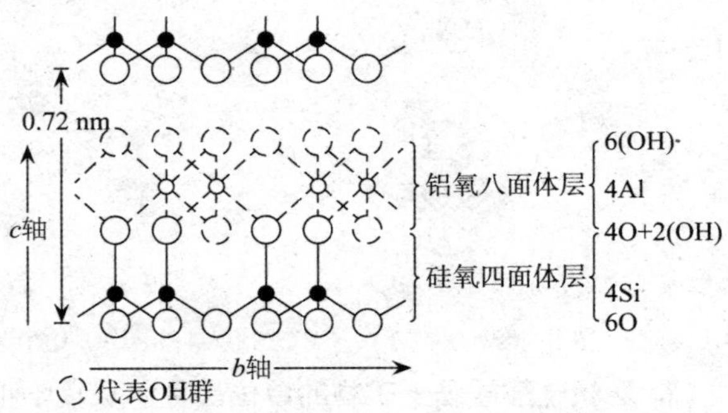

图 1－10　1∶1 型层状硅酸盐（高岭石）单位晶层结构

(2) 2∶1 型单位晶层　2∶1 型单位晶层由 2 个硅片夹 1 个铝片构成。2 个硅片顶层的氧都向着铝片，铝片上下两层氧分别与硅片通过共用顶层氧的方式形成单位晶层。这样 2∶1 型层状硅酸盐的单位晶层的两个层面都是氧原子面（图 1－11）。

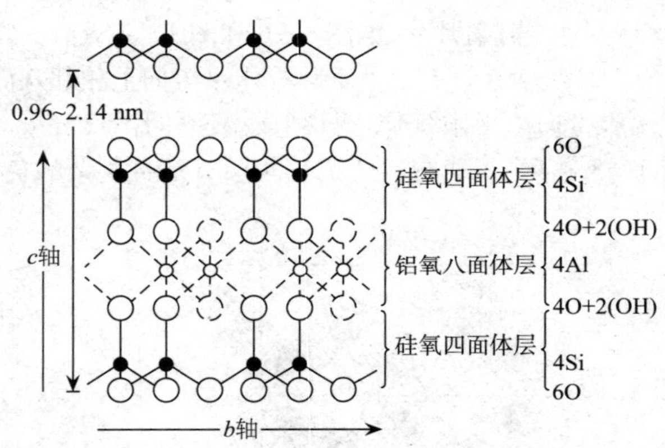

图 1－11　2∶1 型层状硅酸盐（蒙脱石）单位晶层结构

(3) 2∶1∶1 型单位晶层　2∶1∶1 型单位晶层在 2∶1 单位晶层的基础上多了 1 个八面体片镁片或铝片，这样 2∶1∶1 型单位晶层由 2 个硅片、1 个铝片和 1 个镁片（或铝片）构成。

4. 层状硅酸盐黏土矿物的同晶替代　同晶替代是指组成矿物的中心离子（硅、铝等阳离子）被电性相同、大小相近的离子所替代而晶格结构保持不变的现象。替代离子和被替代离子的大小要相近，只有这样才能保证替代后晶形不发生改变。例如 Fe^{3+} 的半径为 0.064 nm，与八面体的中心离子 Al^{3+}（半径为 0.057 nm）的半径相近，可发生替代而不改变晶形。尽管 La 和 Al 在周期表中是同族元素，性质更相近，但 La^{3+} 的半径比 Al^{3+} 大 1 倍以上，所以 La^{3+} 不能替代 Al^{3+}。

替代离子和被替代离子的电性必须相同，电价可以相同也可以不相同。如果替代的两个离子是同价的，互换的结果不仅晶形不变，而且单位晶层内部仍保持电中性。如果替代的离子电价不等，互换的结果使晶体带电，其电性或正或负，如果单位晶层中心阳离子被电价低的阳离子所替代，则晶体带负电荷，反之晶体带正电荷。在层状硅酸盐黏土矿物中，最普遍的同晶替代现象是晶体中的中心离子被低价的离子所代替，例如硅氧四面体中的 Si^{4+} 被 Al^{3+} 所替代，铝氧八面体中 Al^{3+} 被 Mg^{2+} 替代，所以土壤黏土矿物一般以带负电荷为主。同晶替代现象在 2∶1 型和 2∶1∶1 型的黏土矿物中较普遍，而 1∶1型黏土矿物中较少。

同晶替代的结果使土壤黏土矿物产生永久电荷，能吸附土壤溶液中带相反电荷的离子，被吸附的离子通过静电引力被束缚在黏土矿物的表面，避免随水流失。被吸附的离子可通过交换作用被植物吸收。土壤黏土矿物以带负电荷为主，吸附的离子以阳离子为主，例如 NH_4^+、K^+ 等养分离子。土壤黏土矿物的类型、数量与土壤肥力的关系密切。

（二）层状硅酸盐黏土矿物的种类及一般特性

土壤中层状硅酸盐黏土矿物的种类繁多，它们的组成、构造和特性各不相同。表 1-3列出了土壤中常见的层状硅酸盐黏土矿物的主要性质，同时也列出了土壤中常见氧化物和非结晶型硅酸盐的主要性质以作比较。根据层状硅酸盐黏土矿物的构造特点和性质，可以归纳为 4 个类组：高岭组、蒙蛭组、水云母组和绿泥石组矿物。

表 1-3　土壤中常见层状硅酸盐黏土矿物、氧化物、非晶型硅酸盐的重要特性

矿物	类型	大小（μm）	形状	比表面积（m^2/g）		单位晶层的间距（nm）	净电荷（cmol/kg）
				外表面	内表面		
蒙脱石	2∶1 型	0.01～1.00	片状	80～150	550～650	1.0～2.0	−150～−80
蛭石	2∶1 型	0.1～0.5	板状、片状	70～120	600～700	1.0～1.5	−200～−100
细云母	2∶1 型	0.2～2.0	片状	70～175	—	1.0	−40～−10
绿泥石	2∶1 型	0.1～2.0	可变	70～100	—	1.41	−40～−10
高岭石	1∶1 型	0.1～5.0	六角形晶体	10～20	—	0.72	−15～−1
水铝矿	铝氧化物	<0.1	六角形晶体	80～200	—	0.48	−5～+10
针铁矿	铁氧化物	<0.1	可变	100～300	—	0.42	−5～+20
水铝英石、伊毛缟石	无定形硅酸盐	<0.1	空球或空管	100～1 000	—	—	−150～+20

注："净电荷"中的正号（+）表示正电荷，负号（−）表示负电荷。

1. 高岭组　高岭组黏土矿物又称为 1∶1 型黏土矿物（1∶1 type mineral），是硅酸盐黏土矿物中结构最简单的一类，包括高岭石、珍珠陶土、迪恺石、埃洛石等，具有以下特点。

（1）1∶1 型单位晶层结构　高岭组黏土矿物的晶层由 1 层硅片和 1 层铝片重叠而成，硅片和铝片的比例为 1∶1，故又称为 1∶1 型黏土矿物。高岭石是土壤中最常见的一种 1∶1 型硅酸盐黏土矿物，见图 1-10。单位晶片的分子式可表示为 $Al_4Si_4O_{10}(OH)_8$。

（2）非膨胀性　由于在 *c* 轴方向上相邻晶层的层面不同，一个是硅片的氧面，一个是铝片的氢氧面，这样两个单位晶层的层面间产生键能较强的氢键，使相邻晶层间产生了较强的连接力，晶层的距离不变，不易膨胀，膨胀系数一般小于 5%。高岭石单位晶层的间距约为 0.72 nm。

（3）电荷数量少　单位晶层内部硅片和铝片中没有或极少同晶替代现象，其负电荷的来源一是晶体外表面的断键，二是晶体边面氢氧基（OH）在碱性及中性条件下的解离。阳离子交换量只有 3～15 cmol（+）/kg，负电荷的数量随颗粒的粗细、晶格的歪斜程度及 pH 的高低不同而异。

（4）胶体特性较弱　虽然高岭组黏土矿物的颗粒大小在胶体范围，但其颗粒比其他硅酸盐黏土矿物粗。其外形大部分为片状，有效直径为 0.2～2.0 μm。颗粒的总比表面积较小，为 $1.0\times10^4 \sim 2.0\times10^4$ m^2/kg。其可塑性、黏结性、黏着性和吸湿性都较弱。

高岭组黏土矿物是南方热带和亚热土壤中普遍而大量存在的黏土矿物，在华北、西北、东北及青藏高原土壤中含量很少。

2. 蒙蛭组　蒙蛭组黏土矿物又称为 2∶1 型膨胀性黏土矿物，包括蒙脱石（montmorillonite）、绿脱石（nontronite）、贝得石（beidellite）、蛭石（vermiculite）等，具有以下特征。

（1）2∶1 型单位晶层结构　蒙蛭组黏土矿物的单位晶层由 2 层硅片夹 1 层铝片构成，硅片和铝片的比例为 2∶1，故又称为 2∶1 型膨胀性黏土矿物。单位晶层的分子式可表示为 $Al_4Si_8O_{20}(OH)_4 \cdot nH_2O$。蒙脱石是其典型代表，如图 1－11 所示。

（2）胀缩性大　从图 1－11 可以看出，蒙蛭组黏土矿物单位晶层的顶层和底层两个基面都由 Si－O 面构成，所以当两个单位晶层相互重叠时，单位晶层间只能形成很小的分子引力。单位晶层间的结合力很弱，故单位晶层的间距因水分的进入而扩张，因失水而收缩。蒙脱石单位晶层间距变化范围为 0.96～2.14 nm，具有很大的胀缩性。蛭石的膨胀性比蒙脱石小，其单位晶层间距变化范围为 0.96～1.45 nm。

（3）电荷数量大　蒙蛭组黏土矿物的同晶替代现象普遍，蒙脱石主要发生在铝片中，一般以 Mg^{2+} 代 Al^{3+}，而蛭石的同晶替代主要发生在硅片中。蒙脱石的理想结构式为

$$(Al_{3.34}Mg_{0.66})Si_8O_{20}(OH)_4 \cdot nH_2O$$
$$\downarrow$$
$$X_{0.66}$$

式中，X 表示补偿异价离子置换引起的电荷亏缺的层间可交换阳离子。

同晶替代的结果使这组黏土矿物都带大量的负电荷，蒙脱石的阳离子交换量可高达 80～150 cmol(＋)/kg，而蛭石可高达 200 cmol（＋)/kg。

（4）胶体特性突出　蒙蛭组黏土矿物的颗粒呈片状，蒙脱石颗粒细微，有效直径为 0.01～1.00 μm；颗粒的总比表面积大，为 $7.0\times10^5 \sim 8.0\times10^5$ m^2/kg，且 80%是内表面。其可塑性、黏结性、黏着性和吸湿性都特别显著，对耕作不利。

蒙脱石在我国东北、华北和西北地区的土壤中分布较广。蛭石广泛分布于各大土类中，但以风化不太强的温带和亚热带排水良好的土壤中最多。

3. 水云母组　水云母组黏土矿物又称为 2∶1 型非膨胀性黏土矿物或伊利组矿物，具有以下特征。

（1）2∶1 型单位晶层结构　水云母组黏土矿物的单位晶层结构与蒙脱石相似，同样是由 2 层硅片夹 1 层铝片组成，硅片和铝片的比例为 2∶1，故又称为 2∶1 型非膨胀性黏土矿物。伊利石（illite）是其主要代表，见图 1－12。伊利石理想化学组成为 $K(Al,R)_2(Si_3Al)O_{10}(OH)_2 \cdot nH_2O$，其中

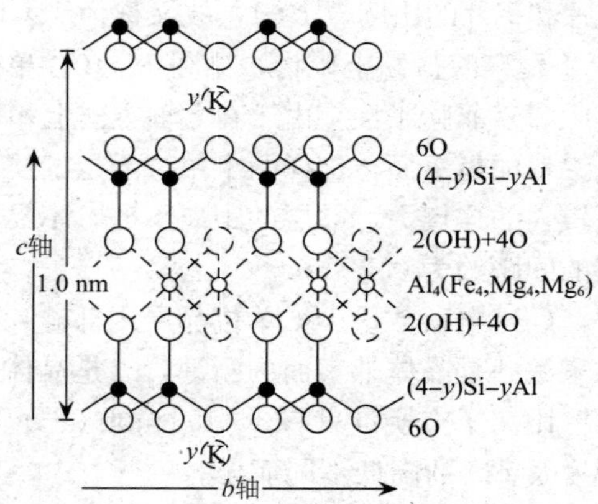

图 1－12　水云母（伊利石）单位晶层结构

R代表 Mg^{2+}、Fe^{2+} 等二价金属阳离子。

（2）非膨胀性　在伊利石单位晶层之间吸附有钾离子，钾离子半陷在单位晶层层面6个氧离子所构成的晶穴内，它同时受相邻两单位晶层负电荷的吸附，因而对相邻两单位晶层产生了很强的键联效果，连接力很强，使晶层不易膨胀，伊利石单位晶层的间距为1.0 nm。

（3）电荷数量较大　水云母组黏土矿物的同晶替代现象较普遍，主要发生在硅片中，但部分电荷被 K^+ 所中和，阳离子交换量介于高岭石与蒙脱石之间，为20～40 cmol(+)/kg。

（4）胶体特性　水云母组黏土矿物的颗粒大小一般介于高岭石和蒙脱石之间，总比表面积为 7.0×10^4～1.2×10^5 m^2/kg，其可塑性、黏结性、黏着性和吸湿性都介于高岭石和蒙脱石之间。

伊利石广泛分布于我国多种土壤中，尤其是西北、华北干旱地区的土壤中含量很高，而南方土壤中含量很低。

4. 绿泥石组　绿泥石组黏土矿物以绿泥石（chlorite）为代表。绿泥石是富含镁、铁及少量铬的硅酸盐黏土矿物，具有以下特性。

（1）2∶1∶1型晶层结构　绿泥石组黏土矿物的单位晶层由滑石（talc）（属2∶1型，与蒙脱石结构相似，但其中铝片中 Al^{3+} 为 Mg^{2+} 所替代）和水镁片［$Mg_6(OH)_{12}$］或水铝片［$Al_4(OH)_{12}$］相间重叠而成。由于滑石的单位晶层构造由2层硅片夹1层铝片组成，再加上与之重叠的水镁片或水铝片也是八面体片，所以绿泥石的单位晶层结构为2∶1∶1型，如图1-13所示。绿泥石的分子式为 $(Mg, Fe, Al)_{12}(AlSi_3)_2O_{20}(OH)_{16}$。

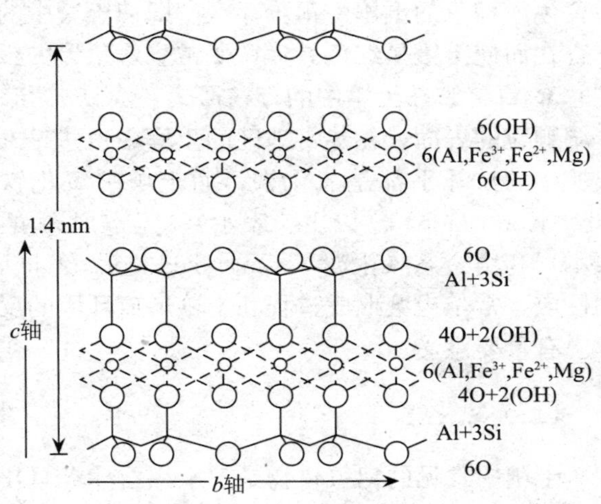

图1-13　绿泥石单位晶层结构

（2）同晶替代较普遍　绿泥石组黏土矿物的硅片、铝片和水镁片中都存在程度不同的同晶替代现象，除含有Mg、Al、Fe等的离子外，有时也含有Cr、Mn、Ni、Cu、Li等的离子，因而绿泥石元素组成变化较大，阳离子交换量为10～40 cmol(+)/kg。

（3）胶体性质　绿泥石组黏土矿物的颗粒较小，总比面积为 7.0×10^4～1.5×10^5 m^2/kg，其可塑性、黏结性、黏着性和吸湿性居中。

土壤中的绿泥石大部分是由母质遗留下来的，但也可能由层状硅酸盐黏土矿物转变而来。沉积物和河流冲积物中含较多的绿泥石。

二、非硅酸盐黏土矿物

土壤黏土矿物组成中，除层状硅酸盐外，还含有一类矿物结构比较简单、水合程度不等的铁、锰、铝和硅的氧化物及其水合物和水铝英石。氧化物矿物（oxide mineral）

既可以结晶质状态存在，也可以非结晶质状态存在。无论是结晶质氧化物还是非结晶质氧化物，其电荷的产生都不是通过同晶替代获得的，而是通过质子化和表面羟基氢离子（H^+）的解离获得的。既可带负电荷，也可带正电荷，取决于土壤溶液中氢离子浓度的高低，例如

$$M—OH_2^+ \underset{+H^+}{\overset{-H^+}{\rightleftharpoons}} M—OH \underset{+H^+}{\overset{-H^+}{\rightleftharpoons}} M—O^-$$

式中，M 代表铁、铝、锰、硅等原子。当表面羟基失去氢离子后，表面就带负电荷。当表面羟基吸附氢离子后，表面就带正电荷。下面简单介绍土壤中常见的几种氧化物。

（一）氧化铁

土壤中常见的氧化铁矿物是针铁矿（goethite）和赤铁矿（hematite）。

1. 针铁矿　针铁矿（α-FeOOH）在温带、亚热带与热带的土壤中大量存在，一般晶体都很小，较大的带黄色，较小的带棕色，常呈针状，故而得名。有些天然针铁矿的部分 Fe^{3+} 被 Al^{3+} 替代。一般来说，含有 Al^{3+} 替代的针铁矿其结晶程度都比较差。

2. 赤铁矿　赤铁矿（α-Fe_2O_3）在高温、潮湿、风化程度很深的红色土壤中存在，在黄色或棕色的土壤中很少存在。即使土壤中的氧化铁以针铁矿为主，也会有少量赤铁矿存在而使土壤呈红色。赤铁矿常呈六角形的板状。

3. 氧化铁在土壤中的存在形式　赤铁矿和针铁矿在土壤中都可以呈胶膜质包被在土壤颗粒的表面，在热带地区的土壤中可进一步转化为似岩石般坚硬的物质——铁盘。土壤中的铁几乎都是氧化铁，而土壤中氧化铁的主要存在形态包括：游离态氧化铁（free iron oxide，常以 Fe_d 表示）、无定形态氧化铁（amorphous iron oxide，常以 Fe_o 表示）和络合态氧化铁（complexed iron oxide，常以 Fe_p 表示）。土壤中氧化铁的形态和性质，常是土壤形成过程和土壤形成环境的反映，所以氧化铁矿物的鉴定在土壤发生学上有重要意义。

（二）氧化铝

土壤中常见的铝氧化物是三水铝石［$Al(OH)_3$］，主要分布在热带和亚热带高度风化的酸性土壤中，其含量可作为脱硅作用和富铝作用的指标。土壤中三水铝石的形成和含量的高低与水热条件和矿物风化有着密切的关系，故氧化铝含量可作为风化度的指标。就水平地带性土壤而言，我国北方石灰性土壤中不含三水铝石，大致在北纬 30°以南地区的土壤中才出现三水铝石。在同一地区，花岗岩发育的土壤中三水铝石的含量比千枚岩发育的土壤高。

土壤中各种形态的铁氧化物、铝氧化物可按离子态⇌无定形态⇌晶态转化。结晶质、非结晶质的铁铝氧化物对土壤铁铝氧化物理化性质的影响主要是表面作用，其影响强弱与表面积大小密切相关。结晶好、颗粒大的铁铝氧化物在土壤中的转化作用较弱，非结晶质（无定形）铁铝氧化物在土壤中的转化作用强。非结晶质铁铝氧化物可以吸附阴离子，例如可吸附土壤中的磷酸根离子，使磷被固定，失去其有效性。

（三）水铝英石

水铝英石（allophane，$xAl_2O_3 \cdot ySiO_2 \cdot nH_2O$）是由氧化硅、氧化铝和水组成的

非结晶质硅酸盐矿物，硅铝比（Si/Al）在1～2。

水铝英石具有较高的阳离子交换量，为10～15 cmol(+)/kg，其大小决定于土壤溶液中pH和水合程度。水铝英石具有较大的比表面积，一般为 $7.0\times10^4\sim3.0\times10^5\ m^2/kg$。

水铝英石是火山灰土壤中的主要黏土矿物。温带半湿润和湿润地区以及热带地区玄武岩和火山灰发育的幼年土壤中，因铝氧化物、硅氧化物溶胶的共同沉淀而生成水铝英石。那些在高海拔、低温、中高降水量条件下的土壤也常存在水铝英石。

（四）氧化硅

土壤黏粒中的氧化硅（silicon oxide）有结晶质和非结晶质两种形态。其中，低温石英（α 石英）是结晶氧化硅中分布最广的一种矿物。非结晶质氧化硅称为蛋白石（opal，$SiO_2\cdot nH_2O$），是硅酸凝胶经部分脱水的产物，也可由硅氧四面体构成，但排列无规则。蛋白石呈致密状或钟乳状，纯的蛋白石无色，但因混入不同杂质而呈红色、黄色、褐色、绿色等各种颜色。蛋白石经进一步脱水结晶后可变为玉髓、石英、方英石、磷石英等变体，并常伴生在一起。

蛋白石广泛分布于火山灰来源的土壤中，某些富含铁质的热带土壤和灰化土壤也有一定数量的蛋白石。土壤中部分蛋白石还来源于有机体，因为植物体内的硅大多以凝胶和蛋白石形态存在，死亡后就遗留在土壤中。由此土壤中蛋白石含量常与土壤腐殖质含量有关，蛋白石也可以作为古土壤埋藏表层的指标矿物。

第三节　我国土壤黏土矿物分布规律

一、风化和土壤形成作用与黏土矿物组成的关系

黏土矿物是在风化和土壤形成过程中形成的次生矿物。它的类型分布一方面受母岩、母质的矿物组成的影响，另一方面又和风化、成土条件有密切关系。在不同环境下，由于气候、生物、母质、地形等因素的影响不一样，黏土矿物组成和数量具有不同的特点。但是由于气候和生物因素的分布是随纬度变化的，因而土壤黏土矿物的分布也有随生物、气候分布的纬度地带性规律。

根据黏土矿物的风化沉淀学说（即自然合成学说），黏土矿物也可能不是直接来源于原来的矿物的风化，而是由化学风化所分离出来的简单风化产物在一定条件下重新组合沉淀而成。如前所述，风化所产生的 $SiO_2\cdot nH_2O$、$Al_2O_3\cdot nH_2O$、$Fe_2O_3\cdot nH_2O$ 等凝胶状或溶液状物质，它们都带有电性。在正常的土壤环境中（主要是正常的酸碱度条件），$SiO_2\cdot nH_2O$ 带负电荷（称为酸胶基），而 $Al_2O_3\cdot nH_2O$ 及 $Fe_2O_3\cdot nH_2O$ 则带正电荷（称为碱胶基）。随着风化作用和土壤形成作用的不断发展，酸胶基和碱胶基在新的条件下又可中和而产生沉淀，形成新的次生硅酸盐化合物。最初形成的沉淀可能是非结晶质凝胶态物质，后来可以逐渐转变为结晶质。在这种沉淀和老化的过程中，它还可吸收多种成分，主要包括各种盐基和金属离子。

除了酸碱反应条件外，各种盐基和金属离子也是影响黏土矿物种类的重要因子，这是因为当酸胶基和碱胶基相互作用合成新矿物时，盐基和金属离子通过交换、吸附或沉淀，也参与新矿物的合成作用。例如在偏碱的条件下，若溶液中有丰富的盐基离子，特

别是有较多 Mg^{2+} 存在时，则有利于蒙蛭组黏土矿物的形成，如果盐基离子 K^{+} 特别丰富，则形成的黏土矿物可能以伊利石为主。在我国南方，土壤淋溶作用强烈，盐基离子很少，所以形成的黏土矿物主要为高岭组黏土矿物。一般干燥气候条件下形成的土壤中含有相当数量的伊利石和蒙脱石，湿热气候条件下形成的土壤中含有大量高岭石和氧化物类黏土矿物。

不同成土母质对黏土矿物组成和化学性质有较大影响。尤其是底土层的土壤黏土矿物组成与母质关系最为密切。例如河流冲积物富含水云母，湖积物和淤积物富含蒙脱石和水云母，片岩和千枚岩的风化物富含水云母和绿泥石，含黑云母丰富的矿物风化时容易产生蛭石或黑云母蛭石夹层矿物。表土层土壤黏土矿物是稳定的地表水热条件下的产物，因而受母质影响就不如底土层明显。表土层土壤黏土矿物的组成，具有明显的地带性特性，大体上和土壤类型的地带性一致。例如白云母经风化很容易形成水云母，随着风化和淋溶程度的发展，云母类黏土矿物可能依次顺着伊利石→蛭石→蒙脱石→高岭石→三水铝石的方向演变。

地形影响水热条件重新分配，从而影响母质的物理风化和化学风化强度，同时还控制着风化产物的迁移沉积，因而同样影响土壤黏土矿物的演变和组合。

二、黏土矿物垂直分布规律

在一定范围内，随着海拔高度的增加和生物、气候条件的变化，土壤黏土矿物风化程度减弱，黏土矿物种类及含量呈现一定规律的垂直分布变化。以湖北省境内大别山南坡的情况（表 1－4）为例，该处母岩为太古界变质岩，夹有部分混合花岗岩。由表 1－4可见：①随着海拔上升，主要黏土矿物 1.4 nm 过渡矿物逐渐增多，高岭石含量稍减；山体中上部水云母与绿泥石的含量逐渐增加，表明风化程度减弱，处于较原始的发育阶段；②在海拔较低处，蛭石与高岭石含量较多，B 层 SiO_2/Al_2O_3 值较大，风化程度大于海拔较高处。

表 1－4　大别山南坡不同高度上的土壤黏土矿物

土号		1	2	3	4	5	6	7
土壤类型		黄棕壤			山地黄棕壤			山地灌丛草甸土
海拔高度（m）		120	340	620	920	1 190	1 430	1 600
B 层 SiO_2/Al_2O_3		2.97	2.54	2.24	2.75	1.92	1.76	1.33
黏土矿物	蛭石	多	稍多	少	—	—	—	—
	1.4 nm 过渡矿物	—	稍多	较多	较多	较多	较多	较多
	绿泥石	—	—	—	少	少	少	少
	水云母	少	少	少	稍多	稍多	较多	较多
	三水铝石	—	—	—	底土微量	少	少	较多
	1.2 nm 混层矿物	—	微量	微量	微量	少	少	少
	高岭石	多	多	多	较多	较多	较多	较多
	高岭石结晶度	差	差	较好	好	好	好	差

另据报道，湖南衡山从山脚到山顶高岭石渐减，而风化程度较低的矿物（例如水云母、水黑云母、绿泥石等）渐增；海拔 600 m 以下地段，以高岭石占优势，有少量水云母和三水铝石；600～1 200 m 处，高岭石显著减少，三水铝石和水云母增加。三水铝石含量很高，以致衡山上部土壤 SiO_2/Al_2O_3 值甚小。三水铝石可能是斜长石在强烈淋溶条件下直接产生的风化初期产物，由这种方式产生的富铝化现象，在发生学上有别于热带土壤的富铝化作用。

三、黏土矿物水平分布规律

中国科学院南京土壤研究所根据我国不同地区、山地高原和平原丘陵地带土壤黏土矿物组成，把全国土壤黏土矿物分布划分为以下 7 个区。

1. 水云母区　水云母区包括新疆、内蒙古高原西部、柴达木盆地和青藏高原大部分地区。水云母区的土壤中矿物风化程度低，土壤黏土矿物以水云母为主，其次为蒙脱石和绿泥石。

2. 水云母-蒙脱石区　水云母-蒙脱石区包括内蒙古高原东部、大兴安岭、小兴安岭、长白山和东北平原大部分。水云母-蒙脱石区的土壤黏土矿物中蒙脱石明显增多。

3. 水云母-蛭石区　水云母-蛭石区包括青藏高原东南边缘山地、黄土高原和华北平原。此区西部山地土壤黏土矿物中多绿泥石，东部土壤黏土矿物中多蛭石，华北平原土壤黏土矿物中蒙脱石也不少。

4. 水云母-蛭石-高岭石区　水云母-蛭石-高岭石区包括秦岭山地和长江中下游平原，为一条狭长的过渡地带，在适宜条件下，水云母、蛭石和高岭石都可成为土壤黏土矿物的主要成分。

5. 蛭石-高岭石区　蛭石-高岭石区包括四川盆地、云贵高原和喜马拉雅山脉东南端。蛭石-高岭石区的土壤黏土矿物中云母退居次要成分，以蛭石和高岭石为主。此区东部蛭石尤多，并多三水铝石；西部蛭石较少，氧化物含量很高，山地土壤中水云母含量随海拔高度升高而增加。四川盆地土壤中还含有不少蒙脱石。

6. 高岭-水云母区　高岭-水云母区包括浙江、福建、湖南和江西的大部分地区以及广东北部、广西北部。此区土壤中黏土矿物部分以结晶差的高岭石为主；东部不少水云母和蛭石伴存，铁铝氧化物含量也显著增多。

7. 高岭石区　高岭石区包括贵州南部、福建和广东的东南沿海、南海诸岛及台湾。此区气候湿热，土壤中矿物风化程度最高，土壤黏土矿物中以高岭石为主。

总的来说，我国土壤黏土矿物组成呈现出一定的分布规律性。温带干旱的漠境和半漠境地带，云母类矿物处于初步脱钾阶段，以形成水云母为主，蒙脱石甚少。随着湿润程度的增高，至半干旱草原地区，蒙脱石迅速增加，结晶良好，以蒙脱石和水云母为主，但至半湿润的森林-草原环境，蒙脱石的形成又转为不利。暖温带的半湿润和湿润地区，有利于水云母进一步脱钾，蛭石显著增多。亚热带北部，2∶1 型黏土矿物的脱硅作用开始旺盛，高岭石显著增加，并开始出现三水铝石。中亚热带以南地区，随着水热作用的增强，高岭石逐渐代替水云母取得主导地位，铁铝氧化物矿物亦大量积累，但一直到热带北部，蛭石和水云母仍未绝迹。

复习思考题

1. 地壳和土壤的元素组成有哪些异同点?

2. 比较高岭石、蒙脱石、水云母、蛭石、绿泥石在晶体结构上的差异。

3. 如果要寻找高岭石或蒙脱石含量高的土壤，可以去什么地方?

4. 什么是同晶替代? 为什么土壤黏土矿物一般以带负电荷为主?

5. 土壤中常见的氧化铁、氧化铝矿物各有哪些? 为什么这些土壤氧化物既可带正电荷也可带负电荷?

6. 影响土壤黏土矿物类型的主要因素有哪些? 我国土壤黏土矿物的分布有什么规律?

CHAPTER 2

第二章

土壤有机质

有机质是土壤的重要组成部分。尽管土壤有机质在土壤总质量占的比例很小，但其对土壤功能的影响是深远的，它在土壤肥力、环境保护、全球变化、农业可持续发展等方面都有着很重要的作用和意义。一方面，土壤有机质含有植物生长所需要的各种营养元素，是土壤微生物生命活动的能源，对土壤物理性质、化学性质和生物学性质以及土壤生态系统功能都有深刻的影响。另一方面，土壤有机质对重金属、农药、持久性有机污染物、新型有机污染物、病原菌等各种有机、无机、生物污染物的行为都有显著的影响。而且土壤有机质对全球碳平衡起着重要作用，被认为是影响全球温室效应的主要因素。

土壤有机质是指存在于土壤中的所有有机物质，它包括土壤中各种动植物残体、微生物体、微生物分解和合成的各种有机物质，以及因火灾而产生的黑炭（或焦炭）物质。显然，土壤有机质由生命体和非生命体两大部分有机物质组成，有关土壤生物的内容详见第三章，本章着重介绍非生命体有机质及其相关的生物过程和影响因素。

第一节　土壤有机质的来源、含量和组成

一、土壤有机质的来源

在风化和土壤形成过程中，最早出现于母质中的有机体是微生物，所以对原始土壤来说，微生物是土壤有机质的最早来源。随着生物的进化和土壤形成过程的发展，动植物残体就成为土壤有机质的基本来源。在通常的自然植被条件下，土壤有机质的绝大部分直接来源于土壤上生长的植物残体和根系分泌物，其次是动物排泄物及动物残体。我国不同自然植被下进入土壤的植物残体的数量变异很大，热带雨林下最高，仅凋落物的干物质量每年即达 16 700 kg/hm^2，亚热带常绿阔叶和落叶阔叶林、暖温带落叶阔叶林、温带针阔混交林和寒温带针叶林依次减少，荒漠植物群落最少，凋落物干物质量每年仅为 530 kg/hm^2。自然土壤经包括耕作在内的人为影响后，其有机质来源还包括作物根茬、各种有机肥料（绿肥、堆肥、沤肥等）、工农业和生活废水、废渣、微生物制品、有机农药等。

进入土壤的有机物质的组成相当复杂。作为土壤有机质最主要来源的各种植物残体，其化学组成和各种成分的含量，因植物种类、器官、年龄等的不同而有很大差异。植物残体干物质中碳、氧和氢，占元素总量的 90%～95%或以上，其中大多数植物中碳占 40%左右，此外还含有植物和微生物生长必不可少的营养元素（磷、钾、钙、镁、铁、锌、铜、硼、钼、锰等），占干物质量的 5%～10%。植物残体中主要的有机化合物包括糖类、木质素、蛋白质、树脂、蜡质等。其中糖类是植物残体中最主要的有机化合物，包括单糖、淀粉、纤维素、半纤维素等。木质素是一类含芳环结构的复杂有机化

合物，存在于成熟的植物组织尤其是木本植物组织中，在土壤中很难分解。蛋白质含16%左右的氮以及少量的硫、锰、铜、铁等元素，较简单的蛋白质容易降解，而复杂的蛋白质则相对难降解。树脂和蜡质比糖类复杂，但比木质素简单，它们主要存在于植物种子中。进入土壤的动物残体，其化学组成变异更大，和植物残体的主要不同在于它不含木质素和树脂等物质，脂肪和含氮化合物却较丰富。

二、土壤有机质的含量和组成

（一）土壤有机质的含量

有机质的含量在不同土壤中差异很大，高的可达20%～30%，甚至更高（例如泥炭土、一些森林土壤等），低的不足0.5%（例如一些漠境土和砂质土壤）。在土壤学中，一般把耕层含有机质20%以上的土壤称为有机质土壤，含有机质20%以下的土壤称为矿质土壤，但在耕作土壤中，表层有机质的含量通常在5%以下。表2-1是全球土壤0～100 cm土层中有机碳和无机碳的含量（有机质的含碳量平均为58%，所以土壤有机质的含量大致是有机碳含量的1.724倍，也有人采用2倍来粗略估算土壤有机质的含量），大约有一半的有机碳存在于有机土、始成土和冻土3个土纲中。不同土壤中有机质的含量差异甚大，其实际含量与气候、植被、地形、土壤类型、耕作措施等影响因素密切相关（有关内容详见下一节）。

表2-1　全球土壤0～100 cm土层中有机碳和无机碳的含量

（引自Weil和Brady，2017，部分数据已进行了重新计算）

土纲	面积（$\times 10^3$ km²）	0～100 cm土层中的有机碳和无机碳			
		有机碳含量（$\times 10^{15}$ g）	无机碳含量（$\times 10^{15}$ g）	总含量（$\times 10^{15}$ g）	比例（%）
新成土	21 137	90	263	353	14.3
始成土	12 863	190	34	224	9.1
有机土	1 526	179	0	179	7.3
暗色土	912	20	0	20	0.8
冻土	11 260	316	7	323	13.1
变性土	3 160	42	21	63	2.6
旱成土	15 699	59	456	515	20.9
软土	9 005	121	116	237	9.6
灰化土	3 353	64	0	64	2.6
淋溶土	12 620	158	43	201	8.1
老成土	11 052	137	0	137	5.6
氧化土	9 810	126	0	126	5.1
其他	18 398	24	0	24	1.0
总计	130 795	1 526	940	2 466	100.0

（二）土壤有机质的组成

1. 土壤有机质的元素组成　土壤有机质的主要元素组成是碳、氧、氢和氮，其次是磷和硫。其中，含碳量为55%～60%，平均为58%；含氮量为3%～6%，平均为5.6%；碳氮比（C/N）为10～12：1。土壤有机质中主要的化合物组成是类木质素和蛋白质，其次是半纤维素、纤维素以及乙醚和乙醇可溶性化合物。与植物组织相比，土壤有机质中木质素和蛋白质含量显著增加，而纤维素和半纤维素含量则明显减少。大多数土壤有机质成分不溶于水，但可溶于强碱。水溶性土壤有机质只占土壤有机质的较小部分，但它容易被土壤微生物分解，在提供土壤养分方面起重要作用。水溶性有机质对土壤生态系统中元素的生物地球化学循环及污染物质的毒性和迁移也有重要影响。

2. 土壤腐殖质　土壤腐殖质（humus）是除未分解和半分解动植物残体及微生物体以外的土壤有机质的总称。土壤腐殖质由非腐殖物质（non-humic substance）和腐殖物质（humic substance）组成，通常占土壤有机质的90%以上。

（1）非腐殖物质　非腐殖物质为有特定物理化学性质、结构已知的有机化合物，其中一些是经微生物改变的植物有机化合物，而另一些则是微生物合成的有机化合物。非腐殖物质占土壤腐殖质的20%～30%，其中多糖（包括糖醛酸）占土壤有机质的5%～25%，平均为10%，它在增强土壤团聚体稳定性方面起着极重要的作用。此外，非腐殖物质还包括氨基糖、蛋白质、氨基酸、脂肪、蜡质、鞣质（单宁）、木质素、树脂、核酸、有机酸等，尽管这些化合物在土壤中的含量很低，但相对容易被降解和作为基质被微生物利用，在土壤中存在的时间较短，因此对氮、磷等一些植物养分的有效性来说，这些物质无疑是重要的。

（2）腐殖物质　腐殖物质是经土壤微生物作用后，由多酚和多醌类物质聚合而成的含芳香环结构的、新形成的黄色至棕黑色的非晶形高分子有机化合物。它是土壤有机质的主体，也是土壤有机质中最难降解的组分，一般占土壤有机质的60%～80%。

3. 黑炭　黑炭（black carbon）也被称为焦炭（char）或木炭（charcoal），是自然土壤中因森林等植被发生火灾而产生的一类复杂的有机物质，其含碳量高达70%～85%，芳化度很高，具有多孔结构和大的比表面积，因表面氧化而存在带负电荷的羧基等官能团，含有一定量的磷钾等灰分，pH较高，其化学稳定性和生物稳定性极高。在大多数森林土壤中，黑炭占土壤有机质的5%～10%或更高。因秸秆焚烧等，黑炭也存在于农业土壤中。由于黑炭具有上述独特的性质，近年来在土壤改良和肥力提升中有较广泛的应用。生产上，通常采用生物质（例如木材、农作物秸秆、畜禽粪便、植物组织或动物骨骼等），使其于200～800℃在缺氧或无氧条件下热解而生成芳香族碳结构为主的高分子有机物质，这类人工制备的有机物质被称为生物质炭（biochar）（Dai等，2013）。

第二节　土壤有机质的分解和转化

根据土壤有机质分解的难易程度，可以将其分为：①活性有机质，其构成土壤有机质的活性库（active pool）；②惰性有机质，其构成土壤有机质的惰性库（passive pool）；③缓效有机质，其构成土壤有机质的缓效库（slow pool）。活性有机质在土壤中容易降解，半衰期仅为几周至几年，主要包括微生物生物量有机质、游离的微粒有机质（particulate organic matter，POM）、部分易分解富啡酸、多糖等其他非腐殖物质，其在土壤总有机质中所占的比例在10%～20%或以下。惰性有机质在土壤中长期稳定存在，可达数百年甚至数千年，占土壤有机质总量的60%～90%，主要包括黏土矿物腐殖质复合体中受物理性保护的腐殖质、大部分胡敏酸和胡敏素以及化学稳定的黑炭。缓效有机质可能是包含木质素等不易降解化合物含量较高的微粒有机质。但迄今还无法将这 3 部分有机质进行区分和量化，目前只能通过模拟模型途径解释和预测土壤有机质组分及相关土壤性质的变化。因此在讨论土壤有机质的分解和转化时我们按简单有机化合物、植物残体、腐殖物质和黑炭分别陈述。

一、简单有机化合物的分解和转化

有机化合物进入土壤后，一方面在微生物酶的作用下发生氧化反应，彻底分解而最终释放出二氧化碳、水和能量，所含氮、磷、硫等营养元素在一系列特定反应后，释放成为植物可利用的矿质养分（图 2-1），这个过程称为有机质的矿化过程，可用下式来表示。

$$R—(C，4H)+2O_2 \xrightarrow[\text{氧化}]{\text{酶}} CO_2+2H_2O+\text{能量}$$

含碳和氢的化合物

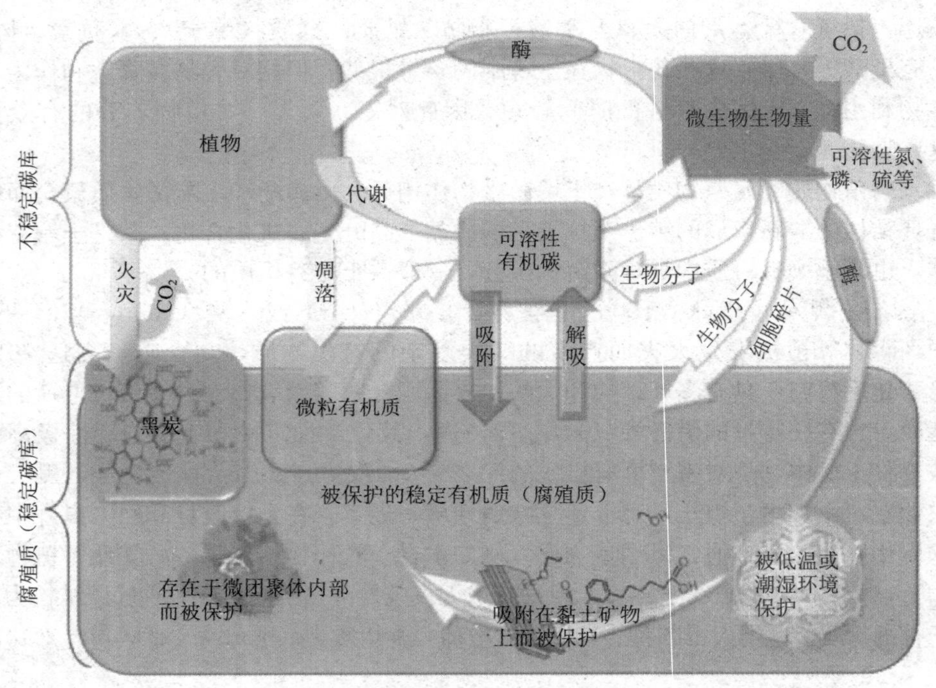

图 2-1　土壤不稳定碳库的转化和稳定碳库的形成

（引自 Weil 和 Brady，2017）

另一方面，各种有机化合物通过微生物的合成或在原植物组织的聚合转变为组成和结构比原来有机化合物更为复杂的新的有机化合物，这个过程称为腐殖化过程。

在糖类中，单糖和淀粉容易降解，终产物是二氧化碳和水，而纤维素和半纤维素不容易降解。蛋白质含有约 16%的氮和较少量的硫、锰、铜、铁等其他元素，在土壤中比较容易降解，降解产物除二氧化碳和水以外，还有甘氨酸（CH_2NH_2COOH）、半胱氨酸（$CH_2HSCHNH_2COOH$）等氨基酸，这些含氮和硫的化合物进一步降解最后产生 NH_4^+、NO_3^-、SO_4^{2-} 等简单无机离子，但包含在叶绿素中的杂环态氮则不容易降解。

大多数植物有机酸容易降解，而脂肪、蜡质、树脂等疏水性强，可以在土壤中持留很长时间。木质素是植物细胞壁的组分，是一类复杂的具有多环或酚类聚合物，其中大部分是含有各种甲氧基的苯丙烯类结构，比糖类要稳定得多，容易在土壤中积累，只发现少数白腐真菌等微生物能够分解木质素。总之，这些简单有机化合物的分解从易到难的排列次序为：单糖、淀粉和简单蛋白质→粗蛋白质→半纤维素→纤维素→脂肪、蜡质→木质素、酚类化合物。

在好氧条件下，微生物活动旺盛，分解作用进行得较快，最后大部分有机物质变成二氧化碳和水，而氮（N）、磷（P）、硫（S）等则以 NH_4^+、NO_3^-、HPO_4^{2-}、$H_2PO_4^-$、SO_4^{2-} 等矿质盐类释放出来。但在厌氧条件下，好氧微生物的活动受到抑制，分解作用进行得既慢又不彻底，这样有机质消失得较慢而在土壤中积累，同时往往还产生对许多植物、微生物有毒性的有机酸、乙醇等中间产物。在极度厌氧的情况下，还产生硫化氢（H_2S）、甲烷（CH_4）、氢气（H_2）等还原性物质，其中的养分和能量释放很少，对植物生长不利。有机化合物在厌氧条件下的分解过程可以丙酸为例用下列式子来表示。

$$4C_2H_5COOH + 2H_2O \xrightarrow{\text{细菌}} 4CH_3COOH + CO_2\uparrow + 3CH_4\uparrow$$

$$CH_3COOH \xrightarrow{\text{细菌}} CO_2\uparrow + CH_4\uparrow$$

$$CO_2 + 4H_2 \xrightarrow{\text{细菌}} 2H_2O + CH_4\uparrow$$

但无论是在好氧条件还是在厌氧条件下，有机物质降解的终产物主要是二氧化碳，二氧化碳的释放速率通常是衡量土壤有机质分解速率和微生物活性的重要指标。

二、植物残体的分解和转化

（一）植物残体及其化合物组成

植物残体主要包括植物根、茎、叶的死亡组织，是由不同种类的有机化合物组成，具有一定生物构造的有机体。植物残体在土壤中的分解和转化过程不同于单一有机化合物，表现为一个整体的动力学特点。植物残体中各类有机化合物的大致含量，可溶性有机化合物（糖类、氨基酸等）为5%～10%，纤维素为15%～60%，半纤维素为10%～30%，蛋白质为2%～15%，木质素为5%～30%。它们的含量差异对植物残体的分解和转化有很大影响。

（二）植物残体的分解转化

许多研究结果显示，各种植物残体在土壤中的分解过程通常可分为以下两个阶段。

1. 第一阶段　第一阶段被认为是 r 型微生物的分解作用。植物残体加入土壤后的最初几个月，很快被这类丰度较高的微生物矿化，这主要是由植物残体中丰富的可溶性有机化合物以及部分类似的有机物引起的，当然也包括了植物残体初期分解转化所形成的土壤微生物生物量及其代谢产物，是土壤的不稳定碳库（labile C）。

2. 第二阶段　在第二阶段，残留在土壤中的植物残体碳相对缓慢分解，第一阶段未受多大程度分解的植物残体碳，例如木质素、蜡质等，也或多或少会发生物理变化或化学转化，是土壤中较稳定的碳库。对应于第二阶段分解的微生物主要是 K 型微生物，这类微生物数量少，生长繁殖过程缓慢，但能够利用结构较为复杂的高分子有机物质，营养条件受限往往是影响微生物对有机质分解的限制因素。据此，常常将植物残体碳分为两个组分：易分解组分和难分解组分。据估计，进入土壤的有机残体经过1年降解后，2/3以上的有机物质以二氧化碳的形式释放而损失，残留在土壤中的有机物质不到1/3，其中土壤微生物量占3%～8%，多糖、多糖醛酸苷、有机酸等非腐殖物质占3%～8%，腐殖物质占10%～30%。与地上部秸秆相比，植物根系因含有较多难降解成分（例如木质素、角质），其在土壤中的年残留量更高。

三、土壤腐殖物质和黑炭的分解和转化

一般认为，腐殖物质的分解、转化经历3个阶段。在第一阶段，腐殖物质经过物理化学作用和生物降解，其芳环结构核心与其复合的简单有机物质分离，或使整个复合体解体。在第二阶段，释放的简单有机物质被分解（矿化）和转化，酚类聚合物被氧化。最后阶段是脂肪酸被分解，被释放的芳香族化合物（如酚类）参与新腐殖质的形成。

土壤腐殖物质抗微生物分解的能力很强，是土壤的稳定碳库（图2-1）。这是因为它是一类以芳香化合物或其聚合物为核心，复合了其他类型有机物质（脂肪酸、蛋白质等）的有机复合体。而且腐殖质在土壤中与黏土矿物紧密结合以有机无机复合体的形式存在，例如氨基酸、多肽、蛋白质等含氮化合物与黏土矿物结合后能抵抗微生物的降解。一些腐殖质还能存在于蒙脱石、蛭石等膨胀型矿物的单位晶层间，根本无法被微生物所降解。因而腐殖质在土壤中很稳定，分解速率很小，周转速度很慢。据报道，土壤腐殖质的年周转量为1.1%。在大多数表层土壤中，简单有机物质的^{14}C年龄属现代，富啡酸的^{14}C年龄也较小，一般为0～500年，胡敏酸为1 000～2 500年，胡敏素的实际平均^{14}C年龄也在1 000年以上。总之，土壤腐殖质的稳定性与其本身的化学结构及其与金属阳离子和黏土矿物之间的相互作用、团聚体内部的封闭等有关。土壤腐殖物质十分稳定这一特征对维持土壤有机质水平、减少氮等其他养分元素的迁移和损失是十分重要的。

黑炭是十分稳定的土壤碳库，尽管其表面性质可因氧化、还原、溶解、沉淀等过程发生变化，但其高度芳环化结构可使其在土壤中存留几百年甚至几千年。

四、土壤有机质分解和转化的影响因素

有机质是土壤中最活跃的物质组成。一方面，外来有机物质不断地输入土壤，并经微生物的分解和转化形成新的腐殖质；另一方面，土壤原有有机质不断地被分解和矿化，离开土壤。进入土壤的有机物质主要由每年加入土壤的动植物残体的数量和类型决定，而土壤有机质的损失则主要取决于土壤有机质的氧化及土壤侵蚀的程度，进入土壤的有机物质与有机碳从土壤中损失之间的平衡决定了土壤有机质的含量。

有机物质进入土壤后由其一系列转化和矿化过程所构成的物质流通称为土壤有机质的周转。当土壤有机质水平处于稳定状态时，土壤中有机质流通量达到土壤有机质含量所需的时间，称为土壤有机质的周转时间。由于微生物是土壤有机质分解和周转的主要驱动力，因此，凡是能影响微生物活动及其生理作用的因素都会影响土壤有机质的分解和转化速率。

（一）温度

温度影响植物的生长和有机物质的微生物降解。一般说来，在0 ℃以下，土壤有机

质的分解速率很小，在0～35 ℃温度范围内，提高温度能促进土壤有机质的分解，加速土壤微生物的生物周转。温度每升高10 ℃，土壤有机质的最大分解速率提高2～3倍。一般土壤微生物活动的最适宜温度范围为25～35 ℃，超出这个范围，微生物的活动就会受到明显的抑制。

（二）土壤水分和通气状况

土壤水分对有机质分解和转化的影响是复杂的。土壤微生物的活动需要适宜的土壤含水量，但过多的水分导致进入土壤的氧气减少，从而改变土壤有机质的分解过程和产物。当土壤处于厌氧状态时，大多数分解土壤有机质的好氧微生物停止活动，从而导致未分解有机质的积累。植物残体分解的最适水势在－0.03～－0.10 MPa，当水势降到－0.3 MPa以下时，细菌呼吸作用迅速降低，而真菌一直到－4～－5 MPa时可能还有活性。

土壤有机质的分解和转化也受土壤干湿交替作用的影响，干湿交替作用使土壤呼吸强度在短时间内大幅度提高，并使其在几天内保持稳定的土壤呼吸强度，从而增强土壤有机质的矿化作用。同时，干湿交替作用会引起土壤胶体（尤其是蒙脱石、蛭石等黏土矿物）的收缩和膨胀作用，使土壤团聚体崩溃。其结果，一是使原先不能被分解的土壤有机质因团聚体的分散而能被微生物分解，二是干燥引起部分土壤微生物死亡。

（三）植物残体的特性

新鲜多汁的有机物质比干枯秸秆易于分解，因为前者含有较高比例的较易分解的简单糖类和蛋白质，后者含有较高比例的纤维素、木质素、脂肪、蜡质等难于降解的有机物质。有机物质的细碎程度影响其与外界因素的接触面，从而影响其矿化速率。同样，密实有机物质的分解速率比疏松有机物质缓慢，疏水性有机物质的分解速率比亲水性有机物质缓慢。

有机物质组成的碳氮比（C/N）对其分解速率影响较大。植物残体的碳氮比变异很大，豆科植物和幼叶的碳氮比在10～30：1，而一些植物锯屑的碳氮比可高达600：1（表2-2）。这与植物种类、生长时期、土壤养分状况等有关。一般来说，植物成熟阶段组织中蛋白质的含量下降，而木质素和纤维素的比例增加，因而其碳氮比升高。与植物相比，土壤微生物的碳氮比要低很多，稳定在5～10：1，平均为8：1，其中细菌中蛋白质的含量比真菌要稍高，因此碳氮比较低。微生物每吸收1份氮大约需要8份碳。但由于微生物代谢的碳只有1/3进入微生物细胞，其余的碳以二氧化碳形式释放。因此微生物同化1份氮到体内，需要约24份碳。显然，植物残体进入土壤后由于氮的含量太低而不能使土壤微生物将加入的有机碳转化为自身的组成。微生物为了满足分解植物残体对氮的养分需要，必须从土壤中吸收矿质态氮，因此要与植物竞争土壤矿质态氮。此时土壤中矿质态氮的有效性控制土壤有机质的分解速率。因此为了防止植物缺氮，在施用含氮量低的水稻、小麦等作物秸秆时应同时适当补施速效氮肥。随着有机物质的分解和二氧化碳的释放，土壤中有机物质的碳氮比降低，微生物对氮的要求也逐步降低。最后，当碳氮比降至大约25：1以下，微生物不再利用土壤中的有效氮，反而由于有机物质的较完全分解而释放矿质态氮，使得土壤中矿质态氮的含量比原来有显著的提高。但无论有机物质的碳氮比大小如何，当它被翻入土壤中，经过微生物的反复作用后，在一定条件下，它的碳氮比或迟或早都会稳定在一定的数值。一般耕作土壤表层有机质的碳氮比在8～15：1，多为10～12：1，处于植物残体和微生物之间。土壤碳氮比的变异主要受地区的水热条件和土壤形成作用特征的控制，例如我国湿润温带的土壤中碳氮比稳定于10～12：1，而热带、亚热带地区的红壤、黄壤碳氮比则可高达20：1。

表2-2　一些有机物质的碳、氮含量及碳氮比

（引自Weil和Brady，2017）

有机物质来源	碳含量（%）	氮含量（%）	碳氮比
云杉锯屑	50	0.05	1000
硬木锯屑	46	0.1	460
报纸	39	0.3	130
小麦秸秆	38	0.5	76
玉米茎秆	40	0.7	57
甘蔗渣	40	0.8	50
黑麦草（开花期）	40	1.1	37
槭树叶	48	1.4	34
黑麦草（营养期）	40	1.5	27
成熟苜蓿干草	40	1.8	22
腐烂畜肥	41	2.1	20
施肥牧草	42	2.2	20
椰菜残茬	35	1.9	18
堆肥	30	2.0	15
嫩苜蓿干草	40	3.0	13
毛叶苕子	40	3.5	11
城市淤泥	31	4.5	7
土壤微生物			
细菌	50	10.0	5
放线菌、线虫	50	8.5	6
真菌	50	5.0	10
土壤有机质			
灰化土O层	50	0.5	100
一般森林土O层	50	1.3	38
一般森林土A层	50	2.8	18
热带常绿林	50	2.0	25
软土Ap层	56	4.9	11
一般B层	46	5.1	9

除了碳氮比以外，植物残体的木质素与氮的比值、鞣质与氮的比值等也可作为衡量土壤中植物残体分解速率的指标，这些指标越高，表示植物残体越不易分解，反之亦然。

当然，除了氮之外，硫、磷等元素也都是微生物活动所必需的，缺乏这些养分也同样会抑制土壤有机质的分解。

要特别提出的是，土壤中加入新鲜有机物质会促进土壤原有有机质的降解，这种矿化作用称为新鲜有机物质对土壤有机质分解的激发作用。这种激发作用可以是正效应，也可以是负效应。正激发效应存在有两大作用，一是加速土壤微生物碳的周转，二是由于新鲜有机物质引起土壤微生物活性增强而加速土壤原有有机质的分解。但在通常情况下，微生物生物量的增加会超过分解的腐殖质量，因此净效应是土壤有机质增加。

（四）土壤特性

气候和植被在较大范围内影响土壤有机质的分解和积累，而土壤质地在局部范围内影响土壤有机质的含量。土壤的有机质含量与其黏粒含量具有极显著的正相关，黏质土壤通常比粉质和砂质土壤含有更多的有机质，主要是黏质土壤能产出更高的植物生物量和具有较差的通气性，腐殖质与黏粒胶体结合形成的黏粒腐殖质复合体或团聚体内部的保护作用，也可保护有机质免受微生物的破坏。

土壤 pH 也通过影响微生物的活性而影响有机质的降解。各种微生物都有其最适宜生存的 pH 范围，大多数细菌生存的最适 pH 在中性附近（pH 6.5～7.5），放线菌的最适 pH 略偏向碱性，而真菌则最适于酸性条件下（pH 3～6）生存。pH 过低（<5.5）或过高（>8.5）对一般的微生物都不大适宜。因此在农业生产中，改良过酸或过碱土壤，对促进有机质的矿化有显著效果。

第三节　土壤腐殖物质的形成和性质

一、土壤腐殖物质的形成

土壤腐殖物质的形成过程称为腐殖化作用。腐殖化作用是一系列极端复杂过程的总称，其中主要的是由微生物为主导的生物过程和生物化学过程，还有一些纯化学反应。近年的研究虽提供了一些新论据，但整个作用过程现在均非定论。目前，一般认为土壤腐殖化可分为 3 个阶段：①植物残体分解产生简单的有机化合物；②通过微生物对这些有机化合物的代谢作用及反复的循环，增殖微生物细胞；③通过微生物合成的多酚和醌或来自植物的类木质素，聚合形成高分子化合物，即腐殖物质。

关于腐殖物质的形成，归纳起来有图 2-2 所示的 4 条途径。

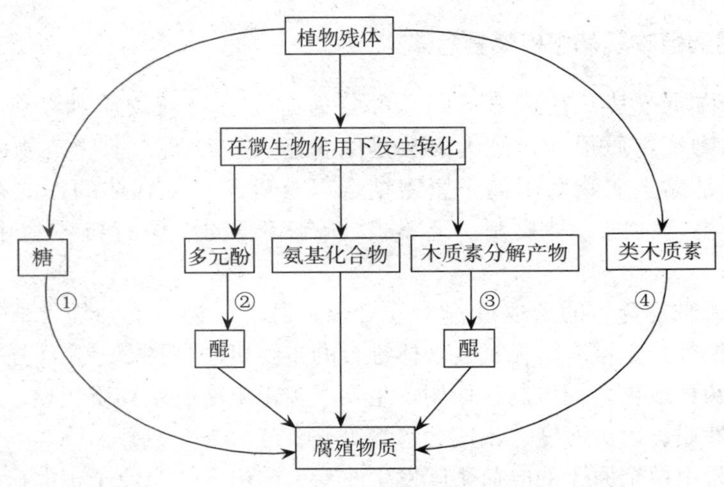

图 2-2　土壤腐殖物质形成过程中的转化途径

图 2－2 中的途径①是假定腐殖物质通过还原糖形成的，糖和氨基酸经非酶性聚合作用形成棕色的含氮聚合物，即腐殖物质。

途径②和途径③构成了现在比较盛行的多元酚理论，即在腐殖物质形成过程中有多元酚和醌的参与，它们可直接来自木质素（途径③），也可以是微生物的合成产物（途径②）。在途径③中，木质素经微生物作用后分解释放出酚乙醛和酸，再在多酚氧化酶的作用下氧化生成醌，随后醌与含氮化合物反应聚合形成大分子腐殖物质。途径②中多酚化合物来自非木质素的碳源，例如微生物可以利用纤维素合成多元酚化合物，其他过程与途径③类似。关于多元酚与氨基酸结合形成腐殖酸的反应可用下面两个简化的反应式表示。

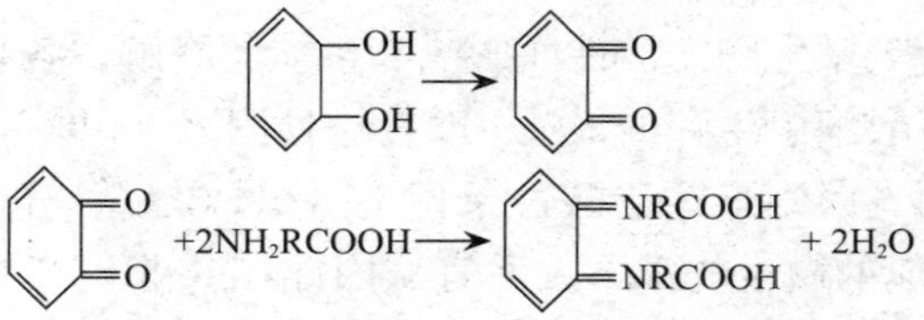

$$\text{(-OH, -OH)} \longrightarrow \text{(=O, =O)}$$

$$\text{(=O, =O)} + 2NH_2RCOOH \longrightarrow \text{(=NRCOOH, =NRCOOH)} + 2H_2O$$

途径④是 Selman Waksman 的经典理论，即木质素-蛋白质理论。该理论认为，植物残体中的木质素是腐殖物质形成的主要来源，木质素在微生物的作用下，经过一系列脱甲氧基和氧化过程形成类木质素，类木质素是腐殖物质形成的基本结构单元，与微生物合成产生的氨基化合物反应后形成腐殖物质。

在解释腐殖物质的形成途径时，尽管多元酚理论为多数人所接受，然而 4 条途径都可能在各种土壤中存在，但各自所占的比重不同。例如木质素途径在排水不良的土壤中可能比较重要，而多元酚途径在某些森林土壤中可能是主要的。即使在同一种土壤中，腐殖物质的形成过程也可以有不同的机制。

关于腐殖化过程，目前只了解了它的一般轮廓，要阐明其具体过程，还有待于进一步研究。

二、土壤腐殖物质-黏土矿物-微生物相互作用

（一）土壤腐殖物质黏土矿物复合体

土壤腐殖物质按其存在状态不同，可分为游离态腐殖物质和结合态腐殖物质。土壤中游离态腐殖物质很少，绝大多数是结合态腐殖物质，即腐殖物质与土壤无机物结合，尤其是黏土矿物和阳离子紧密结合以有机无机复合体的形式存在，这也是土壤腐殖物质稳定性的一种机制。通常 52%～98%的土壤有机质集中在黏土矿物部分。

土壤有机无机复合体的形成过程十分复杂。通常认为，范德华力、氢键、静电吸附、阳离子键桥等是土壤有机无机复合体键合的主要机制（图 2－3），复合体形成过程中可能同时有两种或更多种机制起作用，主要取决于土壤腐殖物质类型、黏土矿物表面交换性离子的性质、表面酸度、土壤含水量等。

范德华力是由单个原子的电荷密度发生改变引起的，一个原子正电荷的变化引起邻近原子负电荷发生变化，导致净吸引力，一般发生在中性或极性分子和非极性分子尤其

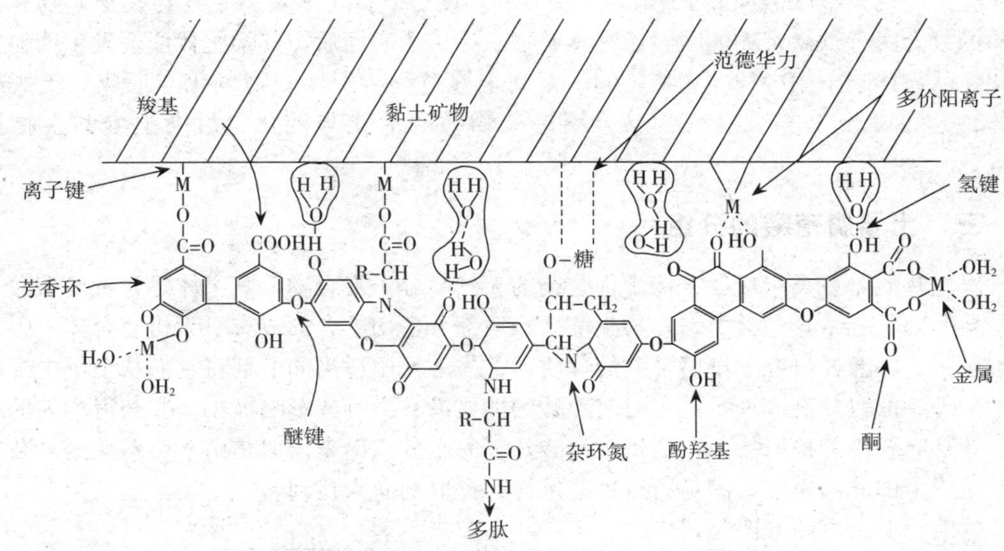

图 2-3　腐殖物质黏土矿物复合体

是高分子化合物之间。不带电的有机分子与硅酸盐表面之间也存在范德华力。由于范德华力很弱，这种作用力只有当有机物质是大分子化合物时才显得重要，否则是次要作用力。

通过阴离子、阳离子交换或质子化可以产生静电吸附，例如弱碱性有机阳离子可以与黏土矿物表面的交换性阳离子发生交换而被吸附。黏土矿物对有机阳离子的吸附取决于层状硅酸盐的电荷性质、黏土矿物表面阳离子的类型、有机阳离子的特性、体系的 pH 等。带电荷的有机阳离子也能被吸附在蒙脱石等膨胀型硅酸盐矿物的单位晶层间。带负电荷的有机分子也可以被黏土矿物直接吸附，尽管一般情况下，黏土矿物都带有负电荷，但在黏土矿物边缘也可能带正电荷，高岭石和水铝英石在酸性条件下带正电荷，因而有机阴离子在一定条件下也可通过库仑静电引力与之形成腐殖物质-黏土矿物复合体。

Al^{3+}、Fe^{3+}、Ca^{2+} 等多价金属离子可以充当黏土矿物与腐殖物质之间的键桥，在土壤有机无机复合体形成过程中起着重要作用。但 Ca^{2+} 是较弱的阳离子键桥，容易被取代，而 Al^{3+}、Fe^{3+} 通常属于非电荷结合，难于被取代。近来的研究表明，我国北部的中性和石灰性土壤主要以钙键结合腐殖物质为主，但也有铁铝键结合的腐殖物质，而南方酸性土壤中则主要是铁铝键结合的腐殖物质。

氢键是由于两个带负电的原子通过一个 H^+ 连接而产生的。H^+ 是 +1 价的裸露核，倾向于与氧、氮等含未共享电子对的原子共享电子。氢键比离子键和共价键弱，但是比范德华力强。

（二）微生物与土壤有机质和黏土矿物之间的相互作用

土壤中 80%～90%的微生物黏附在各种黏土矿物、有机质或黏土矿物有机质复合体表面，形成单个的微菌落或生物膜。微生物与土壤有机质和黏土矿物之间的相互作用也是由分子间力、静电吸附、疏水作用力、氢键和空间位阻效应等多种作用力或作用因素共同决定的。因此微生物、有机质和矿物的表面性质（例如表面电荷、疏水性）和它们所处的环境条件（例如 pH、电解质浓度、温度等）都影响着微生物与黏土矿物和有机质的复合过程。微生物体吸附于黏土矿物、有机质表面后，其细胞代谢会发生明显的变化，从而影响土壤中与生物相关的一系列土壤过程，例如矿物风化与形成、土壤结构体稳定性、土壤养分有效性、土壤污染物质的活化与钝化、污染土壤的生物修复等。

三、土壤腐殖酸的分组

腐殖物质是一类组成和结构都很复杂的天然高分子聚合物，其主体是各种腐殖酸及其与金属离子相结合的盐类，它与土壤矿物质部分密切结合形成有机无机复合体，因而难溶于水。因此要研究土壤腐殖酸的性质，首先必须用适当的溶剂将它们从土壤中提取出来。理想的提取剂应满足：①对腐殖酸的性质没有影响或影响极小；②获得均匀的组分；③具有较高的提取能力，能将腐殖酸几乎完全分离出来。但是由于腐殖酸的复杂性以及组成上的非均质性，满足所有这些条件的提取剂尚未找到。

目前一般所用的方法是，先把土壤中未分解或部分分解的动植物残体分离掉，通常是用水浮选、手拣和静电吸附法移去这些动植物残体，或者采用相对密度为 1.8～2.0 的溶液，可以更有效地除尽这些残体，被移去的这部分有机物质称为轻组，而留下的土壤组成则称为重组。然后根据腐殖物质在碱、酸溶液中的溶解度可划分出几个不同的组分。传统的分组方法是将土壤腐殖物质划分为胡敏酸（humic acid，HA）、富啡酸（fulvic acid，FA）和胡敏素（humin）3 个组分（图 2-4），其中胡敏酸是碱可溶、水和酸不溶，颜色和分子质量中等；富啡酸是水、酸、碱都可溶，颜色最浅和分子质量最低；胡敏素则水、酸、碱都不溶，颜色深和分子质量最高，但其中一部分能被热碱所提取。再将胡敏酸用 95%乙醇回流提取，可溶性部分为吉马多美朗酸。目前对富啡酸和胡敏酸的研究最多，它们是腐殖物质中最重要的组成。但需要特别指出的是，这些腐殖物质组分仅仅是操作上的划分，而不是特定化学组分的划分。

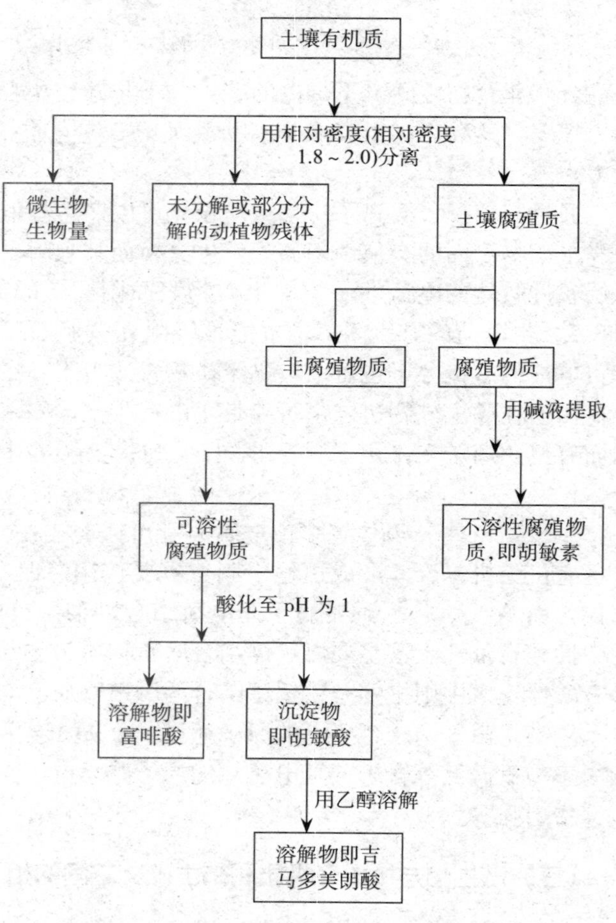

图 2-4　土壤有机质的分组

但最近，采用强碱提取的腐殖物质是否还能帮助人们进一步理解土壤、沉积物和水溶液中有机质的动态和特性，引起了广泛的争论。主要有两种完全不同的观点，一种新的观点认为碱可提取性有机质实际上是一种"人工合成品"，根本不适合用来表征自然环境中天然土壤有机质的结构和功能。另一种是持肯定态度的传统观点，认为腐殖化是自然环境中真实存在的一个过程，碱处理对腐殖物质仅发生轻微的化学改变，提取得到的腐殖物质能够代表环境中持久性的天然土壤机质，是研究土壤和水中天然有机质结构和功能的有用途径（Olk 等，2019）。

四、土壤腐殖酸的性质

（一）土壤腐殖酸的物理性质

腐殖酸在土壤中的功能与分子的形状和大小有密切的关系。腐殖酸的分子质量因土壤类型及腐殖酸组成的不同而异，即使同一样品用不同方法测得的结果，也有较大差异。据报道，腐殖酸相对分子质量的变动范围为几百至几百万。但共同的趋势是，同一土壤中，富啡酸的平均分子质量最小，胡敏素的平均分子质量最大，胡敏酸则处于富啡酸和胡敏素之间。我国几种主要土壤胡敏酸和富啡酸的相对分子质量分别为 890～2 550 和 675～1 450。

土壤胡敏酸的分子直径为 0.001～1.000 μm，富啡酸分子更小些。通过电子显微镜或根据黏性特征的推断，腐殖酸分子可能均为短棒形。芳香基和烷基结构的存在使得腐殖酸分子具有伸曲性，分子结构内部有很多交联构造，物理性孔隙能陷进一些有机物质和无机化合物。腐殖酸的整体结构并不紧密，整个分子表现出非结晶质特征，具有较大的比表面积，高达 2 000 m^2/g，远大于黏土矿物和金属氧化物的比表面积。

腐殖酸是一种亲水胶体，有强大的吸水能力，单位质量腐殖物质的持水量是硅酸盐黏土矿物的 4～5 倍，最大吸水量可以超过其本身质量的 5 倍。

腐殖物质的整体呈黑色，而其不同组分腐殖酸的颜色略有深浅之别。富啡酸颜色较淡，呈黄色至棕红色，而胡敏酸的颜色较深，为棕黑色至黑色，这是由于它们各自的分子质量大小和发色基团组成及其比例不同所引起的。腐殖酸的光密度与其分子质量大小和分子的芳构化程度大体呈正相关。

（二）土壤腐殖酸的化学性质

土壤腐殖酸的主要元素组成是碳、氢、氧、氮和硫，还含有少量钙、镁、铁、硅等灰分元素。不同土壤中腐殖酸的元素组成不完全相同，有的甚至相差很大。腐殖质含碳量为 55%～60%，平均为 58%；含氮量为 3%～6%，平均为 5.6%；其碳氮比为 10～12：1。但不同腐殖酸的含碳量和含氮量均是富啡酸＜胡敏酸＜胡敏素，其相差幅度，含碳量为 4.5%～6.2%，含氮量为 2%～5%。富啡酸的氧、硫含量大于胡敏酸，碳氢比和碳氧比小于胡敏酸。表 2－3 是我国主要土壤表土中胡敏酸和富啡酸的元素组成。

腐殖酸分子中含各种官能团。其中主要是含氧的酸性官能团，包括芳香族和脂肪族化合物上的羧基（—COOH）和酚羟基（—OH），其中羧基是最重要的官能团。此外，

表 2-3 我国主要土壤表土中胡敏酸和富啡酸的元素组成（无灰干基）

	胡敏酸中		富啡酸中	
	范围	平均	范围	平均
C 比例（%）	43.9～59.6	54.7	43.4～52.6	46.5
H 比例（%）	3.1～7.0	4.8	4.0～5.8	4.8
O 比例（%）	31.3～41.8	36.1	40.1～49.8	45.9
N 比例（%）	2.8～5.9	4.2	1.6～4.3	2.8
C/N	7.2～19.2	11.6	8.0～12.6	9.8

腐殖物质中还存在一些中性和碱性官能团，中性官能团主要有醇羟基（$-CH_2-OH$）、醚基（$-CH_2-O-CH_2-$）、酮基（—CO—）、醛基（—CHO）和酯（—COO—），碱性官能团主要有胺（$-CH_2-NH_2$）和酰胺（—CONH—）。富啡酸的羧基和酚羟基含量以及羧基的解离度均比胡敏酸高，醌基含量比胡敏酸低；胡敏素的醇羟基含量比富啡酸和胡敏酸高，但富啡酸中羰基含量最高。我国各主要土壤中胡敏酸的羧基含量为 270～480 cmol/kg，醇羟基为 220～430 cmol/kg，醌基为 90～180 cmol/kg。富啡酸的羧基含量为 640～850 cmol/kg，是胡敏酸的 2 倍左右；富啡酸的醇羟基和醌基的含量分别为 500～600 cmol/kg 和 50～60 cmol/kg（表 2-4）。

表 2-4 我国主要土壤表土中胡敏酸和富啡酸的含氧官能团含量（cmol/kg）

含氧官能团	胡敏酸	富啡酸
羧基	275～481	639～845
酚羟基	221～347	143～257
醇羟基	224～426	515～581
醌基	90～181	54～58
酮基	32～206	143～254
甲氧基	32～95	39

腐殖物质的总酸度通常是指羧基和酚羟基的总和。总酸度是胡敏素＜胡敏酸＜富啡酸，富啡酸的总酸度最高主要是由于其有较高的羧基含量。总酸度数值的大小与腐殖物质的活性有关，一般较高的总酸度意味着有较高的阳离子交换量和络合容量。羧基在 pH 为 3 时质子开始解离，产生负电荷，酚羟基在 pH 超过 7 时才开始解离质子，羧基和酚羟基解离的质子随着 pH 的升高而增加，因而负电荷也随之增加。例如各种胡敏酸在 pH 为 7 时的总酸度为 226～283 cmol/kg，当调 pH 至 11.5 时，总酸度升高到 443～448 cmol/kg。由于羧基、酚羟基等官能团的解离以及氨基的质子化，使腐殖酸分子具有两性胶体的特征，在分子表面上既带负电荷又带正电荷，而且电荷随着 pH 的变化而发生变化，在通常的土壤 pH 条件下，腐殖酸分子净带负电荷。

正是由于腐殖酸中存在各种官能团，腐殖酸表现出多种活性，例如离子交换、对金属离子的络合作用、氧化还原性以及生理活性等。腐殖酸因带负电荷而产生的阳离子交换量（*CEC*），以质量计算时为 500～1 200 cmol(＋)/kg，以体积计算时为 40～80 cmol(＋)/L，远超过土壤铝硅酸盐黏土矿物对土壤阳离子交换量的贡献。在通常情况下，腐殖酸具有弱酸特性，因而对 H^+ 浓度有较大的缓冲范围。此外，腐殖酸的弱酸性还反映在与 Al^{3+}、Fe^{3+}、Ca^{2+} 等金属离子以及与铁铝氧化物及其水合氧化物之间的络合作用上，腐殖酸上的羧基等重要的官能团不总是以游离基团存在，而是与金属离子络合以复合体的形式存在。

胡敏酸和富啡酸都含有较高的氨基酸，其中甘氨酸、丙氨酸和缬氨酸等酸性和中性氨基酸的含量较高，多肽和糖的组成也十分近似。腐殖酸中还包含少量核酸（DNA 和 RNA）及其衍生物、叶绿素及其降解产物、磷脂、胺和维生素。

（三）腐殖酸的分子结构特征

腐殖酸是高分子聚合物，其分子结构十分复杂。关于它的分子结构已提出了多种假设，但差异甚远，缺乏一致性，因此对它的认识还很不清楚。Kononova(1961) 认为，腐殖物质的基本结构单元是与酚或醌键合的含氮化合物和糖类，胡敏酸和富啡酸具有相似的模型，但在结构和化学组成中的一些细节可以不同，例如富啡酸中芳香核的缩合程度较小，但周围化合物的聚合程度较高。Schnitzer 和 Khan(1972) 在富啡酸降解研究的基础上，设想富啡酸是由酚羧酸和苯羧酸所组成的，它们之间通过氢键形成一个多聚结构。Flaig 及其合作者（1975）认为，腐殖酸是木质素经过一系列氧化和脱甲基过程后形成的醌衍生物与氨基酸和多糖缩合而成的化合物。Schulten 和 Schnitzer(1993) 在应用各种分析技术的研究基础上，提出胡敏酸分子结构的元素组成是 $C_{308}H_{328}O_{90}N_5$，分子质量为 5 534 u，其中碳、氢、氧和氮的含量分别为 66.8%、5.9%、26.0%和 1.3%；他们认为，胡敏酸结构中的氧存在于羧基、酚羟基、醇羟基、羧酸酯和醚中，而氮则存在于杂环结构和腈中。Stevenson(1994) 认为，腐殖物质可以通过各种机制形成，其核心由 4 个结构单位组成，它们是两个木质素单体形成的二聚物、酚-氨基酸复合体、羟基醌和木质素的 C_6-C_3 单元。

尽管已提出的各种腐殖酸分子结构模型有很大差异，但可以看出，每种结构模型中都包含了相似的官能团，都是由脂肪族和芳香族结构组分聚合而成的高分子化合物。核磁共振、热解、红外光谱等现代测试技术的研究结果表明，富啡酸主要由多糖（糖类和一部分烷氧基组分）和不同量的烷基碳化合物组成。胡敏酸由类多糖、木质素的衍生物和长链烷基部分组成，这 3 部分组成在不同土壤间有很大差异。胡敏酸中芳香族结构的比例比富啡酸大。胡敏素富含多亚甲基的不易降解的长链脂肪族和木质素片段，目前对胡敏素组成和形成的了解比较缺乏。

第四节　土壤有机质的作用及管理

一、有机质在土壤肥力上的作用

有机质在土壤肥力上的作用是多方面的，它的含量是土壤肥力水平的一项重要指标。

（一）提供植物需要的养分

如前所述，土壤有机质是作物所需的氮、磷、硫、微量元素等各种养分的主要来源。大量资料表明，我国主要土壤表层中 80%以上的氮、20%～76%的磷以有机态存在，在大多数非石灰性土壤中，有机态硫占全硫的75%～95%或以上。在土壤有机质的矿化过程中，这些养分可直接通过微生物的降解和转化，以一定的速率不断地释放出来，用于作物和微生物的生长发育。虽然有关土壤有机质中其他重要植物养分含量的研究较少，但可以推断，加到土壤中的动植物残体包含一定比例的其他大量元素和微量元素，会随着残体的分解而释放。

同时，土壤有机质分解和合成过程中，产生的多种有机酸和腐殖酸对土壤矿物有一定的溶解能力，可以促进矿物风化，有利于某些养分的有效化。一些与有机酸和富啡酸络合的金属离子可以保留于土壤溶液中不沉淀，从而增加有效性。

（二）改善土壤肥力特性

有机质通过影响土壤物理性质、化学性质和生物学性质而改善土壤肥力特性。

1. 改善土壤的物理性质　土壤有机质，尤其是多糖、糖蛋白和腐殖物质在土壤团聚体的形成过程和稳定性方面起重要作用。这些物质在土壤中可以通过官能团、氢键、范德华力等机制以胶膜形式包被在矿质土壤颗粒的外表，或被封闭在土壤团聚体内部免遭微生物的降解。由于它们的黏结力比砂粒强，在砂性土壤中，可增加砂土的黏结性从而促进团粒结构的形成。同时，土壤有机质又具有松软、絮状、多孔的特性，在黏性土壤中，黏粒被它们包被后，土壤可塑性、黏结性、黏着性降低，易形成散碎的团粒，使土壤变得比较松软而不再结成硬块。这说明土壤有机质能改变砂性土的分散无结构状态和黏性土的坚韧大块结构，使土壤的透水性、蓄水性、通气性以及根系的生长环境有所改善。同时由于土壤孔隙结构得到改善，导致水的入渗速率加快和土壤持水量增加，从而可以减少土壤流失。腐殖物质具有巨大的比表面积和亲水基团，吸水量是黏土矿物的4～5倍，能提高土壤有效持水量，使得更多的水分能为作物所利用。对农事操作而言，由于土壤耕性变好，翻耕省力，适耕期长，耕作质量也相应地提高。

腐殖物质对土壤颜色和热状况也有一定的影响。这是由于腐殖物质是一种深色的物质，深色土壤吸热快，在同样日照条件下，其土壤温度较高。

2. 改善土壤的化学性质　腐殖物质因带有正负两种电荷，故既可吸附阴离子，又可吸附阳离子；其所带电性以负电荷为主，吸附的离子主要是阳离子 K^+、NH_4^+、Ca^{2+}、Mg^{2+}等。这些离子一旦被腐殖物质吸附，就可避免随水流失，而且能随时被根系附近 H^+ 或其他阳离子交换出来，供作物吸收，仍不失其有效性。从吸附性阳离子的有效性来看，腐殖物质与黏土矿物的作用一样，但单位质量腐殖物质保存阳离子养分的能力，比黏土矿物胶体大20～30倍。在矿质土壤中腐殖物质对阳离子吸附量的贡献通常占50%～90%，在保肥力很弱的砂性土壤中腐殖物质的这种作用显得尤为突出。因此在砂性土上通过增施有机肥来提高其腐殖物质含量，不仅可增加土壤养分含量，改善砂土的物理性质，而且还能提高其保肥能力。

土壤有机质中含有氮、磷、硫和微量元素，这些养分在土壤有机质矿化过程中逐步释放。土壤中磷的有效性低主要是由于土壤对磷具有强烈的固定作用，土壤有机质能降低磷的固定而增加土壤中磷的有效性，从而提高磷肥的利用率。土壤有机质也能增加土壤微量元素的有效性。

腐殖酸是一种含有许多酸性官能团的弱酸，所以在提高土壤腐殖物质含量时，可提高土壤对酸碱度变化的缓冲性能。

有机酸还会加速土壤矿物的风化，释放出植物必需的养分离子。在酸性土壤中，有机质通过与单体铝的复合作用，降低土壤交换性铝的含量，从而减轻铝的毒害。可以推测，在较低土壤 pH 的情况下，并没有出现对植物生长不利的影响，这可能与土壤有机质和 Al^{3+} 的复合作用以及铝有机复合体在土壤中迁移有关。

3. 改善土壤的生物学性质　土壤有机质是土壤微生物生命活动所需养分和能量的主要来源，没有它就不会有土壤中的所有生物化学过程。有机物料的类型可以影响土壤微生物群落的组成和多样性，土壤微生物生物量随着土壤有机质含量的增加而增加，二者具有极显著的正相关。但因土壤有机质矿化率低，所以不像新鲜植物残体那样会对微生物产生迅猛的激发效应，而是持久稳定地向微生物提供能源。正因为如此，含有机质多的土壤，肥力平稳而持久，不易产生作物猛发或脱肥现象。

蚯蚓等土壤动物在土壤肥力上的重要性已为世人所公认，它通过影响土壤的物理性质和生物学性质而影响对植物养分的供应，但蚯蚓的生命活动也是以土壤有机质为食物来源的。据报道，一些蚯蚓专吃土壤表层的植物残体，而另一些则以已分解的有机物质为食源。蚯蚓通过掘洞、消化有机质、排泄粪便等直接改变土壤微生物和植物的生存环境。

土壤有机质通过刺激微生物和动物的活动还能增强土壤酶的活性，从而直接影响土壤养分转化的生物化学过程。

腐殖酸被证明是一类生理活性物质，其中的维生素、氨基酸、激素（例如生长素和赤霉素）等能加速种子发芽，增强根系活力，促进作物生长。对土壤微生物而言，腐殖酸也是一种促进其生长发育的生理活性物质。

植物和微生物的作用还会向土壤中释放化感物质（allelochemical），常见的化感物质主要有低分子质量有机酸、酚类和萜类，它们能影响周围其他植物和微生物的生长、健康、行为或群体关系。

此外，土壤有机质在分解时也可能产生一些不利于植物生长或甚至有毒害的中间产物，特别是在厌氧条件下，这种情况更易发生。例如一些脂肪酸（乙酸、丙酸、丁酸等）的积累，达到一定浓度时会对植物产生毒害作用。

二、土壤有机质在生态环境上的作用

（一）土壤有机质与重金属离子的作用

土壤有机质含有多种官能团，这些官能团对重金属离子有较强络合和富集能力。土壤有机质与重金属离子的络合作用对土壤和水体中重金属离子的固定和迁移有极其重要的影响。各种官能团对金属离子的亲和力为

—O—	＞	$-NH_2$	＞	—N═N	＞	$\diagdown\!\!N\!\!\diagup$	＞	COO—	＞	—O—	＞	—C═O
烯醇基		胺基		偶氮化合物		杂环氮		羧基		醚基		羰基

如果腐殖质中活性官能团（—COOH、酚—OH、醇—OH 等）的空间排列适当，那么可以通过取代阳离子水合圈中的一些水分子与金属离子结合形成螯合复合体。两个以上官能团（例如羧基）与金属离子螯合，形成环状结构的络合物，称为螯合物。胡敏酸与金属离子的键合总容量在 200～600 μmol/g，大约 33%是由于阳离子在复合位置上

的固定，主要复合位置是羧基和酚羟基。

腐殖物质金属离子复合体的稳定常数反映了金属离子与有机配位体之间的亲和力，对重金属环境行为的了解有重要价值。一般金属富啡酸复合体条件稳定常数的排列次序为：$Fe^{3+} > Al^{3+} > Cu^{2+} > Ni^{2+} > Co^{2+} > Pb^{2+} > Ca^{2+} > Zn^{2+} > Mn^{2+} > Mg^{2+}$，其中稳定常数在 pH 5.0 时比 pH 3.5 时稍大，这主要是由于羧基等官能团在较高 pH 条件下有较高的解离度。在低 pH 时，由于 H^+ 与金属离子竞争配位体的吸附位，腐殖酸络合的金属离子较少。金属离子与胡敏酸之间形成的复合体极有可能是不迁移的。

重金属离子的存在形态也受腐殖物质的络合作用和氧化还原作用的影响。胡敏酸可作为还原剂将有毒的 Cr^{6+} 还原为 Cr^{3+}。作为 Lewis 硬酸，Cr^{3+} 能与胡敏酸上的羧基形成稳定的复合体，从而降低其植物有效性。腐殖物质还能将 V^{5+} 还原为 V^{4+}，将 Hg^{2+} 还原为 Hg，将 Fe^{3+} 还原为 Fe^{2+}，将 U^{6+} 还原为 U^{4+}。此外，腐殖物质还能催化 Fe^{3+} 变成 Fe^{2+} 的光致还原反应。

腐殖酸对无机矿物也有一定的溶解作用。胡敏酸对方铅矿（PbS）、软锰矿（MnO_2）、方解石（$CaCO_3$）和孔雀石［$Cu_2(OH)_2CO_3$］的溶解程度比对铝硅酸盐矿物大。胡敏酸对 Pb^{2+}、Zn^{2+}、Cu^{2+}、Ni^{2+}、Co^{2+}、Fe^{3+}、Mn^{4+} 等各种金属硫化物和碳酸盐化合物的溶解度从最低的硫化锌（ZnS）（95 μg/g）到最高的硫化铅（PbS）（2 100 μg/g）。腐殖酸对矿物的溶解作用实际上是其对金属离子的络合、吸附和还原作用的综合结果。

（二）土壤有机质对有机污染物的固定作用

土壤有机质对农药、多环芳烃、多氯联苯、抗生素等有机污染物有很强的亲和力，对有机污染物在土壤中的生物活性、残留、生物降解、迁移、挥发等过程有重要的影响。土壤有机质是固定农药等有机污染物的最重要的土壤组分，其对有机污染物的固定与腐殖物质官能团的数量、类型和空间排列密切相关，也与有机污染物本身的性质有关。一般认为，极性有机污染物可以通过离子交换和质子化、氢键、范德华力、配位体交换、阳离子桥、水桥等各种不同机制与土壤有机质结合。对于非极性有机污染物可以通过分配机制与之结合。腐殖物质分子中既有极性亲水组分，也有非极性疏水组分。根据双模式理论，土壤有机质由无定形的橡胶态和紧密交联的玻璃态构成。橡胶态有机质结构相对疏松，其对有机污染物的吸附以分配作用为主，速度较慢，呈线性且无竞争。而玻璃态有机质不仅结构致密紧实，而且内部存在诸多纳米孔隙，其对有机污染物的吸附除了分配吸附外，还有相当比例的孔隙填充作用，因而吸附较快，呈非线性，且存在竞争吸附现象。

可溶性腐殖质能增加有机污染物从土壤向地下水的迁移，富啡酸有较低的分子质量和较高酸度，比胡敏酸更可溶，能更有效地迁移有机污染物和其他有机物质。腐殖物质还能作为还原剂而改变有机污染物的结构，这种改变因腐殖物质中羧基、酚羟基、醇羟基、杂环、半醌等的存在而加强。一些有毒有机化合物与腐殖物质结合后，其毒性降低或消失。

（三）土壤有机质对全球碳平衡的影响

土壤有机质也是全球碳平衡过程中非常重要的碳库。在工业革命前，大气中的二氧化碳浓度为280 μL/L，到2015年已高达400 μL/L，大气中的二氧化碳浓度每年大约以0.5%的速率递增。尽管矿物燃料燃烧是大气二氧化碳浓度增加的一个重要贡献者，但主要原因是由于全球土地利用方式发生改变而导致土壤有机质分解产生了大量的二氧化碳。据估计，全球土壤有机质的总碳量在1.4×10^{18}～1.5×10^{18} g，大约是陆地生物总碳量（5.6×10^{17} g）的2.5倍。每年因土壤有机质生物分解释放到大气的总碳量为6.8×10^{16} g，全球每年因焚烧燃料释放到大气的碳远低得多，仅为6×10^{15} g，是土壤释放碳的8.8%。可见，土壤有机质的损失对地球自然环境具有重大影响。从全球来看，土壤有机碳水平的不断下降，对全球气候变化的影响将不亚于人类活动向大气排放的影响。

三、土壤有机质的管理

自然土壤中，有机质的含量反映了植物枯枝落叶、根系等有机物质的加入量与土壤有机质分解而产生损失量之间的动态平衡。自然土壤被耕作农用以后，这种动态平衡关系遭到破坏。一方面，由于耕地上除作物根茬及根的分泌物外，其余的生物量有相当大部分均作为收获物被取走，这样进入耕作土壤中的植物残体量比自然土壤少；另一方面，耕作等农业措施常使表层土壤充分混合，干湿交替的频率和强度增加，土壤通气性变好，导致土壤有机质的分解速度加快。适宜的水分条件和养分供应也促使微生物更为活跃。此外，耕作增加土壤侵蚀，使土层变薄，也是土壤有机质减少的一个原因。

一般的趋势是对于原有机质含量高的土壤，随着耕种年数的递增，土壤有机质含量降低。据国外报道，由于耕作的影响，土壤有机质含量可以损失20%～30%，土壤开垦初期有机质的损失很快，大约耕作20年后土壤有机质分解速率变慢，30～40年后基本达到平衡，这时土壤有机质稳定在一个较低的水平。我国黑龙江省的土壤调查资料表明，黑土开垦后20年土壤有机质含量减少1/4～1/3，开垦后20～40年土壤有机质含量又在原来的基础上减少1/4～1/3，在开垦60年后土壤有机质减少到不足原来含量的1/2。因此耕作土壤有机质含量实际上是经过一定耕种年限后其达到新的平衡时维持在一个更低的相对稳定值。土壤有机质含量降低导致土壤生产力下降已成为世界各国关注的问题。我国人多地少，复种指数高，保持适量的土壤有机质含量是我国农业可持续发展的一个关键因素。但对于有机质含量较低的土壤（例如侵蚀性红壤、漠境土等），耕种后通过施肥等措施，进入土壤的有机物质的数量较荒地条件下明显增加，因而有机质含量将逐步提高。

施用有机肥以提高土壤有机质水平是我国劳动人民在长期的生产实践中总结出来的宝贵经验。我国耕地土壤的现状是有机质含量偏低，必须不断添加有机物质才能将土壤有机质，尤其是土壤活性有机质保持在适宜的水平，这样既能保持土壤良好的结构，又能不断地供给作物生长所需要的养分。主要的有机肥源包括：作物秸秆、绿肥、粪肥、厩肥、堆肥、沤肥等，在我国有些地方还有施用饼肥、蚕沙、鱼肥、河泥、塘泥的习惯，各地可因地制宜选择施用合适的有机肥。对于水稻等农作物秸秆，直接还田或还地是提高土壤有机质水平的一项有效措施，但前面已经提到，农作物秸秆的碳氮比很高，为了防止秸秆分解过程中微生物与作物争夺土壤有效态氮，必须增施一些无机氮肥，以便有效地解决因秸秆还田引起土壤硝态氮亏缺等有效养分短期供给不足的问题。尽管因气候条件、土壤类型、利用方式、有机物质种类和用量等不同而使土壤有机质含量提高的幅度有显著的差异，但施用有机肥在各种土壤及其不同种植方式下都能提高耕地土壤有机质的水平。通常用腐殖化系数作为有机物质转化为土壤有机质的换算系数，它是单位质量的有机物质碳在土壤中分解1年后的残留碳量。表2-5是我国不同地区耕地土壤中有机物质的腐殖化系数，由于水热条件和土壤性质不同，同类有机物质在不同地区的腐殖化系数依次为东北地区＞华北、江南地区＞华南地区；同一地区不同有机物质的腐殖化系数依次为作物根≥厩肥＞作物秸秆＞绿肥。

表2-5　我国不同地区耕地土壤中有机物质的腐殖化系数

		东北地区	华北地区	江南地区	华南地区
作物秸秆	范围	0.26～0.65	0.17～0.37	0.15～0.28	0.19～0.43
	平均	0.42(9)	0.26(33)	0.21(53)	0.34(18)
作物根	范围	0.30～0.96	0.19～0.58	0.31～0.51	0.32～0.51
	平均	0.60(5)	0.40(14)	0.40(54)	0.38(14)
绿肥	范围	0.16～0.43	0.13～0.37	0.16～0.37	0.16～0.33
	平均	0.28(14)	0.21(46)	0.24(33)	0.23(31)
厩肥	范围	0.28～0.72	0.28～0.53	0.30～0.63	0.20～0.52
	平均	0.46(11)	0.40(21)	0.40(38)	0.31(8)

注：括号内数据为样品测定个数。

施用生物质炭可以改善土壤结构、提高土壤保肥和供肥能力、降低温室气体排放、修复重金属或有机物污染的土壤等，也可以增加土壤有机质的含量。

旱地改成水田后，土壤有机质含量明显增高。

与单一作物连作相比，种植绿肥或牧草与作物轮作可显著提高土壤有机质含量。全国绿肥试验网在16个省份进行的定位试验结果表明，无论是我国的南方还是北方，旱地还是水田，连续5年翻压绿肥，土壤有机质含量均有明显提高，其增加量平均为1～2 g/kg。但是土壤肥力不同，其积累有机质的效果有较大差异。在肥力高的土壤上，绿肥一般只能起到维持土壤有机质水平的作用；而在肥力低的土壤上，绿肥则有明显增加土壤有机质含量的良好效果。

近年来，由于普遍应用化学除草技术，不少地方出现了免耕和少耕耕作技术。研究结果表明，免耕可以显著增加土壤微生物生物量和微生物碳与有机碳的比例，土壤有机质含量有提高的趋势，这主要是由于免耕有效地抑制了土壤的过度通气，减少有机质的氧化降解。此外，免耕还可以防止土壤侵蚀。

由于土壤氮与有机质密切结合，因此适当施用一些氮肥也是将土壤有机质保持在合适水平的一项措施。氮肥对土壤有机质水平的影响是多方面的。首先，氮肥能增加作物生物量及由此增加进入土壤的作物残体量。其次，施用铵态氮肥可以导致土壤酸化，这也能降低土壤有机质的分解。

在我国，对有机肥与无机肥配合施用开展了广泛和深入的研究，结果表明，有机肥与无机肥配合施用不仅能增产，提高肥料利用率，而且还能提高土壤有机质的含量。据研究，配合施用有机肥与无机肥，可在3～6年使我国南方土壤的有机碳含量由0.40%～0.77%提高到1.3%，并提高土壤的盐基饱和度、有效养分含量和pH等。

当然，在注重耕地土壤有机质数量的同时，还必须强调土壤有机质中要有合适比例的不同生物活性的有机质组成。土壤有机质的动态研究表明，不同活性的有机质组成在土壤管理和碳循环中起着极不相同的作用。土壤腐殖物质占很大一部分，它在维持良好的土壤结构性和物理性质方面起着很重要的作用。而非腐殖物质分解速度快，在提供土壤养分方面起重要作用。要保持良好的土壤结构，又能源源不断地提供养分，就需要将不同活性的有机质维持在一定的比例。这是土壤有机质动态平衡中必须考虑的重要问题。从另一角度来看，通过调节土壤温度、湿度、通气状况、施肥等因素能调节土壤微生物的活性，这也同样能达到调节土壤有机质分解速率的目的。

复习思考题

1. 什么是土壤有机质和土壤有机碳？二者在概念和数量上有什么联系？为什么在量化表达时更倾向于采用土壤有机碳来表示？

2. 土壤有机质的活性库和惰性库分别对哪些主要土壤性质产生影响？

3. 哪些主要环境因素影响植物残体在土壤中的分解和转化？简述有机物质的碳氮比对其在土壤中分解速率的影响。

4. 简述土壤腐殖质、非腐殖物质和腐殖物质的概念。

5. 采用什么方法将土壤腐殖物质区分为胡敏酸、富啡酸和胡敏素 3 个组分？强碱提取的腐殖酸能否用来表征土壤有机质的结构和功能？

6. 试论述有机质在土壤肥力和生态环境上的作用和意义。

7. 自然土壤经过人为耕作后，土壤有机碳含量一般都呈现降低的趋势，为什么？采取哪些措施可以提高耕作土壤有机质含量？

CHAPTER 3

第三章

土 壤 生 物

土壤生物是土壤具有生命力的重要部分，主要包括土壤微生物、土壤动物及高等植物根系。土壤物质组成和微环境的复杂性造就了土壤丰富的生物多样性。土壤中存在富氧和厌氧、强酸和弱酸、高温和低温、潮湿和干燥等多种微环境，还富含各种无机物质和有机物质。一般来说，土壤中的生物趋向于聚集在最适宜的条件中，而不是均匀分布于整个土体中。因此土壤被认为是中型和微型生物优良的栖息地，为它们提供了隐蔽的场所、食物来源、环境梯度、生物隔离等条件。假如人类的视野足以看清土壤内部奇妙的生物世界，就会发现成千上万种土壤生物正在为能源、空间等进行激烈竞争，形成了复杂的土壤食物网（food web）（图 3－1）。按照营养级来分，土壤生物主要分为初级

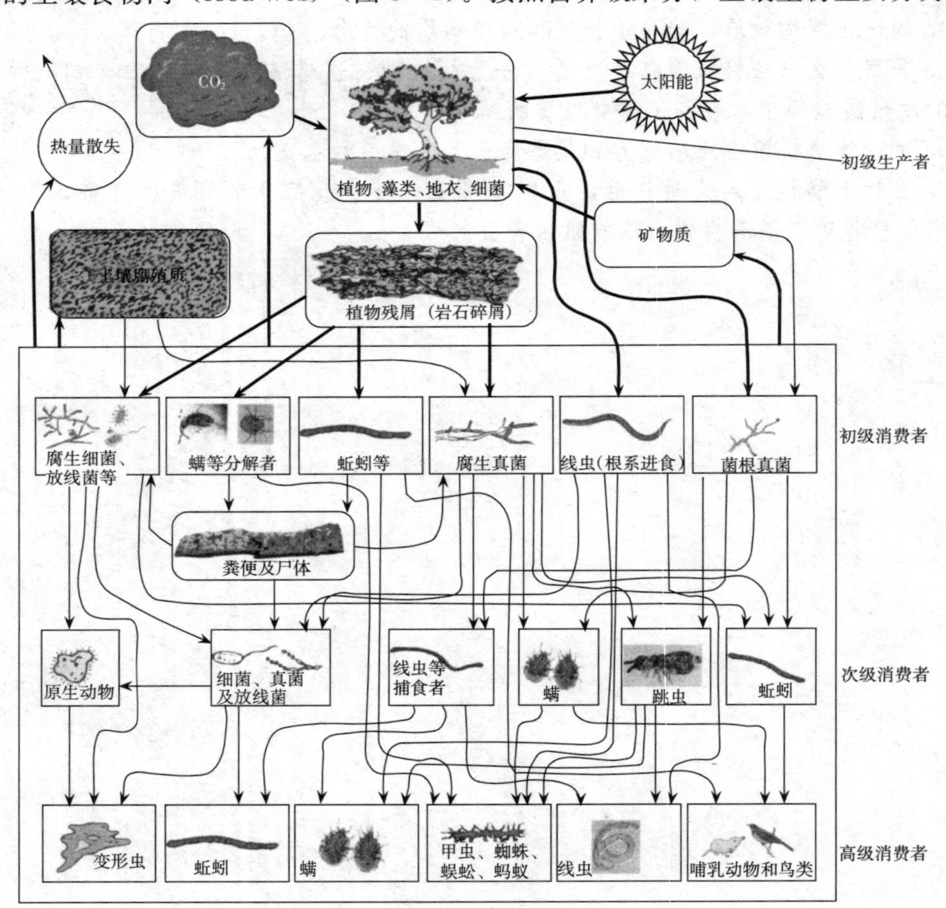

图 3－1 土壤食物网

（引自 Brady 和 Weil，2008）

生产者、初级消费者、次级消费者和高级消费者。若按能量来源来分，土壤生物又可分为自养型和异养型。异养型生物的能量来源于含碳有机物，主要包括土壤动物、真菌和大多数细菌。自养型生物的能量可来源于太阳能（光合自养），也可来源于某些无机化合物氧化所释放的能量（化能自养）。尽管自养型生物只占土壤生物的小部分，但其对土壤生态系统的能量流通起着至关重要的作用。

第一节　土壤生物的组成

土壤生物是地球地表下数量最巨大的生命形式。土壤生物按形态学来分，主要包括原核生物（古菌、细菌）、真核生物（真菌、藻类、土壤动物和植物根系）以及无细胞结构的病毒。

一、土壤原核生物

（一）土壤细菌

土壤细菌占土壤微生物总数的70%～90%，其数量很大，但生物量并不是很高。据分析，10 g肥沃土壤的细菌总数相当于全球人口的总数。细菌个体小、代谢强、繁殖快，与土壤接触的表面积大，是土壤中最活跃的因素。

1. 变形菌门　变形菌门是细菌中最大的一个门类，是革兰氏阴性菌，其外膜主要由脂多糖组成。根据核糖体RNA序列，变形菌门可分为5类（纲），分别用希腊字母α、β、γ、δ和ε命名。该类细菌拥有多样的外形和生理代谢类型，包括好氧菌和厌氧菌，有自养型和异养型，也可分为光能型和化能型等。土壤中的变形菌在生物固氮、病虫害防治、污染物降解和土壤修复等领域有重要的利用价值。在土壤环境中，大肠杆菌和沙门氏菌等变形菌对人类健康有着直接的威胁。

2. 厚壁菌门　厚壁菌门因其细胞壁较厚（10～50 nm）而得名。此类细菌多数为革兰氏阳性菌，以二分裂方式繁殖，其细胞壁含有高含量的肽聚糖。厚壁菌多为球状或杆状，但也有其他形状的种类。许多厚壁菌可以形成芽孢，因而能够在土壤中的极端环境下存活。

3. 放线菌门　放线菌广泛分布在土壤、堆肥、淤泥、淡水水体等各种自然生境中，而土壤中数量及种类最多。一般肥土比瘦土多，农田土壤比森林土壤多，春季、秋季比夏季、冬季多。放线菌以孢子或菌丝片段存在于土壤中，每克土壤中的细胞数在10^4～10^6。

栖居在土壤中的放线菌种类很多，但用常规方法监测时，大部分为链霉菌属，占70%～90%；其次为诺卡氏菌属，占10%～30%；小单胞菌属占第三位，只有1%～15%。大部分放线菌为好氧腐生菌。

放线菌最适宜生长在中性或偏碱性、通气良好的土壤中，能转化土壤有机质，产生抗生素，对其他有害菌起到拮抗作用。此外，高温型放线菌在堆肥过程中对养分转化具有重要作用。

4. 酸杆菌门　酸杆菌门是土壤环境中最常见的细菌门类之一，在土壤中的数量与变形菌门细菌相当。最初，酸杆菌是从酸性地质环境中分离出来的，后来又发现了多种类似的嗜酸菌，因此而得名酸杆菌，但也发现一些在碱性环境中生存的种类。酸杆菌一般具有寡营养和难培养的特点，对其研究目前尚不深入。

5. 蓝细菌门　蓝细菌是光合微生物，属于光能无机营养型，具有单细胞和丝状体两类形态，过去称为蓝（绿）藻，由于原核特征现改称为蓝细菌，以与真核藻类区分开来。蓝细菌分布很广泛，自热带到两极均有发现，但以热带和温带较多，淡水、海水和土壤是它们生活的主要场所。蓝细菌常常在稻田和其他潮湿土壤中大量繁殖，现已知的9科31属蓝细菌中存在固氮种类。

（二）土壤古菌

古菌是具有独特基因结构或系统发育生物大分子序列的单细胞生物，大多数生活在超高温、高酸碱度、高盐浓度、严格无氧状态等极端环境或生命出现初期的自然环境。古菌是一大类形态各异、生理功能特殊的微生物，例如产甲烷菌可在严格厌氧环境下利用简单的一碳和二碳化合物生存并产生甲烷，还原硫酸盐古菌可在极端高温、酸性条件下还原硫酸盐，极端嗜盐古菌可在极高盐浓度下生存。古菌可营自养型或异养型生活。古菌具有独特的细胞或亚细胞结构，例如无细胞壁，仅有细胞膜，而致细胞多形态；即使有细胞壁，可能是由蛋白质亚单位组成或由假胞壁质组成，无胞壁酸。细胞膜的化学组成上，古菌含有异戊烯衍生物而不是脂肪酸。近年来，人们采用分子生物学手段发现古菌亦能在一些普通的环境中存活，在某些旱地土壤中甚至占到微生物总数的10%左右。古菌在物质转化中扮演着重要的角色，有关研究对探索生物进化的奥秘，深化对生物进化的认识有重要意义。现已探明古菌适应特殊环境因子的遗传基因普遍存在于质粒上。因此有可能把这类生活在极端环境的古菌作为特殊基因库，用于构建有益的新菌株。

1. 广古菌门　广古菌门有多种类群，其中包括嗜热菌、嗜盐菌和产甲烷菌。广古菌构成了古菌的大多数种类。广古菌包含激烈火球菌等超级嗜热菌和盐杆菌等嗜盐菌。极端嗜盐古菌拥有紫膜这种特殊细胞结构，能够进行光合作用。广古菌门中的产甲烷菌生理特性丰富多样，有嗜热、嗜酸、嗜盐等多种类型，它们的共同特点是都能将一碳化合物或乙酸转化成甲烷。

2. 泉古菌门　泉古菌门的成员多适应极端环境，包括硫还原球形菌属、硫化叶菌属、热网菌属和热变形菌属等超嗜热菌，以及适应极地寒冷环境的嗜冷菌。硫黄矿硫化叶菌是一种嗜热、嗜酸的泉古菌，可以在pH 3的环境中生存。在土壤等非极端环境中的泉古菌一般称为中温泉古菌或非嗜热泉古菌。本门中的氨氧化古菌（AOA）在氮循环中起关键的作用，执行硝化作用中的第一步——氨氧化作用。

3. 纳古菌门　纳古菌门是目前已知的最小古菌类型，门内只含1个物种骑行纳古菌（*Nanoarchaeum equitans*），发现于冰岛的热泉口。其直径只有400 nm，基因组只有490 kb，其微小程度接近人类对生命认知的极限。该物种不能单独存在，而是与另一种古菌燃球菌营共生生活，但其机制尚不清楚。

二、土壤真核生物

（一）土壤真菌

真菌是常见的土壤微生物之一，尤其在森林土壤和酸性土壤中，往往占据优势地位或发挥重要作用。

一般来说，土壤真菌与物质转化和植物病害密切相关。其数量少于细菌，每克土壤中有真菌几千至几十万个。尽管真菌数量较少，但由于它们体积较大，故真菌在整个土壤微生物生物量中所占的比例较大。真菌的菌丝直径为 2～10 μm，能对土壤微粒进行物理性固定。真菌特别是其中的霉菌对不利环境忍耐力较强，它们的孢子、菌核和菌索忍耐力更强。因此真菌可广泛分布于各种类型的土壤中。真菌是土壤中推动物质转换，尤其是降解各种有机物质的重要群体。真菌的降解作用一般随土壤 pH 的下降而上升。青霉菌属和曲霉菌属是常见的参与营养物质循环的土壤真菌。真菌菌根则在建立植物-真菌相互作用方面起关键作用。除能降解纤维素和木质素外，一些真菌还能降解结构复杂的有机污染物。当然，也有许多真菌是植物致病菌，某些真菌甚至能引起人类疾病，例如粗球孢子菌（*Coccidiodes immitis*）能引起慢性肺炎，称为山谷热。

（二）土壤藻类

土壤中的藻类不及微生物总数的 1%，主要生长在潮湿土壤表层，多为单细胞绿藻和硅藻。藻类往往首先群聚于原先没有有机质的土壤表面。这个类群的微生物在土壤形成过程中相当重要，特别是在贫瘠的火山、沙漠土壤地区和岩石表面。一方面，藻类通过光合作用提供碳的输入，它们代谢产生并释放的碳酸，有助于风化周围的矿物颗粒；另一方面，藻类还产生大量胞外多糖，这种物质可以使土壤颗粒形成团聚体。藻类为光合型微生物，受阳光及水分影响较大。土壤下层因无阳光，故藻类数量较少。

地衣是真菌和藻类形成的不可分离的共生体。地衣广泛分布在荒凉的岩石、土壤和其他物体表面，通常是裸露岩石和土壤母质的最早定居者。因此地衣在土壤发生的早期起重要作用。

（三）土壤动物

土壤动物按其个体大小，可分为微型动物（例如原生动物、线虫等）、中型动物（例如螨等）、大型动物（例如蚯蚓、蚂蚁等）。虽然土壤动物生物量较少，但其在促进土壤养分循环方面起重要作用。例如一些线虫和原生动物可以捕食细菌，调节微生物群落结构。同时，土壤动物直接或间接地改变土壤结构。直接影响来自掘穴、残体粉碎与再分配，以及含有未消化残体和矿质土壤粪便的沉积。间接作用是指土壤动物的行为改变土壤孔隙、地表或地下水分的运动、颗粒的形成，以及影响微生物对有机物质的分解速率等。以下简要介绍土壤中几种重要的动物类群。

1. 原生动物　土壤中的原生动物是地下动物区系中最丰富的动物类群，不同地区和不同类型土壤的原生动物的种类和数量有差异，一般为每克土壤 10^4～10^5 个，多时达到 10^6～10^7 个。原生动物在表土中最多，下层土壤中较少。它们绝大多数好氧，是单细胞真核生物，长度和体积均比细菌大。大多数原生动物是异养型，利用细菌、真菌和藻类生活。原生动物主要有 3 种类型：鞭毛虫、肉足虫和纤毛虫。鞭毛虫是最小的原生动物，它们通过鞭毛运动。肉足虫的最主要特征是可以通过原生质移动来运动或通过伪足进行延伸运动，是土壤环境中最多的原生动物类型。纤毛虫通过覆盖在整个细胞表面短纤毛的振动来运动。原生动物的主要作用是促进物质循环和转化，控制其他微生物的过量存在，保证微生物群落组成的稳定性。

2. 线虫　土壤线虫种类丰富，数量繁多，分布广泛，是土壤动物中十分重要的类群。它们在土壤生态系统中占有多个营养级，与其他土壤生物形成错综复杂的食物网，在维持土壤生态系统的稳定、促进物质循环和能量流通方面起重要的作用。几乎在所有的土壤中都可以发现线虫。线虫一般分为3类：①以食腐败的有机物为生；②捕食其他线虫、细菌、藻类、原生动物等为生；③以植物根细胞内含物和汁液为生。一般土壤中主要为前两类，例如森林土壤中，几乎所有的线虫都是以土壤有机质为食物。以植物根细胞内含物和汁液为生的线虫具有尖细的体型和可适应的口器，易于侵入植物组织，即使在低温条件下，也能侵害绝大多数的植物根，尤其对蔬菜会带来很大的损失。

3. 蚯蚓　蚯蚓是最重要的大型土壤动物，每年通过蚯蚓体内的土壤干物质量约为37 500 kg/hm^2。土壤中的有机物质可作为蚯蚓的食料，而其中的矿物质成分也受到机械研磨和各种消化酶类的生物化学作用而发生变化，因此蚯蚓粪中含有的有机质、全氮和硝态氮、交换性钙和镁、有效磷和钾以及其盐基饱和度和阳离子交换量都明显高于土壤。

然而，蚯蚓的行为并不都是有益的。例如蚯蚓的排泄物60%被残留在土壤表面。从某种程度上说，这将使土壤受到雨水的侵蚀。另一方面，这些残渣本身也可能影响土壤景观功能，例如高尔夫球草场等。并且，蚯蚓的通道可能为从土壤表面到排水沟提供更直接的通道，导致化肥和营养物质的损失。

4. 蚂蚁　土壤中已知的蚂蚁种类有9 000多种。蚂蚁在湿润的热带地区种类繁多，从热带雨林到针叶林均扮演着重要角色，并且在温暖的草原地区占据优势地位。有些蚂蚁是食腐型的，有些是食草型的，还有些是食肉型的。火蚁是典型的食肉型蚂蚁，像其他蚂蚁一样，火蚁生活在约30 cm高的土墩遮盖的地下洞穴中。火蚁具有毒性，但吞食一些有害的昆虫或杂草时，则对农业是有益的。当然，它们也会糟蹋庄稼，捕食一些益虫、鸟蛋、爬行类动物甚至是刚出生的哺乳动物。某些蚂蚁可以在它们的洞穴内吞食蚜虫，并以蚜虫分泌的蜜汁为食。蚂蚁挖洞可以改善土壤的通风，增强水的渗透，调节土壤的pH，促进养分循环。

5. 螨类　土壤为很多螨类提供了良好的生存条件。以数量和分布来说，螨类在土壤动物中名列前茅。它们通常以分解的植物残体和真菌为食物，也吞食其他微小动物。由于它们仅能利用所消耗食物中的小部分，因此它们在有机质分解中的作用，只是把大量的残落物加以软化，并以粪粒形态将这些残落物散布开来。

（四）植物根系

高等植物根系虽然只占土壤体积的1%，但其呼吸作用却占土壤的1/4～1/3。根据尺寸大小，根系可被认为是中型或微型生物。许多植物须根的直径仅10～50 μm，比一些微型真菌还小。须根是外层细胞突起形成的，其主要作用是将根部固定到土壤中，并增大根部的表面积，使其能从土壤中吸收更多的水分和营养。植物根系的活动能明显影响土壤的化学性质和物理性质；同时，植物根系与其他生物之间也常常存在竞争或协同关系。

三、土壤病毒

病毒是一类超显微的非细胞生命体，是由一个核酸分子（DNA或RNA）与蛋白质构成的，是必须通过感染进入活的宿主细胞才能完成复制周期的生命形式。根据核酸分子的不同，可将病毒分为单链 DNA 病毒、双链 DNA 病毒、单链 RNA 病毒和双链 RNA 病毒 4 种基本类型。在离体条件下，病毒能够以无生命的化学大分子状态长期存在并保持侵染活性。病毒是地球上数量最为丰富的生命形式和主要的遗传多样性资源库，在调控宿主群落结构、促进元素生物地球化学循环与生物进化中起重要的作用。由于土壤具有强烈的异质性，病毒随原核微生物宿主呈马赛克状分布。土壤病毒数量难以准确定量，但目前普遍认为土壤病毒的数量可能比土壤细菌高 1～2 个数量级，其中侵染原核微生物的噬菌体是土壤中的病毒类群。根据感染方式的差异，病毒大致可以被划分为裂解性病毒和溶原性病毒两个大类。前者主要通过裂解的方式感染原核微生物，而后者通过将自己的基因组插入宿主基因组进行溶原感染，达到与宿主长期共存的目的。目前，在土壤病毒学研究中，分离培养、荧光定量分析、聚合酶链式反应技术、宏基因组学技术和单细胞基因组学等都是常用的手段。由于病毒分离培养较为复杂，以及分类体系尚不完善，宏基因组学是目前研究病毒生态学最有效的方法之一。

四、土壤微生物的多样性、生物量和活性

（一）土壤微生物多样性

微生物多样性（microbial diversity）是指微生物群落的种类和种间差异，包括生理功能多样性、细胞组成多样性及遗传物质多样性等。微生物多样性能较早地反映环境质量的变化过程，并揭示微生物的生态功能差异，因而被认为是最有潜力的敏感性生物指标之一。但是由于微生物的种类庞大，使得有关微生物区系的分析工作十分耗时费力。因此微生物多样性的研究主要通过微生物生态学的方法来完成，即通过描述微生物群落的稳定性、微生物群落生态学机制以及自然或人为干扰对群落的影响，揭示环境质量与微生物多样性的关系。现有的微生物多样性测试方法较多，传统的方法是分离法，即将一定浓度的微生物稀释液接种到特定的选择性培养基上，然后对菌落进行计数，以此测定微生物的多样性。该方法获得的数据在一定程度上取决于提取的方法和选用的培养基类型。由于环境中绝大部分微生物无法用现有的分离方法进行培养，因此分离法有很大的局限性。近年来，生物化学及分子生物学等测试技术的进步，推动了对微生物多样性的研究，其中 3 种普遍采用的有效技术为：碳素利用法、磷脂脂肪酸（PLFA）法及核酸分析法。

1. 碳素利用法 细胞的维持和生长需要能量、碳源和多种无机离子，底物利用是群落中微生物存活、生长和竞争的关键，因此可以根据微生物对碳源利用的方式来鉴定微生物的多样性。碳素利用法通常用 BIOLOG 测试板来实现。常用的 BIOLOG 测试板含有 96 个小孔，除 1 孔为对照不含碳源外，其余 95 孔分别含不同的有机碳源。测试时将微生物稀释液接种到各个小孔内，在一定温度下培养后，根据微生物利用碳源引起指示剂的颜色变化情况，鉴定微生物或分析微生物多样性。这种方法相对简单快速，并能得到大量原始数据，其缺点是仅能鉴定快速生长的微生物。当然，BIOLOG 测试板内近中性的缓冲体系、高浓度的碳源及有生物毒性的指示剂均可能影响测试效果。

2. 磷脂脂肪酸法 磷脂脂肪酸是微生物细胞结构的稳定组成成分，且只存在于活

细胞，因而可以通过分析磷脂脂肪酸的种类及组成比例来测定微生物的多样性。该方法原理是首先用适合的提取剂提取样品中的脂类，用柱色谱法分离得到磷脂脂肪酸，然后经甲酯化后用气相色谱分析各种脂肪酸（C_9～C_{20}）的含量。这个方法无需进行生物培养就能评价微生物的多样性，但测试结果常受有机质等因素的干扰。

3. 核酸分析法　核酸分析法是从土壤样品中直接提取总 DNA 或 RNA 并对其序列进行分析。DNA 样品反映土壤中的微生物群落组成特征，而 RNA 样品则反映微生物群落的活性特征。目前比较常用的方法是利用高通量测序技术分析 DNA 样品或 RNA 样品反转录的 cDNA 样品中的核糖体 RNA（rRNA）来研究微生物群落。原核微生物群落可以通过分析 16S rRAN 序列表征，而真核生物群落可以通过分析 18S rRAN 序列表征。基于聚合酶链式反应（PCR）扩增 DNA 或 cDNA 序列中的核糖体 RNA 序列，利用高通量测序技术对聚合酶链式反应扩增产物测序，并分析测序结果反映的微生物群落，并与数据库中的已知序列比对确定微生物分类信息。由于聚合酶链式反应所需的引物基于已知的核糖体 RNA 序列设计，但土壤中绝大部分微生物类群都尚未被培养，另外，由于不同引物在扩增过程中的偏倚性，因此核糖体 RNA 的聚合酶链式反应扩增产物并不能完全准确地反映土壤微生物群落特征。除了利用高通量测序技术分析核糖体 RNA 扩增子，还可以使用单链构象多态性技术（SSCP）、温度梯度凝胶电泳（TGGE）、变性梯度凝胶电泳（DGGE）等方法对核糖体 RNA 扩增子进行分析，但已经较少使用。

核糖体 RNA 分析法还可用于研究微生物的系统发育的关系。例如氨氧化细菌是一类在生理上非常特殊的细菌，这类细菌可根据形态将各属区分开来，属内各种则只能依据 RNA 序列来区分。16S rDNA 序列分析结果表明，自养氨氧化细菌有两个子系统发育群，一个菌群为海洋亚硝化球菌（*Nitrosococcus oceanus*），属于 γ 亚纲；另一群为运动亚硝化球菌（*Nitrosococcus mobilis*）和其他各属，属于 β 亚纲。β 亚纲中的氨氧化细菌在系统发育上独立成支，与其他细菌相距甚远。因此核糖体 DNA 分析法是研究氨氧化细菌系统发育的理想方法。

宏基因组学（metagenomics）是近年来快速发展的一项技术，能够直接分析环境样品中的全部 DNA，在微生物多样性、系统进化、基因功能等方面有诸多应用。宏基因组序列无需聚合酶链式反应扩增，可以避免聚合酶链式反应偏倚引起的偏差。宏基因组学不依赖于微生物的分离与培养，因而在挖掘土壤微生物“暗物质”资源等方面得到越来越多的应用。得益于核酸分析手段和生物信息学分析方法的快速进步，宏基因组学在土壤微生物研究中的作用越来越突显。

（二）土壤微生物生物量

土壤微生物生物量（soil microbial biomass）比较公认的定义是指土壤中体积小于 $5\times10^3\ \mu m^3$ 的生物总量，包括细菌、真菌和小型动物，但不包括植物体。目前土壤微生物生物量通常是以生物量碳的含量来表示的。除含碳以外，微生物体内还含有较多的氮、磷和硫。因此广义的微生物生物量还包括微生物生物量氮、微生物生物量磷及微生物生物量硫，这些和微生物生物量碳可以统称为微生物物质。测定土壤微生物生物量的方法很多，传统的方法是直接镜检观察一定面积上微生物的数目、大小，再根据假定的密度（一般采用 1.18 g/cm³）及干物质含碳量（通常为 47%），换算成微生物生物量。

这种方法费时且不准确，不适于大量样品的分析。近年来，已相继出现一些方便迅速的测定方法，按其测定原理可分为 3 大类：成分分析法、底物诱导呼吸法及熏蒸法。

1. 成分分析法　成分分析法是根据微生物中某种特定成分的含量来确定微生物生物量的方法。Tabatabai 等认为，理想的成分分析法应满足以下条件：所提取的成分仅仅存在于活细胞中，死细胞和非生命物质中都没有；所有细胞中所含该成分的浓度均匀一致；测定必须方便、迅速，适于大量样品的分析。目前应用的成分分析法有蛋白质总量法、磷脂脂肪酸法、ATP 法等，后两种方法最为常用。由于磷脂是细胞结构的稳定组成部分，细胞死亡后，磷脂会迅速转化成糖脂，因此磷脂总量能对微生物生物量做出准确衡量。ATP 法的测定原理是通过破坏微生物的细胞，使其所含的 ATP 释放出来，并被提取到适当的溶液中，然后用荧光素酶等方法测定 ATP 含量。因为微生物 ATP 的含量受外界环境、磷素供应状况等因素影响，限制了该方法的精度及准确性。

2. 底物诱导呼吸法　Anderson 及 Domsch 首先发现，如果向土壤中加入足够量的葡萄糖，使生物量酶系统达到饱和时，二氧化碳释放率与生物量的大小呈直线相关。据此，可以快速测定土壤微生物生物量。起初采用葡萄糖粉末，后来改用葡萄糖溶液，制备浓度因土壤含水量而异。该方法适用的土壤范围比较宽，但受土壤 pH 及含水量的影响较大。对于碱性土壤，由于二氧化碳在土壤液相发生溶解，使其测定结果偏低。Chen 和 Coleman 建议采用连续流动系统来测定产生的二氧化碳，以减少二氧化碳的溶解损失。

3. 熏蒸法　熏蒸法由 Jenkinson 最先提出。他发现土样经氯仿熏蒸后再培养，则能释放出更多的二氧化碳，由此他提出熏蒸培养法。氯仿熏蒸培养法的测定方法是将土样经过氯仿熏蒸后，在好氧条件下培养，然后测定培养期间二氧化碳的释放量，根据二氧化碳的增量计算土壤中的微生物生物量碳。Vance 等则在熏蒸培养法的基础上提出熏蒸提取法，该方法原理是土壤微生物被氯仿熏蒸杀死后，其细胞溶解释放的可溶性有机碳能够被 0.5 mol/L K_2SO_4 等溶液所提取，提取量和微生物生物量碳之间存在较稳定的比例关系。氯仿熏蒸法是目前国际上应用最普遍的测定方法，已被公认为土壤微生物生物量测定的标准方法，但该方法具体应用到某些土壤，如可变电荷土壤、淹水土壤、新鲜有机质含量较高的土壤时，研究者对该方法中的转换系数、熏蒸时间、土壤含水量等问题仍存在不同看法。因此在具体应用该方法时不宜简单照搬，应在具体操作环节上做相应调整，并根据具体条件解读测定结果。

（三）土壤微生物活性

土壤微生物活性是指土壤微生物在某时间段内所有生命活动的总和。从定义来看，直接测定土壤微生物活性几乎是无法实现的。然而任何生命活动都是需要通过代谢进行能量供给。因此与能量供给、生命代谢活动相关的指标可以间接反映微生物的活性。较为常用的方法有成分分析法（ATP 法、磷脂脂肪酸法）、土壤微生物呼吸测定法、放射性同位素标记法、RNA 直接表征法等。前文已介绍成分分析法，不须赘述。

1. 土壤微生物呼吸测定法　土壤微生物呼吸是微生物分解有机质产生能量的过程，是微生物绝大部分生命活动的能量来源。因此微生物呼吸的强弱在很大程度上可以反映微生物的总活性。目前，主要通过测定土壤二氧化碳释放速率或者氧气消耗速率来表征土壤微生物呼吸速率，一般使用气相色谱仪、红外气体分析仪、氧电极或专门的呼吸仪等进行测定。该方法简单易操作，结合土壤酶活性分析后，可以更准确地反映和理解土壤微生物活性。但土壤二氧化碳释放速率或者氧气消耗速率实际上是有机碳矿化速率和有氧呼吸的速率，不能反映真实的土壤呼吸速率。此外，也有利用呼吸引起的温度变化进行表征，但该方法需要精度较高的测温装置进行测定，且测定土壤温度变化时难以排除环境温度变化的影响，故较少使用。另外，测定土壤微生物呼吸时，需要排除动植物的影响，故通常难以实现原位测定。

2. 放射性同位素标记法　通常认为，生长速率快的微生物具有更高的代谢活性。因此生长速率也可以表征微生物的总活性。由于放射性同位素测定的灵敏度高，在环境中只需添加痕量的放射性同位素标记的大分子前体物质，经过短时间的孵育，通过测定微生物体内相应大分子物质的放射性活度，就可以反映微生物的生长速率。目前，常用的大分子前体物质有胸腺嘧啶核苷、亮氨酸和乙酸盐，前两个常用于测定土壤细菌的生长速率，乙酸盐则常用于测定真菌的生长速率。放射性同位素标记法具有灵敏度高、方法简便快速等特点，但可能会对待测微生物造成伤害，影响测定结果；同时，微生物的生长速率能在多大程度上表征微生物总活性也有待研究。

3. RNA 直接表征法　RNA 分为信使 RNA(mRNA)、转运 RNA(tRNA) 和核糖体 RNA(rRNA)。RNA 只存在于活性微生物中，因此可以通过定量聚合酶链式反应（定量 PCR，qPCR）或宏转录组的方法对 mRNA 进行测定，了解土壤微生物某特定代谢过程或所有代谢过程的活性，获取相对应的微生物类群的信息；通过定量聚合酶链式反应或扩增子测序对 rRNA 进行测定，可以表征微生物的总活性，后者还可获取微生物类群的信息。相较于前两个方法，RNA 直接表征法可以在表征微生物活性的同时获取相对应的微生物信息。但在实际操作过程中，RNA 直接表征法的难度会远高于前两个方法，其原因为：RNA 极易降解，样品需要在特殊的保护液中进行保存；RNA 含量较低，容易被 DNA 污染，提取的难度较高；由于 rRNA 存在多拷贝数现象，无法准确反映实际的土壤微生物总活性，需要通过其他测定方法辅助进行；使用宏转录组或扩增子测序的方法需要有一定的生物信息学基础，且 RNA 保存、提取和分析成本较高。

4. 土壤酶　土壤酶是土壤生态系统代谢的一类重要动力，土壤中所进行的生物化学过程都要在酶的催化下才能完成。土壤酶活性与土壤的许多理化指标相关，酶的催化作用对土壤中元素（包括碳、氮、磷、硫等）循环与迁移有重要作用。在土壤中很难区分土壤酶的来源，土壤酶绝大部分来自微生物，动物和植物也是来源之一，但土壤动物对土壤酶的贡献十分有限。因此通过探讨土壤酶活性的变化一定程度上能反映微生物的活性。

在目前已知存在于生物体内近 2 000 种酶中，已发现有 50 多种积累在土壤里。这些土壤酶可分为两类，一类是与游离的增殖细胞相关的生物酶，主要分布在细胞的外表面；另一类是与活细胞不相关的非生物酶，主要包括在细胞生长和分裂过程中分泌的酶、细胞碎屑和死细胞中的酶、来自活细胞或细胞溶解进入土壤溶液的酶，它们能稳定地吸附于土壤黏粒内外表面，或者通过吸附、聚合存在于土壤腐殖质胶体内。如果按照反应机制来分，则可分为 4 类：氧化还原酶、转移酶、水解酶及裂解酶。

土壤成分对酶活性有较强的保护作用。目前，从土壤中提取酶的许多方法（例如改变 pH、缓冲剂处理、硫酸铵沉淀、搅拌、离子交换等），只能提取出一部分包含有限酶活性的腐殖质复合物，但均不能从提取物中把有活力的酶蛋白与其结合的糖类分开。Burns 指出，出现这种情况并不奇怪，因为固定在土壤中的酶有惊人的稳定性，这些酶与腐殖质的复合体能有效地抵御传统方法的提取及纯化。

第二节　土壤生物的环境影响因素

不同的微生物类群需要各自适宜的环境条件，环境条件的变化，能够影响生长繁殖，改变代谢途径，还可能引起微生物的遗传变异。

一、氧气和氧化还原电位

通气状态或氧化还原电位（E_h）的高低对微生物生长有一定影响。好氧性微生物需要在有氧气或高氧化还原电位（E_h 为 100 mV 以上）的条件下生长，最适宜氧化还原电位为 300～400 mV。厌氧性微生物必须在缺氧或低氧化还原电位（E_h 在 100 mV 以下）的条件下生长。兼性厌氧性微生物适应范围广，在有氧或无氧、氧化还原电位较高或较低的环境中都能生长。

因此结构良好、通气的旱作土壤中有较丰富的好氧性微生物。淹水下层土壤，覆盖作物秸秆土壤，或土壤施用新鲜有机肥时，常常是厌氧性微生物占优势。

二、水分

水是微生物细胞生命活动的基本条件之一。水分对微生物的影响不仅决定于它的含量，更具决定性的是水的有效性。水分有效性用水活度（a_w）表示。各种环境中水活度在 0～1。纯水的活度为 1.00，土壤中水活度在 0.9～1.00。不同环境水活度不同，微生物对其适宜性也差别很大（表 3-1）。

表 3-1　某些微生物生活环境的水活度

（引自 Atlas 和 Bartha，1987；Brock 和 Madigan，1991）

水活度（a_w）	环境（或材料）	微生物（代表种类）
1.00	纯水	柄杆菌、螺菌
0.90～1.00	一般农业土壤	大多数微生物
0.98	海水	假单胞菌、弧菌
0.95	人为环境或某些土壤环境	大多数革兰氏阳性杆菌
0.90	人为环境或某些土壤环境	革兰氏阳性球菌、毛霉、镰孢霉
0.80	人为环境或少量特殊土壤环境	拜耳酵母、青霉
0.75	人为环境或少量特殊土壤环境	蓝杆菌、盐球菌、曲霉
0.70	人为环境或少量特殊土壤环境	嗜干燥真菌

如果溶液中溶质浓度过高（例如盐碱土壤），渗透压过大，水活度很小，对于微生物失去了水的可给性，甚至使细胞脱水，造成生理干燥，引起质壁分离，细胞停止生命

活动。只有少数微生物能在较高渗透压溶液中生长发育，这些微生物称为嗜渗菌（osmophile）或嗜盐菌（halophile）。极端嗜盐菌（extreme halophile）甚至能在15%～30%盐浓度时生活。

三、温度

温度是影响微生物生长和代谢最重要的环境因素。微生物在温度低于最低生长温度或高于最高生长温度时，即停止生长或死亡。根据微生物的最适生长温度，可将其划分为高温型、中温型和低温型3种类型，每种类型还可以有不同的情况（表3-2）。

表3-2　按生长温度划分的微生物类型

类型		温度（℃）界限			生境
		最低	最适	最高	
低温型	专性嗜冷	0以下	15以下	20以下	极地或大洋深处
	兼性嗜冷	0左右	20～30	35	海水和冷藏箱、寒冷地带冻土
中温型		0左右	25～40	50	哺乳动物生活的地方、土壤表层以下的耕作层
高温型	嗜热	30	45～60	70	温泉、堆肥和土壤表层
	极端嗜热	30	80～90	100以上	热泉、地热喷口、海底火山、热带土壤表层

高温型嗜热微生物的最适生长温度为45～60℃，温泉、堆肥、厩肥、干草堆和土壤中均有高温菌存在，它们参与高温条件下有机质的分解。芽孢杆菌和某些高温放线菌是土壤中高温型微生物的代表。土壤中绝大多数微生物属中温型菌，最适生长温度在25～40℃。其中腐生性微生物的最适生长温度在25～30℃，它们在土壤有机质分解和养分转化过程中起重要作用。土壤低温型微生物最适生长温度在10～15℃，包括发光细菌、铁细菌及一些常见于寒带冻土、海洋、湖泊、冷泉以及冷藏仓库中的微生物。冷藏食品的变质是这类微生物造成的结果。在微生物的最适生长温度范围内，随温度升高，生长速度加快，代谢活性增强；超过最适生长温度时，生命活动减慢，甚至细胞中有些质粒不能复制而被消除；温度超过最高生长温度后，生长和代谢停止、死亡。低温效应则不同，温度在最低生长温度以下时，微生物虽停止生长和代谢，但无致死作用。

四、酸碱度和交换性钙

酸碱度（pH）对微生物生命活动有很大影响。每种微生物都有其最适宜的pH和一定的pH适应范围。大多数细菌、藻类和原生动物的最适宜pH为6.5～7.5，在pH为4.0～10.0可以生长。酵母菌和霉菌则适宜于pH为5.0～6.0的酸性环境，而其生存的pH范围为5.0～9.0。大多数土壤pH为4～9，能维持各类微生物生长发育。只有少数微生物要求极低pH和极高pH，这类微生物分别称为嗜酸菌（acidophile）和嗜碱菌（alkalinophile）。

钙是大多数土壤可交换成分中含量最丰富的阳离子之一。钙是植物必需的大量营养元素，植物对钙的需求仅次于氮和钾，同时它也是动物骨骼和牙齿的重要组分。因此土壤交换性钙的含量对陆地生态系统的种群构成有巨大的影响。土壤pH和碳酸盐的含量对可溶性钙的含量有重要的影响，这也影响了生物对钙的吸收利用。

第三节 土壤生物的分布及相互作用

一、土壤生物的分布

（一）土壤剖面和团聚体中的生物分布

土壤具有各种微生物生长发育所需的营养、水分、空气、酸碱度、温度等条件，是生物生活和繁殖的良好栖息地。土壤生物在剖面中的分布与紫外辐射、营养、水、温度等因素有关。以微生物为例，表土因受紫外线的照射和缺乏水分，微生物容易死亡而数量少，在 5～20 cm 处微生物数量最多，在植物根系附近微生物数量更多。在耕作层 20 cm以下，微生物的数量随土层深度增加而减少。土壤团聚体解决了土壤中的水气矛盾，协调了土壤保肥供肥能力，是微生物在土壤中生活的良好微环境。团聚体内外的条件不同，微生物的分布也不一样。在团聚体中，微生物不均匀分布，而形成微菌落，与土壤黏粒紧密结合在一起（图 3－2）。

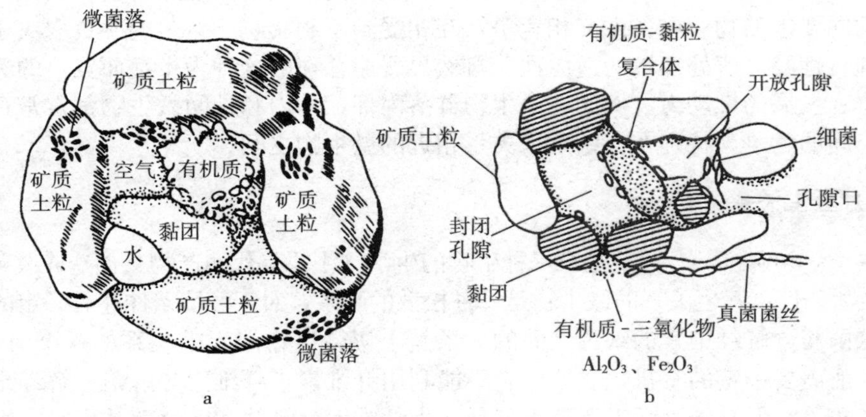

图 3－2 土壤团聚体中的微菌落（a）和微孔隙（b）
（引自 Atlas，1987）

（二）土壤生物的地理分布

在不同的自然地理条件下，气候、植被、土壤性质差别很大，各类生物对不同生态因素的反应也不一样。因此生态环境的差异必然对生物数量的消长和种群的结构产生不同影响，使生物呈现明显的地理分布特征。中国科学院南京土壤研究所对我国一些主要的土类进行过微生物生态分布的调查，发现在富含有机质的黑土、草甸土、磷质石灰土、某些森林土或植被茂密的土壤中，微生物的数量比较多，而西北干旱、半干旱地区的栗钙土、棕钙土和盐碱土以及华中、华南地区的红壤、砖红壤中，微生物的数量比较少。苏联亦有人观测到土壤微生物的分布呈现一定的随纬度而变化的规律：①从北向南，微生物群落的数量增加，其放线菌所占比例增大；②从北向南，硝化细菌和孢子形成菌的比例增大；③就孢子形成菌的组成来看，在北方是一些能很好地利用有机态氮素的类型，越往南则能利用无机氮素的类型越多。

过去普遍认为，特定微生物的遗传背景差异不会像动植物那样会随着地理距离的增加而扩大。然而，后来有证据表明，微生物遗传多样性同样存在着地理分布上的差异。Whitaker 等（2003）研究了一种生活在 80 ℃和 pH 为 3 的酸性温泉条件下的硫化叶菌（*Sulfolobus*），通过分析分离自美国、东俄罗斯和冰岛的 78 个菌株的 DNA，发现尽管它们生活在类似的环境中，可是仍然存在着显著的遗传差异，并且这种遗传差异随着地理距离的加大而增加。他们指出，这样的差异是合理的，因为这些古菌显然难以脱离自身生存的温泉，符合地理隔离群落会各自独立演化这种群落遗传学理论。

二、土壤生物间的相互作用

在土壤生态系统中，不同种类的生物常混居在一起，它们在生长繁殖过程中常要求相似的环境条件，并在生活过程中具有一定的联系。土壤生物不仅与自然环境间发生相互作用，生物群落内部相互之间也彼此联系、相互影响。一般来说，土壤生物间的相互关系主要分为竞争关系、互生关系、共生关系、拮抗关系、捕食关系和寄生关系。

（一）竞争关系

竞争（competition）关系是生物之间存在最广泛的关系，通过对食物、氧气、空间和其他共同要求的物质或条件互相竞争，互相受到不利影响。竞争的胜负取决于它们各自的生理特性及对所处环境的适应性。自然界普遍存在的这种为生存而竞争的关系，是生物进化、发展的推动力。例如在微生物群落内部，种内和种间微生物都常常存在着对营养和空间的竞争，特别在一些亲缘关系相近的微生物之间。

（二）互生关系

互生（syntrophism）关系是指一种生物的生活（主要是代谢产物）创造或改善另一种生物的生活条件。互生关系的微生物是一种松散的联系，对于环境条件亦有一定的要求。

固氮菌与分解纤维素的细菌之间的关系是土壤微生物间互生关系的一个典型例子。固氮菌生活需要一定的有机物质，但它不能利用纤维素。纤维素分解菌分解纤维素产生葡萄糖、醇等，但它的生活需要氮素养分。当纤维素分解菌和固氮菌共生时，则对双方都有利，纤维素分解菌供给固氮菌碳源，固氮菌供给纤维素分解菌氮源。但如果环境中有丰富的氮源化合物和简单的糖类，互生关系就会解除。

根际微生物与高等植物的互生关系广泛存在。植物根系能合成氨基酸和多种维生素，进行着活跃的代谢，并向根外分泌无机物质和有机物质，成为微生物重要的营养和能量来源。死亡的根系和根的脱落物也是微生物的营养源。微生物生活在根系邻近土壤，依赖根系的分泌物、外渗物和脱落细胞而生长。另一方面，有些根际微生物产生的代谢物，可抑制植物病原菌的生长。

（三）共生关系

共生（symbiosis）关系是指两种生物共同生活在一起时在形态上形成了特殊共生体，在生理上产生了一定的分工，互相有利，甚至互相依存，当一种生物脱离了另一种生物时便难以独立生存。共生关系可以认为是互生关系的高度发展。

（四）拮抗关系

拮抗（antagonism）关系是指一种生物在其生命活动过程中，产生某种代谢产物或改变其他条件，从而抑制其他生物的生长繁殖，甚至杀死其他生物的现象。

根据拮抗作用的选择性，可将生物间拮抗关系分为非特异性拮抗关系和特异性拮抗关系两类。非特异性拮抗是指生物产生的代谢物对一般生物、甚至包括其自身生长都有一定的抑制和毒害作用。例如在乳酸发酵中，由于乳酸细菌的生命活动产生大量乳酸，有阻碍许多腐败细菌生长的作用。

微生物的拮抗作用有时是特异性的，其代谢产物能选择性抑制或杀灭其他一定类群的生物。为人类战胜疾病作出巨大贡献的抗生素，其原理就是通过微生物产生抗菌物质，对其他种类微生物产生专一性抑制和致死作用。

土壤微生物间的拮抗关系是一个比较普遍的现象。抗生素产生菌广泛分布于土壤中，其中链霉菌属中的一些种，以及真菌中的青霉属、木霉属的一些种，都能分泌抗生物质。土壤中微生物产生的抗生素是防治植物病原菌的生物制剂，已广泛应用于农业生产。

（五）捕食关系

捕食（predation）关系是指一种生物直接捕食另一种生物的现象。例如一些个体较大的原生动物能捕食细菌、藻类、真菌和其他较小的原生动物。在土壤中，捕食性真菌被认为是一些由土壤生物引起的植物病害的生物控制剂。线虫和原生动物都可以被真菌的各种网状的菌丝、黏性的表面和陷阱所捕捉。这些生物被捕捉后，菌丝侵入其体内，消化和吸收其细胞和养分。

（六）寄生关系

一种生物需要在另一种生物体内生活，从中摄取营养才能得以生长繁殖，这种关系称为寄生（parasitism）关系。寄生者通过宿主的细胞物质或宿主生命过程中合成的中间物得到生长繁殖，而使宿主受害。

在微生物间的相互关系中，最典型的是噬菌体与宿主细菌间的寄生关系。噬菌体本身不具有生理代谢功能，当它们侵入宿主细胞后，便将自己的核酸整合在宿主核酸中，并指导合成噬菌体的核酸和蛋白质，从而完成复制周期。

人们广泛利用寄生关系来杀灭有害微生物，防治动植物病害。例如应用绿脓杆菌噬菌体清除绿脓杆菌以治疗创面感染，用食菌蛭弧菌防治大豆假单胞菌引起的大豆叶斑病。利用苏云金芽孢杆菌（*Bacillus thuringiensis*）防治松毛虫和利用白僵菌（*Beauveria bassiana*）防治青菜虫等均为有效生物防治的实例。

（七）土壤生物生态关系网络

生物相互作用是影响群落装配和群落功能的重要因素，基于高通量测序的网络分析可以推断微生物相互作用，揭示群落生态位分化情况，预测群落枢纽物种（hub species），对理解生物群落结构和功能具有重要意义。目前，基于相关性的生物生态关系网络构建方法，已被广泛应用于土壤、人体肠道、海洋等复杂生境的生态研究，为深入认识群落装配过程和群落功能提供了新视角。

然而，将土壤生物生态关系网络应用于实际生产的研究还较少。由于复杂网络具有小世界效应（small-world effect，指虽然复杂网络节点数量巨大，但仅需通过很短的距离就可以从任意节点到达大部分节点），通过影响土壤生物群落中的少数种群即可达到调控整个群落的目的。基于网络控制理论，可以通过定位土壤生物生态关系网络的关键节点，揭示生态网络的调控机制，确定驱动土壤元素生物地球化学循环、污染物修复等重要过程的土壤生物类群的最小集合集，制定适宜的土壤养分利用、污染修复等方案，将土壤生物生态关系网络应用于实际生产、生活中。

三、土壤生物与植物的相互作用

植物根利用地上部光合作用生产的有机物质，在土壤里生长和死亡。根与其他土壤生物的相互作用形式复杂多样，例如竞争关系（例如对氧气的竞争）、互生关系（例如植物为土壤生物提供碳和能量）、共生关系（例如根瘤和菌根）等。以下着重介绍根际效应、菌根和根瘤等植物根和土壤生物的相互作用形式。

（一）根际效应

根际（rhizosphere）通常是指直接受植物根系影响的土壤区域。直接与土壤接触的根面是根际内层，对外层的界限确认并不一致，一般将围绕根面1～5 mm的薄层土壤作为根际土壤。根际环境对微生物的影响一般称为根际效应。根际效应产生的主要原因是根系能释放分泌物。Rovira等（1979）把植物根系分泌物进行如下归类（图3-3）：①渗出物，为完整细胞非代谢流出的低分子化合物，例如糖和氨基酸；②分泌物，为根部细胞在代谢过程中分泌出的化合物；③植物黏液，为根冠细胞、表皮细胞、根毛等产生的黏液；④黏胶，为根部表面的凝胶状物质，由植物和微生物产生；⑤溶解产物，为老化表皮细胞自溶释放而产生的物质。

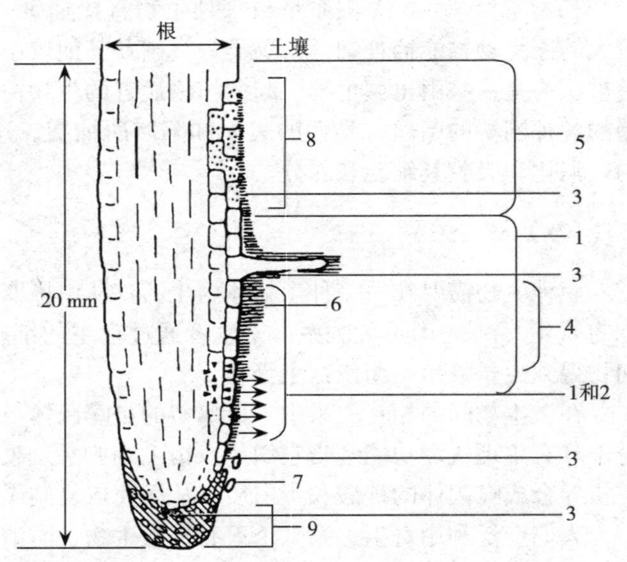

图3-3　根与根系分泌物

1. 渗出物　2. 分泌物　3. 植物黏液　4. 黏胶　5. 溶解产物　6. 微生物和黏液　7. 脱落的根冠细胞　8. 被微生物侵入的表皮细胞　9. 根冠

（引自Rovira等，1979）

根系分泌的有机物质中，可溶性物质包括糖类、氨基酸和有机酸，供植物吸收利用并促进土壤中难溶态物质活化为有效态。天然化合物包括肽、维生素、核苷、脂肪酸和酶类等，可为根际微区中的土壤生物提供能源。根系还能分泌对其他生物有抑制作用的物质，例如酚类化合物、苯甲酸、阿魏酸等。存在于根际中的不同化合物可能影响生物的种类和活性。影响根系分泌物的因素很多，例如温度、光照、土壤湿度、养分元素供应状况、叶面施肥、杀虫剂、根部受损或受胁迫等都可能改变根系分泌物数量和成分。Bowen发现，磷胁迫会增加松树根部分泌物的种类，而氮胁迫则会减少根部分泌物种类。根际微生物的存在亦可影响根系分泌物。Barber和Martin发现，在贫瘠的环境条件下，有5%～10%的光合作用固定碳从大麦根系中分泌出来，但是引入微生物后，分泌物增加到 12%～18%。Prikryl 和 Vancura 发现，小麦根际引入恶臭假单胞菌（*Pseudomonas putida*）后，根系分泌量增加了 1 倍。

除根系分泌物外，根际物理化学环境同样影响生物的数量、组成和活性。通常根系是沿着阻力最小的方向生长的，当根系穿插土壤时，会使根际土壤区域变得紧实，从而导致土壤容重变大，并可能产生无定形铁和铝的氧化物聚集，进而影响营养物质和水对生物的供应。同样，土体到根部表面的水压梯度亦是控制根际生物生长和活性的重要因素，植物蒸腾作用的日变化能导致土壤根际水压出现短期变化，这势必会影响对水压变化敏感的根际生物群落。在化学因素方面，根系的选择性吸收及转移离子，必然改变根际土壤的化学环境，特别是土壤 pH、氧化还原电位、可溶性碳浓度等在根际和非根际土壤中的显著差异，会明显影响生物生长。

根际效应首先从根际微生物的数量上反映出来。根际土壤微生物的数量一般高于非根际土壤。因此根际效应通常用根土比 R/S 来评价，R 为根际系统中微生物的数量，S 为非根际土壤中微生物的数量，R/S 越大，说明根际效应越大。R/S 值一般在 5～20，植物种类不同和土壤理化性质的不一致，使 R/S 存在较大的差异。不同类群微生物的 R/S 差异更大，有些微生物种群的 R/S 可达 1 000 以上。

根际土壤与非根际土壤相比，生物活性也存在较大差异。一般而言，根际土壤的呼吸作用比非根际土壤强得多。由于根际土壤中的自生固氮微生物较丰富，氨化作用特别是氨基酸的分解作用和硝化作用在根际土壤中明显较强。反硝化作用的速率在根际也有所增加，这可能与根际微生物活性增强造成了厌氧微生境有关。同样，根际土壤中的酶活性也比非根际土壤高，这可能是由于根际土壤中有更多的微生物和根系存在之故。

（二）菌根

在自然界中广泛存在着高等植物与微生物共生的现象，例如人们熟知的根瘤菌与豆科植物共生形成根瘤，而菌根（mycorrhiza）则是高等植物根系与一类特殊的土壤真菌之间建立的共生体。这类能够侵染植物根系并与植物建立共生关系的真菌称为菌根真菌（mycorrhizal fungus）。能够被菌根真菌侵染的植物则被称为菌根植物（mycorrhizal plant）或宿主植物（host plant）。在这种共生体系中，真菌需要从植物获得糖类（光合产物）和一些生长物质以维系自身生长，同时真菌的根外菌丝可以从土壤中吸收矿质营养元素、水分等，并通过菌丝内部的原生质环流快速地运转到根中供应植物生长。

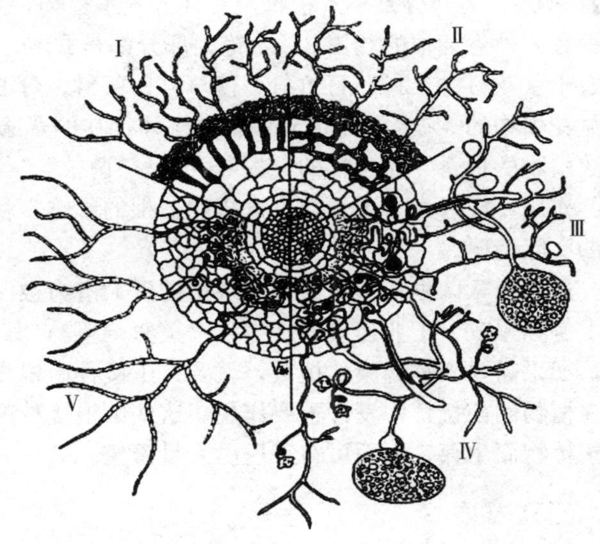

图 3-4 菌根共生体的形态多样性

Ⅰ、Ⅱ. 外生菌根 Ⅲ. 泡囊丛枝菌根 Ⅳ. 丛枝菌根 Ⅴ. 兰科植物菌根

（引自 Sylvia，2004）

根据形态结构特征可以将菌

根分为外生菌根（ectomycorrhiza）、内生菌根（endomycorrhiza）和内外生菌根（ectoendomycorrhiza）（图 3-4）。

外生菌根具有两个显著特点：①菌根真菌侵入幼嫩根的皮层并在皮层细胞间隙形成致密的网状结构。这种结构特征首先被德国学者 Hartig 发现，故称为哈蒂氏网（Hartig net）。②大量菌根真菌菌丝缠绕在植物幼根的外面形成一个菌套（mantle）。能够与外生菌根真菌建立共生关系的植物几乎全是森林树种，而外生菌根在植树造林中的重要作用已广为人知。

内生菌根的特点是菌根菌丝不仅能够侵入植物根系皮层细胞间隙，而且能够侵入细胞壁，与细胞原生质膜直接接触，进行物质和信息交换。内生菌根主要是能够在植物根内形成泡囊（vesicle）和丛枝（arbuscule）结构的（泡囊）丛枝状菌根（vesicular-arbuscular mycorrhiza，VAM）。然而，近些年的研究发现，这类菌根中某些植物-真菌共生后并不形成泡囊，故现统一称作丛枝菌根（arbuscular mycorrhiza，AM）。能够形成丛枝菌根的植物包括大多数一年生草本植物和多年生灌木或一些果树。此外，内生菌根还包括杜鹃花科植物菌根（ericoid mycorrhiza）和兰科植物菌根（orchid mycorrhiza）。

内外生菌根（又称为混合菌根）是指一些与菌根真菌有共生关系的专一性较弱的植物（主要是树木）同时被外生菌根真菌和内生菌根真菌（例如丛枝菌根真菌）所侵染，从而在同一宿主植物根系上，甚至在同一条根上形成两种不同类型的菌根共生现象。桉属（*Eucalyptus*）、杨属（*Populus*）、相思属（*Acacia*）、木麻黄属（*Casuarina*）、柏木属（*Cupressus*）、刺柏属（*Juniperus*）、椴树属（*Tilia*）、榆属（*Ulmus*）等林木植株都能形成同时包含有外生菌根和丛枝菌根解剖特征的结构。

在所有菌根种类中，丛枝菌根分布最为广泛，在自然生态系统和农业生态系统中作用潜力最大，因而得到更多的关注和更深入的研究。地球上的显花植物，具有丛枝菌根的占 90%，大部分是草本植物及一部分木本植物，具内生菌根的植物占 4%；具有外生菌根和内外生菌根的约占 3%，绝大部分都是乔木、灌木树种；未发现形成菌根的植物只有十字花科、黍科、石竹科、莎草科、蓼科、灯心草科、荨麻科等 10 多科植物，约占显花植物的 3%。正是由于菌根共生体存在的普遍性，人们有理由认为自然界的绝大多数植物的根系并非纯粹的"根"，而是"菌根"。与植物相关的科学研究如果不考虑菌根的作用，或者人为无意或有意排除菌根的影响，就不能真正反映植物生长及其生理过程的实际情况。

近年来，菌根在生态系统管理中的巨大潜力被深入地挖掘。例如受到剧烈扰动的土壤（例如采矿、工业建设、施用广谱熏蒸剂等），其本地菌根真菌种群会非常低。这时候，如果需要恢复健康的植被，就要人工接种菌根真菌。另外，目前市售的菌根接种剂也在植物幼苗抚育中发挥重要作用。这些菌根接种剂多为兼性共生的真菌种类，可以独立于植物而生存，因而可在工厂里大量繁殖。

（三）根瘤

根瘤是指原核固氮微生物侵入某些裸子植物根部，刺激根部细胞增生而形成的瘤状物，因而根瘤是微生物与植物根联合的一种形式。根瘤可分为豆科植物根瘤和非豆科植物根瘤，与豆科植物结瘤的共生固氮细菌总称根瘤菌。目前已知能够与豆科植物结瘤的细菌约有 40 种，均为革兰氏阴性细菌，属于细菌域（Bacteria）变形杆菌门（Proteobacteria）。已知的根瘤菌主要是α变形杆菌纲（Alphaproteobacteria）的 6 属：根瘤菌属（*Rhizobium*）、中华根瘤菌属（*Sinorhizobium*）、异根瘤菌属（*Allorhizobium*）、中生根瘤菌属（*Mesorhizobium*）、慢生根瘤菌属（*Bradyrhizobium*）和固氮根瘤菌属（*Azorhizobium*）。另外，在甲基杆菌属（*Methylobacterium*）、德沃斯氏菌属（*Devosia*）、芽生杆菌属（*Blastobacter*）以及β变形杆菌纲（Betaproteobacteria）的伯克霍尔德菌属（*Burkholderia*）和劳尔氏菌属（*Ralstonia*）两个属也发现有根瘤菌的存在。

非豆科植物根瘤中的内生菌主要是放线菌，少数是其他细菌或藻类。其中放线菌为弗兰克菌属，目前已发现有 9 科 20 多属 200 多种非豆科植物能被弗兰克菌属放线菌侵染结瘤。我国有许多非豆科植物可与放线菌和其他细菌结瘤。桤木属、杨梅属、木麻黄属植物与放线菌形成根瘤，具有固氮作用。沙棘属、胡颓子属植物可与细菌形成根瘤，同样也有固氮能力。

复习思考题

1. 土壤生物在生态系统中起到哪些作用？
2. 植物的根系是否属于土壤生物？简述理由。
3. 土壤微生物包含哪些门类？
4. 土壤动物有哪些？它们的活动怎样影响土壤？
5. 宏基因组技术有哪些用途？可以解决哪些问题？
6. 影响土壤生物的环境因素有哪些？它们分别具有怎样的特点？
7. 菌根有哪些种类？菌根中共生的双方各自获得了哪些好处？
8. 引起水稻稻瘟病的病原物是一种真菌，它与水稻之间是什么相互关系？这与菌根所代表的相互关系有何不同？
9. 假设你是某研究小组的成员，正在进行一项小麦田土壤微生物多样性的研究，你将有可能用到哪些本章所列述的研究方法？它们对你的研究目的分别起到哪些作用？
10. 什么是根际？它对根际环境中的生物有何影响？

CHAPTER 4

第四章

土壤水、空气和热量

第一节　土壤水的基本性质

土壤水是土壤的最重要组成部分之一，它对土壤的形成和发育以及土壤中物质和能量的运移都有重要的影响。土壤水是植物生存和生长的物质基础，是作物吸水的最主要来源，它不仅影响林木、大田作物、蔬菜、果树、草类等的产量，还影响陆地表面植物的分布。土壤水也是自然界水循环的一个重要环节。水具有可溶性、可动性和比热容高等理化性质，是土壤中许多化学过程、物理过程和生物过程的介质。因此了解土壤水在土壤中的变化、运移机制以及土壤水与土壤的其他组成部分相互关系的规律是认识土壤的重要内容。

一、土壤水的形态

（一）土壤水的类型

土壤水研究主要有两种方法：能量法和数量法。能量法主要根据土壤水受各种力作用后自由能的变化，研究土壤水的能态和运动、变化规律。数量法是按照土壤水受不同力的作用来研究水的形态、数量的变化规律和有效性。能量法能精确定量土壤水的能态，因此在土壤水的运动、溶质运移以及水分在土壤-植物-大气连续体（SPAC）中的运行等过程中，一般用此法。数量法着眼于土壤水的形态和数量，在农田实践中易理解和推广，因而具有很高的实用价值，在早期的土壤水研究中曾被广泛应用。

按照水在土壤中的存在状态通常可划分为固态水（化学结合水和冰）、液态水和气态水（水汽）。其中数量最多的是液态水，包括束缚水和自由水，自由水又分为毛管水、重力水和地下水。这里主要介绍液态水。

1. 吸湿水　在室内经过风干的土壤，看起来似乎是干燥了，而实际上还含有水分。如果把这种风干的土壤样品放在烘箱里，在105 ℃的温度下烘干，或者把它放在带有吸湿剂的干燥器中，每隔一段时间拿出来称量一次，就会发现土壤样品的质量逐渐降低，直至恒重，这时的土壤才算是实际干燥了，称为烘干土。如果把烘干土重新放在常温、常压的大气中，土壤的质量又逐渐增加，直到与当时空气湿度达到平衡为止，并且随着空气湿度的高低变化而相应地做增减变动。上述现象说明，土壤有吸收水汽分子的能力。在土壤中以这种方式被吸着的水，称为吸湿水。

土壤的吸湿性是由土壤颗粒表面的分子引力、土壤胶体双电层中带电离子以及带电的固体表面静电引力与水分子作用所引起的，这种引力把偶极体水分子吸引到土壤颗粒表面上，吸附水分子的过程释放能量（热能）。土壤质地愈黏，比表面积愈大，它的吸湿能力也愈大。虽然引起吸湿作用的距离很短，只等于几个水分子的直径，但作用力很大，因而它不仅能吸持水汽分子，而且能使水分子在土壤颗粒表面密集。所以由土壤吸湿性产生的吸湿水不能被植物吸收，对于植物来讲为无效水。通常重力也不能使吸湿水移动，只有在吸收能量后从液态转变为气态的情况下才能运动，因此吸湿水又称为土壤液态水中的紧束缚水。

2. 膜状水　土壤颗粒饱吸了吸湿水之后，还有剩余的吸收力，虽然这种力量已不能够吸附动能较高的水汽分子，但是仍足以吸附一部分液态水，在土壤颗粒周围的吸湿水层外围形成薄的水膜，以这种状态存在的水称为膜状水。尽管重力也不能使膜状水移动，但它本身却能从水膜较厚处往较薄处移动，不过移动的速度极缓慢。因此在土壤液态水中，与吸湿水相比，这种水又称为松束缚水。由于部分膜状水所受吸引力超过植物根的吸水能力，且膜状水移动速度太慢，不能及时补给，所以高等植物只能利用土壤中所受吸引力小于根的吸水能力的那部分膜状水。通常当土壤还含有全部吸湿水和部分膜状水时，高等植物就已经发生永久萎蔫了。

3. 毛管水　毛管水（capillary water）的存在与下列情况有关：水由于其本身分子引力的关系而具有明显的表面张力，土壤颗粒在吸足膜状水后尚有多余的引力，土壤的孔隙系统，是一个复杂的毛管系统。因此土壤具有毛管力（势）并能吸持液态水。毛管水就是指借助于毛管力（势）而被吸持和保存在土壤孔隙系统中的液态水，它可以从毛管力（势）小的方向朝毛管力大的方向移动，并能够被植物吸收利用。

由于土壤孔隙系统复杂，有些地方大小孔隙互相通连，而另一些地方又发生堵塞，因此土壤中的毛管水也有多种状态，简略地可归为悬着毛管水和支持毛管水两类。

（1）悬着毛管水　悬着毛管水是指不受地下水源补给影响的毛管水，即在大气降水或灌溉之后土壤中所吸持的液态水。在土壤中由于壤土和黏土的毛管系统发达，悬着水主要是在毛管孔隙中，但也有一部分是在下端堵塞的非毛管孔隙内；而砂土及砾质土的毛管系统不发达，大孔隙多，悬着水主要是围绕在土壤颗粒或石砾相互接触的地方，有时水环融合在一起，有时互相不甚通连，统称为触点水。在均质土壤中，当悬着水处于平衡状态时，土壤上下各处的含水量基本一致。

（2）支持毛管水　支持毛管水是指土壤中受到地下水源支持并上升到一定高度的毛管水，即地下水沿着土壤毛管系统上升并保持在土壤中的那一部分水。这种水在土壤中的含量，是在毛管水上升高度范围内自下而上逐渐减少，最后到一定限度为止。造成这种现象的原因是：土壤的孔隙有大有小，形成的上升管道有粗有细，在粗的管道中水上升的高度小，在细的管道中水上升的高度大，所以接近地下水饱和处的支持毛管水几乎充满所有孔隙，而离地下水饱和区愈远则支持毛管水愈少。

土壤支持毛管水上升的最大高度，理论上可由下列公式计算。

$$h=\frac{0.15}{r}$$

式中，h 为毛管水上升高度（cm），r 为毛管半径（cm）。

从这个公式所表示的关系中可见，粗粒间隔中的毛管水上升高度小，细粒间隙中的毛管水上升高度大（图 4－1）。如果取直径为 0.001 mm 的土壤孔隙按上式计算，理论上毛管水上升高度应达 30 m，但从自然界观察结果看来，这个数值从未被证实。即使

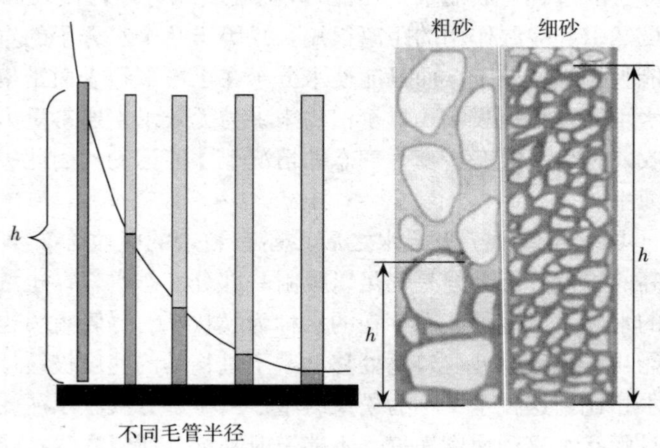

图 4-1 毛管水上升高度

是黏土中，毛管水上升高度也很少达到 6 m，一般都不超过 4 m。这可能是由于毛管直径过小时，孔道易被膜状水堵塞所导致。

4. 重力水和地下水

（1）重力水 当大气降水或灌溉强度超过土壤吸持水分的能力时，土壤的剩余引力基本上已经饱和，多余的水就由于重力的作用而通过大孔隙向下流失，这种形态的水称为重力水（gravitational water）。有时因为土壤黏重，重力水一时不易排出，暂时滞留在土壤的大孔隙中，就称为上层滞水。重力水虽然可以被植物吸收，但因为它很快就流失，所以实际上被利用的机会很小。而当重力水暂时滞留时，却又因为占据了土壤大孔隙，有碍土壤空气的供应，反而对高等植物根系的吸水有不利影响。

（2）地下水 如果土壤或母质中有不透水层存在，向下渗漏的重力水就会在它上面的土壤孔隙中积聚起来，形成一定厚度的水分饱和层，其中可以流动的水，称为地下水。从上述支持毛管水的概念中可见，土壤的饱和水层没有明显的上限。但是若在这种土壤中凿井，流出的地下水就会在井中形成自由水层。这个水层的水平面离地表的深度称为地下水位。地下水能通过支持毛管水的方式供应高等植物的需要。在干旱条件下，由于表层土壤水分缺乏，有些耐旱树种（例如胡杨）的根系可深达 3～5 m 以利用地下水，若地下水位高（即离地表太近），就会使水溶性盐类随着水的蒸发向表层土壤集中，特别是地下水的矿化度高（即含盐类多）的情况下，这种向上的运动，就会使土壤表层的含盐量增加到有害的程度，即所谓盐渍化。在湿润地区，如果地下水位过高，就会使土壤过湿，地表有季节性积水，使大多数高等植物不能生长，土壤有机残体也难分解，这就是沼泽化。

（二）土壤水分常数

土壤水分常数（soil water constant）是反映土壤水形态和性质的转变点的几个特征性含水量。同时，它们在一定程度上也反映了相当的土壤水能量水平。在生产实践上较普遍应用的水分常数有：吸湿系数、凋萎系数、田间持水量、饱和含水量等。

1. 吸湿系数 吸湿系数（hygroscopic coefficient）又称为最大吸湿水量，是指干土从相对湿度接近饱和的空气中吸收水汽的最大量，即吸湿水的最大质量与烘干土质量的比（%）。吸湿系数的大小，主要与土壤比表面积及有机质含量有关，砂土为 0.05%～

1.00%，砂壤土为1.0%～1.5%，壤土为2%～5%，黏土为5.0%～6.5%，泥炭土可达15%～20%或以上。

2. 凋萎系数　凋萎系数（wilting coefficient）是指植物产生永久凋萎时的土壤含水量。它用来表明植物可利用土壤水的下限，土壤含水量低于此值时，植物将枯萎死亡。

3. 田间持水量　田间持水量（field capacity）是指降雨或灌溉后，多余的重力水已经排除，渗透水流已降至很低或基本停止时土壤所吸持的水量。田间持水量相当于吸湿水、膜状水和悬着水的总和。田间持水量的大小与土壤孔隙状况及有机质含量有关，黏质土壤、结构良好或富含有机质的土壤田间持水量大。田间持水量是大多数植物可利用的土壤水上限。

4. 饱和含水量　饱和含水量（saturated water content）是指全部土壤孔隙充满水时的含水量，又称为最大持水量。如按体积比例计，饱和含水量则相当于土壤总孔隙度。在地下水面以下的土层、水面淹水灌溉的耕层等均处于饱和含水量状态。饱和含水量是排水及降低地下水位时计算排水定额的依据。

（三）土壤水的有效性

土壤水的有效性是指土壤水能否被植物吸收利用及其难易程度。不能被植物吸收利用的水称为无效水，能被植物吸收利用的水称为有效水（available water）。其中因其吸收难易程度不同又可分为速效水（或易效水）和迟效水（或难效水）。土壤水的有效性实际上是用生物学的观点来划分土壤水的类型。

通常把土壤萎蔫系数看作土壤有效水的下限，低于萎蔫系数的水分，作物无法吸收利用，所以属于无效水。对大多数植物，能吸收土水势约－1 500 kPa（－15 bar）的水分，少数旱生植物能吸收－1 800 kPa甚至－2 000 kPa的水分，但－1 500～－2 000 kPa的有效水量十分有限。一般把田间持水量视为土壤有效水的上限。所以田间持水量与萎蔫系数之间的差值即土壤有效水最大含量。图4－2表明了土壤水的形态、能量和有效性的关系。

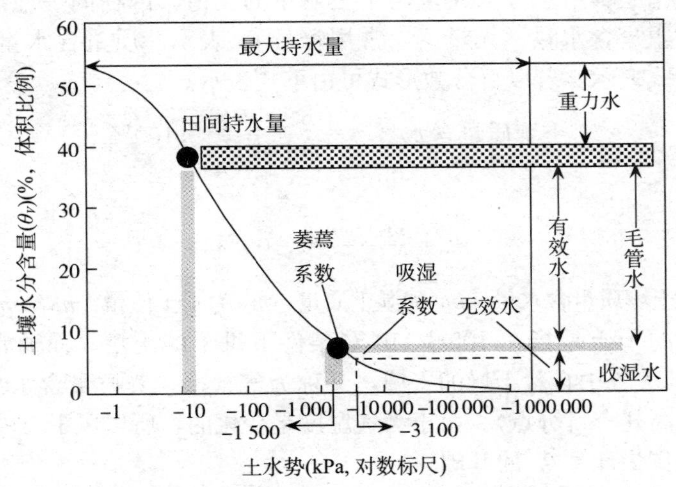

图4－2　土壤水的形态、能量和有效性的关系

土壤有效含水范围是指土壤所含植物可以利用水的范围，也是说明土壤水分物理特性的一个常数。土壤有效含水范围与土壤质地、土壤结构、土壤有机质含量和土壤层位

有关（图 4－3）。随土壤质地由砂变黏，田间持水量和萎蔫系数增高，但增高的比例不同。黏壤的田间持水量虽高，但萎蔫系数也高，所以其有效水含量并不一定比壤土高。因而在相同条件下，壤土的抗旱能力比黏壤强。

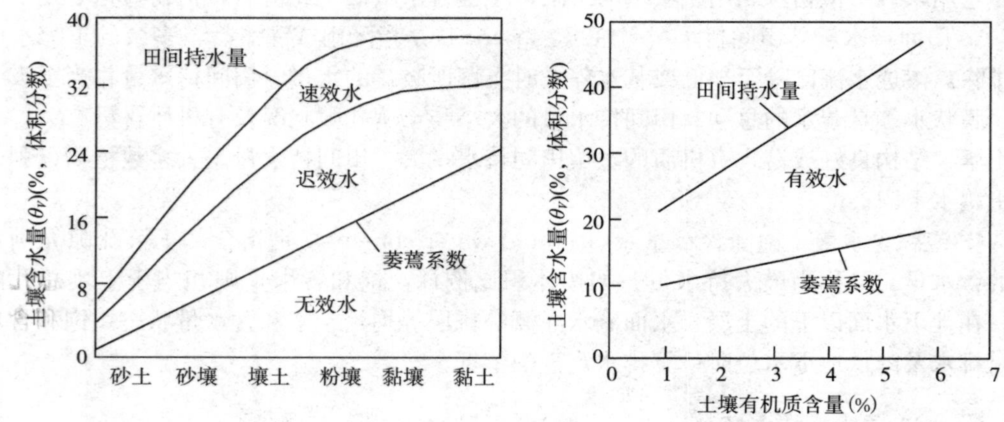

图 4－3　土壤有效水含量、质地和有机质含量的关系

一般情况下，土壤含水量往往低于田间持水量。所以有效水含量就不是最大值，而只是当时含水量与该土萎蔫系数之差。在有效水范围内，其有效程度也不同。

二、土壤含水量

土壤含水量是表征土壤水分状况的一个指标，又称为土壤水分含量、土壤含水率、土壤湿度等。土壤含水量有多种表示方法，因目的不同用于不同场合，它们之间可以相互换算。常用的土壤含水量表示方法有以下几种。

（一）质量含水量

质量含水量指土壤中水分的质量与干土质量的比值，因在同一地区重力加速度相同，所以又称为重量含水量，无量纲，常用符号 θ_m 表示。质量含水量可用小数形式，也可用百分数形式表示，若以百分数形式可由下式表示。

$$\text{土壤质量含水量}=\frac{\text{土壤水质量}}{\text{干土质量}}\times 100\%$$

或用代数式表示为

$$\theta_m=\frac{m_1-m_2}{m_2}\times 100\%$$

式中，θ_m 为土壤质量含水量，m_1 为湿土质量，m_2 为干土质量，m_1-m_2 为土壤水质量。

上述定义中的干土是指在 105～110 ℃条件下烘干的土壤。而通常所说的“风干土”，是指在当地大气中自然干燥的土壤，又称为气干土，其质量含水量比 105 ℃烘干的土壤高（一般高几个百分点）。由于大气湿度是变化的，所以风干土的含水量不恒定，故一般不以此值作为计算 θ_m 的基础。

（二）体积含水量

体积含水量指土壤总体积中水分所占的体积分数，又称为体积湿度、土壤水的体积分数，无量纲，常用符号 θ_V 表示。也可用小数或百分数形式表达，若以百分数形式可由下式表示。

$$土壤体积含水量=\frac{土壤水体积}{土壤总体积}\times 100\%$$

或用代数式表示为

$$\theta_V=\frac{V_w}{V_s}\times 100\%$$

式中，θ_V 为土壤体积含水量，V_s 为土壤总体积，V_w 为水所占的体积。

注意，θ_V 计算的基础是土壤的总体积。由于水的密度可近似等于 1 g/cm^3，可以推知 θ_V 与 θ_m 的换算公式为

$$\theta_V=\theta_m\rho$$

式中，ρ 为土壤容重（g/cm^3）。例如一块地耕层的土壤质量含水量为 20%，同一土层的平均容重为 1.2 g/cm^3，则土壤体积含水量=20%×1.2=24%。一般来说，质量含水量多用于需计算干土质量的工作中，例如土壤农化分析等。在多数情况下，体积含水量被广泛使用，这是因为 θ_V 也表示土壤水的深度比，即单位土壤深度内水的深度。

（三）相对含水量

相对含水量指土壤含水量占某个标准（田间持水量或饱和含水量）的比例（%）。它可以说明土壤水的饱和程度、有效性、水和气的比例等，是农业生产上常用的土壤含水量的表示方法。一般来说，研究作物生长适宜的土壤含水量、适宜耕作的土壤含水量等时，以田间持水量为标准；研究土壤微生物时，要了解土壤中水分和空气的比例，一般用饱和持水量作标准。

$$土壤相对含水量=\frac{土壤含水量}{田间持水量}$$

或

$$土壤相对含水量=\frac{土壤含水量}{饱和含水量}$$

（四）土壤储水量

土壤储水量指一定面积和厚度土壤中含水的绝对数量，在土壤物理、农田水利学、水文学等学科中经常用到这个术语和指标，它主要有以下两种表达方式。

1. 储水量深度　储水量深度（D_w）指在一定厚度（h）、一定面积土壤中所含水量相当于相同面积水层的厚度。可以推知储水量深度（D_w）与体积含水量（θ_V）的关系为

$$D_w=\theta_V h$$

储水量深度的方便之处在于它适于表示任何面积一定厚度土壤的含水量，与大气降水量、土壤蒸发量等直接比较计算。储水量深度的单位是长度单位，可用 cm 表示。为与气象资料中常用的 mm 计算单位一致，储水量深度更多用 mm 为单位。

可由储水量深度计算一定厚度土壤的储水量。例如计算 1 m 土体内含水水深（$D_{w,100}$）。如果土壤是均一含水的土壤，可直接用式 $D_w=\theta_V h$ 计算。如果土壤含水不均一，则需分层计算，计算式为

$$D_{w,100}=\sum_{i=1}^{n}\theta_i h_i$$

式中，n 为 1 m 土体划分的含水均一的层次数，θ_i 为第 i 层土壤体积含水量，h_i 为第 i 层土壤厚度（cm），$D_{w,100}$ 为 1 m 土体含水水深（cm）。

2. 储水量体积　储水量体积指一定面积、一定厚度土壤中所含水量的体积。在数量上，它可简单由储水量深度（D_w）与所指定面积（例如 1 hm^2）相乘即可，但要注意二者单位的一致性。在灌排计算中常用到这个参数，以确定灌水量和排水量。但是绝对水体积与计算土壤面积和厚度都有关系，在参数单位中应标明计算面积和厚度，所以不如储水量深度（D_w）方便，一般在不标明土体深度时，通常指 1 m 土深。

若都以 1 m 土深计，每公顷含水容量（以 $V_{方/公顷}$ 表示）与水深之间的换算关系为

$$V_{方/公顷}=10D_w$$

三、土壤含水量的测定

（一）烘干法

烘干法是最常用的土壤含水量测定方法，也是用来校核其他方法测定结果的标准方法。其测定的简要过程是，先在田间地块选择代表性取样点，按所需深度分层取土样，将土样放入铝盒并立即盖好盖（以防水分蒸发影响测定结果），称量（即得湿土加空铝盒质量，记为 m_1），然后打开盖，置于烘箱，在 105～110 ℃条件下，烘至恒重（需 6～8 h），再称量（即得干土加盒质量，记为 m_2）。若空铝盒重为 m_3，则可以按下式求出该土壤质量含水量。

$$\theta_m=\frac{m_1-m_2}{m_2-m_3}$$

一般应取 2～5 次或以上重复，求取平均值。此方法较经典、简便、可靠，但比较费力费时，难以自动记录监测土壤含水量的动态变化。

此外，为了缩短烘干和测定的时间，发展了某些快速烘干法，例如红外线烘干法、微波炉烘干法、酒精燃烧法等。

（二）中子仪法

可用中子水分仪（neutron scattering probe）测定土壤含水量。此法是把一个快速中子源和慢中子探测器置于套管中，埋入土内。其中的快速中子源（例如镭、镅、铍）以很高速度放射出快中子，当这些快中子与水中的氢原子碰撞时，就会改变运动的方向，并失去一部分能量而变成慢中子。土壤水愈多，氢愈多，产生的慢中子也就愈多。慢中子被慢中子探测器和一个定标器量出，经过校正可求出土壤水的含量（图 4－4）。本法测定迅速，不需采土样，无滞后现

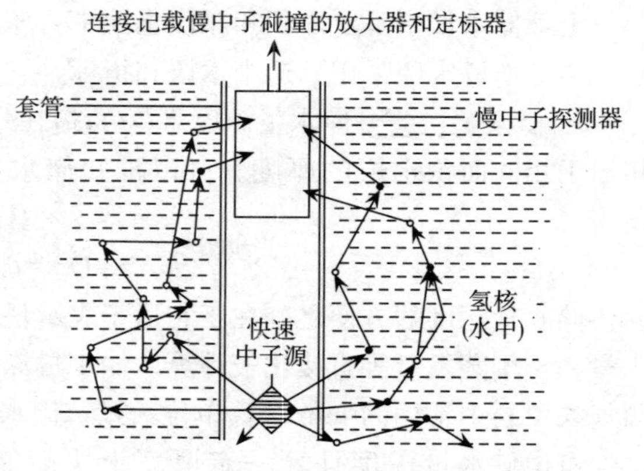

图 4－4　中子仪工作原理

象，适于野外定点连续观测，可与自动记录仪相连。此法虽较精确，但目前的设备只能测出较深土层中的水，而不能用于土表的薄层土。另外，在有机质多的土壤中，因有机质中的氢也有同样作用而影响含水量测定的结果。

（三）时域反射仪法

时域反射仪法（time domain reflectometry，TDR）是 20 世纪 80 年代初发展起来的一种测定土壤含水量的方法，具有不破坏土体、快速、易操作等优点。它首先被发现可用于土壤含水量的测定，继而又被发现可用于土壤含盐量的测定。

依据电磁波理论，电磁脉冲在导电介质中传播时，其传播速度与介质的介电常数（dielectric constant）有关。时域反射仪法是一项包含高频电子脉冲的技术，通过测定电磁波在混合介质中沿波导棒传播的速度来确定混合介质的介电常数。在时域反射仪测定频率范围内，土壤水的介电常数是 80，固相介电常数是 3～4，气相介电常数是 1。因此土壤的介电常数大小主要取决于土壤中水的含量，建立二者之间的关系式，通过测定土壤的表观介电常数（apparent dielectric constant，κ_a）可推求土壤的体积含水量。

Topp 等（1980）通过大量试验证明，电磁脉冲在土壤中传播时，其介电常数（κ_a）与土壤体积含水量（θ_V）有很好的相关性，其经验公式为

$$\theta_V=-5.3\times10^{-2}+2.92\times10^{-2}\kappa_a-5.5\times10^{-4}\kappa_a{}^2+4.3\times10^{-6}\kappa_a{}^3$$

由时域反射仪系统测定电磁脉冲在波导棒中的传播时间（t），依据介电常数（κ_a）即可求得土壤的含水量。由于 θ_V 与 κ_a 有很好的相关性，且几乎与土壤质地、温度、含盐量无关，所以可以获得较高的测量精度。

（四）电阻块法

电阻块法（electrical resistance block）是利用某些多孔性物质（例如石膏、尼龙、玻璃纤维等）的电阻和它们的含水量有关系这个原理来测定含水量的方法。将嵌有电极的块状组件埋入土壤中，与土壤水分达到平衡后，测定其电阻值。根据电阻值和土壤含水量的关系，确定土壤含水量。电阻块法测定土壤含水量在精度上有一定限制，但可与自动记录仪连接，用于测定田间水分动态变化。

第二节　土 水 势

一、土水势及其分势

土壤水分从在土壤中的保持和运动，到被植物根系吸收、转移利用和最终到大气中散发等过程都是与能量有关的现象。像自然界其他物体一样，土壤水分具有不同数量和形式的能量。在经典物理学中，把能量分为两种基本形式：动能和势能。由于土壤水的运动速率很慢，因而它的动能一般忽略不计。由位置或内部状况产生的势能，在决定土壤水分的状态和运动方面则是非常重要的。

Buckingham 在 1907 年提出应用土壤水的能量状态来研究土壤水的问题。从物理学上得知，任何物质总是由势能高处向势能低处移动。而自由能的变化是物质运动趋向的一种衡量。因此土壤水自由能的降低同样也可用势能值的降低来表示，这就引出了土水势的概念。土水势的定义为："把单位数量纯水可逆地等温地以无穷小量从标准大气压

下规定水平的水池中移至土壤中某一点而成为土壤水所需做功的数量”。土壤水总是由土水势高处流向土水势低处。同一土壤，湿度愈大，土壤水能量水平愈高，土壤水势也愈高。土壤水便由湿度大处流向湿度小处，反之亦然。但是不同土壤则不能只看土壤含水量的多少，更重要的是要看它们土水势的高低，才能确定土壤水的流向。

用土水势研究土壤水有许多优点：①土水势可以作为判断各种土壤水分能态的统一标准和尺度；②土水势的数值可以在土壤-植物-大气之间统一使用，把土水势、根水势、叶水势等统一比较，判断它们之间水流的方向、速度和土壤水的有效性；③对土水势的研究还能提供一些精确的土壤水分状况测定手段。

在土水势的研究和计算中，一般要选取一定的参考标准。土壤水在各种力（例如吸附力、毛管力、重力等）的作用下，与同样温度、高度和大气压等条件的纯自由水相比（即以自由水作为参比标准，假定其势值为零），其自由能必然不同，这个自由能的差用势能来表示即为土水势（Ψ）。

可以根据引起土水势变化的原因或动力不同来分成若干分势，例如基质势、压力势、溶质势、重力势等。

（一）基质势

在不饱和的情况下，土壤水受土壤吸附力和毛管力的制约，其水势自然低于纯自由水参比标准的水势。假定纯水的势能为零，则土水势是负值。这种由吸附力和毛管力所制约的土水势称为基质势（matric potential，Ψ_m）。土壤含水量愈低，基质势也就愈低。反之，土壤含水量愈高，则基质势愈高。至土壤水完全饱和时，基质势达最大值，与参比标准相等，即等于零。

（二）压力势

压力势（pressure potential，Ψ_p）是指在土壤水饱和的情况下，由于受压力而产生的土水势变化。在不饱和土壤中的土壤水的压力势一般与参比标准相同，等于零。但在饱和的土壤中孔隙都充满水，并连续成水柱。在土表的土壤水与大气接触，仅受大气压力，压力势为零。而在土体内部的土壤水除承受大气压外，还要承受其上部水柱的静水压力，其压力势大于参比标准，为正值。在饱和土壤愈深层的土壤水，所受的压力愈高，压力势愈大。此外，有时被土壤水包围的孤立的气泡，它周围的水可产生一定的压力，称为气压势，这在目前的土壤水研究中还较少考虑。

对于水分饱和的土壤，在水面以下深度为 h 处，体积为 V 的土壤水的压力势（Ψ_p）为

$$\Psi_p=\rho_w ghV$$

式中，ρ_w 为水的密度，g 为重力加速度。

（三）溶质势

溶质势（osmotic potential，Ψ_s）是指由土壤水中溶解的溶质引起的土水势变化，也称为渗透势，一般为负值。土壤水中溶解的溶质愈多，溶质势愈低。溶质势只有在土壤水运动或传输过程中存在半透膜时才起作用，在一般土壤中不存在半透膜，所以溶质势对土壤水运动影响不大，但对植物来说，吸收水分、养分必须通过根细胞的半透膜，溶质势就显得重要。溶质势测定同计算植物细胞渗透压（p）的方法相同，即

$$p=\frac{c}{\mu}RT$$

式中，c 为溶液浓度，μ 为溶质的摩尔质量（g/mol），因此是以物质的量（摩尔）表示的溶液浓度（mol/L），T 为热力学温度（K），R 为摩尔气体常数［8.314 J/(mol・K)］。

土壤水渗透势与渗透压的数值相同，但符号相反，Ψ_s 是一个负值，即

$$\Psi_s=-\frac{c}{\mu}RT$$

（四）重力势

重力势（gravitational potential，Ψ_g）是指由重力作用引起的土水势变化。所有土壤水都受重力作用，与参比标准的高度相比，高于参比标准的土壤水，其所受重力作用大于参比标准，故重力势为正值。高度愈高则重力势的正值愈大，反之亦然。

参比标准高度一般根据研究需要而定，可设在地表或地下水面。在参考平面上取原点，选定垂直坐标 z，土壤中坐标为 z、质量为 m 的土壤水分所具有的重力势（Ψ_g）为

$$\Psi_g=\pm mgz$$

式中，g 为重力加速度。当 z 坐标向上为正时，上式取正号；当 z 坐标向下为正时，上式取负号。也就是说，位于参考平面以上的各点的重力势为正值，而位于参考平面以下的各点的重力势为负值。

（五）总水势

土壤水势是以上各分势之和，即总水势（Ψ_t），用数学表达为

$$\Psi_t=\Psi_m+\Psi_p+\Psi_s+\Psi_g+\cdots$$

土壤溶质势、基质势和土壤总水势的关系如图 4－5 所示。图 4－5 中，假定系统处于平衡和恒温状态中，A 图中，在达到平衡时，下部容器中的水银柱上升高度表示土壤总水势，它是溶质势与基质势之和。B 图中纯水和土壤溶液之间的压力差数表示溶质

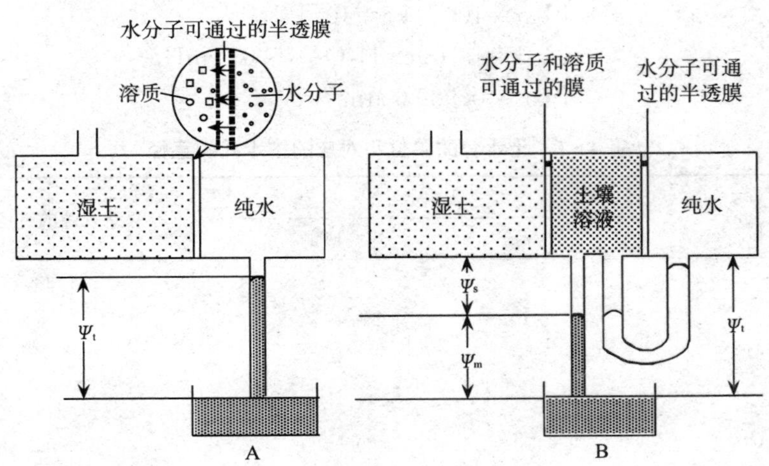

图 4－5　渗透势、基质势和土壤总水势之间的关系

A. 土壤和纯水间用只能透水的膜隔开，水分通过基质吸力和渗透吸力移至土壤中　B. 土壤和溶液间用能透过溶质和水的膜隔开，纯水和土壤溶液间用只能透水的膜隔开

势；基质势是总水势和溶质势之间的差，由下部容器中的水银柱上升高度表示。

在不同的土壤含水状况下，决定土水势大小的分势不同。在土壤水饱和状态下，基质势（Ψ_m）为零，若不考虑半透膜的存在，则总水势（Ψ_t）等于压力势（Ψ_p）与重力势（Ψ_g）之和。对不饱和土壤，压力势（Ψ_p）为零，则总水势（Ψ_t）等于基质势（Ψ_m）与重力势（Ψ_g）之和；在考察根系吸水时，一般可忽略重力势（Ψ_g）。因根吸水表皮细胞存在半透膜性质，总水势（Ψ_t）等于基质势（Ψ_m）与溶质势（Ψ_s）之和，若土壤含水量达饱和状态，则总水势（Ψ_t）等于溶质势（Ψ_s）。

在根据各分势计算总水势（Ψ_t）时，必须分析土壤含水状况，且应注意参比标准及各分势的正负符号。

土水势的应用有许多优点：①土水势可用仪表直接测定，根据土壤水分特征曲线可查得土壤含水量；②由土壤各点的土水势值，可判断土壤水运动的方向和强度，水总是由土水势值大向土水势值小处流动，以达到平衡；③土水势可为田间土壤水分自动化管理提供条件，例如灌溉、排水自动控制；④由于土水势概念的建立和运用，使土壤-植物-大气连续体（SPAC）中水分运动研究得到统一标准，因而它在农业科学、生命科学、环境科学等领域得到广泛应用。

（六）土水势单位

土水势的定量表示是以单位数量土壤水的势能值为准。单位数量可以是单位质量或单位体积或单位重量。

单位质量土壤水的土水势单位为 J/kg，其量纲为 $L^2 \cdot T^{-2}$；单位体积土壤水的土水势单位为 J/m^3，因为 $J/m^3 = N \cdot m/m^3 = N/m^2$，用帕（Pa）表示，也可用千帕（kPa）和兆帕（MPa），过去也用巴（bar）和大气压（atm）表示，国际单位制中 1 Pa＝1 N/m^2，量纲为 $ML^{-1} \cdot T^{-2}$；单位重量土壤水的土水势，其单位是水柱高度（cm 或 m），量纲为 L。表 4－1 是土水势的单位和对应的排水孔隙直径。

以上 3 种单位之间的换算关系是

$$1\ \text{bar} = 100\ \text{J/kg} = 10^5\ \text{Pa}$$

$$1\ \text{bar} = 1\,013\ \text{cmH}_2\text{O} = 75.01\ \text{cmHg}$$

$$1\ \text{bar} = 0.989\,6\ \text{atm}$$

表 4－1　土水势的单位和对应的排水孔隙直径

水柱高（cm）	土水势		排水孔隙的直径（μm）
	bar	kPa	
0	0	0	300
10.2	－0.01	－1	30
102	－0.1	－10	10
306	－0.3	－30	3
1 020	－1.0	－100	0.2
15 300	－15	－1 500	0.07
31 700	－31	－3 100	0.03
102 000	－100	－10 000	

由于土水势的范围很宽，由零到上万个大气压（或巴），使用十分不便，R. K. Schofield 建议使用土水势的水柱高度厘米数（负值）的对数表示，称为 pF。例如土水势为－1 000 cm 水柱则 pF＝3。土水势为－10 000 cm 水柱则 pF＝4。这样可以用简单的数字表示很宽的土水势范围。

（七）土壤水吸力

土壤水吸力是指土壤水在承受一定吸力的情况下所处的能态，简称吸力，但并不是指土壤对水的吸力。上面讨论的基质势（Ψ_m）和溶质势（Ψ_s）一般为负值，在使用中不太方便，所以将基质势和溶质势的相反数（正数）定义为吸力（S），或分别称为基质吸力和溶质吸力。由于在土壤水的保持和运动中，不考虑溶质势，所以一般谈及的吸力是指基质吸力，其值与基质势（Ψ_m）相等，但符号相反，即

$$S=-\Psi_m$$

吸力同样可用于判明土壤水的流向，土壤水总是有自吸力低处向吸力高处流动的趋势。从物理学意义上说，土壤水吸力不如基质势那么严格，但是因为它比较形象易懂，而且运算时避免使用负数，因此在实际中经常应用。

二、土水势的测定

土水势的测定方法很多，主要有张力计法、压力膜法、冰点下降法、水气压法等。它们或测定不饱和土壤的总土水势，或测定基质势。饱和土壤的土水势，仅包括压力势和重力势，只要测量与参比高度的距离并确定好正负值就行了。表 4－2 总结了目前国内外常用的测定方法。

以下介绍两种常用的方法。

表 4－2　国内外常用的土壤水分测定方法

方　法	测定土壤水分		测定范围	使用场所		方法特点
	含量	水势	（kPa）	田间	实验室	
1. 烘干法	√		0～－10 000		√	标准测定方法，但需取样，费时（需 1～2 d）
2. 中子仪法	√		0～－1 500	√		有放射性，仪器价格贵，不适宜高有机质土壤
3. 时域反射仪法	√		0～－10 000	√	√	可自动记录，精度为体积含水量±（1%～2%），砂土和盐土需校正，需波导，仪器价格高
4. 电容传感器法	√	√	0～－1 500	√		可自动记录，精度为体积含水量±（2%～4%），砂土和盐土需校正，传感器和仪器便宜简便
5. 电阻块法		√	－90～－1 500	√		可自动记录，对植物适宜的含水量范围不灵敏，需校正
6. 张力计法		√	0～－85	√		可自动记录，精度为±（0.1～1.0）kPa，测定范围有限，便宜，需周期性加水
7. 热电偶湿度计法		√	50～－10 000	√	√	价格一般，测定范围广，精度为±50 kPa
8. 压力膜仪法		√	50～－10 000		√	与烘干法结合，测定水分特征曲线高吸力段
9. 压力平板法		√	0～－50		√	与烘干法结合，测定水分特征曲线低吸力段

（一）张力计法

张力计法是测定基质势最常用的方法，在田间、盆栽和室内均可使用。

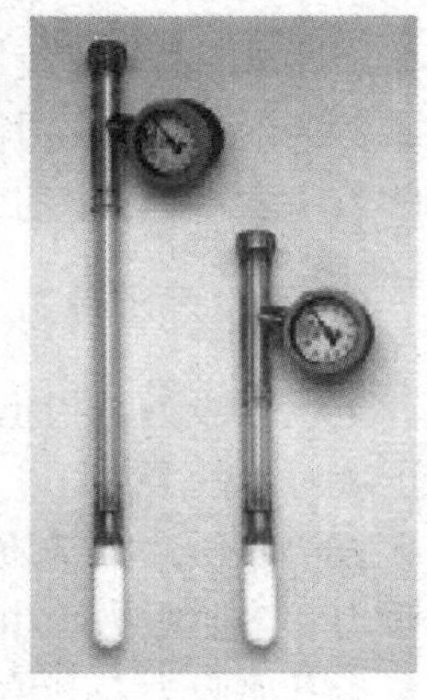

图 4-6　张力计结构

张力计（tensiometer）的构造如图 4-6 所示，它由多孔陶瓷杯、塑料管或抗腐蚀的金属管、集气管和水银压力计或真空压力表组成。使用时把多孔陶瓷杯和管内都装满水，并使整个仪器封闭。然后插入土中，使多孔陶瓷杯与土壤紧密接触，这样杯内通过细孔与土壤水相连并逐渐达到平衡。于是仪器内的水承受与土壤水相同的吸力，其数值可由真空压力表或水银压力表显示出来。由于多孔陶瓷杯的孔径限制，一般测定土壤水吸力范围为 80～85 kPa。超过这个值，土壤中的空气就会进入多孔陶瓷杯而失效。田间植物可吸收的土壤水大部分在张力计可测范围内。所以它有一定实用价值。特别应该注意的是，张力计内的水柱不能有气泡，整个仪器必须密封，保持真空。不能与大气相通，因此张力计在安装前必须进行校正。

（二）压力膜法

压力膜法是实验室测定土水势的主要方法。压力膜仪（pressure membrane apparatus）的测量原理与张力计基本相同，也是利用压力势来测量基质势，所不同的是压力膜仪测量仪器内的压力是正压力，而张力计测量仪器内的压力是负压力。

压力膜仪由金属密闭腔室（内置多孔陶瓷板或薄膜）、高压气源（空气压缩机）和调节空气压力的精密调节闸、气压表和输气管组成（图 4-7）。测定前先将水分饱和的土样放入多孔陶瓷板或薄膜上，严密封闭金属密闭腔室，用精密调节闸控制高压气源把高压送入金属密闭腔室中，由气压表指示所加的气压值。平衡后，打开金属密闭腔室，测定土样含水量。即可得到一系列土壤基质吸力与含水量的对应值。整个仪器的密封是本法测量的关键。此法的测量下限可达－1 500 kPa 吸力甚至更低，包括了全部有效水范围。

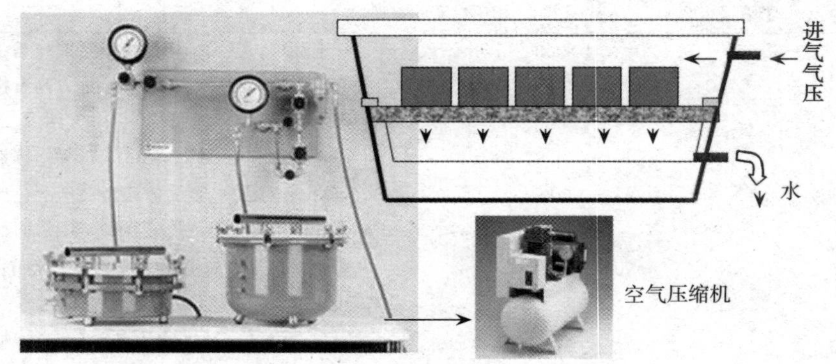

图 4-7　压力膜仪结构

三、土壤水分特征曲线

（一）土壤水分特征曲线

1. 土壤水分特征曲线的定义　土壤水的基质势或土壤水吸力是随土壤含水量的多

少而变化的，其关系曲线称为土壤水分特征曲线（soil water characteristic curve）或土壤持水曲线。

当土壤中的水分处于饱和状态时，含水率为饱和含水量（θ_s），而吸力（S）或基质势（Ψ_m）为零。若对土壤施加一个微小的吸力，土壤并无水排出，当吸力增加至某一临界值（S_a）后，由于土壤中最大孔隙不能抗拒所施加的吸力而继续保持水分，于是土壤开始排水，相应的含水量开始减小，如图 4-8。饱和土壤开始排水意味着空气随之进入土壤中，故称该临界值（S_a）为进气吸力，或称为进气值。一般而言，粗质地的砂性土壤或结构良好的土壤其进气值是比较小的，而细质地的黏性土壤其进气值较大。由于粗质地的砂性土壤的大小孔隙均有，故进气值的出现往往较细质土壤明显。当吸力进一步提高，次大的孔隙接着排水，土壤含水量进一步减小，如此，随着吸力不断增加，土壤中的孔隙由大到小依次不断排水，含水量越来越小，当吸力很高时，只在十分狭小的孔隙中才能保持着极为有限的水分。

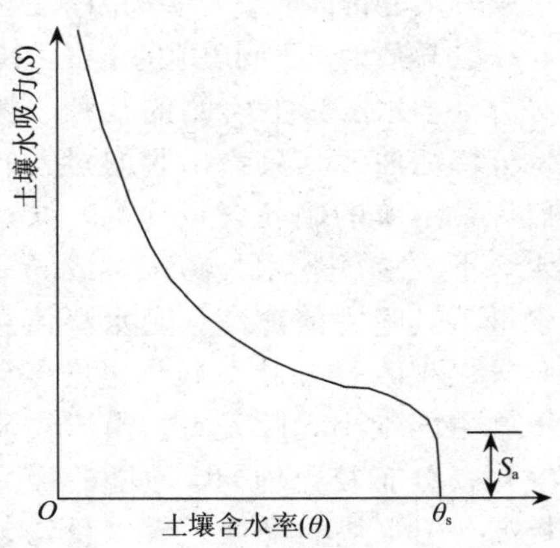

图 4-8　土壤水分特征曲线

2. 土壤水分特征曲线的应用　土壤水分特征曲线表示了土壤水的能量和数量之间的关系，是研究土壤水分的保持和运动所用到的反映土壤水分基本特性的曲线。土壤水分特征曲线可以对土壤含水量和吸力进行相互换算，可以间接地表示在不同吸力下土壤所能保持的水分与充水孔隙当量孔径和体积的相互关系。

3. 土壤水分特征曲线的确定　土壤水分的基质势与含水量的关系，目前尚不能根据土壤的基本性质从理论上分析得出，因此土壤水分特征曲线只能用试验方法测定。为了分析应用的方便，常用实测结果拟合出实验关系。常用的经验公式有

$$S=a\theta^{-b}$$

$$S=a(\theta/\theta_s)^{-b}$$

$$S=A(\theta_s-\theta)^n/\theta^m$$

式中，S 为吸力（cm 或 Pa），θ_s 为饱和含水量，θ 为实际含水量，a、b、A、m、n 为相应的经验常数。

4. 比水容量　土壤水分特征曲线的斜率 $d\theta/dS$，定义为比水容量，即

$$c_\theta=d\theta/dS$$

式中，c_θ 为比水容量，θ 为土壤含水量，S 为吸力。

比水容量表示单位吸力变化时单位质量土壤可释放或吸入的水量。在不同的吸力下，土壤比水容量并不相等。一般趋势是，随着吸力增加，土壤的比水容量迅速减小。这就意味着在同样的条件下，植物在高吸力下吸到的水分要比在低吸力下吸到的水分少很多。要是这时被吸取的水分不能满足植物的蒸腾需要，而相邻的土壤水又来不及补充到根的周围，便有可能阻碍植物的生长发育。因此比水容量也是关系到土壤水有效程度的一个重要参数。此外，比水容量也是计算土壤水扩散率的一个重要参数。

（二）土壤水分特征曲线的影响因素

土壤水分特征曲线受多种因素影响。

1. 土壤质地　不同质地的土壤，其水分特征曲线各不相同，差别很明显。图 4－9 是低吸力（土水势）下实测的几种土壤的水分特征曲线（只绘出脱湿过程），一般说，土壤的黏粒含量愈高，同一土水势下土壤的含水量愈大，或同一含水量下其吸力值愈高（土水势值愈低）。这是因为土壤中黏粒含量增多会使土壤中的细小孔隙发育。由于黏质土壤孔径分布较为均匀，故随着吸力的提高（土水势的降低）含水量均匀减少。对于砂质土壤来说，绝大部分孔隙都比较大，当吸力达到一定值后，这些大孔隙中的水首先排空，土壤中仅有少量的水存留，故水分特征曲线呈现出一定吸力以上缓平、而较小吸力时陡直的特点。

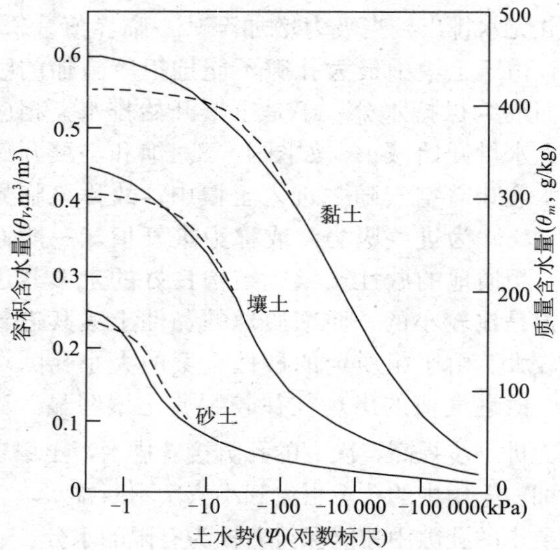

图 4－9　3 种代表性土壤的水分特征曲线（低吸力脱湿过程）

（实线为结构良好的土壤，虚线为结构不良的土壤）

2. 土壤结构　土壤水分特征曲线还受土壤结构的影响，在低吸力范围内尤为明显。土壤愈密实，则大孔隙数量愈少，而中小孔径的孔隙愈多。因此，在同一吸力值下容重大的土壤，其含水量一般较大。

3. 土壤温度　土壤温度对土壤水分特征曲线也有影响。土壤温度升高时，水的黏滞性和表面张力下降，基质势相应增大；或说土壤水吸力减小。在低含水量时，这种影响表现得更加明显。

4. 土壤含水量变化过程　土壤水分特征曲线还和土壤含水量变化过程有关。对于同一土壤，即使在恒温条件下，由土壤脱湿（由湿变干）过程和土壤吸湿（由干变湿）过程测得的水分特征曲线也是不同的。这种现象已为很多实验资料所证实，如图 4－10 所示。这种现象称为滞后现象（hysteresis）。

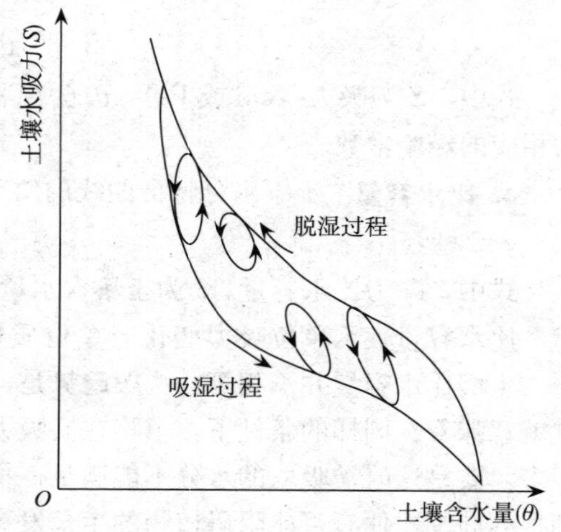

图 4－10　土壤水分特征曲线的滞后现象

滞后现象在砂土中比在黏土中明显，这是因为在一定吸力下，砂土由湿变干时，要比由干变湿时含有更多的水。产生滞后现象的原因可能是土壤颗粒的胀缩性以及土壤孔隙的分布特点（例如封闭孔隙、大小孔隙的分布等）。

土壤水分特征曲线表示了土壤的一个基本特征，有重要的实用价值：①可利用它进行土壤水吸力（S）和含水量（θ）之间的换算；②土壤水分特征曲线可以间接地反映出土壤孔隙大小的分布；③水分特征曲线可用来分析不同质地土壤的持水性和土壤水分的有效性；④应用数学物理方法对土中的水运动进行定量分析时，水分特征曲线是必不可少的重要参数。

第三节　土壤空气

土壤空气在土壤形成和土壤肥力的培育过程中以及在植物生命活动和微生物活动中都有十分重要的作用。土壤作为一个固、液、气三相体系就已显示出土壤空气的重要性。此外，土壤空气中具有植物生活直接和间接需要的营养物质，例如氧、氮、二氧化碳和水汽等。因此可以认为，在一定条件下土壤空气起着与土壤固、液两相相同的作用。当土壤通气受阻时，土壤空气的容量和组成会成为作物产量的限制因子。因此在农业实践中常需通过耕作、排水、改善土壤结构等措施来促进土壤空气的更新，使植物生长发育有一个适宜的通气条件。

一、土壤空气的组成

（一）土壤空气的组成及其特点

土壤空气主要存在于未被水占据的土壤孔隙中。就其含量而言，一定体积的土体内，如孔隙度不变，含水量增多时，空气含量减少，反之亦然。所以土壤空气的含量是随含水量而变化的。对土壤空气的组成而言，它受到土壤通气性的影响。对于通气良好的土壤，其空气组成接近于大气。若通气不良，则土壤空气组成与大气有明显的差异。表 4-3 是大气与土壤空气的组成情况。

表 4-3　土壤空气与大气组成的数量差异（体积分数，%）

气　体	O_2 含量	CO_2 含量	N_2含量	其他气体含量
近地表的大气	20.94	0.03	78.05	0.98
土壤空气	18.00～20.03	0.15～0.65	78.80～80.24	0.98

由表可见，土壤空气的组成有以下几个特点。

1. 土壤空气中的二氧化碳含量高于大气　由表 4-3 可以看出，大气中的二氧化碳含量平均为 0.03%，而土壤空气中的二氧化碳含量比之可高出几倍甚至几十倍，因为土壤中生物活动、有机质的分解和根的呼吸作用都能释放出大量二氧化碳。

2. 土壤空气中的氧气含量低于大气　大气中氧气含量为 20.94%，而土壤空气中的氧气含量为 18.00%～20.03%。其主要原因在于微生物和根系的呼吸作用都必须消耗氧气，土壤微生物活动越旺盛氧气被消耗得越多，氧气含量越低，相应地，二氧化碳含量越高。

3. 土壤空气中水汽含量一般高于大气　除了表层干燥土壤外，土壤空气的相对湿度一般均在 99%以上，而大气中只有下雨天才能达到如此高的值。

4. 土壤空气中含有较多的还原性气体　当土壤通气不良时，土壤中氧气含量下降，微生物对有机质进行厌氧性分解会产生大量还原性气体［例如甲烷（CH_4）、氢气（H_2）］等，而大气中一般还原性气体极少。

（二）土壤空气组成的影响因素

当然，土壤空气的组成不是固定不变的。影响土壤空气变化的因素很多，例如土壤水分、土壤生物活动、土壤深度、土壤温度、pH、季节变化及栽培措施等。土壤空气组成的动态变化有季节性变化，也有昼夜变化。图 4－11 是土壤中二氧化碳浓度的季节变化情况。

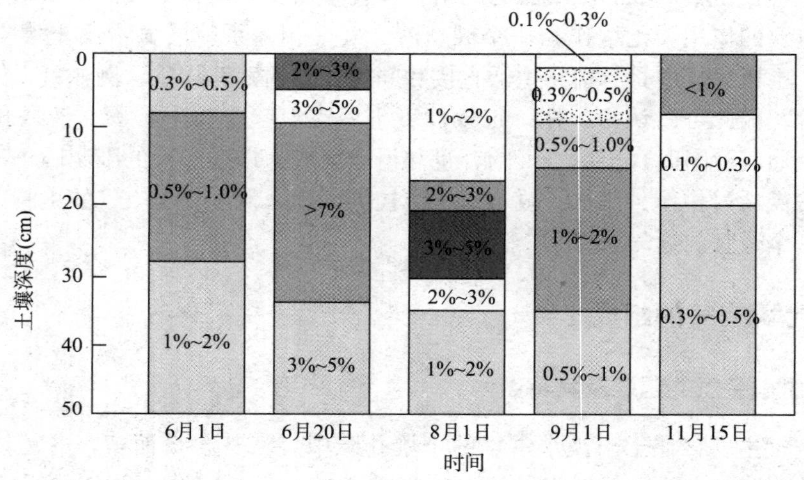

图 4－11　土壤中二氧化碳浓度的季节变化

（0～50 cm 土层，淋溶土，玉米地）

一般来说，随着土壤深度增加，土壤空气中二氧化碳含量增加，氧气含量减少，其含量是此消彼长的（图 4－12）。随土壤温度升高，土壤空气中二氧化碳含量增加。从春到夏，土壤空气中二氧化碳逐渐增加，而冬季表土中二氧化碳含量最少，主要是因为土壤温度升高时，微生物和根系的呼吸作用加强而释放出更多二氧化碳。地表覆膜的田块中二氧化碳含量明显高于未覆盖的土壤，而氧气则相反，这是由于覆膜阻碍了土壤空气和大气的自由交换。

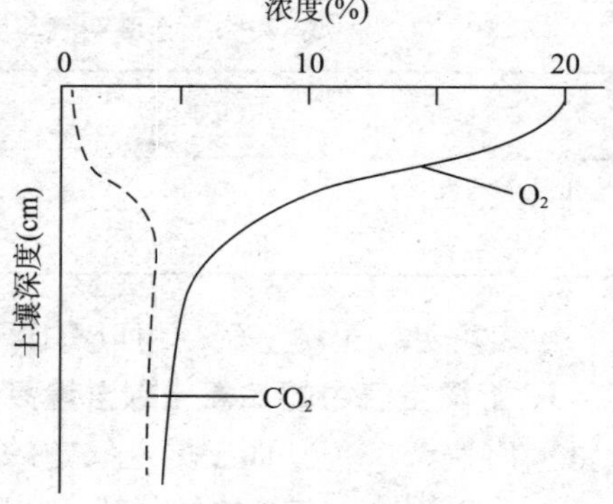

图 4－12　土壤剖面中二氧化碳（CO_2）和氧气（O_2）浓度分布

另外，还有少量的土壤空气溶解于土壤水中和吸附在胶体表面，溶于土壤水中的氧气对土壤的通气有较大的影响，是植物根系和微生物呼吸作用的直接氧气来源。例如水稻下渗水携带氧气是水田氧气的主要来源，对改善水田的通气性起重要作用，而溶解在土壤水中氧气的多少，决定土壤的氧化还原电位的高低和氧化还原反应的过程。溶解在水中的二氧化碳也有多方面的重要性，特别是与土壤的 pH 和土壤矿物质的溶解度有关。

二、土壤空气的运动

土壤是一个开放的耗散体系，时时刻刻与外界进行着物质和能量的交换。土壤空气并不是静止的，它在土体内部不停地运动，并不断地与大气进行交换。如果土壤空气和大气不进行交换，土壤空气中的氧气可能会在 12～40 h 消耗殆尽。土壤空气运动的方式有对流和扩散两种。影响土壤空气运动的因素主要有气象因素、土壤性质及农业措施，气象因素主要有气温、气压、风力、降水等。

（一）土壤空气的对流

1. 土壤空气对流的概念　土壤空气对流是指土壤与大气间由总压力梯度推动的气体整体流动，也称为质流（mass flow）。土壤与大气间的对流总是由高压区流向低压区。

2. 土壤空气对流的影响因素　许多原因可引起土壤与大气间的压力差，从而引起土壤空气与大气的对流，例如大气中的气压变化、温度梯度及土壤表面的风力。大气压力上升时，一部分大气进入土壤孔隙。大气压下降时，土壤空气膨胀，使得一部分土壤空气进入大气。当土壤温度高于大气温度时，土壤中空气受热上升，扩散到近地表大气中；而大气则下沉，通过土壤孔隙渗入土中，形成冷热气体的对流，使土壤空气获得更新。

降雨或灌溉也可导致土壤空气的整体流动。当土壤接受降雨或灌溉水时，土壤含水量增加，更多的孔隙被水充塞，而把部分土壤空气排出土壤孔隙之外。反之，当土壤水减少时，大气中的新鲜空气又会进入土体的孔隙之内。在水分缓缓渗入时，土壤排出的空气数量多，但在暴雨或大水漫灌时，会有部分土壤空气来不及排出而封闭在土壤之中，这种被封闭的空气往往阻碍水分的运动。

地面风力对土壤空气的更新也有一定的影响。另外，翻耕或疏松土壤会使土壤空气增加，而农机具的压实作用使土壤孔隙度降低，土壤空气减少。

3. 土壤空气对流方程　土壤空气对流可用如下方程式描述。

$$q_V = -(\kappa/\eta)\nabla p$$

式中，q_V 为空气的体积对流量（单位时间通过单位横截面积的空气体积），κ 为通气孔隙透气率，η 为土壤空气的黏度，∇p 为土壤空气压力的三维梯度。

（二）土壤空气的扩散

在土壤空气的组成中，二氧化碳的浓度高于大气，而氧气的浓度低于大气，这样就分别产生了土壤和大气之间二氧化碳和氧气的分压差。在分压梯度的作用下，二氧化碳气体分子不断从土壤中向大气扩散，同时使氧气分子不断从大气向土壤空气扩散（diffusion）。这种土壤从大气中吸收氧气，同时排出二氧化碳的气体扩散作用，称为土壤呼吸（soil respiration）。一般情况下，扩散作用是土壤与大气交换的主要机制。

氧气和二氧化碳在土壤中的扩散过程，部分发生在气相，部分发生在液相。通过充气孔隙扩散保持着大气和土壤间的气体交流作用，为气相扩散；而通过不同厚度水膜的扩散，则为液相扩散。这两种扩散过程都可以用费克（Fick）定律表示。根据费克定律，气体的扩散速率（dq/dt）和该气体的浓度梯度（dc/dx）以下式表示。

$$q_d = -D\,dc/dx$$

式中，q_d 为扩散通量（单位时间通过单位面积扩散的质量）；D 为该介质中的扩散系数；c 为某种气体（二氧化碳或氧气）的浓度（单位体积扩散物质的质量）；x 为扩散的距离；dc/dx 为浓度梯度，对于气体来说，其浓度梯度常用分压梯度表示，则有

$$q_d = -(D/B)\ (dc/dx)$$

式中，B 为偏压与浓度的比。

扩散系数（D）代表气体在单位分压梯度下（或单位浓度梯度下），单位时间通过单位面积土体剖面的气体量。扩散系数的大小取决于土壤性质，同一土壤，在同样的条件下，不同气体的扩散系数是不同的，例如氧气的扩散系数比二氧化碳约大 1.25 倍。不同压力和温度下的气体扩散系数变化也较大。

由于土壤孔隙的曲折复杂，一般来讲，气体在土壤中的扩散系数（D）明显地小于其在空气中的扩散系数（D_0），它们的具体数值因土壤的含水量、质地、结构、松紧程度、土层排列等状况而异。1904 年白金汉（E. Buckingham）提出土壤气体扩散系数（D）与土壤自由孔隙度（S）的平方成比例，即

$$D = KS^2$$

式中，比例常数 K 称为扩散系数。

1940 年 H. L. Penman 提出了一个土壤气体扩散的基本方程，即

$$\frac{D}{D_0} = S\frac{L}{L_e}$$

式中，D 为土壤气体的扩散系数，D_0 为气体在大气中的扩散系数，S 为孔隙度，L 为气体通过的直线距离；L_e 为气体通过的实际距离。可用相对扩散系数（D/D_0）作为气体扩散的指标。近些年的研究多围绕土壤颗粒的粗细、形状及孔隙的大小、形状等因素对 Penman 提出种种修改的建议。

在结构良好的土壤中，气体扩散是在团聚体间的大孔隙中迅速进行的。降雨或灌水过后，大孔隙中的水能迅速排出，形成连续的充气孔隙网。而团聚体内的小孔隙则在较长时间保持或接近水饱和状态，限制团聚体内部的通气性状。观察表明，植物根系大多数伸展在团粒间的大孔隙中而几乎不穿过团聚体本身，只有微生物可进入团聚体内，并消耗其中的氧气而影响整个土壤的通气。大而密实的团块，即使其周围的大孔隙出现良好的通气性状态，在团块中心则可能是缺氧的。所以在通气良好的旱地，也会有厌氧的微环境。在一个团聚体中，由于团聚体内部孔隙小且充满水，氧气在团聚体内部的扩散速率远远低于在团聚体之间的扩散，导致团聚体中心形成缺氧的环境。图 4－13 是应用微电极测定的一个湿土壤团聚体中土壤空气中氧气含量的变化情况，在团聚体中心处氧气含量几乎为 0，而团聚体边缘的氧气含量为 21%。因此在全土壤氧气含量并不低的情况下，可能出现局部的氧气缺乏。

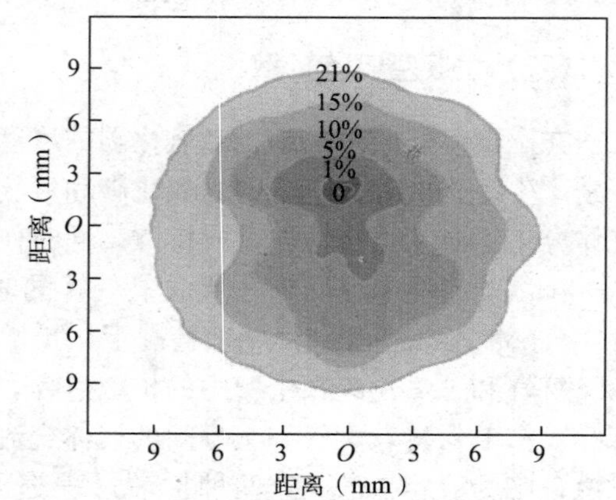

图 4－13　土壤团聚体内的空气中氧气含量的变化
（引自 Brady 和 Weil，2008）

三、土壤通气性

（一）土壤通气性的概念

土壤通气性（soil aeration）是指土壤中的空气与大气中的空气相互交换的能力。它对土壤发育和植物生长具有重要作用。土壤通气性的好坏，通过土壤空气组成成分的变化，影响土壤的氧化还原状态和养分的转化以及生物活动的正常进行。因此肥沃的土壤需要有一个良好的土壤通气性。土壤通气性不良会产生3方面的作用：①植物根系生长发育受到很大的限制；②植物根系的正常呼吸作用受到抑制并难以吸收利用水分和养分；③良好的土壤所必需的生物过程受到抑制而不能正常进行。

如何判断一个土壤的通气性？可以通过土壤的某些特性或植物的表观现象及体内某些化学元素的含量等因素来判断。比较普遍采用的有土壤空气容量、土壤通气孔隙、土壤通气量、土壤氧化还原电位、土壤气体扩散系数、土壤氧扩散率、土壤空气中氧的含量、土壤呼吸系数、电导率、还原物质总量、土壤颜色、气味等。

（二）土壤通气性与植物生长

植物从种子发芽到生长发育直至成熟几乎毫无例外地都要求有足够的土壤空气（氧气）供应，只是各类植物的要求不同而已。例如块茎类植物对土壤供氧能力的要求高于一般植物，而水生植物的要求就显得微弱多了，但并不是不需要氧气的供应。所以植物的正常生长发育是离不开土壤空气的。

一般认为，种子正常发芽需要氧的含量必须在10%以上。氧气含量低于5%时，种子的发芽会受到很大的影响；氧气含量低于0.5%时，种子不萌发并很快死亡。若二氧化碳的浓度超过30%，种子亦很难萌发。因此要保证种子的正常发芽，土壤必须具有良好的通气性以供给植物充足的氧气。

对大多数植物的根系生长而言，土壤空气中氧的浓度低于10%就有明显影响，如果在3%～5%或以下，绝大部分植物的根系就停止生长发育。一般而言，生长在通气良好土壤中的根系较长、健壮、色浅、根毛多；如果生长在缺氧的土壤中，就会表现出根少而弱，根毛特别少，有时根会停止生长发育。土壤通气性不良和土壤过度潮湿常常会引起植物对外界病菌抵抗力的衰弱，易于感染病害，或者植物生长受阻，发育不正常。大量观察证明，土壤通气性是限制产量高低的重要因素。

为了不断提高土壤肥力，创造有利于植物生长发育的土壤环境条件，就需要调节土壤的空气以使其保持不断地更新。土壤通气性取决于土壤中通气孔隙的大小和多少，这就要求土壤中孔隙的大小分配适当，既要保证土壤有适量的水分，又要有足够数量的空气以保证植物根系对水分和空气的需求。调节土壤空气的方法主要是改善土壤结构，以改变土壤孔隙大小分配的比例。可采用某些措施调节土壤的孔隙状况，例如耕作、轮作、排水等。

第四节　土壤热量和热性质

土壤热状况对植物的生长和微生物的活动有极其重要的影响。水、肥、气、热共同组成土壤的肥力要素。土壤温度也直接影响土壤中的水和气的保持和运动，土壤温度对土壤中的许多物理过程和化学过程都有一定的作用，并强烈影响着生物过程，例如种子萌发、幼苗出土和生长、根系发育、微生物活动等。

一、土壤热量的来源和平衡

（一）土壤热量的来源

1. 太阳的辐射能　土壤热量的最基本来源是太阳辐射能。农业就是在充分供应水肥的条件下植物对太阳能的利用。当地球与太阳的距离为日地平均距离时，在地球大气圈顶部所测得的太阳辐射的强度（垂直于太阳光下 1 cm^2 的黑体表面在 1 min 内吸收的辐射能），称为太阳常数，一般为 1.9 kJ/(cm^2 · min)，其中 99%的太阳能包含在 0.3～4.0 μm 的波长内，这个范围的波长通常称为短波辐射。当太阳辐射通过大气层时，其热量一部分被大气吸收、散射，一部分被云层和地面反射，土壤只吸收其中的小部分。

2. 生物热　微生物分解有机质的过程是放热的过程。释放的热量，一部分被微生物自身利用，而大部分可用来提高土壤温度。进入土壤的植物组织，每千克含有 16.745 2～20.932 kJ 的热量。据估算，含有机质 4%的土壤，每公顷耕层有机质的潜能为 1.552×10^{10}～1.705×10^{10} kJ，相当于 49.4～123.6 t 无烟煤的热量。在保护地蔬菜的栽培或早春育秧时，施用有机肥，并添加热性物质，例如半腐熟的马粪等，就是利用有机质分解释放出的热量来提高土壤温度，促进植物生长或使幼苗早发快长。

3. 地球内热　由于地壳的传热能力很差，每平方厘米地面全年从地球内部获得热量不高过 226 J，地热对土壤温度的影响极小。但在地热异常地区，例如温泉、火山口附近，地球内热因素对土壤温度的影响就不可忽略。

（二）地面辐射平衡及其影响因素

1. 地面辐射平衡　太阳的辐射主要是短波辐射，太阳辐射透过大气层时，有相当大的部分被大气中的水汽、云雾、二氧化碳（CO_2）、氧气（O_2）、臭氧（O_3）、尘埃等吸收、散射和反射，直接到达地面的只是小部分。直接到达地面的太阳能称为太阳直接辐射（I）。被大气散射和云层反射的太阳辐射能，通过多次散射和反射，又将其中的一部分辐射到地球上，这部分辐射能是太阳的间接辐射能，一般称为天空辐射能，也称为大气辐射（H）。太阳直接辐射和间接辐射都是短波辐射。

短波辐射到地面后，一部分被地面反射，地面对辐射能的反射率因地面性质而异。以 α 代表反射率，则有

$$\alpha=\frac{从地表反射出的辐射能}{投入地表的总辐射能}$$

太阳直接辐射与大气辐射之和（$I+H$）为投入地面的太阳总短波辐射，又称为环球辐射。被地面反射出的短波辐射则应等于（$I+H$）×α。

温度在热力学零度以上的物体，均不停地向周围空间辐射能量，其辐射强度常用辐射温度和辐射波长表示。物质的温度越高，辐射的波长愈短。土壤表面接受太阳的短波辐射后，使土壤温度升高，土壤向大气进行长波辐射，其强度用 E 表示。与此同时，

当大气因吸收热量而变热时，它便向地面产生长波逆辐射，其强度用 G 表示。这两种长波辐射的差值，即地面向四周的有效长波辐射，其强度用 r 表示，则有

$$r=E-G$$

地面辐射能的总收入减去总支出，所得的差数为地面辐射平衡，用 R 表示。

R =［吸收的短波辐射－支出的短波辐射］+［吸收的长波辐射－支出的长波辐射］

$$=[(I+H)-(I+H)\times\alpha]+(G-E)$$

$$=(I+H)(1-\alpha)-r$$

地面辐射平衡可以是某一段时间（瞬时、日、月、年）的总值。当地面辐射平衡为正值时，地面辐射收入大于支出，地面温度升高；地面辐射平衡为负值时，地面辐射收入小于支出，地面降温。所以地面辐射平衡的大小表示升温与降温程度的强弱。地面辐射平衡一般是白天为正值，地面温度升高；夜间地面辐射平衡为负值，地面温度下降。

2. 地面辐射平衡的影响因素　影响地面辐射平衡的因素主要有太阳的总辐射强度、地面反射率和地面有效辐射。

（1）太阳总辐射强度　太阳的总辐射强度主要取决于气候（天气）情况，晴天的太阳总辐射强度要明显比阴天大。在天气相同的条件下，地面所接收的太阳辐射能量的多少，主要取决于太阳光在地面的投射角，即日照角。日照角越大，单位面积地面接收的热量越多，辐射强度越强。垂直于地面太阳光的辐射强度，比任何角度地面的辐射强度都要大，所以一天之内，中午的辐射强度最强。

影响日照角的因素有地表的坡向、坡度、地面的起伏情况等。在一定纬度和高度下，由于地表的坡度和坡向不同，太阳辐射的入射角也不同，因而使不同坡度上的辐射强度不同。在低纬度的热带地区，由于太阳光几乎垂直照射地表，坡度和坡向对辐射的影响不大。在中高纬度北半球的南坡上，太阳的入射角比平地大，土壤温度一般比平地高。在中纬度地区，南坡坡地每增加1°，约相当于纬度南移100 km所产生的影响。同样，在中纬度地区，南坡比北坡接受的辐射能多，土壤温度也比北坡高。坡度越陡，坡向的温差越大。坡向的这种差异具有巨大的生态意义和农业意义。

（2）地面反射率　地面对太阳辐射的反射率与太阳辐射入射角、日照高度、地面的状况有关。太阳辐射入射角越大，反射率越低，反之越大。土壤的颜色、粗糙程度、含水状况，以及植被、其他覆盖物等都影响地面反射率。

（3）地面有效辐射　影响地面有效辐射的因子有：①云雾、水汽和风，它们能强烈吸收和反射地面发出的长波辐射，使大气逆辐射增大，因而使地面有效辐射减少；②海拔高度，空气密度、水汽、尘埃随海拔高度增加而减少，大气逆辐射相应减少，有效辐射增大；③地表特征，起伏、粗糙的地面比平滑的地面辐射面大，有效辐射也大；④地面覆盖，导热性差的物体（例如秸秆、草皮、残枝落叶等）覆盖地面时，可减少地面有效辐射。

（三）土壤热量平衡

除了上述的辐射平衡影响土壤热量状况外，土壤热量平衡（soil heat balance）对土壤热量状况的影响更为显著。当土壤表面所获得的太阳辐射能转换为热能时，这些热能大部分消耗于土壤水分蒸发与大气之间的湍流热交换上，还有小部分被生物活动所消耗，只有很小部分通过热交换传导至土壤下层（图 4－14）。单位面积上单位时间内垂

直通过的热量称为热通量，以 R 表示之，单位为 $J/(cm^2 \cdot min)$，它是热交换量的总指标。根据能量守恒定律，土壤热量平衡可用下式表示。

$$S=Q\pm P\pm L_E+R$$

式中，S 为土壤在单位时间内实际获得的热量，Q 为辐射平衡，L_E 为水分蒸发、蒸腾或水汽凝结而造成的热量损失或增加的量，P 为土壤与大气层之间的湍流交换量，R 为土面与土壤下层之间的热交换量。各符号之间的正、负双重号，土壤获得热量时为正号，土壤损失热量时为负号。一般情况下，白天热量平衡方程计算出 S 为正值，即土壤温度升高；夜晚 S 为负值，土壤表面不断向外辐射而损失热量，温度降低。

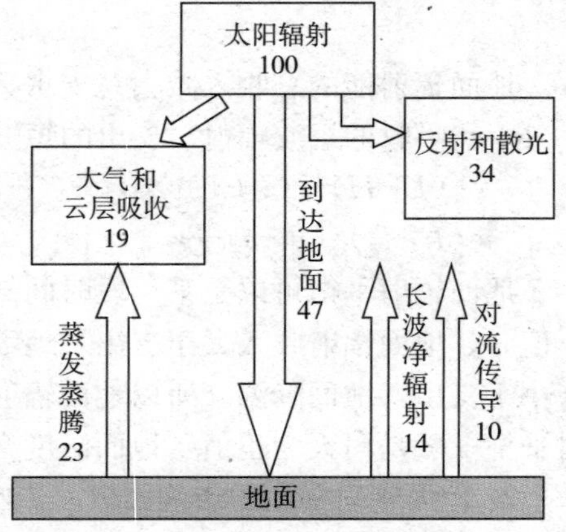

图 4-14　地面的热量平衡

二、土壤热性质

进入土壤的热量如何流动（传导的速度、深度等）？这些热量又能使土壤温度升高多少？这不仅决定于进入土体的热量数量，而且与土壤本身的热学性质有关。标志土壤热性质的土壤热特性主要有土壤比热容、土壤热导率、土壤温导率等。它们决定着土壤热量和温度变化的程度、热量传导的速度和深度。

（一）土壤比热容

土壤比热容（soil specific heat）是指单位质量或体积的土壤每升高（或降低）1 ℃所需要（或放出的）的热量。习惯上以 c 代表质量比热容，c_V 代表体积比热容。c 的单位是 J/(g・℃)，c_V 的单位是 $J/(cm^3 \cdot ℃)$。c 与 c_V 的关系是

$$c_V=c\times\rho$$

式中，ρ 是土壤容重（g/cm^3）。

由于土壤是一个复杂的多组分体系，其固、液、气三相的比热容各不相同（表 4-4）。一般土壤矿物质的 c 为 0.71 J/(g・℃)，相对密度为 2.7，c_{V_m} 为 0.71×2.7＝1.9 J/(g・℃)。有机质的 c 为 1.9 J/(g・℃)，相对密度为 1.3，c_{V_o} 为 1.9×1.3＝2.5 J/(g・℃)。土壤水的 c 和 c_{V_w} 都是 4.2。土壤空气的 c_{V_a} 是 1.26×10^{-3} J/(g・℃)。

表 4-4　土壤不同组分的比热容

土壤组成物质	质量比热容［J/(g・℃)］	体积比热容［$J/(cm^3 \cdot ℃)$］
粗石英砂	0.745	2.163
高岭石	0.975	2.410
石灰	0.895	2.435
腐殖质	1.996	2.525
土壤空气	1.004	1.255×10^{-3}
土壤水分	4.184	4.184

因为不同土壤的三相物质组成比例是不同的。故土壤的体积比热容（c_V）可用下式表示。

$$c_V=c_{V_m}\cdot V_m+c_{V_o}\cdot V_o+c_{V_w}\cdot V_w+c_{V_a}\cdot V_a$$

c_{V_m}、c_{V_o}、c_{V_w}和c_{V_a}分别为土壤矿物质、有机质、水和空气的体积比热容，V_m、V_o、V_w和V_a分别为土壤矿物质、有机质、水和空气在土壤中所占的体积比。因空气的比热容很小，可忽略不计，故土壤比热容可简化为

$$c_V=1.9V_m+2.5V_o+4.2V_w\ [\mathrm{J/(cm^3\cdot ℃)}]$$

在土壤的三相物质组成中，水的比热容最大，气体比热容最小，矿物质和有机质的比热容介于两者之间。在固相组成物质中，腐殖质比热容大于矿物质，而矿物质之间的比热容差异较小。所以土壤比热容的大小主要决定于土壤水分多少和腐殖质含量。当土壤富含腐殖质而又含较多的水分时，比热容较大，但是土壤腐殖质是相对稳定的组分，短期内难以发生重大变化，因而它对土壤比热容的影响也是相对稳定的。但是土壤水分却是经常变动的组分，而且在短时间内可能出现较大变化，例如降雨或灌溉后立即会使土壤含水量增大，因而影响土壤比热容的组分中，土壤水起了决定性作用。通过土壤水分管理来调节土壤温度，常能收到明显效果。至于土壤空气，由于比热容很小，它虽然也是易变化因素，但影响甚微。所以通过灌排调节土壤水分含量，是调节土壤温度的有效措施。

（二）土壤热导率

土壤吸收一定热量后，一部分用于它本身升温，一部分传给邻近土层。土壤具有对所吸收热量传导到邻近土层性质，称为导热性（thermal conductivity）。导热性大小用热导率表示。热导率定义为在单位厚度（1 cm）土层，温差为 1 ℃，每秒经单位断面（1 $\mathrm{cm^2}$）通过的热量（J），其单位是 $\mathrm{J/(cm^2\cdot s\cdot ℃)}$。热量的传导是由高温处到低温处。设土壤或其他物质两端的温度为 t_1、t_2，土壤的厚度为 d，在一定时间（T）内流动的热量为 Q。则一定时间内单位面积上流过的热量为 Q/AT。两端间的温度梯度为 $(t_1-t_2)/d$，故热导率（λ）根据定义为

$$\lambda=\frac{Q/AT}{(t_1-t_2)/d}$$

或

$$\lambda=\frac{Qd}{AT(t_1-t_2)}$$

土壤不同组分的热导率是不同的（表 4－5），固体部分热导率最大，为 $8.4\times10^{-3}\sim2.5\times10^{-2}\ \mathrm{J/(cm^2\cdot s\cdot ℃)}$，不同固体物质热导率也有差异。空气热导率最小，为 $2.301\times10^{-4}\sim2.343\times10^{-4}\ \mathrm{J/(cm^2\cdot s\cdot ℃)}$。水的热导率大于空气，为 $5.439\times10^{-3}\sim5.858\times10^{-3}\ \mathrm{J/(cm^2\cdot s\cdot ℃)}$。由此可见，土壤空气热导率最小，固体物质中矿物质热导率最大，水介于两者之间。土壤固相物质，尤其矿物质，虽然热导率最大，但它是相对稳定而不易变化的。空气虽然热导率小，但在土壤中总是含有一定水分，土壤中的水和气总是处于变动状态。因此土壤热导率的大小主要决定于土壤孔隙的多少和含水量的多少。当土壤干燥缺水时，土壤颗粒间的土壤孔隙被空气占领，热导率就小。当土壤湿润时，土壤颗粒间的孔隙被水分占领，热导率增大。

表 4-5　土壤不同组分的热导率

土壤组分	热导率 [J/(cm²·s·℃)]
石英	4.427×10^{-2}
湿砂粒	1.674×10^{-2}
干砂粒	1.674×10^{-3}
泥炭	6.276×10^{-4}
腐殖质	1.255×10^{-3}
土壤水	5.021×10^{-3}
土壤空气	2.092×10^{-4}

正因为增加土壤湿度能提高土壤导热性，所以在自然条件，白天干燥的表土层温度比湿润表土的温度高。湿润的表土层因导热性强，白天吸收的热量易于传导到下层，使表层温度不易升高，夜晚下层热量又向上层传递以补充上层热量的散失，使表层温度下降幅度变小，因而湿润土壤昼夜温差较小。冬季麦田干旱时灌水防冻，早春灌水防霜冻都是根据这个原理。

（三）土壤温导率

土壤温导率是衡量土壤导温性强弱的指标。其含意是，在土层垂直方向上，每厘米距离内有 1 ℃的温度梯度，每秒流入 1 cm^2 土壤断面面积的热量使单位体积（1 cm^3）土壤发生的温度变化。温导率（D）说明土壤加热或冷却过程中温度平衡的速度，在数值上等于土壤热导率除以土壤体积比热容，即

$$D=\lambda/c_V=\lambda/\rho c$$

式中，λ 为土壤热导率，c_V 为土壤体积比热容，ρ 为土壤容重，c 为土壤质量比热容。温导率的单位为 cm^2/s。

凡影响热导率（λ）和容积热比容（c_V）的土壤因素（例如土壤水分、质地、松紧度、结构及孔隙状况等）均影响土壤温导率的大小。尤其是含水量对温导率有明显影响。增大土壤湿度，温导率就随之增大。但温导率与土壤含水量的关系不是简单的线性关系（图 4-15）。但当土壤含水量增大到一定数值以后，由于体积比热容比热导率增加快，使土壤温导率反而下降了。由此可见，适当灌水或有毛管上升水的浸润，在增温时可加速土壤温度的升高。但如果水量过多，则又造成冷浆现象，即土壤温度上升极慢。因在土壤成分中水的温导率约为0.001 37 cm^2/s，土壤空气的温导率约为 0.16 cm^2/s，所以空气在静止时比水的温度变化快。因此湿润的土壤无论其温度的日变化还是上下土层间的变化都比干燥的土壤慢。

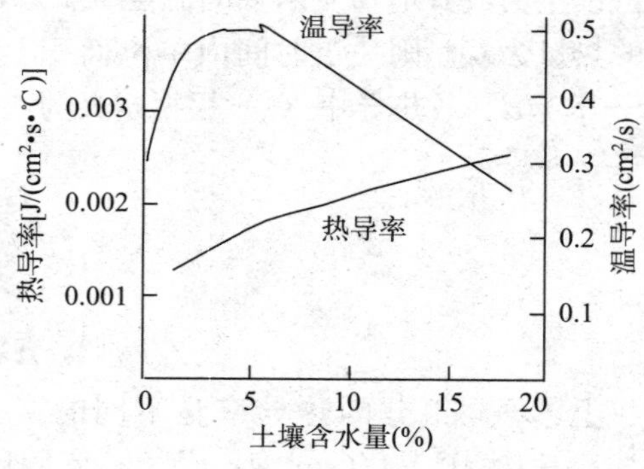

图 4-15　土壤热导率、温导率随含水量的变化

三、土壤温度

土壤温度是太阳辐射平衡、土壤热量平衡和土壤热学性质共同作用的结果，是决定

土壤物理过程以及土壤与大气间的能量和物质交换速率和方向的重要因素。不同地区（生物气候带）、不同时间（季节变化等）和土壤不同组成、性质及利用状况，都不同程度地影响土壤热量的收支平衡。因此土壤温度具有明显的时、空特点。这里讨论土壤温度变化的一般规律。

（一）土壤温度变化规律

随着太阳辐射的季节变化，土壤表面温度有着周期性变化。在一个温度变化的周期里，各出现一次最高温和最低温度。以北京地区土壤温度变化为例，土壤表面最高温度出现于 7 月，最低温度出现于 1 月。随着土壤深度增加，最高温度和最低温度出现的时间逐渐落后，到 12 m 处，出现最高温度的时间已是第二年的 7 月。从一些地区土壤温度观察资料来看，深度每增加1 m，最高温度和最低温度出现时间推迟20～30 d。随着土壤深度的增加，土壤温度年变化将迅速变小。在土壤某一深度，土壤温度的年变化消失，即达到常（恒）温层。该层深度在低纬度地区为5～10 m，在中纬度地区为 15～20 m，在高纬度地区为 20 m 左右。图 4－16 是土壤温度随季节和土层深度的变化情况。

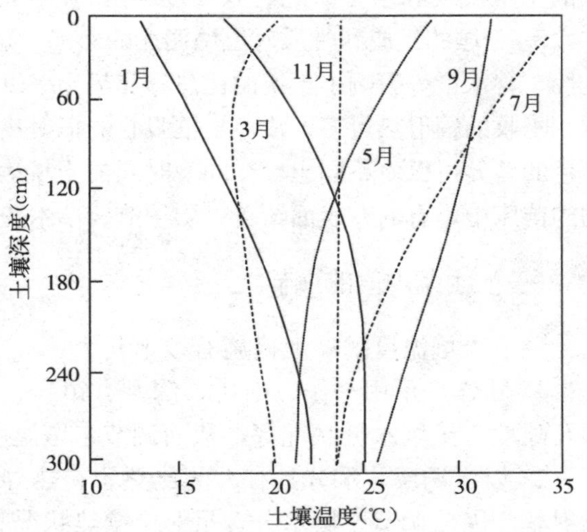

图 4－16　土壤温度随季节和土层深度的变化
（引自 Brady 和 Weil，2008）

土壤温度的日变化也具有与土壤温度年变化相类似的特点，随着深度增加，下层土壤温度变化滞后于表层土壤温度的现象更加明显，而且其温度振幅更加减小。一般，土壤表层最高温度出现于 13:00 左右，而 20 cm 处的最高温度出现在 19:00 左右。通常每加深 10 cm，最高温度和最低温度出现时间滞后 2.5～3.5 h。一般土壤中，土壤温度影响深度很少超过 1 m。

（二）土壤温度变化的影响因素

影响土壤温度变化的因素是十分复杂的，它们大体上可以分为 4 个方面：①气象因素，例如与地面太阳辐射有关的纬度、季节及昼夜交替、大气组成、大气密度及混浊度、云层高度、云层厚度、云量，与蒸发有关的风速、气压、相对湿度等；②土壤组成和性质，例如与土壤导热性、导温性、比热容等土壤特性有关的土壤质地、土壤水分、土壤结构、土壤有机质等；③土地位置，例如海拔高度、坡度、坡向等；④土面覆盖状况，例如地表植被或积雪被覆状况、土壤颜色、平坦度等。这里简单介绍海拔高度、坡向与坡度和土壤组成与性质对土壤温度的影响。

1. 海拔高度对土壤温度的影响　这主要是通过辐射平衡来体现，海拔增高，大气层的密度逐渐减小，透明度不断增加，散热快，土壤从太阳辐射吸收的热量增多，所以高山上的土壤温度比气温高。由于高山气温低，当地面裸露时，地面辐射增强，所以在山区随着高度的增加，土壤温度还是比平地的土壤温度低。

2. 坡向与坡度对土壤温度的影响　这种影响极为显著，主要是由于：①坡地接受的太阳辐射因坡向和坡度而不同；②不同的坡向和坡度上，土壤蒸发强度不一样，土壤水和植物覆盖度有差异，土壤温度高低及变幅也就迥然不同。大体上，北半球的南坡为阳坡，太阳光的入射角大，接受的太阳辐射和热量较多，蒸发也较强，土壤较干燥，致使南坡的土壤的温度比平地要高。北坡是阴坡，情况与南坡刚好相反，所以土壤温度比平地低。在农业上选择适当的坡地进行农作物、果树和林木的种植与育苗极为重要。南坡的土壤温度和水分状况可以促进早发、早熟。

3. 土壤的组成和性质对土壤温度的影响　这主要是由于土壤的结构、质地、松紧度、孔性、含水量等影响了土壤的比热容和热导率以及土壤水蒸发所消耗的热量。土壤颜色深的，吸收的辐射热量多，浅色土壤吸收的辐射热量小而反射率较高。在极端情况下，土壤颜色的差异可以使不同土壤在同一时间的土壤表面温度相差 2～4 ℃，园艺栽培中或农作物的苗床中，有的在表面覆盖一层炉渣、草木灰、土杂肥等深色物质以提高土壤温度。

（三）土壤温度的调节

调节土壤温度的一般措施有以下几个。

1. 耕作　采用垄作、中耕、深翻、镇压、培土等措施，可以改变太阳入射角或土壤孔隙度、土壤水分状况等，从而调节土壤温度。

2. 以水调温　水分具有大的比热容、热导率和蒸发潜热，土壤含水量还影响土壤反射率。因此调节土壤水分含量对土壤热状况有较大影响。

3. 覆盖　覆盖是调节土壤温度最常用的手段之一，例如覆盖农作物秸秆、塑料薄膜、化学制剂等（图 4－17）。

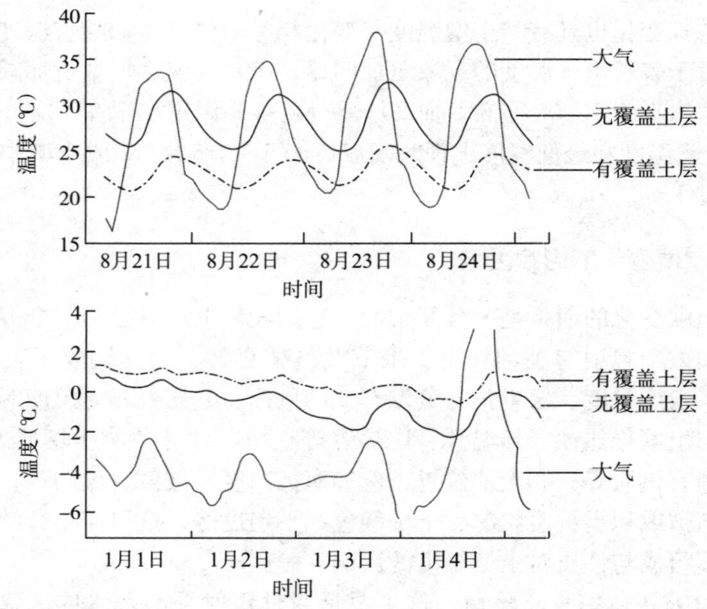

图 4－17　农作物秸秆覆盖（8 t/hm²）对土壤（10 cm 处）温度的影响

（引自 Brady 和 Weil，2008）

4. 设置风障、营建防护林等　例如在寒冷地区，风障能起到降低风速、减少地面乱流和蒸发耗热的作用，可以有效提高地温。采用塑料大棚、温房、玻璃暖房等设施可控制蔬菜、花卉等生产中的土壤温度状况。

复习思考题

1. 常用的土壤水分常数有哪些？它们在农业生产上分别有什么意义？

2. 试分析土壤水分形态、能量与有效性的关系。

3. 田间原位测定土壤含水量有哪些方法？

4. 土水势由哪些分势组成？它们的物理机制如何？在水分饱和土壤与不饱和土壤以及盐土中土水势的分势有什么不同？

5. 国内外测定土水势的主要方法有哪些？它们各有什么特点？

6. 如何测定土壤水分特征曲线？它有什么作用？

7. 根据图 4-9 的土壤水分特征曲线，确定 3 种质地土壤与 $1/3\times10^5$ Pa 和 15×10^5 Pa相对应的体积含水量和质量含水量。当吸力由 $1/3\times10^5$ Pa 增加到 15×10^5 Pa 时，每米深的土层能释放出多少深度单位（mm）表示的水？

8. 土壤通气性与植物生长和土壤环境有什么关系？

9. 通气不良的湿地土壤中碳、氮、硫元素主要以什么形态存在？它们与温室气体排放有什么关系？

10. 农业生产中可通过哪些措施调节土壤温度状况？

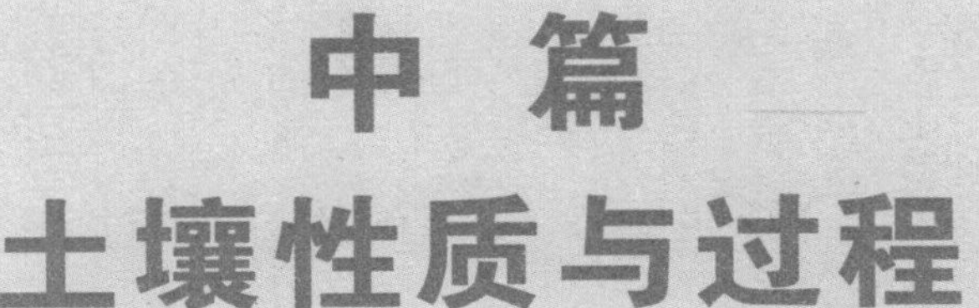

中篇
土壤性质与过程

CHAPTER 5

第五章

土壤的形成和发育过程

土壤是成土母质在一定水热条件和生物的作用下，经过一系列物理作用、化学作用和生物化学作用形成的。在这个过程中，母质与土壤形成环境之间发生一系列的物质和能量交换及转化，形成层次分明的土壤剖面，出现肥力特性。土壤作为一种历史自然体，与其他自然体一样，具有其本身特有的发生和发展规律。

土壤形成和发育主要研究土壤发生演变规律与环境条件之间的关系，是土壤研究的基础。所以自土壤学建立伊始，土壤学家就对土壤发生给予了极大的关注。土壤形成和发育可从物理观点、化学观点和生物学观点研究，也可从矿物学观点、地球化学观点和土壤化学观点研究。土壤是一个可解剖的历史自然体，是能量的转换器，是一个开放系统，也是5大圈层之一。因此面对这样一个复杂的体系，从技术路线上，可从土壤形成因素入手研究土壤的形成和发育，可从过程模型入手研究土壤中物质的输入、输出、转化和迁移过程，也可从时间系列和景观序列入手研究土壤发生过程。所以土壤形成和发育研究的内容十分广泛。20世纪70—80年代以来，土壤形成与发育已与诊断层和诊断特性联系起来，即把土壤形成条件、土壤形成过程、诊断层和诊断特性以及土壤系统分类联系起来，强化了土壤系统分类的理论基础，推动了土壤分类的定量化。

第一节　土壤形成因素及其在土壤发生中的作用

一、土壤形成因素

土壤形成因素又称为成土因素，是影响土壤形成和发育的基本因素，它是一种物质、力、条件或关系或者它们的组合，其已经或即将对土壤的形成发生影响。土壤的特性和发育与动植物不同，不受基因控制，但受外部因素的影响，对这些因素的研究和划分有助于认识土壤。与观察动植物生长相比，观察土壤的形成似乎不可能，土壤形成过程很隐藏且很慢，以至于很难观察，但人们可以通过分析土壤形成因素的差异与土壤特征差异的相关性，从中得到部分信息。因此土壤形成环境（因素）的研究一直是土壤发生学的重要研究内容。

19世纪末，俄国土壤学家B.B.道库恰耶夫对俄罗斯大草原土壤进行了调查，认为土壤是在5大土壤形成因素（气候、母质、生物、地形和时间）作用下形成的。他提出了土壤就像一面镜子，反映了自然地理景观。土壤是土壤形成因素综合作用的产物，各种土壤形成因素在土壤形成中起着同等重要和不可替代的作用，土壤形成因素的变化制约着土壤的形成和发育，土壤分布由于受土壤形成因素的影响而具有地带规律性。

20 世纪 40 年代，美国著名土壤学家汉斯·詹尼（Hans Jenny）在其《土壤形成因素》一书中，发展了道库恰耶夫的成土因素学说，提出了土壤形成因素函数的概念，即

$$s=f(cl, o, r, p, t\cdots)$$

式中，s 为土壤；cl 为气候；o 为生物；r 为地形；p 为母质；t 为时间；…代表尚未确定的其他因素，f 为土壤形成因素函数。

在 20 世纪 80 年代初，汉斯·詹尼又在《土壤资源、起源与性状》一书中，从土壤生态系统、土壤化学和土壤物理化学等方面丰富了这一概念，视土壤为生态系统的组成部分，把土壤形成因素看作状态因子，采用生态学理论对土壤形成因素与土壤形成的关系进行了深入的分析，提出了土壤的发生系列，包括气候系列、生物系列、地形系列、岩成系列、时间系列等。他曾把这种研究方法和函数式称为 clorpt，并把它作为土壤（soil）的同义词来使用，无疑是对土壤发生学理论的又一创见，这使土壤形成因素学说更加深入浅出，使土壤发育的含义更加明晰而便于理解。

此外，柯夫达还提出了地球深层因子对土壤形成的影响，包括火山喷发、地震、新构造运动、深层地下水和地球化学的物质富集等内生性地质现象，以及矿体和石油矿床的局部地貌改变，都会影响土壤的形成和发育方向，但这种局部自然现象对全球土壤的形成和发育不具普遍意义。人类活动是土壤发生发展的重要因素，可对土壤性质、肥力和发展方向产生深刻的影响，甚至起主导作用。在农业土壤中，人类活动对土壤形成的影响甚至大于自然因素，其可在短时间内对土壤产生极大的影响。

二、母质对土壤发生的作用

（一）母质的概念

地壳表层的岩石经过风化，变为疏松的堆积物。这种物质称为风化壳，它们在地球陆地上有广泛的分布。风化壳的表层就是形成土壤的重要物质基础——成土母质。所以可以这样说，成土母质是风化壳的表层，是原生基岩经过风化、搬运、堆积等过程于地表形成的一层疏松、年轻的地质矿物质层，它是形成土壤的物质基础，是土壤的前身。

母质不同于岩石，它已有肥力因素的初步发展，具物质颗粒的分散性，疏松多孔，有一定的吸附作用、透水性和蓄水性，可释放出少量矿质养分，但难以满足植物生长的需要。母质也不同于土壤，其缺乏养分，几乎不含氮、碳，通气性和蓄水性也不能同时解决。

（二）母质的类型

母质按其形成原因可分为残积母质和运积母质两大类（图 5-1）。残积母质是指岩石风化后，基本上未经动力搬运而残留在原地的风化物。运积母质是指经外力（例如水、风、冰川和地心引力等）作用而迁移到其他地区的母质。运积母质又因搬运动力的不同可划分为不同的类型，它们的颗粒大小、磨圆度、分选性、层理性等有较大的差别。不同母质类型有其相应的成因，可通过分析其分布的地形位置及其理化性状加以识别。

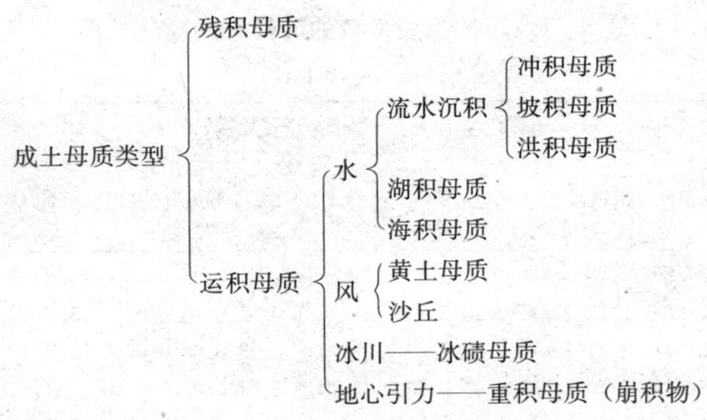

图 5-1　成土母质类型

（三）母质在土壤形成中的作用

母质是形成土壤的物质基础，它对土壤的形成过程和土壤属性均有很大的影响。

首先，不同母质因其矿物组成、理化性状的不同，在其他土壤形成因素的制约下，直接影响土壤形成过程的速度、性质和方向。例如在石英含量较高的花岗岩风化物中，抗风化力很强的石英颗粒仍可保存在所发育的土壤中，而且因其所含的盐基成分（钾、钠、钙、镁）较少，在强淋溶下，极易完全淋失，使土壤呈酸性反应；而玄武岩、辉绿岩等风化物，因不含或少含石英，盐基丰富，抗淋溶作用较强。同一地区，因母质性质的差异，其土壤形成类型也可发生差异。例如在我国亚热带地区，石灰岩发育的土壤，因新风化的碎屑及富含碳酸盐的地表水源源流入土体，延缓了土壤中盐基的淋失，从而发育成为石灰岩土；而酸性岩发育的则多为红壤。

其次，母质对土壤理化性质有很大的影响。不同的成土母质所形成的土壤，其养分情况有所不同，例如钾长石风化后所形成的土壤有较多的钾，而斜长石风化后所形成的土壤有较多的钙，辉石和角闪石风化后所形成的土壤有较多的铁、镁、钙等元素；而含磷量多的石灰岩母质在土壤形成过程中虽然碳酸钙遭淋失，但土壤含磷量仍很高。土壤质地也与成土母质密切相关，例如南方红壤中，红色风化壳和玄武岩上发育的土壤质地较黏重，在花岗岩和砂页岩上发育的土壤质地居中，而在砂岩、片岩上发育的土壤质地最轻。

不同成土母质发育的土壤，矿物组成往往也有较大的差别。对原生矿物组成来说，基性岩母质发育的土壤含角闪石、辉石、黑云母等抗风化力弱的深色矿物较多；而酸性岩发育的土壤则含石英、正长石、白云母等抗风化力强的浅色矿物较多。从黏土矿物来说，由于母质不同也可产生不同的次生矿物，例如在相同的土壤形成环境下，盐基丰富的辉长岩风化物形成的土壤常含较多的蒙脱石，而酸性花岗岩风化物所形成的土壤常可形成较多的高岭石。

此外，母质层次的不均一性也会影响土壤的发育和形态特征。例如冲积母质的砂黏间层所发育的土壤容易在砂层之下、黏层之上形成滞水层；在平原地区，这些砂黏间层中氧化还原特征的表现也可有较大的差异。

一般来说，土壤形成过程进行得愈久，土壤与母质的性质差别就愈大，但母质的某些性质仍会保留在土壤中。例如分布在我国华南的砖红壤是我国境内风化强度最高、成土时间最长的一类土壤，但母质对砖红壤的性质仍有深刻的影响（表 5-1）。

表 5-1　不同母质发育的砖红壤的理化性质

（引自《中国土壤》）

土壤	深度（cm）	pH	有机质含量(%)	土体化学组成（占烘干土质量比例，%）												黏粒分子率		颗粒组成（%）	
				SiO_2	Al_2O_3	Fe_2O_3	FeO	TiO_2	MnO	CaO	MgO	K_2O	Na_2O	P_2O_5	H_2O	$\frac{SiO_2}{Al_2O_3}$	$\frac{SiO_2}{R_2O_3}$	粒径（mm） 1～3	粒径（mm） <0.001
铁质砖红壤（玄武岩母质）	0～30	5.7	3.94	34.80	22.79	—	21.45	2.29	0.19	痕迹	0.47	0.06	0.08	0.17	11.63	1.50	1.13	—	63.1
	30～50	5.0	1.02	35.55	29.22	17.11	2.22	2.32	0.15	痕迹	0.50	0.06	0.06	0.15	11.83	1.54	1.14	—	78.0
	50～80	5.2	0.68	34.34	28.77	18.74	2.00	2.36	0.15	痕迹	0.43	0.05	0.05	0.16	11.92	1.49	1.12	—	78.9
	80～100	5.0	0.64	34.45	29.50	18.88	1.93	2.66	0.15	痕迹	0.71	0.05	—	0.13	11.81	1.51	1.13	—	77.5
	半风化体	—	—	42.55	23.15	15.75	1.39	2.36	0.18	0.62	2.47	0.55	0.78	0.18	9.28	—	—	—	—
	玄武岩	—	—	49.28	15.83	2.82	8.72	1.98	0.17	8.84	8.13	0.77	3.59	0.22	0.05	—	—	—	—
硅质砖红壤（浅海沉积母质）	0～20	4.5	0.98	87.44	6.09	1.13	1.20	0.47	0.01	痕迹	0.16	0.06	0.07	0.02	2.23	1.75	1.47	1.4	18.9
	20～45	4.4	0.76	82.78	7.72	1.58	1.00	0.50	0.01	痕迹	0.10	0.08	0.19	0.03	3.48	1.73	1.45	8.6	18.3
	45～100	4.3	0.51	76.45	13.72	3.58	0.87	0.88	0.01	痕迹	0.10	0.14	0.16	0.03	5.30	1.71	1.46	10.4	34.0
硅铝质砖红壤（花岗岩母质）	0～25	5.0	1.64	76.65	13.15	1.50	—	0.35		痕迹	0.25	1.55	0.19	0.02	3.52	1.90	1.88	30.1	13.9
	25～50	5.3	0.62	78.14	12.58	1.64	—	0.31		痕迹	0.23	0.90	0.19	0.02	3.29	1.83	1.73	67.3	23.3
	50～85	4.6	0.48	73.34	16.83	2.10	—	0.20		痕迹	0.27	1.20	0.13	0.02	4.88	1.79	1.69	57.5	21.8
	85 以下	4.7	0.55	72.68	17.70	2.09	—	0.30		痕迹	1.46	0.90	0.13	0.02	4.85	1.86	1.76	53.7	22.7

三、气候与土壤形成的关系

气候对土壤形成的影响主要体现在两个方面：①直接参与母质的风化，水热状况直接影响矿物质的分解与合成和物质的积累与淋失；②控制植物生长和微生物的活动，影响有机质的积累和分解，决定养分物质循环的速度。气候对土壤形成的影响主要包括湿度和温度两个方面。

（一）湿度对土壤形成的影响

土壤湿度一般可用降水量、蒸发量、相对湿度、雨量因子［降水量（mm）/气温（℃）］、湿度因素［降水量（mm）/大气绝对饱和度（mmHg）］等表示，但国内常用 Penman 经验公式来计算，即

$$D=\frac{ET}{P}$$

式中，D 为干燥度，ET 为年可能蒸发量，P 为年降水量。其中 $ET=fE_0$，E_0 为水分年蒸发量；f 为随季节而异的系数，11—2 月为 0.6，5—8 月为 0.8，其余各月为 0.7。根据干燥度可把我国气候区划分为表 5-2 所示的 5 个气候大区。

表 5-2　中国气候大区划分指标

（引自中国地理，1981）

气候大区	干燥度	自然景观
湿润	<1.0	森林
半湿润	1.0～1.6	森林草原
半干旱	1.6～3.5	草原
干旱	3.5～16.0	半荒漠
极干旱	>16.0	荒漠

湿度对土壤形成的影响主要表现在以下几个方面。

1. 湿度对土壤中物质迁移的影响　土壤中物质的迁移主要是以水为载体进行的。不同地区，由于土壤湿度的差异，物质的迁移可有很大的差别。根据土壤中水分收支情况对物质迁移的影响，可分以下几种土壤水分类型。

(1) 淋溶型水分状况　在降水量大于蒸发量的地区，土壤表层每年水分的收入大于支出，有多余的水补给地下水。由于土壤水分运动的方向以下行为主，物质遭到淋溶，因此这种土壤常具有盐基饱和度低、酸性强等特点。

(2) 非淋溶型水分状况　其特点是蒸发量略大于降水量，降水只能到达一定的深度，蒸发较强，土壤淋溶作用弱，因此这类土壤常具有中性至微碱性反应、盐基饱和度高的特点，剖面中常有钙积层。

(3) 上升水型水分状况　其特点是蒸发、蒸腾总量大大超过降水量，其差额由地下水补充，形成这种水分状况的重要条件是地下水接近地表，并能以毛管上升水的形式补给土壤。在这种情况下，如果地下水矿化度高，则会导致盐渍化；如果地下水达不到地表，而只能达到剖面中部，则称为半上升水型水分状况。

(4) 停滞型水分状况　其特点是地表经常积水。沼泽化土壤即属此类型。

2. 湿度对土壤中物质的分解、合成和转化的影响　土壤中许多化学过程都必须有水的参与，因此土壤中水分状况会影响这些过程的速率和产物的数量，进而影响土壤的一系列理化性质。

在其他土壤形成因素相对稳定的条件下，表土有机质含量常随大气湿度的增加而增加；湿度较大时，可促进风化产物的迁移，也有利于矿物的风化。因此在湿润地区的土壤风化度较高，而在干旱地区的土壤风化度较弱。

在热带亚热带地区的丘陵山地上，湿度状况会影响氧化铁矿物的转化。湿度较大将不利于针铁矿向赤铁矿转化，湿度较小则有利于针铁矿脱水向赤铁矿转化。因此随着湿度增加，土壤中赤铁矿含量趋向减小，针铁矿含量则增加，土壤颜色也由红转黄。图 5-2 是降水量对某些土壤性质的影响。从图 5-2 中可见，各种性质随降水量变化的反应快慢是不一样的，土壤氢离子浓度（pH）及土壤钙积层淀积深度随降水量的变化较大，而全氮含量、黏粒含量及阳离子交换量的变化则较小。

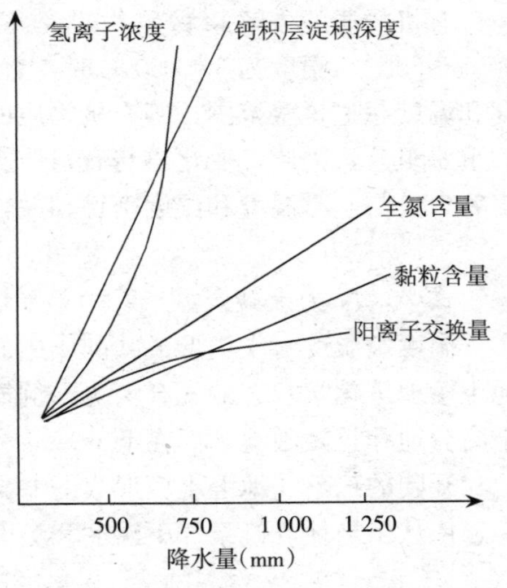

图 5-2　土壤属性随降水量变化的相对趋势

（二）温度对土壤形成的影响

温度影响矿物的风化与合成和有机物质的合成与分解。一般来说，温度每升高 10 ℃，反应速率可升高 1 倍。温度从 0 ℃上升到 50 ℃时，化合物的解离度可增加 7 倍，这就说明了为什么在热带地区岩石矿物风化速率和土壤形成速率、风化壳和土壤厚度比温带和寒带地区都要大得多。例如花岗岩风化壳在广东可厚达 30～40 m，在浙江一般为 5～6 m，而在青海高原常不足 1 m。

德国土壤学家拉曼（Ramann）曾提出风化因子的概念，其表达式为

$$风化因子=风化时间\times水解离度$$

式中，风化时间指日平均温度在一定温度以上的全年天数。根据这种见解，赤道带的风化强度约 3 倍于温带，9～10 倍于极地寒冷带（表 5-3），因此热带与寒带的土壤形成速率有很大的差异。

表 5-3　拉曼的风化因子

气候带	年平均土壤温度（℃）	水的相对解离度	风化时间（d）（0 ℃以上）	风化因子	
				绝对值	相对值
极地	10	1.7	100	170	1
温带	18	2.4	200	480	2.8
赤道带	34	2.5	300	1 620	9.5

（三）温度和湿度对土壤形成的共同影响

前面分别讨论了温度和湿度对土壤形成过程的强度和方向的影响，而实际上温度和湿度两因子是共同作用着的，只有二者互相配合，才能促进土壤的形成发展。例如在热带地区，只有在充足的水分条件下，高温才能促进原生矿物的深度风化，形成砖红壤；而在缺少水分的条件下，风化强度较弱，土壤向燥红土方向发展。

有机物质的分解和腐殖化也是湿度和温度共同影响的结果。据研究，当湿度为 60%～65%、温度为 45～50 ℃时，有机物质分解最充分，可达到总量的 90%。如果湿度和温度超过这些范围，则有机物质的矿化受阻，可促进腐殖质的形成。全氮是有机质的重要组分，因此其变化也与有机质类似。例如詹尼曾对美国大平原的土壤研究，发现全氮含量与土壤温度和湿度密切相关，并可用下式表示。

$$N=0.55\mathrm{e}^{-0.08T}(1-\mathrm{e}^{-0.005m})$$

式中，N 为土壤全氮，T 为年平均温度，m 为湿度因素。

温度和湿度对土壤形成共同作用的总效应是很复杂的，这多数决定于水热条件和当地土壤地球化学状态的配合情况。例如在湿润的热带和亚热带，红色的富铝化土只存在于高台地和丘陵山地，而在低的平原和洼地上则不能形成；但在干旱气候条件下，高台地和开阔的陷落洼地上土壤形成的差异并不显著。因此不能把土壤形成过程简单地归结为它依从于当地气候条件下温度和湿度的某种比例关系。

（四）气候变化与土壤形成

随着气候条件和土壤温度和湿度条件的变化，土壤中矿物质的迁移状况也有相应的变化。我国自西北向华北逐渐过渡，土壤中盐类的迁移能力不断加强。在西北荒漠和半荒漠草原地区，只有极易溶解的盐类（例如氯化钠和部分硫酸盐）有相当明显的淋溶现象，或淀积于土壤剖面下层，或被淋出土体之外，土体中往往没有明显的钙积层；在内蒙古及华北的草原、森林草原地区，土壤中的一价盐类大部分淋失，而二价盐类在土壤中有明显的差异，大部分土壤具有明显的钙积层；到了华北东部的温带森林地带，则碳酸盐大多淋失。

由于气候带、植被和土壤之间存在明显的关系，许多土壤学家非常重视气候在土壤形成中的作用，并提出了土壤地带性的概念，并把在排水条件较好而又比较平稳的地形条件下形成的、气候条件明显大于其他因素影响的土壤称为显域土（或正常土、地带性土壤）。图 5-3 是土壤随气候条件变化的一个例子，随着气候的变化，土壤有机质层厚度和分解性发生了变化，土壤类型也随之发生了变化。

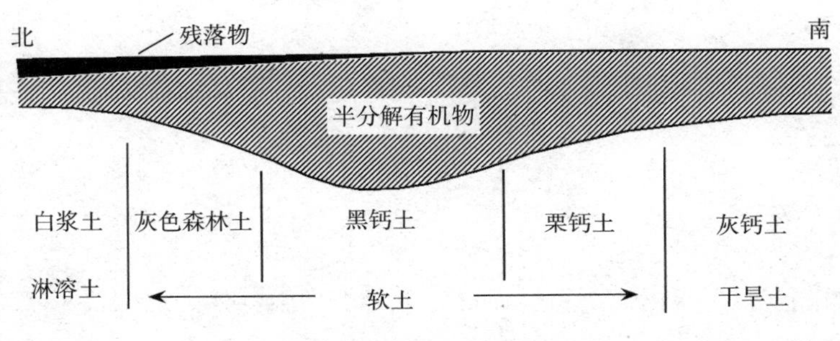

图 5-3　俄罗斯从北往南的土壤气候系列

（引自 Duchaufour，1982）

我国不同热量带和不同湿度带分布着一定的地带性土壤类型。在温带，自西向东大气湿度递增，依次出现棕漠土、灰棕漠土、灰漠土、棕钙土（灰钙土）、栗钙土、黑钙土和黑土。在东部湿润区，由北向南热量递增，土壤分布依次为暗棕壤、棕壤（褐土）、黄棕壤、黄壤、红壤和砖红壤。

对于年轻的土壤，由于其土壤形成时间短，其形成于几乎不变的气候条件下，土壤性质与目前气候条件关系密切。但对于世界上的某些土壤，由于在其形成过程中，气候条件已经历了多次变化，土壤性质已变得错综复杂，这在研究气候与土壤的关系时应引起注意。但土壤是气候变化的记录者，气候的变化往往在土壤性质中得到体现，所以可以通过研究古土壤的性质来追溯过去的气候。

四、生物因素在土壤形成中的作用

土壤形成的生物因素包括植物、土壤动物和土壤微生物。生物因素是促进土壤形成最活跃的因素。由于生物的生命活动，把大量太阳能引进土壤形成过程，使分散在岩石圈、水圈和大气圈中的营养元素向土壤表层富集，形成土壤腐殖质层，使土壤具备肥力特性，推动土壤的形成和演化，所以从一定的意义上说，没有生物因素的作用，就没有土壤的形成过程。

（一）植物在土壤形成过程中的作用

植物在土壤形成中最重要的作用是利用太阳辐射能，合成有机物质，把分散在母质、水体和大气中的营养元素有选择地吸收起来，同时伴随着矿质营养元素的有效化。

据柯夫达估计，陆地上的植物每年形成的生物量约为 3.5×10^{10} t，相当于 8.9×10^{17} J 的能量。不同的植被类型有机残体的数量不同，一般说来，热带常绿阔叶林多于温带夏绿阔叶林，温带夏绿阔叶林多于寒带针叶林；草甸多于草甸草原，草甸草原多于干旱草原，干旱草原又多于半荒漠和荒漠（表 5-4）。大部分的植物有机物质集中于地上部，但每年也有相当数量的新鲜有机物质形成于根系，60%～70%的根系通常集中于土壤上部 30～50 cm 的土层。在总的植物量中，根部占 20%～90%（表 5-5）。

表 5-4 不同景观的植被生产率（kg/hm²）

（引自 B. A. 柯夫达，1981）

景 观	植物量	年生长量	年凋落量
山地热带森林（巴西）	1 724 100	—	—
湿润热带森林（平均值）	500 000	32 500	25 000
亚热带森林（平均值）	410 000	24 500	21 000
栎树群落	500 000	9 000	6 500
山毛榉群落	370 000	13 000	9 000
南部泰加群落的云杉林	330 000	8 500	5 500
南部泰加群落的松林	280 000	6 100	4 700
热带稀树草原（加纳）	66 000	12 000	11 500
热带稀树干草原（印度）	26 800	7 300	7 200
草甸平原（俄罗斯）	25 000	13 700	13 700
干旱草原	10 000	4 200	4 200
半小灌木荒漠	4 300	1 220	1 200
北极冰沼	5 000	1 000	1 000
荒漠藻类龟裂土	110	110	110

表 5-5 陆地自然带土壤中储于根系的植物量

（引自 B. A. 柯夫达，1981）

自然带	储于根系的植物量（kg/hm²）	占植物量的比例（%）	自然带	储于根系的植物量（kg/hm²）	占植物量的比例（%）
北极冰沼地	600～8 000	70	草原	10 000	80～90
			湿草原	20 000	80～90
			草甸	25 000	80～90
灌木冰沼地	20 000～30 000	80～85	荒漠	300～3 000	40～85
针叶林	30 000～80 000	21～25	判伯群落和热带稀树草原	20 000～40 000	30～60
阔叶林	25 000～95 000	15～33	湿润热带森林	>100 000	约 20

植物组织每年吸收的矿物质在组成和数量上差异很大。据研究，在冰沼地、森林冰沼地、针叶林和针叶阔叶混交林地，植物的灰分含量最低（仅 1.5%～2.5%）；在高山和亚高山草甸、草原和北方阔叶林以及草本-灌木林、稀树林等的植物的灰分含量中等（2.5%～5%）；而盐土植被的灰分含量却高达 20%，甚至 50%以上。

木本植物和草本植物因有机物质的数量、性质和积累方式不同，它们在土壤形成过程中的作用也不相同。木本植物以多年生为主，每年形成的有机物质只有少部分以凋落物的形式堆积于地表，形成的腐殖质层较薄（图 5-4），而且腐殖质主要为富啡酸，品质较差。凋落物中含鞣质、树脂类物质较多，分解后易产生较强的酸性物质，导致土壤酸化和矿物质的淋失。而草本植物多为一年生，无论是地上部还是地下部的有机体，每年都经过死亡更新，因此提供给土壤的有机物质较多且分布深（图 5-4）；有机残体多

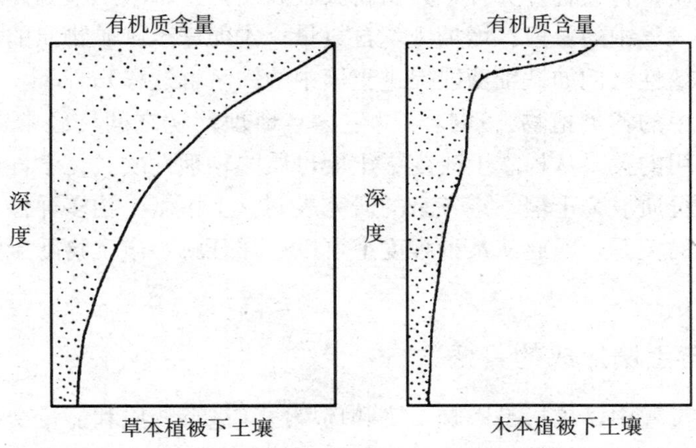

图 5-4　植被对土壤剖面中有机质分布的影响

纤维素，少鞣质、树脂等物质，不易产生酸性物质，其灰分和氮素含量大大超过木本植物，形成的土壤多呈中性至微碱性。

此外，植物根系可分泌有机酸，通过溶解和根系的挤压作用破坏矿物晶格，改变矿物的性质，促进土壤形成，并通过根系活动，促进土壤结构的发展。

自然植被和水热条件的演变，引起土壤类型的演变。我国东部由东北往华南的森林植被和土壤（括号内）的分布为：针叶林（棕色针叶林土）→针叶混交林（暗棕壤）→落叶阔叶林（棕壤）→落叶常绿阔叶林（黄棕壤）→常绿阔叶林（红壤、黄壤、赤红壤）→雨林、季雨林（砖红壤）。

（二）土壤动物在土壤形成过程中的作用

土壤动物区系的种类多、数量大，其残体作为土壤有机质的来源，参与土壤腐殖质的形成和养分的转化。动物的活动可疏松土壤，促进团聚结构的形成，例如蚯蚓将吃进的有机物质和矿物质混合后，形成粒状化土壤结构，促使土壤肥沃。非洲科特迪瓦的白蚁可筑起直径 15 m、高 2～6 m 的坚固竖立土墩，直接影响土壤的发育和性质。土壤动物种类的组成和数量在一定程度上是土壤类型和土壤性质的标志，可作为土壤肥力的指标。

（三）土壤微生物在土壤形成过程中的作用

微生物在土壤形成和肥力发展中的作用是非常复杂和多种多样的。微生物作为地球上最古老的生物体，已存在数十亿年，因此它是古老的造土者。

从生物化学的观点来看，微生物的功能是多方面的，例如氮的固定、氨和硫化氢的氧化、硫酸盐和硝酸盐的还原以及溶液中铁氧化物、锰氧化物的沉淀等过程都有微生物的参与，在土壤能量和物质的生物学循环中起着极为重要的作用。

某些微生物（例如自养细菌）与植物相似，也能自身合成有机物质，但不利用太阳能。因此远在绿色植物出现之前自养微生物和异养微生物群落就已开始土壤形成过程。但微生物作用最主要的特征在于它们能够分解植物残体，合成土壤腐殖质，这就是它们与植物和动物在土壤形成作用上的差别。总的来说，微生物对土壤形成的作用可概括为：①分解有机质，释放各种养分，为植物吸收利用；②合成土壤腐殖质，增强土壤胶体性能；③固定大气中的氮素，增加土壤含氮量；④促进土壤矿物质的溶解和迁移，增加矿质养分的有效性（例如铁细菌能促进土壤中的铁溶解迁移）。

栖息于土壤中的各类植物、动物和微生物与地理环境之间，经常保持相互作用关系，这种相互作用的关系从根本上改变了土壤母质的物理性质、化学性质和生物化学性质，并促使土壤母质成为土壤。近年来的研究表明，土壤微生物多样性及群落结构与土壤类型存在密切的关系，因此从某种程度上可以这样理解，微生物随土壤发育发生着不断的演化。

五、地形与土壤形成的关系

在土壤形成过程中，地形是影响土壤和环境之间进行物质和能量交换的一个重要条件，它与母质、生物、气候等因素的作用不同，不提供任何新的物质。其主要通过影响其他土壤形成因素对土壤形成起作用。

（一）地形与母质的关系

地形对母质起重新分配的作用。不同的地形部位常分布有不同的母质，例如山地上部或台地上的母质主要是残积母质，坡地和山麓地带的母质多为坡积物，在山前平原冲积扇地区的成土母质多为洪积物，而河流阶地、泛滥地和冲积平原的母质为冲积物，湖泊周围的母质为湖积物，滨海附近地区的母质为海积物。

（二）地形与水热条件的关系

地形支配着地表径流，影响水分的重新分配，很大程度上决定着地下水的活动情况。在较高的地形部位，部分降水受到径流的影响，从高处流向低处，部分水分补给地下水源，土壤中的物质易遭淋失；在地形低洼处，土壤获得更多的水量，物质不易淋溶，腐殖质较易积累，土壤剖面的形态也有相应的变化。如图 5－5 所示，从高处向低处排水条件变差，它们的剖面形态也发生了相应的变化：土壤 1 的整个剖面呈均一的氧化色；土壤 2 上部为均一的氧化色，下部受地下水轻微影响，基色为灰色但有大量黄斑；土壤 3 从上至下可分为明显的 3 层：均色层、斑块状层和含大量斑纹的灰色层；土壤 4 以蓝灰色为主，表层根系周围有锈斑；土壤 5 的表层为泥炭层，下部呈蓝灰色。

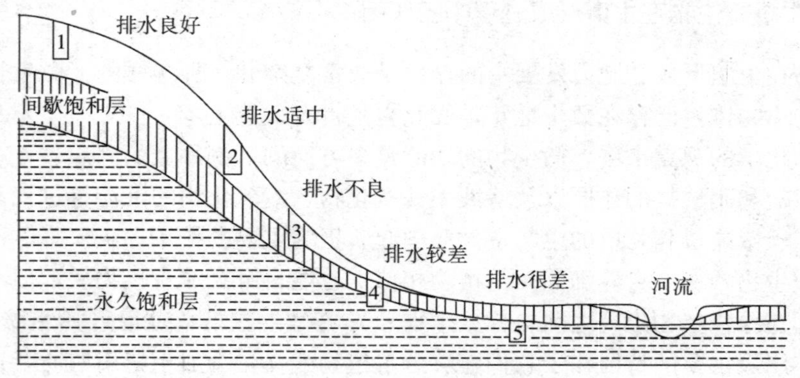

图 5－5　地形对土壤水分状况的影响

此外，坡面的形态是光滑的还是粗糙的，是凹面是还是凸面，对水分状况影响很大。凸坡和光滑坡面不易保存水分，而凹坡与粗糙坡面水分较充足。平原地区因地下水位较高，因此微地形的差异会引起土壤水分状况很大的差别。

地形的差别还可导致地形雨，在热带、亚热带低山区，随着海拔升高，降水量增加，例如安徽黄山在海拔 1 840 m 的光明顶年平均降水量为 2 339.4 mm，而山脚的年平均降水量只有 1 642 mm。此外，背风面的降水量与迎风面也有很大的差异。

地形对水分状况的影响在湿润地区尤为重要，因为湿润地区降水丰富，地下水位较高。而在干旱地区，因降水少、且地下水位较深，由地形引起的水分状况差异较小。

地形也影响地表温度的差异，不同的海拔高度、坡度和方位对太阳辐射能吸收和地面散射不同，例如南坡常比北坡温度高。

（三）地形与土壤发育的关系

地形对土壤发育的影响，在山地表现得尤为明显。山地地势高、坡度大，切割强烈，水热状况和植被变化大，因此山地土壤有垂直分布的特点。

地形发育（地形受地质营力的作用也在不断发生变化）也对土壤发育带来深刻的影响。由于地壳的上升或下降，影响土壤的侵蚀与堆积过程及气候和植被状况，使土壤形成过程、土壤和土被发生演变。例如随着河谷地形的演化，在不同地形部位上，可构成水成土（河漫滩）→半水成土（低级阶地）→地带性土（高级阶地）的发生系列。另外，地形的发育也会改变土壤的异常分布，例如我国亚热带地区的红色土壤一般出现在低海拔区域，但地壳的抬升也会把红色土壤提升到海拔较高的区域。

通常把在相同气候、母质和土壤形成年龄下，由于地形和排水条件上差异引起的具有不同特征的一系列土壤称为土链。

六、土壤形成时间对土壤形成的影响

时间因素对土壤形成没有直接的影响，但时间因素可体现土壤的不断发展。土壤形成时间长时，受气候作用持久，土壤剖面发育完整，土壤与母质差别大；土壤形成时间短时，受气候作用短，土壤剖面发育差，土壤与母质差别小。

（一）土壤年龄

正像一切历史自然体一样，土壤也有一定的年龄。土壤年龄是指土壤发生发育时间的长短，通常把土壤年龄分为绝对年龄和相对年龄。绝对年龄是指从该土壤在当地新鲜风化层或新母质上开始发育时算起迄今所经历的时间，通常用年表示。相对年龄则是指土壤的发育阶段或土壤的发育程度。土壤剖面发育明显，土壤厚度大，发育度高，相对年龄大；反之相对年龄小。

通常说的土壤年龄是指土壤的发育程度，亦即相对年龄，而不是年数。

（二）土壤形成速率和所需的时间

地表的岩石转变为母质，形成土壤都需要一定的时间。但母质和环境条件的差异又会影响风化作用和土壤形成的速率。据报道，在湿润气候下，石灰岩只需 100 年就可产生剥蚀，而抗蚀性较强的砂岩经过 200 年才可看出风化的痕迹。随土壤形成年龄的增长，土壤渐渐形成发生层，产生剖面分异。例如我国南方的紫色砂岩经 10 多年的风化和土壤形成过程就可形成较肥沃的土壤。在俄罗斯平原上，3 000 年便可形成 40 cm 厚的黑钙土，7 000 年就可形成 150 cm 厚的黑钙土，年形成速率达 0.2 mm。

在土壤形成过程中，有些土壤性质和土层的分化比其他的快。许多土壤在 100 年内就可使土壤有机质达到准平衡；在较有利的条件下，一个弱发育的 B 层可在数百年内形成；在 400～500 年的土壤形成时间内，就可看出黏粒由淋溶层（A 层）向淀积层（B 层）的迁移。Buol 等（1980）曾对土壤形成速率进行总结，发现不同的土壤之间差异很大，对于火山岩发育的幼年土壤，形成每厘米土壤仅需 1.3 年，而非洲的氧化土，每厘米土壤的形成时间为 750 年。

土壤形成速率与自然界许多其他过程一样，随时间的变化而变化。一般当土壤处于幼年阶段时，土壤的特性随时间变化很快，但随着土壤形成年龄的增加，变化速率渐渐转慢，且不同的土壤形成过程在时间上的变化强度也是不同的。例如土壤有机质的变化一般可分为 3 个阶段：①在年轻的土壤中，有机质的积累速率大于矿化速率，有机质含量迅速增加；②在成熟的土壤中，有机质的增加量与矿化量相当，有机质趋向平衡；③随着土壤形成年龄进一步的增加，有机质的矿化率增高，土壤有机质含量将趋向减少。又如硅酸盐矿物的形成也有类似的情况：年轻土壤的黏粒含量低，原生矿物丰富，黏土矿物形成速率大；而在成熟或老年的土壤中，大部分原生矿物已被风化分解，黏粒形成速率变小，同时高黏粒量将促进黏粒的分解。可见在土壤形成过程中，有些过程在初期较快，有些过程在后期较快。

在众多的土壤性质中，有些性质变化很快，短期内可达到动力学准平衡状态，例如土壤有机质、土壤全氮、土壤表层碳酸钙等的含量；有些性质则需要经历很长的时间才能达到动力学准平衡，例如黏化层和氧化层的形成。Yaalon(1971) 曾根据土壤性质达到动力学准平衡所需的时间，把土壤性质分为 3 组：①快速类，在 10^3 年内达到动力学准平衡状态；②慢速类，要 10^3 年以上才能达到动力学准平衡状态；③持续类，在极长的时间内也不能达到动力学准平衡状态。

不同地区、不同类型的土壤，形成的时间有很大的差异。Arduino 等（1986）对意大利北部土壤和时间关系的研究发现，淋溶土形成时间为 3 000～7 300 年，始成土形成时间为 1 300～3 000 年，新成土形成时间为 100～1 300 年。Busacca(1987) 对美国加利福尼亚州土壤年龄的研究表明，新成土形成时间小于3 000 年，软土形成时间为 3 000～29 000年，老成土形成时间为 50 万～320 万年。Yaalon(1975) 曾用图 5-6 表示了一些美国土纲获得稳定状态所需的时间。总的看来，土壤年龄相差很大，年龄短者可在 100 年以内，年龄长者可达 400 万年之久（氧化土）。

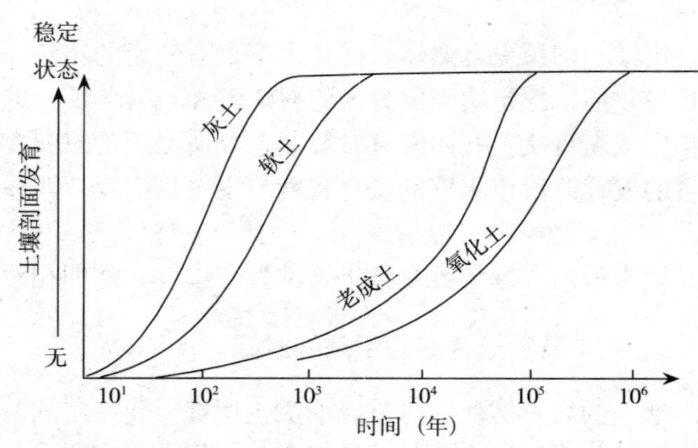

图 5-6　某些土壤达到稳定状态（准平衡）所需的时间

（三）土壤形成的阶段性

Mohr 和 van Baren 曾把热带地区的土壤形成分为以下 5 个阶段。

1. 初期阶段　处于初期阶段的土壤为未风化的母质。

2. 青少年阶段　青少年阶段的土壤中，风化已经开始，但许多母质物质仍保留在土壤中。

3. 壮年阶段　壮年阶段的土壤中，易风化的矿物大部分已分解，黏粒明显增加。

4. 老年阶段　老年阶段的土壤中，矿物分解已处于最后阶段，只有少数抗风化力强的原生矿物被保存。

5. 最后阶段　处于最后阶段的土壤发育已完成，原生矿物基本上彻底风化。

图 5－7 为一个湿润热带地区火山灰上土壤形成阶段性的例子，土层厚度和生物量在壮年阶段达到最大，而老年阶段又有所下降。

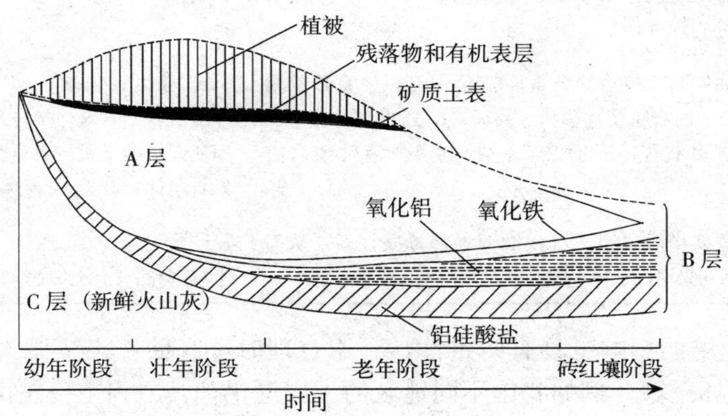

图 5－7　土壤发育的阶段性

关于土壤发育的阶段性，有些学者认为，任何一种土壤类型都不能看成固定不变，某个类型的土壤只是土壤进化发育的某个阶段，随着土壤进化，土壤类型将会发生转变。

七、人类活动对土壤形成的影响

传统看法认为，土壤形成作用是母质、气候、生物、地形和时间 5 种因素的相互作用，而把人类的作用简单地包括在生物因素之内，这种观点低估了人类对土壤影响所起的作用。

人类活动在土壤形成过程中具独特的作用，但它与其他 5 个因素有本质的区别，不能把其作为第 6 个因素，与其他自然因素同等看待。这是因为：

① 人类活动对土壤的影响是有意识、有目的、定向的。在农业生产实践中，在逐渐认识土壤发生发展客观规律的基础上，利用和改造土壤、培肥土壤，它的影响可以是较快的。

② 人类活动是社会性的，它受社会制度和社会生产力的影响，在不同的社会制度和不同的生产力水平下，人类活动对土壤的影响及其效果有很大的差别。

③ 人类活动的影响可通过改变各自然因素而起作用，并可分为有利和有害两个方面（表 5-6）。

表 5-6　人类影响土壤形成因素的作用

（引自 E. M. Bridges，1982）

	有利效果	有害效果
母质	a. 增加矿质肥料；b. 增积贝壳和骨骼；c. 局部增积灰分；d. 迁移过量物质（例如盐分）；e. 施用泥灰；f. 施用淤积物	a. 动植物养分通过收获取走多于返回；b. 施用对动植物有毒的物质；c. 改变土壤组成足以抑制植物生长
地形	a. 通过增加表层粗糙度，建造土地和创造结构以控制侵蚀；b. 增积物质以提高土地高度；c. 平整土地	a. 湿地开沟和开矿促其下降；b. 加速侵蚀；c. 采掘
气候	a. 因灌溉而增加水分；b. 人工增雨；c. 工业上经营者释放二氧化碳到大气中并可能使气候转暖；d. 近地面空气加热；e. 用电或用热气管道使亚表层土壤增温；f. 改变表层土壤的颜色，以改变反射率；g. 排水迁移水分；h. 风的转向	a. 土壤受到过分曝晒，扩大冰冻，迎风和紧实化等危害；b. 土地形成中改变外观；c. 制造烟雾；d. 清除和烧毁有机覆盖物
有机体	a. 引进和控制动植物的数量；b. 运用有机体直接或间接增加土壤中的有机质，包括人粪尿；c. 通过翻耕疏松土壤以取得更多氧气；d. 休闲；e. 控制熏烧消灭致病有机体	a. 移走动植物；b. 通过燃烧、耕种、过度放牧、收获、加速氧化作用、淋溶作用从而减少有机质含量；c. 增加或繁生致病有机体；d. 增加放射性物质
时间	a. 因增添新母质或因土壤侵蚀而局部母质裸露，从而使土壤更新；b. 排水开垦土地	a. 养分从土壤和植被中加速迁移，以致土壤退化；b. 土壤居于固体填充物和水下

④ 人类对土壤的影响也具有两重性，利用合理时，有助于土壤肥力的提高；利用不当时，就会破坏土壤。例如我国不同地区的土壤退化，其原因主要是由于人类的不合理利用。

上述各种土壤形成因素可大概分为自然土壤形成因素（气候、生物、母质、地形和时间）和人为活动因素。前者存在于一切土壤形成过程中，产生自然土壤；后者在人类社会活动的范围内起作用，对自然土壤进行改造，可改变土壤的发育程度和发育方向。各种土壤形成因素对土壤形成的作用不同，但都是互相影响、互相制约的。一种或几种土壤形成因素的改变，会引发其他土壤形成因素的变化。土壤形成的物质基础是母质，能量的基本来源是气候，生物则把物质循环和能量交换向形成土壤的方向发展，使无机能转变为有机能，太阳能转变为生物化学能，促进有机物质积累和土壤肥力的产生，地形、时间以及人为活动则影响土壤的形成速度和发育程度及方向。

第二节　土壤形成过程

一、土壤形成过程中的大循环和小循环

土壤形成是一个综合性过程，是物质的地质大循环与生物小循环矛盾统一的结果。物质的地质大循环是指地面岩石的风化、风化产物的淋溶与搬运、堆积，进而产生成岩作用，这是地球表面恒定的周而复始的大循环。生物小循环是植物营养元素在生物体与土壤之间的循环：植物从土壤中吸收养分，形成植物体供动物生长，而动植物残体回到

土壤中，在微生物的作用下转化为植物需要的养分，促进土壤肥力的形成和发展。地质大循环涉及空间大，时间长，植物养分元素不积累；而生物小循环涉及空间小，时间短，可促进植物养分元素的积累，使土壤中有限的养分元素发挥作用。

地质大循环和生物小循环的共同作用是土壤发生的基础，没有地质大循环，生物小循环就不能进行；没有生物小循环而仅有地质大循环，土壤就难以形成。在土壤形成过程中，两种循环过程相互渗透又不可分割地同时同地进行着。它们之间通过土壤相互联结在一起（图 5-8）。

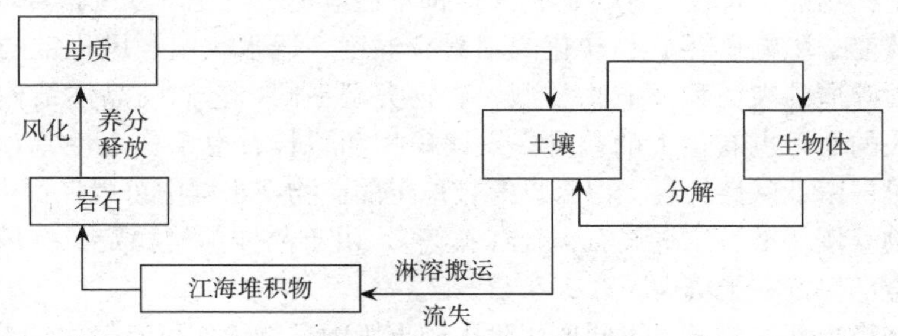

图 5-8 土壤形成过程中地质大循环和生物小循环的关系

二、土壤形成过程中的物质转化和迁移

土壤是一个复杂的动力学系统，在这个系统中进行着无数的基本作用，土壤形成过程是在一定的自然环境中这些作用的总和。

土壤形成作用可分为物理作用、化学作用和生物作用，但它们之间并不存在绝对的界限。土壤中进行的物理作用主要有团聚、迁移与富集、侵蚀与堆积、冻融、干湿交替、膨胀收缩与剥落作用；化学作用主要有水合、水解、溶解、黏土矿物形成、氧化还原和合成分解；生物作用主要包括物质转化、有机质的形成和分解及硝化固氮等。土壤发生中普遍存在的基本土壤形成作用主要有有机质的形成和分解、原生矿物的风化和黏土矿物的形成及物质迁移等。有关有机质的形成和分解已在前面章节中论述，以下主要就原生矿物的风化和黏土矿物的形成、物质迁移进行简单的讨论。

（一）原生矿物的风化和黏土矿物的形成

1. 原生矿物的风化

（1）物理风化和化学风化　岩浆岩中矿物的离子价态和晶体结构对岩石形成时的环境和条件来说是稳定的，但是对地表的物理化学条件来说并不稳定。风化作用就是这些矿物为了适应地表物理化学条件而向热力学上较稳定的状态缓慢转变的过程。

物理风化产生碎屑，但化学组成保持不变；而化学风化使矿物在介质中发生水合、水解、离子交换、络合、氧化还原等作用，轻者引起晶体结构的局部解体或转变，重者导致结构的彻底分解。物理风化和化学风化常同时发生，相互促进。物理风化可使岩石和矿物的比表面积增大，加速化学风化的进程；而化学风化则可在某种程度上减轻物理风化的阻力。例如云母水合为膨胀性黏土矿物时可使周围岩石破碎。

物理风化和化学风化的结果是破坏原生矿物，例如斜长石水解时可生成埃洛石，其化学过程为

$$CaAl_2Si_2O_8+3H_2O \longrightarrow CaAl_2Si_2O_5(OH)_4+Ca(OH)_2$$

斜长石　　　　　　　　　埃洛石

(2) 生物风化　生物圈对土壤矿物的分解有直接的，也有间接的。岩石一开始风化就有微生物的参与，在极地和荒漠地区也有耐干耐寒的藻类和地衣参与风化作用。有机体对矿物颗粒黏着、穿插和剥落，可加速矿物的分解；有机体吸收营养元素，会打破土壤溶液中的离子平衡，可促使矿物的不断分解；生物体代谢产生有机物质，可增加对矿物的溶解和络合淋溶作用。

(3) 原生矿物的稳定性　原生矿物一般都不适应地表风化带或土壤环境，迟早都会向新的状态改变。影响这些矿物转化的因素有温度、透水状况、风化带的氧化还原状态、暴露岩石碎屑的表面积及矿物类型。矿物类型不同，它们的晶体结构的稳定性不同，其在地表的命运也有很大的差异。铁镁矿物和斜长石由于稳定性差，首先遭到分解，一般很难保留；碱性长石、白云母等较稳定的矿物在土壤中可以保留得较多；石英和各种副矿物（例如锆石、电气石、金红石等），由于晶体结构稳定，抗风化的能力特别强，几乎全部保留在土壤中。

由于矿物稳定性的差异，不同风化阶段的土壤中矿物组成可有较大的差异。在风化初期形成的幼年土壤中，主要为荒漠区土壤，由于受水分限制，化学风化作用极为微弱，石膏、方解石、橄榄石、角闪石、黑云母、钠长石等易风化矿物保持稳定而不易风化。在风化中等程度的土壤中，例如黑土、黑钙土、棕壤、褐土（相当于软土、淋溶土、始成土）中，常有较多的石英、伊利石、蛭石、蒙脱石。湿热区高风化强淋溶土壤，包括砖红壤、红壤（相当于氧化土、老成土），其细土部分的原生矿物基本风化消失，土壤黏土矿物主要为高岭石、三水铝石和氧化铁矿物。

2. 黏土矿物的形成

(1) 黏土矿物的形成方式　由原生矿物形成黏土矿物的作用可归结为转变和新生两种方式。转变是指同一结构类型的层状硅酸盐矿物之间的互变，也包括 2∶1 型黏土矿物向 1∶1型黏土矿物的改变；新生则是晶体结构瓦解后再从溶液中合成出另一种矿物的作用。

转变作用在云母的风化过程中表现得最为突出。在淋洗作用占优势的条件下，云母层间脱钾而转变为各种具有胀缩性晶层的矿物或高岭类矿物的作用是典型的降解转变。土壤中的矿物以云母为中心的风化转变可用图 5－9 表示。新生作用则比较普遍，层状硅酸盐的分解（水解溶蚀）时产生的可溶性成分及橄榄石、辉石、角闪石、长石等非层状硅酸盐的风化产物，都经过这种方式变为黏土矿物。

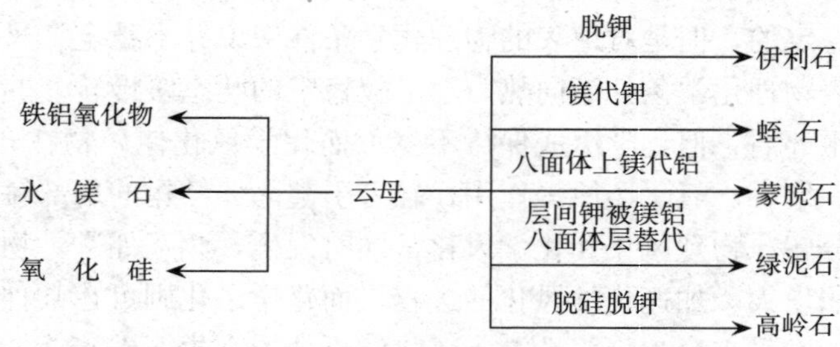

图 5－9　土壤中常见黏土矿物以云母为中心的风化转化过程

(2) 黏土矿物的形成条件　黏土矿物形成大多数是在水溶液中进行的，因此土壤溶液中各种离子，特别是硅、铁、铝等化合物的组成和平衡，直接控制着黏土矿物的形成和种类。除此之外，黏土矿物的形成还受土壤的淋洗速率、土壤体系的 pH 及盐基含量的影响。

(3) 黏土矿物的风化顺序　土壤黏土矿物分布的地带性和土壤剖面内由母质到表土的演变关系表明，各种黏土矿物的分解、转变或新生有难易和先后之分。对此，Jackson 等曾进行多次总结，现仅将与土壤学关系最密切的层状硅酸盐的风化演变关系摘录于图 5-10。

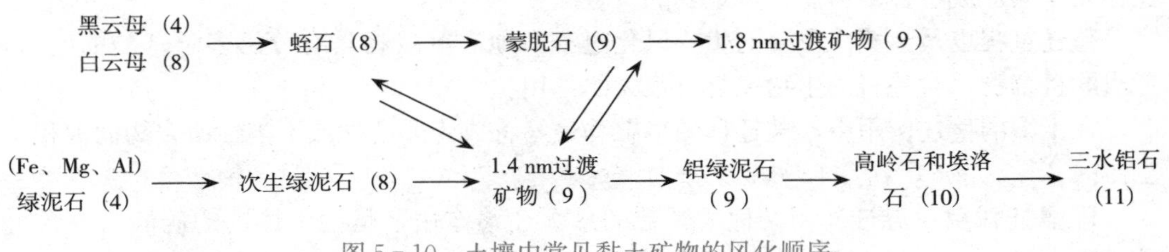

图 5-10　土壤中常见黏土矿物的风化顺序
（括号内的数字为风化指数，代表风化的阶段性）

（二）物质迁移

土体内的物质迁移可概括为两大方向：①向下淋溶及其淀积以及被彻底淋出土体的物质迁移；②向上迁移的养分元素的生物富集作用，易溶性盐类、还原性铁锰等随毛管水上升而在表土积聚的作用。物质迁移的机制有溶迁作用、还原迁移作用、螯迁作用、悬迁作用和生物迁移作用。

1. 溶迁作用　溶迁（又称为溶解迁移）作用是指土体内的物质形成真溶液后随土壤渗漏水或毛管水迁移的作用。一般以向下淋溶迁移为主，也包括易溶性盐类随毛管水上迁的移动，被迁移的物质主要是 Na^+、K^+、Ca^{2+}、Mg^{2+} 等盐基离子及 Cl^-、SO_4^{2-}、NO_3^-、HCO_3^- 等阴离子。

土体内物质的溶迁，必将引起土壤的脱饱和过程，造成土体内钠、钾、钙、镁的不断损失。在湿润环境及非石灰性条件下，形成酸性土壤。矿物风化及有机质矿化释出的可溶性硅酸，干旱条件下，可以 SiO_2 形态淀析出来，成为土体内的非晶形硅粉。在湿热的气候下，地球化学风化过程极为强烈，此时硅酸多遭强烈淋洗而迁出土体，不利于次生硅酸盐黏土矿物的形成，特别不利于 2∶1 型硅酸盐类黏粒的新生，其结果在黏土矿物中铝铁氧化物黏粒及高岭石占优势，这就是硅酸被严重溶迁的结果。

根据元素迁移的系列，波雷诺夫提出了 4 个风化时期的概念。第一时期，风化物丧失氯和硫的化合物。第二时期，风化物丧失碱金属和碱土金属盐基。第三时期是残积黏土时期（即硅铝化时期），开始淋失大量二氧化硅。最后时期是富铝化时期，在此时期中积聚大量氧化铝铁。

2. 还原迁移作用　还原迁移是水成土和半水成土中物质迁移的重要形式。土壤中的还原作用起始于微生物对分子氧的耗竭，此后厌氧微生物及兼性厌氧微生物对土壤有机质进行分解，并给土壤中可还原物质以电子，使之还原为低价离子或化合物。还原过程中，原来不易迁移的元素变得易于迁移，尤以土壤中铁和锰最为明显。在非还原条件下，即使 pH 为 4.0～4.5 的强酸性土壤，溶液中铁和锰的浓度很低；但在还原条件下，形成的亚铁离子和亚锰离子的数量可比盐基离子数量还多，在土体中易迁移。所以铁锰的还原淋溶在土壤发生上具有重要的意义。

3. 螯迁作用　螯迁（又称为螯合迁移）作用是指土体内的金属离子以螯合物和络合物形态进行的迁移作用。岩石矿物风化释放的重金属离子以及因土壤污染而接受的重金属离子，在通常 pH 条件下均呈不溶性。因此它们在土体中的溶迁作用可以忽略不计。但由于有机质的络合作用，Fe^{3+} 和 Al^{3+} 的迁移性大大增强。在螯合淋溶的作用下，灰壤中的铁、铝可发生强烈迁移，其中铁腐殖质灰壤中还伴有腐殖质的迁移积累。螯合迁移在灰壤形成过程中占有十分重要的位置。

螯迁过程也是土壤中重要的生物风化过程，地衣等生物具有分泌多羟基酸的能力，形成的螯合物，对基岩的生物风化有很大的作用。

在土壤的螯迁作用中，被迁移的络合物最终将成为非活性或不溶性络合物而淀积于土体内。

4. 悬迁作用　悬迁作用又称为黏粒的悬浮迁移作用，是指土体内的硅酸盐黏粒分散于水中形成的悬液的迁移作用。这种悬液可随渗漏水下移或侧流，或随毛管水上升。降水充足、悬迁作用充分发展时，可造成土壤中上部某个土层的黏粒贫竭和砂化。

黏粒的悬迁作用与还原迁移作用、螯迁作用不同。还原迁移过程主要为铁的迁移，螯迁过程则有多种重金属的迁移，而悬迁过程则主要是黏粒的移动，各土层中黏粒部分的硅铁铝率比较固定，黏土矿物也比较一致，而黏化层中细黏粒（$<0.2\ \mu m$）与总黏粒之比最高（图 5－11）。

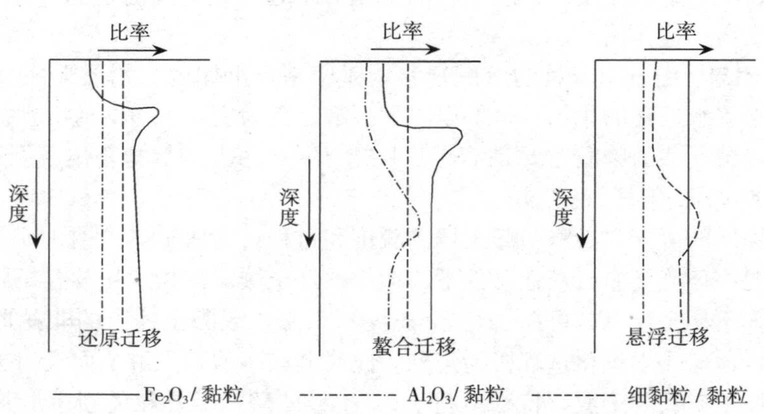

图 5－11　不同迁移方式的土壤剖面中物质的分布

被悬迁的黏粒主要是硅酸盐黏粒，一般氧化物不易被迁移，因为硅酸盐颗粒带负电荷，其互斥力强，易分散而不易凝聚。悬迁能力强弱排列顺序为：蒙脱石黏粒（包括蒙脱石、绿脱石、贝得石等）＞云母类黏粒＞高岭石类矿物。

土体内黏粒的悬迁作用主要受 3 个因素的影响：土壤反应、Fe^{3+} 和 Al^{3+} 浓度、活性有机阴离子浓度。在石灰性土壤中，由于钙离子的凝聚作用，黏粒被絮固为稳定的微团聚体，不被雨水分散，所以石灰性土壤或钙饱和的土壤在未脱钙前实际上不发生黏粒的悬迁。酸性较强的土壤中，Fe^{3+} 和 Al^{3+} 趋向活跃，会凝聚土壤中的矿物，影响黏粒的悬迁。在森林植被下，由于有机质的络合作用较强，可使 Fe^{3+} 和 Al^{3+} 螯合而不再影响黏粒的迁移，悬迁作用仍可进行。

由于在土壤剖面下部经常存在黏粒凝聚的条件，例如脱水作用、高的电解质含量、与其等电点一致的 pH 以及相反电荷的胶体存在，且剖面下部缺乏黏粒迁移必须通过的孔隙，所以黏粒的迁移一般只能达到一定的深度，在地表以下 1.0～1.5 m。

5. 生物迁移作用 植物的庞大根系从土体中吸收养分元素形成植物的有机体，并以其有机残落物及死亡根系残留在表土，矿化后补偿了土壤矿质成分的淋溶损失，且有所积累。这就是土壤物质的生物迁移作用，长期作用可使肥力得到发展，成为土壤形成中至关重要的过程。

生物对不同元素的迁移能力不同，根据植物的灰分元素组成与地壳组成的相对比值（生物吸收强度）可将元素分为 5 组：①极强的生物积累元素，包括磷（P）、硫（S）和氯（Cl）；②强度生物积累元素，包括钙（Ca）、钾（K）、镁（Mg）、钠（Na）、锶（Sr）、硼（B）、锌（Zn）、砷（As）、钼（Mo）和氟（F）；③中度生物摄取元素，包括硅（Si）、铁（Fe）、钡（Ba）、铷（Rb）、铜（Cu）、锗（Ge）、镍（Ni）、钴（Co）、锂（Li）、钇（Y）、铯（Cs）、镭（Ra）、硒（Se）和汞（Hg）；④弱度生物摄取元素，包括铝（Al）、钛（Ti）、钒（V）、铬（Cr）、铅（Pb）、锡（Sn）和铀（U）；⑤极弱生物摄取元素，包括钪（Sc）、锆（Zr）、铌（Nb）、钽（Ta）、钌（Ru）、铑（Rh）、钯（Pd）、锇（Os）、铱（Ir）、铂（Pt）、铪（Hf）和钨（W）。

如果说上述的溶迁作用、还原迁移作用、螯迁作用和悬迁作用主要是元素淋失过程的话，生物过程则主要是一个富集过程。

上述 5 种物质迁移方式互相联系，很难截然分开，例如水稻土中既有溶迁作用，也有还原迁移作用和螯迁作用。但某土壤常有一个主要的迁移作用，例如盐渍土中主要是溶迁作用，潮湿土中还原迁移作用比重较大，灰土中螯迁作用起主导作用，淋溶土中悬迁作用不容忽视，而松软腐殖土中生物迁移作用十分重要。

三、基本土壤形成过程

土壤形成过程是地壳表面的岩石风化体及其搬运的沉积体，受其所处环境因素的作用，形成具有一定剖面形态和肥力特征的土壤的历程。因此土壤形成过程可以看作土壤形成因素的函数。在一定的环境条件下，土壤形成有其特定的基本物理化学作用，也有占优势的物理化学作用，它们的组合使普遍存在的基本土壤形成作用具有特殊的表现，因而构成了各种特征性土壤形成过程。

土壤形成过程按照物质迁移和转化的特征，可分为 4 大类：①物质加入土体者；②物质迁出土体者；③物质在土体内迁移者；④物质在土体内转化者。美国学者波尔（S. W. Buol，1980）根据土壤形成过程中物质的迁移和转化特征，把常见的土壤形成过程归纳为表 5－7。现仅对我国土壤形成中的主要过程简单介绍。

表 5－7 常见的土壤形成过程

（引自 S. W. Boul 等，1980）

土壤形成过程	归类	简　述
淋　溶	3	物质自剖面的某个层段移出并具漂洗迹象
淀　积	3	物质迁入剖面某个层段而形成淋淀黏化层或灰化淀积层
淋洗（排除）	2	可溶性物质自土体内淋失

（续）

土壤形成过程	归类	简　述
富　集	1	可迁移物质聚集于土体某个部分
表　蚀	2	物质从土表移失
堆　积	1	由于风、水等动力或人为作用把矿质土壤颗粒加于土表
脱　钙	3	从土层中去除碳酸钙（$CaCO_3$）的过程
积　钙	3	在土层中积聚碳酸钙（$CaCO_3$）的过程
盐　化	3	易溶性盐在土层中积聚而形成盐化层或盐土
脱　盐	3	易溶性盐从土壤盐层中移去或减少
碱　化	3	土壤胶体中钠饱和度提高
脱　碱	3	碱化层中钠离子及易溶性盐淋失
黏粒悬迁	3	硅酸盐黏粒分散于水中，自A层迁至B层积聚
搅　拌	3	生物活动、冻融交替或干湿交替作用使土壤物质搅匀
灰　化	3,4	淋溶层中铁铝及有机物质发生化学迁移而损失，使A层富硅化
脱硅（富铁铝化）	3,4	全土层内二氧化硅（SiO_2）的化学迁移，造成铁铝氧化物的相对积累
分　解	4	土壤中矿物质及有机质的分解破坏
合　成	4	土壤中新生黏粒及有机胶体的形成
暗色化	1,3	由于有机物质的混合作用，使浅色矿物质变为暗色
淡色化	3	由于暗色有机物质的消失或迁出使土色变浅
残落物形成	1	在地表积聚有机残落物及有关腐殖物质
腐殖化	4	有机残体在土体内转化为腐殖质
古湿有机沉积	4	以腐泥或泥类形式而沉积的具有一定厚度（<30 cm）的有机沉积过程，有人把它作为地质过程
成熟化	4	土壤肥力增加的化学变化、生物变化和物理变化
矿化	4	土内有机物质被分解，释放出氧化物，固体残留于土中
棕化、红化富铁化	3,4	原生矿物的释铁作用，释出的游离铁包于土壤颗粒上，经氧化、水合变为棕色、红色、棕红色等
潜育化	3,4	在淹水条件下，氧化铁发生还原，土色变为蓝色或灰绿色，土壤糊化，有亚铁反应
疏松化	4	动植物及人类活动以及冻融交替或其他物理作用或物质淋失增加土壤孔隙的过程
硬　化	4	由于物质堵塞孔隙或使大孔隙崩溃而使土壤板结密实化

注：归纳的4大类土壤形成过程的名称见正文。

（一）原始土壤形成过程

从岩石露出地表并着生微生物和低等植物开始到高等植物定居之前形成的土壤过程，称为原始土壤形成过程。原始土壤形成过程是土壤形成作用的起始点，与岩石风化过程同时进行，通常这个过程与碎屑风化壳相伴随。岩面上着生或定居生物就标志着原始土壤形成过程的发展，同时这个过程也必然直接或间接地加速岩体的风化，由此而形成的土壤即为原始土壤。

根据生物的变化，可把原始土壤形成过程分为下述3个阶段。

1. 岩漆阶段　岩面上出现岩漆就是原始土壤形成过程开始的明显标志，其特征是岩石中矿质养分被吸收利用，同时积累有机物质，尤其是氮素。出现的生物为自养型微生物，例如绿藻、硅藻等以及与其共生的固氮微生物，将许多营养元素吸收到生物地球化学过程中。

2. 地衣阶段　岩面上着生地衣类植物标志着原始土壤形成过程已进入第二个发展阶段。经岩漆阶段的块状岩体已经或多或少带有有机物质、次生矿物和开始积聚氮素的生物-物理风化层，为地衣着生繁殖创造了条件。地衣的繁殖与更替，也必然使原始土壤形成过程加强，并随之而演变。在这个阶段，各种异养型微生物（例如细菌、黏菌、真菌、地衣）组成的原始植物群落，着生于岩石表面与细小孔隙中，通过生命活动促使矿物进一步分解，不断增加细土和有机物质。地衣着生的实质是生物风化层的发生与发展，生物-物理风化层加厚并向外扩张以及基部出现并积累细土，这为苔藓植物的着生提供了物质基础。

3. 苔藓阶段　苔藓植物的着生虽然在地衣后期开始，但首先着生在地衣的残体或有少许细土的岩隙中，而后顺着地衣着生地方而扩展，植株直立的藓类多以环状或月牙状扩张，而匍匐性苔藓以放射状伸展，最后则呈地毡状掩盖整个岩面。由于苔藓类植株较大且生长较快，所以一方面增多有机物质与细土；另一方面则加强拦蓄细土与保持水分能力，苔藓植物的吸水能力可达其体质量的 10 倍。随着苔藓植物的生长与繁殖，岩石的生物-物理风化与化学风化作用进一步加强，细土层不断增厚，并在细土层基础上形成有机物质积累层，同时其下的细土砾质层也逐步增厚，为高等植物着生准备了条件。

在高山寒冻气候条件下的土壤形成作用主要以原始土壤形成过程为主。原始土壤形成过程也可以与岩石风化同时同步进行，原始土壤形成随着高等植物生长繁殖而告终。

（二）有机质积聚过程

有机质积聚过程是在木本植被或草本植被下，有机质在土体上部积累的过程。这个过程在各种土壤中都存在。根据土壤形成环境的差异，我国土壤中有机质积聚过程可分为6 种类型：①土壤表层有机质含量在 10 g/kg 以下，甚至低于 3 g/kg，胡敏酸与富啡酸比小于 0.5 的漠土有机质积聚过程；②土壤有机质集中在 20～30 cm 以上土层，含量为 10～30 g/kg 的草原土有机质积聚过程；③土壤表层有机质含量达 30～80 g/kg 或更高，腐殖质以胡敏酸为主的草甸土有机质积聚过程；④地表有枯枝落叶层，有机质积累明显，其积累与分解保持动态平衡的林下有机质积聚过程；⑤腐殖化作用弱，土壤剖面上部有毡状草皮，有机质含量达 100 g/kg 以上的高寒草甸有机质积聚过程；⑥地下水位高，地面潮湿，生长喜湿和喜水植物，残落物不易分解，有深厚泥炭层的泥炭积聚过程。

（三）黏化过程

黏化过程是土壤剖面中黏粒形成和积累的过程，可分为残积黏化和淀积黏化。残积黏化是土内风化作用形成的黏粒产物，由于缺乏稳定的下降水流，黏粒没有向深土层迁移，而就地积累，形成一个明显黏化或铁质化的土层，其特点是土壤颗粒只表现由粗变细，结构体上的黏粒胶膜不多，黏粒的轴平面方向不定（缺乏定向性），黏化层厚度随土壤湿度的增加而增加。淀积黏化是风化和土壤形成作用形成的黏粒，由上部土层向下悬迁和淀积而成，这种黏化层有明显的泉华状光性定向黏粒，结构面上胶膜明显。残积黏化过程多发生在温暖的半湿润和半干旱地区的土壤中，而淀积黏化则多发生在暖温带和北亚热带湿润地区的土壤中。

（四）钙积过程和脱钙过程

1. 钙积过程　钙积过程是干旱、半干旱地区土壤中的碳酸盐发生迁移积累的过程。在季节性淋溶条件下，易溶性盐类被降水淋洗，钙、镁部分淋失，部分残留在土壤中，土壤胶体表面和土壤溶液多为钙（或镁）饱和，土壤表层残存的钙离子与植物残体分解时产生的碳酸结合，形成重碳酸钙，在雨季向下迁移并在剖面中部或下部淀积，形成钙积层，其碳酸钙含量一般在10%～20%。虽然出现钙积层的土壤中石灰的淋淀机制相同，但钙积层的形态多种多样，有粉末状、假菌丝体、眼斑状、结核状、层状等。

我国草原和荒漠地区，还出现另一种钙积过程的形式，即土壤中常发现石膏的积累，这与极端干旱的气候条件有关。

2. 脱钙过程　与钙积过程相反，在降水量大于蒸发量的生物气候条件下，土壤中的碳酸钙将转变为重碳酸钙从土体中淋失，称为脱钙过程。

（五）盐化过程和脱盐过程

1. 盐化过程和脱盐过程的概念

（1）盐化过程　盐化过程是指地表水、地下水以及母质中含有的盐分，在强烈的蒸发作用下，通过土壤水的垂直迁移和水平迁移，逐渐向地表积聚，或是已脱离地下水或地表水的影响，而表现为残余盐积特征的过程。前者称为现代盐积作用，后者称为残余盐积作用。盐化土壤中的盐分主要是一些中性盐，例如氯化钠（NaCl）、硫酸钠（Na_2SO_4）、氯化镁（$MgCl_2$）、硫酸镁（$MgSO_4$）等。

（2）脱盐过程　土壤中可溶性盐通过降水迁移到下层或排出土体，这个过程称为脱盐过程。

2. 现代盐积过程　现代盐积过程是现代正在进行的盐分积累过程。这个过程主要由于地面水、地下水以及土壤中含有不等量的盐分，在强烈蒸发作用影响下，通过水盐的水平迁移或垂直迁移向地表积聚。根据盐分积累特点，现代积盐过程又分为以下过程。

（1）海水浸渍下的盐积过程　这个过程的盐分主要来自海水，河流入海，所携带的大量泥沙，受海水的顶托絮凝作用而不断沉积，致使海岸向外伸展，土壤与地下水中积存盐分，同时由于潮汐而导致海水入侵，亦可不断补给土壤水与地下水以盐分，在蒸发作用下引起地下水矿化度增高和土壤表层强烈盐积，形成大面积滨海盐土。这个盐积过程的特点是地下水矿化度高，土壤重度盐积，心土与底土的盐分含量接近海渍淤泥；同时盐分组成一致，氯化物占绝对优势。而自然脱盐与人为改土作用下其盐积程度是由滨海向内陆而逐渐减轻，同时由于南北气候条件上的差异，出现由北而南有减弱的趋势。

（2）地下水与地面水双重作用下的盐积过程　这种盐积过程受地下水与地面水的双重影响，一定矿化度的地下水上升是引起盐积的主要原因，而地面水既可补给地下水，又可侧向运动引起盐积，这种情况，甚至在低矿化度地下水的地区亦可导致盐积而形成盐土。这种盐积过程多见于我国北方的平原地区及湖泊洼地周围，例如黄淮海平原、松辽平原，半干旱地区一些河谷平原周围也可见到；至于因措施不当而出现的局部盐化亦属此类。这类盐积过程与母质沉积和水文地质状况有关，也与微域地形有密切关系。在大河两侧的交接洼地，平原中星散的封闭与半封闭洼地周围尤为常见。这种盐积过程的强度与盐分组成的特点是：表聚性强，盐分剖面分布呈 T 字形，表面含盐在 10 g/kg 上下，高者达 20～30 g/kg，甚至更高；而心土含盐锐减，一般在 1～2 g/kg。可分出硫酸盐-氯化物、氯化物-硫酸盐与苏打等盐积类型。

（3）地下水影响的盐积过程　这种盐积作用是地下水引起的盐积，多见于冲积洪积扇末端或扇缘地带。在这些地区，母质较细，地下水径流滞缓，地下水矿化度较高，一般在 1～2 g/L，高者达 20～30 g/L，甚至高达 50 g/L 以上。当地下水位超过临界深度时表现强烈盐积。这种盐积作用的特点是：气候愈干旱，盐积强度愈大，盐积层愈厚。土壤中盐分与地下水盐分组成基本一致，但在水平分布上则体现出明显的分异。

3. 残余盐积过程　残余盐积过程多见于漠境地区的山前平原的上部，这是由于过去受地下水或地面水影响下盐积作用的结果。而在现代条件下，已脱离地下水或地面水影响的土壤，表现为残余盐积的特点，盐分平衡趋向于相对稳定状态或表层的盐分含量略有减少。此外，在新疆南部山前地区，因第三纪母岩含有大量盐分，也常导致山麓平原土壤的盐积过程。

（六）碱化过程和脱碱过程

1. 碱化过程

（1）碱化过程的概念　碱化过程是交换性钠或交换性镁不断进入土壤吸收复合体的过程，该过程又称为钠质化过程。碱化过程的结果可使土壤呈强碱性反应，pH＞9.0，土壤物理性质极差，作物生长困难，但含盐量一般不高。

（2）土壤碱化机制　土壤碱化机制一般有如下几种。

① 脱盐交换学说：土壤胶体上的 Ca^{2+}、Mg^{2+} 被中性钠盐［例如氯化钠（NaCl）、硫酸钠（Na_2SO_4）］解离后产生的 Na^+ 交换而碱化。

② 生物起源学说：藜科植物可选择性地大量吸收钠盐，死亡、矿化可形成较多的碳酸钠（Na_2CO_3）、碳酸氢钠（$NaHCO_3$）等碱性钠盐而使土壤胶体吸附 Na^+ 逐步形成碱土。

③ 硫酸盐还原学说：地下水位较高的地区，硫酸钠（Na_2SO_4）在有机质的作用下，被硫酸盐还原细菌还原为硫化钠（Na_2S），再与二氧化碳（CO_2）作用形成碳酸钠（Na_2CO_3），使土壤碱化。

2. 脱碱过程　脱碱过程是指通过淋洗和化学改良，使土壤碱化层中钠离子及易溶性盐类减少，胶体的钠饱和度降低。在自然条件下，碱土因 pH 较高，可使表层腐殖质扩散淋失，部分硅酸盐被破坏后，形成二氧化硅（SiO_2）、氧化铝（Al_2O_3）、三氧化二铁（Fe_2O_3）、二氧化锰（MnO_2）等氧化物，其中二氧化硅留在土表使表层变白，而铁锰氧化物和黏粒可向下迁移淀积，部分氧化物还可胶结形成结核。这个过程的长期发展，可使表土变为微酸性，质地变轻，原碱化层变为微碱。此过程是自然脱碱过程。

（七）富铝化过程

富铝化过程又称为脱硅过程、脱硅富铁铝化过程。它是热带、亚热带地区土壤物质由于矿物的风化，形成弱碱性条件，随着可溶性盐、碱金属和碱土金属盐基及硅酸的大量流失，造成铁铝在土体内相对富集的过程。因此该过程包括两方面的作用：脱硅作用和铁铝相对富集作用。热带、亚热带地区水热丰沛、化学风化强烈、生物循环活跃，因而元素迁移十分强。在此条件下，形成富铝风化壳及其上面的红色酸性土壤。涉及的化学过程主要是矿物的分解和合成、盐基的释放和淋失、部分二氧化硅的释放和淋溶以及铁铝氧化物的释放和富集。这个过程具有古富铝风化壳的特点，而在目前生物、气候条件下，很多实例证明这个过程仍在继续进行。但也有一些研究认为，目前我国亚热带的森林土壤的复硅可能超过脱硅速率。

不同的成土母岩，由于它们的矿物组成和化学性质各异，因此风化速度以及土壤形成过程的地球化学特征也有各自的特点。在我国热带、亚热带地区，不同母岩的风化和土壤形成过程特点是：由于石灰岩中氧化钙（CaO）和氧化镁（MgO）的含量约为 400 g/kg，在高温多雨下，以溶蚀风化为主，大量盐基随水迁移，尤其是碳酸钙（$CaCO_3$）几乎尽被淋失。所以以石灰岩与其风化壳及土壤相比较时，其化学风化十分剧烈。玄武岩的硅酸盐类矿物中，碱金属和碱土金属的含量在 200 g/kg 以上，当进入半风化状态时，由于晶格被破坏，钙和镁的淋失甚为明显。

土壤的富铝化过程也反映在植物的化学组成上。在富铝化土壤上生长的植物，其灰分含量通常很低，大多在 50～60 g/kg，氮、硫、磷、钙、钠、钾、铁等的含量都比在盐成土和其他石灰性土壤上生长的植物的低，锰的含量略高一些。而铝的含量则特别高，一般含量为 0.50 g/kg 左右（铝占植物的干物质的比例），有许多是 8.00 g/kg 以上。

富铝化过程实质上是在风化土壤形成过程中，由于矿物的水解作用，形成弱碱性条件，随着硅的大量淋失而造成铝在土壤中的富集过程。这个过程当然受到地质条件的影响，但在很大程度上仍受生物气候条件的制约。因此土壤形成过程中硅、铁、铝和盐基含量的差异和形态的不同，反映出土壤形成过程发展的程度。过去一般认为，脱硅富铁铝化过程主要是化学风化过程，但近年来的一些研究表明，微生物可能在脱硅富铁铝化过程中也起着一定的作用。

（八）灰化过程、隐灰化过程和漂灰化过程

1. 灰化过程　灰化过程是在寒温带、寒带针叶林植被和湿润的条件下，土壤中铁铝与有机酸性物质螯合淋溶淀积的过程。在这样的土壤形成条件下，针叶林残落物富含鞣质、树脂等多酚类物质，而母质中盐基含量又较少，残落物经微生物作用后产生酸性很强的富啡酸及其他有机酸。这些酸性物质作为有机络合剂，不仅能使表层土壤中的矿物蚀变分解，而且能与金属离子结合为络合物，使铁铝等发生强烈的螯迁，到达 B 层，使亚表层脱色（铁、锰等元素），只留下极耐酸的硅酸而呈灰白色土层（灰化层），在剖面下部形成较密实的棕褐色腐殖质铁铝淀积层。

2. 隐灰化过程　灰化过程未发展到显明的灰化层出现，但已有铁铝锰等物质的酸性淋溶有机螯迁淀积作用过程，称为隐灰化（或准灰化），实际上它是一种不明显的灰化作用过程。

3. 漂灰化过程　漂灰化过程是灰化过程与还原离铁离锰作用及铁锰腐殖质淀积多现象的伴生者。漂白现象主要是还原离铁离锰造成的，而矿物蚀变又是在酸性条件下水

解造成的。在形成的漂灰层中铝减少不多，而铁的减少量大，黏粒含量也无明显下降。该过程在热带、亚热带山地的凉湿气候下常有发生。

（九）潜育化过程和潴育化过程

1. 潜育化过程　潜育化过程是土壤长期渍水，有机质厌氧分解，而铁锰强烈还原，形成灰蓝色至灰绿色土体的过程。有时，由于铁解作用而使土壤胶体破坏，土壤变酸。该过程主要出现在排水不良的水稻土和沼泽土中，往往发生在剖面下部。当土壤处于常年淹水时，土壤中水与气的比例失调，土体几乎完全处于闭气状态下，其氧化还原电位较低，一般都在 250 mV 以下，因而发生潜育化过程，形成潜育层。潜育层中氧化还原电位低，还原性物质多。由于还原物质富集，可使铁锰以离子或络合物状态淋失，产生还原淋溶。

2. 潴育化过程　潴育化过程实质上是一个氧化还原交替过程，由于土壤渍水带经常处于上下移动，土体中干湿交替比较明显，促使土壤中氧化还原反复交替，结果在土体内出现锈纹、锈斑、铁锰结核、红色胶膜等物质。该过程又称为假潜育化（pseudo-gleyzation）。

（十）白浆化过程

白浆化过程是在季节性还原淋溶条件下，黏粒与铁锰的淋淀过程，它的实质是潴育淋溶，与潴育过程类同，国外称之为假灰化过程。

白浆化过程是在硅铝风化壳基础上所发生的淋溶过程的一种特殊表现形式。由于这类土壤中溢出的土壤水或地下水中含一定量乳白色悬浮物，状似白浆而得名。这个过程在湿润、半湿润地区，在一定条件下均可发生。这类土壤的形态特点共同之处是：在腐殖质层与耕层以下出现漂白层，而淀积层多具灰褐色胶膜。

白浆化过程的实质是由于季节降雨或人工灌水而导致氧化还原交替所产生的潴育淋溶。雨季或灌溉时，在还原条件下，铁锰就地积聚在底层形成结核。据研究，白土层中活性铁明显减少，仅为 1.4 g/kg，而锰更少。漂白层的铁锰结核在土壤中的质量含量可达 70～90 g/kg；有的土壤溶液中二氧化硅（SiO_2）含量较高，可达 20～30 mg/L。

白浆化的另一特点是黏粒淋溶淀积。有分析材料表明，这类土壤具有明显的黏粒淋溶淀积，表层（腐殖质层与白土层）黏粒淋失，而在心土层则明显淀积，淀积层与腐殖质层黏粒比可大于 2，形成黏粒含量分异明显的剖面特征。但各土层的 SiO_2/R_2O_3 率，特别是 SiO_2/Al_2O_3 率基本一致。

白浆化的形成与地形条件有关，黏粒与铁锰的侧向淋失十分明显。从黏粒平衡计算，白土层中黏粒的侧向淋失量可达 1/3～1/2。由于形成了黏粒的淀积层和紧实的白土层，使土壤的滞水性有所加强。在微酸性环境中，氢离子有可能腐蚀黏土矿物，其结果是在白土层中出现硅酸盐相对富积，而铁、铝与磷素相对缺乏，成为低产土壤。

四、人为活动作用下的土壤形成过程

自从人类活动介入之后，土壤形成过程的方向在不同程度上发生变化。原始人在距今 100 万年就出现了，但原始人的出现并没有打乱土壤、植物与动物的自然进程。在公元前 9 000—公元前 7 000 年的新石器时期，人类开始畜牧业和种植业，但其对土壤的影响仍是微不足道的。到了青铜器和铁器时代，由于人口的增加和劳动工具的改进，开始对土壤产生影响，此后其影响逐渐加强。而真正对土壤产生巨大影响的是在 18 世纪工业革命以后，特别是全球人口从 1800 年的 10 亿人激增至目前的 60 亿，人为作用对土壤的影响也越来越深刻，因而如不加强“人为作用”的研究，就很难解释土壤中发生的过程和变化。近几十年来，国内外就人类活动对土壤影响做了较为广泛的研究，以下举例来说明人为活动对土壤形成过程的影响。

（一）熟化过程

土壤熟化过程是在耕作条件下，通过耕作、培肥与改良，促进水肥气热诸因素不断协调，使土壤向有利于作物高产方面转化的过程。通常把种植旱作条件下定向培肥的土壤过程称为旱耕熟化过程；而把淹水耕作，在氧化还原交替条件下培肥的土壤过程称为水耕熟化过程。

（二）压实过程

机械化耕作、城市建设等人为活动使施加在土壤上的机械力超过土壤的剪切强度，导致土壤结构体破坏、容重增大、孔隙度降低、紧实度增加。

（三）人为的土壤扰动过程

矿山开采、平整土地、城市基建，都需要翻动土壤。扰动的结果使土壤失去原有的土层，改变土体构型，并混入了大量的侵入体。一般是人类活动持续时间越长，构建建筑物越高大的区域，人为的土壤扰动作用越明显。

在城市建设过程中，由于挖掘、搬运、堆积、混合和大量废物的填埋，原有土壤发生极大的扰动。腐殖质层被剥离或埋藏。有的土层缺失，有的土层倒置，例如 A 层在下 B 层在上，或古土壤在上新土层在下，有时甚至出现多层土层的混合，不同时期城市土壤的叠置，从而出现多重构造。由于建筑材料、砖瓦、碎石的侵入，土壤中人工粗骨物质多，颗粒分布异常，明显不同于原有土壤。在侵入体中也包括一些不易分解的塑料物质，出现于土壤的不同深度。由于扰动的结果，土壤也会出现颜色的异常，这通常是由特殊的有色化学物质污染所致。

（四）堆积过程

人类的活动可为土壤带来新的物质，堆积在原有的土壤上。在农业土壤中的堆积主要有以下几种情况。

1. 土垫人为作用　黄土高原地区的人们习惯施用土粪（所谓土粪是各种有机肥，包括家畜肥、人粪尿、圈肥、土坑以及土墙等各种肥料的通称），同时当地多以黄土垫圈，其中矿质土壤物质占 70%以上。由于长期施用此种土壤物质，年复一年，在原有土壤上形成了一个覆盖层，在原有耕作层和犁底层上形成了新的耕作层和犁底层。据 ^{14}C断代，此类土垫表层的年龄为 25 704±160 年到 2 850±160 年，这与当地的农业历史记载是一致的。

2. 泥垫人为作用　这是在珠江三角洲和太湖地区的淤泥堆垫过程。堆垫物质主要是当地江湖沉积物，因为当地地势低洼。例如在珠江三角洲地处海拔 0.5～0.8 m 的河网地带，堆垫过程大致可分为一次性堆垫成型和反复堆垫两个阶段。一次性堆垫成型是人们在低洼渍水地段挖塘筑基（泥垫土），抬高地面，地面种桑、甘蔗、果树等，塘里养鱼，形成四周环水的条状旱作土，这是农业工程阶段，一次性地把土层垫高 80 cm 以上，使原来处于厌氧环境下的母土，迅速脱离地下水的影响，土体在短时间内由还原态转变为氧化态。后一阶段是人们以塘中淤泥作肥源，每年在已形成的堆垫土上培土 2～3 次，这样周而复始地培土，使堆垫层不断加厚，形成泥垫土。这些泥垫物质的特点是以水下淤泥为物质来源。因此这些物质中除了砖瓦、瓷片物质外，通常还有数量不等的水生生物，特别是螺蛳，故堆垫物质中多螺壳和贝壳，同时堆垫物质多锈纹，这是堆垫物质的水成特征，也是区别于土垫物质的标志之一。

3. 灌淤作用　由于干旱地区植被覆盖度小，土壤疏松、河水中泥沙含量通常都比较高。在广大的中亚和我国西北地区均如此。用这些河水灌溉的同时，也带来了大量泥沙。据新疆塔里木盆地 8 条河流的资料，年灌溉淤泥的厚度平均为 0.25～0.85 cm。由于流域内土壤不同，灌淤物质的矿物和化学组成也有差别。但不管怎样，灌淤物质来自流域内的表土，一般都有较高的有机物质和矿质养分含量。

（五）人为复钙和酸化过程

城区建筑大量使用石灰、水泥、石膏等，这些物质以建筑垃圾、灰尘、溶液等进入土壤，钙离子增加。土壤中碳酸盐遇二氧化碳和水形成重碳酸盐，土壤碱性增强，pH 升高。城郊菜园土由于大量施用垃圾、煤灰、有机物料，土壤复盐基，与粮田土壤相比，pH 显著提高。然而，近年来，耕地土壤频繁遭受酸沉降、偏施生理酸性化肥、高量施用化肥、大量施用未腐熟有机肥，同时由于炉灰等碱性物质投入减少，pH 下降，土壤酸化问题日趋严重，城郊森林公园土壤在酸雨作用下也被酸化。

第三节　土壤发育

地壳表面的岩石风化体及其再积体，接受其所处的环境因素的作用，形成具有一定剖面形态和肥力特性的土壤，称为土壤发育。因此土壤发育可以理解为土壤同它所处的环境相平衡的过程，而它的具体表现则是上一节所述的土壤物质的转化及迁移。

一、土壤个体发育

土壤个体发育是指具体的土壤从岩石风化产物或其他新的母质上开始发育的时候起，直到目前状态的真实土壤的具体历程。它只涉及土壤的个体（即具体的个别土壤），这种个体可以在比较短的时间内形成，也可以在很短的时间内得到改变或破坏。在不存在破坏作用（例如侵蚀）的情况下，这种具体的土壤个体便向着具有当地典型土壤形成条件组合相适应的土壤发展，经过若干时间，由幼年土或发育微弱的土壤向成熟阶段发展，最后进入当地典型土壤的行列，如图 5-12 所示。但是土壤进入当地典型土壤的行列，并不是土壤发育的终止，而只是土壤的发育与当地环境条件的发展取得了暂时的动态平衡。

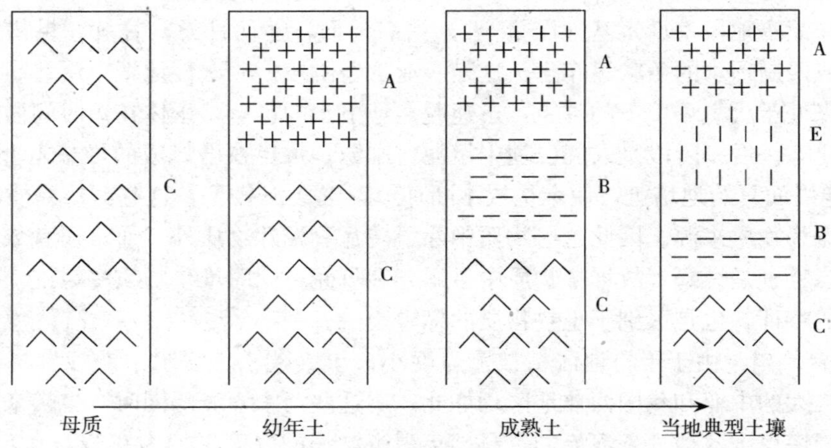

图 5-12　土壤个体发育

（引自 H. D. Foth，1984）

二、土壤系统发育

土壤系统发育指土壤的发生类型在漫长的地质时期内的发生和发展过程。土壤既是一个独立的历史自然体，也是整个地表的一个自然要素。因此它是独立的而不是孤立的，它与其他历史自然体一样，具有自己特殊的发生规律，但这种发展不是孤立地进行的，而是与周围的环境条件相互发生作用，辩证地发展着。例如土壤受植物及其他环境因素的共同作用，植物在生长过程中向土壤提供物质，并在土壤中不断积累，当这些物质积累到一定程度时，土壤就从一种类型转变为另一种类型。这种转变反过来又会作用于生物等环境因素，刺激新的生物种类的形成，后者又会去塑造新的土壤类型。由此可见，在漫长的地质时期内，土壤与环境之间的不断作用过程，也是新的土壤类型不断产生的过程。

三、土壤的剖面、发生层和土体构型

（一）相关概念

土壤在土壤形成因素的作用下，产生一系列的土壤属性，这些属性的内在综合表现为肥力，而其外在特征则反映于土壤的剖面形态、发生层和土体构型上。所以土壤的剖面、发生层和土体构型是土壤发育的具体表现。

1. 土壤剖面　土壤剖面是一个具体土壤的垂直断面，其深度一般达到基岩或达到地表沉积体的相当深度（图 5-13）。一个完整的土壤剖面应包括土壤形成过程中所产生的发生学层次（发生层）和母质层。

2. 土壤发生层　土壤发生层是指土壤形成过程中所形成的具有特定性质和组成的、大致与地面相平行的、具有成土过程特征的层次。作为一个土壤发生层，至少应能被肉眼识别，其不同于相邻的土壤发生层。识别土壤发生层的形态特征一般包括颜色、质地、结构、新生体、紧实度等。土壤发生层分化越明显，即上下层之间的差别越大，表示土体非均一性越显著，土壤的发育度越高。但许多土壤剖面中发生层之间是逐渐过渡

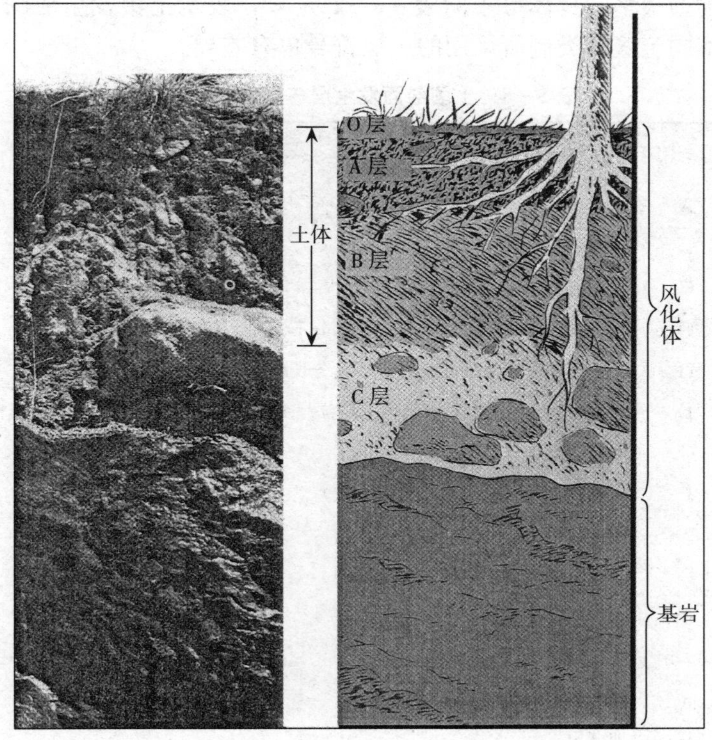

图 5-13　基岩、风化体和土体等的关系

的。有时母质的层次性会残留在土壤剖面中，这种情况应区别对待。

3. 土体构型　土体构型是各土壤发生层在垂直方向有规律的组合和有序的排列状况。不同的土壤类型有不同的土体构型，因此土体构型是识别土壤的最重要的特征。

（二）土壤基本发生层

作为一个发育完全的土壤剖面，从上至下一般由最基本的 3 个发生层组成。

1. 淋溶层（A 层）　淋溶层处于土体最上部，故又称为表土层，它包括有机质的积聚层和物质的淋溶层。该层中生物活动最为强烈，进行着有机质的积聚或分解的转化过程。在较湿润的地区，该层内发生着物质的淋溶，故称为淋溶层。它是土壤剖面中最为重要的发生学土层，任何土壤都具有这个土层。在原始植被保存较好的地区，在淋溶层之上还可出现有机质积累层（O层）。

2. 淀积层（B 层）　淀积层处于淋溶层的下面，是物质淀积作用造成的。淀积的物质可以来自土体的上部，也可来自下部地下水的上升，可以是黏粒也可以是钙铁锰铝等，淀积的部位可以是土体的中部也可以是土体的下部。一个发育完全的土壤剖面必须具备这个重要的土层。

3. 母质层（C 层）　母质层处于土体最下部，是未产生明显的土壤形成作用的土层，其组成物就是前文所述的母质。

（三）其他土壤发生学层次

以上介绍的淋溶层、淀积层和母质层只是土壤中的基本发生层，而构成土壤剖面的发生学层次的类型很多，具体可参阅表 5－8。至今，表示土壤发生层的符号在国内外还没有统一，不同土壤分类制所采用的土层符号也有差异。

表 5－8　土壤剖面发生层与层次字母注记

Ⅰ．用于表示发生层的层位和性状	
A	淋溶层
B	淀积层
C	母质层
O	林下堆积于表层的有机质层，水分不饱和，有机质含量≥35%
H	湿地堆积于表层的有机质层，水分长期饱和，有机质含量≥35%
E	漂洗层，硅酸盐黏粒遭破坏，黏粒、铁、铝三者皆有损失，而砂粒与粉粒聚集
G	潜育层
P	人工熟化层（水稻土中的渗育层）
W	潴育层
D	不受土壤形成作用影响的碎屑层
R	连续的坚硬岩层
Ⅱ．用于表示发生层的形态或性状	
a	腐解良好的腐殖质层
b	埋藏层
c	结核形式的积聚
d	粗腐殖质层，粗纤维含量≥30%
e	水耕熟化的渗育层
f	永冻层
g	氧化还原层
h	矿质土壤的有机质的自然积聚层
i	灌溉淤积层
k	碳酸钙积聚层
l	结壳层，龟裂层
m	强烈胶结、固结、硬化层次
n	代换性钠积聚层
o	R_2O_3 残余积聚层
p	耕作层
q	次生硅积聚层
r	砾幂
s	R_2O_3 的淋溶积聚层
t	黏化层
v	网纹层
w	风化过渡层
x	脆盘层，脆壳层
y	石膏积聚层
z	盐分积聚层

四、反映土壤风化发育的指标

土壤的风化发育度可根据土壤的形态特征、微形态特征、矿物风化程度及一些物理化学指标给以确实。反映土壤风化发育度的指标很多，现简要介绍常用指标。

1. *Sa* *Sa* 为硅铝率或 K_i，它是指土壤或黏粒中二氧化硅（SiO_2）及三氧化二铝（Al_2O_3）的全量分别除以它们各自的相对分子质量而得各自的分子数的比例，即二者的分子比，即

$$Sa=SiO_2/Al_2O_3$$

例如某土壤黏粒中 SiO_2 含量为 40%，Al_2O_3 含量为 34%，则

$$Sa=\frac{40\%}{60}\div\frac{34\%}{102}=2.00。$$

Sa 中 *S* 代表硅（Si)，系活动性成分；*a* 代表铝（Al)，系不活动成分。*Sa* 越小，表明土壤风化淋溶度越强。

2. *Saf* *Saf* 为硅铝铁率，其含义与 *Sa* 值相似，只是把铁与铝同时进行考虑，即是土壤或是黏粒中二氧化硅（SiO_2）的分子数与三氧化二铝（Al_2O_3）分子数和三氧化二铁（Fe_2O_3）分子数之和的比值，可表示为

$$Saf=SiO_2/(Al_2O_3+Fe_2O_3)$$

3. *ba* *ba* 为土壤风化淋溶系数，是指土壤中的盐基与氧化铝的分子比值。*ba* 中，*b* 代表盐基，即氧化钠（Na_2O）分子数、氧化钾（K_2O）分子数、氧化钙（CaO）分子数之和，有时加上氧化镁（MgO）分子数；*a* 代表三氧化二铝（Al_2O_3）分子数。计算公式为

$$ba=(Na_2O+K_2O+CaO)/Al_2O_3$$

或

$$ba=(Na_2O+K_2O+CaO+MgO)/Al_2O_3$$

在土壤形成过程中，三氧化二铝（Al_2O_3）比较稳定而不易被淋溶，而钠、钾、钙、镁等盐基易受淋洗，*ba* 越小，表示脱盐基越多，淋溶作用越强。

4. *β* *β* 为土壤风化淋溶指数。它是淋溶层钾钠氧化物与氧化铝的分子比与母质层钾钠氧化物与氧化铝的分子比的比值，即

$$\beta=淋溶层\frac{K_2O+Na_2O}{Al_2O_3}/母质层\frac{K_2O+Na_2O}{Al_2O_3}$$

β 越小，说明它的淋溶强度越强。

5. *μ* *μ* 称为土壤风化指数，是通过淋溶层和母质层中氧化钾与氧化钠的比值比较求得的，即

$$\mu=淋溶层\frac{K_2O}{Na_2O}/母质层\frac{K_2O}{Na_2O}$$

在土壤中，胶体表面对钾的亲和性大于钠，所以钠比钾易淋失，$\mu>1$。*μ* 越大，土壤风化度越高。

6. 粉砂黏粒比 粉砂黏粒比又称为粉黏比，表示矿质土壤颗粒风化度，是指土壤中粉砂与黏粒含量的比值。土壤形成过程中，粉砂将向黏粒变化，因此土壤风化越强，粉砂越少，黏粒越多，粉砂黏比就越低。

7. 阳离子交换量、有效阳离子交换量和盐基饱和度 阳离子交换量（*CEC*）、有效阳离子交换量和盐基饱和度（*BS*）也是常用的土壤风化发育度指标。这些数值愈高，

土壤风化发育度愈弱；反之亦然。由于这些指标值受有机质含量、耕作施肥的影响，因此常用心土作为分析对象。

8. 铁的游离度　铁的游离度是指土壤游离氧化铁（未被铝硅酸盐禁锢的铁）占土壤全铁量的比例（%）。游离氧化铁通常用连二亚硫酸盐-柠檬酸盐-碳酸氢钠混合提取液（DCB浸提液）提取。铁的游离度越大，土壤风化越强。

9. 黏化率　黏化率是指黏化层中黏粒含量与淋溶层或下部母质层黏粒含量的比值。该比值越大，黏化程度越高。黏化层的黏化率要求大于1.2，黏化极强的土壤，黏化率可高达3～7。

第四节　土壤发生与诊断层的形成

前文已述，土壤在土壤形成因素的作用下，产生一系列土壤性质，这些土壤性质的内在综合表现为肥力，而其外在特征则反映于土壤的剖面形态、土层或土体构型上。所以土壤剖面和土层是土壤形成发育的具体表现。

土壤诊断层是指用于鉴定土壤类别，在性质上有定量指标的土层。诊断层的概念是1960年由美国在其《第七次土壤分类草案》中提出的，现已用于不少国家的土壤分类中，但不同国家土壤分类所采用的诊断层及其鉴别标准常结合具体土壤情况有所调整，不全相同。由于诊断层产生于土壤形成过程，因此诊断层的形成与一定的土壤形成过程相联系。以下以中国土壤系统分类中部分诊断层的形成为例，说明土壤发生与诊断层形成的关系。

一、泥炭化过程与有机质表层的形成

土壤有机质表层分为有机表层和草毡表层2种。

1. 有机表层　有机表层主要是在泥炭化过程作用下形成的，即土壤中有机物质积累超过它的分解作用，使土壤中有机碳含量极高，从而产生有机土壤物质性质。有机表层主要出现在地势低洼、水分多、大气湿度大、土壤常年为水饱和甚至地表季节性积水或终年积水、植被以莎草科湿生植物为主、土壤质地黏重的地区，由于在这种环境下微生物活动微弱，有机物质腐殖化不彻底，有利于以泥炭质有机物质为主的有机物质的积累。

2. 草毡表层　草毡表层是在高寒草甸或高寒灌丛草甸植被及低温半湿润环境条件下，有机物质腐殖化作用弱，土壤剖面上部有毡状草皮的高寒草甸有机物质积累过程，主要分布在森林郁闭线以上的高山带或无林的高原面，由于海拔高，气温低，有机物质分解缓慢而积累，使土壤有机物质、活根与死根交织缠结。

二、腐殖化过程与腐殖质表层的形成

腐殖质表层主要是土壤腐殖化过程的结果，由于土壤形成条件的差异，可分别形成暗沃表层、暗瘠表层和淡薄表层。

1. 暗沃表层　暗沃表层主要出现在夏季温暖多雨，植物生长繁茂，每年进入土壤中的有机物质较多，母质中盐基物质丰富或淋溶作用较弱的地区，由于分布处气温较低，微生物活动受到抑制，使有机物质得不到充分分解而以腐殖质形态积累于土壤中，形成较厚、腐殖质含量较高的腐殖质层。

2. 暗瘠表层　暗瘠表层主要出现在温润多雨、植物生长旺盛，每年进入土壤的有机物质也较多的地区，但由于淋溶作用较强或母质呈酸性，使该腐殖质层的盐基饱和度较低（<50%）。

3. 淡薄表层　淡薄表层主要出现在干旱或人为活动过强，地表植物生长较差，有机物质进入土壤少和矿化作用强，不利于有机质积累的地区，因而土壤有机质含量很低（<6 g/kg）。

三、土壤熟化过程与人为表层、耕作淀积层和水耕氧化还原层的形成

1. 人为表层　人为表层（包括灌淤表层、堆垫表层、肥熟表层和水耕表层）是土壤熟化过程的结果，即是在人类长期种植作物，并经耕作、培肥、灌溉、人工搬运等活动的结果，包括水耕熟化过程和旱耕熟化过程。其中灌淤表层是长期引用富含泥沙的浑水灌溉，水中泥沙逐渐淤积，并经施肥、耕作等交迭作用影响，失去淤积层理而形成的由灌淤物质组成的人为表层。堆垫表层是长期施用大量各种有机肥（家畜肥、人粪尿圈肥、土杂肥）或河塘淤泥等并经耕作熟化而形成的表层。肥熟表层是长期种植蔬菜，大量施用人畜粪尿、厩肥、有机垃圾、土杂肥等，并经精耕细作，频繁灌溉而形成的高度熟化、含高量磷素的表层。水耕表层是在淹水植稻耕作条件下形成的表土层。

2. 耕作淀积层　耕作淀积层是在旱耕熟化过程中形成的一种淀积层，是旱地土壤受耕作影响，在耕作层下形成的具有腐殖质-黏粒胶膜或腐殖质-粉砂-黏粒胶膜淀积或盐基物质或磷素等物质淀积的土层。

3. 水耕氧化还原层　水耕氧化还原层是水耕条件下铁锰自水耕表层或（和）下土层的上部亚层还原淋溶或兼有自下面潜育层或具有潜育现象的土层还原上移，并在一定深度中氧化淀积的土层，是水耕条件下氧化还原作用的结果。其特征是氧化还原形态的存在或游离氧化铁锰的淀积。

四、盐化作用与盐结壳、盐积层、超盐积层和盐盘的形成

盐结壳、盐积层、超盐积层和盐盘是在气候、地形、地质、水文、水文地质等各种自然环境条件下和人为活动因素综合作用下，盐类相对富集的结果，是现代盐积过程和残余盐积过程的产物。气候干旱、地面蒸发强以及地形相对低平导致地表径流和地下径流滞缓或汇集，地下水位接近地表是导致土壤盐积的主要原因。但不同生物气候条件下，由于土壤水分状况的不同，其盐积强弱和位置可有较大的差别。其中，盐结壳是由大量易溶性盐胶结成的灰白色或灰黑色表层结壳、其厚度超过 2 cm，易溶性盐含量达到或超过 100 g/kg；超盐积层为一含高量易溶性盐、但未胶结的土层，其厚度达到或超过 15 cm，含盐量达到或超过 500 g/kg；盐盘是由以氯化钠（NaCl）为主的易溶性盐胶结或硬结形成的连续或不连续的盘状土层，其厚度达到或超过 5 cm，含盐量达到或超过 200 g/kg。它们都是干旱荒漠和半荒漠气候环境下盐积过程的产物，它们不是由地下水而是由地表水引发的，包括溶解风化盐化和洪盐积化。而一般的盐积层［其厚度至少为 15 cm，含盐量在干旱区达到或超过 20 g/kg 或其他地区达到或超过 10 g/kg，且含盐量（g/kg）与厚度（cm）的乘积达到或超过 600］广泛分布于干旱、半干旱半湿润和沿海地区，是以现代盐积过程为主导作用而形成的产物，在自然条件和人为因素的影响下，在强烈的地表蒸发作用下，含可溶性盐类的地下水和地面水以及母质通过水分在土

壤中垂直和水平的毛管运动，使盐分在地表和上层土体中不断积累，包括在海水浸渍影响下的盐分积累过程、地下水影响下的盐分积累过程、地下水和地面渍涝影响下的盐分积累过程及地面径流影响下的盐分积累过程。

五、富铁铝化过程与铁铝层和低活性富铁层的形成

铁铝层、低活性富铁层都是含高量铁的铁富集土层，其形成与富铁铝化过程有关，是在湿热或温热气候条件下，土壤脱硅、脱盐基、铁铝相对富集的结果。其中铁铝层是土壤矿物高度风化、硅酸盐矿物单硅铝化（矿物以 1∶1 型为主）、铁铝氧化物极明显富集、黏粒活性显著降低的高度富铝化作用的结果。而低活性富铁层是矿物中度风化、单硅铝化矿物和双硅铝化矿物并存、强烈盐基淋失作用、明显脱硅和铁铝氧化物富集、低活性黏粒积累的中度富铁铝化作用形成的土层。

六、灰化过程与灰化淀积层的形成

灰化淀积层是指具有灰化淀积物质（有机质和铝或有机质和铁、铝）淀积的土层，是由螯合淋溶作用形成的一种淀积层，是在高山冷湿的针叶林木下，真菌分解凋落物产生可溶性腐殖质与矿物表面风化出的铝和铁发生强烈的络合作用，将可溶性络合物随降水下渗并积聚在淀积层（B层）的结果。

七、黏化作用与黏化层和黏盘的形成

黏化层和黏盘的形成与黏化作用有关，是黏粒在土体中形成和积聚的结果。其中黏化层的黏粒含量一般超过上覆土层的 20%；而黏盘的黏粒含量远高于表层或上覆土层，其黏粒含量与漂白层黏粒含量之比大于 2，且具有黏重、坚实的特性。

八、钙积过程与石膏层、超石膏层、钙积层、超钙积层和钙盘的形成

由于土壤形成条件的差异，钙积过程可形成石膏层、超石膏层、钙积层、超钙积层和钙盘，它们都形成于干旱、半干旱环境。其中，钙积层的厚度达到或超过 15 cm，碳酸钙（$CaCO_3$）相当物含量为 150～500 g/kg；超钙积层的厚度达到或超过 15 cm，碳酸钙相当物含量至少为 500 g/kg；钙盘是由碳酸盐胶结或硬结形成的连续或不连续的盘状土层。它们都是含大量碳酸盐的土层，但它们在碳酸钙含量、垒结结构和土壤形成年龄上尚有较大的差别。其中，钙积层是碳酸盐中度积聚的结果，在砾质物质中碳酸盐积聚层中的砾石已被自生碳酸盐连续包被，有些砾石间也为碳酸盐填充；在非砾质物质中自生碳酸盐常沿根孔或虫穴淀积，形成少到中量筒状斑块状凝团。超钙积层和钙盘是碳酸盐强度积聚的结果，在砾质物质中大多数砾石间的孔隙已为自生碳酸盐填满或填塞；在非砾质物质中整个土层皆为碳酸盐浸染和胶结，形成大量硬结化的碳酸盐凝团，凝团之间也为扩散的碳酸盐浸染或胶结，其中土层中还残留少量低碳酸盐包体（即伸入碳酸盐层中的雏形层或黏化层斑块），未硬化的为超钙积层，而全部土层被碳酸堵塞和变硬的则为钙盘。

石膏层和超石膏层多形成于荒漠土壤中，石膏层的发育程度和石膏积聚程度与干旱程度、母质和土壤形成年龄有关，石膏层是中度石膏积聚的结果（石膏含量为 50～500 g/kg），超石膏层是强度石膏积聚的结果（石膏含量在 500 g/kg 或以上）。

九、碱化作用与碱化层的形成

碱化层为交换性钠含量高的特殊淀积黏化层（碱化度≥30%，pH≥9.0），是土壤碱化过程的结果，即土壤吸附性钠离子增加过程的结果。

十、聚铁网纹化过程与聚铁网纹层的形成

聚铁网纹层是由黏粒与石英等混合并分凝成多角状或网纹、呈红色的富铁、贫腐殖质聚铁网纹体组成的土层，是聚铁网纹化过程的结果。

十一、土壤初育过程与雏形层的形成

土壤风化程度较弱的初育化过程可形成无或基本上无物质淀积、未发生明显黏化、有一定数量氧化铁形成，土壤结构已初步发育的雏形层。

十二、漂白层的形成

漂白层是指土壤中由于黏粒和（或）游离氧化物淋失或氧化铁分凝后形成的灰白色土层，其成因较多，它可以是白浆化过程作用下，黏粒的机械淋溶（侧渗和直渗）和铁锰的化学还原离铁离锰，使某些土层发生“淡化”而形成；也可以是在灰化过程作用下发生络合离铁离锰，土壤颜色变浅而形成。但某些白色土层的形成可能不是以上土壤形成作用的结果，母质中氧化铁十分低下时形成的土壤也常常呈灰白色，这在田间鉴定土壤时需加以区别。

复习思考题

1. 母质通过什么方式对土壤形成起作用?
2. 试分析气候条件与我国土壤分异的关系。
3. 举例分析水分条件和温度条件对土壤有机质积累的影响。
4. 试分析土壤颜色与土壤水分条件的关系。
5. 试分析各种生物因素在土壤形成中的作用。
6. 举例说明人类活动对我国土壤演化的影响。
7. 举例分析土壤形成过程中的物质转化和迁移与土壤形成条件的关系。
8. 试分析重要土壤形成过程发生的特点及发生的环境条件。
9. 潜育化和潴育化发生条件和过程有何差异?
10. 选择一个当地的代表性土壤剖面，划分发生层，并分析其形成的条件。
11. 试结合当地特点，分析土壤形成因素与土壤性质的关系。
12. 以你较熟悉的地区为对象，结合你学过的地理学知识，剖析各土壤形成因素之间的关系。

第六章

土壤结构和力学性质

土壤是由固、液、气三相构成的分散体系。众多的土壤颗粒堆聚成一个多孔的松散体，称为土壤固相骨架。水、空气、土居生物都在骨架内部的孔隙中迁移、活动。所以土壤固相骨架内的大颗粒和小颗粒组成和排列方式，对土壤水、肥、气、热状况以及土壤生物有重要影响。土壤结构性、孔性和力学性质与土壤固相颗粒密切有关，是研究土壤肥力、土壤培肥和土工建筑所不容忽视的土壤基本物理性质。本章介绍土壤的颗粒、质地、结构和力学性质等基本知识及其应用。

第一节　土壤颗粒

一、土壤粒级

土壤颗粒(soil particle)（简称土粒）是构成土壤固相骨架的基本颗粒，它们的数目众多，大小（粗细）和形状迥异，矿物组成和理化性质变化甚大，尤其是粗颗粒与细颗粒的成分和性质几乎完全不同。

（一）土壤颗粒的概念

根据土壤颗粒的成分，可将其分为矿质颗粒和有机颗粒两种。在绝大多数土壤中，矿质颗粒的数目占绝对优势，占土壤固相质量的95%以上，而且在土壤中长期稳定地存在，构成土壤固相骨架；有机颗粒或者是有机残体的碎屑，极易被小动物吞噬和微生物分解掉，或者与矿质土壤颗粒结合形成复粒，因而很少单独地存在。所以通常所指的土壤颗粒，是专指矿质颗粒。

土壤固相骨架中的矿质颗粒可以单个地存在，称为单粒。在质地轻而缺少有机质的土壤中，单粒在数目上占优势。在质地黏重及有机质含量较多的土壤中，许多单粒相互聚集成复粒。从不同角度来看，根据复粒的形成机制也可分别称它为黏团、有机矿质复合体或初级微团聚体，它们都是形成更大的（二级、三级）微团聚体以至大团聚体的第一步。通常所说的土壤颗粒，均指矿质颗粒中的单粒。不过，在水利、土工等部门有时并不严格地区分单粒和复粒，在他们的土壤颗粒分析中，没有预先把全部复粒分散为单粒，因而此种分析所得到的各个粒级均是单粒与复粒的混合物。

（二）土壤粒级（粒组）

土壤颗粒的大小差别很大，为了便于研究不同大小颗粒的特性，人们将一系列大小不同的土壤颗粒，区分为若干组，称为土壤粒级（粒组）。但是土壤颗粒的形状多是不规则的，有的土壤颗粒的三维方向尺寸相差很大（例如片状、棒状），难以直接测量其真实直径。为了按大小进行土壤颗粒分级，采用以土壤颗粒的当量粒径或有效粒径代替。

1. 当量粒径与理想土壤

（1）当量粒径　当量粒径和有效粒径的概念来自土壤机械分析（颗粒分析）时采用的假设和方法。把全部复粒分散成为单粒的土壤悬液，通过套筛洗入沉降筒中。粗粒部分先后被截留在各个筛子上，即以圆筛的孔径作土壤颗粒的有效粒径。例如通过 1 mm 筛而阻留在0.5 mm筛上的土壤颗粒即是 1.0～0.5 mm 粒级，其余类推。细颗粒部分则根据颗粒半径与颗粒在静水中沉降速率的关系，即斯托克斯定律，计算不同粒级土壤颗粒在静水中的沉降速度，把土壤颗粒看作光滑的实心圆球，取与此粒级沉降速率相同的圆球直径，作为其当量粒径。

斯托克斯定律（Stokes' law）的表达式为

$$v=\frac{2}{9}\frac{(\rho_s-\rho_w)gr^2}{\eta}$$

式中，v 为土壤颗粒（圆球）沉降速率；ρ_s 为土壤颗粒（圆球）的密度，各级土壤颗粒密度可实测之，或取常用密度值 2.65 g/cm^3；ρ_w 为水的密度；η 为水的黏滞系数；g 为重力加速度；r 为土壤颗粒（圆球）半径。

（2）理想土壤　斯托克斯定律是按光滑实心圆球的沉降得到的，把各级土壤颗粒都当作光滑实心圆球，与实际情况相差甚远（尤其是对片状黏粒来说），但在土壤学、土工学研究及应用中把这种圆球堆积的理想土壤沿用已久。自 20 世纪 30 年代以来，利用理想土壤模型研究土壤孔隙分布，20 世纪 50—60 年代以后研究孔隙中的各种“流”方程（水流、气流、热流、溶质流、养分流、污水流等及其耦合方程），采用各种修正参数，使之接近土壤的实际情况，取得了不少成果。后来，又有人进行土壤中优先流（大孔隙中心部分的水流）和多相流（混合液体流或液气两相流）的研究。而水流、热流耦合方程也试用于研究含油层或输油管中的石油流动。

2. 土壤颗粒的大小分级——粒级制　如何把土壤颗粒按其大小分级？分成多少个粒级（粒组）？各粒级间的分界点（当量粒径）定在哪里？至今尚缺公认的标准。在许多国家，各个部门采用的土壤颗粒分级制也不同。当前，国内外常见的土壤粒级分级标准列于表 6－1。由表 6－1 可见，各种粒级制都把大小颗粒分为石砾、砂粒、粉粒和黏

表 6－1　常见的土壤粒级制

<table>
<tr><th>当量粒径（mm）</th><th>中国制</th><th colspan="3">卡钦斯基制</th><th>美国农部制</th><th>国际制</th></tr>
<tr><td>3～2</td><td rowspan="2">石砾</td><td rowspan="2" colspan="3">石砾</td><td>石砾</td><td>石砾</td></tr>
<tr><td>2～1</td><td>极粗砂粒</td><td rowspan="5">粗砂粒</td></tr>
<tr><td>1.0～0.5</td><td rowspan="2">粗砂粒</td><td rowspan="7">物理性砂粒</td><td colspan="2">粗砂粒</td><td>粗砂粒</td></tr>
<tr><td>0.50～0.25</td><td colspan="2">中砂粒</td><td>中砂粒</td></tr>
<tr><td>0.25～0.20</td><td rowspan="3">细砂粒</td><td rowspan="3" colspan="2">细砂粒</td><td rowspan="2">细砂粒</td></tr>
<tr><td>0.2～0.1</td><td rowspan="3">细砂粒</td></tr>
<tr><td>0.10～0.05</td><td>极细砂粒</td></tr>
<tr><td>0.05～0.02</td><td rowspan="2">粗粉粒</td><td rowspan="2" colspan="2">粗粉粒</td><td rowspan="4">粉粒</td></tr>
<tr><td>0.02～0.01</td><td rowspan="3">粉粒</td></tr>
<tr><td>0.010～0.005</td><td>中粉粒</td><td rowspan="6">物理性黏粒</td><td colspan="2">中粉粒</td></tr>
<tr><td>0.005～0.002</td><td>细粉粒</td><td rowspan="2" colspan="2">细粉粒</td></tr>
<tr><td>0.002～0.001</td><td>粗黏粒</td><td rowspan="4">黏粒</td><td rowspan="4">黏粒</td></tr>
<tr><td>0.001 0～0.000 5</td><td rowspan="3">细黏粒</td><td rowspan="3">黏粒</td><td>粗黏粒</td></tr>
<tr><td>0.000 5～0.000 1</td><td>细黏粒</td></tr>
<tr><td><0.000 1</td><td>胶体</td></tr>
</table>

粒 4 组。同一粒级的土壤颗粒，成分和性质基本一致，粒级间则有明显差别。现简要介绍国内外主要的土壤颗粒分级标准。

（1）国际制　国际制是 1930 年第二次国际土壤学会大会采用的土壤颗粒分级标准。国际制分为 4 个基本粒组：石砾、砂粒、粉粒和黏粒。此制曾广为采用，后因分级过少而在此制基础上重新增加粒级，演变为不少国家各自的粒级制。

（2）美国农部制　美国农部（USDA）制是 1951 年在土壤保持局制的基础上修订而成的，把黏粒上限从 5 μm 下降至 2 μm，这是根据当时对胶体的认识确定的。这个黏粒上限已为世界各国粒级制所采用。美国农部制在美国土壤调查和有关农业土壤试验中应用，在许多国家被称为美国制。

（3）卡钦斯基制　卡钦斯基制由苏联土壤学家卡钦斯基修订（1957）而成，它先分为粗骨部分（>1 mm 的石砾）和细土部分（<1 mm 的土壤颗粒），然后再把细土部分以 0.01 mm 为界分为物理性砂粒和物理性黏粒两大粒组，意即其物理性质分别类似于砂粒和黏粒。因为前者不显塑性，无胀缩性，而吸湿性和黏结性极弱；后者则有明显的塑性、胀缩性、吸湿性和黏结性，尤以黏粒级（<1 μm）为强。0.01 mm 和 0.001 mm 正是各粒级理化性质的两个转折点。自 20 世纪 50 年代以来，我国土壤机械分析多采用卡钦斯基制，曾称其为苏联制。

（4）中国制　中国制是在卡钦斯基制基础上修订而来的，在《中国土壤》（第二版）正式公布。它把黏粒的上限移至公认的 2 μm，而把黏粒级分为粗（2～1 μm）、细（<1 μm）两个粒级，后者即卡钦斯基制的黏粒级，从理化性质看，粗、细黏粒的差异甚大。

由国内外的主要土壤颗粒分级制可见，土壤颗粒一般可分成 3～11 级，而基本级只有石砾、砂粒、粉粒和黏粒 4 级。最后，需要注意两点：①各粒级间的界限是人为定的，尽量选在其理化性质变化较明显的转折处。实际上，对不同类型的土壤来说，这些转折点也会稍有移动。②不同粒级制是与对土壤颗粒的概念和机械分析前的分散处理方法相联系的，例如有的人认为有机质是各级土壤颗粒的组成部分，因而不需除去；又如在分散处理时如何做到土样的“完全分散”即全部复粒分散为单粒，而又不损害单粒本身的完整性等。

（三）各级土壤颗粒的矿物组成和化学组成

因为岩石、母质种类和风化、土壤形成过程的不同，各种土壤及其各粒级土壤颗粒的矿物组成会有很大的差异。不过，对于不同的土壤来说，粗细土壤颗粒中矿物组成的分配仍有共同的规律。因而不同粒级的化学组成、理化性质也可发现相应的变化规律。

1. 土壤颗粒的矿物组成　岩石和母质中有许多种类的矿物颗粒，它们的抗风化力有很大的差异，因而在风化和土壤形成过程中破碎和分散的程度不同。在各种原生矿物中，最难风化的是石英，而硅酸盐矿物中的正长石、白云母也较难风化，它们往往构成了砂粒和粗粉粒（物理性砂粒）的主要矿物成分。其他几种硅酸盐矿物（例如斜长石、辉石、角闪石和黑云母等）较易风化，在物理性砂粒中的残留很少，它们的一部分构成中粉粒和细粉粒的矿物成分，而相当大部分被化学风化破坏而成为产生次生矿物的材料。一般说来，岩石的物理风化难以达到物理性黏粒的程度，而黏粒中则几乎都是次生

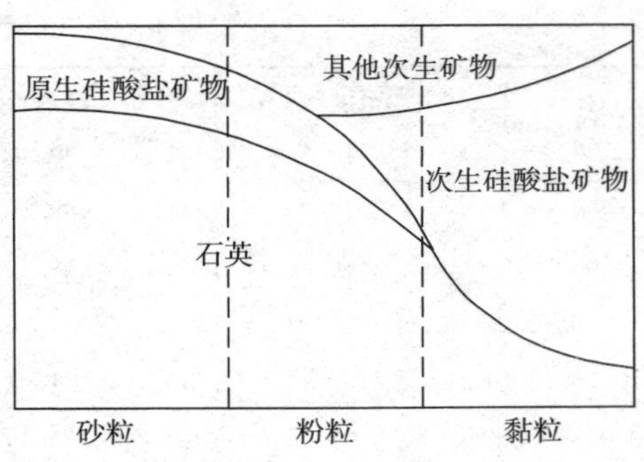

图 6-1　土壤粗细颗粒的矿物组成

硅酸盐矿物及硅、铁、铝等的氧化物或氢氧化物，它们都是化学风化和生物化学风化的产物。图 6-1 显示了土壤粗细颗粒的矿物组成，说明其一般性变化趋势。此外，一些非硅酸盐矿物（原生的或次生的），例如磷灰石、黄铁矿、石膏结核、石灰结核和各种易溶性盐类等，多属于非稳定性矿物成分，也可存在于各级土壤颗粒中，但在土壤机械分析时常被破坏而淋洗掉。水稻土的新生体铁锰结核则多存在于砂粒粒级中，其中，包括一些石英粒外包氧化铁膜的磁性颗粒。

2. 土壤颗粒的化学成分和化学性质　各粒级土壤颗粒的矿物组成不同，决定其化学成分存在差异。砂粒和粉粒中二氧化硅（SiO_2）含量高，黏粒中三氧化二铁（Fe_2O_3）、三氧化二铝（Al_2O_3）、氧化钙（CaO）、氧化镁（MgO）、五氧化二磷（P_2O_5）、氧化钾（K_2O）的含量较多。一般说来，随着土壤单粒由大到小，磷、钾、钙、镁、铁等养分含量逐渐增加，而二氧化硅含量逐渐减少。表 6-2 是两种代表性土壤的粒级化学组成。

表 6-2　两种代表性土壤各粒级的化学组成

	粒级（mm）	化学组成（烘干质量比例，%）									
		SiO_2	Al_2O_3	Fe_2O_3	TiO_2	MnO	CaO	MgO	K_2O	Na_2O	P_2O_5
灰色森林土	0.1～0.01	89.90	3.90	0.94	0.51	0.06	0.61	0.35	2.21	0.81	0.04
	0.010～0.005	82.63	8.13	2.39	0.97	0.06	0.95	1.94	2.77	1.45	0.14
	0.005～0.001	76.75	11.32	3.95	1.34	0.04	1.00	1.05	3.32	1.30	0.25
	<0.001	58.03	23.40	10.19	0.73	0.17	0.44	2.40	3.15	0.24	0.46
	全土	85.10	5.96	2.46	0.53	0.12	0.92	0.68	2.38	0.75	0.11
黑钙土	0.1～0.01	88.12	5.75	1.29	0.45	0.04	0.74	0.29	1.99	1.21	0.02
	0.010～0.005	82.17	7.96	2.73	1.00	0.02	0.94	1.19	2.31	1.84	0.12
	0.005～0.001	67.37	17.16	7.51	1.38	0.03	0.75	1.77	3.04	1.38	0.23
	<0.001	57.47	22.66	11.54	0.66	0.08	0.38	2.48	3.17	0.19	0.39
	全土	71.52	13.74	5.52	0.70	0.18	2.21	1.73	2.67	0.75	0.21

3. 土壤颗粒的物理性质　土壤各粒级的形状不一，砂粒和粉粒是不规则的多角形，有的近乎球形，云母颗粒则呈片状，黏粒多为片状和棒状。由于粗颗粒和细颗粒的形状、比表面积和矿物组成的不同，造成各项物理性质的差别。一般来说，随着土壤颗粒粒径的减小，土壤颗粒的吸湿量、最大吸湿量、持水量、毛管持水量不断增加，而土壤中的通气孔隙度、通气和透水速度则不断下降。土壤中的一些力学性质，诸如黏结力、黏附力、胀缩性、阿德伯常数等亦随之变化。表 6-3 是亚热带红壤各颗粒的物理性质研究结果。

表 6-3　红壤及其各粒级的物理性质

粒级（mm）	密度（g/cm^3）	容重（g/cm^3）	浸水容重（g/cm^3）	吸湿系数（%）	流限（%）	塑限（%）	塑性指数	膨胀（mL/g）	抗压强度（kgf/cm^2）
全土（<1）	2.72	1.25	0.66	9.74	42.1	25.8	16.3	0.09	3.15
1.00～0.25	2.66	1.52	1.33	0.34	无	无	无	0.03	
0.25～0.05	2.68	1.46	1.25	0.59	无	无	无	0.03	
0.05～0.01	2.69	1.30	1.31	0.14	无	无	无	−0.04	
0.010～0.005	2.68	1.20	1.49	0.20	无	无	无	−0.06	
0.005～0.002	2.87	1.22	1.37	0.65	无	无	无	−0.04	0.12
0.002～0.001	2.76	1.10	1.17	2.13	41.2	23.6	17.6	0.06	0.28
<0.001	2.80	0.97	0.46	18.70	71.2	47.7	23.4	0.25	3.64

注：$1\ kgf/cm^2=9.807\times10^4$ Pa。

二、土壤的密度和容重

土壤的密度和容重是两个常用的土壤基本参数，两个都是计算土壤的孔隙度和三相组成的因素，土壤容重更有多方面的用途。

（一）土壤密度

单位体积固体土壤颗粒（不包括粒间孔隙的体积）的质量称为土壤密度（soil density），单位为 g/cm^3 或 t/m^3。土壤密度过去曾称为土壤比重或土壤真比重。土壤密度值除了用于计算土壤孔隙度和土壤三相组成之外，还可用于计算土壤机械分析时各级土壤颗粒的沉降速度，估计土壤的矿物组成等。

土壤密度是土壤中各种成分的含量和密度的综合反映，主要取决于土壤矿物质颗粒组成和土壤有机质含量。多数土壤的有机质含量低，密度的大小主要决定于矿物质组成，例如氧化铁等重矿物的含量多时土壤密度大，反之则密度小。常见土壤成分的密度见表 6-4。

表 6-4　土壤中常见组分的密度

组分	密度（g/cm^3）	组分	密度（g/cm^3）
石英	2.60～2.68	赤铁矿	4.90～5.30
正长石	2.54～2.57	磁铁矿	5.03～5.18
斜长石	2.62～2.76	三水铝石	2.30～2.40
白云母	2.77～2.88	高岭石	2.61～2.68
黑云母	2.70～3.10	蒙脱石	2.53～2.74
角闪石	2.85～3.57	伊利石	2.60～2.90
辉 石	3.15～3.90	腐殖质	1.40～1.80
纤铁矿	3.60～4.10		

多数土壤的密度为 2.6～2.7 g/cm^3。通常情况下，土壤颗粒密度以多数土壤的平

均值 2.65 g/cm³ 作为通用数值，称为常用密度值。在机械分析中计算各级土壤颗粒的沉降速率时，往往采用此数值。对于铁、锰含量较高的土壤（例如红壤）或粒级（例如含铁、锰结核的砂粒），其密度值较大，可达 2.75～2.80 g/cm³ 或更大。腐殖质的密度小，所以富含腐殖质的土壤（例如黑土、黑钙土、菜园土的表层）的密度较小。例如我国东北的几种黑土表层的密度为 2.50～2.56 g/cm³，而心底土层的密度增至 2.59～2.64 g/cm³。在同一土壤中，不同大小土壤颗粒的腐殖质含量和矿物质组成不同，因而其密度也不同。

（二）土壤容重

1. 土壤容重

（1）土壤容重的概念　田间自然垒结状态下单位体积土体（包括土壤颗粒和孔隙）的质量（g/cm³ 或 t/m³），称为土壤容重（bulk density），曾称土壤假比重。它的数值总是小于土壤密度，二者的质量均以 105～110 ℃下烘干土计。土壤容重受密度和孔隙两方面的影响，而孔隙的影响更大，疏松多孔的土壤容重小，反之则大。

土壤容重多为 1.0～1.5 g/cm³，自然沉实后的表土的容重为 1.25～1.35 g/cm³。刚翻耕的农用地表层和泡水软糊的水田耕层的容重可降至 1.0 g/cm³ 以下。水流下自然沉积紧实的底土容重增大至 1.4～1.6 g/cm³，在土工建筑工地上夯实的土壤容重则可高达 1.8～2.0 g/cm³。

（2）土壤容重的应用　土壤容重的应用很多，兹举几例。

① 计算土壤孔隙度：根据实测土壤的容重与密度，按下式计算土壤孔隙度。

$$\text{土壤孔隙度}=1-\frac{\text{土壤容重}}{\text{土壤密度}}$$

② 计算工程土方量：例如在土工建设或土地整理工程中，有 2 000 m² 面积应挖去 0.2 m 厚的表土，其容重为 1.3 t/m³，则应挖去的土方为 2 000 m²×0.2 m=400 m³，土壤质量为 400 m³×1.3 t/m³=520 t。

③ 估算各种土壤成分储量：根据土壤容重和土壤成分（有机质、可溶性盐、各种养分、污染物等）的含量，可计算某成分在一定土体中的储量。例如 1 hm² 农用地的耕层（厚 0.2 m）容重为 1.3 g/cm³，有机质含量为 15 g/kg，全氮量为 0.75 g/kg（按土壤质量计），则该农用地耕层土壤中的有机质储量为 10 000 m²×0.2 m×1.3 t/m³×0.015=39.0 t，氮的储量为 10 000 m²×0.2 m×1.3 t/m³×0.75×10⁻³=1.95 t。

④ 计算土壤储水量及灌水（或排水）定额：用容重可计算某土体中保存的水量，进而计算需要的灌水（或排水）定额。

2. 浸水容重　在水稻土研究中提出了浸水容重，作为反映浸水条件下土壤结构状态和淀实程度的指标。它的测定方法是：磨细的风干土样称量后，放入盛水的大量筒中，浸泡分散，搅拌后静置，待土壤颗粒下沉至筒底，记下沉淀体积。另取一份风干土样测其含水量，由此折算筒内土样的干质量，再由下式求浸水容重。

$$\text{浸水容重}=\frac{\text{干土质量}}{\text{沉淀体积}}$$

浸水容重是用松散土样在实验室内测定的，与在田间就地测定原状土（未破坏土壤的自然垒结状态）所得的容重是不同，须加以区别。

3. 土壤容重的影响因素　土壤容重的大小，受土壤质地、结构、有机质含量以及各种自然因素和人工管理措施的影响。凡是造成土壤疏松多孔或有大量大孔隙的，容重小，反之造成土壤紧实少孔的则容重大。一般是表层土壤的容重较小，而心土层和底土层的容重较大，尤其是淀积层的容重更大。同样是表层土壤，随着有机质含量增加及结构性改善，容重下降。

三、土壤孔隙

土壤中固、液、气三相的体积比，可粗略地反映土壤持水、透水和通气的情况。三相组成与容重、孔隙度等土壤参数一起，可评价农业土壤的松紧程度和宜耕状况。它们又是土工试验和水利工程设计中常用的参数。

（一）土壤三相组成和孔隙度

1. 土壤三相组成指标　土壤固、液、气三相的体积分别占土体体积的比例（%），称为固相率、液相率（即容积含水量，可与质量含水量换算）和气相率。

$$固相率=\frac{固相体积}{土体体积}\times 100\%$$

$$液相率=\frac{水体积}{土体体积}\times 100\%$$

$$气相率=\frac{气体积}{土体体积}\times 100\%$$

三者之比即是土壤三相组成（或称三相比）。三相组成的表示方法：土壤三相比=固相率：液相率：气相率。对多数旱地农作物来说，适宜的土壤三相比为：固相率50%左右，液相率为25%～30%，气相率为15%～25%。如果气相率在8%～15%或更低，会妨碍土壤通气而抑制植物根系和好氧微生物活动。土壤的三相组成比例是不断变化的，它依赖于天气、植被、管理等因素。

土壤三相组成的表示方法有多种，有列表法、图示法和指标法等，分别反映不同条件（或不同处理）下的土壤三相比或其随时间变化及在土壤剖面中分布，可根据情况选用之。

2. 土壤孔隙度　土壤中各种形状的粗细土壤颗粒集合和排列成固相骨架。骨架内部有宽狭和形状不同的孔隙，构成复杂的孔隙系统，全部孔隙体积与土体体积的比例（%），称为土壤孔隙度（又称为土壤孔度）。水和空气共存并充满于土壤孔隙系统中，所以有

$$孔隙度=1-固相率=液相率+气相率$$

土壤的孔隙度、液相率、气相率和三相比数值，可反映土壤的松紧程度、充水和充气程度及水和气的容量等，是农田管理和土建工程中常用的土壤参数。各种植物对土壤三相比均有一定的要求，应根据生产要求进行调节或配比。

（二）土壤孔性

土壤孔隙性质（简称孔性）是指土壤孔隙总量及大孔隙和小孔隙的分布状况，它对土壤肥力有多方面的影响。土壤由固体土壤颗粒和粒间孔隙组成，其中孔隙容纳水分和空气。但土壤孔隙有大有小，大可通气，小可蓄水。为了满足植物生长对水和气的需

要，土壤应当既能保蓄足够的水分，又有适当的通气性。因此不仅要求土壤中孔隙的体积较大，而且要求土壤大小孔隙的搭配和分布状况适当，即要求土壤孔性良好。所以土壤孔性能够反映土壤孔隙总体积的大小、孔隙的搭配及孔隙在各土层中的分布状况等。土壤孔性的好坏，决定于土壤的质地、松紧度、有机质含量和结构等。可以说，土壤孔性是土壤结构性的反映，结构好则孔性好，反之亦然。土壤结构的肥力意义，实质上决定于土壤孔性。了解土壤孔性，就可进一步认识土壤结构性。土壤孔性可从两方面了解，一是土壤孔隙总量（总孔隙度），二是大孔隙和小孔隙的分配（分级孔隙度），包含其连通情况和稳定程度。与之有关的还有一个土体构造，即上下土层的孔隙分布、连通的问题。

1. 土壤孔隙度　自然状况下，一定体积的土壤中孔隙体积所占的比例（%）称为土壤孔隙度。例如在 1 cm^3 的土壤中，孔隙的体积是 0.55 cm^3，则孔隙度为 55%，其余 45%的体积被土壤颗粒占据着。土壤孔隙包括固相颗粒或结构体之间的间隙和生物穴道，由水和气所占据。土壤孔隙状况受质地、结构和有机质含量等的影响。黏质土壤中水占孔隙较多，而砂质土壤中的气占孔隙较多；结构好的土壤中水占孔隙和气占孔隙的比例较为协调。有机质，特别是粗有机质较多的土壤中孔隙较多；耕作、施肥、灌溉、排水等人为措施对土壤孔隙的影响很大，因而它一直处于动态变化之中。

（1）总孔隙度的测定和计算　在固体土壤颗粒之间，构成大小和形状不同的孔隙。所有孔隙体积的总和占整个土壤体积的比例，称为土壤总孔隙度（简称总孔度或孔度），以百分数（%）或小数表示。这里的土壤体积，包括固体土壤颗粒的体积和孔隙的体积两部分。土壤总孔隙度的计算公式为

$$\text{土壤总孔隙度}=\frac{\text{孔隙体积}}{\text{土壤体积}}\times 100\%$$

$$=\frac{\text{孔隙体积}}{\text{土壤颗粒体积}+\text{孔隙体积}}\times 100\%$$

（2）理想土壤的总孔隙度　土壤总孔隙度的大小，决定于土壤颗粒的排列情况。例如以理想土壤（假定土壤颗粒是相同大小的刚性圆球）为例，最松的和最紧的两种排列方法，立方体排列的总孔隙度为 47.46%，三斜六面体排列的总孔隙度为 24.51%（图 6-2）。

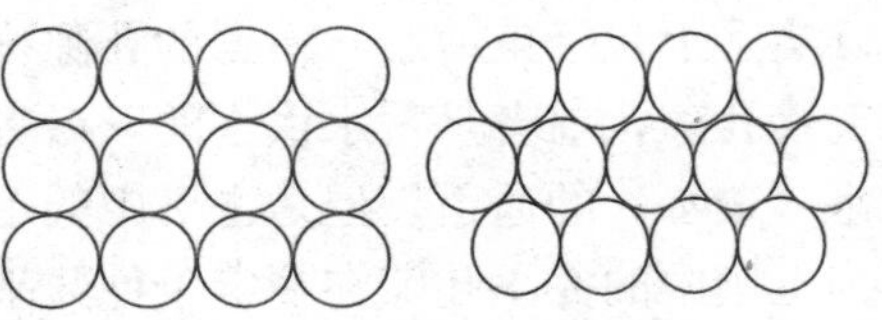

图 6-2　理想土壤的最松排列（左）和最紧排列（右）

（3）土壤总孔隙度的变化范围　自然土壤与理想土壤不同，土壤颗粒的形状不是球形（只有砂粒接近球形，黏粒多呈片状），土壤颗粒的大小也不相同。砂土的孔隙粗大，但孔隙数目少，故总孔隙度小；黏土的孔隙狭细而数目很多，故总孔隙度大。一般说来，砂土的总孔隙度为 30%～45%，壤土的总孔隙度为 40%～50%，黏土的总孔隙度为 45%～60%。土壤颗粒团聚成团粒结构，使总孔隙度增加，结构良好的壤土和黏土的总孔隙度高达 55%～65%，甚至在 70%以上。有机质特别多的泥炭土的总孔隙度超过 80%。

土壤团粒结构是由土壤颗粒聚成微团粒，再由微团粒形成团粒，具有多种大小不同的孔隙。团粒结构土壤的总孔隙度比非团聚化土壤增加 1/3～1/2。在上下层质地相同的条件下，土壤总孔隙度通常是耕层（表土）大，而下层（心土和底土）小。潜育化的

底土，由于常年泡水缺乏微结构，土壤颗粒排列紧，其孔隙度小，并且总孔隙度随着深度的增加而降低，直至接近25%。非潜育化土壤的底土，往往具有微结构。如果在微结构内部是紧排列，而微结构与微结构之间也是紧排列，则孔隙度达40%～45%。

土壤总孔隙度（通常简称土壤孔隙度）通常不是直接测定的，而是根据土壤的密度和容重来计算的，其计算公式为

$$\text{土壤孔隙度}=\left(1-\frac{\text{土壤容重}}{\text{土壤密度}}\right)\times 100\%$$

此式的推导过程为

$$\begin{aligned}\text{土壤孔隙度}&=\frac{\text{孔隙体积}}{\text{土壤体积}}\times 100\%=\frac{\text{土壤体积}-\text{土壤颗粒体积}}{\text{土壤体积}}\times 100\%\\&=\left(1-\frac{\text{土壤颗粒体积}}{\text{土壤体积}}\right)\times 100\%\\&=\left(1-\frac{\text{土壤颗粒体积}\times\text{土壤质量}}{\text{土壤体积}\times\text{土壤质量}}\right)\times 100\%\\&=\left[1-\left(\frac{\text{土壤质量}}{\text{土壤体积}}\times\frac{\text{土壤颗粒体积}}{\text{土壤质量}}\right)\right]\times 100\%\\&=\left[1-\left(\frac{\text{土壤质量}}{\text{土壤体积}}\div\frac{\text{土壤质量}}{\text{土壤颗粒体积}}\right)\right]\times 100\%\\&=\left(1-\frac{\text{土壤容重}}{\text{土壤密度}}\right)\times 100\%\end{aligned}$$

2. 土壤孔隙的类型　土壤总孔隙度反映土壤中所有孔隙的总量，实际上是土壤水和土壤空气二者所占的体积之和。但是对土壤肥力、植物根系伸展和土壤动物活动关系更大的则是土壤大孔隙和小孔隙的分配、分布和连通的情况。按照土壤中孔隙的大小及其功能进行孔隙分类，常以分级孔隙度表示。在分级孔隙度中应用最多的是毛管孔隙度和非毛管孔隙度。

（1）毛管孔隙与非毛管孔隙　毛管孔隙和非毛管孔隙的概念是1864年德国学者舒马赫（W. Schumacher）在他的《物理学》中从土壤空气和水的移动出发提出的，毛管水（实际上包括束缚水）占据的孔隙称为毛管孔隙，而毛管水不能占据的大孔隙则称为非毛管孔隙，前者是蓄水供水的，后者在平时则是通气的而在降雨或灌溉时则成为临时过水（透水）的通道。但是土壤中的毛管孔隙与非毛管孔隙之间并不存在明显的界线，因为土壤中的大小孔隙在一定条件几乎全部可被毛管水占据，此时全部土壤孔隙都成为毛管孔隙，例如在邻近地下水面的土壤下层。因此为了划分毛管孔隙与非毛管孔隙，需要定一个客观的分界，这就是"田间持水量"。

（2）通气孔隙度、毛管孔隙度与非活性孔隙度　近年来把大小孔隙度分为3级：非毛管孔隙度（通气孔隙度，$P_{气}$）、毛管孔隙度（$P_{毛}$，也称为活性孔隙度）和束缚水占孔隙度（$P_{束}=P_{紧束}+P_{松束}$），束缚水占孔隙度也称为非活性孔隙度。在建立土壤水流模型时，$P_{束}$是"死水体积"，即是不发生水流（毛管流或自由重力水流）运动的空间，故不应考虑在水流通道内。为了避免繁琐的测定和计算，可把$P_{束}$按凋萎含水量（1 500 kPa下的含水量）为其上限，并取平均密度1.3 g/cm³计算之，而不去细分$P_{紧束}$和$P_{松束}$两部分。对于砂质土来说，束缚水量极少，故可以忽略束缚水占孔隙度（$P_{束}$），而把全部细孔都作毛管孔隙度（$P_{毛}$）计算。

（3）土壤孔隙分级　土壤孔隙具有不同的大小和形状，它们在很大程度上决定了孔

隙在土壤中的功能。根据孔隙的大小可以将其分为大孔隙、中孔隙和微孔隙。美国土壤学会（2001）根据土壤孔隙的大小将孔隙分为大孔隙（macropore）、中孔隙（mesopore）、微孔隙（micropore）、超微孔隙（ultramicropore）和隐孔隙（cryptopore）5 级（表 6-5）。根据土壤孔隙的功能将孔隙分为＞50 μm 的传导孔隙（transmission pore）、0.5～50 μm 的吸持孔隙（storage pore），0.500～0.005 μm 的残余孔隙（residual pore）和＜0.005 μm 的结合孔隙（bonding pore）等。

表 6-5 土壤孔隙的分级

简化分级	分级	有效直径（mm）	特性与作用
大孔隙	大孔隙	0.08～5.00	多存在于土块之间，主要用于通气和排水、植物根系生长、各种土壤动物栖息等
中孔隙	中孔隙	0.03～0.08	主要用于吸持水分和通过毛管作用传导水分，可容纳真菌和根毛
微孔隙	微孔隙	0.005～0.030	多存在于土块内部，吸持植物有效水，可容纳大多数细菌
	超微孔隙	0.000 1～0.005 0	多存在于黏粒组，吸持植物无效水，无法容纳大多数微生物
	隐孔隙	＜0.000 1	难以容纳所有微生物，大分子难以进入

3. 当量孔径 土壤孔隙度和土壤孔隙比只说明土壤孔隙的数量，并不能说明土壤透水、保水、通气等的性质如何。因此必须进一步了解土壤孔隙的大小及其分配状况。土壤孔隙的大小、形状均不规则，无法按其真实孔径来研究。土壤学中所说的孔隙直径是指与一定的土壤水吸力相当的孔径，称为当量孔径（equivalent pore）。由于土壤固相骨架内土壤颗粒的大小、形状和排列十分多样，颗粒间孔隙的大小、形状和连通情况更为复杂，很难找到有规则的孔隙管道来测量其直径以进行大小分级。为此，用当量孔隙及其直径——当量孔径（又称有效孔径）代替之，如同前述用当量粒径（有效粒径）代替真实的土壤颗粒直径一样。

（1）圆管假设 把土壤孔隙看作一组平行的笔直的圆管，采用逐步加压法或负压抽吸法测定。根据圆管中毛管水上升公式（茹林公式）计算相当于该压力（负压）下排出水量的管径，作为该级孔隙的当量直径。

（2）茹林公式 当量孔隙是与一定水分吸力（或张力）相对应的孔隙，最早由美国学者理查兹（L. A. Richards）提出，按下列公式计算。

$$h=\frac{\alpha\sigma\cos\theta}{\rho g r}$$

式中，h 为水在毛管中的上升高度（cm），σ 为水的表面张力，r 为毛管半径（mm）、ρ 为水的密度（g/cm^3），g 为重力加速度（cm/s^2），θ 为水与土壤孔隙壁间的接触角，α 为固液接触角。

当测定时水的温度为 20 ℃时，上式可简化为茹林公式，即

$$d=\frac{3}{h}$$

式中，d 为当量孔隙直径（即当量孔径，mm），h 为土壤水分吸力（mmH_2O）。根据这个公式，可计算出不同大小当量孔隙的分布。

低吸力段的各级当量孔隙可用砂芯板或薄层高岭石板装置测定。前者用水管平衡装置测定 0～100 cm 水柱吸力范围内（当量孔径＞0.03 mm）的当量孔隙；而后者采用抽

气装置可测 100～900 cm 水柱张力范围内（当量孔径为 0.03～0.003 mm）的当量孔隙。当量孔径小于 0.003 mm 的当量孔隙可用压力膜法、气体吸附法或水银注入法测定。对于一些结构不良的膨胀性黏质土，由于在测定过程中泡水膨胀和脱水收缩，应用此法测定原状土的当量孔隙会有误差。

按不同大小的当量孔隙进行分类，包括前述分级孔隙度分类，国内外尚缺乏共同的标准，但也有若干类同之处，大孔隙（通气孔隙或非毛管孔隙）一般划在 0.1 mm 以上，毛管孔隙（传导孔隙）大致划在 0.10～0.03 mm，而小于 0.03 mm 的称为储存孔隙（包括极细的束缚水占孔隙）。

根据不同大小当量孔隙的分布（也有人称其为孔径分布），可以判别土壤结构的优劣。例如太湖地区的囊水性水稻土中，小于 0.005 mm 的储存孔隙较多，改变这些土壤的囊水性必须增加大于 0.03 mm 的传导孔隙。英国研究者托马森（A. J. Thomasson，1978）将通气孔隙和持水孔隙之间的界限划在 0.06 mm，直径大于 0.06 mm 的称为通气孔隙，直径为 0.002～0.060 mm 的称为有效水孔隙，根据两类孔隙的比例，对英国 300 多个土壤剖面进行结构性评价，通气孔隙占 15%～35%而有效水孔隙（毛管孔隙）占 35%～20%的土壤结构性好，通气孔隙度降至 5%～15%的结构性差。

4. 土壤孔性的影响因素

（1）质地　质地黏重表现为孔隙小，以无效孔隙和毛管孔隙占优势，但孔隙数量多，土壤总孔隙度高。质地轻者，以空气孔隙为主，但数量少，土壤总孔隙度低。壤土的孔隙度居中，孔隙大小分配较为适当，水和气的关系比较协调。

（2）结构　团粒结构多的土壤疏松，孔隙状况好。含有其他结构体的土壤颗粒排列紧实，土壤总孔隙度降低，特别是空气孔隙度降低，而无效孔隙度增加。

（3）土壤有机质含量　土壤有机质是团聚体的胶结剂，本身又是多孔体，因此有机质含量多的土壤总孔隙度高，疏松多孔。

（4）土壤颗粒排列　土壤颗粒排列对土壤孔隙度有较大影响，设土壤颗粒为球体（理想土壤），将其排列为不同的方式，则其孔隙大小不同，孔隙度也不相同。若土壤相聚成团，团内为小孔隙、团间为大孔隙，总孔隙度明显增加。

（5）自然因素和土壤管理　天然降水、灌溉、地下水的升降以及土壤受重力作用，可使土壤沉实，密度增大，孔隙度降低，而土壤耕作和施用有机肥是调节土壤松紧度，增加土壤孔隙度，减小土壤密度的主要措施。

第二节　土壤质地

一、土壤机械组成

根据土壤机械分析，分别计算其各粒级的相对含量，即为土壤机械组成（soil mechanical composition）（又称为颗粒组成），并可由此确定土壤质地。除了以列表方式表示土壤机械组成外，还可用各种图来更直观地表示。图 6-3 分别以积累曲线图、方柱块图和圆饼图表示了一种红壤的机械组成。

土壤机械组成数据是研究土壤的最基本的资料之一，有很多用途，尤其是在土壤模型研究和土工试验方面。归纳起来，其用途主要有 3 个方面：土壤比表面积估算、土壤质地确定和土壤结构性评价。由这 3 个方面，又可衍生出许多其他用途。早期曾以理想

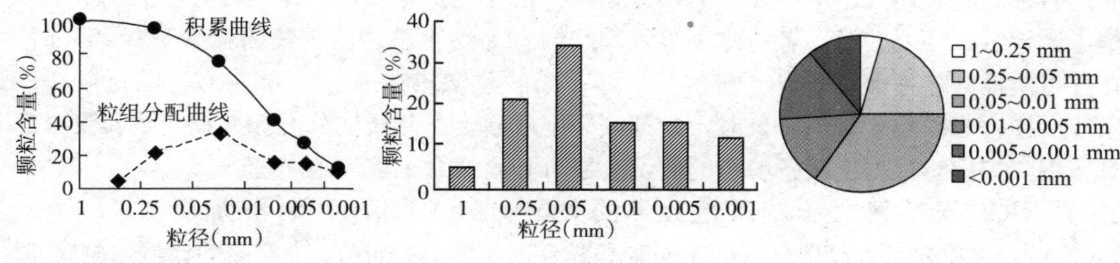

图 6-3　土壤机械组成

土壤与土壤机械组成资料一起，建立了各种物理-数学模型，研究土壤孔隙、渗透、吸附和盐分迁移等。随着电子计算机的运用，20 世纪 90 年代初已在大尺度的土壤水文状况和污染（土壤溶质流的另一种）监测中研究应用。

二、土壤质地类型

土壤质地（soil texture）是在土壤机械组成基础上的进一步归类，它概括反映土壤内在的肥力特征，因此在说明和鉴定土壤肥力状况时，土壤质地往往是首先考虑的项目之一。

（一）土壤质地的概念

土壤质地是根据机械组成划分的土壤类型。有人主张"土壤机械组成又称为土壤质地"，这是把两个有紧密联系而不同的概念相混淆了。因为每种质地的机械组成都是有一定变化的范围的。质地是土壤的一种十分稳定的自然属性，反映母质来源及土壤形成过程的某些特征，对肥力有很大影响，因而常被用作土壤分类系统中基层分类的依据之一。在制定土壤利用规划、进行土壤改良和管理时必须考虑其质地特点。

（二）土壤质地分类制

古代的土壤质地分类依据是人们对土壤砂黏程度的感觉（类似于现在的指测法）及其在农业生产上的反映。在《尚书·禹贡篇》中把土壤按其质地分为砂、壤、埴、垆、涂和泥等 6 级，记载了各种质地土壤的一些特征。19 世纪后期，开始测定土壤机械组成并由此划分土壤质地，至今在世界各国提出了 20～30 种土壤质地分类制，但尚缺为各国和各行业公认的土壤质地分类制，影响到互相交流。这里介绍国内外几种使用多年的土壤质地分类制：国际制、美国农部制、卡钦斯基制和中国制。它们都是与其粒组分级标准和机械分析前的土壤（复粒）分散方法相互配套的。

在众多的质地分类制中，有三元制（砂、粉、黏三级含量比）和二元制（物理性砂粒与物理性黏粒两级含量比）两种分类法，前者有国际制、美国农部制及多数其他质地制，后者有卡钦斯基制等。有的还考虑不同发生类型土壤的差异。但有一个共同点，都是粗分为砂土、壤土和黏土 3 类，不同质地分类制的砂土（或黏土）之间，在农业利用上和工程建设上的表现是大体相近的。

1. 国际制　土壤质地分类的国际制于 1930 年与其粒级制一起，在第二届国际土壤学会上通过。根据砂粒（2.00～0.02 mm）、粉粒（0.020～0.002 mm）和黏粒（<0.002 mm）3 种粒级含量的比例，划定 12 个质地名称，绘制质地三角形（图 6-4），可从质地三角形上查

质地名称。查质地三角形的要点为：以黏粒含量为主要界限，<15%者为砂土质地组和壤土质地组，15%～25%者为黏壤组，>25%者为黏土组。当土壤粉粒含量>45%时，在各组质地的名称前均冠以“粉质”字样；当砂粒含量在55%～85%时，则冠以“砂质”字样；当砂粒含量>85%时，则称壤砂土或砂土。此质地分类标准在西欧和我国都有应用，应用时根据土壤各粒级的质量分数可查出任意土壤质地名称。

2. 美国农部制　土壤质地分类的美国农部（USAD）制根据砂粒（2.00～0.02 mm）、粉粒（0.020～0.002 mm）和黏粒（<0.002 mm）3个粒级的比例，划定12个质地名称（图6-5）。使用该三角坐标图时，首先沿着左侧确定黏粒含量，经过坐标值画一条平行于水平坐标轴的直线，砂粒含量是画一条平行于粉粒含量的直线，两点相交点即为土壤质地名称。粉粒含量平行于黏粒的直线交叉于该点，因黏粒、粉粒、砂粒三级之和是100。

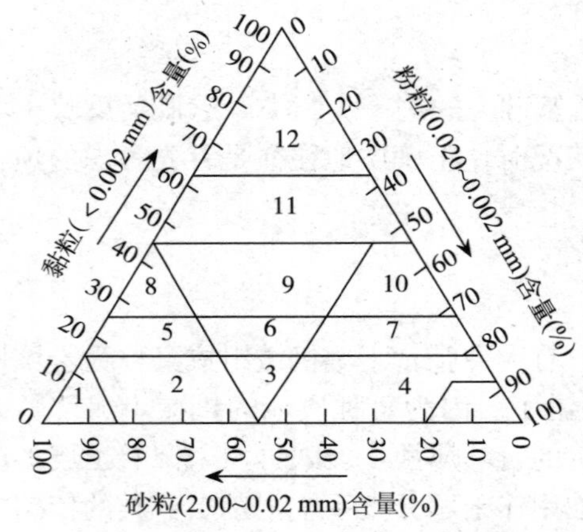

图6-4　国际制土壤质地分类三角形

1. 砂土及壤砂土　2. 砂壤　3. 壤土　4. 粉壤　5. 砂黏壤　6. 黏壤　7. 粉黏壤　8. 砂黏土　9. 壤黏土　10. 粉黏土　11. 黏土　12. 重黏土

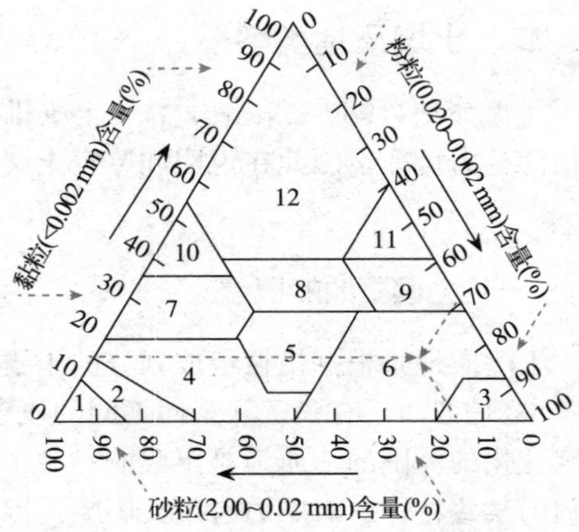

图6-5　美国农部制土壤质地分类三角形

1. 砂土　2. 壤砂土　3. 粉土　4. 砂壤　5. 壤土　6. 粉壤　7. 砂黏壤　8. 黏壤　9. 粉黏壤　10. 砂黏土　11. 粉黏土　12. 黏土

3. 卡钦斯基制　土壤质地分类的卡钦斯基制有土壤质地基本分类（简制）及详细分类（详制）两种。简制是按粒径小于0.01 mm的物理性黏粒含量并根据不同土壤类型划分（表6-6）；详细分类是在简制的基础上，再按照主要粒级而细分的，把含量最

表6-6　卡钦斯基土壤质地基本分类（简制）

质地组	质地名称	不同土壤类型的<0.01 mm粒级含量（%）		
		灰化土	草原土壤、红黄壤	碱化土、碱土
砂土	松砂土	5	0～5	0～5
	紧砂土	5～10	5～10	5～10
壤土	砂壤	10～20	10～20	10～15
	轻壤	20～30	20～30	15～20
	中壤	30～40	30～45	20～30
	重壤	40～50	45～60	30～40
黏土	轻黏土	50～65	60～75	40～50
	中黏土	65～80	75～85	50～65
	重黏土	>80	>85	>65

多和次多的粒组作为冠词，顺序放在简制名称前面，用于土壤基层分类及大比例尺制图。此外，卡钦斯基制还提出根据石砾含量而定的附加分类，也作为质地分类的冠词，它适用于山地土壤质地分类。

4. 中国质地制（试用）　20 世纪 30 年代，熊毅提出一个较完整的土壤质地分类，分为砂土、壤土、黏壤和黏土 4 组共 22 种质地。《中国土壤》（第二版）中公布的中国土壤质地分类，包括其砾质土分类后稍做修改（表 6-7）。中国质地制，有以下几个特点：①与其配套的粒级制是在卡钦斯基粒级制基础上稍加修改而成的，主要是把黏粒上限从 1 μm 提高至公认的 2 μm，但确定质地仍按照细黏粒（<1 μm）含量。这样沿用了卡钦斯基制中以 0.010 mm（10 μm）和 0.001 mm（1 μm）两个粒级界限来划分质地。②同国际制和美国制一样，采用三元（三个粒级含量）定质地的原则，而不是用卡钦斯基制的二元原则。③在三元原则中用粗粉粒含量代替国际制等的粉粒含量。这是考虑到我国广泛分布着粗粉质土壤（例如黄土母质发育的土壤），而农业土壤的耕性尤其是汀板性问题（以白土型和咸砂土型的水稻土更为突出），受粗粉粒级与细黏粒级含量比的影响大。不过，由于中国制的三元粒级互不衔接，不能构成三角质地图，故不便查用。中国制也难以反映黏质土受粗粉质影响的问题，而卡钦斯基详制用粉质、粗粉质的冠词，美国农部等制有粉黏壤、粉黏土的质地名称，均可反映此点。中国制土壤质地分类标准兼顾了我国南北土壤特点。例如北方土中含有 1.00～0.05 mm 砂粒较多，因此砂土组将 1.00～0.05 mm 砂粒含量作为划分依据；黏土组主要考虑南方土壤情况，以 <0.001 mm 细黏粒含量划分；壤土组的主要划分依据为 0.05～0.01 mm 粗粉粒含量。这样划分，比较符合我国国情，但实际应用中发现还需进一步补充与完善。

表 6-7　中国土壤质地分类

质地组	质地名称	颗粒组成（%）		
		砂粒（粒径为 1.00～0.05 mm）	粗粉粒（粒径为 0.05～0.01 mm）	细黏粒（粒径<0.001 mm）
砂土	极重砂土	>80		<30
	重砂土	70～80		
	中砂土	60～70		
	轻砂土	50～60		
壤土	砂粉土	≥20	≥40	
	粉土			
	砂壤土	<20	<40	
	壤土			
黏土	轻黏土			30～35
	中黏土			35～40
	重黏土			40～60
	极重黏土			>60

三、不同质地土壤的肥力特点和改良利用

我国农民历来重视土壤质地问题，历代农书中都有因土种植、因土管理和质地改良经验的记载。至今农民仍以“土质”好坏来评述土壤质地及有关性质。这里，简要介绍

砂质土、壤质土和黏质土 3 个基本类别的肥力特征及管理特点，以及对质地不良土壤的改良方法等。

（一）土壤质地和肥力的关系

土壤质地对土壤肥力的影响是多方面的，它常常是决定土壤水、肥、气、热的重要因素。

1. 砂质土　砂质土以砂土为代表，也包括缺少黏粒的其他轻质土壤（粗骨土、砂壤），它们都有一个松散的土壤固相骨架，砂粒很多而黏粒很少，粒间孔隙大，降水和灌溉水容易渗入，内部排水快，但蓄水量少而蒸发失水强烈，水汽由大孔隙扩散至土表而丢失。砂质土的毛管较粗，毛管水上升高度小，如果地下水位较低，则不能依靠地下水通过毛管上升作用来回润表土，所以抗旱力弱。只有在河滩地上，地下水位接近土表，砂质土才不致受旱。因此砂质土在利用管理上要注意选择种植耐旱品种，保证水源供应，及时进行小定额灌溉，要防止漏水漏肥，采用土表覆盖以减少土表水分蒸发。

砂质土的养分少，又因缺少黏粒和有机质而保肥性弱，人畜粪尿、硫酸铵等速效肥料易随雨水和灌溉水流失。砂质土上施用速效肥料时往往肥效猛而不稳长，前劲大而后劲不足，被农民形容为“少施肥、一把草，多施肥、立即倒”。所以，砂质土上要强调增施有机肥，适时施追肥，并掌握勤浇薄施的原则。

砂质土含水少，比热容比黏质土小，白天接受太阳辐射而增温快，夜间散热而降温也快，因而昼夜温差大，对块茎、块根作物的生长有利。早春时砂质土的温度上升较快，称为暖土。在晚秋和冬季，遇寒潮时砂质土的温度迅速下降。由于砂质土的通气好，好氧微生物活动强烈，有机质迅速分解并释放出养分，使农作物早发，但有机质积累难而其含量常较低。砂质土体虽松散，但有的（例如细砂壤和粗粉质砂壤）在泡水耕耙后易结板闭结，农民称为“闭砂”。因为这些土壤中细砂粒和粗粉粒含量特别高，黏粒和有机质很少，不能黏结成微团聚体和大团聚体，大小均匀而较粗的单粒在水中迅速沉降并排列整齐紧密，呈现汀浆板结性。这种质地的水田在插秧时要边耘边插，混水插秧，但因土壤颗粒沉实，稻苗发棵难、分蘖少。

2. 黏质土　黏质土包括黏土、黏壤（重壤）等质地黏重的土壤，而其中以重黏土和钠质黏土（碱化黏土、碱土）的黏韧性表现最为明显。此类土壤的细粒（尤其是黏粒）含量高而粗粒（砂粒、粗粉粒）含量极少，常呈紧实黏结的固相骨架。土壤颗粒间孔隙数目比砂质土多但甚为狭小，有大量非活性孔隙（被束缚水占据的）阻止毛管水移动，雨水和灌溉水难以下渗而排水困难，易在犁底层或黏粒积聚层形成上层滞水，影响植物根系下伸。所以黏质土应采用深沟、密沟、高畦等方式，或通过深耕和开深沟破坏紧实的心土层以及采用暗管和暗沟排水等措施，以避免或减轻涝害。

黏质土含矿质养分（尤其是钾、钙等盐基离子）丰富，而且有机质含量较高。它们对带正电荷的离子态养分（例如 NH_4^+、K^+、Ca^{2+}）有强大的吸附能力，使其不致被雨水和灌溉水淋洗损失。

黏质土的孔隙细而往往为水占据，通气不畅，好氧性微生物活动受到抑制，有机质分解缓慢，腐殖质与黏粒结合紧密而难以分解，因而有机质容易积累。所以黏质土的保肥能力强，氮素等养分含量比砂质土多得多，但“死水”（植物不能利用的束缚水）多，难效养分也多。

黏质土蓄水多，比热容大，昼夜温差小。在早春，水分饱和的黏质土（尤其是有机质含量高的黏质土），土壤温度上升慢，被农民称为“冷土”。但是在受短期寒潮侵袭时，黏质土降温较慢，作物受冻害较轻。

缺少有机质的黏土，往往黏结成大土块，俗称大泥土，其中有机质特别缺乏者，称为死泥土。这种土壤的耕性特别差，干时硬结，湿时泥泞，对肥料的反应呆滞，即所谓“少施不应，多施勿灵”。黏质土的犁耕阻力大，所以也被称为“重土”，它干后龟裂，易损伤植物根系。对于这类土壤，要增施有机肥，注意排水，选择在适宜含水量条件下精耕细作，以改善结构性和耕性。此外，由于黏土的湿胀干缩剧烈，常造成土地裂缝，甚至导致建筑物倒塌。

3. 壤质土　壤质土兼有砂质土和黏质土的优点，是较为理想的土壤。其耕性优良，适种的作物种类多。不过，以粗粉粒占优势（60%～80%以上）而又缺乏有机质的壤质土，即粗粉壤，汀板性强，不利于幼苗扎根和发育。

（二）土壤质地剖面与肥力的关系

土壤剖面中质地层次排列对水分运行及其他肥力因素都有影响。质地剖面有均质的（剖面各层次的母质来源和质地相同），也有非均质的。后者由于母质来源不同或由于剖面中物质迁移造成质地分异，层次排列较为复杂，有的是砂土层、壤土层及黏土层相互交错，例如砂夹黏、黏夹砂、砂盖黏、黏盖砂等。另外，剖面中砂土层、壤土层或黏土层的厚度及其在剖面中所处的部位对水分运动和肥力发挥也有重要影响。

在华北平原，砂土剖面中有中位或深位黏土夹层的，可增强土壤抗旱和保水保肥能力，有利于作物根系的发育，也便于进行耕作、施肥、灌排等操作，是一种良好的土壤质地剖面类型，被群众称为蒙金土。反之，在黏土-壤土剖面中，如果上层的黏土层厚度大，因其紧实而通气透水性能差，干时坚硬易龟裂，湿时膨胀易闭结，不耐旱亦不耐涝，不利于作物根系发育，是一种不良的质地剖面，被群众称为倒蒙金。土壤剖面中的黏土夹层的厚度超过 2 cm 时即减缓水分的运行，而超过 10 cm 时就阻止来自地下水的毛管水上升运行，减少对耕层土壤的水分供应，但在盐碱土地区则有利于防止土壤次生盐渍化。

对水稻土来说，在土壤结构不良的情况下，若质地剖面偏砂质，则可严重降低土壤的保水、保肥能力，进而影响水稻的生长；反之，如果质地剖面过黏，渗漏性能很弱，虽有较强的保水保肥能力，但耕作困难，水稻根系不易向下延伸，并易造成肥力因子更新困难，还原态有毒物质积累，也不利于水稻生长发育。一种良好的水稻土质地剖面是不砂不黏，并有一个合适的犁底层的土壤剖面，既有一定的渗漏作用，又能保水保肥，有利于水稻根系发育，也便于人为调节。

（三）不同质地土壤的利用和改良

1. 作物对土壤质地的要求　各种作物的生物学特性及耕作栽培要求不同，所需的土壤条件也不相同，土壤质地是重要的土宜条件之一。通常生长期短的作物适宜在砂质土上生长，后期不致脱肥；耐旱耐瘠的作物（例如芝麻、高粱）以及要求早熟的作物也以砂质土为宜。需肥较多的谷类作物适宜在黏壤至黏土中生长。双季稻需早发速长，以争季节，宜安排在排水方便的黏土和黏壤土上种植。

种在砂质土上的根茎类作物（例如马铃薯、甘薯等）的产量高。花生、烟草和棉花也要求砂壤。蔬菜作物要求排水良好、土质疏松，以砂壤土、壤土为宜。茶树最好是在含砾石的壤土、黏壤土上种植，在这类土壤上生长的茶树产量高，茶叶品质较好。现将主要作物对土壤质地的要求列于表 6-8。

表 6-8　主要作物的适宜土壤质地

作物种类	适宜土壤质地	作物种类	适宜土壤质地
水稻	黏土、黏壤土	大豆	黏壤土
小麦	黏壤土、壤土	豌豆、蚕豆	黏土、黏壤土
大麦	壤土、黏壤土	油菜	黏壤土
粟	砂壤土	花生	砂壤土
玉米	黏壤土	甘蔗	黏壤土、壤土
黄麻	砂壤土至黏壤土	西瓜	砂土、砂壤土
棉花	砂壤土、壤土	柑橘	砂壤土至黏壤土
烟草	砾质砂壤土	梨	壤土、黏壤土
甘薯、茄子	砂壤土、壤土	枇杷	黏壤土
马铃薯	砂壤土、壤土	葡萄	砂壤土、砾质壤土
萝卜	砂壤土	苹果	壤土、黏壤土
莴苣	砂壤土至黏壤土	桃	砂壤土至黏壤土
甘蓝	砂壤土至黏壤土	茶	砾质黏壤土、壤土
白菜	黏壤土、壤土	桑	壤土、黏壤土

2. 土壤质地改良　据统计，我国现有耕地中耕层土壤质地过砂或过黏而需要改良的都在 6.67×10^{6} hm^{2} 以上。其改良措施主要有以下两方面。

（1）客土法　土壤质地过砂或过黏均对作物生长不利，因此应采取相应的改良措施。各地改良低产土壤的经验表明，客土（即通过砂掺黏或黏掺砂），是一个有效的措施。但是客土时的土方量和人工量很大，可逐年进行，果、桑、茶园等可先改良树墩或树行的土壤。在有条件的地方，例如河流附近，可采用引水淤灌，把富含养分的黏土覆盖在砂土上，通过耕翻拌和之。质地改良一般是就地取材，因地制宜，逐年进行。例如我国南方的红土丘陵上，酸性黏质红壤与石灰质紫砂土往往相间分布，可就近取紫砂土来改良红壤，兼收到改良质地、调节土壤酸碱度及提供钙质养分等作用。在进行农田基本建设及土地平整工作时，可有计划地搬运土壤，进行客土改良。在电厂和选铁厂附近，可利用其管道排出的粉煤灰和铁尾矿（粗粉质），改良附近的黏质土，可降低红壤的酸性，提供硅、钙养分。施用焦泥灰、厩肥和削草皮泥等，均有改良质地、加厚耕层等作用。

（2）深耕、深翻和人造塥　如果表土是砂土，而心土为黏土，或者相反，则可用深耕深翻的方法，把两层土壤混合，即能改良质地。如离地表不深处有黏质紧实硬盘层（例如铁盘、砂姜层等），不利于植物根系（尤其是桑、果、茶树）下伸，应深耕深刨以破除之。反之，砂砾底的土壤，开辟为水田时，可以移开表土，再铺上一层黄泥加石灰，打实后成为人造塥以防止漏水漏肥，然后再将表土覆回。

从上述讨论可见，质地对于土壤性质和肥力有极为重要的影响，而土壤质地主要是继承母质的性质，很难改变。但是质地不是决定土壤肥力的唯一因素，因为质地不良的土壤可通过增加土壤腐殖质和改善结构性而得到改良。事实上，单纯依靠土壤质地所体现出来的肥力特征，总是有许多缺点的。例如不论哪一种质地，都不能完全解决土壤中水分和空气之间的矛盾，也不能完全解决养分的保蓄与释放的矛盾。

第三节　土壤结构

土壤结构（soil structure）是土壤的基本物理性质，土壤结构的监测、管理和调节，常常是农田土壤管理的主要内容。

一、土壤结构体

（一）土壤结构的概念

土壤结构是土壤颗粒（单粒和复粒）的排列、组合形式。这个定义，包含着两重含义：结构体和结构性。通常所说的土壤结构多指结构性。土壤结构体又称为土壤结构单位，它是土壤颗粒（单粒和复粒）互相排列和团聚成为一定形状和大小的土块或土团。它们具有不同程度的稳定性，以抵抗机械破坏（力稳定性）或泡水时不会分散（水稳定性）。自然土壤的结构体种类对每个类型的土壤或土层是特征性的，可以作为土壤鉴定的依据，例如黑钙土表层的团粒结构、生草灰化土 A_2 层的片状结构、碱土 B_1 层的柱状结构、红壤心土层的核状结构等。耕作土壤的结构体种类也可以反映土壤的培肥熟化程度、水文条件等。例如太湖地区的高产水稻土具有“鳝血蚕沙”特征，其中“蚕沙”是形如蚕粪粒大小的结构体，它的含量多则肥力水平高。华北平原耕层土壤中形如蒜瓣的结构体多时肥力水平低，形如蚂蚁蛋的结构体多时肥力水平高。

在农学上，通常以直径在10～0.25 mm水稳定性团聚体的含量判别结构性的好坏，多的好，少的差。并据此鉴别某种改良措施的效果。适宜的土壤团聚体直径和含量与土壤肥力的关系，因所处生物气候条件不同而异。在多雨和易渍水的地区，为了易于排除土壤过多的渍水，水稳定性团聚体的适宜直径可偏大些，数量可多些；而在少雨和易受干旱地区，为了增加土壤的保水性能，团聚体适宜的直径可偏小些，数量也可多些；在雨水较少和雨强不大的地区，非水稳团聚体对提高土壤保水性亦能起到重要作用。所以要讨论土壤结构性的肥力意义，是离不开结构体的。

可以说，土壤结构性是由土壤结构体的种类、数量（尤其是团粒结构的数量）及结构体内外的孔隙状况等产生的综合性质。良好的土壤结构性，实质上是具有良好的孔隙性，即孔隙的数量（总孔隙度）大而且大孔隙和小孔隙的分配和分布适当，有利于土壤水、肥、气、热状况的调节和植物根系的活动。

农业上宝贵的土壤是团粒结构土壤，含有大量的团粒结构。团粒结构土壤具有良好的结构性和耕层构造，耕作管理省力而易获作物高产。但是非团粒结构土壤也可通过适当的耕作、施肥和土壤改良而得以改善，从而适合植物生长，因而也可获得高产。

（二）土壤结构体的分类

土壤结构体依据它的形态、大小和特性等进行区分。最常见的是根据形态和大小等外部性状来进行土壤结构体分类，较为精细的是外部性状与内部特性（主要是稳定性、多孔性）相结合来进行土壤结构体分类。在野外土壤调查中观察土壤剖面中的结构，应用最广的是形态分类。美国农业部土壤调查局提出了一个较为完整的土壤结构形态分类制（表 6－9）。美国农业部土壤调查局提出的形态分类，按结构体的形态分为 3 大类型：①片状（板状）；②柱状和棱柱状；③块状和球状。然后再按结构体大小细分为级，最后，区分其稳定度。

表 6－9　美国农业部土壤调查局的土壤结构分类（mm）

A. 类型：结构体的形状和排列	片状：水平轴比垂直轴长，沿水平面排列	棱柱状：水平轴比垂直轴短，直角		块状-多面体状-球状沿一点的三轴大致相等			
				块状-多面体状：结构体表面平或弯曲，与周围结构体界面可吻合		球状-多面体状：结构体表面平或弯曲，与周围结构体界面不能吻合	
		无圆顶	有圆顶	平界面，棱角明显	平界面夹圆，圆角顶多	结构体孔隙少	结构体孔隙多
B. 级：结构体大小	片状	棱柱状	柱状	块状	亚角块状	团粒	团块
1. 很细或很薄	＜1	＜10	＜10	＜5	＜5	＜1	1
2. 细或薄	1～2	10～20	10～20	5～10	5～10	1～2	1～2
3. 中等	2～5	20～50	20～50	10～20	10～20	2～5	2～5
4. 粗或厚	5～10	50～100	50～100	20～50	20～50	5～10	
5. 很粗或很厚	＞10	100	＞100	＞50	＞50	＞10	
C. 度：结构体的稳定度	0：无结构	无团聚性或无定向的排列					
	1：弱	结构体发育差，不稳定，界面不清，破碎后只有少量完整的小结构体，大部分为破碎的小结构体和非团聚物质					
	2：中等	结构体发育好，中等稳定，原状土界面不明显，破碎后多为完整的小结构体，还有一些破碎的小结构体，而非团聚的物质少					
	3：强	结构体发育好，稳定，界面清晰，彼此间联结弱，破碎后几乎都是完整的小结构体					

1. 块状结构体和核状结构体

（1）块状结构体　土壤颗粒互相黏结成为不规则的土块，内部紧实，轴柱状，长在 5 cm 以上，而长、宽、高三者大致相似，边面棱不甚明显，称为块状结构体（block-like structure）（图 6－6）。块状结构体在质地比较黏重、缺乏有机质的土壤中容易形成，特别是土壤过湿或过干耕作时最易形成。一般表土中多大块状结构体和块状结构体，心土和底土中多块状结构体和碎块状结构体。

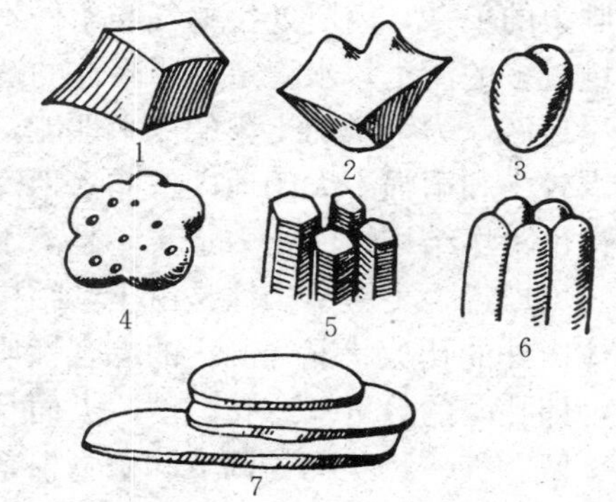

图 6－6　土壤结构体类型

1～2. 块状结构体　3. 核状结构体　4. 粒状结构体　5. 棱柱状结构体　6. 柱状结构体　7. 片状结构体

（2）核状结构体　核状结构体（granular structure）的长、宽、高三轴大体近似，边面棱角明显，比块状结构体小。核状结构体一般多以石灰或铁质作为胶结剂，在结构面上有胶膜出现，故常具水稳定性，这类结构体在黏重而缺乏有机质的表下层土壤中较多。

在黏重的心底土中，常见核状结构体，系由石灰质或氢氧化铁胶结而成，内部十分紧实。例如红壤下层由氢氧化铁胶结而成的核状结构体，坚硬而泡水不散。在土壤团聚体分析（湿筛法）中，常误当它是水稳定性团粒，但它不具备团粒的多孔性。

2. 棱柱状结构体和柱状结构体　棱柱状结构体和柱状结构体的土壤颗粒黏结成柱状，纵轴大于横轴（图 6－6）。这种结构体多出现于土壤下层，被群众称为直塥土。

（1）棱柱状结构体　水分经常变化而质地较黏重的水田心土层（潴育层），在湿胀干缩交替的作用下，土体垂直裂开，形成边角明显的柱状体，称为棱柱状结构体（prismatic structure），棱柱状结构体外常有铁质胶膜包着。种植水稻的年限愈长，干湿变化愈频繁，棱柱状结构体就小；反之，棱柱状结构体就大。

（2）柱状结构体　柱状结构体（columnar structure）常出现于半干旱地带的心土和底土中，以柱状碱土的碱化层中的最为典型。

3. 片状结构体　片状结构体（platy structure）又称为板状结构体，其土壤颗粒排列成片状，结构体的横轴大于纵轴，多出现于冲积性土壤中。老耕地的犁底层有片状结构体，被群众称为横塥土。在表层发生结壳或板结的情况下，也会出现这类结构体。在冷湿地带针叶林下形成的灰化土（漂灰土）的漂灰层中可见到典型的片状结构体。按照结构体片的厚度可分为板状结构体（>5 cm）、片状结构体、页状结构体、叶状结构体（<1 cm），还有一种鳞片状结构体。这种结构体往往是由流水沉积作用或某些机械压力造成的，常出现于森林土壤的灰化层、碱化土壤的表层和耕地土壤的犁底层。此外，在雨后或土壤灌溉后所形成的地表结壳或板结层，也属于片状结构体。

4. 团粒结构　团粒结构又称为粒状结构和小团块结构。土壤颗粒胶结成粒状和小团块状，大体成球形，自小米粒至蚕豆粒般大，称为团粒。这种结构体在表土中出现，具有良好的物理性能，是肥沃土壤的结构形态。团粒具有水稳定性（泡水后结构体不易分散）、力稳定性（不易被机械力破坏）和多孔性。在黑土、黑钙土等的淋溶层（A 层）及肥沃的菜园土壤表层中，团粒结构数量多。此类土壤的有机质含量丰富而肥力高，团粒结构可占土壤质量的 70%以上，称为团粒结构土壤。团粒的直径为 10.00～0.25 mm，而直径小于 0.25 mm 的称为微团粒。团粒结构体一般存在于腐殖质较多、植物生长茂盛的表土层中。图 6－7 是黑土中的典型团聚体。

图 6－7　黑土中的典型团聚体

此外，在缺少有机质的砂质土中，砂粒单个地存在，并不黏结成结构体，也可称为单粒“结构”。

（三）土壤结构性的评价

1. 土壤结构体的孔隙状况　孔隙状况是土壤结构性好劣的主要指标，良好的结构体内部为小孔隙，包括毛管孔隙和无效孔隙，结构体之间为通气孔隙。

块状结构体、核状结构体、柱状结构体和片状结构体内部致密，孔隙细小，有效水少，空气难以流通，植物根系难以穿扎；而结构体间又是较大的裂隙，虽然可通气，但常常是漏水漏肥的通道。因此这些结构体缺乏保水供水、保肥供肥能力较强的毛管孔隙，没有适当的大小孔隙比例，不是植物生长的理想结构体。

团粒结构是经过多级复合团聚而成，总孔隙度较高，团粒内部主要是毛管孔隙，团粒之间主要是充气孔隙，大孔隙和小孔隙并存，搭配得当。从养分状况看，团粒内部的小孔隙，有利于厌氧微生物活动和有机质适当积累，而团粒之间充满空气，有利于好氧微生物活动，可提供必要的速效养分。团粒结构多为有机无机复合胶体团聚形成，腐殖质和养分含量较高，阳离子交换量大，保肥供肥性强，具有“小肥料库”之称。从水分状况看，当降水或灌水时，水分可迅速进入土壤并被毛管孔隙所保持，过多的水分则通过团粒间的大孔隙渗入土壤下层，减少地面径流，防止土壤冲刷。晴天，地表团粒失水收缩，阻断土层中的水分沿毛管孔隙上升至地表，减少水分蒸发，使土壤耐旱。

2. 土壤结构体的稳定性　土壤结构体稳定性（structure stability）包括机械稳定性、生物稳定性和水稳定性。

（1）机械稳定性　机械稳定性（mechanical stability）也称为力稳性，是指土壤结构体抵抗机械压碎的能力。土壤结构体的机械稳定性越大，在耕锄管理过程中被破坏就越少。机械稳定性与结构体内部土壤颗粒间的黏结力有关。

（2）生物稳定性　生物稳定性（biological stability）是指结构体抵抗微生物分解的能力。团粒结构大部分是由有机质和矿质土壤颗粒相互结合而成的，随着有机质被微生物分解，结构体便逐渐解体。

（3）水稳定性　水稳定性（简称水稳性）是指土壤结构体浸水后不易分散的性能。水稳定性强的土壤结构体，不易因降水或灌溉而被破坏。相反，有的结构体浸水后极易分解，则被称为非水稳性结构体。

团聚体水稳定性，一般按湿筛法分出的直径大于0.25 μm的水稳定性团聚体含量多少进行评定。传统筛分法进行土壤团聚体分离，将团聚体分成5 000～2 000 μm大团聚体（macroaggregate）、2 000～250 μm小的大团聚体（small macroaggregate）、250～53 μm微团聚体（microaggregate）和＜53 μm粉粒＋黏粒（silt＋clay）4级。对于旱地土壤，直径＞0.25 mm水稳定性团聚体含量在一定程度上能反映土壤结构的好坏，结构好的多些，反之则少些，但并不存在统一的标准含量。

Baver提出用平均质量直径（mean weight diameter，*MWD*）作为评定土壤团聚性的指标。其计算公式为

$$MWD=\sum_{i=1}^{n}x_i\cdot w_i$$

式中，*MWD*为团聚体平均质量直径（mm）；x_i为每个粒级团聚体的平均直径（mm）；w_i为每个粒级团聚体的质量含量（%）。一般地说，*MWD*值大，结构好，否则较差。

3. 土壤团聚体破坏机制　土壤团聚体的破坏过程主要有以下几个。

（1）消散　消散（slaking）是由团聚体内闭塞空气受压缩而产生的崩解，是土壤湿润过程中团聚体内部的闭塞空气受到压缩而造成的。

（2）崩解　由于团聚体内各黏粒的膨胀程度不同，在土壤干湿过程中会因为各部分湿胀干缩程度不同而导致团聚体崩解。

（3）雨滴打击 雨滴动能的打击可引起团聚体崩解、分散和迁移。

（4）物理化学分散 土壤变湿后因胶粒间引力减弱而产生的物理化学分散（physical-chemical dispersion）可导致团聚体破坏，这种团聚体分散机制主要取决于土壤碱化度、阳离子的大小和价数等因素。

二、土壤团粒结构

土壤团粒结构是多级（多次）团聚的产物。这里介绍土壤团粒结构的形成机制，顺便也涉及其他结构体的形成问题。

（一）土壤团粒的形成过程

对土壤团粒的形成，提出了许多机制和假设，但均可归纳为多级团聚说（theory of aggregate hierarchy）。与其他结构体的形成不同，团粒是在腐殖质（或其他有机胶体）参与下发生的多级团聚过程，其主要胶结方式是通过有机-矿物-微生物相互作用（organo-mineral-microbe interaction）途径，微团聚体（$<250\ \mu m$）通过有机分子（OM）黏附黏土（Cl）和多价阳离子（P）形成复合颗粒（Cl-P-OM），再逐级结合形成大团聚体［$(\text{Cl-P-OM})_x$］$_y$。这是形成团粒内部的多级结构并产生多级孔性的基础，与此同时发生或接着发生的还有一个切割造型的过程。另外，大团聚体可能由颗粒态有机物（POM）胶结形成，随着颗粒态有机物的分解和微生物分泌物释放，大团聚体变得更稳定。

1. 黏结团聚过程 这是黏结过程和团聚过程的综合，而团聚过程是团粒形成所特有的。土壤团粒的多级团聚过程包括各种化学作用和物理化学作用，例如胶体凝聚作用、黏结和胶结作用以及有机矿质胶体的复合作用等，并有生物（植物根系、微生物和一些小动物）的参与。胶粒相互凝聚，形成微凝聚体，单粒、微凝聚体又可通过各种黏结作用形成复粒、各级微团聚体（微团粒）以及团聚体（团粒）。这包括无机物质的黏结作用、黏粒本身的黏结作用以及有机物质（腐殖质、根系分泌物、菌丝等）的黏结作用在内。

（1）凝聚作用 凝聚作用是指土壤胶体相互凝聚在一起的作用。土壤胶体颗粒一般带负电荷，因而互相排斥。但是如果在胶体溶液中加入多价阳离子（例如 Ca^{2+}、Fe^{3+} 等）或降低溶液的 pH，就可使胶体表面的电位势降低。当各个土壤颗粒之间的分子引力超过相互排斥的静电力时，它们就相互靠拢而凝聚。在酸性土壤中黏土矿物晶粒的带负电荷的面与带正电荷的边之间的静电引力是重要的凝聚机制。三价阳离子也在黏粒与黏粒的凝聚中起作用。凝聚作用使黏粒集合成微凝聚体，这种微凝聚体的化学稳定性不高，如果离子种类改变，例如以一价离子（Na^+、NH_4^+ 等）代替了多价离子，它们就可能重新分散。所以微凝聚体还不能看成复粒。

（2）无机物质的黏结作用 黏结作用是指土壤颗粒或团聚体间因胶结物质的物理状态的改变或化学组成的变化而相互团聚在一起。黏粒本身具有巨大的比表面积和吸附能，在湿润时起黏结作用，把土壤颗粒或微凝聚体黏结在一起。土壤中的黏结物质主要有：黏粒、无机黏结物质和有机黏结物质。土壤中常见的无机黏结物质有碳酸钙（$CaCO_3$）、硫酸钙（$CaSO_4 \cdot 2H_2O$）以及无定形的硅酸盐、氧化铁和氧化铝胶体等。心土和底土中的大块状结构体或棱柱状结构体，都是由无机物质黏结起来的。这种结构体的水稳定性较差，在水中易分散。只有氧化铁和氧化铝胶体在脱水后不可逆或可逆缓慢，形成牢固的结构体。在红壤中氧化铁对形成结构体的作用是明显的。在南方各地的低丘红壤地区，在水流冲击下可发现有“假砂粒”的积聚，这就是由氧化铁黏结成的紧实而具有水稳定性和力稳定性的结构体。它们的大小、形状和粗糙度似砂粒，实际上是由黏粒黏结成的核状结构体和微结构体。

（3）有机物质的黏结作用及复合作用　有机物质是土壤中的重要黏结物质。Baver 指出，各种土壤中的有机碳含量与＞0.25 mm 的团聚体呈高度正相关。能使土壤颗粒黏结的有机物质种类很多，例如腐殖质、木质素、蛋白质以及微生物活动中产生的分泌物和丝状菌的菌丝等。在结构形成上较重要的是新施入土壤中的有机物质。它们在分解时产生多糖胶、脂肪、蜡等，都能起黏结作用，尤其是多糖胶是重要的土壤黏结剂。因此土壤在施用新鲜有机肥料后结构体的数量有增加。但是随着时间的增长，这些有机物质被微生物分解，结构体又遭破坏。

土壤腐殖质不但是重要的有机黏结剂，而且它还可通过多价阳离子（Ca^{2+}、Fe^{3+}、Al^{3+} 等）与矿物质土壤颗粒形成有机矿质复合体（复粒的一种）。有机矿质复合体的形成机制有多种，其中一种就是通过阳离子桥的连接，例如

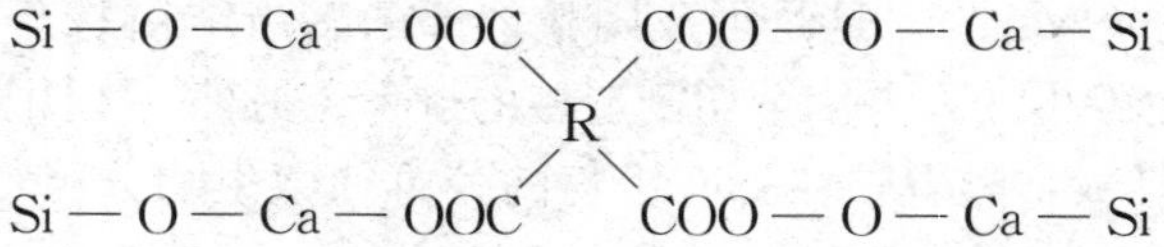

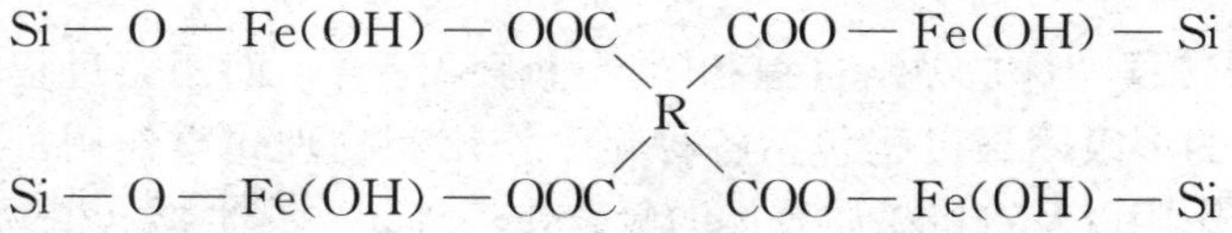

$$\begin{array}{ccc} Si-O-Ca-OOC & & COO-O-Ca-Si \\ & \diagdown\ \diagup & \\ & R & \\ & \diagup\ \diagdown & \\ Si-O-Ca-OOC & & COO-O-Ca-Si \end{array}$$

$$\begin{array}{ccc} Si-O-Fe(OH)-OOC & & COO-Fe(OH)-Si \\ & \diagdown\ \diagup & \\ & R & \\ & \diagup\ \diagdown & \\ Si-O-Fe(OH)-OOC & & COO-Fe(OH)-Si \end{array}$$

多糖是线性、挠曲的高分子聚合体，在其链上有大量羟基（—OH），它们与黏土矿物晶面上的氧原子形成氢键而把土壤颗粒团聚起来，例如

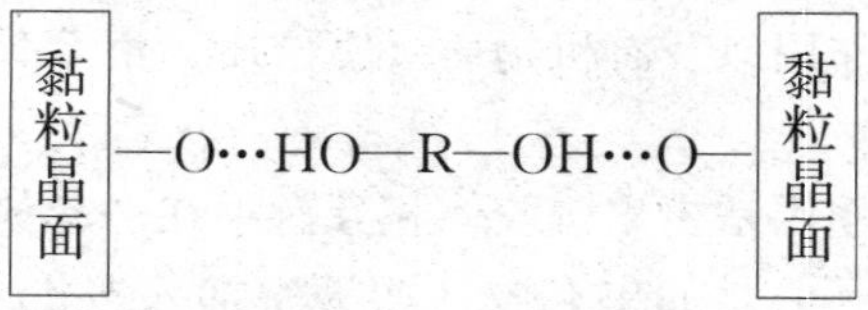

黏粒晶面	—O···HO—R—OH···O—	黏粒晶面

同腐殖质比较，多糖虽比较容易被微生物分解，但是如果它处在复合体内部，则不易被微生物分解。在有机物质参与下形成的团粒，因黏粒表面吸附的水分子被高分子有机化合物取代，而且有机化合物的亲水官能团与黏土矿物的活性位点相结合，黏粒表面为疏水的烃链所覆盖，从根本上改变了黏粒的水合性和胀缩性，使生成的团粒既具机械稳定性，又有水稳定性。

（4）有机矿质胶体的复合作用　根据丘林的研究（1950），上述方式形成的有机矿质复合体，因为阳离子桥的不同，分为 G_1 组（中性盐分散组）和 G_2 组（稀碱液加研磨分散组），分别是松结合和紧结合的两种水稳定性复粒。20 世纪 60 年代我国研究者从 G_1 组中又分出 G_0 组（水分散组）。90 年代进而把有机矿质复合体分为铁铝键结合和钙键结合两类，红壤复合体中以前者为主，而后者甚少。

通过有机矿质胶体复合作用形成的复合体比较稳定，因为腐殖质是较难分解的，在土壤中保持较长时间，在此基础上形成的结构体具有较好的水稳定性。用有机的

人工结构剂（理化性质与腐殖质相似而分子质量更大）形成的结构体，比由腐殖质形成的天然结构体（团粒）具有更强的稳定性。因为这种结构剂能抵抗微生物的分解。有人主张把土壤水稳定性团粒分为临时性水稳定性团粒（季节性）和长期性水稳定性团粒（多年稳定）两种，前者是由微生物的活细胞胶结而成的，后者则由腐殖质等稳定态有机物质造成的。

（5）蚯蚓和其他小动物的作用　土居小动物（例如蚯蚓、蚁类和一些其他昆虫）的活动也可促进土壤团粒结构的形成，特别是蚯蚓的作用甚大，它的排泄物本身就是含有丰富的有机质和养分的团粒。

2. 切割造型过程　所有结构体的形成均有一个切割造型的过程，对于经过多次团聚的土体来说，这个过程就会产生大量团粒。

（1）根系的切割　植物根系把土体切割成小团，在根系生长过程中对土团产生压力，把土团压紧。因此在根系发达的表土中容易产生较好的团粒结构。

（2）干湿交替　湿润土块在干燥的过程中，由于胶体失水而收缩，使土体出现裂缝而破碎，产生各种结构体。在缺少根系的土壤下层，由于干湿交替产生裂隙，则形成垂直的棱柱状结构体。

（3）冻融交替　土壤孔隙中的水结冰时，体积增大，因而对土体产生压力，使它崩碎。这有助于团粒结构的形成。秋冬季翻起的土垡，经过冬天的冻融交替后，土壤结构状况得到改善。

（4）耕作　合理的耕作和施肥（有机肥）可促进团粒结构形成。耕耙把大土块破碎成块状或粒状，中耕松土可把板结的土壤变得细碎疏松。当然，不合理的耕作，反而会破坏土壤团粒结构。

（二）土壤团粒的多级孔性

在土壤结构体形成的两大步骤中，对于团粒结构的形成来说，黏结团聚过程是其基础，否则单纯的切割造型过程就只产生块状、核状、棱柱状等非团聚化结构体。而团粒结构是经过多次（多级）的复合、团聚而形成的，可概括为：单粒→复粒（初级微团聚体）→微团粒（二级、三级微团聚体）→团粒（大团聚体）。每级复合和团聚，就产生相应大小的一级孔隙，因此团粒内部有从小到大的变化（3～5级）。例如人造肥沃土壤海绵土的团粒则由二级微团聚体构成（图6-8）。

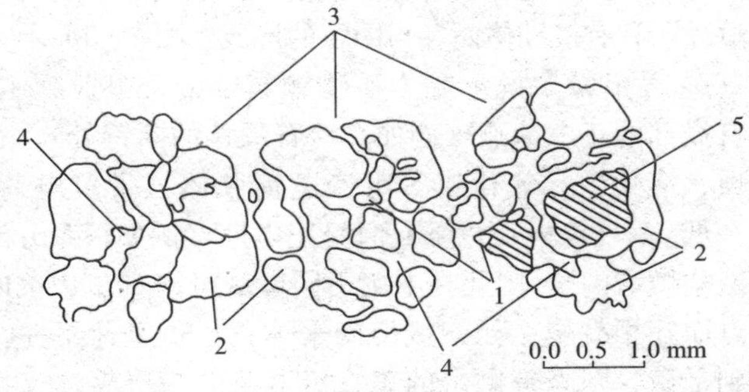

图6-8　团粒内部二级团聚体

1. 一级团聚体　2. 二级团聚体　3. 团聚体　4. 微团聚体内部和微团聚体之间的孔隙　5. 与微团聚体紧密结合的炉渣碎屑

综上所述，在有机胶体参与下发生的多级团聚作用及由此产生的多级孔性是微团粒和团粒区别于其他非团聚化结构体的主要机制和特点，而通常所说的微团聚体和团聚体可分别看作微团粒和团粒的同义词。

（三）土壤团粒形成的微观机制

经过多级团聚而具有多级孔隙特征的团粒，从有机矿质复合体的基础上开始。但是关于复合体（或复粒、黏团）的形成机制，有各种假说，尚无定论，无疑这是多种因素和多种机制参与的综合作用。除前述的以外，兹介绍常见的两种假说。这两者并不能单独说明复粒和微团粒的形成机制，但可以互相补充。

1. 黏团说

（1）黏团——团粒的基本单元　黏团是由黏粒定向排列和静电引力形成的一种直径小于 5 μm 的土体，它可细分为重叠状黏团和内生状黏团，前者的片状黏粒的片间可分开，而后者的片状黏粒的片间由晶格相连不易分开。黏团是形成微团粒和团粒的基本单元（图 6－9）。

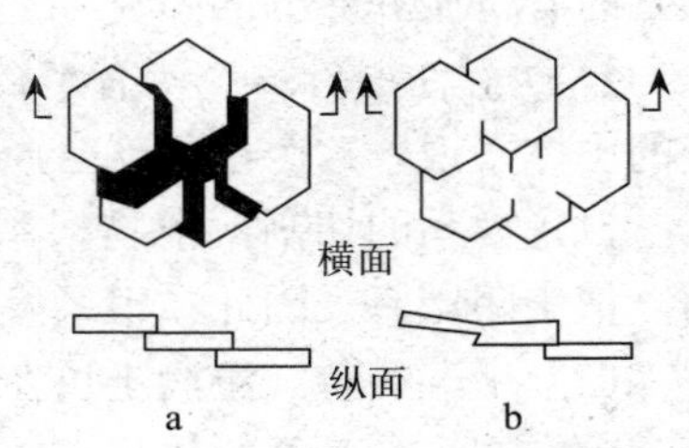

图 6－9　黏团的类型

a. 重叠状黏团　b. 内生状黏团

（引自姚贤良，1996）

黏团的稳定性对团粒稳定性和土壤孔隙性具有重要意义。黏团稳定性取决于黏土矿物类型、碳酸钙含量、有机质含量等。富含高岭石、二三氧化物和绿泥石的土壤中的黏团非常稳定。土壤中有机碳含量超过 20 g/kg 时，会增强黏团的稳定性。如果其中的黏粒易分散，则黏团不稳定，它们极易随水流动堵塞局部或全部土壤孔隙，降低土壤通气透水性能，导致耕作困难。

（2）黏团的形成　黏团是以片状黏粒相互缔合而成的，片状黏粒之间的缔合方式有面-面（FF）、面-边（FE）和边-边（EE）等。有机胶体常常参与黏团的形成，并进一步促进黏团与黏团的团聚。粉粒和砂粒也可通过黏团和有机胶体而参与团粒的形成（图 6－10）。

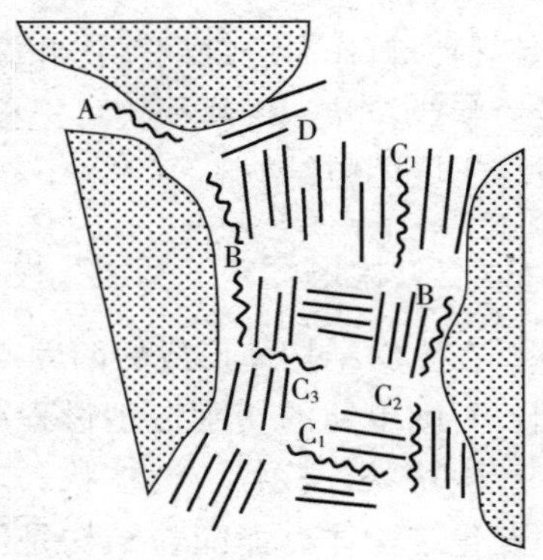

图 6－10　团粒中黏团、有机质和砂粒的结合

A. 砂粒-有机质-砂粒　B. 砂粒-有机质-黏团　C. 黏团-有机质-黏团（C_1. 面-面　C_2. 边-面　C_3. 边-边）　D. 黏团边-黏团面

2. 等电凝聚说　黏土矿物颗粒以带负电荷为主，但有局部的正电荷点（例如高岭石颗粒的断键处），腐殖质、氧化铁、氧化铝等可变电荷胶体虽带负电荷，但在低 pH（等电点以下）时呈正电性（例如根系分泌酸液的微域内）。因此在土壤不同微域可出现正、负电荷点而互相凝聚。如初级微凝聚体正、负电荷不完全达到平衡，则尚带剩余的正、负电荷的微凝聚体又可进一步复合（团聚）。如此反复，可以形成多级微团粒。

（四）团粒结构在土壤肥力上的意义

1. 团粒结构土壤的大孔隙和小孔隙兼备　团粒具有多级孔性，总孔隙度大，即水和气的总容量大，又在各级（复粒、微团粒、团粒）结构体之间发生不同大小的孔隙通道，大孔隙和小孔隙兼备，蓄水（毛管孔隙）与透水、通气（非毛管孔隙）同时进行，土壤孔隙状况较为理想。同团粒结构土壤比较，非团聚化土壤的孔隙单调而总孔隙度较低，调节水与气矛盾的能力低，耕作管理费力，以往曾称这些土壤为“无结构”土壤，虽不恰当，但从肥力调节看也不无道理。团粒增大时，总孔隙度和非毛管孔隙度同步增加，尤其是非毛管孔隙度，因而调蓄能力随之加强。不过，在不同的生物气候带，对适宜的土壤团粒大小要求稍有不同，在湿润地区以10 mm（直径）左右的团粒为好，而干旱地区则以0.5～3.0 mm的团粒好。在发生土壤侵蚀的地方，>2 mm的团粒抗蚀性强，1～2 mm的团粒抗蚀性弱，而<1 mm的团粒几乎没有抗蚀作用。

2. 团粒结构土壤中水和气矛盾的解决　在团粒结构土壤中，团粒与团粒之间是通气孔隙（非毛管孔隙），可以透水通气，把大量雨水甚至暴雨迅速吸入土壤。在单粒或大块状结构的黏质土壤中，非毛管孔隙很少，透水性差，降雨稍多即沿地表流走，造成土壤流失，而土壤内部仍不能吸足水分，在天晴后很快发生土壤干旱。

团粒结构土壤又有大量毛管孔隙（在团粒内部），可以保存水分。这种土壤中的毛管水运动较快，可以源源满足植物根系吸收的需要。在“无结构”的黏质土壤中，虽可保存大量水分，但其孔隙过细，常常被束缚水充塞而阻止毛管水运动。在砂质土中，难以形成团粒结构，土壤通气透水性极好，但缺乏保存水分的毛管孔隙，容易漏水漏肥。“无结构”的黏质土通气不良。有资料表明，在黏土的通气孔隙度（非毛管孔隙度）为6%～8%或以下时，甜菜缺苗严重，出现缺氧症状，严重减产。在良好的团粒结构土壤中，毛管水上升的速度较快，但土表团粒结构因干燥而收缩，与其下的结构脱离，使毛管中断，减少水分向地面移动而蒸发损失；在单粒或大块状结构的土壤中，水分沿毛管上升至表土而蒸发的损失较大。

总之，在非团粒结构土壤中，水和气难以并存，不能同时地适量地供应植物以水分和空气。在团粒结构土壤中，水分和空气兼蓄并存，各得其所，团粒内部多是毛管孔隙，可以蓄水，团粒间的非毛管孔隙是透水和通气的过道。

3. 团粒结构土壤的保肥与供肥协调　在团粒结构土壤中的微生物活动强烈，因而生物活性强，土壤养分供应较多，有效肥力较高。而且土壤养分的保存与供应得到较好的协调。在团粒结构土壤中，团粒的表面（大孔隙）和空气接触，有好氧微生物活动，有机质迅速分解，供应有效养分。在团粒内部（毛管孔隙），储存毛管水而通气不良，只有厌氧微生物活动，有利于养分的保存。所以每个团粒既好像是一个小水库，又像是一个小肥料库，起着保存、调节和供应水分和养分的作用。在单粒和块状结构土壤中，孔隙比较单纯，缺少多级孔隙，上述保肥和供肥的矛盾不易解决。

4. 团粒结构土壤宜于耕作　黏重而“无结构”土壤的耕作阻力大，耕作质量差，宜耕时间短。结构良好的土壤，由于团粒之间接触面较小，黏结性较弱，因而耕作阻力小，宜耕时间长。

5. 团粒结构土壤具有良好的耕层结构　团粒结构的旱地土壤，具有良好的耕层结构。肥沃的水田土壤耕层则有一定数量的水稳定性微团粒，在一定程度上可以解决水和气并存的矛盾（微团粒之间是水，微团粒内部有闭蓄空气）。

我国黑土表层往往含有丰富的团粒结构，这种结构呈现一定的层次性，即较大的大团聚体（直径为0.25～5.00 mm）由较小的微团聚体（直径为2～250 μm）组成，而微团聚体又由一些数微米大小的黏粒和有机质颗粒组成，一些小的有机质颗粒往往被包裹在大团聚体和微团聚体内部，这种土壤团聚体对有机碳的物理保护是土壤碳固定的重要机制。不过，我国各地的大多数耕地土壤团粒和微团粒含量不多，特别是在南方高温多雨地区。因此要通过合理的耕作来保持良好的孔性和耕层构造，或创造非水稳定性团粒，在干旱季节仍能起保墒作用。

三、土壤结构改良

绝大多数农作物的生长、发育、高产和稳产都需要有一个良好的土壤结构状况，以便能保水保肥、及时通气排水，调节水和气矛盾，协调肥水供应，并有利于根系在土体中穿插等。大多数农业土壤的团粒结构，因受耕作、施肥等多种因素的影响而极易遭到破坏。因此必须进行合理的土壤结构管理，以保持和恢复良好的结构状况。其主要途径有如下几方面。

1. 增施有机物料　有机物料除能提供作物多种养分元素外，其分解产物多糖等以及重新合成的腐殖物质是土壤颗粒的良好团聚剂，能明显改善土壤结构。即使在有机质含量大于 30 g/kg 的水稻土中，增补有机物料仍有明显的改土增产作用。有机物料改善土壤结构的作用取决于物料的施用量、施用方式以及土壤含水量。一般来说，有机物料用量大的效果较好，秸秆直接还田（配施少量化学氮肥以调节碳氮比）比沤制后施入田内的效果好；水田施用有机物料还要注意排水条件，在囊水条件下施用有机物料，由于土壤含水量过高，往往得不到良好的改土效果。

2. 实行合理轮作　作物本身的根系活动和合理的耕作管理制度，对改善土壤结构性有很好的作用。一般说来，不论是禾本科作物还是豆科作物，不论是一年生作物还是多年生牧草，只要生长健壮，根系发达，都能促进土壤团粒形成，只是它们的具体作用有相当大的区别。例如多年生牧草每年供给土壤的蛋白质、糖类及其他黏结物质比一年生作物多；一年生作物的耕作比较频繁，土壤有机质的消耗快，不利于团粒的保持。在水稻与冬作（紫云英、苜蓿、蚕豆、豌豆、油菜、小麦及大麦）的轮作中，冬季种植一年生豆科绿肥，能增加土壤有机质含量，其中以紫云英最好，直径为 1～5 mm 的团粒含量有显著增加。冬作禾谷类（小麦、大麦）或油菜对于土壤中 1～5 mm 的团粒均有破坏作用。

3. 合理的耕作、水分管理及施用石灰或石膏　在适耕含水量时进行耕作，避免烂耕烂耙破坏土壤结构。采用留茬覆盖和少（免）耕配套技术也可避免对土壤结构的破坏。在推行这项措施时必须与当地的气候、土壤、作物种类以及农作制度相适应。合理的水分管理亦很重要，尤其在水田地区，采用水旱轮作，减少土壤的淹水时间，能明显改善水稻土结构状况，促进作物增产。此外，酸性土施用石灰，碱土施用石膏，均有改良土壤结构的效果。

4. 土壤结构改良剂的应用　土壤结构改良剂（soil conditioner）是改善和稳定土壤结构的制剂。按其原料的来源，可分成人工合成高分子聚合物、自然有机制剂和无机制剂 3 类。但通常多指人工合成聚合物，因它的用量少，只需用土壤质量的千分之几到万分之几，即能快速形成稳定性好的土壤团聚体。它对改善土壤结构、固定沙丘、保护堤坡、防止土壤流失、复垦工矿废弃地以及城市绿化地建设具有明显作用。

（1）人工合成高分子聚合物制剂　它于 20 世纪 50 年代初在美国问世。较早作为商品的有 4 种：①乙酸乙烯酯和顺丁烯二酸共聚物（VAMA），又称为 CRD－186 或克里利姆 8，为白色粉末，易溶于水，溶液 pH 为 3.0，属聚阴离子类型；②水解聚丙烯腈（HPAN），又称为 CRD－189 或克里利姆 9，为黄色粉末，水溶性，溶液 pH 为 9.2，属聚阴离子类型；③聚乙烯醇（PVA），为白色粉末，溶于水，水溶液呈中性，属非离子类型；④聚丙烯酰胺（PAM），属强偶极性类型，为银灰色粉末，水溶性好。上述4类制剂中以最后一种制剂较有推广前途，因其价格较便宜，改土性能亦较好。

（2）自然有机制剂　土壤结构改良的自然有机制剂由自然有机物料加工制成，例如醋酸纤维、棉紫胶、芦苇胶、田菁胶、树脂胶、胡敏酸盐类、沥青制剂等。与合成改良剂相比，自然有机制剂施用量较大，形成的团聚体的稳定性较差，且持续时间较短。

（3）无机制剂　土壤结构改良的无机制剂有硅酸钠、膨润土、沸石、氧化铁（铝）硅酸盐等，利用它们的某项理化性质来改善土壤的结构性。例如膨润土的膨胀性强，施入水田可减少水分渗漏；氧化铁（铝）硅酸盐制剂的孔隙多，施入土中可改善土壤的通透性。据中国科学院南京土壤研究所在黄棕壤上进行的水解聚丙烯腈试验，施用量为耕层土壤质量的0.01%时，>0.25 mm的水稳定性团粒含量由对照的10.9%增至30.1%，而当用量为0.1%时，水稳定性团粒含量便增至82.9%。该研究所在江苏省铜山县孟庄的砂板地上施用聚乙烯醇，用量为0.05%时，>0.25 mm水稳定性团粒的含量，在0～10 cm土层从对照的7.4%增至38.5%，而在10～20 cm土层从4.3%增至17.6%。

5. 盐碱土电流改良　电流改良盐碱土和促进盐渍性低洼地排水有明显效果。特别在重黏质盐土通直流电后，由于电极反应和电渗流，促使胶体吸附的钠离子被代换并淋洗掉，明显地产生碎块状结构，原来不透水的紧实土体变得疏松透水，土壤迅速脱盐。

第四节　土壤力学性质

土壤耕作的质量、农机具的作用性质、地基的稳定性、作物根系的伸长等都与土壤力学性质（又称为机械物理性质）密切相关。土壤力学性质包括土壤结持特性（黏结性、黏着性、可塑性）、胀缩性、压板和阻力（穿透阻力和牵引阻力）、流变性、固结等。

一、土壤黏结性和黏着性

土壤结持性是不同含水量条件下，土壤内聚力（黏结性）、附着力（黏着性）和可塑性等的综合表现。

（一）土壤黏结性

黏结性原来是指同种物质或同种分子相互吸引而黏结的性质。在土壤中，土壤颗粒通过各种引力而黏结起来，就是土壤黏结性（soil cohesion）。不过，由于土壤中往往含有水分，土壤颗粒与土壤颗粒的黏结常常是以水膜为媒介的。同时，粗的土壤颗粒可以以细的土壤颗粒（黏粒和胶粒）为媒介而黏结在一起，甚至以各种化学黏结剂为媒介而黏结在一起，也被归为土壤黏结性。土壤黏结性的强弱，可用单位面积上的黏结力来表示。

1. 土壤黏结力　土壤黏结力包括不同来源和土壤颗粒本身的内在力，有范德华力、库仑力以及水膜的表面张力等物理引力，有氢键的作用，还往往有化学键能的参与。土壤总含有水分，在土壤颗粒外面总是吸附着一层水分子。土壤颗粒与土壤颗粒的黏结作用，实际上是通过它们的水膜和水合离子起作用的，它是土壤颗粒-水膜-土壤颗粒黏结作用。

（1）分子黏结力　分子黏结力包括范德华力、库仑力以及氢键作用。在不同的土壤含水量条件下，不同特性的分子黏结力的强弱程度是不同的，这与它们的作用距离的大小有关。

① 范德华力：范德华力是指分子与分子之间的相互作用力，是一种引力，其作用范围很小，不到 1 nm。因此只有当土壤颗粒十分靠近时，范德华力才能发挥作用。

② 库伦力：由于土壤颗粒表面带有电荷，带相反电荷的土壤颗粒之间有静电引力，这种静电引力称为库仑力。通常，土壤胶粒表面多带负电荷，在其周围吸附着阳离子，形成双电层，它的电动电位（ξ 电位）造成胶粒之间的静电斥力，使之不能靠近。通过各种途径降低 ξ 电位，可使土壤颗粒凝聚。

③ 氢键：实验证明，在有些化合物中，氢原子可以同时与两个负电性强而半径较小的原子（O、F、N 等）相结合，从而形成氢键。例如，O—H…O、F—H…F、N—H…O 等。氢键能在分子与分子之间形成，也能在分子内的某些基团之间形成。

（2）水膜黏结力　干燥的土壤可以借范德华力吸附水汽，在土壤颗粒外面形成水膜。范德华力的作用范围很小，土壤颗粒表面分子对水分子的引力一般只达几个水分子半径的距离。超过这个距离，则是通过水分子与水分子之间的范德华力、氢键和库仑力（如有离子存在时），使水膜逐渐加厚。这样，在土壤颗粒与土壤颗粒的接触点上，水膜融合而形成凹形的曲面，借表面张力的作用，可使邻近的两个土壤颗粒互相靠拢。Nichols 推导出板状颗粒的水膜黏结力（F）的计算公式，即

$$F=\frac{\kappa 4\pi\gamma\sigma\cos\alpha}{d}$$

式中，κ 是常数，γ 是颗粒的半径，σ 是表面张力，α 是液体与颗粒的接触角，d 是颗粒之间的距离。

2. 土壤黏结性的影响因素　影响土壤黏结性的因素，主要是土壤活性表面大小和含水量。

（1）土壤比表面积及其影响因素　土壤黏结性发生于土壤颗粒的表面，属于表面现象。不言而喻，土壤黏结性的强弱首先决定于它的比表面积的大小。所以土壤质地、黏土矿物种类、代换性阳离子组成、土壤团聚化程度等，都影响其黏结性。土壤质地越黏重，黏粒含量越高，尤其是 2∶1 型黏土矿物含量高，代换性钠在代换性阳离子中占的比例大而使土壤颗粒高度分散等，则黏结性越强。反之，土壤颗粒团聚化降低了彼此间的接触面，所以有团粒结构的土壤就整体来说黏结力减弱。腐殖质的黏结力比黏粒小，当腐殖质成胶膜包被黏粒时，便改变了接触面的性质而使黏粒的黏结力弱。同时，腐殖质还能促进团粒结构的形成，这也有利于黏质土壤的黏结性减弱。但是腐殖质的黏结力比砂粒大，故可增强砂土的黏结性。

（2）土壤含水量　土壤含水量的多少，对黏结性强弱的影响很大，在适度的含水量时土壤黏结性最强。下面，分别就干土逐渐湿润以及湿土逐渐变干的两种情况进行讨论。

一个完全干燥和分散的土壤颗粒，彼此间在常压下不表现黏结力。加入少量水后就开始显现黏结性，这是由于水膜的黏结作用。当水膜分布均匀并在所有土壤颗粒接触点上都出现接触点水的弯月面时，黏结力达最大值。此后，随着含水量的增加，水膜不断加厚，土壤颗粒之间的距离不断增大，黏结力便愈来愈弱了（图 6－11）。当土壤加水，

使土壤颗粒间的水膜增厚到一定程度，土壤黏结力极弱以至消失。然后，让土壤逐渐变干，随着土壤颗粒间水膜不断变薄，黏结力逐渐加强。当干燥到某种程度，空气进入到土壤中时，土壤开始表现干缩，土壤颗粒相互靠近，由于范德华力等作用而互相黏结。所以黏重的湿润土壤在一定含水量范围内随着干燥过程，黏结力急剧增加。但砂质土壤的黏粒含量低，比表面积小，黏结力很弱，因而含水量的变化对黏结性的影响不明显。图 6-11 中 A、B 两条曲线分别代表一个黏土和一个砂壤土的黏结力（拉断阻力）随含水量减少而加强的情况，曲线上的波折点为空气进入原为水所占据的孔隙的含水量，土壤开始表现干缩。

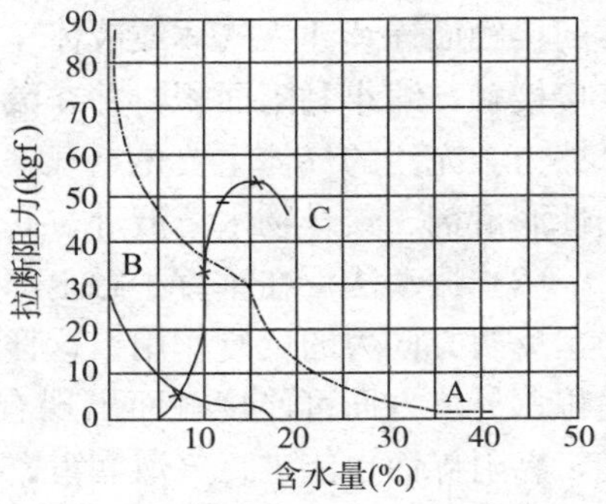

图 6-11　土壤含水量与黏结力的关系
A. 黏土的黏结　B. 砂壤土的黏结
C. 非黏闭黏土（团聚化）的黏结　1 kgf＝9.8 N

（二）土壤黏着性

1. 土壤黏着性概述　土壤黏着性（soil adhesion）是土壤在一定含水量条件下，土壤颗粒黏附在外物（例如农具）上的性质。土壤过湿耕作，土壤颗粒黏着农具，增大土壤颗粒与金属间的摩擦阻力，使耕作困难。

由于土壤中往往有水分存在，其黏着性实际上是指土壤颗粒-水-外物相互吸引的性能。土壤黏着力的大小也以单位面积上的力来表示。影响土壤黏着性的主要因素也是活性表面大小和含水量多少两方面。关于前一方面的影响因素，与黏结性相同。

就土壤含水量来说，开始出现黏着性时的含水量要比开始出现黏结性时的含水量大，这就是说，当在土壤水量低时，水膜很薄，土壤主要表现黏结现象；当含水量增加而水膜加厚到一定程度时，水分子除了能被土壤颗粒吸引外，也能被各种物质（例如农具、其他器具、人体）所吸引，表现出黏着性。使土壤出现黏着性的含水量称为黏着点。土壤含水量再继续增加，则水膜过厚，黏着性又减弱，当土壤表现出流体的性质时黏着性完全消失。而土壤因含水量增加不再黏附在外物上，失去黏着性时的土壤含水量称为脱黏点（图 6-12）。所以土壤黏着性也是在一定含水量范围内表现的性质。

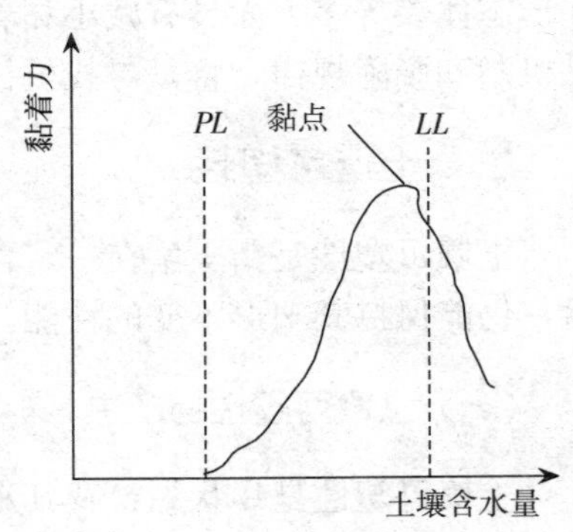

图 6-12　土壤黏着力和含水量的关系
PL. 下塑限　*LL*. 上塑限

土壤耕作是农业生产中最繁重的生产过程之一，由于土壤对耕作机具的黏附，使犁耕阻力增加，为了克服土壤对耕作机具的黏附和摩擦所消耗的能量占耕地消耗总能量的 30%～50%或更多。据估计，如果能将耕作时土壤黏附与摩擦所造成的能量损失减少 10%，那么我国每年用于农田耕作的油耗便可减少 7×10^7 L。

2. 减轻土壤黏着性的技术　土壤耕作和土工建设中减轻土壤黏着性的技术主要有以下几个方面。

（1）充注气体或液体　此法是通过专设系统以一定压力和一定方向向土壤与触土部

件的接触面连续注入气体或液体，使界面形成气垫或液层，避免土壤与工作装置的表面直接接触，缩小黏附面积，并在减小土壤黏着力的同时，大大降低土壤与触土表面间的摩擦力。充注的气体主要是空气，有时也利用发动机的废气。充注的液体除水外，还有油性润滑剂、聚合物水溶液等。有的还同时充注气体和液体形成空气-乳状液润滑剂。

（2）振动法　在垂直于触土部件黏附界面方向施加振动，使界面不断受到垂直界面的正反两方向力的反复作用。这样，一方面减轻土壤对工作装置表面的压实，缩小接触面积；另一方面可使接触面出现有利于土壤滑动的水分和空气，因此不用外界注水充气，黏附界面也能进行气液润滑。振动法必须专设振动装置和隔振装置。

（3）电渗法　增加土壤与触土部件表面间的水膜厚度，土壤黏着力将会大大降低。对界面黏附系统施加一定的电场，可迫使土壤水迁移到界面，从而增加水膜厚度，降低水的张力，达到减小土壤黏着力的效果。

（4）表面改性土壤　土壤对触土部件工作面的黏附，主要是界面现象，只要能改变固体材料表面几个分子层材料的性质，就可以有效地改变触土部件的脱土性（脱土性强，意味着黏着力小）。研究表明，影响材料表面脱土性的重要因素之一是表面憎水性，憎水性强的材料，对土壤黏着力较小。为了减小犁耕阻力，许多学者对犁体曲面进行了改性研究。例如在犁体工作表面上涂一层熟石膏，用石蜡或亚麻仁油处理犁体曲面，用陶瓷或聚四氟乙烯覆盖在犁壁上，其脱土性均比钢、铁、铝材料好。

（5）表面改形　改变触土部件的宏观或微观的形状，通过缩小其与土壤的实际接触面积，使界面水膜不连续或造成应力集中来减小黏着力。表面改形结构简单，使用方便，无需增加动力，是一种较好的减小黏着力的方法。

（6）仿生法　土壤中的动物，尤其生活在黏性土壤中的动物，经过亿万年的进化，在形态体表等多方面具有减小黏着力的特殊功能，因此从仿生学角度研究土壤动物的防黏机制和脱附规律，将是寻找机械触土部件减小黏着力的有效途径。

二、土壤可塑性

土壤可塑性是指土壤在一定含水量范围内，可被外力造型，当外力消失或土壤干燥后，仍能保持其塑形不变的性能。我国传统的泥塑艺术，就是利用黏土的这种特性。

（一）土壤可塑性的产生

土壤可塑性是片状黏粒及其水膜造成的。一般认为，过干的土壤不能任意塑形；泥浆状态土壤虽能变形，但不能保持变形后的状态。因此土壤只有在一定含水量范围内才具有可塑性。

土壤表现可塑性的含水量范围是土壤颗粒间的水膜已厚到允许土壤颗粒滑动变形，但又没有丧失其黏结性的范围，否则在所施压力解除或干燥后就不能维持变形后的形状。湿砂是可塑的但干后就散碎了，因为它的黏结力很弱，所以砂土不具有可塑性。黏土或黏粒不但湿时可塑，干后也不散碎而仍保持变形后的形状，所以它的可塑性强。换言之，完全没有黏结性的土壤没有可塑性，而黏结性很弱的土壤不会有明显的可塑性。因此土壤塑性除了必须在一定含水量范围内才表现外，还必须具有一定的黏结性。凡是影响土壤黏结性的因素（也就是影响土壤表面积大小的因素、土壤颗粒形状等）都影响可塑性。

黏质土壤的可塑性，与片状黏粒有关。而土壤中绝大多数次生黏土矿物呈片状，有水合膜。试验表明，把云母磨细，也会出现可塑性。因为水合的片状土壤颗粒的阻力小，尤其是它们往往有水膜包着，稍受外力（如用手揉捏）即从杂乱无章状态变为互相平行排列状态，而且它们本身在其他土壤颗粒之间起着润滑剂的作用。只有片状黏粒才会有可塑性，所以土壤可塑性的强弱与黏粒含量及种类有关，2∶1型蒙蛭组黏土矿物的可塑性强，而氧化铝（铁）胶体颗粒几乎无可塑性。然而，有关土壤可塑性的机制至今尚未完全搞清。

（二）塑性指数

土壤可塑性只在适当含水量范围内才出现。土壤表现可塑性的最低含水量，即土壤刚刚开始表现出可塑性的含水量称为下塑限，简称塑限（plastic limit，*PL*）。土壤因含水增多而失去塑性，并开始成流体流动时的土壤含水量称为上塑限，又称为流限（liquid limit，*LL*），也是土壤半固态结持性和可塑结持性的临界含水量。

上塑限与下塑限之间的含水量称为塑性范围。其含水量差值称为塑性指数（plastic index，*PI*）（又称为塑性值），即

$$PI=LL-PL$$

上塑限、下塑限和塑性指数这3个指标可表征一种土壤的可塑性特征，同时也可间接地说明与土壤表面特性有关的土壤力学性质。塑性指数愈大表示土壤可塑性愈强。上塑限、下塑限和塑性指数均以含水量（%）表示，它们的数值随着黏粒含量的增加而增大。土壤下塑限范围在土工试验中十分重要，因为土壤的最大剪切力、最大压缩量和最大黏着力均在此范围发生。

上述用于描述土壤结持性状态的各项常数，称为土壤结持性常数（图6-13），包括上塑限、下塑限、塑性指数等。它们是由阿德堡（Atterberg，1912）最早提出来的，所以又称为阿德堡极限（Atterberg limit）；这些常数是描述与耕作和土壤工程有关的土壤力学性质的重要参数，广泛用于农业、工程、建材、陶瓷、雕塑等部门，作为选择适宜土壤耕作、土质材料施工、泥塑造型等操作时的含水量范围的依据。

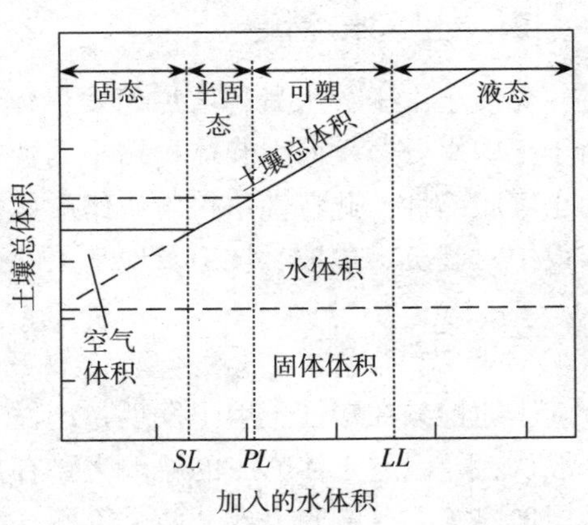

图6-13 土壤结持性常数

SL. 收缩限 *PL*. 下塑限 *LL*. 上塑限

（三）土壤可塑性的影响因素

土壤的一系列阿德堡值包括阿德堡极限的大小，与土壤的比表面积大小和表面性质有关，因而决定于质地、黏土矿物类型、交换性离子组成、有机质含量和组成等因素，也受土壤结构以及土壤溶液组成等的影响。

黏土一般都具有较高的可塑性，例如蒙脱石。不同的黏土矿物比表面积差异很大，对可塑性产生很大影响。塑性指数和黏粒之比称为活度值，是评价黏土可塑性的指标，高岭石为0.33～0.46，钙蒙脱石为1.5，钠蒙脱石为7.2。

黏粒含量和可塑性有密切关系。塑性上限和下限都随黏粒含量同时提高。表 6－10 是各种质地土壤的可塑性。在道路建筑中，土壤按塑性指数分类如下：强塑性土（黏土）＞17%，塑性土（壤土）7%～17%，弱塑性土（砂壤）＜7%，无塑性土（砂）0%。

表 6－10　各种质地土壤的可塑性（含水量，%）

	下塑限	上塑限	塑性指数
黏土	23～30	41～50	18～20
黏壤土	16～22	28～40	12～17
壤土	10～15	17～27	7～12
砂壤土	＜10	＜16	＜7
砂土	0	0	0

交换性阳离子对黏土矿物的可塑性强弱的影响很大。钠离子使蒙脱石的上塑限、下塑限和塑性指数大大增加，而对高岭石的影响较小。有机质含量对土壤的可塑性可产生明显的影响，因为有机质本身的塑性弱而吸水性强，故有机质含量高的土壤，要等有机质吸足水分以后才开始形成产生可塑性的水膜，从而使其上塑限和下塑限提高。下塑限提高意味着该土壤适耕的含水量增大了，宜耕期长。

塑性范围内的土壤不宜耕作，否则不仅耕作阻力大，而且还会使土壤塑成大块或土条，达不到碎土的目的。

三、土壤胀缩性

黏质土由于含水量的增加而发生体积增大的性能称为土壤膨胀性（soil swelling），由于土中水分蒸发而引起体积缩小的性能称为土壤收缩性（soil shrinkage），二者统称为土壤胀缩性。此特性不仅与耕作质量有关，也影响土壤水气状况与根系伸展；在土工建设中对基坑、边坡、坑道及地基土的稳定性有着很重要的意义。

（一）土壤膨胀

胀缩性只在塑性土壤中发现，这种土壤干时收缩，湿时膨胀。砂性土壤无胀缩性。一般认为，引起土体膨胀的原因主要有：黏粒的水合作用、黏粒表面双电层的形成、扩散层增厚等。其膨胀大致分两个阶段，第一阶段是干黏粒表面吸附单层水分子，为晶层间膨胀或粒间膨胀；第二阶段是由于双电层的形成，使黏粒或晶层进一步推开，为渗透膨胀。

土壤膨胀可用土壤膨胀率或者线胀系数来表示。

1. 土壤的膨胀率和膨胀压

（1）膨胀率　原状土壤膨胀后体积的增量与原体积之比称为膨胀率（e_p），其计算公式为

$$e_p = \frac{\Delta V}{V_0} = \frac{V - V_0}{V_0}$$

式中，ΔV 为膨胀后的体积增量，V 为膨胀后的体积，V_0 为原来的体积。

常用线膨胀率，其计算公式为

$$e_p = \frac{h - h_0}{h_0} \times 100\%$$

式中，h_0 为土样原来的高度（cm），h 为土样膨胀稳定后的高度（cm）。

若 e_p 直接以小数表示，称为膨胀系数。

（2）膨胀压　膨胀压（p_p）为土样膨胀时产生的最大压力值（kPa），其计算公式为

$$p_p = 10 \times \frac{W}{A}$$

式中，W 为施加在试样上的总平衡荷载（N），A 为试样面积（cm^2）。

2. 土壤线胀系数　土壤线胀系数（coefficient of soil linear extensibility，*COLE*）为风干土样吸水线胀的长度与原长度之比。通常，它由湿土容重（D_{bm}）和风干土容重（D_{bd}）的变化计算而得，其计算公式为

$$COLE = \sqrt[3]{\frac{D_{bd}}{D_{bm}}} - 1$$

土壤线胀系数是研究土壤膨胀变形的重要参数，有时要大量测定。为了快速得到结果，不少学者建立了土壤线胀系数的模型。一种是经验模型，根据大量的土壤线胀系数与黏粒含量或某个水分常数的关系建立回归方程；另一种是分析模型，根据黏粒的理论膨胀量和孔隙度建立计算式。

（二）土壤收缩

1. 土壤收缩的过程　黏质土收缩是由于水分蒸发引起的体积减小过程。黏质土的收缩过程可分为以下 3 个阶段（图 6-14）。

（1）结构收缩　结构收缩阶段，水分饱和土壤的含水量开始减少，但土壤体积的减少小于水体积的减少。

（2）常态收缩　常态收缩阶段，土壤体积的减少与失水体积的减少相同。

（3）剩余收缩　此时土壤体积的减少大于失水体积的减少。

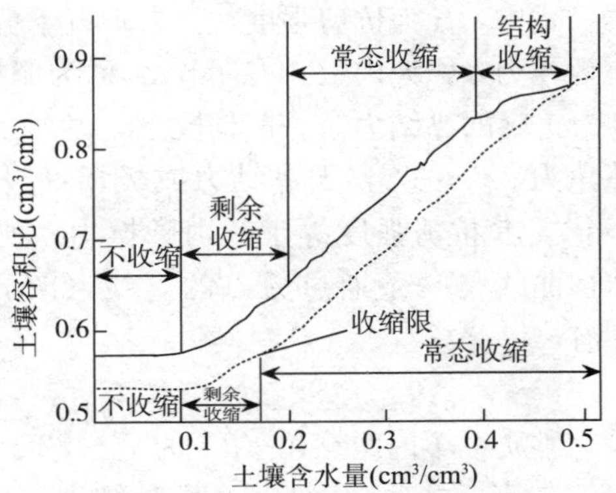

图 6-14　土壤收缩过程
（实线为原状土块的收缩过程，点线为重塑土块的收缩过程）

2. 土壤收缩性的指标　黏质土的收缩性指标可按收缩前后直线长短的变化或体积大小的变化来表示，分别称为线收缩和体积收缩。

（1）线收缩率　线收缩率（ΔL）的计算公式为

$$\Delta L = \frac{L_0 - L}{L_0} \times 100\%$$

式中，L_0 为潮湿状态的土样长度；L 为土样收缩后的长度。

（2）体积收缩率　体积收缩率（ΔV）的计算公式为

$$\Delta V = \frac{V_0 - V}{V_0} \times 100\%$$

式中，V_0 为收缩前的体积（cm^3），V 为收缩后的体积（cm^3）。

（三）土壤胀缩性的影响因素

土壤胀缩性与片状黏粒有关。膨胀是由于黏粒水合及其周围的扩散层增厚，当土壤胶体被强烈解离的阳离子（例如钠离子）饱和时，膨胀性最强；交换性钠离子（Na^+）被钙离子（Ca^{2+}）置换时膨胀性变弱。各种阳离子对膨胀的作用次序为：Na^+、K^+＞Ca^{2+}、Mg^{2+}＞H^+。

土壤质地愈黏重，即黏粒含量愈高，尤其是扩展型黏土矿物（例如蒙脱石、蛭石等）含量愈高，则胀缩性愈强。腐殖质本身吸水性强，但它能促进土壤结构的形成而保持疏松，因而土体胀缩不明显。

胀缩性强的土壤，在吸水膨胀时使土壤密实而难以透水通气，在干燥收缩时会拉断植物的根，并造成透风散热的裂隙（龟裂）。在这种土壤上的建筑物，土基也不牢固。

四、土壤抗剪强度

（一）土壤抗剪强度及其计算

土壤抗剪强度（soil shear strength）是土壤对土壤颗粒移动所产生的最大内阻力，即土壤彼此滑动和滑越时的阻力。抗剪切力等于内摩擦力或粒间摩擦力加黏结力。可根据 Coulomb 定律计算土壤抗剪强度，即

$$S=p\tan\varphi+C$$

式中，S 为抗剪强度，p 为垂直于剪切面的有效压力，φ 为内摩擦角，$\tan\varphi$ 称为摩擦系数，C 为土壤的黏结力。一般情况下，砂质土的内摩擦角为 22°～37°，无黏结力或极弱（视为 C 等于 0），其抗剪强度等于其内摩擦力，所以它的剪切曲线是一条通过原点的直线（图 6-15），即有

$$S=p\tan\varphi$$

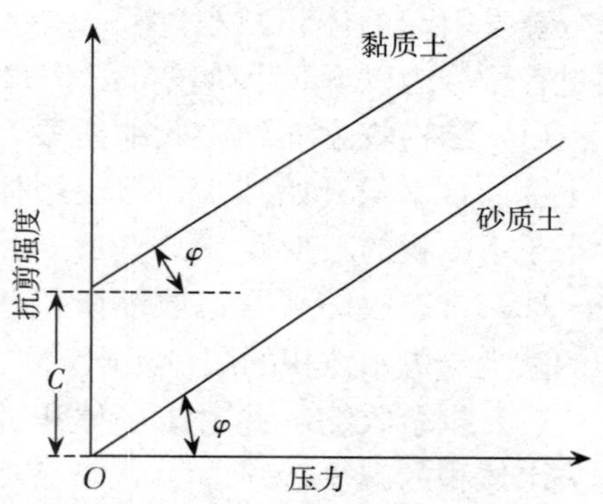

图 6-15　黏质土和砂质土的剪切曲线

黏质土壤内摩擦角（θ）为 7°～22°，黏结力（C）较高，抗剪强度（S）由黏结力（C）和内摩擦力（$p\tan\varphi$）两部分组成。内摩擦力与应压力（p）呈正比，它们的比例常数就是内摩擦系数（$\tan\varphi$）。

（二）土壤抗剪强度的测定

测定土壤抗剪强度有直接测定和三轴剪切测定两种方法。图 6-16 是盒形剪切测定示意图。将土样置于由上盒和下盒构成的剪切盒中，在其上加以垂直荷载，使土样在横断面上感受压应力 p。固定下盒，在上盒施以水平力，则土样在位于上盒和下盒之间的横断面上受到

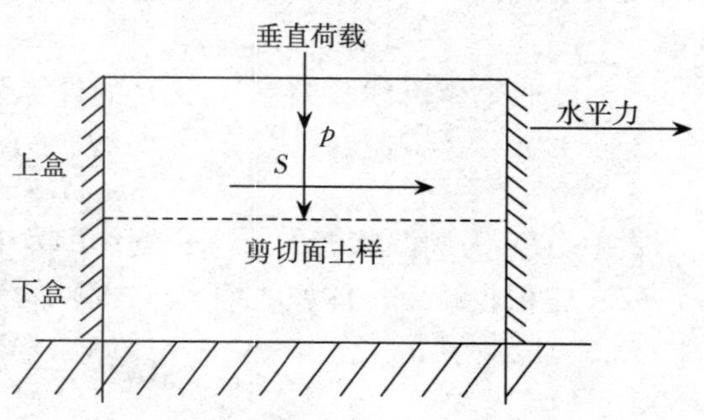

图 6-16　土样在剪切盒中的受力情况

剪应力的作用，当剪应力超过定值 S 时，土样便被剪断。这个定值 S 即称为土壤的抗剪强度。

土壤抗剪强度是组成牵引阻力的主要因素之一，所以在耕作上十分重要，也是农机具设计和土建工程中的重要参数。

五、土壤的压缩和压实

（一）土壤压缩

1. 土壤压缩及其原因　土壤压缩（soil compression）是指在压力作用下土壤体积缩小的过程。理论上，土壤压缩可能是：①土壤颗粒本身的压缩变形；②孔隙中不同形态的水和气体的压缩变形；③孔隙中水和气体有一部分被挤出，土的颗粒相互靠拢使孔隙体积减小。试验表明，土壤压缩主要是由于孔隙中的水分和气体被挤出，土壤颗粒相互移动靠拢，致使土壤孔隙体积减小而引起的。

2. 土壤压缩曲线和回归方程　若以纵坐标表示在各级压力下试样压缩稳定后的孔隙比（e），以横坐标表示压力（p），可以绘制出压缩试验中孔隙比与压力的关系曲线，称为压缩曲线。孔隙比与压力的关系可用回归方程表示，即

$$e = A\lg p - C$$

式中，A 是压缩系数（$de/d\lg p$），p 是所施负荷的压力，C 是常数（相当于单位负荷时的孔隙比）。

3. 压缩系数　压缩系数是表示土壤压缩性大小的主要指标，压缩系数越大，表明在某压力变化范围内孔隙比减小得越多，压缩性就越高。在工程实际中，常以 $p_1 = 0.1$ MPa，$p_2 = 0.2$ MPa 的压缩系数即 A_{1-2} 作为判断土的压缩性高低的标准。但当压缩曲线较平缓时，也常用 $p_1 = 100$ kPa 和 $p_2 = 300$ kPa 之间的孔隙比减小量求得 A_{1-2}。低压缩性土 $A_{1-2} < 0.1$ MPa，中压缩性土 $0.1\ \text{MPa} \leqslant A_{1-2} < 0.5$ MPa；高压缩性土 $A_{1-2} \geqslant 0.5$ MPa。

（二）土壤压实

1. 土壤压实的概念　土壤压实是指负荷或施压所造成的土壤容重增加和孔隙度降低的过程。土壤容重的增加是压实力和含水量的函数。

2. 土壤压实曲线　土壤容重、含水量和压实力三者之间的关系可用土壤压实曲线表示。土壤压实曲线绘制时，把某含水量的土壤填入压实筒内，用压锤按规定落距对土壤打击一定的次数，即用一定的击实功击实土壤，测其含水率和干密度，绘制关系曲线。一般随含水量增加，压实变得更容易，至最适含水量时可使土壤容重达最大值。如果含水量进一步增加，则容重反而下降（图 6－17）。在压实曲线上的峰值，称为最大容重（ρ_{dmax}）；与之相对应的含水量，称为最优含水量（w_{op}）。最优含水量表示在一定压实功作用下，达到最大容重的含水率。

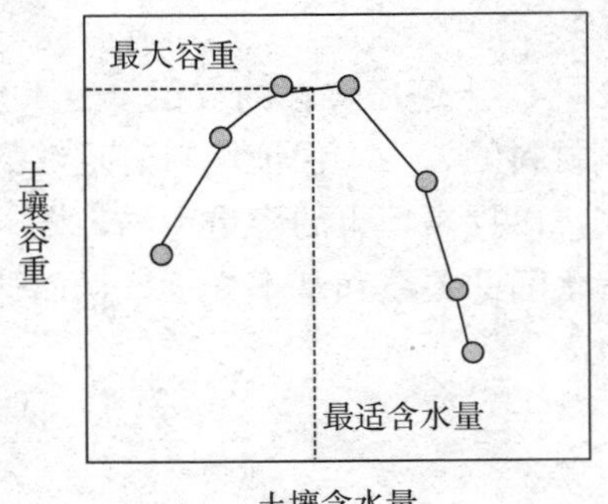

图 6－17　土壤含水量与容重的关系（压实曲线）

黏质土的最优含水量一般在塑限（下塑限）附近，为液限（上塑限）的 0.55～

0.65 倍。在最优含水量时，土壤颗粒周围的结合水膜厚度适中，土壤颗粒联结较弱，又不存在多余的水分，故易于压实，使土壤颗粒靠拢而排列得最密。

无黏性土壤的情况有些不同。无黏性土壤的压实性也与含水量有关，但不存在最优含水量。一般在完全干燥或者充分吸水饱和的情况下容易压实到较大的干密度；潮湿状态，由于具有微弱的毛管水联结，土壤颗粒间移动所受阻力较大，不易被挤紧压实，干密度不大。

3. 土壤压实的影响因素　土壤压实性除受含水量的影响外，还与压实力（方式、部位）、土壤质地、有机质含量、承载面的大小等有关。例如有机质对土壤的压实效果有不好的影响。因为有机质亲水性强，不易将土压实到较大的容重。在同类土中，土壤颗粒的级配对土壤的压实效果影响很大，颗粒级配不均匀的容易压实，均匀的不易压实。这是因为级配均匀的土壤中较粗颗粒形成的孔隙很少有细颗粒去充填。

在现代农业中，大型农业机械的长期使用会导致土壤压实，部分农机具和重型机械的使用，会在耕层之下形成一个紧实的犁底层或机具压实层，从而影响作物产量（图 6-18）。

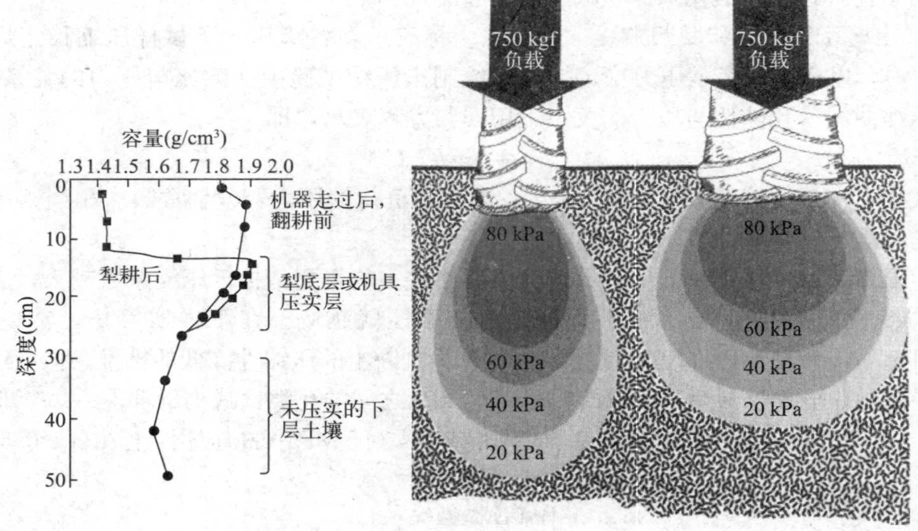

图 6-18　车辆轮胎的压实作用

1 kgf=9.8 N

（引自 Brady 和 Weil，2008）

4. 土壤压实性的应用　土工建筑物，例如土坝、土堤及道路填方是用土壤作为建筑材料的。为了保证填料有足够的强度、较小的压缩性和透水性，在施工时常常需要压实，以提高填土的容重和均匀性。研究土壤的压实作用下土壤容重、含水量和击实功三者之间的关系和基本规律，从而选定适合工程需要的最小击实功。

第五节　土壤耕性和土壤耕作

一、土壤耕作

（一）土壤耕作的概念

作物生产过程中的播种、发芽和根系的良好生长有赖于一个疏松而且水、肥、气、热较为协调的土壤环境，这种土壤环境的形成需要一系列农艺措施的配合，耕作就是其中的重要手段。土壤耕作（soil tillage）是在作物种植以前，或在作物生长期间，为了改善植物生长条件而对土壤进行的机械操作。操作的方式和过程因自然条件、经济条件、作物类型及土壤性质的不同而异。传统的土壤耕作通常分两步进行，首先用犁具将土壤翻转，然后将翻转的土块破碎，以形成松散而平整的土层。

土壤耕作主要有两方面的作用。①土壤耕作可改良土壤耕作层的物理状况，调整其中的固、液、气三相比例，改善耕层结构。对紧实的土壤耕层，耕作可增加土壤孔隙，提高通透性，有利于降水和灌溉水下渗，减少地面径流，保墒蓄水，并能促进微生物的好氧分解，释放速效养分。对土壤颗粒松散的耕层，耕作可减少土壤孔隙，增强微生物的厌氧分解，减缓有机物的消耗，减少速效养分的损失，以协调水、肥、气、热4个肥力因素，为作物生长提供良好的土壤环境。②根据当地自然条件的特点和不同作物的栽培要求，土壤耕作可使地面保持符合农业要求的状态。例如平作时地面要平整，垄作时地面要有整齐的土垄，风沙地区地面要有一定的粗糙度以防风蚀，山坡地要有围山大垄或水平沟等，这样可达到减少风蚀、保持水土、保蓄土壤水分、提高土壤湿度或因势排水等目的。

土壤耕作是一项古老的农业技术，随着人类社会的进步和农业生产技术的改进，经历了从原始刀耕火种到现代机械化耕作的逐步演变。我国大约早在夏商至春秋时代已用木制耕具耒耜以及二人耦耕等方式耕田。春秋以后至战国时期，木犁上开始带铸铁犁铧，以畜力代替人力。约在秦汉时代发明的犁壁，使翻土作业更臻完善。至魏晋南北朝已逐渐形成了一套适合北方旱地的耕耙耱相结合的抗旱保墒耕作技术。元代以后，南方耕耙耖相结合的水田耕作技术也趋完善，并总结了冻融、曝晒等熟化土壤的经验。近代农业发达国家在20世纪初期开始应用拖拉机，形成了一套翻、耙、耢相结合的传统耕作法。之后有些国家，首先是美国，认为传统耕作法需要多种机具多次进入田间耕作，容易破坏土壤结构，在20世纪40年代开始研究减少土壤耕作次数的少耕体系，60年代出现了播种前不单独进行任何土壤耕作，在播种时一次完成切茬、开沟、喷药、施肥、播种、覆土等多道工序的耕作法，但只在特定条件下应用于部分地区。

（二）土壤耕作的方法

1. 常规耕作法和少免耕法　土壤耕作一般可分为常规耕作法和少免耕法两大类。

（1）常规耕作法　常规耕作法又称为传统耕作法或精耕细作法，通常指作物生产过程中由机械耕翻、耙压、中耕等组成的土壤耕作体系，主要包括耕翻、碎土、耙地、整地、镇压、开沟、铲地、耖田等作业（表6-11）。

（2）少免耕法

① 少耕法：土壤少耕法通常指在常规耕作基础上减少土壤耕作次数和强度的一类土壤耕作体系。它的类型很多，例如以田间局部耕翻代替全部耕翻、以耙代耕、以旋耕代犁耕、耕耙结合、板田播种、免中耕等。

② 免耕法：土壤免耕法（soil zero tillage）是免除土壤耕作，直接播种农作物的一类耕作方法。对它的概念，说法还不完全统一。一种认为，它是不进行任何播前土壤耕作的一类耕作方法；另一种认为，它是既不进行播前土壤耕作，也不进行播后土壤管理的一类耕作法。

表 6-11　作业时各种机具的动力特征及其与土壤结持性的关系

作业名称	要　求	常规机具	机具对土壤施加的合力方向	整体抗剪切强度	土块剪切强度	土壤结持性
碎土	减少土块，使从自然结构面裂开	旋耕机	向下	高	低	酥性
形成土块	将土壤颗粒挤压成土块	有壁犁	向下或从侧面	高	低	塑性
耙地	将小团聚体填入较大孔隙中，使单位体积土壤质量增加	钉齿耙或振动耙	从侧面	低	高	酥性
耙耖	破坏全部结构，压实，使单位体积土壤质量增加	圆盘耙旋耕机	向下或从侧面任何方向	高	很低	塑性液态
松土	全部或局部减少单位体积的土壤质量	45°倾角的齿		低	高或低	酥性黏结态
翻转	彻底翻转土壤，全部掩埋	有壁犁		高	高或低	酥性或塑性
打暗洞	形成底部压实的排水沟，顶部疏松	犁柱 45°的暗沟犁	向上	高	低	塑性下部
括抹	破坏结构，薄层内单位体积的土壤质量增加	滑轮		高	低	塑性

2. 机械耕作　土壤耕作机械可根据耕作措施分基本耕作机械和表土耕作机械（又称为辅助耕作机械）两大类。基本耕作机械用于土壤的耕翻或深松耕，主要有铧式犁、圆盘犁、凿式松土机、旋耕机等。表土耕作机械用于土壤耕翻前的浅耕灭茬或耕翻后的耙地、耢耱、平整、镇压、做畦等作业，以及休闲地的全面松土除草，作物生长期间的中耕、除草、开沟、培土等作业；主要包括各种耙、镇压器、中耕机械等。目前，土壤耕作机械的发展趋势是：发展各种联合耕作机或耕播联合作业机组，以减少耕作机械进入田间的次数，减轻对土壤的压实；发展驱动型土壤耕作机械，以减少作业机所需的牵引力；使用少免耕法机具，以降低耕作能耗；在耕地面积广阔的地区，发展高速、宽幅、高效机具；在地块狭小的地区或坡耕地上，发展小型轻型为主的土壤耕作机械。

二、土壤耕性和耕作力学

（一）土壤耕性

1. 土壤耕性的概念　土壤耕性是指土壤在耕作过程中表现出来的特性，它是土壤物理机械性能的综合表现。

2. 土壤耕性的判断　土壤耕性的好劣，一般从以下 3 个方面加以判断。

（1）耕作难易　耕作难易是指土壤在耕作时产生的阻力大小。不同土壤的耕作阻力大小不同，例如砂质土、有机质多或结构良好的土壤，耕作阻力小；质地黏重、有机质少及结构不良的土壤，耕作阻力大。

（2）耕作质量优劣　耕作质量优劣是指土壤在耕作后所表现的状况。凡是耕后土壤疏松、细碎、平整，孔隙状况适中，有利于种子发芽出土及幼苗生长者为耕作质量好，反之，为耕作质量差。

（3）宜耕期长短　宜耕期长短是指土壤适于耕作的时间长短，也可以说是耕作对土壤水分状况要求的严格程度。

3. 土壤耕性与土壤含水量的相关性　改善土壤耕性有两个途径：改良耕作方法和调节土壤力学性质。调节土壤力学性质最现实的办法就是调节土壤湿度，因为所有土壤力学性质都与土壤含水量有关。宜耕期是指适宜进行耕作的土壤含水量范围，此时耕作消耗的能量最少，团粒化效果最好。宜耕范围是根据土壤结持度来考虑的，干燥的黏质土块黏结性强，很坚硬，难以破碎。砂质土壤在干燥时耕作，易被打成粉状，很难黏结成块。

黏质土在过于潮湿时不宜耕作，因为这时土壤泥泞黏糊，土壤颗粒的黏着性高度发展，耕作时土壤粘在农具上，不易摔脱，耕作很费力，易产生过大的土块。因此，要选择适宜的土壤含水量范围进行耕作，使土壤的黏结性、黏着性和塑性均较弱或无，耕作省力，不致破坏土壤结构，耕作后任其自然风干和收缩，就会崩散为适当的土块和土团。

综合有关性质，可把土壤结持性分为几个阶段，反映在不同含水状况下是否宜于耕作的情况，见表 6－12。

表 6－12　土壤含水状况与土壤耕性的关系

含水状况	干	润	潮	湿	饱和	过饱和
土壤结持性	坚硬	酥软	可塑	黏韧	黏滞	液态流动
主要物理性状	黏结力强，固结，不能柔捏	松散，无可塑性，可柔捏成条成团	有可塑性，无黏着性	有可塑性和黏着性	浓浆呈厚度流动	悬浮稀浆呈薄层流动
耕作阻力	大	小	大	大	大	小
耕作质量	成硬块	成土团	成大垡	成湿泥条	成稠泥浆	成稀泥浆
宜耕性	不宜	宜	不宜	不宜	不宜	稻田宜耕耙

适宜耕作的土壤含水量范围，以在下塑限以下的酥软结持状态为好，不同土壤的相应含水量不同，黏质土壤的宜耕范围较小，相当于饱和持水量的 50%～60%，宜耕期短，须在适宜含水量时抓紧进行。砂质土的黏结性和黏着性都较弱，塑性指数很小，宜耕范围较大，为饱和持水量的 30%～70%。群众的经验是：旱地的宜耕期看表土呈细裂，土块外干内湿，取一把土捏紧后放开土就松散开（即酥软状态），一般以土块被耕犁抛散而不黏农具为宜。

（二）土壤压板问题

犁耕过程在疏松土壤的同时，机械的行走对土壤有压实作用。过度压实会影响耕作质量，对作物生长不利，这种过度压实又称为土壤压板（soil compaction）问题。实际上，不仅仅是犁耕机械的行走会有压板问题，其他非犁耕农业机械更易造成土壤压板问题，例如运输机械、喷洒机械等。土壤压板是土壤物理性质退化的主要原因之一。

1. 土壤压板的过程和影响因素

（1）土壤压板过程　当土壤承受较大荷载时，受到压缩，表现为孔隙度减小、孔径缩小（主要是通气孔隙减少）、土壤紧实度和容重增大等。较干燥的土壤承受荷载时，主要是垂直方向上的正应力（压力）使孔隙减少，容重增大，土壤变得比较紧实。水分含量较高（例如在塑性范围内）的土壤承受荷载时，除受正应力作用外，还要产生切应力（剪切力）。在压力和剪切力的共同作用下，土壤颗粒趋向极紧密的排列，通气孔隙大量减少，毛管孔隙及无效孔隙急剧增多，土壤的透水通气性强烈减弱甚至消失，这种现象称为土壤黏闭。在塑性范围内，拖拉机通过潮湿土壤时，在轮子的挤压下，土壤发生塑流而使轮子下陷，并有压紧土壤的作用。

在拖拉机等荷载的作用下，土壤表层的团聚体可能被压碎。因为土壤颗粒和水是相对不可压缩的，土壤的压缩主要是通过土壤的移动和土壤颗粒的重新排列实现的。土壤颗粒的重新排列，随水膜的润滑作用而增强，与土壤含水量有密切关系。黏土的压缩试验表明，土壤的压缩性与含水量的增加呈抛物线关系。在水很少的情况下，土壤颗粒之间的黏结力和内摩擦力都很强，土壤不易被压缩。随着水分的增多，黏粒周围的水膜增厚，润滑作用增强。在压力的作用下黏粒极易变成紧密的定向排列，土壤容重显著增高。含水量进一步增加时，因土壤颗粒之间的距离增加，加上水对压力的支撑作用，土壤容重又趋降低，土壤变得不易压缩了。大量的试验证明，土壤在塑性范围内最易压缩。

（2）土壤压板的影响因素　影响土壤压板的因素除含水量外，还有土壤有机质含量、代换性阳离子种类等。有机物质本身具有一定的弹性，有促进稳定性团聚体形成的作用，所以富含有机质的土壤不易发生压板问题。施用结构改良剂，也能减轻土壤压板问题。代换性阳离子种类影响胶体扩散层的厚度，当扩散层厚度增加时，土壤颗粒之间的距离增大，土壤可压缩的程度也就提高（即压缩性增大），加重压板。

2. 土壤压板的防止　造成土壤压板的因素，除机具挤压外，自然因素（例如雨滴的冲击和在重力作用下的土壤自然沉实等）和人为因素（例如人畜践踏等）也有一定作用。有些人为因素和自然因素是难以完全避免的，但在农业机械化高度发展的地方，机具的挤压作用乃是土壤压板的主要因素，必须注意改进农机具以减轻甚至避免土壤压板问题。例如发展四轮驱动的拖拉机和增加轮胎的宽度和直径以及链轨的长度和宽度等，以增加机具与土壤的接触面积而减小压强。在农具方面要注意发展旋转式或振动式农具，它们对土壤的压实作用较小，且有较好的碎土作用。此外，农具的切土部分应力求锋利，以减轻对土壤的压实作用，减小曳引阻力。

要避免在土壤过湿时进行田间作业，对一些可沿固定路线进行作业的项目（例如运输、喷洒等），要预先选定路线或规划出固定车道，以缩小土壤压板的面积。提高耕作速度可以减轻土壤压板问题，但增大耕作速率会增大曳引阻力，增加能量消耗。因此在进行田间作业时应当根据具体条件，选择适宜的耕作速度。尽可能减少作业次数，是减轻土壤压板问题、降低生产成本的有效措施。减少作业次数的主要途径之一是采用少免耕法，实行经济合理的耕作。

（三）水田土壤的黏闭及其防止

1. 土壤黏闭　虽然湿耕湿耙会减少犁耕阻力，但也会破坏土壤的团聚化程度，严重时土壤转变为单粒状的均质土体，这种状态称为土壤黏闭（soil puddling）。黏闭可使土壤中大孔隙急剧缩小，容重增大，通透性恶化。因此土壤黏闭虽有利于防止水田渗漏，但会使耕层土壤出现过于紧实、还原性过强等不利于作物生长的不良性状，可成为冬季旱作生产的重要障碍。犁耕引起土垡破碎主要是剪切力的作用。但是如果在塑性范围内进行耕作，土垡在犁壁的压缩和剪切力作用下会发生有害的黏团现象，即孔隙体积缩小，孔径缩小，无效孔隙增多。这种黏闭的土垡外观上常常有明亮的光泽。当拖拉机等在潮湿土地上耕作时，除轮子压缩土壤外，也有剪切力波的作用造成土壤黏闭。

有结构的土壤，团聚体内和团聚体之间的结合强度随含水量的变化各不相同。团聚体内的内聚力随土壤含水量的增加而降低。干燥团聚化土壤的团聚体间的内聚力非常低，随着含水量的增加急速增大，其峰值在田间持水量接近饱和时又急速下降。团聚体间的内聚力主要取决于团聚体间的接触点，干土团聚体接触点的数量很少，在田间持水量下，由于水膜的厚度和团聚体的膨胀接触点增加了，内聚力下降。接近田间持水量时团聚体内的内聚力很低，但团聚体间的内聚力较大。当犁或其他农具施力时，由于高摩擦力和团聚体内低强度的共同影响，团聚体容易破坏。经过干缩的土壤，颗粒间的黏结力成为膨胀的能障，颗粒间存在膨胀内应力，当这种力受到破坏时，在含水量不变的情况下吸力会提高，便从邻近吸力较低处吸入水分，黏粒因而形成水合膜。如果水合膜充满了孔隙，就成为黏闭。这是土壤发生黏闭的内在条件。

农具类型不同，对土壤黏闭的影响差别很大。一般来说，搓捏作用强烈，且过程强的，黏闭容易发生。

2. 土壤黏闭对土壤环境的影响　土壤黏闭过程首先是破坏土壤结构，使团聚状多孔土壤变成泥糊状土壤，其中几乎没有大孔隙。土壤黏闭对容重的影响，因黏闭前土壤团聚体性质不同而异，开放性结构黏闭后变成紧密排列型结构的，黏闭后土壤的容重增加。如果黏闭后能形成开放性结构，那么黏闭后土壤的容重会降低。由于黏闭后土壤中大孔隙减少，明显妨碍土壤中的气体交换和水分运动，含氧量急剧下降而二氧化碳浓度增加；持水量增大，而下渗水减少；养分淋失显著减少。

3. 土壤黏闭的防止　干耕燥整是防止土壤黏闭的重要耕作方法，尤其对质地较黏重的土壤。水田土壤的干耕燥整，主要在冬季进行。黏质土壤的结构在种植两季水稻后多已破坏，耕层糊散闭结。如果在晚稻后期未进行排水搁田，在过湿的条件下进行翻耕，则土壤易形成扭曲的土垡，使泥泞紧实，孔隙堵塞，干燥后变成坚硬的大土块，来年泡水后不易化开，变为僵块。如果在晚稻收割以前及时进行搁田，使土壤含水量降低至没有显著的黏着性（即断浆泥）时进行耕翻，则土垡易散开，整地、耙地时土块疏松易碎，能创造良好的耕层结构，既利于冬种作物生长，又能改良土壤结构，以利来年水稻生长。干耕燥整后土壤的僵块明显减少，散碎的小土块相应增加，土壤孔隙度显著增大，容重降低，大大地改善了土壤中的通气透水性。秧田先干耕燥整，再灌水耥田，可使土壤细而不烂，上糊下松，保持较好的耕层结构，能促使秧苗健壮，防止烂秧。有些地方冻垡和晒垡有改善耕层结构的作用。

三、土壤保护性耕作技术

土壤保护性耕作（soil conservation tillage）技术自20世纪30年代美国发生“黑风暴”之后迅速兴起，至今已成为发达国家现代可持续发展农业模式的主导性技术。

土壤保护性耕作是依靠机械化手段，在保证种子发芽的前提下，通过少免耕播种、化学除草、秸秆（残茬）覆盖、机械深松等技术措施的应用，减少对土壤的耕作次数，从而增加土壤有机质，改善土壤结构，减少土壤侵蚀，发展可持续农业的一项耕作技术。其主要做法有以下几方面。

1. 秸秆根茬处理 将农作物秸秆或根茬留在地表作覆盖物是保护性耕作的前提。秸秆或根茬处理的方法主要有两种：①作物收获时留根茬高度 20～30 cm；②灭茬浅旋处理，就是作物收获时留高茬，播种前用旋耕机或灭茬机浅旋耕表土，使秸秆、根茬与土壤混合均匀，以利于机械播种。使用的主要机具有秸秆粉碎还田联合收获机、割晒机、旋耕机等。

2. 免耕播种 免耕播种是保护性耕作最关键的生产环节。为了保证播种质量，需要使用专用的免耕播种机，在留茬地一次完成开沟、播种、施肥、覆土、镇压等多项作业。

3. 杂草和病虫害防治 根据杂草和病虫害的发生情况，选用适用的除草剂和杀虫剂，使用喷雾机械按要求进行喷施。对化学除草效果不好的杂草可采用机械除草或人工辅助除草。

4. 机械深松 深松的主要作用是疏松土壤，打破犁底层，增加蓄水保墒能力，一般为 2～3 年深松 1 次。

5. 我国的主要保护性耕作技术 目前，我国采用的保护性耕作技术主要有以下几个方面。

（1）深耕翻技术 采用深耕机械作业，加深耕层，疏松土壤，可增强土壤对降水的吸收速度和蓄纳能力，避免产生地表径流。同时，深耕可以有效打破犁底层，熟化土壤，促进作物根系的生长发育。

（2）深松耕技术 深松耕是疏松土壤而不翻转搅乱土层的一种耕作方式，可以有效避免深耕翻所造成的土壤水分的大量损失，不破坏土层表面的覆盖物，从而提高土壤蓄水能力以及抗风蚀和雨水冲刷的能力。

（3）沟垄种植法 此法将作物种植在沟底，相当于抗旱深种。同时垄沟可大量蓄水，防止或减少地表径流的产生。

（4）水平等高耕作法 此法在坡地上沿水平线进行等高线作业，与顺坡作业相比可有效拦截地表径流，增加雨水入渗速度。

（5）等高沟垄耕作法 等高沟垄耕作法是在水平等高耕作的基础上进行耕作的一种方法，具体做法是在坡面上沿等高线开犁沟，形成沟垄种植，可增加受雨面积，减少单位面积雨水打击强度，有效防止地表径流和土壤流失。

（6）蓄水聚肥改土耕作法 此法将有机肥和用作底肥的化肥均匀地撒到地面，然后进行耕作。将生土起垄，可积聚雨水，在干旱时供作物利用，从而达到保土、保肥、保水的目的。

（7）机械化秸秆粉碎还田技术 此法将前茬作物秸秆经粉碎均匀铺撒在地表，可提高土壤抗雨水冲刷和风蚀的能力，同时减少土壤水分蒸发，提高农田蓄水保墒能力。免耕覆盖播种机械化技术是与其配套应用的技术。

复习思考题

1. 国内外常用的土壤粒级分级制有哪些？它们有哪些共同特点？

2. 不同粒级土壤颗粒的矿物和化学元素组成以及物理性质有什么不同？

3. 一个湿土质量为 1 000 g，体积为 640 cm^3 的土壤样品烘干后，其质量为 800 g，设土壤的密度为 2.65 g/cm^3。试计算土壤容重、孔隙度、质量含水量、体积含水量和三相比。

4. 按照土壤孔隙大小可将孔隙分为哪几级？它们的主要功能有什么不同？

5. 常用的土壤质地分类制有哪些？它们有哪些共同特点？

6. 试比较砂土和黏土在水、肥、气、热诸肥力因素方面的特点。

7. 根据结构体形态，土壤结构体可分为哪些类型？它们与土壤类型或土壤形成过程有什么关系？

8. 土壤团粒结构是如何调节水、肥、气、热诸肥力因素的？

9. 土壤结持性常数有哪些？它们与土壤含水量的关系如何？

10. 土壤力学性质与工程建设有什么关系？

11. 土壤耕性与土壤结持性有什么关系？

12. 为什么说土壤保护性耕作技术是保护土壤，促进农业可持续发展的重要途径？

CHAPTER 7
第七章

土壤水分运动和循环

土壤水分运动及其转化是自然界水循环的一个主要组成部分，是陆地水文循环中降水、地表水、土壤水、地下水（即“四水”）转化过程的中心环节（图7-1），其过程对水土资源的可持续利用有重大的理论和实践意义。

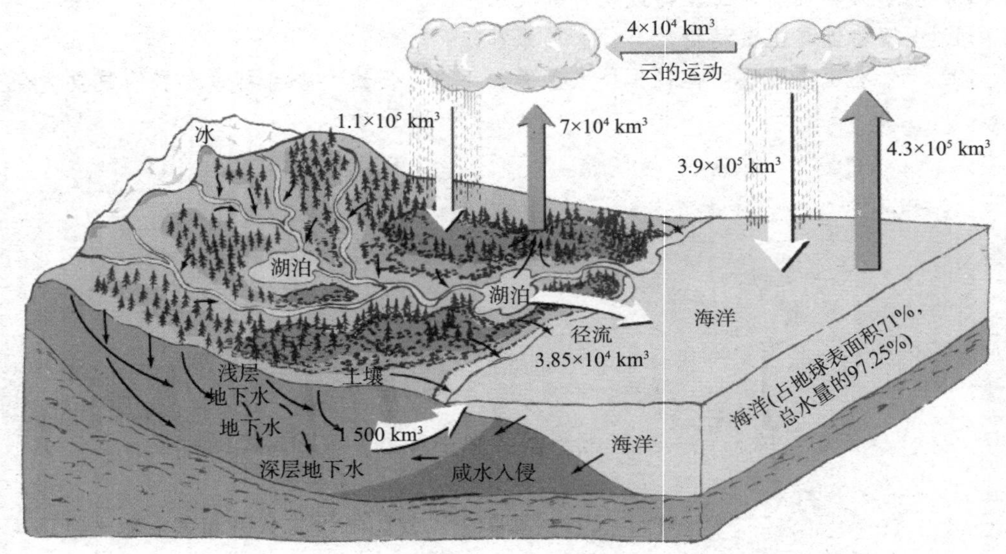

图7-1 自然界的水循环

（引自威尔和布拉迪，2019）

植物生长发育所需的水分主要是通过根系吸收土壤水分获取的，与降水、灌溉、渗漏、地下水补给等因素一起决定着土壤水分的动态和转化。反过来，土壤水分的状况与变化也决定了植物对其吸收利用的强度和难易程度，从而影响植物的生长发育乃至生产力。

在土壤中存在3种类型的水分运动：饱和水流、非饱和水流和水汽移动，前两种是土壤中的液态水流动，水汽移动是土壤中气态水的运动。

第一节 土壤液态水运动

土壤液态水的运动有两种情况：①饱和流，即土壤孔隙全部充满水时的水流，这主要是重力水的运动；②非饱和流，即土壤只有部分孔隙中有水时的水流。

一、土壤饱和流

土壤饱和流（soil saturated flow）的推动力主要是重力势梯度和压力势梯度，即单位时间内通过单位面积土壤的水量或水通量与土水势梯度呈正比。图 7－2 是一维垂直向饱和流的情况，其通过土柱下界面的水量可用下式所示。

$$q=-K_s\frac{\Delta H}{L}$$

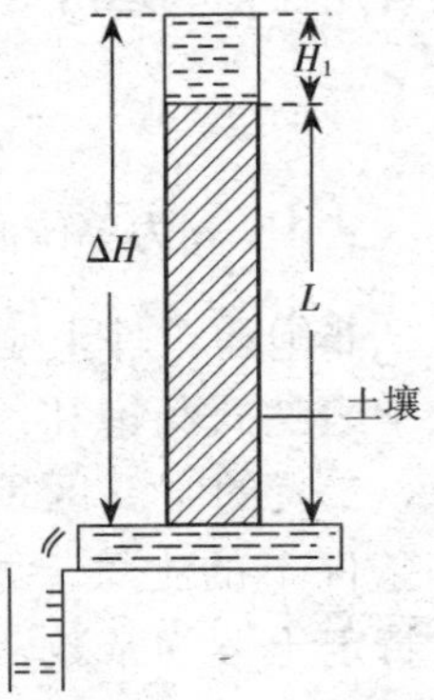

上式就是水文学上著名的达西定律（Darcy's law）。式中，q 为单位面积的土壤水流通量（cm/h）；ΔH 为总水势差，实际计算中，为了方便，其单位一般用厘米水柱高（cmH_2O）表示；L 为水流路径的直线长度（cm）；K_s 为土壤饱和导水率（cm/h）。－表示水流方向与总水势梯度方向相反。通过土柱的水通量（Q）可以用下式计算。

$$Q=q\cdot A$$

式中，A 为此土柱的横截面积（cm^2），Q 为通过该土柱横截面的水流通量（cm^3/h）。

图 7－2　土柱里的一维垂直向饱和流

土壤饱和导水率（K_s）反映了土壤的饱和渗透性能，任何影响土壤孔隙大小和形状的因素都会影响饱和导水率，因为在土壤孔隙中总的流量与孔隙半径的四次方呈正比，所以通过半径为 1 mm 的孔隙的流量相当于通过 10 000 个半径 0.1 mm 的孔隙的流量，显然大孔隙对饱和流的影响最大。

土壤质地和结构与导水率有直接关系，砂质土壤通常比粉质土壤和黏质土壤具有更高的饱和导水率。同样，具有稳定团粒结构的土壤，比不具有稳定团粒结构的土壤，传导水分要快得多，后者在水分含量较大时结构就被破坏，细的黏粒和粉砂粒能够阻塞较大孔隙的连接通道。天气干燥时龟裂的粉质土壤和黏质土壤起初能让水分迅速移动，但过后，因这些裂缝膨胀而闭塞起来，可使水的移动减少到最低限度。不同质地土壤其饱和导水率的范围见表 7－1。

表 7－1　不同质地土壤饱和导水率

土壤质地	饱和导水率（cm/h）
砂土	$10^2\sim1$
砂壤土	$1\sim10^{-3}$
壤土	$10^{-1}\sim10^{-4}$
黏土	$10^{-2}\sim10^{-6}$

土壤饱和水流也受有机质含量和无机胶体性质的影响，有机质有助于维持土壤中大孔隙在较高的比例。而有些类型的黏粒特别有助于小孔隙的增加，这就会降低土壤导水率。例如含蒙脱石多的土壤和 1∶1 型黏粒多的土壤相比较通常具有低的导水率。

自然状况下，平地土壤饱和水流主要是垂直运动，例如大量持续降水和稻田淹灌时会出现垂直向下的饱和流；地下泉水涌出属于垂直向上的饱和流。而一般地下含水层水分运动，以及某些情形下（例如平原水库库底周围）则可以出现水平方向的饱和流。当然以上各种饱和流方向也不一定完全是单向的，大多数是多向的复合流。

二、土壤非饱和流

土壤非饱和流（soil unsaturated flow）的推动力主要是基质势梯度和重力势梯度。

它可用非饱和达西定律来描述，即

$$q=-K(\Psi_m)\frac{d\Psi}{dx}$$

式中，q 为单位面积的土壤水流通量，$K(\Psi_m)$ 为非饱和导水率，$\frac{d\Psi}{dx}$为总水势梯度。

非饱和条件下土壤水流的数学表达式与饱和条件下的类似，二者的主要区别在于：饱和条件下的土壤导水率（K_s）对特定土壤为常数，而非饱和导水率是土壤含水量或基质势（Ψ_m）的函数。土壤水吸力（基质势）和导水率之间的一般关系如图 7-3 所示。在土壤水吸力为零或接近于零时，也就是饱和水流出现时的吸力，其导水率比在土壤水吸力为 0.1 MPa 时的导水率大几个数量级。在低吸力水平时，砂质土中的导水率要比黏质土壤中的导水率高；在高吸力水平时，则与此相反。这是因为在质地粗的土壤里促进饱和水流的大孔隙占优势，相反，黏质土壤中的很细的孔隙（毛管）比砂土中突出，因而助长更多的非饱和水流。

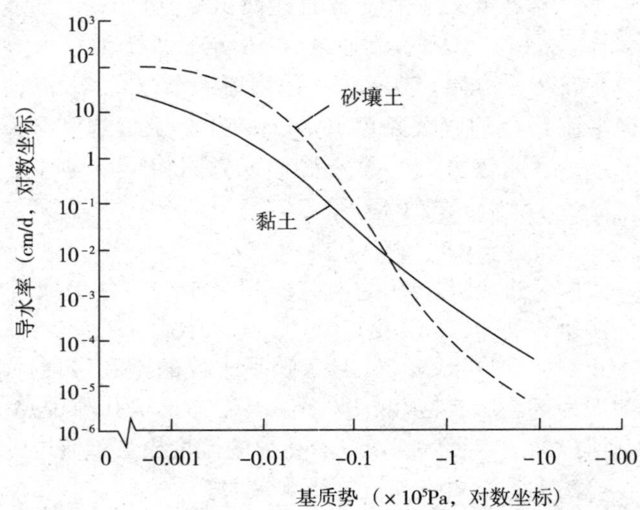

图 7-3　砂质土和黏质土基质势与导水率的关系

自然状况下，大部分土壤水的运动都呈现为非饱和流运动。

三、土壤水的入渗和再分布

（一）土壤水入渗

入渗（infiltration）是指地面供水期间，水进入土壤的运动和分布过程。入渗过程一般是指水自土表垂直向下进入土壤的过程，但也不排除如沟灌中水分沿侧向甚至向上进入土壤的过程。

在地面平整，上下层质地均一的土壤上，水进入土壤的情况由两方面因素决定，一是供水速率，二是土壤的入渗能力。在供水速率小于入渗能力时（例如低强度的喷灌、滴灌或降雨时），土壤对水的入渗主要是由供水速率决定的。当供水速率超过入渗能力时，则水的入渗主要取决于土壤的入渗能力。土壤的入渗能力是由土壤的干湿程度和孔隙状况（质地、结构、松紧等）决定的。例如干燥的土壤、质地粗的土壤以及有良好结构的土壤，入渗能力强。相反，潮湿、质地细和紧实的土壤，入渗能力弱。但是不管入渗能力是强还是弱，入渗速率都会随入渗时间的延长而减慢，最后达到一个比较稳定的数值，如图 7-4 所示。这种现象，在壤土和黏质土壤上都很明显。

土壤入渗能力的强弱，通常用入渗速率来表示，即在土面保持有大气压下的水层，

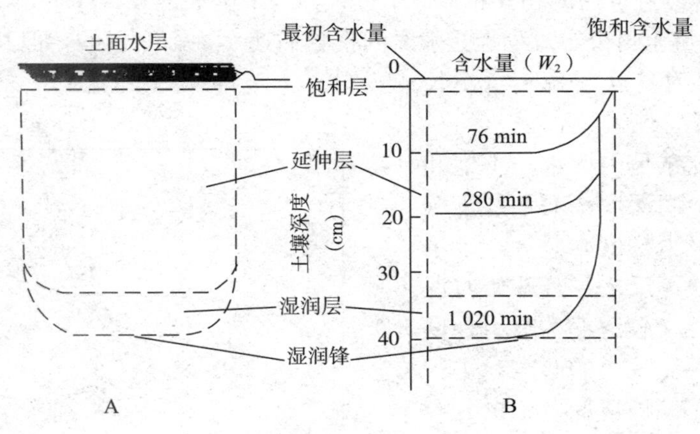

图 7-4　入渗中土壤水剖面

A. 土壤水剖面　B. 土壤水含量随深度变化

（引自 Bodman，1944；Hillel，1971）

单位时间通过单位面积土壤的水量，单位是 mm/s、cm/min、cm/h、cm/d 等。在土壤学上常使用的 3 个指标为最初入渗速率、最后入渗速率、入渗开始后 1 h 的入渗速率。对于特定的土壤，一般只有最后入渗速率是比较稳定的参数，故常用其表达土壤渗水强弱，又称为透水率（或渗透系数）。表 7-2 给出了几种不同质地土壤的最后稳定入渗速率参考范围。

表 7-2　几种不同质地土壤的最后稳定入渗速率（cm/h）

土　壤	砂	砂质土和粉质土壤	壤土	黏质土壤	碱化黏质土壤
最后入渗速率	>2	1～2	0.55～1	0.1～0.5	<0.1

入渗后，水在均一质地的土壤剖面上的分布情况如图 7-4 所示。从图 7-4 中可以看出，入渗结束时表土可能有一个不太厚的饱和层（有时没有）；在这一层下有一个近于饱和的延伸层或过渡层；延伸层下是湿润层，此层含水量迅速降低，厚度不大；在湿润层的下缘，就是湿润锋（wetting front，即入渗水与干土交界的平面）。

对于不同质地层次土壤，如北方常见的砂盖垆（粗土层下为细土层）和垆盖砂，其入渗情况略有不同。砂盖垆最初的入渗速率高，当湿润锋达到细土层时，入渗速率急剧下降，因细土层的导水率低（指饱和导水率）。如供水速度快，在细土层上可能出现暂时的饱和层。在垆盖砂的情况，最初的入渗速率是由细土层控制的，当湿润锋到达粗土层时，由于湿润锋处的土壤水吸力大于砂土层中粗孔隙对水的吸力，所以水并不立即进入砂土层，而在细土层中积累，待其土壤水吸力低于粗孔隙的吸力时，水才能进入砂土层。但因砂土饱和导水率高，渗入的水很快向下流走。所以无论表土下是砂土层还是质地较黏土层，在不断入渗中最初能使上层土壤先积蓄水，以后才下渗。也就是说，层状质地土壤层次的出现，对土壤入渗水运动的影响是同样的，即土壤水向下运动会受阻。

（二）土壤水再分布

在地面水层消失后，入渗过程终止。由于土壤水入渗而进入土层内的水分在水势梯度作用下还将继续进行运动和分布，这个过程称为土壤水再分布（soil water redistribution）过程。土壤水再分布过程也是随时间推移而速率逐渐变慢的，但其过程很长，可达数十天乃至数月甚至 1～2 年或更长的时间。

土壤水再分布是土壤水的不饱和流。若开始时湿润深度浅而下层土壤又相当干燥，吸力梯度必然大，土壤水的再分布就快。反之，若开始时湿润深度大而下层又较湿润，吸力梯度小，再分布主要受重力的影响，进行得就慢。不管在哪种情况下，再分布的速率也和入渗速率的变化一样，通常是随时间推移而减慢。这是因为湿土层不断失水后导水率也必然降低，湿润锋向下移动的速率也跟着降低，湿润锋在渗吸水过程中原来可能是较为明显的，后来就逐渐消失了。一个质地中等的土壤剖面在一次灌水后，土壤水的再分布情况如图 7－5 所示。

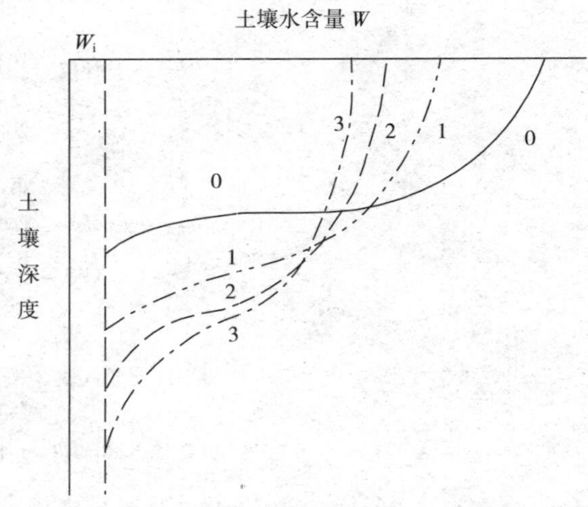

图 7－5　中等质地土壤灌水后再分布期间的土壤含水量剖面变化

（W_i 为灌前土壤湿度，0、1、2 和 3 分别为灌溉结束时、灌后 1 d、灌后 4 d 和灌后 14 d 的土壤含水量）

（三）土壤水渗漏

在地下水埋深较浅时，土壤水通过剖面上的再分布可能达到地下水，从而补给地下水，促使地下水位抬高，或者随着地下水流侧向排到其他地方。这种再分布进一步延续的过程称为内排水。把通过土壤某一深度处（例如通常考虑某一植物的最大扎根深度处）向下的水分运动称为土壤水渗漏（soil water percolation）。这种现象主要发生在雨季或大水漫灌的情形下。

土壤优先流（preferential flow）是指通过大孔隙、并不与土壤基质发生作用的水流，是发生土壤水渗漏的主要形式之一。土壤中发生优先流的主要通道是土壤中的大孔隙（>50 μm），包括土壤动物活动形成的洞穴（例如蚯蚓洞穴）、根系腐烂分解后形成的根孔、胀缩性土壤收缩过程中形成的裂缝等。所以这些大孔隙的数量和形态特征（例如孔径、连通性、弯曲度）决定了土壤优先流的大小和入渗深度。一般来讲，孔径越大、连通性越高、弯曲度越小，越容易发生较强的优先流，入渗深度越深。另外，土壤优先流入渗深度受初始土壤含水量的影响。初始土壤含水量较低时，更容易发生基质流，优先流入渗深度也较浅。自然植被下土壤大孔隙特征基本不受人为活动影响，但对于农田土壤来讲，耕作方式、种植制度、有机肥投入等农田管理方式对大孔隙特征有显著的作用。例如我国东北的吉林省南部黑土经过长期免耕后，土壤大孔隙呈现显著的差异，土壤优先流更明显，入渗深度也较深，如图 7－6 所示（其中 a 图为田间优先流染色照片；b 图为土壤样品计算机断层扫描图片，分辨率为 50 μm，图中深色部分为联通的大孔隙，浅色部分为独立孔隙）。因此土壤优先流对水分渗漏损失，以及水分所携带的污染物迁移和养分淋洗有重要的影响。

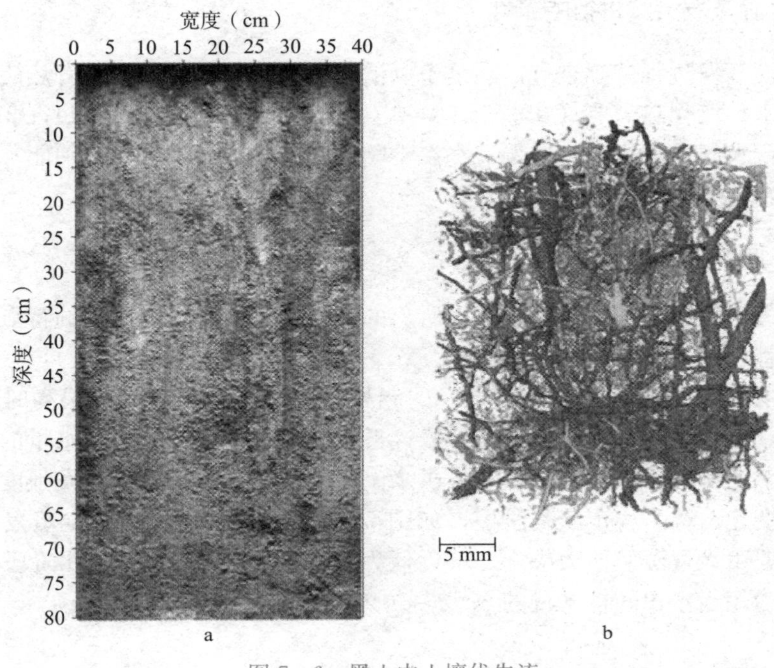

图 7-6　黑土中土壤优先流
（中国农业大学高伟达博士供图）

第二节　土壤气态水运动

土壤中保持的液态水可以汽化为气态水，气态水也可以凝结为液态水。在一定条件下，二者处于动态平衡之中。土壤气态水运动包括土壤外部的和内部的。土壤气态水的外部运动发生在土面，土壤液态水产生水蒸气，通过扩散和对流进入大气。土壤气态水的内部运动发生在非饱和情形下，是土壤孔隙里的水汽运动。

一、土面蒸发

（一）土面蒸发的概念

土壤水不断以水汽的形态由表土向大气扩散而逸失的现象称为土面蒸发（soil surface evaporation）。土面蒸发作用的强弱常以蒸发强度表示，即单位时间内单位面积地面上蒸发的水量。

（二）土面蒸发的决定因素

土面蒸发的形成及蒸发强度的大小主要取决于外界条件和土壤含水量两方面。影响土面蒸发的外界条件有辐射、气温、湿度、风速等，综合起来称为大气蒸发能力。外界条件既决定水分蒸发过程中能量的供给又影响蒸发表面水汽向大气的扩散过程。土壤含水量的大小和分布是土壤水向上输送的条件，即土壤的供水能力。当土壤供水充分时，由大气蒸发能力决定的最大可能蒸发强度称为潜在蒸发强度。

（三）土面蒸发持续进行的条件

要使土面蒸发过程持续进行，须具备以下 3 个前提条件：①不断有热能到达土壤表面，以满足水的汽化热需要（在 15 ℃时，1 g 水的汽化热约为 3.47 kJ）；②土壤表面的水汽压须高于大气的水汽压，以保证水汽不断进入大气；③表层土壤须能不断地从下层得到水的补给。

（四）土面蒸发的过程

根据大气蒸发能力和土壤供水能力所起的作用、土面蒸发所呈现的特点及规律，将土面蒸发过程区分为下述 3 个阶段。

1. 大气蒸发能力控制阶段　在蒸发的起始阶段，当地表含水量很高时，尽管含水量有所变化，但地表处的水汽压仍维持或接近于饱和水汽压。结果含水量的降低并不影响水汽的扩散通量，土壤能向地表充分供水。在这种情况下，土面蒸发强度不随土壤含水量降低而变化，称为稳定蒸发阶段，如图 7－7 中 *AB* 段所示。稳定蒸发阶段蒸发强度的大小主要由大气蒸发能力决定，可近似为水面蒸发强度（E_0）。此阶段含水量的下限，一般认为相当于田间持水量的 50%～70%。

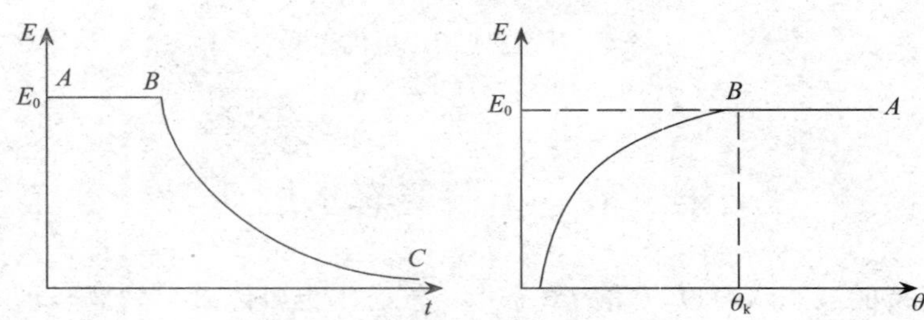

图 7－7　大气蒸发条件下变时土面蒸发过程

E. 土面蒸发强度　E_0. 水面蒸发强度　θ. 表土含水量　θ_k. 表土临界含水量　*t*. 时间

2. 土面蒸发强度随含水量变化阶段　当表土含水量低于临界含水量（θ_k）时，土壤导水率随土壤含水量的降低或土壤水吸力的增高而不断减小，导致土壤水分流向土面的土壤水通量（即土壤的供水能力）不可避免地下降，表土消耗的水分得不到补充，导致表土含水量进一步降低。随着表土含水量的降低，土面的水汽压也降低，蒸发强度随之减弱。该阶段土面蒸发强度随表土含水率降低而递减的阶段，如图 7－6 中 *BC* 段所示。

3. 水汽扩散阶段　当表土含水量很低，低于凋萎系数时，土壤表面形成干土层。土壤水分在干土层下汽化，然后以水汽扩散的方式穿过干土层而进入大气。在此阶段，蒸发面不是在土面，而是在土壤内部，蒸发强度的大小主要由干土层内水汽扩散的能力控制，并取决于干土层的气体扩散速率。该扩散速率主要取决于干土层的孔隙状况和厚度，一般比较稳定。

（五）土面蒸发的影响因素

土面蒸发强度与外界条件、土壤条件有密切的关系。尤其是气象条件的变化对土面蒸发速率的影响极大，例如由于气象因素的周期变化，昼夜蒸发强度就有很大的差异。

土面蒸发的第一阶段的蒸发强度最大，是土壤水分损失最快的阶段，在该阶段进行中耕或其他保墒措施效果最好。土面蒸发是自然界水循环的重要的一环，也是造成土壤水分损失、导致干旱的一个主要因素。在一定条件下，土面蒸发还可以引起土壤沙化或盐渍化。

二、土壤内部水汽运动

土壤内部水汽运动的推动力是水汽压梯度，这是由土壤水势梯度或土壤水吸力梯度和温度梯度引起的。其中温度梯度的作用远远大于土壤水吸力梯度，温度梯度是水汽运动的主要推动力。所以水汽运动总是由水汽压高处向水汽压低处，由温度高处向温度低处扩散。

当水汽由温度高处向温度低处扩散遇冷时便可凝结成液态水，这就是水汽凝结。水汽凝结有两种现象值得注意，一是液潮现象，二是冻后聚墒现象。

夜潮现象多出现于地下水埋深较浅的夜潮地。白天土壤表层被晒干，夜间降温，底土温度高于表土，所以水汽由底土向表土移动，遇冷便凝结，使白天晒干的表土又恢复潮湿。这对作物需水有一定补给作用。

冻后聚墒现象是我国北方冬季土壤冻结后的聚水作用。由于冬季表土冻结，水汽压降低，而冻层以下土层的水汽压较高，于是下层水汽不断向冻层集聚、冻结，使冻层不断加厚，其含水量有所增加，这就是冻后聚墒现象。虽然它对土壤上层增水作用有限（2%～4%），但对缓解土壤旱情有一定意义。冻后聚墒的多少，主要决定于该土壤的含水量和冻结的强度。含水量高冻结强度大时，冻后聚墒比较明显。

在土壤含水量较高时，土壤内部的水汽移动对于土壤给作物供水的作用很小，一般可以不加考虑。但在干燥土壤给耐旱的漠境植物供应水分时，土壤内部的水汽移动可能具有重要意义，使许多漠境植物能在极低的水分条件下生存。

第三节　土壤水的循环、平衡和有效性

土壤水是自然界水循环的一个重要分支。大气降水或灌溉水进入地面，一部分可能通过地表径流汇入江河湖泊，另一部分则入渗成为土壤水（绿水）。前文已述，入渗进入土壤的水分经再分布，从而形成土壤含水剖面。土壤水可能进一步下渗，补充地下水（蓝水）。在有植被的地块，根层周围土壤水经作物根系吸收并由叶面蒸腾，以及地面水分蒸发等途径又回到大气中。因此土壤水在自然环境中有着许多水流收支过程，尽管田间的各种水流过程错综复杂，但仍遵循质量守恒定律。

一、蓝水和绿水

1994 年瑞典斯德哥尔摩国际水研究所的 Falkenmark 首次提出水资源评价中的蓝水和绿水的概念。降落在天然水体和河流、通过土壤深层渗漏形成的地下水等可以被人类潜在直接地“抽取”加以利用的水就是蓝水（blue water），即传统意义上的水资源，为地表水和地下水资源，这部分水是人类肉眼可见的水。而天然降水中直接降落在森林、草地、农田、牧场和其他天然土地覆被上的可以被这些天然生态系统和人工生态系统直接利用消耗形成生物量为人类提供食物和维持生态系统正常功能的水就是绿水（green water)，即土壤水，这部分水直接被天然植被和人工植被以人类肉眼不可见的蒸散形式所消耗。而绿水又包括绿水流和绿水库。天然降水通过降落到天然生态系统和人工生态系统表面被土壤吸收而直接用于天然生态系统和人工生态系统的实际蒸散的水量被称为绿水流；而天然降水进入土壤，除了一部分通过深层渗漏补给地下水外，储存在土壤里可以为天然生态系统和人工生态系统继续利用的土壤有效水量被称为绿水库。从蓝水和绿水的界定可以看出，绿水的范围要远远大于蓝水。

在全球水平上，农业灌溉水量即蓝水占全部用水量的70%左右。在我国，农业灌溉用水量一般占总用水量的60%～70%。随着经济的发展，其他部门用水量需求和实际用水量不断增加，农业灌溉用水量在总用水量中的比重不断下降，但仍然是流域和区域尺度上最大的用水部门，所以以前的提高农业用水效率的研究和讨论主要集中于提高农业灌溉用水的效率上。实际上，支撑农作物生产和产量形成的不仅仅是灌溉水，还有降落在农田，被土壤吸纳储存后直接用于作物产量形成的天然降水量，即保存或在土壤中周转的土壤水，而这部分的水量在传统的农业用水和评价中一直处于被忽略的地位。

图7-8是全球水平上蓝水和绿水在灌溉和雨养农业上利用的示意图，可以帮助我们更好地理解这两个概念，并对其在包括农业在内的全球陆地生态系统中所发挥的作用

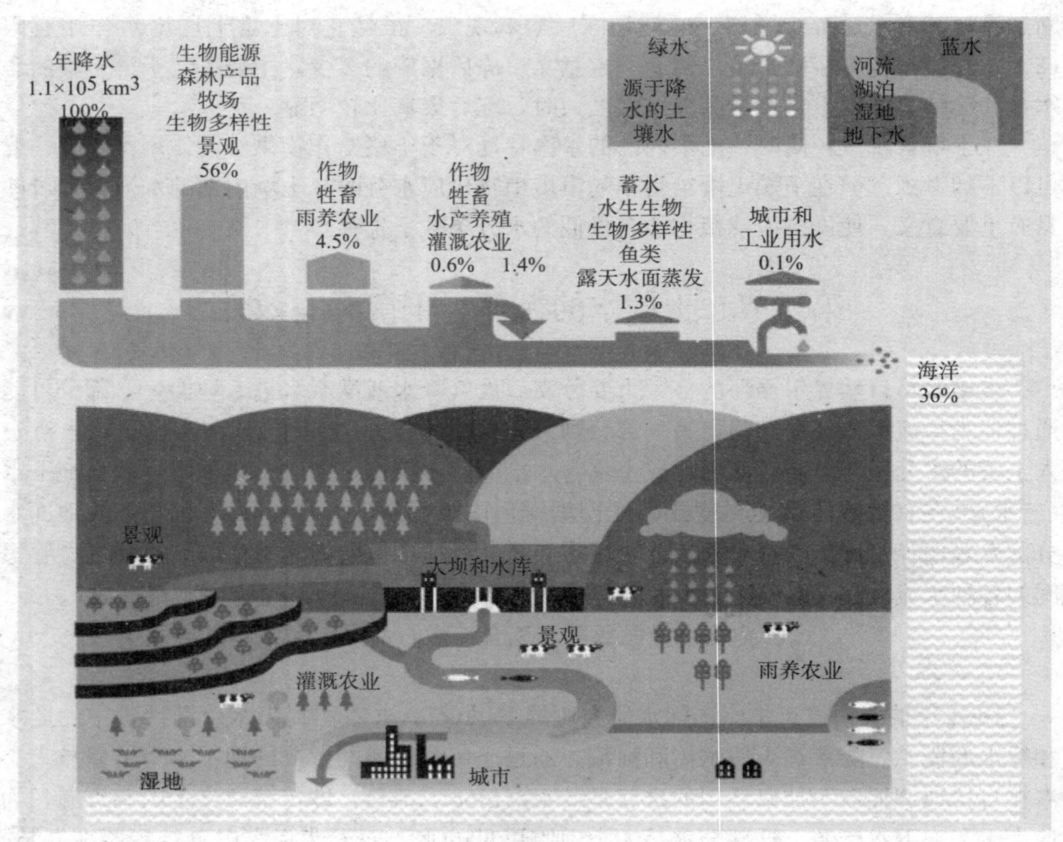

图7-8　灌溉和雨养农业的水资源利用
（引自莫登，2014）

建立直观的印象。如果说全球陆地总降水量是100%的话，其中就有56%以蒸发和蒸腾（统称蒸散）的方式被陆地生态系统中的森林和林地（木材和林业产品）、草原和草地（牧场）、其他的重要景观生态系统（例如依靠雨养的生物质能源植物）所消耗。这部分的耗水主要是依赖降水入渗到土壤中的绿水（即土壤水）来支撑的。有4.5%的水分被雨养农业所生产的作物、依靠雨养牧场或草场产出的饲料所养活的牲畜所消耗。某些雨养农业需要利用水窖或水塘收集雨水以备干旱期的雨养作物的水分需求，进行少量的补充灌溉。这是因为雨养农田除了主要利用土壤中的绿水外，还要利用通过收集降雨截留了原本会通过地表径流流入河流的蓝水。灌溉农田（蓝水和绿水）、水产养殖（蓝水和绿水）以及利用灌溉作物为饲料（蓝水和绿水）的牲畜会消耗2.0%的水分，其中1.4%来源于灌溉蓝水，0.6%来源于土壤绿水，因为灌溉农田也同样要接受天然降水，从而补充灌溉农田上的土壤绿水。而从河道、水库、湖泊、湿地等天然水体或人工水体上蒸发的水分则占到1.3%，生活在其中的鱼类虾类等多样性的水生生物是这些系统的产品。城乡生活和工业用水，以及城市中的景观灌溉用水会消耗0.1%的水分，剩余的36%则通过地表和地下径流的方式回归到大海中去。图7-8的下半部分是包括人类生活和生产在内的陆地生态系统的各个用水部门，上半部分的箭头则表明了其耗水所占的比例。

在新一代农业水管理的分析范式和框架中，绿水和蓝水处于同等重要的地位。农业要节水，但节什么水、如何节，是需要解决的研究和决策问题。传统上，农业节水评价的误区在于只重视水分在局部（农田和渠系）而忽视其在全局（灌区和流域）中的运动和转化。因此在其主要评价指标输水效率（主要评价灌溉系统输水效率的灌溉利用系数）中所谓的浪费，从全局考察，实际上被区域中其他用户重复利用和消耗，所以在评价节水效果时，大大高估了实际节水量，造成所谓的纸上节水。最近20年来，在全球农业用水治理创新的核心理念和实践中，节水评价的重点已经从单一评价输水效率转移到综合评价输水效率（灌溉利用系数）和耗水效率（单位蒸散耗水达成的产量，即水生产力），评价实行节水措施的区域所减少的净耗水量（蒸散量）、地表水和地下水无效流失量、农作物增产部分所增加的净耗水量所实现的真实节水量。粮食生产对耗水的需求是刚性的、不可减少的，粮食增产必然带来耗水（绿水流）和用水量（蓝水）的增加。因此农业节水的最终目标是要减少粮食增产所带来的耗水量的增加，即提高水分生产力，实现效率型真实节水。因此大力推进高标准农田建设，切实提升耕地质量，特别是增强耕地土壤的保水蓄水能力（绿水库的蓄水能力），实现灌溉利用系数和水分生产力的双赢，使实际进入农田的降水和灌溉水真正能够“下得来、存得住、用得上”，才是实现对蓝水和绿水的优化管理、实现真实节水的必由之路。

二、农田土壤水平衡

农田土壤水平衡是指对于一定面积和厚度的土体，在一段时间内，其土壤含水量的变化应等于其来水项与去水项之差，正值表示土壤储水量增加，负值表示土壤储水量减少。

图7-9是某农田土壤水分平衡示意图，据此可列出其土壤水分平衡的数学表达式，即

$$\Delta W = P + I + U - ET - R - In - D$$

式中，ΔW 为计算时段末与时段初土体储水量之差（mm）；P 为计算时段内降水量（mm）；I 为计算时段内灌水量（mm）；U 为计算时段内上行水总量（mm）；ET 为土面蒸发量（mm）与植物蒸腾量（mm）之和，称为蒸散量；R 为计算时段内地面径流损失量（mm）；In 为计算时段内植物冠层截留量（mm）；D 为计算时段内下渗水量（mm）。

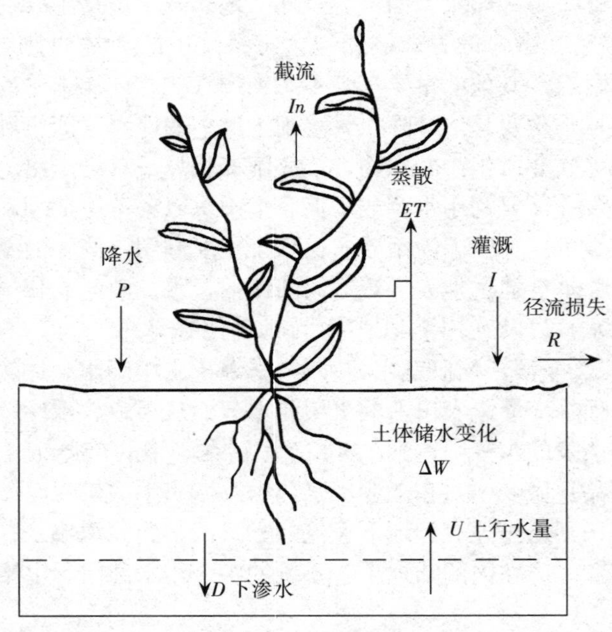

图 7-9　田间土壤水分循环及平衡

降水量和灌溉量可用雨量筒和水表定量，为简便起见，二者可以合并，以 P 代表。截留是降水或喷灌时被植冠所截获而未达到土表的那部分水量，苗期很少，但生长中后期后有时可占降水量的2%～5%，这部分来水未参与土面蒸发而直接从植物冠层上蒸发掉，因此又常合并到 ET。可是截留量较难统计，且数量不大，许多情况下予以忽略。地表径流与截留有着同样的情况，不过对于平坦地块来说，不出现暴雨或降雨强度不太大时，也可以忽略，即有 $R=0$ 和 $In=0$，于是土壤水分平衡式可简化为

$$\Delta W = P + U - ET - D$$

土壤水平衡在实践中很有用处，根据土壤水分平衡式，用已知项可以求得某一未知项（如蒸散量等），这就是所谓的土壤水量平衡法。在研究土体水分状况周年变化、确定农田灌溉水量和时间以及研究土壤-植物-大气连续体（SPAC）中的水分行为时常用到。

三、土壤水有效性

（一）土壤-植物-大气连续体中的水运动

植物从土壤中吸水然后又经叶面蒸腾到大气中去，可以看作一个统一物理过程的连续体系，称为土壤-植物-大气连续体（soil-plant-atmosphere continuum，SPAC）。

在土壤-植物-大气连续体中水流总是由水势高处流向水势低处，其通量与水势差呈正比，与相应的阻力呈反比。其阻力的大小是在植物体中最小，在土壤中其次，在叶与大气间最大。土壤与植物之间的总水势差只不过零点几兆帕至几兆帕范围，而土壤与大气之间的总水势差可达几十兆帕甚至更大。

当土壤供水充足，能满足植物蒸腾的需要时，蒸腾强度是由大气蒸发能力决定的。但在土壤供水不足或土水势降低，不能满足植物蒸腾消耗时，叶水势降低，膨压下降，叶片气孔关闭，蒸腾减弱。这时蒸腾强度就不单纯决定于大气蒸发能力了，而是与土壤

导水率、土水势有密切关系。当土水势>根水势>叶水势，植物能顺利地从土壤中吸水，并满足蒸腾耗水时，植物就不会萎蔫。否则土水势低，蒸发率高，土水势<根水势<叶水势，水通过植物的阻力加大，植物吸不到水，或入不敷出时，植物就会发生萎蔫。可见植物从土壤中吸水，经过本身的传导又蒸腾到大气中去，与气象因素和土壤水的有效性关系极其密切。图 7-10 显示一个概括化了的土壤-植物-大气连续体中各个要素的水势以及土壤-植物-大气连续体中水循环各个分量所占的比例。从图 7-10 可以根据连续体各部分的水势，清楚地看到，土壤（−50 kPa）、根系（−70 kPa）、植物茎部中部（−75 kPa）、植物茎部上部（−85 kPa）、叶表面（−500 kPa）、大气（−20 000 kPa）形成了的明显的水势梯度，由此也就可以理解为何水分会从土壤流向根系流向植物茎部再流向叶片，并最终以水汽形式向大气中扩散。

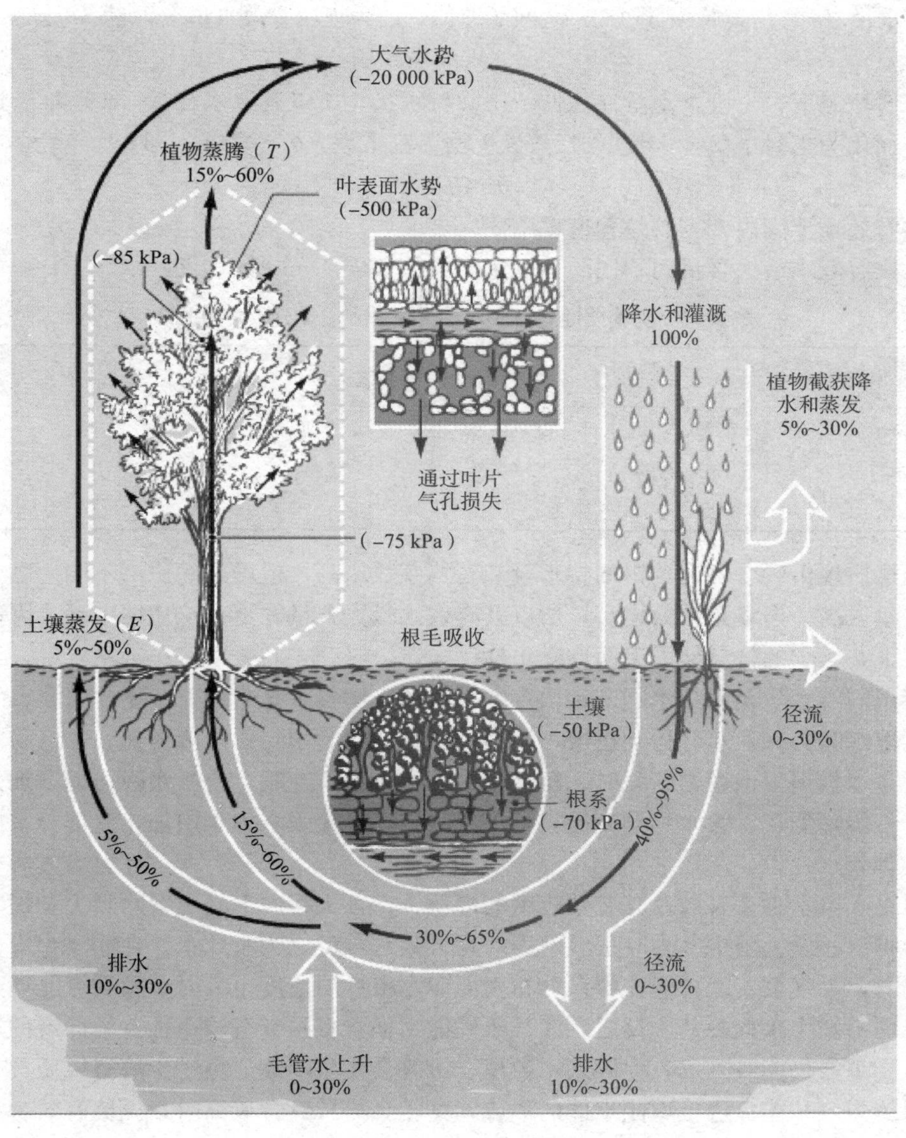

图 7-10　土壤-植物-大气连续体

（引自威尔和布拉迪，2019）

（二）土壤水有效性

前文已述，土壤水有效性（availability of soil water）是指土壤水能否被植物吸收利用及其难易程度。不能被植物吸收利用的水称为无效水，能被植物吸收利用的水称为有效水（available water）。其中因其吸收难易程度不同又可分为速效水（或易效水）和迟效水（或难效水）。

通常把土壤萎蔫系数看作土壤有效水的下限。低于萎蔫系数的水，作物无法吸收利用，属于无效水。这时的土壤基质势（或土壤水吸力）约相当于根的吸水力（平均为1.5 MPa）或根水势（平均为－1.5 MPa）。

一般把田间持水量视为土壤有效水的上限，此时的土壤基质势约为－0.1 MPa。所以田间持水量（θ_f）与萎蔫系数（θ_p）之间的差值，即为土壤有效水最大含量（θ_{emax}），即

$$\theta_{emax}=\theta_f-\theta_p$$

一般情况下，土壤含水量往往低于田间持水量。所以有效水含量（θ_e）难于达到最大值，而仅为当时土壤含水量（θ）与该土壤萎蔫系数（θ_p）之差，即

$$\theta_e=\theta-\theta_p$$

在有效水范围内，其有效程度也不同。

土壤有效水最大含量因不同质地土壤而异，如表 7－3 所示，也可参见图 4－3。

表 7－3　土壤质地与有效水最大含量（质量分数）的关系

土壤质地	砂土	砂壤土	轻壤土	中壤土	重壤土	黏土
田间持水量（%）	12	18	22	24	26	30
萎蔫系数（%）	3	5	6	9	11	15
有效水最大含量（%）	9	13	16	15	15	15

土壤质地由砂变黏时，田间持水量和萎蔫系数增高，但增高的比例不同。黏土的田间持水量虽高，但萎蔫系数也高，所以其有效水最大含量并不一定比壤土高。因而在相同条件下，壤土的抗旱能力反而比黏土强。

在田间持水量至毛管水刚开始出现断裂时的土壤含水量之间，由于含水多，土水势高，土壤水吸力低，水分运动迅速，容易被植物吸收利用，所以称为速效水（易效水）。当土壤含水量出现毛管水断裂时，粗毛管中的水分已不连续，土壤水吸力逐渐加大，土水势进一步降低，毛管水移动变慢，呈根就水状态，根吸水困难增加，这部分水属迟效水（或难效水）。

可见土壤水是否有效及其有效程度的高低，在很大程度上受土壤水吸力和根吸力之比的影响。一般土壤水吸力＞根吸水力时为无效水，反之为有效水。在同一含水量或土壤水势时，大气蒸发能力弱，根系分布密而深，根伸展速度也大时，植物可能得到足够的水分而不发生永久萎蔫。反之，大气蒸发能力强，根系分布浅而稀，根伸展的速度慢时，植物虽然仍能吸到水，但因入不敷出，最终会发生萎蔫。由于土壤有机质具有高的水分保持力，并能促进土壤团聚体的形成，这就会导致其含量高时，土壤有效含水量就会增加（图 4－3）。所以培肥土壤，改善根系层次土壤结构，促进根系发育，是提高土壤水有效性，增强抗旱能力的重要途径之一。

四、土壤水的空间变异性

在田间测定某田块的土壤水时，会发现各个测定点土壤含水量是变化的，且在某些情形下，这种变化十分显著，这种现象称为土壤水的空间变异性。造成土壤水在空间上分布的不同的原因是：①影响土壤水分运动的各个土壤因子存在空间变异性，例如土壤水分特征曲线、土壤导水率等就存在较大的空间变异性；②影响土壤水分平衡的各个量，在空间上也存在着差异，例如灌溉水量在空间上分布不均；植物的根系在土体内分布也不可能是均匀的，各类型的植物，各有其根系的空间分布模式。

图 7－11 为两个不同空间大小范围（也称为空间尺度）的土壤表层水分变异特征图。这在实际的农田土壤水分监测中经常可以获取。图 7－11 A 中，在小的（10 m×10 m）空间尺度内，北京郊区雨季某天土壤体积含水量的变化范围为 20％～30％，有其特有

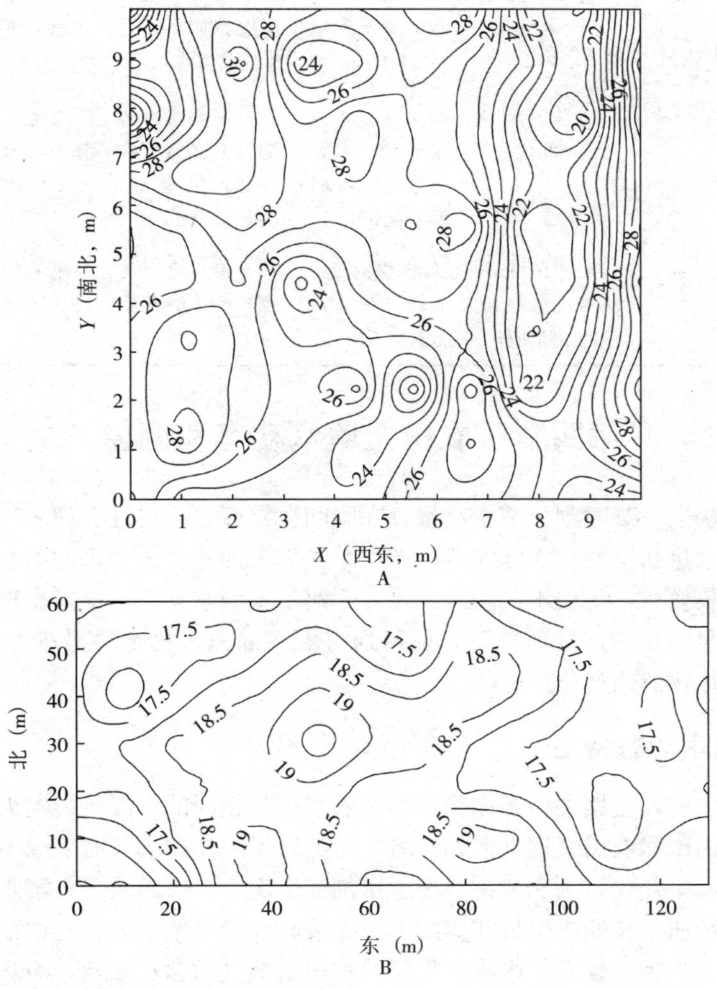

图 7－11　两种农田土壤尺度下土壤水分的空间变异性

A. 10 m×10 m 小区内表层 0～10 cm 的土壤体积含水量（％）空间变异（测定时间为 1999 年 7 月 8 日，北京海淀区东北旺试验田，时域反射仪测定，绝对误差为±0.02 m^3/m^3）　B. 60 m×130 m 农田内表层 0～20 cm 的土壤质量含水量（％）空间变异（测定时间为 1998 年 3 月 18 日，河北曲周某试验田，取土烘干法测定）

的空间变异特征。图 7-11 B 中，在 130 m×60 m 空间尺度内，河北曲周初春季节某天土壤含水量的变化范围为 17.5%～19.0%，也有其特有的空间变异特征。了解田间的实际土壤水分空间变异特征，对于合理布置观测点、准确监测土壤含水量或墒情有重要意义，而土壤含水量数据是农田抗旱及其灌溉措施制定等方面必须获取的第一手重要资料。

对于较大尺度（例如村级以上）土壤水分的变异特征，会受更多的环境因子、农业措施和土壤特征等的影响，因而更加复杂。表 7-4 对不同尺度下农田影响土壤含水量的因子进行了简要汇总。

表 7-4　不同空间尺度下农田土壤含水量主要影响因子的特征

空间尺度	范围	气候因子	土地利用因子	地学因子	影响土壤含水量变异因子
土体尺度	1～10 m^2	降水、蒸发等因子相同	灌溉量、作物类型及种植制度相同	土壤质地剖面层次相同，地下水状况相同	土壤水力学性质，例如容重、导水率等
田间尺度	10^2～10^6 m^2	降水、蒸发等因子相同	灌溉方式与灌溉量、作物类型、种植制度可能不同	土壤剖面构型及其土壤类型有变化，微地形、地下水状况不同	土地利用因子、土壤质地及质地剖面、微地形与地下水状况
区域尺度	>10^6 m^2	大于 100 km^2 应考虑气象因子的空间变异	灌排体系、灌溉制度、种植制度不同	土壤、地貌及地下水类型发生变化	所有的土地利用因子和地学因子

第四节　农田土壤水动态和调控

虽然在田块上，某时刻土壤含水量存在空间变异性，但通过合理采样还是可以获取此时的土壤含水量状况的。实际农业生产中，人们更加关注土壤水的动态特性，即随着时间或作物生长发育，土壤水的动态变化。了解了土壤水动态，根据作物生长所需要的适宜土壤含水量，在一定的条件下，就可通过农田灌溉、排水等措施对土壤水进行调控，从而保证作物的高产稳产。

一、土壤水动态特性

对于具体田块，土壤类型和作物种类一般来讲是相同的，因此影响土壤水动态变化的主要是气候因子和农田管理（例如灌溉）措施。不同作物生长时期或不同时间段，每层土壤水都在发生变化。一般来讲，在土壤剖面层次上，农田表层土壤水变化剧烈；在季节上，作物快速生长期或生长旺盛期由于要吸收大量土壤水分，土壤剖面上水变化较为剧烈。图 7-12 为一幅两年内华北平原某农田土壤剖面含水量及其与降水量、灌溉量的时空变化图。从图 7-12 中可以看出，就土壤含水量在各土层的分布而言，含水量变化幅度随土层深度的增加而减小。土壤表层含水量变化剧烈，每次降大雨或灌溉都引起表层含水量的显著升高；下层含水量变化平缓。夏玉米种植期土层含水量变化幅度比冬小麦种植期大，这是因为夏玉米种植期的降水集中且降水量大。

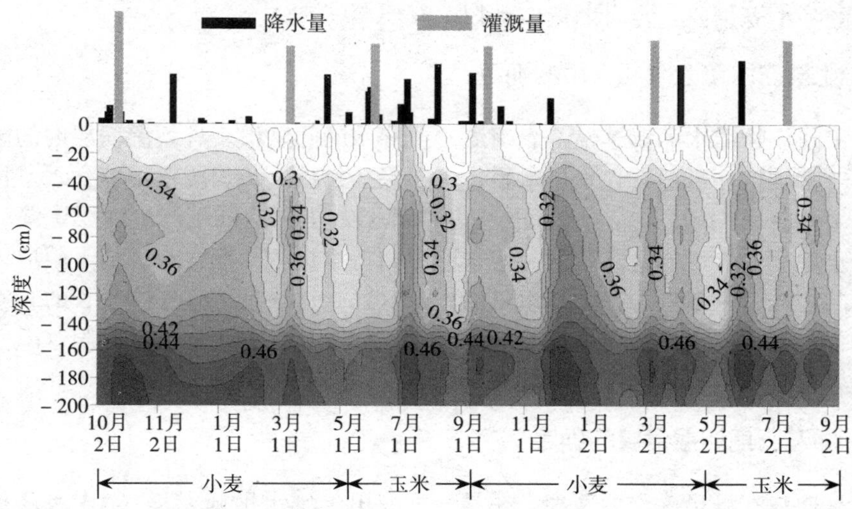

图 7-12　2000—2002 年华北平原某农田土壤剖面含水量（cm^3/cm^3）变化等值线

二、农田灌溉和灌溉量计算

灌溉是调节农田土壤水分状况的一种重要措施。当农田土壤含水量不足时，就必须借助这种措施人为地从水源取水并输送到田间，以增加土壤含水量，满足作物对水的需要，从而保证作物高产稳产。在灌溉的同时，还应该注意协调土壤的通气状况、养分状况、热状况及土壤微生物等状况，以提高土壤肥力，改善作物品质。

我国有大约 50%的国土处于干旱、半干旱地区。由于降水受季风的影响，时空分布不均，差异悬殊，干湿周期长短不一。因此尽管各类地区对灌溉的要求有所不同，但总的来讲，农业生产对灌溉的依赖性是相当大的。

我国灌溉土地面积不足总耕地面积的 50%，而灌溉土地上的粮食产量却占总产量的 2/3 左右。可见灌溉在农业生产上起十分重要的作用。为保证我国的粮食安全和农业的可持续发展，必须科学有效地大力发展灌溉事业。

（一）土壤灌溉计划湿润层深度的确定

土壤灌溉计划湿润层深度是指实施灌水时，计划调节、控制土壤水分状况的土层深度，一般可取作物的最大扎根深度。当灌溉水量（或降水量）过大时，部分水量将补给计划湿润层深度以下的土层，这种现象称为深层渗漏，农田灌溉应尽量减少或消除深层渗漏。

对于土壤灌溉计划湿润层深度，不同作物要求不一样，且同种作物在其生长和发育过程的不同阶段的要求也不同，必须根据当时当地的实际情况加以确定。表 7-5 为

表 7-5　冬小麦计划湿润层深度与土壤适宜含水量

生育时期	主要根系层深或计划湿润层深度（cm）	适宜含水量（占田间持水量的比例，%）
苗期	30～40	稍高于 70%
分蘖期	40～50	稍高于 70%
拔节至抽穗期	50～60	60%～70%
扬花至成熟期	60～70	70%～80%

较为典型的冬小麦主要生育时期近似计划湿润层深度。

（二）土壤含水量上限和下限的确定

由于田间作物需水的持续性及农田灌水或降水的间歇性，计划湿润层内的土壤含水量不可能经常维持在最适宜含水量水平，为了保证作物生长，应将土壤含水量控制在适宜的上限（θ_{max}）与下限（θ_{min}）之间。土壤含水量的上限应既不产生深层渗漏，又能满足作物对土壤空气含量的要求，故一般选取田间持水量。土壤含水量的下限应以作物生长不受抑制为准，一般以占田间持水量的比例（%）计。最适宜作物生长的含水量称为土壤适宜含水量，有土壤适宜含水量上限（θ_{max}）和土壤适宜含水量下限（θ_{min}），随作物品种及生育阶段、土壤性质等因素而变化。

（三）灌溉日期和灌溉量的确定

灌溉日期与灌溉量确定的原理，还是依据农田土壤水平衡方程（$\Delta W=P+I+U-ET-In-D$ 或 $\Delta W=P+U-ET-D$）进行计算。现举例说明。

例 1. 某地块根系层内土壤含水量 $W_2=100$ mm，无效水为 $W_1=60$ mm；降水量 $P=0.6$ mm/d（平均值），作物的蒸散量 $ET=2.6$ mm/d，当作物耗完有效水时，再灌溉还需要多少天？

解：根据 $\Delta W=P+U-E-D$，忽略 U 和 D，则有 $\Delta W=W_2-W_1=-(P-ET)t$，所以

$$t=-(W_2-W_1)/(P-ET)=-(100-60)/(0.6-2.6)=20(\text{d})$$

例 2. 上述地块的主根层内土壤田间持水量为 120 mm，问最大适宜灌溉量（I）为多少？1 hm^2 农田需要灌溉多少立方米水？

解：$I=W_2-W_1=120-60=60(\text{mm})$。1 hm^2 农田需要灌溉水量为$=60\times0.001\times10\,000=600(m^3)$。

在生产实践中，准确确定灌溉时间和灌溉量是十分复杂的，这里只是介绍一般性原理。

三、农田排水

（一）农田水分过多的危害

农田水分过多是指由于降水或洪水泛滥产生的地面径流不能及时排除时的淹水状态，或由于地下水位过高、土体构型不良或土质过于黏重、土壤透水性差造成的土壤水分饱和且滞水的情况。

就旱田而言，当地面积水处于淹水状态时，土壤水分饱和，作物不能进行正常的呼吸作用，超过一定时间就会引起减产，继续淹水甚至导致作物死亡。这被称为淹害或涝灾。不同种的作物的耐淹程度是不同的，同种作物不同生育阶段耐淹程度也相差很大。对水田来讲，虽然经常需要在田间建立一定的水层以满足水稻生长的需要，但当水层超过某一深度且淹泡超过一定时间时，水稻也同样会生长不良甚至死亡。

作物根系层的土壤水分过多时会造成空气含量不足，作物根系若长期在这种氧气不足的情况下进行无氧呼吸，不仅不能进行正常的养分、水分吸收等生理活动，还会因乙

醇等还原物质积累而中毒，致使呼吸作用渐次下降，乃至最后完全停止生长而死亡。这种情形被称为渍害。渍害不仅在旱田发生，若水田排水不良，渗漏量过小也会造成水稻发育不良。

地表淹水或耕层滞水而水分过多，对土壤养分供应也是极为不利的。农田长时间水分过多，会使土壤的化学性质变坏，造成通气性差、还原作用强、温度低的土壤条件，不仅不利于作物根系的生长发育，也不利于土壤微生物活动，从而使土壤有效养分释放缓慢，造成植物养分贫乏，同时一些有害的还原性物质会逐渐积累起来。农田的水分状况还影响土壤的机械物理性质，水分过多会造成土壤耕性不良，地面支持能力降低，使农事活动不能正常进行，尤其影响机械化作业。

在干旱半干旱地区，降雨稀少，蒸发强烈，当地下水埋深较浅时，地下水中所含的盐分往往随土壤水分的运动而上升运移至作物根系层内，极易在地表和近地表的土层内积聚，从而导致土壤盐渍化。

（二）农田排水的目的

综上所述，农田排水的目的包括以下 3 个。

1. 除涝　即排除因较大雨强产生的农田地表积水。

2. 防渍　即控制和降低地下水位，使农田土壤含水量维持在较为适宜的含水率之内，保证农作物的正常生长。

3. 防盐　即控制和降低地下水位，防止土壤次生盐渍化的发生或改良盐碱地。

（三）农田排水的方式

生产实践中一般采用排水沟（明沟）、排水管（暗管）或“鼠道”排水洞进行农田排水。这些被排出的水在重力作用下，或借助于水泵，使其流入河流、湖泊、蒸发池或大海。随着水资源的日趋紧张，在一些地方，排水可作为农业、工业或住宅区的再循环或再用水。但是由于排水中可能含有较高浓度的盐分、来自肥料的养分以及残留的农药，目前还无足够的办法除去，所以必须对所排出水的质量进行认真的评估。

第五节　土壤中的溶质运移

土壤水并不是纯水而是含有溶质的水溶液。土壤水中溶质的来源可归因于自然因素和人类活动两方面。陆地上的水最终都源于降水，降水会溶解大气中所含有的一些气体，例如二氧化碳、氧及氮氧化物等。沿海岸由于海浪飞溅会使大量的盐分逸散到空气中，从而溶解在雨水中。工业集中的地区，排放出含硫、氮的氧化物并结合在一起形成盐类，溶解在降雨中会形成酸雨。土壤水还会溶解土壤母质中含有的可溶性盐，在蒸发条件下，不同矿化度的潜水总是或多或少地将所含的盐分带到土壤中并在表层积聚。人类活动影响最主要的表现是污水灌溉、排污、农药和肥料的施用等。

土壤水含有溶质对于人类的生活和生产活动有着重要的影响。不仅存在着土壤盐碱化的问题，而且还会发展更为广泛而深远的水土环境问题，另外，农业生产中肥料的高效利用，减少浪费防止污染，是农业可持续发展的一个重要方面，因此土壤溶质的运移规律越来越引起人们重视。

土壤中溶质的运动是十分复杂的，溶质随着土壤水分的运动而迁移。不仅如此，溶质在自身浓度梯度的作用下也会运动。部分溶质可以被土壤吸附、为植物吸收或者当浓度超过了水的溶解度后会离析沉淀。溶质在土壤中还发生化合、分解、离子交换等化学变化。所以土壤中的溶质处在一个物理过程、化学过程和生物过程的相互联系和连续变化的系统中。

一、溶质的对流运移

对流是指土壤溶质随土壤水分运动而运移的过程。单位时间内通过土壤单位横截面积的溶质质量称为溶质通量，通过对流运移的称为溶质对流通量。单位体积土壤水溶液中所含有的溶质质量，称为溶质的浓度，记为 c，溶质的对流通量（J_c）为溶质浓度（c）和土壤水通量（q）的乘积，即

$$J_c = qc$$

若以 $v=q/\theta$ 表示土壤水溶液的平均孔隙流速，则上式可改写为

$$J_c = v\theta c$$

若 L 为所考虑的土层深度，则溶质穿过该土层所需要的时间（t_b）为

$$t_b = L/v = L\theta/q$$

二、分子扩散和溶质弥散

（一）分子扩散

溶质的分子扩散是由于分子的不规则热运动即布朗运动引起的，其趋势是溶质由浓度高处向浓度低处运移，以求最后达到浓度的均匀。当存在浓度梯度时，即使在静止的自由水体中，分子的扩散作用同样也会使溶质从较集中处扩散开来。自由水溶质的分子扩散通量符合 Fick 第一定律，即

$$J = -D_0 \frac{dc}{dz}$$

式中，J 为溶质在自由水体中的分子扩散通量，D_0 为溶质在自由水体中的扩散系数，$\frac{dc}{dz}$为溶质的浓度梯度。

在土壤中，溶质的分子扩散规律同样符合 Fick 第一定律，即

$$J_d = -D_s(\theta)\frac{dc}{dz}$$

式中，J_d 为溶质在土壤中的分子扩散通量，D_s（θ）为土壤含水量为 θ 时相应的扩散系数。即使在饱和土壤中，分子扩散系数（D_s）也远小于自由水体中的扩散系数（D_0），其原因是液相仅占土壤总体积的一部分。土壤非饱和时，随着土壤含水率的降低，液相所占的体积越来越小，实际扩散的途径越来越长，因此其分子扩散系数趋向减小。一般将溶质在土壤中的分子扩散系数仅表示为含水率的函数，而与溶质的浓度无关。常用的经验公式为

$$D_s(\theta) = D_0 a e^{b\theta}$$

式中，a 和 b 均为经验常数。根据文献介绍（Olsen 等，1968），土壤水吸力在 0.03～1.50 MPa 的变化范围内，当 $b=10$ 时，a 值变化于 0.001～0.005，土壤黏性越

大，a 值越小。

（二）机械弥散

土壤中存在着大小不一、形状各异而又互相连通的孔隙通道系统，若将土壤孔隙假想为均匀的圆形毛管，可推导出毛管中任一点的实际流速和毛管平均流速的 Poiseuille 方程。Poiseuille 方程表明，管内流速分布也是不均匀的，管中心处的流速最大，管壁处流速为零。毛管平均流速和毛管半径的平方呈正比，若孔隙半径相差 10 倍，其平均流速则相差 100 倍。另外，由于土壤颗粒和孔隙在微观尺度上的不均匀性，溶液在流动过程中，溶质不断被分细后进入更为纤细的通道，每个细孔中流速的方向大小都不一样，正是这种原因使溶质在随水流动过程中逐渐分散并占有越来越大的渗流区域范围。溶质的这种运移现象称为机械弥散。宏观上土壤水分流动区域的导水性不均一，也可促成或加剧机械弥散作用。

由机械弥散引起的溶质通量（J_h）可写成类似分子扩散的表达式，即

$$J_h=-D_h(v)\frac{dc}{dz}$$

式中，D_h（v）为机械弥散系数，一般表示为渗流速度（v）的线性关系，即

$$D_h(v)=\lambda\mid v\mid$$

式中，λ 为经验常数，与土壤质地和结构有关。

（三）水动力弥散

分子扩散和机械弥散的机制是不同的，但溶质的分子扩散通量（J_d）的表达式与机械扩散引起的溶质通量（J_h）的表达式相似，而且分子扩散和机械弥散一般都同时存在，实际上难于区分。因此将分子扩散与机械弥散综合，称为水动力弥散。水动力弥散所引起的溶质通量（J_D）可表示为

$$J_D=-D_{sh}(v,\ \theta)\frac{dc}{dz}$$

式中，D_{sh}（v，θ）称为水动力弥散系数，又称为扩散弥散系数，其计算式为

$$D_{sh}=D_s(\theta)+D_h(v)=D_0ae^{b\theta}+\lambda\mid v\mid$$

当土壤中的水流速度相当大时，机械弥散的作用会大大超过分子扩散作用，以致水动力弥散中只需考虑机械弥散作用；反之，当土壤溶液静止时，则机械弥散完全不起作用而只需考虑溶质的分子扩散。

三、土壤溶质的动态特性

土壤溶液因受环境条件、人为作用等的影响而时刻处在变动中。因此土壤溶液浓度或土壤溶质具有动态特征，并遵循上述运动规律。土壤溶液浓度除受降水、蒸发强度的影响而变化外，也受作物生长、灌水、施肥等的影响而变动。

进入土壤的雨水的溶质浓度约为 10^{-4} mol/L，水质较好的灌溉水的溶质浓度约为 10^{-3} mol/L。而一般正常土壤中，土壤溶液的溶质浓度范围在 10^{-2} mol/L 左右。盐渍化地区，土壤溶液的溶质浓度可高达 4×10^{-1} mol/L 左右，约相当于 25 g/L 甚至更高。

(一) 土壤溶液的总浓度

以潮土、盐化潮土和盐土 3 种土壤类型为例，其土壤溶液浓度随土层深度和时间的变化见图 7-13 和图 7-14。

图 7-13 显示 3 种不同盐化程度土壤的土壤溶液浓度在垂直剖面上的差异。土壤溶液的浓度，重盐化潮土达 10 g/L 以上，轻盐化潮土为 5 g/L 左右，潮土小于 2 g/L。

由图 7-14 可见，潮土溶液浓度低，且随季节变化不大。轻盐化潮土的溶液浓度随季节和栽培管理措施而变化，主要是受灌水的影响而起伏变化。重盐化潮土（荒地）的溶液浓度主要受气候条件、地下水位和矿化度的影响而变化。

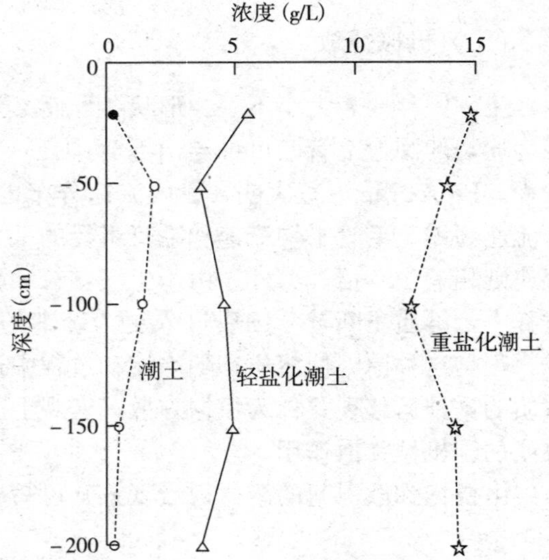

图 7-13　土壤溶液浓度剖面（河北曲周）

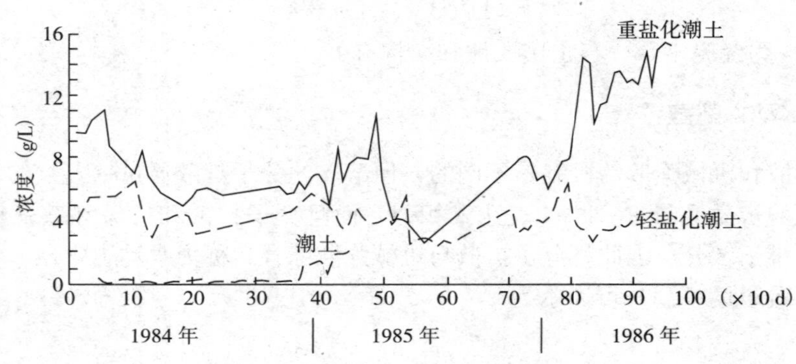

图 7-14　土壤溶液浓度的动态变化（河北曲周）

(二) 土壤溶液中的养分浓度

土壤溶液中养分浓度除了与土壤基础肥力有关外，其变化主要受施肥、作物吸收以及降水、灌溉、蒸散等的影响。

根据 Barber(1984) 所提供的土壤溶液中硝态氮（NO_3^- - N）、磷（P）和钾（K）浓度资料，以及北京西郊不同肥力麦田土壤溶液中硝态氮浓度资料，可以得知土壤溶液中硝态氮浓度以 50～150 mg/L 居多；磷的浓度在土壤溶液中较低，以 0.02～0.16 mg/L 居多；钾的浓度以 2～10 mg/L 范围居多。而 Reisenauer 报道的钾浓度为 11～200 mg/L，这可能与取样地区有关。

过去长期种植蔬菜的农田种麦后硝态氮的剖面浓度水平在 10～180 mg/L 之间变动，肥力稍低的农田在 5～75 mg/L 之间变动。不同肥力麦田土壤硝态氮浓度垂直分布中，60～100 cm 土层都有硝态氮浓度增高层，有的在 2 m 处硝态氮浓度仍达 150 mg/L。说明有硝态氮向下层淋洗的现象。

土壤溶液中其他养分含量，以京郊大屯乡土壤为例，在小麦生长季节内，铵态氮（NH_4^+ －N）的浓度变化于 3.0～6.5 mg/L；钾的浓度变化于 0.5～16.3 mg/L，不如硝态氮变化强烈；磷含量极微。在旱地土壤中，硝态氮浓度与铵态氮相比，低而较为稳定。研究还表明，土壤溶液总浓度及大部分离子浓度均具有日变化规律，其中以 SO_4^{2-} 和 Na^+ 最为明显，K^+ 和 NH_4^+ 变化不明显。表层 0～20 cm 的溶液浓度变化幅度大于 20～30 cm 的土层。14:00 浓度达最高，这可能与温度增高对盐类溶解度的影响或因水分含量变化而影响其浓度有关。

（三）土壤溶液中的其他元素浓度

一般情形下，主要元素或相应离子（钠、钾、镁、钙、氯、SO_4^{2-}、HCO_3^- 和 NO_3^-）在土壤溶液中的浓度在 10^{-2}～10^{-4} mol/L，而微量元素（镉、铜、镍、锌、砷、硒、铜和汞）的浓度则在 10^{-6} mol/L 以下。

复习思考题

1. 估算在地面无积水，且土壤水分为饱和的情况下，土壤水分运动从表层开始分别穿过 1 m 质地为砂土、壤土和黏土各所需要的时间。

2. 在什么样的稻田淹水条件下土壤内发生垂直向下的饱和流？

3. 依据图 7－3，分别计算低吸力（10^2 Pa）和高吸力（10^6 Pa）下，砂壤土和黏土在总水势梯度为 1 的情况下，通过其土壤断面的非饱和流量。

4. 在旱田条件下，在 1 m 深处附近上下两点测得的土壤含水量相等，请问此时 1 m 深处是否发生土壤水的运动？水流方向如何？如果发生运动，如何估计它的大小？

5. 为什么说在入渗的情况下，层状土壤质地层次的出现，都会妨碍土壤水分向下运动？

6. 查阅资料，说明正常生长情况下，你所在地区小麦、玉米和水稻在其生长季节内，需要从土壤中吸收多少水分？假定它们都种植在质地为壤土的农田上，根层深度均为 60 cm，请估算它们全生育期吸收的水量各是该层最大土壤有效水量的倍数。

7. 农田中某小区大小为 5 m×5 m，分成 1 m×1 m 的方格，在每个方格的中点用时域反射仪法（TDR）测得的 0～15 cm 的土壤水分体积含水量（%）见下表。

20	27	28	27	27
26	27	30	26	25
21	27	30	27	26
26	28	30	27	28
25	28	29	27	28

请计算：①该小区 0～15 cm 土壤体积含水量的平均值、标准差和变异系数。②假设该层土壤质地为轻壤或中壤，求该层的作物可以利用的水量。

8. 参照表 7－3 和表 7－5，在小麦拔节期内，测得某轻壤土麦田平均土壤体积含水量为 14%，容重为 1.3 g/cm³，当灌溉上限分别定为田间持水量或适宜含水量时，计算

1 hm^2 农田各需要灌溉多少立方米水。

9. 假定某平原地区，年降水量为 1 000 mm，实际年蒸散量为 750 mm，不发生径流，地下水位埋深为 10 m，在地下水位以上的非饱和带，假定土壤的体积含水量恒定不变为 0.25。现在土壤表面施入浓度为 5 mol/L 的溶质，该溶质的化学性质是不和土壤固体、植物及大气环境发生任何交互作用。试求：①该溶质在非饱和带的淋洗速率；②溶质达到地下水位的时间；③溶质的通量。

CHAPTER 8

第八章

土壤胶体表面化学

土壤胶体表面化学主要研究土壤胶体的表面结构、性质和表面上发生的化学反应及物理化学反应，是土壤学中的微观研究领域，是土壤化学的核心内容。土壤黏粒的巨大比表面积使土壤具有高的表面活性，其表面所带的电荷则是土壤具有一系列化学性质的根本原因，也是土壤有别于纯砂粒的主要原因。

由于土壤颗粒的表面积主要来自土壤胶体，因此土壤中包括吸附解吸、聚合解离、氧化还原、沉淀溶解等在内的几乎所有的表面反应都涉及土壤胶体。土壤胶体的大小、形状、表面积、表面电荷密度以及表面电荷变化是理解土壤中离子和分子的吸附与解吸、颗粒凝聚与分散、胶体运移与传输、细胞黏附与活性等的基础，土壤胶体表面发生的各种物理化学反应决定土壤中水分的保持和供应、养分和污染物的循环转化与生物有效性、土壤结构形成与稳定、土壤生物的群落与多样性等一系列土壤的物理性质、化学性质及生物学性质。因此土壤胶体在很大程度上影响土壤生态系统的功能。本章将在介绍土壤胶体表面结构和类型的基础上，阐述土壤的比表面积和电荷特征，介绍土壤胶体的双电层理论及其应用，以及土壤胶体表面上发生的有关化学反应。

第一节　土壤胶体类型

胶体一般指半径小于 1 μm 的球形颗粒，一般只能在电子显微镜下才能看见。胶体广泛分布于空气、水、土壤等环境中，液相中胶体颗粒的均匀分布称为胶体分散。土壤中最细小的颗粒（例如黏土矿物、腐殖质等）都具备胶体的特性，统称为土壤胶体。土壤胶体一般都带有电荷，表面电荷的存在影响溶液中离子的分布，带相反电荷的离子被吸引到胶体表面，带相同电荷的离子则被胶体表面排斥。由于离子的热运动，离子会在胶体表面形成有一定分布规律的双电层。土壤胶体的基本结构是胶核和双电层，双电层包括决定电位离子层和补偿离子层，后者由非活性离子补偿层和扩散层构成（图 8－1）。

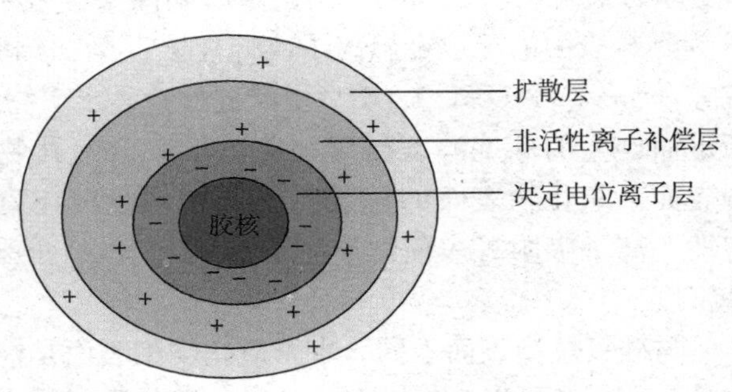

图 8－1　土壤胶体双电层结构

土壤胶体种类繁多，有无机胶体、有机胶体、生物胶体等，无机胶体包括层状硅酸盐、氧化物及其他细小的黏土矿物，有机胶体主要是腐殖质，生物胶体则是各类微生物的细胞。在土壤中，各种胶体并不是孤立存在的，它们可形成复合胶体，即有机无机复合体。土壤中各种类型胶体的表面性质、反应活性与能量都显著不同。根据表面结构的特点，大致可将土壤胶体分为硅氧烷型表面、水合氧化物型表面和有机物型表面3种类型。

一、硅氧烷型表面

2：1型黏土矿物的单位晶层是由铝氧八面体片或镁氧八面体片夹在两层硅氧四面体片中间所组成。它所暴露的基面是氧离子层紧接硅离子层所组成的硅氧烷（Si—O—Si），故将其基面称为硅氧烷型表面。云母的基面是最典型的硅氧烷型表面。蒙脱石、蛭石及其他2：1型黏土矿物的基面也都是硅氧烷型表面（图8-2）。高岭石和其他1：1型黏土矿物只有一半的基面是硅氧烷型表面。硅氧烷型表面是非极性的疏水表面，不易解离。其电荷来源除断键外，主要靠 Si^{4+} 部分地被 Al^{3+} 同晶替代而产生的电荷。这样产生的电荷不因pH、阳离子和电解质浓度的变化而变化，而且颗粒边面羟基的效应也很小。

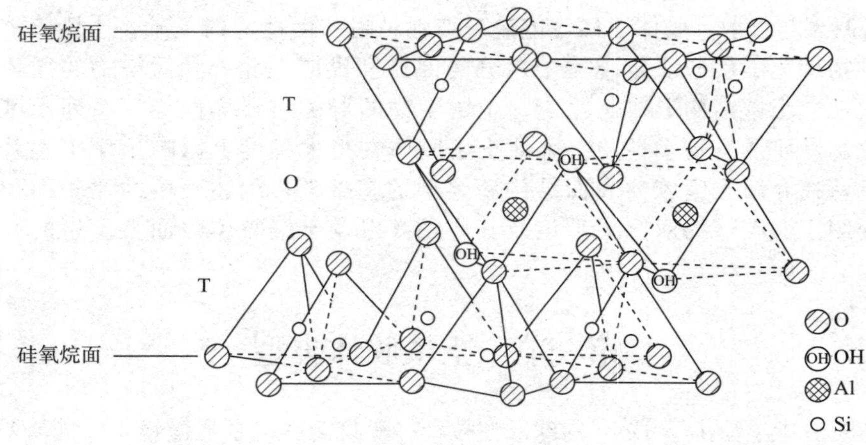

图8-2　蒙脱石的硅氧烷表面

T. 硅氧四面体　O. 铝氧八面体

二、水合氧化物型表面

水合氧化物型表面指的是由金属阳离子和羟基组成的表面，一般用M—OH表示，M为黏粒表面的配位金属离子或硅离子，例如铝醇（Al—OH）、铁醇（Fe—OH）、硅烷醇（Si—OH）等。1：1型层状硅酸盐黏土矿物的羟基铝层基面、硅氧烷型基面上因断键而产生的硅烷醇、晶形和非晶形水合氧化物与氢氧化物表面等都是水合氧化物型表面。氧化物表面的羟基是土壤中数量较丰富、性质活跃的官能团，对土壤电荷特性、离子吸附等表面性质影响深刻，表8-1是土壤中几种常见的氧化物表面的羟基密度。

与硅氧烷型表面不同，水合氧化物型表面是极性的亲水表面，水合氧化物表面质子的缔合和解离可以产生电荷，这种电荷的数量随土壤溶液的pH和电解质浓度的变化而变化，该特点将在下节中详细介绍。

表 8-1　氧化物表面的羟基密度

（引自 Sumner，2000）

胶　体	每平方纳米羟基位点数
三水铝石	2～12
针铁矿	2.6～16.8
赤铁矿	5～22
水铁矿	1.1～10.1
二氧化锰（MnO_2）	6.2
二氧化钛（TiO_2）	2～12
非晶形二氧化硅（SiO_2）	4.5～12

三、有机物型表面

有机物因有明显的蜂窝状特征而具有较大的表面积。有机物表面上具有羧基（—COOH）、羟基（—OH）、醌基（═O）、醛基（—CHO）、甲氧基（$—OCH_3$）、氨基（$—NH_2$）等活性基团，这些表面官能团可解离 H^+ 或缔合 H^+ 而使表面带电荷（图 8-3）。土壤中的富啡酸、胡敏酸、胡敏素等的表面都属于这种类型。

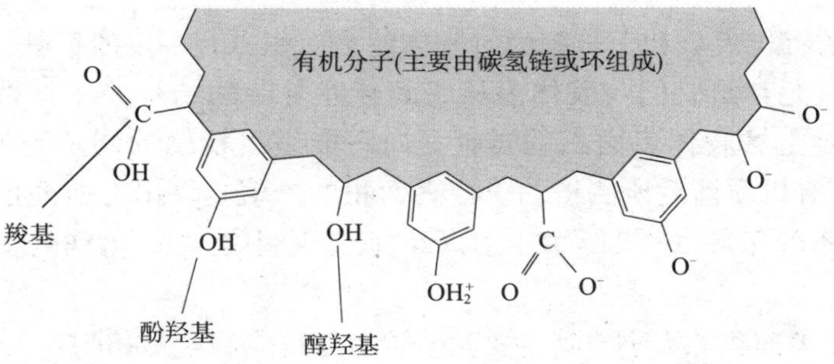

图 8-3　有机物型表面

上述 3 种类型的表面，在土壤中不是单独存在的，而往往是交错混杂、相互影响地交织在一起。例如在层状黏土矿物的表面上，可以包被着一些水合氧化铁或水合氧化铝胶体，或腐殖质胶体，将黏土矿物的一部分表面掩蔽，而使其显示出水合氧化物型或有机物型的表面性质。另外，常常有一些杂质混入土壤胶体，例如碳酸钙在胶体表面上沉积，或者一些杂质或简单有机物有可能进入黏土矿物的层间，这些都使黏土矿物的表面性质发生改变。

第二节　土壤胶体表面性质

土壤胶体是土壤中颗粒最细小的固相组分，其活跃的表面特性影响着土壤中的一系列物理性质和化学性质，在土壤胶体表面性质中最为重要的是其表面积和带电性。

一、土壤胶体表面积

就表面位置而言，土壤胶体的表面可分为内表面和外表面。内表面一般指膨胀性黏土矿物的晶层表面和腐殖质分子聚集体内部的表面。外表面指黏土矿物、氧化物和腐殖质分子暴露在外的表面。一般外表面产生的吸附反应是很迅速的，而内表面的吸附反应则往往是一个缓慢的渗入过程。土壤中的高岭石、水铝英石、铁铝氧化物等以外表面为主，蒙脱石、蛭石等以内表面为主，有机胶体虽有相当多的内表面，但由于其聚合结构不稳定，难以区分内表面和外表面。

土壤胶体的表面积大小通常以比表面积来表示，它可作为评价土壤胶体表面活性的一项重要指标。比表面积是个“工作概念”，它是用一定实验技术测得的单位质量土壤胶体的表面积，单位为 m^2/kg 或 m^2/g。

（一）土壤胶体比表面积

前面已经知道，土壤胶体的表面可分为内表面和外表面。由于层状硅酸盐黏土矿物大多为薄板状，并具有一定的厚度，因此它们都有基面和边面之分。但在实际测定中，目前只能粗略地区分为内表面积和外表面积，对基面面积和边面面积尚难以区分。

土壤胶体的晶核对土壤胶体的表面积有重要的贡献。结晶质黏土矿物是土壤胶体晶核的主体。黏土矿物的类型不同，其表面积的大小和表面类型的差别都相当大。各种黏土矿物表面积的测定值，因样品的纯度和测定方法的不同而有一定的变异，其大致范围参见表 1-3。

土壤胶体的有机成分和无机胶膜对胶体的表面积也有一定的贡献，但由于这些物质本身的特点，尤其是它们与胶体晶核之间存在复杂的结合关系，目前对它们表面积的大小及其对土壤胶体表面积的贡献，尚不能做出精确的测定与计算。Bower 等（1952）用去除有机质前后所测得的土壤表面积的差值，算出有机质的表观比表面约为 700 m^2/g。张效年等（1964）测定的我国砖红壤中游离氧化铁的表观比表面约为 170 m^2/g。

土壤胶体比表面积的大小与其主要黏土矿物的组成和含量相吻合，以 2∶1 型层状硅酸盐黏土矿物为主要成分的土壤胶体通常具有较大的比表面积，且内表面的比例高；而含高岭石、氧化物等较多的土壤胶体一般比表面积较小。表 8-2 列出了我国中南地区主要土壤胶体的比表面积及其主要黏土矿物。由表 8-2 可见，以高岭石和铁铝氧化物为主的砖红壤胶体比表面积最小（60～80 m^2/g），且以外表面为主；而以水云母、

表 8-2　我国中南地区主要土壤胶体的比表面积

土壤胶体	比表面（m^2/g）	主要黏土矿物	表面特征
砖红壤	60～80	高岭石、铁铝氧化物	以外表面为主
红壤	100～150	高岭石、1.4 nm 过渡矿物、水云母	外表面大于内表面
黄棕壤	200～300	水云母、蛭石、高岭石	以内表面为主
棕壤	282	水云母、蛭石	以内表面为主
黑土	331	水云母、蒙脱石	以内表面为主

蛭石为主的棕壤胶体和以水云母、蒙脱石为主的黑土胶体具有较大的比表面积（分别为 282 m^2/g 和 331 m^2/g），且以内表面为主。值得注意的是，对于某些非结晶形氧化物含量较高的土壤胶体，它们也可能具有较大的比表面积，因为这些非结晶形氧化物的比表面积要比结晶质氧化物的大得多。

比表面积在很大程度上决定着土壤胶体的反应活性，一般而言，比表面积较大的土壤胶体对离子和分子有更多的结合位点。因此比表面积大的土壤胶体通常具有更强的吸附无机离子和低分子有机化合物的能力。

（二）土壤胶体比表面积的测定方法

测定土壤胶体比表面积常用吸附法，即用分子大小已知的指示吸附质在土壤颗粒表面形成单分子层吸附，用单个分子所占的面积乘以在土壤颗粒表面形成单分子层吸附所需分子的数目，得到土壤胶体的比表面积。用于测定土壤胶体比表面积的指示吸附质的种类甚多，常见的有氮气、水蒸气、溴化十六烷基吡啶（CPB）、甘油、乙二醇乙醚（EGME）等。这些方法测得的结果有一定的差异。目前趋向于用乙二醇乙醚吸附法，它尤其适用于测定有机无机复合胶体的比表面积。

二、土壤胶体表面电荷

与一般的胶体类似，土壤胶体也带有电荷。土壤胶体电荷的性质包括电荷符号、数量、密度等。土壤胶体吸附离子的种类主要受胶体表面电荷符号的控制。吸附离子的多少，决定于土壤胶体所带电荷的数量，而离子被吸附的牢固程度则与土壤胶体的电荷密度有关。此外，离子在土壤中的迁移和扩散，土壤有机无机复合体的形成以及土壤的分散和絮凝、膨胀和收缩等性质，也都受土壤胶体表面电荷的影响。

（一）土壤胶体表面电荷的种类

根据土壤胶体表面电荷的性质和起源，可将其分为永久电荷和可变电荷。

1. 永久电荷　土壤胶体永久电荷起源于矿物晶格内部离子的同晶替代。如果低价阳离子替代了八面体或四面体中的高价阳离子，则造成正电荷的亏缺，产生剩余负电荷。同晶替代一般形成于矿物的结晶过程，一旦晶体形成，它所具有的电荷就不受外界环境（例如 pH、电解质浓度等）影响，故称为永久电荷、恒电荷或结构电荷。同晶替代作用是2：1型层状硅酸盐黏土矿物负电荷的主要来源。

2. 可变电荷　测定土壤电荷量时，常发现有部分电荷是随 pH 的变化而变化的，这种电荷称为可变电荷。可变电荷是由于土壤固相表面从介质中吸附离子或向介质中释出离子（例如 H^+）所引起的，包括水合氧化物型表面对质子的缔合和解离，以及有机物表面官能团的解离和质子化等。层状硅酸盐黏土矿物的边面及表面断键、1：1 型黏土矿物的 Al—OH 基面、结晶质和非结晶质铁铝锰的水合氧化物和氢氧化物、非结晶质硅酸盐等表面所带的电荷都是可变电荷。如图 8－4 所示，随着 pH 从 7 下降至 4，高岭石边面结合的质子逐渐增加，其表面正电荷的数量亦呈增加的趋势。土壤有机质表面的可变电荷可来自羧基、氨基、酚羟基等的质子化或脱质子，例如

$$R—COOH \rightleftharpoons R—COO^- + H^+$$

$$R—NH_2 + H_2O \rightleftharpoons R—NH_3^+ + OH^-$$

可变电荷的数量和符号取决于可变电荷表面的性质、介质 pH、电解质浓度等。

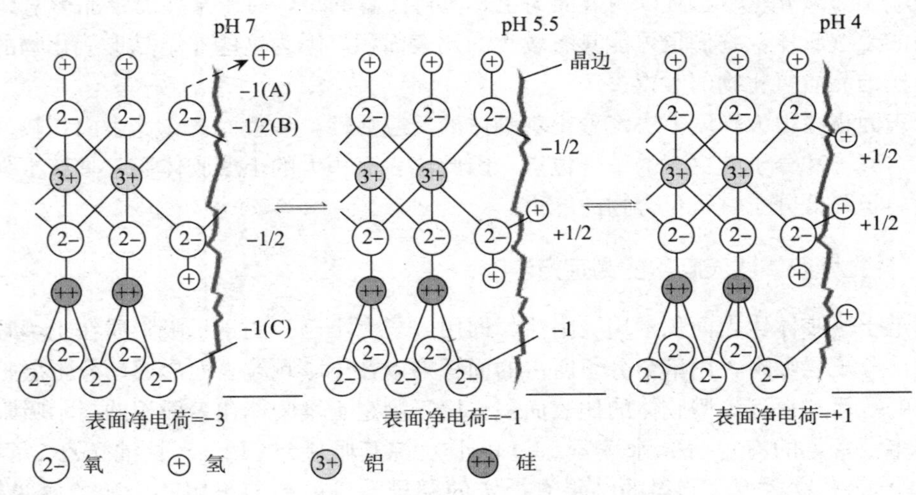

图 8-4　不同 pH 条件下高岭石边面电荷的变化

（二）电荷符号

土壤胶体表面电荷有正、负之分。黏土矿物同晶替代一般是低价阳离子替代高价阳离子，这样产生的永久电荷多为负电荷。而由胶体表面吸附或解离离子产生的可变电荷，既可为负电荷，也可为正电荷。通常在低 pH 环境中，土壤胶体表面较易产生正电荷。土壤中的游离氧化铁是产生正电荷的主要土壤胶体物质，而游离的铝化合物对正电荷的贡献较为次要。结晶质矿物中，高岭石的铝氧八面体的裸露边面，在酸性条件下从介质中接受质子而使边面带有正电荷。蒙脱石和伊利石的边面也可能出现正电荷。水铝英石和有机物质在低 pH 下都可能接受质子而带正电荷。

土壤的正电荷和负电荷的代数和就是土壤的净电荷。由于多数土壤的负电荷绝对数量一般都高于正电荷的数量，所以除了少数土壤在较强的酸性条件下，或者氧化土可能出现净正电荷以外，大多数土壤一般带净负电荷。

（三）土壤电荷数量

土壤电荷的数量一般用每千克物质吸附离子的物质的量（cmol/kg）来表示。最常见的阳离子交换量（*CEC*）即为 pH 为 7 时土壤净负电荷的数量。其他 pH 条件下的阳离子交换量也用于表示相应 pH 时土壤的净负电荷量，因而土壤的阳离子交换量并非恒值。土壤的阴离子交换量（*AEC*）用于表示一定条件下土壤的正电荷量。土壤电荷有永久电荷和可变电荷之分，其数量也有永久电荷量（CEC_p）和可变电荷量（CEC_v）之分。土壤正电荷一般为可变正电荷，也常用 *AEC* 表示。

土壤电荷主要集中在胶体部分。土壤颗粒组成中，小于 2 μm 的胶体（包括无机胶体和有机胶体）部分是土壤带电荷的主体，80%以上的土壤电荷量集中在胶体部分，有些土壤的电荷量几乎全部集中在土壤胶体部分。

土壤胶体组成成分是决定其电荷数量的物质基础，土壤胶体组成不同，其所带电荷的数量也不同（表 8-3）。含有较多蛭石、蒙脱石或高含量有机质的土壤胶体，其电荷量一般较高；含有较多高岭石和铁铝氧化物的土壤胶体，其电荷量一般较低。对矿质土壤而言，黏土矿物是土壤胶体的主体，它对土壤胶体电荷量的贡献要大于有机质。

表 8-3　几种主要土壤胶体组分的表面电荷类型与数量

胶体	负电荷			正电荷（cmol/kg）
	总量（pH 7）（cmol/kg）	永久电荷比例（%）	可变电荷比例（%）	
腐殖质	200	10	90	0
蛭石	150	95	5	0
蒙脱石	100	95	5	0
伊利石	40	80	20	0
高岭石	8	5	95	2
针铁矿	4	0	100	5

土壤胶体组分间的相互作用对电荷数量有影响。例如游离铁、铝氧化物对黏土矿物表面的包被作用，土壤对阴离子、阳离子的专性吸附等，会导致有机无机复合胶体的电荷数量少于有机部分和无机部分负电荷数量之和，即土壤胶体的电荷量不具有累加性。

三、土壤胶体表面电位

当带电的土壤胶体分散在电解质溶液中时，不论胶体表面电荷是通过何种途径产生的，电中性原理都要求等量的反号电荷离子在带电表面邻近的液相中积累。此时，溶液中带相反电荷的离子，一方面受胶体表面上电荷的吸引，趋向于排列在紧靠胶体颗粒表面；但另一方面，由于热运动，这些离子又会向远离胶体表面的方向扩散。当静电引力与热扩散相平衡时，在带电胶体表面与溶液的界面上，形成由一层固相表面电荷和一层溶液中相反符号离子所组成的电荷非均匀分布的空间结构，称为双电层。

土壤胶粒表面带有负电荷，在紧靠胶体颗粒表面分布着较多的阳离子，随着距离的增加，阳离子的分布趋于均匀，到本体溶液中时，阳离子呈均匀分布；而阴离子分布则是在表面附近较少，随着距表面距离的增加而趋于均匀分布。离子的这种分布可用 Boltzmann 方程表示，即

$$c_x = c_o \exp\left(\frac{-ZF\psi_x}{RT}\right)$$

式中，c_x 和 c_o 分别为距离表面 x 处反号离子的浓度和本体溶液中反号离子的浓度（mol/L），Z 为反号离子的价数，F 为法拉第常数，R 为气体常数，T 为热力学温度，ψ_x 为距离表面 x 处的电位。可见，双电层中距表面 x 处反号离子的局部浓度是该距离处电位 ψ_x 的函数。

在 Gouy(1910) 和 Chapman(1913) 提出的双电层模型中，扩散层中的电位 ψ 随着距表面距离 x 的增加呈指数关系下降，可按下式计算。

$$\psi_x = \psi_o \exp(-Kx)$$

式中，ψ_o 为表面电位；K 为与离子浓度、价数、介电常数和温度有关的常数，在室温下，可用下式计算。

$$K = 3\times10^7 Zc_o$$

$1/K$ 称为扩散双电层的厚度。可见，在室温下，扩散双电层的厚度主要受离子价

数（Z）和离子浓度（c_0）的影响。离子价数越高，离子浓度越大，K 值越大，双电层的厚度越小，因此增加离子的价数和浓度，可使双电层压缩。

第三节　土壤胶体对阳离子的吸附和交换

一、离子吸附的概念

根据物理化学的定义，溶质在溶剂中呈不均一的分布状态，溶质在表面层中的浓度与溶液内部不同的现象称为吸附作用。凡使液体表面层中溶质的浓度大于液体内部浓度的作用称为正吸附作用，反之则称为负吸附作用。在土壤学中主要是根据土壤胶体颗粒与液相界面附近所发生的相互作用来解释土壤胶体体系中离子分布的不均一性。如果土壤胶体表面或表面附近的某种离子的浓度高于或低于扩散层之外的自由溶液中该离子的浓度，则认为土壤胶体对该离子发生了吸附作用。所以，一般所说的吸附现象是指包括整个扩散层在内的部分与自由溶液中的离子浓度的差异。

二、阳离子静电吸附

自然条件下，土壤胶体一般带负电荷。因此胶体表面通常吸附着多种带正电荷的阳离子，这种吸附所涉及的作用力主要是土壤的表面负电荷与阳离子之间的静电作用力（又称为库仑力）。被土壤胶体吸附的阳离子处于胶体表面双电层扩散层的扩散离子群中，成为扩散层中的离子组成部分。对胶体表面而言，这些吸附阳离子是完全解离的，对土壤溶液而言，它们是可以自由移动的。

由静电引力产生的阳离子吸附的速率、数量和强度等决定于胶体表面的电位、离子价数、半径等因素。由库仑定律可知，土壤胶体表面所带的负电荷愈多，吸附的阳离子数量就愈多；土壤胶体表面的电荷密度愈大，阳离子所带的电荷愈多，则离子吸附得愈牢。

从离子的本性看，不同价态的阳离子与土壤胶体表面亲和力的大小顺序一般为 $M^{3+}>M^{2+}>M^{+}$。例如对红壤、砖红壤和膨润土吸附阳离子的研究表明，3 种土壤或黏土矿物对几种阳离子的吸附能的顺序为：$Al^{3+}>Mn^{2+}>Ca^{2+}>K^{+}$。因此当土壤溶液中含有浓度相同的一价、二价和三价阳离子时，土壤胶体主要吸附三价阳离子。对化合价相同的阳离子而言，吸附强度主要决定于离子的水合半径。一般情况下，离子的水合半径越小，离子的吸附强度越大。如表 8－4 所示，一价的 Li^{+}、Na^{+}、K^{+}、NH_4^{+}、Rb^{+} 的水合半径依次减小，离子在胶体表面的吸附亲和力顺序为：$Rb^{+}>NH_4^{+}>K^{+}>Na^{+}>Li^{+}$。$Rb^{+}$ 的吸附力最强，因为它的水合半径最小，离子外面较薄的水膜使离子与胶体表面的距离较近。相反，拥有较厚水膜的 Li^{+}，其与胶体表面的距离较远，吸附力弱。

表 8－4　离子半径与吸附力

一价离子	Li^{+}	Na^{+}	K^{+}	NH_4^{+}	Rb^{+}
离子的真实半径（nm）	0.078	0.098	0.133	0.143	0.149
离子的水合半径（nm）	1.008	0.790	0.537	0.532	0.509
离子在胶体上的吸附力	弱———→强				

三、阳离子交换作用

（一）阳离子交换的过程

在土壤中，被胶体静电吸附的阳离子，一般都可以被其他类型的阳离子交换而从胶体表面解吸。这种能相互交换吸附的阳离子称为交换性阳离子，交换性阳离子发生交换吸附的反应称为阳离子交换作用。例如某种土壤原来吸附的阳离子有：H^+、K^+、Na^+、NH_4^+、Mg^{2+}等，当施用含Ca^{2+}的肥料后，会产生阳离子交换作用，Ca^{2+}可把原来胶体表面吸附的部分离子交换出来，其交换反应可用下面的反应式表示。

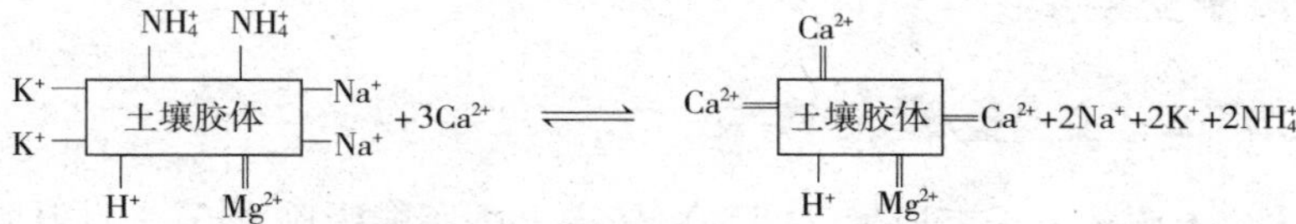

离子从土壤溶液转移至胶体表面的过程为离子的吸附，而原来吸附在胶体上的离子迁移至溶液中的过程为离子的解吸，二者构成一个完整的阳离子交换反应。

（二）阳离子交换作用的特点

阳离子交换作用有以下3个主要特点。

1. 阳离子交换是可逆反应　当溶液中的离子被土壤胶体吸附到其表面，并与溶液达成平衡后，一旦溶液中的离子组成或浓度发生改变，土壤胶体上的交换性离子就要和溶液中的离子产生逆向交换，已被胶体表面吸附的离子，重新归还溶液中直至建立新的平衡。这个原理，在农业化学上有重要的实践意义。例如植物根系从土壤溶液中吸收了阳离子养分后，降低了溶液中交换性阳离子的浓度，打破了阳离子的吸附平衡，使吸附在土壤胶体表面的离子解吸，迁移到溶液中，然后又可被植物根系吸收利用。这是由于土壤胶体的离子交换反应体现土壤肥力的过程。另外，还可以通过施肥、施用土壤改良剂以及其他土壤管理措施，恢复和提高土壤肥力。

2. 阳离子交换遵循等价交换的原则　例如用带2个正电荷的钙离子去交换带1个正电荷的钾离子，则1 mol Ca^{2+}可交换2 mol K^+。同样，1 mol Fe^{3+}需要3 mol H^+或Na^+来交换。

3. 阳离子交换符合质量作用定律　对于任一阳离子交换反应，在一定温度下，当反应达到平衡时，根据质量作用定律有

$$K=\frac{[\text{产物 }1][\text{产物 }2]}{[\text{反应物 }1][\text{反应物 }2]}$$

式中，K为平衡常数。根据这个原理，可以通过改变某反应物（或产物）的浓度达到改变产物（或反应物）浓度的目的。例如通过改变土壤溶液中某种交换性阳离子的浓度使胶体表面吸附的其他交换性阳离子的浓度发生变化，这对施肥实践以及土壤阳离子养分的保持等有重要意义。

既然静电吸附的阳离子之间可以发生相互交换的反应，那么什么样的离子在什么情况下可以被其他离子进行交换呢？这主要与阳离子本身的特性即该离子与胶体表面的吸附力有关。吸附力较强的离子一般是带电荷较多的高价阳离子和水合半径较小的阳离

子，在同等数量的情况下，这些离子的交换能力较强。土壤中常见的几种交换性阳离子的交换能力的顺序大体为：Fe^{3+}、$Al^{3+}>H^{+}>Ca^{2+}>Mg^{2+}>NH_4^{+}>K^{+}>Na^{+}$。

氢离子是土壤溶液中最为丰富的阳离子，其交换能力又较强，因此排水良好的土壤，在雨水的影响下，常常会慢慢地变酸。但在人为作用的干预下，这种酸化是可以防止的。此外，离子的浓度和数量也是影响阳离子交换能力的重要因素。前面已经提到，阳离子交换反应受质量作用定律的支配。因此对交换力弱的离子而言，在离子浓度足够高的情况下，它们也可以交换吸附力较强的阳离子。据此，在实践中，可以通过增加土壤中有益阳离子浓度的方法来控制阳离子交换的方向，以达到培肥土壤，提高土壤生产力的目的。

四、阳离子交换量

（一）土壤阳离子交换量及其计算

前文已述，土壤阳离子交换量（*CEC*）是指土壤所能吸附和交换的阳离子的容量，用每千克土壤吸附的一价离子的物质的量表示，即 cmol(＋)/kg。阳离子交换量与土壤胶体的比表面积和表面电荷有关，它们之间的关系可用下面的方程表示。

$$CEC=S\sigma$$

式中，S 为胶体的比表面积，σ 为表面电荷密度。但实际上，土壤阳离子交换量是通过用已知的阳离子置换土壤吸附的全部阳离子，再测定该已知阳离子吸附量的方法获得的。也可以直接测定土壤中各种交换性阳离子的吸附量，再将它们累加作为土壤的阳离子交换量。

（二）土壤阳离子交换量的影响因素

不同的土壤，其阳离子交换量是不同的。决定土壤阳离子交换量大小的实际上是土壤所带的负电荷的数量。那么影响土壤负电荷量的因素主要有以下 3 个方面。

1. 胶体的类型　不同类型的土壤胶体，所带的负电荷差异很大，因此阳离子交换量也明显不同。由表 8－5 可知，含腐殖质及 2∶1 型黏土矿物较多的土壤，其阳离子交换量较大；而含高岭石及氧化物较多的土壤，其阳离子交换量必定较小。

表 8－5　不同类型土壤胶体的阳离子交换量

土壤胶体	阳离子交换量［cmol(＋)/kg］
腐殖质	200
蛭　石	100～150
蒙脱石	70～95
伊利石	10～40
高岭石	3～15
倍半氧化物	2～4

由图 8－5 可知，有机质含量较高的有机土的阳离子交换量可高达 100～150 cmol(＋)/kg，与蛭石、蒙脱石等膨胀性层状硅酸盐黏土矿物相当，而粉壤土的阳离子交换量只有 25 cmol(＋)/kg，砂壤土以及壤砂土低于 10 cmol(＋)/kg。

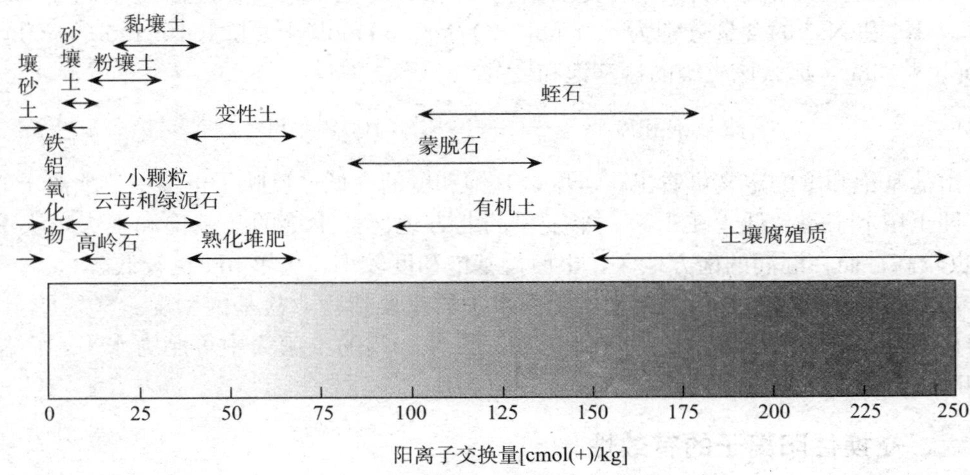

图 8-5　几种土壤和土壤胶体组分的阳离子交换量

2. 胶体的数量　前文已述，土壤中带电的颗粒主要是土壤胶体即黏粒部分，因此土壤黏粒的含量越高，即土壤质地越黏重，土壤负电荷量越多，土壤的阳离子交换量越大。

3. 土壤 pH　由于 pH 是影响可变电荷的重要因素，因此土壤 pH 的改变会导致土壤阳离子交换量的变化。在一般情况下，随着土壤 pH 的升高，土壤可变负电荷增加，土壤阳离子交换量增大。因此在测定土壤阳离子交换量时，控制体系的 pH 是很重要的。

（三）土壤阳离子交换量的应用

土壤阳离子交换量是土壤的一个很重要的化学性质，它直接反映了土壤的保肥、供肥性能和缓冲能力，同时也是进行土壤分类的重要依据。我国北方的黏质土壤，其黏土矿物以蒙脱石、伊利石等 2∶1 型黏土矿物为主，阳离子交换量较大，一般在 20 cmol(＋)/kg 以上，高的可达 50 cmol(＋)/kg。而南方的红壤，其腐殖质含量较低，同时黏土矿物以高岭石及铁、铝氧化物等为主，土壤阳离子交换量一般较小，多在 20 cmol(＋)/kg 以下，这样的土壤保肥能力通常较差。

五、盐基饱和度

土壤胶体上吸附的交换性阳离子可以分为两种类型：一类是致酸离子，例如 H^+、Al^{3+}；另一类是盐基离子，例如 K^+、Na^+、Ca^{2+}、Mg^{2+}、NH_4^+ 等。当土壤胶体上吸附的阳离子全部是盐基离子时，土壤呈盐基饱和状态，称为盐基饱和土壤。当土壤胶体吸附的阳离子仅部分为盐基离子，而其余部分则为致酸离子时，该土壤呈盐基不饱和状态，称为盐基不饱和土壤。盐基饱和土壤具有中性或碱性反应，而盐基不饱和土壤呈酸性反应。

土壤盐基饱和程度通常用盐基饱和度来表示。盐基饱和度的定义为，交换性盐基占阳离子交换量的比例（%），即

$$\text{盐基饱和度}=\frac{\text{交换性盐基含量（cmol(+)/kg)}}{\text{阳离子交换量［cmol(+)/kg］}}\times 100\%$$

例如测得某种土壤的阳离子交换量为 50 cmol(+)/kg，交换性盐基离子 Ca^{2+}、Mg^{2+}、K^{+} 和 Na^{+} 的含量分别为 10 cmol(+)/kg、5 cmol(+)/kg、10 cmol(+)/kg 和 5 cmol(+)/kg，那么该土壤的盐基饱和度为

$$盐基饱和度=\frac{10+5+10+5}{50}\times 100\%=60\%$$

由盐基饱和度的定义可看出，土壤盐基饱和度的高低也反映了土壤中致酸离子的含量，即土壤 pH 的高低。在干旱、半干旱的北方地区，土壤的盐基饱和度大，土壤的 pH 也较高；而在湿润的南方地区，土壤盐基饱和度较小，土壤 pH 也较低。

盐基饱和度常常被作为判断土壤肥力水平的重要指标，盐基饱和度≥80%的土壤，一般认为是很肥沃的土壤；盐基饱和度为 50%～80%的土壤为中等肥力水平，而盐基饱和度<50%的土壤是不肥沃的。

六、交换性阳离子的有效性

由于离子交换作用而保存于土壤中的养分，仍可以通过离子交换作用回到溶液中，供植物吸收利用。所以一般来说，交换性阳离子虽被土壤吸附，仍不失其对植物的有效性。但是被土壤胶体吸附的交换性阳离子的有效性是否在任何情况下都是相同的呢？回答是否定的。撇开植物吸收方面的影响，从土壤角度看，影响交换性阳离子有效性的因素主要有下列几个方面。

（一）离子饱和度

交换性阳离子的有效性不仅与该离子在土壤中的绝对量有关，更决定于该离子占交换性阳离子总量的比例即离子饱和度。离子饱和度越高，被交换解吸的机会越多，有效性越大。由表 8-6 可见，虽然 A 土壤的交换性钙含量低于 B 土壤，但 A 土壤中交换性钙的饱和度（75%）要远大于 B 土壤（33%）。因此钙离子在 A 土壤中的有效性要大于其在 B 土壤中的有效性，如果我们把同一种植物以同样的方法栽培于 A、B 两种土壤中，显而易见，B 土壤比 A 土壤更需要补充钙离子养分。

表 8-6 土壤阳离子交换量与离子饱和度

土壤	阳离子交换量［cmol(+)/kg］	交换性钙含量（cmol/kg）	交换性钙的饱和度（%）
A	8	6	75
B	30	10	33

这个例子说明，在施肥上，采用集中施肥的方法，例如根系附近的条施、穴施等，可以使有限的肥料在短期内发挥较大的效果，从而提高肥料的利用率。因为集中施肥可以增加养分离子在土壤中的饱和度，提高其对植物的有效性。又如同样数量的某种化肥，分别施入砂质土和黏质土中，结果砂质土的肥效快，而黏质土的肥效较慢。其原因之一就是由于施肥后引起的两种土壤中离子饱和度不同，交换性阳离子的有效性也各不相同。砂质土中各种交换性阳离子的饱和度较高，有效性也较高。

（二）互补离子效应

一般来讲，土壤胶体表面总是同时吸附着多种交换性阳离子。对某指定离子而言，

其他同时存在的离子都认为是该离子的互补离子，也称为陪补离子。假定某土壤同时吸附有 H^+、Ca^{2+}、Mg^{2+} 和 K^+ 4 种离子，对 H^+ 来讲，Ca^{2+}、Mg^{2+} 和 K^+ 都是它的互补离子。而 Ca^{2+} 的互补离子则是 H^+、Mg^{2+} 和 K^+。胶体表面并存的交换性阳离子之间的互相影响称为离子互补效应。因此当某种交换性阳离子与不同类型的互补离子存在时，由于互补效应，该离子的有效性也会不同。一般说来，互补离子与土壤胶体的吸附力越强，则被互补离子的有效性越高。这实际上是一个竞争吸附的问题。表 8－7 的小麦盆栽试验结果更进一步说明了互补离子对离子有效性的影响。

表 8－7　互补离子与交换性钙的有效性

土壤	交换性阳离子组成	小麦幼苗干物质量（g）	小麦幼苗吸钙量（mg）
A	$40\%Ca^{2+}+60\%H^+$	2.80	11.15
B	$40\%Ca^{2+}+60\%Mg^{2+}$	2.79	7.83
C	$40\%Ca^{2+}+60\%Na^+$	2.34	4.36

上述小麦的盆栽实验表明，3 种土壤上幼苗吸钙量的顺序是 A＞B＞C，说明这 3 种土壤中交换性钙的有效性高低的顺序也是 A＞B＞C。造成 3 种土壤中钙有效性差异的主要原因是不同土壤中钙的互补离子效应的不同。3 种互补离子 H^+、Mg^{2+} 和 Na^+ 与胶体的吸附力是依次递减的，因此它们对提高钙离子有效性的作用是依次减弱的。

（三）黏土矿物类型

不同类型的黏土矿物具有不同的晶体结构特点，因而吸附阳离子的牢固程度也不同。在一定的盐基饱和度范围，蒙脱石类矿物吸附的阳离子一般位于晶层之间，吸附比较牢固，有效性较低。而高岭石类矿物吸附的阳离子通常位于晶格的外表面，吸附力较弱，因此有效性较高。

（四）阳离子的固定

2∶1 型黏土矿物的单位晶层之间，具有 6 个硅氧四面体联成的六角形网孔，孔穴的半径为 0.140 nm，其大小恰好与 K^+（半径为 0.133 nm）和 NH_4^+（半径为 0.143 nm）的接近。一旦 K^+、NH_4^+ 进入矿物晶层间，陷入网孔中，就很难被其他阳离子交换出来，成为固定态阳离子。这种形态的阳离子，其有效性大大降低。造成 K^+ 和 NH_4^+ 晶穴固定的黏土矿物主要有伊利石、蒙脱石、蛭石等。K^+ 和 NH_4^+ 的晶穴固定虽然暂时造成它们的有效性降低，但从另一个角度来看，固定可以避免这些阳离子的淋失，起到保存土壤养分的作用。

七、土壤胶体对阳离子的专性吸附

土壤胶体除了以静电引力吸附阳离子外，还可通过专性力的作用对某些阳离子产生专性吸附。一般说来，对阳离子产生专性吸附的土壤胶体物质主要是各种氧化物，例如铁、铝、锰的氧化物，而这类矿物主要存在于可变电荷土壤中，因此阳离子的专性吸附对可变电荷土壤尤为重要，实际上也研究得最多。能够被土壤胶体专性吸附的阳离子主要是重金属（例如铜、锌、镉等）离子，它们在元素周期表中大多属于过渡元素。

（一）阳离子专性吸附的机制

处于周期表中的ⅠB族、ⅡB族和许多其他过渡金属离子，其原子核的电荷数较多，离子半径较小，因而其极化能力和变形能力较强。其价电子层的结构为 $(n-1)d^9ns^0$，$(n-1)d^{10}s^0$，$(n-1)d^{10}ns^0$ 和不饱和 d 电子层。因此它们一般都能与配体形成内轨络合物，稳定性增强。同时由于电子层结构的这些特点，过渡金属离子具有较多的水合热，在水溶液中以水合离子的形态存在，且较易水解成羟基阳离子，$M^{2+}+H_2O \rightleftharpoons MOH^{+}+H^{+}$。由于水解作用减少了离子的平均电荷，致使离子在向胶体表面靠近时所需克服的能障降低，从而有利于离子与胶体表面的相互作用。过渡金属元素的原子结构的这些特点是导致金属离子产生专性吸附，而不同于胶体表面碱金属和碱土金属离子静电吸附的根本原因。

产生阳离子专性吸附的土壤胶体物质主要是铁、铝、锰等的氧化物及其水合物。这些氧化物的结构特征是，一个或多个金属离子与氧或羟基相结合，其表面由于阳离子的键不饱和而水合，因而带有可解离的水基或羟基。过渡金属离子可以与其表面上的羟基作用，生成表面络合物。若金属离子是以 M^{2+} 的离子形态被专性吸附，则形成单配位基表面络合物，即

$$\left[Fe\begin{matrix}\diagup OH\\ \diagdown OH\end{matrix}\right]^{-1}+M^{2+}\longrightarrow\left[Fe\begin{matrix}\diagup O-M\\ \diagdown OH\end{matrix}\right]^{0}+H^{+}$$

形成单配位基络合物时释放一个质子，并引起一个单位的电荷变化。

如果金属离子是以 MOH^{+} 的离子形态被专性吸附，则反应后也有质子的释放，但表面电荷不发生变化。

$$M^{2+}+H_2O\longrightarrow MOH^{+}+H^{+}$$

$$\left[Fe\begin{matrix}\diagup OH\\ \diagdown OH\end{matrix}\right]^{-1}+MOH^{+}\longrightarrow\left[Fe\begin{matrix}\diagup O-MOH\\ \diagdown OH\end{matrix}\right]^{-1}+H^{+}$$

氧化物对过渡金属离子的这种专性吸附作用既可在表面带负电荷时发生，也可在表面带正电荷或零电荷时发生，反应的结果使体系的 pH 下降。

层状硅酸盐矿物在某些情况下对重金属离子也可以产生专性吸附作用，因为层状硅酸盐的边面上裸露的铝醇（Al—OH）和硅醇（Si—OH）与氧化物表面的羟基相似，因此有一定程度的专性吸附能力。

被土壤胶体专性吸附的金属离子均为非交换态，不能参与一般的阳离子交换反应，只能被亲和力更强的金属离子置换或部分置换，或在酸性条件下解吸。

（二）阳离子专性吸附的主要影响因素

1. pH　从金属离子的水解式可知，pH 的升高有利于金属离子的水解，使 MOH^{+} 的数量增加。羟基离子由于电荷数量较少，其向胶体表面靠近时所需克服的能障较低，因此容易受短程作用力的影响而被胶体表面吸附。同时，从氧化物对阳离子专性吸附的反应式可看到，矿物吸附金属离子时释放质子（H^{+}），因此 pH 升高会有利于吸附反应

的进行。

2. 土壤胶体类型 土壤各种组分对阳离子专性吸附的能力有很大差异。McLaren和Crawford(1973)对各种土壤胶体从0～10 μg/mL的铜溶液中吸附铜的研究表明，不被氯化钙溶液解吸的铜的最大吸附量（μg/g）次序为：氧化锰（68 300）＞有机质(11 720)＞氧化铁（8 010）＞埃洛石（810）＞伊利石（530）＞蒙脱石（370）＞高岭石(120)。虽然产生专性吸附的阳离子主要是氧化物，但氧化物类型不同，专性吸附能力也有较大的差别。例如几种氧化物对锌离子吸附量的大小顺序为：钠水锰矿＞非结晶形氧化铝＞非结晶形氧化铁。同种氧化物因结晶程度的不同，对阳离子的吸附量也有差异。金属氧化物的老化过程涉及晶形的改变、表面积的变化以及表面化学性质的改变等。一般来说，非结晶形氧化物的比表面积大，反应活性强，阳离子专性吸附量较高。反之，晶形较好的氧化物吸附量较低。例如每克新鲜制备的氢氧化铁和氢氧化铝可吸附锌离子10 mg；但经老化后，吸附量降为原来的10%左右。

（三）阳离子专性吸附的意义

大量研究工作表明，土壤和沉积物中的锰、铁、铝、硅等的氧化物及其水合物，对多种微量重金属离子起富集作用，其中以氧化锰和氧化铁的作用更为明显。例如，Childs和Leslie(1977)研究表明，黄土物质发育的灰黄壤的铁锰结核中富集有锌、钴、镍、钛、铜、钒、钼等重金属元素，其中锌、钴和镍的含量均与锰含量呈正相关，而钛、铜、钒和钼的含量与铁含量呈正相关。这些被铁、锰氧化物吸附的所有重金属离子都不能被通常提取交换性阳离子的试剂（例如NH_4OAc、$CaCl_2$等）所提取，也就是说，这些富集现象是氧化物胶体专性吸附的结果。由于专性吸附对微量重金属离子的富集作用，有关这方面的研究正日益成为地球化学领域或地球化学探矿等学科的重要内容。

不少学者指出，氧化物及其水合物对重金属离子的专性吸附，起着控制土壤溶液中金属离子浓度的重要作用。研究表明，土壤溶液中锌、铜、钴、钼等微量重金属离子的浓度主要受吸附解吸作用所支配，其中氧化物的专性吸附所起的作用又比黏土矿物更为重要。因此专性吸附在制约土壤中某些重金属离子的浓度从而控制其对植物的有效性或毒性方面起重要作用。试验表明，在被铅污染的土壤中加入氧化锰，可以抑制植物对铅的吸收。从这个意义上讲，阳离子专性吸附的研究对植物营养和化学、对指导重金属污染土壤修复等有着重要意义。

阳离子专性吸附在环境科学上的意义在于，土壤是有毒的金属元素的一个汇(sink)。当外源重金属污染物进入农业土壤或河湖底泥，且浓度较低时，易为土壤氧化物等胶体专性吸附所固定而不容易被淋走。因此土壤的专性吸附可以对水体中的重金属污染起一定的净化作用，并对这些金属离子从土壤溶液向植物体内迁移和积累起一定的缓冲和调节作用。但另一方面，专性吸附作用也给土壤带来了潜在污染的危险。因此在研究专性吸附的同时，还必须探讨被土壤胶体专性吸附的金属离子的生物学解吸问题。

第四节 土壤胶体对阴离子的吸附

土壤对阴离子的吸附既有与对阳离子吸附相似的地方，又有不同之处。例如土壤胶体对阴离子也有静电吸附和专性吸附作用，但是土壤胶体多数是带负电荷的，因此在很多情况下，阴离子还可出现负吸附。虽然从数量上讲，大多数土壤对阴离子的吸附量比对阳离子的吸附量少，但由于许多阴离子在植物营养、环境保护，甚至矿物形成、演变等方面具有相当重要的作用，因此土壤的阴离子吸附一直是土壤化学研究中相当活跃的领域，积累了很多研究成果。本节主要介绍土壤胶体对阴离子吸附的基本概念和原理。

一、阴离子的静电吸附

土壤对阴离子的静电吸附是由于土壤胶体表面带有正电荷引起的。产生静电吸附的阴离子主要是 Cl^-、NO_3^-、ClO_4^- 等。与胶体对阳离子的静电吸附相同，这种吸附作用是由胶体表面与阴离子之间的静电引力所控制。因此离子的电荷及其水合半径直接影响离子与胶体表面的作用力。对于同一土壤，当环境条件相同时，反号离子的价数越高，吸附力越强；同价离子中，水合半径较小的离子吸附力较强。产生阴离子静电吸附的主要是带正电荷的胶体表面，与土壤表面正电荷的数量及密度密切相关。土壤中铁、铝、锰的氧化物是产生正电荷的主要物质。在一定条件下，高岭石结晶的边缘或表面上的羟基也可带正电荷。此外，有机胶体表面的某些带正电荷的基团（例如—NH_3^+）等也可静电吸附阴离子。

pH 是影响可变电荷的重要因素，因此土壤 pH 的变化对阴离子的静电吸附有重要影响。随着 pH 的降低，正电荷增加，静电吸附的阴离子增加。在 pH＞7 时，即使是以高岭石和铁、铝氧化物为主要胶体物质的可变电荷土壤，静电吸附的阴离子数量也很低。

二、阴离子的负吸附

大多数土壤在一般情况下主要带负电荷，因此会造成对同号电荷的阴离子的排斥，其斥力的大小，与阴离子距土壤胶体表面的远近有关，距离越近斥力越大，表现出越强的负吸附，反之亦然。所以阴离子的负吸附是指电解质溶液加入土壤后阴离子浓度相对增大的现象。对阴离子而言，负吸附随阴离子价数的增加而增加，例如在钠质膨润土中，不同钠盐的阴离子所表现出的负吸附次序为：$Cl^- = NO_3^- < SO_4^{2-} < Fe(CN)_6^{4-}$。陪补阳离子不同，对阴离子负吸附也有影响。例如在不同阳离子饱和的黏土与含相应阳离子的氯化物溶液的平衡体系中，Cl^- 的负吸附大小顺序为：$Na^+ > K^+ > Ca^{2+} > Ba^{2+}$。就土壤胶体而言，表面类型不同，对阴离子的负吸附作用也不一样。带负电荷越多的土壤胶体，对阴离子的排斥作用越强，负吸附作用越明显。

三、阴离子专性吸附

阴离子专性吸附是指阴离子进入黏土矿物或氧化物表面的金属原子的配位壳中，与配位壳中的羟基或水合基重新配位，并直接通过共价键或配位键结合在固体的表面，故也称为配位体交换吸附。如图 8－6 所示，这种吸附一般发生在胶体双电层的内层，也称为内圈吸附，它不同于离子的静电引力吸附，离子的静电吸附远离胶体表面，是一种外圈吸附。

产生专性吸附的阴离子有 F^- 以及磷酸根、硫酸根、钼酸根、砷酸根等含氧酸根离子。以 F^- 为例，其配位体交换反应为

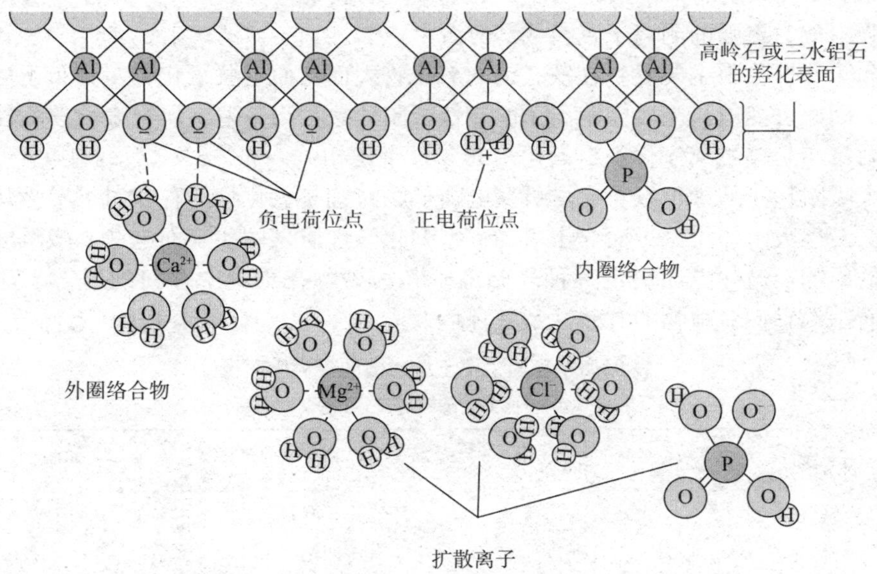

图 8-6　土壤胶体表面离子的外圈吸附和内圈吸附

$$\left[\mathrm{M}\left\langle\begin{matrix}\mathrm{OH_2}\\ \mathrm{OH}\end{matrix}\right.\right]^0+\mathrm{F^-}\longrightarrow\left[\mathrm{M}\left\langle\begin{matrix}\mathrm{OH_2}\\ \mathrm{F}\end{matrix}\right.\right]^0+\mathrm{OH^-}$$

与阴离子的静电吸附不同，专性吸附的阴离子不仅可以在带正电荷的表面发生吸附，也可在带负电荷或零电荷的表面被吸附。吸附的结果使表面正电荷减少，负电荷增加，体系的 pH 上升。例如磷酸根可以在带不同电荷的氧化铁表面发生专性吸附，在 pH=3 体系为

$$\left[\mathrm{Fe}\left\langle\begin{matrix}\mathrm{OH_2}\\ \mathrm{OH_2}\end{matrix}\right.\right]^+ +\mathrm{H_2PO_4^-}\longrightarrow\left[\mathrm{Fe}\left\langle\begin{matrix}\mathrm{OPO_3H_2}\\ \mathrm{OH_2}\end{matrix}\right.\right]^0+\mathrm{H_2O}$$

在 pH=9 体系为

$$\left[\mathrm{Fe}\left\langle\begin{matrix}\mathrm{OH}\\ \mathrm{OH_2}\end{matrix}\right.\right]^0+\mathrm{HPO_4^{2-}}\longrightarrow\left[\mathrm{Fe}\left\langle\begin{matrix}\mathrm{OPO_3H}\\ \mathrm{OH}\end{matrix}\right.\right]^{2-}+\mathrm{H_2O}$$

在 pH>9 体系为

$$\left[\mathrm{Fe}\left\langle\begin{matrix}\mathrm{OH}\\ \mathrm{OH}\end{matrix}\right.\right]^-+\mathrm{HPO_4^{2-}}\longrightarrow\left[\mathrm{Fe}\left\langle\begin{matrix}\mathrm{OPO_3}\\ \mathrm{OH}\end{matrix}\right.\right]^{3-}+\mathrm{H_2O}$$

从上述的反应方程可以看出，在反应过程中，氧化物表面的正电荷逐渐减少，至出现中性表面，反应继续进行，出现负电荷表面。

由于专性吸附是发生在胶体双电层的内层，因此被吸附的阴离子是非交换态的，在

离子强度和 pH 固定的条件下，不能被静电吸附的离子（例如 Cl^-、NO_3^-）置换，只能被专性吸附能力更强的阴离子置换或部分置换。

阴离子专性吸附主要发生在铁、铝的氧化物表面，而这些氧化物多分布于可变电荷土壤中，因此可变电荷土壤中阴离子的专性吸附现象相当普遍。研究表明，酸性土壤对磷的吸附量与土壤游离氧化铁、氧化铝的含量密切相关。表 8-8 显示我国主要土壤对磷的最大吸附量，从中可以看出，可变电荷矿物特别是氧化物的存在对土壤吸磷量的贡献明显。专性吸附作用一方面对土壤的一系列化学性质（例如表面电荷、酸碱度等）造成深刻的影响，另一方面决定多种养分离子和污染物在土壤中存在的形态、迁移和转化，进而制约它们对植物的有效性及其环境效应。

表 8-8 我国主要土壤对磷的最大吸附量

（引自熊毅和陈家坊等，1990）

土 壤	地 点	母 质	磷最大吸附量（μg/g）
砖红壤	广东徐闻	玄武岩	1 310～1 890
红壤	江西进贤	第四纪红土	1 800～2 020
黄棕壤	江苏江宁	下蜀黄土	1 170
黑土	黑龙江九三农场		756～786
暗棕色森林土	黑龙江小兴安岭		641～832
栗钙土	内蒙古呼伦贝尔		700～960
高岭土	江苏吴县		412～414
膨润土	江苏江宁		193

复习思考题

1. 硅氧烷型表面和水合氧化物型表面有什么区别？高岭石属什么表面类型？
2. 土壤电荷的主要来源有哪些？永久电荷和可变电荷有哪些区别？
3. 土壤胶体双电层有什么特点？影响双电层厚度的因素有哪些？
4. 我国南方红壤和北方棕壤的土壤表面电荷和表面电位各有什么特点？
5. 已知黏粒的化学式为 $(Si_{7.71}Al_{0.29})(Al_{3.01}Fe^{+3}_{0.38}Fe^{2+}_{0.04}Mg_{0.52})O_{20}(OH)_4$，请计算：①单位晶层的电荷亏缺；②单位晶层分子质量（不包括反号离子）；③阳离子交换量。
6. 经测定，某土壤的交换性阳离子组成中，Al^{3+} 为 5.7 cmol/kg，Ca^{2+} 为 1.0 cmol/kg，Mg^{2+} 为 0.6 cmol/kg，H^+ 为 0.3 cmol/kg，K^+ 为 0.3 cmol/kg，Na^+ 为 0.1 cmol/kg。试计算土壤的盐基饱和度。该土壤是碱性土壤、中性土壤还是酸性土壤？
7. 为什么酸性土壤施用石灰后能提高其保肥能力？
8. 分别以钙、镁、氢、铵等离子作为钾离子的陪补离子，其中哪种离子最不利于提高钾离子的有效性？
9. 为什么可变电荷土壤中磷的有效性一般较低？
10. 试比较阳离子静电吸附与专性吸附的区别。

CHAPTER 9

第九章

土壤溶液化学反应

土壤水不是纯水，含有多种多样的可溶性有机物质和无机物质。土壤水分及其所含的溶质称为土壤溶液。土壤溶液可以被大致分成两个部分，一部分是从土壤颗粒表面至距离土壤颗粒表面数十纳米空间内的近表面溶液，另一部分是与土壤颗粒表面间距离更远的溶液。前一部分溶液中的土壤水和其中溶质往往受到土壤颗粒表面上的各种力（例如静电力、分子力、共价键、氢键等）的作用而使溶液性质不同于普通的溶液；后一部分溶液由于距离土壤颗粒表面较远，其溶液性质与普通溶液相近，这部分溶液通常被称为本体溶液（bulk solution）。土壤中的各种反应过程都是在土壤溶液中进行的，土壤矿物风化、胶体表面反应、物质运移、植物从土壤中吸取养分等都必须在土壤溶液参与下进行。土壤溶液反应涉及面很广，本章着重讨论土壤溶液中的酸碱反应、氧化还原反应、沉淀溶解反应和络合解离等溶液化学反应。土壤中的吸附解吸反应已在第八章作了介绍。

第一节　土壤溶液的组成和动态平衡

一、土壤溶液的组成

土壤溶液的分散质是以单分子或离子状态存在的，其颗粒直径一般小于 10^{-9} m，单分子化合物的原子数目相差悬殊，较小的在 1 000 以下，较多的达到数千甚至上万。土壤溶液分散质（表 9-1）主要包括：①无机盐，例如 K^+、Na^+、Ca^{2+}、Mg^{2+}、NH_4^+、Cl^-、SO_4^{2-}、NO_3^-、HCO_3^- 等离子组成的可溶性盐，以及 Fe^{3+}、Al^{3+}、Mn^{2+}、Ca^{2+}、Zn^{2+} 等组成的磷酸盐、钼酸盐、硅酸盐、碳酸盐等溶解度较小的化合物。②有机化合物，包括可溶性低分子有机化合（例如糖类、有机酸等）、大分子有机化合物（例如纤维素、蛋白质、腐殖质等），还有有机络合物和螯合物（例如多糖酸、柠檬酸、酒石酸与金属离子的螯合物）。③溶解的气体分子，例如 O_2、NH_3、CO_2、N_2、H_2S、CH_4

表 9-1　土壤溶液的无机化合物和有机化合物组成

种类		主要成分 10^{-4}～10^{-2} mol/L	次要成分 10^{-6}～10^{-4} mol/L	其他
无机盐类	阳离子	Ca^{2+}、Mg^{2+}、Na^+、K^+	Fe^{2+}、Mn^{2+}、Zn^{2+}、Ca^{2+}、NH_4^+、Al^{3+}	Cr^{3+}、Ni^{2+}、Po^{2+}、Hg^{2+}
	阴离子	HCO_3^-、Cl^-、SO_4^{2-}	$H_2PO_4^-$、F^-、HS^-	CrO_4^{2-}、$HMoO_4^-$
	中性物	$Si(OH)_4$	$B(OH)_3$	
有机化合物	天然物	羟基酸类、氨基酸类、简单有机化合物	糖类、酚酸类	蛋白质、乙醇类
	人造物	除草剂、杀菌剂、杀虫剂、多氯联苯、多环芳烃、石油烃类、表面活性剂、溶剂等		

等。土壤溶液分散质主要来自土壤固相颗粒，尤其是土壤无机黏粒和有机黏粒的释放，其组成与含量受生物、气候等环境因子的强烈影响。不同地区、不同类型土壤溶液组成及含量也明显不同。例如湿润地区红壤的无机盐离子和简单有机化合物含量较低，而 Fe^{3+} 、Al^{3+} 等离子较活跃，土壤溶液呈酸性或强酸性反应。干旱或半干旱地区的盐土溶液组成则以可溶性盐为主，碱土溶液则主要含强碱弱酸盐类（例如碳酸钠、碳酸氢钠等），土壤呈强碱性反应。同种土壤的不同层次、甚至同一层次在不同季节溶液组成也存在一定的变化。

二、土壤溶液的动态平衡

土壤溶液与其固相、气相紧密相连，并与固相土壤胶体（包括无机胶体、有机胶体和无机有机复合胶体）表面吸附的离子或分子、土壤有机质及生物有机体（主要是微生物）以及土壤空气间相互影响、相互依存，土壤溶液始终处在动态的平衡中（图 9－1）。

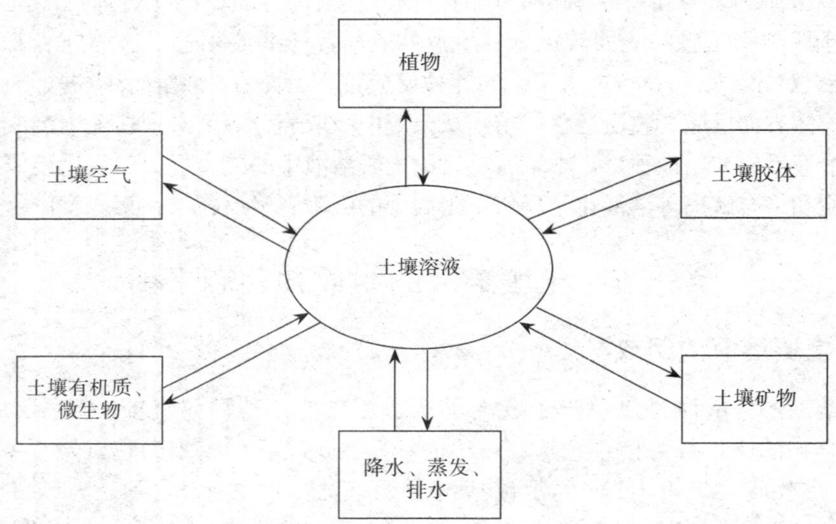

图 9－1　土壤溶液的动态平衡

1. 土壤溶液与土壤矿物处于平衡状态　土壤矿物经风化、分解，释放的元素进入土壤溶液。某种矿质元素浓度达到过饱和时，就会沉淀。土壤矿物种类繁多，有的是结晶型的，有的是非结晶型的，它们风化和分解的难易程度是不同的。

2. 土壤溶液与土壤胶体表面也保持着平衡　溶液中的元素与土壤胶体的相互作用有特殊重要性，土壤胶体具有吸附、吸收、解吸、交换等不同反应机制。例如由静电引力吸附的离子与溶液中的离子保持平衡，并受质量作用定律的支配。由静电引力结合的表面络合物（外圈）属非专性吸附，而由共价键结合的表面络合物（内圈）属于专性吸附。

3. 土壤溶液与土壤有机质、微生物体之间保持着平衡　这种平衡归结起来是，土壤有机质的矿化和矿化产物的生物同化固定为可逆过程，但矿化与固定两个过程的强度是不等的，当矿化强度大于固定强度时，土壤有机质以分解为主，反之土壤有机质以合成为主。

4. 土壤空气也趋向于同土壤溶液保持平衡　土壤中的植物和微生物一般都利用土

壤空气中的氧（O_2）作为电子受体，并通过代谢作用释放二氧化碳（CO_2）。

5. 土壤溶液中元素与植物生长也趋向保持某种平衡关系　在作物生产中，植物从土壤溶液中吸取矿质营养，养分元素随着农产品生产源源不断地从土壤中输出，这就需要对土壤溶液补给“亏缺”的元素，以维持它们之间的某种平衡。养分补给途径有二，一是依靠土壤各组分间相互转化、移动，即土壤自身的调节补给；二是通过对耕作土壤进行施肥补给。根据作物的养分需要量及作物的吸肥规律和土壤有效养分数量及潜在供应能力，确定养分补给量是平衡施肥的核心内容。

第二节　土壤酸碱反应

自然条件下，土壤的酸碱性主要受土壤盐基状况所支配，而土壤盐基状况决定于淋溶过程和复盐基过程的相对强度。所以土壤酸碱性实际上是由母质、生物、气候以及人为作用等多种因子控制的。我国北方大部分地区的土壤为盐基饱和土壤，并含有一定量的碳酸钙。而南方地区的大部分土壤盐基饱和度一般只有 20%～30%，是盐基不饱和土壤。相应地，我国土壤 pH 也由北向南呈渐低的趋势。华北地区碱性土壤的 pH 可高达 10.5，而华南地区的强酸性土壤的 pH 可低至 3.6～3.8。

一、土壤酸性的形成

（一）土壤酸化过程

土壤酸化过程大致可分为 5 个步骤：①溶液中 H^+ 的产生；②溶液中的 H^+ 与黏土矿物表面吸附的盐基离子间的交换；③H^+ 在黏土矿物表面的积累；④黏土矿物晶体中铝八面体解体导致 Al^{3+} 的释放；⑤黏土矿物表面交换性 Al^{3+} 的积累。

1. 土壤中 H^+ 的最初来源　土壤溶液中 H^+ 的最初来源包括多个方面，但在形成酸性土之前，土壤 H^+ 和 Al^{3+} 的总量往往是很低的。土壤溶液中 H^+ 的最初来源包括以下几个方面。

（1）水解离　水解离的反应式为

$$H_2O \rightleftharpoons H^+ + OH^-$$

水解离常数虽然很小，但由于 H^+ 被土壤吸附而使其解离平衡受到破坏，所以将有新的 H^+ 释放出来。

（2）碳酸解离　碳酸解离的反应式为

$$H_2CO_3 \rightleftharpoons H^+ + HCO_3^-$$

土壤中的碳酸主要由二氧化碳（CO_2）溶解于水（H_2O）生成，而二氧化碳是植物根系和微生物的呼吸以及有机物质分解时产生的，所以植物根际的 H^+ 活度要强一些（那里的微生物活动也较强）。

（3）有机酸解离　有机酸解离可表达为

$$R{-}COOH \rightleftharpoons R{-}C\begin{matrix} \diagup O \\ \\ \diagdown O^- \end{matrix} + H^+$$

土壤有机物质分解的中间产物包含草酸、柠檬酸等多种低分子有机酸，在通气不良以及在真菌作用下，这些有机酸可能积累很多。土壤中的胡敏酸和富啡酸分子在不同的 pH 条件下，可释放出 H^+。

（4）酸雨　$pH<5.6$ 的酸性大气化学物质，通过干沉降和湿沉降两种途径降落到地面。其中随降雨夹带大气酸性物质到达地面的称为湿沉降，习惯上又称为酸雨，是土壤氢离子的重要来源之一。

（5）其他无机酸解离　土壤中存在各种各样的无机酸。$(NH_4)_2SO_4$、KCl 和 NH_4Cl 等生理酸性肥料施到土壤中，因为阳离子 NH_4^+、K^+ 被植物吸收而留下酸根。施氮素肥料由于硝化细菌的作用可产生硝酸，在某些地区有施用绿矾的习惯，可以产生酸。

$$FeSO_4 + 2H_2O \rightleftharpoons Fe(OH)_2 + H_2SO_4$$

2. H^+ 与黏土矿物表面吸附的盐基离子间的交换及黏土矿物表面 H^+ 的积累　土壤溶液中 H^+ 产生后，这些 H^+ 就会与土壤矿物表面吸附的盐基离子发生交换。虽然上述 H^+ 的来源通常只能形成较低浓度的 H^+，但从第八章阳离子交换能力顺序可以看出，H^+ 的交换吸附能力比 Ca^{2+}、Mg^{2+}、K^+ 和 Na^+ 等盐基离子都强。另一方面，在高温和多雨的地区，不仅化学反应速度快，而且降雨导致土壤及其母质的淋溶作用非常强烈。因此在这样的地区，H^+ 与盐基离子间交换的结果是：土壤中盐基离子含量因雨水淋溶而逐渐减少，而矿物颗粒表面的 H^+ 则逐渐积累。

3. 黏土矿物铝八面体中 Al^{3+} 的释放和黏土矿物表面交换性 Al^{3+} 的积累　当矿物表面 H^+ 积累到一定程度后，由于 H^+ 与矿物表面氧原子（O）间存在较强作用力，从而使矿物晶体中原子间的力平衡被打破，矿物晶体不再稳定，部分铝八面体解体，使铝离子（Al^{3+}）脱离八面体晶格的束缚变成活性铝离子。从第八章阳离子交换能力顺序可以看出，Al^{3+} 的交换吸附能力比 H^+ 更强。所以在高温和多雨的地区，势必导致土壤矿物颗粒表面交换性 Al^{3+} 的不断积累。由于矿物表面的这些 Al^{3+} 都是交换吸附态，所以这些 Al^{3+} 可以被其他阳离子交换而部分地回到溶液中。由于 Al^{3+} 是强水解离子，所以一旦这些 Al^{3+} 进入溶液后就立即水解而释放出 H^+。

因此土壤胶体表面是否含有大量交换吸附态 Al^{3+}，是该土壤是否已经变成实质性强酸性土的根本标志。

（二）土壤酸的类型

土壤酸可分为活性酸和潜性酸。土壤活性酸是指与土壤固相处于平衡时土壤溶液中的氢离子（H^+）。土壤潜性酸指吸附在土壤胶体表面的交换性氢离子和铝离子，交换性氢离子和铝离子只有转移到溶液中成为溶液中的氢离子时才会显示酸性，故称为潜性酸。土壤潜性酸是活性酸的主要来源和后备，二者始终处于动态平衡之中，是属于一个体系中的两种酸类型。在强酸性、酸性和弱酸性土壤中，活性酸和潜性酸存在以下平衡关系。

1. 强酸性土壤中活性酸和潜性酸的平衡　交换性铝与土壤溶液中的铝离子处于平衡状态，通过土壤溶液中铝离子的水解，增强土壤酸性，即

$$\boxed{胶体} \equiv Al^{3+} \rightleftharpoons Al^{3+}$$

交换性铝　土壤溶液中的铝离子

土壤溶液中的铝离子按下式水解。

$$Al^{3+}+3H_2O \longrightarrow Al(OH)_3\downarrow+3H^+$$

在强酸性土壤中，土壤活性酸（溶液 H^+）的主要来源是铝离子，而不是氢离子。这是因为强酸性土壤上铝的饱和度大，土壤溶液中的每个铝离子水解可产生 3 个氢离子。据报道，在 pH＜4.8 的酸性红壤中，交换性氢一般只占总酸度的 3％～5％，而交换性铝占总酸度的 95％以上。

2. 酸性和弱酸性土壤中活性酸和潜性酸的平衡　酸性和弱酸性土壤的盐基饱和度较大，铝不能以游离 Al^{3+} 存在，而是以羟基铝离子［例如 $Al(OH)_2^+$、$Al(OH)^{2+}$ 等］形态存在。这种羟基铝离子是很复杂的，可能呈 $[Al_6(OH)_{12}]^{6+}$、$[Al_{10}(OH)_{22}]^{8+}$ 等离子团形式。有的羟基铝离子可被胶体吸附，其行为如同交换性铝离子一样，在土壤溶液中水解产生 H^+。

$$Al(OH)^{2+}+H_2O \longrightarrow Al(OH)_2^+ +H^+$$

$$Al(OH)_2^+ +H_2O \longrightarrow Al(OH)_3+H^+$$

酸性和弱酸性土壤中，除了羟基铝离子水解产生 H^+ 外，胶体交换性氢离子（H^+）的解离可能是土壤溶液中氢离子（H^+）的第二个来源。

$$\boxed{胶\quad体}—H^+ \rightleftharpoons H^+$$

交换性氢离子　　土壤溶液中的氢离子

综上所述，土壤 pH 与土壤交换性阳离子之间的关系可用图 9－2 表示。在强酸性土壤中以交换性 Al^{3+} 和以共价键紧密束缚的 H^+ 及 Al^{3+} 占优势；在酸性土壤中，致酸离子以 $Al(OH)_2^+$、$Al(OH)^{2+}$ 等羟基离子为主；而在中性及碱性土壤中，土壤胶体上主要是交换性盐基离子。

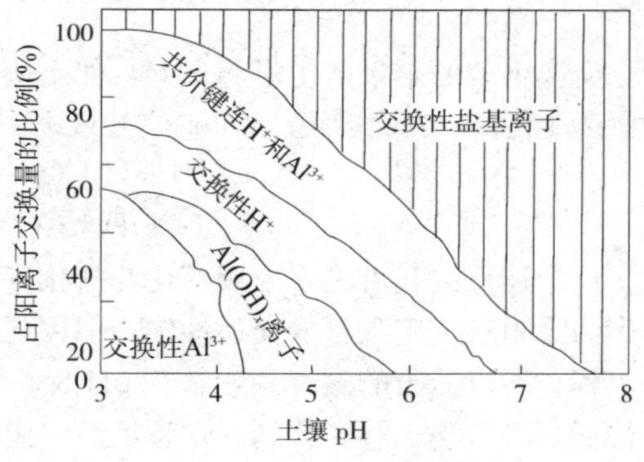

图 9－2　pH 与土壤交换性阳离子的关系

二、土壤碱性的形成

土壤碱性反应及碱性土壤形成是自然土壤形成条件和土壤内在因素综合作用的结果。碱性土壤的碱性物质主要是钙、镁、钾、钠的碳酸盐和重碳酸盐，以及胶体表面吸附的交换性钠。形成碱性反应的主要机制是碱性物质的水解反应。

1. 碳酸钙水解　在石灰性土壤和交换性钙占优势的土壤中，碳酸钙、土壤空气中的二氧化碳（CO_2）和土壤水处于同一个平衡体系，碳酸钙可通过水解作用产生氢氧根离子（OH^-），其反应式为

$$CaCO_3+H_2O \rightleftharpoons Ca^{2+}+HCO_3^-+OH^-$$

因为 HCO_3^- 又与土壤空气中 CO_2 处于平衡关系，即

$$CO_2+H_2O \rightleftharpoons HCO_3^-+H^+$$

所以石灰性土壤的 pH 主要是受土壤空气中 CO_2 分压控制的。

2. 碳酸钠水解　碳酸钠（苏打）在水中能发生碱性水解，使土壤呈强碱性反应。土壤中碳酸钠的主要来源有以下几个。

① 土壤矿物中的钠在碳酸作用下形成重碳酸钠，重碳酸钠失去一半的二氧化碳（CO_2）则形成碳酸钠。

$$2NaHCO_3 \longrightarrow Na_2CO_3 + H_2O + CO_2$$

② 土壤矿物风化过程中形成的硅酸钠与含碳酸的水作用，生成碳酸钠并游离出二氧化硅（SiO_2），其反应式为

$$Na_2SiO_3 + H_2CO_3 \longrightarrow Na_2CO_3 + SiO_2 + H_2O$$

③ 盐渍土水溶性钠盐（例如氯化钠、硫酸钠）与碳酸钙共存时，可形成碳酸钠，其反应过程为

$$CaCO_3 + 2NaCl \rightleftharpoons CaCl_2 + Na_2CO_3$$

$$CaCO_3 + Na_2SO_4 \rightleftharpoons CaSO_4 + Na_2CO_3$$

3. 交换性钠水解　交换性钠水解呈强碱性反应，是碱化土的重要特征。碱化土形成必须具备如下两个条件。

① 有足够数量的钠离子与土壤胶体吸附的钙、镁离子交换而形成钠质胶体，交换反应为

$$\boxed{\begin{matrix}胶\\粒\end{matrix}}\begin{matrix}Ca^{2+}\\Mg^{2+}\end{matrix} + 4Na^+ \longrightarrow \boxed{\begin{matrix}胶\\粒\end{matrix}}\begin{matrix}2Na^+\\2Na^+\end{matrix} + Ca^{2+} + Mg^{2+}$$

② 因季节性脱盐而使土壤胶体上的交换性钠水解，并产生苏打盐类，其反应为

$$\boxed{胶粒}\ xNa + yH_2O \rightleftharpoons \boxed{胶粒}\begin{matrix}(x-y)\ Na^+\\ yH^+\end{matrix} + yNaOH$$

交换水解的结果产生了 NaOH，使土壤呈碱性反应。由于土壤中不断产生 CO_2，水解所产生的 NaOH 实际上以 Na_2CO_3 或 $NaHCO_3$ 形态存在的，即

$$2NaOH + H_2CO_3 \rightleftharpoons Na_2CO_3 + 2H_2O$$

$$NaOH + CO_2 \rightleftharpoons NaHCO_3$$

从上述反应式可见，土壤碱化与盐化有着发生学上的联系。盐土在盐积过程中，胶体表面吸附有一定数量的交换性钠，但因土壤溶液中的可溶性盐浓度较高，阻止交换性钠水解。所以盐土的碱度一般都在 pH 8.5 以下，物理性质也不会恶化，并不显现碱土的特征。只有当土壤脱盐到一定程度后，土壤吸附性钠发生解吸后才出现碱化。土壤碱化是在盐土盐积和脱盐频繁交替发生情况下，钠离子取代胶体上吸附的钙、镁离子演变而成的。在干旱、半干旱和漠境地区，由于年降水量远远小于蒸发量，尤其在冬春干旱季节的蒸降比一般为 5～10，甚至 20 以上。降水又集中分布在高温的 6—9 月，这几个月的降水量可占年降水量的 70%～80%。土壤具有明显的季节性盐积和脱盐频繁交替的特点，是导致土壤碱化的重要条件。

三、土壤酸碱度的指标

（一）土壤酸度的强度指标

1. 土壤 pH　土壤 pH 代表与土壤固相处于平衡的溶液中的 H^+ 浓度的负对数。pH 为 7 时，溶液中的 H^+ 和 OH^- 的浓度相等（10^{-7} mol/L）。土壤 pH 高低可分为若干级，《中国土壤》一书中将我国土壤的酸碱度分为 5 级：pH＜5.0 为强酸性，pH 5.0～6.5 为酸性，pH 6.5～7.5 为中性，pH 7.5～8.5 为碱性，pH＞8.5 为强碱性。

pH 的分级因研究目的而不同，各国的分级指标均不完全一致。参照上述分级，我国土壤的酸碱反应多数在 pH 4.5～8.5，在地理分布上具有南酸北碱的地带性分布特点，即由南向北 pH 逐渐增大。长江以南土壤多数为强酸性，例如华南、西南地区分布的红壤、砖红壤和黄壤的 pH 多数在 4.5～5.5。长江以北的土壤多数为中性和碱性土壤。华北、西北的土壤含碳酸钙，pH 一般在 7.5～8.5，部分碱土的 pH 在 8.5 以上，少数为 pH 高达 10.5 的强碱性土壤。

2. 石灰位　传统上把土壤 pH 作为土壤酸度的强度指标，并获得广泛的应用。事实上，土壤酸度不仅仅决定于土壤胶体上吸附的氢、铝两种离子，在很大程度取决于这两种致酸离子与盐基离子的相对比例。而在土壤胶体表面吸附的盐基离子中总是以钙离子为主的，在酸性土壤的盐基离子中，钙离子占总量的 65%～80%。因此提出了表示土壤酸强度的另一个指标——石灰位。它将氢离子数量与钙离子数量联系起来，以数学式 pH－0.5 pCa 表示之。在用化学位来衡量养分的有效性时，钙作为植物必要营养元素，也可以把 pH－0.5 pCa 作为这个体系钙的养分位。

石灰位作为土壤酸度的强度指标，不仅反映土壤氢离子状况，更反映钙离子有效性，因而能更全面地代表土壤的盐基饱和度和土壤酸度状况。在区分不同类型土壤的酸度时，石灰位的差别较 pH 的差别更明显（表 9-2）。虽然石灰位（pH－0.5 pCa）有许多可取之处，但仍不如 pH 应用普遍。

表 9-2　水稻土及其母质的 pH 与 pH－0.5 pCa 的比较

（于天仁等，1983）

土壤类型	pH			pH－0.5 pCa		
	水稻土	母质	相差	水稻土	母质	相差
砖红壤	5.23	5.12	0.11	3.40	2.29	1.11
红　壤	6.56	5.15	1.41	4.93	3.02	1.91
黄棕壤	6.83	5.71	1.12	5.32	3.91	1.41

（二）土壤酸度的数量指标

土壤胶体上吸附的氢、铝离子所反映的潜性酸量，可用交换性酸或水解性酸表示。

1. 交换性酸　在非石灰性土壤及酸性土壤中，土壤胶体吸附了一部分铝离子（Al^{3+}）及氢离子（H^+）。当用中性盐溶液［例如 1 mol/L KCl 或 0.06 mol/L $BaCl_2$ 溶液（pH＝7）］浸提土壤时，土壤胶体表面吸附的铝离子与氢离子的大部分均被浸提剂的阳离子交换而进入溶液，此时不但交换性氢离子可使溶液变酸，而且交换性铝离子通过水解作用也增加了溶液的酸性，即

$$Al^{3+}+3H_2O \longrightarrow Al(OH)_3\downarrow +3H^+$$

用标准碱液滴定浸提液中的氢离子及由铝离子水解产生的氢离子，根据消耗的碱量换算为交换性氢与交换性铝的总量，即为交换性酸量（包括活性酸），以 cmol(＋)/kg 表示，它是土壤酸度的数量指标。由于平衡常数的制约，所测得的交换性酸量只是土壤潜性酸量的大部分，而不是它的全部。交换性酸量在进行调节土壤酸度估算石灰用量时有重要参考价值。

2. 水解性酸　水解性酸又称为非交换性酸，是土壤潜性酸量的另一种表示方式。

当土壤是用弱酸强碱的盐溶液（常用的为 pH 8.2 的 1 mol/L NaOAc 溶液）浸提时，因反应体系中生成了离解度很低的弱酸（例如乙酸）和氢氧化铝沉淀，从而使该弱酸强碱盐离解出的阳离子（例如 Na^+）能够把土壤吸附性氢、铝离子更彻底地交换下来。这个反应的全过程可表示为

$$CH_3COONa + H_2O \rightleftharpoons CH_3COOH + NaOH$$

$$H-\boxed{胶粒}\equiv Al + 4CH_3COONa + 3H_2O \rightleftharpoons Na-\boxed{胶粒}\begin{matrix} / Na \\ -Na \\ \backslash Na \end{matrix} + Al(OH)_3 + 4CH_3COOH$$

上述反应中产生的乙酸量可用 NaOH 滴定法来确定，根据所消耗的 NaOH 量就可以换算出土壤中的潜性酸量。这样测得的潜性酸的量称为土壤的水解性酸度。从表 9-3 可见，土壤水解性酸度大于交换性酸度。但是采用此法得到的水解性酸度可有另外两个误差来源：①土壤中可变电荷表面的羟基（如氧化物）可发生如下反应

$$\boxed{氧化物}-OH + CH_3COONa \longrightarrow \boxed{氧化物}-O\,Na + CH_3COOH$$

由于这种羟基在土壤中扮演的是“酸碱缓冲体系”的角色（见“酸碱缓冲性”部分），而非酸的来源，所以可变电荷胶体的上述反应可导致测定结果被高估。②由于醋酸分子量比无机盐大，因而易于在土壤颗粒表面吸附，而使测定结果被低估。

表 9-3　几种土壤中的潜性酸（交换性酸量和水解性酸量）（cmol/kg）**的比较**

土　壤	交换性酸量	水解性酸量
黄壤（广西）	3.62	6.81
黄壤（四川）	2.06	2.94
黄棕壤（安徽）	0.20	1.97
黄棕壤（湖北）	0.01	0.44
红壤（广西）	1.48	9.14

（三）土壤碱度指标

土壤溶液中氢氧根离子（OH^-）浓度超过氢离子（H^+）浓度时呈碱性反应，土壤 pH 愈大碱性愈强。土壤碱性反应除常用 pH 表示以外，总碱度和碱化度是另外两个反映碱性强弱的指标。

1. 总碱度　总碱度是指土壤溶液或灌溉水中碳酸根和重碳酸根的总量（cmol/L），即

$$总碱度 = [CO_3^{2-}] + [HCO_3^-]$$

土壤碱性反应是由于土壤中含有弱酸强碱的水解性盐类，主要是碱金属（钠、钾）及碱土金属（钙、镁）的碳酸根和重碳酸根的盐类存在。其中碳酸钙（$CaCO_3$）及碳酸镁（$MgCO_3$）的溶解度很小，在正常二氧化碳分压下，溶液中的浓度很低，所以含碳酸钙和碳酸镁土壤的 pH 不可能很高，最高在 8.5 左右（据实验室测定，在无二氧化碳影响时，碳酸钙的 pH 可高达 10.2），这种因石灰性物质所引起的弱碱性反应（pH 7.5～8.5）称为石灰性反应。石灰性反应的土壤称为石灰性土壤。石灰性土壤的耕层因受大气或土壤中二氧化碳分压控制，pH 常在 8.0～8.5，而在其深层因植物根系及土壤微生

物活动都很弱，二氧化碳分压很小，其 pH 可升至 10.0 以上。

碳酸钠（Na_2CO_3）、碳酸氢钠（$NaHCO_3$）及碳酸氢钙［$Ca(HCO_3)_2$］等水溶性盐类，可使土壤溶液的总碱度很高。总碱度用中和滴定法测定，单位为 cmol/L；也可用碳酸根（CO_3^{2-}）及碳酸氢根（HCO_3^-）占阴离子的质量分数（%）表示，我国碱化土壤的总碱度占阴离子总量的 50%以上，高的可达 90%。总碱度在一定程度上反映土壤和水质的碱性程度，故可作为土壤碱化程度分级的指标之一。

2. 碱化度　碱化度（钠碱化度，*ESP*）是指土壤胶体吸附的交换性钠离子占阳离子交换量的比例（%），即

$$碱化度=\frac{交换性钠含量}{阳离子交换量}\times 100\%$$

当土壤碱化度达到一定程度，可溶盐含量较低时，土壤就呈极强的碱性反应，pH 大于 8.5 甚至超过 10.0。这种土壤颗粒高度分散，湿时泥泞，干时硬结，结构板结，耕性极差。土壤理化性质发生的这些恶劣变化称为土壤的碱化作用。

土壤碱化度常被用来作为碱土分类及碱化土壤改良利用的指标和依据。将土壤碱化度 5%～10%定为轻度碱化土壤，10%～15%为中度碱化土壤，15%～20%为强碱化土壤。

四、土壤酸碱度与生物环境

（一）植物、微生物适宜的酸碱度

植物对土壤酸碱性的要求是长期自然选择的结果。大多数植物适宜生长在中性至微碱性土壤上。有些植物对土壤酸碱性有偏好，它们只能在某特定的酸碱范围生长。因为这些植物对土壤酸碱性有一定的指示作用，可作为土壤酸碱性指示植物。例如茶、映山红只能在酸性土壤上生长，被作为酸性土壤的指标植物。盐蒿、碱蓬等作为盐土的指示植物。栽培植物对土壤的酸碱性要求不很严格，一些农作物和天然植物的适宜 pH 范围见表 9－4。

表 9－4　一些农作物与天然植物适宜的 pH 范围

适应偏碱性（pH 7.0～8.0）的植物	适应中性至微碱性（pH 6.5～7.5）的植物	适应中性至微酸性（pH 6.0～7.0）的植物	适应偏酸性（pH 5.5～6.5）的植物	适用酸性（pH 5.0～6.0）的植物
紫苜蓿	棉花	蚕豆	水稻	茶树
田　菁	大麦	豌豆	油茶	马铃薯
大　豆	小麦	甘蔗	花生	荞麦
大　麦	大豆	桑树	紫云英	西瓜
黄花苜蓿	黄花苜蓿	桃树	柑橘	烟草
甜　菜	苹果	玉米	苕子	亚麻
金花菜	玉米	苹果	芝麻	凤梨
芦　笋	蚕豆	苕子	黑麦	草莓
莴　苣	豌豆	水稻	小米	杜鹃花
花椰菜	甘蓝		萝卜	羊齿类

土壤细菌和放线菌（例如硝化细菌、固氮菌、纤维分解菌等）均适于中性和微碱性环境，在 pH<5.5 的强酸性土壤中其活性明显下降。真菌可在较广的 pH 范围内活动，在强酸性土壤中以真菌占优势。

（二）土壤酸碱性对养分有效性的影响

土壤酸碱性是土壤的重要化学性质，对土壤微生物的活性、矿物质和有机质分解、土壤养分元素的释放、固定、迁移等起重要作用，因而影响元素的生物有效性和毒性（图 9-3）。

① 土壤 pH 6.5 左右时，各种元素的有效性都较高并适宜多数作物的生长。

② pH 在微酸性、中性、碱性土壤中，氮、硫、钾的有效性较高。

③ pH 6～7 的土壤中，磷的有效性最高。pH<5 时，因土壤中的活性铁、铝增加，易形成磷酸铁、磷酸铝沉淀；而在 pH>7 时，则易产生磷酸钙沉淀，磷的有效性降低。

④ 在强酸和强碱土壤中，有效性钙和镁的含量较低；在 pH 6.5～8.5 的土壤中，钙的有效性较高。

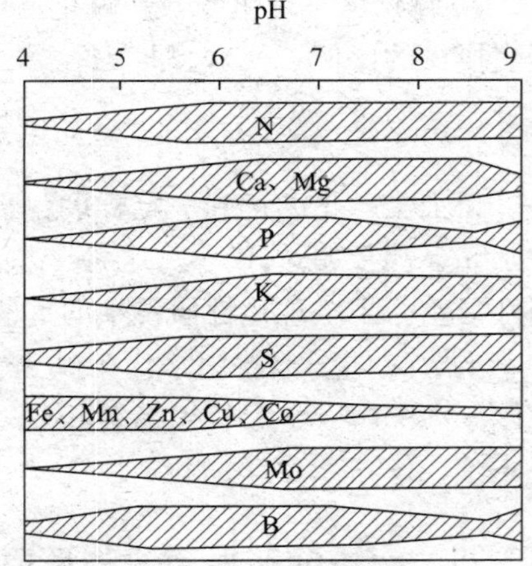

图 9-3　植物营养元素的有效性与 pH 的关系

⑤ 铁、锰、铜、锌等元素有效性，在酸性和强酸性土壤中较高；在 pH>7 的土壤中，活性铁、锰、铜、锌离子明显下降，并常常出现铁、锰离子的供应不足。

⑥ 在强酸性土壤中钼的有效性低，pH>5.5 时其有效性增加。硼的有效性与 pH 关系较复杂，在强酸性土壤和 pH 7.0～8.5 的石灰性土壤中有效性均较低，在 pH 5.5～7.0 微酸性和 pH>8.5 的碱性土壤中有效性较高。

⑦ 在 pH<5.5 强酸性土壤中，矿物结构中和有机络合态铝、锰等均易被活化，交换性铝可占阳离子交换量的 90%以上，且易产生游离铝离子。若土壤游离的铝离子达 0.2 cmol/kg，当土壤交换锰（Mn^{2+}）达到 2～9 cmol/kg、或植株干物质含锰量超过 1 000 mg/kg 时就可使农作物受害。

五、土壤酸碱度的影响因素

（一）盐基饱和度

盐基饱和度与土壤酸度关系密切，在一定范围内土壤 pH 随盐基饱和度增加而增高。这种关系大致如下：

土壤 pH	<5.0	5.0～5.5	5.5～6.0	6.0～7.0
土壤盐基饱和度（%）	<30	30～60	60～80	80～100

（二）土壤空气中的二氧化碳分压

石灰性土壤及以吸附性钙离子占优势的中性或微碱性土壤上，其 pH 的变化与土壤

空气中的二氧化碳分压有密切的关系。它们在 $CaCO_3-CO_2-H_2O$ 平衡体系中的关系为

$$CO_2 + H_2O \xrightleftharpoons{K_a} 2H^+ + CO_3^{2-}$$

式中，K_a 为碳酸的解离常数，即有

$$K_a = \frac{[H^+]^2[CO_3^{2-}]}{[CO_2]}$$

则有

$$[CO_3^{2-}] = K_a \frac{[CO_2]}{[H^+]^2}$$

$$CaCO_3 \xrightleftharpoons{K_s} Ca^{2+} + CO_3^{2-}$$

式中，K_s 为碳酸钙的溶度积，即

$$K_s = [Ca^{2+}][CO_3^{2-}]$$

则有

$$K_s = [Ca^{2+}] \times K_a \frac{[CO_2]}{[H^+]^2}$$

$$[H^+]^2 = \frac{K_a}{K_s}[Ca^{2+}][CO_2]$$

所以有

$$2pH = K - \lg[Ca] - \ln p_{CO_2} \qquad \left(K = -\lg\frac{K_a}{K_s}\right)$$

式中，[Ca] 为该平衡体系中钙离子（Ca^{2+}）的浓度，p_{CO_2} 为该平衡体系中二氧化碳（CO_2）的分压，K 为常数（其值一般为 10.0～10.5）。上述关系式表明，石灰性土壤空气中的二氧化碳分压影响碳酸钙（$CaCO_3$）的溶解度和土壤溶液的 pH，二氧化碳分压愈大，pH 愈大。同时还启示我们：①土壤空气二氧化碳含量为 0.03%～10%，石灰性土壤 pH 为 6.8～8.5。所以农业上施用石灰来中和土壤酸度是比较安全的。②测定石灰性土壤 pH 时，应在固定的二氧化碳分压下进行，并必须达到平衡时才读数。

（三）土壤含水量

土壤含水量影响致酸离子、碱离子在固相液相之间的分配，从而影响土壤 pH。土壤的 pH 一般随土壤含水量增加有升高的趋势，酸性土壤中这种趋势尤为明显，这可能与黏粒的浓度降低，吸附性氢离子与电极表面接触的机会减少有关；也可能因电解质稀释后，阳离子更多地解离进入溶液，导致 pH 升高。因此在测定土壤 pH 时一定要注意土水比。土水比愈大所测得的 pH 愈大。

（四）土壤氧化还原条件

淹水或施有机肥促进土壤向还原方向发展，对土壤 pH 有明显的影响。这种影响的大小和速度与土壤原来的 pH 及有机质含量有关。有机质含量低的强酸性土壤，淹水后 pH 迅速上升。其原因主要是在厌氧条件下形成的还原性碳酸铁、锰呈碱性。酸性硫酸盐土壤（含大量硫酸铁、铝、锰等）在淹水和有机肥的影响下，硫酸盐被还原为硫化物，土壤可由极端酸性（pH 在 2～3 或以下）转变为中性反应。反之，这种土壤经排水、晒垡而被氧化时，土壤中的硫化物（在硫酸化细菌参与下）可氧化成为硫酸，使土壤 pH 急剧下降。与酸性土壤相反，碱性和微碱性土壤淹水及施有机肥后，其 pH 往往下降，这与有机酸和碳酸的综合作用有关。因此尽管原来是旱地的土壤 pH 差异很大，

一旦改为水田其土壤 pH 都趋向于中性。

六、土壤酸度的调节

土壤酸度通常以施用石灰或石灰石粉来调节，以 Ca^{2+} 代替土壤胶体上吸附的交换性氢离子（H^+）和铝离子（Al^{3+}），提高土壤的盐基饱和度。石灰可分为生石灰（CaO）和熟石灰［$Ca(OH)_2$］，具有强烈的中和酸能力，但后效较短。石灰石粉是把石灰石磨细为不同大小颗粒，直接用作改土材料，它对土壤酸性的中和作用较缓慢，但后效较长。

改造酸性土壤的石灰需要量可通过交换性酸量或水解性酸量进行大致估算，也可以根据土壤的阳离子交换量及盐基饱和度、土壤潜性酸量进行估算。依据阳离子交换量和盐基饱和度的计算式为

$$石灰需要量=土壤体积\times容重\times阳离子交换量\times(1-盐基饱和度)$$

石灰需要量受多种因素影响，例如：①土壤潜性酸和活性酸、有机质含量、盐基饱和度、土壤质地等；②作物对酸碱度的适应性；③石灰种类、施用方法等。在实际施用石灰调节土壤酸度时，不能只凭估算值，需要综合考虑各影响因素（图 9-4）。

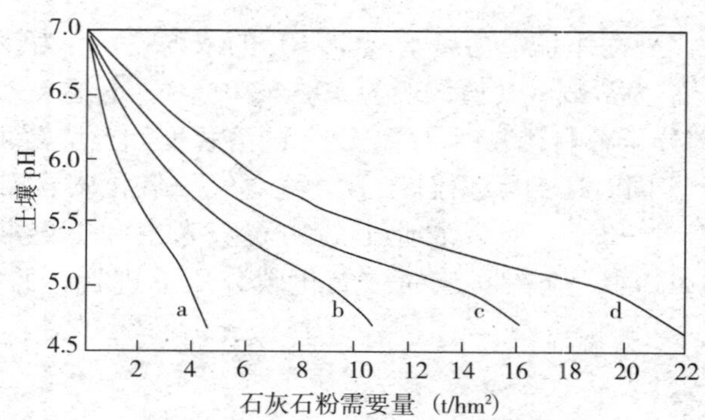

图 9-4　土壤 pH 升至 7 的石灰石粉需要量

a. 砂土［有机质含量为 2.5%，阳离子交换量为 5 cmol(+)/kg］　b. 砂壤土［有机质含量为 3%，阳离子交换量为 12 cmol(+)/kg］　c. 壤土和粉壤土［有机质含量为 4%，阳离子交换量为 18 cmol(+)/kg］. d. 粉黏壤土［有机质含量为 5%，阳离子交换量为 25 cmol(+)/kg］

七、土壤缓冲性

当向土壤加入酸或者碱时，土壤具有缓冲其酸碱度改变的能力，这就是土壤的缓冲性。土壤具有缓冲性是因为土壤存在如下 3 种缓冲体系。

（一）土壤胶体及其吸附态阳离子所构成的缓冲体系

当向土壤加入酸时，H^+ 与土壤胶体的吸附态阳离子将发生如下交换反应。

$$\boxed{胶\quad粒}=Ca^{2+}+2H^+ \rightleftharpoons \boxed{胶\quad粒}=2H^+ + Ca^{2+}$$

其结果使土壤溶液中的 H^+ 变成了吸附态 H^+，缓冲了土壤 pH 的下降。

当向土壤加入碱（例如 NaOH）时，碱与土壤胶体的吸附态阳离子将发生如下交换反应。

$$\boxed{胶\quad粒}{=}Ca^{2+}+2Na^{+}+2OH^{-}\rightleftharpoons\boxed{胶\quad粒}{=}2Na^{+}+Ca(OH)_2\downarrow$$

或

$$\boxed{胶\quad粒}{-}H^{+}+Na^{+}+OH^{-}\rightleftharpoons\boxed{胶\quad粒}{-}Na^{+}+H_2O$$

其结果使土壤溶液中的 OH^- 变成了电离度更低的化合物，阻止了土壤 pH 的上升。

（二）土壤中的弱酸及其盐所构成的缓冲体系

这里以 H_2CO_3 - $CaCO_3$ 缓冲体系为例来说明。

当向土壤中加入强酸（例如 HCl）时，HCl 将与 $CaCO_3$ 反应生成 $CaCl_2$ 和 H_2CO_3。这样，强酸转换成了弱酸，缓和了土壤 pH 的降低。

当向该土壤加入强碱（例如 NaOH）时，NaOH 将与 H_2CO_3 反应生成 Na_2CO_3 和 H_2O。由于 Na_2CO_3 的碱性比 NaOH 弱，从而缓和了 pH 的升高。

（三）土壤羟基化胶粒表面所构成的缓冲体系

土壤中的各种可变电荷胶粒表面，例如水合氧化物表面、有机胶体表面，以及高岭石表面等都分布有大量羟基，这些羟基也具有缓和土壤酸碱度改变的能力。

当向土壤中加入强酸（例如 HCl）时，可变电荷胶体表面将发生如下过程。

$$\boxed{可变电荷胶粒}{-}OH+H^{+}+Cl^{-}\rightleftharpoons\boxed{可变电荷胶粒}{-}OH_2^{+}+Cl^{-}$$

其结果是，溶液中 H^+ 与表面氧（O）发生了配位反应，降低了溶液 H^+ 浓度，并使表面带一个正电荷。

当向土壤中加入强碱（例如 NaOH）时，可变电荷胶体表面将发生如下过程。

$$\boxed{可变电荷胶粒}{-}OH+Na^{+}+OH^{-}\rightleftharpoons\boxed{可变电荷胶粒}{-}O^{-}\cdots Na^{+}+H_2O$$

其结果是，表面羟基（—OH）释放一个 H^+ 进入溶液并与溶液中的氢氧根（OH^-）反应生成水分子，并使表面带一个负电荷。

第三节　土壤氧化还原反应

一、土壤氧化还原体系

（一）土壤中的氧化还原体系

氧化还原反应中氧化剂（电子受体）和还原剂（电子供体）构成了氧化还原体系。某物质释出电子被氧化，伴随着另一物质取得电子被还原。土壤中有多种氧化还原物质共存，常见的氧化还原体系见表 9－5。

表 9－5　土壤中常见的氧化还原体系

体　系	E^0（V）		$pe^0=\lg K$
	pH 0	pH 7	
氧体系 $\frac{1}{4}O_2+H^++e\rightleftharpoons\frac{1}{2}H_2O$	1.23	0.84	20.8
锰体系 $\frac{1}{2}MnO_2+2H^++e\rightleftharpoons\frac{1}{2}Mn^{2+}+H_2O$	1.23	0.40	20.8

（续）

体　　系	E^0（V）		$pe^0=\lg K$
	pH 0	pH 7	
铁体系 $Fe(OH)_3+3H^++e \rightleftharpoons Fe^{2+}+3H_2O$	1.06	−0.16	17.9
氮体系 $\frac{1}{2}NO_3+H^++e \rightleftharpoons \frac{1}{2}NO_2+\frac{1}{2}H_2O$	0.85	0.54	14.1
$NO_3+10H^++9e \rightleftharpoons NH_4^++3H_2O$	0.88	0.36	14.9
硫体系 $\frac{1}{8}SO_4^{2-}+\frac{5}{4}H^++e \rightleftharpoons \frac{1}{8}H_2S+\frac{1}{2}H_2O$	0.30	−0.21	5.10
有机碳体系 $\frac{1}{8}CO_2+H^++e \rightleftharpoons \frac{1}{8}CH_4+\frac{1}{4}H_2O$	0.17	−0.24	2.90
氢体系 $H^++e \rightleftharpoons \frac{1}{2}H_2$	0	−0.41	0

注：E^0 为标准氧化还原电位，pe 为电子活度负对数。

（二）土壤氧化还原体系的氧化剂和还原剂

1. 氧化剂　主要的氧化剂是大气中的氧，它进入土壤后在土壤中进行化学反应与生物化学作用，获得电子被还原为 O^{2-}，土壤生物化学过程的方向与强度，在很大程度上受土壤空气和溶液中氧含量的影响。当土壤中的氧（O_2）被耗竭后，其他氧化态物质（例如 NO_3^-、Mn^{4+}、Fe^{3+}、SO_4^{2-}）依次作为电子受体被还原，这种依次被还原现象称为顺序还原作用。

2. 还原剂　土壤中的主要还原性物质是有机物质，尤其是新鲜易分解的有机物质，它们在适宜的温度、水分和 pH 条件下还原能力极强。

（三）土壤氧化还原体系的特点

土壤氧化还原体系有以下共同特点。

1. 土壤中氧化还原体系分无机体系和有机体系两类　在无机体系中，重要的有氧体系、铁体系、锰体系、氮体系、硫体系、氢体系等。有机体系包括不同分解程度的有机化合物、微生物的细胞体及其代谢产物（例如有机酸、酚、醛类、糖类等化合物）。这些体系的反应有可逆、半可逆和不可逆之分，大多数有机体系是半可逆的或不可逆的。

2. 土壤中氧化还原反应很大程度上是在微生物参与下进行的　例如 NO_2^- 的氧化必须在硝化细菌参与下才能完成。虽然亚铁的氧化大多数属于纯化学反应，但在土壤中常在铁细菌的作用下发生。

3. 土壤是一个不均匀的多相体系，严格地说土壤氧化还原不可能达到真正平衡　土壤中氧化还原平衡经常变动，不同时间和空间、不同耕作管理措施等都会改变氧化还原电位（E_h），即使同一田块的不同点位也有一定的变异，测氧化还原电位时要选择代表性土样，最好多点测定求平均值。

二、土壤氧化还原指标

（一）强度指标

1. 氧化还原电位　土壤溶液中氧化态物质和还原态物质的相对比例，决定土壤的氧化还原状况。当土壤中某氧化态物质向还原物质转化时，土壤溶液中这种氧化态物质的浓度下降，而对应的还原态物质的浓度上升。随着这种浓度的变化，溶液电位也就相应地改变，变幅视体系的性质和浓度比的具体数值而定。这种由于溶液中氧化态物质和还原态物质的浓度关系变化而产生的电位称为氧化还原电位，用 E_h 表示之，单位为 V 或 mV。氧化还原反应的通式及氧化还原电位（E_h）表示式分别为

$$(\text{氧化态}) + ne \rightleftharpoons (\text{还原态})$$

$$E_h = E^0 + \frac{RT}{nF}\lg\frac{[\text{氧化态}]}{[\text{还原态}]}$$

式中，E_h 为氧化还原电位，E^0 为标准氧化还原电位，R 是气体常数，F 是法拉第常数，T 是热力学温度，n 是电子转移数，[氧化态] 为氧化态物质的活度，[还原态] 为还原态物质的活度。在恒温下一定的氧化还原体系的 E^0、n、R、T 和 F 都是固定值，所以 [氧化态] 与 [还原态] 的比值愈大 E_h 愈高，氧化强度愈大，反之则还原强度愈大。

2. 电子活度负对数　酸碱反应是质子在物质间的传递过程，氧化还原反应则是电子的传递过程。上述氧化还原电位（E_h）的计算式用平衡常数（K）处理则为

$$K = \frac{[\text{还原态}]}{[\text{氧化态}][e]^n}$$

取对数得

$$pe = \frac{1}{n}\lg K + \frac{1}{n}\lg\frac{[\text{氧化态}]}{[\text{还原态}]}$$

式中，pe 为电子活度负对数，当 [氧化态] 与 [还原态] 的比值为 1 时，$pe = \frac{1}{n}\lg K$，即 pe^0。

平衡常数（K）与标准反应自由能（ΔG_r^0）的关系为

$$\Delta G_r^0 = -RT\ln K$$

而

$$\Delta G_r^0 = -nFE_h$$

故

$$RT\ln K = nFE_h$$

或

$$E_h = \frac{RT}{nF}\ln K$$

由于 $\frac{1}{n}\lg K = pe$，故得

$$pe = \frac{F}{2.303RT}E_h$$

因此在 25 ℃时有

$$E_h = \frac{2.303RT}{F}pe = 0.059pe$$

$$pe = \frac{E_h}{0.059}$$

氧化还原电位（E_h）和电子活度负对数（pe）都是氧化还原的强度指标，氧化还原电位高低表示氧化还原的难易，习惯上已长期使用，但计算比较麻烦。电子活度负对数以电子活度表示，不需换算，可从平衡常数（K）直接算，比较方便，而且电子活度负对数和 pH 相对应，反映的概念比较清楚，电子活度负对数的应用日趋广泛。在氧化体系中，电子活度负对数为正值时，其值愈大则氧化性愈强。在还原体系中，电子活度负对数为负值时，其绝对值愈大则还原性愈强。

（二）氧化还原电位（E_h）和 pH 的关系

土壤中的氧化还原反应总有氢离子的参与，对氧化还原平衡有直接的影响，二者的关系为

$$(\text{氧化态})+ne+mH^+ \rightleftharpoons (\text{还原态})+xH_2O$$

在 25 ℃时，其关系为

$$E_h=E^0+\frac{0.059}{n}\lg\frac{[\text{氧化态}]}{[\text{还原态}]}-0.059\frac{m}{n}pH$$

式中，n 为参与反应的电子数，m 是参与反应的质子数，氧化还原电位（E_h）随 pH 的升高而降低。因此同一氧化还原反应在碱性溶液中比在酸性溶液中容易进行。式中 pH 对 E_h 的影响程度决定于 m/n 的值，当 m/n 为 1 时，有

$$E_h=E^0+\frac{0.059}{n}\lg\frac{[\text{氧化态}]}{[\text{还原态}]}-0.059pH$$

每单位 pH 变化引起的 E_h 变化（$\Delta E_h/\Delta pH$），25 ℃时为 59 mV。根据各体系的氧化还原反应式，可给出各体系的 E_h - pH 图（以 pH 为横轴，E_h 为纵轴）。从绘制的 E_h - pH 图可以看出，不同 pH 条件的临界（E_h）及各种形态化合物的稳定范围。例如以铁体系为例（图 9 - 5），不同形态铁化合物稳定范围是：在 pH＜2.7 时，主要是 Fe^{3+} - Fe^{2+} 反应，E^0 在 0.77 V 以上；pH 为 2.7～7.0 时，主要是 $Fe(OH)_3$ - Fe^{2+} 反应，其 $\Delta E_h/\Delta pH=-0.177$ V；pH＞7 产生了 $Fe(OH)_3$ 沉淀，主要为 $Fe(OH)_3$ -$Fe(OH)_2$ 和 $Fe_3(OH)_8$ - $Fe(OH)_2$ 反应，其 $\Delta E_h/pH=-0.236$ V。

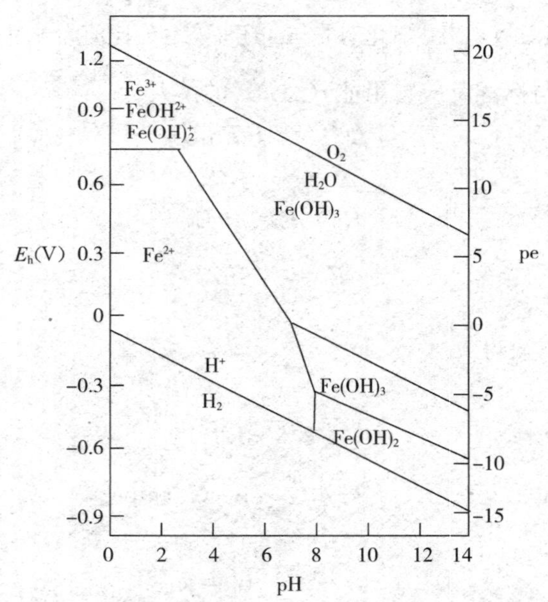

图 9 - 5　铁体系的 E_h - pH 稳定范围

三、土壤氧化还原状况与生物环境

（一）土壤氧化还原电位范围与植物生长

从前面的讨论可知，土壤中发生的一系列氧化还原反应都是在水的氧化还原稳定范

围内进行的，即氧化还原电位在－800～120 mV之间，相应的电子活度负对数（pe）在－10～20。因为土壤氧化还原电位受pH控制，土壤pH一般在4～9，所以土壤的氧化还原反应的氧化还原电位一般在－450～720 mV，相应的pe值在－4～12。旱地土壤的氧化还原电位较高，一般在400～700 mV，（pe为6～12）。而水田的氧化还原电位较低，一般为－200～300 mV(pe为－3～5)。不同作物对氧化还原电位有不同的适应范围，特别是靠近根圈微域的氧化还原电位变化对作物生长会产生直接影响。试验表明，旱地作物的根域内的土壤氧化还原电位较根域外的稍低，而水稻则相反，根域内氧化还原电位高于根域外的（表9-6）。这种变化影响根域内外养分的转化和迁移，从而改变植物根生长的环境条件。

表9-6　几种作物根域内外土壤的氧化还原电位（mV）

	冬小麦	甜　菜	三叶草	水　稻
根域内	376	393	315	250
根域外	421	468	375	－30

土壤氧化还原状况与微生物活性存在着密切关系。氧化还原电位愈高，微生物活性愈强。反之亦然。这是因为微生物的呼吸作用需要耗氧，如果微生物活动旺盛，在短期内就可以消耗大量氧气，放出大量二氧化碳，使土壤氧分压迅速下降。所以在土壤通气性基本一致条件下，可用土壤氧化还原电位反映土壤微生物的活性。

（二）氧化还原状况对土壤元素有效性和毒性的影响

1. 氧化还原状况对元素有效性的影响　氧化还原状况主要影响土壤中变价元素的生物有效性，例如在氧化条件下高价铁、锰化合物（Fe^{3+}、Mn^{4+}）为难溶性，植物不易吸收。而在还原条件下，高价铁、锰还原成溶解度较高的低价化合物（Fe^{2+}、Mn^{2+}），增高对植物的有效性。氧化还原状况还影响养分的存在状态，进而影响它的有效性。例如土壤氧化还原电位高于480 mV时，氮素以硝态氮为主，适于旱作作物的吸收；当氧化还原电位低于220 mV时，氮素则以铵态氮为主，适合水稻的吸收，但容易引起反硝化作用造成氮的损失。但在土壤开放系统中，氧化还原、沉淀溶解、吸附解吸等一系列反应往往是在同一时间和空间进行的。例如在土壤强还原条件下，高价铁（Fe^{3+}）还原为低价铁（Fe^{2+}），同时硫酸根（SO_4^{2-}）也还原为硫化物（S^{2-}），与此同时可能发生硫化亚铁（FeS）的沉淀反应，使铁的有效性下降。所以在讨论氧化还原状况的影响时要综合的分析判断。

2. 氧化还原状况与有毒物质积累　在还原性强的土壤中，例如长期淹水条件下的水稻土中，二价的Fe^{2+}、Mn^{2+}等离子甚至还原性物质硫化氢（H_2S）、丁酸等易产生积累。氧化还原电位低于200 mV时，土壤中的铁锰化合物就从氧化态转化为还原态；而当氧化还原电位低于－100 mV时，则低价铁（Fe^{2+}）浓度已超过高价铁（Fe^{3+}），会使植物产生铁的毒害。当氧化还原电位继续下降至－200 mV以下时，就可以产生硫化氢、丁酸等的过量积累，对水稻的含铁氧化还原酶的活性有抑制作用，影响水稻呼吸，减弱根系吸收养分的能力。硫化氢浓度高时抑制植物对磷、钾的吸收，甚至出现磷、钾从根内渗出。硫化氢和丁酸积累对不同养分吸收受抑制的程度顺序为：$H_2PO_4^-$、K^+＞

$Si^{4+} > NH_4^+ > Na^+ > Mg^{2+}$、$Ca^{2+}$。

水田土壤大量施用绿肥等有机肥时常常发生硫化亚铁的过量积累，使土壤发臭变黑、稻根发黑，影响其地上部的生长发育。

四、土壤氧化还原状况的影响因素

（一）土壤通气性

土壤通气状况决定土壤空气中的氧浓度，通气良好的土壤与大气间气体交换迅速，土壤氧浓度充足，氧化还原电位较高。排水不良的土壤通气孔隙少，与大气交换缓慢，氧浓度低，再加上微生物活动消耗氧使氧化还原电位下降。氧化还原电位可作为土壤通气性的指标。

（二）微生物活动

微生物活动需要氧，这些氧可能是游离态气体氧，也可能是化合物中的化合态氧。微生物活动愈强烈，耗氧愈多，愈能使土壤中的氧分压降低，或使还原态物质的浓度增加（氧化态化合物中的氧被微生物夺去后，就还原成还原态的化合物，因此氧化态物质浓度对还原态物质浓度的比值下降），使氧化还原电位降低。

（三）易分解有机物质的含量

有机物质的分解主要是耗氧过程，在一定的通气条件下，土壤易分解有机物质愈多耗氧愈多，氧化还原电位降愈低。易分解有机物质主要指植物组成中的糖类（也包括淀粉、纤维素）、蛋白质，以及微生物本身的某些中间分解产物和代谢产物（例如有机酸、醇类、醛类等）。新鲜有机物料（例如绿肥）含易分解有机物质较多。

（四）植物根系的代谢作用

植物根系分泌物可直接或间接影响根际土壤氧化还原电位。植物根系分泌的多种有机酸，不仅为根际微生物创造了特殊的活动条件，其中有部分分泌物能直接参与根际土壤的氧化还原反应。水稻根系分泌氧使根际土壤的氧化还原电位比根外土壤高。根系分泌物虽然局限于根域范围内，但它对改善水稻根际的营养环境有重要作用。

（五）土壤 pH

土壤 pH 和氧化还原电位的关系很复杂，在理论上把土壤的 pH 与氧化还原电位（E_h）关系固定为 $\Delta E_h/\Delta pH = -59$ mV（即在通气不变条件下，pH 每上升一个单位，氧化还原电位要下降 59 mV），但实际情况并不完全如此。据测定，我国 8 个红壤性水稻土样本 $\Delta E_h/\Delta pH$ 关系，平均约为 -85 mV，变化范围为 $-60 \sim -150$ mV；13 个红黄壤平均 $\Delta E_h/\Delta pH$ 约为 -60 mV，接近于 -59 mV。一般土壤 E_h 随 pH 升高而下降。

五、土壤氧化还原状况的调节

氧化还原状况的变化在渍水土壤（沼泽土和水稻土）中表现得最强烈。从水稻土的发育来说，使土壤氧化还原状况交替变化有助于高肥力水稻土的形成。例如在耕作还原条件下土色较黑，排水落干后出现血红色的"锈纹、锈斑"，整个剖面有一定的层次排列，这是肥沃水稻土的剖面形态特征。

从水稻生长来说，调节土壤氧化还原状况是水稻生产管理的重要环节。土壤还原性过强时易产生有毒物质的积累。而氧化性过强时又可能产生某些养分的生物活性下降。一般说来，水稻土的还原条件不宜过强。

水稻土氧化还原状况的调节，通常是通过排灌、施用有机肥等来实现的。在强氧化条件下（例如所谓的望天田）要解决水源问题，并增施有机肥料以促进土壤适度还原。反之，对强还原条件的土壤（例如冷浸田、冬水田）等，则应采取开沟排水的措施降低地下水位，以创造氧化条件。对于一般水稻土，则主要通过施用有机肥和适当灌排，并根据水稻生长状况，保持土壤适度干湿交替，调节土壤氧化还原状况。

第四节　土壤中的沉淀溶解反应和络合解离反应

一、土壤的沉淀溶解反应

如图 9-1 所示，土壤溶液与土壤矿物、土壤有机质、土壤空气紧密接触，并处于动态平衡中。施肥、排水等农艺管理，及土壤蒸发、植物蒸腾等均可导致土壤溶液某溶质浓度升高直至沉淀形成。而降雨、灌溉或植物吸收可促使溶液某溶质浓度下降，导致固相物质溶解。应用沉淀溶解反应原理可以分析土壤中各种物质的稳定性和这些物质之间的转化，从而使得对土壤物质组成的量化成为可能，对进一步研究土壤养分元素、污染元素的生物有效性具有十分重要的意义。

（一）溶度积与矿物稳定性分析

溶度积常数（K_{sp}）是由能斯特（Nernst，1889）提出的。沉淀溶解反应的平衡式可表示为

$$A_aB_b\cdots\cdots(\text{固}) \rightleftharpoons aA(\text{液})+bB(\text{液})+\cdots\cdots$$

$$K=\frac{[A]^a\ [B]^b\cdots\cdots}{[A_aB_b\cdots\cdots]}$$

式中，K 为平衡常数，中括号表示物质活度。如果固体 A_aB_b……近似为纯的状态，则其的活度为 1。此时的平衡常数（K）就是该化合物的溶度积（K_{sp}）。

$$K_{sp}=[A]^a[B]^b\cdots\cdots$$

溶度积是土壤固相化合物与其饱和溶液平衡时的平衡常数，数值大小与该固相化合物的溶解度有关。达到平衡时溶液中阴离子和阳离子浓度（活度）的乘积是一个常数。如果溶液中阴离子和阳离子浓度乘积大于溶度积（K_{sp}），就会有沉淀析出。相反，如果这个乘积小于溶度积，则固相化合物将继续溶解进入溶液，直至达到新的平衡。

由于土壤溶液中 H^+ 是无处不在的，H^+ 在土壤的沉淀溶解平衡中将扮演重要角色。因此在土壤沉淀溶解平衡中要考虑 H^+ 的影响。例如氢氧化钙 $Ca(OH)_2$ 的溶解平衡式为

$$Ca(OH)_2(s) \rightleftharpoons Ca^{2+}+2OH^- \qquad \lg K_{sp}=-5.2$$

但在土壤溶液中，H_2O 将电离生成 H^+ 和 OH^-，其电离平衡式为

$$H_2O(l) \rightleftharpoons H^+ + OH^- \qquad \lg K_{sp} = -14$$

因此 H^+ 参与下的 $Ca(OH)_2$ 溶解平衡式为

$$Ca(OH)_2(s) + 2H^+ \rightleftharpoons Ca^{2+} + 2H_2O \qquad \lg K_{sp} = 22.8$$

所以 H^+ 显著提高了 $Ca(OH)_2$ 的溶解度。

又如二氧化碳（CO_2）溶于土壤水后产生的 H^+ 将显著提高碳酸钙（$CaCO_3$）的溶解度。$CaCO_3$ 的溶解平衡式为

$$CaCO_3(s) \rightleftharpoons Ca^{2+} + CO_3^{2-} \qquad \lg K_{sp} = -8.41$$

另一方面，CO_2 的溶解平衡和 H_2CO_3 的解离平衡分别为

$$CO_2(g) + H_2O(l) \rightleftharpoons H_2CO_3(aq) \qquad \lg K_{sp} = -1.46$$

$$H_2CO_3(aq) \rightleftharpoons 2H^+ + CO_3^{2-} \qquad \lg K_{sp} = -16.69$$

由此得到在 H^+ 参与下 $CaCO_3$ 的溶解平衡为

$$CaCO_3(s) + 2H^+ \rightleftharpoons Ca^{2+} + CO_2(g) + H_2O(l) \qquad \lg K_{sp} = 9.74$$

所以 CO_2 溶解后产生的 H^+ 大大提高了 $CaCO_3$ 的溶解度。

根据溶度积概念，对于 H^+ 参与下的 $Ca(OH)_2$ 和 $CaCO_3$ 的溶解可以分别有

$$\lg[Ca^{2+}] + 2pH = 22.8$$

$$\lg[Ca^{2+}] + 2pH = 9.74 - \lg p_{CO_2}$$

基于这两个关系式，可以画出 $Ca(OH)_2$ 和 $CaCO_3$ 的稳定性图，结果见图 9-6。根据化学热力学，在这样的稳定性图中，处于下方位置的直线所代表的沉淀态物质的自由能更低，因而更具有热力学上的稳定性。所以从图 9-6 可以看出，当土壤空气中 CO_2 分压低于 $10^{-13.06}$ atm（1 atm＝1.013 25×10^5 Pa）时，$Ca(OH)_2$ 比 $CaCO_3$ 稳定；而当 CO_2 分压大于 $10^{-13.06}$ atm 时，$CaCO_3$ 比 $Ca(OH)_2$ 稳定。由于大气和土壤中的 CO_2 分压远远大于 $10^{-13.06}$ atm，所以土壤中常见 $CaCO_3$ 沉淀而很少有 $Ca(OH)_2$ 沉淀。

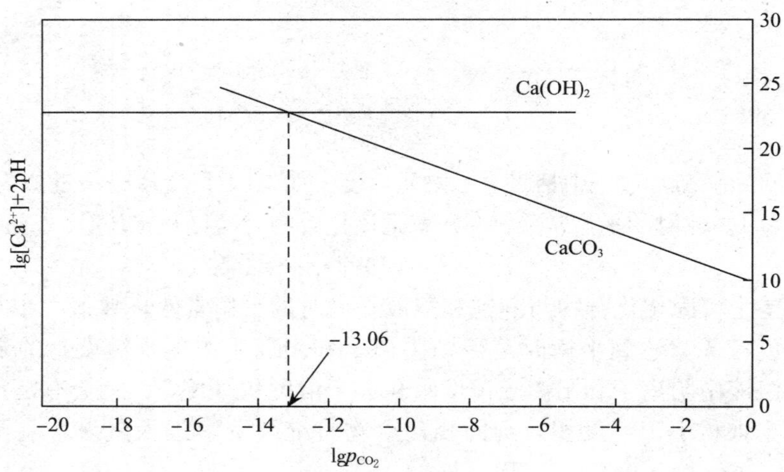

图 9-6　$Ca(OH)_2$ 和 $CaCO_3$ 的稳定性

（二）土壤中一些重要矿物的沉淀溶解平衡

1. 氧化铁的沉淀溶解平衡

$$Fe(OH)_3(\text{无定形}) + 3H^+ \rightleftharpoons Fe^{3+} + 3H_2O \qquad \lg K_{sp} = 3.54$$

$$Fe(OH)_3(土壤)+3H^+ \rightleftharpoons Fe^{3+}+3H_2O \qquad \lg K_{sp}=2.7$$

$$\gamma-FeOOH(纤铁矿)+3H^+ \rightleftharpoons Fe^{3+}+2H_2O \qquad \lg K_{sp}=1.39$$

$$\frac{1}{2}\alpha-Fe_2O_3(赤铁矿)+3H^+ \rightleftharpoons Fe^{3+}+\frac{3}{2}H_2O \qquad \lg K_{sp}=0.09$$

$$\alpha-FeOOH(针铁矿)+3H^+ \rightleftharpoons Fe^{3+}+2H_2O \qquad \lg K_{sp}=-0.02$$

上述沉淀溶解平衡方程式表明，土壤中这些铁氧化物的稳定性顺序为：针铁矿＞赤铁矿＞纤铁矿＞土壤铁＞无定形铁。

2. 氧化硅的沉淀溶解平衡

$$SiO_2(无定形)+H_2O+OH^- \rightleftharpoons H_3SiO_4^- \qquad \lg K_{sp}=1.55$$

$$SiO_2(土壤)+H_2O+OH^- \rightleftharpoons H_3SiO_4^- \qquad \lg K_{sp}=1.19$$

$$SiO_2(石英)+H_2O+OH^- \rightleftharpoons H_3SiO_4^- \qquad \lg K_{sp}=0.29$$

上述沉淀溶解平衡方程式表明，土壤中二氧化硅的稳定性顺序为：石英＞土壤二氧化硅＞无定形二氧化硅。

3. 氧化铝的沉淀溶解平衡

$$Al(OH)_3(无定形) \rightleftharpoons Al^{3+}+3OH^- \qquad \lg K_{sp}=-32.34$$

$$\gamma-Al(OH)_3(三水铝石) \rightleftharpoons Al^{3+}+3OH^- \qquad \lg K_{sp}=-33.96$$

上述沉淀溶解平衡方程式表明，土壤中三水铝石的稳定性大于无定形氢氧化铝。

4. 土壤中磷酸盐矿物的沉淀溶解平衡

$$Fe(OH)_2\cdot H_2PO_4(粉红磷灰石)+OH^- \rightleftharpoons Fe(OH)_3(无定形)+H_2PO_4^- \qquad \lg K_{sp}=3.96$$

$$Al(OH)_2\cdot H_2PO_4(磷铝矿)+OH^- \rightleftharpoons Al(OH)_3\ (无定形)+H_2PO_4^- \qquad \lg K_{sp}=1.84$$

$$CaHPO_4\cdot 2H_2O(磷酸二钙)+H^+ \rightleftharpoons Ca^{2+}+H_2PO_4^- \qquad \lg K_{sp}=0.64$$

$$Ca_4H(PO_4)_3\cdot 3H_2O(磷酸八钙)+5H^+ \rightleftharpoons 4Ca^{2+}+3H_2PO_4^- \qquad \lg K_{sp}=50.87$$

$$Ca_{10}(OH)_2(PO_4)_6(羟基磷灰石)+14H^+ \rightleftharpoons 10Ca^{2+}+2H_2O+6H_2PO_4^- \qquad \lg K_{sp}=31.64$$

$$Ca_{10}F_2(PO_4)_6(氟磷灰石)+12H^+ \rightleftharpoons 10Ca^{2+}+2F^-+6H_2PO_4^- \qquad \lg K_{sp}=-3.56$$

上述沉淀溶解平衡方程式表明，铁磷和铝磷在碱性条件下溶解度高，而钙磷在酸性条件下溶解度高。

5. 土壤中铝硅酸盐矿物的沉淀溶解平衡

（1）高岭石的沉淀溶解平衡

$$Al_2Si_2O_5(OH)_4(高岭石)+6H^+ \rightleftharpoons 2Al^{3+}+2H_4SiO_4+H_2O \qquad \lg K_{sp}=5.45$$

（2）白云母的沉淀溶解平衡

$$KAl_2(AlSi_3O_{10})(OH)_2(白云母)+10H^+ \rightleftharpoons K^++3Al^{3+}+3H_4SiO_4 \qquad \lg K_{sp}=13.14$$

（3）Mg^{2+}-蒙脱石的沉淀溶解平衡

$$Mg_{0.2}(Al_{1.71}Si_{3.81}Fe^{3+}_{0.22}Mg_{0.29}O_{10})(OH)_2(Mg^{2+}-蒙脱石)+6.76H^++3.24H_2O \rightleftharpoons$$
$$0.49Mg^{2+}+1.71Al^{3+}+0.22Fe^{3+}+3.81H_4SiO_4 \qquad \lg K_{sp}=2.68$$

（4）伊利石的沉淀溶解平衡

$$K_{0.6}Mg_{0.25}(Al_{2.3}Si_{3.5}O_{10})(OH)_2(伊利石)+8H^++2H_2O \rightleftharpoons$$
$$0.6K^++0.25Mg^{2+}+2.3Al^{3+}+3.5H_4SiO_4 \qquad \lg K_{sp}=10.35$$

（5）叶蜡石的沉淀溶解平衡

$$Al_2Si_4O_{14}(OH)_2(叶蜡石)+6H^++4H_2O \rightleftharpoons 2Al^{3+}+4H_4SiO_4 \qquad \lg K_{sp}=-1.92$$

根据上述平衡式得到图 9－7 和图 9－8 所示的各铝硅酸盐矿物的稳定图。

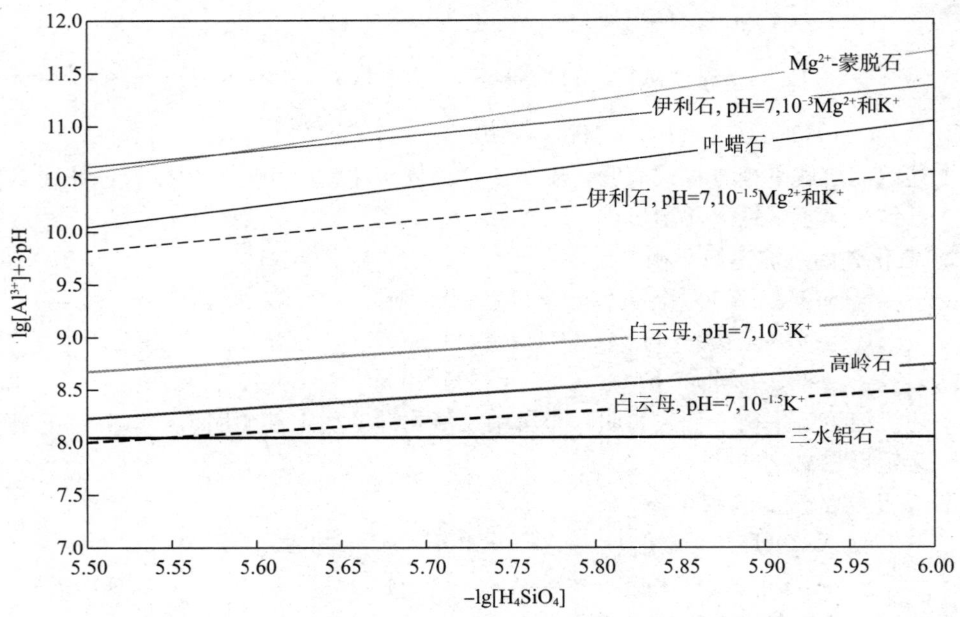

图 9-7　土壤低硅含量下的铝硅酸盐矿物的稳定性

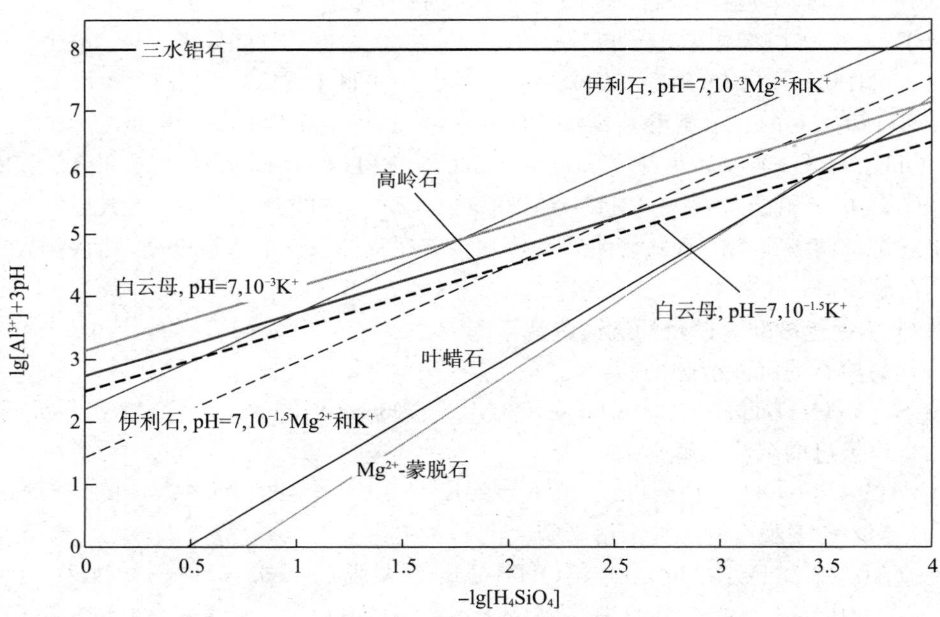

图 9-8　土壤高硅含量下的铝硅酸盐矿物的稳定性

从图 9-7 和图 9-8 可以看出：①当土壤处于低硅含量条件下，三水铝石、白云母和高岭石是稳定的，而蒙脱石、叶蜡石和伊利石是不稳定的；但当土壤处于高硅含量条件下，三水铝石、白云母和高岭石是不稳定的，而蒙脱石、叶蜡石和伊利石是稳定的。②当土壤 Mg^{2+}、K^{+} 等盐基离子含量高时，土壤伊利石、白云母等 2∶1 型黏土矿物的稳定性提高。

（三）溶度积应用的局限性和沉淀溶解平衡的影响因素

1. 溶度积应用的局限性 尽管应用溶度积计算可以推断溶液离子组成，绘制出的稳动性图可以反映出土壤矿物之间转化的发生方向和程度。获得有关控制土壤溶液中元素浓度矿物方面的信息。但这仅仅是在一定控制条件下的一般理论推导，在实际应用时存在一定的局限性。这是因为作为一个多相、多界面和多组分的土壤复合体而言，其实际反应过程远比理论推导的假设要复杂得多。

2. 沉淀溶解平衡的影响因素 影响土壤沉淀溶解平衡反应的因素除通常的温度、压力外，主要的土壤因素还有以下几个方面。

（1）离子效应 在土壤这个复杂体系中，上述反应都是同时存在的。例如石膏（$CaSO_4 \cdot 2H_2O$）的溶解度随着体系中氯化钠（NaCl）增加而增加。这可能是随氯化钠浓度升高，离子强度增大。或当体系中存在干扰离子时，此反应按不利于形成石膏（$CaSO_4$）沉淀的方向进行，使 Ca^{2+} 和 SO_4^{2-} 的平衡浓度相对增加。其实土壤系统中离子效应的大小是很难计算的。如果能针对土壤特点找到理论平衡体系，则可使理论值更好地符合土壤溶液的实际情况。

（2）土壤 pH 和氧化还原电位 土壤中的阳离子（例如酸性土壤中占主导的 Fe^{3+} 和 Al^{3+}、中性或石灰性土壤中为主的 Ca^{2+} 和 Mg^{2+}，以及 Cu^{2+}、Zn^{2+}、Pb^{2+}、Hg^{2+}、Cd^{2+} 等微量或重金属元素）的浓度在很大程度受土壤 pH 和氧化还原电位的控制。例如在 pH 较高时，Fe^{3+}、Al^{3+} 产生水解并生成水解离子 $Fe(OH)^{2+}$、$Fe(OH)_2^+$、$Al(OH)^{2+}$ 等，这些离子的生成势必增加 $Fe(OH)_3$ 和 $Al(OH)_3$ 的溶解度。但在土壤这个复杂体系中，同时要考虑各种水解离子是很困难的，在通常的沉淀溶解平衡反应理论中，只用 Fe^{3+} 和 Al^{3+} 的氢氧化物的溶度积计算，由于 Fe^{3+} 和 Al^{3+} 氢氧化物的溶度积度有较大的变化幅度，故常取其中平均值［$Fe(OH)_3$ 的 $pK_{sp}=37.5$；$Al(OH)_3$ 的 $pK_{sp}=32.7$］。显然，这样的处理有很大的人为性。

（3）土壤矿物结晶的缺陷和杂质 在溶度积计算中，一般把固相的活度作为 1，但由于结晶的不完善，实际上其活度是不相同的，例如非结晶 $Al(OH)_3$ 的 $pK_{sp}=32.34$。而结晶 $Al(OH)_3$ 的 $pK_{sp}=33.96$。结晶状态不同时，溶解度情况也不同。另外，矿物中常含有杂质，例如磷铝矿中常夹杂少量 Fe^{3+}，则往往使磷铝矿的溶度积降低；相反，粉红磷灰石中常夹杂少量 Al^{3+}，则可使粉红磷灰石的溶解度增加。又如云母结晶构造中八面体的 OH^- 基被 F^- 取代后，晶格中的 F^- 便干扰云母 K^+ 的释放。

（4）粒径大小 难溶性矿物颗粒大小不一样，溶解情况也就不同。土壤矿物有一系列粒径，如只用一种溶度积（K_{sp}）就不能反映土壤矿物的真实溶解度，与实际状况差距甚远。

二、土壤的络合解离反应

组成土壤溶液的离子并不完全以简单的自由离子状态存在，而很大一部分是以离子对和络离子形态存在的。据报道，土壤溶液中以络离子形态存在的占溶液中总量的比例，铜为 95％～98％，锰为 84％～99％，锌为 60％。土壤中的络合解离反应对土壤矿物风化、元素的淋溶运移、养分的转化及有效性、污染物的控制及修复有着重要意义。

（一）络合物与络合稳定性

1. 络合物与螯合物　重金属离子与电子供体以配位键方式结合的过程称为络合反应，其产物称为络合物，又称为配位化合物。

$$M+4A \longrightarrow A-\overset{\displaystyle A}{\underset{\displaystyle A}{M}}-A$$

络合反应的本质可以看作路易斯酸和路易斯碱的加和反应，路易斯酸指在络合反应中提供空电子轨道的原子、分子和离子（电子受体），路易斯碱是指在络合反应中提供电子对的原子、分子和离子（电子供体）。质子（H^+）和所有金属阳离子（例如 Fe^{3+}、Cu^{2+}、Zn^{2+}、Cd^{2+}、Hg^{2+} 等）均属于路易斯酸，所有含氧阴离子（包括 OH^-、COO^-、CO_3^{2-}、AsO_4^{2-}、CrO_4^{2-}、SeO_3^{2-} 等）以及有机氮、磷、硫等则为路易斯碱。能与配位体形成络合物的元素见表 9－7，表中实线内元素通常能形成络合物，虚线内元素只能形成少数络合物。大部分重金属元素，尤其是过渡金属元素能形成多种络合物。主要的配位体是 N、O、S，位于元素周期表中的Ⅴ族和Ⅵ族。

表 9－7　形成络合物的元素周期分类表

H																	He
Li	Be											B	C	N	O	F	Ne
Na	Mg											Al	Si	P	S	Cl	A
K	Ca	Sc	Ti	V	Cr	Mn	Fe	Co	Ni	Cu	Zn	Ga	Ge	As	Se	Br	Kr
Rb	Sr	Y	Zr	Cb	Mo	Tc	Ru	Rh	Pd	Ag	Cd	In	Sn	Sb	Te	I	Xe
Cs	Ba	镧系	Hf	Ta	W	Rh	Os	Ir	Pt	Au	Hg	Tl	Pb	Bi	Po	At	Rn
Fr	Ra	锕系															

注：实线表示易形成络合物的元素，虚线表示形成络合物少的元素。

土壤中常见的配位活性基团包括：烯醇基（—O^-）、胺基（—NH_2）、偶氮基（—N—N—）、环状氮（≡N）、羧基（—COO^-）、磺基（—SO_3H）、巯基（—SH）、磷酸基［—$PO(OH)_2$］等等。

在络合反应中，具有一个以上配位基团的配位体与金属离子络合形成的络合物称为螯合物，例如

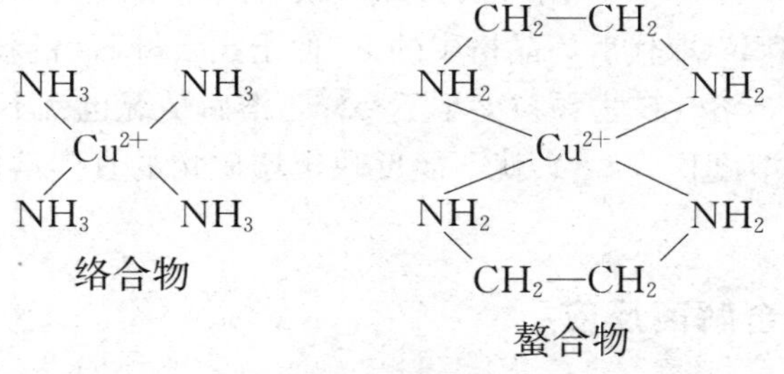

络合物　　螯合物

所有的螯合物都属于络合物，但络合物不一定是螯合物，螯合物必须具备环状结构。

2. 络合物的稳定性

（1）络合物稳定性常数　对于简单的 1∶1 型络合反应可用下式表示。

$$aM+bL \rightleftharpoons M_aL_b$$

平衡时的常数称为稳定性常数（K）。

$$K=\frac{[M_aL_b]}{[M]^a\ [L]^b}$$

式中，[M] 为平衡溶液金属离子活度，[L] 为配位分子或离子的活度，[M_aL_b] 为形成的络合物的活度，K 为络合物稳定性常数。

络合物稳定性常数（K）指示络合反应的程度，K 愈大该络合物愈稳定。

（2）络合物稳定性的影响因素　络合物稳定性受多种因素的影响。

① 离子种类的影响：碱金属和碱土金属离子的离子半径愈小、电荷愈高，形成的络合物愈稳定。而钴、镍、铜、锌等过渡金属形成的络合物稳定性主要取决于二级电离势（IP）。

② 溶液中支持电解质的种类和溶液 pH 的影响：在 pH 为 5，支持电解质分别为 0.1 mol/L 的 KCl、$NaClO_4$ 和 KNO_3 时，Cu^{2+} 与富啡酸的络合物稳定性常数分别为 4.00、4.35 和 4.68。而支持电解质均为 0.1 mol/L KNO_3 时，pH 为 5.0、6.0 和 7.0 时，Cu^{2+} 与富啡酸的络合稳定常数分别为 4.68、5.03 和 5.45。pH 改变不仅可破坏原来的平衡，使络合平衡稳定性发生移动，而且可改变络合结构，使其稳定性发生变化。

③ 螯合物环的大小、数目的影响：一般环数目越多越稳定，五元环和六元环可达到很稳定的结构。

（二）土壤有机质的螯合作用

1. 天然有机物的螯合作用　土壤有机质是极为重要和复杂的天然有机化合物。按化学结构可将其区分为腐殖物质和非腐殖物质。

（1）腐殖物质　腐殖物质是由多元酚和多元醌类物质聚合而成含芳香结构和脂类特征的系列非结晶质高分子有机化合物。它们与重金属形成的螯合物具有很高的稳定性。其稳定性大小随腐殖物质种类、官能团类型及数量、金属离子种类、pH 等条件而变化。一般认为，在土壤腐殖物质中，富啡酸的螯合作用比胡敏酸强，形成的螯合物溶解度也较大，这是因为富啡酸分子质量较小，酸性较强。而腐殖物质的官能团中以羧基和酚羟基最为重要。据测定在 pH 为 5 时，有 80%的 Fe^{3+} 和 52%的 Cu^{2+} 与酸性羧基和酚羟基形成螯合物。土壤 pH 是影响螯合物稳定性的重要环境条件，例如，富啡酸与金属离子形成的螯合物稳定常数，在一定范围内随 pH 升高而增加（表 9-8），这可能因为 pH 升高导致更多羧基解离。

表 9-8　pH 对富啡酸金属螯合物稳定性常数的对数（lg$K$）的影响

pH 3.0								
离子	Cu^{2+} >	Ni^{2+} >	Co^{2+} >	Pb^{2+} =	Ca^{2+} >	Zn^{2+} =	Mn^{2+} >	Mg^{2+}
lg$K$	3.3	3.2	2.8	2.7	2.7	2.2	2.2	1.9
pH 5.0								
离子	Ni^{2+} >	Co^{2+} >	Cu^{2+} =	Pb^{2+} >	Mn^{2+} >	Zn^{2+} >	Ca^{2+} >	Mg^{2+}
lg$K$	4.2	4.1	4.0	4.0	3.7	3.6	3.3	2.1

（2）非腐殖物质　土壤中的非腐殖物质是指土壤中的简单有机化合物，包括多种糖类、有机酸等，它们与重金属形成的螯合作用也较强，形成的螯合物的溶解度比腐殖物

质形成的螯合物的溶解度更大。土壤中非腐殖物质的含量虽然较少（例如在一般矿质土中脂肪酸仅含 $1\times10^{-3}\sim4\times10^{-3}$ mol/L，氨基酸仅含 $10^{-4}\sim10^{-5}$ mol/L），但在特定条件下，例如施用有机肥或新鲜绿肥分解后，土壤可能产生多种有机酸的局部积累。它们与重金属形成螯合物稳定性也随其种类、浓度、pH 等而变化（图 9-9）。

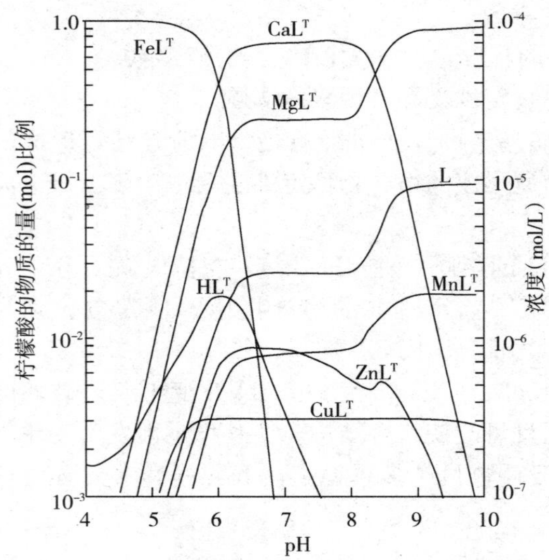

图 9-9　溶液中柠檬酸与各金属离子形成螯合物的稳定性

L^T. 总量

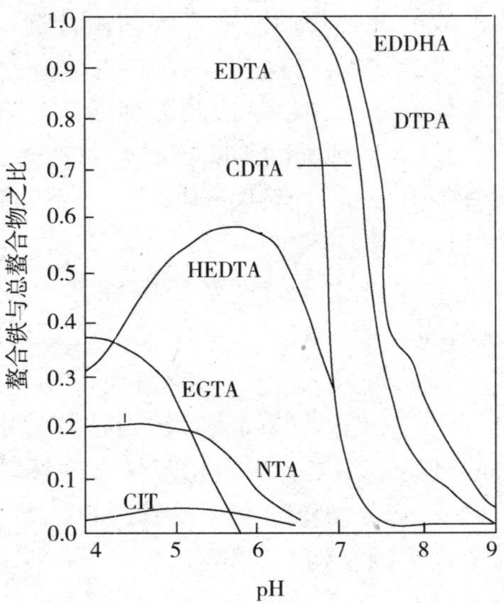

图 9-10　各种铁螯合物的稳定性

（与 H^+、Al^{3+}、Ca^{2+}、Mg^{2+} 平衡，螯合剂浓度为 10^{-4} mol/L）

2. 人工螯合剂的螯合作用　人工螯合剂和金属阳离子结合形成的螯合物，其稳定性比天然有机物形成的螯合物高得多。常见人工螯合剂与金属离子的螯合反应和形成螯合物的稳定常数见表 9-9。与金属铁离子结合形成的螯合物的稳定性随 pH 的变化见图 9-10。在土壤学中，人工螯合剂常被用于：①直接施入土壤作为增加金属阳离子溶解度及其有效性的一种增肥剂或消毒剂；②用于浸提土壤中有效态金属离子及其他化学

表 9-9　主要螯合剂与金属离子形成螯合物的稳定常数

（lg$K$，25 ℃，离子强度为 0.01 mol/L）

螯合反应	HEDTA	EGTA	EDTA	DTPA	CDTA	EDDHA
$H+L=HL$	10.23	9.95	10.72	11.13	12.85	12.23
$Ca^{2+}+L=CaL$	8.95	11.86	11.61	12.02	14.15	8.20
$Mg^{2+}+L=MgL$	7.75	6.28	9.83	10.61	12.07	9.00
$Fe^{2+}+L=Fe^{2+}L$	12.95	12.80	15.27	17.67	19.90	15.30
$Fe^{3+}+L=Fe^{3+}L$	20.92	22.00	26.50	29.19	31.80	35.40
$Zn^{2+}+L=ZnL$	15.35	13.60	17.4	19.56	20.35	17.80
$Cu^{2+}+L=CuL$	18.25	18.57	19.70	22.65	22.92	24.90
$Mn^{2+}+L=MnL$	11.55	13.18	14.81	16.78	18.43	—
$Al^{3+}+L=AlL$	17.73	20.19	20.67	25.18	23.26	—

研究。目前常用的螯合剂主要有乙二胺四乙酸（EDTA）、二次乙基三胺五乙酸（DTPA）、环己烷乙胺四乙酸（CDTA）、羟乙基乙二胺三乙酸（HEDTA）、乙二胺二羟基苯乙酸（EDDHA）、乙二醇（2-氨基乙基醚）四乙酸（EGTA）、柠檬酸（CIT）、草酸（OX）等。它们和金属离子形成螯合物的稳定常数，随螯合剂和金属离子种类而异，也随 pH 而变化。所以人工螯合剂施入土壤后的螯合作用过程是很复杂的，不仅要受土壤酸碱性、吸附性、氧化还原性的影响，而且受土壤溶液中的离子种类、各种离子对螯合剂的竞争作用的影响。

复习思考题

1. 土壤溶液组成有何特性？为什么说土壤溶液始终处于动态平衡中？

2. 简述土壤酸化过程。

3. 铝离子在土壤酸化和酸碱平衡中起什么作用？

4. 表示土壤酸度、碱度常用哪些指标？其应用范围怎样？

5. 土壤 pH 与养分元素和有毒元素有效性的关系如何？

6. 土壤 pH 与土壤阳离子交换量、盐基饱和度的关系如何？施用石灰或石灰石粉调节土壤酸度时要考虑哪些因素？

7. 简述土壤中常见的氧化还原体系。

8. 说明 E_h、pe、pH 三者的关系。怎样选择应用这些指标？

9. 举例说明氧化还原反应对土壤元素有效性和毒性的影响。

10. 如何解释根据土壤矿物沉淀溶解平衡所获得某元素浓度与实测浓度之间的差异？

11. 土壤中常见的天然螯合物和常用的人工螯合剂有哪些？影响土壤螯合物稳定性的主要因素有哪些？

12. 根据不同铝硅酸盐矿物的溶解平衡关系，试分析：(1) 土壤中盐基离子和硅酸含量对各种铝硅酸盐矿物间转化的影响；(2) 我国从南到北土壤中铝硅酸盐矿物组成呈现地带性分布的热力学原因。

CHAPTER 10

第十章

土壤元素的生物地球化学循环

土壤元素的生物地球化学循环是土壤圈物质循环的重要组成部分，也是陆地生态系统中维持生物生命周期的必要条件，对陆地生态系统生产力的形成和生态环境净化具有重要影响。土壤中，化学元素以能量传递为驱动力，沿着土壤-植物-大气连续体进行物质循环传递的过程，称为土壤元素的生物地球化学循环。人们在研究土壤生态系统时，通常以植物为主体，并把土壤生态系统的主要过程界定为：土壤→植物→大气。

土壤植物营养的研究证实，生物体中含有的 90 多种元素，其中已被肯定的植物生长发育的必需元素 17 种：碳、氢、氧、氮、磷、钾、钙、镁、硫、硼、铁、锰、铜、锌、钼、氯和镍。其中碳、氢和氧主要来自大气和水，其余元素则主要来自土壤。来自土壤的元素通常可以反复地进行再循环和利用，典型的再循环过程包括：①植物从土壤中吸收营养元素；②植物的残体归还土壤；③土壤微生物分解植物残体，释放营养元素；④营养元素再次被植物吸收。可见土壤元素循环是在生物参与下，营养元素从土壤到植物，再从植物回到土壤的循环，是一个复杂的生物地球化学过程。由于不同营养元素的化学性质和生物化学性质不同，循环过程各有特点。本章主要讨论碳、氮、磷、硫、钾和微量元素在土壤中的生物地球化学循环。

第一节　土壤碳的生物地球化学循环

土壤碳库是陆地生态系统中最大的碳库，对全球气候变化和人类生存环境有重要的影响。据估计，全球陆地土壤碳库量为 1 300～2 000 Pg($1\ Pg=10^{15}\ g$)［目前对全球土壤碳库储量的估算尚未形成统一标准或规范（例如缺乏统一的土壤分类系统、各国学者采用的研究方法和角度不同等），致使估算中存在较大的不确定性，因此目前尚无较为一致的数值］，是陆地植被碳库的 2～4 倍、全球大气碳库的 2 倍，因此土壤碳库在全球碳平衡及循环中起着举足轻重的作用。在温室气体中除了氧化亚氮（N_2O）外，均与碳的循环有关。土壤碳含量变化及土壤碳变化规律预测已成为当前全球变化研究的热点之一。本节主要讨论与之相关的土壤碳的生物地球化学循环。

一、土壤碳的生物地球化学循环概述

土壤碳的生物地球化学循环是碳在大气、陆地生命体和土壤有机质几个分室中的迁移、转化过程。它是生物界能量转化的主要形式，主要由生命过程所驱动。土壤碳生物地球化学循环的各主要过程见图 10－1。

如图 10－1 所示，陆地生命体（例如植物）通过光合作用吸收大气中的二氧化碳

(CO_2)，合成有机化合物，经过生态系统内植物和土壤中的一系列复杂的代谢转化过程，最终有机碳化合物通过包括自养呼吸和异养呼吸在内的呼吸作用分解消耗，以二氧化碳的形式返回大气，如此循环往复，构成了土壤的碳循环。其中，陆地植物每年固定的二氧化碳中的碳（C）有约1/2因呼吸作用以根际沉积等形式二氧化碳的形式返回大气。通过净光合作用进入土壤的有机碳，可经土壤呼吸作用（包括有机残体的分解、土壤有机质矿化、微生物呼吸、根呼吸等）以二氧化碳的形式再释放到大气中。虽然各碳库的储量是动态变化的，但陆地自然生态系统的碳通量基本上处于平衡状态［在不考虑人类活动（例如石油、煤炭的开发利用等）打破此平衡的影响前提下］。

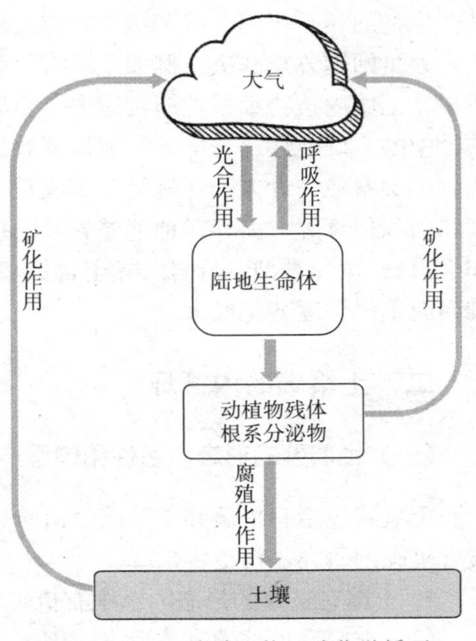

图10-1　土壤碳生物地球化学循环

（一）土壤碳库在生物地球化学循环中的周转

土壤碳库在生物地球化学循环中的周转速度与土壤有机质的平均停留期有密切的关系。光合产物进入土壤中后，一部分矿化为二氧化碳，与此同时，一部分被微生物利用成为微生物碳，还有一部分转化为腐殖质。微生物和腐殖质将经历与光合产物同样的命运，即部分矿化为二氧化碳，部分变为新一代的微生物体，部分变成新腐殖质。如此循环往复，整个土壤有机碳处于动态平衡中。土壤有机质依据生物学稳定性可分为不同的组分，各组分的数量取决于其本身分解的难易程度和其输入速率，其中分解最慢的组分（胡敏素、蜡和某些稳定的环状结构的化合物等）的数量最多，其次为分解较慢的组分（木质素、树脂和某些芳香族化合物），再次为不溶性物质的组分（纤维、脂肪），而氨基酸、简单糖类和低分子脂肪酸等易分解组分的数量最少。它们在土壤中的停留期依次分别为几年到几千年、几个月到几年、几天到几个月和几小时到几天。不同土壤层中有机碳的平均停留期受土壤有机质的性质和数量、腐殖质的特性以及环境条件等影响，一般为100～3 000年。然而，进入地质大循环的土壤碳的周转时间则可达几百万年甚至几亿年，远远长于大气碳库和陆地植被碳库，可见土壤碳库在生物地球化学碳循环中周转速度最慢。这里所说的土壤碳的地质大循环是指碳由土壤圈到海洋圈再到岩石圈最后又回到土壤圈的地质大循环过程。因此土壤在碳循环过程中具有储存库（汇）的功能，土壤有机碳分解和积累速率的变化直接影响全球的碳平衡。土壤碳库储存对减缓大气二氧化碳浓度上升具有重要意义。

（二）当前土壤碳的生物地球化学循环研究存在的问题

当前，土壤碳循环仍然是陆地碳循环研究中较薄弱的环节。国内外对全球土壤碳库的估算方法、数据依据、估算结果存在较大差异，对于全球土壤碳循环的研究也缺乏统一的模型。这是因为：①土壤具有复杂的结构，空间分布不均匀，气候以及陆地植被和其他生物的相互作用使得土壤的空间变异性很大，因此区域尺度上的土壤碳循环研究仍然有大量问题急需解决，例如土壤有机碳的停留时间、凋落物分解速率、土壤呼吸作用速率、土壤内植物细根的周转速率、土壤容重等都缺乏标准化的测定方法。②土壤碳库估计中的不确定性还与土壤实测调查数据不充分有关，在土壤取样和分析方法、计算方法、土壤参数估计方法（例如土壤容重、质地、植物根量等）、土壤分类方法、土壤厚度和面积估算等方面存在种种差异。③控制土壤碳储量的主导因子多，包括气候（温度和水汽）、植物类型、母岩（黏土含量和土壤排水层），而温度、水汽和颗粒大小在土壤剖面的不同深度变化极大。

二、土壤碳的内循环

（一）土壤碳的形态、活性和储量

土壤碳包括有机碳和无机碳。由于土壤无机碳的更新周期大约为 8 500 年，因而土壤有机碳的研究显得更为重要。

1. 土壤有机碳的形态　土壤有机碳有固体形态、生物形态和溶解态。

（1）土壤有机碳的固体形态　固体形态的土壤有机碳可用重液（碘化钠、多聚钨酸钠溶液）区分出轻组有机碳和重组有机碳。轻组有机碳是土壤中未与矿物结合的游离有机碳，是土壤中最易分解的碳库，是反映土壤质量变化的一个敏感指标。重组有机碳是与矿物结合形成有机无机复合体的有机碳，受到土壤矿物保护，是分解较慢的碳库，对土壤肥力的保持和土壤碳的固持具有重要意义。

（2）土壤有机碳的生物形态　微生物碳是活跃的迁移性碳库。微生物碳量与土壤有机碳总量的比值可作为土壤碳的生物有效性指标。

（3）土壤有机碳的溶解态　溶解态土壤有机碳是指能溶于水中的土壤有机碳，是陆地水系统中的重要物质。一般采用野外土壤溶液样品直接经总有机碳分析仪测定而得到，也可用热水浸提测定。

2. 土壤有机碳的活性　土壤有机碳的活性是指土壤有机碳的有效性高低，它表明土壤有机碳被土壤微生物分解、矿化与利用的难易程度，以及可为植物直接利用的营养元素含量的多少等。通常所指的土壤活性有机碳是指在一定的时空条件下，受植物、微生物影响强烈，具有一定的溶解性，且在土壤中迁移较快、不稳定，易氧化、易分解和易矿化，形态和空间位置对植物和微生物有较高活性的那部分有机碳，主要包括微生物碳、轻组有机碳和溶解态有机碳。

3. 土壤有机碳的储量　2017 年联合国粮食及农业组织（FAO）和政府间土壤技术小组（Intergovernmental Technical Panel on Soils，ITPS）联合发布了迄今最全面的全球土壤碳储量图，由该图可知，地表以下 30 cm 内含碳（C）约 680 Pg，是一个相当大的数字。其中超过 60％的碳（C）储存在 10 个国家：俄罗斯（133 Pg，占 19.6％）、加拿大（86 Pg，占 12.7％）、美国（56 Pg，占 8.3％）、中国（46 Pg，占 6.9％）、巴西（36 Pg，占 5.4％）、印度尼西亚（23 Pg，占 3.4％）、澳大利亚（23 Pg，占 3.4％）、阿根廷（13 Pg，占 1.9％）、哈萨克斯坦（12 Pg，占 1.8％）和刚果民主共和国（10 Pg，占 1.4％）。70％以上的土壤有机碳以土壤有机质的形式储存在土壤中。土壤碳库稳定、增加或减少都与大气二氧化碳浓度变化密切相关。

土壤有机碳的储量在不同生态系统土壤和不同类型土壤中的分布是不同的，它取决于土壤的植被类型、面积及单位面积的土壤碳密度。从植被类型上分，一般沙漠、热带雨林及稀树草原等占比例较高的地区，其土壤碳储量的比例较小，而湿地与此相反。由于土壤类型和植被类型之间并非一一对应，所以已有的关于土壤有机碳在不同生态系统土壤和不用类型土壤中储量的报道之间缺乏可比性。

（二）土壤碳的内循环

土壤碳的内循环如图 10－2 所示。主导碳在土壤中内循环的作用主要包括：土壤呼吸作用、土壤碳固定等，涉及矿化、腐殖化、分解、吸附、解吸等过程，以及由这些过程调控的惰性有机碳、活性有机碳和无机碳 3 种碳形态之间的转化。

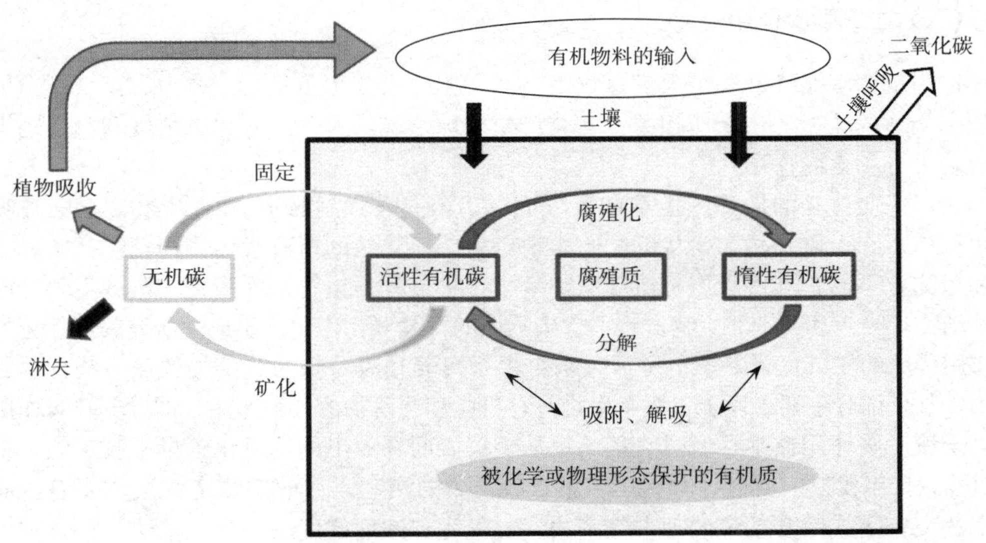

图 10－2　土壤碳的内循环

三、主导土壤碳循环的重要作用和过程

（一）光合作用

绿色植物吸收太阳光的能量，同化二氧化碳和水，制造有机物质并释放氧的过程，称为光合作用（photosynthesis），是土壤碳循环中重要的碳同化途径。光合作用产生的有机物质主要是糖类，它是土壤有机碳的最初来源。光合作用过程可简写为

$$6CO_2 + 6H_2O \xrightarrow{\text{光能、叶绿体}} (C_6H_{12}O_6) + 6O_2$$

叶片是绿色植物进行光合作用的主要器官，叶绿体是光合作用的重要细胞器。叶绿体中的很多细胞色素和酶参与光合作用过程，其中包括叶绿素、类胡萝卜素和藻胆素等细胞色素以及光合磷酸化酶系、二氧化碳固定和还原酶系等几十种酶。叶绿体既是植物光合作用的重要场所，也是植物细胞生物化学活动的中心之一。

光合作用是一个积蓄能量和形成有机物质的过程，其机制非常复杂，包括两个光化学反应、一系列电子传递过程和复杂的碳同化物质转变过程。光合作用需要太阳光才能

完成，但并不是所有反应过程都需要阳光，根据需光与否可以把光合作用分为光反应（必须在光下才能进行）和暗反应（光下、暗处都可进行的酶催化反应），光合作用则是光反应和暗反应的综合过程。根据蓄积能量和形成有机物质的先后顺序，光合作用大致可以分为原初反应、电子传递和光合磷酸化、碳同化 3 大步骤。

光合作用强度受到植物生物学特性和气候条件的影响。植物叶片氮含量越高光合作用越强；在一定范围内，植物光合速率随太阳辐射强度和环境二氧化碳浓度增加而加快。按照碳同化途径可把植物划分为 C_3 植物（只有卡尔文循环碳同化途径）和 C_4 植物（具有 C_4 途径和卡尔文循环两种碳同化途径）。C_4 植物比 C_3 植物具有更强的光合作用，主要原因是 C_4 植物体内碳同化酶的活性比 C_3 植物高很多倍，而且 C_4 途径起到了二氧化碳泵的作用，把二氧化碳由外界“压”到维管束鞘，使得光呼吸降低，光合作用增强。

（二）土壤呼吸作用

作为土壤碳循环的一个关键过程之一，土壤呼吸与生态系统生产力、土壤肥力以及区域和全球的碳循环都密切相关，并在调控地球系统的大气二氧化碳浓度和气候动态方面起着十分关键的作用。

碳以二氧化碳的形式从土壤向大气圈的流动是土壤呼吸作用的结果。土壤呼吸作用，严格意义上讲是指未受扰动的土壤中产生二氧化碳的所有代谢作用，包括了异养呼吸和植物根系的自养呼吸。土壤呼吸由 3 个生物过程（植物根呼吸、土壤微生物呼吸及土壤动物呼吸）和 1 个非生物过程（含碳物质的化学氧化作用）组成。研究表明，土壤呼吸作用释放的二氧化碳中 30%～50%来自根系自养呼吸及根系分泌物的微生物异养呼吸作用，其余部分主要来源于土壤微生物对有机质和凋落物的分解作用，即异养呼吸作用。

土壤呼吸作用通常是通过直接测定从土壤表面释放出的二氧化碳量来测定的。早在 20 世纪 80 年代以前就已经开始了土壤呼吸作用的测定。目前的测定方法主要有：静态气室法、密闭或敞开系统的动态气室法、二氧化碳浓度梯度法和微气象法。

已知的影响土壤呼吸作用的直接因素是土壤环境，包括土壤质地、酸度、有机碳、水热条件等。气候条件决定了植被类型的分布与生长，并影响土壤的水热条件。植物的生长为土壤呼吸提供碳源（根系及分泌物、凋落物等）。人为活动影响植物的生长和土壤环境，进而影响土壤呼吸。水热条件是影响土壤呼吸最主要的因素。土壤温度升高促进土壤的呼吸作用，其温度系数 Q_{10}（温度每上升 10 ℃反应速率增加的倍数，一般生物系统为 2）随温度升高而下降，寒冷气候区土壤呼吸的温度效应最大。土壤呼吸速率随含水量增加而升高，但土壤湿度高于田间持水量时，土壤呼吸速率随含水量升高而降低。土壤耕翻可增加土壤通气性及土壤与植物残体的接触，加速有机质分解，促进土壤的呼吸作用，免耕或少耕能有效地减少土壤碳的损失。土壤呼吸作用与土壤环境、气候、植物和人为活动的相互关系如图 10－3 所示。

根据土壤呼吸速率的快慢，可将土壤有机碳区分为两个具有不同更新时间的碳库：①靠近土壤表层由新鲜残留物组成的“小”碳库，它更新速度快，流通量大；②贯穿整个土壤深层剖面的由难以分解的腐殖质复合物组成的“大”碳库，其更新十分缓慢。据放射性 ^{14}C 含量的测定，不同深度土壤有机碳的平均停留时间或更新时间在 10～10 000 年，且随深度增加而增加。因此在研究由土壤呼吸作用引起的土壤二氧化碳通量变化时必须特别注意土壤表层附近的不稳定碳库的变化。人为扰动或全球变暖引起的土壤二氧

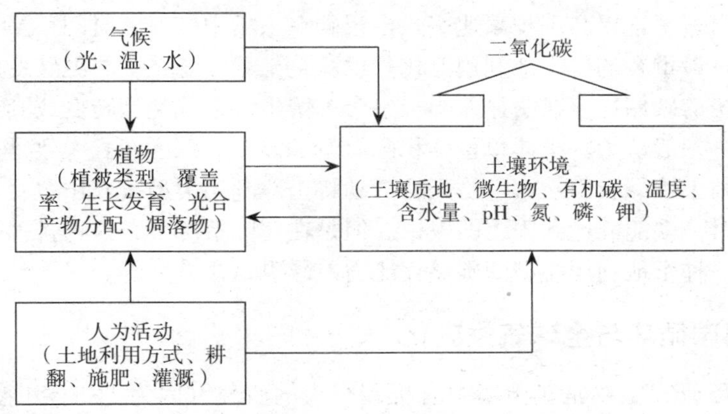

图 10-3　土壤呼吸与土壤环境、气候、植物和人为活动的相互关系

化碳释放通量的增加主要源于具有最短更新时间的不稳定碳库。例如温带森林土壤的二氧化碳年生产量中有 83%是仅为 15 cm 的表层土壤提供的。近期人为扰动对稳定碳库的影响，例如深层土壤、永冻土等，也愈发受到重视。

（三）土壤碳的固定

前已述及，植物能通过光合作用吸收大气中的二氧化碳，将大气中的碳固定到土壤碳库中，同时植物和土壤通过呼吸作用，可将储存在土壤碳库中的有机碳以二氧化碳的形式又排放到大气中去。因此当进入土壤的光合作用同化固定的碳量大于呼吸作用消耗的碳量时，即发生碳在土壤中的固定。在全球气候变暖的背景下，提高土壤的固碳能力和潜力，实现碳的减排，关键就在于促进光合作用和减少呼吸作用，延长有机碳在土壤中的存留时间。

土壤固碳能力受到一系列环境因素的影响，包括土壤物理性质、化学性质等自然因素，以及人类活动等社会因素，主要与土壤中稳定组分的含量密切相关。只有那些能够在土壤中保存很长时间的有机质，才具有固碳意义。因此研究土壤有机质的稳定性在土壤固碳的相关研究中显得非常重要。土壤有机质稳定性的研究包括以下几个方面：①土壤有机质周转速率的测定，例如碳氧同位素技术，特别是加速质谱（AMS），大大提高了土壤有机质年龄的分辨率。②影响土壤有机质稳定性的因素，例如土壤团聚体结构对土壤有机质稳定性的影响，土壤中 Mn(Ⅳ）和 Fe(Ⅲ）氧化膜对有机质腐殖化速度的促进作用，腐殖质形成的前体物质，例如酪氨酸酶的混合物、有机物单体（如地衣酚、间苯二酚、羟基苯酸、L-甘氨酸、L-丝氨酸、香草酸）、铁氧化物（针铁矿、赤铁矿）和锰氧化物（钠水锰矿、斑脱岩）对土壤有机质稳定性的影响。一些新技术，例如中子散射（neutron scattering）技术，被用在研究有机质形态上，通过分析矿物质与腐殖质复合体的形态，研究如何防止土壤有机质被微生物降解、促进保护性土壤聚合物的形成。③土壤微生物是影响土壤有机质稳定性的最重要因素之一，直接参与有机质的分解和合成，土壤微生物及其活动直接影响储存在土壤中有机碳的寿命。

提高土壤固碳能力和潜力，要从碳库和碳流两方面考虑，通过人为干预和管理等措施促使土壤碳库和碳流向有利于土壤碳积累的方向发展。从碳库看，关键在于调控土壤理化性质及微生物指标，以提高土壤的最大碳储量。从碳流看，关键在于增加碳库输入速率，降低输出速率，提高碳积累速率，延长碳在土壤中的保留时间。至于具体的人为干预固碳措施，最重要的是土地利用变化，也就是土壤生态系统类型转变。这是因为不同土壤生态系统的碳储量存在明显差异，一个土壤生态系统类型转变成其他类型有可能导致碳的固定。一般认为，土体单位体积碳储量（以 1 m 深度计）大致是：湿地土壤＞草原土壤＞森林土壤＞农田土壤。当人类活动将土地利用类型按农田、森林、草原和湿地的顺序改变时，就能够达到固碳的效果。但是在实际情况下，这种排列顺序也不是绝对的，因为同一种土地利用类型的碳储存能力差异也是非常大的。

四、土壤碳循环与全球气候变化

土壤碳循环研究主要是对土壤中有机碳行为的研究（因为无机碳的更新时间尺度太长）。近年来关于土壤有机碳的性质、功能及其变化在全球变化中的意义有许多新的研究成果。土壤碳在全球气候变化中的作用实际上是有机碳的生物地球化学循环（大小、尺度、速率）对气候变化的控制作用。因此土壤碳循环不仅关系到陆地生态系统生产力的形成和整个地球系统的能量平衡，更重要的是还影响全球气候变化和生物多样性。

（一）土壤碳循环与大气二氧化碳浓度

痕量气体占大气中空气总量的 0.04%（体积分数），其中 99%以上为二氧化碳。陆地生态系统和海洋与大气的二氧化碳交换量各占整个二氧化碳循环总量的 50%。土壤通过呼吸作用每年向大气释放的二氧化碳的碳量约占陆地生态系统与大气碳交换总量的 2/3，约为大气碳库的 1/10，比陆地生态系统初级生产净吸收的碳量多 30%～60%，也远远超过化石燃料燃烧每年向大气排放的碳量。如果没有土壤呼吸作用释放二氧化碳，大气中的二氧化碳将在 15 年内被耗尽。所以土壤有机碳库对大气碳库的二氧化碳浓度的影响很大。

美国国家海洋大气管理局（NOAA）观测得出，从 1950 年以来，地球的大气层中的二氧化碳浓度不断上升（图 10－4 和图 10－5）。引起大气二氧化碳浓度升高的主要原因包括两个方面，其一是因土地利用改变所致的土壤呼吸作用加剧，其二是化石燃料燃

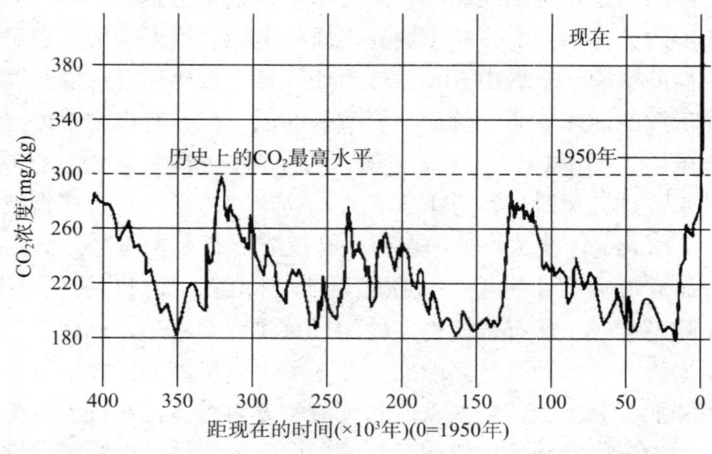

图 10－4　过去数十万年大气二氧化碳（CO_2）浓度变化

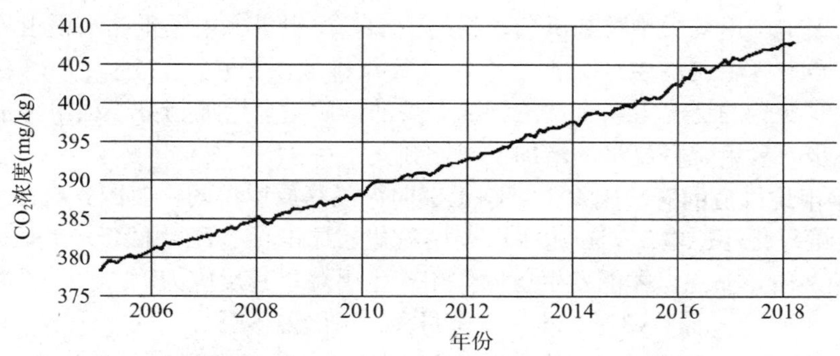

图 10-5　近年来大气二氧化碳（CO_2）浓度变化

烧。人类活动对土地利用和覆盖的变化是影响土壤有机碳库的最直接因素，其中影响最严重的是将自然植被转变为耕地。它减少了土壤有机物质的输入，破坏了土壤有机质的物理保护，增强了腐殖物质的矿化作用，使土壤呼吸增强，土壤碳库储量降低。特别是在耕种的头 50 年，表土有机碳损失可达 30%～50%。

土壤呼吸作用的变化能显著减缓或加剧大气中二氧化碳的增加，进而影响气候变化。全球变暖会大大刺激土壤呼吸作用，释放出更多的二氧化碳，大气的二氧化碳浓度增加又进一步加剧全球气候变暖的趋势。尽管土壤呼吸作用的全球通量较大，但在人类干预之前陆地植物和土壤吸入与呼出的碳是接近平衡的。由于包括土壤破坏在内的人类活动所产生二氧化碳对大气二氧化碳浓度的上升和可能的全球变暖起着重要的作用，更好地理解土壤呼吸作用和它的各个环节，特别是控制土壤有机质分解作用的因素极为关键。

减缓土壤呼吸作用的一项简单措施是减少土壤耕作。当土壤受到耕作扰动时，土壤通气性、含水量等影响使有机碳分解的环境条件发生改变，会引起土壤呼吸速率加快，从而导致土壤有机碳含量下降。耕作也破坏了土壤团聚体，大团聚体破碎后释放出微团聚体和粉粒级及黏粒级颗粒，使得被矿物稳定吸附的颗粒有机碳失去物理保护而加速被微生物分解、矿化。多年来，随着世界人口的不断增长和所需粮食作物生产的增加，地表上众多土地被用于耕作，致使农业土壤中有机碳的流失逐渐成为大气二氧化碳升高的一个重要原因。

在农业土壤中，减少二氧化碳净释放和增加土壤碳储存是同等重要的，这个过程称为碳截留。增加土壤的碳储存可以通过增加碳输入量和减少土壤的呼吸作用实现。因此适度的土壤耕作、有效的施肥和轮作等科学管理措施有可能使农业土壤成为二氧化碳的汇。近年来，由法国牵头启动的“千分之四全球土壤增碳计划”便是希望通过农业管理措施，将 2 m 深土壤有机碳储量每年增加 0.4%，即可抵消当前全球化石燃料燃烧的碳排放。例如转变土壤生态系统类型，也就是改变土地利用方式，可人为干预农业土壤中二氧化碳的净释放，这是因为不同土壤生态系统的碳储量存在明显差异，一个土壤生态系统类型转变成其他类型有可能导致碳的固定，从而降低二氧化碳的净释放。

（二）土壤碳循环与大气甲烷浓度

1. 土壤甲烷排放对大气甲烷浓度的影响　甲烷（CH_4）在大气中的含量远远低于二氧化碳，但其对温室效应的贡献几乎达到了二氧化碳的一半，因为每个甲烷分子吸收向外辐射的能力是二氧化碳的 20～25 倍。土壤是甲烷的源和汇，既可向大气提供甲烷，又可从大气吸收甲烷。土壤生物过程是甲烷产生的主要途径。大气甲烷排放量中约

70%源于土壤中产甲烷微生物和反刍动物的活动。泥炭土、沼泽土、水稻土等湿地土壤逸出的甲烷是大气甲烷的主要来源之一，其每年排放的甲烷约占进入大气甲烷总量的30%。在气候变暖的情况下，全球土壤的甲烷的排放量呈增加趋势。稻田种植面积的增加可能进一步导致甲烷释放量的增加。

2. 土壤甲烷排放的影响因素　影响土壤向大气释放甲烷的主要因素有以下几个。

(1) 土壤氧化还原电位　在淹水后土壤氧化还原电位（E_h）低于－100 mV时，产甲烷古菌（methanogen）才能发生还原作用产生甲烷，其反应为

$$CO_2 + H_2 \longrightarrow CH_4 \text{（二氧化碳还原）}$$

$$CH_3COOH \longrightarrow CH_4 + CO_2 \text{（醋酸发酵）}$$

(2) 温度　甲烷产生的温度因子（Q_{10}）为20～40，气候变暖会引起甲烷排放的增加。

(3) 土壤中的有机物质　土壤有机质或回归土壤的植物残体中易氧化碳的数量和活性影响甲烷的产生量。

(4) 施肥　甲烷氧化细菌将甲烷作为唯一的碳源和能源氧化。过量施用铵态氮（NH_4^+－N）肥会减少甲烷氧化细菌对甲烷的消耗（大小和形状相似引起竞争），导致甲烷的排放并提高大气中氨（NH_3）浓度。

(5) 植被　植被对甲烷的影响，是通过提供易分解有机碳（根、新近的死根、根系分泌物）及植物本身（湿地植物）气体通道产生的植物运输甲烷交换来实现的（约90%的甲烷是由这一通道排向大气的，见图10－6）。

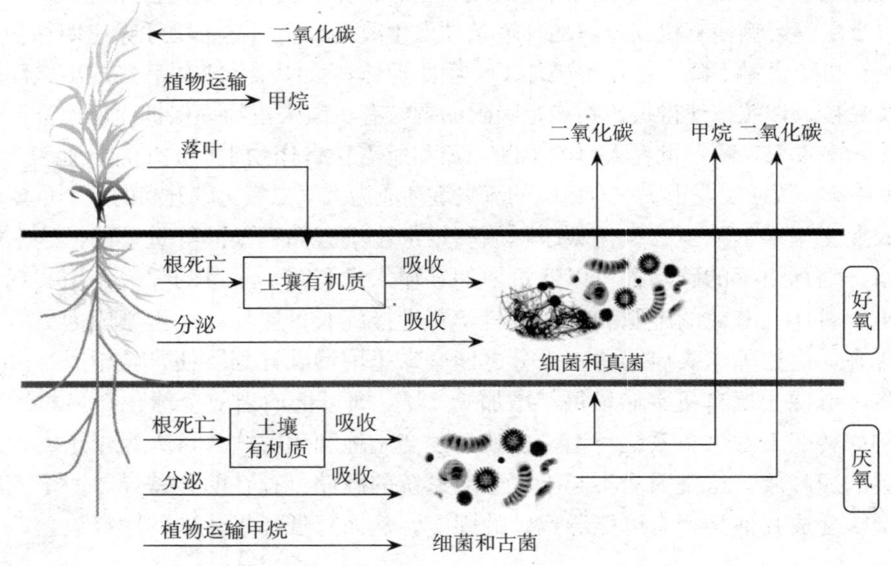

图10－6　湿地植物生态系统的碳通量

（三）甲烷和二氧化碳对大气碳库环境的综合影响

湿地干燥可减少甲烷排放而减弱温室效应，同时增加二氧化碳排放又会增强温室效应。如泥炭地作为农业利用时需要排水，这将改善土壤的通气性从而加速泥炭的微生物

降解；泥炭地的疏干，特别是热带雨林的开垦，将显著增加土壤中二氧化碳净逸出量，增加大气中二氧化碳的浓度。但如前所述，相同浓度下甲烷对温室效应的作用是二氧化碳的 20～25 倍，因此湿地干燥可减弱温室效应，但又要注意二氧化碳和与氮有关气体通量的变化。

第二节　土壤氮的生物地球化学循环

氮素是构成一切生命体的重要元素。氮的缺乏与过量都会对全球生态系统的健康与生产能力产生重要影响。因此土壤氮的生物地球化学循环过程是全球氮循环的中心，是解决诸多环境、农业和自然资源相关问题的基础。在作物生产中，作物对氮的需要量较大，土壤供氮不足是引起农产品产量下降和品质降低的主要因素。同时氮肥施用过量会造成江湖水体富营养化、地下水硝态氮（$NO_3^- - N$）积累及毒害等。了解氮素循环及土壤氮的来源、形态、转化等特性是现代农业和环境保护面临的有挑战性的问题。

一、土壤氮的形态

氮素在循环过程中会呈现多种不同的化学形态，每种形态都有其独特的属性、行为和生态环境效应。土壤氮按其赋存形态可分为无机氮和有机氮。表土中的氮 95％以上为有机氮。

（一）无机氮

土壤无机氮包括铵态氮（$NH_4^+ - N$）、硝态氮（$NO_3^- - N$）、亚硝态氮（$NO_2^- - N$）、分子态氮（$N_2 - N$）、氧化亚氮（N_2O）和一氧化氮（NO）。土壤中气态氮除氮气（N_2）外，氧化亚氮和一氧化氮含量都很低。土壤中无机氮占全氮的比例变化幅度比较大，一般在 2％～8％。分子态氮表现为惰性，只能被根瘤菌和其他固氮微生物所利用。就土壤肥力而言，主要以 NH_4^+ 和 NO_3^- 两种形态的氮最为重要，通常占土壤全氮的 2％～5％；这两种形态的氮主要来源于土壤有机质的分解或施入的各种肥料。氮气、氧化亚氮和一氧化氮是土壤氮经反硝化作用而损失的主要形式，它们与整个生态系统的氮循环以及大气环境质量密切相关。

（二）有机氮

土壤有机氮一般占土壤全氮的 92％～98％。土壤有机氮包括胡敏酸、富啡酸和胡敏素中的氮，以及固定态氨基酸（即蛋白质）、游离态氨基酸、氨基糖、生物碱、磷脂、胺、维生素和其他未确定的复合体（例如胺和木质素反应的产物、醌和氮化合物的聚合物、糖与胺的缩合产物等）。目前人们对土壤有机氮的了解仍然十分有限，还没有一种方法可以不破坏土壤有机氮的组分而把不同化学形态的氮分离出来，因而采用酸水解的方法将有机氮分为水解性氮和非水解性氮两大类，其中水解性氮包括铵态氮（$NH_4^+ - N$）、氨基糖氮、氨基酸氮和未知态氮。

二、土壤氮循环

陆地生态系统中的氮以不同形态存在于大气圈、岩石圈、生物圈和水圈，并在各圈层之间相互转换。大气中氮以分子态氮（N_2）和各种氮氧化物（NO_2、N_2O、NO等）形式存在，它们在微生物作用下通过同化作用或物理作用、化学作用进入土壤，转化为土壤和水体中的生物有效氮——铵态氮（NH_4^+-N）和硝态氮（NO_3^--N），然后又从土壤和水体中的生物有效氮回归到大气中。自然界氮的迁移及形态转化构成了陆地生态系统中的氮素循环（图10-7）。图10-7展示了氮的主要循环过程，包括：有机氮经矿化作用转化成无机氮，无机铵态氮再经硝化作用转化为硝态氮，以及无机氮被植物吸收，最终以植物残体的形式再返回到土壤。注释表明土壤氮损失和重新补充的过程。方框表示氮的不同形态，箭头表示从一种形态转化为另一种形态的过程。

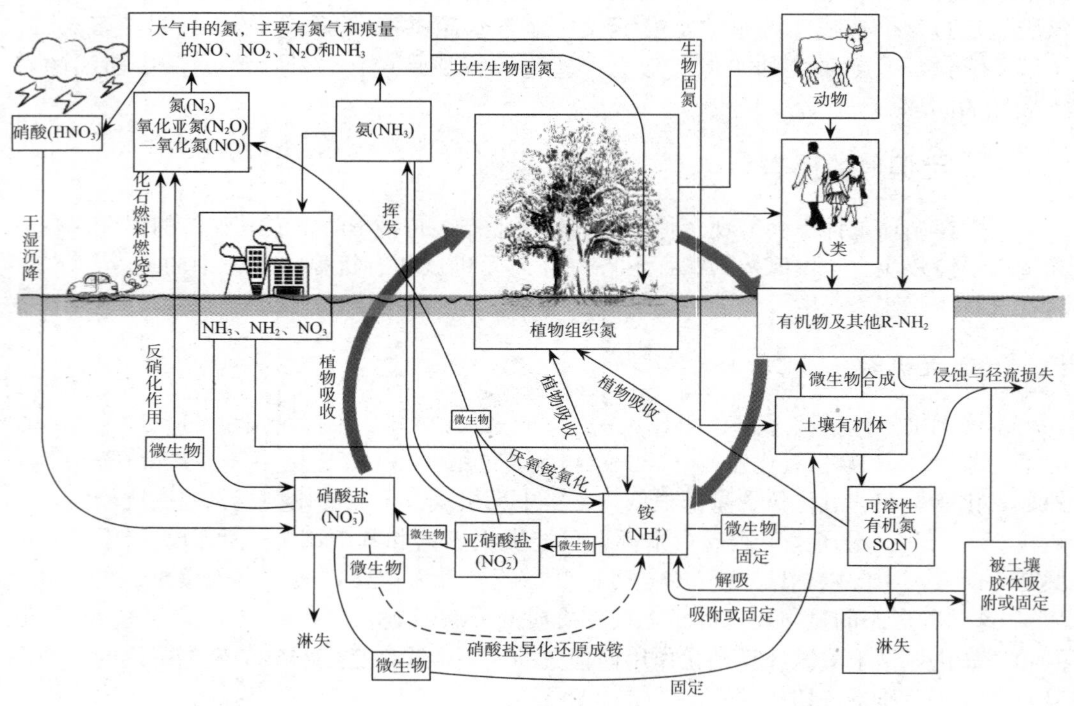

图10-7　陆地生态系统中氮循环

由图10-7可见，陆地生态系统氮素循环由两个重叠循环构成。一个循环是大气层的气态氮循环，氮的最大储存库是大气，整个氮循环的通道多与大气直接相连，几乎所有的气态氮对大多数高等植物无效，只有若干种微生物及少数与这些微生物共生的植物可以固定大气中的氮素，使它转化成为生物圈中的有效氮。另一个循环是土壤氮的内循环，即在土壤-植物系统中，氮在动植物体、微生物体、土壤有机质和土壤矿物中的转化和迁移，包括有机氮的矿化和无机氮的生物固定（同化）作用、黏土对铵的固定和释放作用、硝化作用、硝酸盐异化还原成铵作用、腐殖质形成和腐殖质稳定化作用等（图10-8）。氮经由矿化过程和生物固定过程从无机态变为有机态，又从有机态变为无机态，是土壤氮的内循环最主要的特征。

本节重点讨论土壤氮的内循环，及其与农业和环境保护的关系。

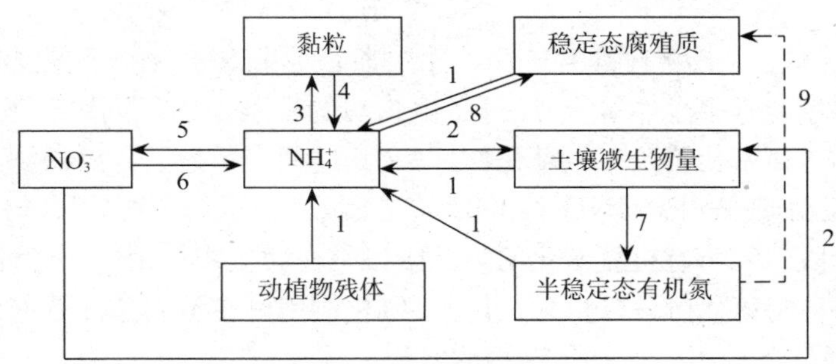

图 10-8　土壤氮的内循环

1. 矿化作用　2. 生物同化作用　3. 铵的黏土矿物固定作用　4. 固定态铵的释放作用　5. 硝化作用　6. 硝酸盐异化还原成铵作用　7. 腐殖质形成作用　8. 氨和铵的化学固定作用　9. 腐殖质稳定化作用

三、主导土壤氮循环的重要作用和过程

（一）大气氮的沉降

大气层发生的自然雷电现象，可将氮氧化成 NO_2 及 NO 等氮氧化物，以及散发在空气中的气态氮（例如烟道排气、含氮有机物质燃烧的废气、由铵化物挥发出来的气体等），通过降水的溶解，最后随雨水带入土壤的过程，称为大气氮的沉降。全球由大气降水进入土壤的氮量相对于作物生长所需氮量来说占比很少，因此通过大气氮沉降进入土壤的氮对作物生产来说意义不大。

（二）大气氮的生物固定

大气和土壤空气中的分子态氮不能被植物直接吸收、同化，必须经微生物固定为有机氮化合物，直接或间接地进入土壤。有固氮作用的微生物可分为 3 大类：非共生（自生）固氮菌、共生固氮菌和联合固氮菌。自生固氮菌类主要有两种，一种为好氧性细菌（例如固氮菌属 *Azotobacter*），另一种为厌氧性细菌（例如梭菌属 *Clostridium*），都需要有机物质作为能源。另外，具有光合作用能力的蓝绿藻也能自生固氮。自生固氮菌的固氮能力不强，即使补充足够的能源，好氧性自生固氮菌在温带耕地土壤中的固氮能力每年每公顷也只有 7.5～45 kg；在热带森林地有所增加，为每年每公顷 75～225 kg；在草地为 45～150 kg。厌氧性自生固氮菌的固氮能力更弱，但它们对水田土壤的氮素补给有重要意义。共生固氮菌类包括根瘤菌和一些放线菌、蓝藻等，以和豆科共生为主，固氮能力比自生固氮菌强得多，例如温带耕地土壤中每年每公顷固氮量，紫苜蓿根瘤菌为 225～300 kg，三叶草根瘤菌为 150～210 kg，紫云英根瘤菌为 90～112 kg，绿萍蓝绿藻为 150～225 kg。联合固氮菌类是指某些固氮微生物与植物根系有密切关系，有一定的专一性，但不如共生关系那样严格的固氮菌，例如固氮螺菌（*Azospirillum lipoferum*）与玉米，多黏芽孢杆菌（*Bacillus polymyxus*）与小麦，均有较强的亲和性，能进行联合固氮。

（三）土壤有机氮的矿化

1. 土壤有机氮矿化的过程　占土壤全氮量 92%～98%的有机氮，必须经微生物的矿化作用，才能转化为无机氮（NH_4^+ 和 NO_3^-）。矿化过程主要分氨基化阶段和氨化阶段两个阶段。

（1）氨基化阶段　土壤有机氮矿化的第一阶段是把复杂的含氮化合物（例如蛋白质、核酸、氨基糖及其多聚体等），经过微生物酶的系列作用，逐级分解而形成简单的氨基化合物，称为氨基化阶段（氨基化作用）。其过程表示为

$$\text{蛋白质} \longrightarrow RCHNH_2COOH\ (\text{或}\ RNH_2) + CO_2 + \text{中间产物}$$

（2）氨化阶段　土壤有机氮矿化的第二阶段是在微生物作用下，各种简单的氨基化合物分解成氨，称为氨化阶段（氨化作用）。氨化作用可在不同条件下进行。

① 在充分通气条件下，氨基化合物的氨化过程为

$$RCHNH_2COOH + O_2 \longrightarrow RCOOH + CO_2 + NH_3$$

② 在厌氧条件下，氨基化合物的氨化过程为

$$RCHNH_2COOH + 2H \longrightarrow RCH_2COOH + NH_3$$

或

$$RCHNH_2COOH + 2H \longrightarrow RCH_3 + CO_2 + NH_3$$

③ 一般水解作用，反应过程为

$$RCHNH_2COOH + H_2O \xrightarrow{\text{酶}} RCH_2OH + NH_3 + CO_2$$

或

$$RCHNH_2COOH + H_2O \xrightarrow{\text{酶}} RCHOHCOOH + NH_3$$

2. 土壤有机氮矿化的微生物　有机氮矿化是在多种微生物作用下完成的，包括细菌、真菌等，它们都以有机质中的碳素作为能源，可以在好氧或厌氧条件下进行。在通气良好，温度、湿度和酸碱度适中的砂质土壤上，矿化速率较大，且积累的中间产物有机酸较少；而通气较差的黏质土壤上，矿化速率较小，中间产物有机酸的积累较多。对多数矿质土壤而言，有机氮的年矿化率一般为1%～3%。假如某土壤的有机质含量为4%，有机质的含氮量为5%，若以矿化率为1.5%计算，则每年每公顷耕层土壤有机质中释放的氮约70 kg。

（四）土壤铵的硝化

有机氮矿化释放的氨小部分在土壤中转化为铵离子（NH_4^+），被带负电荷的土壤黏粒表面和有机质表面功能基团吸附，或者被植物直接吸收。大部分氨通过微生物的作用氧化成亚硝酸盐和硝酸盐，这就是硝化作用。该作用的本质是将还原态氮（通常为氨）通过亚硝酸盐氧化为硝酸盐的过程，其包括氨氧化和亚硝酸盐氧化两步，反应式为

$$NH_3 + 1.5O_2 \xrightarrow{\text{氨氧化微生物（以 } Nitrosomonas \text{ 为主）}} NO_2^- + H^+ + H_2O$$

$$NO_2^- + H_2O \xrightarrow{\text{硝化微生物（以 } Nitrobacter \text{ 为主）}} NO_3^- + H^+ + 2e^-$$

俄国微生物学家维诺格拉斯基（Sergei Winogradsky）1892年分离出第一株氨氧化细菌，硝化作用的两步反应被认为分别需要由氨氧化细菌和亚硝酸盐氧化菌催化完成。硝化作用在土壤氮循环中起着核心作用，将最还原态和最氧化态的氮联系起来。硝化作用氧化有机氮矿化释放的氨和施用的氮肥产生 NO_3^- 和 H^+，是引起土壤酸化的重要原因之一。另外，氨氧化细菌和亚硝酸盐氧化菌都属于自养微生物，有些异养微生物也能进行硝化作用，具体机制有待进一步研究。

2005年美国科学家David A. Stahl从热带海洋水族馆鱼缸里成功分离到一株能催化

氨氧化的古菌，证明古菌也能催化氨氧化反应，氨氧化古菌随即成为全球氮循环微生物机制研究的前沿。2015 年奥地利科学家 Michael Wagner 和荷兰科学家 Sebastian Lücker 同时发现并证明一种硝化细菌能够催化从氨转化为硝态氮的全部过程，称为全程氨氧化微生物（complete ammonia oxidizer，Comammox）。

（五）土壤无机氮的生物固定

矿化作用生成的铵态氮、硝态氮和某些简单的氨基态氮（$—NH_2$），通过微生物和植物的吸收同化，成为生物有机体组成部分，称为土壤无机氮的生物固定（又称为生物同化）。它和土壤有机氮的矿化是土壤中两个不断同时进行但方向相反的过程。这两个过程的相对强弱受到许多因素影响，特别是受可供微生物利用的有机碳化合物（即能源物质）的种类和数量的影响。当土壤中易分解的能源物质过量存在时，无机氮的生物固定作用就大于有机氮的矿化作用，表现为无机氮的净生物固定。只有在矿化作用大于固定作用时，才能有多余的无机氮化合物供给植物营养，这主要取决于环境中有机物质的碳氮比（C/N）。

经生物固定作用形成的新的有机氮化合物，一部分被作为产品从农田中输出，而另一部分和微生物的同化产物一样，再一次经过有机氮的矿化作用，进行新一轮的土壤氮循环。植物和微生物在吸收同化土壤中的铵态氮（NH_4^+-N）和硝态氮（NO_3^--N）过程中存在着一定的竞争，但从土壤氮素循环的总体来看，微生物对速效氮的吸收同化，有利于土壤氮素的保存和周转。

（六）土壤铵离子的矿物固定

1. 铵离子矿物固定的过程　土壤中产生的另一个无机氮固定反应称为铵离子矿物固定作用（ammonium fixation）。在 2∶1 型黏土矿物的膨胀性晶格中，单位晶层间的阳离子（Ca^{2+}、Mg^{2+}、Na^+、K^+）被 NH_4^+ 取代后，可引起铵的固定。被吸附的铵离子（NH_4^+）容易脱去水合膜，进入黏土矿物单位晶层间表面由氧原子形成的六角形孔穴中，当铵离子进入层间的孔穴后，由于环境条件的变化，可导致黏土矿物晶层的收缩，使铵离子固定，暂时失去它的生物有效性。

2. 铵离子矿物固定过程的影响因素　不同土壤对铵离子的固定能力不同，与下列因素有关。

（1）土壤黏土矿物类型　蛭石对铵离子（NH_4^+）的固定能力最强，其次是水云母，蒙脱石较小。高岭石等 1∶1 型黏土矿物基本上不固定铵离子。

（2）土壤质地　一般土壤的铵离子矿物固定能力随黏粒含量的增加而增加。在土壤剖面中，表土的铵离子固定能力比心土和底土低。

（3）土壤中钾的状态　当单位晶层间为钾离子（K^+）所饱和时，铵离子的固定会大大减少。许多土壤可能因种植作物携出部分钾离子而使固定铵离子能力增强。施用钾肥对铵离子的固定有一定的影响。

（4）土壤中铵离子的浓度　土壤中铵离子的固定量随铵态氮施用量的增加而增加，但施入铵离子的固定率随施用量的增加而减少。铵离子的固定过程虽能持续一段时间，但多在几个小时内完成。

（5）土壤水分条件　施铵离子后土壤变干时，可增加铵离子的固定率和固定量。蛭石和水云母在大多数条件下能固定铵离子，但蒙脱石必须在干旱时才能固定铵离子。干湿交替可能促进土壤铵离子的固定作用，土壤结冻和解冻可能与干湿交替的作用相似。

（6）土壤酸碱度　土壤酸碱度和铵离子固定能力之间的关系尚未肯定。但随着pH的增大，例如通过施用石灰，铵离子的固定趋向于略微增加。强酸性土壤（$pH<5.5$）一般固定的铵离子很少。施用铵态氮肥后形成的土壤新固定态铵，其有效性较高；而土壤中原有固定态铵的有效性则低，能释放出来的数量很少。

（七）土壤硝酸盐的异化还原成铵作用

硝酸盐异化还原成铵作用（dissimilatory nitrate reduction to ammonium，DNRA）是指硝酸盐（NO_3^-）在厌氧条件下被微生物异化还原成铵（NH_4^+）的过程。许多微生物包括专性厌氧细菌、兼性厌氧细菌、好氧细菌和真菌等都能催化硝酸盐异化还原成铵作用。硝酸盐异化还原成铵作用和反硝化作用（见下文“土壤反硝化损失”）都是以硝酸盐为底物将其还原的过程，但是硝酸盐异化还原成铵作用将硝酸盐（NO_3^-）还原成铵（NH_4^+）所需的自由能比反硝化作用将硝酸盐（NO_3^-）还原成氧化亚氮（N_2O）和氮气（N_2）的自由能高，所以多数情况下反硝化作用更容易发生。但是在有机碳含量丰富的草地、森林等自然土壤中，硝酸盐异化还原成铵作用也可能在土壤氮素转化过程中起着重要的作用。与硝化作用和反硝化作用导致土壤氮素损失不同，硝酸盐异化还原成铵作用将土壤中的硝酸盐还原为可供植物利用的铵，有利于土壤中氮素的蓄持，还可以减少土壤反硝化过程产生的温室气体氧化亚氮。不过，目前已有部分研究证实，硝酸盐异化还原成铵作用也能够为厌氧铵氧化（见下文“土壤厌氧铵氧化损失”）提供铵，使铵最终转变为氮气而损失，且一定条件下硝酸盐异化还原成铵作用与厌氧铵氧化耦合作用甚至会导致损失更多的土壤氮素。

（八）土壤厌氧铵氧化损失

传统观点认为氨氧化是在绝对好氧条件下进行的。1995年，荷兰科学家van de Graaf用流化床反应器研究生物反硝化时，发现了厌氧铵氧化。厌氧铵氧化（anaerobic ammonium oxidation，Anammox）是指在缺氧条件下通过微生物的作用，以亚硝酸氮为电子受体，铵态氮为电子供体，将亚硝酸氮和铵氮同时转化为N_2的过程，其反应式为

$$NH_4^+ + NO_2^- \longrightarrow N_2 + 2H_2O$$

（九）土壤氨挥发损失

氨挥发易发生在石灰性土壤上，特别是表施铵态氮和尿素等化学氮肥时，氨挥发损失可高达施氮量的30%以上，这是因为土壤中的氨（NH_3）和铵（NH_4^+）存在下列平衡。

$$NH_3 + H^+ \rightleftharpoons NH_4^+$$

反应形成的NH_4^+易溶于水，易被土壤吸附，而NH_3分子易挥发。反应平衡取决于土壤的pH，若土壤pH接近或低于6时，NH_3被质子化几乎全部以NH_4^+形式存在；$pH=7$时，NH_3约占6%；pH为9.2～9.3时，则NH_3和NH_4^+约各占一半。氨的挥发还与土壤性质和施用化肥种类有关，石灰性土壤上施用硫酸铵时，形成溶解度低的硫酸钙并释放出较多的氨，故比施用氯化铵和硝酸铵的氨挥发损失要大得多。土壤黏粒和腐殖质能吸附NH_4^+，阻止氨的挥发。在阳离子交换量低的砂质土上施铵态氮，其氨的挥发损

失比黏质肥土大。化学氮肥表施改为深施、粉施改为粒施，都可减少氨的挥发损失。

土壤中的含氮化合物还可能通过纯化学反应形成气态氮的损失，例如

$$NH_4NO_2 \longrightarrow 2H_2O + N_2 \uparrow$$

这个反应的条件是土壤溶液中铵态氮和亚硝态氮大量并存，生成亚硝酸铵（NH_4NO_2），产生双分解作用。这种作用有自动催化能力，随着反应的进行，其分解速度加快。但这个反应需要较酸的条件（pH 为 5.0～6.5）、较高温度和较干燥的土壤环境，一般认为在正常土壤中很少发生。

再如

$$3HNO_2 \longrightarrow HNO_3 + 2NO \uparrow + H_2O$$

在酸性土壤中，亚硝酸（HNO_2）不稳定，会自动分解，土壤 pH 越低，分解越快。但由此产生的一氧化氮（NO），大部分仍可能被土壤吸附或在土壤中再氧化成 NO_2，最后再溶解于水，形成硝酸盐。

（十）土壤硝酸盐淋失

铵（NH_4^+）和硝酸盐（NO_3^-）在水中溶解度很大，NH_4^+ 带正电荷，易被带负电的土壤胶体表面所吸附；硝酸盐（NO_3^-）带负电荷，是最易被淋洗的氮形式，随着渗漏水的增加，硝酸盐的淋失增大。自然条件下，硝态氮的淋失取决于土壤、气候、施肥、栽培管理等条件。在作物密植且不施肥或施肥较少的土壤中，氮的淋失很少，因为土壤中 NO_3^- 含量较低，易被作物吸收和利用。在湿润和半湿润地区的土壤中，氮的淋失较多。在半干旱地区，NO_3^- 淋失很少。而在干旱地区，除砂质土壤外，氮几乎无淋失。硝酸盐淋失亦与地表覆盖有密切的关系。草地土壤根系密集，吸氮强烈，土壤中很少硝酸盐积累，即使在湿润地区，氮的淋失也较少。反之，休闲地淋洗作用则较强。淋洗出的硝酸盐可随地表径流排入江河湖泊等水体中，增加水体的氮负荷，引起水体富营养化；若排入地下水则可引起地下水的污染。

（十一）土壤反硝化损失

土壤氮通过反硝化作用形成气体氮逸出进入大气的过程称为土壤氮的反硝化损失。所谓反硝化作用，指的是在厌氧条件下，硝酸盐（NO_3^-）在反硝化微生物作用下，还原为 N_2、N_2O、NO 的过程。反硝化作用生物化学过程的通式表示为

$$2NO_3^- \longrightarrow 2NO_2^- \longrightarrow 2NO \longrightarrow N_2O \longrightarrow N_2$$

反硝化作用实质上是硝化作用的逆过程，主要在一定的厌氧环境条件下发生。试验表明，随着土壤溶液中的溶解氧浓度下降，反硝化作用逐渐加强，当氧浓度下降至 5% 以下时，反硝化强度明显增高。但对矿质土壤而言，只有当其平衡空气中的氧浓度少到 0.3%以下时，即溶液中氧浓度下降至 4×10^{-6} mol/L 以下时，整个土体才有可能被反硝化作用所控制。实际上，这种土壤已处于水分饱和的淹水状态，孔隙中几乎已不存在空气。而在一般含水量情况下，即使达到田间持水量，土壤结构内或分散土壤颗粒间的小孔隙中已充满水，但其结构间的非毛管孔隙却仍然充有空气。因此在这种土壤中硝化作用和反硝化作用往往可以同时并存。但也有例外，例如有些土壤的排水条件并不恶劣，但因含有大量的易分解有机质，使土壤产生了局部的厌氧环境，也会产生强烈的反硝化作用。所以通过反硝化作用损失的土壤氮取决于土壤中硝酸盐（NO_3^-）的含量、

易分解有机质的含量、土壤通气状况、水分状况、温度、酸碱度等因素。研究表明，反硝化的临界氧化还原电位约为 334 mV，最适 pH 为 7.0～8.2。pH 在 5.2～5.8 或以下的酸性土壤，或 pH 在 8.2～9.0 或以上的碱性土壤中，反硝化作用显著下降。

土壤中已知的能进行反硝化作用的微生物是细菌和真菌，目前已知的细菌有 24 属，例如不动杆菌属、假单胞菌属、芽孢杆菌属、固氮螺菌属、弧菌属、亚硝化单胞菌属等。反硝化细菌绝大多数是异养型细菌，亦有少数是自养型细菌，例如有些氨氧化微生物能驱动反硝化作用，称为硝化微生物的反硝化。由反硝化微生物引起的反硝化过程是由反硝化微生物分泌的酶体系来催化的。

四、土壤氮损失的环境效应

土壤氮的损失和去向关系到水体和大气环境质量。施入土壤中的肥料氮，除20%～75%被作物吸收和部分以有机氮残留在土壤中外，一部分以气态逸向大气，一部分经径流和淋溶进入水体。氮素的气态损失和淋溶损失严重影响生态环境，威胁着人类健康。农田径流流失的大量氮是引起水体富营养化的原因之一，硝态氮的淋溶、迁移会导致地下水中硝酸盐污染，而反硝化作用产生的氧化亚氮（N_2O）则是一种重要的温室气体。因此概括而言，土壤氮损失对环境的影响主要表现在 3 个方面：①径流和淋洗损失对地表水和地下水水质的影响；②气态损失对大气的污染；③硝酸盐积累对农产品（例如蔬菜）的污染。

五、土壤氮的调控和管理

在土壤氮转化过程中，矿化作用和硝化作用是使土壤有机氮转化为有效氮的过程。反硝化作用和化学脱氮作用是使土壤有效氮遭受损失的过程。黏土矿物对氮的矿物固定是使土壤有效氮转化为无效氮或迟效态氮的过程。在作物生产过程中，最有实际意义的是有机氮矿化作用过程中的纯矿化量（有机氮的矿化量与矿物氮固定量之差）。这是因为在土壤中，有机氮的矿化作用与矿物氮的固定作用同时进行且处于平衡状态。

$$\text{有机态氮} \underset{\text{固定作用}}{\overset{\text{矿化作用}}{\rightleftharpoons}} \text{矿物氮（}NH_4^+\text{、}NO_3^-\text{）}$$

应该采用人为的科学调控管理措施，例如合理施肥、耕作、灌溉等，控制土壤有机氮的矿化速率和减少有效氮的固定量，最大限度发挥土壤氮素的潜在作物营养功能，促使土壤氮素既能满足作物高产高效优质的需要，有利于氮素的保存和周转，又最大限度提高土壤氮素的利用率，避免土壤氮素的淋洗和气态损失，减轻其潜在的环境风险。

（一）利用有机物质碳氮比与土壤有效氮的相互关系

土壤氮的纯矿化量与有机物质本身的碳氮比（C/N）有关。这是因为有机营养型微生物在分解有机物质使之矿化的过程中，需要以有机物质中所含的碳作为能源，并利用碳源作为细胞体的构成物质，同时在营养上还需要氮的供应，以保持细胞体构成中碳和氮的比例平衡。氮的来源除由有机物质供应外，还可以是土壤中的铵态氮或硝态氮，以补充其不足。如果有机物质本身所含碳氮比超过某个数值，微生物在有机物质矿化过程中就会产生氮素营养不足的现象，其结果使土壤中原有矿物态有效氮也被微生物吸收而被同化，这样植物不仅不能从有机物质矿化过程中获得有效氮的供应，反而会使土壤中原来所含的有效氮也暂时失去植物的有效性，结果产生土壤有效氮素的所谓微生物同化固定现象。如果有机物质的碳氮比小于某个数值，这时矿化作用产生的纯矿化氮较高，除满足微生物自身在营养上的同化需要外，还可提供给植物吸收利用。一般认为，如果有机物质碳氮比大于 30：1，则其矿化作用的最初阶段就不可能对植物产生供氮的效果，反而有可能使植物的缺氮现象更为严重。但如果有机质碳氮比小于 15：1，在其矿化作用一开始，它所提供的有机氮量就会超过微生物同化量，使植物有可能从有机物质矿化过程中获得有效氮的供应。了解这个规律，对于采用施肥措施调节土壤的有效氮素达到作物高产优质高效具有指导意义。关于土壤有机质分解过程的碳氮比和土壤氮素盈亏变化的关系可以用图 10－9 来说明。

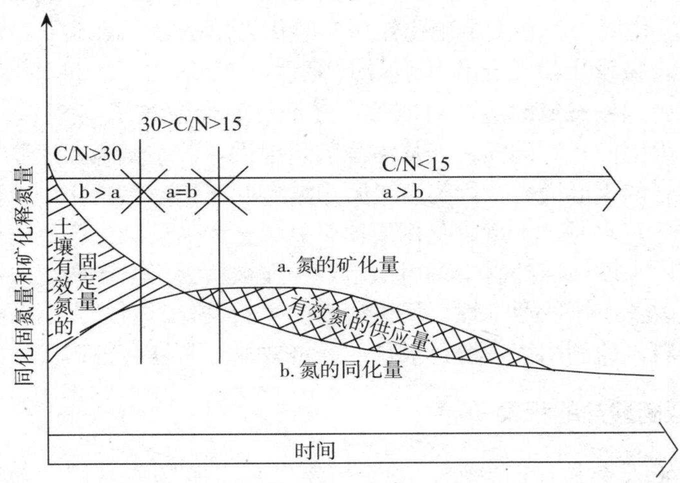

图 10－9　有机物质分解过程中碳氮比（C/N）和土壤中有效氮盈亏变化的关系

由图 10－9 的两条曲线可见，在有机物质开始分解时，其碳氮比远大于 30，矿化作用所释出的有效氮量远少于微生物吸收同化的需氮量，使土壤中原有的一部分矿质态有效氮也被微生物同化成有机态。但随着有机物质的不断分解，含的碳素有很大一部分被作为微生物活动的能源而消耗，因此剩下物质的碳氮比迅速下降。当碳氮比达到 30～15时，矿化释氮量和同化固氮量就基本相等，这时土壤中有效氮素就无盈无亏。随着时间的推移，有机物质不断进行分解，微生物繁育更迭。与此同时，土壤有机物质的碳氮比依然在不断下降。最后当碳氮比低于 15 时，氮的矿化量也就超过了同化量。到了这个阶段土壤有效氮供应量就开始增加，植物的氮素营养条件也随之改善。

需要强调的是，由于土壤微生物区系及土壤性质的不同，矿化释氮量和同化固氮量达到平衡时的碳氮比不可能是一个不变的定值。前面所说的低于 15 的标准是比较低的标准，有人定为 17，有人定为 20，甚至有人定为 25。鉴于一般谷类作物的茎秆的碳氮比达到 50 以上，甚至达到 70～80 或更高，所以在实施秸秆还田时，应同时注意速效氮肥的补充。试验指出，如果有机残体的碳氮比达到了 40 以上，则即使在合适的温度条件下，让它们在旱地土壤中分解，需要经 2～4 周的时间才能发挥其供氮的作用。而很多豆科绿肥（例如紫云英、苜蓿等），由于它们的碳氮比一般都在 20 以下，一旦分解，就能起到供氮的作用。

（二）应用激发效应调节土壤有机质和氮素平衡

激发效应又称为起爆效应，是指外加有机物质或含氮物质而使土壤中原来有机质的分解速率改变的现象。对于有机质丰富的土壤，施用绿肥等新鲜有机肥可产生正激发效应，促进土壤原来有机氮的矿化和更新；而对于有机质缺乏的土壤，施用富含木质素的有机肥，产生负激发效应，增加土壤有机质和氮的积累。

（三）科学调控施肥，防止土壤氮的损失

淹水水稻土有一个明显的氧化层和还原层的分异现象。这个特点使得水稻土的氮素转化和分布规律不同于旱地土壤。水稻土氧化层的氧化还原电位较高，如果将氮肥（NH_4^+）表施在氧化层，就会发生硝化作用，转化为硝态氮，随水下渗到还原层，而还原层还原性较强，易发生反硝化作用，导致氮素以 N_2O、NO、N_2 的形式从土壤中逸出。因此在水田施用铵态氮时应尽可能施入还原层，使铵离子（NH_4^+）能被带负电荷的土壤胶体所吸附以防止它的损失。从灌溉的角度讲，铵态氮施入还原层后，宜保持表面水层，避免频繁的干湿交替，因为落干晒田，有利于铵态氮硝化，而硝态氮的产生与积累，正好为以后复水时产生反硝化作用提供氮源，增加反硝化脱氮的可能性。但对某些水田土壤而言，采取适当的落干晒田措施，往往被认为是丰产的重要措施之一，因为排水落干有利于改善土壤的通气性，促进根系的生长发育。通过人为调控施肥，减少氮素损失，提高肥料氮的利用率，取得最佳的经济效益，是社会普遍关注的。

（四）避免亚硝酸盐的积累

亚硝酸盐对于人类是致癌物质，对于植物也是有害物质。例如亚硝酸盐（NO_2^-）可使水稻幼苗出现青枯病，可使小麦、玉米烧种、烂芽、烂根以及幼苗死亡。如果土壤通气条件不足，即可造成亚硝酸盐的积累，故应改善土壤通气条件。

第三节　土壤硫的生物地球化学循环

硫对于在活细胞中发生的很多反应来说都必不可缺，它在维持细胞结构和生理生化功能中具有不可替代性，参与蛋白质合成、光合作用、呼吸作用、脂类合成、生物固氮、糖代谢等重要生物化学过程。除了在动植物营养中起关键作用外，硫还与土壤、水和空气的一些污染现象有关，因为硫转化过程中产生的硫化氢（H_2S）、二氧化硫（SO_2）以及硫酸（H_2SO_4）可导致酸雨、酸性矿排水等严重危害。因此土壤硫的生物地球化学循环也受到人们的重视，特别是对硫在土壤生物地球化学循环中有关的环境效应的关注与日俱增。

一、土壤硫的形态

土壤中的硫按其赋存形态可分为无机硫和有机硫。

（一）土壤无机硫

土壤无机硫指土壤中无机化合物与碳酸钙共沉淀的难溶硫酸盐以及还原态无机硫及

其化合物。土壤无机硫有 3 种形态：难溶态、水溶性和吸附态。

1. 难溶态硫　难溶态硫为固体矿物硫，例如黄铁矿（FeS_2）、闪锌矿（ZnS）等金属硫化物和石膏等硫酸盐矿物。

2. 水溶性硫　水溶性硫主要包括硫酸根（SO_4^{2-}）、游离的硫化物（S^{2-}）等。

3. 吸附态硫　土壤矿物胶体吸附的 SO_4^{2-}，与溶液 SO_4^{2-} 保持着平衡，吸附态硫容易被其他阴离子交换。

因植物主要以溶解态硫酸根形态吸收硫，所以水溶性硫酸根和吸附态硫酸根是植物利用的有效态土壤硫。

（二）土壤有机硫

土壤有机硫主要存在于动植物残体和腐殖质，以及一些经微生物分解形成的较简单的有机化合物中。湿润、半干旱、温带和亚热带地区排水良好的农业土壤表层中，硫大多为有机态。一般认为，大多数非石灰性土壤表层中有机硫占全硫的 90%以上。有机硫在全硫中的比例因土壤类型和土壤剖面的深度而异，通常底土低于表土。目前许多土壤有机硫尚未为人所知晓，人们根据土壤有机硫对还原剂稳定性的相对大小将土壤有机硫分成 3 大组分：碘化氢（HI）可还原的有机硫（酯键硫）、以碳硫键直接结合的碳键硫和惰性硫（残余硫）。其中，酯键硫不直接被碳束缚，主要含 C—O—S 键的硫酯和硫醚、部分氨基磺酸硫（C—N—S）以及 S-磺酸半胱氨酸（C—S—S），为土壤有机硫中较为活跃的部分，易于转化为无机硫，受土壤利用状况、有机物料投入以及气候因素的影响。

二、土壤硫循环

图 10－10 展示了硫在土壤-植物-动物-大气系统之间循环的主要转化过程，包括内部循环和外部循环。

（一）土壤硫的内部循环

土壤硫的内部循环包括了硫的 4 种主要形态（硫化物、硫酸盐、有机硫、单质硫）之间的联系，主要涉及有机硫的矿化、无机硫的生物固定、氧化和还原、吸附和解吸、含硫矿物的溶解等过程。

（二）土壤硫的外部循环

土壤硫的外部循环则展示了硫最重要的来源以及硫如何从系统中损失。

1. 土壤硫的输入　土壤硫的输入途径主要有以下 3 种。

（1）大气干湿沉降　大气干湿沉降的主要是无机硫（SO_2），主要来源于自然排放（火山爆发、土壤、海洋）和人为排放（燃煤、燃油、冶矿等）。

（2）含硫农用化学品的施用　农业生产中含硫的矿质肥料包括硫酸铵、硫酸钾、硫酸镁、石膏（$CaSO_4 \cdot 2H_2O$）。

（3）有机硫的释放　含硫有机物质包括各种动植物残体，与氮、磷有机物一样，这些含硫有机物质经过矿化作用可释放出无机硫。

2. 土壤硫的输出　土壤硫的输出途径包括以下 3 种。

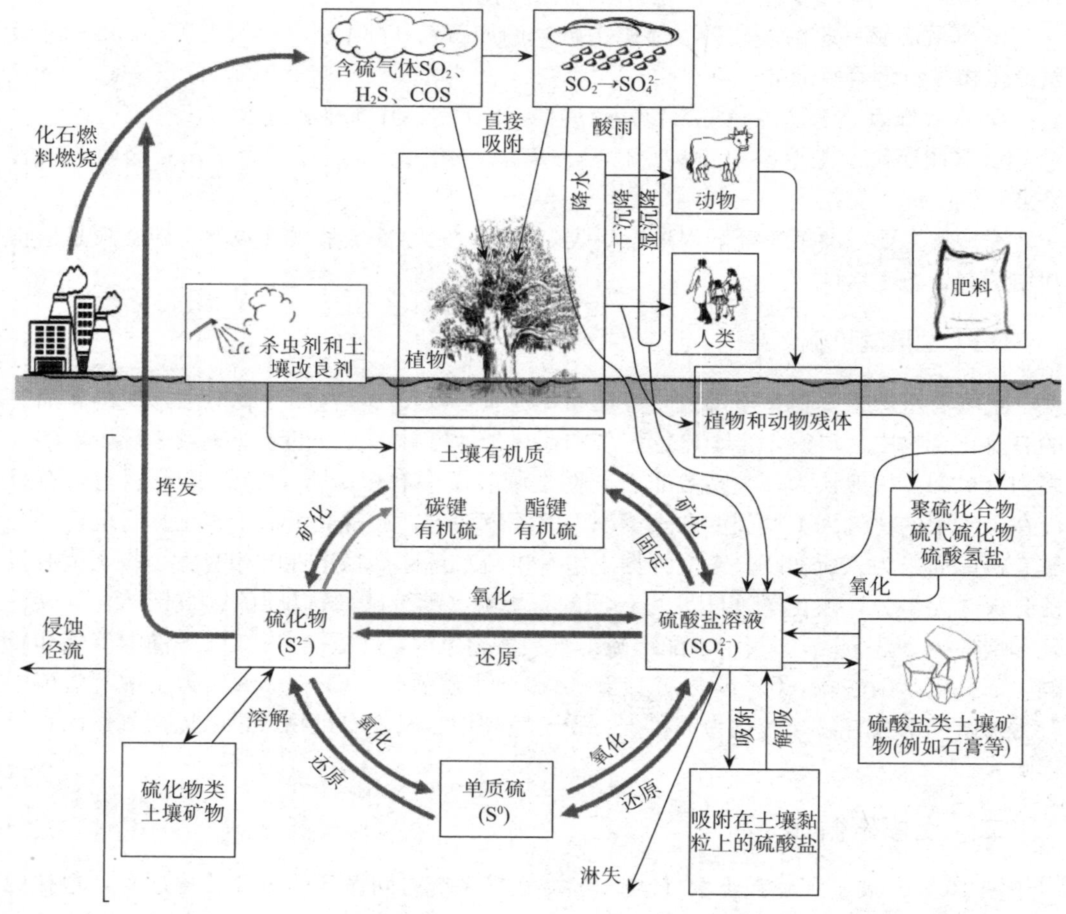

图 10－10　土壤硫循环

（1）植物吸收　土壤硫以硫酸盐（SO_4^{2-}）形态被植物根部吸收，植物吸收的硫酸盐直接参与体内的代谢作用。

（2）淋失　硫酸根（SO_4^{2-}）带负电荷，不易被吸附在带负电荷的土壤胶体表面，因此容易在土体中被淋失。

（3）被还原后挥发损失　土壤在还原条件下形成硫化氢（H_2S）、二氧化硫（SO_2）等含硫气体从而被挥发损失。

三、主导土壤硫循环的重要作用和过程

（一）大气硫沉降

大气中的 SO_2、H_2S、COS（硫氧化碳）、CH_3SH、$(CH_3)_2S$（DMS）、CS_2、$(CH_3)_2S_2$（DMDS）等含硫气体和一些含硫的尘埃颗粒通过沉降过程输送到地面，即大气硫沉降。其中大气中的硫以颗粒和气体的形式回到土壤的过程称为干沉降；如果以降雨的形式发生，则称为湿沉降。在众多的含硫气体当中，对二氧化硫（SO_2）的研究较多，它是大气酸沉降的主要来源，在大气中易氧化转化成硫酸或硫酸根。

(二) 土壤有机硫矿化和无机硫生物固定

1. 土壤有机硫矿化

(1) 土壤有机硫矿化的概念　土壤有机硫矿化是指土壤中含硫的简单有机化合物在微生物作用下转化成无机硫的过程。在好氧条件下，微生物分解土壤有机硫的最终产物是硫酸盐；在厌氧条件下，有机硫分解的最终产物则是硫化物。

(2) 土壤有机硫矿化过程的特点　土壤中有机硫矿化过程有以下 4 个特点：①起始阶段，硫酸盐被固定，随后有 SO_4^{2-} 释放；②在整个矿化过程中 SO_4^{2-} 稳定地呈线性释放；③开始几天释放很快，随后缓慢地呈线性释放；④随着时间的延长释放速度下降。

(3) 土壤有机硫矿化的影响因素　需要强调的是，在各种有机物的分解过程中，硫的矿化机制尚未被完全研究清楚，许多微生物参与了有机硫化物氧化为 SO_4^{2-} 的过程，很难追踪其精确的途径。所以任何影响微生物生长的因素都会影响硫的矿化：①新加入土壤中的有机硫的矿化与碳硫比（C/S）有关，一般在碳硫比小于 200 时，易于发生硫的净矿化；②温度低于 10 ℃时，土壤有机硫矿化作用受到显著抑制；在 10～35 ℃范围内，土壤有机硫矿化量随温度升高而增大；③土壤含水量为田间持水量的 60％时，土壤有机硫矿化作用最强；小于田间持水量的 15％或大于田间持水量的 80％时土壤有机硫矿化均显著减弱；将土壤风干可促进有机硫的矿化；④土壤 pH 为 7.5 左右时土壤有机硫矿化量最大，在此 pH 以下，土壤有机硫矿化量随 pH 降低而减少。此外，有植物生长的土壤，由于根系分泌的酶和根际微生物较多的缘故，土壤有机硫的矿化量较无植物生长的土壤多。

2. 土壤无机硫生物固定　土壤无机硫生物固定是指硫从矿质态被微生物同化为有机态的过程。一般来说，土壤碳硫比越大，越有利于硫的生物固定。当有机残体的碳硫比≥400 时，有利于 SO_4^{2-} 生物固定为各种有机形态。生物固定的硫束缚于土壤腐殖质、微生物细胞和微生物合成副产品中。

3. 土壤有机硫矿化与无机硫生物固定的关系　土壤无机硫生物固定作用与有机硫矿化作用相伴进行，但方向相反。这两个作用的相对速率决定了土壤中有效性硫养分的含量。当矿化作用速率大于生物固定作用速率时，发生硫的净矿化，使土壤中矿质态硫量增多，可为作物提供较多的有效硫养分；当生物固定作用速率大于矿化作用速率时，则发生硫的净固定，使土壤中的矿质态硫逐渐转化成有机态，有效养分含量降低。

(三) 土壤硫的氧化和还原

氧化还原反应在土壤硫循环中起着非常重要的作用，主要包括 SO_4^{2-} 在渍水、缺氧土壤中的还原以及还原态硫（包括单质硫）的氧化（终产物为 SO_4^{2-}）等过程。这些反应大多主要受土壤微生物调控，但同时受环境条件的制约。

1. 土壤硫还原

(1) 土壤硫还原的过程　土壤硫还原包括硫的同化还原和异化还原两条途径。土壤硫的同化还原是在一系列酶的作用下，生物体将从土壤中吸收的无机硫同化还原成各种含硫化合物，组成蛋白质或释放出硫化氢（H_2S）。土壤硫的异化还原，则是微生物利用硫酸盐中的氧来氧化有机物质的过程，其中，硫酸盐主要作为电子受体，相当于有氧呼吸中氧的作用。参与异化硫还原过程的微生物主要包括脱硫弧菌属（*Desulfovibrio*）

和脱硫肠状菌属（*Desulfotomaculum*）两类。有机质氧化耦合硫还原的典型反应为

$$2R—CH_2OH+SO_4^{2-} \longrightarrow 2R—COOH+2H_2O+S^{2-}$$

（2）土壤硫还原的意义　有关土壤硫还原的研究，主要集中在硫酸盐（SO_4^{2-}）的还原及气态硫化氢（H_2S）的形成这两个对农业生产和环境影响上具有重要意义的过程。在排水不良的土壤中，硫还原产生的 S^{2-} 会立即与还原态铁或锰发生反应，通过形成铁或锰的硫化物来降低水稻田、沼泽土等土壤中铁或锰的毒性，反应式为

$$Fe^{2+}+S^{2-} \longrightarrow FeS$$

$$Mn^{2+}+S^{2-} \longrightarrow MnS$$

土壤硫还原还包括通过水解形成气态的硫化氢（H_2S），这是湿地或沼泽等淹水土壤系统中散发臭鸡蛋味的根本原因。土壤硫的还原也可能来源于含硫离子，而并不完全都是硫酸盐中的硫。例如亚硫酸盐（SO_3^{2-}）、硫代硫酸盐（$S_2O_3^{2-}$）和单质硫（S^0）都非常容易被细菌和其他生物还原成硫化物。

2. 土壤硫氧化

（1）土壤硫氧化的过程　土壤硫的氧化是一个非常复杂的过程，从 S^{2-} 氧化到 SO_4^{2-}，中间产物有 FeS_2、S^0、SO_2、$S_2O_3^{2-}$、$S_4O_6^{2-}$ 等。除了一些亚硫酸盐和硫化物的初始氧化反应是严格意义上的化学反应外，土壤中大多数硫的氧化过程实质上是生物化学过程，有许多自养细菌参与其中，例如产硫酸杆菌属（*Thiobacillus*）。由于这个属的微生物对环境的要求以及自身的耐受力差异较大，因而硫的氧化过程可以在大多数土壤条件下发生。例如 pH 2～9 的条件下都可以发生硫的氧化作用。而与此相反，氮的氧化过程和硝化作用则只能在近于中性的非常小的 pH 范围内发生。

（2）土壤硫还原的危害　还原态硫化物的氧化可以用以下两个反应式表示。

$$H_2S+2O_2 \longrightarrow H_2SO_4 \longrightarrow 2H^++SO_4^{2-}$$

$$2S+3O_2+2H_2O \longrightarrow 2H_2SO_4 \longrightarrow 4H^++2SO_4^{2-}$$

由这两个反应式可以看出，硫氧化是一个致酸的过程，其后果可造成严重的土壤管理问题。例如经还原作用从土壤中损失的含硫气体在大气中被氧化后可形成强酸，从而使雨水 pH 从 5.6 或更高降至 4 甚至更低，形成酸雨危害。又如在黄铁矿（FeS_2）的采矿作业中，原本埋藏在缺氧矿床中的还原态黄铁矿很稳定，但一经开采被裸露于地表之后，矿物中的硫化物和单质硫会迅速被氧化形成硫酸，反应式为

$$FeS_2 \longrightarrow FeS+S$$

$$2FeS+2H_2O+\frac{9}{2}O_2 \longrightarrow Fe_2O_3+2H_2SO_4$$

$$2S+3O_2+2H_2O \longrightarrow 2H_2SO_4$$

$$S^{2-}+2O_2 \longrightarrow SO_4^{2-}$$

上述过程能使土壤 pH 大大降低，甚至可能导致 pH 低于 2.0 的极度酸化的土壤环境，使矿区周边的植物无法生长。如果任其发展，这些酸可能进入附近沟渠或河道中。由于这种酸性矿排水中含有铁化合物，受污染的水体通常会呈现橘黄色。

（四）土壤硫的吸附和解吸

通常所说的土壤硫的吸附和解吸是指无机硫酸盐的吸附和解吸。可变电荷土壤可以吸附硫酸根离子（SO_4^{2-}），但硫酸根离子吸附只能在带正电荷的土壤颗粒表面上进行，

其吸附机制包括静电吸附和配位基交换等。鉴于可变电荷土壤吸附 SO_4^{2-} 过程中伴随着羟基释放和表面负电荷的升高，一般认为配位基交换可能是主要的。有研究认为，土壤对 SO_4^{2-} 的吸附有 4 种机制：土壤有机质的吸附、交换吸附、置换水合方式吸附和阳离子诱导 SO_4^{2-} 吸附。我国有学者采用固相组分连续提取和单独组分分析相结合的方法，研究了有机质、活性氧化物、晶态氧化物等土壤固相组成成分在南方土壤 SO_4^{2-} 吸附和解吸中所起的作用，结果表明，活性氧化物在土壤 SO_4^{2-} 吸附中起重要作用，是土壤 SO_4^{2-} 的主要吸附体；有机质在 SO_4^{2-} 吸附解吸中所起的作用较为复杂，一般情况下，有机质对 SO_4^{2-} 的吸附起正效应。

土壤中 SO_4^{2-} 配位基交换反应的主要载体是铁铝氧化物胶体，去除铁铝氧化物后 SO_4^{2-} 的吸附量明显降低。有机质能影响铁铝氧化物的结晶度或竞争吸附点位而干扰 SO_4^{2-} 吸附。层状硅酸盐矿物对 SO_4^{2-} 的吸附量为高岭石＞伊利石＞蒙脱石。不同质地潮土对硫的吸附能力为黏质潮土＞壤质潮土＞砂质潮土。同时，SO_4^{2-} 吸附量随溶液 pH 升高而降低，当 pH 接近 8.0 时，土壤和土壤矿物表面就有可能不存在 SO_4^{2-} 吸附。

四、土壤硫的调控和管理

解决好土壤、大气环境和植物生态系统中的硫素平衡，既控制大气污染，又满足植物生长对硫素的需求，从而促进农业的可持续发展，是有效管理土壤硫素的最终目标。调控过程中需要考虑以下几个方面。

① 从硫素的生物地球化学循环过程、植物需求等综合分析并实现其量化，揭示大气-植物-土壤生态系统中的硫素平衡、有效循环及调控机制的客观规律。

② 探寻土壤、大气、植物之间硫素的平衡，使硫肥施入、含硫污染物排放、植物需求之间有量化的平衡。

③ 改善硫肥品质及施硫方法，从而使硫肥得到合理有效的利用。同时还应重视高产地区土壤有效硫的及时合理补偿。

五、土壤硫循环与土壤氮循环的比较

（一）共同之处

硫在土壤中的生物地球化学循环在很多方面与氮有共同之处。例如：①硫和氮都是植物生长所需的关键养分，二者在表层土壤中主要以有机形态存在，且主要都是以阴离子的形态在土壤-植物系统中进行迁移；②硫和氮均能通过一系列氧化和还原过程形成气体释放，其中一些具有温室效应的气体可以加速气候变化，造成环境问题；③两种元素都可以被土壤胶体吸附从而以缓效形态存在等。

（二）不同之处

当然，硫和氮两个元素的生物地球化学循环过程也存在不同之处。在深层土壤中，尤其是干旱气候环境下，大部分硫都是以石膏或其他硫酸盐的形式存在，而在低氧条件下，硫更多的是以黄铁矿及其他硫化物的形式存在；氮则很少以矿物形态存在。土壤中的固氮菌可将大气中的氮气经生物固氮作用转变成可供植物利用的氮形态；硫则没有类似的过程等。

第四节　土壤磷的生物地球化学循环

磷是作物必需的重要营养元素之一，也是农业生产中最重要的养分限制因子。在磷未被作为肥料应用于农业之前，土壤中可被植物吸收利用的磷基本上来源于地壳表层的风化释放以及土壤形成过程中磷在土壤表层的生物富集。农业中磷肥的应用在很大程度上增加了土壤磷素肥力，为农业生产带来了巨大的效益。但随着磷肥的长期大量广泛的施用，在改变土壤中磷的含量、迁移转化状况和土壤供磷能力的同时，也增加了土壤磷素向水环境释放的风险，许多有毒有害的重金属元素也随磷肥的施用进入土壤和水体。因此为了管理好磷以提高植物生产的经济效益和保护环境，需要了解土壤中存在的不同形态的磷的性质，以及在土壤内或更大的环境中不同形态磷之间的相互作用。

一、土壤磷的形态

土壤中的磷按其赋存形态可分为无机磷和有机磷。

（一）土壤有机磷

土壤有机磷含量的变幅很大，可占表土全磷的20%～80%。在我国有机质含量2%～3%的耕地土壤中，有机磷占全磷的25%～50%。受严重侵蚀的南方红壤有机质含量常不足1%，其有机磷占全磷的10%以下。东北地区的黑土有机质含量高达3%～5%，其有机磷可占全磷的2/3。黏质土的有机磷含量要比轻质土多。对于土壤中有机磷化合物形态组成，目前大部分还是未知的，在已知的有机磷化合物中主要包括以下3种。

1. 植素　植素即植酸盐，是由植酸（又称环己六醇磷酸盐）与钙、镁、铁、铝等离子结合而成，普遍存在于植物中，植物种子中特别丰富。中性或碱性钙质土中形成植酸钙、植酸镁居多，酸性土壤中以形成植酸铁、植酸铝为主。它们在植素酶和磷酸酶作用下，分解脱去部分磷酸离子，为植物提供有效磷。植酸钙、植酸镁的溶解度较大，可直接被植物吸收；而植酸铁、植酸铝的溶解度较小，脱磷困难，生物有效性较低。土壤中的植素类有机磷含量由于分离方法不同，所得结果不一致，一般占有机磷总量的20%～50%。

2. 核酸　核酸是一类含磷、氮的复杂有机化合物。土壤中的核酸与动植物和微生物中的核酸组成和性质基本类似。多数人认为土壤核酸直接由动植物残体，特别是微生物中的核蛋白分解而来。核酸磷占土壤有机磷的比例众说不一，多数报道为1%～10%。

3. 磷脂　磷脂是一类醇、醚溶性有机磷化合物，普遍存在于动植物及微生物组织中。土壤中磷脂的含量不高，一般约占有机磷总量的1%。磷脂容易分解，有的甚至可通过自然纯化学反应分解，简单磷脂类水解后可产生甘油、脂肪酸和磷酸。复杂的磷脂（例如卵磷脂和脑磷脂）在微生物作用下酶解也产生甘油、脂肪酸和磷酸。

（二）土壤无机磷

在大部分土壤中，无机磷占主导地位，占土壤全磷量的50%～90%。土壤无机磷化合物几乎全部为正磷酸盐，除了少量为水溶态外，绝大部分以吸附态和固体矿物态存在于土壤中。在实践上，可根据无机磷在不同化学提取剂中的选择性溶解性对其进行分组（操作定义）。在众多分组方法中，应用较为广泛的是将无机磷分成 4 组：①磷酸铝类化合物（Al-P），能溶于氟化物（0.5 mol/L NH_4F）提取液（例如磷铝石），也包括富铝矿物（例如三水铝石、水铝英石等）结合的磷酸根；②磷酸铁类化合物（Fe-P），能溶于氢氧化钠（0.1 mol/L NaOH）提取液，例如粉红磷铁矿及吸附于水合氧化铁等富铁矿物表面的非闭蓄态磷；③磷酸钙（镁）类化合物（Ca-P），指各种酸溶性（溶于 0.25 mol/L H_2SO_4）钙（镁）磷酸盐（例如磷灰石类），也包括磷酸二钙、磷酸八钙等；④闭蓄态磷（O-P），又称为还原溶性磷，包括被水合氧化铁胶膜包被的各种磷酸盐，可用 0.3 mol/L 柠檬酸钠和连二硫酸钠溶液浸提，使用连二硫酸钠将包被在磷外的氧化铁胶膜还原为亚铁，并用柠檬酸钠的配位反应使包膜破坏而提取被包被的磷。

土壤中难溶性无机磷大部分被铁、铝、钙元素束缚。一般来说，在酸性土壤中，磷与 Fe^{3+} 和 Al^{3+} 形成难溶性化合物；在中性条件下磷与 Ca^{2+} 和 Mg^{2+} 形成易溶性化合物；在碱性条件下磷与 Ca^{2+} 形成难溶性化合物。

土壤中难溶性磷和易溶性磷之间存在着缓慢的平衡。由于大多数可溶性磷酸盐离子为固相所吸附，所以这两部分之间没有明显的界限。在一定条件下，被吸附的可溶性磷酸盐离子能迅速与土壤溶液中的离子发生交换反应。土壤中的有机磷和微生物磷与土壤溶液磷和无机磷总是处在一种动态循环中。

（三）土壤中磷形态的分析测定

土壤中磷的形态历来是人们关注的关键问题之一，因为如果人们确切地知道土壤中磷的化学形态，就有可能根据磷化合物的化学性质推断其固相和液相之间的分配，从而判断其土壤环境行为。目前，土壤磷的形态分析多是围绕磷的化学分组展开，经历了由单纯研究无机磷分级、有机磷分级，到无机磷和有机磷相结合的土壤磷素分级过程。特别是近年来一些先进的分析仪器，例如 X 射线衍射（XRD）、红外光谱（FTIR）、^{31}P 核磁共振（^{31}P NMR）、X 射线吸收近边结构（XANES）等技术也成为分析土壤中磷素形态的主要工具。这些分析手段与传统的化学分级方法结合使用，相互补充验证，为鉴定土壤中磷素的存在形态提供了可能。

然而，目前鉴定土壤中天然存在的含磷矿物的形态在技术上尚存在较大的困难，因而其操作定义在世界上得到了广泛的应用，但它确实存在较多不足之处，无法判断化合物的确切组成。因此有关磷的形态问题仍是一个需要研究的课题。

二、土壤磷循环

为了管理好磷以提高植物生产的经济效益和保护环境，需要了解土壤中存在的不同形态的磷的性质，以及在土壤内或在更大的生态系统中不同形态磷之间的相互作用。图 10-11 阐明了陆地生态系统中的磷循环，其过程主要包括：植物吸收土壤溶液中的有效态磷；以化肥施用、植物残体归还、厩肥或污泥农用等方式返回到土壤中的磷的再循环；土壤有机磷矿化；土壤黏粒和铁铝氧化物对无机磷的吸附与解吸；难溶性磷、易溶性磷及土壤溶液磷之间的沉淀与溶解；土壤惰性有机磷或难溶性无机磷的微生物转化等。其中，方框表示循环中各种不同形态的磷的库存，箭头表示不同库存之间的迁移和转化。3 个最大的方框表示土壤中主要的含磷化合物类型。在每个类型中，溶解性和有效性低的形态占据主导地位。

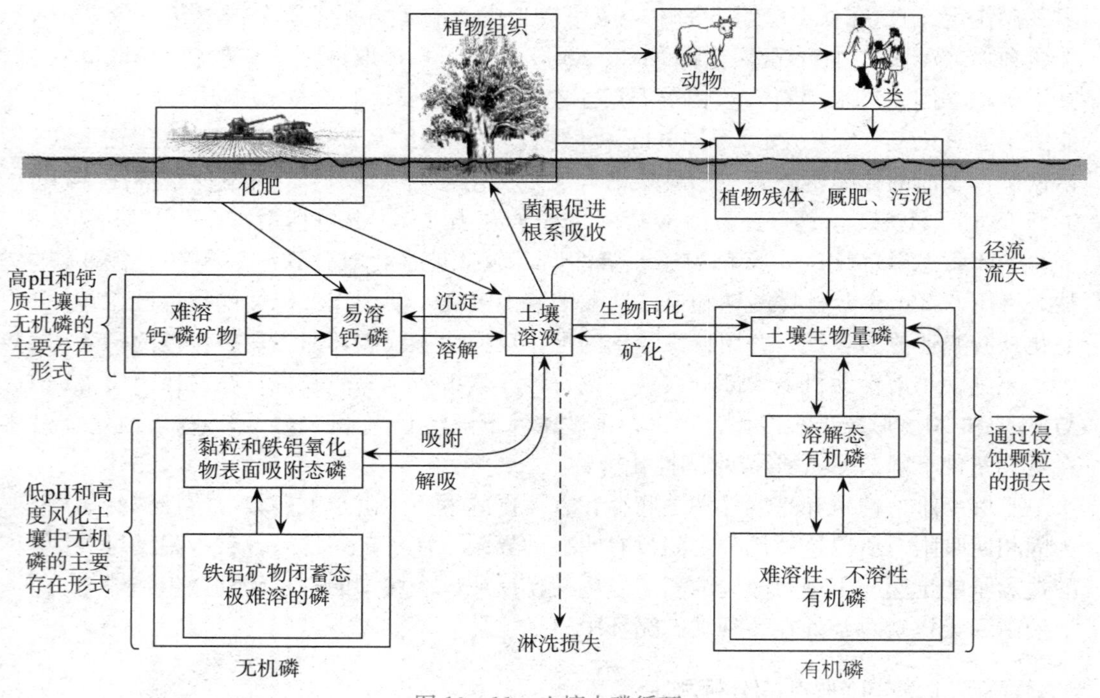

图 10-11　土壤中磷循环

三、主导土壤磷循环的重要作用和过程

（一）土壤有机磷的矿化和无机磷的生物固定

土壤有机磷的矿化和无机磷的生物固定是两个方向相反的过程，前者使有机磷转化为无机磷，后者使无机磷转化为有机磷。

1. 土壤有机磷的矿化　土壤中的有机磷除一部分被作物直接吸收利用外，大部分需经微生物的作用进行矿化转化为无机磷后，才能被作物吸收。土壤中有机磷的矿化，主要是土壤中的微生物和游离酶、磷酸酶共同作用的结果，其分解速率取决于土壤温度、湿度、通气性、pH、无机磷和其他营养元素、耕作技术、根系分泌物等因素。一般来说，在适宜的温度范围内，有机磷的矿化速度随温度升高而加快，30 ℃以下不仅不进行有机磷的矿化，反而易发生磷的净固定。干湿交替可以促进有机磷的矿化；施用无机磷对有机磷的矿化亦有一定的促进作用。有机质中磷的含量，是决定磷是否产生纯生物固定和纯矿化的重要因素，其临界指标约为 0.2%，大于 0.3%时则发生纯矿化，小于 0.2%则发生纯生物固定。同时，有机磷的矿化速率还受到碳磷比（C/P）和氮磷比（N/P）的影响，当碳磷比或氮磷比大时，发生纯生物固定，反之则发生纯矿化。植物根系分泌的、易同化的有机物能增强曲霉、青霉、毛霉、根霉和芽孢杆菌、假单胞菌属等微生物的活性，使之产生更多的磷酸酶，加速有机磷的矿化，特别是菌根植物根系的磷酸酶具有较高的活性。可见，土壤有机磷的分解是一个生物作用的过程，分解矿化速度受土壤微生物活性的影响，环境条件适宜微生物生长时，土壤有机磷分解矿化速度加快。

2. 土壤无机磷的生物固定　土壤无机磷的生物固定作用，即使在有机磷矿化过程中也能发生，因分解有机磷的微生物本身也需要有机磷才能生长和繁殖。当土壤中有机磷含量不足或碳磷比大时（一般认为≥300），就会出现微生物与作物竞争磷的现象，发生磷的生物固定。

（二）土壤磷的吸附和解吸

1. 土壤磷的吸附　土壤对含磷化合物的吸附作用是磷在土壤中被固定的主要机制之一。由于土壤固相性质不同，吸附固定过程又可分为专性吸附和非专性吸附。

（1）土壤磷的非专性吸附　在酸性条件下，土壤中的铁铝氧化物，能从介质中获得质子而使本身带正电荷，并通过静电引力吸附磷酸根阴离子，这是非专性吸附。

$$M(\text{金属})—OH + H^+ \longrightarrow M—[OH_2]^+$$

$$M—[OH_2]^+ + H_2PO_4^- \longrightarrow M—[OH_2]^+ \cdot H_2PO_4^-$$

（2）土壤磷的专性吸附　除上述自由正电荷引起的吸附固定外，磷酸根离子置换土壤胶体（黏土矿物或铁铝氧化物）表面金属原子配位壳中的—OH或—OH_2^+ 配位基，同时发生电子转移并共享电子对，从而被吸附在胶体表面上即为专性吸附。不管黏粒带正电荷还是带负电荷，专性吸附均能发生，其吸附过程较缓慢。随着时间的推移，专性吸附由单键吸附逐渐过渡到双键吸附，从而出现磷的“老化”，最后形成晶体状态，使磷的活性降低。在石灰性土壤中，也会发生这种专性吸附。当土壤溶液中磷酸离子的局部浓度超过一定限度时，经化学力作用，便在 $CaCO_3$ 的表面形成无定形磷酸钙。随着 $CaCO_3$ 表面不断渗出 Ca^{2+}，无定形磷酸钙便逐渐转化为结晶型，经过较长时间后，结晶型磷酸盐逐步形成磷酸八钙或磷酸十钙。

2. 土壤磷的解吸　土壤磷的解吸是磷从土壤固相向液相转移的过程，它是土壤中磷释放作用的重要机制之一。土壤磷或磷肥的沉淀物与土壤溶液共存时，土壤溶液中的磷浓度因作物吸收而降低，破坏原有的平衡，使反应向磷溶解的方向进行。在土壤中的其他阴离子的浓度大于磷酸根离子时，可通过竞争吸附作用，导致吸附态磷的解吸，吸附态磷沿浓度梯度向外扩散进入土壤溶液。

（三）土壤磷的沉淀

土壤磷的沉淀作用也是磷在土壤中被固定的重要机制。一般在土壤溶液中磷的浓度较高、且土壤中有大量可溶态阳离子存在、土壤pH较高或较低的情况下，沉淀作用是引起磷在土壤中被固定的决定因素。只有在土壤磷浓度较低时，土壤溶液中阳离子浓度也较低的情况下，吸附作用才占主导地位。

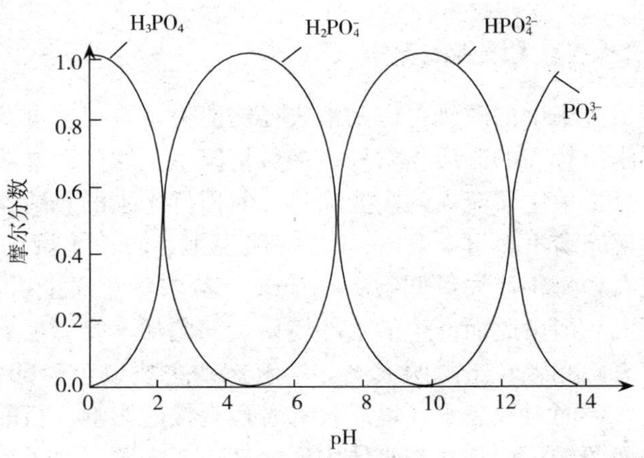

图10-12　土壤溶液中磷的形态与pH的关系

土壤中的磷和其他阳离子形成固体而沉淀，在不同的土壤中，由不同的体系所控制。在石灰性土壤和中性土壤中，由钙镁体系控制，土壤溶液中磷酸离子以 HPO_4^{2-} 为主要形态（图10-12），它与土壤胶体上交换性 Ca^{2+} 经化学作用产生磷酸钙类化合物（Ca-P）。例如水溶性一钙，在石灰性土壤中最初形成磷酸二钙，磷酸二钙继续作用，逐渐形成溶解度很小的磷酸八钙，最后又慢慢地转化为稳定的磷酸十钙。随着这个转化过程的继续进行，生成物的溶度积相继增大，溶解度变小，生成物在土壤中趋于稳定，磷的有效性降低。

在酸性土壤中，由铁铝体系控制。酸性土壤中的磷酸离子主要以 $H_2PO_4^-$ 形态与活性铁、铝或交换性铁、铝以及赤铁矿、针铁矿等化合物作用，形成一系列溶解度较低的 Fe(Al)-P 化合物，例如磷酸铁铝、盐基性磷酸铁铝等。

根据热力学理论，磷和土壤反应的最终产物在碱性土壤和石灰性土壤中是羟基磷灰石和氟基磷灰石，而在中性和酸性土壤中是磷铝石和粉红磷铁矿。当一个土壤不断进行风化时，土壤 pH 降低，这时磷酸钙就会向无定形和结晶的磷酸铝盐转变，而磷酸铝盐则进一步向磷酸铁盐转化。因此土壤中各种磷肥和土壤的最初反应产物都将按着热力学的规律向着更加稳定的状态转化，直至变为最终产物（图 10－13）。

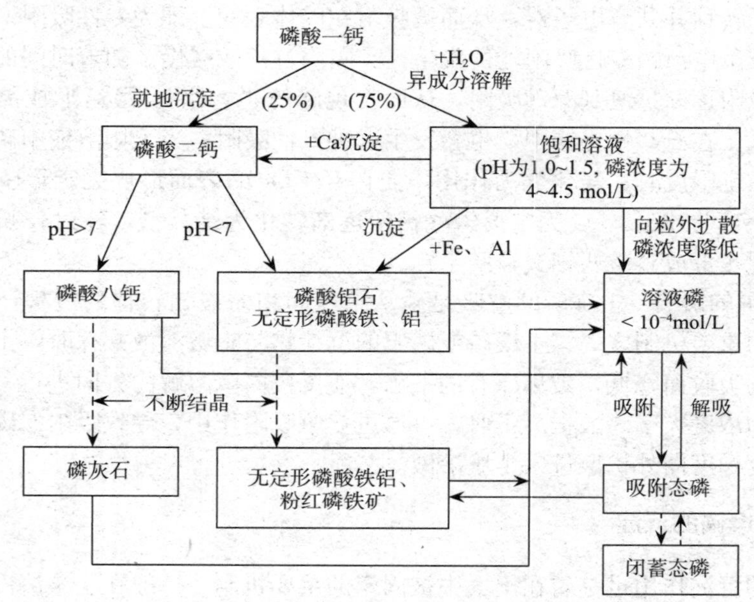

图 10－13　磷酸盐转化过程

（四）土壤磷的流失

土壤中的磷既可以随地表径流流失，也可被淋溶流失，但除了过量施肥的土壤或地下水位较高的砂质土壤外，多数情况下土壤剖面淋溶液中的磷浓度很低，因而随径流流失是土壤中磷流失的主要途径。农田排水中的总磷含量一般在 0.01～1.00 mg/L，其中溶解态磷不超过 0.5 mg/L。一般说来，农田土壤中磷的流失量只占化肥施用量的 2%左右，每年流失量低于 1 kg/hm^2。从农学意义上讲，这种流失量对农业经济的影响并不大，但由此而产生的水环境质量问题却不容忽视。径流中的磷素按其形态又可分为溶解态磷和颗粒态磷两大类，溶解态磷主要以正磷酸盐形式存在，可为藻类直接吸收利用，因而对地表水环境质量有着最直接的影响。目前，在一些地区，以农田磷流失为主的面源磷污染往往是水体中磷的最主要来源，面源污染所占的负荷越来越大，面源磷对水体富营养化的贡献也更加突出。

应当注意的是，磷肥的当季利用率一般在10%～25%，施入土壤中的磷肥大部分不能为当季作物利用而积累于土壤中，在土壤中造成了积累态磷的问题。据统计，自从20世纪60年代初我国大规模施用磷肥以来，到1992年在土壤中积累的磷量达到6.0×10^7 t P_2O_5左右。这一方面提高了土壤磷的供应能力，但另一方面农田磷素对环境的潜在威胁也大大增加。所以，由径流引起的土壤磷的流失量不仅受当季磷肥用量的影响，而且也受土壤中已经积累的磷量的影响。

四、土壤磷的调控和管理

土壤中可被植物吸收的磷组分称为土壤的有效磷，它包括全部水溶性磷、部分吸附态磷及有机态磷，有的土壤中还包括某些沉淀态磷，又称为活性磷。它在化学上的定义是能与^{32}P进行同位素交换的或容易被某些化学试剂提取的磷及土壤溶液中的磷酸盐。水溶性磷转移至土壤固相后，仍能释放进入溶液，被植物吸收利用的磷，故不视为固定态磷。只有那些不溶性磷化合物和保持在黏粒或有机质中的固持态磷才称为固定态磷。这部分磷占土壤全磷的95%以上，又称为非活性磷。土壤中活性磷与非活性磷总是处于互相转化的平衡中。因此对土壤磷的调控主要可通过提高土壤磷的有效性来实现。提高土壤磷有效性的途径包括以下几个方面。

（一）调节土壤酸碱度

土壤酸碱度是影响土壤固磷作用的重要因子之一。对酸性土壤或碱性土壤，采用适当的方式调节土壤pH至中性附近（以pH 6.5～6.8为宜），可减少磷的固定作用，提高土壤磷的有效性。

（二）增加土壤有机质含量

含有机质多的土壤，磷有效性往往较高，其原因除了有机质矿化能提供部分无机磷外，还有：①有机阴离子与磷酸根竞争固相表面专性吸附点位，从而减少土壤对磷的吸附；②有机质分解产生的有机酸和其他螯合剂的作用，将部分固定态磷释放为可溶态；③腐殖质可在铁铝氧化物等胶体表面形成保护膜，减少对磷酸根的吸附；④有机质分解产生的二氧化碳（CO_2）溶于水形成碳酸（H_2CO_3），可增加钙、镁磷酸盐的溶解度。

（三）土壤淹水

土壤淹水后磷的有效性可明显提高，这是由于：①土壤pH趋于中性，从而使磷有效性得到提高；②土壤氧化还原电位（E_h）下降，高价铁还原成低价铁，而磷酸亚铁的溶解度较高，因此磷有效性可得以提高；③包被于磷酸表面的铁质包膜还原，可提高闭蓄态磷的有效性。

（四）合理施用磷肥

合理施用磷肥是减少磷对环境影响的主要措施，这些措施包括：①科学地确定磷肥用量；②在水旱轮作时，重点将磷肥施在旱作上，可以在很大程度上减少径流中以及渗漏水中磷的浓度；③提高磷肥利用率，减少积累等。

第五节　土壤钾的生物地球化学循环

一、土壤钾的形态

土壤钾按化学组分可分为矿物钾、非交换态钾、交换态钾和水溶态钾。按植物营养有效性可分为无效钾、缓效钾和速效钾。

（一）矿物钾

土壤矿物钾是土壤中含钾原生矿物和含钾次生矿物的总称，主要包括钾长石（$KAlSi_3O_8$）（含钾量为7.5%～12.5%）、钾微斜长石（$CaI \cdot Na \cdot KAlSi_3O_8$）（含钾量为7.0%～11.5%）、白云母［$KAl_2(AlSi_3O_{10})(OH)_2$］（含钾量为6.5%～9.0%）、黑云母［$K(AlSi_3O_{10})(Mg,Fe,Mn)_3(OH_2 \cdot F)_2$］（含钾量为5.0%～7.5%）等原生矿物，以及伊利石、蛭石等次生含钾矿物。在土壤学上，把那些存在于矿物晶格内或深受晶格束缚的矿物钾称为结构钾。基于这个概念，钾长石、钾微斜长石、白云母、黑云母等极难风化的矿物中的钾属于结构钾。而伊利石、蛭石及部分易风化黑云母的钾，一般不归在矿物钾中，是植物有效性钾的储备库，而归在非交换性钾中。土壤矿物钾一般占全钾量的92%～98%，在植物营养上不能为植物吸收利用，属于无效钾。

（二）非交换态钾

非交换态钾又称为缓效钾，是指存在于膨胀性层状硅酸盐矿物单位晶层间和颗粒边缘上的一部分钾，主要包括黑云母、水云母（伊利石）、蛭石、绿泥石-蛭石、云母-蒙脱石等矿物中的钾。非交换态钾可分为两大类，一类是天然层状矿物单位晶层间固有的钾，例如黑云母和伊利石中的层间钾，另一类是由吸附在矿物表面的交换态钾或溶液钾转化来的。后者因负电性而将钾吸附在2∶1型黏土矿物（例如蛭石、蒙脱石）及一些过渡矿物的表面上，在土壤形成过程中转入矿物单位晶层间或颗粒边缘，转化成非交换态钾。土壤中的交换态钾被固定后，它的生物有效性降低，但在一定条件下仍可以逐渐释放，供植物吸收利用，所以又称为缓效钾。非交换态钾一般占土壤全钾量的2%～8%。不同土类的非交换态钾含量相差很大，以高岭石和铁铝氧化物为主的红壤、砖红壤，有时非交换态钾的含量低于40 mg/kg；含水云母较多的土壤，非交换态钾的含量可高达1 000 mg/kg。非交换态钾含量是评价土壤供钾潜力的一个重要指标。

（三）交换态钾

交换态钾指吸附在带负电荷胶体表面的钾离子。交换态钾与溶液中的钾离子保持动态平衡。当溶液中钾离子因植物吸收或淋溶损失时，或溶液中钾离子对其他阳离子的浓度比下降时，交换态钾通过交换进入溶液。交换性态钾在土壤中的含量一般为40～600 mg/kg，占土壤吸收量的1%～5%，占土壤全钾量的1%～2%，是土壤速效钾的主要部分。交换态钾和非交换态钾之间也存在着某种平衡关系，在一定条件下可相互转化。

（四）水溶态钾

水溶态钾是以离子形态存在于土壤溶液中的钾。其浓度一般为2～5 mg/L，是能被植物直接吸收利用的钾，属于速效钾。

二、土壤钾循环

土壤中各种形态钾的相互转化及动态平衡过程构成了钾在土壤中的循环。图 10－14 展示了钾在在土壤中的主要存在形式，以及在土壤-植物系统中的循环与转化。粗箭头强调了钾从土壤溶液到植物体，再通过植物残体或动物排泄物等过程回到土壤的生物循环。土壤中大量钾存在于原始矿物和次生矿物中，通过风化过程缓慢地释放到土壤中。交换态钾包括了被黏土矿物和腐殖质胶体所固持和释放的钾，但钾并不是土壤腐殖质的结构组成成分。图 10－14 显示了水溶态钾、交换态钾、非交换态钾、原生矿物结构中的钾之间的关系。水溶态钾和交换态钾之间的平衡是瞬间发生的，通常在几分钟内完成。交换态钾和非交换态钾之间的平衡速率较慢，需要数天或数月才能完成。而矿物钾的释放非常缓慢，特别是矿物中的结构钾，基本上很难与其他形态的钾建立平衡关系。

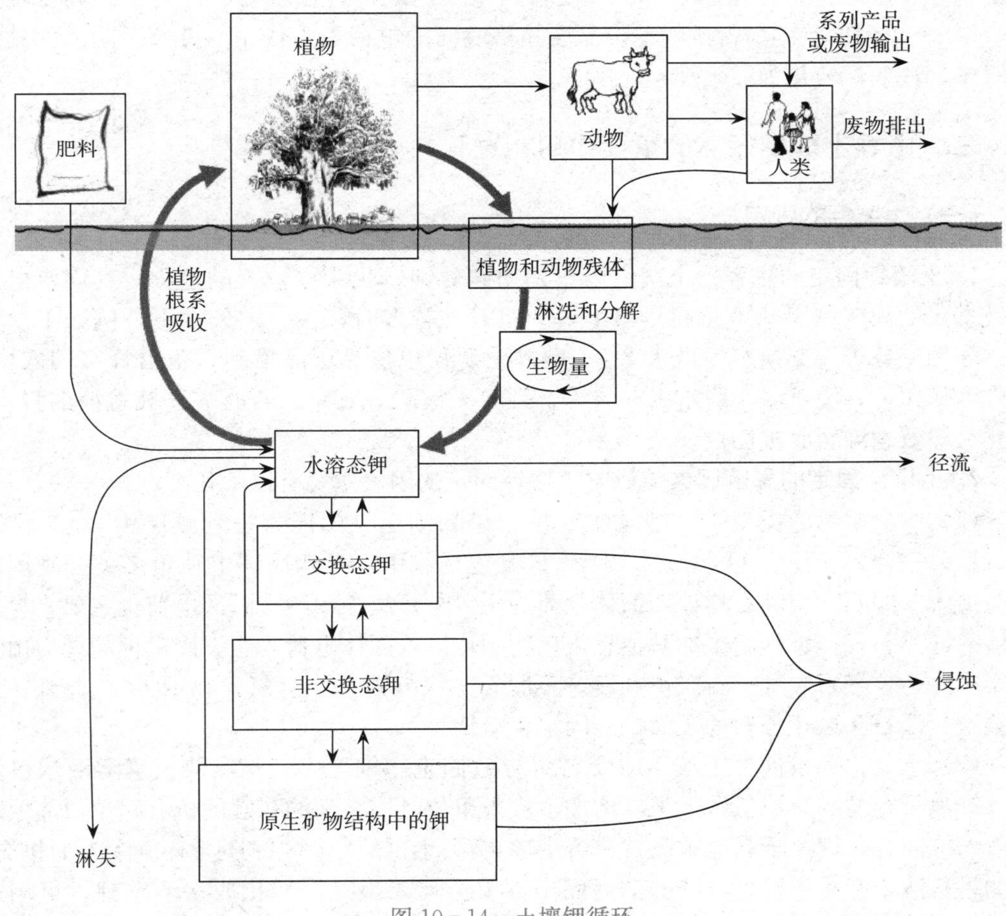

图 10－14　土壤钾循环

（一）矿物钾与其他形态钾的转化与平衡

含钾原生矿物通过风化作用可转变为非交换态钾、交换态钾，或释放出水溶态钾。但大多数含钾原生矿物都具有很强的抗风化稳定性。在地球陆地表面热力学条件下，矿物钾的释放非常缓慢，特别是矿物中的结构钾，通过风化作用直接转化成速效钾（交换态钾＋水溶态钾）的贡献微不足道。

（二）交换态钾与水溶态钾的转化与平衡

土壤水溶态钾和交换态钾在植物营养上统称速效钾。水溶态钾与交换态钾处于动态平衡中，溶液中钾离子与其他交换性阳离子的比值降低时，部分交换态钾便立即转入土壤溶液中，可在几分钟内完成。在交换态钾含量相等的土壤上，其水溶态钾浓度因土壤黏粒的含量、类型和土壤 pH 及土壤电介质含量而异。

（三）非交换态钾与速效钾的转化与平衡

土壤非交换态钾，在植物营养上又称为缓效钾。非交换态钾虽很难被植物直接吸收利用，但非交换态钾与交换态钾处于平衡之中，当土壤中速效钾被植物吸收利用后，缓效钾可以缓慢地释放补充速效钾。反之，当土壤速效钾含量较高、钾离子饱和度较大时，受 2∶1 型层状硅酸盐矿物单位晶层晶格底面的电荷引力作用，钾离子陷入六角形网眼中，速效钾转化为缓效钾。

三、主导土壤钾循环的重要作用和过程

（一）土壤钾的固定

1. 土壤钾固定的过程　土壤钾固定是指速效钾转化为缓效钾的过程，其固定机制与铵态氮的固定作用基本相同。当土壤中速效钾较多时，在一定条件下，例如干湿交替、冻融交替等，交换态钾进入 2∶1 型黏土矿物单位晶层晶格间六角形蜂窝网穴中，在外力作用下，土壤干旱脱水引起收缩，钾离子被陷入其中，暂时失去被置换的自由，转化为缓效态钾暂时被固定。

2. 土壤钾固定的影响因素　影响土壤钾固定的因素主要有以下几个。

（1）黏土矿物的类型　一般认为，黏土矿物固定钾的能力排列顺序为 2∶1 型＞1∶1型＞水合氧化物 R_2O_3 型。在 2∶1 型黏土矿物中，凡四面体电荷愈多的，则固钾能力愈大。蛭石、伊利石均以四面体电荷为主，蒙蛭组中的拜来石的电荷也主要来自四面体的同晶替代，蒙蛭组中的其他黏土矿物则均以八面体电荷为主。固定钾的能力由大到小次序为：蛭石＞拜来石＞伊利石＞蒙脱石＞高岭石＞水合氧化物 R_2O_3。此外，水铝英石、浮石和风化长石的表面也能固定少量钾。

（2）土壤水分条件　土壤干湿交替可导致固定态钾增多。干燥使土壤溶液浓度增加，钾离子容易到交换位置上来，增加了渗入单位晶层之间的孔穴的机会，单位晶层之间收缩或闭合，钾离子就能被吸持。若土壤再湿润，溶液中的钾还会有再渗入的机会。但如果溶液中钾离子很少，则湿润后固定钾就会反渗出来，转化成水溶态钾，可用逆平衡的原理得到解释。因此土壤干湿变化对钾固定的影响因土壤速效钾含量不同而有区别。

（3）土壤酸碱度　酸性土壤的水合铝离子，常聚合成为大型多价阳离子，吸附于黏土矿物表面。由于这些聚合离子体积较大，一方面对晶格表面的蜂窝状孔穴产生阻塞作用，防止钾离子进入孔穴内，同时又发挥“楔子”作用，把相邻两个单位晶片撑住，使

它们不能闭合在一起，从而增大单位晶层之间的距离，使酸性土壤的固定钾能力小于碱性土壤。但另一方面也有一些试验证明，某些土壤（例如蒙脱组黏土矿物）在酸性情况下，其固钾量反而大于碱性土壤，这可能是由黏土矿物本身的特性不同所引起的。

(4) NH_4^+ 的影响　NH_4^+ 的半径为 0.148 nm，与 K^+ 接近，它同样能被 2∶1 型黏土矿物所固定进入六角网穴中，因此可与 K^+ 竞争土壤黏土矿物上的结合点位。在 NH_4^+ 浓度低时，土壤吸附的钾多于 NH_4^+。当 NH_4^+ 浓度达到 0.1 mol/L 后，NH_4^+ 的固定量才多于钾。因此施铵态氮肥可使固钾量显著减少，还可能把单位晶层间的 Ca^{2+}、Mg^{2+} 等体积较大的离子代换出来，封闭 K^+ 进出的通道。因此在测定交换态钾含量时，选用铵盐作为最佳浸提剂的理由即在于此。

（二）土壤钾的释放

土壤钾的释放是指土壤中非交换态钾转变为交换态钾和水溶态钾的过程。它关系到土壤中速效钾的供应和补给问题。释放过程首先是由自然因素引起的，但也可用人为措施来调节。归纳起来有如下特点。

① 土壤钾的释放过程主要是非交换态钾（缓效钾）转变为交换态钾（速效钾）的过程。换句话说，释放的速效钾主要来自固定态及黑云母中的易风化钾。

② 只有当土壤交换态钾含量下降时，非交换态钾才释放为交换态钾，释放量随交换态钾含量下降而增加。试验证明，作物生长季节土壤释钾量较多，这是因为作物生长吸收大量速效钾，降低了土壤中交换态钾含量，从而增加了钾的释放量。

③ 不同土壤的释放钾的能力不同，主要决定于土壤中非交换态钾的含量水平。据此，土壤中非交换态钾含量被作为评价土壤供钾潜力的指标［用 1 mol/L HNO_3 消煮 10 min 所提取的钾量减去水溶态钾和交换态钾量，即为非交换态钾（缓效钾）量的近似值］，并以此作为合理施用钾肥的依据。

④ 干燥、灼烧和冰冻对土壤中钾的释放有显著影响。一般湿润土壤高度脱水时有释放钾的趋势，但如果土壤原含速效钾量已相当丰富，则情况可能相反。高温（高于 100 ℃）灼烧如烧土、熏泥等，能成倍地增加土壤速效钾含量，这不仅包含有非交换态钾释放的速效钾，也包含一部分封闭在长石等难风化矿物中的钾转化成的速效钾。冰冻、冻融交替也能促进钾的释放。

（三）土壤钾的损失

水溶态钾和交换态钾易被降水或灌溉水淋失，其淋失的数量受土壤质地、黏土矿物种类和是否栽培作物等的影响。在质地黏重和富含 2∶1 型黏土矿物的土壤上，淋失的钾量几乎可以略而不计，但在粗质地土壤上，则可达到相当可观的数量，年淋失量由每公顷几千克至几十千克钾不等，如果施用钾肥，淋失量更大。栽培作物后能显著地降低钾的淋失量。在酸性土壤上施用石灰也可减少钾的淋失。有试验证明，在 pH 为 4.5 的酸性土壤上，不施石灰区的钾淋失量为 55 kg/hm^2，每公顷施入 12.5 t 白云石石灰后钾淋失量降为 21.6 kg/hm^2。对于农田土壤，每年通过作物收获带走的钾可能是土壤钾的最大支出项，中等产量作物收获带走的钾可超过 100 kg/hm^2。含钾矿物的风化虽然是土壤有效钾的重要来源，但因风化速率很慢，难以补充因作物吸收、淋失和径流损失的有效钾量。因此应根据土壤钾的状况，通过施用无机钾肥和有机肥料，补充土壤中的有效钾。

四、土壤钾的调控和管理

为了保证作物生长期间土壤中有充足的速效钾供给，应结合我国土壤的钾含量状况，针对区域特色制定合理的土壤管理和施肥技术措施，尽量注意防止钾的固定和淋失，加速缓效钾的释放。一般应考虑以下几个方面。

① 施用钾肥时，应分次、适量，避免一次过量，以减少钾的固定和淋失。

② 钾肥宜条施、穴施，或集中施用，以提高土壤胶体上交换态钾的饱和度，增加钾的有效性。

③ 钾肥不宜面施，可与氮肥、磷肥及一些微量元素肥料配比后做成颗粒肥料，深施覆土，以减少钾肥因表土频繁干湿交替引起的钾固定量的增加。

④ 增施有机肥料，维持或增加土壤腐殖质的含量，其好处包括：提高阳离子交换量，减少交换态钾的固定量；有机质在转化过程中产生一些有机酸，可促进含钾矿物的风化；土壤有机质含量的提高可减弱蒙脱石类矿物的膨胀性，从而减少钾的固定；有机胶体以胶膜形式包被于黏土矿物表面，阻止钾离子与黏土矿物的直接接触，从而减少钾的固定机会。

第六节　土壤微量元素的生物地球化学循环

微量元素是用来描述以极低浓度存在于自然界（例如生物组织和其他环境样品等）中元素的一个通用的名词。在土壤和植物中，通常把元素含量低于0.001%，最多不超过0.01%的元素称为微量元素。主要包括：①植物必需的微量营养元素铁、锰、铜、锌、硼、钼和氯；②非植物必需的、但能促进某些种类植物生长的微量元素，以及动物（包括人类）而非植物必需的微量营养元素，例如硒、锡、碘、氟等；③涉及环境问题的元素，例如砷、镉等重金属元素。

一方面，微量元素在植物中多作为酶、辅酶的组成成分和活化剂，它们的作用有很强的专一性，一旦缺乏，植物便不能正常生长，有时便成为作物产量和品质的限制因子；另一方面，微量元素过量也可对植物和动物产生毒害作用。产生毒害作用的原因是多方面的，可能由自然的土壤条件造成，也可能由土壤污染造成，还可能由不良土壤管理措施造成。土壤中特定微量元素过量会影响植物产品的安全性，也会导致水体污染。

一、土壤微量元素的形态

微量元素在土壤中的形态因土壤类型及理化性质不同而有很大差异。习惯上采用一定的溶剂来提取，对土壤微量元素的结合状态进行分级，不同元素的形态分级可能有所不同，但一般可根据工作目的不同区分为三、四、六级不等。例如四级常分为水溶态、吸附态、有机态和矿物态。六级常分为水溶态、交换态、专性吸附态、有机态、铁锰氧化物包被态和矿物态。对不同类型土壤的微量元素形态区分亦有差别，对碳酸盐含量高的土壤，常分出碳酸盐结合态。对渍水土壤，则常分出硫化物结合态等。

（一）水溶态

水溶态微量元素是指存在于土壤溶液或可用水提取的微量元素离子或分子，其含量一般在 5 mg/L 以下，多数为离子形态，但由于有些微量元素化合物的解离度很小，也有相当数量呈分子态，例如 H_2BO_3 等。离子态和交换态呈动态平衡，一般按照离子交换规律相互转化。此外，还可与有机配位体或无机配位体配合，例如铜和锌在 pH 较高的土壤溶液中，与有机官能团的配位化合物可分别高达水溶性总量的 98%～99%和 84%～99%。铁在土壤溶液中除与有机化合物配位外，还与无机化合物配位。

（二）交换态

交换态微量元素是指吸附于胶体表面而可被其他离子交换出来的微量元素。土壤交换态微量元素含量，少的不足 1 mg/L，多的不过 10 mg/L。交换态阳离子除 Fe^{3+}、Fe^{2+}、Mn^{2+}、Zn^{2+}、Cu^{2+}外，还包括它们的水解离子，例如 $Fe(OH)^{2+}$、$Fe(OH)_2^+$、$Mn(OH)^+$、$Zn(OH)^+$、$Cu(OH)^+$ 等。交换态钼和硼以 $HMoO_4^-$、MoO_4^{2-}、$H_4BO_4^-$ 等形式存在，它们可以被其他阴离子交换。

（三）专性吸附态

专性吸附态微量元素是指在有机胶体或无机胶体双电层内层通过共价键结合被吸附的微量元素。专性吸附态微量元素不能和另一种交换性离子发生交换，但比晶格中矿物态的易释放。层状硅酸盐、铁锰铝氧化物和有机质表面的羟基是主要专性吸附位点。Cu^{2+}、Zn^{2+}等阳离子，MoO_4^{2-}、$H_4BO_4^-$ 等阴离子较易产生专性吸附。

（四）有机态

有机态微量元素是指存在于动植物残体、微生物体、土壤腐殖物质中的微量元素。在分组测定中，通常不包括水溶性有机态部分。动植物残体的微量元素含量，硼为 2～100 mg/kg，钼为 0.5～5.0 mg/kg，铁为 30～250 mg/kg，锌为 1～20 mg/kg，铜为 0.5～10 mg/kg，锰为 10～500 mg/kg。土壤有机质的微量元素含量及其形态大致和植物体内相似，以络合态或吸附态存在。当有机质分解时，较容易释出，因此有效性较高。

（五）铁锰氧化物包被态

铁锰氧化物包被态微量元素是指包裹在铁锰氧化物中的微量元素。例如亲铁元素钼常与铁共存，当铁从原生矿物中风化释放出来、形成非结晶形含水氧化铁，逐渐结晶时，钼便被包裹在氧化铁的结晶里。包被态微量元素只有在包膜破坏后才得以释放，实际上近似于矿物态。

（六）矿物态

存在于固体矿物中不能被其他离子交换出来的微量元素，称为矿物态微量元素。土壤原生矿物、次生黏土矿物和金属氧化物中含有一定数量的微量元素。这些矿物很难溶解，溶度积可低于 10^{-50}（例如钼铁矿）。多数矿物的溶解度在酸性条件下有所增加，但也有的却在碱性条件下较易溶解。因此土壤的酸碱条件对矿物态微量元素的有效性影响很大。

二、土壤微量元素循环

微量元素在土壤-生物系统中的循环可以以广义形式在图 10-15 中展示。尽管并不是每种微量元素均全部按照图 10-15 中所示的每条途径转化，但多数可参与循环的主要部分。如图 10-15 所示，土壤中微量元素主要来自成土母岩和矿物。矿物中的微量元素都是固结、无效的，必须在土壤的风化形成过程中分解活化后，才可能被植物吸收利用。除此之外，耕地土壤施肥也是土壤中微量元素的一个重要来源。大量元素或中量元素肥料中含有相当数量的微量元素，其中磷肥更突出，施用石灰、有机肥、杀虫剂等也都会带相当数量的微量元素进入土壤。植物吸收和收获物带走，以及侵蚀损失和土壤排水等过程则是微量元素输出土壤的主要途径。土壤-植物系统中的微量元素和其他元素一样，不易保持平衡，处于动态变化之中。

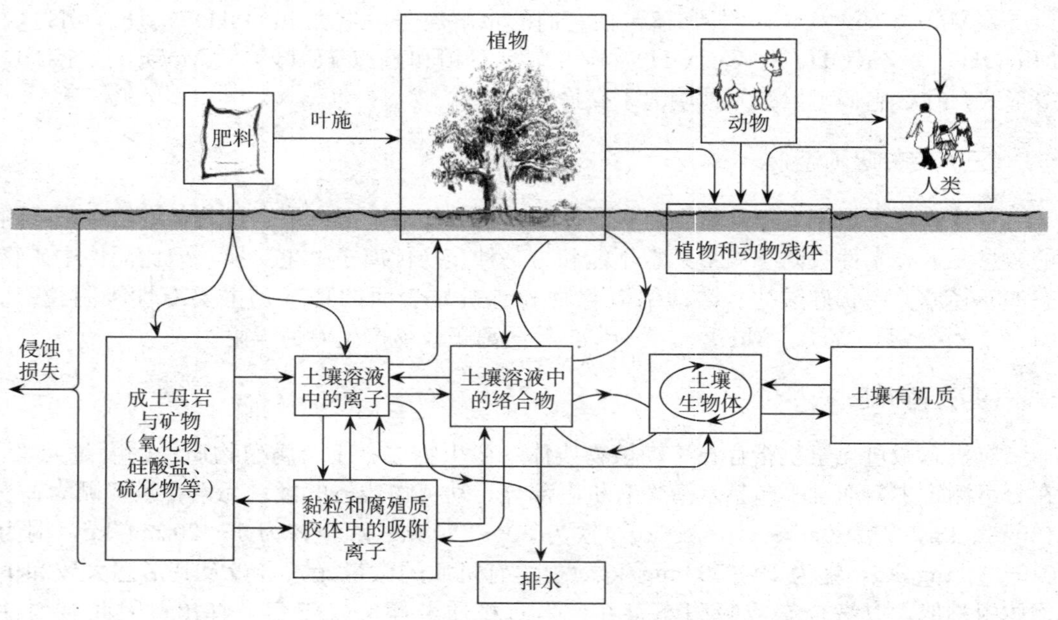

图 10-15　土壤中微量元素循环

三、主导土壤微量元素循环的重要作用和过程

（一）吸附和解吸

微量元素与土壤黏土矿物、有机质表面间的反应，主要是吸附解吸反应。

由矿物风化或有机物质分解释放出的，以及来自其他途径的水溶态微量元素，在土壤中均不可避免地要与土壤胶体接触而被吸附和解吸。Cu^{2+}、Zn^{2+} 等阳离子的交换吸附服从质量作用定律，吸附与解吸处于动态平衡状态。土壤胶体对不同离子的亲和力不同，因此吸附有一定的选择性，这主要决定于离子种类和胶体表面特性。一般高价的、水合半径小的离子比低价的、水合半径大的容易吸附。胶体表面的形状，电荷的来源、密度与分布位置，以及有机胶体对离子的络合反应等都影响吸附的选择性。胡敏酸吸附二价微量元素阳离子的次序为：铜＞铁＞锌＞锰。通过络合或其他共价键结合而吸附的离子，不能通过简单的交换反应解吸，从而引起微量元素的吸附固定。黏土矿物和有机胶体对铜、锌、硼、钼、铁、锰都有明显的吸附固定作用，对铜的固定尤其强烈，这可能是因为它容易和胶体表面的羟基（—OH）共价结合（Cu—O—Al 或 Cu—OH—Al）。

硼虽是非金属元素，但亦有形成共价键的强烈倾向，既容易被黏土矿物和三价氧化物（特别是表面含羟基较多的氧化铝胶体）吸附固定，也容易被有机质吸附固定，其机制亦被认为是硼酸根阴离子（$H_2BO_4^-$）中的硼与胶体表面的羟基形成羟桥键（M—OH—B）或氧桥键（M—O—B）。钼酸根（MoO_4^{2-}）也是一种阴离子，但其吸附机制似与硼酸根不同。氧化铁胶体对钼酸根有极强的吸附固定作用，除阴离子交换作用外，还可能通过化学反应形成难溶性铁钼酸盐，或钼酸根离子进入氧化铁矿物的晶格里。被吸附固定的微量元素只有当其结合键被破坏时才能解吸；在被氧化物吸附的过程中，若形成包膜，则需要破坏包膜（常在 pH 和氧化还原电位强烈变化的条件下）才能解吸。

（二）沉淀和溶解

土壤矿物与土壤溶液微量元素之间的反应，主要受溶度积控制，以溶解沉淀反应为主。

钼、铁、锌、铜、锰等微量元素在土壤中会生成沉淀或溶解。钼酸根阴离子可与铁、铝、钙、镁等阳离子生成沉淀，其中以 $CaMoO_4$ 和 $Fe_2(MoO_4)_3$ 最为重要，前者主要存在于中性或石灰性土壤中，后者则主要存在于酸性土壤中，成为控制土壤溶液中 MoO_4^{2-} 浓度的重要固相因素。铁、锌、铜、锰等阳离子在土壤中主要生成氢氧化物、碳酸盐、硫化物以及少量磷酸盐、硅酸盐等较难溶解的沉淀。它们都随 pH 降低而趋向于溶解，并随 pH 升高而迅速降低平衡液相中的离子浓度。

（三）氧化和还原

氧化和还原反应是土壤中微量元素转化的又一个重要机制，对铁和锰尤其重要。在氧化条件下，铁、锰转化为高价化合物，其溶解度比还原条件下的低价化合物低得多。铁有 Fe^{2+}、Fe^{3+} 和 Fe^{6+} 3 种价态。在碱性介质中，Fe^{2+} 很易氧化为 Fe^{3+}；在酸性介质中，Fe^{3+} 则易还原为 Fe^{2+}；而在所有介质里，生成 Fe^{6+} 的可能性很小。锰则有 Mn^{2+}、Mn^{3+} 和 Mn^{4+} 等价态，在氧化性土壤中以 Mn^{3+} 和 Mn^{4+} 的形式存在，但在酸性还原性无二氧化碳积累的土壤里则以 Mn^{2+} 的形式稳定存在。土壤铁和锰主要氧化还原体系随 pH 而变化。因此决定它们进行氧化还原反应的临界氧化还原电位也是变动的，一般认为，铁的临界氧化还原电位为 300～500 mV，锰的氧化还原电位为 500～600 mV。锰对还原性物质较铁敏感，在自然条件下，氧化还原电位高于 350 mV 时的土壤一般含 Fe^{2+} 很少，但在氧化还原电位为 550 mV 时仍有相当多的 Mn^{2+} 存在。钼的转化也和氧化还原反应有密切关系，它主要有 Mo^{4+} 和 Mo^{6+} 两种价态，与铁、锰相反，其高价态对植物有效，而低价态是无效的。这两种价态的氧化还原转化可以直接进行（$MoO_3 \rightleftharpoons MoO_2$），也可以通过一个中间氧化物进行（$MoO_3 \rightleftharpoons Mo_2O_3 \rightleftharpoons MoO_2$）。

（四）络合和解离

络合反应是土壤微量元素转化的另一个重要机制，它一方面可使微量元素从难溶解的固态转化为可溶解的络合态，增加它们在土壤中的迁移性，另一方面也可把溶解的元素络合固定起来，降低其迁移性。钼、铁、锌、铜、锰等微量元素都是过渡元素，有很强的形成络合物的倾向。土壤中能与微量元素产生络合反应的有机配位体，主要有胡敏酸、富啡酸及新鲜有机物质的分解产物（有机酸、氨基酸、糖醛酸等）和中间产物，这些配位体的羟基（—OH）、羧基（—COOH）等是和微量金属元素发生络合反应的主要官能团。因此在腐殖酸含量高、新鲜有机物质丰富的土壤中，由于有较多的有机配位体，有相当比例的微量元素是以络合态存在的。

络合物的溶解性和配位体的分子大小有关，一般小分子易溶解。络合物的溶解性也和金属离子的饱和度有关，例如胡敏酸仅在同少量金属离子络合时溶解度较高，当所有官能团全被金属离子络合时则易沉淀。离子强度、pH、腐殖酸浓度和金属离子种类等都对络合物的溶解性有影响。

四、土壤微量元素的调控和管理

对土壤微量元素循环的认识可以帮助人们更好地理解土壤中微量元素的缺乏和毒害作用，以便通过调控有效缓解这些影响土壤功能现象的发生。微量元素缺乏可能是由于土壤中这些元素的本底含量过低造成的，但多数情况下，它们的缺乏主要归因于其生物有效性过低。微量元素的毒性会影响土壤中动植物的生长。将这些元素从土壤中移除或使它们对植物吸收无效，是土壤和植物学家的面临一大挑战。合理调控土壤中微量元素的生物有效性是实现微量元素缺乏或中毒的风险最小化的有效管理的关键。

微量元素在土壤中的生物有效性涉及土壤和生物的相互作用，影响因素复杂，主要包括土壤酸碱度、氧化还原电位、有机质含量（主要制约络合反应）、土壤质地、微生物活性等，还受到速度因素（微量元素从固相转化为液相，再运往根部的速度）的影响。可以用图 10－16 来总结土壤微量元素生物有效性调控过程中微量元素存在形态转化与土壤环境条件变化之间的关系。

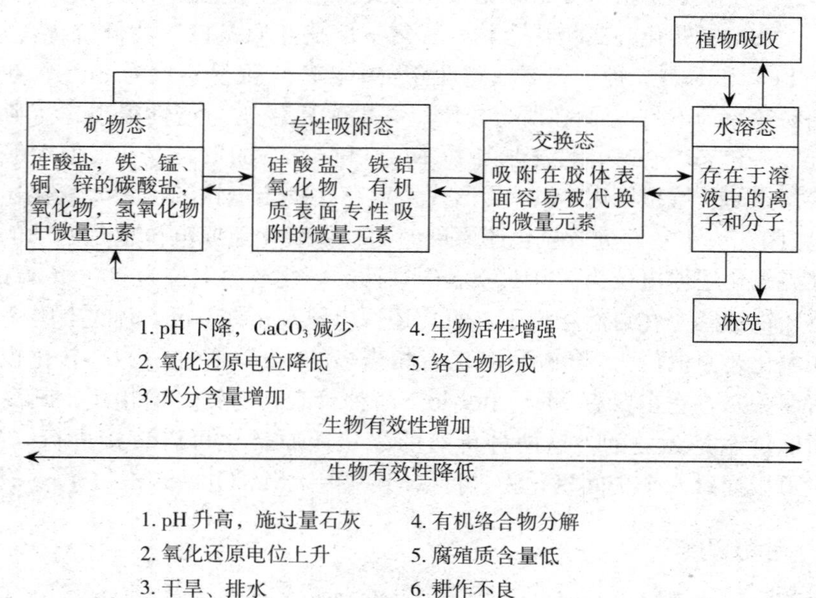

图 10－16　生物有效性调控过程中微量元素存在形态转化与土壤环境条件变化间的关系

此外，从土壤肥力的角度来说，土壤中微量元素的生物有效性还受到彼此之间拮抗作用和协同作用的影响，即各元素间可通过某种转化环节互相提高或降低各自的生物有效性，或通过某种机制互相促进或抑制植物的吸收。因此在对微量元素生物有效性进行调控过程中，需要关注元素之间的相关作用。例如钼和铁有明显的拮抗作用，能互相加剧缺素症状，其原因在于钼酸盐很容易与铁化合，生成沉淀。在铁质丰富的土壤（例如蛇纹石发育的土壤）上，植物往往出现缺钼症状。在钼水平较高的土壤中，钼与铁化合或吸附在 Fe_2O_3 表面，降低铁的活性，导致植物缺铁。钼和铜亦有明显的拮抗作用，但该作用可能产生于植物体内。过多地施用某种元素而导致另一种元素缺乏的例子也很多，例如铜和锌、铜和铁、锰和铁、钙和硼、磷和铜、磷和铁、磷和锌、硫和钼等。这类现象多发生于植物体内，仅部分发生于土壤中。关于协同作用，对各种营养元素来说，在正常供给水平范围内都是可能存在的。明显的例子是磷和钼。磷可明显促进植物对钼的吸收与运转，这和形成易为植物吸收的磷钼酸盐阴离子有关。镁对锌的协同作用除了植物体内的原因外，还可能与镁和锌的离子半径相似有关，镁能与难溶性锌化合物反应而释放锌离子。

复习思考题

1. 什么是土壤碳循环？
2. 结合实际，谈谈你对土壤碳循环与全球气候变化关系的认识。
3. 铵态氮和硝态氮在性质上有何区别？二者在土壤中的行为有何异同？
4. 施用铵态氮肥时为什么要强调深施覆土和集中施用？
5. 简述有机质分解过程中碳氮比和土壤中有效氮盈亏变化的关系。
6. 无机磷按不同的分级方法可分为哪几种形态？
7. 如何提高磷肥的利用率？应采取哪些具体措施？
8. 具体阐述土壤中氮和磷的流失与水体面源污染的内在联系。
9. 什么是缓效态养分？
10. 酸雨的成因是什么？
11. 影响土壤钾固定的因素有哪些？
12. 土壤中微量元素的循环主要包括哪些过程？

下 篇
土壤利用与管理

第十一章

土壤肥力和养分管理

第一节　土壤肥力和土壤养分的生物有效性

一、土壤肥力和土壤生产力

（一）土壤肥力

土壤肥力是土壤科学研究的核心内容。从土壤资源的利用上说，土壤肥力是人类最早认识的土壤基本特性，也是土壤质量的首要属性。土壤肥力按其产生的原因可区分为自然肥力和人为肥力。自然肥力是在自然土壤形成因子（气候、地形、母质、生物和时间）综合作用下自然土壤形成过程的产物。而人为肥力是在自然土壤形成因子基础上，人类活动参与下通过耕作、施肥、灌溉等措施耕作熟化过程中形成的，它实际上包括自然肥力。只有那些从未受人类影响的自然土壤才具有“纯”的自然肥力。自从人类从事农耕活动以来，自然植被被农作物替代，森林、草原生态系统被农田生态系统替代。从这个意义上讲，土壤肥力水平是可以随着人类对土壤的改良、利用过程而改变的，并在理论上是可以不断提高的。然而，随着人口的膨胀，单位面积土地对人口承载力的提高，人类对土地利用强度增加，人为因子对土壤的演化起着越来越重要的作用，并成为决定土壤肥力发展的基本驱动力。其对土壤肥力的影响反映在人类用地和养地两个方面，只用不养必然导致土壤肥力的递减。用养结合、培肥土壤可保持土壤的持续利用。

土壤肥力的概念和土壤概念一样，有几种不同的表述。西方土壤学家传统地把土壤供应养分的能力看作肥力，认为土壤肥力只包含养分一个因素。早在 1840 年，德国农业化学家李比希就指出：“土壤矿质元素是土壤肥力的核心”。美国土壤学会 1989 年出版的《土壤科学名词汇编》上把土壤肥力定义为：“土壤供应植物生长所必需养分的能力”。苏联著名土壤学家威廉斯将土壤肥力定义为：“土壤在植物生长的全过程中同时不断地供给植物以最大数量的养分和水分的能力”，并指出养分和水分是土壤肥力的组成要素。我国土壤科学工作者在《中国土壤》第二版（1987）中，对土壤肥力做了以下的阐述：“肥力是土壤的基本属性和本质特征，是土壤从营养条件和环境条件方面，供应和协调植物生长的能力。土壤肥力是土壤物理、化学和生物学性质的综合反映”。在这个定义中，所说的营养条件指水分和养分，为作物必需的营养因素。所说的环境条件指温度和空气，虽然温度和空气不属于植物的营养因素，但对植物生产有直接或间接的影响，称为环境因素或环境条件。定义中所说的“协调”解释为土壤中 4 大肥力因素水、肥、气、热不是孤立的，而是相互联系和相互制约的。植物的正常生长发育，不仅要求水、肥、气、热 4 大肥力因素同时存在，而且要处于相互协调的状态。《中国农业土壤》

(1978) 把这种协调状态比喻为土壤能稳、匀、足、适地供应和协调植物水分和养分的需要。“稳”是指土壤能源源不断地供应植物水分和养分；“匀”是随植物生长需要土壤能均匀地输送养分和水分；“足”是指土壤有足够的水分和养分储量，能保证满足植物生长需求；“适”是指供应量要适当，不仅水和养分适量，各种养分比例也要适量。按照这种见解，土壤肥力的主要因素是水分和养分，肥力高低的标志是稳、匀、足、适的程度。我国土壤学家陈恩凤教授认为，在研究土壤肥力时既要研究“体质”又要研究“体型”。所谓体质指决定土壤肥力水平的基础物质及其作用功能，是土壤的性质所在；体型指对不同土层的孔隙组成及其功能以及不同层次间的组合状况，是土壤的良好土体构造。

从上述对土壤肥力概念的不同叙述，可以将它区分为狭义的土壤肥力和广义的土壤肥力。狭义上的土壤肥力，抓住“养分”这个主导因子，重点强调碳、氮、磷、硫及其他必要的生命元素和有益元素的储量、形态、运转及其保证满足植物生长的周期供应能力，并进一步发展了土壤养分的生物有效性的概念。而广义上的土壤肥力概念，强调营养因子（直接被植物吸收的水分和养分）与环境因子（温度和空气）供应和协调植物生长的能力，它不仅受土壤本身物质组成、结构和功能的制约，而且与构成土壤系统的外部环境条件密切相关，是土壤物理性质、化学性质、生物学性质和土壤生态系统功能的综合反映。

（二）土壤生产力

土壤生产力和土壤肥力是既有联系又有区别的两个概念。土壤肥力是土壤的本质属性，而土壤生产力是指土壤生产植物产品的能力，它是由土壤本身的肥力属性和发挥肥力作用的外界条件所决定的。从这个意义上看，肥力只是生产力的基础，而不是生产力的全部。所谓发挥肥力作用的外界条件，指的就是土壤所处的环境，包括气候、光照、地形及其相关联的排水和供水条件、有无毒害或污染物质的侵入等，也包括人为耕作、栽培等土壤管理措施。例如寒冷阴湿的环境常常是冷浸迟发之地，在这种环境条件下，即使土壤本身肥力营养因素较为优越，土壤生产力也必然不高。实际的调查也证明，肥力因素基本相同的土壤，如果处在不同的环境条件下，表现出来的生产力可能相差很大。土壤肥力因素的各种性质和土壤的自然和人为的环境条件构成了土壤生产力。根据这个概念，为了实现农业生产的高产、高效、优质，除培肥土壤、提高土壤基础肥力外，还必须十分强调农田基本建设，包括平整地块、保证水源、修建渠道、开沟排水、筑堤防洪、营造防护林等农业生物工程，以改善土壤环境条件。

二、土壤养分的生物有效性

（一）土壤养分元素

养分元素是维持生物体生命周期所必需的化学元素。至今，人类已发现在地壳中有90多种元素，但它们在地壳中的存量差异很大，其中氧、硅、铝、铁、钙、镁、钾和钠8种元素占总量的90%以上。其余元素的含量微小，一般在10^{-3}～1 mg/kg。这90多种元素虽几乎都已在动物或植物中被发现，但并不都是动植物所必需的化学元素。根据严格的营养液培养试验证实，碳、氢、氧、氮、磷、钾、硫、钙、镁、铁、锰、铜、锌、钼、硼、氯和镍17种元素是植物必需的。而硒、铬、砷、碘、氟、钴等并不是植物必不可缺的，但对动物和人类却是必需的。在习惯上，人们将植物和动物所必需的元素称为生命元素。而铝、硅、锂、银并非植物、动物或人体的必需元素，但适量存在能促进生物体的生长发育故称为有益元素。铅、汞、镉等元素对生物体易产生直接或间接的毒害作用，被称为有毒元素或环境污染元素。其实有益元素与有毒元素之间仅仅是量的差异，在适量低浓度下有毒元素对植物生长也起促进作用。相反，土壤中有益元素含量过高就会产生毒害作用。即使是植物必需的氮、磷等大量必需元素，过量时，也会对植物产生不良影响。

土壤养分是指供给植物生长发育所必需的营养元素。植物所需元素中，碳、氢和氧主要来源于大气和水，它们虽然占植物生物量的 95%，但是由于它们的充足供应，在植物营养中很少引起关注，其余元素主要来自土壤，主要是由土壤矿物质的风化和土壤有机质的分解而来。在耕作土壤中，土壤养分还来源于施肥和灌溉。每种养分元素在土壤中都有不同的形态和各自的转化过程。各养分元素在土壤中的变化一方面取决于土壤中这种元素的含量和组成，它是转化的物质基础；另一方面受土壤条件的影响，主要是土壤的水、热、空气状况和 pH 及氧化还原电位。

（二）土壤养分的生物有效性

土壤养分的生物有效性是对高等植物而言的，指土壤中养分元素活化、迁移与植物根系对养分元素的吸收、输送的复合过程。按照 Barber(1984) 的定义，有效养分是指土壤中能够与植物根系接触、被植物吸收并影响其生长速率的那部分养分。这就是说，土壤有效养分是不受土壤固相物质束缚的、在元素化学形态上对植物有效的，而在空间上能被植物根直接吸收利用，以满足植物营养需求的那部分土壤养分。

1. 土壤养分的形态有效性　养分的化学形态是指养分元素在土壤中以某种分子或离子的存在形式，包括价态、化合态、结合态、结构态等。土壤养分元素存在于土壤固、液、气三相中，其形态非常复杂，其中 98%的养分元素存在于土壤固相矿物质和土壤有机质中，它们与矿物质、有机质紧密结合呈束缚状态。而在土壤溶液中呈离子、分子态的能被植物根系直接吸收利用的养分元素，其浓度很低，例如 NO_3^-、SO_4^{2-}、Ca^{2+}、Mg^{2+} 等的浓度低于 1.0×10^{-3} mol/L，K^+ 的浓度低于 1.0×10^{-5} mol/L，HPO_4^{2-} 的浓度低于 1×10^{-6} mol/L。表 11-1 是代表性土壤表层部分必需元素的形态及单位面积的数量。

表 11-1　代表性土壤表层（0～20 cm）6 种必需元素的形态及数量

必需元素	湿润地区			干旱地区		
	固相结合态 (kg/hm²)	交换态 (kg/hm²)	水溶态 (kg/hm²)	固相结合态 (kg/hm²)	交换态 (kg/hm²)	水溶态 (kg/hm²)
Ca	8 000	2 250	60～120	20 000	5 625	140～280
Mg	6 000	450	10～20	14 000	900	25～40
K	3 800	190	10～30	45 000	250	15～40
P	900		0.05～0.15	1 600		0.1～0.2
S	700		2～10	1 800		6～30
N	3 500		7～25	2 500		5～20

要使被束缚在土壤固相中的养分元素转化为有效养分，必须通过土壤矿物的风化作用和土壤有机质的分解作用。而这种转化过程是缓慢的，且受多种因子的制约。在土壤学上通常将与土壤固相紧密结合的养分称为无效态或难效态养分。能被缓慢释放，补给植物需要的养分称为缓效养分。而在土壤溶液中或被吸附在土壤胶体表面通过离子交换作用很快能进入土壤溶液，被植物直接吸收的离子、分子称为速效态养分。所以土壤养分元素的生物有效性虽与土壤中该元素的全量有关，但更决定于它的形态（图 11 - 1）。

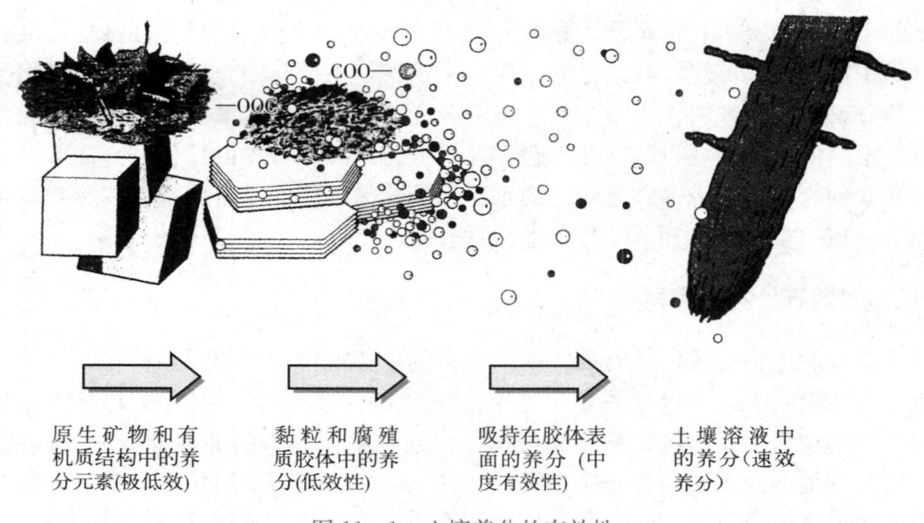

图 11 - 1　土壤养分的有效性

2. 土壤污染元素的形态有效性　土壤污染元素的生物有效性是从土壤养分的生物有效性概念沿用而来的。它的研究历史不长，并以重金属污染物为主。在土壤环境质量评价中，传统上应用重金属全量作为评价指标，但最新的研究证实，应用重金属全量作为评价指标不能反映大多数重金属元素对生物的污染毒害状况，它的污染毒性同样主要决定于化学形态有效性。采用化学提取剂对重金属元素进行形态分析或分级测定是最常用的研究方法。根据不同化学相中重金属元素被提取程度的难易，将土壤中重金属分为不同形态或化学相。根据不同目的，该方法又分为单一提取法和连续提取法。前者只用某一种提取剂一次性提取一种或多种形态，例如常选用的单一提取剂硝酸（HNO_3）、盐酸（HCl）、乙酸（HOAc）等。连续提取法则采用多种提取剂，在控制反应条件和作用顺序下，将土壤重金属赋存形态区分开来。

一般将土壤污染元素区分为 5 种形态：①被土壤黏粒和土壤有机质胶体表面以静电吸附的可交换吸附态，这种形态最易被生物吸收；②与土壤碳酸盐结合的碳酸盐结合态；③被土壤中铁锰氧化物吸持、包裹或沉淀的铁锰氧化物结合态；④与土壤腐殖质、有机活体结合的有机结合态；⑤包含在硅酸盐矿物晶格中，在通常条件下难释放到溶液中的硅酸盐残渣态，此形态相对稳定，对重金属迁移和生物可利用性贡献不大。用于区分土壤和沉积物中重金属形态分级的方法很多，表 11 - 2 列出了常用的重金属形态分级方法。

需要指出的是，上述对土壤中重金属形态的划分所采用的提取方法并不是很严格

表 11-2　常见土壤、水沉积物中金属形态的分级方法

（引自易秀，2007）

金属的结合形态	分离提取方法
可交换吸附态	1. 0.1 mol/L $BaCl_2$，pH 8.1 2. 1 mol/L NH_4Cl 3. 1 mol/L $MgCl_2$，pH 7.0 4. 0.5 mol/L NaCl-$MgCl_2$，40 ℃下浸提 6 h 5. EDTA
碳酸盐结合态	1. 通入 CO_2 2. 1 mol/L HOAc 3. 1 mol/L NaOAc，用 HOAc 调节 pH 到 5.0
铁锰氧化物结合态	1. 盐酸羟胺＋25％HOAc 2. 0.04 mol/L 盐酸羟胺＋25％HOAc 在 93～99 ℃下浸提 3. 溶于 0.01 mol/L HNO_3 中的 0.1 mol/L 盐酸羟胺 4. 用连二硫酸钠还原，柠檬酸配合 5. 2 mol/L HCl 在 40 ℃下浸提 6 h 6. 0.3 mol/L 柠檬酸钠＋1 mol/L 碳酸氢钠＋连二硫酸钠 7. 0.3 mol/L HCl 在 90 ℃下浸提 30 min 8. 酸性草酸铵（提铁氧化物中的铜和锰）
有机物及硫化物结合态	1. 30％ H_2O_2，加热至 85 ℃，用溶于 6％ HNO_3 的 1 mol/L NH_4OAc 提取，pH 2.2 2. 30％ H_2O_2，加热至 85 ℃，用 0.01 mol/L HNO_3 提取 3. 5％ H_2O_2＋2 mol/L HCl，40 ℃下浸提 6 h 4. 用次氯酸钠氧化，然后用连二硫酸钠、柠檬酸盐处理
硅酸盐结合态（残渣态）	1. HNO_3＋HF＋$HClO_4$ 2. HF＋$HClO_4$ 3. HNO_3-H_2SO_4（用于测 Cr 和 Cu） 4. 偏硼酸锂熔融（1 000 ℃），再以 HNO_3 提取

的，某种金属在各形态间的分配不一定能确切反映各物相的相对量，而是该提取方法所限定的结果。

3. 土壤养分和重金属的空间有效性　无论是土壤中的养分元素还是重金属有害元素，它们的化学形态对植物是有效的，但不一定对植物实际有效。土壤有效养分只有到达根系表面才能被植物吸收，成为实际有效养分。空间有效养分是指植物根系活动的“特区”，即根际土壤微区在植物生长发育过程中根系能直接接触到并可吸收利用的部分，除土壤溶液中可溶性部分外，还包括迁移到根土界面的一部分。空间有效性受土壤、植物和多种环境因子的影响，土壤酸碱性、氧化还原反应、溶解度、配位效应等土壤理化性质，以及植物根系总量、根长、根比表面积和根毛数量、根系分布特征、土壤水分运移、根系吸收水分的能力等都对空间有效性起调控作用。对整个土体来说，植物根系占土壤体积的比例约为 3％。因而养分的迁移对提高土壤养分的空间有效性是十分重要的。

第二节　土壤养分的供应和迁移过程

一、植物根系吸收养分的过程

植物根系从土壤中吸收养分元素大致可分为 3 个过程（图 11－2）：土壤过程、根际过程和植物过程。

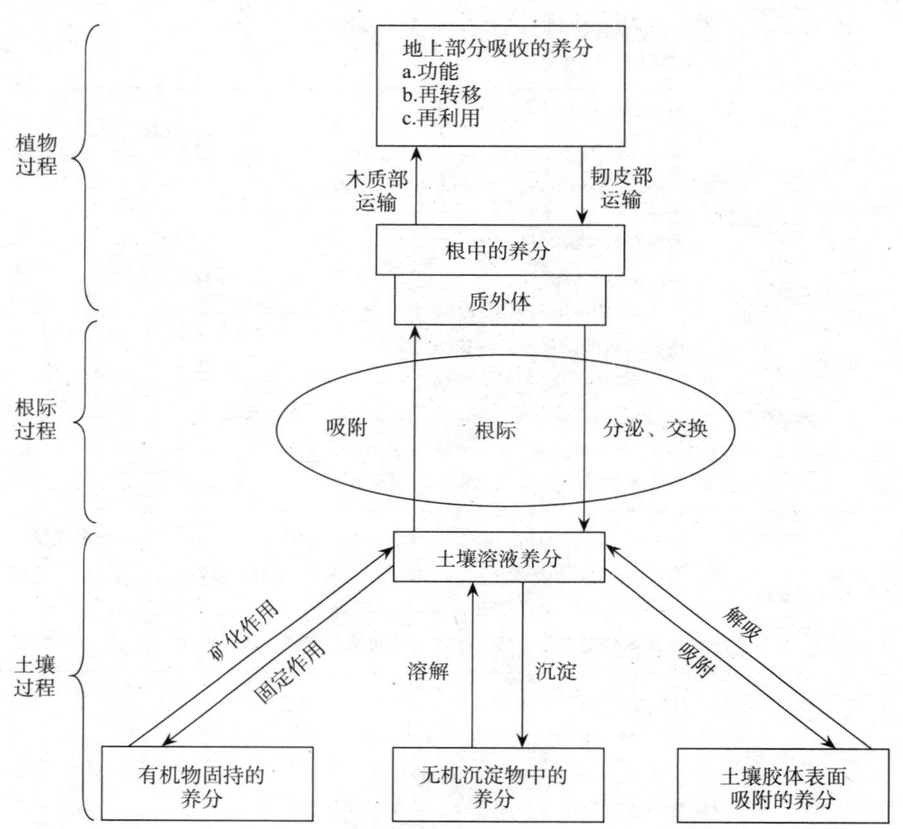

图 11－2　植物根系吸收养分的过程
（引自张福锁，2006）

（一）土壤过程

土壤过程主要是土壤的固液界面反应，包括有机养分的矿化与固定作用、无机养分的沉淀与溶解作用、土壤胶体表面对养分的吸附与解吸作用等。土壤过程使土壤固持态有机养分和无机养分元素活化，并释放进入土壤溶液成为根系能吸收的生物有效态养分。

（二）根际过程

根际过程同时受两方面的影响：①进入土壤溶液的化学有效态养分必须迁移至根际区域，即具有空间有效性才能真正被植物吸收利用；②由于根系分泌物以及根际微生物的作用，能改变根际微环境（例如根际微区土壤的酸碱性、氧化还原等发生变化），从而进一步推进养分元素的活化和迁移。所以促进根系生长、扩大根系分布、增加根系活动所占的体积比例、提高根系活力等可以明显改善根际过程的养分利用途径。

（三）植物过程

植物过程是指根系吸收的养分元素通过植物的木质部、韧皮部向地上部运输、转移及利用过程。

上述 3 个过程相互联系、相互制约，将土壤养分的化学形态有效性、空间有效性、根系对养分的主动响应机制及作物生理代谢反应和环境效应紧紧地连接在一起。

二、土壤溶液中养分的补给和供应

土壤溶液是植物营养的“瓶颈”，它将植物与土壤紧紧地连接起来，当土壤溶液中的养分离子因被植物吸收或因淋洗损失而降低时，土壤固相就通过释放等向溶液补给供应养分。影响养分补给、供应的因子是十分复杂的，它既受土壤固相交换、吸附、固定作用等控制，又受植物蒸腾、根系呼吸等生理因子的制约。因此简单地凭土壤溶液中的养分离子浓度即强度因子（$I=c_i$），或被保持在土壤固相上易活化并能补给土壤溶液养分的储量即容量因子（$Q=c_s$）都难以完全反映土壤养分有效性的真实情况。采用缓冲因素概念能较好地定量描述土壤养分的补给供应能力。缓冲因素是养分强度因子和容量因子的综合指标，它们之间的关系可以用下式描述：$b=dc_s/dc_i$，或用 $Q-I$ 关系图表示。即当溶液中养分强度（I）改变一个单位，所引起的土壤固相易转化分储量（Q）的变化；代表着植物吸收养分过程中，土壤、溶液、根系间的养分平衡状况与土壤固相维持一定养分浓度的能力。

不同养分元素（例如氮、磷、钾）在土壤中的缓冲因素差异很大。例如硝酸根离子由于很难被土壤吸附，它的缓冲因素很小；而钾离子就大得多；磷酸根离子因在酸性和碱性土壤中都能被强烈吸附，其缓冲因素则更大。磷的缓冲因素可以通过磷的吸附等温线计算。吸附等温线由平衡溶液中磷的强度因子（I）和土壤固相活化磷的容量因子（Q）构成，以 $\Delta c_s/\Delta c_i$ 表示，其中 c_s 为单位质量土壤吸附的磷量，c_i 为溶液中磷的浓度。在磷吸附等温线上取任何一段曲线，求其斜率 $\Delta c_s/\Delta c_i$，即为这个浓度范围内的土壤缓冲因素，微分得 dc_s/dc_i，为某特定浓度时的瞬间缓冲因素（图 11－3）。

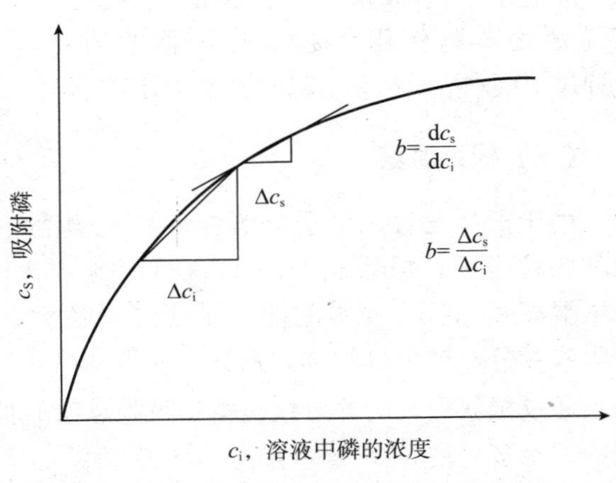

图 11－3　磷的吸附等温线及其缓冲容量

瞬间缓冲因素代表土壤溶液中磷浓度上升时土壤固相的吸磷量，或溶液中磷浓度下降时土壤固相的磷解吸量。当土壤溶液中磷浓度与土壤固相吸附态磷平衡时，此时既没有磷的吸附又不被解吸。

土壤 K^+（包括 Ca^{2+}、Mg^{2+}、NH_4^+ 等阳离子）的缓冲因素，可根据土壤溶液中增加或减少钾的量（ΔK）与溶液中钾的活度比［$AR^K=a_K/(a_{Ca+Mg})^{\frac{1}{2}}$ (mol/L)］，绘制出土

壤钾的$Q-I$曲线（图 11-4）。

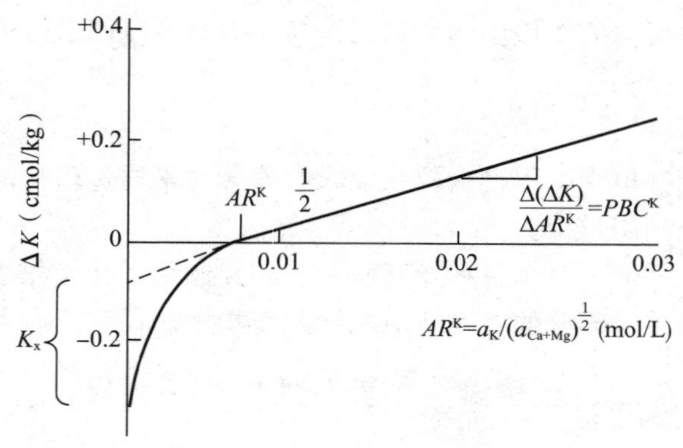

图 11-4　土壤钾的 $Q-I$ 曲线

图 11-4 所示曲线的上部为直线，其斜率代表当土壤溶液中钾活度比变化 1 个单位时土壤容量因素的变化量［$\Delta(\Delta K)/\Delta AR^K=PBC^K$］，即土壤钾的缓冲因素。该图下部为曲线，表明土壤钾的降低较活度比（AR^K）的下降更快。从曲线得知，在 $\Delta K=0$ 时的 AR^K 为平均活度比 AR_e^K，代表该土壤的供钾强度。当 $AR^K=0$ 时的 ΔK 代表土壤交换性钾。而当$AR^K=0$ 时曲线的截距与直线外推的截距之间的差值（K_x），可看作被土壤专性吸附的钾。

土壤不同黏粒的类型、含量及比表面积，土壤不同质地、容重及酸碱度等，其缓冲因素不同。缓冲因素大小可作为土壤养分的供应特性，可用于估测土壤养分供应补给能力。一般而言，土壤养分的缓冲因素大时，能提供、补给的养分更多。同时，缓冲因素大的土壤能吸附、储藏更多的养分离子，施肥时需要投入更多的养分元素才能使土壤溶液中养分达到一定的浓度水平。

三、土壤养分向根系的迁移

土壤中的养分离子向根系表面迁移通常有 3 条途径：①根系截获引起的接触交换；②随植物蒸腾作用引起水分运移的质流；③通过土壤水溶质运动引起的扩散（图 11-5）。

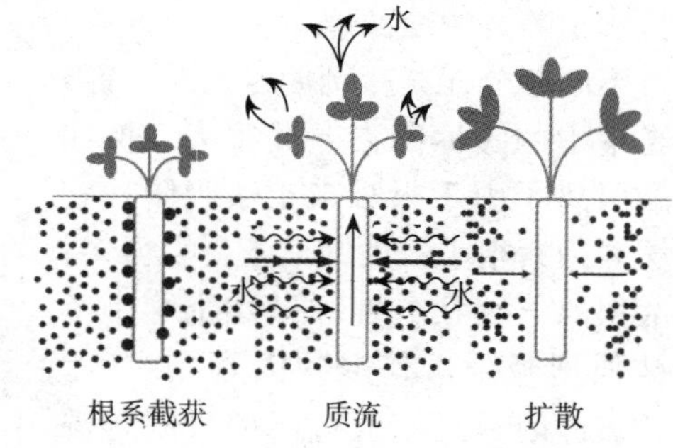

图 11-5　土壤养分向根系迁移的 3 种途径

（一）根系截获

由于根系发育，穿透土壤伸展到土壤溶液和黏粒表面，根系表面的 H^+、HCO_3^- 与土壤溶液和黏粒表面吸附的离子通过接触交换吸收养分，这个过程称为截获。一般认为，根系通过截获吸收的养分仅占植物吸收总量的很小部分。例如靠根接触土壤黏粒表面截获的钾至多只占 3%～4%（表 11-3）。

表 11-3　土壤养分离子向玉米根系迁移的方式及相对重要性

（引自 Barber，1984）

养分	每公顷生产 9 500 kg 籽粒所需养分量（kg/hm²）	供应近似量（kg/hm²）		
		根系截获	质流	扩散
N	190	2	150	38
P	40	1	2	37
K	195	4	35	156

（二）质流

由植物蒸腾作用引起土壤水分及有效养分向根表的迁移称为质流。由质流迁移供应的养分数量可通过土壤溶液中养分离子浓度、植物单位质量地上部组织蒸腾耗水量或每公顷地上部水蒸腾量进行估算，即

$$F_m=V_o c_i$$

式中，F_m 为养分质流迁移量，V_o 为根系的水分流量，c_i 为溶液中的离子浓度。

由质流引起的养分迁移对于非吸附态离子是非常重要的，例如 NO_3^-、Cl^- 等不易被带负电荷的土壤胶体吸附，质流是其向根表迁移的重要方式，一般占植物吸收总量的一半以上。对于 Ca^{2+}、Mg^{2+}，由于在土壤溶液中的浓度较高，质流引起的迁移一般能满足植物生长的需要。而对大多数植物来说，通过质流迁移的氮、磷、钾不能满足植物需要量，导致根际土壤养分缺乏。在土壤-植物-大气连续体中，由于植物蒸腾随土壤水分状况、植物种类及气候因子变化而变化，因此质流迁移养分不是一个稳定过程，其相对贡献随之而变。

（三）扩散

1. 扩散过程及其表达式　对有些养分来说，当根系截获和质流不能满足植物对养分的需要时，扩散成为养分迁移的重要途径。在植物吸收养分过程中，由于根系吸收的养分不断地向植物地上部输送，根表与土体间出现养分离子的浓度梯度。通过土壤水溶质运动，养分离子沿着浓度梯度向根表扩散，这种扩散作用与土壤固相释放养分离子特性和植物生长及根系形态等密切相关。在均质土壤中养分的有效扩散系数（D_e）可用下式表示。

$$D_e=D_1QF_1\mathrm{d}c_1/\mathrm{d}c_x$$

式中，D_1 为养分离子在溶液中的扩散系数，Q 为溶液所占的土壤体积（扩散截面），F_1 为阻抗因素（与离子通过孔隙的弯曲小径、水黏滞度等有关），$\mathrm{d}c_1/\mathrm{d}c_x$ 为土体（c_1）与根表（c_x）各自溶液浓度间的梯度。扩散是提供植物大量营养元素磷和钾的主要途径。它是由分子或离子的热运动引起的养分离子自发迁移方式，只要土壤溶液中存在离子浓度梯度，养分离子就会从高浓度区向低浓度区迁移。土壤中的养分离子因需要通过曲折的充水孔隙路径，其扩散路线势必增加，再加上土壤养分离子易被胶体黏粒吸附，所以养分离子在土壤中的扩散比在水中要低几个数量级。

2. 扩散过程的影响因素　土壤养分向根系表面扩散受土壤理化性质和植物因素、气候因素等多方面的影响。其中直接影响养分扩散的主要因子有以下几个。

（1）土壤含水量　水是自然界主要的溶剂和养分的载体，养分扩散作用是在充水土壤孔隙中发生的，因此土壤含水量是决定扩散最直接、最重要因子。一般认为，养分离子的扩散系数与土壤含水量呈正相关。

（2）土壤质地和土壤容量

① 土壤质地：至今有关土壤质地对养分扩散的影响还没有一致的结论。有人认为土壤黏粒含量高、质地较重的黏质土壤含水量较高，其养分扩散系数较大。但有些试验得出了相反结论，例如有人测得在田间持水量条件下，Na^+、Ca^{2+} 的扩散系数与黏粒含量呈负相关，阴离子磷在轻质土壤的扩散系数也比黏质土中大。黏质土上的扩散系数小

于砂质土，可能因为黏质土曲折系数（土壤扩散通道的曲折度）较小，表面吸附作用强等原因造成的。

② 土壤容重：土壤容重对扩散系数影响的试验表明，随容重的增加，磷和氯的扩散系数先增后降。产生这个结果是由于土壤压实减少了土壤大孔隙，增加了小孔隙，使土壤储水特性发生变化所造成的。

（3）植物根系　植物根系对养分扩散的影响主要表现在根系长度、植物的根冠比例和根系的形态特征，这些参数通过改变植物对养分的净吸收速率、根土界面养分浓度等来影响养分的扩散作用。

土壤养分向根迁移的机制是了解养分生物有效性的重要内容之一。通常，土壤养分向根系的迁移是截获、质流和扩散3种途径共同起作用的结果。由于植物吸收水分和溶质的能力、土壤供应某种养分的容量、强度和速率不同，各种迁移途径的贡献程度也不同。在作物生长期间，那些存在于土壤离子库中的养分，首先向根迁移，然后才能被植物根系吸收。因此弄清土壤养分如何向根迁移在理论和实际生产上均有重要意义。例如施肥可提高土壤溶液中养分的浓度，从而直接增加质流和截获的供应量。对扩散方式的迁移来说，施肥加大了土体与根表间的养分浓度差，增加了养分向根表的扩散迁移量，尤其是对于土壤迁移性小的磷、钾等养分，通过施肥可明显提高其向根表的迁移。

第三节　农田养分管理

一、养分管理的概念

（一）养分的资源性质

养分是维持一切生物生命周期所必需的化学元素或化合物。从这个意义上说，养分是构成生物生命长期生存、繁衍和进化的基础，是一种与人类息息相关的资源。养分资源具有以下特性。

1. 养分来源的广泛性与不均衡性　养分元素与地表系统的所有化学元素一样，以不同形态存在于大气圈、水圈、岩石圈、土壤圈和生物圈。几乎在各种不同自然生态系统和人工生态系统中都分布着养分元素，但在不同系统中的分布是不均衡的。例如大气是氮元素的最大储库，氮气占大气总体积的78%，是生物需要的大量养分中唯一来源于大气的元素。它通过人工合成或生物转化成为生物有效氮。而磷、钾养分在很大程度上取决于磷、钾矿石资源的储量。

2. 养分循环与再利用性　养分是地球表层系统中最活跃的化学元素或化合物，服从物质的地球化学大循环和生物地球化学小循环的基本规律。在地球表层系统的土水、动植物群落和土壤微生物群落间，沿着特定的途径，从非生物环境到生物有机体，又从生物有机体回到非生物环境，生物体不停地生生死死，养分循环反复进行不止。

3. 养分的流动与迁移性　在自然生态系统中，养分元素沿着特定的途径循环运动，在土壤、生物、大气和水体之间进行着复杂的输入与输出，其本身就是一种开放的循环流动。自从人类社会，特别是进入工业社会来，养分元素流动受到了人类的强烈干预，大大强化了养分元素沿着社会经济发展和人类需求消耗的方向流动。围绕着食物生产与消费，养分元素沿着矿产开采→化肥生产→农田施肥（种植业）→养殖业→家庭（社会)→环境链流动，或随社会需求在经济发达地区与欠发达地区、城市与农村、富国与穷国之间进行着不平衡的双向流动。人类的强烈干预，自觉不自觉地影响自然生态系统中的养分平衡，导致某些地区或农田的养分积累富集，而另一些地区或农田的养分亏缺贫乏，最终影响人类的生活质量。

（二）农田养分管理的概念

在地球表层系统中，由于养分元素分布的广泛性、利用的循环性、流动的开放性，以及养分元素的时空变异性等特征，进行养分管理是一项复杂的系统工程，不仅涉及自然生态系统的养分循环、流动，并受到农业生态系统中种植业、养殖业、肥料生产、废物再利用及社会需求、消费等方方面面的影响，养分管理包含十分丰富的内涵。因此养分管理有必要从不同尺度（例如全球、国家、区域、农田、农户等）建立不同层次的养分管理系统。在这里重点讨论农业生态系统中的农田养分管理。

农田养分管理是从农田作物施肥的理论和技术发展而来的。传统的作物施肥是围绕着作物这个中心，以满足作物的养分需要为主要目的，以追求单季作物的高产为唯一目标，以改善土壤的养分供应能力为重要内容，以合理施用肥料为调控手段，达到协调作物高产栽培中的作物、土壤和肥料之间的关系问题。从 20 世纪 70—80 年代起，这种单一的施肥理念已远远不能满足现代农业发展的需要，一个典型的例子是随着施肥用量的提高，因肥料流失所带来的农业面源污染及水体富营养化的风险已成为严峻的环境问题。因此英国、美国等在 20 世纪 70 年代起就开展养分管理研究，提出了最佳养分管理实践、优化养分管理模式等。美国自然保护服务中心（Natural Resource Conservation Service）对养分管理的定义是：平衡和供给作物生产所需要的植物养分，合理利用植物养分，保持和改善土壤质量，保护水、空气、植物、动物和人类资源。这是一种最大限度发挥农业生产效益、限制农业生产对环境的负面影响，并在经济上可持续的农田管理策略。从 20 世纪 90 年代初开始，我国科学家对养分管理进行了系统的探索，进一步推进了养分管理的理论和技术的发展，提出农田养分管理的概念是，从农田生态系统的观点出发，利用自然养分资源和人工养分资源，通过有机肥与化肥投入、土壤培肥与保护、生物固氮、植物品种改良和农艺措施等有关技术的综合运用，协调农业生态系统中养分的输入与输出（即投入与产出）平衡，调节养分循环与再利用强度，实现养分的高效利用，使生产、生态、环境和经济效益协调发展。这个概念虽然仍有待进一步完善，但其理念和内涵无疑是对农田施肥的一个重要拓展。

二、农田养分管理的基本原理

农田养分管理是以农业生态系统理论为基础，对农田土壤、农田水分（例如灌排水）、作物栽培、农田作物施肥等主要生态因子的全面系统管理。在进行农田养分管理中需要遵循以下重要原理。

（一）多目标养分管理原理

传统的农田施肥以作物高产为唯一目标。为了达到单季作物的最高目标产量而过量施肥所导致的土壤污染、大气污染和水体污染已成为一个严峻的环境问题。氮通量增加会对土壤的酸化、植被的更替、森林的衰退等生态环境问题产生严重影响，而氧化亚氮

(N_2O) 的排放会对臭氧层产生破坏作用。我国有些湖泊已存在不同程度的污染，水体富营养化。研究结果表明，自 20 世纪 80 年代以来，滇池流域农田氮磷用量增长了约 5 倍，氮磷投入量已占流域总氮磷量的 60%。曾一度造成滇池氮磷富营养化急剧恶化，水质总氮磷指标已达到Ⅴ类或劣Ⅴ类。现代农业再不能只注意最大限度产出而忽视对生态系统的负面影响。农田养分管理必然是一个多目标的管理，不仅在作物生产上要求高产、优质，在经济上要求高效，还必须保护环境、生态安全。虽然目前许多国家已制定农田作物土壤养分的丰缺指标，提出了许多很有价值的施肥策略，但其“标准”和“策略”都是针对作物生产的，只能用于“作物高产”，很难用它对环境污染风险做出评价。因此建立既维持作物高产又保护环境不受污染的土壤养分指标，确定安全肥料用量以及有机肥用量基准等都是十分迫切的。

（二）养分高效利用原理

农田养分有多种来源，主要包括：①农作物生产中向农田施肥；②束缚在土壤矿质和有机质结构中的固定态养分元素的活化（有效化）释放；③环境要素通过降水、灌溉、气体交换等途径的输入；④植物根系、地上部残留物和其他有机物料输入。养分高效利用不仅要求提高肥料利用率，减少养分损失，而且要加强农田土壤本身固有的养分和环境输入养分的综合管理和利用。

1. 养分高效利用首先要科学合理施肥　这是因为施肥是农田系统输入养分元素的最主要途径，也是人为调控、管理养分不可替代的技术手段。据研究，因施肥每年向农田输入的氮、磷、钾等养分元素已远远超过自然生态系统中环境的年输入量。但年复一年投入的大量肥料养分，其利用率较低，氮肥只在 17%～60%，平均不到 40%，磷肥的利用率则更低。因此科学、合理施肥是农田养分高效利用的核心。科学合理施肥的本质是因作物、因土壤、因肥料施肥，就是要根据作物的需肥规律、土壤的供肥规律和不同肥料的理化特性和生物学特性制订施肥策略，确定合理的施肥方法和施肥用量，充分发挥人类对肥料养分的调控和管理作用。

2. 要盘活土壤固有养分潜力并提高其有效性　通过施肥和由环境输入的土壤养分不可能完全被单季作物吸收利用，其中有相当大的部分不是残留在土壤中，就是又回到水体、大气环境中去，长年积累在土壤中的养分元素，以及从土壤原始母质中风化释放的养分元素也是宝贵的养分资源，而且储量可观。因此挖掘、盘活土壤固有养分潜力，是养分高效利用、提高土壤肥力质量的又一重要途径。

3. 要加强环境废物养分的再循环利用　从理论上讲，环境中的一切废物特别是生物废物经处理后都是可以被再利用的。如今，来源于生产、消耗、农产品中所释放进入环境（水体、大气等）的养分元素（例如氮素）可能大于作物生产本身。例如相当大比例的秸秆在田间焚烧，规模化畜禽养殖的大量未经处理的排泄物造成环境污染问题很严重。因此提高废物的资源化利用是对农田养分管理提出的新的挑战。

（三）农田养分平衡原理

在农田生态系统中，养分平衡（图 11－6）是进行农田养分管理、确定合理肥料用量和保持土壤养分库功能及土壤生态稳定性的基础。养分通过不同途径进入农田系统，在系统中经过一系列的转化和迁移过程后，再不同程度离开农田系统。这个循环是开放

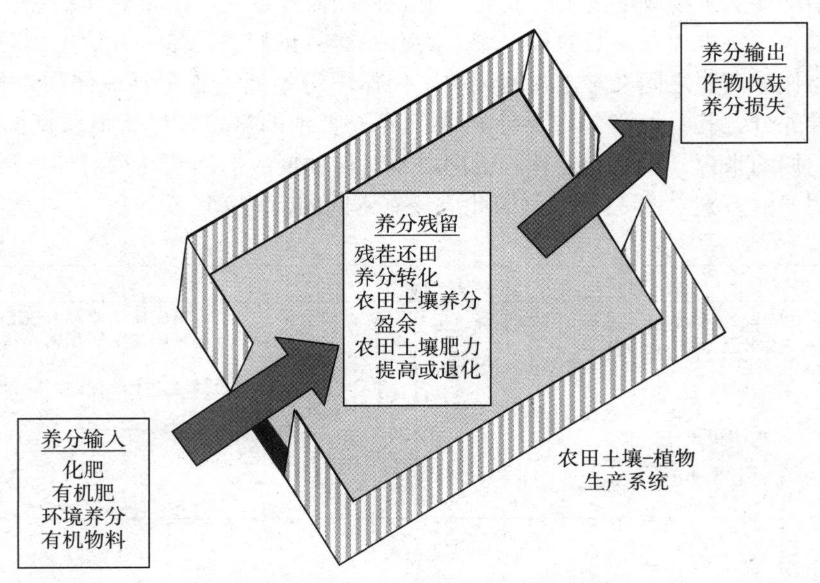

图 11-6　农田养分输入与输出的平衡

的，它与大气、水体等外部环境进行着复杂的物质和能量的交换。农田生态系统养分平衡主要考虑养分的输入与输出，以及养分通过不同途径的损失。其平衡一般以养分库的盈亏量（B_K）来表示，即

$$B_K = \sum_{i=1}^{m} I_i - \sum_{j=1}^{n} Q_j$$

式中，I_i 为某输入途径的养分输入量，Q_j 为某输出途径的养分输出量，m 为养分输入途径，n 为养分的输出途径。农田养分的输入、输出途径较多，有的很难人为控制，在进行养分平衡估算分析时，一般均为表观平衡量。输入主要考虑肥料（商品肥和有机肥）投入量，以及灌溉、降水、种子带入量。而输出主要考虑被作物收获所带走的养分量。B_K 为平衡值，$B_K>0$ 表示土壤养分有残留盈余，土壤残留养分的长期积累，易使其随径流进入地表水体或淋洗进入地下水，导致水质污染，或通过挥发损失造成大气污染。$B_K<0$ 表示作物从田间移去的养分量超过输入量，土壤养分库亏缺，长期的负平衡可耗竭土壤养分库，破坏土壤生态系统，影响土壤生产力。

（四）养分分类管理原理

养分元素依据植物的生理代谢反应可分为必需元素、有益元素和有害（毒）元素。根据元素在植物体中含量（占干物质量的比例）可分为大量元素、中量元素和微量元素。对土壤而言，根据土壤养分对植物的生物有效性可分为难效（无效）养分、缓效养分和速效养分。肥料养分本身又可分为矿质肥料、有机肥料和生物肥料。虽然至今对养分还缺少一个统一的分类，但在农田生态中，不同养分元素均具有各自的特性，因此在养分管理中应采用不同的策略。例如在 17 种必需元素中，就微量元素而言，一般矿质土壤都能满足植物对铁、锰、铜、锌的需要，但在强酸性土壤中，由于这些元素的有效性高，在局部地区的某些特定作物可出现中毒症状。而在碱性土壤上则出现缺乏症状。钙和镁是中量元素，这两种元素在土壤中的含量丰富，植物需要量又相对偏少，在一般

矿质土壤中均能满足植物的需要。植物对氮磷钾的需要量大，由于农作物生产中年复一年的肥料投入，一方面在多数农田土壤上均有一定数量积累，另一方面土壤对氮素等养分的供给与作物需要之间又常出现时间差，仍然不得不通过施肥补充作物生长的需求。所以氮磷钾养分尤其是氮素养分始终是农田养分管理的重点。尽管氮磷钾同属大量元素，由于它们的来源、转化、运移、去向以及对作物反应的敏感性和对环境污染的风险等存在着明显的差别（图 11 - 7）。因此应该有不同的管理策略。

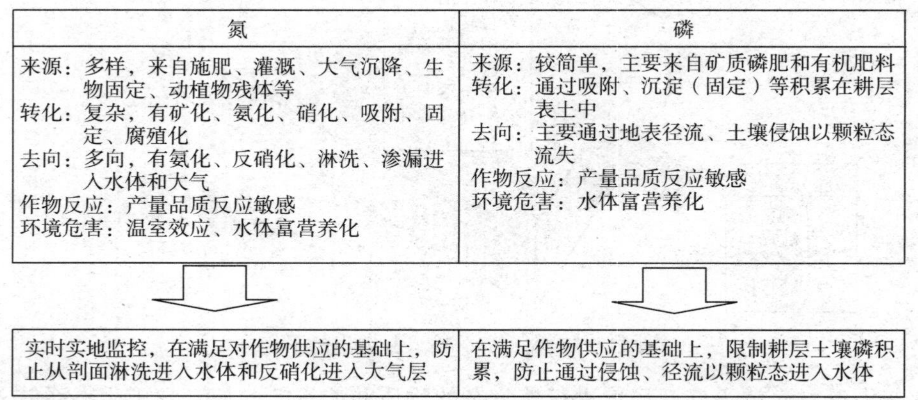

图 11 - 7　氮磷养分的不同管理策略

（五）养分综合管理原理

农田生态系统是一个自然生态因子和人为因子共同作用的复合系统。农田养分管理复杂，涉及土壤、水、肥料、作物、大气等方方面面。任何单一技术都很难达到有效管理的目的，需要多项技术综合配套，甚至需要建立相应的政策法规才能获得较满意的效果。因此农田养分管理必须从农田生态系统论的观点出发，利用所有的自然养分和人工养分资源。通过有机肥投入、土壤培肥、生物固氮、植物品种改良、农艺措施等进行综合管理，协调农田养分的输入与输出平衡，调节养分循环与利用强度，实现养分的高效利用，使生产、生态、环境和经济协调发展。具体讲，农田养分综合管理就是以满足高产、优质农作物生产需求为目标，在量化土壤和环境有效养分供应的基础上，以优化施肥作为调控手段，实现作物的养分需求与土壤、环境和肥料养分供应在时间和空间上同步，提高农田养分的高效利用，使作物生产与环境保护协调发展。

三、农田养分管理的技术

农业是人类历史上最古老的产业，由于人类对农田的长期经营，对农田养分尤其是农田氮磷养分的管理已积累了许多较成熟的管理技术。在这里重点介绍农田氮磷养分的土壤管理、灌溉管理和施肥管理技术。

（一）农田氮磷养分的土壤管理技术

1. 土壤测定技术　农田土壤养分主要包括土壤固有的矿质养分、土壤中逐年积累的有机养分和通过施肥、灌溉、大气沉降、生物固定等不同途径输入的养分。由于社会经济、农耕历史、管理水平等的差异，在不同地区或同一地区的不同田块，农田土壤养分的缺乏和过剩都可能同时存在。养分缺乏必须通过施肥以满足作物对养分的需求，而养分过剩则必然导致养分在土壤中的积累或损失污染环境。所以土壤养分状况是进行农田养分管理决策的基础和前提。

为了摸清农田土壤本身的养分水平，国际上尤其在发达国家广泛应用土壤测定技术，在美国、加拿大几乎所有的州（省）都设有国家管理的或私人的土壤测定机构，制订整套测定计划。通过土壤测定可达到以下目的：①建立农田土壤养分和肥力档案，以校正作物从土壤中吸收养分的能力；②预测肥料养分的产量与效益；③作为推荐施肥的基础；④评估土壤肥力质量。有关土壤测定、评价和服务的具体方法和内容，这里不做详细介绍。

2. 少耕和免耕技术　少耕（minimal tillage）和免耕（no-tillage）是 20 世纪 60 年代提出的一项革新的耕作技术。这种耕作方法能明显防止土壤流失，降低生产成本和提高经济效益；在控制氮磷流失，尤其在控制磷的径流损失方面具有独特的优越性。因为伴随地表径流而发生的土壤侵蚀，以悬浮颗粒随水迁移的磷是农田磷损失的主要途径。免耕结合地表残茬覆盖可明显减少雨水对土壤的直接冲击，减少地表径流和土壤流失，从而大大降低土壤养分的损失（表 11-4）。此外，免耕法的耕作层坚实度比较适宜，既减缓了土壤有机质的矿化而增加有机质积累，又有利于根系在耕作层的生长扩展，提高对养分的吸收利用。

表 11-4　残茬覆盖对保持水土的作用（5°坡地）

作物残茬量（t/hm^2）	径流量（%）	渗透量（%）	土壤流失量（t/hm^2）
0	45	54	29.63
0.62	40	60	7.41
1.23	25	74	2.74
2.47	0.5	99	0.74
4.94	0.1	99	0
9.88	0	100	0

3. 精准农业技术　精准农业（precision agriculture）是 20 世纪 80 年代后期在信息技术发展的基础上，以地理信息系统（GIS）、全球定位系统（GPS）、遥感技术（RS）和计算机自动控制系统有机组合的农业管理系统。其核心内涵是，应用地理信息系统将搜集的土壤和作物信息资料整理分析作为属性数据，并与矢量化地形图数据一起制成具有时效性和可操作性的田间管理信息系统。在此基础上通过应用地理信息系统、全球定位系统、遥感技术和计算机自动控制技术，根据以田块为操作单元（位点）的具体条件，精细准确地调整各项土壤和作物管理措施，最大限度地优化使用各项资源投入，以达到高产、高效同时保护农业生态环境和土壤等农业资源质量的目的。精准农业主要包括 4 个部分：农田信息获取、信息处理与分析、决策的形成和农机具田间实施（图 11-8）。

精准农业的提出，首先在土壤养分管理和推荐施肥上显示出不可替代的应用前景。这是因为土壤性质的时空变异是普遍存在的，它受气候、母质、地形、生物、水文、时间、人类活动等多因子的错综复杂的影响。不同类型土壤性质显然不同，即使同一类型

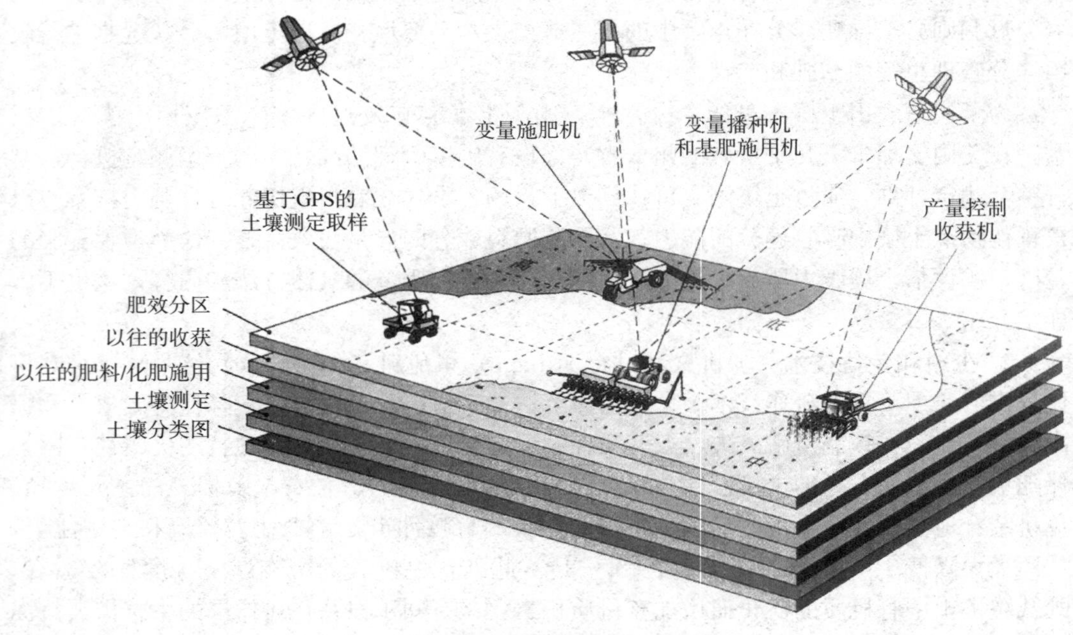

图 11-8　精准农业技术

(引自李保国和徐建明等，2019)

土壤、同一田块的不同点位也可表现出一定的差异，或存在着不均一性。化肥当季利用率低的原因在很大程度上是在施肥时没有考虑田间土壤的空间变异性所造成的。精细农业借助于“3S”技术（地理信息系统、全球定位系统和遥感技术）与计算机自动控制技术的结合，为在土壤和作物群体变异条件下，因地制宜按田块单元实施养分管理和推荐施肥提供一个操作平台。因此精准农业的实施不仅可以最大限度地提高农业生产力，而且可以实现高产、优质、低耗和环境保护的农业可持续发展目标。

精准施肥是精准农业技术中的重要组成部分。精准施肥技术是根据田间每个操作单元具体条件，结合土壤类型、土壤生产潜力、不同肥料的增产效应、不同作物的施肥模式、历年施肥和产量情况等相关信息，形成资料齐全的土壤养分信息化管理系统，生成作物施肥作业的变量处方图，利用农田精准变量施肥、播种，根据处方图信息在田间有针对性地精确进行变量施肥、播种作业。利用精准施肥技术可以精细准确地调整各种土壤的合理施肥，最大限度发挥肥料投入的效益，获取最高产量和最大经济效益，保护农业生态环境和自然资源。

4. 秸秆综合利用技术　我国是农业大国，农作物秸秆种类繁多，数量巨大，分布广泛。2016 年全国主要农作物秸秆产生总量达到 9.84×10^{8} t，玉米、水稻和小麦 3 大作物占比达到 84%，是秸秆的主要来源。秸秆的综合利用率达到 82%，其中秸秆肥料化、饲料化、燃料化、基料化和原料化利用率分别为 47.20%、17.99%、11.79%、2.23%和 2.47%，已经形成以农用为主的综合利用格局。秸秆综合利用是实现化肥零增长、肥料利用率提高和施肥结构优化的可持续农业发展的选择。

秸秆是农田土壤有机质的重要来源。秸秆中含有农作物生长所需要的氮、磷、钾、镁、钙、硫等营养元素，可以作为农业生产中的重要肥料资源。秸秆还田是目前秸秆综合利用最重要、最普遍的技术途径。通过秸秆还田可以减少氮肥施用量，提高水肥利用效率，培肥土壤，具有快捷方便、高效低耗等优点。秸秆还田后，其在土壤的分解主要受微生物活性的影响，与秸秆碳氮比、土壤水分、温度、秸秆还田方式和还田时间等有关。

生物质炭是秸秆资源化利用的新思路。秸秆通过低温热裂解炭化转化为富含稳定有机质的炭质混合物即生物质炭。生物质炭具有高浓度的矿质元素，有较大的比表面积、丰富的表面官能团和较高的阳离子交换量，在农业土壤中的施用可提高土壤养分的生物有效性。生物质炭基肥是以生物质炭为载体与传统肥料掺混制成的一种新型缓释肥料，其融合了生物质炭与肥料所具有的肥力，加上自身结构特点与稳定性，可以使养分缓慢释放，促进作物生长，提高肥料利用率，减少化肥施用量，改善土壤理化性质。生物质炭和生物质炭基肥对我国实行化肥减施行动具有积极的推动作用。

（二）农田氮磷养分的灌溉管理技术

水是地球上一切生命的重要组成部分，又是养分元素转化、循环的运输载体。农业灌溉是人为调控田间作物水分状况的重要技术手段。传统农业灌溉主要采用地面灌溉，包括畦灌、沟灌、淹灌等形式。这种灌溉的灌水量难以控制，易发生旱地大水漫灌、水田串畦淹灌，不仅浪费大量水资源，而且易引起养分的大量流失。从 20 世纪 50—60 年代以来，节水灌溉（即喷灌、滴灌、渗灌等微灌技术）引起了国际上的广泛重视。例如日本的旱地灌溉面积中，喷灌和滴灌的比例达到了 90%以上，以色列、英国、瑞典等国有 90%的土地实现了灌溉管道化，特别的是以色列创造了农业用水的新概念，在年降水量不到 50 mm 的沙漠地区出现了具有高度自动化滴灌系统的现代化农场，种植瓜果、蔬菜、花卉出口欧洲市场。

在节水微灌技术中，在节水微灌的基础上增加施肥装置，组合成的水肥一体化技术更受到青睐。该技术通过灌溉系统为植物提供营养物质，即在灌溉同时，按照作物不同生育阶段对养分的需求、土壤供应养分的状况及气候、水文等条件，将适量肥料养分补加入灌溉水中，使养分随灌溉水均匀分布在植物根系附近，供植物直接吸收利用，以减少水、肥总用量，降低水分、养分的损失，提高肥料的利用率，节约时间和劳动力。

水肥一体化是一项现代农业生产中的综合管理措施，具有显著的优点，许多发达国家采用该技术来提高肥料利用率，减少环境污染。我国水肥一体化技术与发达国家相比具有很大的差距。我国的耕地面积有限，大部分地区缺水或者灌溉不方便，化肥消耗量大，大量元素和中微量元素施用比例不妥当，鉴于此，政府在技术和研发方面给予财政补贴和政策支持，使水肥一体化技术在我国具有广阔的应用前景。

（三）农田氮磷养分的施肥管理技术

国内外对农田施肥技术已进行了大量的探索，并提出了许多成功的方法。归结起来包括：①农田作物适宜施肥量的确定；②具体施肥方法及措施；③肥料产品本身的研制与革新。

1. 量化施肥技术　平衡施肥、测土施肥、诊断施肥等是在国内外已广泛推广应用的施肥方法。它们的称谓虽然不同，但其核心技术都是要确定适宜的推荐施肥量。随着农田作物种植强度的大幅度提高，通过施肥向农田投入的肥料养分越来越多。施肥量的增加，一方面增加了作物的吸收量，另一方面也增加了肥料在土壤中的残留量和因流失、挥发等造成的损失量。因此确定适宜的推荐施量不仅是保证作物高产、高效的需要，而且是从源头控制因过量施肥造成环境污染的措施。

至今，对确定作物适宜施肥量还没有一个统一的方法。一般采用的方法有：①土壤养分丰缺指标法，该方法用适当的浸提剂提取土壤有效养分，同时根据作物产量水平，把土壤养分含量划分为不同的等级，再按不同等级提出推荐施肥量；②养分平衡法，该方法按作物目标产量、作物单位产量的平均需肥量、土壤供肥量、肥料养分有效含量和利用率提出适宜施肥量；③土壤养分诊断法，该方法根据作物高产所需的地力水平，提出高产土壤养分含量标准，通过农田施肥和改土材料来达到这个标准；④模型估算法，该方法根据肥料试验统计所得的肥料效应函数统计模型，或基于养分循环原理，综合考虑土壤、气候、水文等条件的机制模型估算。这些方法虽各有其用，但由于农田养分空间变异的普遍性，在实际应用中都存在一定局限性。例如模型估算法就必须与地理信息系统结合才可能发挥较好的作用。

测土施肥技术是现代施肥技术的基础，是根据土壤中不同的养分含量和作物吸收量来确定施肥量的一种方法。测土配方施肥除了进行土壤养分测定外，还有根据大量的田间试验，获得肥料效应函数等。测土配方施肥包括土壤养分的测定、施肥方案的制订和正确施用肥料 3 大部分，具体可分为土壤测定、配方设计、肥料生产、合理施用等环节。我国于 2005 年在全国范围内开展了大规模的土壤测定与推荐施肥行动，至 2010 年测土配方施肥基本覆盖了全国所有的农区县，同时每年农业部发布 1～2 次施肥指导，为全国科学施肥提供了有力的技术支撑。但是由于我国农业高度分散，农民虽有很高的积极性，但以政府为主导的测土配方施肥工作很难满足全国农民对测土配方施肥的技术需求。

2. 施肥的具体方法和措施　施肥的具体方法和措施很多，例如地表施肥、深层施肥、有机无机肥配合施肥、氮磷钾混合施肥、集中施肥、分散施肥、水田以水带氮施肥等。这些措施是根据农田作物、土壤、水肥的具体条件提出的，大致可分为以下几种情况。

（1）深施　为了减少肥料养分在土壤中的损失，提出了肥料深施技术。传统施肥通常将肥料撒施在表土，这很容易使氮磷肥料随淋溶过程和地表径流损失，增加了氮的挥发损失。而化肥深施时，不仅截断了氮肥径流损失的途径，而且大大降低了氨的挥发和硝化反硝化损失。据报道，碳酸氢铵或尿素深施 8～10 cm，可比面施的肥效提高1 倍左右，在水稻上碳酸氢铵粒肥深施时平均利用率达到 64.8%，比面施平均高 42.5 个百分点。至于适宜的施用深度，则要根据作物根系吸收、土壤性质、且要省工省时等因素确定。

（2）集中施肥和分期施肥　根据土壤供肥和作物需肥规律提出了集中施肥和分期施肥技术。以氮为例，土壤对作物的供氮量由种植前土壤的起始矿质氮含量和作物生长期土壤氮的矿化量两部分组成，当矿化量明显低于起始量时，则起始量是土壤供氮的主要部分。反之，土壤供氮量则与作物生长期的矿化量呈正相关。然而，土壤供氮与作物不同生育阶段的需氮往往是不同步的，分期施用氮肥（例如按水稻的生长发育阶段施用基肥、蘖肥、花肥和穗肥）可以弥补因土壤供肥与作物需肥在时间上错位的缺陷。至于不同生长期对氮肥数量的分配，则根据具体情况确定。而施磷肥与氮肥不同，施入农田土壤的磷肥，一般只有 10%～20%可被当季作物利用，其余部分残留固定在土壤环境中，可以被下季作物利用，因此磷肥提倡一次性作基肥施入较好。水溶性磷肥不宜早施用，以缩短磷肥与土壤的接触时间，减少磷的固定。在一个轮作周期中，应尽可能发挥磷的后效，例如在小麦玉米轮作中磷肥重点施在小麦上，水旱轮作中重点放在旱作上，禾本科与豆科轮作中重点放在豆科作物上。尽量减少磷肥的施用次数。

（3）配施和混施　按照养分平衡原理提出肥料配施和混施技术。养分平衡的内涵十分丰富，在平衡施肥技术上其内涵包括 3 个方面：①有机肥与无机肥的平衡施用；②氮磷钾三要素平衡施用；③大量元素与中量元素、微量元素的平衡施用。针对我国的施肥现状，强调有机无机肥配合，增加有机肥投入，培肥土壤与协调氮、磷、钾（其施用比例以 1∶0.3∶0.5 为好）。

3. 控释、配方肥料产品的研制　化学肥料（例如尿素、磷铵、氯化钾）都具有速溶特性，难以满足作物各生育阶段的需求。因此美国、日本等国首先应用膜控技术，将肥料养分和膜基质材料按不同作物或同一作物不同生长阶段的养分需求设计开发出控（缓）释肥料。这种肥料可在规定部位，随作物生长阶段缓慢释放。控（缓）释肥可作基肥一次施用，可省工省肥，减少肥料损失，提高利用率。

养分控释技术大致可分为 3 类：包膜法、非包膜法和综合法。膜控技术中最常见的是包膜法，所有的包膜肥都属控释肥，它是一种物理控释，主要受温度影响，故容易精确地实现养分释放时间和数量的控制。但包膜材料和设备较昂贵，产品成本较高。非包膜法包括某些化学合成制品，例如脲醛类肥料、混合制品等。有机无机复合肥是一种最普遍的非包膜控释肥。研究表明，有机无机复合肥通过物理技术、化学技术和生物学技术的组合，有望进一步提高控释功能，成为一种优质控释肥料。综合法运用包膜法和非包膜法进行复合，如采用某种控释材料与肥料混合造粒（非包膜），再进行包膜处理或对某种肥料颗粒包裹不同厚度或不同种类的控释材料，获得不同释放速率的肥粒单元，再把这类具有不同释放速率的肥粒单元按比例混合，可获得快释放和缓释放相济的控释肥料。

（四）农田养分综合管理技术体系

农田养分管理的土壤、灌溉和施肥技术都是从某个侧面提出的，可以看作养分管理面上或单项技术。但对农田系统的整体性而言，农田作物、土壤、肥水等是一个不可分割的自然连续体。农田养分的输入输出、迁移转化、消耗积累等是诸多自然生态因子和人为因子共同作用、相互影响的结果。因此任何单一技术都存在一定的局限性。需要对单一的实用技术组装配套，构建作物和土水肥一体化的综合管理技术体系。这方面一直受到国内外的广泛关注，我国从 20 世纪 70 年代后就在全国范围内推广土壤作物营养诊断，根据前人的研究结果，农田养分综合管理技术路线至少包括以下内容（图 11－9）。

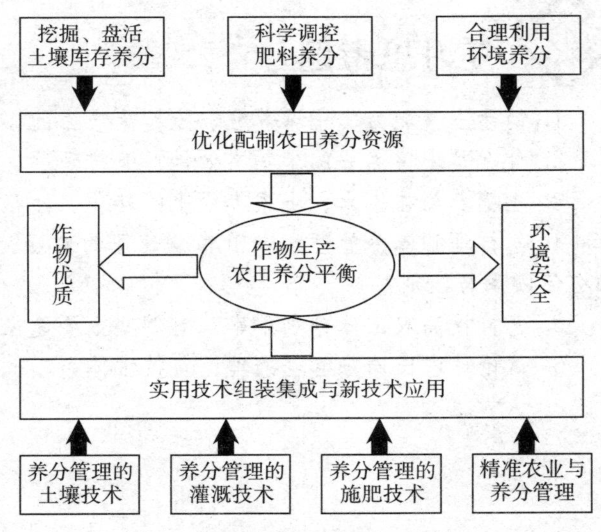

图 11－9　农田养分综合管理技术体系

1. 农田养分综合管理的主要内容

（1）农田养分综合管理的核心是作物生产和保持农田养分平衡　这是因为作物生产是农田的核心功能。根据作物对养分的需求、吸收养分的规律及养分平衡原理，可以确定作物生产的养分需求总量和不同生育阶段的养分分配。

（2）农田养分综合管理的基础是优化配置各种养分资源　其具体措施包括挖掘、盘活土壤库存养分；合理利用灌溉水、大气干湿沉降等环境养分；通过人为对肥料总量控制、分段施肥等科学调控肥料养分。

（3）实用技术集成与新技术应用是农田养分综合管理的技术保证　从农田生态系统的整体性出发，将实用技术组装配套，并与信息技术和计算机自动控制技术应用相结合。

（4）农田养分综合管理的目标是达到作物高产优质和生态环境安全健康双赢。

2. 农田养分综合管理的主要步骤　张福锁等（2000）提出了水稻氮素养分综合管理技术体系。其技术路线的主要步骤有以下几个。

（1）估测土壤与环境的养分供应潜力　根据田间试验不施肥区地上部收获物氮素养分总量估算，或通过直接测定不施肥区谷粒和秸秆中氮、磷、钾含量精确估计土壤与环境的养分供应能力。

（2）确定目标产量　根据在特定气候条件下某品种潜在产量的75%～80%估算目标产量，或通过最佳管理措施下获得最高产量的平均值估算。

（3）确定施氮肥总量　根据田间试验建立的肥料效应方程计算，或根据目标产量的需要量与土壤供氮量的差值估算施氮肥总量。

（4）确定施肥时间和次数　根据水稻主要生育期及其养分吸收规律，决定施氮次数及占总施氮量的比例。

（5）确定磷钾肥施用量　通过农田磷钾的输入（有机肥、化肥、残茬、灌溉、沉降等）和输出（谷物、秸秆、径流损失等）平衡估算磷钾肥施用量。土壤磷钾养分供应较稳定，不需要频繁调节。

复习思考题

1. 简述土壤肥力、土壤养分、土壤生产力的概念。三者间有何联系与区别？
2. 什么是土壤养分的生物有效性？怎样理解土壤养分的形态有效性和空间有效性？
3. 土壤养分在土水、土根界面上的转化、迁移过程受哪些主要作用机制的控制？
4. 怎样理解养分管理和农田养分管理的内涵？农田养分管理与农田施肥理论及技术有何联系与区别？
5. 怎样提高农田养分利用率？有哪些主要途径？
6. 试论述农田养分管理的理论与技术体系。

CHAPTER 12 第十二章

土壤污染与修复

随着人类社会对土壤需求的扩展，土壤的开发强度越来越大，向土壤排放的污染物也成倍增加。2014 年 4 月公布的全国土壤污染调查公报显示，全国土壤环境状况总体不容乐观，部分地区土壤污染较重，耕地土壤环境质量堪忧，工矿业废弃地土壤环境问题突出。全国土壤总的点位超标率为 16.1%，其中轻微、轻度、中度和重度污染点位比例分别为 11.2%、2.3%、1.5%和 1.1%。污染类型以无机型为主，有机型次之，无机污染物超标点位数占全部超标点位的 82.8%，镉、汞、砷、铜、铅、铬、锌和镍 8 种无机污染物点位超标率分别为 7.0%、1.6%、2.7%、2.1%、1.5%、1.1%、0.9%和 4.8%，六六六、滴滴涕和多环芳烃 3 类有机污染物点位超标率分别为 0.5%、1.9%和 1.4%。全国耕地土壤点位超标率为 19.4%，在调查的 690 家重污染企业用地及周边的 5 846 个土壤点位中，超标点位占 36.3%。从污染分布情况看，南方土壤污染重于北方，长江三角洲、珠江三角洲、东北老工业基地等部分区域土壤污染问题较为突出，西南、中南地区土壤重金属超标范围较大。镉、汞、砷和铅 4 种无机污染物含量分布呈现从西北到东南、从东北到西南方向逐渐升高的态势。城市化和工业化进程的加快，造成了城市土壤污染以及土壤生物多样性减少和植被退化等一系列较为严重的城市环境问题，也直接危及城市居民的健康和安全。因此保护有限的土壤资源，阻控土壤污染，修复污染土壤，已成为大家的共识。

第一节　土壤污染的概念

土壤作为人类赖以生存和发展的物质基础，不仅仅因为它的肥力属性即具有生产绿色植物的功能，还因为它具有过滤性、吸附性、缓冲性等多种特性。土壤既是各种污染物的载体，又是污染物的天然净化场所。但这种吸附、净化污染物的能力是有限的。如果污染超过了一定限度，土壤的这些功能会不同程度减弱甚至完全丧失。鉴于此，在对土壤污染概念给出定义时，首先需要对土壤背景值、土壤自净作用、土壤环境容量等概念进行介绍。

一、土壤背景值

土壤背景值在理论上是指自然土壤形成过程中土壤自身化学元素的组成和含量，即未受人类活动影响的土壤本身的化学元素组成和含量。然而，土壤是一个复杂的开放体系，一直处在不断的发展和演变中，特别是由于人类对土壤需求的日益扩展，地球上的土壤几乎全部不同程度地受到人类活动直接或间接的影响，已很难找到绝对不受人类活动影响的土壤。因此所谓土壤背景值只能代表土壤某个发展、演变阶段的一个相对意义上的数值，即严格按照土壤背景值研究方法所获得的尽可能不受或少受人类活动影响的土壤化学元素的原始含量。

（一）土壤背景值的获得

既然在地球上很难找到绝对不受人类活动影响的土壤，那么要获得一个尽可能接近自然土壤化学元素含量的真实值是相当困难的。也就是说，确定土壤背景值是一项难度很高的基础性研究。各国都很重视土壤背景值的研究，例如美国、英国、德国、加拿大、日本、俄罗斯等国都已公布了土壤某些元素的背景值。我国也将土壤背景值列入"六五"和"七五"国家重点科技攻关项目，并于1990年出版了《中国土壤元素背景值》一书。各国虽然在获取土壤背景值的具体方法或环节上不完全相同，但都必须建立一个完善的工作体系。通常，土壤背景值的研究应建立包括情报检索、野外采样、样品处理和保存、实验室分析质量控制、分析数据统计检验、制图技术等环节的工作体系。

总体来说，土壤背景值研究是以土壤学、特别是土壤分析为主线，涉及多学科，技术要求高的一个系统工作，具有较严密的结构性、整体性及目的性，对各子系统都有严格的技术质量控制要求。

（二）土壤背景值的应用

土壤背景值在土壤污染评价、污水灌溉与作物施肥上是一个不可缺少的依据，在环境质量评价、土地资源评价与规划以及环境医学和食品卫生等领域都有重要的应用价值。具体而言，土壤背景值主要应用在以下几个方面。

1. 优化指导农田施肥　土壤背景值反映了土壤中化学元素的丰度，在研究化学元素特别是微量元素的生物有效性时，土壤背景值是预测元素丰缺程度，制订施肥规划、方案的基础数据。

2. 评价土壤质量　土壤质量评价、划分质量等级和进行污染评价、划分污染等级，均必须以土壤背景值为基础参数，进而对土壤质量进行预测和调控，以及制订污染土壤安全利用或修复措施等。

3. 确定土壤环境容量　土壤背景值是研究和确定土壤环境容量、制定土壤环境标准的必要基础数据。

4. 辅助环境医学和食品卫生领域的相关工作　土壤背景值反映了区域土壤生物地球化学元素的组成和含量，例如我国西南喀斯特地区，由黑色岩系、碳酸盐岩、硫化物矿母质等发育形成的农田土壤及其种植的农作物的镉超标率均较高。通过对元素背景值的分析，可以找到土壤、植物、动物和人群之间某些元素的相互关系。例如已证实低硒土壤背景区域是克山病、大骨节病及动物白肌病的发病区。这是因为当地土壤缺硒，使整条食物链缺硒，最终导致人体内硒营养失常，危害人体健康。然而，我国湖北恩施及陕西紫阳却是我国土壤的富硒区，还因土壤和食物中硒过高发生过硒中毒事件。生活在这些地区的居民人均日硒摄入量可达1 700 μg以上，而世界卫生组织规定的人体膳食硒人均日最高安全摄入量仅为400 μg。地方病发生与食物、土水中元素的丰缺有密切的关系。例如克山病与硒、铁有关，胃癌、结肠癌与微量元素有关，克汀病与碘有关，肺心病与锌、镁、钙有关，糖尿病、阿尔茨海默症与铬、铝、锌、硒有关，乳牙龋与铁、氟、锌、钙有关，男性不育与锌有关，脂肪、胆固醇代谢与钒、铬有关，消化性溃疡病、慢性胃病、克隆氏病与锌、铁、铜、锰有关，食管癌与硒、铁、锰、铜、锌有关，肝硬化及肝癌与镍、锌、铜、硒有关，儿童智商低、厌食、口腔疾病与锌有关。因此土壤背景值对人类健康有影响，有许多问题尚未被研究透，是一个很有实际应用意义的研究领域。

可见，土壤背景值作为一个基准数据，不仅仅在土壤学、环境科学上有重要意义，而且在农业、医学、国土规划等方面都有重要的应用价值。

二、土壤自净作用

土壤自净作用是指进入土壤的污染物，在土壤矿物质、有机质和土壤微生物的作用下，经过一系列的物理过程、化学过程及生物过程，其浓度降低或其形态改变，从而使其毒性降低甚至消除的现象。土壤自净作用对维持土壤生态平衡起重要作用。由于土壤具有这种特殊功能，少量有机污染物进入土壤后，经微生物降解可降低其毒性甚至变为无毒物质；进入土壤的重金属元素通过吸附、沉淀、络合、氧化、还原等化学作用可变为固定态或不溶性化合物，使其毒性（生物有效性）暂时降低而退出生物循环，脱离食物链。土壤自净作用主要有以下 3 种类型。

（一）物理自净作用

土壤是多孔介质，进入土壤的污染物可以随土壤水迁移，通过渗滤作用排出土体；某些有机污染物亦可通过挥发、扩散方式进入大气。这就是物理自净作用。挥发和扩散主要决定于蒸气压、浓度梯度和温度。水迁移则与土壤颗粒组成、吸附容量密切相关。但是物理自净作用只能使土壤中污染物的浓度降低，而不能使污染物从整个自然界消失。如果污染物迁移进入地表水或地下水层，将造成水体污染，逸入大气则造成空气污染。

（二）化学和物理化学自净作用

土壤溶液中污染物经过吸附、沉淀、络合、氧化、还原等作用使其浓度降低的过程，称为化学和物理化学自净作用。土壤黏粒、有机质具有巨大的表面积和表面能，有较强的吸附能力，是发生化学和物理化学自净作用的主要载体。酸碱反应和氧化还原反应在土壤自净过程中起主要作用，许多重金属在碱性土壤中容易沉淀，同样在还原条件下，大部分重金属离子能与 S^{2-} 形成难溶性硫化物沉淀，而降低污染物的毒性。严格地说，土壤黏粒对重金属离子的吸附、络合、沉淀等过程，只是改变了金属离子的存在形态，降低它们的生物有效性，是土壤对重金属离子生物毒性的缓冲性能。从长远看，污染物并没有真正消除，反而在土壤中积累起来，最终仍有可能在一定条件下被活化而被生物吸收，进而影响生物圈。

（三）生物自净作用

有机污染物在微生物及其酶的作用下，通过生物降解，被分解为简单的无机物而消散的过程，称为生物自净作用。从净化机制看，生物化学自净作用是真正的净化。但不同分子结构的化学物质，在土壤中的降解历程不同。污染物在土壤中的半衰期长短悬殊，而且有的降解中间产物的毒性可能比母体更大。

总之，土壤的自净作用是各种物理过程、化学过程和生物过程的共同作用、互相影响的结果，土壤自净能力是有一定限度的，这就涉及土壤环境容量问题。

三、土壤环境容量

（一）环境容量的概念

容量的概念早已为人们所应用，例如物理学中的热容量、化学中的缓冲容量、土壤学中的离子交换容量等，在生物学中也曾提出过特定环境中能容纳某种生物物种个体数目的环境容量。

环境容量指的是在一定条件下环境对污染物的最大容纳量。它最早来源于人口承载力的研究，即国际人口生态界对世界人口容量的研究。环境科学家为控制日益扩展和严重的环境污染问题，提出了环境容量的概念，并从不同角度给环境容量定义。例如一种定义为："环境容量是指某环境单元所允许容纳的污染物最大量"。另一种定义为："在人类生存和自然生态不受损害的前提下，某环境单元所能容纳的污染物的最大负荷量"。后者不仅仅考虑到某环境单元（要素）本身能容纳的污染物的负荷量，还考虑了这个负荷量对人类生存和自然生态的危害，故在环境污染控制与管理中更有实际意义。

（二）土壤环境容量

1. 土壤环境容量的概念　在地球表层系统中，土壤作为多种化学元素的载体，具有储存表生带化学元素的功能，起着仓库的作用。对于土壤植物营养元素来说，仓库越大表示土壤的潜在肥力越大。对于土壤污染元素来说，仓库越大则表示土壤对污染物缓冲能力越大，在某种意义上也表示土壤自净作用的大小。但从环境保护的角度看，进入土壤的污染物不能超过仓库最大容量，否则人类的生存和自然生态系统就会受到危害或破坏。因此由环境容量概念派生出了土壤环境容量的概念。土壤环境容量被定义为："土壤环境单元一定时限内遵循环境质量标准，既保证农产品产量和生物学质量，同时也不使环境污染时，土壤能允许承纳的污染物的最大数量或负荷量"。由定义可知，土壤环境容量实际上是土壤污染物的起始值和最大负荷量之差。因此衡量土壤允许承纳污染物负荷时需要有一个基准含量水平，这个水平所获得的容量称为土壤静容量，即土壤标准容量。但此容量没有考虑土壤污染物积累过程中的输入与输出、固定与释放、积累与降解和净化过程。将土壤的这部分净化的量（土壤环境动容量）与静容量相加构成了土壤环境容量。

随着污水土地处理系统研究的深入，土壤环境容量的研究日益受到重视。美国、澳大利亚等国根据土地（土壤）处理系统对污水的净化能力，计算某时间、单元处理区的水力负荷和灌溉量。德国曾根据处理区土壤理化性质及吸附特性，研究重金属的化学容量与渗漏容量。澳大利亚提出了安全锌当量。这些在不同方面、不同程度上反映了土壤环境容量研究的发展。我国在区域环境质量评价中，曾根据单一作物的试验结果提出的土壤临界含量，结合土壤背景值计算出土壤环境容量。在"六五""七五"国家科技攻关课题"中国土壤环境容量"研究中，提出了确定重金属土壤临界含量的依据（表 12-1）、我国主要土壤重金属临界含量（表 12-2）、土壤临界含量分区（表 12-3）、土壤变动容量分区（表 12-4）、重金属对土壤微生物及其生化活性影响的临界含量（表 12-5）等一系列有价值的研究成果，使我国土壤环境容量研究进入了较为系统、综合的专题性研究阶段。

表 12-1　确定重金属土壤临界含量的依据

体系	土壤-植物体系		土壤-微生物体系		土壤-水体系	
内容	农产品卫生质量	作物效应	生化指标	微生物计数	环境效应 地下水	 地表水
目的	防止污染食物链保证人体健康	保持良好的生产力和经济效益	保持土壤生态处于良性循环		不引起次生水环境污染	
标准	国家或政府主管部门颁发的粮食卫生标准	生理指标或者产量降低程度	凡1种以上的生物化学指标在7 d以上出现的变化	微生物计数指标在7 d以上出现的变化	不导致地下水超标	不导致地面水超标
标准级别	仅1种	减产10% 减产20%	≥25% ≥15% 10%～15%	≥50% ≥30% 10%～15%	仅1种	仅1种

表 12-2　我国主要土壤重金属临界含量（mg/kg）

	Cd	Pb	As	Cu
黑土	1.42	530	42	298
灰钙土	2.30	300	25	110
黄棕壤	0.30	586	51	99
砖红壤	0.63	243	45	80
赤红壤	0.46	287	38	45
红壤	0.56	345	47	104
潮土	0.64	366	35	104
紫色土（中性）	0.74	430	11	110

表 12-3　土壤临界含量分区

元素	区号	区临界含量（mg/kg）	土壤区域	土壤带或土壤类别
Cd	Ⅰ	0.5～1.0	富铝质土区	砖红壤带、赤红壤带、红壤、黄壤带、黄棕壤带
	Ⅱ	1.0～2.0	硅铝质土区	棕壤、褐土、黑垆土带、黑土、暗棕壤、黑钙土带（棕灰土带）
	Ⅲ	2.0～2.5	干旱土区	灰钙土、棕钙土、栗钙土带（灰棕漠土带、棕漠土带）
Cu	Ⅰ	50～100	富铝质土区	砖红壤带、赤红壤带、红壤、黄壤带
	Ⅱ	100～200	富铝质土区 硅铝质土区 干旱土区	黄棕壤带、棕壤、褐土、黑垆土带、灰钙土、棕钙土、栗钙土带（灰棕漠土带、棕漠土带）
	Ⅲ	200～300	硅铝质土区	黑土、暗棕壤、黑钙土、栗钙土带
Pb	Ⅰ	200～300	富铝质土区	砖红壤带、赤红壤带、红壤、黄壤带
	Ⅱ	300～500	干旱土区 硅铝质土区	灰钙土、棕钙土、栗钙土带（灰棕漠土带、棕漠土带）、棕壤、褐土、黑垆土带、黑土、暗棕壤、黑钙土带、黄棕壤
As	Ⅰ	20～40	硅质铝质土区 干旱土区	棕壤、褐土、黑垆土带、灰钙土、棕钙土、栗钙土带（灰棕漠土带、棕漠土带）
	$Ⅱ_1$	40～60	富铝质土区 硅铝质土区	砖红壤带、赤红壤带、红壤、黄壤带、黄棕壤、黑土、暗棕壤、黑钙土带（漂灰土带）
	$Ⅱ_2$	40～60		

表 12－4　土壤变动容量分区

元素	区号	年限	区环境年容量值（g/hm²）	土壤区域	土壤带
Cd	Ⅰ	100 50	12.0～30.0 19.5～34.5	富铝质土区	砖红壤、赤红壤、红壤、黄壤、黄棕壤
	Ⅱ	100 50	30.0～49.5 49.5～97.5	硅铝质土区 石灰钙质土区 干旱土区	黑土、棕壤、褐土、灰钙土
Pb	Ⅰ	100 50	6 000～90 000 11 700～17 400	富铝质土区 硅铝质土区 干旱土区	砖红壤、赤红壤、红壤、黄壤 褐土、黑垆土 灰钙土
	Ⅱ	100 50	90 000～13 500 11 700～26 700	硅铝质土区 富铝质土区	黑土、暗棕壤、棕壤、黑钙土 黄棕壤
Cu	Ⅰ	100 50	750～2 250 1 650～3 900	富铝质土区	砖红壤、赤红壤、红壤、黄壤
	Ⅱ	100 50	2 250～3 750 3 900～6 750	硅铝质土区 干旱土区	棕壤、褐土、黑垆土 灰钙土、栗钙土、棕钙土
	Ⅲ	100 50	3 750～5 250 6 750～9 000	硅铝质土区	暗棕壤、黑土、黑钙土
As	Ⅰ	100 50	450～600 525～1 125	干旱土区	灰钙土、栗钙土、棕钙土
	Ⅱ	100 50	600～900 1 125～1 650	硅铝质土区	棕壤、褐棕壤、黑垆土、暗棕壤、黑土、黑钙土
	Ⅲ	100 50	900～1 050 1 650～1 950	富铝质土区	砖红壤、赤红壤、红壤、黄壤

表 12－5　重金属对土壤微生物及其生化活性影响的临界含量（mg/kg）

土壤	元素					
	Cd	Pb	Cu	As	Hg	Cr
普通灰钙土	10～15	325～525	＞300	115		
砂砾质灰钙土		530	185	45		
草甸褐土	3～10	500～1 000		1.2～54	3	32～50
薄层黑土	3.17	473	230	44		
中厚黑土	4.18	530	320	42		
深厚黑土	4.15	622	373	46	2～6	25～50
草甸棕壤	10～60	300～500		50～60		
下蜀黄棕壤	2.12	587	25.3			
盱眙黄棕壤	1.17	888	20.8			
孝感黄棕壤		488	17.8			

（续）

土壤	元素					
	Cd	Pb	Cu	As	Hg	Cr
酸性紫色土	1～3	500	100	22		
中性紫色土	1～3	1 000	130	27		
石灰性紫色土	3～5	2 000	160	37		
红壤（广州）	2.7	548	35.9	24.8		
红壤（赣州）	1～2	500		30		
潮土（广州）	16.7	231	40.3	28.4		
赤红壤	4.5	552	27.7	26.4		
砖红壤	10	611	34.1	27.3		

2. 描述土壤环境容量的数学模型　土壤环境容量的数学模型是土壤生态系统与其边界环境中诸参数构成的定量关系，用于表达土壤环境容量范畴的客观规律。

当土壤环境容量标准确定后，可由下式求算土壤的静容量。

$$C_{so}=M(C_i-C_{bi})$$

式中，C_{so}为土壤静容量（g/hm^2），M 为耕层土壤质量（2 250 t/hm^2），C_i 为 i 元素的土壤环境标准（mg/kg），C_{bi}为 i 元素的土壤背景值（mg/kg）。

上式以一种静态观点表征土壤容纳污染物的能力，它不是实际的土壤容量，但因其参数简单而具有一定的应用价值。

实际上，各种元素在土壤中都处于一个动态的平衡过程。一是土壤本身含有一定的量值，即土壤背景值。这个量值是土壤形成过程自然形成的，它虽处于人类活动影响的元素循环中，但它具有自然的相对稳定的特征。二是元素的输入是多途径的、多次性的或连续的过程。三是输入的元素将因淋溶作用、地表侵蚀而损失，作物富集也会带走一部分。输出部分一方面影响土壤元素的存在，另一方面也反过来影响以后的允许输入量。因元素在土壤中处于这种动态平衡状态，故土壤所容纳的量是一种变动的量值，即土壤变动容量。

四、土壤污染的概念

目前，学术界对土壤污染有以下几种不同的看法。一种看法认为：由人类活动向土壤添加有害物质，此时土壤即受到了污染。此定义的关键是存在有可鉴别的人为添加有害物质（污染物），可视为绝对性定义。另一种定义是以特定的参照数据来加以判断的，例如以土壤背景值加二倍标准差为临界值，如超过此值，则认为该土壤已被污染，可视为相对性定义。第三种定义是不但要看含量的增加，还要看后果，即当加入土壤的污染物超过土壤的自净能力，或污染物在土壤中积累量超过了土壤基准值，而给生态系统造成了危害，此时才能称为污染，这可视为相对性定义。显然，在现阶段采用的第三种定义更具有实际意义。国家环境保护部指出：当人为活动产生的污染物进入土壤并积累到一定程度，引起土壤环境质量恶化，并进而造成农作物中某些指标超过国家食品标准的现象，称为土壤污染。英国环境污染皇家委员会认为：土壤污染是指人类活动引起物质和能量输入土壤，并引起土壤结构或“和谐”受到损害，人体健康受到伤害，资源和生态系统受到破坏，对环境的合理利用受到干扰的现象。潘鸿章和孙铁珩等的土壤污染定义为：当土壤中含有害物质过多，超过土壤的自净能力，就会引起土壤的组成、结构和功能发生变化，微生物活动受到抑制，有害物质或其分解产物在土壤中逐渐积累，通过土壤→植物→人体或通过土壤→水→人体间接被人体吸收，达到危害人体健康的程度，就是土壤污染。也就是说，土壤污染不但直接表现于土壤生产力的下降，而且也通过以土壤为起点的土壤、植物、动物、人体之间的食物链，使某些微量和超微量的有害污染物在农产品中富集起来，其浓度可以成千上万倍地增加，从而会对植物、动物和人类产生严重的危害。

土壤污染还能危害其他环境介质。例如土壤中可溶性污染物可被淋洗到地下水，导致地下水污染；一些悬浮物及其所吸持的污染物，可随地表径流迁移，造成地表水的污染。而风可将污染土壤吹扬到远离污染源的地方，从而扩大污染面。所以土壤污染又成为水污染和大气污染的来源。

土壤既是污染物的载体，又是污染物的天然净化场所。因为进入土壤的污染物，能与土壤组分发生极其复杂的反应，包括物理反应、化学反应和生物反应。在这一系列反应中，有些污染物在土壤中蓄积起来，有些被转化而降低或消除了生物有效性和毒性，特别是微生物的降解作用可使某些有机污染物最终从土壤中消失。所以土壤是净化水质和截留各种固体废物的天然净化场所。但量变有时会导致质变，当污染物进入量超过土壤的这种天然净化能力时，则导致土壤的污染，有时甚至达到极为严重的程度。尤其对重金属和一些持久性有机污染物（POP）（包括多氯联苯、多环芳烃、二噁英等），在较长的时间尺度内土壤尚不能有效发挥其天然的净化功能。

第二节　土壤污染物的来源和危害

通过各种途径输入土壤环境的物质种类繁多，应该包括自然界存在和人工合成的几乎所有物质，通常把输入土壤环境中的足以影响土壤环境正常功能、降低作物产量和生物质量、有害人体健康的那些物质称为土壤污染物。土壤污染物具有多种来源，其输入途径除地质异常外，主要是工业“三废”（废气、废水和废渣），以及化肥、农药、城市污染、垃圾，偶尔还有核武器散落的放射性微粒等。一些主要污染物及其来源见表 12 - 6。

表 12 - 6　土壤污染的主要物质及其来源

污染物		主要来源
无机污染物	砷	含砷农药、硫酸、化肥、医药、玻璃、采矿、冶炼等工业的废水、污泥
	镉	冶炼、电镀、染料等工业的废水、污泥，以及含镉废气、肥料杂质
	铜	冶炼、铜制品生产等的废水，以及含铜农药
	铬	冶炼、电镀、制革、印染等工业的废水、污泥
	汞	制碱、汞化物生产等工业的废水，以及含汞农药、金属汞蒸气、灯具
	铅	颜料、冶炼等工业的废水、污泥，以及汽油防爆剂燃烧排气、农药
	锌	冶炼、镀锌、炼油、染料工业的废水、污泥
	镍	冶炼、电镀、炼油、染料工业的废水、污泥
	氟	氟硅酸钠、磷肥生产等工业的废水，以及肥料污染
	盐碱	纸浆、纤维、化学等工业的废水
	酸	硫酸、石油化工、酸洗、电镀等工业的废水

（续）

	污染物	主要来源
有机污染物	酚类	炼油、合成苯酚、橡胶、化肥、农药等工业的废水
	氰化物	电镀、冶金、印染工业的废水，以及肥料
	多环芳烃（PAH）	炼焦工业、家庭取暖、交通工具等排放的废气
	石油	石油开采、炼油厂、输油管道漏油
	有机农药	农药生产及使用
	多氯联苯（PCB）	人工合成品及其生产工业的废气废水、变压器油、电子垃圾
	表面活性剂	洗涤剂
	微塑料	农膜残留、污泥和有机肥、灌溉水、大气沉降
	有机悬浮物及含氮物质	城市污水，以及食品、纤维、纸浆业等的废水
生物污染物	大肠杆菌	人畜粪便、生活污水、病畜尸体
	粪链球菌	
	沙门氏菌	
	寄生虫	
	抗性基因	个人药品和护理用品、养殖业有机肥

一、无机污染物

在当前环境污染研究中，无机污染物主要指重金属镉、铬、汞、铜、铅和镍，以及类金属砷和非金属氟。

（一）镉

岩石圈的镉（Cd）的平均含量为 0.1～0.2 mg/kg。天然土壤镉含量为 0.01～0.70 mg/kg，我国 4 092 个土壤样品分析结果表明，土壤镉含量变化范围为 0.001～91.460 mg/kg，平均值为 0.097 mg/kg。

镉在电镀、颜料、塑料稳定剂、镍镉电池等工业中的应用很广。世界上每年由冶炼厂和镉处理厂释放到大气的镉大约为 1.0×10^{6} kg，由磷肥带入土壤的镉约为 6.6×10^{5} kg。我国广西的磷矿石中镉含量很高，平均达 174 mg/kg。据估计，西方国家的人类活动对土壤镉的贡献，磷肥占 54%～58%，空气沉降占 39%～41%，污泥占 2%～5%。

镉的化合物毒性极大，而且属于积蓄性，引起慢性中毒的潜伏期可达 10～30 年之久。镉直接影响植物体内酶的活性，导致光合效率下降，对植物细胞膜系统有整体性伤害，阻碍钾向根内输导，降低植物对钾的吸收。长期食用镉污染（高于 0.2 mg/kg）的“镉米”，就会有患骨痛病的风险。轻者也会引起高血压、钠阻留，还会影响生育能力等。

（二）铬

金属铬（Cr）无毒性，三价铬有毒，六价铬毒性更大，而且有腐蚀性。铬除对皮肤和黏膜具有强烈的刺激和腐蚀作用外，还有全身毒性作用，可引起血功能障碍、骨功能衰竭、皮炎等。此外，铬及其化合物有致癌、致畸、致突变作用。铬对种子萌发、作物生长的影响主要是使细胞质壁分离、细胞膜透性变化并使组织失水，影响氨基酸含量，改变植株内的过氧化氢酶、过氧化物酶、抗坏血酸氧化酶的活性。

地壳铬含量平均为 100 mg/kg。我国土壤铬平均含量小于 80 mg/kg，一般在 50～60 mg/kg。例如农业土壤中铬的本底平均值，上海地区为 64.6 mg/kg，北京地区为 59.2 mg/kg，南京地区为 59.0 mg/kg。

全世界年产约 7.5×10^6 t 铬，90%用于钢铁生产，产生铬污染的主要生产企业和工艺为铬矿的开采和冶炼，电镀、制革、颜料、油漆、合金、印染、印刷等行业排放的废水和污泥也是一种重要的铬污染源。

（三）汞

地壳汞（Hg）含量平均为 0.2 mg/kg，土壤汞平均含量为 0.03 mg/kg。我国 4 041 个土样分析结果表明，土壤汞平均含量为 0.065 mg/kg。

除了含汞化学品和污水、污泥、垃圾含有较多汞外，以前含汞农药的施用也使土壤积累了一定数量的汞。煤中含有较多的汞，煤燃烧通过干湿沉降显著增加了土壤汞含量。

植物根系和叶片均可以吸收汞，比较容易吸收的汞形态有金属汞、Hg^{2+}、乙基汞和甲基汞。水培试验表明，汞浓度为 0.074 mg/kg 时，水稻根系受害，秕谷率增加，产量下降。汞对作物生长发育的影响主要是抑制光合作用、根系生长、养分吸收、酶的活性、根瘤菌的固氮作用等。

（四）铜

岩石圈的铜（Cu）含量平均为 70 mg/kg。铁镁矿物和长石类矿物（例如橄榄石、角闪石、辉石、黑云母、正长石、斜长石等）铜含量较高。铜是亲硫元素，往往以辉铜矿（CuS）、黄铜矿（$CuFeS_2$）、赤铜矿（CuO）、孔雀石［$Cu_2(OH)_2CO_3$］、蓝铜矿［$Cu_3(OH)_2(CO_3)_2$］等矿物存在。

土壤铜含量为 2～100 mg/kg，平均为 20～30 mg/kg。我国土壤铜含量大多在 4～150 mg/kg，平均约为 22 mg/kg。土壤含铜量与母质类型、腐殖质含量、土壤形成过程和培肥条件有关。

铜等有色金属开采冶炼企业排出的“三废”、城市垃圾、污泥、含铜农药和畜禽粪便的施用使土壤铜含量有时超过 1 000 mg/kg。例如长期施用波尔多液，土壤铜含量可高达 1 500 mg/kg，污灌区土壤铜含量可达数千毫克每千克，污水入口处附近甚至可高达 150 000 mg/kg。

植物受铜毒害时光合作用减弱，叶色褪绿，引起缺铁，生长受抑制，最终减产。例如水稻和春花作物受铜毒害后，植株黄化，明显矮化，不分蘖，根系细根和侧根多，软弱无力。铜在人肝脏中大量积累，会导致“肝痘”的铜代谢疾病。

（五）铅

地壳岩石中铅（Pb）平均含量为 16 mg/kg。土壤铅含量通常为 2～200 mg/kg，平均含量变化幅度为 13～42 mg/kg。一般来说，离城市远未污染的土壤铅含量为 10～30 mg/kg，城区公路两旁及低洼污染区域的土壤铅含量为 30～100 mg/kg，受铅锌矿企业污染的土壤铅含量可高达数万毫克每千克。以前加铅汽油含铅 400～1 000 mg/kg，致使交通工具排出的尾气中含有大量铅，积累于公路两旁土壤，产生程度不同的铅污染。

美国12条高速公路两旁的土壤铅含量在128～700 mg/kg。距公路越近，茶叶中铅的含量越高。此外，一些城郊土壤（施用垃圾、污泥）、污灌区土壤，以及果园土壤（施用砷酸铅）的铅含量也较高。在蓄电池生产、粉末冶金、颜料、釉彩、涂料、医药和化学试剂中广泛应用铅。

铅对人体神经系统、血液和血管有毒害作用，并对卟啉转变、血红素合成的酶促过程有抑制作用。早期铅中毒症状为细胞病变。出现慢性铅中毒后，有贫血、高血压、生殖能力衰退和智能减退（特别是儿童脑机能减退）等症状。铅急性中毒的症状为便秘、腹绞痛、伸肌麻痹等。

铅在植物体内主要以磷酸铅［$Pb_3(PO_4)_2$］、碳酸铅（$PbCO_3$）等沉淀形式存在，在植物汁液中也有离子态和络合态铅存在。由于吸持、钝化或沉淀作用，植物根系所吸收的铅难以向地上部输送，90%以上仍留在根系。过多的铅对植物的影响主要是抑制或不正常地促进某些酶的活性，从而影响光合作用和呼吸作用，不利于植物对养分的吸收。

（六）镍

地壳中镍（Ni）含量平均为75 mg/kg，世界土壤中镍含量为5～500 mg/kg，变化范围较大，平均为40 mg/kg。我国土壤镍含量为6.65～81.1 mg/kg，平均为29.3 mg/kg。

土壤中的镍，除来自岩石母质外，还来自采矿、冶炼和电镀的污泥、垃圾、磷肥、大气沉降等，这往往是造成局部区域土壤镍污染的主要原因。

植物镍含量在0.1～1.0 mg/kg，一般不超过10 mg/kg。当植物组织中镍含量超过50 mg/kg时，植物会受到毒害，出现受害症状。镍对植物的毒害主要是抑制铁向地上部转移而产生急性铁亏缺，引起失绿症，叶片上还会出现坏死斑点，同时阻碍植物的生长，严重时致死。

（七）砷

地壳岩石圈砷（As）含量平均为2～5 mg/kg。土壤砷含量为0～195 mg/kg，平均为9.36 mg/kg。从总趋势看，石灰岩、浅海沉积物、冲积物发育的质地较细、有机质较多的土壤含砷量较高，而发育于花岗岩、凝灰岩等火成岩母质的砂性土壤含砷量较低。

因为砷常与铜、铅、锑、钴等伴生，我国有色金属开采和冶炼过程中，砷化合物进入土壤，成为重要的污染源。曾经使用过的含砷农药主要有砷酸钙、砷酸铅、稻脚青、稻宁、甲基胂酸二钠、巴黎绿。畜禽粪便堆肥中，砷的含量为0.37～71.70 mg/kg。磷肥中砷含量一般在20～50 mg/kg，高的可达数百毫克每千克。工业和化石燃料每年释放砷的量约为7.8×10^7 kg，采矿冶炼和火山活动引起的砷释放量每年分别为4.6×10^7 kg和2.8×10^7 kg，农用化学品和农业燃烧释放砷每年分别为1.9×10^6 kg和5.6×10^5 kg。

低浓度的砷对植物有刺激作用。当植株摄入过量砷时，就会受到毒害。其症状首先表现在叶片上，其次是根部的伸长受到阻碍，致使作物的生长发育受到显著抑制。砷可以阻碍水分和养分的吸收，抑制水分从根部向地上部输送，从而使叶片凋萎以至枯死。砷对养分吸收阻碍顺序是$K^+ > NH_4^+ > NO_3^- > Mg^{2+} > H_2PO_4^-$、$HPO_4^{2-} > Ca^{2+}$。高等植物受砷害的叶片发黄，其原因一是叶绿素受到了破坏，二是水分和氮素的吸收受到了阻碍。

砷中毒是由于三价砷的氧化物与细胞蛋白质的巯基（—SH）结合，抑制了细胞呼吸酶的活性，并导致其分解过程及有关中间代谢均遭到破坏，从而使中枢神经系统发生机能紊乱、毛细血管麻痹、肌肉瘫痪等。砷对人体毒害作用的潜伏期长，一般为1～2年，长的可达10年。砷有致癌作用，主要是皮肤癌。

（八）氟

地壳含氟（F）量平均为660 mg/kg。我国4 093个土样分析表明，含氟量为50～3 467 mg/kg，平均为478 mg/kg。

土壤含氟过高的原因，除了母岩背景丰度和含氟矿（萤石矿等）自然扩散原因外，还与排氟企业（铝厂、磷肥厂、水泥厂）废水农灌及某些黏土对污染区氟气的捕获、吸收等性能有关。

在干旱、半干旱碱性盐类富集地区，羟基替代反应使土壤中某些难溶性固相氟化合物（例如CaF_2）中的氟活化，成为易被作物、牧草吸收和富集的可溶性氟，从而进入食物链危害人畜健康。

污染环境的氟［主要为气态的氟化氢（HF）和氟化硅（SiF_4）］基本上都来源于冶金工业的炼铝、炼钢、磷肥生产、含氟塑料生产以及砖瓦、陶瓷、玻璃、耐火材料等硅酸盐工业排放的氟化物。例如电解铝要用含氟54%的冰晶石作熔剂，用上插式电解槽生产1 t铝要排放15 kg氟化氢（HF）、8 kg氟尘、2 kg氟化硅（SiF_4）。

氟对人、畜、植物均有毒害作用，能使人体牙齿酸蚀成为斑釉齿症和使骨骼中钙的代谢紊乱，而得氟沉着症。氟化氢对植物的毒害比二氧化硫（SO_2）大10～100倍。其症状主要发生在嫩叶、幼芽上，主要在叶尖的边缘出现伤斑，继而出现褐色或近红色条带，并大量落叶。高氟地区氟对牛、羊、马等生产造成很大威胁，例如我国包头地区曾发生近10万只羊氟中毒，造成严重经济损失。家蚕也是对氟特别敏感的动物。

二、有机污染物

近年来，持久性有毒污染物（persistent toxic substance，PTS）污染及其对人类健康和生态系统的危害越来越引起人们关注。其中持久性有机污染物（persistent organic pollutant，POP）大多具有致癌、致畸、致突变效应和遗传毒性，能干扰人体内分泌系统引起雌性化现象，并且在全球范围的各种环境介质以及动植物组织器官和人体中广泛存在，已经引起了各国政府、学术界、工业界和公众的广泛关注，成为一个全球性环境问题。2001年在瑞典斯德哥尔摩127个国家的环境部长或高级官员代表各国政府签署了《关于持久性有机污染物的斯德哥尔摩公约》，从而正式吹响了人类向持久性有机污染物宣战的号角。

土壤有机污染物主要包括有机农药、持久性有机污染物、油类、表面活性剂、废塑料制品等。

（一）农药

1. 农药污染土壤的途径　农药污染土壤的主要途径有：①将农药直接施入土壤或以拌种、浸种、毒饵等形式施入土壤；②向作物喷洒农药时，农药直接落到地面上或附着在作物上，经风吹雨淋落入土壤中；③大气中悬浮的农药或以气态形式或经雨水溶解和淋洗，落到地面；④随死亡动植物或污水灌溉带入土壤。

2. 农药进入土壤后的行为　农药进入土壤后，一部分被植物和土壤动物及微生物很快吸收，一部分通过物理化学作用及生物化学作用逐渐从土壤中消失、转化或钝化，还有一部分则以保留其活性的形式残留在土壤中。通常将农药在土壤中的残留时间作为农药残留性的指标之一。各类农药在土壤中大致的持留时间见表 12－7。

表 12－7　各类农药在土壤中的持留时间

农　药	持留时间
氯代烃杀虫剂（滴滴涕、狄氏剂等）	3～20 年
三嗪除草剂（阿特拉津、西玛津等）	1～2 年
草甘膦除草剂	6～20 月
苯甲酸除草剂（草灭平、麦草畏等）	2～12 月
脲类除草剂（灭草隆、敌草隆）	2～10 月
新烟碱类杀虫剂（吡虫啉）	1～8 月
苯氧基除草剂（2,4-滴、2,4,5-涕）	1～5 月
有机磷杀虫剂（马拉硫磷、二嗪农等）	1～12 周
氨基甲酸酯杀虫剂	1～8 周
氨基甲酸酯类除草剂（燕麦灵、氯苯胺灵等）	2～8 周

3. 农药从土壤中消失的途径　农药从土壤中消失的途径有：吸收、迁移和蒸发，以及在日光、空气、水、黏土矿物和微生物的作用下分解和转化。温度、土壤质地、含水量、有机质含量、耕作制度等对农药残留有不同程度的影响。

4. 农药在土壤中的残留　多数农药难溶于水，易被黏土和有机质吸附，随水淋失的数量较少，所以农药大部分存在于表土层中。农药在土壤中存在着结合残留态，即用非极性有机溶剂和极性溶剂连续提取后，仍有一部分农药残留在土壤富啡酸、胡敏酸和胡敏素中。农药结合残留态的动态变化对土壤生态环境有重要的影响。有机氯杀虫剂比较稳定（例如六六六、滴滴涕），脂溶性、浸透性较大，耐酸、耐热，挥发性低，在土壤中不易降解，所以无论是在水田、旱地还是在森林土壤，甚至已多年未施用有机氯杀虫剂的茶园土中均能检出其残留量，甚至在南极的冰雪中也检出了其残留量。

5. 农药对农田污染的影响因素　农药对农田的污染程度与作物种类、农药使用量有关。复种指数高的土壤中农药残留量也较大。例如果园土壤农药的污染程度往往高于一般农田，棉田土壤污染小于果园土壤而高于其他大田。总体而言，我国六六六残留水平依次是果园土壤＞棉田土壤＞牧草土壤＞蔬菜土壤＞水稻土壤＞茶树土壤＞烟草土壤。六六六和滴滴涕等残留期长的农药早已被禁止生产和应用。

（二）持久性有机污染物

1. 持久性有机污染物的定义　持久性有机污染物是指通过各种环境介质能够长距离迁移并长期存在于环境，具有长期残留性、生物蓄积性、半挥发性和高毒性，对人类健康和环境具有严重危害的天然或人工合成的有机污染物。

2. 持久性有机污染物的重要特性　根据持久性有机污染物的定义，国际上公认的持久性有机污染物具有下列4个重要的特性：①能在环境中持久地存在；②能蓄积在食物链中对较高营养等级的生物造成影响；③能够经过长距离迁移到达偏远的极地地区；④在相应环境浓度下会对接触该物质的生物造成有害或有毒效应。

3. 持久性有机污染物的种类　符合上述定义的持久性有机污染物有数千种之多，它们通常是具有某些特殊化学结构的同系物或异构体。1995年联合国环境规划署（UNEP）理事会通过了关于持久性有机污染物的18/32号决议，提出了首批控制的12种持久性有机污染物：艾氏剂、狄氏剂、异狄氏剂、滴滴涕、氯丹、六氯苯、灭蚁灵、毒杀芬、七氯、多氯联苯（PCB）、二噁英和苯并呋喃（PCDD/Fs）。其中前9种属于有机氯农药，多氯联苯是精细化工产品，最后2种是化学产品的衍生物杂质和含氯废物燃烧所产生的次生污染物。1998年6月在丹麦召开的泛欧环境部长会议上，美国、加拿大和欧洲32个国家正式签署了《关于长距离越境空气污染物公约》，提出了16种加以控制的持久性有机污染物，除了联合国环境规划署提出的12种持久性有机污染物外，还有六溴联苯、林丹（即γ-六六六）、多环芳烃（PAH）和五氯酚。2001年5月23日，包括中国在内的90个缔约国在瑞典斯德哥尔摩签署了《关于持久性有机污染物的斯德哥尔摩公约》，该公约禁止或限制使用1995年联合国环境规划署提出的12种持久性有机污染物。2009年的斯德哥尔摩公约第四次缔约方会议和之后的会议上，该公约新增了16种（类）持久性有机污染物：α-六六六、β-六六六、六溴联苯、六溴环十二烷（HBCD）、六溴联苯醚和七溴联苯醚、六氯丁二烯、林丹、五氯苯、五氯酚及其盐和酯、全氟辛基磺酸（PFOS）及其盐和全氟辛基磺酰氟、多氯萘、硫丹及其同分异构体、四溴联苯醚和五溴联苯醚、十溴联苯醚、短链氯化石蜡（SCCP）、十氯酮。其中六六六、十氯酮、硫丹、五氯酚属于有机氯农药，六溴联苯、六溴环十二烷、六溴联苯醚和七溴联苯醚、四溴联苯醚和五溴联苯醚、十溴联苯醚是溴代阻燃剂。目前尚有3种化合物在公约持久性有机污染物审查委员会审查中：全氟己基磺酸（PFHxS）及其盐和相关化合物、得克隆（DCRP）、甲氧滴滴涕。

4. 持久性有机污染物的行为和危害性　土壤中的持久性有机污染物通过食物链发生迁移、积累和富集，使无论是低等的浮游生物或动物，还是人类都受其污染和威胁。北极的一些动物体内多氯联苯等持久性有机污染物浓度很高。北极人主要食用海生哺乳动物，从而受到了持久性有机污染物的威胁。母乳中的持久性有机污染物可能会影响婴儿的健康。在我国一些电子垃圾和变压器回收加工再利用地区的土壤环境和食物已经受到了持久性有机污染物严重污染，影响了人体健康。因此需要加强针对持久性有机污染物在土壤环境中行为和生物效应以及污染环境修复的研究。

（三）油类污染物

1. 污染土壤的油类　矿物油是各种烷烃和芳烃的混合物。随着石油工业的发展，矿物油类在土壤环境中的污染日益增多。动植物油类常伴随城镇生活污水排出，家畜屠宰场、食品加工及油脂工业废水也富含油类，主要分为甘油酯和脂肪酸，其中脂肪酸的含量和脂肪酸的饱和程度差异较大。油类污染物主要来自污灌，表12-8是土壤中矿物油含量与污灌的关系。

表 12-8　土壤中矿物油含量与污灌的关系（mg/kg）

矿物油组分	清灌区 1	清灌区 2	新污灌区	中污灌区	老污灌区
芳烃	24.2	25.1	42.6	59.2	201.2
烷烃	44.2	32.8	64.2	79.1	123.6

2. 污染土壤的油类的来源及影响　土壤中的矿物油污染物还来自溢油事故、油页岩矿渣、油类药剂、车辆污染以及土壤中的生物合成。油类污染物可以对土壤理化性质产生影响。油类物质的表面张力很大，土壤受污染后油类迅速在表土层内扩散，严重阻抑土体与大气层间的气体交换；其强烈的疏水性使土壤不易被雨水和灌溉水湿润，降雨后易形成地表径流作用而发生土壤流失；油类降解、同化过程中生成的若干黏稠性代谢物可堵塞土壤孔隙，使土壤水分垂直向渗滤作用受阻。土壤油污染后短期内物理性状虽明显变劣，但随着油类物质的生物降解，某些物理性状反而有所改善。例如砂质土壤油污染（含油量 6.5%）后，在生物降解过程中因生成对改善土壤结构有利的絮凝状代谢物，使土壤水稳定性团聚体含量由初始的 12.9%增加到 64.4%，土壤容重则显著降低。

油类污染物对土壤特性的影响有以下几方面。

① 油类分解需消耗大量氧气，故降解过程中土壤氧化还原电位明显降低，有时甚至降至负值。

② 矿物油类中碳氮比极高（1 500 以上），故受到油污染土壤的碳氮比短期内将大幅增高（50 以上）。降解石油烃类的微生物培养基质中适宜的碳氮比为 10 左右，与正常土壤的相应值接近，故油污染土壤短期内碳氮比的急剧增大不利于降解微生物的增殖，且微生物为其自身生存的需要，将与植物争夺土壤中的有效氮。

③ 油类对土壤氨化、硝化作用有抑制效应，不利于氮素营养的循环与转化。国外曾报道，土壤含油 5%时，1 周内氨化作用降低 40%～50%，10 d 降低 30%～35%；土壤含油 1%时，硝酸盐生成量降低，且由于土壤碳氮比急速升高导致自养型微生物对土壤氮素的固定作用增强，故受到油污染土壤的有效氮含量将降低。

3. 土壤油类污染对作物的影响　油类污染物可直接经植物表皮渗入细胞间隙，并在体内进行再分配，从而导致植物蒸腾作用、呼吸作用、光合作用受到影响。其对作物生长发育的不利影响主要表现为发芽率降低、各生育时期推迟、贪青晚熟、易倒伏、结实率下降、抗病虫害的能力下降等。作物对油类的敏感程度不一，薯类和豆类比谷类作物及棉花敏感。蔬菜作物中，番茄和莴苣抗性较强，可耐受 3%的土壤含油量。

（四）表面活性剂污染物

1. 表面活性剂及其类型　随着表面活性剂的广泛使用，特别是生活中洗涤剂的大量应用，其对土壤产生了不同程度的影响，甚至造成污染。表面活性剂主要有 3 类：阴离子型活性剂、阳离子型活性剂和非离子型活性剂。

2. 表面活性剂对土壤微生物的影响　土壤中表面活性洗涤剂对土壤微生物有影响，一般浓度在 100 mg/kg 以下时无实质性影响，浓度在 500 mg/kg 以上时，则微生物种群数降低。

3. 表面活性剂对土壤理化性质的影响　土壤中非离子型洗涤剂浓度在 50 mg/kg 以下时，

土壤持水性能将提高 90%～189%。阴离子型洗涤剂浓度在 5 000 mg/kg 以下时，土壤持水性能可相应提高 4～5 倍。洗涤剂对改善土壤导水、渗水性能也很显著。浓度为80 mg/kg 以下时，土壤团聚性能明显改善，但高于 500 mg/kg 时有负效应。美国加利福尼亚土壤用浓度为 300 mg/kg 的洗涤剂处理，雨季地面径流量减少 30%，土壤侵蚀量降低 90%。

4. 表面活性剂对作物生长的影响　土壤含少量（5～10 mg/kg）洗涤剂对玉米和麦类作物生长有刺激效应，有人认为应归功于洗涤剂中氮和磷的营养作用；但高浓度时（50～100 mg/kg）则导致减产，其原因是组分中 Na^+ 含量（20%～30%）过高，其减产作用超过了氮和磷的增产效果。作物减产 20%时表面活性剂在土壤中的临界含量，非离子型为 500～1 000 mg/kg，阴离子型为 150 mg/kg。

（五）废塑料制品和微塑料

1. 废塑料制品　近年来，城市垃圾组分中废塑料剧增，农村各类塑料薄膜作为大棚、地膜覆盖物被广泛应用，使土壤中废塑料制品残留率明显增加，例如北京市郊县蔬菜、花生地耕层农膜残留量为 15.0～58.5 kg/hm^2，残留率高达 40%～70%。

塑料类高分子有机物性质稳定，耐酸碱，不易被微生物分解。农用塑膜残片进入土壤后，使土壤物理性质变劣，不利于作物生育。主要表现是：①有些塑料制品（例如聚氯乙烯类塑料）的添加剂中含有毒成分，会抑制种子萌发，灼伤芽苗；②塑料残片阻断水分运动，降低孔隙率，不利于空气的交换和循环；③塑料残片可造成土壤物理性能不良，导致作物扎根困难，吸肥、吸水性能降低而减产。

2. 微塑料　微塑料通常是指直径小于 5 mm 的塑料颗粒，广泛存在于水体、土壤、大气等环境中。堆肥、污水、污泥、农膜覆盖、灌溉、垃圾、大气沉降等进入都可以将微塑料带入土壤中。微塑料一旦进入土壤并积累，危害很大，可以改变土壤物理性质，降低土壤肥力，破坏土著微生物群落结构，影响土壤养分循环和土壤质量。微塑料作为载体可以吸附多环芳烃、多氯联苯、药品和个人护理产品、重金属等各种有毒化学品。土壤中的蚯蚓可以摄入微塑料，并通过食物链转移，这可能对陆地捕食者甚至人类构成潜在威胁。我国一些土壤中微塑料的数量见表 12－9。

表 12－9　我国一些土壤中微塑料（<5 mm）的数量

土壤类型	土层（cm）	平均数量（范围）（片/kg）	地点
农田土壤	0～10	18 760（7 100～42 960）	云南昆明
农田土壤	0～10	503.3（0～2 760）	浙江杭州湾地区
水稻土	0～10	10.3	上海农业试验站
农田土壤	0～3	78	上海市郊
	3～6	62.5	
滨海土壤	0～2	740（1.3～14 713）	山东海岸带
滨海土壤	0～2	634	河北唐山
农田土壤	0～20	100	黑龙江哈尔滨
	20～30	400	
农田土壤	0～30	40～320	陕西杨凌
棉花地	0～40	1 075.6	新疆石河子

三、生物污染物

（一）土壤的植物病原微生物污染

土壤生物污染是指有害的微生物种群从外界环境侵入土壤，并大量繁殖，破坏固有的生态系统平衡，对人类或生态系统造成严重的不良影响的现象。农田生态系统中，长期连作土壤中因病原微生物增加而导致的土传病害和作物连作障碍问题，便是典型的土壤生物污染。例如某些植物致病细菌污染土壤后能引起番茄、茄子、辣椒、马铃薯、烟草等 100 多种植物的青枯病，亦可引起果树的细菌性溃疡和根癌病。某些致病真菌污染土壤后能引起大白菜、油菜、萝卜、甘蓝、荠菜等 100 多种蔬菜的根肿病，引起茄子、棉花、黄瓜、西瓜等多种植物的枯萎病，以及小麦、大麦、燕麦、高粱、玉米、谷子的黑穗病等。甘薯茎线虫、黄麻根结线虫、花生根结线虫、烟草根结线虫、大豆胞囊线虫、马铃薯线虫等都能经土壤侵入植物根部引起线虫病。

（二）土壤的动物病原微生物污染

除了土壤本身含有的病原微生物之外，对人畜具有致病性的病原微生物导致的土壤生物污染正引起人们越来越广泛的关注，例如大肠杆菌、沙门氏菌、志贺氏菌、霍乱弧菌、李斯特菌、假单胞菌、脊髓灰质炎病毒等。污水灌溉和人畜粪便施用一直是国内外农业中有机废物资源化利用的重要途径，这种现象在我国尤为普遍。然而，生活污水含有大量病原微生物，畜禽粪便中含有大肠杆菌、沙门氏菌、弯曲菌、粪链球菌、鞭毛虫、原虫以及一些病毒等大量的病原菌和有害生物，污泥、垃圾和粪肥都可能携带大量病原微生物和寄生虫卵。但由于资金、技术以及认识不足等多方面原因，我国经有效处理的畜禽粪便的比例仍然很低。一旦这些病原菌进入土壤等自然环境，将极易造成生物污染，其在土壤中的存活时间越长，对农产品、生态环境和人类健康的潜在风险就越大。据报道，土壤环境中大肠杆菌 O157∶H7的存活时间最短只有几天，最长可达 200 d 以上。大肠杆菌 O157∶H7在我国北方土壤中的存活时间长于南方土壤，因为北方土壤的高 pH 和碳氮含量有助于大肠杆菌 O157∶H7在土壤中的存活，但土壤游离态铁铝氧化物会抑制其存活。我国首次检测出大肠杆菌 O157∶H7以及第一次较大规模的大肠杆菌 O157∶H7暴发事件的发生区域（江苏和安徽的北部地区）土壤中大肠杆菌 O157∶H7的存活时间较长。

（三）土壤的抗性基因污染

抗性基因是近年来受到关注的另一类生物污染物。随着个人药品和护理用品的频繁使用以及畜牧业和水产业中抗生素的过量添加，耐药性细菌产生了，这些抗性细菌在数量、多样性以及抗性强度上都显著增加，许多菌株具有多重耐药性，甚至出现了能抗大多数抗生素的超级细菌。这些抗性细菌随着粪便排泄，进入医疗废水和生活废水中，并排放到环境中，而其携带的抗性基因即可通过水平转移传播到环境土著微生物中。抗性基因有可能在土壤微生物和农作物之间进行水平基因迁移，将抗性基因从土壤微生物转移至植物体内。更为严重的是，如果这些抗性基因进入到致病菌中，会对人类健康构成极大的威胁。

四、固体废物和放射性污染物

固体废物对农业环境特别是城市近郊土壤具有更大的潜在威胁。按其来源不同，可分为工业固体废物、城市垃圾、农业固体废物和放射性固体废物 4 类。

（一）工业固体废物

工业固体废物就是从工矿企业生产过程中排放出来的废物，又称为废渣。其主要包括：冶金废渣、采矿废渣、燃料废渣、化工废渣、建材工业废渣、机械工业废物、食品工业废物，以及轻纺工业的布头、纤维、染料等。

工业废物成分复杂，含有重金属、有毒元素和致癌物质，如果处理不当，不但大量侵占农田，而且长期堆积会破坏植被，有时严重污染土壤。表 12 - 10 显示了部分工业废物的重金属含量。

表 12 - 10　部分工业废物所含成分

成　分	高炉渣	转炉渣	轧钢污泥	机械加工污泥	炼锌粉尘	铸字渣	电缆加工污泥	印染污泥	硅酸污泥	氧化钛污泥	电解食盐污泥	电镀污泥	玻璃熔炼污泥	电镀锌铬污泥	制革污泥	油漆涂料污泥
水分含量（%）	0.2	0.0	69.5	70.1	46.3	1.32	83.0	79.8	29.0	38.0	22.3	62.8	25.0	74.5	54.4	60.2
灰分含量（%）	99.1	100	54.1	80.6	79.4	98.7	87.8	70.0	82.9	87.9	79.6	—	51.3	59.0	44.4	63.9
汞含量（mg/kg）	0.19	未检出	0.83	1.80	0.29	0.33	3.30	未检出	0.23	11.0	190	4.2	0.15	0.0	5.50	0.61
镉含量（mg/kg）	6.5	6.6	5.91	2.70	82.4	38.5	6.50	5.90	痕量	0.90	7.8	4.3	痕量	8.0	1.10	4.50
铅含量（mg/kg）	60.0	190	90.1	43.9	(1.2)	(36)	450	1 500	未检出	1 200	78.0	16.9	89.3	80.0	86.0	5 200
铬含量（mg/kg）	2 600	72.0	271	32.0	42	未检出	39.0	(7.2)	未检出	11.0	25.0	27.9	327	(13)	(4.2)	1 500
砷含量（mg/kg）	0.4	<2	55.0	2.30	120	3.1	11.0	(2)	未检出	未检出	2.0	—	8.0	<2	1.99	3.70
铜含量（mg/kg）	11.0	45.0	445	6.70	2 540	3 240	(48)	370	106	420	39.0	9 000	556	180	91.0	75.0
镍含量（mg/kg）	26.0	26.0	216	3 300	1 940	226	1 800	(33)	37.2	19.0	49.0	75.0	982	30.0	240	3 300
铁含量（mg/kg）	(1.3)	(11)	(42)	(23)	(3.3)	2 210	(5.6)	9 200	(2.4)	(2.3)	9 700	(23)	(2.9)	730	9 400	(3.2)
锌含量（mg/kg）	9.4	82.0	370	(6.3)	(33)	1 120	380	870	44.0	(12)	250	(12)	456	(4.4)	440	(2.1)

注：括号内数据单位为%。

（二）城市垃圾

随着国民经济飞速发展，人民生活水平日益提高，城市垃圾排放量急剧上升。全世界每年生产超过 1.0×10^{9} t 垃圾。我国城市生活垃圾的人均产量为 0.7～1.0 kg。根据 2017 年统计，全国 202 个大中城市生活垃圾生产量为 2.02×10^{8} t。2013—2017 年，我国城市生活垃圾量的增长率为 5.75%。城市垃圾来源广泛，成分极为复杂多变，含有重金属及其他有害成分，如果不进行适当处理，必将导致农田中重金属的超量积累，使农产品特别是城郊菜地蔬菜重金属超标，危及人类健康。

（三）农业固体废物

农业固体废物是指植物种植业、农副产品加工业和动物养殖业以及农村居民生活所产生的固体废弃物的总称。常见的农业固体废物有农作物秸秆（例如稻草、麦秸、玉米秸等)、稻壳、根茎、落叶、果皮、果核、羽毛、皮毛、禽畜粪便、死禽死畜、农村生活垃圾等。据估算，全国农作物秸秆每年产生量约为 9.8×10^8 t，畜禽粪便每年产生量约为 2.5×10^9 t。目前，大部分农业固体废物没有得到有效的利用，被丢弃或焚烧，不仅造成资源浪费，还导致严重的水体和大气污染。

(四) 放射性污染物

放射性污染物对人畜具致畸、致突变和致癌作用。随着原子能工业的发展，核技术在工业、农业、医学中的广泛应用，核泄漏甚至核战争的潜在威胁，使放射性污染物对土壤生态环境的污染受到人们的关注。土壤中含有天然存在的放射性核素，例如^{49}K、^{87}Rb和^{14}C等。放射性核裂变尘埃产生的^{90}Sr和^{137}Cs在土壤中有很高的稳定性，半衰期分别为28年和30年。

磷矿和钾矿往往含放射性核素，它们可能随化肥进入土壤，通过食物链被人体摄取。磷矿石中主要有铀、钍和镭等天然放射性元素。实验测得其总 α 放射强度平均在 1.55 Bq/g，成品磷肥的总 α 放射强度平均为 3.2 Bq/g。对全国 22 个矿的磷矿石测定结果表明，含^{238}U 0.13～1 000 μg/g，多数为 10～154 μg/g，最高含量为 0.12%。我国食品标准规定，^{238}U 和^{226}Ra 的限制浓度为 100 μg/kg，相当于^{238}U 2.5 Bq/kg 和^{226}Ra 2.6 Bq/kg。钾盐矿中放射性核素主要是^{40}K，其半衰期为 1.26×10^9 年，主要辐射 γ 射线和 β 射线。钾盐中所含^{40}K 为 0.011 8%，其比活性达 840 pC/g，约合 2.27×10^4 Bq/g。

五、新兴污染物

新兴污染物（contaminant of emerging concern）是指未被各种管理标准所监管、新“发现”(通常是因为分析化学检测水平提高后而发现）的而又可能在环境相关浓度下对生物造成有害影响的化学品和其他物质。因此新兴污染物未必是新的化合物，它们早已存在于环境中，但它们的存在和意义最近才被重视。新兴污染物有：①全氟和多氟化合物，包括全氟辛酸（PFOA)、全氟辛烷磺酰基化合物（PFOS）等；②药物和个人护理品，例如抗生素、防晒霜等；③塑化剂，例如邻苯二甲酸酯、双酚等；④消毒副产物，例如亚硝基二甲胺等；⑤农药产物；⑥阻燃剂，例如多溴联苯醚（PBDE)、有机磷阻燃剂等；⑦高氯酸盐；⑧纳米材料；⑨甜味剂，例如三氯蔗糖等；⑩藻毒素。这些新兴污染物类型多，性质差异大。由于已被人类长期大量使用，所以在土壤等环境中广泛存在，但迄今对其土壤过程行为、生态环境效应、人体健康风险等还了解甚少，还有待系统和深入的探讨。

第三节　土壤组成和性质对污染物毒性的影响

一、土壤组成对污染物毒性的影响

污染物进入土壤后，与各种土壤组分发生一系列物理反应、化学反应和生物反应，主要包括吸附解吸、沉淀溶解、络合解离、同化矿化、降解转化等过程。这些过程与土壤污染物的有效浓度（毒性）（水溶态、交换态为主）有密切关系。一般认为，土壤中某污染物的水溶态或交换态浓度越大，其对生物的毒性越大；而专性吸附态、氧化物态或矿物固定态含量越高，则其毒性越小。

（一）黏土矿物对污染物毒性的影响

土壤中的黏土矿物（例如层状铝硅酸盐和铁、铝氧化物）显著影响污染物吸附解吸行为及毒性，层状铝硅酸盐对重金属和离子态有机污染物的吸附，氧化物对氟、钼、砷、铬等含氧酸根的吸附（尤其是专性吸附），都可以对这些污染物起到固定或暂时失活的减毒效应。

重金属吸附总量取决于土壤阳离子交换量（*CEC*），与黏土矿物类型有关。铁、铝氧化物对重金属的专性吸附与阳离子的交换量无关。重金属浓度很低时，专性吸附的比例较高。专性吸附可显著降低重金属的生物有效性和毒性。表 12 - 11 是不同土壤组分对重金属的选择吸附和专性吸附的顺序。由表 12 - 11 可知镉（Cd）与其他一些重金属相比，其竞争吸附能力较差，容易留在土壤溶液中而被作物吸收。

表 12 - 11　土壤组分对重金属的选择吸附和专性吸附的排序

土壤组分	选择吸附和专性吸附的排序
黏粒	$Cr^{3+}>Cu^{2+}>Zn^{2+}\geqslant Cd^{2+}>Na^{+}$
土壤	$Pb^{2+}>Cu^{2+}>Cd^{2+}>Zn^{2+}>Ca^{2+}$
泥炭土和灰化土	$Pb^{2+}>Cu^{2+}>Zn^{2+}\geqslant Cd^{2+}$
针铁矿	$Cu^{2+}>Pb^{2+}>Zn^{2+}>Co^{2+}>Cd^{2+}$
氧化铁凝胶	$Pb^{2+}>Cu^{2+}>Zn^{2+}>Ni^{2+}>Cd^{2+}>Co^{2+}>Sr^{2+}$
氧化铝凝胶	$Cu^{2+}>Pb^{2+}>Zn^{2+}>Ni^{2+}>Co^{2+}>Cd^{2+}>Sr^{2+}$
土壤有机质	$Fe^{2+}>Pb^{2+}>Ni^{2+}>Co^{2+}>Mn^{2+}>Zn^{2+}$
富啡酸，pH 3.5	$Cu^{2+}>Fe^{2+}>Ni^{2+}>Pb^{2+}>Co^{2+}>Ca^{2+}>Zn^{2+}>Mn^{2+}>Mg^{2+}$
pH 5.0	$Cu^{2+}>Pb^{2+}>Fe^{2+}>Ni^{2+}>Mn^{2+}=Co^{2+}>Ca^{2+}>Zn^{2+}>Mg^{2+}$
胡敏酸，pH 4	$Zn^{2+}>Cu^{2+}>Pb^{2+}\geqslant Mn^{2+}>Fe^{3+}$
pH 5	$Zn^{2+}>Cu^{2+}>Pb^{2+}\geqslant Mn^{2+}>Fe^{3+}$
pH 6	$Zn^{2+}>Cu^{2+}>Pb^{2+}\geqslant Fe^{3+}>Mn^{3+}$
pH 7	$Zn^{2+}>Cu^{2+}>Pb^{2+}\geqslant Fe^{3+}>Mn^{3+}$
pH 8	$Pb^{2+}>Zn^{2+}>Fe^{3+}>Cu^{2+}\geqslant Mn^{2+}$
pH 9	$Zn^{2+}>Pb^{2+}>Fe^{3+}>Cu^{2+}\geqslant Mn^{2+}$
pH 10	$Zn^{2+}>Fe^{2+}>Cu^{2+}>Pb^{2+}\geqslant Mn^{2+}$

土壤中铁、铝氧化物是 F^- 的主要吸附剂。氧化物胶体表面与中心金属离子配位的碱性最强的 A 型羟基（$—OH^{-0.5}$或水合基$—OH_2^{+0.5}$），可与 F^- 发生配位交换反应，从而降低氟的毒性。氧化物对 F^- 的最高吸附量为对 SO_4^{2-} 或 Cl^- 吸附量的 3 倍，也高于其他阴离子（例如 PO_4^{3-}、AsO_3^{3-}、$Cr_2O_7^{2-}$ 等）的吸附量。在吸附平衡溶液含 F^- 浓度相同时，$Al(OH)_3$ 胶体吸附氟量比埃洛石和高岭石分别高出数十倍甚至数百倍，而 2∶1 型蛭石只能吸附微量的氟。这就是红黄壤中总氟含量相同时有效态氟含量低（毒性低），而残留态氟容易富集积累的原因。

Cu^{2+} 被黏土矿物吸附的顺序为高岭石＞伊利石＞蒙脱石。这是因为 Cu^{2+} 通过与铝硅酸盐水合氧化物型表面产生了专性吸附，且专性吸附与矿物表面羟基群及 pH 有关，而不直接依赖于黏土矿物的阳离子交换量。不同类型黏土矿物和氧化物与铜的吸持和结合强度差异决定着土壤中被吸附铜的解吸难易程度。用 1 mol/L NH_4Ac 或螯合剂作为解吸剂，发现 98%吸附于蒙脱石上的 Cu^{2+} 被很快解吸，而专性吸附于铁、铝、锰氧化物上的 Cu^{2+} “惰性”极强，在一般条件下难以被置换，只有通过强烈的化学反应才能被活化而释放出来。

黏土矿物类型不同，影响土壤对农药的吸附。农药被黏土矿物吸附后，其毒性大大降低。土壤对农药的吸附作用不仅影响农药的迁移，而且还减缓化学分解和生物降解速度，因而吸附量大时，其残留量也高。

（二）有机质对污染物毒性的影响

土壤有机质对有机污染物的分配作用影响了污染物的毒性。

土壤有机质、富啡酸、胡敏酸对重金属吸附的顺序见表 12－11。土壤有机质对重金属的吸附主要通过其含氧官能团进行。羧基和酚羟基是两种腐殖酸的主要官能团，分别占官能团总量的 50%和 30%左右，成为腐殖质金属络合物的主要配位基。金属离子低浓度时与腐殖酸络合的模式有

$$C_6H_4(COOH)(OH) + M^{2+} \rightleftharpoons C_6H_4(COO)(O)M + 2H^+$$

$$2C_6H_4(COOH)(OH) + M^{2+} \rightleftharpoons [C_6H_4(COO)(O)MC_6H_4(OOC)(O)]^{2-} + 4H^+$$

$$C_6H_4(COOH)_2 + M^{2+} \rightleftharpoons C_6H_4(COO)_2M + 2H^+$$

$$2C_6H_4(COOH)_2 + M^{2+} \rightleftharpoons [C_6H_4(COO)_2MC_6H_4(OOC)_2]^{2-} + 4H^+$$

在二价离子中，Cu^{2+} 与富啡酸形成的络合物的稳定常数最大，是 Zn^{2+} 的 3 倍多。一些二价离子与富啡酸形成的络合物的稳定常数（数据在括号内）的大小顺序，在 pH 为 3.5 时为 Cu^{2+}(5.78)＞Fe^{2+}(5.06)＞Ni^{2+}(3.47)＞Pb^{2+}(3.09)＞Co^{2+}(2.20)＞Ca^{2+}(2.04)＞Zn^{2+}(1.73)＞Mn^{2+}(1.47)＞Mg^{2+}(1.23)，在 pH 为 5.0 时为 Cu^{2+}(8.69)＞Pb^{2+}(6.13)＞Fe^{2+}(5.77)＞Ni^{2+}(4.14)＞Mn^{2+}(3.78)＞Co^{2+}(3.69)＞Ca^{2+}(2.92)＞Zn^{2+}(2.34)＞Mg^{2+}(2.09)。当土壤 pH 上升时，生成的络合物稳定性增强。

胡敏酸和富啡酸可以与金属离子形成可溶性的和不可溶性的络合（螯合）物，主要依赖于饱和度。富啡酸金属离子络合物比胡敏酸金属离子络合物的解离度大，因为前者酸度大且分子质量较小。金属离子也以种种方式影响腐殖质的溶解特性。当胡敏酸和富啡酸溶于水中时，其羧基发生解离，由于带电基团的排斥作用，分子处于伸展状态，当外源金属离子进入时，电荷减少，分子收缩凝聚，导致溶解度降低。金属离子也能将胡敏酸和富啡酸分子桥接起来成为长链状结构化合物。金属胡敏酸络合物在低金属/胡敏

酸比例下，是水溶性的。但当链状结构延长时，本身自由的羧基因金属离子 M^{2+} 的桥合作用而变为中性时，会发生凝聚，并受土壤中离子强度、pH、胡敏酸浓度等因素影响。

土壤有机质对农药、持久性有机污染物的固定有重要作用。尽管土壤有机碳含量不足5%，但与五氯酚和菲的吸附分配系数均呈极显著正相关（表12-12）。在土壤固定的有机污染物中，不能以常规的残留分析方法萃取部分称为结合残留态有机污染物。对农药而言，1986年国际原子能利用委员会规定“用甲醇连续萃取24 h后仍残存于样品中的农药残留物为结合残留”。结合残留物的形成主要通过吸附过程（包括离子交换、质子化、范德华力、氢键、配位键、非极性分子的疏水键等机制）和化学反应（与土壤有机质特别是腐殖物质间的化学反应）两种途径，而土壤组分和有机污染物残留物间的结合通常有多种作用机制同时存在。^{14}C-甲磺隆在不同土壤中分布研究的结果表明，绝大部分^{14}C结合残留物分布在富啡酸中，其次是胡敏素，胡敏酸中的残留率最低。但土壤中结合残留态有机污染物母体及降解中间产物，在一定条件下可因土壤动物、微生物的活动或其他原因逐渐转化为游离态残留物，影响后茬作物的正常生长，构成一种迟发性环境效应。

表12-12 土壤理化性状对持久性有机化合物五氯酚和菲的吸附能力的影响

土壤	砂粒含量（%）	粉粒含量（%）	黏粒含量（%）	pH	总有机碳含量（g/kg）	五氯酚的 K_d（L/kg）	菲的 K_d（L/kg）
油红泥	28.7	46.7	24.6	4.1	35.3	172.2	485.1
烂青紫泥田	21.3	56.9	21.8	5.1	25.4	23.6	280.2
壤质加土田	22.9	49.2	27.9	4.6	22.4	65.4	331.3
黄泥砂土	47.9	37.4	14.7	4	10.3	74.4	181.1
黄筋泥	18.7	53.4	27.9	4.1	13.3	67.0	157.7
壤质堆叠土	13.6	55.7	30.7	6.3	9.2	0.4	148.9
壤质加土田	21.7	53.2	25.1	6.6	7.2	1.9	75.8
黄筋泥	36.1	46.7	17.2	6.1	4.3	4.6	92.1
壤质堆叠土	18.4	51.6	30.0	6.8	5.4	1.2	55.0
烂青紫泥田	28.8	56.2	15.0	6.8	2.6	1.5	55.9
烂青紫泥田	20.8	57.2	22.0	6.4	3.7	1.0	16.2
砂黏质红泥	81.3	10.5	8.2	5.2	1.2	3.0	4.6
砂黏质红泥	39.0	36.2	24.8	4.5	3.5	23.8	74.9
壤质堆叠土	12.9	53.6	33.5	5.2	4.8	5.0	48.1
黄筋泥	30.1	49.9	20.0	5.3	2.4	2.2	15.7
黄筋泥	34.0	35.2	30.8	4.5	3.4	6.4	12.6
黄筋泥	26.0	56.5	17.5	4.9	1.9	8.4	23.4
红泥砂土	22.8	49.4	27.8	4.4	2.6	6.9	9.0
黄筋泥	19.1	49.6	31.3	4.1	2.7	13.6	42.6
黄筋泥	20.4	47.5	32.1	4.5	2.8	6.9	15.8

（续）

土　壤	砂粒含量（%）	粉粒含量（%）	黏粒含量（%）	pH	总有机碳含量（g/kg）	五氯酚的 K_d（L/kg）	菲的 K_d（L/kg）
壤质堆叠土	18.5	54.5	27.0	7.0	2.3	1.4	65.5
黄筋泥	21.1	53.9	25.0	5.2	2.0	3.7	6.6
油红泥	20.3	47.0	32.7	6.6	2.5	1.4	8.7
黄筋泥	22.3	51.8	25.9	4.6	1.8	4.2	4.0
棕红泥	22.0	45.3	32.7	7.2	2.1	0.4	3.0
黄泥砂土	39.2	41.6	19.2	4.2	1.2	13.1	47.2
黄筋泥	16.1	46.7	37.2	4.9	2.3	6.1	9.4
黄红泥土	7.6	54.2	38.2	4.9	2.3	7.5	11.0
红泥砂土	25.3	49.1	25.6	4.7	1.5	4.4	4.5
砂黏质红泥	30.1	37.3	32.6	4.5	1.8	6.3	8.8
黄筋泥	28.0	33.0	39.0	4.7	2.2	3.9	3.9
棕红泥	15.6	47.2	37.2	7.3	1.8	0.3	2.6
红泥砂土	21.7	43.9	34.4	4.4	1.6	4.4	5.0
黄红泥土	36.9	43.4	19.7	4.3	0.9	9.9	15.9
红泥砂土	31.2	36.7	32.1	4.4	1.3	4.1	5.5
黄红泥土	17.7	61.0	21.3	5.4	0.6	4.7	1.7

注：K_d 为达到吸附平衡后的吸附分配系数，可以间接表征吸附量的大小。

（三）微生物对污染物毒性的影响

土壤微生物对有机污染物的降解作用是其解毒的主要途径。一些微生物可以以农药、持久性有机污染物等作为能量和食物来源，直接降解这些有机污染物。彻底的降解可以将有机污染物分解成简单的二氧化碳和水。当有机污染物不能作为食物被微生物利用时，微生物可以从土壤中存在的其他底物获取大部分或全部碳源和能源，增强微生物酶活性，达到降解有机污染物的目的，这亦被称为共代谢作用。但在一些情况下，有机污染物中间降解产物的毒性可能与母体毒性一样或比母体毒性更大，从而增加了长期的土壤环境危害。例如多环芳烃芘本身不具遗传毒性，但是它的醌类代谢物 1,6-芘醌和 1,8-芘醌比母体毒性更大且具有致突变性，增加了其环境毒性。

包括细菌、真菌、藻类等在内的许多有机污染物降解微生物已被人们从土壤环境中分离并获得，如常见的多环芳烃（PAH）降解真菌有糙皮侧耳菌（*Pleurous ostreatus*）、黄孢原毛平革菌（*Phanerochaete chrysosporium*）、曲霉菌属（*Aspergillus*）、青霉菌属（*Penicillium*）、镰刀菌属（*Fusarium*）等；常见的多环芳烃降解细菌包括鞘氨醇单胞菌属（*Sphingomonas*）、假单胞菌属（*Pseudomonas*）、红球菌属（*Rhodococcus*）、分枝杆菌属（*Mycobacterium*）、伯克霍尔德氏菌属（*Burkholderia*）、芽孢杆菌属（*Bacillus*）、解环菌属（*Cycloclasticus*）等。不同的微生物降解多环芳烃的能力及代谢途径也有所差异，其中多环芳烃的好氧降解主要分为 3 种酶学机制：①细胞色素

P_{450}单加氧酶氧化芳香环，该途径在原核细胞和真核细胞均有出现，通常与生物的解毒及形成代谢产物的泌出有关，但不能使多环芳烃完全矿化；②木质素降解真菌（例如白腐真菌）分泌的漆酶、木质素过氧化物酶和锰过氧化物酶氧化芳香环，该过程通常通过共代谢实现；③羟基化双加氧酶氧化芳香环，经过一系列酶促反应，可以实现多环芳烃的完全矿化，这是原核生物特有的降解方式（图 12-1）。

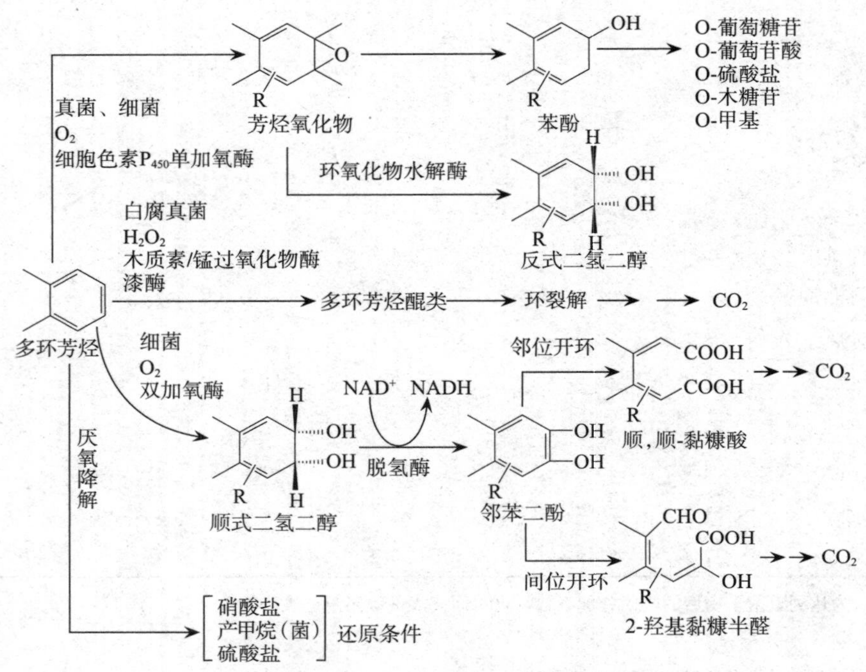

图 12-1　多环芳烃微生物代谢路径

（引自 Haritash 和 Kaushik，2019）

微生物主要通过改变土壤中重金属的赋存形态而影响其毒性，主要体现在：微生物能够介导砷、铬、汞等变价重金属的氧化、还原和甲基化过程而改变其毒性；一些微生物可以通过改变铁、锰、硫等的氧化还原状态而影响重金属的生物有效性和毒性，例如由铁、锰氧化物吸附的重金属可在还原条件下释放而进入土壤溶液，但还原条件下产生的 S^{2-} 可与镉、铅、铜等形成重金属硫化物沉淀；有机质在土壤微生物的作用下形成的络合物也影响重金属的生物有效性和毒性。此外，微生物的细胞壁能够吸附和固定重金属离子。

二、土壤酸碱性对污染物毒性的影响

土壤酸碱性通过影响组分和污染物的电荷特性、沉淀溶解、吸附解吸和络合解离平衡来改变污染物的毒性，土壤酸碱性还通过影响土壤微生物的活性来改变污染物的毒性。

（一）土壤酸碱性对金属离子毒性的影响

土壤溶液中的大多数金属元素（包括重金属）在酸性条件下以游离态或水合离子态存在，毒性较大，而在中性或碱性条件下易生成难溶性氢氧化物沉淀，毒性大为降低。

金属离子可与 OH^- 等阴离子生成沉淀，可用溶度积常数（K_{sp}）来估测。常见金属离子与一些阴离子的溶度积常数见表 12-13。土壤酸碱性对阴阳离子浓度有影响，pH 升高导致 OH^- 上升，使重金属离子的毒性（活度）大为降低。

表 12-13 某些重金属沉淀的溶度积常数（pK_{sp}，18～25 ℃）

	Cd	Co	Cr	Cu	Hg	Ni	Pb	Zn
AsO_4^{3-}	32.66	28.2	20.11	35.12		25.51	35.39	26.97
CN^-	8.0			19.49	39.3(1 价)	22.5		12.59
CO_3^{2-}	11.28	9.98		9.63	16.05(1 价)	6.87	13.13	10.84
CrO_4^{2-}	4.11			5.44	8.7(1 价)		13.75	
$Fe(CN)_6^{4-}$	17.38	14.74		15.89		14.89	18.02	15.68
O^{2-}				14.7(1 价)	25.4		65.5(4 价)	53.96
OH^-（新）	13.55	14.8	30.2	19.89		14.7	14.93	16.5
OH^-（陈）	14.4	15.7				17.2		16.92
S^{2-}	26.10	20.4（α）		35.2	52.4（红）	18.5（α）	27.9	23.8（α）
		24.7（β）		47.6(1 价)	51.8（黑）	24.0（β）	26.6	21.6（β）
PO_4^{3-}	32.6	34.7	17.0	36.9		30.3		32.04
HPO_4^{2-}		6.7			12.4		9.90	

注：未说明价数者为金属正常价态（Cr 为+3 价，其他为+2 价）。

酸碱性（pH）对土壤中金属离子的水解及其产物的组成和电荷有极大的影响。溶液中的锌，在 pH<7.7 时主要以 Zn^{2+} 存在，在 pH>7.7 时以 $ZnOH^+$ 为主，在 pH>9.11 时以电中性的 Zn $(OH)_2^0$ 为主。在土壤 pH 范围内，$Zn(OH)_3^-$ 和 $Zn(OH)_4^{2-}$ 不会成为土壤溶液中的主要形态。对铅来说，当 pH<8.0 时，溶液中以 Pb^{2+} 和 $Pb(OH)^+$ 占优势，其他形态的铅如 $Pb(OH)_3^-$、$Pb(OH)_2^0$、$Pb(OH)_6^{4-}$ 较少。对铜而言，当 pH<6.9 时，溶液中主要是 Cu^{2+}，pH>6.9 时主要是 $Cu(OH)_2^0$，在 pH 为 7 左右时 $CuOH^+$ 显得有些重要，而 $Cu(OH)_3^-$、$Cu(OH)_4^{2-}$ 和 $Cu_2(OH)_2^{2+}$ 在土壤条件下一般不会形成。Hirsh 等用模型预测了土壤溶液中一系列镉络合离子，包括 Cd^{2+}、$CdOH^+$、$Cd(OH)_2^0$、$CdCl^+$、$CdCl_2^0$、$CdSO_4^0$、$CdHCO_3^+$、$CdCO_3^0$、$CdNO_3^+$、$Cd(NO_3)_2^0$ 的形成与 pH 的关系。结果发现，游离态 Cd^{2+} 往往只占溶液中可溶性镉的 40%～50%；在 pH 7.5～8.0 时，$CdHCO_3^+$ 络离子占 35%～40%；当 pH 较高或二氧化碳分压增高时，重碳酸盐的增加使游离态 Cd^{2+} 减少，而 $CdOH^+$ 和 $Cd(OH)_2^0$ 络合离子占优势。故可以认为，在高 pH 和高二氧化碳分压（例如石灰性土壤的植物根际）的条件下，镉形成较多的碳酸盐络合物而使其有效性降低。但在酸性（pH 5.5）土壤中在同一总可溶性镉水平下，即使增大二氧化碳分压，溶液中 Cd^{2+} 仍保持很高水平。pH 的变化不但直接影响重金属离子的毒性，而且也改变其吸附、沉淀、络合等特性，间接地改变其毒性。

（二）土壤酸碱性对含氧酸根阴离子毒性的影响

酸碱性显著影响含氧酸根阴离子（例如铬、砷）在土壤溶液中的形态，影响它们的吸附、沉淀等特性。在中性和碱性条件下，Cr^{3+} 可被沉淀为 $Cr(OH)_3$。在碱性条件下，由于 OH^- 的交换能力大，能使土壤中可溶性砷比例显著增大，从而增大了砷的生物毒性。

（三）土壤酸碱性对有机污染物毒性的影响

酸碱性对有机污染物（例如有机农药）在土壤中的积累、转化、降解的影响主要表现在以下两方面。

① 土壤酸碱性影响土壤微生物群落，进而影响土壤微生物对有机污染物的降解作用，这种生物降解途径主要包括生物氧化还原反应中的脱氯、脱氯化氢、脱烷基化、芳香环或杂环破裂反应等。

② 土壤酸碱性通过改变污染物和土壤组分的电荷特性，改变二者的吸附、络合、沉淀等特性，导致污染物有效性的改变。例如有机氯农药在酸性条件下性质稳定，不易降解，只有在强碱性条件下才能加速代谢；有机磷和氨基甲酸酯农药虽然大部分在碱性环境中易于水解，但地亚农更易发生酸性水解反应。

三、土壤氧化还原状况对污染物毒性的影响

土壤氧化还原状况（E_h）是一个综合性指标，虽主要决定于土体内水气比例，但土壤中的微生物活动、易分解有机质含量、易氧化和易还原的无机物质的含量、植物根系的代谢作用及土壤 pH 等与氧化还原状况关系密切，对污染物毒性有显著影响。

（一）土壤氧化还原状况对有机污染物毒性的影响

热带、亚热带地区间歇性阵雨和干湿交替对厌氧细菌和好氧细菌的增殖均有利，比单纯的还原或氧化条件更有利于有机农药分子结构的降解，特别是有环状结构的农药，环开裂反应需要氧的参与，如滴滴涕的开环反应、地亚农的代谢产物嘧啶环的裂解等。

持久性有机氯农药大多需要在还原条件下通过还原脱氯的方式才能被加速降解。例如有机氯农药五氯酚和六六六的降解在淹水土壤中比在干旱土壤复杂得多。在厌氧环境中，有机氯农药的降解主要通过还原脱氯的方式进行，该过程与土壤中碳、铁、硫等元素的氧化还原过程存在复杂的耦合，这与微生物厌氧呼吸所介导的电子传递的耦合作用有关。这种耦合作用导致残留在土壤中的有机氯农药的毒性与土壤氧化还原状态关联，进而影响有机氯农药污染土壤的自净过程，并由此影响稻田的甲烷排放和还原性毒害物质的积累等。

（二）土壤氧化还原状况对重金属毒性的影响

土壤中大多数重金属污染元素是亲硫元素，在农田厌氧的还原条件下易生成难溶性硫化物，降低了毒性和危害。土壤中低价硫 S^{2-} 来源于有机质的厌氧分解和硫酸盐的还原反应，水田土壤氧化还原电位低于－150 mV 时 S^{2-} 生成量可达 200 mg/kg 土。当土壤转为氧化状态（例如落干或改旱时），难溶硫化物逐渐转化易溶性硫酸盐，重金属的生物毒性大大增加。

土壤在添加镉、磷和锌的情况下淹水 5～8 周后，可能存在硫化镉（CdS）。在同一土壤含镉量的情况下，水稻糙米含镉量为：分蘖至乳熟期两次晒田＞湿润灌溉＞分蘖期晒田＞乳熟期晒田＞全生育期淹水。这是因为土壤中镉溶出量下降与氧化还原电位下降同时发生。这就说明，在土壤淹水条件下，镉的毒性降低是因为生成硫化镉沉淀的缘故。

土壤中硫化物的形成，也能影响铜的溶解度，氧化还原度（pe＋pH）＞14.89 时，Cu^{2+} 受土壤-铜系统所控制。pe＋pH 每降低一个单位，Cu^{2+} 活度增加 1 个 lg 单位。当 pe＋pH 在 11.5～4.73 之间时，磁铁矿控制铜的活度，pe＋pH 每降低 1 个单位，lg Cu^{2+} 就降低 2/3 lg 单位，而 lg Cu^{+} 则增加 1/3 lg 单位。

砷可以－3、0、＋3 和＋5 这 4 种价态存在。在无机砷中，＋3 价砷比＋5 价砷的毒

性大几倍，甚至几十倍。土壤中微生物对砷的转化涉及4种价态，而土壤中无机砷的氧化还原平衡主要涉及+3和+5价态。在土壤溶液中，砷对氧化还原状况相当敏感，根据Nernst方程得

$$E_h = E^0 + \frac{RT}{nF}\lg\frac{[\text{氧化态}]}{[\text{还原态}]} - m\text{pH}$$

在酸性条件下，温度为25℃时，As(Ⅴ)和As(Ⅲ)互相转化的临界E_h可用下式估算。

$$E_h = 0.559 + 0.029\ 51\lg\frac{[H_3AsO_4]}{[HAsO_2]} - 0.059\ \text{pH}$$

可以看出，E_h不但决定于砷的标准氧化还原电位E^0，还与pH和不同价态砷的浓度比有关。不同pH条件下砷体系的E^0见表12-14。

表12-14　不同pH条件下砷体系的E^0

	砷体系	E^0
酸性条件	$AsH_3 = As + 3H^+ + 3e$	$E^0 = -0.54$ V
	$2H_2O + As = HAsO_2 + 3H^+ + 3e$	$E^0 = 0.25$ V
	$2H_2O + HAsO_2 = H_3AsO_4 + 2H^+ + 2e$	$E^0 = 0.559$ V
碱性条件	$AsO_3^{3-} + 2OH^- = AsO_4^{3-} + H_2O + 2e$	$E^0 = -0.21$ V
	$4OH^- + As = AsO_2^- + 2H_2O + 3e$	$E^0 = -0.68$ V
	$4OH^- + AsO_2^- = AsO_4^{3-} + 2H_2O + 2e$	$E^0 = -0.71$ V
	$3OH^- + AsH_3 = 3H_2O + As + 3e$	$E^0 = -1.37$ V
其　他	$As^{3+} + 3e = As$	$E^0 = 0.30$ V

热力学方法研究含砷矿物在土壤中的稳定性结果表明，在通气良好和碱性土壤中，$Ca_3(AsO_4)_2$是最稳定的含砷矿物，其次是$Mn_3(AsO_4)_2$，后者在碱性和酸性环境中都可能形成。在还原性（pe+pH<8）和酸性（pH<6）土壤中，+3价砷的氧化物和砷硫化物是稳定的。在还原性（pe+pH<8）土壤溶液中，+3价砷离子丰富存在。砷气（AsH_3）只有在土壤溶液酸性很强，氧化还原电位极低时才产生。

土壤中的δ-MnO_2对As(Ⅲ)有一定的氧化能力。δ-MnO_2对As(Ⅲ)的氧化反应在开始1 h内反应速率较快，以后反应速率较慢，并符合以下方程。

$$\ln[As(Ⅲ)] = -K^t + C$$

式中，K为反应速率常数，C是常数，t为时间。土壤中As(Ⅲ)被氧化为As(Ⅴ)表明其毒性显著降低。在绍兴青紫泥水稻田砷污染防治措施的研究结果表明，淹水处理在幼穗分化期时，紫云英处理的土壤氧化还原电位（E_{h_7}，即pH为7时的E_h）最低，只有-54 mV，土壤水溶性总砷最高，且其中As(Ⅲ)占90.1%，水稻植株平均高度仅35.7 cm，比对照36.5 cm降低2.5%左右。加入氧化铁、二氧化锰的处理，土壤水溶性总砷比对照下降了25%左右，As(Ⅲ)也从对照的39.5%下降到7%左右，水稻后期平均高度为46.4 cm，比对照增加26%左右。这显然是由于：①外加的铁、锰使土壤固定、吸附砷的能力增加，水溶性砷减少；②土壤氧化还原电位不同导致As(Ⅲ)的比例不同，对水稻生长的影响也不同。说明土壤氧化还原电位高和加入铁锰物质有利于消除水稻砷害。

铬也是变价元素，+6价铬毒性大于+3价铬。土壤氧化还原状况对土壤铬的转化

和毒性有很大影响。铬在土壤中通常以 4 种化学形态存在，两种+3 价铬离子（Cr^{3+}、CrO_2^-）和 2 种+6 价铬离子（即 $Cr_2O_7^{2-}$、CrO_4^{2-}）。它们在土壤中的迁移转化主要受土壤 pH 和氧化还原电位的制约，另外，也受土壤有机质含量、无机胶体组成、土壤质地等的影响。+3 价铬和+6 价铬在适当土壤环境下可相互转化，即

$$2Cr^{3+}+7H_2O \rightleftharpoons Cr_2O_7^{2-}+14H^++6e$$

由上式根据 Nernst 方程式可得

$$E_h=E^0+\frac{0.059}{6}\lg[H^+]^{14}$$

据此可由不同土壤 pH 来估算+3 价铬和+6 价铬转变的土壤临界氧化还原电位（E_h）。根据计算结果，当土壤 pH 分别为 3、4、5、6、7、8、9、10 和 11 时，临界还原电位分别为 920 mV、779 mV、640 mV、504 mV、366 mV、352 mV、273 mV、194 mV和 116 mV。

土壤中的氧化锰对 Cr(Ⅲ) 有氧化能力，其强弱顺序为：δ-MnO_2＞α-MnO_2＞γ-MnOOH。氧化锰作为 Cr(Ⅲ) 氧化的主要电子受体，其机制为：Cr(Ⅲ) 从溶液被吸附到 MnO_2 表面，与表面活性部位 Mn 反应使 Cr(Ⅲ) 失去电子被氧化为 Cr(Ⅳ)，然后 Cr(Ⅳ) 从 MnO_2 表面释放到溶液中，反应为

$$Cr(OH)_2^+ + MnO_2 \longrightarrow MnO_2 \cdot Cr(OH)_2^+$$

$$MnO_2 \cdot Cr(OH)_2^+ \longrightarrow Mn^{2+} + HCrO_4^- + H_2O$$

$$MnO_2 + Cr(OH)_3 \longrightarrow MnO_2 \cdot Cr(OH)_3$$

$$MnO_2 \cdot Cr(OH)_3 \longrightarrow Mn^{2+} + HCrO_4^- + H_2O$$

$$MnO_2(s) + CrOH^{2+} \longrightarrow HCrO_4^- + MnOOH$$

土壤对 Cr(Ⅲ) 的氧化能力与土壤中易还原性氧化锰含量呈显著正相关；MnO_2 对有机态 3 价铬［Cr(Ⅲ)］的氧化速度明显慢于对无机 Cr(Ⅲ) 的氧化速度，其氧化量也相应减少。沉淀态铬、吸附态铬可被转移到 MnO_2 表面而被氧化为 Cr(Ⅳ)。沉淀态铬溶解速率和吸附态铬释放速率决定着 Cr(Ⅲ) 的氧化速率。

反过来，外源 Cr(Ⅵ) 进入土壤后，也可以被土壤特别是土壤有机质等还原剂还原成 Cr(Ⅲ)，随后形成难溶性氢氧化铬沉淀或为土壤胶体所吸附。几种土壤中 Cr(Ⅵ) 的还原速率为：青紫泥＞黄棕壤＞旱地红壤。其还原过程由两个一级反应组成。

第四节　污染土壤的修复

一直以来，我国土壤污染远远没有像大气污染、水体污染那样受到人们的关注和重视。其原因是多方面的。

首先，从土壤污染本身的特点看，土壤污染具有隐蔽性、滞后性、积累性、长期性和复杂性的特点。它对动物和人体的危害则往往通过农作物（包括粮食、蔬菜、水果）或牧草，并通过食物链逐级积累危害，人们往往深受其害而浑然不知，不像大气污染、水体污染那样容易被人直接觉察。20 世纪 60 年代，发生在日本富山县的“镉米”事件曾轰动一时，这绝不是孤立的、局部的公害事例，而是给人类的一个深刻教训。

其次，从土壤污染的原因看，土壤污染与造成土壤退化的其他类型（参见本书第十四章）不同。土壤沙化（沙漠化）、土壤流失、土壤盐渍化和次生盐渍化、土壤潜育化

等是人为因素和自然因素共同作用的结果。而土壤污染除少数是由于土壤母质地质异常或突发性自然灾害（例如火山活动）外，主要是人类活动造成的。随着人类社会对土地要求的不断扩展，人类在开发、利用土壤，向土壤高强度索取的同时，向土壤排放的废物（污染物）的种类和数量也日益增加。当今人类活动的范围和强度可与自然作用相比，有的甚至比后者更大。土壤污染就是人类谋求自身经济发展的副产品。因此在高强度开发、利用土壤资源，寻求经济发展，满足物质需求的同时，一定要防止土壤被污染、生态环境被破坏，力求土壤资源、生态环境与社会经济协调、和谐发展。

再从土壤污染与其他环境要素污染的关系看，在地球自然系统中，大气、水体、土壤等自然地理要素的联系是一种自然过程的结果，是相互影响、互相制约的。土壤污染绝不是孤立的，它受大气污染、水体污染的影响。因此土壤成为各种污染物的最终聚集地。据报道，大气和水体中污染物的90%以上最终沉积在土壤中。反过来，污染土壤也将导致大气或水体的污染。例如过量施用氮素肥料的土壤，可能因硝态氮（$NO_3^- - N$）随渗滤水进入地下水，引起地下水中的硝态氮（$NO_3^- - N$）超标，而水稻土痕量气体（CH_4、NO_x）的释放，被认为是温室气体的主要来源之一。

随着土壤污染程度的加剧和污染范围的扩大，农产品安全、生态环境质量、人体健康等问题日益凸显，严重制约着我国经济社会的可持续发展。在这样严峻的形势下，2016年5月28日国务院颁布了《土壤污染防治行动计划》，该行动计划立足我国国情和发展阶段，着眼经济社会发展全局，以改善土壤环境质量为核心，以保障农产品质量和人居环境安全为出发点，坚持预防为主、保护优先、风险管控，突出重点区域、行业和污染物，实施分类别、分用途、分阶段治理，严控新增污染、逐步减少存量，形成政府主导、企业担责、公众参与、社会监督的土壤污染防治体系。2018年8月31日，十三届全国人民代表大会常务委员会第五次会议全票通过了《土壤污染防治法》，这是我国首次制定专门的法律来规范防治土壤污染，该法律自2019年1月1日起施行。可见，我国“净土保卫战”的号角已经吹响，防治土壤污染必须在环境和自然资源管理中实现一体化，联防联控，实行综合防治。

一、土壤污染的源头防控措施

在环境污染问题上，多数国家都走过以资源的高消耗和环境污染为代价的工业化过程，即“先污染后治理”的路子。土壤资源一旦受到污染，就很难修复，重金属污染实际上是不可逆转的。因而在土壤资源管理中，还是需要“先预防后修复，预防重于修复”。

（一）执行国家有关污染物的排放标准

应加快推进土壤污染标准体系建设，严格执行国家部门已颁布的有关法律法规和污染物管理标准。

相关法律法规包括《中华人民共和国土壤污染防治法》（2018）、《中华人民共和国大气污染防治法（修正版）》（2018）、《中华人民共和国水污染防治法（修正版）》（2017）、《中华人民共和国固体废物污染环境防治法（修正版）》（2016）、《中华人民共和国环境保护法（修正版）》（2014）、《国务院关于印发〈土壤污染防治行动计划〉的通知》（国发〔2016〕31号）、《工矿用地土壤环境管理办法（试行）》（生态环境部令〔2018〕第3号）、《农用地土壤环境管理办法（试行）》（环境保护部令〔2017〕第46

号)、《污染地块土壤环境管理办法（试行）》（环境保护部令〔2017〕第 42 号）等。

相关污染物管理标准包括：《土壤环境质量　农用地土壤污染风险管控标准（试行）》(GB 15618—2018)、《土壤环境质量　建设用地土壤污染风险管控标准（试行）》(GB 36600—2018)、《食用农产品产地环境质量评价标准》(HJ 332—2006)、《温室蔬菜产地环境质量评价标准》(HJ 333—2006)、《种植根茎类蔬菜的旱地土壤镉、铅、铬、汞、砷安全阈值》(GB/T 36783—2018)、《水稻生产的土壤镉、铅、铬、汞、砷安全阈值》(GB/T 36869—2018)、《农用地土壤环境质量类别划分技术指南（试行）》（环办土壤〔2017〕第 97 号)、《受污染耕地治理与修复导则》(NY/T 3499—2019)、《污染场地风险评估技术导则》(HJ 25. 3—2014)、《污染场地土壤修复技术导则》(HJ 25. 4—2014)、《污染地块风险管控与土壤修复效果评估技术导则》(HJ 25. 5—2018)、《污染地块地下水修复和风险管控技术导则》(HJ 25. 6—2019)、《地块土壤和地下水中挥发性有机物采样技术导则》(HJ 1019—2019)、《建设用地土壤环境调查评估技术指南》（环保部公告〔2017〕第 72 号)、《有机肥料》(NY 525—2012)、《生物有机肥》(NY 884—2012)、《城镇污水处理厂污染物排放标准》(GB 18918—2000)、《大气污染物综合排放标准》(GB 16297—1996)、《危险废物填埋污染控制标准》(GB 18598—2001)、《农田灌溉水质标准》(GB 5084—2005)、《农用污泥中污染物控制标准》(GB 4284—2018)、《城镇污水处理厂污染物排放标准》(GB 18918—2002）等。

（二）建立土壤污染监测、预测和评价体系

统一规划、整合优化土壤环境质量监测点位。首先确定优先检测的土壤污染物和测定标准方法，按照优先污染次序进行调查、研究。主要以土壤污染风险管控标准或土壤环境容量为依据，定期对辖区土壤环境质量进行监测，建立土壤环境基础数据库，构建土壤环境信息化管理平台。我国土壤环境监测网已初步建成，目前土壤环境监测国控点位有近 8 万个。同时，结合推进新型城镇化、产业结构调整和化解过剩产能等，有序搬迁或依法关闭对土壤造成严重污染的现有企业。加强污染源监管，对粪便、固体废物和污水进行无害化处理，做好土壤污染预防工作。严控工矿污染，控制农业污染，减少生活污染。强化未污染土壤保护，严控新增土壤污染，加强土壤污染物总浓度的控制与管理。在开发建设项目实施前，对项目建设、投产后土壤可能受污染的状况与程序进行预测和评价。必须分析影响土壤中污染物的积累因素和污染趋势，建立土壤污染物积累模型和土壤容量模型，预测土壤污染，提出控制或减缓土壤污染的对策和措施。

（三）发展清洁生产

发展清洁生产工艺，加强“三废”治理，有效地消除、削减、控制重金属污染源。所谓清洁生产工艺，是指全面地采用环境保护战略，以降低生产过程和产品对人类和环境的危害，从原料到产品最终处理的全过程中减少“三废”的排放量，以减轻甚至消除对环境的影响。

二、污染土壤的修复

针对农用地土壤，我国按污染程度将农用地划为未污染和轻微污染的优先保护类、轻度和中度污染的安全利用类和重度污染的严格管控类 3 大类，分别采取相应的安全利

用和修复技术措施，保障农产品质量安全。建设用地的污染土壤，分用途管理和开发，符合相应规划用地土壤环境质量要求的地块，可进入土壤修复程序，暂不开发利用或现阶段不具备治理修复条件的污染地块，则划定为管控区域，防范人居环境风险。

不同类型的土壤污染，其修复技术不完全相同。对污染土壤要根据污染实际情况进行修复。目前，土壤修复技术主要有：生物修复（包括植物修复、微生物修复）、化学修复、物理修复等。有些修复技术已经进入现场应用阶段并取得了较好的效果。污染土壤的修复对于阻断污染物进入食物链，防止对人体健康的损害，促进土地资源的保护与社会可持续和谐发展具有重要的现实意义。

根据处理污染土壤的位置改变与否，污染土壤修复技术可以分为原位修复和异位修复。一般原位修复比异位修复更为经济，因为对污染物就地处置修复使之降解或减毒不需要运输费和昂贵的环境工程基础设施建设费，操作也比较简单。与原位修复技术相比，异位修复技术的环境风险较低，系统处理的预测性较高。

近年来，污染土壤修复技术发展较快，科学家运用土壤学、生物学、植物学、化学、物理学、地质学等知识，对污染土壤修复的原理和技术方法进行了发展和创新。下面简明扼要地介绍污染土壤修复的技术。

（一）微生物修复技术

生物修复（bioremediation）包括微生物修复和植物修复。微生物修复是主要依靠微生物的活动使土壤污染物降解或转化为低毒或无毒物质和形态的过程。微生物修复更适合用于有机污染土壤的修复。

微生物对有机污染物的降解需要有以下环境条件：微生物可利用的营养物质、合适的 pH 和电子受体。缺少任何一项条件都会影响微生物修复的速率和程度。特别是对于外源污染物，很少会有土著微生物能降解它们，所以需要加入经过人工驯化的工程菌来实现高效修复。但培养实用的工程菌是一项艰难的研究工作。可以用于生物修复的微生物主要有细菌和真菌。细菌包括好氧细菌、厌氧细菌及兼性好氧细菌。细菌可以不断适应污染土壤环境，产生降解能力，例如通过特定酶的诱导和抑制产生基因突变及通过质粒转移获得利用特定污染物的高效降解菌。用于污染土壤生物修复的真菌分为 3 大类：软腐菌、褐色菌和白腐菌。真菌对于一些大分子化合物（例如木质素）表现出很强的降解能力。白腐菌降解污染物的特点包括：①在一定底物浓度诱导下合成所需的降解酶，能降解低浓度污染物；②对有机物的降解大多属于酶促转化，降解遵循米氏动力学方程；③具有竞争优势，能利用质膜上的氧化还原系统，产生自由基，从而氧化其他微生物的蛋白质，调节所处环境至低 pH，抑制其他微生物的生长；④降解过程在细胞外进行，酶系统存在于细胞外，有毒污染物不必先进入细胞再代谢，避免对细胞的毒害；⑤降解底物较广，特别对杂酚油、氯代芳烃化合物等持久性有机污染物也能完全降解矿化；⑥能在固体或液体基质中生长，能利用不溶于水的基质。

微生物修复是否成功，主要取决于是否存在激发污染物降解的合适的微生物种类，以及是否对污染土壤的生态条件进行改善或加以有效调控和管理。大量研究表明，土壤水分是调控微生物活性的首要因子之一，因为它是许多营养物质和有机组分进入微生物细胞的介质，也是新陈代谢废物排出微生物机体的介质，并对土壤通透性能、可溶性物质的特性和数量、渗透压、土壤溶液 pH 和土壤非饱和水力学传导率产生重要影响。生物降解的速率还常常取决于终端电子受体供给的速率。在土壤微生物种群中，很大部分是把氧气作为终端电子受体的，而且由于植物根的呼吸作用，亚表层土壤中的氧气也易于消耗。因此充分的氧气供应是污染土壤生物修复的重要环节。氧化还原电位也对亚表层土壤中微生物种群的代谢过程产生影响。

（二）植物修复技术

污染土壤的植物修复（phytoremediation）是指利用植物本身特有的吸收富集污染物、转化固定污染物以及通过氧化还原反应或水解反应等生物化学过程，使土壤环境中的有机污染物得以降解，使重金属等无机污染物被固定脱毒。与此同时，还利用植物根际特殊的生态条件加速土壤微生物生长，显著提高根际微生物的生物量和潜能，从而提高对土壤有机污染物的降解能力，以及利用某些植物特殊的积累与固定能力去除土壤中某些无机污染物的能力。

植物修复技术在我国研究较早的是通过超积累植物修复重金属污染的土壤。超积累植物（hyperaccumulator）是指能超量吸收和积累重金属的植物，其体内重金属含量通常为普通植物的100倍以上，积累的铬（Cr）、砷（As）、钴（Co）、镍（Ni）、铜（Cu）、铅（Pb）含量达1 000 mg/kg以上，积累的锰（Mn）、锌（Zn）含量达10 000 mg/kg以上，积累的镉（Cd）达100 mg/kg以上，同时，地上部积累的含量为根积累量的1倍以上（转运系数，S/R＞1.0）。再则，这类植物在重金属污染土壤上生长良好，不产生毒害作用，植物体内积累的重金属含量大于污染土壤中的重金属含量，即富集系数大于1.0。目前，世界上发现的超积累植物达500种以上，涉及的重金属元素有镉、铜、铅、镍、锰、砷、锌、汞等，其中镍超积累植物占70%以上。通常，在重金属污染区块采样获得的超积累植物植株矮小，生物量低，生长缓慢，且地域性强，因此很大程度上限制了这些特色植物的实际应用。当前，我国生产上有一定应用的重金属超积累植物有砷的超积累植物蜈蚣草（*Pteris vittata* Linn.）、镉锌超积累植物伴矿景天（*Sedum plumbizincicola*）、锌铅超积累植物东南景天（*Sedum alfredii* Hance）、锰超积累植物美洲商陆（*Phytolacca americana* Linn.）等（徐正浩等，2018）。

植物修复在低到中等污染土壤应用效果一般较好。植物修复去除污染物的方式包括植物提取、植物降解、植物稳定和植物挥发（图12-2）。

1. 植物提取　植物提取是指利用重金属超积累植物从土壤中吸收一种或几种重金属，并将其转移、存储到地上部，随后收割集中处理（例如热处理、化学处理、微生物处理）。植物修复的效益取决于植物地上部重金属含量及其生物量，但目前已知的超积累植物绝大多数生长慢、生物量小，且大多数是莲座生长，很难机械操作。例如如何挖出处理富集了重金属的根系？如果不挖出处理，则在土壤中腐烂后不仅大大富集了重金属，且增加了重金属的有效性（毒性）。因此一些学者对植物修复的经济可行性提出了质疑。为了克服上述局限性，需要开展进一步的研究。

2. 植物降解　植物降解是指植物本身及其内生菌和各种酶系将有机污染物降解为无毒的小分子中间产物，最终转化为二氧化碳（CO_2）和水（H_2O）。

3. 植物稳定　植物稳定是指植物在与土壤的共同作用下，将污染物固定并降低其活性，以减少其对生物和环境的危害。其中包括沉淀、螯合、氧化还原等多种过程。在植物稳定中，植物主要有两种功能：①植物保护污染土壤不受侵蚀，减少土壤渗漏，防

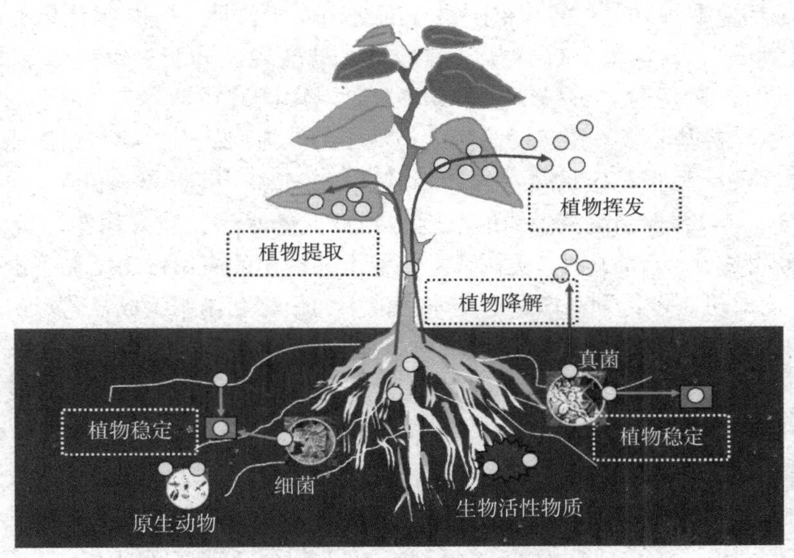

图 12-2　污染土壤植物修复原理

止污染物淋洗。例如重金属污染土壤由于污染物的毒害作用常常缺乏植被，荒芜的土壤更容易受到侵蚀而使重金属向周围扩散。稳定污染物的最简单的方法就是种植耐重金属的植物。②通过污染物在根部积累与沉淀加强污染物在土壤中的固定。植物稳定技术适合质地黏重、有机质含量高的污染土壤的修复。

4. 植物挥发　植物挥发是与植物吸收相互联系的，植物利用本身的吸收、积累、挥发而减少土壤中的挥发性污染物。即植物将污染物吸收到体内后将其转化为气态物质，释放到大气中，例如汞、砷、硒等。

在植物修复过程中，植物根际效应对污染物去除起十分重要的作用。根际可以释放多种有利于有机污染物降解的有机物，其中包括低分子化合物单糖、氨基酸、脂肪酸、维生素、酮酸以及高分子化合物多糖、聚乳酸和黏液。植物通过分泌和死亡细胞的脱落可以向土壤释放光合产物，由此增加土壤有机质含量，从而改变有机污染物的吸附，促进有机污染物与腐殖酸的相互作用。

（三）化学修复技术

污染土壤的化学修复（chemical remediation）技术是利用加入到土壤中的化学修复剂与污染物发生一定的化学反应，使污染物被降解和毒性被降低或去除的修复技术。依赖于污染土壤的特征和不同污染物，化学修复手段可以是将气体、液体或活性胶体注入土壤下层、含水土层，或在地下水流经的路径设置可渗透反应墙，滤出地下水中的污染物。注入的化学物质可以是氧化剂、还原剂、沉淀剂、增溶剂等。相对于其他修复技术，化学修复技术发展较早，也比较成熟。

稳定化技术是一种重要的化学修复技术。这种修复技术的特点是：土壤结构不受扰动，适合大面积地区操作。如果添加的稳定剂能廉价获得，则修复成本低。用于稳定化的添加剂很多，例如磷酸盐类化合物可以与重金属（镉、铜、铅、镍、锌）产生沉淀，是一类理想的稳定剂。早在 20 世纪 70 年代中期，Nriagu 和 Santillan-Medrano 等科学家利用化学热力学成果，理论上计算了各种磷铅矿物（沉淀）的理论溶解度（表 12-

15），在土壤环境中可以存在的含铅矿物（沉淀）主要包括（氢）氧化物、碳酸盐（石灰石、碳酸钙镁）、硫酸盐、硅酸盐［硅酸钠、硅酸钙、硅肥、铝硅酸盐类黏土矿物（沸石、海泡石、膨润土、坡娄石）］和磷酸盐，其中磷酸盐是溶解度最小的。而在磷酸盐中，磷（氯、羟基、氟）铅矿的溶解度是最小的。他们认为，磷与铅快速相互作用可以生成溶解度极小和很稳定的磷（氯、羟基、氟）铅矿［pyromorphite，$Pb_5(PO_4)_3(Cl, OH, F,)$］，并控制溶液中铅的浓度达到极低的水平，建议用于环境铅污染的治理。直到 20 世纪 90 年代中期，美国科学家对上述理论的应用做出了显著推进，研究了氯磷铅矿生成的机制，特别是磷灰石与水溶液中的铅相互作用生成氯磷铅矿，从而大大降低水溶性铅浓度（毒性）。90 年代后期，美国科学家在实验室水溶液体系中，研究了水溶性磷可以与土壤中存在的含铅矿物铅矾（anglesite，$PbSO_4$）、白铅矿（cerusite，$PbCO_3$）、方铅矿（galena，PbS）中的铅、针铁矿吸附的铅快速反应生成氯磷铅矿，表明氯磷铅矿的形成夺取了上述矿物上“牢固”吸持的铅，形成最稳定溶解度最小的氯磷铅矿，从而大大降低铅毒。21 世纪初期，Scheckel 和 Ryan 人工模拟地球风化过程，研究了风化时间对人工新合成的磷（氯、羟基、氟）铅矿在环境中的稳定性的影响。

表 12－15　土壤中含铅矿物的理论溶解度

矿物（沉淀）	英文名称	化学式	pK_{sp}
密驼僧	litharge	PbO	15.3
氢氧化铅	lead hydroxide	$Pb(OH)_2$	19.9
铅矾	anglesite	$PbSO_4$	7.7
白铅矿	cerussite	$PbCO_3$	12.8
方铅矿	galena	PbS	27.5
正磷酸铅矿	lead orthophosphate	$Pb_3(PO_4)_2$	44.6
氟磷铅矿	fluoropyromorphite	$Pb_5(PO_4)_3F$	71.6
羟基磷铅矿	hydroxypyromorphite	$Pb_5(PO_4)_3OH$	76.8
氯磷铅矿	chloropyromorphite	$Pb_5(PO_4)_3Cl$	84.4

注：K_{sp}为溶度积常数；$pK_{sp}=-\lg K_{sp}$，其越大则溶解度越小。

国内外学者研究表明，磷酸、磷灰石、磷酸氢钙等含磷化合物显著降低了土壤中铅的迁移性和植物有效性，并且认为在这 3 种含磷化合物中以磷酸对降低土壤中铅的生物有效性、增加污染土壤中铅的化学稳定性具有最明显的效果。采用 X 射线衍射和电子显微镜分析等技术手段论证了含磷物质是通过沉淀机制修复铅污染的土壤。

其他常用的稳定剂或钝化剂有石灰、沸石、海绿石、氧化铁、矿渣、粉煤灰、红泥、生物质炭、腐殖酸、堆肥等。表 12－16 是在不同酸性水稻土中施用各类钝化剂后降低土壤有效镉和稻米镉的效果。

（四）物理修复技术

在美英等发达国家，污染土壤的物理修复（physical remediation）得到了很大的重视，发展较快，主要包括物理分离技术、蒸气浸提技术、玻璃化技术、电动修复技术等。

表 12-16 各类钝化剂降低酸性水稻土有效镉和稻米镉的效果

钝化剂	土壤 pH	全镉含量 (mg/kg)	施用量 (t/hm^2)	pH 上升幅度	土壤有效镉含量降低率（%）	稻米镉含量降低率（%）
石灰	5.00～6.80	0.12～1.25	1.50	0.5	—	35.3
	5.37	0.83	0.75～1.50	0.28～0.69	11.4～22.1	48.1～85.2
钙镁磷肥	5.43～5.72	1.24～8.79	11.25～30.00	0.58～1.45	71.5～95.5	65.7～78.6
炉渣	5.43～5.72	1.24～8.79	11.25～30.00	0.67～1.35	58.8～88.1	51.4～75.7
海泡石	5.34	2.98	3.75～15.00	0.30～0.60	38.9～50.6	33.1～46.2
生物质炭	5.37	0.83	15.00～30.00	0.52～0.80	14.9～21.9	37.2～70.4
调理剂	5.37	0.83	1.50～3.00	0.71～1.33	20.8～46.1	58.2～88.4

1. 物理分离技术 物理分离技术在采矿和选矿中已经应用了很长时间，但是应用于土壤修复时间并不长。大多数污染土壤的物理分离修复，主要是基于土壤介质及污染物的特性而采用不同的操作方法：①根据粒径大小，采用过滤或微过滤的方法进行分离；②依据密度大小，采用沉淀或离心方法分离；③依据磁性有无或大小，采用磁分离手段；④根据表面特性，采用浮选法分离。

经验表明，物理修复技术主要用在污染土壤中无机污染物的修复，从土壤、沉积物、废渣中富集重金属，清洁土壤，恢复土壤的正常功能。例如用重力分离法可以去除汞，用筛分或重力法分离铅。一般来说，重金属都易于被土壤黏粒所吸附。物理分离技术可以将砂粒和黏粒分离开来，将等待处理的土壤的体积缩小，使土壤中存在的污染物浓缩到较高水平，然后采用高温技术或化学淋洗技术修复污染土壤。

2. 蒸气浸提技术 利用真空通过布置在不饱和土壤层中的提取井向土壤导入气流，气流经过土壤时，挥发性和半挥发性有机物挥发随空气进入真空井，气流经过后土壤得到了修复。原位土壤蒸气浸提技术（soil vapour extraction）主要用于挥发性有机卤代物或非卤代物污染土壤的修复。通常应用于亨利系数大于 0.01 或者蒸气压大于 66.66 Pa 的有机污染物。有时也用于去除土壤中的油类、多环芳烃类或二噁英。

土壤蒸气浸提技术的基本原理是在污染土壤内引入清洁空气产生驱动力，利用土壤固相、液相和气相之间的浓度梯度，在气压降低的情况下，将其转化为气态的污染物排出土体的过程。土壤蒸气浸提技术的特点是：可操作性强，处理污染物范围宽，可以由标准设备操作，不破坏土壤结构以及对回收利用废物有潜在价值等。

土壤理化性质对原位土壤蒸气浸提技术的应用效果有较大的影响，主要影响因子有土壤容重、孔隙度、湿度、温度、质地、有机质含量、空气传导率等。经验表明，原位土壤蒸气浸提技术应用于质地均一、渗透能力强、孔隙度大、湿度小和地下水位深的土壤时，效果较好。

3. 玻璃化技术 玻璃化技术是利用热把固态污染物（例如污染土、城市垃圾、尾矿渣、放射性废料等）熔化为玻璃状或玻璃-陶瓷状物质。污染物经过玻璃化作用后，其中有机污染物将因热解而被摧毁，或转化为气体逸出。而其中的放射性物质和重金属元素则被牢固地束缚于已熔化的玻璃体内。

玻璃化技术（vitrification）包括原位玻璃化技术（in-situ vitrification）和异位玻璃化技术（ex-situ vitrification）。原位玻璃化技术是指使用等离子、电流或其他热源对污染土壤固体组分给予 1 600～2 000 ℃的高温处理，使有机污染物和一部分无机物质（例如硝酸盐、硫酸盐、碳酸盐等）得以挥发或热解，从而从土壤中去除的过程。其中，有机污染物热解产生的水分和热解产物由气体收集系统收集后进一步处理。熔化的土壤或废物冷却后形成化学惰性的、非扩散性的整块坚硬的玻璃体，有害无机离子得到固定化。原位玻璃化技术的处理对象可以是放射性物质、有机物、无机物等多种污染物质。研究表明，原位玻璃化技术可以破坏、去除污染土壤中的有机污染物和固定大部分无机污染物，包括挥发性有机污染物和半挥发性有机污染物、其他有机污染物（例如二噁英）、重金属、放射性污染物等。实践证明，玻璃化作用不仅能应用于许多固态（或泥浆态）污染物质，且能用于处理挥发性有机污染物（VOC）、半挥发性有机污染物（SVOC）、多氯联苯（PCB）、二噁英等有机污染物。

利用玻璃化技术处理固态污染物的优点主要是：①玻璃化产物化学性质稳定，抗酸淋滤作用强，能有效阻止其中污染物对环境的危害；②固态污染物质经过玻璃化技术处理后体积变小，处置更为方便；③玻璃化产物可作为建筑材料被利用于地基、路基等建筑行业。

4. 电动修复技术　电动修复技术（electrokinetic remediation）在油类提取工业和土壤脱水方面的应用已经有几十年历史，但在原位土壤修复方面的应用时间不长。电动修复技术主要用于低渗透性土壤的修复，适用于大部分无机污染物，涉及的金属离子包括铬、镉、汞、铅、锌、锰、钼、铜、镍、铀等，涉及的有机物有苯酚、乙酸、六氯苯、三氯乙烯以及一些石油类污染物。

电动力学修复技术的基本原理类似于电池，利用插入土壤中的两个电极在污染土壤两端加上低压直流电场，在低强度直流电的作用下，水溶的或者吸附在土壤颗粒表面的污染物根据各自所带电荷的不同而向不同电极方向运动，阳极附近的酸开始向土壤毛管孔隙迁移，打断污染物与土壤的结合键。此时，大量的水以电渗透方式在土壤中流动，土壤毛管孔隙中的液体被带到阳极附近，这样就将溶解到土壤溶液中的污染物吸附到土壤表层而得以去除。

污染物的去除过程主要涉及 4 种动力学现象：电迁移、电渗析、电泳和酸性迁移带。污染物的数量和运动方向受污染物浓度、电荷性质、电荷数量、土壤类型、土壤结构、土壤界面化学性质等因素的影响。电动过程发生的必要条件之一是土壤水分含量必须大于最小值。初步试验结果表明，最小值低于土壤水分饱和值，可能在 10%～20%。

（五）污染土壤修复标准

污染土壤修复标准是指被科学技术和国家法律法规所确立、确认的土壤清洁水平，是通过土壤修复过程、各种清洁技术手段使土壤环境中污染物的浓度降低到对人类健康和生态系统不构成威胁和法规可接受的水平。这些标准是衡量污染土壤经过人为修复后其清洁程度的尺度标准。清洁是相对的和主观的，对清洁的测定需要考虑实现的可能性、土壤的本身的背景值、人体与生态系统健康影响、经济可承受能力和社会发展水平等多种因素。国内外对土壤标准进行了大量研究，取得了一系列成果，并且已经应用于实际。有关国外污染土壤修复标准请参阅有关专门书籍。这里只简要介绍我国 2018 年制定的土壤环境质量标准。

1. 土壤环境质量标准　我国的土壤环境质量标准最早是 1995 年制定发布的，2018

年进行了重新制定，将农用地和建设用地区分开来，分别发布了《土壤环境质量　农用地土壤污染风险管控标准（试行）》（GB 15618—2018）和《土壤环境质量　建设用地土壤污染风险管控标准（试行）》（GB 36600—2018）。

（1）《土壤环境质量　农用地土壤污染风险管控标准（试行）》（GB 15618—2018）为贯彻落实《中华人民共和国环境保护法》，保护农用地土壤环境，管控农用地土壤污染风险，保障农产品质量安全、农作物正常生长和土壤生态环境，制定本标准。本标准规定了农用地土壤污染风险筛选值和管制值，以及监测、实施与监督要求。

农用地土壤污染风险筛选值（risk screening values for soil contamination of agricultural land）是指农用地土壤中污染物含量等于或者低于该值的，对农产品质量安全、农作物生长或土壤生态环境的风险低，一般情况下可以忽略；超过该值的，对农产品质量安全、农作物生长或土壤生态环境可能存在风险，应当加强土壤环境监测和农产品协同监测，原则上应当采取安全利用措施。

农用地土壤污染风险管制值（risk intervention values for soil contamination of agricultural land）是指农用地土壤中污染物含量超过该值的，食用农产品不符合质量安全标准等农用地土壤污染风险高，原则上应当采取严格管控措施。

农用地土壤污染风险筛选值的基本项目为必测项目，包括镉、汞、砷、铅、铬、铜、镍和锌（表 12－17）。

表 12－17　农用地土壤污染风险筛选值（基本项目）（mg/kg）

序号	污染物项目		风险筛选值			
			pH≤5.5	5.5＜pH≤6.5	6.5＜pH≤7.5	pH＞7.5
1	镉	水田	0.3	0.4	0.6	0.8
		其他	0.3	0.3	0.3	0.6
2	汞	水田	0.5	0.5	0.6	1.0
		其他	1.3	1.8	2.4	3.4
3	砷	水田	30	30	25	20
		其他	40	40	30	25
4	铅	水田	80	100	140	240
		其他	70	90	120	170
5	铬	水田	250	250	300	350
		其他	150	150	200	250
6	铜	果园	150	150	200	200
		其他	50	50	100	100
7	镍		60	70	100	190
8	锌		200	200	250	300

注：①重金属和类金属砷均按元素总量计；②对于水旱轮作地，采用其中较严格的风险筛选值。

农用地土壤污染风险筛选值的其他项目为选测项目，包括六六六、滴滴涕和苯并（a）芘（表 12－18）。其他项目由地方环境保护主管部门根据本地区土壤污染特点和环境管理需求进行选择。

表 12－18　农用地土壤污染风险筛选值（其他项目）（mg/kg）

序号	污染物项目	风险筛选值
1	六六六总量	0.10
2	滴滴涕总量	0.10
3	苯并（a）芘	0.55

注：①六六六总量为 α-六六六、β-六六六、γ-六六六和 δ-六六六 4 种异构体的含量总和；②滴滴涕总量为 p，p′-滴滴伊、p，p′-滴滴滴、o，p′-滴滴涕和 p，p′-滴滴涕 4 种衍生物的含量总和。

农用地土壤污染风险管制值项目包括镉、汞、砷、铅、铬（表 12－19）。

表 12－19　农用地土壤污染风险管制值（mg/kg）

序号	污染物项目	风险管制值			
		pH≤5.5	5.5<pH≤6.5	6.5<pH≤7.5	pH>7.5
1	镉	1.5	2.0	3.0	4.0
2	汞	2.0	2.5	4.0	6.0
3	砷	200	150	120	100
4	铅	400	500	700	1 000
5	铬	800	850	1 000	1 300

农用地土壤污染风险筛选值和管制值的使用：

① 当土壤中污染物含量等于或者低于表 12－17 和表 12－18 规定的风险筛选值时，农用地土壤污染风险低，一般情况下可以忽略；高于表 12－17 和表 12－18 规定的风险筛选值时，可能存在农用地土壤污染风险，应加强土壤环境监测和农产品协同监测。

② 当土壤中镉、汞、砷、铅、铬的含量高于表 12－17 规定的风险筛选值、等于或者低于表 12－19 规定的风险管制值时，可能存在食用农产品不符合质量安全标准等土壤污染风险，原则上应当采取农艺调控、替代种植等安全利用措施。

③ 当土壤中镉、汞、砷、铅、铬的含量高于表 12－19 规定的风险管制值时，食用农产品不符合质量安全标准等农用地土壤污染风险高，且难以通过安全利用措施降低食用农产品不符合质量安全标准等农用地土壤污染风险，原则上应当采取禁止种植食用农产品、退耕还林等严格管控措施。

④ 土壤环境质量类别划分应以本标准为基础，结合食用农产品协同监测结果，依据相关技术规定进行划定。

（2）《土壤环境质量　建设用地土壤污染风险管控标准（试行）》（GB 36600—2018）　该标准是为贯彻落实《中华人民共和国环境保护法》，加强建设用地土壤环境监管，管控污染地块对人体健康的风险，保障人居环境安全而制定的。本标准规定了保护人体健康的建设用地土壤污染风险筛选值和管制值，以及监测、实施与监督要求。

建设用地土壤污染风险筛选值（risk screening values for soil contamination of development land）是指在特定土地利用方式下，建设用地土壤中污染物含量等于或者低于该值的，对人体健康的风险可以忽略；超过该值的，对人体健康可能存在风险，应当开展进一步的详细调查和风险评估，确定具体污染范围和风险水平。

建设用地土壤污染风险管制值（risk intervention values for soil contamination of development land）是指在特定土地利用方式下，建设用地土壤中污染物含量超过该值的，对人体健康通常存在不可接受风险，应当采取风险管控或修复措施。

建设用地中，城市建设用地根据保护对象暴露情况的不同，可划分为以下两类。第一类用地：包括《城市用地分类与规划建设用地标准》（GB 50137—2011）规定的城市建设用地中的居住用地（R），公共管理与公共服务用地中的中小学用地（A33）、医疗卫生用地（A5）和社会福利设施用地（A6），以及公园绿地（G1）中的社区公园或儿童公园用地等。第二类用地：包括《城市用地分类与规划建设用地标准》（GB 50137—2011）规定的城市建设用地中的工业用地（M）、物流仓储用地（W）、商业服务业设施用地（B）、道路与交通设施用地（S）、公用设施用地（U）、公共管理与公共服务用地（A）（A33、A5、A6除外）以及绿地与广场用地（G）（G1中的社区公园或儿童公园用地除外）等。

保护人体健康的建设用地土壤污染风险筛选值和管制值见表12-20和表12-21，其中表12-20为基本项目，表12-21为其他项目。

表12-20　建设用地土壤污染风险筛选值和管制值（基本项目）（mg/kg）

序号	污染物项目	CAS编号	筛选值		管制值	
			第一类用地	第二类用地	第一类用地	第二类用地
重金属和无机物						
1	砷	7440-38-2	20	60	120	140
2	镉	7440-43-9	20	65	47	172
3	铬（六价）	18540-29-9	3.0	5.7	30	78
4	铜	7440-50-8	2 000	18 000	8 000	36 000
5	铅	7439-92-1	400	800	800	2 500
6	汞	7439-97-6	8	38	33	82
7	镍	7440-02-0	150	900	600	2 000
挥发性有机物						
8	四氯化碳	56-23-5	0.9	2.8	9	36
9	氯仿	67-66-3	0.3	0.9	5	10
10	氯甲烷	74-87-3	12	37	21	120
11	1,1-二氯乙烷	75-34-3	3	9	20	100
12	1,2-二氯乙烷	107-06-2	0.52	5	6	21
13	1,1-二氯乙烯	75-35-4	12	66	40	200
14	顺-1,2-二氯乙烯	156-59-2	66	596	200	2 000
15	反-1,2-二氯乙烯	156-60-5	10	54	31	163
16	二氯甲烷	75-09-2	94	616	300	2 000
17	1,2-二氯丙烷	78-87-5	1	5	5	47
18	1,1,1,2-四氯乙烷	630-20-6	2.6	10	26	100
19	1,1,2,2-四氯乙烷	79-34-5	1.6	6.8	14	50
20	四氯乙烯	127-18-4	11	53	34	183
21	1,1,1-三氯乙烷	71-55-6	701	840	840	840
22	1,1,2-三氯乙烷	79-00-5	0.6	2.8	5	15
23	三氯乙烯	79-01-6	0.7	2.8	7	20

（续）

序号	污染物项目	CAS 编号	筛选值		管制值	
			第一类用地	第二类用地	第一类用地	第二类用地
24	1,2,3-三氯丙烷	96-18-4	0.05	0.5	0.5	5
25	氯乙烯	75-01-4	0.12	0.43	1.2	4.3
26	苯	71-43-2	1	4	10	40
27	氯苯	108-90-7	68	270	200	1 000
28	1,2-二氯苯	95-50-1	560	560	560	560
29	1,4-二氯苯	106-46-7	5.6	20	56	200
30	乙苯	100-41-4	7.2	28	72	280
31	苯乙烯	100-42-5	1 290	1 290	1 290	1 290
32	甲苯	108-88-3	1 200	1 200	1 200	1 200
33	间二甲苯+对二甲苯	108-38-3，106-42-3	163	570	500	570
34	邻二甲苯	95-47-6	222	640	640	640
半挥发性有机物						
35	硝基苯	98-95-3	34	76	190	760
36	苯胺	62-53-3	92	260	211	663
37	2-氯酚	95-57-8	250	2 256	500	4 500
38	苯并（a）蒽	56-55-3	5.5	15	55	151
39	苯并（a）芘	50-32-8	0.55	1.5	5.5	15
40	苯并（b）荧蒽	205-99-2	5.5	15	55	151
41	苯并（k）荧蒽	207-08-9	55	151	550	1 500
42	䓛	218-01-9	490	1 293	4 900	12 900
43	二苯并（a，h）蒽	53-70-3	0.55	1.5	5.5	15
44	茚并（1,2,3-cd）芘	193-39-5	5.5	15	55	151
45	萘	91-20-3	25	70	255	700

注：①有关第一类用地和第二类用地的砷的筛选值，具体地块土壤中污染物检测含量超过筛选值，但等于或者低于土壤环境背景值水平的，不纳入污染地块管理。土壤环境背景值可参见附录 A（本书略）。②CAS 编号为美国化学文摘社对化学品的唯一登记号。

表 12-21　建设用地土壤污染风险筛选值和管制值（其他项目）（mg/kg）

序号	污染物项目	CAS 编号	筛选值		管制值	
			第一类用地	第二类用地	第一类用地	第二类用地
重金属和无机物						
1	锑	7440-36-0	20	180	40	360
2	铍	7440-41-7	15	29	98	290
3	钴	7440-48-4	20①	70①	190	350
4	甲基汞	22967-92-6	5.0	45	10	120
5	钒	7440-62-2	165①	752	330	1 500
6	氰化物	57-12-5	22	135	44	270

（续）

序号	污染物项目	CAS 编号	筛选值		管制值	
			第一类用地	第二类用地	第一类用地	第二类用地
挥发性有机物						
7	一溴二氯甲烷	75－27－4	0.29	1.2	2.9	12
8	溴仿	75－25－2	32	103	320	1 030
9	二溴氯甲烷	124－48－1	9.3	33	93	330
10	1,2－二溴乙烷	106－93－4	0.07	0.24	0.7	2.4
半挥发性有机物						
11	六氯环戊二烯	77－47－4	1.1	5.2	2.3	10
12	2,4－二硝基甲苯	121－14－2	1.8	5.2	18	52
13	2,4－二氯酚	120－83－2	117	843	234	1 690
14	2,4,6－三氯酚	88－06－2	39	137	78	560
15	2,4－二硝基酚	51－28－5	78	562	156	1 130
16	五氯酚	87－86－5	1.1	2.7	12	27
17	邻苯二甲酸二（2－乙基己基）酯	117－81－7	42	121	420	1 210
18	邻苯二甲酸丁基苄酯	85－68－7	312	900	3 120	9 000
19	邻苯二甲酸二正辛酯	117－84－0	390	2 812	800	5 700
20	3,3′－二氯联苯胺	91－94－1	1.3	3.6	13	36
有机农药类						
21	阿特拉津	1912－24－9	2.6	7.4	26	74
22	氯丹②	12789－03－6	2.0	6.2	20	62
23	p,p′－滴滴滴	72－54－8	2.5	7.1	25	71
24	p,p′－滴滴伊	72－55－9	2.0	7.0	20	70
25	滴滴涕③	50－29－3	2.0	6.7	21	67
26	敌敌畏	62－73－7	1.8	5.0	18	50
27	乐果	60－51－5	86	619	170	1 240
28	硫丹④	115－29－7	234	1 687	470	3 400
29	七氯	76－44－8	0.13	0.37	1.3	3.7
30	α－六六六	319－84－6	0.09	0.3	0.9	3
31	β－六六六	319－85－7	0.32	0.92	3.2	9.2
32	γ－六六六	58－89－9	0.62	1.9	6.2	19
33	六氯苯	118－74－1	0.33	1	3.3	10
34	灭蚁灵	2385－85－5	0.03	0.09	0.3	0.9
多氯联苯、多溴联苯和二噁英类						
35	多氯联苯（总量）⑤	—	0.14	0.38	1.4	3.8
36	3,3′,4,4′,5－五氯联苯（PCB 126）	57465－28－8	4×10^{-5}	1×10^{-4}	4×10^{-4}	1×10^{-3}
37	3,3′,4,4′,5,5′－六氯联苯（PCB 169）	32774－16－6	1×10^{-4}	4×10^{-4}	1×10^{-3}	4×10^{-3}

（续）

序号	污染物项目	CAS 编号	筛选值		管制值	
			第一类用地	第二类用地	第一类用地	第二类用地
38	二噁英类（总毒性当量）	—	1×10^{-5}	4×10^{-5}	1×10^{-4}	4×10^{-4}
39	多溴联苯（总量）	—	0.02	0.06	0.2	0.6
石油烃类						
40	石油烃（C_{10}～C_{40}）	—	826	4 500	5 000	9 000

注：① 具体地块土壤中污染物检测含量超过筛选值，但等于或者低于土壤环境背景值水平的，不纳入污染地块管理。土壤环境背景值可参见附录 A（本书略）。

② 氯丹为 α-氯丹和 γ-氯丹两种物质含量的总和。

③ 滴滴涕为 o,p′-滴滴涕和 p,p′-滴滴涕两种物质含量的总和。

④ 硫丹为 α-硫丹和 β-硫丹两种物质含量的总和。

⑤ 多氯联苯（总量）为 PCB 77、PCB 81、PCB 105、PCB 114、PCB 118、PCB 123、PCB 126、PCB 156、PCB 157、PCB 167、PCB 169、PCB 189 共 12 种物质含量的总和。

建设用地土壤污染风险筛选值和管制值的使用：

① 建设用地规划用途为第一类用地的，适用表 12－20 和表 12－21 中第一类用地的筛选值和管制值；规划用途为第二类用地的，适用表 12－20 和表 12－21 中第二类用地的筛选值和管制值。规划用途不明确的，适用表 12－20 和表 12－21 中第一类用地的筛选值和管制值。

② 建设用地土壤中污染物含量等于或者低于风险筛选值的，建设用地土壤污染风险一般情况下可以忽略。

③ 通过初步调查确定建设用地土壤中污染物含量高于风险筛选值，应当依据 HJ 25.1、HJ 25.2 等标准及相关技术要求，开展详细调查。

④ 通过详细调查确定建设用地土壤中污染物含量等于或者低于风险管制值，应当依据 HJ 25.3 等标准及相关技术要求，开展风险评估，确定风险水平，判断是否需要采取风险管控或修复措施。

⑤ 通过详细调查确定建设用地土壤中污染物含量高于风险管制值，对人体健康通常存在不可接受风险，应当采取风险管控或修复措施。

⑥ 建设用地若需采取修复措施，其修复目标应当依据 HJ 25.3、HJ 25.4 等标准及相关技术要求确定，且应当低于风险管制值。

⑦ 表 12－20 和表 12－21 中未列入的污染物项目，可依据 HJ 25.3 等标准及相关技术要求开展风险评估，推导特定污染物的土壤污染风险筛选值。

2. 全国土壤污染状况评价技术规定　2008 年 5 月，环境保护部为了指导和规范土壤污染状况评价工作，保证全国土壤污染状况调查结论的科学性，制定了《全国土壤污染状况评价技术规定》（环发〔2008〕39 号）。该技术规定迄今还在使用，但由于《土壤环境质量标准》（GB 15618—1995）已被废除，所以在评价土壤污染状况时，其中的土壤环境质量评价标准值由《土壤环境质量　农用地土壤污染风险管控标准（试行）》（GB 15618—2018）和《土壤环境质量　建设用地土壤污染风险管控标准（试行）》（GB 36600—2018）中的风险筛选值替代。评价要点如下。

(1) 适用范围　本规定适用于全国土壤污染状况调查工作中土壤环境质量状况评价、土壤背景点环境评价和重点区域土壤污染评价。

(2) 土壤环境质量状况评价

① 评价标准值：无机类项目和有机类项目的评价标准值分别见表 12－17 和表 12－18 中的风险筛选值。

② 评价方法与分级：土壤环境质量评价采用单项污染指数法，其计算公式为

$$P_{ip}=\frac{c_i}{s_{ip}}$$

式中，P_{ip} 为土壤中污染物 i 的单项污染指数，c_i 为调查点位土壤中污染物 i 的实测浓度，s_{ip} 为污染物 i 的评价标准值或参考值。

根据 P_{ip} 的大小，可将土壤污染程度划分为 5 级（表 12－22）。

表 12－22　土壤环境质量评价分析

等级	P_{ip}	污染评价
Ⅰ	$P_{ip}\leqslant 1$	无污染
Ⅱ	$1<P_{ip}\leqslant 2$	轻微污染
Ⅲ	$2<P_{ip}\leqslant 3$	轻度污染
Ⅳ	$3<P_{ip}\leqslant 5$	中度污染
Ⅴ	$P_{ip}>5$	重度污染

(3) 土壤背景点环境评价

① 评价标准值：无机类项目和有机类项目的评价标准值分别见表 12－17 和表 12－18 中的风险筛选值。

② 评价方法与分级：土壤背景点环境评价的方法与分级同土壤环境质量状况评价的方法与分级。

③ 土壤背景点环境变化分析：

A. 土壤背景点环境变化分析：在对区域内（一般指省级行政区）土壤背景点调查数据特征进行统计的基础上，分析数据水平、离散程度及其分布特征，用“是否有变化”来定性描述土壤背景点环境变化。若有变化，需用下面 B 所列方法定量描述变化程度。

B. 土壤背景点环境元素变化率的计算方法：其计算公式为

$$P_{\mathrm{B}}=\frac{C_i-S_{\mathrm{B}}}{S_{\mathrm{B}}}\times 100\%$$

式中，P_{B} 为土壤某元素变化率（%），C_i 为土壤中元素 i 的实测含量或某单元的统计值，S_{B} 为元素 i 的“七五”背景值调查数据。

这里需要补充的是，针对普遍存在的土壤复合污染，常采用内梅罗指数法进行多因子评价。内梅罗指数法的计算公式为

$$P_{\mathrm{N}}=\sqrt{\frac{(\overline{P}_i)^2+(P_{i\max})^2}{2}}$$

式中，P_{N} 为内梅罗综合指数，$\overline{P}_i$ 为单项指数的算术平均值，$P_{i\max}$ 为最大单项指数。

根据 P_{N} 的大小，可将土壤污染程度划分为表 12－23 所示的 5 级。

表 12-23　土壤环境质量多因子评价分析

等级	P_N 值大小	污染评价
Ⅰ	$P_N \leq 0.7$	清洁
Ⅱ	$0.7 < P_N \leq 1.0$	尚清洁（警戒线）
Ⅲ	$1.0 < P_N \leq 2.0$	轻度污染
Ⅳ	$2.0 < P_N \leq 3.0$	中度污染
Ⅴ	$P_N > 3.0$	重度污染

（4）重点区域土壤污染评价

① 评价参考值：

A. 属于重污染企业及周边、工业企业遗留或遗弃场地、固体废物集中填埋、堆放、焚烧处理处置等场地及周边、工业（园）区及周边、油田、采矿区及周边、社会关注的环境热点区域以及其他可能造成土壤污染的场地等土壤的污染评价，其评价参考值见表 12-20 和表 12-21。

B. 属于污灌区、规模化畜禽养殖场周边、大型交通干线两侧等农业区的土壤污染评价，其评价参考值同表 12-17 和表 12-18。

C. 地表水评价标准执行《地表水环境质量标准》（GB 3838—2002）。

D. 地下水评价标准执行《地下水质量标准》（GB/T 14848—2017）。

E. 农产品评价标准执行农产品质量国家标准；无国家标准的，执行相关行业标准。

② 评价方法与分级：重点区域土壤污染评价的方法与分级同土壤环境质量状况评价的方法与分级。

复习思考题

1. 土壤环境背景值是如何获得的？其有什么意义？
2. 什么是土壤自净作用？其有哪些类型和影响因素？
3. 什么是土壤环境容量？其有哪些影响因素？
4. 什么是土壤污染？污染物的土壤基准与土壤标准有何异同？
5. 土壤组分如何影响污染物毒性？
6. 土壤酸碱性如何影响污染物毒性？
7. 土壤氧化还原电位如何影响污染物毒性？
8. 土壤污染的修复有哪些类型？各有哪些优缺点？
9. 土壤污染的修复有哪些重要和实际应用的标准？
10. 土壤污染修复标准与土壤应用功能的关系如何？

CHAPTER 13

第十三章

土壤质量与农产品安全

长期以来，科学家对人类活动引起的大气与水体质量下降给予了较多的关注，但除了少数相关科学家以外，很少有人关注人为活动对土壤质量的负面影响。直到20世纪70年代后，由于全球土壤退化的加剧，以及由土壤退化诱发的生态环境破坏和全球变化，人们才开始关注土壤质量在持续生产中的作用及其与植物、动物和人类健康之间的关系。1990年以后，国际上连续召开了几次有关土壤质量的国际学术讨论会，大大推进了该领域的纵深研究，对土壤质量的定义、评价指标与量化方法，以及土壤质量对农业生产力、环境保护、农产品安全、人类健康的冲击等提出了许多新的观点、理论和方法。

第一节　土壤质量的内涵

一、土壤质量的相关概念

土壤质量（soil quality）和土壤健康（soil health）这两个词在科技文献中是一个同义词，交替出现。科学家喜欢用前者，而农民喜欢用后者。简要地说，土壤质量是土壤在生态系统界面内维持生产，保障环境质量，促进动物与人类健康行为的能力（Doran和 Parkin，1994）。美国土壤学会（1995）把土壤质量定义为：在自然或管理的生态系统边界内，土壤具有动植物生产持续性，保持和提高水、气质量以及支撑人类健康与生活的能力。我国土壤科学工作者从20世纪90年代起，对国家重大基础研究规划（973）项目“土壤质量演变规律与持续利用”开展了较系统的研究，出版了《中国土壤质量》《中国土壤质量指标与评价》《健康土壤学》等专著。《中国土壤质量》一书中将土壤质量定义为：土壤提供食物、纤维、能源等生物物质的土壤肥力质量，土壤保持周边水体和空气洁净的土壤环境质量，土壤容纳消解无机和有机有毒物质、提供生物必需的养分元素、维护人畜健康和确保生态安全的土壤健康质量的综合量度。具体而言，这里所指的土壤肥力质量是指土壤确保食物、纤维和能源的优质适产、可持续供应植物养分以及抗御侵蚀的能力；土壤环境质量是指土壤尽可能地减少养分损失、温室气体排放和其他有机无机物质污染，维护地表水和地下水及空气的洁净，调节水、气质量以适于生物生长和繁衍的能力；土壤健康质量是指土壤容纳、吸收、净化污染物质，生产无污染的安全食品和营养成分完全的健康食品，促进人和动植物健康，确保生态安全的能力。

二、土壤质量的含义

从上面对土壤质量概念的叙述，至少可以得到以下结论。

1. 土壤质量主要是依据土壤功能进行定义的　土壤功能包括目前和未来土壤功能正常运行的能力。具体而言，土壤的功能（质量）包括：①生产功能，即土壤的植物和动物持续生产能力；②生态环境功能，即土壤降低环境污染物和病菌损害，调节新鲜空气和水质量的能力；③动物和人类健康功能，即土壤质量影响动植物和人体健康的能力。

2. 土壤质量概念的内涵不仅包括作物生产力、土壤生态环境保护，还包涵食品安全及人类和动物健康　土壤质量概念类似于环境评价中的环境质量综合指标，从整个生态系统中考察土壤的综合质量。这个定义超越了土壤肥力概念，也超越了通常的土壤环境质量概念，它不只是将食品安全作为土壤质量的最高标准，还关注生态系统稳定性，以及地球表层生态系统的可持续性，是与土壤形成因素及其动态变化有关的一种土壤属性（Lu 等，2015）。

3. 对土壤质量尚存在一些模糊认识　即土壤质量内涵与土壤肥沃度含义的混淆，这与土地利用、生态系统、土壤类型以及对土壤相互作用过程的复杂性认识不足有关。土壤的功能在于它作为食物的主要生产者、清洁空气和水的环境过滤器，是地球表层生态系统养分循环的推进器，是生物多样性的庇护地。一个管理良好的土壤，促进和维护土壤质量，不仅表现在土壤生产力的提高、土壤环境质量的改善，而且表现在维持着生物多样性。许多科学家将土壤抵抗环境污染置于土壤质量的首要位置，一个质量优良的土壤具有清除土壤和水污染，并对水和空气的污染物释放降到最低限度。因此，改善土壤质量的管理还应包括降低污染潜力的技术和方法。尽管土壤质量的原理是全球通用的，但田间或区域水平的管理措施将会有广泛的多样性。

第二节　土壤质量的指标体系和评价

土壤质量是土壤中退化过程和保持过程的最终平衡结果。为了建立一个合适的土壤质量评价指标体系，必须考虑土壤的多重功能，充分了解土壤质量的广泛内涵，以便揭示不同自然生态系统和管理生态系统边界内土壤质量的变化或演化，从土壤系统组分、结构及功能过程，土壤物理性质、化学性质及生物学性质以及从时间、空间状态的变化等多方面来考察土壤质量。因此土壤质量指标体系至少应包含这些方面的指标与参数。

一、土壤质量指标的筛选条件

土壤质量主要表现在它内在和外在的功能上，土壤质量本身不能直接被测量，但可以用一系列物理性质、化学性质和生物性质来表征。我国古代通过“看、摸、闻、尝”来衡量土壤质量，现代土壤学则通过测定各类土壤特性或指标来评价土壤质量。

一般认为，筛选土壤质量指标应满足如下条件：①与生态过程关联，并能用数学模型来表征；②综合了土壤物理、化学和生物学的性质和过程；③为多数用户接受并能应用于田间条件，容易被测定，且重现性好；④对气候和管理条件变化足够敏感，以便能足够敏感地监测出退化导致土壤性质的变化；⑤尽可能是现有数据库中的一部分。

但由于影响土壤质量评价指标选择的因素很多，在土壤质量指标筛选时应具体考虑不同自然生态系统和管理生态系统边界内的土地利用类型、作物种类、土壤时空变化、土壤形成条件、土壤功能等诸因素。土壤有机质、pH 等指标一般都能满足上述遴选条件，因而已在土壤质量评价中广泛被采用。而黏土矿物类型对土壤生态系统功能及其变化不敏感，^{15}N 丰度需要依赖价格昂贵的质谱仪进行分析，因而这类指标一般不宜作为通用的土壤质量指标。

二、土壤质量的指标体系

土壤质量指标是从土壤生产潜力和环境管理的角度测定和评价土壤的性状、功能或条件，通常应包括土壤物理、化学和生物学 3 个方面指标（表 13－1）。这些指标可能与土壤属性直接有关，也可能与影响土壤的某些因子（例如作物生长、灌排水等）有关，既包括描述性指标，也包括测定性指标。它们应具备操作性、灵敏性、可预测性和阈值性，数据资料易于收集和交流，并可以转化和综合。为了达到通过测定比较少的数据就可以了解土壤质量的变化的目的，研究者引入了土壤质量指标的最小数据集（minimum data set，MDS）这个概念。Sparling 等（2004）、Kinoshita 等（2012）相继提出和更新了一个最小数据集包括速效养分、有机碳、活性有机碳、土壤颗粒大小、植物有效水含量、土壤结构及形态、土壤强度、最大根深、pH 和电导率。该数据集被较广泛地采用，但明显缺乏生物学指标，有待进一步完善。

表 13－1　土壤质量评价指标

土壤物理指标	土壤化学指标	土壤生物指标
表土层厚度	有机质	有机质易氧化率
障碍层厚度和深度	pH	潜在可矿化氮
容重	阳离子交换量	土壤呼吸
黏粒	电导率	胡敏酸、富啡酸
粉黏比	含盐量	胡敏酸与富啡酸之比（HA/FA）
通气孔隙	盐基饱和度	微生物生物量碳和氮
毛管孔隙	钠饱和度	微生物量碳/总有机碳
导水率	铝饱和度	细菌总量和活性
氧扩散率	交换性酸	真菌总量和活性
团聚体稳定性	氧化还原电位	放线菌总量和活性
大团聚体	氮、磷、钾全量和有效性	脲酶
微团聚体	中量营养元素全量和有效性	蛋白酶
结构系数	微量营养元素全量和有效性	转化酶
水分含量	碳氮比	过氧化氢酶
颜色		磷酸酶
温度		
水分特征曲线		
渗透阻力		

确定了土壤质量指标体系以后，就可以针对不同的土壤过程和功能对土壤质量进行评价。表 13－2 列出了部分土壤质量指标与某些土壤过程或功能之间的联系。

表 13-2　土壤质量指标与土壤过程或功能之间的关系

土壤质量指标	土壤过程或功能
有机质	养分循环、有机污染物和水的吸持、土壤结构
渗透性	径流和淋溶的潜能、作物水分利用率、侵蚀潜能
团聚性	土壤结构、抗蚀性、作物出苗、渗透性
pH	养分有效性、有机无机污染物的吸附和运动
微生物生物量	生物活性、养分循环、降解除草剂的能力
氮的形态	氮对作物的有效性、氮淋溶的潜能、氮的矿化和固定速率
容重	作物根系的穿透性、容纳水和空气的孔隙、生物活性
表土层厚度	作物生产力所必需的根系容量、水和养分的有效性
电导率或盐渍度	水的入渗率、作物生长、土壤结构
有效养分	支持作物生长的能力、环境的危害性

三、土壤质量的评价方法

评价土壤质量要涉及土壤可持续生产力、环境质量和人畜健康这 3 个方面。目前，土壤质量的评价主要用如下 3 种方法。

（一）多变量指标克立格法

多变量指标克立格法（multiple variable indicator kriging，MVIK）是基于将无数量限制的单个土壤性质指标综合成一个总体的土壤质量指数，单项指标的标准代表土壤质量最优范围的理论基础，在地理信息系统（GIS）技术的支持下，在建立完整的土壤质量数据库的基础上，结合土壤过程模型，采用合适的数学评价模型，达到对土壤质量的自动评价和动态监测的一种基于区域尺度范围的评价方法。该评价方法可以将管理措施、经济和环境限制因子引入分析过程，还可以通过单项指标的评价，确定影响土壤质量的最关键因子。

（二）土壤质量综合评价方法

Juhos 等（2019）提到土壤质量指标通常由 6 个要素（E_1～E_6）组成，这 6 个要素构成土壤质量函数，即

$$土壤质量=f(E_1，E_2，E_3，E_4，E_5，E_6)$$

式中，E_1 为食物和纤维生产力，E_2 为侵蚀度，E_3 为地下水质量，E_4 为地表水质量，E_5 为空气质量，E_6 为食物质量。

通过建立各个要素的评价标准，利用简单乘法运算计算出土壤质量的高低，每个要素的权重由地理因素、社会因素和经济因素决定。这种评价方法的优点是，土壤功能可以根据某个特定生态系统建立特定的执行标准进行评价，例如作物生产力的产量目的（E_1），侵蚀损失的极限（E_2），由作物根区淋出化学物的浓度极限（E_3），地表水体系的养分、化学物和沉积物的承载极限（E_4），气体的产生和吸收速率对臭氧破坏作用的贡献或温室效应（E_5），食物的养分组成和化学残留物（E_6）。这些要素仅限于农业领

域。对于野生动物居住环境质量的其他因素也可以用同样的方法推导出来。

（三）土壤相对质量评价法

土壤相对质量评价法通过引入土壤质量指数来评价土壤质量的变化。这种方法要求评价的土壤质量指数与能完全满足植物生长的一种理想土壤的土壤质量指数相比，得出土壤相对质量指数（*RSQI*），由此评定该土壤的土壤质量。土壤相对质量指数的变化量可以定量地评价土壤质量的变化。

土壤质量或土壤健康的评价方法并不只限于农作物生产中使用，在不同自然生态系统或管理生态系统边界内应用时，为了减少工作量，又能获得土壤质量最小数据集，需慎重选择评价指标。例如对森林土壤质量评价中，由于森林和森林土壤对地球的碳平衡贡献较大，土壤有机质和土壤孔隙度常常是必选指标。

第三节　安全农产品与土壤质量

一、安全农产品内涵

农产品安全关系到人体健康、生活质量、社会民生和经济的可持续发展。随着我国农产品国际贸易的发展，我国农产品如何在实现农业现代化进程中适应经济全球化的形势，是国家和社会公众关注的热点问题。安全农产品指的是在当今认知条件下，对人体健康不产生危害或潜在危害的农业生产产品。目前国内外提倡的无公害农产品、绿色食品以及有机农产品，被公认为 3 大类安全农产品。

（一）无公害农产品

无公害农产品是指使用安全的投入品，按照规定的技术规范生产，产地环境、产品质量符合国家强制性标准并使用特有标志的安全农产品。无公害农产品定位于保障基本安全、满足大众消费。

针对产品质量、产地环境、投入品、生产管理技术、加工技术、认证管理等各个环节，国家及相关行业已经颁发了一系列与无公害农产品生产相关的标准，例如《无公害食品　稻米》（NY 5115—2008）、《无公害食品　水稻产地环境》（NY 5116—2002）、肥料及农药使用规则、《无公害食品　粮食生产管理规范》（NY/T 5336—2006）、《无公害食品　稻米加工技术规范》（NY/T 5190—2002）、《无公害食品　产品抽样规范　第二部分　粮油》（NY/T 5344.2—2006）等，以及针对很多其他农产品种类制定的系列标准。此外，还有针对无公害农产品产地环境出台的《无公害农产品　种植业产地环境条件》（NY/T 5010—2016）等。

（二）绿色食品

绿色食品是遵循可持续发展原则，按照特定生产方式生产，经专门机构认证，许可使用绿色食品标志的无污染的安全、优质、营养类安全农产品。由于与环境保护有关的事物国际上通常都冠之以“绿色”，为了更加突出这类食品出自良好生态环境，因此定名为绿色食品。

绿色食品标准分为两个技术等级：AA 级绿色食品标准和 A 级绿色食品标准。

AA 级绿色食品标准要求，生产地的环境质量符合《绿色食品产地环境质量标准》（NY/T 391—2013），生产过程中不使用化学合成的农药、肥料、食品添加剂、饲料添加剂、兽药及有害于环境和人体健康的生产资料，而是通过使用有机肥、种植绿肥、作物轮作、生物或物理方法等技术，培肥土壤、控制病虫草害、保护或提高产品品质，从而保证产品质量符合绿色食品产品标准要求。

A 级绿色食品标准要求，生产地的环境质量符合《绿色食品产地环境质量标准》（NY/T 391—2013），生产过程中严格按绿色食品生产资料使用准则和生产操作规程要求，限量使用限定的化学合成生产资料，并积极采用生物学技术和物理方法，保证产品质量符合绿色食品产品标准要求。

（三）有机农产品

有机农业是指按照有机农业生产标准，在农业能量的封闭循环状态下生产，全部过程都利用农业资源，而不是利用农业以外的能源（化肥、农药、生产调节剂和添加剂等）影响和改变农业的能量循环。在生产过程中不采用基因工程技术获得的生物及其产物，而是遵循自然规律和生态学原理，利用动物、植物、微生物和土壤 4 种生产因素的有效循环，不打破生物循环链的生产方式，协调种植业和畜牧业的关系，促进生态平衡、物种的多样性和资源的可持续利用。

有机农产品是指按照有机农业生产标准，在生产中不使用人工合成的肥料、农药、生长调节剂和畜禽添加剂等物质，不采用基因工程获得的生物及其产物，遵循自然现象和生态学原理，采取可持续发展的农业技术而生产出来的农产品。针对有机农产品的要求，制定了一系列相关标准，例如有机稻米，从产地到餐桌共有 4 项标准，其中第一部分便是强调其产地环境的生产基地及环境要求（DB 33/T 366.1—2002）。

农产品质量安全管理和相关标准的制定过程中，常出现几种标准分类间的交错。例如对某类农产品制定产地环境要求的标准，可同时用作绿色食品和无公害农产品产地环境标准。一般来说，标准是针对某种具体农产品，或某特定有害化学物质制定的，例如《无公害食品　黄瓜》（NY 5074—2002）；为某特定农产品的标准，例如《富硒大米》（DB 33/T 345.1—2002）；为单农药种类制定的标准，例如《稻谷中呋喃丹最大残留限量标准》（GB 14928.7—1994）等。目前，我国农产品质量安全标准制定工作发展很快，为农产品质量安全管理工作提供一些依据。

二、安全农产品与土壤质量的关系

随着各国温饱问题的逐步解决及全球经济一体化进程的加快，农产品安全已上升为人们普遍关注的热点。环境污染、农药、化肥以及激素饲料等的出现，使得农产品质量安全问题变得越来越突出，已成为全球农业和社会经济发展中必须解决的重大问题。农产品安全的影响因素众多，其中，产地环境土壤质量的恶化是引发农产品质量安全问题的源头因素，是决定农产品安全的基础条件。因此如何保障产地环境质量与农产品安全，已经成为关乎国计民生的一个刻不容缓的重要议题。

（一）土壤肥力退化与农产品安全的关系

土壤肥力退化主要是指土壤养分的贫瘠化与土壤有效养分供应机制的丧失。土壤养分元素含量及其有效性与植物产品、动物产品和人体中养分元素的组成及含量有着密切的关系。当土壤中某些化学元素的供给量低于或高于农作物所需的最适宜量时，农作物的生长会出现元素缺乏症或中毒反应，从而影响农产品品质，并通过食物链影响动物和人体健康。例如缺硼可使苹果树患缩果症、缺铁引起黄叶病、缺锌引起小叶病等。最典型的例子是，缺碘引起的地方性甲状腺肿，就是由于土壤环境中缺碘，导致粮食、蔬菜、饲料中缺碘，使人体从动植物食品中的碘摄入量太少造成的。又如缺硒会引起克山病，我国是克山病的重灾区，其分布具有明显的地区性，基本上沿兴安岭、长白山、太行山、六盘山到云贵、康藏高原的山脉分布，多发生于海拔 200～2 000 m 的山区、丘陵及其邻近地区。克山病是一种比较典型的地方病，与土壤环境关系密切，在克山病流行区，土壤中的硒含量显著的低于非病区（Chen，2012）。

农产品质量安全不仅与土壤中元素的绝对含量有关，而且与化学元素的赋存状态、土壤的理化性质及化学元素间的相互作用有关。例如水溶态氟和可交换态氟对植物、动物、微生物及人类有较高的有效性，当土壤水溶性氟、可交换态氟和浅层地下水含氟量高时，该地区的地方性氟中毒发生率就高。在我国的安徽省长江以北地区，土壤水溶性氟含量范围为 0.38～12.69 mg/kg，平均为 2.38 mg/kg，粮食、蔬菜、水果等作物吸收土壤中较高的氟，使这些地区也成为氟斑牙高发区。

（二）肥料和农药施用与农产品安全的关系

1. 施肥对农产品安全的影响　保持一定水平的土壤肥力，即土壤养分的均衡供应是保障农产品品质的前提之一。合理的农业施肥是提高土壤肥力的主要措施。我国现存农产品产地环境恶化的主要原因之一，便是施肥过量和不合理施用、化肥利用率低下。例如过量施氮磷肥不仅会加剧温室气体排放、造成养分流失，带来面源污染等环境问题，还会直接导致土壤中硝酸盐含量过高，从而引起农产品中硝酸盐积累及农产品品质下降，影响其产量及口感品质等。蔬菜是一种容易富集硝酸盐的作物，人体摄入的硝酸盐有 81.2%来自蔬菜，其中由于氮肥施用过量，使土壤中富集的硝酸盐向蔬菜中迁移，然后通过食物链进入人体是危害人体健康的重要途径。

2. 施药对农产品安全的影响　土壤是农药的集散地和储藏库，施入农田的农药大部分残留于土壤环境介质中。研究表明，施用的农药有 80%～90%进入土壤环境，从而会导致农作物及农畜产品中出现农药残留，污染食品，危害人类健康（Hwang 等，2018）。例如有机氯农药在我国已禁用 30 多年，但很多农产品中仍有残留，通过食物链富集，其浓度往往比最初在环境中的浓度高出万倍以上，仍可对人体健康产生威胁。

（三）土壤环境污染与农产品安全的关系

1. 土壤重金属污染　污染土壤中的重金属通过农作物根部吸收产生富集和放大，该过程不仅使农产品中重金属含量增加，通过食物链危及人和动物的安全，而且还破坏农产品的营养成分，降低其营养价值，影响其品质和产量。污染土壤中的重金属主要包括汞、镉、铅、铬、铜、锌、砷等。我国大多数城市近郊土壤都已受到不同程度的重金属污染，有些地方粮食、蔬菜、水果等农产品中镉、铜、砷、铅等重金属含量超标和接近临界值（Yang 等，2018）。例如沈阳市张士灌区在用污水灌溉 20 多年后，被严重污染的耕地面积已达 13%，其中稻田土壤含镉达到 5～7 mg/kg，这些耕地上生产的稻米中镉的含量高达0.4～1.0 mg/kg（已超过诱发“痛痛病”的平均镉含量0.4 mg/kg）。

2. 土壤有机污染　有机污染物是指能导致生物体或生态系统产生不良效应的有机化合物，包括天然有机污染物和人工合成有机污染物。土壤中传统有机污染物主要包括农药、持久性有机污染物、矿物油类、表面活性剂、废塑料制品、有机卤代物、工矿企业排放的含有机物的“三废”等。除此之外，还有新型有机污染物也日益受到人们的关注，例如含氟化合物、多溴联苯醚、短链氯化石蜡、新烟碱类杀虫剂、药品及个人护理品等（Zhang等，2015）。土壤中的有机污染物多具有残留期长的特点，它们的存在不仅使土壤退化，而且会严重影响农产品品质安全。更值得注意的是，许多低浓度有毒污染物属环境激素类物质，其影响是缓慢的和长期的，可能长达数十年乃至数代人。例如在浙江省某地，大量非法小作坊以焚烧等落后工艺拆解来源于美国、日本、韩国等发达国家和地区的洋电子垃圾，给当地的生存环境和居民的身体健康造成巨大损害，全区境内近50%土壤已受到不同程度的多氯联苯污染，土壤中含量高达1 100 ng/g，大气中气相多氯联苯浓度可高达641 ng/m^3，从而引发了一系列农产品安全问题，譬如当地的水稻、葡萄等都已受到了多氯联苯污染。随着近年来当地政府采取一系列环境保护措施，该问题才逐渐得到好转。

3. 土壤放射性污染　近些年来，随着核技术在工农业、医疗、地质、科研等领域的广泛应用，越来越多的放射性污染物进入土壤环境，这些放射性污染物除可直接危害人体外，还可使农产品放射性核素比活度超标，从而危害食物链安全及人体健康。此外，放射性污染物还可影响土壤微生物的生存和种类，从而影响土壤的肥力和土壤对有毒物质的分解净化能力。例如燃煤及燃煤发电厂是环境中放射性核素增加的原因之一，其产生的放射性核素除部分以燃煤灰及相关副产品的形式用作建筑材料而导致建筑物内放射性背景值增高外，绝大部分以空气沉降物的形式进入土壤中，进而通过食物链构成潜在威胁。

4. 土壤生物污染　土壤生物污染是指病原体和有害生物种群从外界侵入土壤，破坏土壤生态系统平衡，引起土壤质量下降的现象。土壤生物污染主要分两大类：①土壤病原微生物，包括土壤本身自有的病原微生物和外源病原微生物（例如大肠杆菌、沙门氏菌、脊髓灰质炎病毒等），随着生活污水或畜禽粪便等进入土壤；②抗生素抗性基因，因抗生素的滥用（例如磺胺类和四环素类）而导致抗生素抗性基因在土壤中的积累扩散，这些抗生素抗性基因还可能转移到土著微生物中，影响土壤微生物群落结构。土壤生物污染不仅可以经由食物链影响农产品安全和人体健康，而且还可以直接从土壤危害人体健康。除了对人体健康造成威胁之外，土壤生物污染还可引起植物病害，造成农作物减产（Shen等，2019）。

（四）保障农产品安全的土壤质量管理对策和措施

农产品安全贯穿农产品的生产、加工和销售的过程，涉及农业、环境保护、化工、卫生等多种行业。就农产品安全土壤质量管理而言，保证产地土壤环境健康是当务之急，其主要对策及措施是建立安全农产品生产基地，摸清农产品产地地力情况，并阻断污染源进入农产品产地环境的途径。

1. 构建和完善产地土壤质量评价、定级和监控系统　国家虽然对农产品质量标准已先后颁布了《食品卫生法》《产品质量法》《标准化法》等，但对农产品产地环境质量、污染物允许含量、监控技术等缺乏具体的、可操作的标准。要实现农产品的安全生产，必须对其产地土地的质量进行评价，其中农用地分等定级是土地质量评价的重要组成部分。

农用地分等定级是对土地自身生产能力的评价，它是农用地科学管理、综合整治的基础，对区域经济的持续、稳定发展具有重大作用。农用地分等定级的主要内容包括对农用土地自然生产力与土地生产的社会条件、经济条件和环境条件的综合评价，通过定量指标科学量化农用地数量、质量及其分布，然后对农用土地进行分等定级与估价，确定农用地质量等级，建立完善的农用地质量价格体系，从而有利于统一掌握农用地质量分布格局和划定基本农田保护区，开展土地整理，有助于实现农村集体土地按质分配、农用地征用按质补偿、农村集体土地使用流转按质论价。

探索具有中国特色的土地资源评价方法是当今土地资源评价的首要任务，也是实现土地资源可持续利用，确保粮食安全，从而实现人口、资源和环境协调发展的基础。我国农用地分等定级或估价应由单一评价向综合评价发展，使农用地评价与农用地分等定级和估价紧密结合在一起，从而保证土地评价的科学性，因此开展农用地分等定级及估价的综合研究是农用地分等定级的发展方向。随着可持续土地利用评价研究的深入，还应重视不同评价方法的引入与融合，例如将传统土地评价（土地资源潜力评价和土地资源适宜性评价）与景观生态学原理（景观结构和过程、景观异质性）结合起来，这对土地可持续利用评价具有重要意义。

2. 实施农用地的风险管控分类管理　根据全国农产品产地土壤重金属污染普查结果，结合农用地土壤污染状况详查初步结果、国家土壤环境监测网农产品产地土壤环境监测等调查监测数据，以及各地根据实际情况安排部署的相关土壤环境调查监测数据，综合考虑土地利用方式、地形地貌、污染程度、集中连片度等因素，以乡镇为单元，结合实际情况和相关技术规范，统筹开展耕地土壤环境类别划分，按照《土壤污染防治行动计划》（“土十条”）要求，结合《土壤环境质量　农用地土壤污染风险管控标准》（GB 15618—2018）将农用地全面划分为优先保护类、安全利用类和严格管控类，整体推进实施农用地分类管控的管理思路，切实加大保护力度，着力推进安全利用，全面落实严格管控。

3. 强化肥料、农药管理，推行安全化生产规范技术　不合理施用化肥、农药是导致农产品品质下降、产品不安全的重要途径。直接施用人畜粪便作有机肥料，特别是施用规模化畜禽养殖场的新鲜粪尿，会给蔬菜等农产品带来沙门氏菌、肠病毒、肝病毒等多种病源微生物。长期偏施氮化肥，不仅引起氮肥损失、水体污染，而且会降低农产品质量，表现在降低产品的蛋白质和糖类含量，蔬菜类的硝态氮积累，卫生质量下降。在病虫害防治中，高毒、高残留农药的使用仍屡禁不止，虽然有许多高毒农药已被禁用多年，但在水果、蔬菜中仍常有被检出，土壤中的残留则更多。因此应对畜禽有机肥进行无害化处理；调整化肥结构，合理配置化肥资源；选用高效、低毒农药，大力推广生物防治、综合治理等措施。

为了确保农产品安全，已提出了一些安全农产品生产的技术规范，例如无公害农产品生产技术、绿色食品生产技术、有机农业生产技术等（Zhao 等，2011）。但许多技术在不同地区应用时，常常缺乏标准化和操作性，有待进一步完善。

4. 保护产地农业环境，修复污染土壤　农产品产地环境不仅包括土壤，而且包括水和大气等。因此要保障农产品安全，不仅要保护其产地的土壤质量，还要保护水和大气的质量。当农产品产地环境中某些有毒有害物质含量过多时，产地环境就会遭到污染，在这种环境中生活的人群就要受到不同程度的损害，导致各种疾病发生，严重时甚至出现急性和慢性中毒甚至死亡现象。因而农产品产地环境健康的保护问题显得尤为重要。日益加剧的耕地土壤重金属污染问题是目前严重制约我国农业可持续稳健发展的重要因素。开展受污染耕地的安全利用，确保其农用地性质，对维护社会稳定、改善生态环境、提升农产品竞争力等均有重要意义。对于已经污染的土壤，则主要采取一些修复技术，例如物理修复技术、化学修复技术、生物修复技术及联合修复技术（Liu 等，2018）。

复习思考题

1. 土壤质量的内涵是什么？
2. 土壤质量指标的筛选条件是什么？
3. 从物理、化学、生物学 3 方面简述土壤质量分析的指标。
4. 简述土壤质量常用的几种评价方法。
5. 什么是安全农产品？阐述无公害农产品、绿色食品、有机农产品的概念以及三者之间的关系。
6. 具体阐述土壤质量与农产品安全之间的关系。
7. 保障农产品安全的土壤质量管理对策及措施有哪些？
8. 结合实例，谈谈你对土壤质量与农产品安全之间关系的看法。

CHAPTER 14

第十四章

土壤退化与生态恢复

从 20 世纪 60 年代以来，世界各国对土壤退化问题给予了极大的关注和重视。由于人口、资源、环境之间矛盾的尖锐化，已使人们日渐意识到，人与自然之间的某些不相协调的活动，会严重影响、破坏人类赖以生存的环境。土壤及土地资源退化，直接影响地球表面系统土壤的生产力、稳定性、持续性及土地承载力，并诱发全球变化，最终能从根本上动摇人类生存和发展的物质基础。

我国的土壤资源严重不足，而且由于某些不合理的利用，土壤退化严重。据统计，至 2011 年，因土壤流失、盐渍化、沼泽化、土壤肥力衰减、土壤连作障碍和土壤污染及酸化等造成的土壤退化总面积约 5.392×10^{8} hm^2（8.088×10^{9} 亩），占全国土地面积的 56.2%。这些退化表现为物理性质、化学性质和生物学性质的退化。因此认识土壤退化的类型、程度和主要原因，揭示土壤自身的演替规律及其与生物和其他环境因素之间相互作用的关系，应用生态恢复的理论和方法控制和恢复土壤退化，是保持农业及国民经济可持续发展的重要土壤理论和实践课题。

第一节　土壤退化的概念和分类

一、土壤退化的概念

（一）土壤退化的概念

土壤退化问题早已引起世界各国科学家的关注，但土壤退化的定义，不同学者提出了多种不同的叙述。一般的看法是，土壤退化是指数量减少和质量降低。数量减少可以表现为表土丧失，或整个土体的丧失，或土地被非农业占用。质量降低表现在土壤物理性质、化学性质、生物学性质改变，导致土壤肥力、生产力或土壤环境质量下降。为加深对这一概念的认识，有必要说明几点。

① 土壤退化是一个非常复杂的问题，它是由自然因素和人为因素共同作用的结果。破坏性自然灾害及异常的土壤形成因素（例如气候、母质、地形等）是引起土壤自然退化（土壤侵蚀、沙化、盐化、酸化等）的基础。而人与自然相互作用的不和谐是加剧土壤退化的根本原因。人为活动不仅直接导致天然土地的被占用等，更危险的是人类盲目地开发利用土壤、水、大气、生物等农业资源（砍伐森林、过度放牧、不合理农业耕作等）造成生态环境的恶性循环，例如温室效应使气候变暖，由此带来的全球变化必将对土地退化造成严重的影响。

② 从一定意义上说，土壤资源从数量上是无再生能力的，因而具有土壤数量有限性的特点。但从质量上，可以改良培肥土壤，保持“地力常新”。可见土壤退化和土壤质量

是紧密相关的一个问题的两个侧面。土壤退化虽然包括土壤数量的减少，但对于人多地少的我国，潜在危险更大的是土壤质量的退化。因此要正确认识人与自然的关系，按自然规律搞好生态环境建设、区域开发、兴修水利、合理耕作、培肥土壤以防止土壤质量的退化。

③ 耕地土壤是人类赖以生存的最珍贵的土壤资源，是最基本的农业生产资料。耕地土壤退化虽然受不利自然因素的作用，但人类高强度的土地利用，不合理的种植、耕作、施肥等活动，是导致耕地土壤的生态平衡失调、环境质量变劣、再生能力衰退、生产力和可持续性下降的主要原因。因此要防治土壤退化，首先要切实保护好对农业生产有着特殊重要性的耕地土壤。

（二）土地退化与土壤退化

在讨论土地退化或土壤退化时，两者常常混为一谈，许多情形下，把土壤退化简单地作为土地退化来讨论，反之亦然。

1. 土地退化　应该看到，土地是宏观的自然综合体的概念，它更多地强调土地属性，例如地表形态（山地、丘陵等）、植被覆盖（林地、草地、荒漠等）、水文（河流、湖沼等）和土壤（土被）。而土壤是土地的主要自然属性，是土地中与植物生长密不可分的那部分自然条件。对于农业来说，土壤无疑是土地的核心。因此土地退化应该是指人类对土地的不合理开发利用而导致土地质量下降乃至荒芜的过程。其主要内容包括森林的破坏及衰亡、草地退化、水资源恶化与土壤退化。土地退化的直接后果是：①直接破坏陆地生态系统的平衡及其生产力、稳定性、持续性；②破坏自然景观及人类生存环境；③通过水和能量的平衡与循环的交替演化诱发区域乃至全球的土被破坏、水系萎缩、森林衰亡和气候变化，因而与全球变化有更密切的关系。

2. 土壤退化　土壤退化是土地退化中最集中的表观、最基础而最重要的、具有生态环境连锁效应的退化现象。土壤退化是在自然环境的基础上，因人类开发利用不当而加速的土壤质量和生产力下降的现象和过程。这就是说，土壤退化现象仍然服从于土壤形成因素理论。考察土壤退化一方面要考虑到自然因素的影响，另一方面要关注人类活动的干扰。土壤退化的标志是对农业而言的土壤肥力和生产力的下降及对环境来说的土壤质量的下降。研究土壤退化不但要注意量的变化（即土壤面积的变化），而且更要注意质的变化（肥力与质量问题）。

二、土壤退化的分类

土壤退化虽自古有之，但土壤退化的科学研究是比较薄弱的。联合国粮食及农业组织1971年才编写了《土壤退化》一书，我国20世纪80年代才开始研究土壤退化分类。所以国际上对土壤退化还没有一个权威的看法，下面以近年来一些研究结果为例说明。

（一）联合国粮食及农业组织《土壤退化》一书中的分类

1971年联合国粮食及农业组织在《土壤退化》一书中，将土壤退化分为10大类：侵蚀、盐碱、有机废料、传染性生物、工业无机废料、农药、放射性、重金属、肥料和洗涤剂。后来又补充了旱涝障碍、土壤养分亏缺和耕地非农业占用3类。

（二）我国对土壤退化的分类

1. 中国科学院南京土壤研究所的分类　中国科学院南京土壤研究所借鉴国外的分

类，根据我国的实际情况，将我国土壤退化分为土壤侵蚀（A）、土壤沙化（B）、土壤盐化（C）、土壤污染（D）、不包括上列各项的土壤性质恶化（E）、耕地的非农业占用（F）6类。在这6类基础上进一步进行2级分类。中国土地（壤）退化1、2级分类如下：

1级	2级
A 土壤侵蚀	A_1 水蚀
	A_2 冻融侵蚀
	A_3 重力侵蚀
B 土壤沙化	B_1 悬移风蚀
	B_2 推移风蚀
C 土壤盐化	C_1 盐渍化和次生盐渍化
	C_2 碱化
D 土壤污染	D_1 无机物（包括重金属和盐碱类）污染
	D_2 农药污染
	D_3 有机废物（工业及生物废物中生物易降解有机毒物）污染
	D_4 化学肥料污染
	D_5 污泥、矿渣和粉煤灰污染
	D_6 放射性物质污染
	D_7 寄生虫、病原菌和病毒污染
E 土壤性质恶化	E_1 土壤板结
	E_2 土壤潜育化和次生潜育化
	E_3 土壤酸化
	E_4 土壤养分亏缺
	E_5 土壤生物活力下降
F 耕地的非农业占用	

2. 潘根兴的分类　潘根兴（1995）初拟了一个土壤退化类型的划分，把土壤退化划分为如下两类。

（1）数量退化　具有现实农、林、牧生产力的土壤面积萎缩。

（2）质量退化　土壤性质恶化、土壤肥力与环境质量下降。

根据土壤退化的原因，将上述两类予以进一步划分。

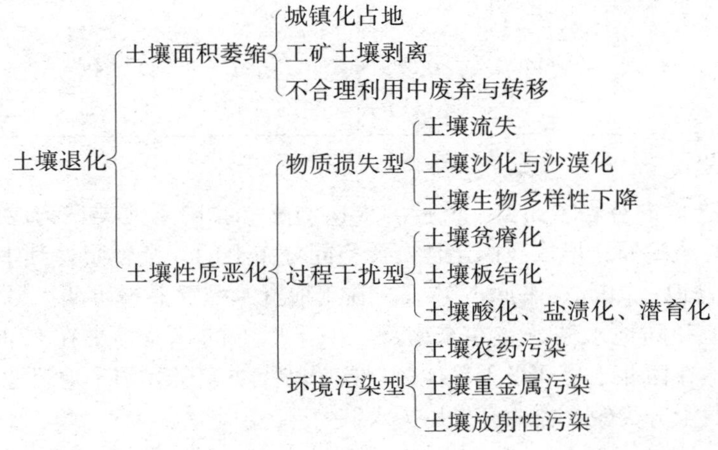

土壤退化是土壤生态系统结构和功能被破坏的过程，它牵涉到土壤的物理过程、化学过程和生物过程。某个类型的土壤退化可能以一种过程占优势，不过，土壤退化过程中物理过程、化学过程、生物过程事实上是相互影响、相互叠加的。例如环境污染型土壤退化，是由污染物影响土壤中的化学过程，进而影响土壤中的生物学作用，因此对土壤退化而言，常常不能归结于一种过程，这是与讨论土壤形成过程所不同的。

第二节　我国土壤退化的背景和态势

一、我国土壤退化的自然因素和社会因素

（一）土壤（地）资源短缺，空间分布不均

我国陆地总面积为 9.6×10^6 km^2，土壤（地）资源总量较大，但人均资源占有量低，人多、地少、水缺是我国土壤（地）资源的基本国情。自然限制因素和社会限制因素多，资源环境矛盾突出，这是土壤利用和农业生产的客观情况。

1. 人均土壤资源占有率低　据统计，2016 年全国耕地总面积为 1.349×10^8 hm^2，人均不到 0.1 hm^2，不但低于发达国家，而且低于一些发展中国家（表 14-1）；人均耕地、永久性草地和牧场、森林面积分别仅为世界人均水平的 47.4%、58.2%和 24.6%。

表 14-1　我国与一些国家的土地资源占有情况对比

（引自联合国粮食及农业组织，2016）

国家	国家面积（$\times10^6$ hm^2）	土地面积（$\times10^6$ hm^2）	人口（$\times10^6$）	耕地（$\times10^6$ hm^2）	永久性草地和牧场（$\times10^6$ hm^2）	森林面积（$\times10^6$ hm^2）
美国	983.2	914.7	325.1	157.8	245.1	310.1
英国	24.4	24.2	66.7	6.1	11.3	3.1
加拿大	988.0	896.6	36.7	38.2	19.3	347.1
韩国	10.0	9.8	51.1	1.4	0.1	6.2
匈牙利	9.3	9.1	9.7	4.3	0.8	2.1
土耳其	78.5	77.0	81.1	20.0	14.6	11.7
阿根廷	278.0	273.7	43.9	39.2	108.5	27.1
尼日利亚	92.4	91.1	190.9	34.0	30.3	7.0
中国	960.0	942.5	1 390.00	134.9	219.4	252.9
全世界	13 486.0	13 002.9	75 479.0	1 390.7	3 266.4	3 999.1

注：小数点后为四舍五入数。

2. 土地资源空间分布不均匀，区域开发压力大　我国土地类型构成从东向西，由平原、丘陵到青藏高原，形成我国土地资源空间分布上的 3 个台阶，其中山地占 33%、高原占 26%、盆地占 19%、平原占 12%，在土地资源配置上不协调。另一方面，我国 90%以上的耕地和陆地水域分布在东南部，一半以上的林地集中在东北和西南山地，80%以上的草地在西北干旱和半干旱地区，这个特点决定了我国土地资源与耕地资源空间分布上的矛盾十分尖锐，农业开发压力大。

3. 生态脆弱区范围大　我国农业耕垦区中，黄土高原、新疆绿洲、西南岩溶区及东北西部与内蒙古地区均属生态脆弱带，处于两种或两种以上生态系统交错区，农业生态系统功能极为脆弱，土壤退化潜在危险明显。

4. 耕地土壤质量总体较差，自维持能力弱　我国 1.349×10^8 hm^2 耕地中，约有 2/3 属中低产地（年粮食产量为 3～5 t/hm^2）。普遍缺氮磷的耕地约占 59%，缺钾的约占 23%，土壤有机质含量不足 6 g/kg 的耕地约占 11%。

（二）人口增长与社会经济发展对土壤的压力

进入 20 世纪 50 年代后，世界人口增长快速，人地矛盾日益尖锐。2005 年，全球人口超过 65 亿，预计 2030 年将达 83 亿、2050 年将增长至 93 亿。为了满足世界人口不断增长的需求，世界粮食产量到 2030 年必须从目前的 1.9×10^9 t 再增加 1.0×10^9 t，几乎相当于从 20 世纪 60 年代中期以来的增长数量。我国 2018 年人口已达 13.95 亿，粮食总产约为 6.58×10^8 t。预测到 2030 年人口将达到 14.73 亿，期望粮食要求达到 6.63×10^8 t 以上。因此农业生产的压力沉重，土壤资源的强度开发在所必然。

同时，正在快速发展的城镇化及民用建设对土壤资源的占用加剧了土壤资源紧缺矛盾。由于各项占用，耕地土壤减少数量相当可观。城市向郊区的扩展，民营企业及各项建设正蚕食着土壤。

（三）水资源短缺与土壤退化

2012 年，我国人均占有水资源为 2 007 m^3，仅为全世界人均占有量的 25%，缺水是与土壤退化有关的不可忽视的因素。我国的水土资源存在着严重的分离。长江流域及长江以南地区耕地只占全国总量的 38%，而径流量占全国 82%。黄河、淮河和海河 3 大流域耕地占全国总量的 40%，而径流量仅占全国总量的 6.0%。

二、我国土壤退化的现状和态势

（一）土壤退化的面积广，强度大，类型多

20 世纪 80 年代，我国土壤流失总面积达 1.79×10^6 km^2，几乎占国土陆地总面积的 1/5。2004 年，全国荒漠化面积达 2.64×10^6 km^2，占国土陆地总面积的 27.5%；其中沙化面积约 1.74×10^6 km^2，占国土陆地总面积的 18.1%。全国近 4×10^8 hm^2 的草地，20 世纪 80 年代中期严重退化的面积已达 30%以上。土壤环境污染已大面积影响我国农业土壤，20 世纪 90 年代初，受工业"三废"污染的农田已超过 6.0×10^6 hm^2，相当于 50 个农业大县的全部耕地面积。近年来，我国受有机物和其他化学品污染的农田有数千万公顷，受重金属污染的农业土地也超过千万公顷。总之，我国土壤退化的发生区域广，全国东西南北中均发生着类型不同、程度不等的土壤退化现象。简要来说，华北主要发生盐碱化，西北主要是沙漠化，黄土高原和长江上中游主要是土壤流失，西南发生石质化，东部地区主要表现为肥力退化和环境污染退化。土壤退化已影响我国 60%以上的耕地土壤。

（二）土壤退化发展迅速、影响深远

土壤退化发展速度惊人，仅耕地占用一项，在 1981—1995 年的 15 年间，全国共减

少耕地 5.4×10^6 hm^2。土壤流失的发展速度也惊人，土壤流失面积由 20 世纪 50 年代的 1.5×10^6 km^2 发展到 90 年代末的 1.79×10^6 km^2，尽管 90 年代末土壤流失面积有所缩小，但仍达 1.65×10^6 km^2。20 世纪末，我国土地沙漠化面积仍以每年2 100～2 500 km^2 的速度扩展。土壤酸化面积不断扩展，仅在 1985—1994 年的 10 年间，我国南方地区酸雨的影响面积就由 1.5×10^6 hm^2 扩大到 2.5×10^6 hm^2。在长江三角洲地区，宜兴市水稻土 pH 在 10 年内平均下降了 0.2～0.4 个单位，铜、锌、铅等重金属有效态含量升高了 30%～300%。并且有越来越多的证据表明土壤有机污染物积累在加速。

土壤退化对我国生态环境及国民经济造成了巨大的影响。土壤退化的直接后果是土壤生产力降低，化肥报酬率递减。化肥用量的不断提高，不但使农业投入产出比增大，而且已成为面源污染的主要原因。土壤流失使土壤损失了相当于 4.0×10^7 t 化肥的氮、磷、钾养分，而且淤塞江河，严重影响水利设施的效益和寿命。全国土壤流失最严重的陕北高原，水库库容的平均寿命只有 4 年。长江中下游严重的土壤流失使三峡库区总沙量达 1.6×10^8 t，入库泥沙达 4.0×10^7 t，构成对三峡水库的重大威胁。并且泥沙淤塞又使中下游地区湖泊容积缩小，行洪能力大大下降。1998 年的特大洪灾与此密不可分。因此中央政府决定在长江上游停止砍伐森林，保护土壤。

第三节　土壤退化的主要类型及其防治

一、土壤沙化和土地沙漠化

土壤沙化和土地沙漠化的重要过程是风蚀和风力堆积过程。在沙漠周边地区，由于植被破坏，或草地过度放牧，或开垦为农田，土壤变得干燥，土壤颗粒分散缺乏凝聚，被风吹蚀，细颗粒含量逐步降低。而在风力过后或减弱的地段，风沙颗粒逐渐堆积于土壤表层而使土壤沙化。因此土壤沙化包括草地土壤的风蚀过程及在较远地段的风沙堆积过程。

20 世纪 80 年代，我国北方沙漠化土地面积约 3.34×10^5 km^2，按照土壤发生层次 A、B、C 各层被风蚀破坏的程度分为若干种发展状态（陈隆享，1993），其相对分布见表 14－2。至 2014 年，全国沙化土地面积达到了 $1.721\,2\times10^6$ km^2，并且还有 3.186×10^5 km^2 的土地存在明显的沙化趋势。

表 14－2　我国土壤风蚀沙化分级及其比例

（引自陈隆享，1993，经整理）

类　型	吹蚀深度	风沙覆盖（cm）	0.01 mm 土壤颗粒损失率（%）	生物生产力下降（%）	分布面积（$\times10^4$ km^2）	占全部的比例（%）
轻度风蚀沙化（潜在沙漠化）	A 层剥蚀 ＜1/2	＜10	5～10	10～25	15.8	47.31
中度风蚀沙化（发展中沙漠化）	A 层剥蚀 ＞1/2	10～50	10～25	25～50	8.1	24.25
重度风蚀沙化（强烈沙漠化）	A 层殆失	50～100	25～50	50～75	6.1	18.26
严重风蚀沙化（严重沙漠化）	B 层殆失	＞100	＞50	＞75	3.4	10.18

（一）土壤沙化和沙漠化的类型

根据土壤沙化区域差异和发生发展特点，我国沙漠化土壤大致可分为以下 3 种类型。

1. 干旱荒漠地区的土壤沙化 干旱荒漠地区的土壤沙化分布在内蒙古的狼山—宁夏的贺兰山—甘肃的乌鞘岭以西的广大干旱荒漠地区，沙漠化发展快，面积大。据研究，甘肃省河西走廊的沙丘每年向绿洲推进 8 m。该地区由于气候极端干旱，土壤沙化后很难恢复。

2. 半干旱地区的土壤沙化 半干旱地区的土壤沙化主要分布在内蒙古中西部和东部、河北北部、陕北及宁夏东南部。该地区属农牧交错的生态脆弱带，由于过度放牧、农垦，沙化呈大面积区域化发展。这种沙化类型区人为因素很大，土壤沙化有逆转可能。

3. 半湿润地区的土壤沙化 半湿润地区的土壤沙化主要分布在黑龙江、嫩江下游，其次是松花江下游、东辽河中游以北地区，呈狭带状断续分布在河流沿岸。沙化面积较小，发展程度较轻，并与土壤盐渍化交错分布，属林牧农交错的地区，降水量在 500 mm左右。对这种类型的土壤沙化，控制和修复是完全可能的。

（二）土壤沙化的影响因素

第四纪以来，随着青藏高原的隆起，西北地区干旱气候得到发展，风沙的活动促进了土壤沙化。但人为活动是土壤沙化的主导因子，这是因为：①人类经济的发展使水资源进一步萎缩，加剧了土壤的干旱化，促进了土壤的可风蚀性；②农垦和过度放牧，使干旱、半干旱地区植被覆盖率大大降低。例如大兴安岭南部丘陵地区，农垦土壤沙化面积占区域总面积的 14.1%。科尔沁左旗、科尔沁右旗等地区 20 世纪 50 年代有次生林超过 1.2×10^5 hm^2，80 年代仅剩下 4×10^4 hm^2，而沙化土壤面积增加到 7.0×10^5 hm^2。经过 40 多年的不懈努力，终于阻挡住了“沙魔”前进的脚步，科尔沁沙地率先实现了治理速度大于沙化速度的良性逆转。

据统计，人为因素引起的土壤沙化占总沙化面积的 94.5%，其中农垦不当占 25.4%，过度放牧占 28.3%，森林破坏占 31.8%，水资源利用不合理占 8.3%，开发建设占 0.7%。

（三）土壤沙化的危害

土壤沙化对经济建设和生态环境危害极大。首先，土壤沙化使大面积土壤失去农牧生产能力，使有限的土壤资源面临更为严重的挑战。我国在 1979—1989 年的 10 年间，草场退化每年约 1.3×10^6 hm^2，人均草地面积由 0.4 hm^2 下降到 0.36 hm^2。其次，土壤沙化使大气环境恶化。由于土壤大面积沙化，使风挟带大量沙尘在近地面大气中运移，极易形成沙尘暴，甚至黑风暴。20 世纪 30 年代在美国，60 年代在苏联均发生过强烈的黑风暴，70 年代以来，我国新疆发生过多次黑风暴。

土壤沙化的发展，造成土地贫瘠，环境恶劣，威胁人类的生存。我国汉代以来，西北的不少地区是一些古国的所在地，例如宁夏地区是古西夏国的范围，塔里木河流域是楼兰古国的地域，大约在 1 500 年前还是魏晋农垦之地，但现在上述古文明已从地图上消失了。从近代时间看，1961 年新疆生产建设兵团 32 团开垦的土地，至 1976 年才 15 年时间，已被高 1～1.5 m 的新月形沙丘所覆盖。

（四）土壤沙化的防治

土壤沙化的防治必须重在防。从地质背景上看，土地沙漠化是不可逆的过程。土壤沙化的防治重点应放在农牧交错带和农林草交错带，在技术措施上要因地制宜。主要防治途径是有以下几条。

1. 营造防沙林带　我国沿吉林白城地区的西部—内蒙古的兴安盟东南—哲里木盟和赤峰市—古长城沿线是农牧交错带地区，土壤沙化正在发展中。我国已实施建设“三北”地区防护林体系工程，应进一步建成为“绿色长城”。第一期工程就完成了 6.0×10^6 hm^2 的植树造林任务，第五期工程已经启动。历时 40 年，累计造林保有面积达 3.0143×10^7 hm^2，已使数百万公顷农田得到保护，轻度沙化得到控制。

2. 实施生态工程　我国的河西走廊地区，昔日被称为“沙窝子”“风库”，当地因地制宜，因害设防，采取生物工程与石工程相结合的办法，在北部沿线营造了超过 1 220 km 的防风固沙林超过 3.0×10^5 hm^2，封育天然沙生植被 2.65×10^5 hm^2，在走廊内部营造起约 5×10^4 hm^2 农田林网，河西走廊一些地方如今已成为林茂粮丰的富饶之地。

3. 建立生态复合经营模式　内蒙古东部、吉林白城地区、辽西等半干旱、半湿润地区，有一定的降水资源，土壤沙化发展较轻，应建立林农草复合经营模式。

4. 合理开发水资源　这个问题在新疆、甘肃的黑河流域应得到高度重视。例如塔里木河在 1949 年径流量为 1.0×10^{10} m^3，50 年代后上游站尚稳定在 4.0×10^9～5.0×10^9 m^3。但在只有 2 万人口、2 000 多 hm^2 土地和 30 多万只羊的中游地区消耗掉约 4.0×10^9 m^3 水，中游区大量耗水致使下游断流，300 km 地段树、草枯萎和残亡，下游地区的 4 万多人口、1 万多 hm^2 土地面临着生存威胁。因此应合理规划，调控河流上、中、下游流量，避免使下游干涸、控制下游地区的进一步沙化。

5. 控制农垦　土地沙化正在发展的农区，应合理规划，控制农垦，草原地区应控制载畜量。草原地区原则上不宜农垦，旱粮生产应因地制宜，控制在沙化威胁小的地区。印度在 1.7×10^8 hm^2 草原上放牧超过 4×10^8 头羊，使一些稀树干草原很快成为荒漠。内蒙古草原的理论载畜量应为每公顷 0.49 只羊，而实际载畜量为每公顷达 0.65 只羊，超出 33%。因此从牧业可持续发展看必须减少放牧量。实行牧草与农作物轮作，培育土壤肥力。

6. 完善法制，严格防范破坏草地　在草原、土壤沙化地区，工矿、道路以及其他开发工程建设必须进行环境影响评价。对人为盲目垦地种粮、樵柴、挖掘中药等活动要依法从严打击。

二、土壤流失

（一）土壤流失的类型及其表征

1. 土壤流失的类型　土壤流失是土壤物质由于水力及水力加上重力作用而搬运移走的侵蚀过程，也称为水土流失作用。土壤流水在自然界广泛存在，称作自然侵蚀。人为活动，尤其是森林破坏与不合理农业开发加速了土壤自然侵蚀。土壤流失的主要类型有：流水侵蚀、重力侵蚀、冻融侵蚀等。各种侵蚀类型的发生发展有多种表现方式。以流水侵蚀为例，分面蚀和沟蚀两种主要方式。前者含溅蚀、片蚀、细沟侵蚀等不同发展阶段；后者为径流集中成股流而对地面土壤的冲刷，表现为细沟、浅沟、切沟、冲沟、河沟等形式。重力侵蚀在地表表现为滑坡、崩塌、山剥皮等。它们既独立发展，又相互联系，相互转化。

2. 土壤流失的指标　衡量土壤流失的数量指标主要采用土壤侵蚀模数，即每年每平方千米土壤流失量。根据土壤侵蚀模数对区域划分土壤流失强度（表 14－3）。对重力侵蚀，一般按地表破碎程度进行分级（表 14－4）。为了防止土壤流失，不少国家规定了土壤侵蚀允许值，该值理论上是土壤流失速度达到与自然土壤形成速度平衡时的土壤流失强度。温带地区一般形成 25 cm 厚的表土层需要 300～500 年，相当于每年每平方千米 150～180 t。非洲某些国家规定，沙土为每年每平方千米 150 t，黏土为每年每平方千米 180 t。美国的土壤流失允许值，耕地为每年每平方千米 1 250 t，牧场为每年每平方千米 500 t。美国土壤保持局提出了一个通用土壤流失方程以对侵蚀进行预测预报，即

$$A=R\cdot K\cdot L\cdot S\cdot C\cdot P$$

式中，A 为土壤流失量，R 为降雨侵蚀力因子，K 为土壤可蚀性因子，L 为坡长因子，S 为坡度因子，C 为覆盖与管理因子，P 为水土保持措施因子。这些因子需要根据具体情况进行测定或估算。

表 14－3　土壤侵蚀强度分级标准表

（引自 SL 190—96）

级别	平均侵蚀模数［t/(km^2·年)］	年平均流失厚度（mm）
微度	＜200，500，1 000	＜0.15，0.37，0.74
轻度	200，500，1 000～2 500	0.15，0.37，0.74～1.90
中度	2 500～5 000	1.9～3.7
强度	5 000～8 000	3.7～5.9
极强度	8 000～15 000	5.9～11.1
剧烈	＞15 000	＞11.1

注：①土壤流失厚度系按土壤容重 1.35 g/cm^3 折算，各地可按当地土壤容重计算之。②“微度”和“轻度”中的 3 组数据，分别对应于西北黄土高原区、东北黑土和北方土石山区、南方红壤丘陵区和西南土石山区。

表 14－4　重力侵蚀强度分级指标表

（引自 SL 190—96）

强度分级	崩塌面积占坡面面积比（%）
轻度	＜10
中度	10～25
强度	25～35
极强度	35～50
剧烈	＞50

（二）我国土壤流失状况

我国的土壤流失发生范围广、土壤流失量大，主要发生地区是黄河中上游黄土高原地区、长江中上游丘陵地区和东北平原地区。这些地区是我国重要的农林业生产区域，土壤流失量已超过允许流失量多倍。例如黄土高原总面积为 5.8×10^5 km^2，土壤流失面积达 2.35×10^5 km^2，占总面积的 81%左右，其中严重流失面积约 1.1×10^5 km^2，土壤流失以沟蚀为主，片蚀次之。长江流域在 20 世纪 50 年代初土壤流失面积为 3.638×10^5 km^2，2015 年扩大到 3.85×10^5 km^2，新增土壤流失面积 54.48%。而东北地区开发晚，但土壤流失也较为严重，例如 50 年代初土壤流失总面积约 1.0×10^5 km^2，到 50 年代末增加到 1.85×10^5 km^2，2015 年增加到 2.53×10^5 km^2。土壤流失主要发生在黑土、黑钙土地区，尤其是丘陵漫岗地形，以片蚀为主。目前，土壤流失依然是我国最严重的土壤退化因素之一，是我国农业可持续发展的严重障碍因子。

（三）土壤流失的主要形成因素

人为活动是造成土壤流失的主要因素。

1. 植被破坏　植被破坏使得土壤失去天然保护屏障，成为加速土壤流失的先导因子。例如中国科学院华南植物研究所在 400 hm^2 强侵蚀丘陵地上对“土壤流失区植被重建”试验表明，光板地的泥沙年流失量为 26 901 kg/hm^2，桉林地为 6 210 kg/hm^2，而阔叶混交林地仅 3 kg/hm^2；土壤流失量与植被覆盖率呈负相关。

2. 坡耕地垦殖　它使土壤暴露于水力冲刷，是土壤流失的推动因子，土壤流失量与坡度呈指数关系。由于我国人口剧增，人均占有土地面积越来越少，丘陵地区农业活动势必由平地向坡地推进。坡耕地农业是我国南方山地丘陵和黄土高原的特色。例如四川省内江市是全国土壤强度流失区，10°～25°或以上的坡耕地面积占该区耕地面积的 96%，全市土壤年流失量达 4.208×10^7 t，且流失量随耕地坡度而剧增（表 14－5）。长江三峡地区旱耕地占总耕地的 60%，而大于 15°的坡耕地约为旱地的一半。

表 14－5　四川省内江市耕地坡度与流失量

坡度（°）	每年每平方千米流失量（$\times10^3$ t）
10	3.0
20	6.6
＞26	11.9

3. 季风气候的影响　我国长江流域、江南丘陵、黄土高原土壤流失严重也与季风气候的影响有关。季风气候的特点是：降水量大且集中，多暴雨，因此也加重了土壤流失。

（四）土壤流失对农业生产和生态环境的影响

1. 土壤薄层化　土壤流失在水平方向导致土被的破碎，土被分割度提高；在垂直方向上导致土被剥蚀变薄。严重的土壤流失可使土壤失去原有的生产力，并且恶化景观。其发展速度随着土壤流失量的增大而剧增。在强烈流失区，只需要几十年就可发生

表 14 - 6 所述的情况。

表 14 - 6 土体被剥蚀产生的景观及其分布

被蚀土层	演变景观	分布地区
A	红色沙漠	第四纪红土地区
B	白沙岗 光板地	花岗岩红土地区 玄武岩、砖红壤地区
C	光石山	石灰岩、砂砾岩地区

土壤流失导致的土地石质化已是我国西南喀斯特地区严重的生态环境问题，是该区耕地减少的主要原因。

2. 土壤质量下降 土壤流失使土壤养分库及其调蓄能力受破坏，肥力快速递降，导致土壤养分严重亏缺（表 14 - 7）。我国每年流失土壤超过 5.0×10^9 t，占世界总流失量的 1/5，受危害严重的耕地约占总耕地的 1/3，相当于耕地削去 10 mm 厚的土层，损失氮磷钾养分相当于 4.0×10^7 t 化肥。

表 14 - 7 江西某地不同侵蚀强度下氮磷钾的积累与流失比较

植被	每年每平方千米土壤流失量（t）	每年每平方千米氮磷钾积累量（kg）	每年每平方千米氮磷钾流失量（kg）	盈亏
密林	2 000	115.5	64.66	+50.8
稀疏林	5 000	64.5	164.51	−100.0
稀疏草地	10 000	8.37	460.27	−451.9
无植被	50 000	2.82	2264.5	−2 261.7

3. 生态环境进一步恶化 长江流域由于土壤流失，泥沙大量在河湖淤积，使湖面快速缩小。云南省在 20 世纪 50 年代初面积大于 50 km^2 的湖泊共 46 个，到 80 年代中期仅剩 20 余个。滇池 1988 年测定的水面面积、库容及水深分别比 1957 年下降 7%、8%和 5.5%。黄土高原地区某些水库，常常刚建成未发挥效益就被淤塞。土壤流失还往往引发地质灾害的发生，江西、福建、广东等的花岗岩、砂砾岩地区，经常发生崩岗，西南地区崩塌、滑坡、山洪常有发生，这与土壤流失密切相关。

（五）土壤流失的防治

土壤流失的防治是一个急需解决的问题。防治土壤流失应从如下几方面着手。

1. 树立保护土壤、保护生态环境的全民意识 土壤流失问题是关系到区域乃至全国农业及国民经济持续发展的大问题。要在处理人口与土壤资源，当前发展与可持续发展，土壤治理与生态环境治理和保护上下工夫。要制定相应的地方性、全国性荒地开垦，农、林地利用监督性法规，制定土壤流失量控制指标。要像环境保护一样处理好土壤流失。

2. 防治兼顾、标本兼治 对于土壤流失发展程度不同的地区要因地制宜，搞好土壤流失防治。

（1）无明显流失区在利用中应加强保护 这主要是在森林、草地植被完好的地区，采育结合、牧养结合，制止乱砍滥伐，控制采伐规模和密度，控制草地载畜量。

(2) 轻度和中度流失区在保护中利用　在坡耕地地区，实施土壤保持耕作法。对于农作区，可实行土壤保持耕作，例如紫色土实行聚土免耕垄作，一般农田可实行免耕、少耕或轮耕制。丘陵坡地实行梯田化，横坡耕地，带状种植。实行带状、块状和穴状间隔造林，构筑生物篱，并辅以鱼鳞坑、等高埂等田间工程，以促进林木生长，恢复土壤肥力。根据澳大利亚的研究，坡面土壤流失的44%可通过保土耕作法得到治理，56%可通过工程措施治理。

(3) 在土壤流失严重地区应先保护后利用　土壤流失是不可逆过程，在土壤流失严重的地区要将保护放在首位。在封山育林难以奏效的地区，首先必须搞工程建设，例如高标准梯田化以拦沙蓄水，增厚土层，千方百计培育森林植被。在江南丘陵地区、长江流域可种植经济效益较高的乔、灌、草本作物，以植物代工程。例如香根草、百青草在江南地区丘陵防止土壤流失上十分有效，并以保护促利用。这些地区宜在工程实施后全面封山、恢复后视情况再开山。

总之，防治土壤流失，应从生态工程、生物工程、水利工程等多方面着手，开展综合治理。

三、土壤盐渍化和次生盐渍化

(一) 土壤盐渍化及其类型

土壤盐渍化主要发生在干旱、半干旱和半湿润地区，它是指易溶性盐分在土壤表层积累的现象或过程。土壤盐渍化可分为如下几种类型。

1. 现代盐渍化　现代盐渍化是指在现代自然环境下的盐渍化过程，其盐积过程是主要的土壤形成过程。

2. 残余盐渍化　残余盐渍化是指土壤中某个部位含一定数量的盐分而形成盐积层，但盐积过程不再是目前环境条件下主要的土壤形成过程。

3. 潜在盐渍化　心底土存在盐积层，或者处于盐积的环境条件（例如高矿化度地下水、强蒸发等）时，有可能发生盐分表聚的情况。这就是潜在盐渍化。

我国盐渍土总面积约 9.9×10^7 hm^2，其中现代盐渍化土壤约 3.7×10^7 hm^2，残余盐渍化土壤约 4.5×10^7 hm^2，潜在盐渍化土壤约 1.7×10^7 hm^2。由于受气候及水资源条件的限制，以及科学技术开发能力的限制，很多盐渍化土壤尤其是现代盐渍化土壤及残余盐渍化土壤尚未得到有效利用。

(二) 土壤次生盐渍化及其成因

土壤次生盐渍化是土壤潜在盐渍化的表象化。由于不恰当的利用，使潜在盐渍化土壤中盐分趋向表层并积聚的过程，称为土壤次生盐渍化。土壤次生盐渍化的发生，从内因看，土壤具有盐积的趋势或已盐积在一定深度。从外因看，主要是因为农业灌溉不当，归结起来有：①由于发展引水自流灌溉，导致地下水位上升超过其临界深度，使地下水和土体中的盐分随土壤毛管水通过地面蒸发而积聚于表土；②利用地面或地下矿化水（尤其是矿化度大于3 g/L时）进行灌溉，而又不采取调节土壤水盐运动的措施，导致灌溉水中的盐分积累于耕层中；③在开垦利用底土盐积层土壤的过程中，过量灌溉的下渗水流溶解活化其中的盐分，溶解于其中的盐分随蒸发而积聚于土壤表层。

土壤次生盐渍化还包括土壤次生碱化。它是在原有盐渍化基础上，钠离子吸附比增大，pH 升高现象。其原因有：①盐渍土脱盐过程中土壤含盐量下降，交换性钠活动性增强，钠饱和度升高，pH 升高；②低矿化碱性水灌溉引起土壤次生碱化。

（三）土壤盐渍化的防治

土壤盐渍化和次生盐渍化是目前世界上灌溉农业地区农业可持续发展的制约因素。2016 年，全世界灌溉面积近 3×10^8 hm^2，因此防治土壤盐渍化和次生盐渍化是当务之急。由于水盐运动共轭性，土壤盐渍化和次生盐渍化的防治应重点围绕“水”字做文章，具体对策如下。

1. 合理利用水资源　合理利用水资源，就应发展节水农业。节水农业的实质就是采取节水的农业生产系统、栽培制度、耕作方法。我国长时间来采用水洗排盐的方法，实际上在干旱、半干旱地区，土体中盐分很难排至 0.5 g/kg 以下。采用大灌大排办法已越来越不能适应水资源日益紧张的国情。因此只有发展节水农业才是出路。具体做法如下。

（1）实施合理的灌溉制度　在潜在盐渍化地区的灌溉，既考虑满足作物需水，又要尽量调节土壤剖面中的盐分运行状况。灌溉要在作物生长关键期进行，例如拔节、抽穗灌浆期灌溉效果为最佳。

（2）采用节水防盐的灌溉技术　我国 95%以上的灌溉面积是常规地面灌溉。近年来的研究表明，在地膜栽培的基础上，把膜侧沟内水流改为膜上水流，可节水 70%以上。同时，推广水平地块灌溉法，代替传统沟畦灌溉，改长畦为短畦，改宽畦为窄畦，采用适当的单宽流量，可节水 30%～50%。这些措施可减少灌溉的渗漏损失与蒸发，从而防止大水漫灌引起的地下水位抬高。在有条件的地方，可发展滴灌、喷灌、渗灌等灌溉技术。

（3）减少输配水系统的渗漏损失　这是在潜在盐渍化地区防止河、渠、沟边次生盐渍化的重要节水措施。有资料表明，未经衬砌的土质渠道输水损失达 40%～60%，渠系的渗水还带来大量的水盐，由于渗漏水补偿，引起周边地下水抬高，直接导致土壤次生盐渍化。

（4）处理好蓄水与排水及引灌与井灌的关系　平原地区水库蓄水从水盐平衡角度讲，盐并未排出。应吸取 20 世纪 50 年代末大搞平原水库蓄水引起大面积土壤次生盐渍化的教训，可以探索发展地下水库。在平原地区，雨季来临之前，抽吸浅层地下水灌溉，使地下水位下降而腾出库容；雨季时促进入渗而保存于土壤中。根据中国科学院南京土壤研究所在河南浸润盐渍区的研究结果，单一的引黄灌区使地下水位抬升，发生明显的土壤次生盐渍化。单一的井灌区，由于地下水的连续开采，地下水资源日益紧张。而在井渠结合的灌溉区，地下水位能保持恒稳，又不至于发生次生盐渍化。

2. 因地制宜地建立生态农业结构　对某些潜在盐渍化严重的土壤，井渠结合灌溉在控制水盐运动上难以奏效，宜改水田为旱田，改粮作为牧业，既节约水资源，又发展多种经营，可发挥最佳效益。

3. 精耕细作　在盐渍化土壤上，宜多施有机肥。对于碱化土壤应在施用有机肥的前提下，采用低矿化度水灌溉，以控制次生碱化。应根据盐渍的水盐动态规律，在精耕细作、农艺操作上下工夫。

四、土壤潜育化和次生潜育化

土壤潜育化是土壤处于地下水与饱和、过饱和水长期浸润状态下，在1 m内的土体中某些层段氧化还原电位低于200 mV，并出现因铁、锰还原而生成的灰色斑纹层，或腐泥层，或青泥层，或泥炭层的土壤形成过程。土壤次生潜育化是指因耕作、灌溉等人为原因，土壤（主要是水稻土）从非潜育型转变为高位潜育型的过程，常表现为50 cm土体内出现青泥层。

我国南方有潜育化或次生潜育化稻田超过4.0×10^6 hm^2，约有一半为冷浸田，是农业发展的又一障碍。潜育化或次生潜育化土壤广泛分布于江、湖、平原，例如鄱阳平原、珠江三角洲平原、太湖流域、洪泽湖以东的里下河地区，以及江南丘陵地区的山间构造盆地、古海湾地区等。

（一）次生潜育化稻田的形成

次生潜育化水稻田的形成与土壤本身排水条件不良、水过多以及耕作利用不当有关。

1. 排水不良 土壤处于洼地、比较小的平原、山谷涧地等地区，排水不良是形成次生潜育化水稻田的根本原因。

2. 水过多 水过多的原因首先是水利工程，沟渠水库周围坝渠漏水而造成水稻田水过多。其次可能是潜水出露，例如湖南的“滂泉田”，排灌不分离，串灌造成土壤长期浸泡。

3. 过度耕垦 我国南方20世纪60—70年代大力推广三季稻，复种指数大大提高，干湿交替时间缩短，犁底层加厚并更紧实，阻碍了透水、透气，易诱发次生潜育化。另外，次生潜育化与土壤质地较黏、有机质含量较高也有关。

（二）潜育化和次生育化水稻土的障碍因素

1. 还原性有害物质较多 强潜育性土壤的氧化还原电位大多在250 mV以下。Fe^{2+}含量可高达4×10^3 mg/kg，为非潜育化稻田的数十至数百倍，这种土壤上生长的作物易受还原物质毒害。

2. 土性冷 潜育化或次生潜育化水稻田的水温、土温在早稻生产的3—5月，比非潜育化稻田分别低3～8 ℃和2～3 ℃，是稻田僵苗不发、迟熟低产的原因。

3. 养分转化慢 潜育化或次生潜育化土壤的生物活动较弱，有机质矿化作用受抑制，有机氮矿化率只有正常稻田的50%～80%。土壤钾释放速率低，速效钾、缓效钾均较缺乏，还原作用强，有较高的甲烷（CH_4）、氧化亚氮（N_2O）源。

（三）潜育化和次生潜育化土壤的改良和治理

潜育化和次生潜育化土壤的改良和治理应从环境治理做起，治本清源、因地制宜、综合利用，主要方法措施如下。

1. 开沟排水，消除渍害 在稻田周围开沟，实行排灌分离，防止串灌。明沟成本较低，但暗沟效果较好，沟距以6～8 m（重黏土）和10～15 m（轻黏土）为宜。

2. 多种经营，综合利用 可采用稻田养殖系统，例如稻田-鱼塘、稻田-鸭-鱼系统。或者开辟为浅水藕、荸荠等经济作物田。有条件的实施水旱轮作。

3. 合理施肥　潜育化和次生潜育化稻田氮肥的效益大大降低，宜施磷、钾、硅肥以获增产。

4. 开发耐渍水稻品种　这是一种生态适应性措施。探索培育耐潜育化水稻良种，已收到一定的增产效果。

五、土壤连作障碍

（一）土壤连作障碍的概念

我国人地矛盾突出及片面追求经济效益的最大化，迫使我国难以参考发达国家采用的合理轮作及休耕制度养护我国有限的耕地。因此我国农田，尤其是设施栽培多采取连作种植模式。狭义的连作是指在同一块地里连续种植同种作物（或同科作物），而广义的连作是指同一种作物或感染同一种病原菌或线虫的作物连续种植。同种作物或近缘作物连作以后，即使在正常管理的情况下，也会产生产量降低、品质变劣、生育状况变差的现象，这就是连作障碍。土传病害是土壤连作障碍中目前发生最为严重、形势最为严峻的表现形式，例如粮油作物中的花生，果蔬中的黄瓜、番茄、西瓜，中药材三七、地黄等因土传病害的发生导致其产量下降甚至绝收，成为农民增产增收的重要限制因子。

（二）土壤连作障碍的成因

土壤连作障碍产生的原因有很多，例如土壤理化性状的恶化、土壤次生盐渍化、作物自毒作用、土壤生物活性下降或区系平衡被打破等，目前未能清晰表述出连作障碍的单一原因，因作物及土壤不同，各种主要影响因素有所区别。

1. 土壤理化性状的恶化　连作过程会逐渐导致土壤孔隙度降低、容重增大、透气性降低、板结等问题，进而影响植株生长。另外，同种作物或类似作物的养分吸收规律类似，连作作物对某些养分有着特殊需求，易造成土壤养分不均衡，从而致使作物体内各种养分比例失调而出现生理和功能性障碍。

2. 土壤次生盐渍化　土壤内可溶性盐类随水向土壤表层（0～20 cm）运移并积累，会导致土壤盐分含量过高，这是土壤盐渍化过程，其严重影响作物根系生长、作物产量及品质，导致土壤连作障碍发生。

3. 作物自毒作用　化感作用是指植物或微生物向其周围的环境中释放化学物质，造成周围植物或微生物表现出促进或抑制效应，而自毒作用是化感作用的一种特殊表现形式。自毒作用是作物自身产生的物质抑制自身或同科植物的正常生长发育，主要包括作物残体腐解产生的有毒害作用的物质、根系分泌物等。自毒作用可能是造成土壤连作障碍的重要因素。

4. 土壤生物活性下降或区系平衡被打破　栖居在土壤中的有机活体主要可分为微生物及土壤动物。土壤微生物又包含细菌、真菌、原生动物、藻类等类群，而土壤动物包含无脊椎动物等。土壤微生物及动物不仅参与土壤养分循环，还对土壤健康起决定性的作用。随着连作障碍程度的增加，土壤生物种群组成平衡被打破，细菌与真菌间的互作关系趋于减弱，从而造成有害生物，尤其是土传病原菌逐渐积累，最终导致土壤连作障碍的发生。

（三）土壤连作障碍的防治

土壤连作障碍的防治措施目前主要有物理防治措施、化学防治措施、生物防治措施及综合防治措施。

1. 物理防治措施　物理防治措施有客土法、隔地栽培、深翻、日晒、淹水等。客土法是指利用新土置换连作表土，从而达到缓解连作障碍的目的。但客土法需要消耗大量的资源，而且此法并未从根本上解决连作障碍，达到生态可持续的目的。隔地栽培是针对土壤连作障碍，采用塑料薄膜隔绝根系与外界土壤间的联系，使用园土或园土基质的混合物为栽培介质，从而克服土壤连作障碍的技术。深翻可以加厚土层，疏松土质，从而有利于土壤熟化，增加土壤肥力，同时还可增加土层通气性和透水性，升高土壤温度，提高土壤微生物的活力，克服土壤连作障碍。日晒法是指利用太阳能闷棚暴晒土壤以减少土传病原微生物的数量而达到缓解土壤连作障碍的目的。此外，使连作土壤处于淹水状态，并添加有机物料，使其处于强还原状态，也是有效防控连作障碍的物理措施之一。物理防治措施较少单独使用，常配合其他措施进行综合防治。

2. 化学防治措施　化学防治措施是指施用化学药剂处理土壤。在连作障碍严重发生的土壤上，使用咪鲜胺、丙环唑、多菌灵、甲基托布津、五氯硝基苯、普克、敌克松等化学杀菌剂可有效杀灭病原微生物或降低土壤中病原微生物的种群数量，从而缓解土壤连作障碍。此外，针对连作障碍发生较重的土壤，还可采取土壤熏蒸的防治技术。常用的土壤熏蒸剂有溴甲烷及其衍生替代品、棉隆、石灰氮、高氮化肥及有机物料、氯化苦等。然而溴甲烷、氯化苦等高毒性物质因其破坏环境已被禁止使用或限制使用。此外，化学防治措施易造成土壤生物活性的下降，熏蒸后如不注意调理土壤，防控效果存在一定的风险。化学防治措施虽见效快，但是毒性强、破坏环境，仍需研发低毒、高效、绿色环保的化学药剂。

3. 生物防治措施　生物防治措施有选育抗性品种、轮作、间套作、施用生物防治菌剂及生物有机肥等。针对以土传病害为主要形式的连作障碍，抗性品种选育是效果较好的防治措施，其不仅可通过抗性基因的表达缓解连作障碍，还可招募特定的微生物种群在其根际定殖，构成抵御病原菌侵染的“前沿”阵地。轮作及间套作可以通过根系分泌物改善连作作物根际土壤微生态环境，优化微生物的种类及数量，减轻连作危害，促进植物生长，已证明是缓解连作障碍的有效模式之一。向连作土壤中直接使用生物防治菌剂（例如芽孢杆菌、假单胞菌、放线菌、黄杆菌、木霉及复合生物防治菌剂等），已成为生物防治连作障碍的常见措施。然而直接施用生物防治菌剂，常因与土著微生物存在营养竞争、生态位竞争等问题，生物防治菌剂在土壤中的存活受限，进而影响防治效果。由根际促生菌或生物防治菌剂与氨基酸有机肥二次发酵而成的生物有机肥，可通过降低土壤病原微生物数量、刺激土著有益微生物的生长、修复菌群之间的互作关系，进而调控土壤微生物区系，最终缓解土壤连作障碍。施用生物有机肥调控土壤微生物区系已成为现代农业防控土传病害最为重要的手段之一。

4. 综合防治措施　综合防治，即不同方法结合使用，以达到缓解土壤连作障碍的目的。例如土壤熏蒸联合施用生物有机肥、轮作及间套作时施用生物有机肥、利用秸秆及淹水使土壤发生强还原后施生物有机肥等，可增加土壤连作障碍的防治效果。

六、土壤肥力衰退和土壤污染防治

土壤肥力衰退主要是指土壤养分贫瘠化。为了维持绿色植物生产，土壤就必须年复一年地消耗它有限的物质储库，特别是作物所需的那些必要的营养元素，一旦土壤中营养元素被耗竭，土壤就不能满足作物生长。关于土壤肥力衰退和污染防治在另外章节中已作较详细讨论，不须赘述。

第四节　土壤退化的生态恢复

一、退化生态系统和土壤退化

（一）退化生态系统

1. 退化生态系统的定义　退化生态系统是指生态系统在自然或人为干扰下形成的偏离自然状态的系统。与自然生态系统相比，退化生态系统的生物种类组成、群落或系统结构发生改变，生物多样性减少，生物生产力降低，土壤和微环境恶化，生物间相互关系改变。

2. 退化生态系统的成因　退化生态系统形成的直接原因是人类活动，部分来自自然灾害，有时二者叠加发生作用。生态系统退化的过程由干扰的强度、持续时间和规模决定。Daily(1995）对造成生态系统退化的人类活动进行了排序：过度开发（含直接破坏和环境污染等）占 35%，毁林占 30%，农业活动占 28%，过度收获薪材占 7%，生物工业占 1%。自然干扰中外来物种入侵（包括因人为引种后泛滥成灾的入侵）、火灾及水灾是最重要的因素。

3. 退化生态系统恢复的必要性　基于以下 4 个原因，人类对退化生态系统进行恢复是非常必要的：①需要增加作物产量满足人类需求；②人类活动已对地球的大气循环和能量流动产生了严重的影响；③生物多样性依赖于人类保护和生境恢复；④土壤退化限制了社会经济的发展。

（二）土壤退化

土壤是陆地生态系统最重要的组成成分之一，也是人类用于生产食物的最基本的资源要素，受到人类活动的强烈干扰。土壤退化必将引起相应生态系统的退化，使之成为退化生态系统。另一方面，生态系统的退化也将导致土壤的进一步退化，形成恶性循环。应用恢复生态学原理和方法，是遏制土壤退化和恢复重建退化生态系统的重要途径。

二、生态恢复和恢复生态学

（一）生态恢复和恢复生态学的概念

1. 生态恢复　生态恢复是帮助退化、受损或毁坏的生态系统恢复的过程，是一种旨在启动及加快对生态系统健康、完整性及可持续性进行恢复的主动行为。与自然条件下发生的生态系统次生演替不同，生态恢复强调人类的主动作用。与生态恢复（restoration）相关的概念还有：重建（rehabilitation）、改良（reclamation）、改进（enhancement）、修补（remedy）、减缓（mitigation）、重造（creation）、更新（renewal）、再植（revegetation）、生态工程（ecological engineering）等。这些概念的表述与生态恢复既有差异、也有相关性，可以看作广义的生态恢复概念。

2. 恢复生态学　恢复生态学是一门关于生态恢复的学科，由于恢复生态学的理论性和实践性特征，从不同的角度看会有不同的理解，因此关于恢复生态学的定义有很多，其中具有代表性的有以下几个。

（1）从状态方面进行定义　美国自然资源委员会认为，使一个生态系统回复到较接近其受干扰前的状态即为生态恢复。这类定义强调恢复到干扰前的理想状态。

（2）从过程方面进行定义　我国学者余作岳和彭少麟提出，恢复生态学是研究生态系统退化的原因、退化生态系统恢复和重建的技术与方法、生态学过程和机制的科学。这类定义强调应用生态学过程。

（3）从整合性恢复方面进行定义　国际恢复生态学会先后提出了多个定义，认为恢复生态学是研究如何修复由于人类活动引起的原生生态系统生物多样性和动态损害的一门学科，其内涵包括帮助恢复和管理原生生态系统的完整性过程。这种完整性包括生物多样性临界变化范围，生态结构和过程、区域及历史内容，可持续发展的文化实践。显然，这类定义强调生态整合性恢复。

（二）生态恢复的目标和原则

1. 生态恢复的目标　许多学者认为，生态恢复的基本目标是把已遭到破坏的生态系统重新恢复成未受干扰的状态。而实际上，要想精确地再现受干扰之前的状态几乎是不可能的，或者不可能完全按原来的顺序和强度再现，但是生态恢复应尽可能地恢复或重建健康生态系统所应该具备的主要特征，例如可持续性、稳定性、生产力、营养保持力、完整性、生物间相互作用等。

根据不同的社会、经济、文化和生活需要，人们往往会对不同的退化生态系统制定不同水平的恢复目标。但是无论对什么类型的退化生态系统，应该存在一些基本的恢复目标或要求，主要包括：①实现生态系统的地表基底稳定性，因为地表基底（地质地貌）是生态系统发育和存在的载体，基底不稳定（例如滑坡），就不可能保证生态系统的持续演替和发展；②恢复植被和土壤，保证一定的植被覆盖率和土壤肥力；③增加生物种类组成和生物多样性；④增强生态系统功能，提高生态系统的生产力和自我维持能力；⑤提高生态效益，控制土壤流失，减少或控制环境污染；⑥构建合理景观，增加视觉和美学享受。

2. 生态恢复的原则　退化生态系统的恢复要求在遵循自然规律的基础上，通过人类的作用，根据技术上适当，经济上可行，社会能够接受的原则，使受损或退化生态系统重新获得健康，并使其有益于人类生存和生活的生态系统重构或再生过程。生态恢复的原则一般包括自然原理和原则、社会经济技术原则和人文美学原则 3 个方面（图 14－1）。自然原理和原则是生态恢复的基本原则，也就是说，只有遵循自然规律的生态恢复才是真正意义上的生态恢复，否则只能是背道而驰，事倍功半。社会经济技术条件是生态恢复的后盾和支柱，在很大程度上制约着生态恢复的可能性、水平和深度。人文美学原则是指退化生态系统的恢复应给人以美的享受。

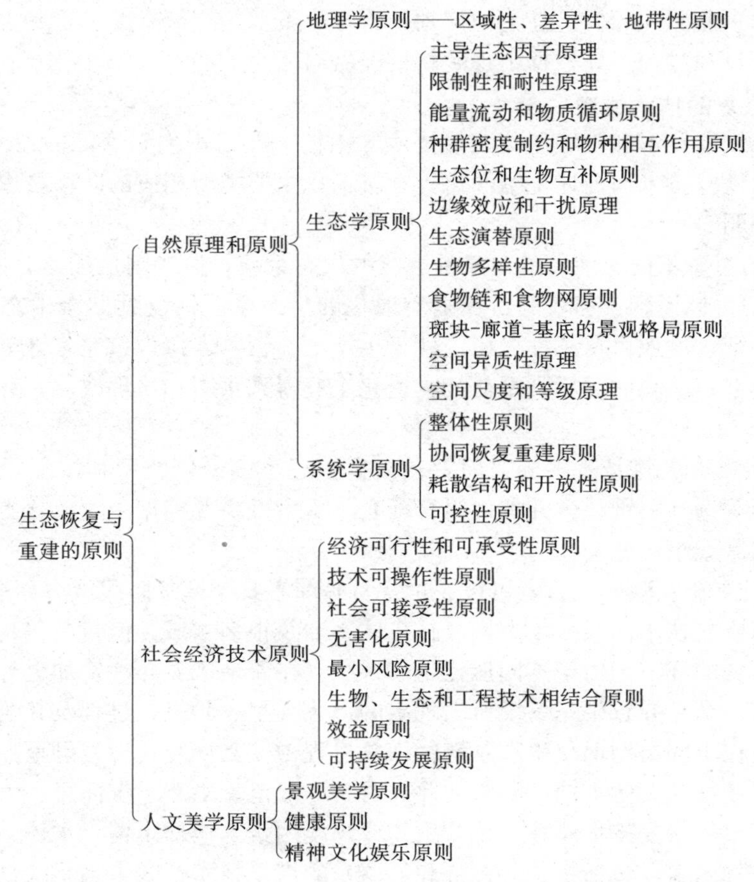

图 14-1　退化生态系统恢复与重建的基本原则

（三）生态恢复的程序和技术体系

1. 生态恢复的程序　生态恢复是一个复杂的、具有阶段性和程序性的生态工程，其重要程序包括以下几个方面。

（1）系统边界的确定　确定所研究的退化生态系统的时空范围，明确系统分布的边界，判定恢复对象的层次和级别。

（2）生态系统状况调查　有针对性地选定调查方法，选取退化生态系统的基本状态指标，进行系统调查。

（3）生态系统退化诊断　通过诊断评价样点的现状，揭示导致生态系统退化的原因（尤其是关键因子），阐明退化过程、退化阶段和退化强度，找出控制和减缓退化的方法。

（4）目标、原则和方案的确定　根据生态条件、社会条件、经济条件和文化条件决定恢复重建的生态系统的结构及功能目标，制定易于测量的成功标准，提出优化方案，进行可行性分析和生态经济风险评估。

（5）生态恢复的实施　根据方案，采用合适的生态恢复技术进行生态恢复。特别要注意在不同的恢复阶段采用不同的恢复技术。

（6）生态恢复的示范和推广　对已完成有关目标的恢复实例，应加以示范和推广，使生态恢复的成果尽快在全社会得到应用。

(7) 预测、监测和评价　与土地规划、管理决策部门交流有关理论和方法；监测恢复中的关键变量和过程，并根据出现的新情况做出适当的调整。

2. 生态恢复的技术体系

(1) 生态恢复技术和土壤退化防治技术的比较　在讨论生态恢复的技术体系之前，有必要对生态恢复技术与前述土壤沙化等土壤退化主要类型相应的防治技术的区别和联系作一简要说明。

① 二者的对象不同：前者的对象是退化的生态系统，后者则是某类退化的土壤。

② 二者的目标不同：前者的目标是使退化的生态系统恢复到健康生态系统所应该具备的主要特征，例如可持续性、稳定性、生产力、营养保持力、完整性等，因此评价标准和指标复杂；后者的目标则是使某类退化土壤得到预防和治理改善，评价标准和指标较简单。

③ 二者的配套关键技术不同：前者须根据生态系统退化类型和恢复目标、退化阶段和恢复进程等选择关键技术并加以组合配套；后者则主要根据土壤退化类型和预防治理目的选择技术或组装配套。

④ 二者具有相互联系：后者可以、也常常是前者某个恢复阶段或方面的重要技术。

(2) 生态恢复技术体系　生态恢复技术体系涉及很多领域，但目前仍是恢复生态学中一个较为薄弱的环节。由于不同退化生态系统存在着地域差异性，加上外部干扰类型和强度的不同，结果导致生态系统所表现出的退化类型、阶段、过程及其响应机制也各不相同。因此在不同类型退化生态系统的恢复过程中，其恢复目标、侧重点及其选用的配套关键技术往往会有所不同。尽管如此，对于一般退化生态系统而言，大致需要或涉及以下几类基本的恢复技术体系：①非生物或环境因素（包括土壤、水体、大气）的恢复技术；②生物因素（包括物种、种群和群落）的恢复技术；③生态系统（包括结构和功能）的总体规划、设计与组装技术。这里，将退化生态系统的一些常用或基本的技术总结于表 14－8，以供参考。

表 14－8　退化生态系统的恢复和重建技术体系

恢复类型	恢复对象	技术体系	技术类型
非生物环境因素	土壤	土壤肥力恢复技术	少耕免耕技术、绿肥和有机肥施用技术、生物培肥技术［例如有效微生物（EM）技术］、化学改良技术、聚土改土技术、土壤结构熟化技术
		土壤流失控制和保持技术	坡面水土保持林草技术、生物篱笆技术、土石工程技术（小水库、谷坊、鱼鳞坑等）、等高耕作技术、复合农林牧技术
		土壤污染控制和恢复技术	土壤生物自净技术、施加抑制剂技术、增施有机肥技术、移土客土技术、深翻埋藏技术、废物资源化利用技术
	大气	大气污染控制和恢复技术	新兴能源替代技术、生物吸附技术、烟尘控制技术
		全球变化控制技术	可再生能源技术、温室气体的固定转换技术（例如利用细菌、藻类）、无公害产品开发和生产技术、土地优化利用和覆盖技术
	水体	水体污染控制技术	物理处理技术（例如加过滤、沉淀剂）、化学处理技术、生物处理技术、氧化塘技术、水体富营养化控制技术
		节水技术	地膜覆盖技术、集水技术、节水灌溉（渗灌、滴灌）

（续）

恢复类型	恢复对象	技术体系	技术类型
生物因素	物种	物种选育和繁殖技术	基因工程技术、种子库技术、野生生物种的驯化技术
		物种引入和恢复技术	先锋种引入技术、土壤种子库引入技术、乡土种种苗库重建技术、天敌引入技术、林草植被再生技术
	种群	物种保护技术	就地保护技术、迁地保护技术、自然保护区分类管理技术
		种群动态调控技术	种群规模、年龄结构、密度、性比例等的调控技术
		种群行为控制技术	种群竞争、他感、捕食、寄生、共生、迁移等行为的控制技术
	群落	群落结构优化配置和组建技术	林灌草搭配技术、群落组建技术、生态位优化配置技术、林分改造技术、林分择伐技术、透光抚育技术
		群落演替控制和恢复技术	原生和次生快速演替技术、封山育林技术、水生和旱生演替技术、内生和外生演替技术
生态系统	结构功能	生态评价和规划技术	土地资源评价和规划技术、环境评价和规划技术、景观生态评价和规划技术、4S［遥感（RS）、地理信息系统（GIS）、全球定位系统（GPS）、环境科学（ES）］辅助技术
		生态系统组装和集成技术	生态工程设计技术、景观设计技术、生态系统构建和集成技术
景观	结构功能	生态系统间连接技术	生物保护区网络、城市农村规划技术、流域治理技术

不同类型（例如森林、草地、农田、湿地、湖泊、河流、海洋）、不同程度的退化生态系统，其恢复方法亦不同。从生态系统的组成成分角度看，主要包括非生物系统的恢复和生物系统的恢复。非生物系统的恢复技术包括水体恢复技术（例如控制污染、去除富营养化、换水、积水、排涝和灌溉技术）、土壤恢复技术（例如耕作制度和方式的改变、施肥、土壤改良、表土稳定、控制水土侵蚀、换土、分解污染物等）、大气恢复技术（例如烟尘吸附、生物和化学吸附等）。生物系统的恢复技术包括植被（物种的引入、品种改良、植物快速繁殖、植物的搭配、植物的种植、林分改造等）、消费者（捕食者的引进、病虫害的控制）和分解者（微生物的引种及控制）的重建技术和生态规划技术的应用。

在生态恢复实践中，同一项目可能会应用上述多种技术。例如余作岳等在极度退化的土地上恢复热带季雨林过程中，采用生物与工程措施相结合的方法，先后通过重建先锋群落、配置多层次多物种的乡土阔叶林和重建复合农林业生态系统等 3 个步骤，最终取得了成功。总之，生态恢复中最重要的还是综合考虑实际情况，充分利用各种技术，通过研究和实践，尽快地恢复生态系统的结构，进而恢复其功能，实现生态效益、经济效益、社会效益和美学效益的统一。

三、土壤退化的生态恢复实例

农田、森林、草地、荒漠地、湿地等退化生态系统，以及废弃矿地等陆地生态系统，都存在不同程度的土壤退化。土壤退化的生态恢复，是指根据土壤生态学原理，通过一定的生物、生态或工程的技术和方法，人为地改变和切断土壤生态系统退化的主导因子或过程，并不断地向系统输入物质和能量，使系统结构、功能和生产力尽快地恢复到一定的或原有的乃至更高的水平。其恢复过程是由人工设计，并是在土壤生态系统层次上进行的。由于不同区域具有不同的生态环境背景（例如气候条件、地貌和水文条件等），这种地域差异和特殊性就要求在生态恢复的时候，要因地制宜，具体问题具体分析。即要根据土壤生态系统自身的演替规律分阶段进行，循序渐进，不能急于求成，欲速则不达。另一方面，在进行生态恢复时要有整体系统的思想，不能"头疼医头、脚疼医脚"。应根据土壤、生物和环境间的相互作用关系，构建生态系统结构和生物种群，使物质循环和能量转化处于最大利用和最优循环状态，力求达到土壤、植被及其他生物同步协调发展，只有这样，恢复后的生态系统才能稳定、持续和健康发展。

限于篇幅和土壤学学科特点，仅以农田土壤退化、土壤酸化和土壤连作障碍的修复为例，简要介绍土壤退化的生态恢复。

（一）农田土壤退化的生态恢复

1. 农田土壤退化生态恢复的一般程序　农田土壤退化的生态恢复，要遵循一定的程序，一般包括：①研究当地土地历史、乡土作物、人类活动（特别是农事活动）、土壤特征，以及农作物、其他植物、微生物关系，分析退化原因；②针对退化症状进行样方（实验区）试验；③进行土壤改良和作物品种改良；④控制污染并合理用水；⑤进行恢复后评估及改进。

2. 农田土壤退化生态恢复的措施　农田土壤退化生态恢复的措施主要有：模仿自然生态系统、降低化肥输入、混种、间种、增加固氮作物品种、深耕、施用农家肥、种植绿肥、改良土壤质地、轮作和休耕、利用生物防治病虫害、建立农田防护林体系、利用廊道和梯田等控制土壤流失、秸秆还田等。

3. 农田土壤退化生态恢复实例　在江西北部红壤丘陵区进行的试验结果表明，不同的生态恢复措施对因土壤流失等原因造成土壤退化的恢复效果有很大的差异。

在坡地上采用种柑橘，横坡间种黄豆或萝卜（带状覆盖，带宽 1.0 m，带状间隔 1.1 m）等恢复措施，使覆盖度达到 60%以上。经过 5 年的恢复，其土壤理化性状比不采取恢复措施的裸露坡地（对照小区）明显改善，主要表现在：①表层土壤中小于 0.001 mm 的黏粒含量提高到了 45.23%，为对照小区的 1.36 倍；而粒度大于 0.01 m 的砂粒减少到了 6.38%，为对照小区的 62.37%；②土壤的持水性能提高，土壤表层含水量达到 20.09%，为对照小区的 1.31 倍；③大于或等于 0.5 mm 的水稳定性团聚体含量达 68.41%，为对照小区的 1.6 倍；④表土层有机质含量明显提高，是对照小区的 4.36 倍；⑤表层土壤全氮含量提高到 1.01 g/kg，是对照小区的 4.8 倍；⑥表层土壤全磷和速效磷含量提高，全磷含量在 0.09～0.31 g/kg，速效磷在 2.25～7.15 mg/kg，明显高于对照小区。速效磷含量的增加，除了土壤中磷的基本来源是母质和一部分有机质的矿化外，还与果园施肥等诸多因素有关。

采用梯田果园的前埂后沟梯壁种植百喜草、标准水平梯田果园的梯壁种植百喜草等恢复措施，其土壤恢复效果均明显好于裸露对照小区，且前者的效果优于上述横坡间种农作物的坡地果园恢复措施。

（二）土壤酸化的生态恢复

1. 土壤酸化生态恢复的一般程序　土壤酸化的生态恢复，要遵循一定的程序，一般包括：①了解区域的气候特征、农田的种植历史、农田施肥及农药使用等农事活动、土壤特征，以及农作物、其他植物、微生物关系，分析土壤酸化发生的原因；②针对土壤酸化进行样方（实验区）试验，进行土壤改良，减少酸雨发生的频率；③进行恢复后评估及改进。

2. 土壤酸化生态恢复的措施　土壤酸化生态恢复的措施主要有：①模仿自然生态系统，减少化学氮肥的投入；②使用石灰、土壤调理剂；③大量施用有机肥，尤其是植物源有机肥；④种植绿肥及一些改良植物。

3. 土壤酸化生态恢复实例　在祁阳红壤试验站针对酸化土壤进行石灰和有机肥改良的结果表明，两种修复措施均能显著改善土壤酸化现状，实现作物增产；但不同的改良方式对酸化土壤的修复过程有较大的差异。

经过 2 年的恢复，土壤理化性状得到了明显改善：①有机肥改良将酸化土壤 pH 从 4.19 提高到 4.35，石灰改良将土壤 pH 从 4.19 提高到 4.65，石灰修复土壤 pH 效果优于有机肥。②有机肥改良能显著提高土壤有效氮磷钾含量，但石灰改良对土壤有效氮磷钾的含量影响不显著。③石灰改良对土壤酶活性综合提高 37.6%，有机肥改良对土壤酶活性综合提高 284.0%，有机肥改良效果显著高于石灰改良。

另外，土壤微生物群落结构也发生了显著的变化：①石灰改良可以在短期内显著增加土壤细菌群落多样性，而有机肥改良在短期内对微生物种群多样性影响不大。②以酸杆菌门（Acidobacteria）为代表的贫营养细菌类群在酸化土壤和石灰改良处理中相对丰度较高，而以放线菌门（Actinobacteria）和变形菌门（Proteobacteria）为代表的富营养细菌类群在有机肥改良处理中相对丰度较高。表明使用有机肥可以大大增加土壤易分解有机养分含量，有利于富营养微生物类群生长，有利于改善土壤养分匮乏的现状。

考虑到两种改良方式的特点和优势，建议在轻微酸化的土壤中施用有机肥进行改良，有利于长期提高土壤微生物活性和土壤肥力。对于严重酸化的土壤，可以使用有机肥配合石灰的改良方式进行改良，先施用石灰以迅速提高土壤 pH，再增施有机肥为土壤提供充足的养分，增加富营养细菌类群丰度。

（三）土壤连作障碍的生态恢复

土壤连作障碍最主要的表现形式就是土传病害的暴发，因此这里以土传病害的暴发为例，阐述土壤连作障碍的生态恢复。

1. 土壤连作障碍生态恢复的一般程序　土壤连作障碍修复要遵循一定的程序，一般包括：①了解农田的种植历史、农田施肥及农药使用等农事活动、土壤特征，以及农作物、其他植物、微生物关系，分析连作障碍发生的原因；②针对土壤连作障碍进行样方（实验区）试验，进行土壤改良和作物品种改良，控制土传病原菌传播并合理灌溉；③进行恢复后评估及改进。

2. 土壤连作障碍生态恢复的措施　土壤连作障碍生态恢复的措施主要有：①模仿自然生态系统，降低化肥投入；②改种抗性品种、轮作、间套作；③休耕，深翻，大量增施有机肥，改良土壤质地；④利用土壤熏蒸剂、化学杀菌剂、生物防治菌剂及生物有机肥等；⑤建立农具等防护消毒体系，以防病原菌扩散传播。

3. 土壤连作障碍生态恢复实例　在海南乐东针对连作障碍土壤进行长期修复的试验结果表明，针对不同发生程度的连作障碍土壤，建立不同的生态恢复策略，可有效防控香蕉的土传枯萎病的发生。

① 针对轻度发病蕉园或新垦地，采取大量施用生物有机肥的策略，可通过调控土壤微生物区系，提升土壤抑病能力，将再植蕉的枯萎病发病率控制在10%以下。

② 针对中度发病的蕉园，采取土壤熏蒸联合生物有机肥施用的策略，“重构”土壤微生物区系，提升土壤抑病能力，将再植蕉的枯萎病发病率控制在15%以下。

③ 针对重度发病的蕉园，采取轮作联合生物有机肥施用，通过轮作改良土壤微生物区系，并通过生物有机肥的施用，抑制病原尖镰孢菌的存活，提升土壤抑病能力，将再植蕉的枯萎病发病率控制在15%以内。

复习思考题

1. 什么是土壤退化？土壤退化与土地退化有什么异同？

2. 我国土壤退化的主要类型有哪些？根据土壤退化的原因，土壤数量退化和质量退化可进一步细分为哪些种类？

3. 试以我国土壤（地）资源的特征为基础，分析其与我国土壤退化的关系。

4. 影响土壤沙化的主要因素是什么？怎样防治土壤沙化？

5. 为什么说土壤流失是我国最严重的土壤退化因素之一？怎样综合防治土壤流失？

6. 土壤次生盐渍化的内因是什么？农业灌溉不当为什么会导致土壤次生盐渍化？

7. 什么是退化生态系统？土壤退化与生态系统退化有什么关系？

8. 什么是生态恢复？生态恢复的目标是什么？生态恢复一般应遵循哪些方面的原则？

9. 生态恢复的程序主要包括哪些方面？生态恢复技术体系与土壤退化主要类型的防治技术有什么区别和联系？

10. 退化农田土壤生态恢复的主要措施一般有哪些？试用实例说明其生态恢复的效果。

CHAPTER 15

第十五章

土壤分类和调查技术

土壤分类和调查是认识和管理区域土壤资源的基础，是进行土地评价、土地利用规划和因地制宜推广农业技术的依据，也是研究土壤的一种基本方法。随着土壤科学的发展，土壤分类也在不断进步。土壤分类的发展，从古代朴素的土壤分类阶段，经俄国道库恰耶夫土壤地理发生分类和20世纪50年代三派（地理发生分类、形态发生分类和历史发生分类）鼎立的阶段，目前已跨入了定量的系统分类阶段。近数十年来，土壤分类研究虽有很大的进展，但至今还没有一个公认的土壤分类原则和系统，目前依然是多种分类系统并存。在国际上，影响最大的分类系统为美国的土壤系统分类、联合国世界土壤图图例单元（FAO/UNESCO）和世界土壤资源参比基础（IRB），其中以美国土壤系统分类为代表；我国也有中国土壤分类系统、中国土壤系统分类等分类体系并存。但随着土壤科学的发展，人们对土壤分类的看法也会逐渐趋向一致。

第一节　土壤分类的基础和要求

一、土壤分类相关的基本概念

（一）土壤分类学

土壤分类学是研究和描述土壤及土壤之间的差别，探讨这种差别的因果关系，并运用所掌握的资料去建立某个土壤分类系统的学科。

（二）土壤分类

土壤分类是建立一个符合逻辑的多级系统，每个级别中可包括一定数量的土壤类型，从中容易寻查各种土壤类型，将有共性的土壤划分为同一类，即根据土壤性质和特征对土壤进行分门别类。

（三）土壤鉴定

土壤鉴定是指借助参考已有的土壤分类系统去命名土壤。土壤命名包括土壤命名的制度和方法，以及对各种命名规则的建立、解释和应用。

（四）土壤分类单元

土壤分类单元是指在所选用的作为土壤分类标准的土壤性质上相似的一组土壤个体，并且依据这些性质区别其他土壤个体。

二、土壤分类的对象

土壤分类的对象是土壤个体，因此土壤分类是指在认识土壤个体发生、发育规律的基础上，从土壤个体的物质组成、形态特征入手，在分析自然环境中相互联系的多个土壤个体之间的相似性、差异性的过程中对其进行归并和区分。

（一）单个土体和土壤个体

1. 单个土体　单个土体（pedon）、土壤个体（soil individual）等概念是20世纪50年代美国土壤调查者首先提出来的。

单个土体是土壤这个空间连续体在地球表层分布的最小体积，即是一种能代表个体土壤最小体积的土壤，其延伸范围应大到足以研究任何土层的本质，人为假设其平面的形状近似六角形。单个土体的面积可从1 m^2 到10 m^2 不等，取决于土壤发生层次的变异程度。单个土体是由不同发生层组成的土体，在其范围内，土壤剖面的发生层次是连续的、均一的，当然这种划分只是一种人为的划分。

2. 土壤个体　土壤个体是在自然景观中以其位置、大小、坡度、剖面形态、基本属性和具有一定其他外观特征的三维实体，包括多于一个单个土体的原地土壤体积。它是由在一定面积内，一群具有统计相似性的单个土体构成的，是进行土壤分类的基层单位，例如土种或土系。它在自然景观中相当于一个景观单位。

聚合土体（polypedon）与土壤个体同义，它有许多单个土体组成。

（二）单个土体和土壤个体的关系

单个土体与土壤个体（即聚合土体）的关系，好像一棵松树与一片松树林的关系。单个土体与土壤个体及其与土壤景观和土壤圈的关系可用图15-1表示。

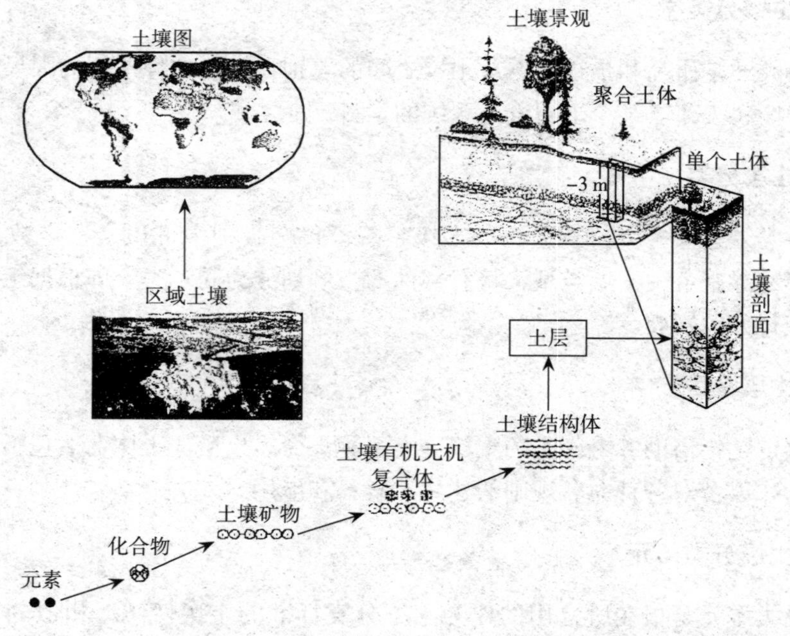

图15-1　土壤圈、土壤景观、土壤个体和单个土体之间的关系

（三）单个土体与土壤分类

在进行土壤分类之前，为了弄清土壤的特性，需要靠挖掘土壤剖面或通过其他手段，从表层往下的垂直切面上进行描述并采取土样，或在取样点上进行土壤水分和温度的长期观察记载，这个代表性取样点就是单个土体。

所以单个土体是指能进行描述和采样的单位，能用于鉴定控制层段所有土层的特性排列，以及其一系列特征变异性。它像一个晶体中的晶胞，具有三维空间，它的下限以非土壤为界，它的水平面积可以达到足以代表某层的性质可能出现的变异。

（四）土壤分类研究的上限和下限

土壤分类研究中，土壤的上限是大气圈或浅水层，它的水平界限是深水层、裸岩或终年不化的积雪。它的下限难以确定，因土壤类型不同而有很大差别。通常其下限以坚硬的岩石或不再有植物根系活动的土状物为界。也就是说，土壤下限也是植物根系活动的下限，或者以当地多年生植物根系分布的深度为界。

有些地方，土壤的下限只能人为地加以确定。例如在干旱、高寒地区，土壤以物理风化为主，上部发育了不足 1 m 厚的土壤，这时人为地把土壤的下限定位为 1 m。又如在湿热地区，均质的土状物质可深达数米，这时也只能人为地以生物活动或多年生植物根系活动的一般深度为界，将它们的下限认定为 1～2 m。

土壤的许多特性随季节变化而变化，它可以冷热交替，也可以干湿交替。若过冷过干，生物活动将受阻或停止。因而确定土壤的下限也要从比较长的过程来判断，而不是根据一时一地的暂时或局部现象来判断。

三、土壤分类工作的内容

（一）类别的区分

按土壤类型的特征（指标）区分土壤是土壤分类最基本的工作。

（二）概括和归类

对相似的土壤根据其主要特征（指标）进行比较、归纳，使在不同分类级上作为分类的指标具有一定的概括性，即根据相似性归类。在土壤系统分类中，主要是根据设定的诊断标准对土壤类型进行归类。

（三）分级编排

根据土壤特性分级编排，构成多级分类单元，从低级单元到高级单元土壤性质差别变大。高级分类单元间的土壤性质差异是重大土壤形成过程不同的结果。

（四）命名

给一个具体土壤类别一个合适的名称。因分类系统或文字特点的不同，各国土壤的命名方法仍有很大的差别。

四、土壤分类的理论基础和依据

（一）土壤分类的理论基础

土壤是多因素综合作用的产物，一切土壤性状的获得，各种不同土壤性状的差别，都与土壤的形成演化有关。因此土壤分类应以土壤发生学理论为基础，并根据土壤特性进行，不能根据土壤形成条件的差别和推断的土壤形成过程来分类。

（二）土壤分类的依据

诊断层和诊断特性是现代土壤分类的核心。土壤分类从朴素的形态分类到发生分类是一个进步。“发生”概念表明，自然界分布的各种土壤存在着客观的联系，即各种土壤是“时间极长、范围极广的相对静止的瞬间”。但土壤不同于生物，因为土壤没有固定的“系统发育”规律，因此所谓“发生”常是根据土壤形成因素和所掌握的土壤性质做出的推断，随着研究的深入，认识也在改变。由于认识上的差别，造成了土壤分类的不确定性。因此土壤分类不能只根据景观条件划分，也不能把它建立在发生假设的基础上。同样，基于属性的土壤分类，不能只考虑单一的土壤性质，也不是单纯考虑属性数据机械地进行“数值分类”，而是应用具有发生意义的综合的性质。有鉴于此，经反复论证和推敲，美国土壤学家吸取世界各国 300 多位土壤学家的智慧，历时 10 年，在 20 世纪 60 年代提出了以土壤属性为依据的诊断层和诊断特性的概念，并以此作为土壤分类的基础，使土壤分类的面貌为之一新（Soil Survey Staff，1960）。凡是用于鉴别土壤类别（texa）在性质上有一系列定量规定的土层称为诊断层，如果用于分类的不是土层，而是具有定量规定的性质（形态的、物理的、化学的），则称为诊断特性。

目前，土壤分类的依据大致可归纳为以下 3 种情况：①分析土壤形成因素对土壤形成的影响和作用；②研究土壤形成过程的特性特征；③研究土壤属性的差别，土壤属性是土壤分类的最终依据。

五、土壤分类的要求

① 土壤分类应采用多级分类制，例如中国土壤分类系统为由土纲、亚纲、土类、亚类、土属、土种和亚种构成的七级制分类系统，美国土壤系统分类为由土纲、亚纲、大土类、亚类、土族和土系构成的六级分类系统。

② 各分类级上各个分类单元应有明确的定义，定义是从土壤分类中归纳起来的。

③ 区分土壤类型的标准是土壤属性，而且这些属性是可以观察测定的。

④ 在进行土壤归类时，由低级至高级呈宝塔状。

⑤ 土壤分类是土壤这个大家庭的统一体系，因此每个土壤都可在该系统中有 1 个位置，而且只有 1 个位置。

第二节　中国土壤分类系统

一、中国土壤分类系统的形成和发展

我国近代土壤分类研究工作开始于 20 世纪 30 年代，当时采用的是美国马伯特土壤分类，建立了 2 000 多个土系。50 年代初期，中国的土壤分类基本上是继承以前所建立的土壤分类系统，其中 1950 年宋达泉提出的中国土壤分类系统就是这方面的代表，它以土类为基本单元，引用了显域土、隐域土和泛域土作为土纲，下分为钙层土、淋余土、水成土、盐成土、钙成土、高山土和幼年土等亚纲，列出了黑钙土、栗钙土、棕壤、红壤、黄壤等 18 个土类，其下为土科和土系，这个分类系统所包含的我国特有的水稻土、（山东）棕壤和砂姜（黑）土等类型至今仍被沿用。1954 年开始学习苏联土壤地理发生分类，以土壤形成条件为依据，以土类为基本单元，采用包括土类、亚类、土属、土种和变种的五级分类制。1958 年首次在全国范围内开展土壤普查，对农业土壤进行了广泛的研究，提出了潮土、灌淤土、绿洲土等土壤。1978 年，中国土壤学会在江苏省江宁市召开了第一次土壤分类会议，提出了《中国土壤分类暂行草案》。以下介绍的中国土壤分类系统是全国第二次土壤普查办公室为第二次土壤普查工作制订和发展形成的。

在全国第二次土壤普查开始时，根据 1978 年土壤分类学术讨论会所拟的《中国土壤分类暂行草案》，并附以土壤类型性状说明，作为工作分类。全国土壤普查从试点到全面开展后，不断发现了新的土壤类型。至 1984 年在云南昆明召开了土壤分类讨论会，拟订了《中国土壤分类系统》（修订稿），划分了土纲、土类、亚类等单元。1988 年全国土壤普查办公室在山西太原再度召开了土壤分类研讨会，在广泛征求各省、直辖市、自治区意见的基础上，根据新获资料，拟订了土纲、亚纲、土类、亚类的分类系统。1992 年 3 月，在各省、直辖市、自治区土壤普查鉴定验收接近尾声和全国土壤普查资料汇总的关键时刻，有关《中国土壤》《中国土种志》（全国土壤普查专著）及系列图件和资料汇总等均须在统一的土壤分类下完成，因此有关专家、教授经过反复讨论，最后确立了 12 个土纲、29 个亚纲、60 个土类、229 个亚类的《中国土壤分类系统》（表 15 -1）。这个分类系统的逐步改进和制订，代表了当时全国土壤普查的科学水平。

表 15 - 1　中国土壤分类系统

土　纲	亚　纲	土　类	亚　类	土属（举例）	土种（举例）
铁铝土	湿热铁铝土	砖红壤	砖红壤	黏砖红土	淡砖红土、淡黏砖红土
			黄色砖红壤	泥黄砖土	泥黄砖土
		赤红壤	赤红壤	泥砂赤土	罗定赤土、翁源赤土
			黄色赤红壤	黄赤土	麻黄赤土
			赤红壤性土	赤砂土	湖西赤砂土
		红壤	红壤	麻红泥土	麻砂红泥
				黏红土	盖洋红泥土
			黄红壤	黄红泥土	乌黄鳝泥
			棕红壤	黏棕黄泥土	棕黄筋泥
			山原红壤	黏山红泥	山红泥
				灰山红泥	灰山红泥
			红壤性土	砾红土	砾质红泥土
	湿暖铁铝土	黄壤	黄壤	山黄土	山黄砂泥
			漂洗黄壤	白山黄泥	泥砂白山黄泥
				白胶泥	白胶泥土
			表潜黄壤	湿黄泥	湿黄泥
			黄壤性土	砾山黄泥土	砾质暗黄泥土

（续）

土　纲	亚　纲	土　类	亚　类	土属（举例）	土种（举例）
淋溶土	湿暖淋溶土	黄棕壤	黄棕壤	黄棕泥	黄棕泥、独山黄棕泥
			暗黄棕壤	暗黄棕泥	泥黄棕土
			黄棕壤性土	砾黄棕泥砂土	薄黄硅渣土
		黄褐土	黄褐土	僵黄土	面黄土
			黏盘黄褐土	黏黄泥	肝土、黏马肝土
			白浆化黄褐土	白黄土	白黄土
			黄褐土性土	僵黄泥	僵黄泥
	湿暖温淋溶土	棕壤	棕壤	棕黄土	乌棕黄土、黄蒜瓣土
			白浆化棕壤	白浆棕黄土	白馅棕黄土、粉白馅棕黄土
			潮棕壤	潮棕黄土	黏潮棕黄土
			棕壤性土	幼棕砂土	棕砾砂土
	湿温淋溶土	暗棕壤	暗棕壤	暗山砂土	山泥土、双河山泥土
				暗麻砂土	厚麻砂土、粗麻砂土
			白浆化暗棕壤	白浆暗山砂土	白馅砂土、白馅山泥砂土
			草甸暗棕壤	锈暗山泥土	锈暗山泥土
			潜育暗棕壤	潜暗山泥土	湿黏泥土
			暗棕壤性土	幼暗砾泥土	灰石砂土
		白浆土	白浆土	白馅土	油白馅土、中位白馅土
			草甸白浆土	锈白馅土	破皮锈白馅土
			潜育白浆土	潜白馅土	潜白馅土、尚志白馅土
	湿寒温淋溶土	棕色针叶林土	棕色针叶林土	寒棕土	厚寒棕土
			漂灰棕色针叶林土	灰馅寒棕土	灰馅寒棕土
			表潜棕色针叶林土	湿寒棕土	湿寒棕土
	湿寒湿淋溶土	漂灰土	漂灰土		
			暗漂灰土		
		灰化土	灰化土	麻砂灰土	麻砂灰土
半淋溶土	半湿热半淋溶土	燥红土	燥红土	麻燥土	麻褐燥土
			褐红土	褐红泥	厚褐红泥
	半湿暖温半淋溶土	褐土	褐土	褐黄土	立黄土
			石灰性褐土	火褐黄土	灰卧黄土
			淋溶褐土	老褐黄土	陵川黄泥土
			潮褐土	潮褐泥砂土	伊川潮壤土
			𤭢土	𤭢墡土	𤭢墡土
			燥褐土	燥褐砂土	厚燥褐砂土
			褐土性土	幼褐泥砂土	幼褐土
	半湿温半淋溶土	灰褐土	灰褐土	灰褐泥土	温泉灰褐泥土
			暗灰褐土	暗麻土	厚暗麻土
			淋溶灰褐土	淡灰褐黄土	新源淡灰褐黄土
			石灰性灰褐土	灰黑土	麻灰黑土
			灰褐土性土	幼灰褐泥土	幼灰褐泥土

（续）

土　纲	亚　纲	土　类	亚　类	土属（举例）	土种（举例）
半淋溶土	半湿温半淋溶土	黑土	黑土	黄黑土	破皮黄土
			草甸黑土	锈黄黑土	黏锈黄黑土、二洼黑土
			白浆化黑土	白浆黄黑土	黏白馅黄黑土
			表潜黑土	潜黄黑土	潜黄黑土
		灰色森林土	灰色森林土	麻灰土	麻灰土
			暗灰色森林土	暗灰土	暗灰土
钙层土	半湿温钙层土	黑钙土	黑钙土	黑黄土	黑黄土、扶余黑黄土
			淋溶黑钙土	老黑黄土	老黑黄土
			石灰性黑钙土	火性黑黄土	火性黑黄土、油火性黑黄土
			淡黑钙土	淡黑黄土	瘦淡黑黄土
			草甸黑钙土	锈黑黄土	厚锈黑黄土、淡锈黑黄土
			盐化黑钙土	卤黑黄土	卤黑黄土
			碱化黑钙土	碱黑黄土	碱黑黄土
	半干温钙层土	栗钙土	暗栗钙土	暗栗黄土	厚暗栗黄土
			栗钙土	栗黄土	厚栗黄土
			淡栗钙土	淡白干土	夹白干栗土
			草甸栗钙土	锈黄干土	深位锈白干土
			盐化栗钙土	氯化物栗土	白干卤土
			碱化栗钙土	碱栗泥砂土	碱栗泥砂土
			栗钙土性土	幼栗泥砂土	幼栗泥砂土
	半干暖温钙层土	栗褐土	栗褐土	栗褐土	二合淡黄土
			淡栗褐土	淡栗褐黄土	薄绵黄土
			潮栗褐土	潮栗褐泥砂土	河黄土
		黑垆土	黑垆土	垆土	绵垆土
			黏化黑垆土	老垆土	黏黑垆土
			潮黑垆土	锈垆土	锈垆土
			黑麻土	麻垆土	剥皮麻土
干旱土	干温干旱土	棕钙土	棕钙土	棕钙黄土	茶卡棕黄土
			淡棕钙土	淡棕钙黄土	淡棕灰土
			草甸棕钙土	锈棕钙泥砂土	壤河棕土
			盐化棕钙土	硫酸盐棕钙泥砂土	咸棕土
			碱化棕钙土	碱棕钙黄土	托里棕黄土
			棕钙土性土	幼棕钙黄土	幼棕钙黄土
		灰钙土	灰钙土	灰钙黄土	砾底灰黄土
			淡灰钙土	淡灰钙黄土	薄淡灰钙黄土
			草甸灰钙土	锈灰钙泥砂土	白脑锈土
			盐化灰钙土	氯化物灰钙红土	咸红黏土
漠土	干温漠土	灰漠土	灰漠土	灰漠黄土	灰板土
			钙质灰漠土	钙质漠砂泥土	钙灰漠砂泥土
			草甸灰漠土	甸灰漠砂泥土	甸灰漠砂泥土
			盐化灰漠土	氯化物灰漠泥砂土	氯盐锈黄土
			碱化灰漠土	碱漠钙土	轻碱漠钙土
			灌耕灰漠土	灌灰漠红土	灰红土

（续）

土　纲	亚　纲	土　类	亚　类	土属（举例）	土种（举例）
漠土	干温漠土	灰棕漠土	灰棕漠土 石膏灰棕漠土 石膏盐盘灰棕漠土 灌耕灰棕漠土	灰棕漠泥砂土 膏灰棕漠泥砂土 膏盘灰棕漠泥砂土 灌灰棕漠泥砂土	漠板土 石膏漠灰土 膏盘面包土 厚砂板浆土
	干暖温漠土	棕漠土	棕漠土 盐化棕漠土 石膏棕漠土 石膏盐盘棕漠土 灌耕棕漠土	棕漠泥砂土 硫酸盐棕漠泥砂土 膏棕漠泥砂土 膏盘棕漠泥砂土 灌棕漠泥砂土	漠砂砾土 盐漠泥砂土 漠膏土 膏盘土 灌灰土
初育土	土质初育土	黄绵土	黄绵土	绵砂土 绵土 黄鳝土	塬绵砂土 梯绵土 坡黄鳝土
		红黏土	红黏土 积钙红黏土 复盐基红黏土	红土 火红土 麻红黏泥	板红土 中红结土 棕红泥砂土
		新积土	新积土 冲积土 珊瑚砂土	山洪土 新滩土 珊砂土	山洪砂土 河漫土 珊砂土
		龟裂土	龟裂土	盐裂土 碱裂土	盐裂土 碱裂土
		风沙土	荒漠风沙土 草原风沙土 草甸风沙土 滨海风沙土	荒漠半固沙土 荒漠半流沙土 草原半固沙土 草甸固沙土 半固定海沙土	半固漠沙土 荒漠半流沙土 灰沙土 固沙土 半固定海沙土
	石质初育土	石灰（岩）土	红色石灰土 黑色石灰土 棕色石灰土 黄色石灰土	红灰泥土 黑灰泥土 棕灰泥土 黄灰泥土	红火泥 石隆土 砾棕灰泥 大泥土
		火山灰土	火山灰土 暗火山灰土 基性岩火山灰土	焦砾土 暗焦砾土 暗焦灰土	焦砾土 暗焦砾土 前亭黑赤土
		紫色土	酸性紫色土 中性紫色土 石灰性紫色土	酸紫泥土 紫泥土 灰紫泥	红紫砂土 红紫土 钙紫泥
		磷质石灰土	磷质石灰土 硬盘磷质石灰土 盐渍磷质石灰土	磷质珊瑚砂土 硬盘珊瑚砂土 盐磷珊瑚土	磷珊瑚土 硬磷珊瑚土 盐磷珊瑚土

（续）

土　纲	亚　纲	土　类	亚　类	土属（举例）	土种（举例）
初育土	石质初育土	石质土	酸性石质土	酸砾石土	马牙砂
			中性石质土	砾石土	砂石土
			钙质石质土	灰砾石土	灰石渣土
			含盐石质土	盐石渣土	盐石渣土
		粗骨土	酸性粗骨土	酸麻砂土	粗麻骨土
			中性粗骨土	石碴土	砂石碴土
			钙质粗骨土	灰石碴土	灰碴土
			硅质粗骨土	白粉土	白粉土
半水成土	暗半水成土	草甸土	草甸土	甸泥砂土	荒甸砂土
			石灰性草甸土	火性甸泥砂土	火性油甸土
			白浆化草甸土	白浆甸黄土	白馅甸黄土
			潜育草甸土	潜甸泥砂土	暗潜甸泥砂土
			盐化草甸土	氯化物草甸土	轻盐甸土
				硫酸盐草甸土	轻卤甸土
			碱化草甸土	碱甸黄土	碱甸黄土
	淡半水成土	潮土	潮土	潮黏土	腰砂淤土
				潮壤土	底黏两合土
			灰潮土	淡灰潮砂土	灰砂土
			脱潮土	岗两合土	黏底岗两合土
			湿潮土	湿潮黏土	涝黑泥土
			盐化潮土	氯化物潮壤土	轻咸两合土
			碱化潮土	碱潮砂土	碱白土
			灌淤潮土	淤潮壤土	淤潮泥土
		砂姜黑土	砂姜黑土	黑姜土	黑姜土
			石灰性砂姜黑土	灰黑姜土	黏灰鸭屎土
			盐化砂姜黑土	盐黑姜土	轻盐黑姜土
			碱化砂姜黑土	碱黑姜土	轻碱黑姜土
			黑黏土	黑泥土	钙黑黏泥
		林灌草甸土	林灌草甸土	林甸土	灌林甸土
			盐化林灌草甸土	盐林甸土	盐林甸土
			碱化林灌草甸土	碱林甸土	碱林甸土
		山地草甸土	山地草甸土	山甸麻土	海坨山甸麻土
			山地草原草甸土	山原甸黄土	山原甸黄土
			山地灌丛草甸土	山灌甸土	山甸土
水成土	矿质水成土	沼泽土	沼泽土	洼泥土	洼泥土
			腐泥沼泽土	腐洼泥土	火性洼泥土
			泥炭沼泽土	洼炭土	洼炭土
			草甸沼泽土	洼甸土	暗洼甸土
			盐化沼泽土	卤洼土	重卤洼土
			碱化沼泽土	碱沼土	碱沼土

（续）

土　纲	亚　纲	土　类	亚　类	土属（举例）	土种（举例）
水成土	有机水成土	泥炭土	低位泥炭土	草炭土	厚草炭土
			中位泥炭土	湿草炭土	湿草炭土
			高位泥炭土	林炭土	林炭土
盐碱土	盐土	草甸盐土	草甸盐土	氯化物甸盐土	油卤土
			结壳盐土	硫酸盐壳盐土	硫酸盐壳盐土
			沼泽盐土	氯化物洼盐土	氯化物洼盐土
			碱化盐土	苏打碱盐土	砂碱咸土
		滨海盐土	滨海盐土	氯化物海盐土	砂卤土
			滨海沼泽盐土	海涝洼土	琼海洼泥
			滨海潮滩盐土	海滩盐土	黏潮滩土
		酸性硫酸盐土	酸性硫酸盐土	磺酸盐土	磺酸盐土
			含盐酸性硫酸盐土	盐磺酸土	盐磺酸土
		漠境盐土	漠境盐土	漠盐土	结壳漠盐土
			干旱盐土	干盐土	结壳干盐土
			残余盐土	硫酸盐残盐土	干灰盐土
		寒原盐土	寒原盐土	寒盐土	泥砾寒盐土
			寒原草甸盐土	寒甸盐土	砂寒甸盐土
			寒原硼酸盐土	硼盐土	寒硼盐土
			寒原碱化盐土	寒碱盐土	寒碱盐土
	碱土	碱土	草甸碱土	甸碱土	岗碱土
			草原碱土	草碱土	草碱土
			龟裂碱土	裂碱土	裂碱土
			盐化碱土	苏打碱土	卤碱土
			荒漠碱土	漠碱土	板碱砂土
人为土	人为水成土	水稻土	潴育水稻土	黄泥田	黏黄泥田
				马肝泥田	灰马肝泥田
			淹育水稻土	浅麻砂泥田	黄麻砂泥田
			渗育水稻土	渗湖泥田	培泥砂田
			潜育水稻土	青潮黏田	青潮砂泥田
			脱潜水稻土	黄斑黏田	青紫泥
			漂洗水稻土	漂马肝田	白土心田
			盐渍水稻土	盐甸田	青碱田
			咸酸水稻土	咸酸田	咸酸田
	灌耕土	灌淤土	灌淤土	淤黏土	红淤土
			潮灌淤土	潮淤黏土	厚潮淤土
			表锈灌淤土	锈淤砂土	锈淤砂土
			盐化灌淤土	盐灌壤土	盐灌壤土
		灌漠土	灌漠土	灌漠砂土	灌漠砂土
			灰灌漠土	灰灌漠砂土	灰灌漠砂土
			潮灌漠土	潮灌漠壤土	潮灌漠壤土
			盐化灌漠土	硫酸盐灌漠壤土	硫盐淋淀土

（续）

土纲	亚纲	土类	亚类	土属（举例）	土种（举例）
高山土	湿寒高山土	草毡土（高山草甸土）	草毡土（高山草甸土）	草毡砂土	草毡砂土
			薄草毡土（高山草原草甸土）	薄草毡砾泥土	薄草毡砾泥土
			棕草毡土（高山灌丛草甸土）	棕草毡泥土	江孜棕草毡泥土
			湿草毡土（高山湿草甸土）	湿毡砾泥土	湿草毡砾泥土
		黑毡土（亚高山草甸土）	黑毡土（亚高山草甸土）	黑毡泥土	黑毡泥土
			薄黑毡土（亚高山草原草甸土）	薄黑毡麻砂土	薄黑毡麻砂土
			棕黑毡土（亚高山灌丛草甸土）	棕黑毡泥土	棕黑毡泥土
			湿黑毡土（亚高山湿草甸土）	湿黑毡麻砂土	湿黑毡麻砂土
	半湿寒高山土	寒钙土（高山草原土）	寒钙土（高山草原土）	冻钙麻砂土	寒钙麻砂土
			暗寒钙土（高山草甸草原土）	暗冻钙紫泥土	暗寒钙紫泥土
			淡寒钙土（高山荒漠草原土）	淡冻钙砾泥土	淡寒钙砾泥土
			盐化寒钙土（高山盐渍草原土）	盐冻钙砾砂土	盐寒钙砾砂土
		冷钙土（亚高山草原土）	冷钙土（亚高山草原土）	冷钙潮砂土	冷钙潮砂土
			暗冷钙土（亚高山草甸草原土）	暗冷钙砂砾土	暗冷钙砂砾土
			淡冷钙土（亚高山荒漠草原土）	淡冷钙砾泥土	淡冷钙砾泥土
			盐化冷钙土（亚高山盐渍草原土）	盐化冷钙潮泥土	盐化冷钙潮泥土
		冷棕钙土（山地灌丛草原土）	冷棕钙土（山地灌丛草原土）	冷棕钙砂土	老冷棕钙砂土
			淋淀冷棕钙土（山地淋溶灌丛草原土）	淋冷棕钙砾砂土	老淋冷棕钙砾砂土
	干寒高山土	寒漠土（高山漠土）	寒漠土（高山漠土）	冻漠潮砂土	寒漠潮砂土
		冷漠土（亚高山漠土）	冷漠土（亚高山漠土）	冷漠砾泥土	冷漠砾泥土
	寒冻高山土	寒冻土（高山寒漠土）	寒冻土（高山寒漠土）	冻麻砂土	寒漠麻砂土

二、中国土壤分类系统的分类原则和依据

（一）中国土壤分类系统的分类原则

中国土壤分类系统的分类的基本原则包括以下两个。

1. 土壤分类的发生学原则　土壤是客观存在的历史自然体。土壤分类必须严格贯彻发生学原则，即把土壤形成因素、土壤形成过程和土壤属性（即土壤剖面形态和理化性质）三者结合起来考虑，但应以土壤属性作为土壤分类的基础。因为土壤属性是在一定土壤形成条件下，一定土壤形成过程的结果，所以在土壤分类工作中，必须重视土壤属性。只有充分掌握土壤属性的变化，才有可能进行定量分类。

2. 土壤分类的统一性原则　土壤是一个整体，它既是历史自然体，又是人类劳动的产物。自然土壤与耕种土壤有着发生上的联系，耕种土壤是在自然土壤的基础上，通过人们的耕垦、改良、熟化而形成的，二者的关系既有历史发生上的联系性或统一性，又具有发育阶段上的差异性或特殊性。因此进行土壤分类时，必须贯彻土壤的统一性原则，把耕种土壤和自然土壤作为统一的整体来考虑，分析自然因素和人为因素对土壤的影响，力求揭示自然土壤与耕种土壤在发生上的联系及其演变规律。

（二）中国土壤分类系统的分类依据

中国土壤分类系统从上至下共设土纲、亚纲、土类、亚类、土属、土种和亚种共7级分类单元。其中土纲、亚纲、土类、亚类属高级分类单元，土属为中级分类单元，土种为基层分类的基本单元，以土类、土种最为重要。

1. 土纲的分类依据　土纲是土壤重大属性差异的归纳和概括，反映了土壤不同发育阶段中土壤物质迁移积累所引起的重大属性的差异。例如铁铝土是在湿热条件下，在脱硅富铁铝化过程中产生的黏土矿物以1：1型高岭石和三二氧化物为主的土壤，把具有这种特性的土壤（砖红壤、赤红壤、红壤和黄壤等）归结在一起成为一个土纲。全国共分12个土纲。

2. 亚纲的分类依据　亚纲是在同一土纲中，根据土壤形成的水热条件和岩性及盐碱的重大差异划分的，它反映了控制现代土壤形成过程方向和强度的成土条件。例如将铁铝土纲细分为湿热铁铝土和湿暖铁铝土两个亚纲，二者的差别在于热量条件；盐碱土纲细分为盐土和碱土两个亚纲，二者主要在土壤属性上有重大差别；初育土纲则按岩性划分为土质初育土和石质初育土两个亚纲。

3. 土类的分类依据　土类是高级分类的基本单元，它是根据土壤形成条件、土壤形成过程和由此发生的土壤属性三者的统一和综合进行划分的。同一土类的土壤，土壤形成条件、主导土壤形成过程和主要土壤属性均相同，例如红壤是在湿润亚热带生物气候条件下，干湿季交替明显的气候环境中，地形较高，排水良好条件下，经脱硅富铁铝化作用形成的一类土壤，它们具有黏化、黏粒硅铝率低、矿物以高岭石为主、酸性、肥力低等特性。

每一个土类均要求：① 具有一定的特征土层或其组合，例如黑钙土不仅具有腐殖质表层，而且还有碳酸钙（$CaCO_3$）积累的心土层；② 具有一定的生态条件和地理分布区域；③ 具有一定的土壤形成过程和物质迁移的地球化学规律；④ 具有一定的理化

属性和肥力特征及改良利用方向。

4. 亚类的分类依据　亚类是土类的续分，反映主导土壤形成过程以外，还有其他附加的土壤形成过程。一个土类中有代表它典型特性的典型亚类，即它是在定义土类的特定土壤形成条件和主导土壤形成过程作用下产生的；也有表示一个土类向另一个土类过渡的亚类，它是根据主导土壤形成过程之外的附加土壤形成过程来划分的。例如红壤土类中，红壤亚类是代表了典型红壤的亚类，而黄红壤则是由红壤向黄壤过渡的亚类。又如黑土土类的续分过程中，其中心概念的亚类是黑土亚类；在地势平坦、地下水参与土壤形成过程的条件下，在心土或底土呈现潴育化过程，这就出现了黑土向草甸土过渡的边界亚类，即草甸黑土亚类。

5. 土属的分类依据　土属是根据成土母质的成因、岩性及区域水分条件等地方性因素的差异进行划分的。它是基层分类的土种与高级分类的土类之间的重要接口，因此在分类上起了承上启下的作用。对于不同的亚类，所选用作为土属划分的指标是不一样的。例如浙江省红壤亚类根据成土母质的差异分为黄筋泥土属（Q_2 红土发育的）、红泥土土属（凝灰岩发育的）、红黏土土属（玄武岩发育的）、红松泥土属（变质岩发育的）等，盐土可以根据盐分类型划分为硫酸盐盐土、硫酸盐-氯化物盐土、氯化物盐土等土属。

6. 土种的分类依据　土种是土壤基层分类的基本单元，它处于一定的景观部位，是具有相似土体构型的一群土壤。同一土种要求：①景观特征、地形部位、水热条件相同；②母质类型相同；③土体构型（包括厚度、层位、形态特征）一致；④生产性和生产潜力相似，而且具有一定的稳定性，在短期内不会改变。

土种主要反映了土属范围内量上的差异，而不是质的差别。例如山地土壤可根据土层厚度、黏粒含量或砾石含量划分土种，盐土可以根据盐分含量来划分土种。

7. 亚种的分类依据　亚种又称为变种，是土种的辅助分类单元，是根据土种范围内由于耕层或表层性状的差异进行划分的。例如根据表层耕性、质地、有机质含量、耕层厚度等进行亚种划分。亚种经过一定时间的耕作可以改变，但同一土种内各亚种的剖面构型一致。

中国土壤分类系统的高级分类单元反映了土壤发生学方面的差异，而低级分类单元则较多地考虑了土壤在生产利用上的差别。

三、中国土壤分类系统的命名方法

中国土壤分类系统采用了连续命名与分段命名相结合的方法。土纲和亚纲为一段，以土纲名称为基本词根，加形容词或副词前缀构成亚纲名称，即亚纲名称为连续命名，例如铁铝土土纲中的湿热铁铝土亚纲名称中含有土纲与亚纲的名称。土类和亚类又成一段，以土类名称为基本词根，加形容词或副词前缀构成亚类名称，例如草甸黑土、白浆化黑土、表潜黑土。而土属名称不能自成一段，多与土类、亚类连用，例如氯化物滨海盐土是典型的连续命名法。土种变种也常与土类、亚类、土属连用，如黏壤质厚层黄土性草甸黑土，但各地命名方法有所差别。

第三节　中国土壤系统分类

上节介绍的中国土壤分类系统属土壤地理发生分类，它在我国土壤科学发展和生产实际的应用方面曾起重要的作用，但在实践过程中，发生分类也存在一些不足之处。发生分类是建立在土壤发生原理假说基础上的，由于不同的人对发生原理认识不同，同一种土壤常会被人为地列入不同的归属。土壤地理发生分类重视生物气候条件，而忽视时间因素，常常把长期发生土壤形成过程下形成的土壤和土壤形成过程短暂的土壤归为一类，即把那些土壤实体重要属性已显著不同的土壤类型（从幼年土到顶极土）归为一类。地理发生分类强调中心概念，可以说出一个土类的定义，但土类与土类之间的边界往往不清楚，缺乏定量指标，与现代信息社会不相适应。同时，土壤地理发生分类也不便于国际学术交流。为此，从1984年开始，由中国科学院南京土壤研究所牵头，先后共有38个科研单位参加，进行了长达20多年的中国土壤系统分类研究。经过多次研究讨论、修订和补充，先后提出了《中国土壤系统分类》(初稿)(1985)、(二稿)(1987)、(三稿)(1988)、(首次方案)(1991)，并在此基础上提出了《中国土壤系统分类》(修订方案)(1995)，出版专著《中国土壤系统分类——理论、方法、实践》(1999)、《中国土壤系统分类检索》(第三版)(2001)和《土壤发生与系统分类》(2007)，使中国土壤分类学发展步入定量化分类的崭新阶段，中国土壤系统分类已在国内外产生重要学术影响。在国内它已应用于科学研究、教学和生产实践的诸多方面，从1996年开始，中国土壤学会将此分类推荐为标准土壤分类加以应用。

一、中国土壤系统分类的诊断层和诊断特性

中国土壤系统分类是以诊断层和诊断特性为基础的系统化、定量化的土壤分类。该系统分类中设立了11个诊断表层、20个诊断表下层、2个其他诊断层和25个诊断特性。

（一）诊断表层

诊断表层是指位于单个土体最上部的诊断层。已建立的11个诊断表层为：有机表层、草毡表层、暗沃表层、暗瘠表层、淡薄表层、灌淤表层、堆垫表层、肥熟表层、水耕表层、干旱表层和盐结壳。

（二）诊断表下层

诊断表下层是在土壤表层以下，由物质的淋溶、迁移、淀积、就地富集等作用形成的具有诊断意义的土层。建立的20个诊断表下层为：漂白层、舌状层、雏形层、铁铝层、低活性富铁层、聚铁网纹层、灰化淀积层、耕作淀积层、水耕氧化还原层、黏化层、黏盘、碱积层、超盐积层、盐盘、石膏层、超石膏层、钙积层、超钙积层、钙盘和磷盘。

（三）其他诊断层

其他诊断层包括盐积层和含硫层，它们既可出现在表层，也可出现在表土以下。

（四）诊断特性

25个诊断特性为：有机土壤物质、岩性特征、石质接触面、准石质接触面、人为淤积物质、变性特征、人为扰动层次、土壤水分状况、潜育特征、氧化还原特征、土壤温度

状况、永冻层次、冻融特征、n 值、均腐殖质特性、腐殖质特性、火山灰特性、铁质特性、富铝特性、铝质特性、富磷特性、钠质特性、石灰性、盐基饱和度及硫化物物质。

（五）诊断现象

中国土壤系统分类还把在性质上已发生明显变化，不能完全满足诊断层或诊断特性规定的条件，但在土壤分类上具有重要意义的土壤性状作为划分土壤类别的依据，称为诊断现象，例如碱积现象、钙积现象、变性现象等，主要用于亚类级土壤类型的鉴别。

限于篇幅，本教材不对以上诊断层和诊断特性进行详细描述，具体可参阅《中国土壤系统分类（修订方案）》（1995）和《中国土壤系统分类检索》（第三版）（2001）。

二、中国土壤系统分类的分类原则

中国土壤系统分类为多级分类，共 6 级：土纲、亚纲、土类、亚类、土族和土系。前 4 级为高级分类级别，最后 2 级为基层分类级别。现就各分类单元的分类原则简述如下。

（一）土纲的分类原则

土纲为最高土壤分类级别，根据主要土壤形成过程产生的或影响主要土壤形成过程的诊断层和诊断特性划分。根据主要土壤形成过程产生的性质划分的有：有机土、人为土、灰土、干旱土、盐成土、均腐土、铁铝土、富铁土、淋溶土；根据影响主要土壤形成过程的性质，例如土壤水分状况、母质性质划分的有潜育土和火山灰土。各土纲划分的主要依据见表 15－2。图 15－2 反映了土壤形成过程与土纲划分之间的关系。

表 15－2　中国土壤系统分类土纲划分依据

土纲名称	主要土壤形成过程或影响土壤形成过程的性状	主要诊断层、诊断特性
（1）有机土（histosols）	泥炭化过程	有机表层
（2）人为土（anthrosols）	水耕或旱耕人为过程	水耕表层、耕作淀积层和水耕氧化还原层或灌淤表层、堆垫表层、泥垫表层、肥熟表层
（3）灰土（spodosols）	灰化过程	灰化淀积层
（4）火山灰土（andosols）	影响成土过程的火山灰物质	火山灰特性
（5）铁铝土（ferralosols）	高度铁铝化过程	铁铝层
（6）变性土（vertosols）	土壤扰动过程	变性特征
（7）干旱土（aridosols）	干旱水分状况下，弱腐殖化过程，以及钙化、石膏化、盐化过程	干旱表层、钙积层、石膏层、盐积层
（8）盐成土（halosols）	盐渍化过程	盐积层、碱积层
（9）潜育土（gleyosols）	潜育化过程	潜育特征
（10）均腐土（isohumosols）	腐殖化过程	暗沃表层、均腐殖质特性
（11）富铁土（ferroslos）	富铁铝化过程	富铁层
（12）淋溶土（argosols）	黏化过程	黏化层
（13）雏形土（cambosols）	矿物蚀变过程	雏形层
（14）新成土（primosols）	无明显发育	除有淡薄表层外，无剖面发育

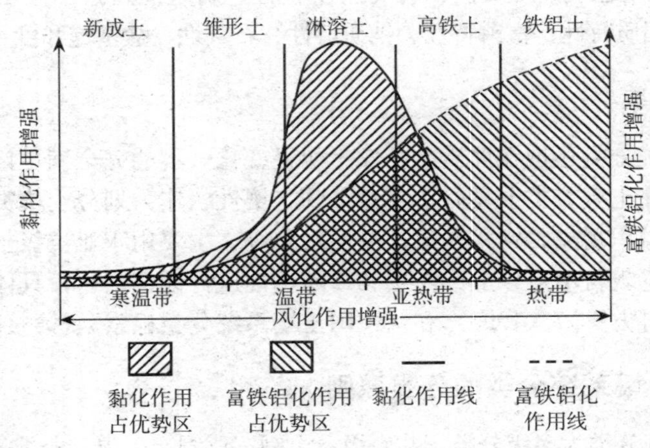

图 15-2　土壤形成作用与土纲划分之间的关系

（二）亚纲的分类原则

亚纲是土纲的辅助级别，主要是根据影响现代土壤形成过程的控制因素所反映的性质（例如水分状况、温度状况和岩性特征）划分。

1. 按水分状况划分　按水分状况划分的亚纲有：①人为土纲中的水耕人为土和旱耕人为土；②火山灰土纲中的湿润火山灰土；③铁铝土纲中的湿润铁铝土；④变性土纲中的潮湿变性土、干润变性土和湿润变性土；⑤潜育土纲中的滞水潜育土和正常（地下水）潜育土；⑥均腐土纲中的干润均腐土和湿润均腐土；⑦淋溶土纲中的干润淋溶土和湿润淋溶土；⑧富铁土纲中的干润富铁土、湿润富铁土和常湿富铁土；⑨雏形土纲中的潮湿雏形土、干润雏形土、湿润雏形土和常湿雏形土。

2. 按温度状况划分　按温度状况划分的亚纲有：①干旱土纲中的寒性干旱土和正常（温暖）干旱土；②有机土纲中的永冻有机土和正常有机土；③火山灰土纲中的寒性火山灰土；④淋溶土纲中的冷凉淋溶土；⑤雏形土纲中的寒冻雏形土。

3. 按岩性特征划分　按岩性特征划分的亚纲有：①火山灰土纲中的玻璃质火山灰土；②均腐土纲中的岩性均腐土；③新成土纲中的砂质新成土、冲积新成土和正常新成土。

4. 按土壤形成发生阶段的性质划分　个别土纲中由于影响现代土壤形成过程的控制因素差异不大，所以直接按主要土壤形成过程发生阶段表现的性质划分，例如灰土纲中的腐殖灰土和正常灰土，盐成土纲中的碱积盐成土和正常（盐积）盐成土。

（三）土类的分类原则

土类主要是亚纲的续分。土类类别多根据反映主要土壤形成过程强度或次要土壤形成过程或次要控制因素的表现性质划分。

1. 根据主要土壤形成过程强度的表现性质划分　根据主要土壤形成过程强度的表现性质划分土类，例如正常有机土中反映泥炭化过程强度的高腐正常有机土、半腐正常有机土和纤维正常有机土土类等。

2. 根据次要土壤形成过程的表现性质划分　根据次要土壤形成过程的表现性质划分土类，例如正常干旱土中反映钙积、石膏积聚、盐积、黏化、土内风化等次要过程的钙积正常干旱土、石膏正常干旱土、盐积正常干旱土、黏化正常干旱土和简育正常干旱土等土类。

3. 根据次要控制因素的性质划分　根据次要控制因素的表现性质划分土类，例如：①反映母质性特征的钙质干润淋溶土、钙质湿润富铁土、钙质湿润雏形土、富磷岩性均腐土等；②反映气候控制因素的寒冻冲积新成土、干旱冲积新成土、干润冲积新成土和湿润冲积新成土等。

（四）亚类的分类原则

亚类是土类的辅助级别，主要根据是否偏离中心概念、是否具有附加过程的特性和是否具有母质残留的特征划分。代表中心概念的亚类为普通亚类，具有附加过程特征的亚类为过渡性亚类，例如灰化、漂白、黏化、龟裂、潜育、斑纹、表蚀、耕淀、堆垫、肥熟等；具有母质残留特性的亚类为继承亚类，例如石灰性、酸性、含硫等。

（五）土族的分类原则

土族是土壤系统分类的基层分类单元。它是在亚类范围内，主要反映与土壤利用管理有关的土壤理化性质发生明显分异的续分单元。同一亚类的土族划分是地域性（或地区性）土壤形成因素引起土壤性质在不同地理区域的具体体现。不同类别的土壤划分土族的依据及指标各异。供土族分类选用的主要依据是剖面控制层段的土壤质地分组（颗粒大小级别）、与此种质地组别相对应的土壤矿物质组成类型、土壤温度状况、土壤酸碱性、盐碱特性、污染特性以及人为活动赋予的其他特性等。

（六）土系的分类原则

土系是土壤系统分类最低级别的分类单元，它是由自然界性态相似的单个土体组成的聚合土体所构成，是直接建立在实体基础上的分类单元。其性状的变异范围较窄，在分类上更具直观性。同一土系的土壤组成物质、所处地形部位及水热状况均相似。在一定垂直深度内，土壤的特征土层种类、性态、排列层序和层位，以及土壤生产利用的适宜性能大体一致。例如第四纪红色黏土发育的富铁土，由于所处地形，或受侵蚀及植被状况的影响，其单个土体的不同特征土层（例如低活性富铁层、聚铁网纹层、铁锰胶膜斑淀层以及泥砾红色黏土层等）的层位高低和厚薄不一，土壤性状均有明显差异。按土系分类依据标准，可分别划分相应的土系单元。又如由冲积母质发育的雏形土或新成土，由于所处地形距河流远近以及受水流大小的影响，其单个土体中不同性状沉积物的质地特征土层的层位高低和厚薄不一，同样可按土系分类依据的标准分别划分出相应的土系等。一般来说，凡是符合土系划分原则的诊断土层和特征性状都可作为土系划分的指标，供鉴别土系之用的诊断土层包括各种诊断层、岩性、或特定母质土层（例如质地土层）、障碍土层、特殊土层，包括土层厚度、层位和层序。

三、中国土壤系统分类的分类系统和命名方法

中国土壤系统分类的分类系统已拟出了土纲、亚纲、土类和亚类检索表，全国共分为 14 个土纲、39 个亚纲、138 个土类和 590 个亚类。表 15－3 为该系统的土纲、亚纲和土类的分类单元。

表 15-3　中国土壤系统分类（土纲、亚纲、土类）

土纲	亚纲	土　　类
有机土	永冻有机土	落叶永冻有机土、纤维永冻有机土、半腐永冻有机土
	正常有机土	落叶正常有机土、纤维正常有机土、半腐正常有机土、高腐正常有机土
人为土	水耕人为土	潜育水耕人为土、铁渗水耕人为土、铁聚水耕人为土、简育水耕人为土
	旱耕人为土	肥熟旱耕人为土、灌淤旱耕人为土、泥垫旱耕人为土、土垫旱耕人为土
灰土	腐殖灰土	简育腐殖灰土
	正常灰土	简育正常灰土
火山灰土	寒性火山灰土	寒冻寒性火山灰土、简育寒性火山灰土
	玻璃火山灰土	干润玻璃火山灰土、湿润玻璃火山灰土
	湿润火山灰土	腐殖湿润火山灰土、简育湿润火山灰土
铁铝土	湿润铁铝土	暗红湿润铁铝土、黄色湿润铁铝土、简育湿润铁铝土
变性土	潮湿变性土	钙积潮湿变性土、简育潮湿变性土
	干润变性土	钙积干润变性土、简育干润变性土
	湿润变性土	腐殖湿润变性土、钙积湿润变性土、简育湿润变性土
干旱土	寒性干旱土	钙积寒性干旱土、石膏寒性干旱土、黏化寒性干旱土、简育寒性干旱土
	正常干旱土	钙积正常干旱土、盐积正常干旱土、石膏正常干旱土、黏化正常干旱土、简育正常干旱土
盐成土	碱积盐成土	龟裂碱积盐成土、潮湿碱积盐成土、简育碱积盐成土
	正常盐成土	干旱正常盐成土、潮湿正常盐成土
潜育土	永冻潜育土	有机永冻潜育土、简育永冻潜育土
	滞水潜育土	有机滞水潜育土、简育滞水潜育土
	正常潜育土	有机正常潜育土、暗沃正常潜育土、简育正常潜育土
均腐土	岩性均腐土	富磷岩性均腐土、黑色岩性均腐土
	干润均腐土	寒性干润均腐土、堆垫干润均腐土、暗厚干润均腐土、钙积干润均腐土、简育干润均腐土
	湿润均腐土	滞水湿润均腐土、黏化湿润均腐土、简育湿润均腐土
富铁土	干润富铁土	黏化干润富铁土、简育干润富铁土
	常湿富铁土	钙质常湿富铁土、富铝常湿富铁土、简育常湿富铁土
	湿润富铁土	钙质湿润富铁土、强育湿润富铁土、富铝湿润富铁土、黏化湿润富铁土、简育湿润富铁土
淋溶土	冷凉淋溶土	漂白冷凉淋溶土、暗沃冷凉淋溶土、简育冷凉淋溶土
	干润淋溶土	钙质干润淋溶土、钙积干润淋溶土、铁质干润淋溶土、简育干润淋溶土
	常湿淋溶土	钙质常湿淋溶土、铝质常湿淋溶土、简育常湿淋溶土
	湿润淋溶土	漂白湿润淋溶土、钙质湿润淋溶土、黏盘湿润淋溶土、铝质湿润淋溶土、酸性湿润淋溶土、铁质湿润淋溶土、简育湿润淋溶土

（续）

土纲	亚纲	土　　类
雏形土	寒冻雏形土	永冻寒冻雏形土、潮湿寒冻雏形土、草毡寒冻雏形土、暗沃寒冻雏形土、暗瘠寒冻雏形土、简育寒冻雏形土
	潮湿雏形土	叶垫潮湿雏形土、砂姜潮湿雏形土、暗色潮湿雏形土、淡色潮湿雏形土
	干润雏形土	灌淤干润雏形土、铁质干润雏形土、底锈干润雏形土、暗沃干润雏形土、简育干润雏形土
	常湿雏形土	冷凉常湿雏形土、滞水常湿雏形土、钙质常湿雏形土、铝质常湿雏形土、酸性常湿雏形土、简育常湿雏形土
	湿润雏形土	冷凉湿润雏形土、钙质湿润雏形土、紫色湿润雏形土、铝质湿润雏形土、铁质湿润雏形土、酸性湿润雏形土、简育湿润雏形土
新成土	人为新成土	扰动人为新成土、淤积人为新成土
	砂质新成土	寒冻砂质新成土、潮湿砂质新成土、干旱砂质新成土、干润砂质新成土、湿润砂质新成土
	冲积新成土	寒冻冲积新成土、潮湿冲积新成土、干旱冲积新成土、干润冲积新成土、湿润冲积新成土
	正常新成土	黄土正常新成土、紫色正常新成土、红色正常新成土、寒冻正常新成土、干旱正常新成土、干润正常新成土、湿润正常新成土

中国土壤系统分类单元的名称以土纲为基础，其前叠加反映亚纲、土类和亚类性状的术语，就分别构成了亚纲、土类和亚类的名称。土壤性状术语尽量简化，限制为 2 个汉字，土纲名称一般为 3 个汉字，亚纲一般为 5 个汉字，土类一般为 7 个汉字，亚类一般为 9 个汉字。各级类别名称均选用反映诊断层或诊断特性的名称，部分或选有发生意义的性质或诊断现象名称。复合亚类在两个亚类形容词之间加连接号“-”，例如石膏-盘状盐积正常干旱土。土纲名称中的有机土、灰土、火山灰土、变性土、干旱土和新成土等均直接引自美国系统分类；铁铝土、淋溶土、雏形土和潜育土参照联合国世界土壤图图例单元而来，其中铁铝土和雏形土与美国系统分类中的氧化土和始成土相同；均腐土取自法国土壤分类的名称；盐土和碱土合称盐成土，人为土和富铁土是中国自己提出的。命名中亚纲、土类和亚类一级中有代表性的类型，分别称为正常、简育和普通以区别。“简育”一词原词是 haplie，即指构成这个土类应具备的最起码的诊断层和诊断特性，而无其他附加过程。土族命名采用土壤亚类名称前冠以土族主要分异特性的连续命名法，例如普通强育湿润富铁土（亚类），其土族可分别命名为黏质高岭普通强育湿润富铁土、黏质高岭混合型普通强育湿润富铁土、粗骨-黏质高岭普通强育湿润富铁土等。土系命名可选用该土系代表性剖面（单个土体）点位或首次描述该土系的所在地的标准地名直接定名，或以地名加上控制土层优势质地定名，例如宣城系、五指山系等。

四、中国土壤系统分类的检索方法和土纲检索

中国土壤系统分类是一个检索性分类，其各级类别是通过诊断层和诊断特性的检索系统确定的。使用者如能按照检索顺序，自上而下逐一排除那些不符合某种土壤要求的类别，就能找出它的正确分类位置。因此土壤检索既要包括各级类别的鉴别特性，又要列出它们的检索顺序。

检索顺序就是土壤类别在检索系统中检出先后次序。由于土壤的发生或性质十分复

杂，除占优势的过程及其产生的性质外，可能还有其他居次要位置的过程及其产生的性质。所以各土壤类别的主要鉴别性质尽管不同，但其中某种土壤的次要鉴别性质可能和另一土壤的主要鉴别性质相同，如果没有一个合理的检索顺序，这些鉴别性质相同，但优势过程不同的土壤就可能并入同一类别。比如干润均腐土有两种发育强度不同的土壤，一类已发育到黏化阶段，以黏化过程占优势，另一类只发育到钙积阶段，以钙积过程占优势。但在黏化类别中有的尚处于过渡阶段，在黏化层以下还有由已退居次要位置的钙积过程所产生的钙积层。如果先检有钙积层的，则会把有钙积层，又有黏化层的土壤归入钙积类别；如果先检有黏化钙积层的，就可以把所有已进入黏化阶段的土壤归入黏化类别，而把有钙积层但无黏化层的土壤归入钙积类别。

中国土壤系统分类中 14 个土纲是根据土壤的诊断层和诊断特性划分的，其中有富含有机质的有机土和均腐土；深受母质地形影响的火山灰土、变性土和潜育土；形成于干旱气候条件下的干旱土和盐成土；形成于湿润温带条件下的淋溶土和灰土；形成于热带条件下的富铁土和铁铝土以及发育程度较浅的新成土和雏形土；还有人为作用下形成的人为土。中国土壤系统分类的土纲检索见表 15－4。

表 15－4　中国土壤系统分类 14 个土纲检索简表

诊断层和（或）诊断特性	关键依据	土纲
土壤中有机土壤物质总厚度≥40 cm，若容重＜0.1 mg/m^3，则≥60 cm，且其上界在土表至 40 cm 范围内	有机土壤物质	有机土
其他土壤中有水耕表层和水耕氧化还原层，或肥熟表层和磷质耕作淀积层，或灌淤表层，或堆垫表层	人为层	人为土
其他土壤在土表下 100 cm 范围内有灰化淀积层	灰化淀积层	灰土
其他土壤在土表至 60 cm 至更浅的石质接触面范围内 60％或更厚的土层具有火山灰特性	火山灰特性	火山灰土
其他土壤中有上界在土表至 150 cm 范围内的铁铝层	铁铝层	铁铝土
其他土壤中土表至 50 cm 范围内黏粒含量≥30％，且无石质接触面，土壤干燥时有宽度＞0.5 cm 的裂隙，土表至 100 cm 范围内有滑擦面或自吞特征	变性特征	变性土
其他土壤中有干旱表层和上界在土表至 100 cm 范围内的下列任一诊断层：盐积层、超盐积层、盐盘、石膏层、超石膏层、钙积层、超钙积层、钙盘、黏化层或雏形层	干旱表层	干旱土
其他土壤中土表至 30 cm 范围内有盐积层，或土表至 75 cm 范围内有碱积层	盐积层和碱积层	盐成土
其他土壤中土表至 50 cm 范围内有一土层厚度≥10 cm 有潜育特征	潜育特征	潜育土
其他土壤中有暗沃表层和均腐殖质特性，且矿质土表下 180 cm 或至更浅的石质或准石质接触面范围内盐基饱和度≥50％	暗沃表层和均腐殖质特性	均腐土
其他土壤中有上界在土表至 125 cm 范围内的低活性富铁层，且无冲积物岩性特征	低活性富铁层	富铁土
其他土壤中有上界在土表至 125 cm 范围内的黏化层或黏盘	黏化层	淋溶土
其他土壤中有雏形层；或矿质土表至 100 cm 范围内有如下任一诊断层：漂白层、钙积层、超钙积层、钙盘、石膏层、超石膏层；或矿质土表下 20～50 cm 范围内有一土层（≥10 cm 厚）的 *n* 值＜0.7；或黏粒含量＜80 g/kg，并有有机表层，或暗沃表层，或暗瘠表层；或有永冻层和矿质土表至 50 cm 范围内有滞水土壤水分状况	雏形层	雏形土
其他土壤仅有淡薄表层，且无鉴别上述土纲所要求的诊断层或诊断特性		新成土

五、中国土壤系统分类与中国土壤分类系统的土壤参比

鉴于当前我国土壤系统分类和发生分类并存的现状，并且我国大量已有土壤资料是在长期应用土壤发生分类体系条件下积累起来的，而且发生分类在我国已有半个世纪的历史，全国第二次土壤普查在《中国土壤分类暂行草案》(1978）的基础上丰富了我国土壤发生分类，并吸收了系统分类的一些内容，因此这两个系统的参比具有现实意义。

由于中国土壤分类系统与中国土壤系统分类的依据不同，从严格意义上讲，对这两个分类系统很难做简单的比较，只能做近似的参比，且还须注意下列各点：①把握特点，中国土壤系统分类高级分类单元包括土纲、亚纲、土类和亚类，但重点是土纲；中国土壤分类系统中的高级基本单元则是土类，有的没有土纲和亚纲，或只有土纲，没有亚纲，而土类是相对稳定的。因此二者参比时，主要以中国土壤分类系统中的土类和中国土壤系统分类的亚纲或土类做比较。②占有土壤资料，尽管两个分类系统的分类原则和方法有很大不同，但只要占有充分的土壤信息，就可进行参比，资料越充足，参比就越具体和确切。如果只有名称而无具体资料，只能做抽象的参比。③要着眼于典型土壤，中国土壤分类系统的中心概念虽较明确，但其边界模糊。有些未成熟的幼年亚类（例如红壤性土、褐土性土等）与典型亚类在性质上相差甚远。从土壤系统分类观点看，这种差异可能是土纲级别。因此两个系统在土类水平上进行参比时，只能以反映中心概念进行参比，否则涉及范围太广而无从下手。在具体参比时，仍应根据诊断层和诊断特性，按次序检索。表 15 - 5 列了两个分类系统中常见的土类，可供参考。

表 15 - 5　中国土壤分类系统（1992）和中国土壤系统分类的近似参比

中国土壤分类系统	主要中国土壤系统分类的类型	中国土壤分类系统	主要中国土壤系统分类的类型
砖红壤	暗红湿润铁铝土 简育湿润铁铝土 富铝湿润富铁土 黏化湿润富铁土 铝质湿润雏形土 铁质湿润雏形土	棕漠土	石膏正常干旱土 盐积正常干旱土
赤红壤	强育湿润富铁土 富铝湿润富铁土 简育湿润铁铝土	盐土	干旱正常盐成土 潮湿正常盐成土
红壤	富铝湿润富铁土 黏化湿润富铁土 铝质湿润淋溶土 铝质湿润雏形土	碱土	潮湿碱积盐成土 简育碱积盐成土 龟裂碱积盐成土
黄壤	铝质常湿淋溶土 铝质常湿雏形土 富铝常湿富铁土	紫色土	紫色湿润雏形土 紫色正常新成土
燥红土	铁质干润淋溶土 铁质干润雏形土 简育干润富铁土 简育干润变性土	火山灰土	简育湿润火山灰土 火山渣湿润正常新成土

（续）

中国土壤分类系统	主要中国土壤系统分类的类型	中国土壤分类系统	主要中国土壤系统分类的类型
黄棕壤	铁质湿润淋溶土 铁质湿润雏形土 铝质常湿雏形土	黑色石灰土	黑色岩性均腐土 腐殖钙质湿润淋溶土
黄褐土	黏盘湿润淋溶土 铁质湿润淋溶土	红色石灰土	钙质湿润淋溶土 钙质湿润雏形土 钙质湿润富铁土
棕壤	简育湿润淋溶土 简育正常干旱土 灌淤干润雏形土	磷质石灰土	富磷岩性均腐土 磷质钙质湿润雏形土
褐土	简育干润淋溶土 简育干润雏形土	黄绵土	黄土正常新成土 简育干润雏形土
暗棕壤	冷凉湿润雏形土 暗沃冷凉淋溶土	风沙土	干旱砂质新成土 干润砂质新成土
白浆土	漂白滞水湿润均腐土 漂白冷凉淋溶土	粗骨土	石质湿润正常新成土 石质干润正常新成土 弱盐干旱正常新成土
棕色针叶林土	暗瘠寒冻雏形土	沼泽土	有机正常潜育土 暗沃正常潜育土 简育正常潜育土
漂灰土	暗瘠寒冻雏形土 漂白冷凉淋溶土 正常灰土	泥炭土	正常有机土
灰化土	腐殖灰土 正常灰土	亚高山草甸土和 高山草甸土	草毡寒冻雏形土 暗沃寒冻雏形土
灰褐土	简育干润淋溶土 钙积干润淋溶土 黏化简育干润均腐土	亚高山草原土和 高山草原土 砂姜黑土	钙积寒性干旱土 黏化寒性干旱土 简育寒性干旱土 砂姜钙积潮湿变性土 砂姜潮湿雏形土
黑土	简育湿润均腐土 黏化湿润均腐土 黏化暗厚干润均腐土 暗厚黏化湿润均腐土 暗沃冷凉淋溶土	高山漠土	石膏寒性干旱土 简育寒性干旱土
黑钙土	暗厚干润均腐土 钙积干润均腐土	高山寒漠土	寒冻正常新成土
栗钙土	简育干润均腐土 钙积干润均腐土 简育干润雏形土	水稻土	潜育水耕人为土 铁渗水耕人为土 铁聚水耕人为土 简育水耕人为土 除水耕人为土以外其他类别中的水耕土亚类
黑垆土	堆垫干润均腐土 简育干润均腐土	塿土	土垫旱耕人为土

（续）

中国土壤分类系统	主要中国土壤系统分类的类型	中国土壤分类系统	主要中国土壤系统分类的类型
棕钙土	钙积正常干旱土 简育正常干旱土	灰棕漠土	石膏正常干旱土 简育正常干旱土 灌淤干润雏形土
灰钙土	钙积正常干旱土 黏化正常干旱土	灌淤土	寒性灌淤旱耕人为土 灌淤干润雏形土 灌淤湿润砂质新成土 淤积人为新成土
灰漠土	钙积正常干旱土	潮土	淡色潮湿雏形土 底锈干润雏形土 肥熟旱耕人为土 肥熟灌淤旱耕人为土 肥熟土垫旱耕人为土 肥熟富磷岩性均腐土

第四节　国际土壤分类发展趋势

土壤的发生和分类研究虽已有百余年的历史，但至今还没有形成一个国际上统一的土壤分类系统。在种类繁多的土壤分类系统中，有在马伯特（C. F. Marbut）基础上发展起来的美国土壤系统分类，有以欧洲土壤学派为基础的联合国世界土壤图图例单元和世界土壤资源参比基础（WRB），有历史悠久的俄罗斯土壤分类，有英国、法国、德国、加拿大等许多国家各自的分类，还有像南非、澳大利亚那样基于复杂的地质背景而建立起来的独特的土壤分类。

目前，国际上影响较大的土壤分类主要有：美国土壤系统分类（ST）、联合国世界土壤图图例单元（FAO/UNESCO）、世界土壤资源参比基础、俄罗斯土壤分类等。

一、美国土壤系统分类

自马伯特于 1935 草拟美国土壤分类系统以来，美国土壤分类历经了 1938 年及 1949 年的两次修订。由于原有传统的土壤分类，只有中心概念而无明确的边界，缺乏定量指标，不适于生产发展的需要，因此进入 20 世纪 50 年代，不少土壤学家主张根据土壤性质划分土壤。有鉴于此，美国土壤保持局在史密斯（G. D. Smith）的领导下，着手建立新的定量化土壤分类系统的研究。经 7 次修订，至 1960 年推出了第七次土壤分类修订稿，之后又经多次修订，至 1975 年正式出版了《土壤系统分类》（*Soil Taxonomy*）一书，这是土壤分类史上的一次革命。

这个分类系统自发表后，以全新的面貌对以后的土壤分类产生了很大的影响，目前已有 45 个国家直接采用这个分类，80 多个国家将它作为本国的第一或第二分类系统。该分类系统不以《土壤系统分类》一书的出版为满足，随后成立了 9 个国际土壤分类委员会，以促进土壤系统分类的不断完善。从 1983 年起，根据这些委员会所提供的修订建议，每隔数年出版一次《美国土壤系统分类检索》，至 2003 年的第 9 版《美国土壤系统分类检索》以全新的面目出现在土壤工作者面前，其内容已与《土壤系统分类》一书有很大的差异，土纲也由原来的10个增加至12个。这个分类系统集中了世界各国土壤学家的智慧，着眼于全世界。美国土壤系统分类也遵循了土壤发生学思想，但其最大的特点是将过去惯用的发生学土层和土壤特性给予定量化，建立一系列的诊断层和诊断特性。

（一）美国土壤系统分类的诊断层和诊断特性

诊断层和诊断特性是美国土壤系统分类中用来鉴定和命名土壤的主要依据。据1998年发表的《美国土壤系统分类检索》（第9版），共设置8个诊断表层和19个诊断表下层。8个诊断表层为：人为松软表层、落叶有机表层、有机表层、松软表层、淡色表层、黑色表层、厚熟表层和暗色表层。19个诊断表下层为：耕作淀积层、漂白层、淀积黏化层、钙积层、雏形层、硬盘、脆盘、石膏层、高岭层、碱化层、氧化层、石化钙积层、石化石膏层、薄铁盘层、盐积层、腐殖质淀积层、灰化淀积层、含硫层和舌状层。

诊断特性有：质地突变、*n*值、永冻层、聚铁网纹体、滑擦面、土壤水分状况、土壤温度状况、可风化矿物、灰化物质、硫化物质、火山灰土壤特性、线性延伸系数、硬结核、黏土微地形、石质接触面、准石质接触面、石化石质接触界面、漂白物质、寒冻物质、线胀性、舌状延伸及指状延伸、层序等。

（二）美国土壤系统分类的类别

美国土壤系统分类共分土纲、亚纲、大土类、亚类、土族和土系共6级。土系之下还可划分土相。

1. 土纲　土纲（soil order）反映主导成土过程，并按其产生的诊断层和诊断特性划分。共划分出12个土纲：冻土（gelisols）、有机土（histosols）、灰土（spodosols）、火山灰土（andisols）、氧化土（oxisols）、变性土（vertisols）、干旱土（aridisols）、老成土（ultisols）、软土（mollisols）、淋溶土（alfisols）、始成土（inceptisols）和新成土（entisols）。这些土纲的划分实质上体现了土壤的发生学特征，也较好地反映了母岩风化与土壤发育程度（图15-3）。

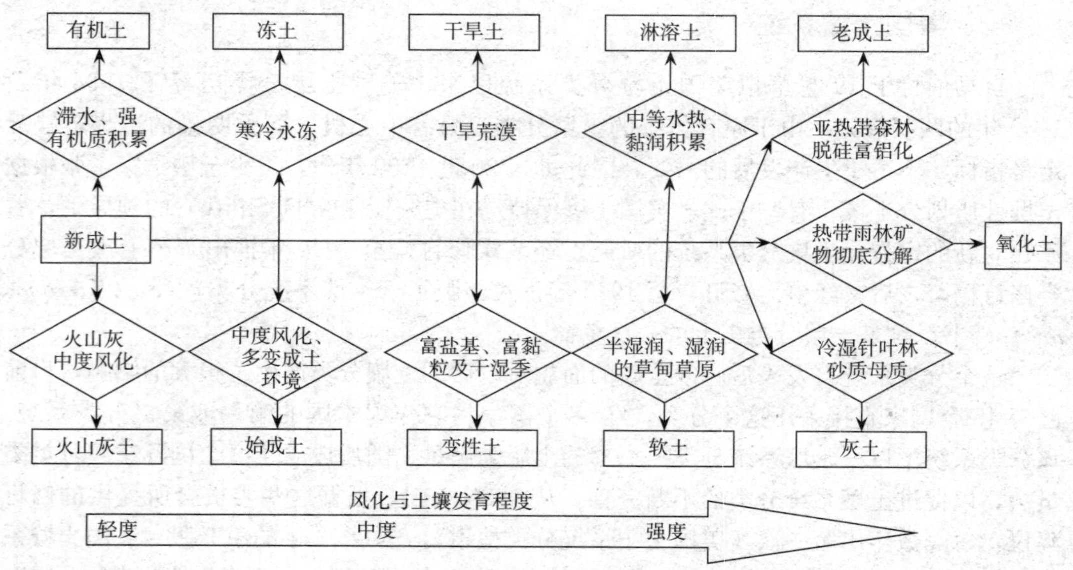

图15-3　美国土壤系统分类土纲与母岩风化、土壤发育的相互关系

12 个土纲的名称及索引见表 15-6。

表 15-6　美国土壤系统分类的土纲名称、词根及其索引

序号	土纲	词根	索引
1	冻土（gelisols）	el	土表 1 m 内具永冻层或土表 1 m 内有寒冻物质且土表 2 m 内有永冻层者
2	有机土（histosols）	ist	土表具有机表层者
3	灰土（spodosols）	od	2 m 深以内可见灰化淀积层者
4	火山灰土（andisols）	and	具有火山灰土壤性质者
5	氧化土（oxisols）	ox	2 m 内有氧化层、无黏化层者
6	变性土（vertisols）	ert	各层黏粒含量＞30%，50 cm 土层干时开裂者
7	干旱土（aridisols）	id	具有干旱水分状况，有一淡色表层等者
8	老成土（ultisols）	ult	有黏化层或高岭层者，且在 1.8 m 内盐基饱和度＜30%者
9	软土（mollisols）	oll	有松软表层者
10	淋溶土（alfisols）	alf	有黏化层、高岭层或碱化层者
11	始成土（inceptisols）	ept	有雏形层等者
12	新成土（entisols）	ent	其他土壤

2. 亚纲　亚纲（suborder）反映了控制现代成土过程的土壤形成因素，一般根据土壤水分状况进行划分，也有的根据温度状况、有机质分解度、土壤形成作用、人为影响等进行划分。

3. 大土类　大土类（great group）综合反映了在土壤形成条件的作用下，土壤形成过程组合的作用结果，根据诊断层的种类、排列及其他诊断特性进行划分。

4. 亚类　亚类（subgroup）反映了次要的或附加的土壤形成过程。亚类是根据对本土类来说不是重要的，而对其他土类或亚纲、土纲来说是重要的一些性质进行划分。若反映本土类典型性状（中心概念）则可冠以“典型（typic）”二字划分亚类；若反映向其他土类、亚纲、土纲过渡的类型，均可加一些向其他土类、亚纲、土纲过渡的修饰词（土壤性质）加以划分。在某些亚类中既不是反映土类的典型属性，又不是反映向其他土壤类型的过渡性，例如在坡麓地带发育的一些软土，因不断接受新的沉积物，因而发育了一个过厚的松软表层，可称为其为堆厚的（cumulic）亚类。

5. 土族　土族（family）是一个亚类中具有类似物理性质和化学性质土壤的归并，其根据土壤剖面控制层段（其下界一段为固结层或岩面的上界，通常在 1 m 以内）内颗粒大小等级、矿物学类别、石灰性反应和酸碱反应级别、土壤温度类别、土壤深度等级、土壤结特性等级及包被、裂隙等级进行划分。

6. 土系　土系（series）是土族内根据与土壤利用关系更为密切的理化性质进行划分的分类单元。土系的功能重在实用，主要依据在土族和土族以上各级分类中还未使用过的土壤性质，例如颗粒大小、质地、矿物学、有机质含量、结构等进行区分。

美国土壤系统分类是一个检索性的分类，实际上是排除分类法，这避免了由于具多种诊断层或诊断特性时，不好确定土壤分类的问题。因此在检索时必须按表 15-6 所示的序号进行。例如要检索某个土壤，首先看它能否满足冻土纲的条件，满足者为冻土；不满足者，再看它是否满足有机土纲的条件，这样依次采用排除法类推。不能满足前 11 个土纲的条件者，则归入新成土纲中，所以新成土实际上是一类无明显特征（诊断层或诊断特性）的土壤。

（三）美国土壤系统分类的命名方法

美国土壤系统分类的土壤分类单元名称采用拉丁文及希腊文词根拼缀法，实际上是一种连续命名法。它是以土纲名称的词根为基础，累加一系列形容词或副词，顺次构成了亚纲、土类、亚类、土族的名称。例如 clayey loamy，mixed thermic，typic paleudults（黏壤质、矿物混合型热性的、典型的强发育湿润老成土土族），其中 ult 为 ultisols（老成土）的词根；ud 表明该亚纲的土壤水分状况为湿润的（udic），其亚纲为湿润老成土；pale 表示该土壤的黏化层发育度高、深厚，为土类的修饰词，其土类为强发育湿润老成土；typic 为亚类的修饰词，意为典型的，其亚类为典型的强发育湿润老成土；clayey loamy（黏壤的）、mixed（矿物混合型的）、thermic（热性的）均为土族的修饰词。由此可见，采用这种方法命名，可以从土壤名称上联想到该土壤的属性及每一个分类单元划分上所采用的土壤性质。在系统分类中，土系按土壤首次发现时的地名（城镇）命名，在它后带上表土层质地类别。美国对其国内已确定的土系都分别做了档案，并有较详细的记载。

二、联合国世界土壤图图例单元

联合国粮食及农业组织（FAO）和联合国教科文组织（UNESCO）为编制 1∶500 万世界土壤图，从 20 世纪 60 年代开始工作，于 1974 年出版了世界土壤图图例系统，经过 15 年广泛实践，多次修改，1988 年正式出版了修订本（FAO/UNESCO，1988）。修订本修正了一级单元，经增删由 26 个后变为 28 个，扩大了二级单元，由 106 个增加到 153 个。一级单元对于干旱土和热带土壤变动较多：①删去了漠境土（yermosols）和干旱土（xerosols），引入了钙积土（calcisols）和石膏土（gypsisols）；②在热带亚热带土壤中将原来的淋溶土（luvisols）分为高活性淋溶土（luvisols）和低活性淋溶土（lixisols），二者盐基饱和度均在 50%或以上，而前者为具高活性黏粒土壤，后者为具低活性黏粒土壤；同样将强酸土（acrisols）分为高活性强酸土（alisols）和低活性强酸土（acrisols）；同时，还增加了聚铁网纹土（plinthosols）；③由于黑色石灰土和薄层土难以区分，且其分布面积有限，故将它们同石质土（lithosols）一起合并成为一个新的薄层土（leptisols）；④增加了人为土（anthrosols）和火山灰土（andosols）。

修订本中增加了三级单元，还扩展了土相内容。土相是根据土壤表层或亚表层对土地利用和管理有重要意义的特征进行划分的，这些特征制约着土地利用，例如水耕、硬盘、脆盘、冻胀、泛滥、石质、铁质、砾质、盐渍、粗骨、钠质、龟裂、荒漠等。联合国世界土壤图图例单元系统虽然严格来说不是分类系统，但它应用了土壤系统分类的成就，吸取了欧洲各国土壤分类的长处，应用于土壤制图中，起到土壤分类的作用。但从世界土壤资源参比基础成立以后，联合国世界土壤图图例单元不再继续发展。

在联合国世界土壤图图例单元制订时，也采用了诊断层和诊断特性的概念，其基本内容均取自美国土壤系统分类。该图例土壤单元的命名，首先，尽量采用了已获国际公认的传统土壤名称，例如冲积土（fluvisols）、粗骨土（regosols）、盐土（solonchaks）、碱土（solonets）、潜育土（gleysols）、黑钙土（chernozems）、栗钙土（kastanozems）、灰化土（podzols）等；其次，引入了一些新发展的土壤分类单元，例如有机土（histosols）、变性土（vertisols）、雏形土（cambisols）、暗色土（andosols）、高活性淋溶土

(luvisols)、低活性淋溶土(lixisols)、聚铁网纹土(plinthosols)、灰化淋溶土(podyoluvisols)、黏盘土(planosols)、铁铝土(ferralosols)等;再次,创建一些新的土壤类型,例如人为土(anthrosols)、黏绨土(nitisols)、钙积土(calcisols)和石膏土(gypsisols)。

为便于实际鉴别分类土壤,联合国世界土壤图图例单元也采用检索排除分类法(表 15-7)。由于联合国土壤图图例单元涉及全球的土壤类型,比较全面,并借助于国际的优势,不断丰富土壤系统分类的内容,已为墨西哥、马来西亚等一些国家所采用。

表 15-7 联合世界土壤图图例一级单元(集合土类)的检索

检索要点	一级单元
具有从地壳向下伸展的 40 cm 或更厚的 H 层或 O 层,或在土壤上部 80 cm 深度范围内有积累厚度达 40 cm 或更厚的 H 层或 O 层(若有机物质主要是由水藓或苔藓所组成的,或其容重小于 0.1 g/cm³,则厚度为 60 cm 或更大),若该层位于岩石上或位于缝隙间充满有机质的岩石碎屑物之上,厚度可以小于 40 cm 的土壤	有机土(HS)
其他由于人类活动诸如搬移或搅动表层土壤、挖土及填土、长期增添有机物质、长期不断地灌溉等导致原有土壤层次的深刻变更或被埋藏的土壤	人为土(AT)
其他由于在地表至 30 cm 深度内出现连续坚硬岩石或强石灰性物质(碳酸钙相当物)的含量大于 10%或连续胶结层面使土壤厚度受限制,或者地表以下 75 cm 深度内细土含量少于 20%,除松软 A 层、暗色 A 层或淡色 A 层、有或没有雏形 B 层外,没有别的诊断层的土壤	薄层土(LP)
其他上部 20 cm 混合后,在至少 50 cm 深度内的所有土层含有 35%或 35%以上黏粒;在多数年份一年中有某一时期(除非对土壤进行了灌溉),土壤从表面向下开裂,裂隙至少宽 1 cm 达 50 cm 深度处,具有下列一个或一个以上的特征:地表以下 25~100 cm 深度范围内的某处有交切的滑擦面或楔形或平行六面体形的结构团聚体的土壤	变性土(VR)
其他具有冲积特性,且地表至 125 cm 内除淡色 A 层、松软 A 层、暗色 A 层或有机 H 层或含硫层或硫化物质外,无其他诊断层的土壤	冲积土(FL)
其他具有盐积特性,且除 A 层、有机 H 层、雏形 B 层、钙积层或石膏层外,无其他诊断层的土壤	盐土(SC)
其他不包括粗质地物质,地表以下 50 cm 内呈现潜育特性;除 A 层、有机 H 层、雏形 B 层、钙积层或石膏层外,无其他诊断层;地表以下 125 cm 内没有聚铁网纹体的土壤	潜育土(GL)
其他地表至 35 cm 或更大的深度内呈火山灰特性;有松软 A 层或暗色 A 层,可能上覆在雏形 B 层之上,或一淡色 A 层与一雏形 B 层,而没有其他诊断层的土壤	火山灰土(AN)
其他至少在地表至 100 cm 深度内的土壤比砂质壤土更粗,除淡色 A 层或漂白 E 层外,无其他诊断层的土壤	砂性土(AR)
其他除淡色 A 层或暗色 A 层外,无其他诊断层的土壤	疏松岩性土(RG)
其他有灰化淀积 B 层的土壤	灰壤(PZ)
其他在地表至 50 cm 深度内有一至少 15 cm 厚,含聚铁网纹体大于等于 50%(按体积计)的土层,若该土层在漂白 E 层之下或在地表至 50 cm 内呈滞水特性的土层下;或在地表至 100 cm 内呈潜育特性的土层下,则该土层可存在于 125 cm 深度内的土壤	聚铁网纹土(PT)
其他有铁铝 B 层的土壤	铁铝土(FR)
其他有 E 层,在地表至 125 cm 深度内该 E 层中至少有一部分呈滞水特性,或该 E 层突然覆盖于缓慢渗透土层之上,没有碱化 B 层或灰化 B 层的土壤	黏盘土(PL)

（续）

检索要点	一级单元
其他有碱化B层的土层的土壤	碱土（SN）
其他有松软A层，其湿态彩度为2或小于2，厚度至少15 cm，结构体表面上有未包被的粉砂粒或砂粒，有黏化B层的土壤	灰黑土（GR）
其他有松软A层，其湿态彩度为2或小于2，厚度至少15 cm，地表至125 cm内有钙积层或松软粉状石灰积聚或兼有两者的土壤	黑钙土（CH）
其他有松软A层，其湿态彩度大于2，厚度至少15 cm；有下列之一或一个以上特征：地表以下125 cm内有钙积层或石膏层或松软粉状石灰积聚的土壤	栗钙土（KS）
其他有松软A层，整个土部125 cm的土壤盐基饱和度大于等于50%（NH_4OA_C法）的土壤	黑土（PH）
其他有黏化B层，由于E层向B层的舌状延伸，或者由于直径大于2 cm的分散瘤状结核的形成，黏化B层上界呈不规则或破裂状，结核外部富集铁，且被铁质弱度胶结或固结，比内部色调更红、色度更高的土壤	灰化淋溶土（PD）
其他在地表至125 cm内有石膏层或石化石膏层；除淡色A层、渗入有石膏或碳酸钙的雏形B层或黏化B层、钙积层或石化钙积层外，无别的诊断层的土壤	石膏土（GY）
其他在地表至125 cm内有钙积层或石化钙积层或松软粉状石灰积聚；除淡色A层、渗入有碳酸钙的雏形B层或黏化B层外，无别的诊断层的土壤	钙积土（CL）
其他有一黏化层，在地表至150 cm深度内不呈现有黏粒相对减少量超过黏化B层中黏粒最高量的20%的黏粒分布形式；A层与B层之间的界限呈逐渐至扩散的；地表至125 cm内某一亚层呈现黏绨特性的土壤	黏绨土（NT）
其他有黏化B层，地表至125 cm内B层中至少有一部分阳离子交换量大于等于24 cmol(+)/kg黏粒，盐基饱和度小于50%（NH_4OA_C法）的土壤	高活性强酸土（AL）
其他有黏化B层，在地表至125 cm内B层中至少有一部分阳离子交换量小于24 cmol(+)/kg黏粒，并且盐基饱和度小于50%（NH_4OA_C法）的土壤	低活性强酸土（AC）
其他有黏化B层，直到125 cm深度处的整个B层的阳离子交换量大于等于24 cmol(+)/kg黏粒，并且盐基饱和度小于50%（NH_4OA_C法）的土壤	高活性淋溶土（LV）
其他有黏化B层，且直到125 cm深度处整个B层的阳离子交换量小于24 cmol(+)/kg黏粒，并且盐基饱和度大于等于50%（NH_4OA_C法）的土壤	低活性淋溶土（LX）
其他有雏形B层的土壤	雏形土（CM）

三、世界土壤资源参比基础

早在1978年，在加拿大召开的第12届国际土壤学大会上，国际土壤学会（International Society of Soil Science，ISSS）就倡议建立一个国际性土壤分类，1980年在保加利亚成立了国际土壤分类参比基础（International Reference Base for Soil Classification，IRB），由国际土壤学会的Ⅴ组分管。1990年在日本召开的14届国际土壤学大会上，国际土壤分类参比基础作为一个专题进行了报告和讨论。1992年1月13—15日于法国蒙比利埃召开的会议上，在国际土壤分类参比基础的基础上，由国际土壤学会、联合国粮食及农业组织和国际土壤参比和信息中心一起成立了世界土壤资源参比基础（World Reference Base for Soil Resources，WRB），其目的是便于各国土壤分类系统之间更好地进行比较，以利于土壤科学的国际交流、数据共享、信息联网以及土壤科学成果在土地利用和农业持续发展上得到广泛应用。

在世界土壤资源参比基础的组织领导下，世界各国的著名土壤学家积极参与，经过2年多的努力，1994年在墨西哥召开的第16届国际土壤学会上，散发了《世界土壤资源参比基础》（草案）（ISSS/ISRIC/FAO，1994）。此后，世界土壤资源参比基础在世界上广泛传播，吸取各国土壤学家的智慧，以诊断层和诊断特性为基础，以联合国粮食及农业组织、联合国教科文组织及国际土壤参比和信息中心（FAO/UNESCO/ISRIC）修订的联合国世界土壤图图例单元为起点，并尽可能地吸收世界各国土壤学家的最新研究成果，邀请了各国有经验的土壤学家进行学术交流和现场考察。先后在法国蒙比利埃、英国Silsoe、意大利罗马、比利时鲁汶、南非、阿根廷、越南、中国、格鲁吉亚等地举行会议并实地验证，使这个方案不断完善。1998年在法国蒙比利埃第16届国际土壤学会大会上出版了这个方案的正式版本（ISSS/ISRIC/FAO，1998），同时还出版了相应的简要本（*Introduction*）和图册（*Atlas*）。并以这个方案为基础出版了《世界主要土壤教程》和相应的CD-ROM（ISRIC，2001）。世界土壤资源参比基础方案是以欧洲土壤学学派的学术思想为基础的，特别是吸取了俄罗斯、英国、德国和法国土壤分类的一些概念和术语，此方案与美国土壤系统分类同样以诊断层和诊断特性为基础，但有各自的侧重，并显示出它的特点。

这个方案已以法语、德语、日语、西班牙语、意大利语、立陶宛语、波兰语、罗马尼亚语、越南语和汉语出版。

（一）世界土壤资源参比基础的特点

世界土壤资源参比基础的分类具有如下特点。

① 世界土壤资源参比基础以诊断层和诊断特性为基础，以联合国粮食及农业组织、联合国教科文组织及国际土壤参比和信息中心修改的图例系统为起点，吸收了世界各国土壤学家的最新研究成果，因而使该分类报告内容丰富，并具有很大的影响力。

② 世界土壤资源参比基础修订了诊断层、诊断特性和诊断物质，诊断层增至29个，其中新增加14个，7个诊断特性和4个土相改为诊断层，对原有诊断层的指标做了一定修改，对诊断特性做了一些增减。另外，修改确定了5个诊断物质：人为的、石灰性的、冲积性的、含石膏的和火山灰碎屑物质。

③ 世界土壤资源参比基础增删了原有的土壤分类单元，基本上与修正的图例相当，有少量增减，增加三二氧化物土（sesquisols）、冷冻土（crysols）、滞水土（stagnisols）、暗色土（umbrisols）和舌状土（glossisols），删去灰黑土等。整个分类系统有30个一级分类单元，对每个单元的分布、概念、定义和性质以及与相邻的土壤的联系均有阐述，这是联合国世界土壤图图例单元中所没有的，同时增加了50多个二级单元。

④ 极大地充实了人为土的分类。在联合国粮食及农业组织和联合国教科文组织的世界土壤图图例单元中，只在最后的一个单元中划分了人为土（anthrosols），其下分为耕作的（agric）、堆积的（cumulic）、肥熟的（fimic）和城郊的（urbric）等二级单元，在具体划分时缺少明确指标；对长期水耕条件下形成的水稻土，仅作为土相的划分依据。而世界土壤资源参比基础的分类方案采用了《中国土壤系统分类》（首次方案）中关于人为土诊断层概念，划分出了灌淤土、草垫土、堆垫土、肥垫土和水耕土（水稻土）。

（二）世界土壤资源参比基础的诊断层、诊断特性和诊断物质

根据新的研究成果进行修订，原联合国世界土壤图图例单元中有16个诊断层和26个诊断特性；在草案中诊断层增至29个，减少了诊断特性，增设了土壤物质：在正式方案中诊断层增至40个，诊断特性13个，还有7个土壤物质。

1. 诊断层　在联合国世界土壤图图例单元的基础上，出版了世界土壤资源参比基础的草案（1994），其后又形成正式方案（1998），几经修改，最终形成40个诊断层：漂白层（albic）、火山灰层（andic）、水耕表层（anthroquic）、人为发生层（anthropogenic）、黏化层（argic）、钙积层（calcic）、雏形层（cambic）、暗黑层（chemic）、寒冻层（cryic）、硅胶结层（duric）、铁铝层（ferralic）、铁质层（ferric）、落叶层（folic horizon）、脆盘层（fragic）、暗黄层（fulvic）、石膏层（gypsic）、有机层（histic）、水耕氧化还原层（hydragric）、厚熟层（hortic）、灌淤层（irragric）、火山灰暗黑层（melanic）、松软层（mollic）、碱化层（natric）、黏绨层（nitic）、淡色层（ochric）、石化钙积层（petrocalcic）、结核状网纹层（pisoplinthic）、石化硅胶结层（petroduric）、石化石膏层（petrogypsic）、石化聚铁网纹层（petroplinthic）、草垫层（plaggic）、聚铁网纹层（plinthic）、盐积层（salic）、灰化淀积层（spodic）、含硫层（sulfuric）、龟裂层（takyric）、暗色层（umbric）、变性层（vertic）、玻璃质层（vitric）和干漠层（yermic）。

2. 诊断特性　诊断特性有：质地突变（abrupt textural change）、漂白淋溶舌状物（albeluvic tonguing）、高活性强酸特性（alic property）、干旱特性（aridic property）、连续硬质基岩（continuos hard rock）、铁铝特性（ferralic property）、超强风化特性（geric）、潜育特性（gleyic property）、永冻层（permafrost）、次生碳酸盐（secondary carbonate）、滞水特性（stagnic property）、强腐殖质特性（strongly humic property）和变性特性（vertic property）。

3. 诊断物质　诊断物质有：人为土壤物质（anthropogeomorphic soil material）、石灰性土壤物质（calcaric soil material）、冲积土壤物质（fluvic soil material）、石膏性土壤物质（gypsiric soil material）、有机土壤物质（organic soil material）、硫化物土壤物质（sulfidic soil material）和火山喷出土壤物质（tephric soil material）。

（三）世界土壤资源参比基础方案的检索

世界土壤资源参比基础方案分一级单元和二级单元。根据世界土壤资源参比基础诊断层、诊断特性和诊断物质可检索出30个一级单元，其简化的检索见表15-8。

四、俄罗斯土壤分类

俄罗斯是近代土壤科学的发源地。早在19世纪末，土壤地理学的奠基人俄国B.B.道库恰耶夫创立了土壤地理发生分类体系，并对世界土壤分类的发展做出了杰出贡献。到苏联时期已经发展成为地理发生分类和历史发生分类两个学派。地理发生学派以格拉西莫夫、伊凡诺娃、罗佐夫等为代表，主张以土壤发生学为基础，以土壤形成过程和属性相结合进行分类。土壤发生分类思想曾对世界许多国家的土壤分类有过很大的影响。然而，自从美国土壤系统分类问世以来，俄罗斯发生分类受到冲击，从而发生了相应的一些变化。早在1977年俄罗斯出版了《俄罗斯土壤分类与诊断》一书，2000年又出版了基于

诊断层和诊断特性的《俄罗斯土壤分类》，代表俄罗斯土壤分类的新进展的研究成果。

表 15-8 简化的世界土壤资源参比基础一级单元检索

(一) 俄罗斯土壤分类的主要诊断层

俄罗斯新的土壤分类系统中，共建立了 28 个自然诊断层和 6 个人为诊断层。

1. 自然诊断层 自然诊断层有：枯枝落叶层、干泥炭化层、泥炭矿质层、贫营养泥炭层、富营养泥炭层、干泥炭层、泥炭原腐殖质层、原腐殖质层、淡腐殖质层、暗腐殖质层、弱发育有机质层、漂灰层、腐殖质残积层、灰化层、淀积黏化层、钙雏形层、火山灰层、钙积层、非淀积黏化层、盐积层、变性层、潜育层、潜在潜育层、网纹层、草垫层、寒冻层、暗积层和淡积层。

2. 人为诊断层　人为诊断层有：农用泥炭化层、农用泥炭矿质层、农用淡腐殖质层、农用暗腐殖质层、农用剥蚀层和化学污染层。

（二）俄罗斯土壤分类的分类单元设置

1. 分类级别　俄罗斯新的分类系统共设 8 级分类单元：土纲（trunk）、土门（division）、土类（type）、亚类（subtype）、土族（family）、土种（soil species）、变种（variety）和土相（phase）。目前，已建有土纲 3 个、土门 23 个、土类 160 个，以及 1 000多个亚类。

2. 设置依据

（1）土纲设置依据　土纲划分依据为土壤发生与母质发生的关系，例如母质发育后土纲（postlithogenic）、母质发育同期土纲（synlithogenic）等。

（2）土门设置依据　土门划分依据为土壤实体的中部层段（medial horizons of the soil body）的相似性，例如潜育化、灰化淀积、碱质黏化、盐成的等。

（3）土类设置依据　土类划分依据为土壤实体（单个土体）中主要诊断层组合（set of the main diagnostic horizon）的相似性。

（4）亚类设置依据　亚类划分依据为土类边界中诊断层的定量化订正（quantitative modification）。亚类水平之下，新的分类系统的诊断基本实现了定量化的要求。

（5）土族设置依据　土族划分的依据是阳离子交换量（*CEC*）和盐渍度变异。

（6）土种、变种和土相设置依据　土种采用了具体的土壤性质指标进行鉴定。变种之间的差异主要表现在质地、石质度等方面。土相的鉴定则根据母质或基岩的特点、单个土体的厚度等来确定。

俄罗斯新的分类系统的土纲和土门见表 15－9。

表 15－9　俄罗斯土壤系统分类中的土纲和土门

土　纲	土　门
母质发育后土纲（postlithogenic）	潜育型（gleyzems） 寒性（cryozems） 铝铁-腐殖质型（Al-Fe-humus） 质地分异型（texturally-differentiated） 残积潜育型（eluvial gley soils） 有机质积累型（organo-accumulative） 雏形土型（cambisols） 腐殖质积累型（humus-accumulative） 水成土（hydrogenic-tranformed） 低腐殖质积累钙型（low humus accumulative calcic） 碱黏化型（alkalicaly differentiated） 海成土（halomorphic） 岩成土（lithozems） 侵蚀型（erosems） 农用型（agrozems） 农用侵蚀型（agro-erosems）

（续）

土纲	土门
母质发育同期土纲（synlithogenic）	弱发育型（weakly developed） 淋溶型（alluvial） 火山型（volcanic） 农用淋溶型（agrozems alluvial） 岩层型（atratozems）
有机质发育土纲（organogenic）	泥炭型（peaty） 农用泥炭型（agro-peaty）

俄罗斯新的分类系统最重要的创新之处是重视人为作用下形成的土壤，将其视为自然人为作用下土壤演化的某个特殊阶段，并在分类系统中的不同层次得到体现，可从土门到亚类各级别。

尽管俄罗斯通过上述努力，新的土壤分类系统取得明显的进展，但仔细看来，传统观念留下的烙印仍十分明显。首先，俄罗斯这样一个曾在世界上有影响的大国，与德国、澳大利亚、南非相似，在土壤分类研究中强调本国的特点，虽基本上借鉴了美国等国诊断层的含义，包括中国土壤系统分类中人为土的有关诊断指标，但总的来看并非忠实应用，而是做了按自己理解的修订；其次，在高级分类级别上仍十分注重历史发生学的观点，景观生态环境因素对区分土壤起到主导的作用，例如农用潜育化土壤、农用泥炭潜育化土壤；亚类水平以下诊断指标是定量化的，而土纲、土门到土类的诊断仍是定性的；第三，土壤分类命名方面，虽在改进当中，但仍保持原有的体系，国内外都不熟悉，难以被人接受。

五、西欧国家的土壤分类

历史上，西欧国家流行的主要为土壤形态发生分类，其中以 W. L. 库比纳在《欧洲土壤的鉴定和分类》（1953）一书中提出的分类系统最具代表性。这个分类贯穿着土壤进化和土壤形成发育的阶段性理论。土壤形态发生分类将欧洲土壤归并为 3 大土壤门、4 个土纲和 40 个土类。最高一级分出水下土壤、地下水土壤和陆地土壤 3 个门。在陆地门中强调土壤剖面的形态发育，即从（A)-C 向 A-C、A-(B)-C 方向发育，最终发育为完整的 A-B-C 剖面，这是西欧等国土壤分类的基础。

但是近几十年来，受诊断分类思想的影响，这种情况已发生了很大的改变。例如德国近年来因受诊断定量化分类影响，也采用了类似联合国世界土壤图图例单元系统中的 ABC 诊断层的概念。在美国土壤系统分类影响下，英国 1980 年正式发表了新的土壤分类方案。该土壤分类方案包括大土类、土类、亚类和土系 4 级，其特点是：①从形态发生体系变为诊断体系；②分类高级单元与美国土壤系统分类保持密切的对应关系，便于国际交流；③该分类体系还保持了一定的历史连续性，便于本国的专家特别是非土壤学家的运用。法国也在美国土壤系统分类影响下，于 1979 年在赛加朗（P. Seqalan）领导下建立了 15 个诊断层，提出了法国全新的 4 级土壤分类草案。其中，划分出原始土、有机土、盐类土、火山灰土、双硅铝土、铁双硅铝土、单硅铝土、铁单硅铝土、氧化土和灰壤共 10 个土纲，这使法国出现了基于形态发生原则的土壤分类和属于诊断分类范畴的新的法国土壤分类草案并存的局面。

综上所述，目前国际上影响最大的土壤分类系统有两个，一为美国土壤系统分类，其影响遍及全球；另一个是世界土壤资源参比基础，主要代表了欧洲学派的观点。但从土壤分类发展来看，其主要趋势是以诊断层和诊断特性为基础，走定量化、标准化和统一化的途径，且对人为土壤的形成和分类的研究愈来愈重视，有望在未来几十年内能形成一个能被各国土壤学家广泛接受的国际统一的土壤分类方案。

六、土壤系统分类体系之间的参比

以诊断层和诊断特性为基础的土壤系统分类被世界上越来越多的国家所接受。中国土壤系统分类在理论上和方法上均是在其影响下建立起来的，但中国土壤系统分类与之既有共性，也有自身特点。为此，中国科学院南京土壤研究所对中国土壤系统分类（CST）制与美国土壤系统分类（ST）制和国际土壤资源参比基础（WRB）进行了参比（表 15－10）。虽然这 3 个体系详简不一，但仍有一些土纲（或一级单元）是相似或相同的。例如 3 个体系中灰土和变性土是完全相当的；有机土和火山灰土是大体相同的。美国土壤系统分类制中的干旱土，在中国土壤系统分类制中划分为干旱土和盐成土，在世界土壤资源参比基础制中进一步细分为钙积土和石膏土以及盐土和碱土。中国土壤系统分类制中的新成土相当于美国土壤系统分类制中的大部分新成土和部分冻土，相当于世界土壤资源参比基础制中的冲积土、薄层土、砂性土、疏松岩性土和冷冻土。至于中国土壤系统分类制中的均腐土、淋溶土和富铁土这 3 个土纲，中国土壤学家根据本国特点，在划分指标上与美国土壤系统分类制中的软土、淋溶土和老成土并不等同。应该特别指出的是，中国土壤系统分类制中的富铁土，其划分依据主要是根据阳离子交换量而非美国土壤系统分类制中的黏化层和盐基饱和度，在世界土壤资源参比基础制中相应的分类单元划分得比较细。至于人为土的确立与划分是中国土壤学家的一项贡献，美国土壤系统分类制中至今没有独立的人为土纲，只是在低级单元中有所反映。世界土壤资源参比基础制中虽有相应的名称，也缺乏详细的分类。此外，若与以诊断层为分类基础的其他土壤分类系统进行参比时，也不难找到其共性和特殊性，如联合国世界土壤图图例单元与世界土壤资源参比基础制大体相同，只是局部的差异，因此与之参比也是比较容易的。

表 15－10　中国土壤系统分类与美国土壤系统分类和世界土壤资源参比基础分类单元的参比

中国土壤系统分类（CST，1999）	美国土壤系统分类（ST，1999）	国际土壤资源参比基础（WRB，1998）
有机土（histosols）	有机土（histosols）**	有机土（histosols）
人为土（anthrosols）		人为土（anthrosols）
灰土（spodosols）	灰土（spodosols）	灰土（podosols）
火山灰土（andosols）	火山灰土（andosols）	火山灰土（andosols）* 冷冻土（cryosols）*
铁铝土（ferralosols）	氧化土（oxisols）	铁铝土（ferralosols） 聚铁网纹土（plinthosols）* 低活性强酸土（acrisols）* 低活性淋溶土（lixisols）*
变性土（vertosols）	变性土（vertisols）	变性土（vertisols）

（续）

中国土壤系统分类（CST，1999）	美国土壤系统分类（ST，1999）	国际土壤资源参比基础（WRB，1998）
干旱土（aridosols）	干旱土（aridisols）	钙积土（calcisols） 石膏土（gypsisols）
盐成土（halosols）	干旱土（aridisols）* 淋溶土（alfisols）* 始成土（inceptisols）*	盐土（solonchaks） 碱土（solonets）
潜育土（gleyosols）	始成土（inceptisols）** 冻土（gelisols）	潜育土（gleysols）** 冷冻土（cryosols）*
均腐土（isohumosols）	软土（mollisols）	黑钙土（chernozems） 栗钙土（kastanozems） 黑土（phaeozems）
富铁土（ferrosols）	老成土（ultisols）** 淋溶土（alfisols）* 始成土（inceptisols）	低活性强酸土（acrisols）** 低活性淋溶土（lixisols）* 聚铁网纹土（plinthosols）* 黏绨土（nitisols）* 以及其他有低活性富铁层的土壤
淋溶土（argosols）	淋溶土（alfisols）** 老成土（ultisols）* 软土（mollisols）*	高活性淋溶土（luvisols）** 高活性强酸土（alisols）* 以及其他有黏化层或黏盘的土壤
雏形土（cambosols）	始成土（inceptisols）** 软土（mollisols）* 冻土（gelisols）*	雏形土（cambisols）** 以及其他有雏形层的土壤
新成土（primosols）	新成土（entisols）** 冻土（gelisols）*	冲积土（fluvisols） 薄层土（leptisols） 砂性土（arenosols） 疏松岩性土（regosols） 冷冻土（cryosols）

** 为大部分相当；* 为部分相当。

第五节　土壤资源调查方法简介

一、土壤资源调查的内容和步骤

（一）土壤调查的概念

土壤调查，就是调查各个土壤个体或土壤群体，了解它们的分布特点、相互之间的联系、土壤剖面的形态特征、利用现状、各种有利因素和不利因素以及它们发生、演变过程中环境条件的变迁等，是通过田间实地观察土壤剖面去研究土壤的一种基本方法。它是在观察、记载土壤剖面形态、性状的基础上，划分土壤类型，并将调查区内所分布的土壤类型变化，标示在地形图或航空像片、卫星影像上，经过归纳与综合制成土壤图。同时，土壤调查还在掌握了这些土壤变化情况的基础上，分别记载这些土壤的经营管理现状、论证其合理利用和改良问题。

（二）土壤调查的内容

土壤调查的内容是多方面的，根据其目的可以分为两大类：①为发展土壤科学而进行的土壤调查；②为宏观上解决生产布局和为地区性解决生产问题而进行的土壤调查，从其调查的对象来看，主要是为了了解土壤资源的现状，弄清土壤类型及其分布规律、土壤的生产性能和存在问题，搞清限制农业生产的限制因素，从而使人们有可能合理地利用土壤和有效地改造土壤。

（三）土壤调查的步骤

传统的土壤调查按其进行的工作先后可分为以下几个步骤。

1. 准备工作　准备工作包括调查人员的组织、地形图和遥感资源等有关材料的收集、调查工具的准备、工作计划的制订及路线踏查。

2. 野外调查研究　野外调查包括调查土壤形成因素、土壤类型和性态，分析它们之间的关系；对调查土壤进行生产性评述；把调查结果绘制在地形图上。

3. 资料整理汇总　资料整理汇总包括对原始资料的整理和图件的拼接，分析结果的统计和图件的清绘和整饰；编写调查报告。

二、土壤资源调查的技术要点

（一）土壤制图单元的确定

土壤制图单元是把调查的结果反映在土壤图上最基本的单元，其与土壤分类单元不同。土壤分类单元是概念化的，而土壤制图单元是依据现有知识能允许的程度尽可能精确定义的，它只给土壤调查制图提供了通用的标准。如果一个调查区的土壤性质与某分类单元的概念相一致，或被包含，在勾绘土壤图时，就以这个分类单元的名称命名该区域的土壤，从而成为制图单元。而当某个调查区域的土壤性质较为复杂时，可能存在两种或两种以上的土壤类型，且各个类型土壤在实地的连片分布面积较小时，若以纯的土壤类型（即不包含其他类型的分类单元）上图，则难以准确地反映该土壤的面积和位置，在这种情况下就需要采用复合制图单元（即该制图单元中包含两种以上的土壤分类单元）。所以制图单元是制图者根据分类单元的概念和客观存在的土壤实体所做的一种主观的综合。因此制图单元的划分，要考虑制图比例尺与农业生产的要求，避免用土壤分类单元的框框来硬套制图单元。

常采用的土壤制图单元根据单元内土壤的组合情况可分为优势单元（主要土壤在单元内的面积占85%～90%或以上）、复合单元［一个制图单元内几种土壤相互穿插分布，表示时以主要者（A）作分子，次要者（B）作分母，即A/B］、组合单元（即制图单元中有两个以上的土壤类型出现）。

（二）土壤制图比例尺的选择

选择合适的比例尺进行土壤制图是一个重要的技术问题，因为比例尺过大时，会造成人力、物力和时间的浪费；比例尺过小时，不能满足精度要求。所以不同的比例尺代表着不同的调查精度和工作量。常用比例尺可分为 4 种：①详细比例尺，一般为 1∶200～5 000；②大比例尺，一般为 1∶1 万～2.5 万；③中比例尺，一般为 1∶5 万～20 万；④小比例尺，一般小于 1∶20 万。土壤调查任务的要求是确定比例尺的主要依据，例如为完成试验地规划设计可选用详细比例尺；若为完成农场或乡的土壤调查及土地利用规划可选用大比例尺；对于县级的土壤调查应用中比例尺；对于全国性和省级的宜用小比例尺。

（三）观察点的布置

在土壤调查中，设置观察点的主要目的在于确定土壤类型、观察土壤在空间上的变异和确定土壤界线。因此在实际调查时，布置的观察点除了要有代表性外，还应根据土壤和地形的复杂程度及制图比例尺进行观察点选择。一般来说，调查区地形越复杂、制图比例尺越大，需布置的观察点密度越高。

（四）实验室分析

现代土壤调查在对土壤特征进行描述时都需要明确的指标，而这些指标中，有些指标的确定需要在实验室中进行，因此土壤理化性质的实验室分析也是土壤调查工作的重要组成部分，它是确定土壤类型、评价土壤肥力的依据。为了避免人力和财力的浪费，确定土壤分析项目应有针对性，要根据调查区特点及所承担的调查任务来确定。例如对石灰性土壤就不必测定交换性阳离子、交换性和水解性酸，对酸性土壤就不必测定碳酸钙含量。

（五）土壤制图

土壤调查的结果是制成一张能显示土壤制图单元的分布图，这项工作首先由野外调查者在田间完成。土壤图的野外勾绘过程是根据土壤分布的空间规律，以制图单元的形式，根据制图比例尺的要求而准确地表现于地形图上的过程。因此勾绘的原则和技术都必须充分体现土壤分布的地理规律，要处理好土壤制图单元与地面景观、地质构造的关系，土壤的界线往往与地形、母质和植被的界线有关。掌握了这个规律，可加快调查速度，提高调查精度。

经调查者完成的草图，经专家验收校核后，可由专业绘图员清绘和出版。在出版的图上，除了要求用高标准的技巧和精确的界线转绘于印版上外，在图上还需配以一定的说明书和图例，以便阅读者正确理解。

（六）土壤调查报告

土壤调查报告是土壤普查资料的大汇总，以图表、文字的形式对土壤调查成果进行总结，也是土壤普查成果的显示，在省、地（市）、县各级中通常称为土壤志。所以一定要求资料正确、齐全、系统；对汇总区的土壤发生、类型应有阐述；对汇总区的土壤利用与改良要提出宏观性、供决策参考的重要意见和措施。

作为调查报告，其主要内容一般包括调查区的地理背景和农业概况、调查过程和方法、主要类型土壤及分布规律以及各种土壤的主要属性及改良利用。

三、土壤资源调查的准备工作

（一）调查人员的组织

调查人员是土壤调查的技术保障。调查人员组织得好坏，直接影响土壤调查的质量和进度。土壤调查人员的组织因调查的目的、任务的轻重、精度的要求和调查范围的大小，可有很大的变化。一般来说，需调查的范围越大，所需的调查人员越多，精度要求越高，专业人员的比例应越大。

土壤调查可分为概查和详查两个类型。土壤概查一般是为大的流域或省以上范围的农业区划、土壤改良区划、土壤资源考察、国土整治、土壤生态环境建设等任务所进行的土壤调查，采用中小比例尺制图。土壤概查的特点是涉及地区广、任务综合性强、工作的流动性和分散大。因此土壤调查人员中除土壤及分析、绘图专业的外，还须配备农业、经济、地理、地质、气象、水利及遥感、信息处理等专业人员，组成综合性调查队伍，实行多学科协同工作。

详查采用大比例尺和详细比例尺制图，一般调查范围小，项目较单一，但精度要求高，需要配备较多的土壤等专业人员，参加人数可根据工作量和进度要求进行确定。

（二）资料收集和调查工具的准备

在正式开展土壤调查之前，需要系统地收集、整理并分析研究待调查区的有关资料，准备好调查所需的工具，这项工作非常重要。通过资料的收集和分析，可以对待调查区的基本情况、存在问题有一个全面的了解，从而便于制订调查计划，减少不必要的工作量，加快工作进度，提高成果质量。在收集资料时要注意目的性和针对性，注意材料来源的可靠性，对收集的资料要进行归一化处理，对重要的资料需进一步加工整理。

1. 资料收集　收集的资料主要包括工作底图、遥感资料、土壤资料、农业生产情况、自然条件等。

（1）工作底图　土壤普查中常用的工作底图有地形图、地物要素图、像片平面图等图件，其中地形图是最常用的工作底图。地形图是进行土壤野外草图编制和室内转绘成图的基础图件。因此在资料收集中首先要收集各种比例尺最新实测或航空像片转绘的地形图。为了保证制图的精度和质量，通常野外所用底图的比例尺比最后成图的比例尺要大。例如土壤成图比例尺为1：50万，则野外测制草图的比例尺应为1：25万或1：20万，因此就要同时收集这两种比例尺的地形图，分别用于野外和室内成图。如果野外制图的底图是航空像片，则所收集的底图比例尺可以和最后成图的比例尺相同，以作为室内转绘成图之用。有条件的地区最好同时选用相应比例尺的透明聚酯薄膜地形图。

在进行土壤详查时，为了提高精度，反映地物现状，需要有地块形状、主要地物和等高线的地物要素图作为工作底图。但如果采用像片平面图作为工作底图，进行土壤调查制图，则可提高制图质量和工作进度。在当地没有适用的工作底图时，应该由调查队自己测绘地形图及地块图，这项工作应在准备阶段进行，以免因为没有底图而影响调查工作。

（2）遥感资料　遥感资料是近年来进行土壤调查和制图的主要手段之一，也是土壤调查之前需要收集的资料。土壤调查制图中常用的遥感资料有航空像片、卫星影像和数字磁带。航空像片是大比例尺土壤制图中最常用的遥感资料。当前我国广大地区主要是大比例尺和中比例尺的黑白航空像片，所以在航空像片的收集中，主要是黑白航空像片，少数地区也可选用红外航空像片和多波段航空像片，后者具有更丰富的信息，但价格较贵。选用航空像片的比例尺可根据需要而定，1∶1万以下的大比例尺航空像片可用于1∶1万以下的土壤详查，1∶2万～5万的航空像片可用于大比例尺土壤调查；1∶5万～8万的航空像片可用于1∶5万～20万的土壤调查。卫星影像主要有多光谱扫描（MSS）、专题制图（TM）和地球观察系统（SPOT）卫星影像。多光谱扫描影像主要用于牧区、荒漠区的专业制图和省地级的资料汇总，适用于1∶50万～100万土壤图的编制。专题制图和地球观察系统影像主要用于平原区的1∶5万～20万的土壤调查。

在准备遥感资料时，应注意时相，例如在南方，初春或初冬时相的航空像片、卫星影像较好，若与夏季时相的同时使用则效果更佳。在北方非盐碱化地区，以夏、秋两个时相为好；在盐碱化地区，则初冬或早春的航空像片、卫星影像更易判读盐碱土。除了收集待调查地区常规假彩色合成片外，最好还应有每个波段的黑白透明正片，以便在彩色合成仪上观察各种组合，充分提取对土壤调查有用的信息。若条件许可，可采用卫星数字磁带进行机助分类制图。

（3）土壤资料　对以往该地区土壤资料的收集与分析，对避免调查工作的重复，提高土壤调查的进度和质量十分重要。首先应收集待调查区历年土壤调查报告和相应基础图件，包括土壤图、土壤资源图、土壤利用改良分区图、土地利用现状图等。在收集时要注意历次土壤调查使用的土壤分类系统、调查精度和方法。对主要剖面资料，应重新整理，根据需要，进行归一化处理。同时，应通过刊物、档案、总结报告和试验资料，进一步了解待调查区土壤的类型、分布规律、形成特点、肥力特征、主要存在问题。

（4）气象资料　收集的气象资料包括年平均温度、月平均温度、最高气温、最低气温、≥0℃有效积温、≥5℃有效积温、≥10℃有效积温、无霜期、生长期、晚霜与早霜出现的时间、年平均降水量及月平均降水量、最大降水出现的时间与频率、年平均蒸发量及其月分布、主风风速和最大风速以及其他有关的灾害性天气情况（包括类型和频率）。同时应分析上述气候资料对调查区农业生产和土壤形成的影响。

（5）地学资料　地学资料主要包括地质、地貌、水分等，它们是划分土壤类型和进行区域开发的重要依据。所需的地质资料主要有岩性资料、构造地质资料，它们对分析待调查区母质类型、地质构造非常重要。地貌和第四纪地质资料可综合反映待调查区的地表形态、海拔高度、坡度、地表切割、物质组成和地下水活动规律。水文和水文地质资料可反映待调查区水系类型、水位和水量的季节性变化、水质和灌溉状况、土壤的上层潜水特征、地下水位的变化和变幅等。

（6）农业生产情况　农业生产有关资料包括土地利用现状、农业生产布局、土壤、耕作、施肥等管理水平、农作物种植制度、农业生产水平、总人口、农业人口及其比例、劳力、畜力、农机设备、农田基本建设、农业总产值、农林牧副渔各业所占比重、各业生产投资、收入和效益、农业发展规划、农民收入、农产品成本及其构成、劳动生产率、自然灾害等。这些资料可从土地部门、区划部门、农林业部门获得。

2. 调查工具的准备　土壤资源调查的用具及装备包括挖土工具、野外调查和制图仪器及物品、室内成图工具和装备，以及野外生活用品。

（1）挖土工具　目前我国观察土壤剖面（包括挖坑、修整自然剖面）仍然采用手工工具为主，包括铁铲、镐头、军用多功能土铲、洛阳铲、森林土钻、螺旋土钻等。个别地区使用机动土钻（由拖拉机的液压带动），科学研究等专用的土钻也配合使用，采集整段标本时应配备修饰土柱的工具（例如手锯、修枝剪、取土刀、木工凿等）。

（2）野外调查和制图仪器及物品　野外调查和制图仪器及物品包括普通罗盘仪和多功能袖珍罗盘仪、海拔高度计（气压高度计）、坡度计、卫星定位仪（GPS）、小平板仪及测尺、门塞尔比色卡、野外速测装备（包括酸碱度的测定、碳酸钙和盐分的速测）、环刀、坚实度计、野外记载本、图夹、简易立体镜、放大镜、绘图的聚酯薄膜、遥感图像解译装备、野外用的土壤标本袋、标本盒、剖面标尺、相机等。

（3）室内成图工具和装备　室内成图工具和装备包括遥感影像的纠正、转绘设备和面积量算的用具、绘图的有关纸张、绘图笔及不同类型的墨水和简易的绘图工具（例如圆规、三角尺、小钢尺、小直尺、刺针、粘胶纸、量角器、刀片、求积仪等）。目前室内成图多采用计算机辅助完成，因此计算机及有关软硬件设备（例如扫描仪等）也已作为必备的工具。

（4）野外生活用品　野外生活用品根据工作地区特点和工作时间的长短确定，工作人员必须配备食、住、行等生活用品、劳保用品和医药保健装备，如果工作地区较远，且在远离居民的荒漠区、牧区等，则必须配备汽车、自行车等交通工具。

（三）工作计划的制订

工作计划内容包括制图比例尺的确定、土壤制图单元的确定、工作量的估算和观察点的布置。制图比例尺的确定、土壤制图单元的确定、观察点的布置等已在“土壤资源调查的技术要点”中介绍。土壤调查工作量的大小直接关系到经费、人员和时间的分配和需要量。土壤调查工作量的大小取决于土壤调查的目的、调查范围的大小、调查精度要求和待调查区地貌、土壤复杂程度及技术条件。待调查区范围、选用比例尺及调查精度要求愈大，工作量也愈大；工作条件、工作底图愈好，所需工作量愈少；地形、土壤愈复杂，所需工作量也愈大。

（四）路线调查与室内预判

在某地区开展土壤调查，一般事先都需要进行一次土壤路线勘测，路线勘测应通过了解待调查区不同的地形部位来了解该区土壤形成条件、重要土壤类型及其分布规律和土壤利用现状，以便制定调查区的土壤分类系统。如果应用遥感资料进行土壤调查，还要了解土壤景观与遥感影像之间的关系。

完成路线调查和勘测后，对待调查区的土壤、地形和土壤利用已有初步了解。在室内根据已掌握的材料和土壤分布规律，进行土壤预判，勾绘待调查区土壤分布草图。土壤室内预判可大大加快土壤野外调查的速度，节省调查经费。在应用遥感资料进行土壤调查时，土壤室内预判显得尤为重要。

四、土壤资源调查的田间方法

（一）土壤形成因素调查研究

土壤形成因素的调查研究是土壤调查与制图的基础和重要环节。土壤形成因素的调查研究，包括对已有资料的收集和野外实地观察，综合地研究其对土壤形成和分布的关系。既要研究各土壤形成因素对土壤形成的综合作用，也应注意到某个土壤形成因素在特定条件下的主导作用。不仅要调查土壤形成因素的现实，还要研究其演变。

气候资料可通过资料的收集、小区气候定位观察和资料统计分析和地理景观分析获得。地形类别可通过分析地形图，进行高程分析获得，也可通过航空像片、卫星影像的判读获得，还可通过实地调查、绘制断面图获得，有条件的地区还可借助计算机进行地形地貌分区。母质类型及理化性质的资料可通过分析地质图、岩性图、查阅区域地质调查资料获得，也可通过野外实地调查获得。通过成土母质的研究，最后将形成成土母质类型图。水分状况可通过分析水分和水分地质资料或实地勘测、水利设施调查及实地观察和取样分析等获得。生物因素的研究可通过土地利用现状图等相关资料的分析及样区实地调查获得，植物根系分布可通过观察土壤剖面获得。土壤年龄的研究方法有历史记载和历史遗物研究资料分析（特别是古地理变迁资料的分析）、土壤断面或钻孔分析、新构造运动分析、地理对比分析和古气候演变资料分析。土壤年龄估测方法有^{14}C同位素法、热发光测年法、古地磁法、地层对比法、历史记载法、孢粉分析法、岩石风化圈厚度分析法、钾-氩测年法及古树木年轮法。

人为因素的研究可通过查阅地方志、农业区划、土壤志、区域调查报告等获得。在缺乏足够的资料时，可访问并与当地有经验的技术人员和农民座谈，并深入现场采用区域对比（在待调查范围内选择不同地理环境条件下同一类型土壤上的农业生产水平进行比较）、类型对比（选择同一地区不同土壤类型的生产水平进行对比）和历史对比法（历年产量比较）做深入研究，以找出土壤肥力与产量的关系。

（二）土壤剖面研究和样品采集

1. 土壤剖面研究的目的　在土壤调查中，无论是路线调查还是土壤详查，都需要挖掘土壤剖面进行观察，其目的主要有几个方面：①确定土壤类型；②观察土壤的变异和确定土壤界线；③观察土壤发育与土壤形成因素之间的关系；④观察土壤与植物生长的关系；⑤采集分层土样。

2. 土壤剖面的类型　挖掘的土壤剖面一般有以下几种类型。

（1）主要剖面　主要剖面主要用于研究待调查区土壤类型的剖面构型及其性状。剖面深度则根据不同的土壤类型确定。土体一般指A层＋B层，但剖面观察要求达到C层，因此主要剖面的深度要求为100～150 cm，其大小要求保证能观察到完整的发生层次。但在平原区，特别是灌溉区或盐渍区，若要了解土体以下更深层次的水分物理性状，剖面深度可达1～3 m，甚至达到地下水位。山区和丘陵土体较薄，几十厘米以下即为基岩，挖到疏松风化层即可。主要剖面一般要按发生层次取土，以供室内分析化验，深入了解土壤理化性质之用。

（2）检查剖面　检查剖面也称为次要剖面，主要用于检查主要剖面性状的某些变化，其作用是：①检查主要土壤剖面所确定的土壤属性的变化程度；②补充和修正主要剖面所确定的土壤类型的性质变化范围；③了解土壤分布，为土界确定提供依据。检查剖面挖掘深度一般不能小于主要剖面的1/2或1/3，但也要根据剖面性状而定。

（3）定界剖面　定界剖面主要用于确定土壤制图单元的边界，因此仅限于土壤的大比例尺制图。挖掘深度一般较浅，以能暴露所要检查的特征性状为准，在农田用钻孔代替挖坑。

3. 土壤剖面点的要求　土壤剖面点的实地选择应满足以下具体要求：①剖面点对所要制图的地面景观具有代表性；②要求地形条件相对一致，即土壤发育的条件相对稳定；③避开路旁、渠埂、积肥坑、旧宅基、坟墓附近等土层被扰乱的地点；④在剖面挖掘过程中，如发现土层中有炭片、砖瓦片等人为干扰的侵入体，除了研究熟化土壤以外，一般应换地重新挖掘。在剖面地点选择中，要注意代表性和典型性的辩证关系，一般以代表性为主，不要以主观上的所谓典型性来要求，造成剖面地点选择中的困难。

4. 土壤剖面的挖掘　土壤剖面点在实地确定以后，就要着手挖掘土壤剖面。山地土壤剖面坑较浅；平原区特别是灌溉区和盐渍化地区的土壤剖面深度可达 1.5 m 以上。土壤剖面挖掘的宽度通常是 1 m，长度为 1.5 m，深度为 1.0～1.5 m，观察面为垂直面，下坑处呈阶梯形，便于观察和取样（图 15－4）。

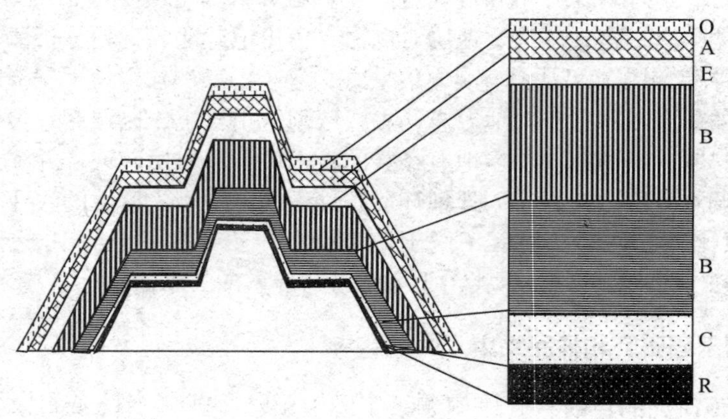

图 15－4　土壤剖面坑

5. 土壤剖面挖掘注意事项　在剖面挖掘中应注意以下事项：①剖面的观察面要求垂直、向阳，便于剖面颜色观察与照相；②挖掘出的表土和底土应分别堆放于土坑的两侧，不宜相混，以便在剖面观察后再分层填回；③剖面观察面的上方不宜堆放挖掘出来的土壤，也不宜在其上方走动踩踏；④在垄作的农田进行剖面观察时，剖面的观察面应尽量垂直于作物方向，以便能同时看到垄沟与垄背的土壤变化和作物根系的发育情况；⑤土壤剖面看完后，一定要将挖掘出的土壤分层填回原坑，并将土坑掩埋填实；⑥剖面点的位置必须用目测或仪器测量，准确地标在工作底图上。

6. 土壤剖面观察和记载项目　挖掘土壤剖面的目的是观察土壤剖面、研究土壤发育和进行土壤分类。需要观察和记载的内容主要包括以下几项。

（1）一般情况　一般情况包括剖面编码、调查日期、调查人员、采样地点（写明剖面所在地的省、市、县、乡村、方位、距离、与某些永久性建筑的相对位置、经纬度）、土壤名称（包括当地名称及主要土壤分类系统的归属，若土壤类型难以确定，可在名称后面注上问号）、采样地的气候概况（土壤温度和湿度状况）和观察当天的天气状况（指明晴、阴、雨或雨后）。

（2）地表状况描述　地表状况描述主要包括地貌和地形、母质类型、岩石露头与砾质状况、土壤侵蚀与排水状况、植被状况和土地利用现状。

（3）土壤剖面观察和描述记录　在剖面挖就后，用剖面刀对剖面进行修饰，自上而下，自左至右或自右至左修出主面，露出自然结构，然后进行剖面摄影。观察时首先按土壤形态特征划分出层次、量出深度，然后逐层观察和记载其颜色、质地、结构、孔隙度、紧实度、湿度、根系、有机质状况、动物活动遗迹、新生体以及土层界线的形状和过渡特征，并根据需要进行 pH、盐酸反应等速测。在此基础上，进一步研究土壤的诊断层和诊断特性。

土壤剖面发生层次的描述是土壤调查野外工作的一个极其重要的内容，它是土壤形成过程的具体形态表现，也是进行土壤分类与制图单元划分的基础。土壤剖面描述各国不一致，国际上有联合国粮食及农业组织（FAO）的《土壤剖面描述指南》（1977）、英国的《土壤调查野外手册》和美国土壤调查局的《土壤调查手册》（1981），我国第二次土壤普查办公室和中国土壤分类研究课题组也分别制定了土壤描述标准。中国土壤系统分类研究过程中也专门制定了《土壤野外描述方法》。

7. 样品采集　在剖面观察和描述后，可根据需要按发生层由下而上采集纸盆标本、剖面分析样品、农化分析样品和整段标本。

（1）纸盆标本（比样标本）采集　纸盆标本供室内土壤评比、分类和陈列用。一般主要剖面都应采取纸盆标本，按土壤剖面的层序放入特制的分格纸盆或塑料盆中。采样时应在各土层的典型层段上切取，将保持土壤结构体原状的土块分格装入纸盆或塑料盆，并在盆上记载剖面代号、剖面地点、土壤名称、各层深度等信息。

（2）剖面发生学性质分析样品的采集　剖面发生学性质分析样品一般按土壤类型采集。在采样时应注意：①根据划分的土层，由下向上逐层取样，并在各层的典型部位的 10 cm 厚的层段内采取；如果是盐土，为了分析各层的盐分含量，则必须均匀柱状取样；②采样的部位必须是新鲜面；③一般每层采样 1 kg，装入布袋或纸袋后，用铅笔做记号，注明剖面代号、剖面地点、采样深度及日期。

（3）农化分析样品的采集　农化分析样品主要供土壤养分测定用，一般只采集表土层（或耕层和犁底层）。采样时可按照产量水平和土壤类型布点采集，并根据土壤性质的变异性确定采样密度，可采用点位样，也可采用多点混合样，一般样品量为 0.5 kg。

（4）整段标本的采集　整段标本供展览陈列用。标本盒一般采用内径长 100 cm、宽 20 cm、厚 8 cm。整段标本大体可分两种：一种是常规方法，不加任何化学药剂，直接采集在木匣内，制成木盆标本；另一种是使用聚醋酸乙烯乳液等作为黏结剂，黏结薄层土壤整段标本，这类标本可以是板底黏结薄层土壤整段标本，也可以是黏布标本。一般可根据土壤性质、采样点的交通条件等确定。此外，对于测定特定性状的样品（例如测孔隙度、容重、微形态），需用特制的容器（例如容重圈或木匣）以保持原状。

（三）土壤剖面的综合评述

在对土壤剖面及其环境条件进行观察和描述以后，应对所观察的土壤剖面进行综合评述。综合评述的内容主要有两方面，一是对土壤剖面作发生学解释并确定其分类地位，二是对该土壤生产性能进行评述。

1. 土壤剖面的发生学解释及分类　土壤剖面的性状与环境条件、土壤形成过程之间有因果关系，因此通过对土壤剖面的观察分析，可以解释该土壤剖面的形成环境与土壤形成过程。例如从剖面中出现的亚铁反应的土层，可以推断该土壤内排水较差，存在潜育化过程；剖面中下部有大量铁锰氧化物等新生体，说明剖面中具有（或曾有）地下水位上下运动的特征，出现过氧化还原交替；南方湖积平原土壤剖面下部出现泥炭层与新构造运动影响下的地壳下沉有关。通过对土壤剖面理化性质的综合分析，根据所用土壤分类系统的分类依据（或诊断特性），可逐级确定其分类地位。对于某些在野外难以确定土壤分类地位的土壤剖面，可提出疑问，留待在室内进一步分析后再做判断。

2. 土壤剖面的生产性能评价　土壤剖面的生产性能评价是土壤调查成果用于生产实践方面的有力手段，对土地评价、土壤合理利用、土壤改良等都十分重要，也是土壤调查的主要目的之一。主要评价土壤的水肥气热特性、土壤的障碍因子、土壤的适宜性、土壤生产力水平以及土壤耕性，提出该土壤改良利用方向和途径。在评价时应注意与土壤环境条件的联系。

（四）土壤资源调查的野外勾图

由于工作底图不同，土壤野外勾图方法也有所不同，这里仅对以地形图为底图的土壤野外勾图做一简要讨论。

1. 土壤资源调查野外勾图的一般步骤　土壤资源调查野外勾图的工作一般可分为以下几步：①在路线勘查的基础上，根据制图比例尺的要求，按土壤分布规律设置剖面观察点；②逐个挖掘土壤剖面，进行观察记录，确定土壤类型；③当两个相邻剖面为不同土壤类型时，应划分为不同的制图单元，并用检查剖面和定界剖面确定其分布范围和图斑界线；④根据要求，确定制图单元的界线及最小制图单元。一般来说，土壤界线不明显者，允许图面的直线误差为8～10 mm；土壤界线较明显者，允许图面的直线误差为4～6 mm；土壤界线明显者，允许图面的直线误差为2 mm。

2. 土壤资源调查野外勾图的注意事项　田间土壤图的勾绘过程是根据土壤分布的空间规律，以制图单元的形式，根据制图比例尺的要求而准确地表现于地形图上的过程，因此在勾绘时必须充分体现土壤分布的地理规律。首先在勾绘时一定要弄清调查区的土壤、土壤制图单元与地面景观、地质构造之间的关系，要求绘出一个断面示意图，以便划分制图单元及确定其界线时不致处于盲目和被动状态；其次，在勾绘时应注意土壤界线的走向及图形均不宜有直线、直角等几何形状，而应参考地表形态顺其自然，使其符合土壤分布的地学规律，但对利用时间较长的农田可有例外。

3. 土壤界线的勾绘　在不同土壤和地形条件下，土壤界线的具体勾绘技术有所不同。在山地和丘陵地区，勾绘土壤制图单元时要注意地形等高线所表示的海拔高度、坡度、坡向、坡位等，注意正地形与负地形的区别，把山地、丘陵与沟谷区分开来，并注意岩性和母质的差别。在阶地平原区勾绘土壤制图单元时要注意土壤分布与等高线坡折处两侧的阶地面的关系；在冲积平原区勾绘土壤制图单元时要注意土壤沿河流垂直方向的变化规律；在漫岗平原区勾绘土壤制图单元时要注意土壤分布与地形高低和侵蚀的关系；对于湖洼平原区要注意土壤分布与微地形、地下水位变化等的关系。此外，地面植被与土地利用状况常可反映土壤类型的变化，特别是在人类活动影响较小的地区，在野外也可作为勾绘土壤界线的参考。

对具有明显土壤边界的地域，土壤制图单元的边界可直接用目估勾绘。而对边界不明显的地域，土壤制图单元的边界必须经逐步内插法反复挖掘土壤检查剖面和定界剖面进行确定。此外，在勾绘制图单元时需要考虑最小上图面积，一般制图图斑的最小面积，与四周边界明显者为 4.0 mm^2，与四周边界不甚明显者为 25 mm^2，与四周边界极不明显者为 60～100 mm^2。面积较小的图斑可做复区处理，也可并入其他制图单元中。

（五）土壤调查资料的整理

资料整理是土壤调查工作的一个重要内容，它是将准备工作阶段所收集的资料和野外及室内工作所观察的大量资料进一步吸收、消化、提炼与深化的过程，进而将所得的成果全面地提供给生产部门和领导决策部门。土壤调查资料的整理包括：①野外原始资料的整理；②比土评土；③野外工作草图的修饰；④室内分析及资料整理；⑤土壤调查报告的编写。

1. 野外原始资料的整理　工作笔记是土壤调查工作者在工作中观察和访问的第一手资料之一，野外工作结束后，应当及时进行整理，以免遗漏。同时，应及时检查土壤剖面记载表，将其错漏之处予以纠正、补充。对于重要的剖面，应用土壤比色卡，进行风干土壤比色，并记录其级别。在此基础上，将一个区域的土壤剖面形态按地形、母质等的变异进行断面图式编排，以便找出它们之间在发生上的联系。将相同母质上发育的、土体构型比较近似的土壤剖面进行形态统计，以便定量确定每个土壤分类单元性质总特征。检查野外所采集的标本在运输过程中是否丢失，标签是否齐全，土样有否发霉、破损情况，以及采集的标本是否符合要求等。

2. 比土评土　比土评土是对田间采集的土盒标本（纸盒或塑料盒）进行比较。土盒标本所表现的剖面形态（包括层次颜色、质地、结构等）是进行基层分类单元剖面对比的一个重要手段。在进行对比时，应当尽量吸取有关野外工作人员参加，共同研究。对重点的土盒标本，即所谓代表中心概念的标本，应重点进行检查，对其风干土壤的颜色要认真记载，以便为正确划分土壤类型提供依据。土盒标本经比土评土后，应当确定比较肯定的土种（或土系），分别进行登记，内容包括土种（土系）的名称及分布、主要性状描述、典型剖面描述和生产性能综述。

3. 野外工作草图的修饰　土壤草图的修饰是对野外填图工作的一种检查，一幅精确的土壤图不仅具有实用性，而且也是一项科学成果。

（1）野外工作草图修饰的原则　草图修饰应遵循以下原则。

① 科学性原则：科学性原则主要表现在土壤地理分布规律与地形特点的变化相一致，例如沿河两岸土壤质地的变化应是近河粗，远河细，如果发现违背了这种自然规律性，就应做进一步的检查。根据不同河谷的发育或河谷上下游的变化，土壤的分布也都有一定的规律性可循，例如河谷盆地中的土壤，幼年河谷中的土壤都比较简单，老年河谷则随着河流的改道和古河道的出现，土壤也显示明显的复杂化，在壮年河谷中围绕着河流两侧出现许多分支状的土壤和局部的低洼地土壤。

② 精密度要求：一般土壤界线的误差常因自然过渡地带的影响而不容易被检查，即使在检查路线上的测量也不是容易被觉察的，所以一般精密度的要求常是根据剖面密度的数量和它们分布在各种土壤类型中的地理空间均匀性为衡量指标。土壤详查的剖面密度的要求大致见表 15 - 11。地理空间均匀性的要求应当是每个图斑上至少有 1 个主要观察剖面，面积较大的图斑（例如 67 hm^2 以上者）至少有 2 个主要观察剖面。

表 15-11　土壤资源详查剖面密度的精度要求

地区特点	剖面密度（个/km^2）	
	耕地	荒地
平原区	20～30	
丘陵区	30～50	
山区	50～90	≥4

③ 艺术性要求：一般送交清绘成图的野外工作图原稿应用绘图铅笔复制好，图例应按制图统一规定设计，图面布置应当均匀美观，避免轻重不一，在绘图艺术上应当符合土壤图整饰的要求。如果发现草图上的界线与实际情况有出入，应当会同填图人员在实地进行修订，原测绘界线不宜擦掉，而用彩色笔进行修改，不用的数据和界线可用"×"号表示。

(2) 野外工作草图修饰的方法　野外工作草图修饰的方法有以下几个。

① 校对野外作业图表资料：对照剖面资料与土壤图上是否一致，除编号外，对剖面特征、土壤命名、地形和母质的记载都应严格审查，有矛盾时必须核实。

② 作土壤-地形-地质断面图：检查土壤界线与地形、地质变化的关系。

③ 图斑均匀性检查：测定最大图斑与最小图斑的面积差值，可按表 15-12 审查，而后根据土壤地理分布的特点加以鉴定。

表 15-12　图斑均匀性检查表

土壤类型	图斑大小					备注
	平均图斑面积		图斑差别			
	图上（cm^2）	实地（hm^2）	最大（cm^2）	最小（cm^2）	差值（cm^2）	

4. 室内分析及资料整理　进行土壤分析数据整理可用同一土样的不同项目的相关规律性进行检查。首先要对分析结果进行校对和检验，如有差错，应重新分析，然后把审核的数据逐项填入土壤剖面性状记载表中。其次，应根据野外调查资料，对同一类型土壤剖面的各分析数据进行归并，归并时先逐项统计其平均值、离差和变异系数，并对可疑值进行取舍，最后根据这些数据结合土壤形成因素和剖面形态资料，阐明土壤的一些特征层次和土壤形成过程特点，为确定土壤分类系统和制图单元提供依据。

5. 土壤调查报告的编写

(1) 土壤调查报告的内容　土壤调查报告的内容包括：①土壤调查的工作组织、工作过程、工作方法和基础资料；②调查区的自然条件及生产特点；③调查区的土壤类型、发生和分类及分布规律；④各主要土壤类型的剖面形态特征、剖面理化分析资料、改良利用特点及分布面积；⑤调查区土壤改良利用分区。

(2) 土壤调查报告的技术要求　土壤调查报告的技术要求为：①要全面汇总有关资料，从宏观上论证调查区土壤形成条件对该区土壤类型及其肥力的影响，其中包括气候、地质、地貌、母质、水文与水文地质、人为活动等因素；②全面论述调查区的土壤类型、分类系统及分布规律，必要时附概图和断面图；③分别论述主要土壤类型的剖面形态、理化性状、改良利用特点及面积；④从资源合理利用出发，论述本区土壤的利用改良分区，包括分区的原则及改良区的改良利用方向和存在的主要土壤障碍因素及改良措施等。

五、土壤资源遥感调查方法

遥感技术是指使用各种传感器，从不同高度平台上收录来自地球表层各类地物的电磁波信息，再经加工处理获得地物的图像和数据信息，从而揭示地物特性的一种综合性技术。在土壤调查制图上，采用遥感方法，可大大减少野外工作量，提高工作效率，减少投资，加快成图速度，还可以提高图件的精度和质量。航空像片在土壤调查的利用开展得比较早，近年来广泛应用。在不同目的的土壤调查中，除普通黑白航空像片外，还试用高空摄影像片、热红外航空像片、彩红外航空像片、多光谱航空像片等，均取得了良好的效果。20 世纪 70 年代起，地球资源卫星的发射，获得了地面的卫星影像和卫星磁带，也在土壤调查中广泛应用，由目视解译判读制图发展到应用磁带信息数据，自动识别绘制土壤图。

（一）土壤资源遥感调查的基本原理

1. 土壤资源的分布可通过土壤形成因素来反映　遥感图像客观地记录物体的几何形态和波谱特征，这是遥感图像解译的依据。土壤是一个历史的自然地理体，它在长期的发生发育过程中与自然地理条件（包括气候、地形、母质、生物等）以及人为活动紧密联系着，土壤形成因素的发展和变化决定了土壤的形成和演化，土壤随着土壤形成因素的变化而变化，即土壤剖面是地理景观的一面“镜子”。由于土壤形成因素特别是气候和植被有地理分布的规律性，因而土壤的分布也表现出地理分布的规律性，基于此思想，在应用遥感影像解译土壤类型时，可以先解译出各土壤形成因素，然后综合叠加，分析和推断出不同土壤类型的界线，这就是常用的因素分析法。

2. 光谱特征是土壤资源遥感解译的物理基础　遥感图像记录的信息实际上就是地物的综合光谱特征，不同的地物具有不同的光谱特征，反映在影像上即为不同的灰阶或色调，这是分辨地物类型的物理基础。土壤的光谱特征是在遥感图像尤其是多光谱图像上判读土壤类型的依据，影响土壤光谱特征的因素主要有有机质、氧化铁、盐分等含量，以及土壤水分、质地、矿物成分、地面粗糙度、覆盖物类型等。

3. 遥感特征信息是解译土壤的标志　土壤资源类型可通过遥感特征信息（包括色调、形状、大小、阴影、图型、纹理等）来解译。

（1）色调　色调是地物反射或发射电磁波的强弱程度在影像上的记录，因而是识别地物的主要标志，有时甚至是唯一的判读标志。不同的土壤及其相关的土壤形成因素具有不同的影像色调。在黑白航空像片上，物体的色调通过灰阶来体现；而在彩色像片中，物体的色调通过颜色的差异来体现。

（2）形状　形状就是物体的外轮廓。航空像片上地物的形状是俯视图形，其详细程度取决于比例尺的大小，也就是说，随着摄影比例尺的缩小，微小碎部的形状便逐渐地难于区分，以至消失，而总的形状则逐渐变得比较简单。例如在小比例尺航空像片上，树顶变成一个小圆点，甚至完全看不出来。地物在航空像片上影像的形状，并不是与实际形状严格相似的。像片倾斜、地面起伏及地物本身具有空间高度，都会引起构像形状的变形。但是由于目前使用的航空像片倾斜角都是 3°以内，对像片判读而言，可以近似地认为是水平航空像片。这样，地面上水平的平面形目标（例如稻田、水塘、运动场等），在像片上的形状与地物实际形状就可以认为是相似的。

（3）大小　大小是指物体的尺寸、面积和体积按比例缩小后在像片上的记录。可以根据已知目标在像片上的尺寸来比较确定其他地物的规模。如果已了解像片的比例尺，可以根据影像的大小直接算出地物的尺寸和规模。

（4）阴影　阴影的产生是由于具有一定高差的地物的背光面及其在地面上的投影，在像片上反映出比阳光直射面的色调更阴暗的现象。阴影有助于增强地物像的立体感，阴影的形状有助于识别地物的外貌。但在阴影内的地物，则往往被其掩盖而不能识别，尤其是近红外像片的阴影，更加浓黑。

（5）图型　图型（图案结构）是由形状、大小、色调、纹理等影像特征组合而成的模型化的判读标志。不同地物具有各自独特的图案结构特点。例如经济林与天然林同样是由众多的树木组成，但是它们的空间排列图案有明显差别，经济林是经过人工规划的树林，行距、株距都有一定的规律。

（6）纹理　纹理是地物反映在图型内的色调变化频率，是地物的细部或细小的物体在影像上构成的细纹或细小的图案。地物在影像上的纹理特征与像片的比例尺有关。当比例尺缩小时，表现为纹理的地物尺寸相对增大。例如在大比例尺像片上可显示出一个个树冠的纹理，据此可区分不同的树；而在比例尺较小的像片上则表现为一系列树冠的顶部构成整个森林的纹理。纹理可用点状、线状、斑状、条状、格状等术语，并加粗、中、细等形容词来加以描述。

（二）土壤遥感解译的基本方法

遥感影像的土壤目视解译是一种综合分析、逻辑推理与验证的过程。目前应用于土壤目视解译的主要方法有因素分析法、图型分析法、景观分析法和地形图分析法 4 种。

1. 因素分析法　该方法通过对各种土壤形成因素的综合解译来间接地判读土壤类型的边界。具体做法是先对每个土壤形成因素进行解译并独立成图，然后将这些图重叠起来，这样大量的边界都在图中表现出来了，形成一个原始的土壤解译图（图 15－5）。

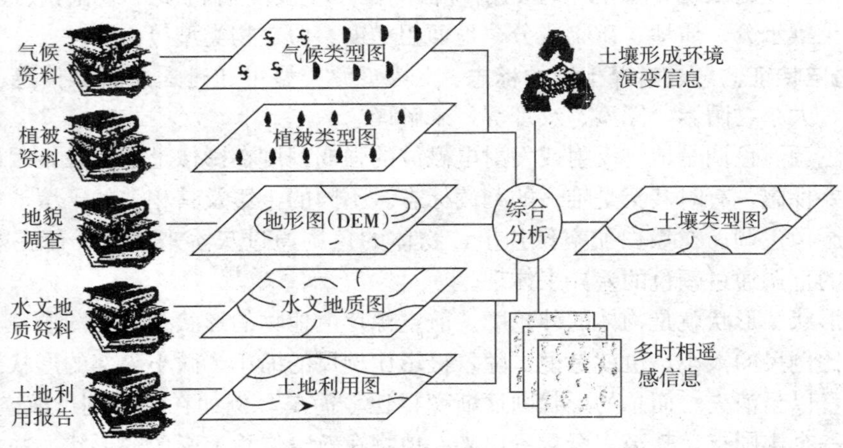

图 15－5　用因素分析法进行土壤研究

DEM. 数字高程模型

2. 图型分析法　图型分析法基于以下3个假说：①相同的土壤类型具有相似的图型特征；②不同的土壤类型则其图型特征也不同；③如果在一定的区域内，一种土壤类型与一种图型特征具有高度相关性，那么这种对应关系也可以在该区域内其他相似地区适用，对很多地区都是如此。当然，研究土壤类型与图型特征的关系必须同当地的自然地理环境结合起来，简单地由上面3个假设进行推证，也会出现误判，即使图型特征很相似。例如同样是一个洪积扇图型，但所处的自然环境不同，土壤的剖面性状也不完全相同。需要说明的是，这种方法的优点在于能将已研究的典型图型特征的知识用于其他地区，即由已知图型来外推其他类似地区。

3. 景观分析法　景观分析法假设景观的变化必然影响土壤边界的变化，土壤外部因素的变化也必然引起内部剖面特征的变化。即"土壤剖面是景观的一面镜子"。这种解译方法的基本过程是将调查地区逐级细分成许多景观单元，其细分的程度依制图比例尺确定。那么，最后划分的每一个小景观单元均有一个特定的土壤组合。

4. 地形图分析法　这种方法是针对卫星遥感土壤制图而提出的。由于卫星影像的地面分辨率低，地物的几何特征表现不十分清楚，因此它不如航空像片直观，故实地精确定位困难。据近年的研究与实践，用与卫星影像相同比例尺的透明地形图，以水系为准，与卫星影像进行局部套合，可取得较好的目视解译效果。这样，既便于吸收过去该区已有的土壤、地学等有关资料，又便于进行土壤的地理分析与制图，而且也便于以地形图网格控制的面积平差量算。

当然，上面的几种土壤遥感解译方法的截然划分是带有主观性的，而实际上各种方法在应用时都是相互补充的。一般情况下，最好首先使用景观分析法确定景观结构和景观单元，而对卫星影像来说则先进行地形图分析，然后可用详细的因素分析方法研究调查地区的土壤形成规律，最后运用图型分析法来绘制该地区其余部分的土壤图。

（三）土壤遥感目视解译的工作程序

土壤遥感目视解译就是充分应用土壤学家的专业知识，直接用眼睛或借助立体镜、放大镜或光电仪器来综合分析遥感图像中的各种解译标志与土壤景观的相关性，通过逻辑推理、野外验证来达到鉴定土壤性质和划分土壤类型的过程，主要包括准备工作、路线勘查、室内预判、野外验证和采样以及室内整理和成图5个主要步骤。

1. 准备工作　准备工作主要是收集遥感像片、地形图、土地利用、农业生产状况等资料，分析待调查区的自然地理条件（例如岩性、气候、植被类型等），了解该地区的土壤形成条件。在应用卫星遥感图像的目视解译时，必须收集相同比例尺的透明地形图，以便能够与卫星影像套合。根据需要选择不同的卫星遥感信息源，例如MSS影像、TM影像或SPOT影像。准备一些目视解译常用的设备，例如透光桌、立体镜、放大镜、绘图笔、聚酯薄膜、纠正转绘仪等。

2. 路线勘查　路线勘查的目的是了解待调查地区的自然景观、土壤类型、土地利用等概况，以制订该地区的土壤调查的工作分类系统；另一方面是确定土壤形成因素、土壤类型、景观特征与遥感影像特征之间的对应关系，以建立解译标志。路线勘查应选择一至几条穿过不同地貌部位、不同农业利用方式和不同土地类型的线路，这样可以走最短的路，了解到全面的概况。建立解译标志是土壤遥感调查成败的关键，应对照航空像片、卫星影像随时定位、仔细观察土壤形成因素、景观特征、土壤性质、土壤类型与遥感影像特征之间的关系，进行素描、记载和系统编码，为室内判读提供可靠依据。

3. 室内预判　室内预判是根据路线勘查所掌握的感性知识，以土壤工作分类系统和解译标志为依据，充分运用解译人员的专业知识对遥感影像进行综合性景观分析，逐块勾绘出土壤类型或土壤组合的界线。

4. 野外验证和采样　在预判解译的基础上拟定野外验证的路线和样区，其路线同样也应当通过不同的地形和影像类型以及一切有疑问的影像区，且应尽量与已进行路线勘查的线路不重复。应将样区布置在不同的类型地区，以便取得土壤样本。野外验证的具体内容有：①验证预判时的定位精度、解译的分类精度以及制图的界线精度；②进行典型样区的土壤剖面观察、记载和取样；③进一步了解土壤分布的规律及利用改良上的经验和存在的问题，为区域土壤改良提供资料。

5. 室内整理和成图　经过野外验证和修改以后的土壤图，到野外验证结束后，应当结合室内的化验结果，将各组解译的土壤图进行拼接，一般在航空像片的相接之处往往会产生各种难以拼接的情况。如果属于影像畸变问题，则可通过影像纠正来解决，如果通过上述措施还难以解决，则要求进行野外复查。总之，要形成一幅完整的、合乎要求的解译草图，必须进行反复纠正。

地球资源卫星的传感器记录了地物光谱值后，既可以扫描成图像，直接进行各专业的目视解译；也可被记录在计算机兼容磁带上（CCT），用于计算机图像处理和机助专业制图。近几十年来，遥感的机助分类制图已成为土壤资源调查的重要发展方向。土壤资源遥感影像计算机分类以遥感数字影像为研究对象，在计算机系统支持下，综合运用地学分析、遥感影像处理、地理信息系统、模式识别与人工智能技术，实现了土壤资源信息的智能化获取。其基本目标是将土壤资源的人工目视解译遥感影像发展为计算机支持下的遥感影像解译。由于利用遥感影像可以客观、真实和快速地获取地球表层信息，这些现势性很强的遥感数据在土壤资源调查与评价上具有广泛应用前景。

六、土壤调查和制图技术的发展趋势

（一）土壤调查技术的发展趋势

土壤调查是土壤属性特征和时空演变信息获取的第一步。传统土壤信息的获取具有周期长、成本高、过程复杂、复杂区域不可达、现势性差等显著缺点，难以进行大范围、高覆盖度的重复调查。近年来，包括卫星与航空遥感、近地传感在内的星地遥感技术的蓬勃发展为土壤调查提供了新机遇，各种新型土壤传感器平台的构建与综合，不仅可拓展土壤理化性质与水土过程的长期监测，也能实时监测大范围易获取、易变土壤属性信息及相关环境信息。包括卫星与航空遥感、近地传感在内的星地遥感技术的快速发展，可提供实时、准实时全球尺度的土壤地球化学组分网格数据。按照平台设计机制，土壤星地遥感技术可以大致分为卫星、航空、无人机和地面 4 种，卫星遥感获取的信息从亚米级的高分辨率到大于 1 000 m 的低分辨率，能较好地满足不同应用的需求。按照工作原理，土壤星地遥感技术包括光学与辐射型、电与电磁型、电化学型、机械型等种类，其中卫星和航空遥感搭载的传感器主要是基于光学与辐射型。目前，土壤光谱探测技术研究热点集中在数据预处理和预测模型方面，土壤光谱预测模型主要包括各类线性模型和非线性模型，例如支持向量机、随机森林、人工神经网络等。近年来，结合野外原位测量光谱和其他传感器进行空间变异制图的研究越来越广泛。土壤光学遥感探测通过大尺度的环境信息提取与光谱信息的反演，已广泛应用于土壤类型制图、土壤属性预测和土壤退化监测，土壤信息多源获取集成平台的研发是研究热点之一。例如基于土壤介电特性与水分的耦合关系，土壤微波遥感用于监测土壤水分、土壤盐分及干旱度。探地雷达是地球物理科学的核心技术手段之一，在土壤地理学研究中能有效地反演土壤质地、土壤水分等重要信息，正逐渐广泛应用于地球表层系统科学中土壤剖面特征结构的探测。近年来，激光等离子体光谱和 X 射线荧光光谱传感器在土壤重金属含量的探测方面已取得显著进展。基于不同平台和频率的电磁感应探测已成为现代土壤调查和土壤信息获取的重要手段。

（二）土壤制图技术的发展趋势

以土壤空间分布规律为核心的传统土壤调查与制图正逐步从定性描述走向数字化土壤形态、数字土壤制图和计量土壤学，推动了数字土壤制图（即预测性土壤制图）的兴起，其特点是以土壤与景观定量模型为基础、以栅格数据作为表达方式在计算机环境下机器辅助成图。这类制图方法在 20 世纪 90 年代初开始萌芽，其理论范式仍是土壤形成因素学说，其方法包括土壤数据获取、土壤形成环境表征和模型算法 3 个主要方面。其中，环境协同变量是土壤制图的重要支撑，与气候、地形、植被和人为活动因素相比，母质信息相对难以获取，多用地质岩性与地貌单元替代，母质类型空间分布制图是一个重要研究问题。数字土壤制图的模型方法主要有传统统计、空间统计、专家知识、机器学习方法等。空间统计中以回归克里格和地理加权回归最为常用，近年的发展有面点克里格等。基于专家知识的方法有土壤-景观推理模型（soil-land inference model，SoLIM）等。机器学习方法包括神经网络、支持向量机、随机森林等。目前地统计方法仍占主导地位，但机器学习方法开始崛起，在揭示土壤空间变异方面已显示出较大潜力。随着多源、多平台传感器的发展以及土壤地理信息系统技术的不断进步，数字土壤制图可预测区域、国家、全球尺度上的土壤理化属性空间分布特征。未来数字土壤制图的发展需要对环境要素进行刻画的新技术（特别是体现人类活动方面的环境因子）、历史数据与新型数据无缝集成的新分析方法、土壤发生知识与数学模型紧密结合的新推理方法及大数据多终端的计算模式。

七、土壤调查成果的应用

土壤调查的主要目的是为提高土壤肥力、合理安排农作物、发展农业生产提供有关建议，因此土壤调查成果在农业上的应用，主要包括农业发展规划、农业区划、农田基本建设、土壤管理等。通过土壤调查，查清当地土壤的情况及其适宜性、养分的丰缺、存在的障碍因素等，便能够对当地的生产问题提出某些改革方案与措施。通过土壤调查，完成一系列的土壤图件（例如土壤图、土壤改良分区图、土壤利用现状图和土壤养分图），可为农业区划提供重要的依据。此外，土壤调查资料也可为指导科学种田（因土施肥、因土耕作等）、农田基本建设（排水系统的布置等）提供重要的科学依据。

虽然土壤调查历来主要用于指导农业土壤利用和管理，但是目前人们也普遍认识到土壤调查成果对非农业的土地利用也有重要的作用。因此近几十年来各种非农业应用的土壤调查显著增加，而且这种趋势很可能发展下去。土壤调查成果的非农业应用的范围很广，包括林业、水文、工程、废物处理、娱乐和规划，现举几个例子来说明其应用。

雨水流动是水文学要考虑的重要因素。雨水一部分垂直渗入土壤，另一部分侧向流动透过土壤，还有一部分直接从地表进入河道。通过这些流动途径的雨量及其流到河道的速率与土壤渗透性和坡度有关。因此为了设计防洪设施，工程水文学家必须考虑土壤的透水性和储水性能。英国已采用这种方法来指导在洪水研究中所做的可能径流量评价。

承担建筑物设计的土木工程师在选址和设计时也非常关心有关土壤调查结果，特别是土壤调查中记录的许多土壤性状。这些土壤性状包括土壤的结持性、易压实性、固结性、收缩性（收缩会导致土体变形）、渗透性（与排水设施有关）、耐腐性（酸性、含硫化物会腐蚀水泥和钢材）。

在运动场设计时也应考虑土壤的渗透性（例如排水应迅速）、地面支撑性、地面石质性（例如多石会造成运动擦伤）等。此外，土壤调查成果还在环境质量评价、环境保护（例如废物处理）、土地资源评价、环境医学研究（例如地方病研究）等领域有广泛的应用前景。

复习思考题

1. 为什么土壤分类要采用多级分类制？
2. 试举例说明诊断土层与发生土层的异同。
3. 试简要说明土壤地理发生分类与系统分类的差异。
4. 中国土壤系统分类有何特点？
5. 任选择一个土壤分类系统，检验其在实际应用中的主要问题。
6. 简述土壤资源调查的内容和步骤。
7. 简述土壤调查制图比例尺选择的依据。
8. 在进行田间土壤资源调查之前一般要做哪些准备工作？
9. 试举例分析遥感资料在土壤调查制图中的应用。
10. 简述土壤剖面挖掘和观察的规范。
11. 简要分析土壤资源遥感调查的基本原理。

CHAPTER 16

第十六章

土壤资源类型及合理利用

土壤资源是人类生产活动最基本的生产资料和劳动对象，一个国家土壤资源的数量多少与质量好坏，直接关系着整个国家的生产发展。我国地域辽阔，自然条件复杂，农业历史悠久，拥有种类繁多的土壤，有东北肥沃的黑土和江南富庶的水稻土，又有西北内陆的绿洲土和华北平原的黄潮土；有纵横南北的各种森林土壤，又有绵延千里的各种草原土壤和荒漠土壤，还有青藏高原独特的高山土壤。广阔的肥田沃土给我们以衣食之源，浩瀚的森林给我们提供了大量的木材，茫茫的草原给我们以大量的畜产品，丰富的土壤资源，为我国农林牧副综合发展创造了条件。但必须看到，我国土壤资源总体质量较低，优质土壤资源人均占有量少，土壤资源保护与利用中所面临的问题是严峻的，存在土壤侵蚀、盐碱化、土壤污染、草场退化等众多生产问题，耕地非农化现象突出，因此保护和利用土壤资源的首要任务，是防止土壤侵蚀与退化，并应采取有效措施加强土壤肥力的培育，维护土壤生态平衡。

第一节　我国土壤形成的环境条件

一、我国的地形地貌

我国位于欧亚大陆东部，东临太平洋，西南部为海拔高起的青藏高原，西北部为浩瀚的戈壁沙漠与高起的雪山相间存在。东半部北起黑龙江，南抵南沙群岛，南北纬度相差 50°以上；全境东西经度相差 60°以上，陆地总面积为 9.6×10^6 km^2；境内多山，山地丘陵占陆地总面积的 2/3。我国多山，且多高大高原面，从西南部“世界屋脊”青藏高原起，逐级向下，到达东部滨海平原形成明显的阶梯状特征。以珠穆朗玛峰（海拔 8 844 m）为最高峰的一系列高大山系和青藏高原面（海拔均在 4 000～5 200 m），属于第一级阶梯。昆仑山、祁连山以北，横断山脉以东，地势急剧下降到海拔 1 000～2 000 m，为第二级阶梯。其间有几大高原（例如内蒙古高原、黄土高原等）和几大盆地（例如塔里木盆地和准噶尔盆地）。在两大盆地间横亘着天山山系，其海拔超过 7 000 m。在这阶梯上，耸立着高大山系（例如阿尔泰山、贺兰山、阴山、秦岭等）。秦巴山系以南，长江由青藏高原面东侧发源，先缓行于高原面上，急剧跌落 3 000 m，割切云贵高原西北部的高原面，急流注入四川盆地，汇合川江各支流，再切开雄奇险的三峡，注入东部低湖平原区，上与第一级阶梯衔接，下为我国东部第二级阶梯区。在第二级阶梯中，个别地区地势很低，例如新疆吐鲁番的艾丁湖，地势比海平面低 155 m。沿大兴安岭、太行山、巫山、雪峰山一线以东，地势再次下降，由海拔 1 000 m 降低到几十米，甚至几米，为第三级阶梯。在此区域内，自北向南分布有东北平原、华北平原和长江中下游平原，以及辽东半岛、山东半岛和长江以南的江南丘陵和岭南及珠江以东的沿海丘陵岗地。只有少数山岭如南岭山系、武夷山系和泰山等的海拔可超过千米。第三级阶梯的地势低平，多属丘陵、岗地；也多较大河湖平原以至与沿海潟湖平原和泥质海岸相连接。滨海一带与泥质海岸相连接为滨海潮滩，大多为新淤积的陆地区，有的时隐时现，低潮时出露水面。

我国这种西高东低，面向海洋逐渐下降的地形特点（图 16－1），有利于来自东南沿海的暖湿气流，在一定季节里深入内地，而且西部高大山系大体呈东西向排列，例如天山山系、昆仑山、祁连山、秦岭山系均自西向东横列，一方面阻隔了来自西北的寒流入侵其南侧的各大盆地，致使四川盆地甚少受寒流袭击，另一方面，这些高大山系顶部均有常年积雪与冰川，夏季融雪水就近灌溉山体两侧的干旱荒漠，因而在极端干旱区里，形成很多绿洲高产农田，在浩瀚的干旱沙漠区里，建成盛产瓜果、粮食的地区。表 16-1为我国 5 种地形类型的形成原因和特征。

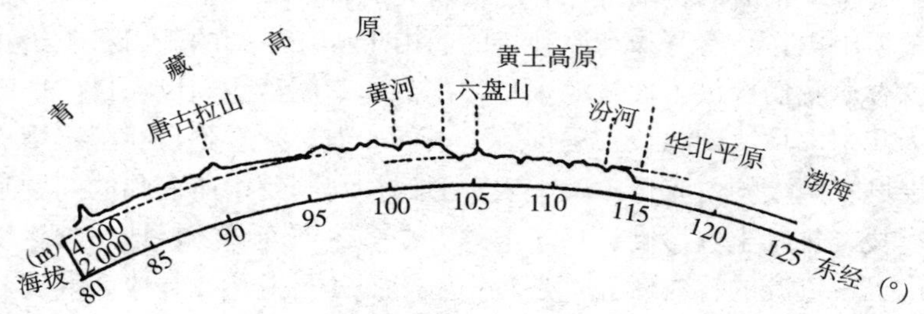

图 16－1　我国地形 3 大阶梯断面

表 16－1　我国 5 种地形类型

类别		海拔高度（m）	相对高度（m）	构造特征	外力作用特征	地面特征
平原		多数不足 200	50	沉降为主	沉积为主	平坦，偶有浅丘孤山
盆地		高低不一，因地而异	盆心与盆周高差在 500 m 以上	四周隆升，中间沉降，中间或上升但量小于四周	内流盆地以沉积为主，外流盆地为沉积或侵蚀	内流盆地地势平坦，外流盆地分割为丘陵
高原		＞1 000	比附近低地高出 500 m 以上	古侵蚀面或沉积面上升	剥蚀为主	古侵蚀面或沉积面部分保留平坦，其余部分崎岖
丘陵		多数不足 500	50～500	轻度上升	流水侵蚀为主	宽谷低岭，或聚或散
山地	中山	500～3 000	500 m 以上	成山较早	流水侵蚀和化学风化为主	有山脉形态，但分割较碎
	高山	＞3 000	不等	成山较晚，上升量大	冻裂作用强烈，最高山上有冰川作用	尖峰峭壁，山形高峻

二、我国的主要成土物质

我国境内成土物质种类繁多。各不同时代形成的岩层裸露地表，经不断风化，再经水力和风力运移、沉积，在地表组成多种多样的成土物质。在活跃的季风气候及形形色色的天然与人工植被类型条件下，进行着相应的土壤形成作用，形成了种类繁多的土壤类型。现将我国主要成土物质分述如下。

（一）黄土

我国的黄土分布最广、堆积也十分深厚，因而是一类重要的成土物质。我国的黄土形成于第三纪末期以来，青藏高原由原来约海拔 1 000 m 的高原面，不断抬升至海拔 4 000～5 200 m 的高原面和海拔 6 000～8 000 m 或以上的高大山系，阻隔了印度洋暖湿气流的输入。同时在欧亚大陆中心，塔里木盆地和准噶尔盆地以及其周边地区，形成极端干旱的生态环境，这个地带原有的土层及岩石风化物，经强烈干风扬起风尘，主要在我国西北部分期不断降落，形成颗粒均匀、以粉粒为主的黄土堆积。在黄土高原 5.8×10^5 km^2（主体部分 4.3×10^5 km^2，青海高原上的黄土为 1.5×10^5 km^2）的广阔范围里，降落的黄土堆积物，一般厚为 30～50 m，最厚可达 280 m。深厚的黄土层多见于吕梁山以西、秦岭以北、长城沿线以南的甘肃、陕西和山西，在青海东部、太行山以西，亦可见厚层黄土堆积。此外，秦岭以南的汉中盆地，向东延伸至襄樊谷地以至长江下游的江淮丘陵岗地，亦有细粒黄土层堆积，分布在江南沿江地区的为下蜀黄土。

我国厚层黄土堆积是间隙性的，最有力的证据是黄土层中见多层红色条带，说明在黄土层堆积的间隙期间，曾进行过土壤形成过程，红色条带夹层是埋藏的古土壤，记录了当时的土壤形成特征。红色条带的数量各地不一，在陕西中部黄土层中可见 13～15 层古土壤埋藏层，在晋南盆地可见到多达 26～27 层的古土壤埋藏层；而在黄土高原西缘，埋藏层较少，一般只有 3～5 层；有的地区还更少，是近代黄土的堆积，分层不明显。

我国黄土按地层可划分为以下 3 类。

1. 马兰黄土　马兰黄土系黄土层上部，近 10 万年来至最新黄土堆积层，属全新世至上更新世沉积层，其厚度一般在 10 m 上下。

2. 离石黄土　离石黄土系马兰黄土下所见的褐红色黄土，属中更新世沉积层，其厚度可达 100 m。

3. 午城黄土　午城黄土系指含红棕色埋藏土层的黄土，属下更新世沉积层，厚度为 60～80 m。

（二）第四纪红色黏土

第四纪红色黏土广泛分布于长江以南的热带、亚热带地区，具有明显的富铁铝风化特征，氧化铁和氧化铝相对积累，主要以赤铁矿、褐铁矿、三水铝石的形式呈现，化学风化度较高。其面积以江南丘陵区分布最大，浙江、福建、江西、湖南、广东及滨海阶地以至山间盆地中均可见到。

红色风化壳属第四纪漫长时期的形成物，主要见于江南低矮丘陵区，成为丘陵、岗地的重要组成物质。红色黏土层底部直接与第三纪红色砂岩接触，有时与紫色砂、页岩或砾岩接触，红色黏土层上下叠置或呈层状叠置。有的因新构造运动影响，依低山或高丘岩层有一定的倾斜。

我国第四纪红色黏土按时代可划分以下 3 类。

1. 下更新统（Q_1）夹砾石红色黏土　下更新统夹砾石红色黏土与第三纪红色砂岩直接接触，可见到红色黏土夹滚圆的石英岩和花岗岩砾石（直径为 3～5 cm）的沉积层，土层厚薄不一，系长距离经滚动搬运形成的夹砾层，这层出露地表面积较小，对土壤影响甚小。

2. 网纹红土层（Q_2） 网纹红土层出现在夹砾石红土层之上，可见厚层红黄白相间的网纹红土层，厚可达 10～15 m，其形成系红黏土层长期干湿变化，引起氧化还原交替进行，使土体内局部还原性亚铁化合物发生位移，大部分移出土体形成白色漂白土体，局部在土体内淀积，氧化形成红黄相间斑纹，有时还见铁结核夹杂于红色土层间。

3. 均质红色土层（Q_3） 均质红色土层出现在网纹层之上，可见厚层红色均质黏土覆盖，其厚度一般在 15 m 以上，但因侵蚀关系，也可能趋薄，仅 1～2 m 即可见网纹红土。

我国长江以南的红色黏土，属于第四纪漫长时期的富铝风化形成物，即使在西南热带亦广泛分布。在第四纪时期，我国新构造运动十分活跃，使在低海拔下所形成红色风化壳，经大陆面抬升后，残存于不同海拔高度的剥蚀阶地与原面上，这样，在不同高度的原面上，可见到红色黏土的残存。

（三）风沙堆积物

从西北干旱区到内蒙古高原一带，广泛分布着风成沙丘、沙垄，系由西北漠境地区吹起沙子，一旦风力减缓后堆积而成。沙子被强风吹起，在近地面滚动，并在一定高度里位移，这些变化视风力强弱因沙子大小而异。主风带沙子移动快，数量也大，堆成沙丘。沙丘两侧，沙子向前移动较快。高起的沙垄上，沙子堆积比两侧高；在背风面侧坡上，由于风力顿减，沙子沿侧坡滚动下移，形成沙丘中间的陡坡。由于高起的沙垄，在顶部降落量大而移动稍慢，两侧坡移动较快，因而形成新月形沙丘。沙丘继续堆积，沙垄与沙垄连接，即可堆成较高的沙丘与相连的沙垄。

沙子移动堆积特点是在风力均匀时为平铺沙地，进而形成新月形沙丘及沙垄。沙丘、沙垄的高度及其密集程度与沙源数量和距风口的远近直接相关。在堆积甚厚的地段，可见多层相连的沙丘链和密集的沙丘群。在阿尔金山与祁连山强风口地段，常年风力甚强，风沙堆积起厚度达 200～400 m 的沙山，有时可达近 500 m 高的沙山。这种风力移动堆积的沙子，可直接作为成土物质，并形成多种类型的土壤，很多流动沙丘与风沙仍处于成土母质阶段。

（四）基岩风化的残坡积物

地表裸露岩层的风化会因水热条件的变化而形成很多类型的风化壳，主要有以下几种。

1. 岩石风化的富铝与硅铝风化壳 我国长江以南广泛分布的红色黏土，是在沉积层基础上，经富铝风化过程形成的，是漫长的第四纪时期以来的红色风化壳类型。在我国热带、亚热带地区，还可见到多种岩石就地风化形成的红色风化壳，其中以花岗岩、片麻岩等不均质岩系的就地风化情况最具有代表性。裸露于地表并处在湿润高温条件下的花岗岩风化物，就地进行脱硅富铝风化，形成十分深厚的红色风化壳。

与亚热带富铝风化壳相比较，我国北方地区形成的风化土层较薄，一般仅约 1 m，土体呈棕色，属硅铝质风化壳类型。土层中铁的游离度甚低，氧化铁含量明显低下，只有少量的铁游离在极干旱的新疆天山等地石质山坡上，风化层很薄，岩体大都未经风化，仅在地表见初经风化的极薄土层和白色盐霜积累。这说明在不同水热条件下，风化土层的性状、类型有很大的差异。

2. 紫红色岩层的就地风化物　岩石直接风化形成松散风化物的最明显例子是紫红色岩层，包括三叠纪、侏罗纪、白垩纪等紫红色岩层直接风化的形成物。由于这些岩层固结程度较差，在亚热带湿热条件下，极易就地风化，加之所处地面均有一定坡度，侵蚀亦较强，故在风化与侵蚀同步进行的情况下，裸露的岩层遭到迅速风化。在浅薄的风化层上可直接从事耕种，侵蚀后的土层趋薄，底层风化土层愈益加深。大部分土壤及风化层仍保持岩层的色泽与性状，因而土层中的碳酸钙、pH、色泽、黏土矿物特性均与母岩极相似，未遭强烈的化学风化，仅盐基物质遭到轻度淋溶而已。但在干旱条件下，紫红色岩层的风化物仍处于岩石碎片状态，呈屑粒状裂解物，不能立即进行耕垦和种植作物。

3. 岩溶风化物　富含碳酸盐的岩石中，以石灰岩分布最广，岩石中碳酸钙含量高达90%或更高，在丰水的热带、亚热带地区，岩石的风化以溶解作用为主，深厚的石灰岩层经溶蚀后，残留的土层甚薄，且富含黏粒成分，只有在溶蚀峰丛间，才可见小片的风化物残留于地表。由于富含重碳酸钙的水分不断渗入土层，经脱水后，形成石灰结核。风化土层以棕色为主，有的富含腐殖质，当腐殖质与黏粒结合后形成结构良好的核粒状土层，厚度较薄，仅见于峰丛洼地间。在云南、贵州、四川的石灰岩山地中，由石灰岩风化的土层，呈棕色至黄色，为初显富铝化特征的土层。此外，在喀斯特残丘区的坡麓尚见厚层红色风化壳，其中亦含有石灰岩碎片或细粒小型结核，局部土层仍呈石灰反应，这是不同于一般红色风化壳的特征之处。

4. 碎屑状风化壳　碎屑状风化壳是岩石风化的最初阶段，由各种火成岩或水成岩机械崩解而成的块状物组成，化学变化较少，生物风化和化学风化微弱，风化层甚薄。质地轻粗，砾石含量多达60%以上，细粒含量低。黏土矿物多为抗风化的矿物。由于黏粒与有机质含量较少，缺乏真正的土壤基质。此种风化壳多见于脱离冰川较短暂，或严重剥蚀的山坡地，岩层裸露，其上所形成的风化壳年龄不长，无明显的土壤发生层可供判别。碎屑状风化壳多见于青藏高原及干旱区山地，有时也可见于寒冷的高山地区。

（五）全新世沉积物

这类成土物质是岩石风化物经流水、潮流、波浪等动力的搬运和分选，在一定部位沉积下来的松散堆积物，故亦称为再积母质。这些成土物质都是在地质上12 000多年以来的全新世时期（Q_4）形成的，属于全新统地层，在我国各地有广泛的分布。由于各地沉积环境的差异，其沉积物性质可有很大的差异。同一地方的沉积先后也有变化，所以这类沉积物的同期异相和同相异期情况普遍存在，对土壤形成和土壤性质可有很大的影响。全新世沉积物主要有河流沉积物、滨海沉积物、湖沼沉积物等。

我国多泥沙河流，以黄河最为著名。黄河中挟带大量泥沙下移，年平均输沙量达1.6×10^9 t，大部分在河床中及谷口三角洲沉积，因而黄河下游河床高出地面10～12 m，形成自然堤。在未修筑人工堤坝前，黄河漫流于平原中，一旦河床淤高，即向两侧改道，在下游平原形成厚层沉积层。据钻探资料，最厚沉积层达1 300 m。黄河每次决口先沿决口急流地段形成厚层沉积层，为砂土岗地，然后向两侧漫淹沉积，为厚层均质粉砂壤土层，当洪水流入平浅碟形洼地中时，细粒黏土大量沉积，为厚层黏土层。

这样多次改道的结果，形成黏土、砂土、壤土交互成层的多种组合的层状沉积层，对土壤水盐运动与肥力状况有很大的影响。

长江的泥沙运行与含量情况和上述的黄河情况有很大的差别，黄河的泥沙主要来自中上游黄土区。黄土为风力沉积层，颗粒大小均匀，以粉砂壤土为主，也含一定数量的细砂粒和黏粒，黄河水挟持下移时，主要呈悬移质状态，甚少或不见砾石和粗砂粒，黄河的沉积物也以悬移质运移沉积为主。长江的上游多为高大的悬崖峭壁，在岩石崩塌后，岩砾堆积于上游江中，经急流运转，较大砾石和粗砂粒在上游河段随急流滚动位移，并在上游河滩中大量沉积。宜昌水文站所测得的年平均泥沙沉积量为 5.4×10^8 t，主要是悬移于江中的细粒物质，这种悬移质以黏粒和粉砂、细砂粒为主，至于上述急流滚动推移下移的粗砂粒及砾石（直径为 5～10 cm）等物质，不包括在上述测得泥沙含量中。因此长江的泥沙特性应包括两部分：悬移质和推移质，但这些滚动于江底的推移质，至今没有精确的测定值，仅见上游江滩有大量的厚层砂砾堆积而已。

滨海沉积物在我国东部、南部沿海地区及海岛有广泛的分布。这类沉积物由于所处的地形部位及海洋动力条件不同，会出现不同的沉积相，其颗粒组成可有较大的变化。

湖沼沉积物在平原地区分布较广，在河网平原分布较为集中。其黏粒含量较高。

三、我国的水热状况

我国气候具有明显的季风特征，表现在冬春干旱，夏秋多雨，呈雨热同季状态，比起夏干冬湿的地中海型气候来说，对生物生长所需热量与水分，能同步协调供应，所处的水热环境较为优越。但季节间与年际变幅仍十分明显，即使在温暖的季节，降水量的变幅仍很大，因而旱涝灾害频繁，经常给农作物需水和人畜供水造成很大的威胁，是农业生产与人民生活中的一大问题。

（一）我国的热量状况

我国境内的热量状况是从南到北有分异，东部与西部又有不同。在东部，其热量情况变化是从南到北，可以明显区分为热带、亚热带和温带（表 16－2）。温带可分寒温

表 16－2　气候带和亚带的划分指标

气候区域	气候带和亚带	指　标	参考指标	农业特征
东部季风区	温带	最冷月气温＜0 ℃	低温平均值＜－10 ℃	有“死冬”
	寒温带	＞10 ℃积温＜1 700 ℃	＞10 ℃时间＜105 d	一季极早熟的作物
	中温带	1 700～3 500 ℃	106～108 d	一年一熟，春小麦为主
	暖温带	3 500～4 500 ℃	181～225 d	二年三熟，冬小麦为主，苹果、梨
	亚热带	最冷月气温＞0 ℃	低温平均值＞－10 ℃	无“死冬”
	北亚热带	＞10 ℃积温 4 500～5 300 ℃	＞10 ℃时间 226～240 d	稻麦两熟，有茶、竹
	中亚热带	5 300～6 500 ℃	241～285 d	双季稻—喜凉作物二年五熟；柑橘、油桐、油茶
	南亚热带	6 500～8 000 ℃	286～365 d	双季稻—喜凉或喜温作物一年三熟；龙眼、荔枝

（续）

气候区域	气候带和亚带	指标	参考指标	农业特征
东部季风区	热带	最冷月气温＞15 ℃	低温平均值＞−5 ℃	喜温作物全年都能生长
	边缘热带	积温8 000～8 500 ℃	最冷月气温15～18 ℃	双季稻—喜温作物一年三熟；椰子、咖啡、剑麻
	中热带	8 500～9 000 ℃	＞18 ℃	木本作物为主，橡胶、椰子等；产量高，质量好
	赤道热带	＞9 000 ℃	＞25 ℃	可种赤道作物、热带作物
西北干旱区	干旱中温带	＞10 ℃积温 1 700～3 500 ℃	＞10 ℃时间 100～180 d	可种冬小麦
	干旱暖温带	＞3 500 ℃	＞180 d	可种长绒棉
青藏高寒区	高原寒带	＞10 ℃时间 无	最热月气温＜6 ℃	"无人区"
	高原亚寒带	＜50 d	6～12 ℃	牧业为主
	高原温带	50～180 d	12～18 ℃	农业为主

带、中温带和暖温带。亚热带可分北亚热带、中亚热带和南亚热带。热带又可细分为边缘热带、中热带和赤道热带。西北干旱区尚可细分为干旱中温带和干旱暖温带。青藏高原区气候高寒，其间仍有温度差异，可细分为高原温带、高原亚寒带和高原寒带，高原温带仍可从事农业生产，高原亚寒带只可以牧业为主，而高原寒带属无人区。

（二）我国的水分状况

我国的水分状况与大气降水直接相关，大气降水的分布以东南部最多，即长江以南和川黔一线以东的广大区域，年降水量在 1 100 mm 以上，在四川西部和华南一些地区，年降水量可达 1 300～1 600 mm，个别多雨地段可达 2 000 mm，由我国东南沿海一带向欧亚大陆内陆中心推进，年降水量逐步递减。在暖温带至寒温带东部大都位于 500～700 mm 的等雨线，逐渐向西北递减，从中温带至寒温带，由东到西的年降水量递减。总的降水规律是从东南向西北逐渐递减；中温带至寒带是从东向西逐渐递减。大兴安岭以西，逐渐到河套地区，即进入干旱区。

我国干旱中心以塔里木盆地最旱，年降水量只有 50 mm，以这个盆地为中心，周围地区降水量呈同心圆状向外逐渐有所增加，例如天山以北准噶尔盆地的年降水量可增至 100 mm，其他周围地区也略呈增加趋势。

青藏高原的水分情况，也是西南略较湿润，愈趋高原西北，降水量锐减，到高原的西北端，已进入高寒的干旱区，与塔里木盆地的干旱中心有明显的关联性。

与降水量密切相关的是地面径流，也从东南向西北逐渐递减，即近海多于内陆，山地大于平原。特别是山地迎风面，年降水量与年径流量大于邻近平原或盆地地区。但是山体又成为阻隔湿润气流的屏障，形成雨影区，例如哀牢山为南北向纵列的高大山系，阻隔了湿润气流的输入，在哀牢山以西的元江河谷形成雨影区的干热生态环境；反之，四川盆地西部、青藏高原东侧的成都平原以西一带，与云贵高原东侧的湘西、鄂西一带，由于东南湿润季风的滞留，年降水量有明显的增高，成为湿润多雨区。

(三) 我国的陆地水文和地下水

我国的陆地水文与降水量有关，水文状况与河流流域网系密切相关。全国流域面积达 100 km^2 以上的河流有 5×10^4 余条，河川径流总量超过 2.6×10^{12} m^3，除西部高山区以现代冰川和积雪为主以外，长江以南地区属丰水区，愈趋西北，径流水量逐渐减少，体现了我国水分分配极不平衡状况。按照径流量可分丰水带、多水带、定水带、少水带和干涸带。我国径流区的另一特点是外流区径流资源均较丰富，外流区流域（入海的河流）面积占全国陆地总面积的 64%，其水量占总水量的 96%；内流区流域总面积占全国陆地总面积的 34%，而水量仅占全国总水量的 4%。外流区中，长江水量最大，占总水量的 37.7%；珠江及两广沿海的各河流占 17.2%；西藏及西南地区的各河流占 8%。

淮河以北，包括黄河、海河及东北各大河系，以及内蒙古、西北和青藏高原内陆区，其面积约占全国陆地总面积的 2/3，而总径流量只占全国的 17%，有些地方几乎不产生径流。

我国的地下水资源约 8.0×10^{11} m^3，占全国总水量的 30%，其中，包括松散沉积层的孔隙水、熔岩裂隙水、基岩裂隙水及多年冻土孔隙水、裂隙水等。

我国人均水量甚少，径流分布与人口分布极不相称，为发展灌溉的水分利用与耕地、牧地的分布情况也不相适应。特别是年内各季节水分分配不均，降水量季度与年度变幅大，对土壤需水与农业生产带来不利影响。

在干旱、半干旱的冲积平原中，当高矿化的地下水接近地表时，土层中的毛管水前锋可达到地表，地下水的不断蒸发，会导致土壤表层盐分积累。

四、我国的自然植被和人工植被

(一) 我国的自然植被

我国的自然植被分布的地带性和垂直分布规律均很明显。

1. 我国的热带自然植被 东南部分布着热带雨林、季雨林，沿海可见红树林，还有许多热带果品生长，例如芒果、腰果、龙眼、荔枝等。

2. 我国的亚热带自然植被 在南亚热带有半常绿雨林和常绿阔叶林，也生长荔枝等。广阔的中亚热带主要为常绿阔叶林，其中多樟、栲等，亦残存着“活化石”植物水杉、银杉、珙桐等，并盛产柑橘、茶、油桐、油茶、毛竹、漆、香樟等。北亚热带属于落叶阔叶林和常绿针叶林过渡带，如桦木科、槭树科与黄杉、栎树混交林等。

3. 我国的暖温带自然植被 暖温带植被以落叶阔叶林为主，亦见针叶林混交，例如椴、榆、椿、栎和油松、侧柏混交等。在东北温带地区以红松落叶松混交为主；到北部寒温带则以落叶针叶林为主，例如兴安落叶松林与西伯利亚松林等。北方较高山地及西北山地多以云杉、冷杉为主，华南高山地区多见铁杉、云南松等。

4. 我国的草原植被 我国草原植被由东北平原开始为草甸草原，简称杂类草草原，例如羊草、兔子毛、硬芒薹草，并杂生贝加尔针茅、野古草等。逐渐进入内蒙古东部为亚洲特有的羊草草原，其中有羊草、贝加尔针茅和糙隐子草。逐渐向西即进入荒漠草原，又称为小灌木-禾草草原，主要有戈壁针茅、砂生针茅、华隐子草等，其中杂生有冷蒿、旱蒿、假木贼、琵琶柴等。旱生灌木中以锦鸡儿为主。在荒漠草原中有蒿属和琵琶柴荒漠（土质荒漠）、小半灌木石质砾质荒漠，其中以坝王、麻黄与雅葱等为主。还有琐琐柴和灌木荒漠，主要包括琐琐、砂拐枣、花棒等。

5. 我国的高山草甸 青藏高原森林线以上的植被为高山草甸，见于海拔 4 300～5 200 m，以嵩草草甸为主，伴生薹草、矮生绒草等；西部为高山草原，见于海拔 4 000～5 200 m，以紫色针茅、羽柱针茅、羊草为主；高寒荒漠 5 000 m 以上的石质岩坡，植被为超旱生小灌木驼绒藜；高寒冻土带位于冰缘地带则偶见雪莲生长。

（二）我国的人工植被

我国为耕种栽培历史较为悠久的国家之一，人类经济活动频繁，栽培植物种类甚多。

1. 我国暖温带的人工植被 暖温带栽培历史甚长，其中，在山东、辽东半岛和华北平原上有枣、梨、黑枣、杏、胡桃、蜜桃、银瓜、葡萄、柿子、板栗等，也可见野生的山梨、棠梨、花红、山楂、黑枣、酸枣等。栽培树种有椿、槐、榆、栎树等，在我国境内千年以上的栽培树木，多处可见，其中以槐、侧柏为主。农作物以小麦、大豆、棉花、芝麻、烟草、玉米等较为普遍，水稻亦占一定比例。

2. 我国亚热带的人工植被 亚热带（例如长江中下游）的栽培落叶阔叶树有桃、杏、梨、苹果、枣、洋槐、银杏、枫杨、楝、重阳木、枫香、油桐、乌柏、泡桐、化香、梅、桑、石榴等，还栽培水竹、黄杨、女贞、棕榈、茶、油茶等。常绿树有枇杷、橙、杨梅。农作物为一年二熟，稻麦轮作，旱作有棉花、花生、大豆、玉米、甘薯等，冬种作物为油菜、小麦和绿肥等。四川盆地与江南丘陵区以橘园和茶园为主，亦多竹林、油桐、油茶、乌柏、漆树等。在江南还广种樟树。南亚热带（例如珠江三角洲）及粤闽沿海，有果树龙眼、荔枝、香蕉、芒果、杨桃、菠萝、木瓜等，栽培树种为榕、木棉、葵等。农作物以水稻二熟为主，有甘蔗、黄麻、木薯、粉葛等。在广州罗岗有千年以上的荔枝树。

3. 我国热带的人工植被 我国的热带属热带北部边缘区，在 20 世纪 50 年代发展三叶橡胶种植成功，已年产胶 2.0×10^6 t 以上。除当地原产的龙眼、荔枝、芒果及多种热带水果外，还引种了白胡椒、油棕、腰果等热带经济作物。热带农业以水稻为主，年可收三季。

这些天然植被与人工植被，对我国土壤的形成与演化均起重要的作用。

五、我国土壤形成的人为活动

我国是世界上最古老的农业国家之一，耕作历史已达 7 000 年。土壤经过长时期的精心培育，改变了原来不良的基本性状，产生了新的土壤类型，例如在全国第二次土壤普查应用的土壤分类系统中，列举人为土纲，包括水稻土、灌淤土和灌漠土 3 个土类。联合国粮食及农业组织的土壤分类中列出人为土分类单元，说明人们已高度重视人为活动所给土壤的定向培肥，促使由低产土壤向高产的方向发展，高产土壤将获得更高的优质农产品。

人为生产活动对我国土壤形成的影响是多方面的，有的从根本上改变了形成发育的方向，使土壤性状产生了较大的变化。例如陕西关中地区在黄土母质上形成的褐土，由于在长期农业生产活动中施用土粪，熟化的耕作层不断加厚，形成了塿土；宁夏银川平原引黄灌溉，泥沙淤积而形成灌淤土。又如红壤在耕作利用过程中，土壤性质逐渐发生变化，在形态特征上的表现是具有耕作层，熟化土层加厚，土壤颜色由红变暗，土壤有机质含量增高；随着熟化程度的提高，土壤黏板特性和心土层的滞水性能有所改善。红壤的开垦利用，改变了未利用前的黏重、紧实、板结等不良的物理性状。从化学性质看，红壤经耕作施肥及逐渐熟化后 pH 提高，交换性铝含量降低，盐基含量增高。

高度熟化的菜园土壤是在人为集约耕作下，经长期栽培蔬菜形成的。大量的物质能量来源于城区，使菜园得到大量施肥和频繁灌水，土壤中的物质和能量获得的数量有所增加，人为添加量占着主导地位，形成人为活动影响强烈的土壤类型。高度熟化菜园土壤（肥熟土）的磷素含量达全国土壤的最高水平，呈现高度富集，仅次于鸟粪堆积的磷质石灰土，特别是速效磷增长数倍，并未因碳酸钙的增长而被固定，充分说明菜园土中磷的积累和转化并非来自土壤有机质及有机磷的转化，而与外来富磷物质（例如人为活动中大量人粪尿的添加）有关。通过工程措施和生物措施，可改善土壤生态环境和水分、盐分状况。盐土演变为潮土、红壤改良为水稻土就是最好的例子。

土壤是可变的自然资源。在人类合理利用和定向培育下，可形成多种类型的肥沃高产土壤。反之，不合理的经营管理，就可导致土壤退化，甚至丧失生产力，形成童山濯濯，草木不生的局面。土壤退化的类型有物理型、化学型及生物型。发生土壤退化的原因有土壤侵蚀、沙化、盐碱化、潜育化和沼泽化，以及土壤养分亏缺、结壳、结皮、酸化和障碍层次的形成等，当然，也有工业废物形成的土壤污染等等。土壤退化的相关内容请参见本书第十四章。

第二节　我国土壤空间分异和分布规律

土壤类型的形成分布与其所处的综合自然环境密切相关，自然条件发生变化时，土壤的性态也做相应的变化。我国地域辽阔，地质、地貌、气候等自然因素在空间上分异明显，土壤分布也具有明显的规律性，既有水平地带性分布规律，也有随山体的高度变化而呈现的垂直地带性分布规律，还有由于成土母质、母岩的内动力作用形成的多样土壤分布。几千年来的人类生产活动，由经营、改造土壤塑造出多种多样的人为土壤格局。因而在我国境内，有与生物气候带相吻合的地带性土壤类型，也有不同高大山体上分布着的土壤垂直带谱，还有中小地形变化、水文条件及人类活动强弱不同所形成的土壤中域与微域分布。所有这些相互交错，排列组合形成我国特有的土壤分布谱式。

一、我国土壤的水平地带性分布

土壤的水平地带性分布是土壤发生性状与气候带和生物的地带分布相吻合的土壤类型，能反映三维空间变化的相互协调情况。我国土壤的水平地带性分布是由湿润海洋性，逐步向干旱大陆性两个带谱演化而成的。东南沿海属于湿润海洋性地带谱，及至西部进入欧亚大陆中心的极干旱内陆地带谱，二者之间为多种类型的过渡性土壤带谱，网织着其间的陆地表面，可以从气候带和生物地带的分异与土壤的地带性发生性状相互协调地显示出来。

从图 16-2 可以看出我国全境土壤的水平地带分布。

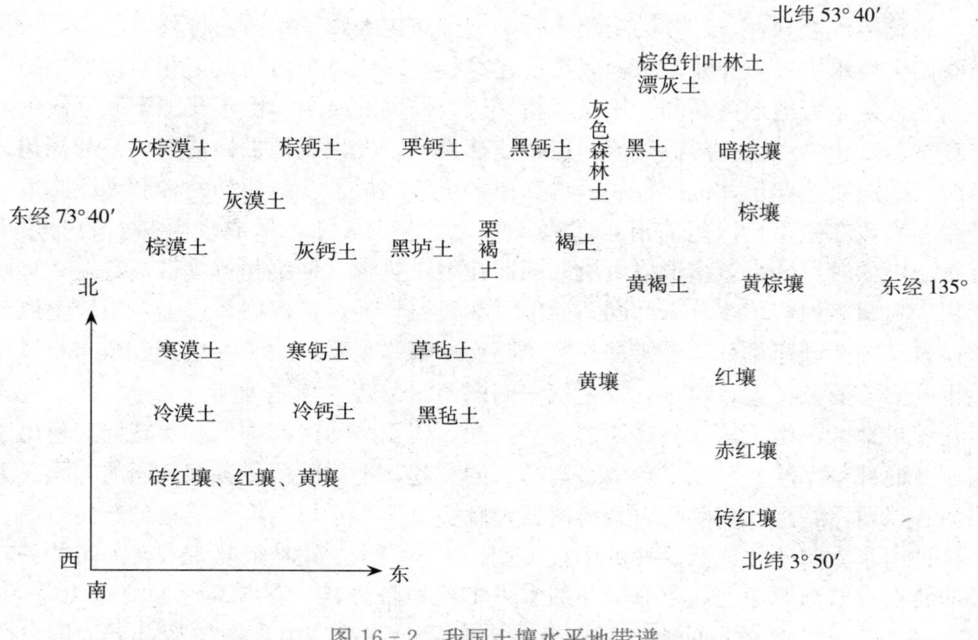

图 16-2　我国土壤水平地带谱

（引自《全国土壤普查办公室》，1998）

（一）南北向的土壤水平地带性分布

在东部沿海地区，由南向北，自热带经南亚热带至中亚热带，植被类型的分布是热带雨林、季雨林至常绿阔叶林，土壤的类型分布是热带的砖红壤，南亚热带的赤红壤，中亚热带的红壤与黄壤，其中，以红壤带幅最宽；到北亚热带的植被类型是具有过渡性特征的落叶与常绿阔叶混交林，而土壤的类型是黄棕壤和黄褐土；至湿润暖温带，植被类型是落叶阔叶林，土壤类型为棕壤；至东北的湿润温带区，植被类型为针阔混交林，土壤类型为暗棕壤；及至寒温带针叶林植被下，土壤为棕色针叶林土。其排列顺序大致呈由南向北顺序排列。

（二）东西向的土壤水平地带性分布

从东部的湿润温带森林下的暗棕壤起，向西到松嫩平原可见到湿润五花草塘下形成的黑土大面积分布，再向西到大兴安岭一带，则可见到森林向草原过渡的灰色森林土，并在松嫩平原西部见到草甸草原下发育的黑钙土分布。由此向西，在内蒙古草原边缘，可见到草甸草原下的黑钙土。然后，逐渐过渡到干草原，在不同干草原下，土壤中碳酸钙积累成层，形成暗栗钙土、栗钙土以至表层累积甚少的淡栗钙土。到内蒙古草原西段，植被覆盖率低，有草被稀疏矮小的棕钙土分布。由此向西进入漠境时，更趋干旱少雨，植被覆盖率更低，出现灰漠土、灰棕漠土。这样的从东向西，气候逐渐趋向干旱少雨，造成植被和土壤的东西向排列。

在上述系列以南的暖温带里，从沿海的山东、辽东半岛棕壤，逐渐向西在半湿暖温的森林草类混生条件下，可见假菌丝状碳酸盐积累与黏化特征的褐土广泛分布。向西进入暖温带半干旱境下见黑垆土（及栗褐土）分布。到干旱暖温区可见植被稀疏、有盐分、碳酸盐分层积累的灰钙土。进入漠境地区可见到灰漠土，逐渐过渡到极干旱中心的棕漠土和戈壁沙漠共存。这样的土壤地带类型分布也大致呈东西向排列。

我国土壤水平分布并非简单地只按上述经线与纬线呈东西向或南北向排列，还有一定的偏转，这是大地形关系和我国季风特征综合作用的结果。由于我国季风气候十分活跃，夏季由东南滨海输入湿润气流，促使亚热带土壤发生类型带幅甚宽，东起福建、浙江沿海，向西直达四川盆地西部和云贵高原，止于四川、云南西部的青藏高原东坡。特别是青藏高原东侧，足以阻滞由东南输入的大量湿润气团，形成多雨湿润的亚热带环境，土壤中的游离铁水合多形成黄壤，因而在中亚热带，红壤和黄壤带幅甚宽，且西部的四川、贵州等地多黄壤分布。同一原因，在暖温带地区，棕壤、褐土、黑垆土以至灰钙土，自东向西顺序排列，带幅亦甚宽。因而从整体来看，土壤的地带分布与季风的季节性干湿交替的特征大致吻合，也是从东南向西北偏转，顺序排列。

在温带地区，由于内蒙古高原的地势高起，所受东南湿润季风有所减弱，也由于黄土高原及西部华家岭、六盘山等山系与高原的高起，更加减弱了湿润气团的深入。因而兰州河谷以西，特别在乌鞘岭以西的河西走廊，更多为干旱土壤和漠土分布。

这种由东南向西北逐渐演变的土壤类型，不仅限于上述从亚热带到暖温带的偏转情况，即使在青藏高原面上，也有同样的水平土壤地带分异。青藏高原面海拔为 4 000～5 200 m，在这个广阔的原面上，同样有由东南到西北的高山土壤类型分异。即由东南的黑毡土和草毡土，到半干旱境内的冷钙土和寒钙土，以至高原面西部为干旱条件下形成寒漠土和冷漠土顺序排列。

影响土壤水平分布的另一因素是由高大山系形成雨影区。例如海南岛中部矗立着五指山，在山体东侧迎风面易接受较湿润气团，在相对湿润条件下，砖红壤的水合特征明显；而在山体西侧，因阻隔了湿润气团，形成雨影区，湿润情况大减，土壤多为燥红土。同样在云南境内，由于哀牢山呈南北向纵列，在山体西侧，因受雨影影响，年降水量锐减，在红河谷地中，多燥红土分布，而且可溯江而上，在四川盐源盆地中，亦见燥红土和燥褐土分布。

二、我国土壤的垂直地带性分布

我国多山，且多海拔达雪线以上的高大山系，由于地形的高起，生物气候发生明显的垂直地带变化，土壤性状也相应地发生明显的垂直带谱变化。由基带土壤开始，随着山体升高依次出现一系列与较高纬度带相应的土壤类型。同时土壤垂直地带的结构，亦随着山体所在气候带、山体高度和山体形态的不同而呈现有规律的变化。

（一）我国土壤垂直地带性分布的一般规律

1. 我国土壤垂直地带谱的总体规律　土壤垂直地带谱的结构随基带生物气候的不同而呈规律性变化，因此根据基带生物气候的特点不同而分成若干类型。与水平土壤地带谱一致，土壤垂直地带谱亦可分为两大类：湿润海洋性和干旱大陆性，二者之间有一些过渡类型，例如半湿润海洋性垂直地带谱和半干旱大陆性垂直地带谱等。从我国各地山区出现的土壤垂直地带谱类型对比可以发现，从热带到寒温带的土壤垂直地带谱结构呈现有规律的变化。热带出现湿润垂直地带谱和半干旱垂直地带谱两种，而在亚热带则出现 3 种：湿润垂直地带谱、半湿润垂直地带谱和半干旱垂直地带谱。暖温带和温带土壤的垂直地带谱结构最为复杂，出现湿润垂直地带谱、半湿润垂直地带谱、半干旱垂直地带谱和干旱垂直地带谱 4 种结构类型。而到寒温带土壤垂直地带谱结构又趋简单，只有湿润垂直地带谱和半干旱垂直地带谱两种类型。土壤垂直地带谱结构类型的有规律出现，是山地生物气候条件变化的必然反映（表 16－3）。

表 16－3　我国主要山地垂直地带谱（表中数据为海拔高度，m）

地带	地区	土壤垂直地带谱
热带	湿润地区	砖红壤（<400）→山地砖红壤（400）→山地黄壤（800）→山地黄棕壤（1 200）→山地灌丛草甸土（1 600）（海南岛五指山东北坡 1 879）
	半干旱地区	燥红土→山地褐红壤→山地红壤→山地黄壤→山地黄棕壤→山地灌丛草甸土（海南岛五指山西南坡 1 879）
南亚热带	湿润地区	赤红壤（100）→山地黄壤（800）→山地黄棕壤（1 500）→山地棕壤或山地暗棕壤（2 300）→山地灌丛草甸土（2 800）（台湾玉山西坡 3 600）
	半湿润地区	赤红壤（<300）→山地赤红壤（300）→山地黄壤（700）（广西十万大山马耳夹南坡 1 300）
	半干旱地区	燥红土（500）→赤红壤（1 000）→山地红壤（1 600）→山地黄壤（1 900）→山地黄棕壤（2 600）→山地灌丛草甸土（3 000）（云南哀牢山 3 054）
中亚热带	湿润地区	红壤（<700）→山地黄壤（700）→山地黄棕壤（1 400）→山地灌丛草甸土（1 800）（江西武夷山西北坡 2 120）
	半湿润地区	褐红壤→山地红壤→山地棕壤→山地暗棕壤→山地漂灰土→高山草甸土→高山冰雪覆盖区域（四川木里山）
	半干旱地区	燥红土→山地褐红壤→山地红壤→山地棕壤→山地暗棕壤→高山草甸土（四川鲁南山）
北亚热带	湿润地区	黄棕壤（<750）→山地棕壤（750）→山地灌丛草甸土（1 350）（安徽大别山 1 450）
	半湿润地区	山地黄褐土（600）→山地黄棕壤（1 100）→山地棕壤和山地灌丛草甸土（2 300）（大巴山北坡 2 570）
	半干旱地区	灰褐土→山地褐土→山地棕壤→山地暗棕壤→高山草甸土（松潘山原）
暖温带	湿润地区	棕壤（<50）→山地棕壤（50）→山地暗棕壤（800）（辽宁千山山脉 1 100）
	半湿润地区	山地褐土（<600）→山地淋溶褐土（600）→山地棕壤（900）→山地暗棕壤（1 600）→山地草甸土（2 000）（河北雾灵山 2 050）
	半干旱地区	黑垆土（1 000）→山地栗钙土→（阳坡）山地灰褐土→山地草甸草原土（甘肃云雾山 2 500）
	干旱地区	山地棕漠土（2 600）→山地棕钙土（3 500）→亚高山草原土（4 200）→高山漠土 4 500（昆仑山中段 5 200）
温带	湿润地区	白浆土（<800）→山地暗棕壤（800）→山地漂灰土（1 200）→高山寒冻土*（1 900）（长白山 2 170）
	半湿润地区	黑钙土（<1 300）→山地暗棕壤（1 300）→山地草甸土（1 900）（大兴安岭黄岗山 2 000）
	半干旱地区	栗钙土（<1 200）→山地栗钙土或山地褐土（阳坡）（1 200）→山地淋溶褐土（阴坡）或山地黑钙土（阳坡）（1 700）（阳木乌拉山北坡 2 200）
	干旱地区	山地栗钙土（<800）→山地黑钙土（1 200）→山地灰黑土（1 800）→高山寒冻土*（2 400）（阿尔泰山，布尔津山区 3 300）
寒温带	湿润地区	黑土（<500）→山地暗棕壤（500）→山地漂灰土（1 200）（大兴安岭北坡 1 700）

* 原称山地冰沼土、山地寒漠土，现暂归高山寒冻土类。

2. 我国热带和亚热带地区的土壤垂直地带谱　在我国热带和南亚热带地区，土壤垂直地带谱的结构虽因基带土壤不同而有变化，但其建谱土壤类型是山地黄壤，其次为山地黄棕壤和山地灌木丛草甸土。其谱式基本上分两种：①湿润海洋性垂直地带谱，是砖红壤或赤红壤→山地黄壤→山地黄棕壤→山地灌丛草甸土；②半干旱大陆性垂直地带谱，是燥红土→山地黄壤→山地黄棕壤→山地灌丛草甸土。由南向北和由东向西，随水热条件的变化，山地黄壤的下限逐渐降低。在中亚热带和北亚热带的土壤垂直地带谱中，除山地黄壤随水热条件减弱而消失外，山地黄棕壤成为建谱类型，而且山地黄棕壤带的分布下限由南而北亦呈有规律的下降，至北亚热带则成为水平地带的土壤类型，其上为山地棕壤。因而可出现两种山地垂直地带谱式：①红壤（黄壤）→山地黄壤→山地黄棕壤→山地灌丛草甸土；②山地褐红壤→山地黄棕壤→山地灌丛草甸土。北亚热带地区在黄棕壤之上则为山地棕壤和山地灌丛草甸土。

3. 我国暖温带地区的土壤垂直地带谱 在暖温带地区，土壤垂直地带谱的谱式较为复杂，随干湿条件而呈现有规律的变化，在湿润地区是棕壤→山地棕壤→山地草甸土，而在半湿润地区为山地褐土→山地棕壤→山地草甸土，较高的山地则出现山地暗棕壤。因此暖温带山地主要的建谱类型是山地棕壤或山地褐土。而半干旱地区的土壤垂直地带谱是黑垆土或栗钙土→山地灰褐土→山地黑钙土。干旱地区出现山地棕钙土和山地栗钙土。因此土壤垂直地带谱的建谱土类，在干旱地区是山地棕钙土，而在半干旱地区为山地灰褐土。在干旱地区的某些高山垂直带中尚出现高山草原土和高山寒冻土。

4. 我国温带地区的土壤垂直地带谱 在温带地区干湿度变异尤其显著，故其垂直地带谱式较复杂，其建谱土壤类型随基带土壤不同而呈有规律的变化，在湿润地区的南部为山地棕壤、北部为山地暗棕壤，在半湿润和干旱地区为山地灰黑土和山地栗钙土，在干旱地区则为山地棕钙土和山地栗钙土，在较高山地则出现亚高山草甸土和高山草甸土。长白山位于温带湿润地区，基带土壤是黑土和白浆土，由此由下而上的土壤地带谱是山地暗棕壤→山地漂灰土→山地沼泽土。大兴安岭中段西坡属半湿润地区，其垂直地带谱是淋溶黑钙土→山地灰黑土→山地暗棕壤→山地沼泽土。位于温带南部半干旱地区的山地土壤垂直地带谱是栗钙土（阳坡）或褐土（阴坡）→山地淋溶褐土→山地黑钙土。在干旱地区（例如阿尔泰山西部），其垂直地带谱是山地栗钙土→山地黑钙土→山地灰黑土→高山寒冻土。

5. 我国寒温带地区的土壤垂直地带谱 在寒温带地区气候冷湿，山地土壤的垂直分异不明显，垂直地区谱较简单，其基带土壤为黑土，局部出现沼泽土。

6. 我国土壤垂直地带谱与山高的关系 上述可见，我国土壤垂直地带谱的结构随基带生物气候特点与山体高度不同而呈有规律的变化。在热带和南亚热地区，山地土壤的主要成分是黄壤，其下限与带幅则由湿润到半干旱地区呈有规律的变化。而到中亚热带不仅有山地黄壤，而且出现山地黄棕壤，黄壤在热带和南亚热带湿润与半湿润地区的下限在海拔 800 m 左右，而到半干旱地区则明显上升，例如在云南哀牢山达 1 900 m，在中亚热带湿润地区则下降到 600 m。在暖温带和温带，山地棕壤是湿润和半湿润地区土壤垂直地带谱的主要建谱类型，并由南而北由西而东，其下限呈降低趋势。在同一地带的干旱和半干旱地区土壤垂直地带谱的主要建谱类型不仅有明显的变化，而且其下限的升降也发生类同的变化趋势；在暖温带半干旱和干旱地区的土壤垂直地带谱的建谱类型为山地褐土和山地灰褐土；而在温带的土壤垂直地带谱的建谱类型则为山地棕钙土、山地栗钙土和灰黑土。例如山地棕钙土下限在昆仑山中段为海拔 3 500 m，在东部天山南坡下降到 2 000 m；山地栗钙土由南而北亦明显下降，西部大山其下限为 1 100 m，至阿尔泰山为 800 m。

（二）喜马拉雅山南侧土壤垂直分布

喜马拉雅山南坡具有明显的土壤垂直分异。如图 16-3 所示，其基带土壤为黄色砖红壤，分布于 500～1 100 m。1 100～2 100 m 的山地丘陵区，降水量达 3 000 mm，≥10 ℃积温在 7 500 ℃以上，属热带雨林区，可见有黄壤分布。至海拔 2 600 m，在南印度洋湿润气团影响下，植被为常绿阔叶林和落叶阔叶林，土壤为黄棕壤。在海拔 3 100 m以下，出现针阔混交林湿润林型，土壤为棕壤。在海拔 3 600 m 以下为云杉、冷杉及铁杉与高山栎林，土壤具有灰化或典型暗棕壤特征。往上可见亚高山灌丛草甸至高山灌丛草甸，逐渐过渡到棕毡土（3 800 m）与棕黑毡土（4 200 m）。到海拔 4 500 m 以下为草毡土（高山草甸土）分布。再往上，即进入冰雪线，在冰缘部位可见寒冻土（高山寒漠土）。

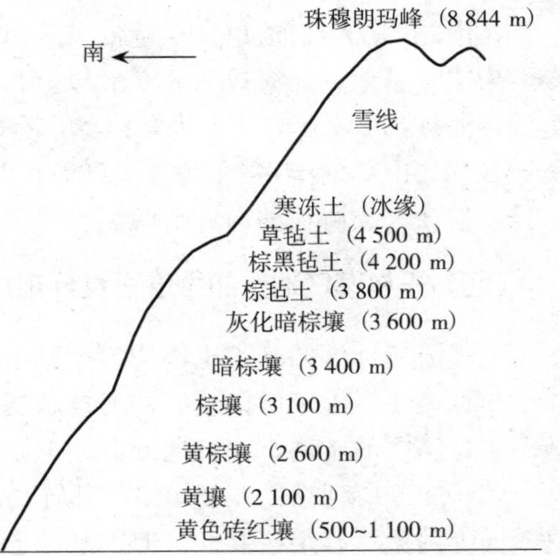

图 16-3　喜马拉雅山南侧土壤垂直分布
（西藏墨脱县多维拉南侧山地）
（引自全国土壤普查办公室，1998）

这一例证表明，湿润热带山体由于生物气候特征随海拔的升起而改变，逐步可见相应纬度的土壤类型，甚至出现北极地区所见的土壤类型。

（三）秦岭主峰太白山南北两侧的土壤垂直分布

秦岭为我国自然带的重大分界线，南侧属北亚热带生态环境，而北侧为暖温带的生态环境，主峰太白山海拔为 3 767 m。秦岭大致呈东西向延伸，其西部与祁连山连接，海拔更加高起，亦更趋干旱。

图 16-4 为秦岭主峰太白山南北两侧的土壤垂直分布带谱。北侧为广阔的黄土高

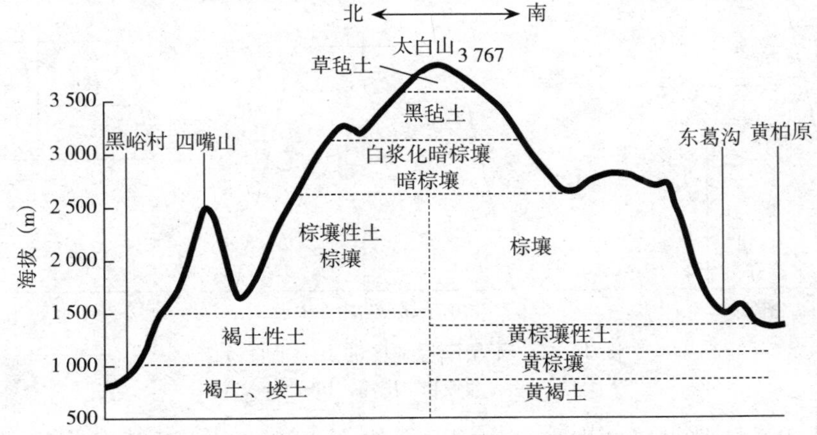

图 16-4　秦岭主峰太白山南北两侧的土壤垂直分布
（引自全国土壤普查办公室，1998）

原，接近秦岭坡麓丘陵岗地为褐土分布，亦有塿土共存于河岸阶地上。山坡上土壤剖面发育较差，属褐土性土。在海拔 1 500 m 以上为棕壤，亦见白浆化暗棕壤和暗棕壤性土共存。海拔 3 000 m 以上为黑毡土（亚高山草甸土），再往上为草毡土（高山草甸土），其上还可见小片冰雪。

在南侧的汉中盆地里，在基带丘陵岗地，是由黏质黄土母质（下蜀黄土）形成的黄褐土为主，其上，在海拔约 800 m 以上为黄棕壤和黄棕壤性土，海拔 1 300 m 以上为棕壤。在海拔约 2 500 m 以上为暗棕壤，有的暗棕壤显白浆化特征。在 3 200 m 以上为黑毡土（亚高山草甸土），在海拔 3 500 m 以上为草毡土。山体两侧的基带土壤有明显的差异，但在较高海拔的山坡上两侧土壤类型分异不甚明显。

（四）干旱漠境地区的土壤垂直分布

干旱漠境地区的基带土壤均为干旱土与漠土共存，如棕钙土与灰钙土，甚至为灰棕漠土与棕漠土。由于山体基底的海拔高度差异，其基底土壤性状即有明显的差别，但山地垂直带谱中的土壤，均有向湿润型土壤类型发展的倾向。

图 16－5 所列举的 3 个山系（祁连山、天山与阿尔泰山），虽然它们的山地土壤垂直带谱上的土壤有某些共性，但因基带土壤所处海拔高度不同，其土壤类型亦有很大差别。因阴坡与阳坡水热条件的不同，土壤类型也有明显的差别，这证明了干旱地区水分的差异可导致土壤发生特征的明显差别。

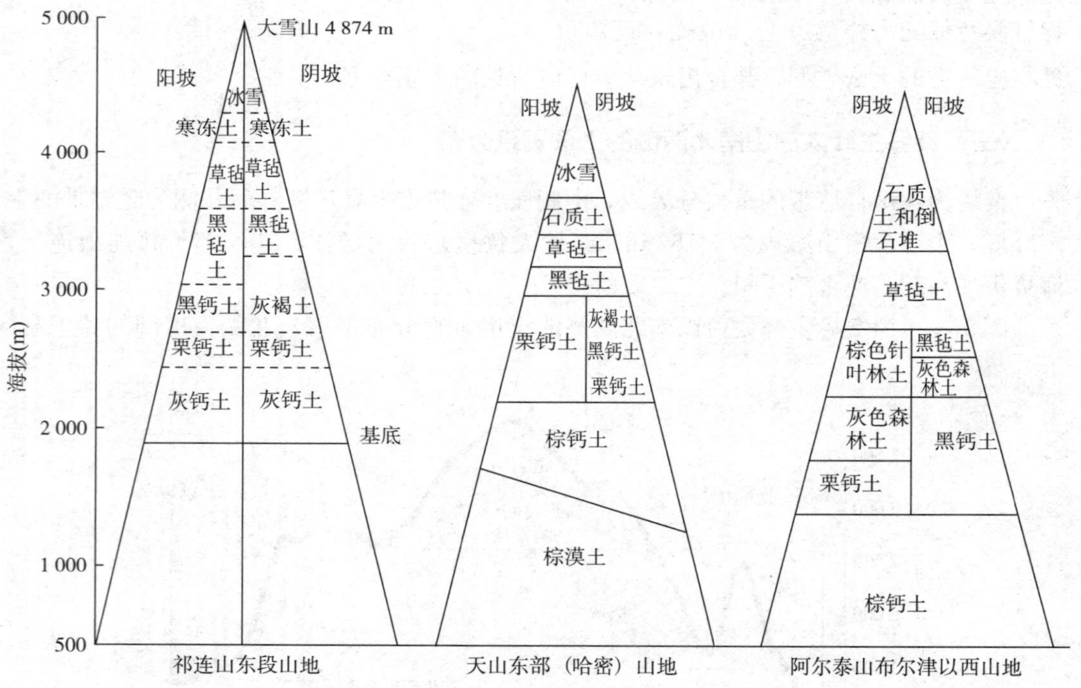

图 16－5　干旱漠境地区的土壤垂直带谱

（引自熊毅和李庆逵，1987）

以祁连山系的甘肃境内大雪山为例（海拔为 4 874 m），其基底的海拔高度已达 1 800 m 以上，在龙岭山北坡（阴坡），一直到 2 300 m 均为灰钙土分布。往上为栗钙土，其可分布至海拔 2 600 m 或更高；再往上为灰褐土或黑钙土。黑钙土见于南坡（阳坡），灰褐土见于北坡。海拔 3 200 m 以上黑毡土（亚高山草甸土），海拔 3 500 m 以上为草毡土（高山草甸土），到海拔 4 000 m 以上即为寒冻土（高山寒漠土）。与青藏高原比较，冰雪线显然降低，这是西北干旱区山地土壤分布的共性，也可能由于这些山体所处的纬度较高，与低纬度、高海拔的青藏高原面相比，所承受的大气辐射较差而形成的，因而在土壤发生类型上有明显的差异。

新疆南疆是我国干旱中心，以哈密为例，属天山东部最干旱的地区，其基带土壤是棕漠土。天山山地东西跨度为 1 800 km，南北山体宽幅亦达 250～350 km，天山北部和南部分别是准噶尔盆地和塔里木两盆地，前者为温带漠境，后者为暖温带漠境。哈密盆地的棕漠土分布甚广，向来以戈壁沙漠见称。棕漠土在阳坡可分布至海拔 1 500 m，而在阴坡仅达海拔 1 000 m，其上可见棕钙土。再往上，因阳坡部分相对干旱，以栗钙土分布为主，其分布上限为海拔 3 000 m；而在阴坡，海拔 2 300 m 以上为栗钙土，再往上为黑钙土，云杉、冷杉林下为灰褐土。黑毡土（亚高山草甸土）和草毡土见于云杉、冷杉线以上，与石质土相连接。冰雪线见于海拔 3 600～4 000 m。

准噶尔盆地北缘的阿尔泰山系，以棕钙土为基带，海拔 1 000 m 以上为栗钙土，阳坡部分黑钙土见于海拔约 1 300 m 以上；在阴坡的海拔 1 800 m 以上见到灰色森林土，而阳坡部分的同样高度仍为黑钙土。往上为棕色针叶林土，处于海拔 2 200 m 以上的阴坡；在阳坡部分的同样高度里，先为灰色森林土，再往上为黑毡土（亚高山草甸土）；及至海拔 2 700 m 以上的阴坡和阳坡均为草毡土（高山草甸土）。在海拔 3 200 m 以上多为倒石堆与石质土分布。其上为冰雪线，属漠境地区的“固体水库”。

从上述几个干旱漠境区山地垂直带谱可以看出，由于阴坡和阳坡的干燥度有差异，在阴坡部分可见到灰褐土或灰色森林土；而在阳坡部分相对干旱，多分布着干旱草原土壤和草甸草原土壤类型，这些土壤均有明显的钙积现象，其有机质积累情况，表现为随海拔的增高而增加，在湿润而相对低温的情况下，多见栗钙土和黑钙土发育。在阴坡上分布着灰褐土与灰色森林土，阳坡上的栗钙土与黑钙土分布，这种差异，不仅是山体海拔高度一个因素的差异，而与干旱地区的阴坡和阳坡的水分状况差异有明显而密切的关联性。

三、我国土壤的垂直和水平的复合分布

我国的青藏高原是世界上著名的高原之一，高原面海拔为 4 000～5 200 m，东西横跨 20°经度，南北纵贯 10°纬度，面积辽阔，其南面和东面为亚热带，而北面和西北面则为暖温带漠境地区。

青藏高原拔起于我国西南部，其四周为一系列高山所拱托，高原面开阔，与生物气候带分异一致，形成明显的土壤水平地带谱，其上耸立着很多山脉，从而形成了特殊的土壤分布规律，即在垂直地带基础上出现水平地带，而在水平地带基础上又有垂直地带，这种规律称为土壤的水平垂直复合规律。

（一）高原四周的土壤垂直地带谱

从四周眺望青藏高原，像一个巨大的山体高耸云霄，因其跨越不同的地带和地区，其四周分列着一系列土壤垂直地带谱，像阶梯一样顶着整个高原面，根据其垂直地带谱式可分成两大类型：湿润海洋型和干旱大陆型，二者之间有过渡类型。

青藏高原的南面和东南面地处热带和亚热带，故其土壤垂直地带谱为湿润海洋型。例如其南侧受印度洋季风影响，地处南亚热带，其土壤垂直地带谱式是黄色砖红壤→黄色赤红壤→山地黄壤→山地黄棕壤→山地酸性棕壤和山地漂灰土→亚高山灌丛草甸土和亚高山草甸土。其东侧受东南季风影响，属中亚热带。例如以二郎山为例，其土壤垂直地带谱式是黄壤→山地黄棕壤→山地酸性棕壤→山地暗棕壤→亚高山草甸土；而在受焚风影响的局部谷地，则形成半干旱类型土壤垂直地带谱式。

在青藏高原的北面，因面对漠境，其土壤垂直地带谱属暖温带的干旱大陆型，北面东段的祁连山位于灰棕漠土带，其土壤垂直地带谱式是山地灰钙土→山地栗钙土（阳坡）和山地灰褐土（阴坡）→亚高山草甸草原土（阳坡）和亚高山草甸土（阴坡）。西部的昆仑山，地处干热的棕漠土带，其土壤垂直地带谱中，既无灰褐土也无山地栗钙土，而山地棕钙土则上升到海拔 3 300 m，再往上出现亚高山草原土和高山漠土，在海拔 5 000～5 200 m 处出现冰雪线。

（二）高原面上的土壤水平分布

从南沿登上青藏高原，随着高原面的展开，同生物气候的地带分异一致，也出现土壤水平地带性分布。从东南向西北可依次出现亚高山草甸土、高山草甸土、亚高山草原土、高山草原土、亚高山漠土和高山漠土 6 个土壤带。同时，受来自东面与东南方向的季风影响，土壤带发生东西向变化，例如藏南地区东部以亚高山草甸土为主，而西部以亚高山草原土为主。藏北地区，东部为亚高山草甸土和高山草甸土，而西部出现高山草原土、亚高山漠土和高山漠土。

（三）高原上的土壤下垂地带谱

在整个高原面上，尤其东部和南部，是我国几条江河的发源地。许多河谷呈东西向或西北—东南向。这些河流多源远流长，切割深邃，沿河谷两侧均为陡坡，与山地一样也发生土壤垂直地带分异。因河谷流经不同地带，其导入季风的能力由下游向上游逐步削弱。所以以高原面为基点在河谷不同地段就出现不同的土壤下垂地带谱式。这种不同的土壤下垂地带谱式由一条河流贯串起来，则形成了特殊的土壤垂直地带谱。因其状如垂帘而被称为土壤下垂地带谱。例如以雅鲁藏布江为例，在其大拐弯到仲巴段可明显看到 4 种土壤下垂地带谱式，构成下垂地带谱的成分由下段到上段呈有规律的简化（图 16－6）。

在大拐弯附近，高原面海拔在 3 900～4 000 m，河谷下切到海拔 1 500 m，在谷坡上的土壤下垂地带谱为亚高山草甸土和亚高山灌丛草甸土→山地漂灰土→山地暗棕壤→山地黄棕壤，到谷底为山地黄壤；溯河而上，随着谷底基面增高，缺乏山地黄壤和山地黄棕壤的形成条件，其垂直空间位置已不复存在，所以在林芝、米林附近谷坡的土壤下垂地带谱由亚高山草甸土和亚高山灌丛草甸土→山地漂灰土→山地暗棕壤→山地棕壤组成；再溯河向上，高原面海拔在 4 000 m 以上，谷底海拔达 3 200→3 600 m，气候趋向干旱，森林已为河谷灌丛草原所代替。因此从朗县至曲水一带谷坡上，土壤下垂地带谱出现草原化亚高山草甸土和亚高山灌丛草甸土与山地灌丛草原土相连接；而至仲巴以上或溯年楚河南上，谷底更高，季风影响消失，气候干寒，故从高原面到谷底只有亚高山草原土一个土带。

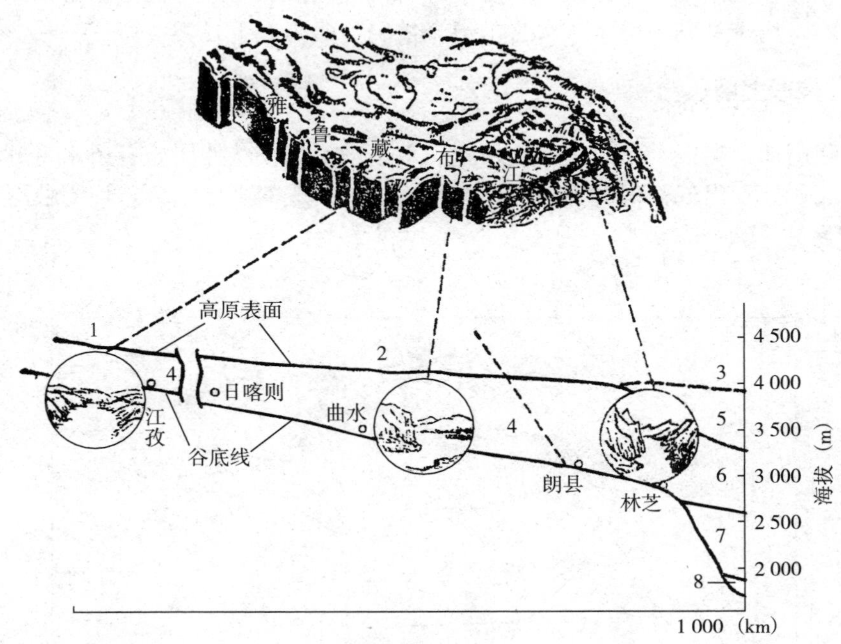

图 16-6　青藏高原河谷中的土壤下垂谱

1. 亚高山草原土　2. 亚高山草甸土　3. 亚高山灌丛草甸土　4. 亚高山灌丛草原土　5. 山地暗棕壤和山地漂灰土　6. 山地棕壤　7. 山地黄棕壤　8. 山地黄壤

（引自《西藏的土壤》，1970）

（四）高原面上的土壤垂直分布

在辽阔的高原面上，尚有一系列山脉耸立，在高山上部有冰川覆盖，形成了所谓第三极地。高原上的中低山地，因气候高寒，土壤垂直分异不明显，而在较高山地，亦出现土壤垂直变化，以高原面土壤为基带，可出现高山寒冻土和冰川。例如位于青藏高原北部的唐古拉山，基带为高山草甸土，到海拔 5 200 m 为高山寒冻土，其上即为雪线和冰川。位于其南部的念青唐古拉山的基带土壤为亚高山草甸土，随山体升高依次出现高山草甸土和寒冻土，再往上即为冰川和雪线。中部喜马拉雅山北坡，气候干燥，基带土壤为亚高山草原土，由此而上分别出现高山草甸土和寒冻土，再往上亦为冰川和雪线；而该山的西段，气候更为干旱，其基带土壤为高山草甸草原土，再往上则为高山寒冻土。与一般土壤垂直地带谱的变化规律一样，随基带土壤的不同和山体高度的差异，其垂直地带谱式也呈有规律的变化，所有不同的是因其基带为海拔 4 000 m 以上的高原面，随山体的升高，气候寒冷，土壤分异不大，因而土壤垂直地带谱亦较简单。

四、我国土壤的中域组合分布

由岩层、地形、水文地质等因素引起的土壤空间分异，常表现在一定区域范围内，由若干发生特征相差明显的土壤类型呈组合存在。中域组合系指土壤组合分异主要由于地形及其他地域性因素改变重复出现几种土壤类型的组合，一旦某个或某几个土壤形成条件改变，其土壤组合情况会发生变化。但其分异范围比上述全国性的或比大山系的广域土壤分布区域范围小，而比微域和土链等所占范围又大，通常在数十千米，甚至百余千米范围内，均可见到中域土壤组合。组合情况可概为以下几类。

（一）枝形土壤组合

高原和山地丘陵区，由于沟谷的发育，水系多呈树枝状伸展，各条水系分支间，自丘顶到谷底，反复出现类似的土壤分布规律，由此构成的土壤组合，称为枝形土壤组合（图 16－7）。

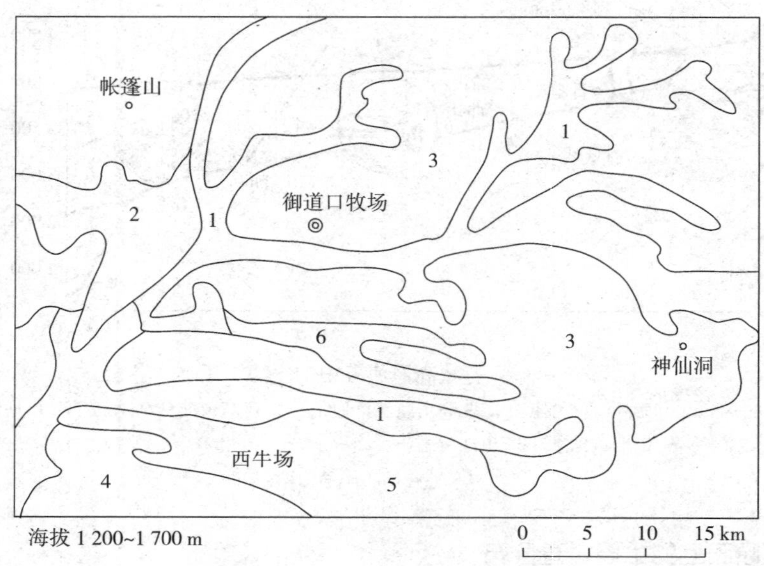

图 16－7　华北坝上高原（承德）枝形土壤组合

1. 沼泽土　2. 风沙土　3. 暗灰色森林土　4. 黑土　5. 灰色森林土　6. 草甸土

（引自全国土壤普查办公室，1998）

（二）扇形土壤组合

这种土壤组合多出现于山前洪积冲积平原。在天山北麓玛纳斯河流域的山前洪积冲积平原中，其洪积冲积扇群上的土壤即呈现扇形组合。在扇形的上部，靠近山前丘陵，降水量稍多而较湿润，地表生长禾本科植物和蒿属，与之相适应的土壤为棕钙土。在扇形的中部，植被为温带荒漠类型，土壤为灰漠土。在扇形的下部，地下水位升高，开始有草甸植被，分布着草甸灰漠土。而在扇缘地下水溢出地段，地下水位普遍较高，部分有泉眼或泉水沟出现，此地段的稍高处，生长草甸植被，生长草甸植被的土壤为草甸土；在微洼地上，由于含盐地下水接近地表，生长耐盐草甸植被的沼泽植被，形成与其相应的土壤为盐化草甸土和盐化沼泽土。

在黄泛平原旧时黄河沿线决口处，多次重复出现由潮土中的飞泡沙土、两合土和淤土构成的扇形土壤组合。以江苏睢宁县废弃黄河两岸为例，共分布有 7 个较大的冲积扇和 2 个较小的冲积扇，在冲积扇顶部均分布着飞泡沙土，冲积扇中部主要为两合土，扇缘及其交接洼地为淤土（图 16－8）。

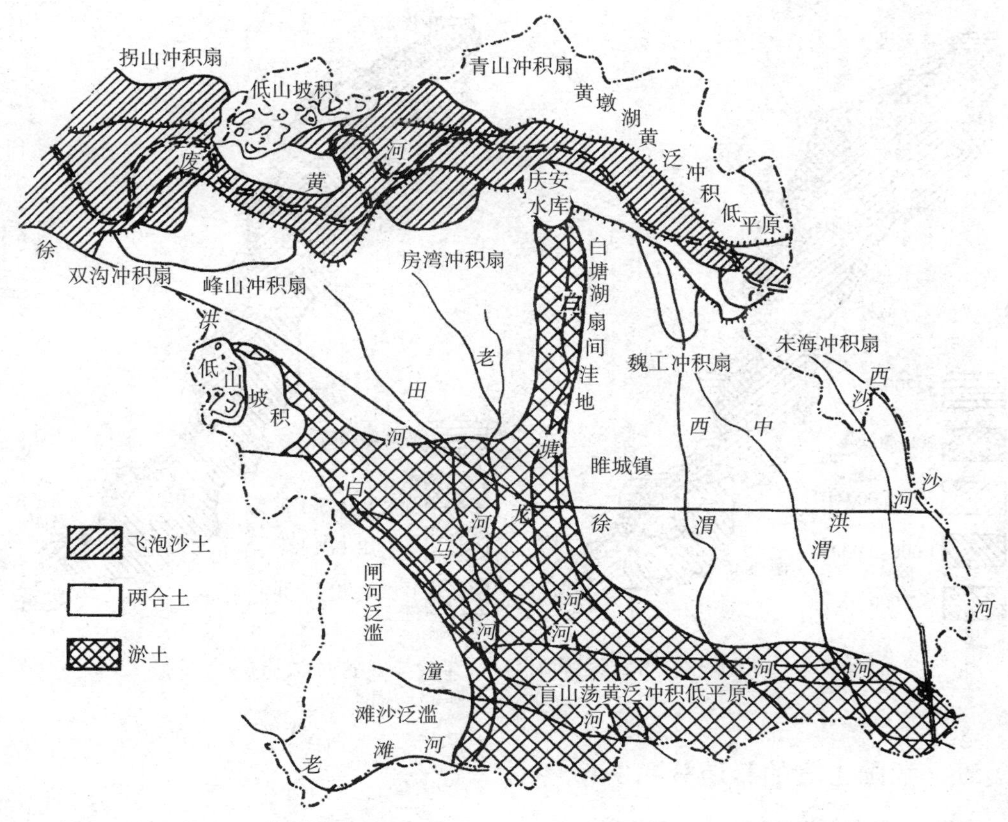

图 16-8　黄泛平原废弃黄河沿线的扇形土壤组合
（引自全国土壤普查办公室，1998）

（三）盆形土壤组合

盆形土壤组合多出现于地形由四周向中心倾斜的盆形地区，这种土壤组合以四川盆地最为明显。盆地内广大区域为侏罗纪、白垩纪红层占据，盆周为山地环抱，盆内为紫色土和水稻土，盆周为黄壤，形成有规律的盆形土壤组合。

又如四川西部的盐源盆地，盆地内一级和二级河谷阶地上分布着由全新统冲积物发育的潮土和水稻土，三级和四级阶地一般为更新统堆积物，多发育为红壤，二者构成盐源坝子，在坝子四周又为山地土壤所环绕，从而自高至低形成有规律的盆形土壤组合。

（四）条形土壤组合

条形土壤组合以滨海平原区最明显。平原形成的历史和发育特点，直接影响滨海平原区的成陆年龄、成土年龄和土壤分布。以苏北滨海地区为例，其成陆年龄大致可分为 2 000 年以上、2 000～1 000 年、1 000～500 年、500～200 年和 200 年以下几个阶段。由于成陆愈早，离海愈远，开垦耕作历史愈长，土壤脱盐程度愈高；反之，成陆愈迟，离海愈近，地下水矿化度愈高。因此形成了与海岸带大体平行的条形土壤组合，从海边到内陆，顺次分布着：滨海潮滩盐土、滨海盐土和强度盐化潮土、中度盐化潮土、轻度盐化潮土和潮土（图 16-9）。

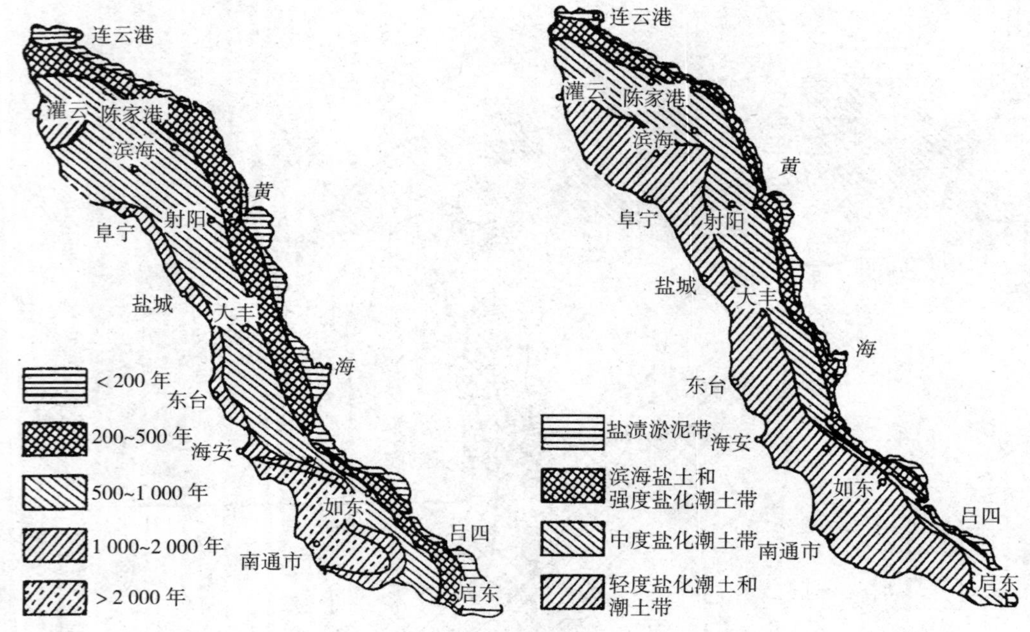

图 16-9　苏北滨海地区成陆年龄与土壤条形分布
（引自全国土壤普查办公室，1998）

五、我国土壤的微域分布

在面积数十公顷的土壤分布小范围内，由于自然微域地形的变化和人为改造微域地形的结果，常可形成由土壤基层单元组成各种形式的土壤微域分布，即复域或土链。不同母质所形成的土壤微域组合情况称为复域，同一母质上发育成不同性状的土壤称为土链。

（一）梯田式土壤复域

在丘陵山区，为了防止土壤流失，充分利用土壤资源，广大农民把相当部分坡地建成水平梯田，从而将原来枝形土壤组合改造成梯田式土壤复域。在梯田式土壤复域中，各类土壤形成阶梯式层状分布，这在南方山地丘陵沟谷区尤为常见。

在江南红壤丘陵沟谷区，丘陵顶部常为红壤或紫色土，沿冲沟的丘陵缓坡是梯级明显的水稻田（排田），土壤为淹育型水稻土，而沟谷中的冲田大部为潴育型水稻土，部分低洼处的畈田为潜育型水稻土。在山区，山高谷深，坡度较陡，谷地上部山地为红壤或黄红壤；谷坡下部梯田丘块小，梯级高，土壤为淹育型水稻土或潴育型水稻土；谷底窄，水分充足，多为山阴冷浸的潜育型水稻土。

（二）棋盘式土链

在广大平原地区，随着农田基础建设的发展，土地逐步方整化和规格化，原地形部位稍高处，就势辟为高平田；原地形部位稍低处，就势辟为低平田；介于二者之间的，辟为平田。“田成方，树成行，道路沟渠构成网”，形成棋盘式土链。

（三）云朵式土链

在华北河间低缓平原区，由于旱涝盐碱的影响，旱耕地土壤中可以现星点状或斑块状不同盐渍化程度的土壤和非盐化潮土，构成云朵式土链。

在我国太湖流域低洼圩区和湖荡地区，由于长期的人为改造，不断挖掘，创造了特殊的人工地形，即所谓桑基鱼塘和垛田，前者呈框状，后者呈垛状。

第三节　我国土壤资源数量和特点

一、我国各类土壤资源的数量

我国全境的土壤资源，南从南海诸岛的磷质石灰土和热带砖红壤起，北至寒温带的棕色针叶林土；东从滨海平原的滨海盐土起，到西南青藏高原草毡土、寒冻土等，向西北的多种漠土、灌漠土等，总面积约为 8.77×10^8 hm^2（不包括台湾省），包含 12 个土纲。12 个土纲的面积构成如表 16－4 所示。

表 16－4　土壤资源各土纲面积和比例

土纲	面积（×10^3 hm^2）	占总面积的比例（%）	土纲	面积（×10^3 hm^2）	占总面积的比例（%）
铁铝土	10 185.3	11.62	初育土	16 110.6	18.36
淋溶土	9 911.3	11.30	半水成土	6 114.9	6.97
半淋溶土	4 247.4	4.84	水成土	1 408.8	1.61
钙层土	5 806.9	6.62	盐碱土	1 613.1	1.83
干旱土	3 186.9	3.63	人为土	3 222.2	3.67
漠土	5 959.1	6.79	高山土	19 883.3	22.66

二、我国土壤资源的特点

（一）土壤资源丰富，但人均有限

我国土壤资源的数量绝对数甚高，但人均数与世界土壤资源人均数相比却很低，只占世界平均数的 25%。我国人均耕地 0.1 hm^2，人均林地为 0.17 hm^2，人均草地为 0.26 hm^2，人均农林牧用地只占世界平均值的 1/3。我国草地多，耕地少，林地比重低。耕地之所以偏低主要是因为我国 70%以上的陆地为山地丘陵，坡地开垦面积已占较大比例。联合国粮食及农业组织用卫星影像分析我国土地利用状况，认为我国已是过垦国家之一。所幸我国劳动人民长期以来，摸索出一套选土层较厚、坡度较缓地段修筑梯田等山地耕垦措施，还在山区有条件引水灌溉处，拾阶而上，筑水平梯田，种植水稻，也解决一部分耕地及粮食问题。

（二）土壤资源的区域差异大

我国是季风气候十分活跃的国家，水热状况和土壤性状区域差异较大，因而土壤资源开发利用潜力也有很大的差别。目前农林牧业实际可利用的土壤只有约 6.67×10^8 hm^2，占全国土壤总面积的约 2/3。其余近 1/3 仍属沙漠、戈壁、土层瘠薄的山丘土壤，而且在区域分布上极不平衡。农业区集中于东部，青藏高原及西北漠境地区耕地土壤面积所占比例甚小。以年降水量 400 mm 等雨线（从东北大兴安岭西坡起，向西南延伸，直至西藏高原东部）为界，其西侧向西北，绝大部分广阔地区为草原、沙漠、戈壁和高寒高原地区，只有在高大山系背阴处可见到森林和茂密草场，例如阿尔泰山、天山、昆仑山、祁连山以及喜马拉雅山等山系；此线东侧，向东南，为适生林木生长的地区，由于人口密集，生产活动频繁强烈，过垦毁林，天然林木残存甚少，森林被覆率甚低，仅在边远、交通不便的各自然保护山区才有天然林存在。当然，我国东北林区仍属我国主要林区。

（三）自然环境条件较为优越

1. 具有宽阔的季风气候带　我国位于欧亚大陆东部，东临太平洋，整个地势为西高东低，大体呈阶梯状。这种地理位置与地势条件，造成我国大部分地区夏季高温多雨、冬季寒冷干旱的季风气候，全年降水量的 2/3 集中于 4—9 月，在此期间，东部（大致在大兴安岭—吕梁山—喜马拉雅山一线以东地区）的年降水量为 300～1 200 mm，西北地区（大兴安岭—吕梁山西侧—昆仑山北麓以北）的年降水量为 50～300 mm。此期间的月平均气温，东部为 5～28 ℃，西部为 8～23 ℃。这种雨热同期的气候特点，很大程度上满足了主要农区各类农作物生长期间对水分和热量的需求，这是保证大部分土壤资源得以开发利用的重要条件。在我国东半部，季风气候影响强烈，全国近 90%的耕地也集中分布于这个区域，为我国主要的农业区。特别是在秦岭—大巴山和淮河一线以南，水热资源更为丰富，作物生长季节的降水量在 600 mm 以上，月平均温度高达 20 ℃以上，作物复种指数高，适宜于水稻等各类作物生长，也是亚热带和热带各类经济作物、水果及特种林木的产区，土壤资源的宜种性也广，生产潜力可以得到充分发挥，对促进国民经济的发展具有重要的意义。

2. 干旱区仍具灌溉条件　我国西北部自内蒙古包头以西，至青海北部的广大干旱区，年降水量小，特别是准噶尔盆地、吐鲁番盆地和塔里木盆地的年降水量仅在 25～50 mm，水分极端匮缺，在很大程度上限制了土壤资源的开发利用。然而该区四周有高大的山脉环抱，北端有阿尔泰山山脉，南部有昆仑山山脉、阿尔金山山脉和祁连山山脉，中部有天山山脉横贯，构成高山与盆地相间地貌，这些山脉的海拔高度在 4 000 m 以上，气温低，山区年降水量为 200～700 mm，山顶冰雪覆盖。例如博格达山峰等天山主峰地区为终年积雪，春夏季节山顶冰雪开始融化，融水顺流而下，灌溉渠系两侧农田，形成干旱区内的绿洲，使干旱区内土壤资源的潜力得到发挥。以西北干旱区为例，全区耕地为 6.121×10^{6} hm^2，水田占 5.78%，水浇地面积占 82.88%，天然旱地所占比重很小。尤其是新疆的南疆地区，由于雪山水的灌溉，旱地所占面积比重仅为 0.83%，因为灌溉水源有保证，已垦土壤的复种指数较高，经济作物比重大，除了小麦外，还是长绒棉及哈密瓜、葡萄等特产的生产区。

3. 辐射热充沛的青藏高原区　由于受新构造运动影响，形成我国西南部的青藏高原，其面积占全国陆地面积的 22.92%，大多数地区海拔在 4 000～4 800 m，号称“世界屋脊”。如此高海拔的区域，国际上通常为冰封雪盖的无农业区。但我国青藏高原地处北纬 25°～35°，东经 70°～95°，与欧亚大陆其他高原相比，其纬度较低，即使海拔高，仍接受较高的太阳辐射，全年在 5 862～7 955 MJ/m^2，拉萨则高达 8 164 MJ/m^2，年日照时数为 1 631.2（察隅）～3 393.3 h（定日），平均为 2 746.2 h，东南低，西北高，年平均气温仍在 0～5 ℃，7 月大部分高原地区平均气温低于 10 ℃，但气温的垂直变化幅度大，在一些深切河谷地区 7 月平均气温可达 18～23 ℃。因此在深切河谷中仍可发展种植业，特别是在雅鲁藏布江干流和支流及藏东三江河河谷中热量条件较好，为主要农业区，大部分耕地集中分布于此，并逐渐向河谷阶地山麓洪积扇延伸，在高寒环境下种植青稞、小麦、豌豆、油菜等。因而在青藏高原地区土壤开发利用从事高产农业。

另外，青藏高原的盆地、湖盆宽谷地及河谷地为良好的天然牧场，适应牦牛、绵羊、山羊等牲畜生长繁育。在高原南部，森林也占有较大面积，为我国第二大林区。可见，青藏高原的土壤资源，除发展种植业外，同样具有发展牧业及林业的优势。

（四）耕地面积大，以水稻土和潮土为主

除西北干旱区的部分漠土、盐碱土、风沙土，高原区的一些草毡土、黑毡土及山丘区的部分石质土、粗骨土等耕地面积较小外，大部分土壤资源可用于发展农林牧各业生产。由于我国地理位置与气候条件优越，农业历史悠久，耕地面积居世界第四位，所生产的粮、棉、油等各类农副产品，养育着占世界近 1/5 的人口。耕地成为我国土壤资源中最为重要的组成部分。

水稻土和潮土是我国耕地土壤的主要类型，面积大，分别为 3.0×10^7 hm^2 及 2.6×10^7 hm^2，分别占总耕地面积的 21.62%和 18.66%，其次为褐土、草甸土、紫色土等。水稻土、潮土分布于全国各地，以地形平坦开阔的平原及河谷为多。其中，水稻土大部分集中分布在东南部的长江中下游平原、河谷、盆地及珠江三角洲地区。水稻土为作物高产的土壤类型，生产了世界首位的稻谷产量，在全国粮食总产中占有极为重要的地位。潮土分布范围也很广，但多集中分布于黄淮海平原、长江中下游平原及河谷地区，因地形平坦、土体深厚，适宜种植各类旱粮作物，通过间作套种提高复种指数，是我国粮、棉、油作物的重要产区。

水稻土与潮土区的自然条件优越，随着生产条件进一步改善和种植制度的改革，以及垦荒改造、旱改水、高产优质等措施的推行，我国水稻土和潮土的面积还有扩大趋势，生产潜力优势将可进一步发挥。

三、我国土壤资源开发利用存在的问题

我国农业历史悠久，具有精耕细作的优良传统及用地养地的丰富经验，培育了不少高产稳产农田，加速了土壤的进化过程。但长期以来不少地区人地矛盾突出，耕地负荷过量，灌溉和耕作不合理，忽视了养地和保护性开发，因而耕地质量退化，农田生态失衡。

此外，森林的乱砍滥伐，草原盲目开垦，过度放牧超载，陡坡开荒种植，工业“三废”等导致土壤生态环境恶化。由于受自然因素作用和人为经济活动的影响，土壤资源利用与破坏的矛盾日益严重，影响着我国农林牧业生产的发展。因此正视这种客观现实，掌握发展趋势，寻求对策，合理开发、利用、保护和整治土壤，是当前的重要任务。当前，我国土壤资源开发利用中的主要问题有土壤侵蚀、土壤盐碱化、耕地养分缺少、土壤污染和非农用占地。

第四节　我国主要土壤类型及其性质简介

根据中国土壤分类系统，我国境内土壤共可分为 12 个土纲、29 个亚纲、60 个土类和 229 个亚类。现对各土纲分布、形成特点、主要特性、土壤类型划分及土类主要性质简要介绍如下。

一、铁铝土

（一）铁铝土概述

铁铝土是湿润热带、亚热带的主要土壤类型。该土纲各土类性状的共性是：发生强烈的脱硅富铁铝化过程，土壤中矿物经强烈的化学分解，盐基淋失，二氧化硅也从矿物晶格中被部分析出并遭受淋失；相应地铁、铝氧化物明显富集，形成 pH 为 4.5～5.5 的铁铝土。

铁铝土的色泽为红色、暗红棕色或黄色。红色土壤系土壤中原生矿物被强烈风化、盐基被大量淋失，氧化铁经游离、脱水，形成红色氧化铁（赤铁矿）包被于土壤颗粒表面或形成铁结核，甚至胶结成盘，这是铁铝土中富铁化的具体表现，又称为红化作用。至于黄色的铁铝土土类系经常处于更为湿润环境，促使氧化铁水合呈结晶态针铁矿，土体呈黄色。铁铝土中，富铁化的红色土壤，其黏土矿物多为高岭石和氧化铁，还含有伊利石，处于中度风化阶段，称为红壤。而中度风化的黄色铁铝土，有时黏土矿物中还含有一定的三水铝石，大部分铁、铝氧化物以结晶态针铁矿为主，这类土壤称为黄壤。但在湿润热带强度富铝风化下，高岭石亦被分解形成三水铝石，含大量的游离氧化铁，这种强度风化的铁铝土为通常所称的砖红壤。

我国所见的高度富铝化的砖红壤大多数没有深厚的铁盘层，仅偶见铁子、铁结核等。例如分布于海南岛滨海玄武岩高阶地、台地上，风化层深厚的富铁铝化土壤，具有砖红壤性状，在剖面中可见铁子、铁结核而已，但未见深厚（10～30 cm）的铁盘胶结层。

铁铝土纲中，把上述砖红壤和红壤明确分为两个独立的土类外，还分出其间的一个过渡性土赤红壤。这个土类过去称为砖红壤性红壤，主要分布于南海沿岸高阶地和丘岗上。赤红壤比红壤的富铝化风化程度高，而比砖红壤略低。其黏土矿物组成以结晶良好的高岭石占首位，同时含少量水云母和三水铝石。这一点与红壤性状有明显差别。赤红壤这个过渡性类型之所以能成为独立土类的原因，除上述性质与砖红壤、红壤有差别外，还考虑其生态因素与上述两个土类有明显差异。砖红壤形成于茂密而多层的热带雨林下，具有高度富铝化特征，可种植三叶橡胶以及多种热带经济作物和果树；红壤形成于亚热带常绿阔叶林植被下，具有中度富铝风化特征；而赤红壤形成于南亚热带季雨林下，具有明显由热带雨林向亚热带常绿阔叶林的过渡性植物树种，原生荔枝、龙眼成为本土类的地区性名产，也生长较红壤更多种经济果木，但不能大面积种植橡胶，只有局部向阳背风的沟谷中，橡胶才能成活。但在红壤地区又无荔枝、龙眼等的种植。

（二）铁铝土的分类

铁铝土纲的 4 个土类，具有不同富铝风化程度的差异。有水平地带性发生和分布规律的分异，但不局限于地带性的分异，例如海南岛可见砖红壤广泛分布，但在山地里尚有大面积赤红壤和红壤分布。铁铝土纲4个土类的特征可归纳如下。

1. 砖红壤　砖红壤形成于热带雨林季雨林下，是遭强烈脱硅富铝风化的土壤，其氧化硅大量迁出，游离铁占全铁的80%，黏粒硅铝率<1.6，风化淋溶系数<0.05，盐基饱和度<15%，黏土矿物以高岭石、赤铁矿和三水铝矿为主，pH为4.5～5.5，具有深厚的红色风化壳。具A-B_s-B_v-C剖面构型，生长橡胶及多种热带作物。

2. 赤红壤　赤红壤形成于南亚热带季雨林下，其脱硅富铝风化程度仅次于砖红壤，比红壤强，铁的游离度介于二者之间。黏粒硅铝率为1.7～2.0，风化淋溶系数为0.05～0.15，具A-B_s-C剖面构型，盐基饱和度<35%，pH为4.5～5.5，生长龙眼、荔枝等。

3. 红壤　红壤形成于中亚热带常绿阔叶林下，中度脱硅富铝风化，黏粒中游离铁占全铁的50%～60%，具深厚红色土层，具A-B_s-B_v或A-B_s-C剖面构型。底层可见深厚红、黄、白相间的网纹红色黏土。黏土矿物以高岭石、赤铁矿为主，黏粒硅铝率为1.8～2.4，风化淋溶系数<0.2，盐基饱和度<35%，pH为4.5～5.5，生长柑橘、油桐、油茶、茶等。

4. 黄壤　黄壤形成于亚热带湿润条件下，多见于海拔700～1 200 m的山区，具O-A-AB-B-C剖面构型；富含水合氧化物质（针铁矿），呈黄色，中度富铝风化，有时多含三水铝石。土壤有机质积累较高（可达100 g/kg），pH为4.5～5.5，多为林地，间亦耕种。

二、淋溶土

（一）淋溶土概述

淋溶土是我国东部湿润季风气候区中具有淋溶特征（土体黏化、盐基不饱和，向南出现一定数量游离铁）的土壤类型。淋溶土具有湿润水分状况，但土壤的热状况自南而北分别具有由暖、暖温、温、寒温的递变特性。

淋溶土的自然植被自南而北分别为落叶阔叶-常绿阔叶混交林、落叶阔叶林、针叶阔叶混交林和针叶林。所处地形由山地、丘陵到岗地，成土母质主要为多种岩类风化物及第四纪非石灰性沉积物，在北亚热带地区，尚包括部分黏质黄土母质。淋溶土分布于华东、华北和东北，在中南、西南、西北的山地垂直带中亦有分布。

淋溶土的共同特征表现在湿润水分状况下，土体黏化，盐基不饱和并具有一定的风化淋溶度和铁的游离度等。但由于自南而北土壤的热状况有明显下降，土壤的风化淋溶程度、盐基饱和度以及铁的游离度等，自南而北均相应减弱。土壤的黏土矿物组成自南而北由1∶1型、2∶1∶1型、2∶1兼具型逐步转为以2∶1型为主。同为中性、酸性基岩风化物母质，但自南而北由北亚热带至寒温带，土体的黏化程度亦相应减弱。

在温带气候区，由河湖相二层性（上轻下黏）沉积物发育的淋溶土，由于受到透水不良的黏重心土层顶托的影响，上层土壤由周期性滞水而产生的低价铁、锰，大部分沿着缓坡侧向漂洗，另一部分则沿着心土棱柱状结构裂隙下渗，形成铁斑、铁锰结核、胶膜等各种形态的淀积特征。由于铁、锰的淋失和淀积，在土壤腐殖质层（A）之下依次出现白浆层（E）和淀积层（B）。但在同一气候区内，由中性、酸性基岩风化物发育的淋溶土，由于林木及地被物生长繁茂，地表有枯枝落叶层（O），其下为棕灰色腐殖质层（A）和棕色心土层（B）。这两类不同母质发育的淋溶土，不仅在盐基饱和度、黏土矿物组成、风化淋溶系数等土壤特性指标上有分异，而且在土壤发生层段构型上也相应出现分异，前者为A-E-B-C剖面构型，后者为O-A-B-C剖面构型。

寒温带针叶林下由中性、酸性基岩风化物发育的淋溶土，具酸性淋溶特征，表现为：地表有明显凋落物（O），凋落物腐殖化过程中所形成的以富啡酸为主的腐殖酸，造成表土层的酸性淋溶环境，使土壤的盐基饱和度降低，部分铁、铝等的化合物也可被富啡酸活化并随水向下迁移。但因一年之内淋溶时间短促，同时受冻层的阻隔，淋溶的程度较弱，而且当土表冻结时，被淋溶的物质还可随上升水流重返表层，致使土壤黏粒部分的硅铝率和硅铁铝率无明显分异，仅在腐殖质（A）层之下出现弱黏化B层。处于寒温带较低地势部位由冰水沉积物母质发育的淋溶土，在O层和A_1层之下出现漂灰层，此层系酸性淋溶和漂洗作用双重影响下形成的，其铁、铝、锰含量均低于其下的淀积B层，硅则相对高于淀积B层。

（二）淋溶土的分类

根据土壤水热状况的重大分异，淋溶土土纲区分为湿暖淋溶土、湿暖温淋溶土、湿温淋溶土和湿寒温淋溶土4个亚纲。湿暖淋溶土具湿润、温暖的水热状况，根据主要由母质影响所造成的土壤淋溶特征的差异，进一步区分为黄棕壤和黄褐土两个土类，前者主要由中性、酸性基岩风化物发育形成，后者由黄土母质发育形成。湿暖温淋溶土具湿润、温性水热状况，仅棕壤1个土类。湿温淋溶土具湿润、冷性水热状况，根据土壤淋溶特征和发育层段及构型的重大分异，进一步区分为暗棕壤和白浆土两个土类。湿寒温淋溶土具湿润、寒性水热状况，根据淋溶特征和发生层段及构型的分异，区分为棕色针叶林土、漂灰土和灰化土。淋溶土纲的8个土类的特征如下。

1. 黄棕壤　黄棕壤形成于北亚热带暖湿落叶阔叶林下，弱度富铝风化，黏化特征明显，为黄棕色黏土，具A-B-C或A-(B)-C剖面构型。B层黏聚现象明显，硅铝率为2.5左右，铁的游离度较红壤低，交换性酸B层大于A层，pH为5.5～6.0，多由砂页岩及花岗岩风化物发育而成。

2. 黄褐土　黄褐土分布于北亚热带，由较细粒的黄土状母质发育而成，多组成丘岗。土体中游离碳酸钙已不复存在，土色灰黄棕，具A-B-C或A-B_t-C剖面构型。在底部可散见圆形石灰结核。黏化淀积明显，B层黏聚，有时呈黏盘。黏粒硅铝率为3.0左右，表层pH为6.0～6.8，底层pH为7.5，盐基饱和度由表层向底层逐渐趋向饱和。

3. 棕壤　棕壤形成于湿润暖温带落叶阔叶林，但大部分已经垦殖，以旱作为主；处于硅铝风化阶段，为具有黏化特征的棕色土壤，土体见黏粒淀积，盐基充分淋失，pH为6～7，见少量游离铁；多有干鲜果类生长，山地多森林覆盖。

4. 暗棕壤　暗棕壤在温带湿润地区针阔叶混交林下发育，是具有明显有机质富集和弱酸性淋溶的土壤，具O-A-B-C剖面构型。A层有机质含量可达200 g/kg，弱酸性淋溶，铁铝轻微下移。B层呈棕色，结构面见铁锰胶膜，呈弱酸性反应，盐基饱和度为70%～80%。土壤冻结期长。

5. 白浆土　白浆土为温带湿润地区平缓岗地森林草原下发育的土壤，上轻下黏，多具有二层性层次排列，具有明显的白浆化作用。上层土壤周期性滞水，下层顶托，还原铁锰漂洗，部分侧向位移，移出土体，部分沿裂隙下渗，以铁锰锈斑作胶膜淀积，以微结核残存。形成表层有机质层，有机质含量为50～100 g/kg；其下为灰黄至灰白色白浆土层（E层），质地较轻，下部B层质地黏重，具有明显淀积黏土膜，呈暗棕色；生长林灌或种植旱作。

6. 棕色针叶林土　棕色针叶林土为发育于寒温带纯针叶林下，具有酸性淋溶，弱度发育的土壤，具O-A-AB-B-C剖面构型。凋落物腐解，富啡酸下渗，络合部分铁铝下移，使表层盐基饱和度降低。由于冻结期更长，冻层阻隔，可溶性物质还可随水上移。B层呈棕色，全剖面呈酸性反应，盐基饱和度为50%～70%。

7. 漂灰土　漂灰土形成于寒温带棕色针叶林土区内地势略低处。在A层下出现漂灰层（A_d），系酸性淋溶与离铁漂洗双重作用的产物，pH为4.5～6.0，阳离子交换量仅为6～20 cmol(+)/kg，盐基饱和度为50%左右。其形成与永冻层有关，因而铁铝络合淋溶弱。

8. 灰化土　灰化土属于铁铝有机质络合淋溶强烈的土壤，大多数见于无冻层的砂质土壤，表层有机质层及腐殖质层深厚，下移的富啡酸络合淋移铁铝成分，并在B层形成明显腐殖质与铁铝络合淀积层。

三、半淋溶土

（一）半淋溶土概述

半淋溶土属弱度淋溶的土壤。半淋溶土土纲的共性是碳酸盐类已在剖面中发生淋溶与积累，但均未充分淋出土体。半淋溶土大都见于各不同热量情况的半干旱区。

半淋溶土土纲的土壤形成正处于脱钙阶段，土体中的物质迁移主要表现为游离碳酸钙在剖面中的淋移与积累。但其不同土壤的碳酸钙淋移强度差异仍很大（例如黑土和淋溶褐土），土体中游离碳酸钙淋移较强，与此同时，氧化铁亦发生轻度游离，出现局部铁锰氧化物的积聚现象。在黑土的底土层中还可见白色硅粉析出，这与灰色森林土有共同属性特征，但灰色森林土更为明显。

在半湿润至半干旱环境中，由于土壤中碳酸盐类发生迁移，并在心土层中以假菌丝状积累，形成褐土。但至于黑垆土，虽亦见假菌丝状碳酸盐积累，但是在其深层仍见明显钙积层，有别于半淋溶土，暂归入钙层土纲。分布在我国东北平原上的黑土，游离石灰已淋出土体；但在吸收复合体中仍处于盐基饱和状态，pH为7或略高，也属于半淋溶土。

在我国广阔出露的不同溶蚀情况下的石灰岩山丘区，可见多种类型的石灰岩风化形成的红色石灰土、黄色石灰土、棕色石灰土等，亦具有半淋溶土特征，剖面中均可见碳酸钙淋移与积累，还形成明显的发生层段，出现A、B、C层发育。国际上曾有红色石灰土（terra rossa）和棕色石灰土（terra fusca）作土类命名，也应属半淋溶土范畴。但考虑到石灰岩地区所见的这些土壤类型包括黑色石灰土（rendzina）在内，大都分布于石灰岩溶蚀低地、岩隙间，均可小片见及，并与石灰岩露头相间存在，仅在坡麓高阶地或谷地坡面可见较大红色石灰土存在。最重要的是，这些土壤剖面中均经常为石灰蚀洞流出的富含钙质水所填充，促使土壤均处于复石灰状态，有时在底部可见砂姜。因此将这些土壤类型划归为初育土范畴中的石灰（岩）土的亚类。当然，其中的红色石灰土经充分脱钙，就可形成以石灰岩为母质的铁质红壤。

总之，半淋溶土的共性主要表现在碳酸钙在剖面中的淋移与积累，还可见部分氧化铁、锰的弱度析出。土壤发生层分化明显，表层具有不同厚度的腐殖质积累层，其下有黏化土层；不少土壤具假菌丝状碳酸盐积聚，淋移作用较强的土壤，其底部可见局部铁锰淀积迹象。土壤黏土矿物组成以2∶1型水云母（伊利石）、蛭石和绿泥石为主，只有在热带、亚热带的半淋溶土伴生少量高岭石，其他半淋溶土伴有少量蒙脱石。黏粒硅铝率在2.8～3.5。在该土纲的各土类中，即使未显游离碳酸钙的积累特征，其交换性阳离子含量仍很高，且钙、镁占绝对优势，盐基饱和度≥70%，pH为6.0～7.5，底土层pH有增高的趋势。

（二）半淋溶土的分类

根据所处的水热条件差异，半淋溶土纲尚可进一步续分为以下3个亚纲。①半湿热半淋溶土亚纲，包括燥红土土类，为热带、亚热带干热条件下形成盐基饱和的红色土壤；②半湿暖温半淋溶土亚纲，以褐土土类为代表，为暖温带半湿暖温条件下具有弱黏化和碳酸盐淋淀特征的盐基饱和土壤；③半温半林溶土亚纲，包括灰褐土、黑土和灰色森林土，为温带干旱半湿润森林草原或草原草甸地区具有松软暗色腐殖质层、弱黏化层或积钙特征的盐基饱和土壤。半淋溶土5个土类的特征如下。

1. 燥红土　燥红土为热带、亚热带干旱河谷和雨影区稀树草原下形成的盐基饱和的红色土壤，具有A-B-C(D)剖面构型；复盐基明显，交换性钙、镁占阳离子交换量的80%以上，pH为6～7，有时达7.5。

2. 褐土　褐土形成于暖温带半湿润区，为具有黏化与钙质淋移淀积的土壤，具A-B-B_k-C剖面构型；盐基饱和，处于硅铝风化阶段，有明显黏淀和假菌丝状钙积层。B层呈棕褐色，pH为7.0～7.5，盐基饱和度达80%以上，有时过饱和。

3. 灰褐土　灰褐土形成于温带干旱、半干旱山地、云冷杉下，为腐殖质积累与积钙作用明显的土壤。A_0层有机质含量可达100 g/kg，下见暗色腐殖层，有弱黏淀特征，见棕褐色土层，钙积层在40～60 cm或以下出现，铁铝氧化物无迁移，pH为7～8。

4. 黑土　黑土形成于温带半湿润草甸草原下，为具深厚均腐殖质层的无石灰性黑色土壤，具A-AB_h-B_hC-C剖面构型。均腐殖质层厚为30～60 cm，有机质含量一般在30～60 g/kg。底层具轻度滞水还原淋溶特征，见硅粉，盐基饱和度在80%以上，pH为6.5～7.0。

5. 灰色森林土　灰色森林土为温带森林草原地区森林植被下发育的具深厚腐殖质层的土壤。腐殖质层厚达50 cm，有机质含量为20～30 g/kg；弱度淋溶，剖面下部结构面可见硅粉；具O-A-AB或（B)-BC-C剖同构型，冻土层厚为1.5 m。

四、钙层土

（一）钙层土概述

钙层土是温带半湿润与半干旱区的草原土壤，包括黑钙土、栗钙土、栗褐土和黑垆土。其共同特征为：腐殖质有不同程度的累积；二价离子盐类有一定淋移，碳酸钙在B

层明显淀积；一价盐已被淋失，在剖面中无积累，全剖面均有石灰反应。

我国温带北部，在与蒙古国接壤的波状起伏海拔 1 500 m 的高原面上，从东到西，年平均气温为－3～10 ℃，≥10 ℃年积温为 1 600～3 300 ℃，大体均匀变化。而年降水量的分异从内蒙古高原东部的半湿润气候，向西渐减，到达高原西部，年降水量仅 250 mm。因而这一广阔的高原面上，从东到西的湿润系数由 1 降至 0.3，无霜期为70～140 d，具半湿润到半干旱气候特征。

钙层土主要分布于华北和西北，包括松辽平原西侧、大兴安岭东麓山前丘陵平原、内蒙古高原东部和中部、鄂尔多斯高原、河北坝上地区、山西大同盆地北缘、黄土高原的山西西部、陕北、陇东、六盘山以西的宁南和陇西地区，以及青海、甘肃、新疆部分山地的垂直带与山间盆地。

钙层土的成土特征主要是腐殖质积累、盐类和石灰的淋移、黏化等。在草甸草原和干草原下，生物积累量因植被类型而异。半湿润地区草甸草原植被类型，植物体的年生长量较大，根系密集盘结，加之气候较冷湿，土壤结冻期长，有机物质分解速度较慢，为腐殖质积累创造了有利条件，土壤表层腐殖质积累量高，有机质含量高达 50 g/kg 以上。由于草甸植被根系较深，故腐殖质层深厚，通常厚达 30～70 cm。半干旱地区草原植被类型，由于气候干旱，植被较稀且矮，植物体年生长量较少，加之地处干燥地区，有机物质分解速度较快，因而腐殖质积累量较少，表土有机质含量在 10～30 g/kg，腐殖质层也较薄，多在 20～30 cm。

钙层土的易溶盐类已被淋失，在土壤剖面内无积累。土壤中的钙多以碳酸氢钙的形态淋洗至心土层，经脱水以碳酸钙的形态淀积，长期积累形成钙积层。在半湿润地区，由于下渗水量较多，钙积部位较深，钙积量较少。在半干旱地区，由于下渗水量少，钙积部位较浅而集中，钙积量较多。钙积形态也不一样，在半湿润地区石灰多呈斑点状、菌丝状和网纹状，而在半干旱地区多呈网纹状、斑块状和盘层状。

在温带半湿润地区，由于水热条件较好，土壤化学风化较强，矿物经过分解产生一定数量黏粒，在土壤下渗水的作用下，黏粒有淋移和淀积过程，在心土形成黏化层，但由于降水量少，下渗水量不充足，黏粒下移量不多，有弱黏化现象，黏化率仅 1.2 左右。在温带半干旱地区，土壤化学风化较差，黏粒迁移甚少，还未达到黏化标准。

（二）钙层土的分类

根据水热条件与成土特征的差异，钙层土纲续分为 3 个亚纲。①半湿温钙层土亚纲，所在地区年平均气温为－3～4 ℃，≥10 ℃积温为 1 500～2 200 ℃，无霜期为 80～120 d，年降水量为 400～600 mm，年湿润系数为 0.6～1.0，属温带半湿润地区。土壤有永冻层，一般在 2.5～3.0 m。天然植被为草甸草原类型，主要植物有线叶菊、贝加尔针茅、羊草、地榆、唐松草、委陵菜等，植被覆盖率为 60%～80%。成土母质以黄土状物为主。本亚纲只有黑钙土 1 个土类。②半干温钙层土亚纲，所在地区年平均气温为－2～10 ℃，≥10 ℃积温为 2 000～3 300 ℃，年降水量为 250～550 mm，年湿润系数为 0.3～0.6，属温带半干旱气候。气候干旱多风，冬季漫长寒冷少雪，夏季温热多雨，雨热同季，有利于植物生长；但春夏之交常缺雨受旱。地貌由低平原、丘陵、低山、盆地到高原，成土母质类型不一。自然植被属干草原类型，以耐旱多年生禾草为主，主要建群种有针茅、羊草、冰草、糙隐子草、冷蒿、锦鸡儿、百里香等。本亚纲只有栗钙土

1 个土类。③半干暖温钙层土亚纲，所处区域为暖温带半干旱气候，春季干燥多风，夏季炎热雨水集中，秋季凉爽，冬季寒冷少雪，具有半干旱灌丛与草原并存的生境特征。成土母质多为黄土及黄土状物质或第三纪红土层。本亚纲包括栗褐土和黑垆土两个土类。钙层土纲 4 个土类的特征如下。

1. 黑钙土　黑钙土为温带半湿润草甸草原下形成的具深厚均腐殖质层和碳酸钙淋溶淀积层的土壤。腐殖质层厚为 50 cm 左右，有机质含量为 50～80 g/kg。腐殖质层以下，钙积层明显。表层 pH 为 7.0，往下逐渐上升至 8.0～8.5。冬季冻层达 1.3～1.5 m。

2. 栗钙土　栗钙土为温带半干旱草原下形成的具有栗色腐殖质层和灰白色钙积层的土壤。表层栗色腐殖质层厚为 20～30 cm，有机质含量为 15～45 g/kg。愈趋半干旱，腐殖质层愈薄，有机质含量亦减。腐殖质层以下，灰白色积钙层发育明显，钙积层见于 20～30 cm 深处，厚达 20～40 cm，呈斑点状或层状。石膏及易溶盐局部积聚。

3. 栗褐土　栗褐土为暖温带半干旱草原及灌木下形成的弱黏化弱淋溶土壤。通体呈石灰反应，碳酸钙含量为 70～80 g/kg，具有弱度石灰淋溶、弱度黏化特征。栗褐土与栗钙土相比无明显灰白色钙积层，与黑垆土相比无深厚的腐殖质层。

4. 黑垆土　黑垆土是黄土高原塬面上，由黄土发育，具低有机质含量（约为 10 g/kg），但腐殖质层却很深厚（1 m 或以上）的土壤；原位黏化，但无明显黏化层，具假菌丝状石灰积累；无盐化，多旱耕。

五、干旱土

（一）干旱土概述

干旱土是由草原向荒漠过渡的土壤，介于钙层土与漠土之间，分布于黄土高原西部、鄂尔多斯高原西部、内蒙古高原西部、新疆准噶尔盆地周围与天山北麓洪积冲积扇，在某些山地垂直带下部也可见。干旱土区域的年平均气温为 2～9 ℃，≥10 ℃积温为 2 000～3 400 ℃，年平均降水量只有 100～300 mm。植被为荒漠草原，以多年生旱生禾草、强旱生小半灌木及耐旱蒿属为主，植被覆盖率低，一般为 15%～30%，高者可达 50%左右。所处的地貌单元有高原、丘陵、盆地及冲积平原中的高阶地。地下水位很深，对土壤形成没有明显的影响。成土母质多样，有黄土、洪积冲积物，内蒙古高原有沉积岩、火成岩及变质岩的风化物。

土壤形成特征主要是十分微弱的腐殖质积累，有较强的石灰积聚，易溶盐一般淋失，有的有石膏淀积。因草被稀疏，有机质来源不多，故腐殖质的积累弱于钙层土，而比漠土强。腐殖质层厚度多为 20～30 cm，少数可达 50 cm，有机质含量一般为 10 g/kg 左右。因雨水较少，石灰都在腐殖质层以下淀积，形成钙积层。碳酸钙呈灰白色斑块状、层状，部分呈假菌丝状。钙积层厚度一般为 20～40 cm，碳酸钙含量比腐殖质层或母质层高出 20%，甚至有的可高数倍。易溶盐因其溶解度大，一般在剖面中没有淀积，部分剖面有石膏淀积。

（二）干旱土的分类

干旱土纲仅有干温干旱土 1 个亚纲，下划分棕钙土和灰钙土两个土类。棕钙土分布的地区偏北，介于栗钙土与灰漠土之间，气温较低，年平均气温多在 5 ℃以下；而灰钙土分布的地区偏南，介于黑垆土与荒漠土之间，气温较高，年平均气温多在 5 ℃以上。棕钙土的色调为 7.5YR 或更红；而灰钙土的色调比 7.5YR 更黄。棕钙土具有浅棕色薄腐殖质层和灰白色薄积钙层，腐殖质层的下部有机质含量比上部高；地表多砾石，具有多角形裂隙，石膏积聚，钙积层接近地表。灰钙土母质多为黄土，少数为冲积扇洪积物发育。植被覆盖率为 10%～40%。仅夏季土壤发生淋溶，易溶盐、碳酸钙、石膏弱度淋移，分层积累于 15～30 cm 处。碳酸钙含量可达 120～250 g/kg。石膏积聚层含量可达 25 g/kg，尚可在底部见易溶盐积累，含量可达 10 g/kg。pH 为 8.5～9.0，表层初显结皮。棕钙土钙积层比灰钙土紧实，碳酸钙含量高，其钙积层与腐殖质层或钙积层与母土质层的碳酸钙含量的比值较大，多大于 2.0；而灰钙土的比值较小，多在 2.0 或以下。

六、漠土

（一）漠土概述

我国地处欧亚大陆中心的地区，甚少受到海洋输入湿润气团的影响，因而在新疆南疆以塔里木盆地为中心成为干旱中心，土壤以分布于戈壁滩与高大沙丘链、沙山之间的棕漠土最为典型，充分反映了极端干旱气候条件下形成的土壤类型和景观特征。

我国的漠土及其生态环境特征的形成与演化，经历了漫长的地质历史时期。研究证明，在中生代末期，一直延续到第四纪整个时期，都经历了气候不断变干的过程。漠土的共同特征是：土壤砾质化明显，具有明显的砾幂；碳酸钙表聚明显，砾幂底部常见白色碳酸钙积聚；地表常见黑色漆皮和表层结壳，结壳显龟裂现象，厚为 2 cm 左右，其下连接大量孔洞气泡；发育层段浅薄，在表层以下为紧实的过渡层；心土层有一定程度的易溶盐和石膏积聚，可见斑点状、晶体状或簇状石膏盐类结晶，有时可见残积盐化层、石膏盘层或石膏和盐类盘层。

漠土地区地貌类型多样，有较广阔的冲积平原、古老洪积冲积平原、盆地和剥蚀高原，以及低山、丘陵、高阶地等。海拔高程较悬殊，例如新疆吐鲁番盆地，低于海平面百多米，而甘肃河西走廊海拔为 1 500～2 100 m，青海柴达木盆地和新疆昆仑山北麓海拔在 2 100～3 000 m 或以上，这些不同地貌类型上均发育有漠土，因而曾称漠土为“平原跨山地的土壤”。漠土的成土母质类型多样，在剥蚀的古老洪积扇和剥蚀高原面上，多以残积物、坡积残积物和坡积物为主；在古老洪积冲积平原和现代冲积平原上，以洪积物、洪积冲积物和冲积物为主；此外，还有风成黄土和风成沙土等风积物。成土母质的特点是质地轻粗，均混有粗砂与砾石。漠土的形成主要处于极度干旱地区，年降水量一般不到 100 mm，极端干旱区只有几毫米到十几毫米，有时甚至终年无雨，干燥度＞4，土壤水分以蒸发逸失为主。由于干旱，植物生长缓慢，常呈单株或小丛状分布，植被覆盖率极低，多在 10%以下，以肉质、深根、耐旱的半灌木和灌木为主，残体腐解慢而矿化快，因而土壤有机质积累很弱，一般含量在 10 g/kg 以下，腐殖质层不明显。

漠土主要分布在新疆准噶尔盆地南部、天山南北两麓山前倾斜平原及噶顺戈壁和将军戈壁、甘肃河西走廊中西段的祁连山山前平原和赤金盆地西缘、青海柴达木盆地、内蒙古鄂尔多斯高原西北部、宁夏石嘴山市的东北面等地。在新疆、甘肃、青海和内蒙古，漠土常常与灰钙土、棕钙土做有序分布。而在漠土区，漠土常与灌漠土、灌淤土、龟裂土、风沙土、漠境盐土、碱土、粗骨土等组成复区分布。

（二）漠土的分类

漠土地处干旱强风地带，就地风化形成的细土物质常被风吹走，残留地表的多为粗砂和砾幂。漠土的另一特征是土层普遍产生盐积，易溶盐和石膏在剖面中积累，铁质化物质残留于亚表层，碳酸钙积累于表层孔状结皮中。漠土根据土壤砾质化、石膏化、残存盐化等特征差别续分干温漠土和干暖温漠土两个亚纲。干暖温漠土即具棕漠土典型特征，较广泛形成于暖温带极端干旱区，热量情况较好，而干旱突出。干温漠土多见于年平均降水量略高于干旱中心的棕漠土区，一般年降水量接近或略高于 100 mm，包括灰棕漠土与灰漠土两个土类，即分布于上述干旱中心的同心圆周边地带。漠土土纲的 3 个土类的特点如下。

1. 灰漠土　灰漠土曾称为荒漠灰钙土，是漠境地区初显石灰表聚及易溶盐和石膏分层积累的土壤。地表有明显结皮层，下为淡棕色片状土层，含砾石。除石灰表聚外，尚可见深层钙积，pH 大于 8.0，表层有机质积累弱且层薄，含量仅为 6～15 g/kg。

2. 灰棕漠土　灰棕漠土为温带极端干旱境砾质化明显的土壤。地表见砾幂及褐色结皮，亦见干面包状结皮，石灰表聚，下见纤维状石膏积聚，亦见铁质黏化现象。有机质含量少于 5 g/kg，且土层甚薄。铁铝结合的胡敏酸多于钙结合者，而铁铝结合的富啡酸少于钙结合者，这是本土类特征。

3. 棕漠土　棕漠土是暖温带极端干旱条件下，具有明显盐盘的漠土，常与砾质戈壁共存。植被覆盖率极低，且植株矮小。土壤石灰、石膏、易溶盐分层积聚于地表，见孔状结皮、砾幂、黑结皮，多砾石，结皮层下见红棕色或玫瑰色铁染色层。下为石膏，再下为盐盘层。整个土层不足 50 cm，结皮层以下碳酸钙含量为 60～110 g/kg，石膏含量为 300～550 g/kg，盐盘层含盐量可达 300～600 g/kg，盐盘层的存在是棕漠土的重要特征。

七、初育土

（一）初育土概述

初育土的共同特征是：土壤发育微弱，处于土壤形成的初始阶段，剖面层次分异不明显，母质特征显著，属 A-C 或 A-R 剖面构型的土壤。其中包括因母质特性阻滞了土壤的形成发育，也因侵蚀较强，使土壤形成始终保持初育阶段的土壤。当然，新近坡积、洪积、沉积的母质出露地表，土壤形成时间暂短的土壤，均属初育土范畴。

初育土所处地貌类型多样，有强烈土壤流失的山丘坡地，也有坡积、洪积作用盛行的坡麓地带或山前平原，还有泛滥频繁的冲积平原、风沙活跃的流沙地带等。所处地形部位，一般坡度大，植被差，侵蚀强烈，导致土壤发育微弱。

由于母质特性的差异，阻滞土壤的发育程度也有差别。例如石灰岩中含有大量碳酸盐，因而阻滞了土壤的风化和土壤形成过程，土壤中盐基物质很少淋失，盐基饱和，发育微弱，土壤层次分化不明显。又如紫色岩层风化形成的土壤，由于风化迅速，侵蚀虽很强烈，新风化土层仍保持一定厚度，作物所需的养分充足，但土壤仍保持初期发育阶段，剖面层次分化不明显，其性状基本承袭了母岩特性。

人类不合理的土地利用，乱砍滥伐林木，滥垦草原，过度放牧，陡坡垦殖，造成强烈的侵蚀、崩塌、滑坡、泥石流，甚至风蚀沙化等，均使新土层裸露或流沙堆积，严重阻碍了土壤的发育和形成。因此初育土通常以侵蚀作用或地质堆积过程为主，土壤均显成土母质或石质特征。另外，在山麓坡积洪积扇形地或河流两岸的河漫滩及低阶地上，由于受重力作用或水力作用的影响，土层上部经常受坡积物、洪积物、冲积物等的覆盖，整个剖面含有多量砂砾石，物质组成复杂，石砾含量高达30%～50%或以上，土壤严重石质化。

初育土由于成土物质不断更新，风化土层无明显物质迁移或积聚，土壤发育极微弱，或地处干旱地区水分条件甚差，或地处高海拔，气候寒冷，母岩因受热胀冷缩、湿胀干缩崩解剥落，物理风化强烈，土壤发育仍处于明显的母质状态。土壤矿物组成与母质基本相同，除碳酸盐类矿物有弱度化学溶蚀外，其他矿物均未受到化学风化的影响，土壤矿物组成也无明显变化。

（二）初育土的分类

主要根据母质特性的差异，将初育土划分为土质初育土和石质初育土两个亚纲。土质初育土的母质为土状堆积物，土体深厚，结构疏松，一般只有淡色表土层和母质层，剖面构型为A-C型。石质初育土的土体极浅薄，一般不超过10 cm，并夹有大量岩石碎屑、砾石，在极薄的A层下即为基岩层，剖面为A-R构型。初育土包括黄绵土、红黏土、新积土、龟裂土、风沙土、石灰（岩）土、火山灰土、紫色土、磷质石灰土、粗骨土和石质土，它们的主要特性如下。

1. 黄绵土　黄绵土是由黄土母质直接耕翻形成的初育土。由于土壤侵蚀严重，表层耕层长期遭侵蚀，只得加深耕作黄土母质层，因而母质特性明显，无明显发育，为A-C构型土。由于风成黄土富含细粉粒，质地、结构均一，疏松绵软，富含石灰，磷钾储量较丰，但有效性差。土壤有机质缺乏，含量仅约5 g/kg。速效磷含量为3～5 mg/kg。

2. 红黏土　深厚黄土层下，常见第三纪红色黏土（保德期红黏土）埋藏，厚层黄土层侵蚀殆尽处，红土层露出，形成母质性状明显的初育土，即红黏土。红黏土的黏粒含量高，塑性强，生物作用微弱，母质特性明显，pH为7～8，有时夹有砂姜。

3. 新积土　新积土为新近冲积、洪积、坡积、塌积或人工堆垫的土壤。土壤形成期短，母质特性明显，属A-C构型或（A)-C构型土。

4. 龟裂土　龟裂土分布于干旱漠境地区大型沙丘链间的较开阔平坦地段，为质地黏重，表层为不规则龟裂结皮，其下具有碱化或似碱化特征的土壤。

5. 风沙土　风沙土分布于半干旱、干旱漠境地区及滨海地区，风沙移动堆积形成多种形态的风沙沉积，由于土壤形成时间短暂，无剖面发育，属C构型、（A)-C构型及A-C构型土，反映了风沙流动堆积与固定的不同阶段。

6. 石灰（岩）土　石灰（岩）土分布于热带、亚热带石灰岩山区，为经溶蚀风化而形成的厚薄不同的钙质饱和或含游离钙质的土壤，多见于石隙、溶洞或峰丛底部。碳酸钙淋溶程度不一，多黏土，多为铁钙质胶结物，风化程度不一，盐基饱和度高，土壤有机质含量及胶结状态有较大差异。

7. 火山灰土　火山灰土是由火山喷发碎屑物和尘状火山灰堆积物发育而成的土壤，剖面发生层分异小，色泽差异大，母质特征明显。土体由灰黑色、暗褐色等疏松多孔的玻璃质熔岩块叠置成，表层有机质积累，呈 A-C 土体构型。火山灰土较深厚，细粉砂和粗粉砂含量高，富含浮岩碎块。孔隙率高达 50%～80%，容重不足 1 g/cm^3；表层有机质含量较高，可达 100 g/kg 以上，往下明显降低。土壤 pH 为 6～7，盐基饱和，土壤阳离子交换量高于 25 cmol(+)/kg。

8. 紫色土　紫色土为热带、亚热带紫红色岩层直接风化形成的 A-C 构型土壤。其理化性质与母岩组成直接相关，土层浅薄，剖面层次发育不明显，仍为初育阶段。由于母岩富含矿质养分，且风化迅速，不失为良好的肥沃土壤。但其他较干旱地区的此类母岩风化物不具有此肥沃特性。

9. 磷质石灰土　磷质石灰土为热带珊瑚礁岛上海鸟粪堆积与珊珊礁风化物形成的富含磷质的土壤。

10. 粗骨土　粗骨土属于 A-C 构型，甚至（A)-C 构型土壤。A 层发育不明显，与母质土层性状相似，略显有机质积累而已。有时母质层富含砾石，甚少剖面分异与发育特征。

11. 石质土　石质土的表层岩石裸露，风化层浅薄，一般小于 10 cm，风化度低，富含砾石，多碎屑岩粒，属 A-R 构型土。

八、半水成土

（一）半水成土概述

半水成土是指在地下水位较高，地下水毛管前锋浸润地表，土体下层经常处于潮润状态下形成的土壤。其共性是：剖面具有腐殖质层和氧化还原交替形成的锈色斑纹层。由于该土纲的各土类大多形成于近代河湖沉积物，受河流沉积规律支配，形成不同质地土层排列，直接影响土壤的水盐运动。半水成土所处地形平坦，土体深厚，大都垦殖已久，是我国重要的旱地土壤资源，具有农林牧综合发展的巨大增产潜力。

半水成土广泛分布于河流平原，例如三江平原、松嫩平原、辽河平原、黄淮海平原、长江中下游平原、南方江河湖平原、内蒙古及西北地区河谷平原等。平原地形平坦，地下水埋深较浅，土壤受季节性水位升降影响，土体中氧化还原特征明显。旱季的地下水降至 2～3 m，雨季的地下水位甚至可上升至 0.5 m 左右，常年变幅在 2 m 左右。雨季，土体处于水分浸淹状态，土壤中易变价元素（例如铁、锰）向下迁移；旱季，地下水位降低，土体上部处于氧化状态，部分低价铁、锰重新氧化成难溶性高价氧化物，在土体内局部凝聚。随着地下水位周期性的升降变化，土体内一定层位干湿交替而引起氧化还原交替变化，因而形成铁锰斑纹和铁锰结核组成的锈色斑纹层，这种特征层段是半水成土纲各土类具有的共同特征。在一些分布于中山平台上的半水成土，降水侧渗汇聚，同样在土体内也可形成氧化还原特征。

（二）半水成土的分类

由于半水成土所处的气候条件和利用方式不同，土壤中的生物积累特征有明显差异。根据有机质积累的差异，分为暗半水成土和淡半水成土。三江平原、松嫩平原的半水成土，原生草甸植被繁茂，年生物量积累大，低温湿润有利于腐殖质积累，土壤表层有机质含量可达 40～50 g/kg，属暗半水成土。河套平原、黄淮海平原、长江中下游平原和珠江三角洲的半水成土，分别处于半干旱中温带、半湿润暖温带和湿润热带亚热带，土壤中有机质积累量显然较低，一般在 10 g/kg 上下，属淡半水成土。

不同河系物质来源不同，沉积物的性状有明显差异。黄河、海河、辽河等河系为弱碱性石灰性冲积物，含有机质较少，但钾素丰富，以壤质土为主；珠江、黑龙江等河系为弱酸性非石灰性冲积物，有机质较多，但钾素不丰，以黏壤质土为主；长江、滦河、松花江等河系为中性混合型冲积物；雅鲁藏布江、嫩江、牡丹江的冲积物夹有大量砂砾。上述河系历史上曾多次泛滥决口，流水分选沉积，在沉积区造成岗、坡、洼起伏微地形。决口大流及主流地段水流急，沉积物颗粒较粗，多砂、砾质，形成微度起伏缓岗；湖泊及平浅洼地中静水沉积物多细粒，为黏土层；在流速变动地段为黏砂相间沉积层，这些黏、砂、壤不同沉积层及交互沉积成间层的沉积物，对土壤水盐运动有很大的影响。部分半水成土母质为河湖相沉积物，质地较黏，含有机质量较多，土色也较暗；部分洪积物，例如山麓边缘由山洪搬运堆积而成，属急流沉积物，多含粗砂和砾石，土壤性状差异大，宜耕适种性及利用价值不同。

在半干旱半湿润地区平原地形相对低洼处，由于地下水矿化度高，旱季，地下水中的盐分随毛管水升至地表蒸发盐积形成盐化，其中部分盐化土壤由于频繁盐积和脱盐，或是地下水中含较多苏打，土壤胶体部分阳离子被钠离子置换，因而导致土壤碱化。分布在低洼地形部位的土壤，一年中有较长时期的水分饱和，土体常年潮湿，旱季地表脱水，但地下水位仍较浅，土体中铁锰氧化物还原作用强而形成潜育化。上述盐化、碱化和潜育化等多种附加土壤形成特征，导致本土纲若干土类中具有较多的亚类级土壤变异类型。半水成土纲 5 个土类的特征如下。

1. 草甸土　草甸土所处地下水位较浅，潜水参与土壤形成过程，具有明显腐殖质积累，地下水升降与浸润作用形成具有锈色斑纹的土壤，具有 $A\text{-}C_u$ 构型或 $A\text{-}C\text{-}C_u$ 构型。

2. 砂姜黑土　砂姜黑土的成土母质为河湖沉积物，经脱沼和长期耕作形成，但早期沼泽草甸特征仍显残余属性。底土中见砂姜积聚，上层见面砂姜，底层可见砂姜瘤与砂姜盘，系早期形成物残存，土壤质地相对黏重。

3. 山地草甸土　山地草甸土见于中山山顶平台的草甸植被下，形成薄层草皮层（A_s），其下见锈色斑纹或络合铁锰胶膜的薄层土壤，为 $A_s\text{-}A\text{-}C\text{-}D$ 构型。

4. 林灌草甸土　林灌草甸土为在漠境河谷平原沿河一带的胡杨林下发育的土壤，具有 $A_0\text{-}AC\text{-}C$ 构型。有机质积累明显，在氧化还原交替作用下形成铁锈斑纹和盐积，且含有苏打成分，pH 为 7.8～8.8。

5. 潮土　潮土见于近代河流冲积平原或低平阶地，地下水位浅，潜水参与土壤形成过程，底土氧化还原作用交替，形成锈色斑纹和小型铁子。长期耕作，表层有机质含量为 10～15 g/kg，剖面为 $A_{11}\text{-}A_{12}\text{-}C_u$ 或 $A_{11}\text{-}C\text{-}C_u$ 构型。

九、水成土

（一）水成土概述

水成土是在地面积水或土层长期处于水分饱和状态、生长喜湿与耐湿植被下形成的土壤。由于土层长期处于厌氧还原状态，土壤潜育过程十分活跃，土层中的游离铁和锰还原、移位，形成蓝灰色潜育土层（G）。局部铁和锰在孔隙、裂隙中氧化淀积，形成锈色斑纹和铁子锰斑层。

茂密的水生植被以多种藓类、薹草和耐湿植物（例如芦苇、香蒲、木贼、委陵菜等）为主，也有耐湿的木本植物（例如沼柳、油桦、赤杨等）。水成土大多数形成于高纬度与高海拔的山间洼地、废弃河道与淤塞湖沼的积水小洼地、牛轭湖与湖泊边缘地区。密茂植被生长期短，在迅速降温、冻结，或季节性短期降温下，大量植被死亡，而微生物不够活跃，未经充分分解的有机物质形成泥炭层积累起来，部分分解较充分的细粒泥炭与土壤颗粒结合，在表层形成腐泥层或泥炭层（H）。有时，在地表尚可见未死亡的根、茎与半腐解的泥炭层积累从而形成沼泽土与泥炭土。

（二）水成土的分类

根据有机质积累的差异，水成土可分为矿质水成土和有机水成土两个亚纲。沼泽土为具有小于 50 cm 厚的泥炭或腐泥层积累的土壤，其下为潜育层（G），属于矿质水成土。在气候较暖热、气温较高处，就可只见积累有机质薄层的矿质潜育土；但在高寒与高纬度下，有机质积累明显，只要表层有机质厚度不及 50 cm 者，均归入沼泽土范畴。泥炭层（包括腐泥层）积累厚达 50 cm 以上者，属于有机水成土；其下部仍为潜育层（G）时，就属泥炭土范畴。泥炭土表层泥炭积累一般可厚达 1～2 m，最厚可达 10 m 以上。由于泥炭土腐解程度的差异，尚可细分 H_i、H_e、H_a 各土层。泥炭土的有机物质分解程度与腐殖质含量及属性，均有较大的区别。在调查研究水成土时，应分别区分其有机质的性状与属性差异，对开发利用泥炭资源有很大的参考价值。

十、盐碱土

（一）盐碱土概述

从广义上讲，盐渍土包括盐土、碱土、盐化土壤和碱化土壤。但盐化土壤和碱化土壤仅处于盐分和钠质化的量的积累阶段，在不同土类中（例如潮土、草甸土等）地下水位较高，毛管水先锋可到达地表时，处于盐化或碱化阶段而未达质的飞跃时，均分别归属于相应土类下的亚类或更低级分类单元。因此盐碱土纲未包括盐化土壤和碱化土壤类型，只将达到质变阶段的盐化土壤和碱化土壤才属本土纲范畴。

（二）盐碱土的分类

传统上认为，盐碱土或盐渍土可分为两种类型：①中性盐类的大量积累达到一定浓度后（即使是表聚盐积，其盐分含量达到一定数量值后）就可称为盐土，主要盐分组成是氯化钠和硫酸钠；②在碱性水溶解作用下的钠盐，主要在重碳酸钠、碳酸钠和硅酸钠等影响下，使钠离子在交换性复合体中达到一定的数量值后，土壤性质变劣，则形成碱土。这种划分方式一般得到各国公认。我国的盐碱土分类的土类划分，长期以来也是沿着这种方式进行划分，划分为盐土与碱土两个亚纲。各有关国家根据他们境内盐碱土性状的差异，也有不同的划分方式。在盐土亚纲中，可根据盐分组成、盐积方式的重大区域差异等，划分为 5 个土类。碱土亚纲只有碱土 1 个土类。盐碱土 6 个土类的特征如下。

1. 草甸盐土　半湿润至半干旱地区，高矿化地下水经毛管作用上升地表，盐分积累达大于 6 g/kg 以上时，属盐土范畴。草甸盐土具 A_z-C 构型，其易溶盐组成中所含的氯化物与硫酸盐比例有差异。

2. 滨海盐土　滨海盐土分布于沿海一带，母质为滨海沉积物，全土体含有氯化物为主的可溶盐，呈 A_z-C_z 土体构型。滨海盐土的土壤和地下水的盐分组成与海水基本一致，氯化物占绝对优势，其次为硫酸盐和重碳酸盐；盐分中以钠、钾离子为主，钙、镁次之。土壤含盐量为 20～50 g/kg，地下水矿化度为 10～30 g/L，土壤盐积强度随距海由近至远逐渐减弱，从南到北而逐渐增强。土壤 pH 为 7.5～8.5，长江以北的土壤富含游离碳酸钙。

3. 酸性硫酸盐土　酸性硫酸盐分布于热带、南亚热带滨海低平原、海潮可及处，其上生长红树林。植株残体归还土壤，大量硫化物在裂隙中积累，可见黄钾铁矾矿［$KFe_3(SO_4)_2(OH)_6$］。黄铁矿（FeS_2）经氧化形成游离硫，再氧化成硫酸，使土壤呈强酸性，pH 可低至 2.8。

4. 漠境盐土　漠境盐土分布于荒漠地区，土壤水分遭受强烈蒸发，盐分表聚，甚少淋洗，大量盐分积累，可形成盐壳与盐盘，含盐量通常在 100 g/kg 以上，甚至超过 500 g/kg。也有由于山洪带来的盐分在谷口外大量积累，还有古盐积土体的残存。

5. 寒原盐土　青藏高寒地区退缩内陆湖盆、河间洼地及温泉附近，大量盐分积累形成高寒盐土，除一般盐分外，尚可见硼酸盐。

6. 碱土　碱土是碱化过程形成的，是土壤中苏打（碳酸钠）等物质发生水解作用的结果，钠离子与钙离子的交换是碱化过程的核心。通常把碱化度（*ESP*）20%（因不同土壤而异，黑土为 30%，栗钙土为 16%）作为到达碱土的划分指标。由于测定交换性钠和交换性阳离子总量较为困难，近年来有改用钠吸附比（*SAR*）代替碱化度的趋势。钠吸附比（*SAR*）是土壤提取液中钠离子与钙、镁离子之和平方根的比值，即

$$SAR=\frac{[\mathrm{Na}]}{\sqrt{[\mathrm{Ca}]+[\mathrm{Mg}]}}$$

目前国际上多用 pH 8.5 作为划分碱土的界限，用饱和泥浆测定 pH。和我国把 pH 9 作为区分碱土的标志。从形态上现场鉴定碱土，看是否具有钠质 B 层，但有的碱土并不具钠质 B 层，因此须经化学分析测定，方可辨其属性。

十一、人为土

（一）人为土概述

人为土是在长期人为生产活动下，通过耕作、施肥、灌溉排水等，改变原来土壤在自然状态下的物质循环与迁移积累，促使土壤性状发生明显改变，同时又具备可供鉴别的新的发生层段和属性，从而形成新的土壤类型。例如旱耕土壤改成水田后形成水稻土，在长期表层淹水、水下耕耘，又经不断排干，土壤中氧化还原交替进行，土层中可见局部铁锰氧化淀积与还原离铁现象并存，因而形成特有的氧化还原性状。也由于水下

耕翻扰动，土壤颗粒分散，位移与淀积还受到耕作机具挤压，在耕层下形成较紧实的犁底层等。所有这些新的发生层段，均与原来母土的发生层段有很大的差别。

在旱耕（雨养农业）下，经长期施用土粪，或引用洪水、高泥沙含量的灌溉水进行淤灌，使土层不断加厚，形成一定厚度的灌淤层，使表层不断增厚，而原来的老土层被埋没，在这种长期施用土粪或灌淤条件下，当其上部增厚的土层达一定厚度时，改变了原来被埋藏土壤的性状，从而具有新形成的土壤特性。大量调查及田间测定证明，由人为逐渐加厚的表层土层达 30～50 cm 或以上时，土壤属性就因表层堆垫层增厚而发生质变，因此上覆土层厚达 50 cm 可作为划分出新土壤类型的标准。例如灌淤层或堆垫层厚达 50 cm 以上时，土壤就已经获得新的土壤类型的性状，这时，作物根系也密集在这一土层中，并从中吸取养分与水分。

另一种是广泛分布于漠境地区的人为土。漠土区有的是引洪淤灌，可在表层逐渐形成明显的灌淤层，凡灌淤层厚达 50 cm 以上者，即属灌淤土范畴。但我国漠境地区如天山南北以及沿阿尔金山、祁连山北坡，均有冰雪覆盖山顶，在温暖季节，高山融雪水沿山坡下泻，注入深厚的冲积扇中，长期以来，应用坎儿井法，逐步抬高水位，灌溉着冲积扇末端的细土平原。由于引用清水灌溉，首先是改变了土体中物质运动的方式，由盐分、碳酸钙向表层积聚的运移特征，改变为向下运移的特征。同时在长期耕作施肥下，土壤有机质与养分含量亦有增加，土壤性状有明显的改善。这种新的土壤性状的获得是在漠境条件下形成的，因此将其称为灌漠土。漠土区也有季节性引洪灌溉，也会有表层落淤，在划分土壤类型以其主导特征为依据原则下，因表层落淤未达一定厚度，仍受清水灌溉为主时，仍归属灌漠土。

（二）人为土的分类

人为土纲 3 个土类的特征如下。

1. 水稻土　长期季节性淹灌，水下耕翻，季节性脱水，氧化还原交替，使原来成土母质或母土的特性有重大的改变，形成新的土壤类型。由于干湿交替，形成糊状淹育层（A_a）、较坚实板结的犁底层（A_p）、渗育层（P）、潴育层（W）与潜育层（G）多种发生层分异。这些不同发生层段是在人为耕作、水浆管理下形成的。

2. 灌淤土　长期引用高泥沙含量灌溉水淤灌，在落淤后，即行耕翻，逐渐加厚土层达 50 cm 以上，从根本上改变了原来土壤的层次，包括表土及其他土层，均作为埋藏层，因而形成土体深厚，色泽、质地均一，物理性状良好的土壤类型。

3. 灌漠土　干旱荒漠地区，引用清澈的坎儿井水灌溉，使原来的漠土，经长期耕灌后，从根本上改变土壤的水分与养分状态。土壤中原来上升积累盐分也发生向下淋移，石灰与石膏也有下淋现象。表土层中有机质积累可达 10～30 g/kg，出现耕层（A_{11}）与亚耕层（A_{12}）。

十二、高山土

（一）高山土及其亚纲划分

高山土主要是指在青藏高原及其外围山地森林带与高山冰雪带之间广阔无林地带形成分布的土壤类型系列。可划分为 4 个亚纲：①湿寒高山土亚纲，包括草毡土（高山草甸土）和黑毡土（亚高山草甸土）两个土类；②半湿寒高山土亚纲，包括寒钙土（高山草原土）、冷钙土（亚高山草原土）和冷棕钙土（山地灌丛草原土）3个土类；③干寒高山土亚纲，包括寒漠土（高山漠土）和冷漠土（亚高山漠土）两个土类；④寒冻高山土亚纲，仅为寒冻土（高山寒漠土）1个土类。

（二）高山土的分布

高寒是高山土发生环境的共同特点，但程度不同，因而表现出垂直层状分布规律。紧靠雪线的冰缘地带最高寒，形成的寒冻土是垂直分布的最上层或第一层；第二层是高原寒带的草毡土、寒钙土和寒漠土；第三层是高原亚寒带的黑毡土、冷钙土和冷漠土；最下层是高原温带的冷棕钙土。其次，在青藏高原上，除寒冻土和冷棕钙土两个土类外，第二层和第三层的各3个土类，随气候干湿度从东南向西北变化，其分布也呈规律地更替，即从东南湿润、半湿润气候区的草毡土和黑毡土，向西北方向逐渐过渡到半干旱气候区的寒钙土和冷钙土，最后过渡到西北部干旱气候区的寒漠土和冷漠土。

（三）高山土各土类的特征

高山土纲8个土类的特征如下。

1. 草毡土（高山草甸土） 草毡土（高山草甸土）为高寒区（青藏高原）平缓高原面上，具强度生草腐殖质积累与弱度氧化还原特征的高山土壤，系土壤寒冻与嵩草根积累，弱度分解，具草毡状。土体滞水，冻融交替，弱度氧化还原交互进行，造成氧化铁微弱游离。

2. 黑毡土（亚高山草甸土） 黑毡土（亚高山草甸土）分布于青藏高原高寒略较温湿的原面上，嵩草与杂生草类的草毡层初步分解，形成暗色初步腐殖化的草根茎盘结层。色泽较暗，有机质含量较高，可达100～150 g/kg，底土见锈色纹斑。土壤pH为6.5～8.0。

3. 寒钙土（高山草原土） 寒钙土（高山草原土）分布于青藏高原高寒半干旱区，为弱度腐殖质积累、底层积钙的土壤。有机质层厚为15 cm，含量为10～30 g/kg。碳酸钙含量为50～120 g/kg，上部低，下部高。土壤pH为7.5～8.5。

4. 冷钙土（亚高山草原土） 冷钙土（亚高山草原土）分布于青藏高原高寒半干旱原面上，具弱腐殖质积累与钙积特征。有机质含量为15～30 g/kg。碳酸钙含量为50～200 g/kg，呈斑点状或脉络状，且含少量易溶盐和石膏。土壤pH为7.5～8.5。

5. 冷棕钙土（山地灌丛草原土） 冷棕钙土（山地灌丛草原土）分布于青藏高原高寒温凉的半干旱河谷，具弱腐殖质积累、弱度淋溶与钙积。生长灌丛草原，有机质含量为10～30 g/kg；钙积层位于中下部，厚为30～50 cm；碳酸钙含量为20～60 g/kg；土壤pH为7.5～8.5；多耕种，一年一熟。

6. 寒漠土（高山漠土） 寒漠土（高山漠土）形成于高原高寒干旱条件下，表层见明显漠土化砾幂及漆皮，多砾石，易溶盐就地积累，pH为7.8～9.0。

7. 冷漠土（亚高山漠土） 冷漠土（亚高山漠土）形成于高原高寒干旱条件下，表层见孔状结皮层；有机质积累弱，含量为10 g/kg左右；亚表土黏粒也略有增加，易溶盐、石膏见于剖面下部；土壤pH为8.0～8.5。

8. 寒冻土（高山寒漠土） 寒冻土（高山寒漠土）分布于高山冰雪带下缘，寒冻物理风化为主，弱度生物积累，土层薄。

第五节　我国土壤资源的开发和合理利用

当前，人类社会面临全球人口、资源、环境、生态等问题的挑战。据估计，至2050年，全球人口将达到90亿，要养活如此巨大的人口，就必须进一步提高现有土地的生产力。然而高速发展的全球城镇化持久地占用或固封地表土壤资源，全球快速扩张并复合加剧的大气酸沉降、重金属和持久性有机污染物的环境污染削弱着土壤的功能，农业高强度利用、土壤侵蚀和退化、森林覆被大幅度减少、生物多样性丧失等损耗着土壤的机体，工业化驱动的化石能源消费持续增长导致碳减排压力空前增大，前所未有的气候变化及其不确定性对土壤和生态系统的复杂影响，这些都直接或间接造成了对全球土壤资源生产力及可持续性的严峻挑战。从全球来说，土壤资源的数量、质量、功能及其对人类可持续发展的保障和供给能力严重削弱，引起了全球政策制定者和不同利益群体对全球土壤资源安全的担忧。因此科学开发和合理利用土壤资源已成为可持续利用和管理土壤资源的共同关注的焦点。

一、我国耕地土壤资源的开发和利用

耕地土壤资源是农业生产最基本的不可替代的生产资源，也是人类可持续利用和赖以生存的基质。农业生产的发展，不仅要看耕地土壤资源的数量，而且有赖于土壤资源的质量。我国耕地资源数量短缺，“十分珍惜和合理利用土地，切实保护耕地”是一项基本国策。

（一）我国耕地资源的基本特征

1. 耕地土壤类型多样，农垦系数不一　农垦系数（或农垦率）是指同一类土壤中农用所占的比例。非农用地并不全为荒地，主要为森林、牧草生长为主的土壤资源以及一些暂时不能开发利用的土壤，例如盐碱地、风沙地、沼泽、洼地以及严重土壤流失的土壤等。我国用于耕地的土壤类型众多，它们的农垦系数也有很大的差异。潮土、草甸土和黑土是我国重要的平原旱耕土壤资源，不仅面积大，生产潜力也大。其中，潮土的农垦系数高达85.5%，是我国主要旱地类型；黑土的农垦系数也高达65.6%；草甸土的农垦系数较低。

棕壤和褐土是华北旱地的主要土壤类型，其中褐土的农垦系数较高，耕地面积占45%；而棕壤比褐土的农垦系数略低，农垦系数为18.9%。紫色土是我国南方地区的重要旱地土壤，多分布在丘陵沟谷区，大部分为山地陡坡地，通常土体浅薄，且岩体疏松，极易风化，因而其农垦系数达27.2%。黄棕壤和黄褐土是我国北亚热带地区重要的旱地土壤资源，黄褐土虽然质地黏重，多数土壤存在着黏盘等不良因素，但其农垦系数仍高达70%以上；而黄棕壤主要分布在丘陵山地，其农垦系数不到10%。石灰（岩）土分布零星，土石交错分布，土体厚薄也不一，农垦系数均在20%以下，大部分为低产田，分布在欠发达地区。

红壤等铁铝土的农垦系数较低（11.62%），但因其面积大，开发潜力巨大。半干旱草原土壤分布区虽然自然条件较差，但其部分土壤农垦系数也达到较高水平，其中黑钙

土的农垦系数多在15%～55%，栗钙土的农垦系数在10%～20%。栗钙土与棕钙土的耕地面积甚小。森林土壤类型、高寒土壤类型和漠境地区及盐化土壤、碱化土壤因所处环境恶劣或土壤性质不利于农业生产，其农垦系数都极低。

2. 水田旱地的区域特征明显 全国第二次土壤普查的结果表明，我国水田面积为3.1796×10^7 hm^2，占全国实有耕地总面积的23.11%；旱地面积为1.05756×10^8 hm^2，占耕地总面积的76.89%。水田主要分布在华南、长江中下游和西南3大区，占全国水田总面积的90.63%。其中，华南区和长江中下游区的水田面积超过本地区耕地面积的50%，分别为66.50%和58.84%；西南区的水田面积占本地区耕地面积的36.48%；其他各区，除东北区占5.83%外，均不足5%，青藏高原区仅占不到0.01%。与此相反，旱地以东北、华北和西北3大区最为集中，占全国旱地总面积的70.49%；其余，除蒙新区占14.19%外，南方的长江中下游区、华南区和西南区分别仅占4.47%、3.58%和6.21%。此外，青藏高原区的区域范围虽大，但耕地甚少，仅为全国旱地总面积的1.09%，因而表现出明显的地域特征。

从全国来看，水田面积占耕地总面积50%以上的省份有8个：上海（89.91%）、江西（84.67%）、福建（84.49%）、湖南（79.65%）、广东（76.37%）、浙江（76.54%）、广西（64.00%）和湖北（51.61%）；在40%～50%的有3个：江苏（45.27%）、四川（41.29%）和安徽（41.02%）。旱地面积占耕地总面积70%以上的省份有18个：青海（99.90%）、甘肃（99.82%）、山西（99.1%）、西藏（99.70%）、内蒙古（99.57%）、河北（97.71%）、山东（97.84%）、黑龙江（97.0%）、新疆（97.03%）、陕西（96.75%）、天津（90.66%）、河南（91.86%）、吉林（90.95%）、北京（90.52%）、辽宁（89.07%）、宁夏（88.82%）、海南（71.39%）和云南（70.46%）。由此可见，水田、旱地的南北分异也相当明显。

3. 山丘多而坡耕地面积广 我国是一个多山国家，人多耕地少，可垦地有限，后备资源不足。据全国第二次土壤普查的结果，坡耕地总面为4.8279×10^7 hm^2，占耕地总面积的35.10%，其中8°～25°的缓坡耕地占耕地总面积的29.63%，大于25°的陡坡耕地占耕地总面积的5.47%。从各大区的情况看，西南区、青藏高原区和黄土高原区的坡耕地分别占耕地总面积的71.44%、61.70%和54.98%，其中西南区和黄土高原区的陡坡耕地，也分别占其耕地总面积的13.94%和14.12%。可见，由于平原范围不广，只能向山丘扩展耕地，因而坡垦面积占较大比重。

我国大多数坡耕地水土不稳定，跑水、跑土、跑肥时有发生，造成土壤的耕层浅薄，地力贫瘠，产量低下。全国第二次土壤普查结果表明，全国耕地的土壤流失面积为4.5405×10^7 hm^2，占耕地总面积的34.26%，这个数字与全国坡耕地面积相仿。其实，全国耕地的土壤流失也主要发生在坡度大于8°的坡耕地上。

4. 土壤质量悬殊，产量高低不一 据全国第二次土壤普查结果，我国高产土壤面积为2.9631×10^7 hm^2，占耕地总面积的21.55%；中产土壤面积为5.1237×10^7 hm^2，占耕地总面积的37.23%；低产土壤面积为5.6691×10^7 hm^2，占耕地总面积的41.22%。由此可见，我国耕地土壤中有78.45%为中低产土壤，这些耕地肥力较低，普遍存在缺素或环境障碍。但耕地中，高产土壤所占的比例，水田明显优于旱地，水田高产土壤和低产土壤所占的比例分别为24.90%和26.93%，而旱地高产土壤和低产土壤所占的比例分别为18.94%和46.25%。从各大区看，中低产土壤比例最高的是黄土高原区和西北干旱区，分别占 84.24%和 82.49%。说明我国尚有相当大面积的耕地土壤养分储量和环境质量都不高，有待采取综合治理措施，发挥其增产潜力。

（二）我国耕地资源综合开发和利用改良途径

根据我国人多耕地少的国情，在有限的耕地资源上，因地制宜进一步开发各类耕地潜力，提高耕地资源的综合生产力，是加快我国农业生产发展的基本途径。

应该看到，随着人口增加和对农产品需求的增长，我国农业将面临日益增大的压力，主要受耕地资源的数量和质量所制约。目前，我国耕地资源的严重问题是：耕地数量日趋减少，重用地轻养地，制约因素较多，中低产土壤面积大，地力已出现或潜在衰退。改善耕地生产条件，克服不利的障碍因素，提高土壤质量，是实施耕地资源综合开发利用和挖掘生产潜力的关键。目前，我国耕地资源开发利用的重点，应以中低产土壤改良、高产稳产农田建设、主体农业开发利用、旱地农业综合开发等方面为主，作为提高我国耕地生产力的重要途径。

1. 改造中低产土壤，提高地力等级 改造中低产土壤，从根本上讲，不单是提高当年的土壤生产力，而是采取综合措施，消除或减轻土壤的自身障碍和环境障碍，不断提高其基础地力等级，增强农业可持续发展的后劲。改造中低产土壤比开垦荒地的投资少，见效快，但必须统一规划，综合治理，先易后难，分期实施，并与技术开发、区域开发、基地建设等紧密结合。在调整种植业结构时，应注意耕地的用养结合，安排一定比例的养地作物，实行秸秆还田，多施有机肥，以保持和提高土壤有机质含量。在进行综合治理时，应考虑山水田林路统一规划，农林牧相结合，在改善农业生产条件的同时，改良土壤，提高土壤质量。

多年来，改造中低产土壤的实践说明，低洼稻田、低湿地和盐碱地，经改良后，可提高一个地力等级，通常每公顷可增产粮食 900～1 800 kg；坡耕地、瘠薄地和风沙地，每公顷可增产粮食 600～1 500 kg。可见，中低产土壤的增产潜力可观，经济意义重大。

2. 加强农田基本建设，持续稳产高产 我国人均耕地资源短缺，必须走传统技术与现代技术相结合、提高单位面积产量和持续稳产高产的路子。一方面，发挥精耕细作的传统农业技术，加强农田基础建设。另一方面，依靠科技进步和物质投入，运用现代农业技术手段，求得持续增产。近年来，由于加强农田基础建设，重视高产田地的培育，实行用地养地相结合的综合开发利用，涌现了一批每公顷产量超 7 500 kg 甚至 15 000 kg 的典型，对探索持续高产稳产起着重要作用。

3. 开发立体农业，发挥耕地土壤生产潜力 立体农业是指利用生物与农田环境空间相互依存关系，采取间、套、混等种植方式，充分利用作物的生物习性、生长时间和空间来配置农业，组成田间复合生态群体，以求充分发挥光、热、水、土的共同效应，提高耕地土壤的生产能力。我国南方立体农业的历史悠久，随着经济发展，其因土制宜开发的内容更加丰富。例如福建闽南地区的高产蔗田主体种养开发、红壤丘陵山区沟谷洼地的垄稻沟渔主体种养开发、广东珠江三角洲的桑基鱼塘立体种养开发等，都是成功的开发模式，都为建立自身的生物循环、良好的生态环境和较高的经济效益提供了有效经验。

过去，我国多熟制农业仅限于热量高的南方地区。现在，随着农业新技术推广，地膜应用和设施农业的发展，间套作的多熟制已在各地探索成功，有的甚至可一年六熟，为挖掘我国耕地生产潜力闯开了新路。

4. 综合开发丘陵山地，用养结合　上文已述，我国丘陵山地在全国土地总面积中占有很高的比例，其中丘陵山地上的耕地面积占全国总耕地面积的 35.10%。可见，丘陵山地是我国耕地资源的重要组成部分，也是综合开发潜力很大的土壤资源。

在丘陵山地中，有灌溉条件的已辟为水田，但大多因缺乏水源而为旱地。全国丘陵山地中旱地和水田分别占 80.9%和 19.1%，可见，丘陵山地是以旱地为主。但南方的长江中下游区的水田和旱地分别占本地区丘陵山地的 59.1%和 40.9%，也就是水田比重大于旱地面积比重；华南区和西南区的水田比重，分别占这两个区丘陵山地的 34.92%和 25.23%。北方各大区的水田均占极小比重，甚至全部是旱地。由于丘陵山地中水田和旱地比例不一，其开发利用方式也颇不一致。长期以来的实践说明，丘陵山地辟为耕地后，因地制宜采取不同利用改良方式进行综合开发，是提高丘陵山地生产力的有效途径。

（三）我国旱地土壤资源的障碍类型和肥力培育

1. 低产旱地土壤的障碍类型　我国旱地有 1.058×10^{8} hm^2，其中 46.25%面积为低产旱地，34.81%面积为中产旱地，中低产旱面积占全国旱地面积高达 80.96%。这些土壤生产力低下，其主要原因是存在着各种障碍因素。

（1）侵蚀型旱地　我国坡耕地主要是旱地，约 45.64%的旱地为坡度在 8°以上的坡耕旱地，由于农田建设的标准不高，水土条件不稳，容易引起土壤流失。据全国第二次土壤普查的结果，全国耕地土壤流失的侵蚀型旱地超过 4.0×10^{7} hm^2，其中严重土壤流失的陡坡旱地约为 6.7×10^{6} hm^2。就地区而言，黄土高原区因土壤结持松散侵蚀面积最大，近 1.13×10^{7} hm^2；西南地区多山地，坡耕地也多，受侵蚀面积约为 6.7×10^{6} hm^2；华北土石山区，土层浅薄，侵蚀面积也有 6.7×10^{6} hm^2 左右；东北黑土区，多发育漫岗地貌，肥沃黑土层垦殖后易遭侵蚀，目前侵蚀面积约为 8×10^{6} hm^2。

（2）盐碱型旱地　我国旱地中盐碱型土壤甚多，自东南沿海到内陆干旱、半干旱地区均有分布，且出现在海拔－153 m 的吐鲁番盆地以至海拔 4 000 m 以上的青藏高原。盐碱障碍类型可归纳为盐化土壤和碱化土壤两大类。据全国第二次土壤普查的结果，我国盐碱化土壤面积为 $1.496\,9\times10^{7}$ hm^2，其中盐化土壤面积为 $1.416\,6\times10^{7}$ hm^2，碱化土壤面积为 8.03×10^{5} hm^2。分布区域以华北和东北两区盐碱化土壤的面积最大，其盐化土壤面积分别为 6.402×10^{6} hm^2 和 2.054×10^{6} hm^2，分别占全国盐化土壤面积的 45.36%和 14.55%；碱化土壤面积分别为 1.61×10^{4} hm^2 和 4.99×10^{5} hm^2，在全国碱化土壤面积中所占的比例也很高。其次为西北干旱区，黄土高原区和长江中下游区也有相当面积的盐碱化土壤类型，均在 1.333×10^{6} hm^2 以上，约占全国盐碱土壤总面积的 10%。此外，华南盐碱土壤面积仅占全国的 4.3%，青藏高原及西南区分别占全国的 0.3%和 0.02%。

盐碱型旱地的障碍因素，主要是土体中含不同程度的盐分或碱性强，对根系伸展和吸收产生危害。碱化旱地，土壤物理性质不良，也会导致表层结壳，造成土壤通气不良而伤根。

（3）缺水型旱地　我国旱地中水浇地面积不大，全国共约 2.27×10^{7} hm^2，占全国旱地总面积的 1/5 左右，其余大部分属于雨养农业旱地。如遇久旱不雨或保墒措施不力，土壤表现干旱缺水而使作物减产。这类缺水型旱地约占雨养农作旱地一半的面积。据统计，全国缺水型旱地面积为 5.04×10^{7} hm^2，主要集中分布在长城沿线、内蒙古东部、华北平原、黄土高原以及江南红土丘陵，尤以黄土高原区和西北干旱区最多，分别为 1.07×10^{7} hm^2 和 9.8×10^{6} hm^2；东北、华北和西南 3 大区也在 6.7×10^{6} hm^2 以上；长江中下游区为 5.2×10^{6} hm^2。

北方的缺水型旱地，年降水量仅 250～600 mm，属干旱、半干旱地区，加之土壤流失，土体浅薄，极易缺水受旱。南方的缺水型旱地，主要由于降水集中，常出现季节性干旱，由于地表覆盖差，黏质土壤有效蓄水量低，如遇伏旱，缺水更加严重，造成歉收甚至失收。

（4）瘠薄型旱地　全国耕层浅薄的瘠薄型旱地面积为 2.4×10^{7} hm^2，占全国旱地面积的 22.68%，这类旱地由于耕层浅薄，保水保肥能力差，土壤熟化度低，根系伸展受阻，植株发育差而减产。这类旱地尤以山丘地分布更为广泛。分布地区以东北区最多，其面积为 8.308×10^{6} hm^2，占全国瘠薄型旱地总面积的 34.73%，依次为黄土高原区、华北区、西南区和长江中下游区，其面积分别为 5.089×10^{6} hm^2、4.721×10^{6} hm^2、4.395×10^{6} hm^2 和 4.067×10^{6} hm^2，分别占全国瘠薄型旱地总面积的 21.27%、19.74%、18.37%和 17.00%；华南区和西北区明显少，分别为 1.128×10^{6} hm^2 和 8.61×10^{5} hm^2，仅占全国瘠薄型旱地总面积的 4.71%和 3.60%；青藏高原区因其耕地总量不多，故瘠薄旱地仅 6.67×10^{4} hm^2 左右，只占全国瘠薄型旱地总面积的 0.27%。

（5）风沙土型旱地　据统计，我国旱耕地中风沙土面积为 2.586×10^{6} hm^2，主要分布在北方干旱、半干旱地区，或新旧河道的自然堤两侧，一般以粉砂和细砂为主。砂土层深厚，结持力差，起风季节易遭风蚀，特别在风沙流动中，土壤干旱，养分又贫瘠，发展农业受到限制。风沙土型旱耕地以黄土高原、东北地区和西北地区的分布面积较大，分别为 1.191×10^{6} hm^2、6.11×10^{5} hm^2 和 4.52×10^{5} hm^2，分别占全国风沙型旱地总面积的 46.04%、23.61%和 17.47%。

（6）缺素型旱地　土壤本身养分含量亏缺或土壤养分不平衡，都会导致作物缺素症状。我国旱地土壤的缺素情况极为普遍，缺素型旱地的类型，往往按单个营养元素缺素临界值统计，缺素旱地类型有的既缺有机质又缺磷，同时还缺 1～2 种微量元素，因而只能重复统计缺素面积，累计旱地缺素面积为 3.3841×10^{8} hm^2。从不同缺素类型的面积来衡量，旱地缺素障碍面积大于水田面积。但其中缺钾、缺锌和缺铁面积，水田又大于旱地。

2. 旱地土壤肥力的培育　旱地土壤的肥力，不仅土壤本身的内在因素复杂，而且受生态环境的影响也千差万别，因而人们必须通过培育和改良，从多方面来调节、控制和利用，不断减少或消除低产障碍因素，使土壤肥力持续提高。

旱地土壤适种的作物种类远比水田土壤丰富，麦类、玉米、高粱、谷子、大豆、花生、油菜、棉花、麻类、甘薯、土豆等都有栽培。它们对土壤水分，养分的要求各有所不同，而且在生产中常以间种、套作、复种或轮作进行协调平衡。同时，熟制上有一年一熟、一年二熟或一年多熟。利用方式对于土壤的影响也颇不一致，有水源条件的旱地，在加强农田建设的同时，发展水浇地，对促进土壤熟化有明显作用，但不像水田那样深刻。

旱地土壤肥力的培育，必须有一个良好的土体构造，一般上部具有比较疏松、深厚的耕作层，结构性好，有机质和其他养分含量较高，供水供肥和保水保肥性能强，其下为不整合的亚耕层，再往下，心土层和底土层逐渐趋于紧实，但因灌溉施肥的影响，可使其养分状况得到改善，有利于作物根系发展。旱地在用养结合条件下，只要土壤耕作管理合理，经过多年的培育和改良，形成上虚下实的土体构造，具有水土稳定的立体环境、水肥协调的供给性能、供根系舒展的心底土层，都能培育成为较高生产力的旱地土壤。

旱地土壤肥力的培育，其作用不仅是以"库"的形式储存植物生长所需的水分和养分，更重要的目的是通过土壤基质的能量转换，获得较多的生物潜能，保证农业持续增产。但是土壤肥力的培育总是与农田生态以及区域生态环境和生产条件相联系的，因而旱地土壤肥力的培育，不论是高产旱地的培育还是低产旱地的改良，都应采取山、水、田、林、路综合治理的技术配套措施。重点做好以下几个方面工作。

(1) 平整土地　平整土地，既有利于稳定水土，又便于耕作管理，是培育高产稳产农田的基础条件。山丘、坡地修建梯田，防止冲刷，保持水土；低湿洼地修建台田、条田，宣泄涝渍，防止浸淹；不少平原旱地，也存在大平小不平的状况，也应在平整的同时建成为方田、畦田。

(2) 暄活土体　古今中外经验都可证实，砂掺黏、黏掺砂是暄活土体的有效措施。我国有些地方引洪淤灌，更可大面积改良土壤。对僵板的土壤，采取深翻暴晒、秋耕冻融和耙、耢、压等措施都可使土体酥散暄活。

(3) 增施肥料　随着单产提高，年复一年要从土壤中携走大量养分，因此要均衡满足植物生长需求，就必须施肥补充养分。要提高土壤供肥的后劲，就不能没有有机肥的投入，土质肥沃是培肥土壤的中心内容。

(4) 加厚耕层　若土层浅薄，特别是活土层浅薄，作物吸收的营养面积有限。加厚活土层的办法，主要是加深耕翻或客土增厚。土壤耕翻应年度间采取深耕与浅耕相结合，耕翻与免耕相结合的方式，避免过去年复一年在同一深度范围内耕翻，形成坚实的亚耕层。采取深耕、浅耕、免耕相结合的方式，既可加深耕层厚度，又可使耕层虚实并存，更有利于蓄水保肥和供水供肥。

(5) 灌排渠系　具备水源的地方，建立灌排配套渠系，是培育高产稳产旱地的重要保障。在不具备水源的地方，也要在雨养农田条件下，做好拦蓄降水、蓄纳保墒的耕作管理与田间工程设施。

(6) 种草养土　利用瘠薄旱地、田头地边、林间隙地等，采取混、间、套的办法，种植适合当地生长的牧草或绿肥，甚至耐瘠草类，以利护土养土。种植牧草绿肥，既可直接翻压培肥土壤，也可通过农牧结合、牲畜过腹还田培肥土壤。

(7) 田间林网　田间设置防护林网可以有效地防止风蚀，减轻低温危害，调节农田环境，改善土壤水热状况。因而田间防护林带可称得上是土壤培肥的"卫士"。

(8) 田间道路　为使土壤耕作、田间管理以及收种等作业实施机械化，提高劳动生产率，修建田间道路是建立良好农田生态和实现农业现代化不可缺少的基本条件。对培肥土壤而言，合理的农田道路设置，可以防止机车乱行，破坏土壤结构。

(四) 高产稻田的培育

改造低产稻田是发展农业生产和促进均衡增产的主攻方向，而培育高产稻田，则是获得持续高产的长期任务。培育高产稻田必须做到以下几点 。

1. 具有易控排灌的农田环境　稻田土壤的物质循环和能量转化，需要易于调控排灌设施，确保排灌自如，做到宜水适旱，水旱轮作。农田水利建设是土壤肥力建设的基础条件，也是培育高产稻田的关键措施。长期农业生产实践证明，加强农田水利建设，建立配套排灌系统，对于以改善稻田土壤环境来影响土壤肥力因素的效果尤为突出。高产稻田一般都具有良好排灌条件，地下水位易控制在70～100 cm以下，同时稻田田面平整，有利于稻田的水浆管理，调控土壤水分，例如植稻期间的烤田和旱作期间的开沟排水等。

低洼地区和山垄谷底的稻田，常因地下水位过高，农田排水不畅和土壤内排水不良，直接影响水稻和旱作产量的提高。有些地区高产稻田和低产稻田的土壤理化性状相似，但地下水位有差别，就可使水稻产量有明显差异。低洼地区和山垄谷底的稻田，应加强排水设施建设，解决排水出路，将地下水位控制在80 cm以下，创造一个以排为主、排灌结合、易排易灌的农田环境，才能根据水稻各生育时期生长的需要，提供以水促肥的良好土壤条件。而丘陵坡地的稻田，一般引水不便，灌溉设施差，抗旱能力弱，常因干旱而影响水稻产量。这类稻田培育高产田，应以发展灌溉为主，建设轮灌系统，实行节水灌溉，确保水稻各生育时期的需水和旱作期间的抗旱灌溉。因而建设易控排灌、干湿交替的农田环境，对水旱作物立苗基础和根系发育、加速土壤物质循环、降低有毒还原物质积累具有良好作用，这是建设高产稳产农田的首要条件。

2. 具有较高的基础地力贡献率　长期生产实践确认，水稻是高产作物，稻田是稳产土壤。大量田间试验证明，稻田的基础地力效应对土壤生产力起着决定性的作用。凡基础地力好的稻田，绝对生产力高；反之，基础地力差，绝对生产力也低。可以说，稻田生产力是土壤基础地力效应和施肥效应的综合表现，即：稻田生产力＝稻田基础地力效应＋施肥效应。

高产稻田由于基础地力好，都具有较高的地力贡献率。浙江、上海等高产地区的多年田间试验表明，培育高产稻田，水稻生产力的70%～80%或以上是由基础地力获得的。稻田的基础地力，可以按一季或全年水稻不施肥区占施肥区产量的比例表示，可称为基础地力贡献率（%）。浙江省在不同基础地力的土壤上，对早稻进行了71组对比试验，将早稻生产力划分为9级（每级间距为每公顷产量750 kg），分别统计出不施肥区的基础地力效应占施肥区的肥料效应的比例。试验表明，每公顷产量在5 250～6 000 kg时，基础地力效应所占的比例都在65%左右；每公顷产量6 000 kg以上时，基础地力贡献率都在80%以上，显示出早稻生产力越高，基础地力效应越大。可见，高产稳产稻田必须具备良好的基础地力。

3. 有丰富的养分及协调供应能力　全国第二次土壤普查结果说明，高产稻田一方面有机质及矿质营养较丰富，另一方面水肥供应状况也比较良好。就养分的相对含量而言，高产稻田普遍高于当地的旱作土壤和中低产稻田。但也有例外，在低湿地区渍潜状况严重的稻田，往往总体潜在养分含量不低，因其“水害”制约了养分潜力的发挥。所以高产稻田必须既有丰富的养分含量，又有协调的供应能力。从各地高产稻田的养分含量统计资料看，土壤有机质含量一般在25～30 g/kg，而由低洼稻田排水改良后的高产田有机质含量可在40 g/kg左右。由坡地培肥改良后的高产田有机质含量也有不到20 g/kg的含量水平。土壤磷素含量主要决定培育过程中的增磷措施，一般高产稻田的速效磷含量都不低于10 mg/kg，土壤钾素与土壤母质的含钾矿物、生物钾补充及增施化学钾肥有关。一般高产稻田速效钾含量都在100 mg/kg左右，个别也有80 mg/kg的含量水平。

当然，高产稻田不仅需要较为丰富的养分含量基础，而且更要求具备较好的养分供应能力。一般而言，土壤有机质总量中，其易氧化有机质的比例都在55%以上，因此土壤有机质含量高，意味着有机质转化和氮素供应能力强，特别是多肥高产地区，稻田的氮素供应对肥料氮的依赖相当大。培育高产稻田的养分状况不仅要通过有机肥无机肥投入，使其养分含量达到适宜范围，更重要的在于调节土壤环境因素，提高土壤养分供应能力。

4. 具有良好的爽水性能　高产稻田的养分供应，不仅要求一定的供应数量，还要有较快的供应速率，在相似的土壤质地条件下，这主要取决于土壤结构及其土体性状。具有良好土体性状的爽水型稻田，在水稻生长期内，土壤物质循环有利于水稻的养分吸收。在麦稻稻一年三熟制条件下，尤其大麦和早稻对养分吸收量有明显增加，这与土体的水分状况密切相关。爽水稻田与滞水稻田二者由于土壤水分常数在耕作层与犁底层表现一定差异，土壤剖面中渗透系数也有明显变化。特别是犁底层及其以下土层的渗透系数，滞水稻田在犁底层和剖面下部土层的渗透性能差，故在多雨季节或农田排水不畅的条件下，土体渍水现象易于发生。反之，爽水稻田从犁底层开始，水分均能适度渗漏，有利于水稻早发和排除渍水，因而在相同的一年三熟制条件下，爽水稻田的养分吸收较平衡，其生物产量和光能利用率均高于滞水稻田。爽水稻田易于培育高产土壤，这已形成普遍的共识。

5. 具有良性物质循环的生态功能　稻田的生态环境，不仅受农田设施、耕作制度和培肥植稻技术的影响，而且也受区域性水热状况、地形地貌条件的制约。高产稻田是在不同自然生态条件下，具有定向建设和培育良性循环的生态功能。我国稻田分布在不同的热量带，除东北、西北、华北部分地区只能种植一季稻的生态区外，其余都是麦稻一年二熟、双季稻一年三熟或一年三熟稻的生态区。由于稻田生态的多样性，高产稻田则是具良性物质循环的不同特点，特别是具有不同耕作制度和养分循环的功能。当前高产稻田，氮素出现盈余，磷素基本平衡，钾素亏缺明显。因此要维护和提高全年稻田生产力，就必须采取相应的平衡投入措施。同时，在高产稻田的培肥中，不仅应注意无机养分循环，而且应坚持有机无机相结合的施肥方针，这是建立良性物质循环生态功能的重要基础。

二、我国草地土壤资源的开发和利用

草地是指着生草本植物或兼有灌丛和稀疏树木可供放牧或刈割而饲养牲畜的基地。发育在草地植被下供牧业利用的土壤称为草地土壤。草地土壤不仅包括通常所说的草原土壤，也包括森林植被破坏后演变为草本植物为主的草山草坡土壤，以及大面积湖滨草地土壤和海滨草地土壤，其分布地区、面积与我国草地大体一致。由于草地土壤资源在我国土壤资源中所占的比重较大，分布范围甚广，开发利用潜力也很大，并与耕地土壤、林地土壤构成完整的陆地土壤生态系统，所以合理开发利用草地土壤资源，对国民经济、社会发展、人民生产生活、环境保护等都具有极其重要的意义。

（一）我国草地土壤资源的特点

1. 资源丰富，类型多样　我国草地总面积为3.93×10^8 hm^2，约占国土陆地总面积的45.46%，主要分布在东北、西北和青藏高原地区，其次是黄土高原、云贵高原、南岭山地、东南丘陵及湖滨、海涂地区。在不含港澳台地区的省份中，草地面积在 6.7×10^6 hm^2 以上的省份有西藏、内蒙古、新疆、青海、四川（含重庆）、甘肃、云南、广西和黑龙江 9 个，其总面积达 3.2646×10^8 hm^2，占全国草地总面积的 83.1%；草地面积在 6.7×10^6 hm^2 以下的省份有吉林、辽宁、宁夏、河北、河南、山东、山西、陕西、北京、天津、广东、湖南、湖北、江苏、浙江、江西、安徽、福建、贵州和海南 20 个，总面积仅 6.628×10^7 hm^2，占全国草地总面积的 16.9%。

由于草地类型丰富多样，草地土壤类型也多种多样，主要有黑土、黑钙土、栗钙土、棕钙土、栗褐土、灰钙土、灰漠土、灰棕漠土、棕漠土、草甸土、山地草甸土、林灌草甸土、草毡土、黑毡土、寒钙土、冷钙土、冷棕钙土、草甸盐土、沼泽土、黄褐土、风沙土、粗骨土、石质土、新积土等；其次是发育在森林草原、灌丛草原、热带稀树草原或稀树灌丛草原植被下的白浆土、褐土、燥红土；还有森林植被破坏后演变为草本植物群落的草地土壤，例如红壤、赤红壤、砖红壤、黄壤、黄棕壤、棕壤、黄褐土、灰褐土，灰色森林土中都有草地土壤成片或零星的分布。草地土壤的多样性，为农林牧业用地互补与协调发展创造了条件。

2. 水热资源不协调，干旱风沙问题突出　我国草地土壤面积大，分布广。按中国气候分区，我国草地面积的 1/2 左右分布在北方温带草原和荒漠区，1/6 左右分布在南方亚热带和热带草山草坡，1/3 左右分布在青藏高原高寒草原和荒漠区。水热条件不仅南北方差异大，就同一地区由于受地形、坡向、海拔高度的影响，水热分配也有明显的变化。北方温带地区的降水量，从东南部的 500～700 mm 到西北部降至 50 mm 以下。≥10 ℃积温，在黄土高原中西部地区为 2 300～4 000 ℃，而到海拔 4 000 m 以上的青藏高原区不足 500 ℃。南方亚热带、热带草山草坡，虽然水热条件优越，但垂直变化也相当明显。

由于我国的降水量主要受东南季风控制，年降水量明显呈东南高西北低的趋势，因此从东北平原西部，经蒙古高原、黄土高原西北部，到青藏高原以西形成了广阔的干旱、半干旱地区，约占全国草地土壤总面积的 2/3。这些地区风多风大，为土壤风蚀提供了动力，所以干旱、风沙是我国草地土壤最为突出的问题。它不仅直接影响天然草地的产草量，增加了土壤改良利用的难度，而且很容易引起土壤风蚀沙化、盐渍化等一系列问题。

3. 地区分布不均衡，生产力悬殊　在全国 3.93×10^8 hm^2 草地土壤中，约有 3.06×10^8 hm^2 分布在西北地区，7.3×10^7 hm^2 分布在南方草山草坡，2×10^7 hm^2 分布在沿海滩涂和农区零星草地。由于草地土壤发育在不同气候、植被、地形下，自然生产力也不尽相同，不同土壤的产草量亦悬殊。例如同为温带草原气候的黑钙土、栗钙土、棕钙土、灰漠土、灰棕漠土和草甸土，其中黑钙土、栗钙土和草甸土的每公顷鲜草产量可分别达 3 000～6 750 kg、1 500～5 250 kg 和 4 500～9 000 kg，而棕钙土、灰漠土和灰棕漠土每公顷鲜草产量仅分别为 1 200～1 950 kg、750～1 200 kg 和 600～900 kg。在青藏高原高寒气候条件下，草毡土、黑毡土、寒钙土和冷钙土的每公顷鲜草产量可分别达 600～2 250 kg、1 500～3 750 kg、450～1 500 kg 和 600～1 800 kg，而冷棕钙土、寒漠土和冷漠土每公顷鲜草产量仅分别为 375～900 kg、225～450 kg 和 300～750 kg。南方草地土壤虽然产草量较高，一般每公顷鲜草产量为 7 500～12 000 kg，但可食性草类较少，分布比较分散，坡度普遍较大，又常与耕地、林地交错，往往产生农林牧业用地上的矛盾。

（二）我国草地土壤资源利用中存在的主要问题

1. 干旱缺水，利用不合理　据统计，北方有 2.6×10^7 hm² 草地，因缺水而未能充分利用。南方有 7.3×10^7 hm² 草山草坡，这里水热资源丰富，草灌茂盛，生长季长，但可食性牧草甚少。另外还有滨湖及滩涂草地土壤也未充分利用。在已利用的草地土壤中，一般边远牧区利用较轻，半农半牧区和农牧交错地带利用较重。

2. 草地退化严重，土壤肥力下降　草地生物量是衡量草地土壤质量的重要标志之一，据全国草地资源调查资料，全国草地退化面积已达 6.9×10^7 hm²，占草地总面积的 17.5%，占可利用面积的 20.8%，产草量下降 30%～50%。草地退化，生物量降低，直接影响土壤的理化性状，导致土壤肥力下降。以内蒙古分布面积较大的草地栗钙土和棕钙上为例，在正常利用情况下，表层土壤有机质的平均含量，分别在 30.0 g/kg 和 15.0 g/kg 以上，由于过度利用，土壤肥力普遍呈下降趋势。栗钙土表层有机质的平均含量已降到 22.3 g/kg，棕钙土降到 9.4 g/kg，分别降低了 1/4 和 1/3，全氮、全磷的含量也均有所下降。土壤退化，物理性状变差，固、液、气相比例失调，坚实度增大，通透性变差，土壤的保水保肥能力降低，加快了土壤水分散失，表层土壤含水量下降。

3. 土壤沙化、盐碱化　草地土壤退化的第二个标志是沙化、盐碱化加剧，导致环境持续恶化。据内蒙古自治区土壤普查资料，全区 $7.880\,4\times10^7$ hm² 草地土壤中，沙化、盐碱化土壤总面积达 $2.169\,1\times10^7$ hm²，占全区草地土壤总面积的 27.5%。其中，沙化土壤面积为 3.443×10^6 hm²，草地风沙土面积为 $1.313\,1\times10^7$ hm²，盐化土壤面积为 3.111×10^6万 hm²，盐土面积为 1.382×10^6 hm²，碱化土壤面积为 3.88×10^5 hm²，碱土面积为 2.35×10^5 hm²，分别占全区草地土壤总面积的 4.4%、16.7%、3.9%、1.8%、0.5%和 0.3%。草地土壤退化的原因主要有：①载畜量高，放牧强度大，生物再生力降低；②滥垦、滥牧、乱挖导致土壤沙化和盐渍化；③鼠、虫危害导致土壤退化；④环境日趋恶化，促进草地土壤退化。

（三）我国草地土壤资源利用的方向和措施

草地土壤是草地生态系统的重要组成部分，物质积累和能量交换主要通过地上牧草来实现。因此保护土壤，首先要保护植被；培肥土壤，首先要增加植被，使之形成土草共济、草畜协调发展的良性生态系统。开发利用草地土壤资源，必须牢固地树立起长远的观点、保护的观点和持久建设的观点。

1. 以牧为主，因地制宜，全面发展　草地是发展畜牧业的物质基础，以牧为主并不等于发展单一的畜牧业，还要因地制宜，与农业、林业相结合，这是现代大农业的需要，也是发展高产、优质、高效畜牧业的需要。按照我国草地土壤的自然条件和利用现状，可大体分为以牧为主，农牧林结合；以牧为主，牧林结合；以林为主，林牧结合等多种利用形式。至于农牧林的比例，应视地区、土壤而定。

北方草地土壤面积大、分布广、类型多、水热条件悬殊，是我国天然草地的主体。在东部黑土、黑钙土、栗钙土、栗褐土带，年降水量均在 250 mm 以上，具有发展雨养农业（旱地农业）的条件，可以牧为主，农牧林全面发展。在年降水量 250 mm 以下的棕钙土、灰钙土、灰漠土、灰棕漠土带，无灌溉即无农业，只能以牧为主，在有灌溉条件或地下水位较高的草甸土地区，才可能发展农林业，实行以牧为主，农牧林结合或牧林结合。而青藏高原上的草毡土、黑毡土、寒钙土、冷钙土、寒漠土、冷漠土，由于地势高、气温低、无霜期短或没有无霜期，不能从事农林业，只能发展畜牧业。

南方草山草坡土壤资源中，山地草甸土资源的利用应以经营畜牧业为主。其他不连片的草地土壤均为森林遭到破坏或过度采伐后逆向演替退化形成的次生草地植被，立地条件仍属于森林生境条件，开发利用应以林（果）为主，林牧结合，农林牧全面发展。

沿海滩涂草地土壤地形平坦，水热条件好，虽然多为盐渍土、滨海风沙土，但经改造后，可因地制宜地发展农业、林业、牧业、水产养殖和果树等。总之，除极端干旱缺水或高寒地区都要注意以牧为主，全面发展农业、牧业、林业，充分发挥草地土壤资源的综合生产潜力。

2. 加强保护，合理利用　草地与畜群在适度放牧条件下能使草畜两旺，获得对立统一的生态系统及最大的经济效益、社会效益和生态效益。但草地一旦遭到破坏，恢复很困难。所以在开发利用过程中，管好用好有限的草地土壤资源就显得格外重要。重点做好以下几方面工作。

（1）立草为业，走建设养畜的道路　一靠科学，二靠政策，调动农牧民保护草地、种草种树、发展畜牧业的积极性，加速我国传统畜牧业向现代化、集约化、商品化转化。

（2）加强草地管理，固定草地使用权　推行草地有偿使用制度，做到谁使用、谁保护，谁建设、谁受益，引导广大农牧民增加草地建设的投入，加快草地土壤改造步伐，提高草地的生产力。

（3）以草定畜，合理确定载畜量　以草定畜、以草配畜、增草增畜、草畜平衡是合理利用草地、保持土壤肥力久用不衰的根本保证。

（4）严禁乱垦滥牧，科学放牧　建立科学的放牧制度，因地制宜划分季节放牧场，在季节放牧场内，实行划区轮牧或分段放牧，推广先进的放牧技术，防止天然草地过牧引起土壤退化。

3. 发展人工草地，建立基本草场　建立人工草地是合理利用草地土壤资源，充分发挥草地土壤潜力，大幅度提高草地土壤生产力，缓解草畜矛盾，培肥地力的主要途径，是衡量一个国家或地区畜牧业发展水平的重要标志。为适应我国牧区家庭牧场规模而建设的水草林料配套基本草场，对发展高产优质人工草地，改善草地土壤环境，实行集约化经营展现出广阔的前景。

建立人工草地也是有效利用和改造退化草地土壤的主要措施。按我国北方草地土壤的水热条件，生产能力在正常情况下，天然草地每 100 mm 降水量可每公顷产干草 225～300 kg，而退化草地土壤的产草量仅为正常草地土壤的 30%～50%。建立人工草地后，每 100 mm 降水量可每公顷产干草 750～1 050 kg，是同等条件天然草地的 3～5 倍。若采取灌溉、施肥等措施，其产草量更高。

4. 封育天然草地，改良退化草地　围封是保护、抚育天然草地、恢复土壤生产力的有效措施。天然草地开始退化，牧草产量明显下降，但草群组成尚未发生大的变化时，应及时采取围封培育措施，一两年时间草地的生产力便可以恢复到正常水平，且产草量比围封前成倍增长。

三、我国林地土壤资源的开发和利用

我国幅员辽阔，地跨寒温带至热带5个气候带，自然条件复杂。地貌以山地丘陵为主，约占国土陆地总面积的70%。因气候条件和地貌类型的多样性形成了各种森林类型，从寒温带针叶林至热带雨林的林下形成多种多样的土壤资源。山区大多山高、坡陡、林深、酷寒、交通不便。又由于在较长时间内重采伐轻培育，对森林的综合生态效益及其对人类环境改善和保护的功能认识不足。因此全国森林蓄积量持续减少，森林质量下降，可采资源濒临枯竭，资源状况急剧恶化。与此同时，林区土壤性质也发生了相应的不良变化，土壤流失严重，林地资源丧失。因此对林地资源的合理开发、综合经营利用与强化管理，已成为国民经济发展和改善国土环境的重要问题之一。

（一）我国林地土壤资源概况

我国沿大兴安岭—吕梁山—六盘山—青藏高原东部边缘一线，以东为湿润季风区，是各类森林土壤分布的主要地区；西北为干旱区，森林仅见于高大山系阴坡，可见到云杉、冷杉等旱生森林下形成的灰褐土。

东半部林地土壤发生类型的演变受纬度地带性影响深远。在广东、广西、云南及台湾省、自治区南部，为热带湿润气候，但有时出现季节性干季，植被为热带雨林季雨林，其下形成多种类型的砖红壤，土壤资源面积为 3.982×10^6 hm^2，为我国三叶橡胶及其他热带植物引种成功的地区。秦岭淮河以南的广阔地区包括西南、华中、华东和华南北部，进入亚热带，可分3个亚带：①南亚热带，主要沿福建、广东至广西钦州一带沿海，向西至云南南部，在季风带常绿阔叶林下，但西部以思茅松及细叶云南松占很大比例，土壤以赤红壤为主，盛产龙眼、荔枝及其他多种亚热带果木，土壤资源面积为 $1.778\,2\times10^7$ hm^2。②中亚热带，带幅较宽，系在湿润常绿阔叶林条件下，土壤以红壤和黄壤为主，土壤资源面积分别为 $5.690\,2\times10^7$ hm^2 和 $2.324\,7\times10^7$ hm^2。更高山地林下常可见暗黄棕壤，土壤资源面积为 7.194×10^6 hm^2。③北亚热带湿润常绿阔叶林与落叶林混交，土壤为黄棕壤和黄褐土，前者土壤资源面积为 $1.084\,4\times10^7$ hm^2，后者土壤资源面积为 3.810×10^6 hm^2。

秦岭、淮河以北进入暖温带棕壤和褐土带，包括华北东部地区和辽东半岛，属暖温带湿润至半湿润气候，植被为落叶栎类及其他阔叶落叶树种与油松、赤松、侧柏等针叶树种混交。棕壤的资源面积为 $2.015\,3\times10^7$ hm^2，褐土的资源面积为 $2.539\,3\times10^7$ hm^2。

向北进入湿润温带，林被以红松为主，形成的暗棕壤资源面积为 $4.018\,9\times10^7$ hm^2；亦见白浆土及白浆化森林土壤，资源面积为 5.272×10^6 hm^2。东北的大兴安岭北部，北纬50°以北地区，属寒温带气候，在小叶樟子松林下为棕色针叶林土，面积为 $1.165\,2\times10^7$ hm^2。在大兴安岭西坡，向草原过渡地区，为灰色森林土，面积为 3.148×10^6 hm^2。在西北干旱高山山系阴坡部分可见云杉、冷杉下形成的灰褐土，其面积为 6.176×10^6 hm^2。

（二）合理开发利用我国林地土壤资源的途径

目前，我国林地土壤资源还存在许多方面的问题。主要表现在：森林覆盖率、林地资源的数量和质量与经济发展的需要和保护环境的需求不适应；中幼龄林无论是在针叶树中还是阔叶树中的比重均较大，林地资源质量较低；人工造林地后续管理的问题突出；许多土壤（例如盐碱土、湿地、风沙土、石质土、干旱土壤等）有障碍因素，在植树造林之前必须进行林业土壤改良，才能保证林木成活。因此管理、养护、扩大林地资源的任务显得十分迫切。

1. 正确开发和合理利用　我国有限的林地土壤资源，应根据当地气候特征、土壤性质和类型，因地制宜地选择采伐方式，进行林地土壤资源管理和森林经营。

2. 以林为主，综合开发利用林区资源　现有国有天然林区，除森林所覆盖的土地外，尚有大片沼泽和草甸，仅以大兴安岭北段为例，现有沼泽土 3.67×10^5 hm^2，生长着以莎草科和禾本科为主的草本植物，是良好的天然饲料；另有 1.33×10^4 hm^2 草甸土，除部分辟为苗圃或菜地外，亦有待开发。从林地土壤资源利用情况看，主要利用立木林下植物（例如越橘、杜香、杜鹃等），但尚未很好利用；林下活地被物（例如苔藓、地衣等）更无人问津。因此土地生产提供给人类的各种可再生的植物资源，多数在伐木时遭到破坏，丧失其利用价值。寒温带大兴安岭北部的土壤尚且可以提供如此丰厚的资源，更何况我国南方的林地土壤。以西双版纳为例，该地区土壤土体深厚，达数米，热带雨林从乔木、下木、灌木至林下草木、林中攀缘植物、寄生植物等林分可分为 7 个层片，与此相应的庞大地下根系也同样占有深、广的地下生存空间，因而橡胶林下的茶树、珍贵药材的套种已获得良好的经济效益、生态效益和社会效益。由于原始林地基本已开发殆尽，人工林地正在增长，故林粮间作，林药、林参套种，广泛应用立体林业等观念与相应措施已悄然兴起，这说明科技工作者已注重发挥林地生产潜力和提高林地的综合利用率。

3. 维护林地土壤肥力，发展多效林业　现代国际上对森林的多重效益取得共识。一般认为森林的功能有：①生产木材和林副产品；②保护生态环境（包括分水岭和渠水区的保护）；③提供游憩场所；④栖息和保护野生动物；⑤放牧等。因而林学家对森林的基本经营思想转向认为森林的所有成分（乔木、下木、林下植物、林中鸟、兽、微动物和微植物等）均处于平衡状态。因此森林经营应以不破坏这种森林生态系统的平衡为前提，故各国学者提出一些森林经营的新概念，例如美国的新林业（new forestry），其重点在于维护复合的森林生态系统而不仅仅是完成树木的更新。德国称为仿效自然（follow nature）的林业，认为培育森林应符合下述要求：①混交；②异龄；③组成树种应适应该立地条件；④不同树种不同年龄的组合应呈群团状分布；⑤林木的质量应最好，最终导致林分蓄积量增加，维持森林小气候，使林地土壤性质得到改善。在我国东北林区不同的定位点均证实，在森林不遭破坏和干扰的情况下，林木每年有相当数量（大于 4 t/hm^2）的枯落物经微生物分解后归还土壤，即林木有自肥的功能。在这些现代营林思想指导下，我国根据各地林区的具体条件采用的采育兼顾法、采育双包制（即采伐与更新同时进行）、栽针保阔改造次生林等技术措施，均已取得良好效果，林地土壤亦相应得到养护。

复合农林业或农林复合系统（agroforestry）的复兴，为林地资源的开发利用提供了途径。农林复合系统有各种分类方法，按其栽培系统可分为：①农林栽培系统，有林粮间作、乔灌草混交、果粮套作、农林间作套种、农田防护林系统等；②农林牧系统，有猪、橘、稻、菜系统，树木、牲畜、农作物混用地，林、粮、草、牛系统等；③林牧系统，牧场四周栽植多用途饲料树，林、草、牛（或鹿）系统，果、草、畜系统等；

④特种栽培系统，有林、胶、灌、草热带栽培系统，林、蜂、花粉系统，林药系统（林下栽植人参、黄连、天麻、美登木等）。按其生态系统类型可分为：①林农复合型；②林牧复合型；③林渔复合型；④农林渔复合型；⑤林副复合型等。总之，农林复合系统的提出和发展，无疑将为合理利用林地土壤资源，建立良好的林地生态系统，生产更多质优价廉的农林牧副产品作出贡献，并能保持水土，维护林地肥力。

第六节　我国区域土壤资源的改良利用和保护

一、我国盐渍土资源的改良利用

盐渍土包括盐土、碱土以及多种盐化土壤和碱化土壤，还有与漠土共存普遍盐积、具有盐壳的土壤类型。从全国来看，我国共有各类盐土总计 $1.477\,9\times10^7\ hm^2$，各类碱土（亚类）共计 $8.66\times10^5\ hm^2$，属于尚未达盐土与碱土阶段的盐化土壤和碱化土壤也有 $1.497\times10^7\ hm^2$，3 个漠土类中的严重盐积的土壤达 $3.152\times10^7\ hm^2$。这样全国盐碱土面积总计达 $6.213\,5\times10^7\ hm^2$，其中约有 $1.47\times10^7\ hm^2$ 是多类耕地中的盐渍土。

随着我国经济改革的深入开展，农业的持续发展已成为国民经济的重要基础，高效开发利用我国盐渍土资源，是我国农业科技工作者面前的一项紧迫任务。盐渍土土体深厚，分布地区地形平坦，适于机械化耕作，大多数有灌溉之便，是我国农业开发的重要资源，历来就受到国家的重视。1949 年以来，我国盐渍土资源的改良利用已取得了巨大的成绩，举世瞩目。早在 20 世纪 50 年代，国家先后组织了几次大规模的灌区土壤调查和荒地资源考察（包括全国第二次土壤普查），大致摸清了盐渍土资源的分布、数量和质量，查明了盐渍土的形成条件，认识到“盐随水来，盐随水去”，盐渍土的形成与水盐运动休戚相关的规律。普遍认识到盐碱土改良必须与治水相结合。只有排水，才能降低地下水位，防止土壤返盐；也只有灌溉与排水，才能把土壤中的盐分排出土体。近几十年来，又把盐渍土资源的开发利用与改造自然、流域治理统一起来考虑，全面规划，调控区域水盐运动，把治水与改土结合起来，对洪、涝、旱、盐进行综合治理；联合运用井、沟、渠，正确处理排、灌、引蓄的关系。对自然降水、地面水、土壤水和地下水资源充分利用和统一调节，控制地下水位，使盐渍土资源的改良利用进入一个崭新阶段。我国盐渍土资源改良利用的经验可归纳为以下内容。

（一）因土制宜，综合治理

由于我国盐渍土分布区域广阔，自然条件复杂，盐渍土类型众多，盐渍程度和特性各有不同，而且各地的社会经济状况也不一样，因此改良利用盐渍土的措施不能千篇一律，必须因时因地制宜，综合治理。

因土制宜，综合治理，也就是根据当地的自然环境、社会条件来考虑盐渍土资源的综合治理问题。新疆塔里木盆地和准噶尔盆地的荒漠盐土，由于地处荒漠地带，年降水量奇少，“没有灌溉就没有农业”，主要靠天山融雪水，而水资源有限，加之新疆地区地广人稀，又是少数民族集居地区，历史习惯以牧业为主，因此这里盐土荒地资源的开发利用，仍应以发展畜牧业为主，兼顾农业。东北松嫩平原的盐渍土，都以苏打碱化为主，改良困难，同时人口较少，劳动力不足，也应考虑以牧业为主，兼顾林业和农业。

黄淮海平原内陆地区，盐渍土面积小，且呈斑状插花分布在农田中，这里人口稠密，交通发达，气候温暖，雨水较多，盐渍土应该以农业利用为主，适当发展牧业。

因土制宜系指盐渍土的治理还应考虑变化了的条件，适当调整水利和农业措施，例如黄淮海平原内陆盐渍区，从 20 世纪 60 年代开始采用井灌和沟排的措施和农业、林业措施相结合，通过治理，土壤盐分已经淋洗至一定的深度，1 m 土体脱盐至 1 g/kg 以下，地下水位也从当年 2 m 左右下降至 4～5 m，在这种情况下，水利工程的设计，应该与原来有所不同。有条件引地表水的地方，可以采用井灌与河灌相结合，补充地下水。另外，河水灌溉应改自流灌溉为提灌。限制大水漫灌，既可减少水资源浪费，又可避免大水漫灌引起地下水位上升而造成的土壤次生盐渍化。

综合治理盐渍土是指采用多种措施来改良利用盐渍土，基本原则是水利措施、农业措施和林业措施相结合，长远与当前相结合，防与治相结合。特别要指出的是，综合治理的含义并不仅局限于措施上的综合，更重要的是从整体上全面地考虑盐渍土资源的改良利用。

（二）完善水利措施

水是盐渍土形成中的关键因素。现代盐土绝大部分是在地下水或地下水和地表水双重影响下形成的，改良盐渍土，淋洗和排除土体中的盐分需要水利措施。排水是盐渍土改良水利措施的核心，只有靠排水，才能把土体和地下水中的盐分排除。盐渍土多分布于排水不畅的低平地区，地下水位较高，如再长期自流引地表水灌溉，势必抬高地下水位，促进土壤返盐。修建排水系统，可有效地控制地下水位。排水沟愈深，控制地下水位的作用愈大；距沟愈近，土壤脱盐效果愈明显。

健全的排水系统包括干、支、斗、农等各级固定沟，不但可以排除渠道渗漏水、灌溉退水和沥涝，还可排除雨水以及灌溉水通过土体淋洗出的盐分。目前排水的方式主要有明沟排水、暗管排水和井灌井排。在重盐渍区（例如滨海和西北干旱地区盐碱土）开垦种植时必须先进行土壤盐分冲洗。在盐渍较轻的地方，可采用加大灌水定额淋洗土壤中盐分的方法。在黄淮海平原和滨海地区，夏季降水集中，还可进行引伏水淋盐或蓄淡压盐。盐渍地灌溉既要满足作物需水，又要淋洗土壤盐分，调节土壤溶液浓度，为此需要加大灌溉定额，使土壤水盐动态向稳定脱盐方向发展。盐渍土地灌溉，必须针对土壤盐渍状况及其季节性变化，掌握有利的灌水时期和适宜的灌水方法。

种稻改良盐渍土是一种边利用边改良的传统经验，在我国已有悠久的历史。它具有费时短、收益快、产量高的特点。只要在有一定的水源和排水出路的条件下，都可以种稻改良盐渍土。水稻是一种需水较多的作物，整个生长期内，田面经常保持一定的水层，能持续地淋洗土壤盐分，逐渐加深土壤脱盐层，随着种稻年限的延长，脱盐率增加，尤其是土壤质地轻的氯化物盐土，透水性好，盐分容易随水往下淋溶，加之氯化物溶解度大，可随渗漏水向下迁移。

（三）采用生物措施

生物措施主要是指用种树、种草的办法来改良利用盐渍土。其共同作用就是保护地面，减少蒸发，降低地下水位和阻碍土壤水和盐分向上迁移的速度和强度。很多盐生植物或耐盐植物在其生长过程中可以吸收不少盐分，有些也能随即排出体外，例如胡杨树分泌出的胡杨碱，当地少数民族拿它来发馒头。这些植物中的盐分，有些随着植物的收获作他用，转移了地方，有的也可能枯落于当地，盐分就地积累。

树木和草由于它们不同的生物学特征，改土作用也不尽相同。树木一般都有深且庞大的根系，可吸取其下的地下水供叶面蒸腾。种树还能改善农田小气候，调节空气温度和湿度，减少地面蒸发，抑制地表返盐。种草可以改良盐渍土，草本植物枝叶繁茂，可以防止太阳直射地面，降低地温和近地面的气温，同时降低地面风速，减少地面蒸发，抑制土壤返盐。新疆炮台灌区的资料证明，种植苜蓿 2 年后的土地 0～30 cm 土层含盐量为 1.27 g/kg，比没有种苜蓿的地含盐量 9.29 g/kg 降低 86%。草的茎叶还能阻截地面径流，增加土壤蓄水量。同期测定，种草地土壤含水量比冬季休闲地高 1%～5%。

铺生盖草及窖草是苏北滨海地区群众改良利用盐渍土的一种经验，已在各盐渍区推广。铺生，即结合排水沟的清淤，地沟内清出的淤泥铺在田面，实际上垫高了田面。垫上去的土，形成一个暂时的隔离层，有利于减少毛管水蒸发和盐分在地表的积聚。常年进行铺生，则田面逐年抬高，地下水面相对下降，并随着排水沟的逐年加深，排水淋盐的效果更好。在重盐碱地上，除铺生外，还要盖草或窖草。盖草的作用是抑制地表强烈蒸发，减轻土壤返盐，并能蓄积部分雨水，加强淋盐作用。同时盖草还增加了土壤有机质。实践证明，一些难于立苗生长的重盐碱地，盖草以后，经过两季淋盐，第二年即可种棉花。盖草的材料，既可用晒干的野草，也可用麦秸等各种作物秸秆，每公顷用量为 3 750～15 000 kg，一般含盐量高的地，盖草要多些。窖草则是用于改良农田内的盐斑，将其表土 20～30 cm 挖开，填入一层干草，其目的是切断土壤毛细管，增加土壤透水性。在窖草、填土、平地的基础上，如果地表再覆盖一层厚草，更有利于消灭盐斑。

（四）采用农业耕作措施

农业耕作措施是调节土壤水肥气热状况，保证作物正常生长的重要手段。盐渍地上的农业耕作措施可从多方面制约土壤水盐运动，减少土壤盐分向地表积累，取得防盐保苗和稳产增产的效果。

土地不平是农田盐斑形成的主要原因，微地形高起处，暴露面大，蒸发强烈，盐分随水分蒸发而积聚于地表，形成盐斑，其表土的含盐量可高于低处数倍甚至 10 倍以上，可见土地平整的重要性。平整土地，一般可在冬闲季节进行，不妨碍翌年春作物生长。

盐渍土深耕可将含盐量高的表土层翻入深层，改变土壤盐分下轻上重的不良特性，有利于作物出苗和保苗。深耕可切断土壤毛细管，从而减少水分蒸发，并且由于疏松土层的孔隙率高，促进雨水下渗，盐分随之下移，促进土壤淋盐。深耕宜在秋季进行，并在翌年进行浅耕耙。盐渍地尚需雨后勤锄，及时切断土壤毛细管，防止土壤表层返盐。

增施有机肥，培肥熟化表土，可提高土壤肥力，抑制土壤返盐。熟化表土之所以有抑制返盐的作用，主要在于有良好的结构和较多较大的孔隙，能在土壤表面形成数厘米厚的干燥土层，从而削弱下层土壤水分的蒸发速度，减少表层土壤盐分的积累。

（五）应用化学改良措施

碱化土壤危害作物的原因有两个：①交换性钠的水解，提高土壤 pH，强碱性既腐蚀植物根系，又使某些营养物质（例如铁、锰、钙和磷素）的溶解度降低而不能满足作物的需要；②碱化土壤的物理性质差，湿时泥泞不透水，干时地表形成坚硬的土结壳，影响作物出苗和根茎生长。显然，改良碱化土壤必须用钙来置换交换性钠，以克服土壤的不良性质。

我国从 20 世纪 50 年代起，就使用石膏来改良碱化土壤，并取得明显效果。通过施用石膏，明显改善了土壤的理化性质，pH 下降，游离的碳酸根离子消失，碱化度降低，土壤的紧实度、透水性有很大的改善。但是我国石膏资源贫乏，价格昂贵，用它来改良碱化土壤，成本过高，难于推广应用。随着肥料工业的发展，高效氮磷复合肥料的生产，其副产品磷石膏成为当今改良碱化土壤的主要改良剂。磷石膏通常含有 50%～70%的石膏和1%～2%的五氧化二磷，因而有石膏相同的改土作用，同时含有一定的磷素营养，有利于作物生长。

二、我国红壤资源的改良利用

广义的红壤是指我国南部热带、亚热带地区广泛分布的各种红色或黄色的土壤，包括铁铝土纲的砖红壤、赤红壤、红壤、黄壤等所有土类，以及半淋溶土纲的燥红土，一般统归为红壤系列。其分布范围大致北起长江南岸，南迄南海诸岛，东至台湾，西接云贵高原与横断山脉，包括湖南、江西、福建、广东、广西、海南、台湾、云南、贵州和浙江的全部，以及安徽、湖北、四川、江苏和西藏的部分地区，涉及 15 个南方省份。红壤的总面积达 2.18×10^{6} km^{2}，约占全国陆地总面积的 22.7%。其中红壤系列的土壤面积约为 1.28×10^{6} km^{2}，占红壤总面积的 58.7%。

红壤分布区光、热、水资源丰富，自然条件优越，土壤资源生产潜力很大。红壤分布区具有热量丰富、水分充沛的特点，年平均温度为 14～28 ℃，≥10 ℃积温为 5 300～9 200 ℃，年降水量为 1 200～2 500 mm，但时空分配极不均匀，干湿季节十分明显。地面起伏大，切割深，山丘面积大，地形和母质变化复杂，山地、丘陵、平原之比，大体为 7∶2∶1。植物种类繁多，组成丰富。地带性植被为热带雨林、季雨林及亚热带常绿阔叶林，生长量大，四季常青。优越的自然条件促使红壤分布区的农业生产具有适种性广、门类齐全、多样性、综合性的特征，成为我国发展粮食作物和各种热带、亚热带经济作物与林木的重要基地。

但是由于红壤性质上的酸、瘦、黏等弱点，红壤分布区降水时空分布的不均匀，以及不合理开发利用造成的土壤流失、土壤退化等，导致红壤分布区的生态环境恶化，红壤资源潜在的生产能力得不到应有的发挥。合理开发、整治与保护好红壤资源，一直是土壤科学及农业可持续发展的重要课题。中华人民共和国成立以来，政府一直很重视南方红壤资源的开发、利用和改良，相继建立一批农林垦殖场，成为我国粮食、林木、亚热带经济作物和水果的主要生产基地，提供了大量的农、林、牧、副产品。

红壤资源的开发利用必须全面规划，综合治理，实行开发与保护、利用与改良相结合，防治土壤流失，改善生态条件，增加农业投入（物质与技术），培肥改良土壤，使土壤资源可持续利用。同时必须逐步调整生产结构，向多层次、商品化转化，切实保证农业持续稳定和协调地发展。红壤利用改良的主要方向如下。

（一）防治土壤流失，保护红壤资源

充分发挥森林在生态平衡中的主导作用，大力发展林业。采用封山育林、育草，通

过草类、灌木、乔木自然恢复的演替来改善生态环境，同时营造用材林、薪炭林和水源涵养林，控制采伐量，加强护林防火及中幼林抚育和迹地更新，促进木材积蓄量增长，同时使土壤流失得以控制，保护土壤资源。对于土壤流失严重的地方，采取生物（造林、育草）和工程相结合的防治措施。

（二）全面规划，合理布局

红壤分布区的土地后备资源的潜力很大。在开发红壤荒地时，要做到宜农则农，宜林则林，宜牧则牧，宜果则果，建立林、果、草、农、畜等人工复合生态模式，建立农林牧有机结合的生态农业新体系。

（三）调整产品结构，发展商品生产

红壤分布区要理顺粮食生产与多种经营的关系。粮食生产从稳定面积、提高单产着手。同时积极利用荒山荒坡发展多种经营，扩大经济作物，引进果树良种，改善品质，提高单产。根据土壤、地形、气候等自然条件及当地的种植习惯和经济基础，发展地方拳头产品，建立名特优产品商品基地，才能真正地把经济效益和生态效益统一起来。

（四）种草兴牧，发展草食畜禽

南方红壤分布区必须因地制宜地调整以生猪为主的畜禽结构，充分利用草山草坡面积大的资源优势，建立人工和半人工的优良饲草、牧草场，同时利用作物秸秆作饲料，大规模开发兔、鹅、羊、牛等节粮草食畜禽，发展农区养殖业。

（五）用地与养地结合，加强地力建设

红壤旱地要获得作物高产，必须采用合理的耕作制度，扩大绿肥、豆类等作物的种植比例，以用为主，用中有养，用养结合。同时必须增加投入，增施肥料，维护地力，可持续利用土壤资源。布局好红壤旱地的优势作物和出口商品基地，又是提高旱地农业综合效益的关键。

（六）推广以保水抗旱为中心的农业技术配套措施

红壤分布区的主要自然灾害是干旱缺水，因此除兴修水利，引水上山，提高灌溉抗旱能力外，首先要改坡地为梯地，稳定水土条件。其次在水利条件较好的地方，实行旱地改水田，加速土壤培肥熟化。对水利条件较差的红壤旱地、园地，可推行秸秆、地膜覆盖、纸袋育苗、大窝覆盖栽培、小洞蓄水、坑膜蓄水、水沟撩壕等蓄水保墒新技术。

三、我国黄土高原土壤资源的保护利用

黄土高原位于太行山以西、日月山以东、长城沿线以南、秦岭以北的广大地区，东西纵贯经度 13°20′（东经 101°10′～114°30′），南北横跨纬度 6°25′（北纬 33°50′～40°15′）。黄土高原包括陕西的关中和陕北地区、甘肃的乌鞘岭以东地区、宁夏的宁南地区、青海的东部地区，以及山西和河南的西北部地区，共 249 个县（市、区），面积为 4.303×10^5 km^2，约占全国陆地总面积的 4.5%，其中，耕地 1.23×10^7 hm^2，占全区土地总面积的 28.58%。

黄土高原的自然条件复杂，气候差异很大。全区年平均温度为3.6～14.3℃，气温以东南部最高，由南向北、自东到西、随海拔高度的增加而气温降低。黄土高原的降水量，区内差异也很大，由东南向西北逐渐减少。全区年平均降水量为150～800 mm，一般东南部为600～700 mm，西北部为200～400 mm。黄土高原降水量的另一特点是年季间变化大，冬季降水量占年降水量的3%～5%，春季降水量占年降水量的8%～15%，秋季降水量占年降水量的20%，夏季降水量占年降水量的55%～65%，且夏季多暴雨。由于受季风气流强弱的影响，本区年降水相对变率比其他地区大，而且是降水量低于年平均降水量的年份频率由北到南逐渐减少，西北部干旱区的降水年际变化频率都大于50%，东南部湿润地区一般为15%～30%。

黄土高原的土壤资源丰富，类型众多，土层深厚。主要土壤类型有：褐土、塿土、黑垆土、灰褐土、黄绵土、风沙土、栗钙土、灰钙土等，还有潮土、沼泽土、盐土等。褐土主要分布在黄土低山丘陵及山麓地段；塿土广泛分布于平原高阶地及黄土台原区；黑垆土面积较小，仅残存于一些黄土残原及平坦的大梁顶部；广大的梁峁丘陵坡地及川台地区则为黄绵土；灰褐土主要分布在黄土山地阴坡；风沙土分布在宁夏及陕北的长城沿线风沙区；潮土、盐土、沼泽土等主要分布在一些河道低阶地及沙丘间低洼滩地。在各类土壤中，以黄绵土面积最大，分布范围最广。据统计，全区共有黄绵土1.2279×10^7 hm^2；黑垆土、栗钙土、灰钙土的面积较小，分别为2.553×10^6 hm^2、4.02×10^5 hm^2和3.303×10^6 hm^2，而且仍被不断侵蚀和退化。

黄土高原土壤资源开发治理难度大，主要存在的问题是：土壤流失严重；土壤有机质含量低，养分缺乏；土地利用不合理，农林牧配置不当（以种植业为主，林牧业比重小）；干旱频繁，霜、冻、冰雹、洪涝、大风等自然灾害常有发生，农作物产量低而不稳。中华人民共和国成立以来，国家十分重视对黄土高原的治理、开发和水土保持工作，从财力、物力等方面给了大量的支持，而且取得了显著的成效。根据本区特点，对土壤资源的利用、治理方向应是：在造林种草、保持水土、优化生态环境的基础上，加强基本农田建设，积极发展经济林木及畜牧业，走农林牧互相结合的道路。黄土高原土壤开发利用的主要措施有以下几个方面。

（一）调整农林牧业生产结构，合理利用土壤资源

根据土壤资源适宜性，在种植业方面，应以地形平坦的河川地、残塬地、梯田、坝地、台地、坪地、弯塌地及坡度小于20°的梁峁顶部的较缓坡地为基本农田，提高土地利用率和集约化水平。20°～25°的梁峁坡地，修成水平梯田，发展经济林果和经济作物。坡度大于25°的梁峁陡坡地退耕发展灌木和多年生牧草。沟谷边沿以下的沟谷陡坡地植树造林，建设永久性植物被覆，护坡保土。使农林牧协调发展，从根本上改变区内农林牧业比例不协调、生态环境不良、经济落后的局面，以达到充分合理利用土壤资源的目的。

（二）建设基本农田，改善农业生产条件

改善黄土丘陵区农业生产基本条件，实现粮食自给和陡坡地退耕的根本途径在于建设基本农田，包括修水平梯田、打坝淤地、发展灌溉等。

（三）造林种草，增加植被覆盖率

造林种草是恢复植被、防止土壤流失的根本途径，也是发展畜牧业，增加薪材与木材，解决农村燃料问题，改良土壤的基本手段。由于水分条件的限制，乔木在黄土区多数地方生长受到限制，造林的重点应以灌木为主，主要是解决薪柴问题和保持水土；在土壤水分条件较好的山地或沟谷地可发展乔木，乔灌结合。应加强抚育更新和人工造林，扩大林木面积，增加森林覆盖率，提高经济效益。在梁峁沟沿线以下的陡坡地，可发展乔木林，做到乔灌结合。造林时，应采取挖水平沟、鱼鳞坑、反坡梯田等田间工程措施。在阴坡部分，可营造沙棘、油松，造成沙棘和松树混交林；阳坡部分可营造柠条、侧柏、刺槐交林；在黄土出露的沟坡上，可营造灌木林，做到全部沟谷中的陡坡均营造林木，提高森林植被的覆盖度，创造良好的生态环境。对沟谷边沿以上的25°～35°的梁峁顶部陡坡地和轮歇撂荒地，应种植紫苜蓿、草木樨、沙打旺、红豆草等多年生豆科牧草，发展畜牧业。发展人工牧草要与发展养畜同步进行，以提高种草的经济效益，发挥种草养畜的潜力。

（四）增加肥料投入，培肥土壤

增施肥料，特别是增加化肥投入，是提高土壤肥力、提高作物产量、充分发挥土壤生产潜力的主要措施之一。

四、我国黑土资源肥力的保持和可持续利用

据全国第二次土壤普查资料，我国黑土总面积约 7×10^4 km²，它与乌克兰和美国密西西比河流域的黑土并称为世界 3 大黑土带。黑土资源主要分布在东北松嫩平原东部及北部的山前台地及其蔓延地带，其主体呈弧形自北向南分布于北纬 43°20′～49°40′、东经 122°24′～128°21′之间。在纬向上北起黑龙江的嫩江、龙镇，南至辽宁的昌图，沿滨北及滨长铁路两侧联结成一条完整的黑土地带；在经向上西到内蒙古的布特哈旗（扎兰屯），东达黑龙江的铁力市和宾县。此外，在小兴安岭以东的佳木斯、集贤、富锦，黑龙江沿江阶地的黑河、逊克有小片黑土分布；在吉林省东部长白山脉的山间盆地、山前台地有零星黑土分布。黑土地处我国温带草原土壤经向带的东部，是由平原向山区过渡的一种过渡地形，在当地称为漫川漫岗地，岗上、岗下相对高差并不大，数米至数十米，坡度为 1°～5°。

黑土具有深厚的腐殖质层，有良好的物理性质、化学性质和生物学特性，土壤肥力高，号称土中之王。黑土分布区是我国重要的商品粮生产基地，随着开垦年限的增加，黑土与其他土壤一样不可避免地出现了一系列生态破坏和环境污染问题，而且更为突出的是黑土质量发生了严重退化、数量迅速减少。土壤退化是指在各种因素下引起的土壤质量和生产力下降的过程。黑土退化对东北地区的农业发展和生态与环境造成严重的威胁。黑土退化主要表现为严重的土壤侵蚀，土壤有机质减少，肥力下降，理化性质变差。随开垦年限的延长，黑土的土壤复合胶体中有机质含量减少（比土壤有机质含量下降幅度小），氮素和各种结合态腐殖质含量也相应减少，复合胶体的吸水量显著下降，交换量也有所降低，土壤对磷的吸收能力却不断加强。

黑土的合理利用在于保持和提高土壤肥力，前者主要是指保持水土、防止土壤侵

蚀，后者主要是针对黑土肥力下降的特点，增施有机物料等来培肥地力。

（一）加强水土保持，防止土壤侵蚀

黑土分布于起伏漫岗上，一般地形坡度为3°～5°，个别地段达6°～7°。又由于坡长和汇水面积大，再加上有自然水线，开垦为耕地之后，极易引起土壤侵蚀。土壤侵蚀的形式主要是片蚀和沟蚀两种。据多处坡度较大的片蚀区调查，平均每年侵蚀表土的厚度约为0.8 cm，以致在黑土区的耕地出现大片的破皮黄和云彩地（局部不规则高起的土地，由于侵蚀，土壤颜色变浅，似云彩状，当地群众称之为云彩地），因此片蚀是黑土肥力减退的主要原因。

防止土壤侵蚀的措施，包括农业措施、生物措施和工程措施。农业措施主要是改顺坡垄为横坡垄，施行深松耕法和增施有机物料等，旨在提高土壤抗蚀能力。生物措施包括种草带、灌木带及营造农田防护林和水土保持林等。工程措施包括冲刷沟治理、修山坡截流沟以及修梯田等。只要因地制宜，采取综合措施进行防治，黑土的侵蚀问题不难解决。

（二）培肥地力

在治理土壤侵蚀后，保持和提高黑土肥力的关键是增施有机物料，其中包括施有机肥、施草炭、秸秆还田、种植绿肥牧草等。试验和生产实践证明，这些都是行之有效的措施。据吉林调查，黑土每年每公顷施有机物含量为80 g/kg的有机肥30 t，大体可保持土壤有机质的收支平衡；施有机肥后，土壤有机质含量增加，土壤腐殖质得到更新和补充，而且它的氧化稳定系数低，抗分解能力弱，有利于养分的释放，对提高土壤有效肥力有重要意义。秸秆还田有直接还田、过腹还田和造肥还田，都取得很好的效果。据研究，通过秸秆还田措施所增加的土壤有机质的含量大体与土壤有机质下降速度相平衡。吉林省农业科学院黑土定位试验结果表明，在同等氮、磷条件下，秸秆直接还田第一年产量不如化肥，第二年比化肥增产10%～20%。

复习思考题

1. 试举例分析我国区域条件对土壤资源开发利用的影响。
2. 试总结我国东部地区主要的土壤类型和分布规律。
3. 我国从东向西土壤形成条件和土壤分布有何特点？它们之间有何关系？
4. 试以当地某典型山地为例，分析土壤的垂直地带性。
5. 试以当地某小区域为例，分析土壤的中域组合分布特点及其与地形、母质和土地利用的关系。
6. 试以当地主要土纲为例，分析其形成条件、土壤特性和利用潜力及可能存在的生产问题。
7. 请举例说明，我国推行“十分珍惜和合理利用土地，切实保护耕地”基本国策的重要性。
8. 试以当地分布较广的中低产土壤为例，分析其改良的途径。
9. 简述我国主要旱地土壤资源的障碍类型。
10. 如何合理开发利用我国的草地土壤资源？

主要参考文献

蔡信芝，黄君红，2019. 微生物学实验 . 北京：科学出版社 .

曹志洪，周健民，2008. 中国土壤质量 . 北京：科学出版社 .

曹志平，2007. 土壤生态学 . 北京：化学工业出版社 .

陈怀满，2018. 环境土壤学 . 3 版 . 北京：科学出版社 .

陈焕伟，张凤荣，刘黎明，等，1997. 土壤资源调查 . 北京：中国农业大学出版社 .

戴国亮，郭长城，2007. 黑土资源的永续利用和保护措施研究 . 黑龙江水利科技，35 (3)：119 - 120.

戴维·蒙哥马利，2019. 耕作革命让土壤焕发生机 . 张甘霖，等译 . 上海：上海科学技术出版社 .

龚子同，陈鸿昭，张甘霖，等，2005. 中国土壤资源特点与粮食安全问题 . 生态环境，14 (5)：783 - 788.

龚子同，陈志诚，张甘霖，2003. 世界土壤资源参比基础 (WRB)：建立与发展 . 土壤，35 (4)：265 - 270.

龚子同，张甘霖，陈志诚，2007. 土壤发生与系统分类 . 北京：科学出版社 .

龚子同，张甘霖，陈志诚，等，2002. 以中国土壤系统分类为基础的土壤参比 . 土壤通报，33 (1)：15.

贺纪正，陆雅海，傅伯杰，2015. 土壤生物学前沿 . 北京：科学出版社 .

华孟，1993. 土壤物理学附实验指导 . 北京：北京农业大学出版社 .

华孟，王坚，1993. 土壤物理学 . 北京：北京农业大学出版社 .

黄昌勇，2000. 土壤学 . 中国农业出版社 .

黄昌勇，徐建明，2010. 土壤学 . 3 版 . 北京：中国农业出版社 .

黄道友，朱奇宏，朱捍华，等，2018. 重金属污染耕地农业安全利用研究进展与展望 . 农业现代化研究，39 (6)：1030 - 1043.

黄盘铭，1991. 土壤化学 . 中国科学出版社 .

黄巧云，林启美，徐建明，2015. 土壤生物化学 . 北京：高等教育出版社 .

李保国，2000. 农田土壤水的动态模型及应用 . 北京：科学出版社 .

李保国，徐建明，等译 . 土壤学与生活 . 北京：科学出版社 .

李广信，等，2016. 高等土力学 . 2 版 . 北京：清华大学出版社 .

李明春，刁虎欣，2018. 微生物学原理与应用 . 北京：科学出版社 .

李天杰，2003. 土壤地理学 . 北京：高等教育出版社 .

李天杰，赵烨，张科利，2004. 土壤地理学 . 3 版 . 北京：高等教育出版社 .

李学恒，2001. 土壤化学 . 北京：高等教育出版社 .

李韵珠，李保国，1998. 土壤溶质运移 . 北京：科学出版社 .

林大仪，谢英荷，2011. 土壤学 . 北京：中国林业出版社 .

林培，1993. 区域土壤地理学 . 北京：北京农业大学出版社 .

鲁如坤，1998. 土壤-植物营养原理与施肥 . 北京：化学工业出版社 .

陆景冈，2006. 土壤地质学 . 北京：地质出版社 .

吕贻忠，李保国，2006. 土壤学 . 北京：中国农业出版社 .

莫登，2014. 水与可持续发展农业水管理综合评价 . 李保国，黄峰，译 . 天津：天津科技翻译出版社 .

南京农学院，等，1980. 土壤调查与制图 . 南京：江苏科学技术出版社 .

尼尔·布雷迪，雷·韦尔，2019. 土壤学与生活 . 李保国，徐建明，译 . 北京：科学出版社 .

彭少麟，2007. 恢复生态学．北京：气象出版社．
全国科学技术名词委员会，2016. 土壤学名词．北京：科学出版社．
全国土壤普查办公室，1992. 中国土壤普查技术．北京：农业出版社．
全国土壤普查办公室，1998. 中国土壤．北京：中国农业出版社．
任海，等，2008. 恢复生态学导论．2 版．北京：科学出版社．
邵明安，王全九，黄明斌，2006. 土壤物理学．北京：高等教育出版社．
沈萍，陈向东，2016. 微生物学．北京：高等教育出版社．
沈善敏，1997. 中国土壤肥力．北京：中国农业出版社．
孙铁珩，李培军，周启星，2005. 土壤污染形成机理与修复技术．北京：科学出版社．
王蓓蓓．轮作及生物有机肥防控香蕉土传枯萎病的土壤微生物机制研究 [D]. 南京农业大学，2015.
王全九，等，2016. 土壤物理与作物生长模型．北京：中国水利出版社．
席承藩，1994. 土壤分类学．北京：中国农业出版社．
席承藩，1998. 中国土壤．北京：中国农业出版社．
夏增禄，1992. 中国土壤环境容量．北京：地震出版社．
熊毅，1983. 土壤胶体：第一册．北京：科学出版社．
熊毅，陈家坊，等，1990. 土壤胶体：第三册．土壤胶体的性质．北京：科学出版社．
熊毅，李庆逵，1987. 中国土壤．2 版．北京：科学出版社．
徐拔和，1986. 土壤化学选论．北京：科学出版社．
徐建明，2016. 土壤学进展：纪念朱祖祥院士诞辰 100 周年．北京：科学出版社．
徐建明，张甘霖，谢正苗，等，2010. 土壤质量指标与评价．北京：科学出版社．
徐明岗，张文菊，黄绍敏，2014. 中国土壤肥料演变．2 版．北京：中国农业科学技术出版社．
徐正浩，徐建明，朱有为，2018. 重金属污染土壤的植物修复资源．北京：科学出版社．
杨林章，等，2005. 土壤生态系统．北京：科学出版社．
杨林章．徐琪，2004. 土壤生态系统．北京：科学出版社．
姚槐应，黄昌勇，2006. 土壤微生物生态学及其实验技术．北京：科学出版社．
姚贤良，程云生，1986. 土壤物理学．北京：农业出版社．
易秀，2007. 土壤化学与环境．北京：化学工业出版社．
于天仁，1987. 土壤化学原理．北京：科学出版社．
于天仁，陈志诚，1990. 土壤发生中的化学过程．北京：科学出版社．
于天仁，季国亮，丁昌璞，1996. 可变电荷土壤的电化学．北京：科学出版社．
俞震豫，1991. 土壤发育及鉴定和分类．北京：农业出版社．
袁大刚，张甘霖，2005. 美国土壤系统分类最新修订．土壤，37 (2)：136-139.
袁可能，1990. 土壤化学．北京：农业出版社．
曾维琪，殷细宽，1986. 衡山土壤的黏粒矿物．土壤学报，3：(243)：250，290.
张福锁，2006. 养分综合管理理论与技术．北京：中国农业大学出版社．
张甘霖，朱阿兴，史舟，等，2018. 土壤地理学的进展与展望．地理科学进展，37 (1)：57-65.
张洪江，程金花，2014. 土壤侵蚀原理．北京：科学出版社．
张学雷，龚子同，骆国保，等，2002. 俄罗斯新土壤分类的研究现状和特点．土壤通报，33 (3)：162-164.
章明奎，2005. 氮磷的最佳管理实践. 北京：中国农业出版社．
赵其国，龚子同，1989. 土壤地理研究法．北京：科学出版社．
赵越，等，2019. 模拟酸雨淋溶下强风化土壤矿物计量关系研究．土壤学报，56：310-319.
中国科学技术学会，1990. 中国地区退化与防治研究．北京：中国科学技术出版社．
中国科学院《中国自然地理》编委会，1981. 中国自然地理：土壤地理．北京：科学出版社．
中国科学院红壤生态实验室，1992. 红壤生态系统研究．北京：科学出版社．

中国科学院南京土壤研究所土壤系统分类课题组，等，1995. 中国土壤系统分类：修订方案．北京：中国农业科技出版社．

中国科学院南京土壤研究所土壤系统分类课题组，中国土壤系统分类课题研究协作组，2001. 中国土壤系统分类检索．3版．合肥：中国科学技术大学出版社．

中国农业科学院自然资源和农业区划研究所，全国土壤肥料总站，1992. 中国耕地资源及其开发利用．北京：测绘出版社．

周德庆，2011. 微生物学教程．北京：高等教育出版社．

周健民，等，2013. 土壤学大辞典．北京：科学出版社．

周鸣铮，1985. 土壤肥力概论．南京：江苏科学技术出版社．

周启星，2005. 健康土壤学．北京：科学出版社．

朱兆良，邢光熹，2002. 氮循环．北京：清华大学出版社．

朱震达，等，1989. 中国沙漠化及其治理．北京：科学出版社．

朱祖祥，1983. 土壤学：上册．北京：农业出版社．

朱祖祥，1983. 土壤学：下册．北京：农业出版社．

朱祖祥，1996. 农业百科全书：土壤卷．北京：中国农业出版社．

左强，2003. 农业水资源利用与管理．北京：高等教育出版社．

D希勒尔，1988. 土壤物理学概论．尉庆丰，等译．西安：陕西人民教育出版社．

H范·奥尔芬，1982. 黏土胶体化学导论．许冀泉，译．北京：农业出版社．

H詹尼，1988. 土壤资源：起源与性状．李孝芳，等译．北京：科学出版社．

Samuel L T，Werner L N，James D B，1985. Soil fertility and fertilizers. 金继远，刘荣乐，等译．北京：中国农业科技出版社．

Barber，S，1984. Soil nutrient bioavailability：a mechanistic approach. New York：John wiley and Sons.

Bohn H L，et al，2001. Soil chemistry. New York：Jone Wiley and Sons Incorporation.

Boul S W，et al，1980. Soil genesis and classification. 2nd ed. Ames：Iowa State University Press.

Bridges E B，Davidson D A，1982. Principles and applications of soil geography. London：Longman.

Cardon Z G，Whitbeck J L，2017. The rhizosphere：an ecological perspective. New York：Academic Press.

Chen J，2012. An original discovery：selenium deficiency and Keshan disease（an endemic heart disease）. Asia Pacific Journal of Clinical Nutrition，21（3）：320－326.

Chesworth W，2004. Encyclopedia of soil science. Dordrecht：Springer.

Cooper J D，2016. Soil water mersurement ：a practical handbook. Oxford：John Wiley & Sons.

Dai Z，Meng J，Muhammad N，et al，2013. The potential feasibility for soil improvement based on the properties of biochars pyrolyzed from different feedstocks. Joural of Soils and Sediments，13：989－1000.

Daily G C，1995. Restoring value to the world's degraded lands. Science，5222（269）：350354.

Das B M，2019. Advanced soil mechanics. 5th ed. London：CPC Press.

Don Scott H，2000. Soil physics：agriculture and environmental applications. Newark：Wiley－Blackwell.

Doran J W，Coleman D C，Bezdicek D F，et al，1994. Defining soil quality for a sustainable environment. Madison：Soil Science Society of American Publication.

FAO，1965. Soil erosion by water：some measures for its control on cultivated lands. New York：Food and Agriculture Organization of the United Nations.

FAO，1971. Soil degradation. New York：Food and Agriculture Organization of the United Nations.

Fitzpatrick E A，1980. Soils：their formation，classification and distribution. London：Longman.

Foth H D, 1984. Fundamentals of soil science. New York: John Willey & Sons.

Gerrard J, 2000. Fundamentals of soils. London: Routledge.

Hanks R J, 2011. Applied soil physics: soil water and temperature applications . New York: Springer Verlag.

Haritash A K, Kaushik C P, 2009. Biodegradation aspects of polycyclic aromatic hydrocarbons (PAHs): a review. Journal of Hazardous Materials, 169: 1 - 15.

Hillel D, 2004. Introduction to environmental sil physics. New York: Academic Press.

Hwang J, Zimmerman A R, Kim J, 2018. Bioconcentration factor - based management of soil pesticide residues: endosulfan uptake by carrot and potato plants. Science of the Total Environment, 627: 514 - 522.

Ito A, Wagai R, 2017. Global distribution of clay - size minerals on land surface for biogeochemical and climatological studies. Scientific Data (4): 170103.

Juhos K, Czigany S, Madarasz B, et al, 2019. Interpretation of soil quality indicators for land suitability assessment: a multivariate approach fo central European arable soils. Ecological Indicators, 99: 261 - 272.

Jury W A, Gardner W H, Garder W R, 1991. Soil physics. 5nd ed. New York: John wiley & Sons.

Kirkham M B, 2014. Principles of sil and plant water relations. New York: Academic Press.

Lai R, 2005. Encyclopedia of soil science. 2nd ed. New York: Marcel Dekker.

Lai R, Shukla M K, 2004. Principles of soil physics . New York: Marcel Dekker, Inc.

Lin Fu, C Ryan Penton, Yunze Ruan, et al, 2017. Inducing the rhizosphere microbiome by biofertilizer application to suppress banana Fusarium wilt disease. Soil Biology and Biochemistry, 104: 39 - 48.

Lin Fu, Yunze Ruan, Chengyuan Tao, et al, 2016. Continous application of bioorganic fertilizer induced resilient culturable bacteria community associated with banana Fusarium wilt suppression. Scientific Reports, 6: 27731.

Lindsay W L, 1979. Chemical equilibria in soil. New York: John Wiley and Sons.

Liu L, Li W, Song W, et al, 2018. Remediation techniques for heavy metal - contaminated soils: principles and applicability. Science of the Total Environment, 633: 206 - 219.

Liu Y Y, Slotine J J, Barabasi A L, 2011. Controllability of complex networks. Nature, 473: 167 - 173.

Lu Y, Song S, Wang R, et al, 2015. Impacts of soil and water pollution on food safety and health risks in China. Environment International, 77: 5 - 15.

Lynch J M, 1990. The rhizosphere. New York: John wiley & Sons.

Melilio J M, Field C B, Moldan B, 2003. Interaction of the major biogeochemical cycles: global change and human impacts. Washington: Island Press.

Meng L, Huang T, Shi J, et al, 2019. Decreasing cadmium uptake of rice (*Oryza sativa* L.) in the cadmium-contaminated paddy field through different cultivars coupling with appropriate soil amendments. Journal of Soils and Sediments, 19 (4): 1788 - 1798.

Metting F B, 1993. Soil microbial ecology. New York: Marcel Dekker.

Miller R W, Gardiner D T, 2001. Soil in environment. 9th ed. New Jersey: Prentice Hall.

Morgan R P C, 1981. Soil conservation: problem and protects. New York: John Wiley & Sons.

Olk D C, Bloom P R, Perdue E M, et al, 2019. Environmental and agricultural relevance of humic fractions extracted by alkali from soils and natural waters. Journal of Environmental Quality, 48: 217 - 232.

Paul E A, Clark F E, 2015. Soil microbiology and biochemistry. 4th ed. New York; Academic Press.

Robson A D, 1991. Soil acidity. New York: Springer Verlag.

Schjonning P, Elmholt S, Christensen B T, 2004. Managing soil quality: challenges in modern agriculture. Wallingford: CABI Publishing.

Scott D H，2000. Soil physics：agriculture and environmental applications. New Jersey：Wiley Blackwell.

Shen Z，Xue C，Penton C R，et al，2019. Suppression of banana Panama disease induced by soil microbiome reconstruction through an integrated agricultural strategy. Soil Biology and Biochemistry，128：164－174.

Shen Z，Xue C，Taylor P W J，et al，2018. Soil pre－fumigation could effectively improve the disease suppressiveness of biofertilizer to banana Fusarium wilt disease by reshaping the soil microbiome. Biology and Fertility of Soils，54（7）：793－806.

Shukla M K，2013. Soil physics：an introduction. Boca Raton：CRC Press.

Singer M J，Munns D N，2005. Soils：an introduction. Upper Saddle River：Prentice Hall.

Sparks D L，2003. Environmental soil chemistry. 2nd ed. Cambridge：Academic Press.

Sparling G P，Schipper L A，Bettjeman W，et al，2004. Soil quality monitoring in New Zealand：practical lessons from a 6－year trial. Agriculture，Ecosystems & Environment，104（3）：523－534.

Sposito G，2008. The surface chemistry of soils. Oxford：Oxford University Press.

Sumner M E，2000. Handbook of soil science. Boca Raton：CRC Press.

Tan K H，2009. Environmental soil science. 3rd ed. Boca Raton：CRC Press.

Tan K H，2011. Principles of soil chemistry. 4 th ed. Boca Raton：CRC Press.

Terry N，2000. Phytoremediation of contaminated soil and water. New York：CRC Press.

Weil R R，Brady N C，2017. The nature and properties of soils. 15th ed. Upper Saddle River：Pearson Prentice Hall.

White R E，2006. Introduction to the principles and practice of soil science. 4th ed. Oxford：Blackwell Publishing.

Xu J M，Sparks D L，2013. Molecular environmental soil science. Berlin：Springer.

Xu Y，He Y，Zhang Q，et al，2015. Coupling between pentachlorophenol dechlorination and soil redox as revealed by stable carbon isotope，microbial community structure，and biogeochemical data. Environmental Science & Technology，49（9）：5425－5433.

Yang J L，Zhang g L，2019. Si cycling and isotope fractionation：implications on weathering and soil formation processes in typical subtropical area. Geoerma，337：479－490.

Yang Q，Li Z，Lu X，et al，2018. A review of soil heavy metal pollution from industrial and agricultural regions in China：pollution and risk assessment. Science of the Total Environment，642：690－700.

Zhang Y，Wang P，Wang L，et al，2015. The influence of facility agriculture production on phthalate esters distribution in black soils of northeast Chia. Science of the Total Environment，506：118－125.

Zhao Q G，He J Z，Yan X Y，et al，2011. Progress in significant soil science fields of China over the last three decades：a review. Pedosphere，21（1）：1－10.

Zhu M，Zhang L J，Franks A E，et al，2019. Improved synergistic dechlorination of PCP in flooded soil microcosms with supplementary electron donors，as revealed by strengthened connections of functional microbial interactome. Soil Biology & Biochemistry，136：107515.

图书在版编目（CIP）数据

土壤学 / 徐建明主编．—4 版．—北京：中国农业出版社，2019.12（2021.12 重印）

“十二五”普通高等教育本科国家级规划教材　普通高等教育“十一五”国家级规划教材　普通高等教育农业农村部“十三五”规划教材　全国高等农林院校教材经典系列　全国高等农林院校教材名家系列　全国高等农业院校优秀教材

ISBN 978-7-109-26193-8

Ⅰ. ①土…　Ⅱ. ①徐…　Ⅲ. ①土壤学—高等学校—教材　Ⅳ. ①S15

中国版本图书馆 CIP 数据核字（2019）第 283719 号

土壤学

TURANGXUE

中国农业出版社出版

地址：北京市朝阳区麦子店街 18 号楼

邮编：100125

策划编辑：胡聪慧

责任编辑：李国忠　　文字编辑：李国忠

版式设计：张　宇　　责任校对：巴洪菊

印刷：北京通州皇家印刷厂

版次：1983 年 12 月第 1 版　　2019 年 12 月第 4 版

印次：2021 年 12 月第 4 版北京第 3 次印刷

发行：新华书店北京发行所

开本：787mm×1092mm　1/16

印张：33.75

字数：790 千字

定价：68.50 元